QPASS

위험물
산업기사

필기

다락원

머리말
Introduction

급진적인 화학산업의 성장과 경제 발전으로 위험물 제조 및 취급, 저장시설이 대규모화 되어 가고 있습니다. 따라서 각 산업체에서는 유능한 인재의 체계적인 운영과 대형사고의 방지를 위해 위험물 안전관리에 대한 필요성이 대두되고 있고, 위험물 자격증의 취득도 필수 요소로 인식되고 있습니다. 이에 본 저자는 위험물 산업기사 자격시험 합격을 위해 열심히 공부하는 수험생 여러분을 돕고자 합니다.

본서의 특징

▶ 저자의 오랜 실무 경험과 학원 강의 경력을 바탕으로 집필하였습니다.
▶ 각 과목별로 이론은 최대한 핵심적인 것만을 다루고, 예제와 예상문제를 수록해 학습능력을 높였습니다.
▶ 최근 과년도 문제와 핵심적인 해설을 상세히 설명하였습니다.
▶ 출제빈도가 높은 키워드만을 정리한 '합격노트'를 별책으로 첨부하였습니다.
▶ **저자 직강 동영상 강의를 무료로 제공합니다.**
　 * 자세한 사항은 옆면 참고

이와 같이 본 저자가 심혈을 기울여 집필을 하였지만 그런 중에도 미비한 점이 있을까 염려되는 바, 수험자 여러분의 지도편달을 통해 지속적인 개정이 가능하도록 힘쓸 것입니다.

수험자 여러분 모두에게 합격의 기쁨이 있기를 기원하며, 본서가 발행되기까지 수고하여 주신 다락원 사장님과 편집부 직원들에게 진심으로 감사를 드립니다.

저자 은송기 드림

위험물산업기사 필기
원큐패스! 한번에 합격하기!

저자직강 무료 동영상 강의

도서 뒷면에 동봉되어 있는 쿠폰을 이용하여 무료 동영상 강의를 학습할 수 있습니다.

쿠폰 등록 및 강의 수강 방법

다락원 홈페이지 회원가입 후 이용할 수 있습니다.

1. 다락원 PC 또는 모바일 홈페이지에 로그인해주세요.
2. 마이페이지 – 내 쿠폰함 – 쿠폰번호 입력 후 쿠폰을 등록해주세요.
3. 쿠폰목록에서 쿠폰 확인 후 사용하기 버튼을 클릭해주세요.
4. 내 강의실에서 강의를 수강해주세요.

쿠폰 관련 유의사항

〈위험물산업기사 필기 저자직강 강의 무료수강〉 쿠폰은
2024년 3월 31일까지 등록하실 수 있습니다.
등록기한이 지난 쿠폰은 사용할 수 없으니 기한 내에 꼭 등록하시기
바랍니다. 쿠폰은 환불 또는 교환되지 않습니다.

쿠폰에 대해 궁금한 점은
고객지원팀(02-736-2031, 내선 313, 314)으로 문의바랍니다.

www.darakwon.co.kr

개요

위험물은 발화성, 인화성, 가연성, 폭발성 때문에 사소한 부주의에도 커다란 재해를 가져올 수 있다. 또한 위험물의 용도가 다양해지고, 제조시설도 대규모화되면서 생활공간과 가까이 설치되는 경우가 많아짐에 따라 위험물의 취급과 관리에 대한 안전성을 높이고자 자격제도를 제정하였다.

수행직무

소방법시행령에 규정된 위험물의 저장, 제조, 취급소에서 위험물을 안전하도록 취급하고 일반작업자를 지시·감독하며, 각 설비 및 시설에 대한 안전점검 실시, 재해발생시 응급조치 실시 등 위험물에 대한 보안, 감독 업무를 수행한다.

진로 및 전망

위험물(제1류~제6류)의 제조, 저장, 취급전문업체에 종사하거나 도료제조, 고무제조, 금속제련, 유기합성물제조, 염료제조, 화장품제조, 인쇄잉크제조업체 및 지정수량 이상의 위험물 취급업체에 종사할 수 있다.

산업체에서 사용하는 발화성, 인화성 물품을 위험물이라 하는데 산업의 고도성장에 따라 위험물의 수요와 종류가 많아지고 있어 위험성 역시 대형화되어 가고 있다. 이에 따라 위험물을 안전하게 취급·관리하는 전문가의 수요는 꾸준할 것으로 전망된다. 또한 위험물산업기사의 경우 소방법으로 정한 위험물 제1류~제6류에 속하는 모든 위험물을 관리할 수 있으므로 취업영역이 넓다.

취득방법

- 시행처 : 한국산업인력공단
- 관련학과 : 전문대학 및 대학의 화학공업, 화학공학 등 관련학과
- 시험과목
  - 필기 : 일반화학, 화재예방과 소화방법, 위험물의 성질과 취급
  - 실기 : 위험물 취급 실무
- 검정방법
  - 필기 : 객관식 4지 택일형, 과목당 20문항(과목당 30분)
  - 실기 : 필답형(2시간)
- 합격기준
  - 필기 : 100점을 만점으로 하여 과목당 40점 이상, 전과목 평균 60점 이상
  - 실기 : 100점을 만점으로 하여 60점 이상

시험일정

구 분	필기원서접수(인터넷)	필기시험	필기합격(예정자)발표
정기 1회	1월경	3월경	3월경
정기 2회	4월경	5월경	6월경
정기 4회	8월경	9월경	10월경

* 자세한 일정은 한국산업인력공단 참고

자격종목 : 위험물산업기사

필기검정방법 : 객관식

문제수 : 60

시험시간 : 1시간 30분

직무내용 : 위험물을 저장·취급·제조하는 제조소등에서 위험물을 안전하게 저장·취급·제조하고 일반 작업자를 지시 감독하며, 각 설비에 대한 점검과 재해 발생 시 응급조치 등의 안전 관리 업무를 수행하는 직무

일반화학	1. 기초 화학	– 물질의 상태와 화학의 기본법칙
		– 원자의 구조와 원소의 주기율
		– 산, 염기, 염 및 수소 이온 농도
		– 용액, 용해도 및 용액의 농도 / 산화, 환원
	2. 유무기 화합물	– 무기 화합물 / 유기 화합물

화재 예방과 소화방법	1. 화재 예방 및 소화 방법	– 화재 및 소화 / 화재예방 및 소화방법
	2. 소화약제 및 소화기	– 소화약제 / 소화기
	3. 소방시설의 설치 및 운영	– 소화설비의 설치 및 운영
		– 경보 및 피난설비의 설치기준

위험물의 성질과 취급	1. 위험물의 종류 및 성질	– 제1류 위험물 / 제2류 위험물 / 제3류 위험물 / 제4류 위험물 / 제5류 위험물 / 제6류 위험물
	2. 위험물 안전	– 위험물의 저장·취급·운반·운송방법
	3. 기술기준	– 제조소등의 위치구조설비기준
		– 제조소등의 소화설비, 경보·피난 설비기준
		– 기타관련사항
	4. 위험물안전 관리법 규제의 구도	– 제조소등 설치 및 후속절차 / 행정처분 / 정기점검 및 정기검사 / 행정감독 / 기타관련사항

합격률

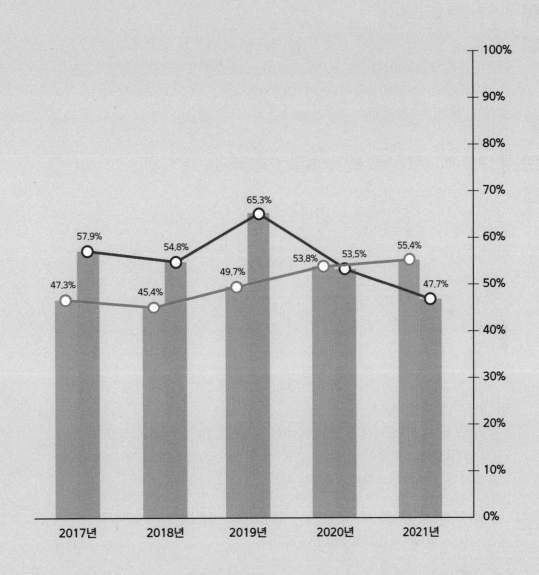

필기
실기

Q 시험 일정이 궁금합니다.

A 시험 일정은 매년 상이하므로, 큐넷 홈페이지(www.q-net.or.kr)를 참고하거나 다락원 원큐패스카페(http://cafe.naver.com/1qpass)를 이용하면 편리합니다. 원서 접수기간, 필기시험일정 등을 확인할 수 있습니다.

Q 자격증을 따고 싶은데 시험 응시방법을 잘 모르겠습니다.

A 시험 응시방법은 간단합니다.

[홈페이지에 접속하여 회원가입]
국가기술자격은 보통 한국산업인력공단과 한국기술자격검정원 홈페이지에서 응시하면 됩니다.
그 외에도 한국보건의료인국가시험원, 대한상공회의소 등이 있으니 자격증의 주관사를 먼저 아는 것이 중요합니다.

[사진 등록]
회원가입한 내역으로 원서를 등록하기 때문에, 규격에 맞는 본인확인이 가능한 사진으로 등록해야 합니다.
• 접수가능사진 : 6개월 이내 촬영한 (3×4cm) 칼라사진, 상반신 정면, 탈모, 무 배경
• 접수불가능사진 : 스냅 사진, 선글라스, 스티커 사진, 측면 사진, 모자 착용, 혼란한 배경사진, 기타 신분확인이 불가한 사진

원서접수 신청을 클릭한 후, 자격선택 → 종목선택 → 응시유형 → 추가입력 → 장소선택 → 결제하기 순으로 진행하면 됩니다.

Q 시험장에서 따로 유의해야 할 점이 있나요?

A 시험당일 신분증을 지참하지 않은 경우에는 당해 시험이 정지(퇴실) 및 무효 처리 되므로, 신분증을 반드시 지참하기 바랍니다.

[규정 신분증]
① 주민등록증(주민등록증발급신청확인서 포함), ② 운전면허증(경찰청에서 발행 된 것), ③ 여권(기간이 만료되기 전의 것), ④ 공무원증(장교·부사관·군무원신분 증 포함), ⑤ 장애인등록증(복지카드), ⑥ 국가유공자증, ⑦ 외국인등록증(외국인에 한함, 외국인등록증발급신청확인서 불인정)

[대체 신분증]
규정 신분증 발급이 불가·제약이 있는 사람에 한함

- 주민등록증 발급 나이에 이르지 않은 사람
  - 학생증(사진·생년월일·성명·학교장직인이 표기·날인된 것)
  - 재학증명서(NEIS에서 발행(사진포함)하고 발급기관 확인·직인이 날인된 것)
  - 신분확인증명서("별지서식"에 따라 학교장 확인·직인이 날인된 것)
  - 청소년증(청소년증발급신청확인서 포함)
  - 국가자격증(국가공인 및 민간자격증 불인정)
- 미취학아동 등
  - 우리공단 발행 "자격시험용 임시신분증" (임시신분증 발급은 우리 공단 소속 기관에 문의)
  - 국가자격증(국가공인 및 민간자격증 불인정)
- 사병 등 군인
  - 신분확인증명서("별지서식"에 따라 소속부대장이 증명·날인한 것)
※ 상기 규정·대체 신분증은 일체 훼손·변형이 없는 경우만 유효·인정
  - 사진 또는 외지(코팅지)와 내지가 탈착·분리되어 있는 등 변형이 있는 것, 훼손으로 사진·인적사항 등을 인식할 수 없는 것 등은 인정하지 않음

핵심이론

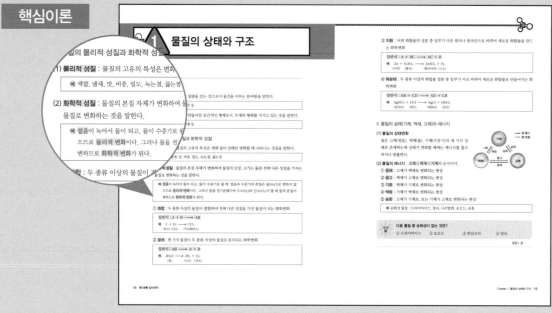

● 시험에 자주 출제되고 반드시 알아야 하는 핵심이론을 파트별로 분류하여 이해하기 쉽도록
정리했습니다.

예상문제

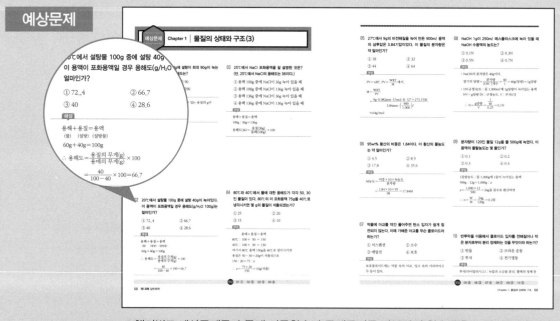

● 챕터별로 예상문제를 수록해 이론학습과 문제풀이를 반복하여 학습률을 높일 수 있습니다.

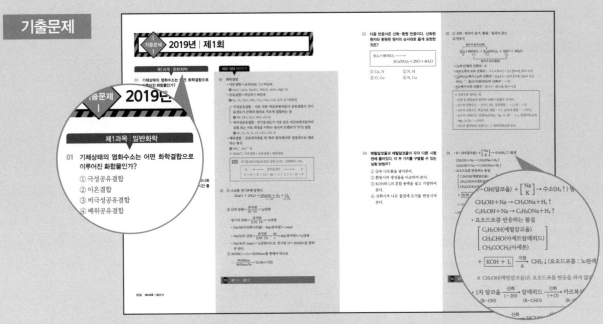

● 최근 5년간 기출문제를 수록하여 출제경향을 파악할 수 있습니다.
● 상세한 해설을 달아 문제 이해가 빠르고 쉽습니다.

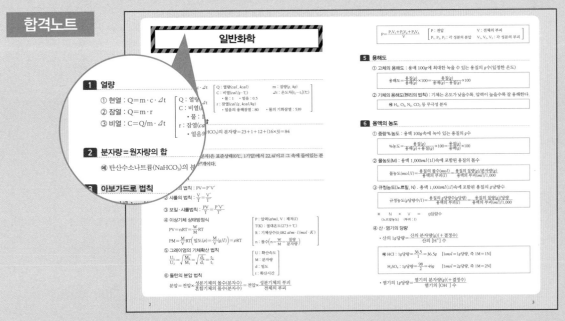

● 필기시험에 자주 출제되는 핵심이론을 쏙쏙 뽑아 정리했습니다.

차례

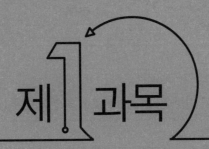

제1과목

일반화학

물질의 상태와 구조

1 물질의 특성

1. 물질과 물체

(1) **물질** : 공간을 채우고 질량을 갖는 것으로서 물건을 이루는 본바탕을 말한다.

> 예 철, 유리, 나무, 고무 등

(2) **물체** : 물질이 모여서 만들어진 공간적인 형체로서, 무게와 형태를 가지고 있는 것을 말한다.

> 예 칼, 책상, 못, 유리병 등

2. 물질의 물리적 성질과 화학적 성질

(1) **물리적 성질** : 물질의 고유의 특성은 변화 없이 상태만 변화할 때 나타나는 성질을 말한다.

> 예 색깔, 냄새, 맛, 비중, 밀도, 녹는점, 끓는점

(2) **화학적 성질** : 물질의 본질 자체가 변화하여 물질의 모양, 크기는 물론 전혀 다른 성질을 가지는 물질로 변화하는 것을 말한다.

> 예 얼음이 녹아서 물이 되고, 물이 수증기로 될 때, 얼음과 수증기의 본질은 물(H_2O)로 변하지 않으므로 물리적 변화이다. 그러나 물을 전기분해시켜 수소(H_2)와 산소(O_2)가 될 때 물의 본질이 변하므로 화학적 변화가 된다.

① **화합** : 두 종류 이상의 물질이 결합하여 전혀 다른 성질을 가진 물질이 되는 화학변화

> 일반식 : $A + B \longrightarrow AB$
>
> 예 $C + O_2 \longrightarrow CO_2$
> (탄소) (산소) (이산화탄소)

② **분해** : 한 가지 물질이 두 종류 이상의 물질로 분리되는 화학변화

> 일반식 : $AB \longrightarrow A + B$
>
> 예 $2H_2O \longrightarrow 2H_2 + O_2$
> (물) (수소) (산소)

③ **치환** : 어떤 화합물의 성분 중 일부가 다른 원자나 원자단으로 바뀌어 새로운 화합물을 만드는 화학변화

> 일반식 : A + BC ⟶ AC + B
>
> 예 $Zn + H_2SO_4 ⟶ ZnSO_4 + H_2$
>   (아연)   (황산)   (황산아연) (수소)

④ **복분해** : 두 종류 이상의 화합물 성분 중 일부가 서로 바뀌어 새로운 화합물로 만들어지는 화학변화

> 일반식 : AB + CD ⟶ AD + CB
>
> 예 $AgNO_3 + HCl ⟶ AgCl + HNO_3$
>   (질산은) (염산)   (염화은) (질산)

3. 물질의 삼태(기체, 액체, 고체)와 에너지

(1) 물질의 상태변화

물은 고체(얼음), 액체(물), 기체(수증기)의 세 가지 상태로 존재하는데 상태가 변화할 때에는 에너지를 흡수하거나 방출한다.

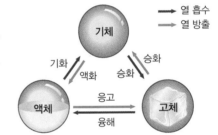

(2) 물질의 에너지 : 고체<액체<기체의 순서이다.

① **융해** : 고체가 액체로 변화되는 현상

② **응고** : 액체가 고체로 변화되는 현상

③ **기화** : 액체가 기체로 변화되는 현상

④ **액화** : 기체가 액체로 변화되는 현상

⑤ **승화** : 고체가 기체로, 또는 기체가 고체로 변화되는 현상

> 예 승화성 물질 : 드라이아이스, 장뇌, 나프탈렌, 요오드, 승홍

예제
1

다음 물질 중 승화성이 없는 것은?

① 드라이아이스   ② 요오드   ③ 탄산소다   ④ 장뇌

정답 | ③

(3) 물의 삼상태의 변화

① 물의 현열 : 100cal/g

② 얼음의 융해열(잠열) : 80cal/g

③ 물의 기화열(잠열) : 539cal/g

④ 물의 비열 : 1cal/g·℃

⑤ 얼음의 비열 : 0.5cal/g·℃

⑥ 수증기의 비열 : 0.47cal/g·℃

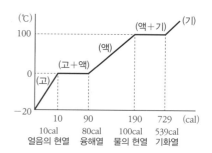

- 현열($Q=m \cdot C \cdot \varDelta t$) : 물질의 상태는 변하지 않고 온도만 변화할 때의 열량

- 잠열($Q=m \cdot r$) : 온도는 변하지 않고 상태만 변화할 때의 열량(기화열, 융해열)

- 비열($C=Q/m \cdot \varDelta t$) : 물질 1g을 1℃ 올리는 데 필요한 열량

[Q : 열량(cal), C : 비열(cal/g℃), m : 질량(g), $\varDelta t$: 온도차(℃), r : 잠열(cal/g)]

10℃의 물 5g을 50℃로 올리려면 몇 cal의 열량이 필요한가?

① 20cal　　　② 200cal　　　③ 2kcal　　　④ 20kcal

| 풀이 |　Q=m·C·$\varDelta t$에서, 열량 Q=5g×1cal/g℃×(50−10)℃=200cal　　　정답 | ②

대기압상태에서 −20℃ 얼음 10g을 100℃ 수증기로 변화시키는 데 필요한 열량은 몇 cal인가?

① 5,390cal　　　② 6,390cal　　　③ 7,290cal　　　④ 8,290cal

| 풀이 |

$$-20℃ 얼음 \xrightarrow[\text{현열}]{Q_1} 0℃ 얼음 \xrightarrow[\text{잠열}]{Q_2} 0℃ 물 \xrightarrow[\text{현열}]{Q_3} 100℃ 물 \xrightarrow[\text{잠열}]{Q_4} 100℃ 수증기$$

- $Q_1=m \cdot c \cdot \varDelta t$: 10g×0.5cal/g℃×[0℃−(−20℃)]=100cal

- $Q_2=m \cdot r$: 10g×80cal/g=800cal

- $Q_3=m \cdot C \cdot \varDelta t$: 10g×1cal/g℃×(100℃−0℃)=1,000cal

- $Q_4=m \cdot r$: 10g×539cal/g=5,390cal

∴ $Q=Q_1+Q_2+Q_3+Q_4$

= 100cal+800cal+1,000cal+5,390cal=7,290cal　　　정답 | ③

4. 원소와 동소체

(1) **원소** : 물질을 구성하고 있는 기본적인 성분으로서 보통의 화학적인 방법으로는 더 이상 쪼갤 수 없는 성분을 원소라고 한다.

(2) **동소체** : 한 가지 같은 원소로 되어 있으나 서로 성질이 다른 단체로서 원자배열 및 분자배열이 서로 다른 관계이다.

① 동소체를 만드는 원소는 탄소, 산소, 황, 인의 네 가지 원소뿐이다.

② **동소체 확인방법** : 같은 원소로 되어 있으므로 연소시키면 연소생성물이 같다.

[각종 동소체와 그 생성원인]

성분원소	동소체	생성원인	연소생성물
황(S)	사방황·단사황·고무상황	결정 속의 분자 배열	이산화황(SO_2)
탄소(C)	다이아몬드·흑연·활성탄	결정 속의 원자 배열	이산화탄소(CO_2)
산소(O)	산소(O_2)·오존(O_3)	분자 조성의 차	–
인(P)	황린(P_4)·적린(P)	결정 속의 분자 구성	오산화인(P_2O_5)

5. 물질의 분류

물질 ┬ 순물질 ┬ **단체** : 수소(H_2), 산소(O_2), 금(Au), 구리(Cu) 등
　　　│　　　　└ **화합물** : 물(H_2O), 소금(NaCl), 암모니아(NH_3) 등
　　　└ 혼합물 ┬ **균일혼합물** : 공기(질소와 산소), 바닷물(물과 소금)
　　　　　　　　└ **불균일혼합물** : 흙, 광석, 우유 등

(1) 단체 : 한 가지 원소로만 된 물질

(2) 화합물 : 두 가지 이상의 원소가 결합되어 만들어진 물질

(3) 혼합물 : 두 가지 이상의 단체 또는 화합물이 섞여만 있는 것

참고 순물질과 혼합물의 비교
- 순물질 : 물리적 방법으로는 분리할 수 없으며 고체는 융해점, 액체는 비등점이 일정하다.
- 혼합물 : 물리적 방법으로 분리할 수 있으며 고체는 융해점, 액체는 비등점이 일정하지 않다.

㉺ 순수한 물(H_2O)은 1atm 0℃에서 얼고, 100℃에서 끓는다.
소금물은 여러 가지 혼합물로서 계속 가열함에 따라 농축되어 끓는점이 100℃보다 높아진다.

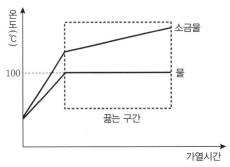

[순물질(물)과 혼합물(소금물)의 구별법]

6. 혼합물의 분리

(1) 고체와 액체 혼합물의 분리

① **여과(거름)** : 액체 속에 들어 있는 고체를 깔때기와 거름종이를 사용하여 분리하는 방법

㉺ 흙탕물, 모래와 설탕

② 증발 : 액체 속에 고체가 녹아 있을 때 이 용액을 끓여 증기로 만든 다음 증기를 냉각시켜 순수한 액체를 얻는다.

> **예** 소금물을 끓여 순수한 물을 얻음, 설탕물을 끓여 순수한 물을 얻음

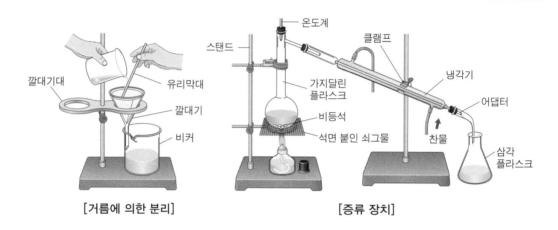

[거름에 의한 분리]   **[증류 장치]**

> **참고** 증류에서 비등석(구멍이 많은 돌)은 돌비(갑자기 끓는 것)를 방지하기 위함이고, 냉각기의 찬물은 밑에서 넣어 위로 뽑는다.

(2) 액체 혼합물의 분리

① **분별 증류** : 액체와 액체가 균일하게 섞여 있을 때 끓는점(비등점)의 차이를 이용해서 분리시키는 방법

> **예** 물에 알코올이 섞여 있을 때, 원유에서 휘발유·등유·경유 등 분리할 때

② **분액 깔때기** : 액체와 액체가 서로 섞이지 않고 두 층을 이룰 때

> **예** 물과 에테르

(3) 고체 혼합물의 분리

① **재결정** : 용해도가 큰 결정 속에 용해도가 작은 결정이 섞여 있을 때 용해도의 차를 이용하여 정제하는 것

> **예** 질산칼륨(KNO_3)과 소금($NaCl$)

② **승화법** : 승화성 고체(요오드, 나프탈렌, 드라이아이스)에 불순물이 섞여 있을 때 혼합물을 가열하여 승화시켜 정제하는 법

> **예** 요오드와 모래가 섞여 있을 때

(4) 기체 혼합물의 분리

① **흡착법** : 두 기체 중 어느 한 쪽 기체만을 흡수하는 흡수제를 통과시켜 흡수제거하여 분리

예 오르자트법(H_2와 CO_2의 혼합 기체를 KOH 속을 통과시켜 H_2를 얻음), 게겔법 등

② 액화 분리 : 기체 혼합물을 압축 냉각시켜 액체를 만든 다음 이를 끓여 끓는점의 차로 분리

예 공기로부터 질소와 산소 분리

(5) 그 밖의 방법

① 투석(다이알리시스) : 콜로이드 용액 속에 섞여 있는 이온이나 작은 입자를 반투막을 이용하여 분리하는 방법

예 녹말과 소금

② 크로마토그래피법 : 흡착력의 차이를 이용하여 분리하는 방법

예 아미노산의 혼합물 분리

③ 이온 교환 수지법 : 물속에 녹아 있는 소량의 전해질을 제거하는 방법

7. 온도와 압력

(1) 온도 : 물체의 분자 운동에 의한 것으로 온냉의 정도를 나타내는 것을 말한다.

① $\text{℃} = \frac{5}{9}(\text{℉} - 32)$

② $\text{℉} = \frac{9}{5}\text{℃} + 32$

※ 절대온도(T) ┬ K = 273.15 + ℃
└ R = 460 + ℉

(2) 압력 : 단위면적당 무게의 힘이 수직방향으로 작용할 때의 힘의 크기를 말한다.

예 표준 대기압상태(STP) : 0℃, 1atm

$1atm = 1.0332 kg/cm^2 = 10.332 mH_2O = 760 mmHg = 76 cmHg$

$= 14.7 PSI = 101325 Pa(N/m^2) = 101.325 KPa = 0.101325 MPa$

$= 1.013 \times 10^6 dyne/cm^2 = 1.013 bar = 1013 mbar$

※ $1kg/cm^2 = 10mH_2O = 100KPa = 0.1MPa$

8. 밀도와 비중

(1) 밀도(ρ) $= \frac{질량(W)}{부피(V)}$

① 기체의 밀도 : 기체의 단위부피당 질량(단위 : g/l, kg/m^3)

예 기체의 밀도 $= \frac{질량(W)}{부피(V)}$ $\qquad$ ∴ 기체의 밀도$(g/l) = \frac{분자량(g)}{22.4l}$

② **액체의 밀도** : 액체의 단위체적당 질량(단위 : g/cc, kg/l, t/m³)

> **예** 물의 비중량 : 1,000kg/m³

(2) 비중

① 기체의 비중 = $\dfrac{\text{기체의 분자량}}{\text{공기의 평균 분자량(29)}}$

  = $\dfrac{\text{같은 부피의 가스 밀도(g/}l\text{)}}{\text{표준상태에서 공기의 밀도(g/}l\text{)}}$

② 액체의 비중 = $\dfrac{\text{물체의 무게(g)}}{\text{물체와 같은 체적의 4℃의 순수한 물의 무게(g)}}$

  = $\dfrac{\text{물질의 밀도(g/cc)}}{\text{4℃의 순수한 물의 밀도(g/cc)}}$

> **예** 단위중 cc = cm³ = ml

 예제 4 어떤 기체의 밀도가 표준상태(0℃. 1atm)에서 1.96g/l일 때 분자량은?

① 28g　　　　② 32g　　　　③ 44g　　　　④ 58g

| 풀이 |

표준상태에서 밀도 = $\dfrac{\text{분자량}}{22.4l}$, 분자량 = 밀도(g/$l$) × 22.4$l$ 이므로

∴ 1.96g/l × 22.4l ≒ 44g

정답 | ③

 예제 5 가로 2cm, 세로 5cm, 높이 3cm인 직육면체 물체의 무게는 100g이었다. 이 물체의 밀도는 몇 g/cm³인가?

① 3.3　　　　② 4.3　　　　③ 5.3　　　　④ 6.3

| 풀이 |

밀도 = 단위체적당 질량(ρ = g/cm³)

∴ ρ = 100g/(2cm × 5cm × 3cm) = 3.33g/cm³

정답 | ①

---

2 원자, 분자, 이온, 몰

1. 원자의 구조

(1) 원소와 원자

① 원소 : 화학적으로 독특한 성질을 갖는 것으로 주기율표에 표시된 것

② 원자 : 원소를 구성하고 있는 화학적 성질을 유지하는 최소입자

(2) 원자의 구조

원자 ┬ 원자핵 ┬ 양성자(P^+)
    │   └ 중성자(N)
    └ 전자(e^- : 원자의 화학적 성질을 결정한다)

[원자의 구조]

① **원자** : 그 중심부에 (＋)전기를 띤 원자핵이 있고, 그 주위에 일정한 궤도에 따라 돌고 있는(－)전기를 띤 전자가 있다.

> **예** • 전자의 질량 : 양성자(중성자)의 $\frac{1}{1836}$배
> • 중간자의 질량 : 전자의 257배

② **원자번호와 질량수(원자량)**
- **원자번호＝양성자수＝전자수**
- **질량수＝양성자수＋중성자수**

③ **원자량** : 질량수 12인 탄소원자($_6C^{12}$) 한 개의 질량을 12.0000으로 정하고 이것을 기준하여 비교한 다른 원자 한 개의 상대적 질량을 그 원자의 원자량이라 한다.

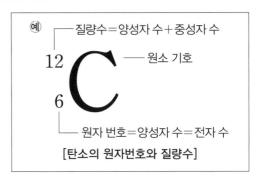

[탄소의 원자번호와 질량수]

④ **원자량을 구하는 방법**
- 듀롱·프티(Dulong·Petit)법(고체물질 원자량 측정)

$$원자량＝\frac{6.4}{원소의 비열}$$

- 원자량＝당량×원자가

예제 1

다음 중 가장 가벼운 질량을 가진 입자는?

① 양성자   ② 중간자   ③ 전자   ④ 중성자

정답 | ③

예제 2

다음 원자에 대하여 질량수, 양성자수, 전자수, 중성자수를 쓰시오.

① $_7^{14}N$ ② $_{18}^{40}Ar$ ③ $_8^{16}O^{-2}$ ③ $_{20}^{40}Ca^{+2}$

풀이	① • 질량수 : 14	② • 질량수 : 40	③ • 질량수 : 16	④ • 질량수 : 40
	• 양성자수 : 7	• 양성자수 : 18	• 양성지수 : 8	• 양성자수 : 20
	• 전자수 : 7	• 전자수 : 18	• 전자수 : 10	• 전자수 : 18
	• 중성자수 : 7	• 중성자수 : 22	• 중성자수 : 8	• 중성자수 : 20

예제 3 은(Ag)의 비열은 0.059이다. 은의 원자량을 구하시오.

| 풀이 |

$$원자량 = \frac{6.4}{원소의 비열} = \frac{6.4}{0.059} ≒ 108$$

(3) 동위원소 : 같은 종류의 원소로서 양성자수(전자수)는 같으나 질량수(중성자수)가 다른 원소로서 화학적 성질은 같으나 물리적 성질이 다른 관계이다.

> **예** • 수소의 동위원소 : $_1^1H$(수소) · $_1^2H$(중수소) · $_1^3H$(3중수소)
>
> • 염소의 동위원소 : $_{17}^{35}Cl$ · $_{17}^{37}Cl$
>
> • 탄소의 동위원소 : $_6^{12}C$ · $_6^{13}C$

참고 동위원소의 평균 원자량 구하는 법

• 탄소 : $_6^{12}C = 99\%$ $_6^{13}C = 1\%$ 이므로 $\quad C = 12 \times \frac{99}{100} + 13 \times \frac{1}{100} = 12.01115 ≒ 12$

• 염소 : $_{17}^{35}Cl = 75\%$ $_{17}^{37}Cl = 25\%$ 이므로 $\quad C = 35 \times 0.75 + 37 \times 0.25 = 35.5$

(4) 동중원소 : 원자번호는 다르고 질량수가 같은 원소로서 화학적 성질이 다른 관계이다.

> **예** $_6^{14}C$와 $_7^{14}N$, $_{18}^{40}Ar$와 $_{20}^{40}Ca$

2. 분자

물질의 고유의 특성을 가지고 있는 가장 작은 입자이다.

(1) 분자의 종류

① **단원자 분자** : 원자 한 개가 직접 분자 한 개로 되는 원소는 비활성 기체만이 단원자 분자이다.

> **예** He, Ne, Ar, Kr, Xe, Rn

② **2원자 분자** : 원자 두 개가 결합하여 분자 한 개가 되는 것

> **예** H_2, N_2, O_2, F_2, Cl_2, Br_2, I_2, HCl, CO 등

③ **다원자 분자** : 원자 세 개 이상이 결합하여 분자 한 개가 되는 것

> **예** O_3(오존), P_4(인), S_8(황), H_2O, HNO_3, H_2SO_4, CH_4 등

(2) 분자량 : 분자식을 이루는 각 원자의 원자량의 합

> **예** 물(H_2O)의 분자량 $\quad$= 수소의 원자량×2 + 산소의 원자량
> $\qquad\qquad\qquad\qquad$ = $\qquad$ 1×2 $\qquad$ + $\qquad$ 16 $\qquad$ = 18
>
> $\quad$황산(H_2SO_4)의 분자량 = 수소의 원자량×2 + 황의 원자량 + 산소의 원자량×4
> $\qquad\qquad\qquad\qquad$ = $\qquad$ 1×2 $\qquad$ + $\qquad$ 32 $\qquad$ + $\qquad$ 16×4 $\qquad$ = 98

(3) 혼합물의 평균 분자량 : 공기는 혼합물이므로 분자식이 없다. 따라서 분자량을 생각할 수 없으나 다음과 같이 공기의 조성을 이용하여 공기의 평균 분자량을 계산한다.

> **예** 공기의 평균 분자량 $= \dfrac{28 \times 78 + 32 \times 21 + 40 \times 1}{100} \fallingdotseq 29$
>
> | 공기 | 성분 | 함량 | 분자량 |
> |---|---|---|---|
> | | 질소(N_2) | 78% | 28 |
> | | 산소(O_2) | 21% | 32 |
> | | 아르곤(Ar) | 1% | 40 |

(4) 화학식량(식량) : 분자가 존재하지 않는 물질(이온 결합, 금속 결합, 그물 구조 물질)은 분자량이 없다. 이와 같은 물질의 원자량의 합을 화학식량이라 한다.

> **예** H_2O ┌ 분자량 = 18 ┐ 같다. $\qquad$ NaCl ┌ 분자량 = 없다
> $\qquad\quad$└ 식량 $\quad$= 18 ┘ $\qquad\qquad\qquad\qquad$└ 식량 = 23 + 35.5 = 58.5
>
> 식량은 분자가 없는 화합물에 대하여 사용하므로 분자량처럼 혼용할 경우가 많다.

3. 이온

전기적으로 중성인 원자가 전자를 잃으면 양이온(+), 전자를 얻으면 음이온(−)이 된다.

(1) 양이온(+) : 금속원자는 전자를 잃어버리기 쉬우므로 (+)전기를 띤 양이온이 된다.

> **예** $\quad$ Na 원자 $\quad\longrightarrow\quad$ $Na^+ + e^-$
> $\qquad$(양성자 : 11, 전자 : 11) $\quad$ (양성자 : 11, 전자 : 10)

(2) 음이온(−) : 비금속원자는 전자를 얻어오기 쉬우므로 (−)전기를 띤 음이온이 된다.

> **예** $\quad$ Cl원자 + e^- $\quad\longrightarrow\quad$ Cl^-이온
> $\qquad$(양성자 : 17, 전자 : 17) $\quad$ (양성자 : 17, 전자 : 18)

4. 몰

원자, 분자, 이온 등과 같은 작은 입자의 개수를 묶음으로 나타내는 단위이다.

(1) 1몰 : 질량수가 12인 탄소(^{12}C) 12g 속에 들어 있는 탄소 원자의 수로, 6.02×10^{23}개, 이 수를 아

보가드로수(Avogadro's number)라고 한다.

① 몰과 g과의 관계
- 분자 1몰＝분자량＋g＝분자수가 6.02×10^{23}개＝1g분자
- 원자 1몰＝원자량＋g＝원자수가 6.02×10^{23}개＝1g원자
- 이온 1몰＝이온량＋g＝이온수가 6.02×10^{23}개＝1g이온

② 원자, 분자, 이온 : 모든 입자 1몰에는 그 입자가 아보가드로수의 6.02×10^{23}개가 들어 있다.

입자	1몰의 개념	몰수와 입자수와의 관계
원자	6.02×10^{23}개의 원자	• 탄소(C) 원자 1몰＝탄소 원자 6.02×10^{23}개 • 탄소(C) 원자 0.5몰＝탄소 원자 3.01×10^{23}개
분자	6.02×10^{23}개의 분자	• 물(H_2O) 분자 1몰＝물 분자 6.02×10^{23}개 • 물(H_2O) 분자 2몰＝물 분자 12.04×10^{23}개
이온	6.02×10^{23}개의 이온	• 나트륨 이온(Na^+) 1몰＝나트륨 이온 6.02×10^{23}개 • 염화 이온(Cl^-) 2몰＝염화 이온 12.04×10^{23}개

③ 분자 1몰에 들어 있는 원자 수 : 물 분자 1개에는 수소 원자 2개, 산소 원자 1개가 들어 있으므로 물 분자 1몰에는 수소 원자 2몰, 산소 원자 1몰이 들어 있다.

물 분자 1몰　　수소 원자 2몰　　산소 원자 1몰

④ 분자로 존재하지 않는 화합물에 들어 있는 입자 수 : 염화나트륨(NaCl)은 나트륨 이온(Na^+)과 염화이온(Cl^-)이 규칙적으로 배열되어 있으므로 1몰의 염화나트륨에는 나트륨 이온 1몰과 염화 이온 1몰이 들어 있다.

염화나트륨 1몰　　나트륨 이온 1몰　　염화 이온 1몰

(2) **몰과 체적과 분자 수의 관계** : 몰수의 비＝체적의 비＝분자 수의 비

모든 물질 분자 1몰은 표준상태(0℃, 1기압)에서 22.4l이며, 그 속의 분자 수는 6.02×10^{23}개가 들어있다.

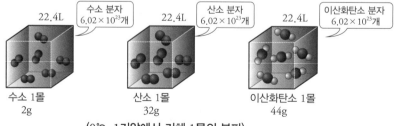

(0℃, 1기압에서 기체 1몰의 부피)

따라서, 분자 2몰이면 $2×22.4l$, $2×6.02×10^{23}$개이므로, 몰수의 비＝체적의 비＝분자 수의 비가 된다.

(3) 밀도와 질량과 분자량의 관계 : 밀도의 비＝질량의 비＝분자량의 비

> **예** 밀도＝$\dfrac{질량}{부피}$인데, 기체인 경우 그 단위는 밀도＝g/l이다. 즉 기체의 밀도는 $1l$의 질량이 된다.
> 따라서 기체 $1l$의 무게(밀도)$×22.4＝22.4l$의 무게＝분자량＋g이 성립된다.

예제 5

암모니아(NH_3) 기체 1몰(mol) 속에 수소(H) 원자 수는 몇 개인가?

① $6.02×10^{23}$개   ② $12.04×10^{23}$개   ③ $18.06×10^{23}$개   ④ $3.01×10^{23}$개

| 풀이 |　NH_3 기체 1mol 중 H원자 수는 3mol이 포함되어 있으므로
　　　　$3×6.02×10^{23}$개＝$18.06×10^{23}$개이다.

정답 | ③

예제 6

0℃, 1기압에서 0.5몰의 이산화탄소(CO_2) 기체가 있다. [단, 원자량은 C＝12, O＝16]

① 이산화탄소의 분자 수는 몇 개인가?
② 이산화탄소의 질량은 몇 g인가?
③ 이산화탄소의 부피는 몇 l인가?

| 풀이 |　CO_2 : $12＋16×2＝44g$(분자량)＝1mol＝1g분자＝$22.4l$(0℃, 1기압)＝$6.02×10^{23}$개

　　① 몰수＝$\dfrac{분자\ 수(개)}{6.02×10^{23}}$ 이므로, CO_2의 분자 수＝몰수$×6.02×10^{23}$개＝$0.5×6.02×10^{23}$개

　　　＝$3.01×10^{23}$개이다.

　　② 몰수＝$\dfrac{질량}{분자량}$ 이므로, CO_2의 질량＝몰수×이산화탄소의 분자량＝$0.5×44g＝22g$이다.

　　③ 몰수＝$\dfrac{부피(l)}{22.4}$(0℃, 1기압에서)이므로, CO_2의 부피＝$0.5×22.4l＝11.2l$이다.

정답 | ① $3.01×10^{23}$개 ② 22g ③ $11.2l$

---

3 원자 · 분자에 관한 법칙

1. 원자에 관한 법칙

(1) 질량 불변의 법칙(Lavoisier, 1772년)

화학반응에서 반응하는 물질의 질량의 총합과 반응 후에 생긴 물질의 질량의 총합은 언제나 같다.

> **예** 탄소와 산소가 결합하여 이산화탄소가 될 때 탄소 12g은 산소 32g과 반응하여 이산화탄소 44g
> 이 되어 반응 전과 반응 후의 질량의 합은 같다.
>
> $C + O_2 = CO_2$
>
> $12g + 32g = 44g$

(2) 일정 성분비의 법칙(Proust, 1779년)

같은 화합물 속에서 성분 원소의 질량의 비는 언제나 일정하다. 이것을 일정 성분비의 법칙 또는
정비례의 법칙이라 한다.

> **예** $2H_2 + O_2 \longrightarrow 2H_2O$, 물($H_2O$) 속에는 수소와 산소의 질량비는 1:8이다.
>
>   4g   32g   36g
>   1 : 8 :   9

(3) 배수비례의 법칙(Dalton, 1802년)

A, B 두 가지 원소로만 되어진 화합물이 두 가지 이상 있을 때에 이들 화합물 속에서 A원소의 일
정량과 결합하는 B원소의 질량 사이에는 언제나 간단한 정수비가 성립된다.

> **예** 일산화탄소(CO)와 이산화탄소(CO_2)를 비교하면 A원소는 탄소이고 B원소는 산소이다. 여기서
> 탄소(A)의 일정량과 결합하는 산소(B)의 질량 사이에는 간단한 정수비 1:2가 성립한다.
>
>   탄소의 질량   산소의 질량
>   CO에서   ………… 12g ………… 16g
>   CO₂에서 ………… 12g ……… 32g
>   ∴ 탄소의 같은 양과 결합하는 산소의 질량 사이에는 1:2의 정수비가 성립된다.
>   ※ 종류 : [CO, CO₂], [SO₂, SO₃], [H₂O, H₂O₂] 등

2. 분자에 관한 법칙

(1) 기체반응의 법칙[게이 뤼삭(Gay-Lussac), 1808년]

기체가 반응할 때나, 반응에 의해서 기체가 생성될 때, 같은 온도, 같은 압력에서는 이들 기체의
부피 사이에는 간단한 정수비가 성립한다.

> **예** $N_2 + 3H_2 \longrightarrow 2NH_3$ (계수의 비=부피의 비)
>   1부피 3부피   2부피

(2) 아보가드로의 법칙(Avogadro, 1811년)

기체인 경우 온도와 압력이 같으면 기체의 종류에 관계없이 같은 체적 안에는 같은 수의 분자가
존재한다.

예 온도와 압력이 0℃, 1기압(표준 상태)으로 같은 상태가 되면 어떠한 기체든지 22.4l의 체적 안에는 6×10²³개의 분자수가 존재한다.

H₂ 0℃, 1기압 22.4l	O₂ 0℃, 1기압 22.4l	CO₂ 0℃, 1기압 22.4l	CH₄ 0℃, 1기압 22.4l
H₂분자수=6×10²³개	O₂분자수=6×10²³개	CO₂분자수=6×10²³개	CH₄분자수=6×10²³개

 예제 1 수소 1g과 산소 16g의 혼합기체에 연소시켜 물을 만들었다. 이때 반응하지 않고 남은 기체의 부피는 0℃, 1기압에서 얼마인가?

① 5.6l　　　　② 11.2l　　　　③ 22.4l　　　　④ 44.8l

| 풀이 |

$$2H_2 + O_2 \longrightarrow 2H_2O$$

　4g　：32g

　1g　：　x　　∴　$x = \dfrac{1 \times 32}{4} = 8g(산소)$

즉, 수소가 1g일 때 산소는 8g밖에 반응하지 않는다. 그래서 남은 기체는 산소 16g 중 8g이고 부피로 환산하면 다음과 같다.

　32g : 22.4l = 8g : x

　∴　$x = \dfrac{8 \times 22.4}{32} = 5.6l$이다.

정답 | ①

 예제 2 에탄올 23g이 완전연소되면 표준상태에서 몇 l의 이산화탄소가 생성되는가?

① 5.6l　　　　② 11.2l　　　　③ 22.4l　　　　④ 44.8l

| 풀이 |

$$C_2H_5OH + 3O_2 \longrightarrow 2CO_2 + 3H_2O$$

　46g　　　　：　2×22.4l

　23g　　　　：　x　　∴　$x = \dfrac{23 \times 2 \times 22.4}{46} = 22.4l$이다.

정답 | ③

01 다음 중 동소체를 만들지 못하는 것은?

① 산소
② 질소
③ 탄소
④ 인

해설

동소체를 만드는 원소
- 산소(O) : 산소, 오존
- 탄소(C) : 다이아몬드, 흑연, 활성탄(숯)
- 황(S) : 사방황, 단사황, 고무상황
- 인(P) : 황린, 적린

※ 동소체확인방법 : 연소시키면 연소생성물이 같다.

02 어떤 물질이 순수한 상태로 되어 있는지를 알고자 할 때 다음 중 어떤 것을 조사하면 되겠는가?

① 색깔
② 융점
③ 밀도
④ 화학적 성질

해설

순물질확인방법
고체는 융점(MP), 액체는 비점(BP)을 측정하여 순물질과 비교한다. 즉, 혼합물은 혼합비의 정도에 따라서 융점, 비점이 각각 다르다.

03 물에 소금이 녹아 있을 때 어떤 방법으로 분리하는가?

① 재결정
② 증발
③ 증류
④ 여과

해설

- 증발 : 한 가지는 가열에 의해 기체로 되고 한 가지는 기체로 되지 않을 때 사용하는 방법
- 증류 : 가열에 의하여 둘 다 기체로 변할 때 비등점 차이를 이용하여 분리시키는 방법

04 다이아몬드와 흑연이 동소체라는 사실을 증명하는 데 가장 효과적인 실험 방법은?

① 전기 전도도를 측정한다.
② 결정 구조를 조사한다.
③ 융점과 비등점을 비교한다.
④ 연소생성물을 비교한다.

해설

다이아몬드와 흑연을 각각 연소하면 연소생성물이 똑같이 CO_2이다.

 정답 01 ② 02 ② 03 ② 04 ④

05 어떤 기체가 탄소 원자 1개당 2개의 수소 원자를 함유하고 0℃, 1기압에서 밀도가 1.25g/l일 때, 이 기체에 해당하는 것은?

① CH_2　　　　　② C_2H_4

③ C_3H_6　　　　　④ C_4H_8

해설

밀도(g/l)＝$\dfrac{분자량(g)}{22.4(l)}$

(분자량은 각 원소의 원자량의 합이다.)

① $CH_2 = \dfrac{(12+1\times2)g}{22.4l} = \dfrac{14g}{22.4l} = 0.625g/l$

② $C_2H_4 = \dfrac{(12\times2+1\times4)g}{22.4l} = \dfrac{28g}{22.4l} = 1.25g/l$

③ $C_3H_6 = \dfrac{(12\times3+1\times6)g}{22.4l} = \dfrac{42g}{22.4l} = 1.875g/l$

④ $C_4H_8 = \dfrac{(12\times4+1\times8)g}{22.4l} = \dfrac{56g}{22.4l} = 2.5g/l$

06 부피 1.28ml의 질량이 2.69g인 액체를 증발시켰더니 표준상태에서 부피가 0.747l가 되었다. 이 화합물의 분자량은?

① 29　　　　　② 60

③ 80　　　　　④ 116

해설

모든 기체는 표준상태(0℃, 1atm)에서 부피는 22.4l일 때 분자량(g)이 된다.

$0.747l : 2.69g = 22.4l : x$ (분자량)

∴ 분자량(x)≒80g

07 원소 질량의 표준이 되는 것은?

① ^{1}H　　　　　② ^{12}C

③ ^{16}O　　　　　④ ^{235}U

해설

원소의 표준질량은 탄소 원자 $^{12}_{6}$C 1개의 질량을 12.00000으로 정하고 이와 비교하여 다른 원자들의 질량비를 원자량이라 한다.

08 염소는 2가지 동위원소로 구성되어 있는데 원자량이 35인 염소는 75% 존재하고, 37인 염소는 25% 존재한다고 가정할 때, 이 염소의 평균 원자량은 얼마인가?

① 34.5　　　　　② 35.5

③ 36.5　　　　　④ 37.5

해설

평균 원자량＝(35×0.75)＋(37×0.25)＝35.5

09 원자번호 19, 질량수 39인 칼륨 원자의 중성자수는 얼마인가?

① 19　　　　　② 20

③ 39　　　　　④ 58

해설

• 원자번호＝양성자수＝전자수

• 질량수＝양성자수＋중성자수

　$39 = 19 + x$　∴ $x = 20$

10 다음 중 전자의 수가 같은 것으로 나열된 것은?

① Ne, Cl⁻

② Mg^{+2}, O^{-2}

③ F, Ne

④ Na, Cl⁻

원자번호＝양성자수＝전자수

⎡ ⊕ : 중성원자가 전자를 잃는 것(방출)
⎣ ⊖ : 중성원자가 전자를 받는 것(얻음)

① Ne : 10

  Cl⁻ : 17＋1＝18

② Mg^{+2} : 12－2＝10

  O^{-2} : 8＋2＝10

③ F : 9

  Ne : 10

④ Na : 11

  Cl⁻ : 17＋1＝18

11 98% H_2SO_4 50g에서 H_2SO_4에 포함된 산소 원자수는?

① 3×10^{23}개

② 6×10^{23}개

③ 9×10^{23}개

④ 1.2×10^{24}개

① 98% H_2SO_4(황산) 50g을 100% H_2SO_4으로 환산하면

  $50g \times 0.98 = 49g$

② 100% H_2SO_4 98g에는 산소(O) 4(mol)×6×10^{23}개의 원자수가 있으므로 49g에 해당하는 원자수로 환산하면 된다.

  [H_2SO_4의 분자량＝$1 \times 2 + 32 + 16 \times 4 = 98g$]

  $98g : 4 \times 6 \times 10^{23} = 49g : x$

  $x = \dfrac{49 \times 4 \times 6 \times 10^{23}}{98} = 12 \times 6 \times 10^{23}$

  ∴ $1.2 \times 6 \times 10^{24}$

12 배수비례의 법칙이 적용 가능한 화합물을 옳게 나열한 것은?

① CO, CO_2

② HNO_3, HNO_2

③ H_2SO_4, H_2SO_3

④ O_2, O_3

배수비례의 법칙

서로 다른 두 종류의 원소가 화합하여 여러 종류의 화합물을 구성할 때 한 원소의 일정질량과 결합하는 다른 원소의 질량비는 간단한 정수비로 나타낸다.

예 탄소산화물 : CO, CO_2

  황화합물 : SO_2, SO_3

13 산소 분자 1개의 질량을 구하기 위하여 필요한 것은?

① 아보가드로수와 원자가

② 아보가드로수와 분자량

③ 원자량과 원자번호

④ 질량수와 원자가

아보가드로의 법칙

모든 기체 1mol(1g분자)은 표준상태(0℃, 1기압)에서 부피는 22.4l이고 그 속에는 6.02×10^{23}개의 분자가 들어있다.

4 원자가, 당량, 화학식, 화학 방정식

1. 원자가(Valence)

① 어떤 원자 한 개와 결합하는 수소 원자의 수를 원자가라 한다.

> 예 CH_4에서 C의 원자가＝4가(수소 원자 4개와 결합했으므로)
>
> H_2O에서 O의 원자가＝2가(수소 원자 2개와 결합했으므로)

② 원자가는 주기율표의 '족' 수와 밀접한 관계가 있다.

원자가 \ 족	1족	2족	3족	4족	5족	6족	7족	0족
(+)원자가	+1	+2	+3	+4 +2	+5 +3	+6 +4	+7 +4	0
(−)원자가				−4	−3	−2	−1	
	불변			가변				불변

③ 팔우설(Octet rule) : 모든 원소는 제일 바깥 전자껍질에는 8개의 전자를 취하려는 성질을 가지고 있다.

> **참고** 원자가를 이용하여 화합물의 화학식을 만드는 방법
>
> 원자가가 한 가지일 때
> $$\overset{+3}{Al} + \overset{-2}{O} \longrightarrow \overset{+3}{Al_2}\overset{-2}{O_3} \longrightarrow Al_2O_3$$
> $$\overset{+2}{Mg} + \overset{-2}{O} \longrightarrow \overset{+2}{Mg_2}\overset{-2}{O_2} \longrightarrow Mg_2O_2 \longrightarrow MgO$$
>
> • 화합물일 때 : [(＋)원자가×원자수]＋[(−)원자가×원자수]＝0
> • '기'일 때 : [(＋)원자가×원자수]＋[(−)원자가×원자수]＝이온가 '수'

2. 원자단(근, 기, Radical)

두 가지 이상의 원소가 일정한 원자수로 결합하여 한 개의 원자와 같이 화학변화할 때 분해되지 않고 옮겨 다니는 원자의 모임을 원자단, 근 또는 기라 한다.

① $\overset{+3}{Al} + \overset{-2}{SO_4} \longrightarrow \overset{+3}{Al}(\underset{2}{SO_4})\overset{-2}{_3} \longrightarrow Al_2(SO_4)_3$

② 원자단은 화학반응에서 떨어지지 않는다.

$$Zn + H_2\boxed{SO_4} \longrightarrow Zn\boxed{SO_4} + H_2$$

③ 중요한 원자단의 원자가

이름	원자단	원자가	이름	원자단	원자가
암모늄기	NH_4^+	+1	아황산기	SO_3^{2-}	-2
수산기	OH^-	-1	탄산기	CO_3^{2-}	-2
시안기	CN^-	-1	크롬산기	CrO_4^{2-}	-2
질산기	NO_3^-	-1	중크롬산기	$Cr_2O_7^{2-}$	-2
황산기	SO_4^{2-}	-2	인산기	PO_4^{3-}	-3
염소산기	ClO_3^-	-1	시안화철(Ⅱ)산기	$Fe(CN)_6^{4-}$	-4
과망간산기	MnO_4^-	-1	시안화철(Ⅲ)산기	$Fe(CN)_6^{3-}$	-3

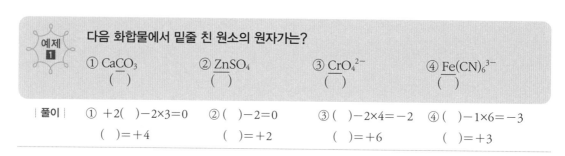

예제 1 다음 화합물에서 밑줄 친 원소의 원자가는?

① $Ca\underline{C}O_3$ ( ) ② $Zn\underline{S}O_4$ ( ) ③ $\underline{Cr}O_4^{2-}$ ( ) ④ $\underline{Fe}(CN)_6^{3-}$ ( )

┃풀이┃
① $+2( )-2\times3=0$ ② $( )-2=0$ ③ $( )-2\times4=-2$ ④ $( )-1\times6=-3$
$( )=+4$ $\qquad$ $( )=+2$ $\qquad$ $( )=+6$ $\qquad$ $( )=+3$

3. 무기 화합물의 명명법

① 음성 원소 이름 끝에 '화'를 붙여 뒤에서부터 앞쪽으로 읽는다('소'는 생략한다).

예) NaCl(염화나트륨), Na_2O(산화나트륨)

② 원자가가 두 개 이상인 경우 원자가가 낮은 쪽에 '제1' 높은 쪽을 '제2'라 하며, ( ) 속에 원자가를 로마 숫자로 표기한다.

예)
$Cu^+ + O^{2-} \longrightarrow Cu_2O$ 산화 제1구리 또는 산화구리(Ⅰ)
$Cu^{2+} + O^{2-} \longrightarrow CuO$ 산화 제2구리 또는 산화구리(Ⅱ)

$Hg^+ + Cl^{-1} \longrightarrow Hg_2Cl_2$ 염화 제1수은 또는 염화수은(Ⅰ)
$Hg^{2+} + Cl^{-1} \longrightarrow HgCl_2$ 염화 제2수은 또는 염화수은(Ⅱ)

$Fe^{2+} + O^{2-} \longrightarrow FeO$ 산화 제1철 또는 산화철(Ⅱ)
$Fe^{3+} + O^{2-} \longrightarrow Fe_2O_3$ 산화 제2철 또는 산화철(Ⅲ)

산소산에서는 기준산(HNO_3, H_2SO_4, $HClO_3$)보다 산화수가 클 때는 '과'를, 그리고 작을 때는 '아' '차아'(하이포)를 앞에 붙여 부른다.

예 ┌ HClO₄ 과염소산(Cl은 +7)　　　┌ HNO₃ 질산(기준산) (N은 +5)

　　├ HClO₃ 염소산(기준산) (Cl은 +5)　└ HNO₂ 아질산(N은 +3)

　　├ HClO₂ 아염소산(Cl은 +3)　　　┌ H₂SO₄ 황산(기준산) (S은 +6)

　　└ HClO 차아염소산(Cl은 +1)　　 └ H₂SO₃ 아황산(S은 +4)

③ 음성 부분이 원자단일 때는 '화'를 넣지 않는다.

예 $Na_2SO_4 \longrightarrow$ 황산(화)나트륨 $\longrightarrow$ 황산나트륨

4. 당량(Equivalent weight)

(1) 원소의 당량

① 수소 1g 또는 산소 8g과 결합이나 치환되는 원소의 양을 1g당량이라 한다.

예 CO_2에서 C의 당량은 $12g : 32g = x : 8$에서 $x=3$이다. 따라서 탄소의 당량은 3이고, 탄소 3g을 1g당량이라 한다.

② 원소의 원자가 전자 1몰(6.02×10^{23}개)을 내어 놓거나 받아들일 수 있는 원소의 양을 그 원소 의 당량이라 한다.

예 $\underset{27g}{Al} \longrightarrow Al^{+3} + \underset{3몰}{3e^-}$ 에서 전자 1몰을 내어 놓는 Al의 양(당량) $= \dfrac{27}{3} = 9$

(2) 당량과 원자가 및 원자량의 관계

① 원소의 당량 $= \dfrac{원자량}{원자가}$, 원자가 $= \dfrac{원자량}{당량}$, 원자량 = 당량 × 원자가

② 모든 화합물은 반드시 같은 당량 대 당량으로 결합한다.

예 ① 이산화탄소(CO_2)에서 당량을 구하면?

　• 탄소 (C)의 원자가를 이용하는 방법 : 당량 $= \dfrac{원자량}{원자가} = \dfrac{12}{4} = 3$

　　탄소 1g당량 = 3g = 3당량

　• 산소 (O)의 원자가를 이용하는 방법 : 당량 $= \dfrac{원자량}{원자가} = \dfrac{16}{2} = 8$

　　산소 1g당량 = 8g = 8당량

　• CO_2에서 ┌ C : 12g $= \dfrac{12}{3} = 4$g당량

　　　　　　　└ O₂ : 32g $= \dfrac{32}{8} = 4$g당량

　탄소(C) : 산소(O)는 반드시 같은 당량 대 당량으로 결합한다.

② 물(H_2O)에서 ┌ H₂ = 2g = 2g당량 ┐ 이므로

　　　　　　　　└ O = 16g = 2g당량 ┘

　수소(H) : 산소(O)는 반드시 같은 당량 대 당량으로 결합한다.

(3) 산소(O)와 수소(H)를 이용하여 당량을 구하는 방법

① 산소를 이용하는 방법 : 산소 1g당량(8g, $\frac{1}{4}$몰, 5.6l, 1.5×10²³개 분자)과 결합한 원소의 무게를 구하면 그 원소의 당량이 된다.

② 수소를 이용하는 방법 : 금속을 산에 넣으면 수소가 발생한다. 따라서 수소 1g당량(1g, $\frac{1}{2}$몰, 11.2l, 3×10²³개 분자)을 발생시킬 수 있는 금속의 무게를 구하면 그 금속의 당량이 된다.

(4) 원자단과 화합물의 당량

① 원자단의 당량 $=\dfrac{\text{원자단의 식량}}{\text{원자단의 원자가}}$ 예 $SO_4^{2-} : \dfrac{96}{2} = 48$당량

② 화합물의 당량 $=\dfrac{\text{분자량(또는 식량)}}{\text{음(양)의 원가의 총원자가 수}}$ 예 $Na_2CO_3 : \dfrac{106}{2} = 53$당량

 어떤 금속 산화물 속에 금속이 60%이다. 이 금속의 당량은?

① 60   ② 40   ③ 8   ④ 12

| 풀이 | 금속 60% : 산소 40%

$$x \nearrow 8$$

$$60 : 40 = x : 8 \quad \therefore x = \frac{60 \times 8}{40} = 12$$

정답 | ④

 0.05g의 Mg을 염산과 작용시키니 표준상태에서 46.6ml의 수소가 발생되었다. 마그네슘의 당량은?

① 4   ② 8   ③ 12   ④ 24

| 풀이 |

$$Mg + 2HCl \longrightarrow MgCl_2 + H_2$$

$$\begin{array}{ccc} 0.05g & : & 46.6ml \\ x & : & 11,200ml \end{array}$$

(수소 1g당량은 22,400ml/2)

$$\therefore x = \frac{0.05 \times 11,200}{46.6} = 12g(\text{당량})$$

정답 | ③

---

5. 화합물의 화학식 및 질량 백분율

(1) 화합물을 표시하는 방법

	표시 방법	초산	황산	소금	물
분자식	같은 원자수를 합쳐서 표시	$C_2H_4O_2$	H_2SO_4	없다	H_2O
실험식 (조성식)	가장 간단한 원자수의 비	CH_2O	H_2SO_4	NaCl	H_2O
시성식	원자단(근, 기)을 표시	CH_3COOH (카르복실근)	H_2SO_4 (황산근)	없다 (근 없음)	HOH (수산근)
구조식	원자가를 실선으로 표시	$\begin{matrix} & H & \\ & \vert & \\ H-C- & C- & O-H \\ & \vert\ \Vert & \\ & H\ \ O & \end{matrix}$	$\begin{matrix} & O \\ & \Vert \\ H-O- & S-O-H \\ & \Vert \\ & O \end{matrix}$	Na—Cl	$\begin{matrix} H-O \\ \vert \\ H \end{matrix}$

 • 분자식＝실험식×n(단, n : 정수)
• 실험식비＝$\dfrac{각\ 성분의\ 질량\ 또는\ 백분율}{원자량}$의 비

※ 실험식비의 정수비가 곧 실험식이다.

예제 4 어떤 기체화합물의 원소 분석 결과 탄소(C) 24mg, 수소(H) 4mg이었다(단, 원자량은 H＝1, C＝12이며 이 기체의 밀도는 0℃, 1기압에서 1.25g/l이다). 이 화합물의 ① 실험식 ② 분자량 ③ 분자식을 구하시오.

| 풀이 | ① 화합물을 이루는 성분 원소의 질량을 원자량으로 나누어 C와 H의 원자 수의 비를 구할 수 있다.

C와 H의 원자 수의 비＝$\dfrac{24}{12}:\dfrac{4}{1}=1:2$

따라서 화합물의 실험식은 CH_2이다.

② 0℃, 1기압에서 기체 1몰이 차지하는 부피는 22.4l이므로 밀도를 이용하여 분자량을 구할 수 있다.

1l : 1.25g＝22.4l : xg

x＝28이므로 화합물의 분자량은 28이다.

③ 분자량＝실험식량×n이므로 28＝14×n, n＝2

따라서 분자식은 $(CH_2)_2＝C_2H_4$이다.

정답 | ① 실험식 : CH_2 ② 분자량 : 28 ③ 분자식 : C_2H_4

---

(2) 화합물의 질량 백분율

화합물의 전체 질량 중 화합물을 구성하는 각각의 원소가 차지하는 질량의 비율(%)을 질량 백분율이라고 한다.

$$\text{원소의 질량 백분율}(\%) = \frac{\text{화합물 중 특정 원소의 질량}}{\text{화합물의 질량}} \times 100$$

$$= \frac{\text{화합물 1몰 중 특정 원소의 질량}}{\text{화합물 1몰의 질량}} \times 100 = \frac{\text{원자량 총합}}{\text{화학식량}} \times 100$$

> **예** 메탄(CH_4)에서 탄소(C)와 수소(H)의 질량 백분율은?(단, C=12, H=1이다)
> - 탄소(C)의 질량 백분율 $= \dfrac{\text{C의 원자량}}{CH_4\text{의 분자량}} \times 100 = \dfrac{12}{16} \times 100 = 75\%$
> - 수소(H)의 질량 백분율 $= \dfrac{4 \times \text{H의 원자량}}{CH_4\text{의 분자량}} \times 100 = \dfrac{4}{16} \times 100 = 25\%$

6. 화학방정식

(1) 화학방정식 세우는 방법

	수소가 산소와 반응하여 물이 되었다.	만드는 방법
기초식	$H_2 + O_2 \longrightarrow H_2O$	반응물과 생성물을 분자식으로 분자 하나씩 써 준다.
반반응식	$H_2 + \frac{1}{2}O_2 \longrightarrow H_2O$	양변에 원자수가 같게 계수를 붙인다.
화학방정식	$2H_2 + O_2 \longrightarrow 2H_2O$	계수는 정수로 고친다.

(2) 미정계수법 : 반응물과 생성물의 원자수가 같아지도록 계수를 맞추는 방법

$$\underset{\text{(반응물)}}{aC_3H_8 + bO_2} \longrightarrow \underset{\text{(생성물)}}{cCO_2 + dH_2O}$$

원자	C	H	O
관계식	3a=c	8a=2d	2b=2c+d

- a=1로 하면, ① $3 \times 1 = c$, c=3 ② $8 \times 1 = 2d$, d=4 ③ $2b = 2 \times 3 + 4$, b=5

  ∴ $C_3H_8 + 5O_2 \longrightarrow 3CO_2 + 4H_2O$

예제 5 표준상태(0℃, 1atm)에서 메탄(CH_4) 2mol을 연소시키는 데 필요한 공기량(wt)은 몇 g 인가? (단, 공기의 분자량 : 28.84, 공기 중 O_2 : 21%로 계산할 것)

| 풀이 | $\underline{CH_4 \ + \ 2O_2} \longrightarrow CO_2 + 2H_2O$

1mol : $2\times22.4l$

2mol : x $\therefore \ x=\dfrac{2\times2\times22.4l}{1}=89.6l$ (산소량)

① 즉, 공기 중 산소가 21% 들어 있으므로 공기량(l)은 $89l\times\dfrac{100}{21}=426.667l$ 이다.

② 아보가드로 법칙에 의해서 표준상태(0℃, 1atm)에서 공기의 분자량 28.84g(1mol) : $22.4l$ 이 므로 공기량(wt)은 28.84g : $22.4l=x$: $426.667l$

$x=\dfrac{28.84\times426.667}{22.4}≒549.334g$ 이다. 정답 | 549.334g

5 기체의 법칙

1. 보일의 법칙(Boyle's law)

일정한 온도에서 일정량의 기체의 부피는 압력에 반비례한다.

$$V\propto\dfrac{1}{P}, \ V=k\dfrac{1}{P}, \ PV=k(k\text{는 상수}) \qquad \therefore \ PV=P'V'=k(\text{일정})$$
$$(P : 압력, \ V : 부피)$$

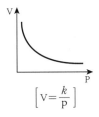
$\left[V=\dfrac{k}{P}\right]$

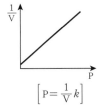
$\left[P=\dfrac{1}{V}k\right]$

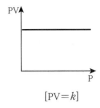
$[PV=k]$

 예제 1 1atm에서 $100l$를 차지하는 기체가 같은 온도에서 2atm에서는 몇 l이 되겠는가?

| 풀이 | $PV=P'V'$에서

P : 1atm, V : $100l$, P′ : 2atm, V′ : x

$V'=\dfrac{PV}{P'}=\dfrac{1\times100}{2}=50l$ 정답 | V′=50l

2. 샤를의 법칙(Charle's law)

일정한 압력하에서 일정량의 기체의 부피는 절대 온도에 비례한다.

$$V \propto T, \ V = kT, \ \frac{V}{T} = k(\text{일정}) \qquad \therefore \ \frac{V}{T} = \frac{V'}{T'} = k(\text{일정}) \ \binom{T(K) : \text{절대온도}(273.15 + \text{℃})}{V : \text{부피}}$$

즉, 일정한 압력하에서 1℃ 증가할 때마다 기체의 부피는 $\frac{1}{273}$씩 팽창한다.

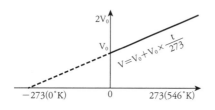 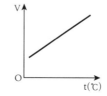 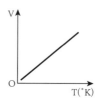

 10℃에서 $50l$를 차지하는 기체가 있다. 같은 압력 27℃에서는 몇 l를 차지하겠는가?

| 풀이 |

$\frac{V}{T} = \frac{V'}{T'}$에서

$T : 273.15 + 10℃ = 283.15K, \qquad V : 50l, \qquad T' : 273.15 + 27℃ = 300.15K, \qquad V' : x$

$V' = \frac{VT'}{T} = \frac{50 \times 300.15}{283.15} ≒ 53l$

정답 | $53l$

3. 보일·샤를의 법칙(기체의 부피와 온도 및 압력과의 관계)

일정량의 기체가 차지하는 부피는 압력에 반비례하고 절대온도에 비례한다.

$$V \propto \frac{T}{P}, \ V = k\frac{T}{P}, \ PV = kT, \ \frac{PV}{T} = k(\text{일정}) \quad \therefore \ \frac{PV}{T} = \frac{P'V'}{T'} = k(\text{일정})$$

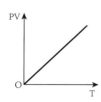 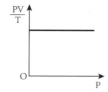 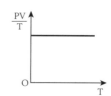

예제 3 27℃, 760mmHg에서 3l의 산소를 5l의 용기에 넣어 87℃로 하였을 때 압력은 몇 mmHg가 되겠는가?

① 347.2mmHg　　② 447.2mmHg　　③ 547.2mmHg　　④ 647.2mmHg

| 풀이 |

$$\frac{PV}{T} = \frac{P'V'}{T'} \text{에서,}$$

$$P' = \frac{PVT'}{V'T} = \frac{760 \times 3 \times (273+87)}{5 \times (273+27)}$$

$$= 547.2\text{mmHg}$$

정답 | ③

4. 이상기체 상태 방정식

$$PV = nRT \text{ 또는 } PV = \frac{W}{M}RT \quad \begin{bmatrix} P : \text{압력(atm)} \quad V : \text{체적}(l) \\ T(K) : \text{절대온도}(273+t℃) \\ R : \text{기체 상수} = 0.082(\text{atm} \cdot l/\text{mol} \cdot K) \\ n : \text{몰수, } n = \frac{W}{M} = \frac{\text{질량}}{\text{분자량(g)}} \end{bmatrix}$$

보일 · 샤를의 법칙 $\frac{PV}{T} = \frac{P'V'}{T'}$ 또는 $\frac{PV}{T} = k$에서 k를 구해 보자.

기체 1몰 0℃, 1기압 22.4l ⇒ $\frac{PV}{T}$에 대입하면 $\frac{1 \times 22.4}{273+0} = 0.082 \left(\frac{\text{기압} \cdot l}{K(\text{몰})} \right) = k$ 또는 R

기체 n 몰 0℃, 1기압 $n \times 22.4l$ ⇒ $\frac{PV}{T}$에 대입하면 $\frac{1 \times n \times 22.4}{273+0} = 0.082 \times n = R \cdot n$

즉 $\frac{PV}{T} = R \cdot n$　　∴ $PV = n \cdot R \cdot T$

참고 기체상수 R의 값(아보가드로 법칙 + 보일 샤르 법칙)

❶ 1mol의 부피 : 0℃, 1atm에서 22.4l 이므로

$$R = \frac{PV}{nT} = \frac{1\text{atm} \cdot 22.4l}{1\text{mol} \cdot 273K} = 0.082[\text{atm} \cdot l/\text{mol} \cdot K]$$

❷ 1mol의 부피 : 0℃, $1.013 \times 10^6 \text{dyne/cm}^2 (=1\text{atm})$에서 $22400\text{cm}^3 (=22.4l)$ 이므로

$$R = \frac{PV}{nT} = \frac{(1.013 \times 10^6 \text{dyne/cm}^2) \cdot 22400\text{cm}^3}{1\text{mol} \cdot 273K} = 8.31 \times 10^7 [\text{erg/mol} \cdot K]$$

❸ $R = 8.31 \times 10^7 (\text{erg/mol} \cdot K)$에서 $1J = 10^7 \text{erg}$ 이므로, $R = 8.31[J/\text{mol} \cdot K]$

❹ 1mol의 부피 : 0℃, $1.013 \times 10^5 \text{Pa} (=1\text{atm})$에서 $22.4 \times 10^{-3}\text{m}^3 (=22.4l)$ 이므로

$$R = \frac{PV}{nT} = \frac{1.013 \times 10^5 \text{Pa} \times 22.4 \times 10^{-3}\text{m}^3}{1\text{mol} \cdot 273K} = 8.31[J/\text{mol} \cdot K]$$

※ $\text{Pa} = N/\text{m}^2$, $J = \text{Pa} \cdot \text{m}^3 = N/\text{m}^2 \cdot \text{m}^3 = N \cdot m$

❺ $1\text{cal} = 4.186 \times 10^7 \text{erg}$이므로

$$R = \frac{8.31 \times 10^7 (\text{erg/mol} \cdot K)}{4.186 \times 10^7 (\text{erg/cal})} = 1.987[\text{cal/mol} \cdot K]$$

예제 4 액체 0.2g을 기화시켰더니 그 증기의 부피가 97℃, 740mmHg에서 80m*l* 였다. 이 액체의 분자량은?

| 풀이 | $PV=nRT$, $PV=\dfrac{W}{M}RT$에서,

$$M=\frac{WRT}{PV}=\frac{0.2g \cdot 0.082atm \cdot l/mol \cdot K \cdot (273+97)K}{\left(\dfrac{740}{760}\right)atm \cdot \left(\dfrac{80}{1000}\right)l}$$

$\fallingdotseq 77.9g/mol \fallingdotseq 78g/mol$

정답 | 78

 예제 5 표준상태에서 2kg의 이산화탄소가 모두 기체의 소화약제로 방사될 경우 부피는 몇 m³ 인가?

| 풀이 | $PV=nRT$, $PV=\dfrac{W}{M}RT$에서,

$$V=\frac{WRT}{PM}=\frac{2000g \cdot 0.082atm \cdot l/mol \cdot K \cdot (273+0)K}{1atm \cdot 44g}$$

$\fallingdotseq 1017.5l \fallingdotseq 1.018m^3$

정답 | 1.018m³

 참고 이상기체와 실제기체의 비교

구분	이상기체	실제기체
분자의 크기	없다	있다
분자의 질량과 부피	질량은 있고 부피는 없다	질량과 부피 모두 있다
0K(−273℃)에서 부피	부피=0	고체
고압, 저온	기체	액체 · 고체
기체에 관한 법칙	완전 일치한다	고온 · 저압에서 일치한다
분자간 인력 · 반발력	없다	있다

 예제 6 이상기체의 밀도에 대한 설명으로 옳은 것은?

① 절대온도에 비례하고 압력에 반비례한다.

② 절대온도와 압력에 반비례한다.

③ 절대온도와 반비례하고 압력에 비례한다.

④ 절대온도와 압력에 비례한다.

| 풀이 | $PV=\dfrac{W}{M}RT$에서 밀도(ρ)$=\dfrac{W}{V}$이므로, 밀도$=\dfrac{W}{V}=\dfrac{PM}{RT}$ 이다.

따라서, 이상기체의 밀도(ρ)는 절대온도(T)에 반비례하고 압력(P)에 비례한다.

※ $\rho=\dfrac{W}{V}$이므로 $P=\rho\dfrac{RT}{M}$이다.

정답 | ③

6. 반데르발스(Van der Waals)식

실제기체에 적용되는 식으로 반데르발스(Van der Waals)식을 사용한다.

$$\left(P+\frac{n^2a}{V^2}\right)(V-nb)=nRT$$

이상기체식과 비교할 때 P는 $\left(P+\frac{n^2a}{V^2}\right)$ 만큼 V는 $(V-nb)$만큼의 차이를 가지고 있으며, 반데르발스 상수 a와 b는 실험을 통해서만 구한 값을 보정해준다.

 예제 7

이산화탄소 1mol이 48℃, 1.32l의 부피를 차지할 때의 압력은?(단, CO_2의 반데르발스 상수 a=3.6l^2atm/mol², b=4.28×$10^{-2}l$/mol)

① 18.5atm   ② 23.6atm   ③ 19.94atm   ④ 9.6atm

| 풀이 | 반데르발스식

$$1몰 : \left(P+\frac{a}{V^2}\right)(V-b)=RT \qquad n몰 : \left(P+\frac{n^2a}{V^2}\right)(V-nb)=nRT$$

$$\therefore \left(P+\frac{a}{V^2}\right)(V-b)=RT$$

$$P=\frac{RT}{V-b}-\frac{a}{V^2}=\frac{0.082\times(273+48)}{1.32-0.0428}-\frac{3.6}{1.32^2}≒18.54atm$$

정답 | ①

7. 돌턴의 분압(부분 압력)의 법칙

① 일정한 온도에서 일정한 부피를 가진 용기 속에 들어 있는 혼합 기체의 전압은 각 성분 기체의 분압의 합과 같다. 이를 돌턴의 분압의 법칙이라 한다. 전압을 P, 각 기체의 분압을 P_1, P_2, P_3…라 하면,

$$P=P_1+P_2+P_3\cdots\cdots$$

② A기체(압력 P_1, 부피 V_1), B기체(압력 P_2, 부피 V_2), C기체(압력 P_3, 부피 V_3)를 부피가 V인 용기에 혼합시켰을 때 혼합 기체의 전압을 P라 하면,

$$P=\frac{P_1V_1+P_2V_2+P_3V_3}{V}$$

③ 기체의 압력은 기체 분자의 충돌에 의하여 나타나는 힘으로 혼합 기체에서 각 성분 기체의 부분 압의 비는 각 성분 기체의 분자수(몰수)에 비례하며, 용기에 집어넣은 기체의 부피에 비례한다.

$$분압=전압\times\frac{성분\ 기체의\ 몰수(분자수)}{혼합\ 기체의\ 몰수(분자수)}=전압\times\frac{성분\ 기체의\ 부피}{전체의\ 부피}$$

④ 기체의 압력 계산
- 기체의 압력은 절대온도에 비례한다.
- 기체의 압력은 몰수(분자수)에 비례한다.
- 기체의 압력은 기체의 부피에 비례한다.

예제 8
질소 2몰과 산소 3몰의 혼합기체가 나타나는 전압력이 10기압일 때 질소의 분압은 얼마인가?

① 2기압 　　　　② 4기압 　　　　③ 8기압 　　　　④ 10기압

| 풀이 |

$$분압 = 전압 \times \frac{성분 \ 몰수}{전 \ 몰수}$$

- 질소분압 $= 10기압 \times \dfrac{2몰}{2몰 + 3몰} = 4기압$

- 산소분압 $= 10기압 \times \dfrac{3몰}{2몰 + 3몰} = 6기압$

정답 | ②

 예제 9
2기압의 수소 $2l$와 3기압의 산소 $4l$를 같은 온도에 $5l$의 그릇에 넣으면 전체 압력은?

① 16기압 　　　　② $\dfrac{16}{5}$기압 　　　　③ $\dfrac{5}{16}$기압 　　　　④ 5기압

| 풀이 |

$P_1V_1 + P_2V_2 = PV$에서,

$$P = \frac{P_1V_1 + P_2V_2}{V} = \frac{2 \times 2 + 3 \times 4}{5} = \frac{16}{5}$$

정답 | ②

8. 그레이엄(Graham)의 기체확산의 법칙

기체분자의 확산속도는 일정한 압력하에서 그 기체 분자량의 제곱근에 반비례한다.

$$\frac{U_1}{U_2} = \sqrt{\frac{M_2}{M_1}} = \sqrt{\frac{d_2}{d_1}} = \frac{t_2}{t_1}$$

[U : 확산속도, M : 분자량, d : 기체밀도, t : 확산시간]

① 분자량(밀도)이 작은 기체일수록 그 공기 중으로 퍼져나가는 확산속도는 빠르다.

② 기체의 확산속도는 확산 소요시간에 반비례한다.

 예제 10
온도와 압력이 같은 상태에서 SO_2(분자량 64)의 확산속도가 $9cm^3/sec$일 때 어떤 기체의 확산속도는 $18cm^3/sec$이었다. 이 기체의 분자량은?

① 32 　　　　② 16 　　　　③ 8 　　　　④ 4

| 풀이 |

$$\frac{U_{SO_2}}{U_x} = \sqrt{\frac{M_x}{M_{SO_2}}}$$

$$\frac{9}{18} = \sqrt{\frac{M_x}{64}}$$

$$M_x = 16$$

정답 | ②

01 밑줄 친 원소의 산화수가 +5인 것은?

① $H_3\underline{P}O_4$　　　　② $K\underline{Mn}O_4$

③ $K_2\underline{Cr_2}O_7$　　　④ $K_3[\underline{Fe}(CN)_6]$

해설

① $H_3\underline{P}O_4[H : +1, O : -2]$
　$(+1 \times 3) + x + (-2 \times 4) = 0$
　$3 + x - 8 = 0$　∴ $x = +5$
② $K\underline{Mn}O_4[K : +1, O : -2]$
　$+1 + x + (-2 \times 4) = 0$
　$+1 + x - 8 = 0$　∴ $x = +7$
③ $K_2\underline{Cr_2}O_7[K : +1, O : -2]$
　$(+1 \times 2) + 2x + (-2 \times 7) = 0$
　$2 + 2x - 14 = 0$
　$2x = +12$　∴ $x = +6$
④ $K_3[\underline{Fe}(CN)_6][K : +1, CN : -1]$
　$+1 \times 3 + [x + (-1 \times 6)] = 0$
　$+3 + x - 6 = 0$　∴ $x = +3$

02 밑줄 친 원소 중 산화수가 가장 큰 것은?

① $\underline{N}H^+$　　　　② $\underline{N}O_3^-$

③ $\underline{Mn}O_4^-$　　　④ $\underline{Cr_2}O_7^{2-}$

해설

① $\underline{N}H^+ : x + (+1) = +1$
　$x = 0$
② $\underline{N}O_3^- : x + (-2 \times 3) = -1$
　$x - 6 = -1$
　$x = +5$
③ $\underline{Mn}O_4^- : x + (-2 \times 4) = -1$
　$x - 8 = -1$
　$x = +7$
④ $\underline{Cr_2}O_7^{2-} : 2x + (-2 \times 7) = -2$
　$2x - 14 = -2$
　$2x = +12$
　$x = +6$

03 다음은 당량에 관한 것이다. 옳지 않은 것은?

① 원소가 전자 1몰을 내놓거나 받아들이는 양

② 어떤 원소가 산소 8량과 결합할 수 있는 양

③ 원자가를 원자량으로 나눈 값

④ 물질과 물질이 반응할 때는 반드시 당량 대 당량으로 반응한다.

해설

당량은 원자량을 원자가로 나눈 값이다.

04 어떤 탄화수소를 분석하니 C : 85.7%, H : 14.3%이고 이 기체 1g은 표준상태에서 0.4l이다. 이 탄화수소의 분자식은?

① C_2H_2　　　　② C_2H_4

③ C_2H_6　　　　④ C_4H_8

해설

• 실험식을 구하기 위해 각 원소별의 조성비를 각각의 원자량으로 나누어준다.

탄소수 $= \dfrac{85.7}{12} = 7.14$

수소수 $= \dfrac{14.3}{1} = 14.3$

C : H $= 7.14 : 11.3 = 1 : 2$ [실험식 : CH_2]

• 모든 기체는 표준상태(0℃, 1atm)에서 22.4l일 때 1mol의 분자량을 가지므로, 탄화수소의 분자량 x는,

$0.4 : 1 = 22.4 : x$

$x = \dfrac{22.4}{0.4} = 56$

[실험식] $\times$ n = 분자량

[CH_2] $\times$ n = 56

[$12 + 1 \times 2$] $\times$ n = 56

n $= \dfrac{56}{14} = 4$

∴ [CH_2] $\times$ 4 = C_4H_8

05 어떤 금속(M) 8g을 연소시키니 11.2g의 산화물이 얻어졌다. 이 금속의 원자량이 140이라면 이 산화물의 화학식은?

① M_2O_3 ② MO

③ MO_2 ④ M_2O_7

> **해설**
>
> 금속 8g과 결합한 산소는(11.2−8)=3.2g이다.
>
> $M + O \longrightarrow MO$
> (금속) (산소)   (금속산화물)
>
> 8g : 3.2g   11.2g
>
> x : 8g
>
> $x = \dfrac{8 \times 8}{3.2} = 20g$(당량)
>
> 산소 1g당량인 8g과 결합이나 치환할 수 있는 양이 금속의 당량이 된다.
>
> 원자가 = $\dfrac{원자량}{당량} = \dfrac{140}{20} = 7$가
>
> ∴ $M^{|+7|}O^{|-2|} \longrightarrow M_2O_7$

06 분자식 $HClO_2$의 명명으로 옳은 것은?

① 염소산   ② 아염소산

③ 차아염소산   ④ 과염소산

> **해설**
>
> ① 염소산 : $HClO_3$
> ② 아염소산 : $HClO_2$
> ③ 차아염소산 : $HClO$
> ④ 과염소산 : $HClO_4$

07 산소 5g을 27℃에서 1.0l의 용기 속에 넣었을 때 기체의 압력은 몇 기압인가?

① 1.52기압   ② 3.84기압

③ 4.50기압   ④ 5.43기압

> **해설**
>
> $PV = nRT$, $PV = \dfrac{W}{M}RT$에서,
>
> $P = \dfrac{WRT}{MV}$
>
> $= \dfrac{5g \cdot 0.082 atm \cdot l/mol \cdot K \cdot (273.15+27)K}{32g/mol \cdot 1.0l}$
>
> ≒ 3.84atm

08 730mmHg, 100℃에서 257ml 부피의 용기 속에 어떤 기체가 채워져 있으며 그 무게는 1.671g이다. 이 물질의 분자량은 약 얼마인가?

① 28   ② 56

③ 207   ④ 257

> **해설**
>
> $PV = nRT$, $PV = \dfrac{WRT}{M}$에서,
>
> $M = \dfrac{WRT}{PV}$
>
> $= \dfrac{1.67g \cdot 0.082 atm \cdot l/mol \cdot K \cdot (100+273.15)K}{\left(\dfrac{730}{760}\right)atm \cdot \left(\dfrac{257}{1,000}\right)l}$
>
> $= 207g/mol$

09 일정한 압력 하에서 20℃, 600ml의 부피를 차지하는 기체의 온도를 40℃로 하면 부피는 몇 l가 되겠는가?

① 0.300   ② 641

③ 300   ④ 0.641

> **해설**
>
> 기체의 부피는 절대온도에 비례한다.
>
> $\dfrac{V}{T} = \dfrac{V'}{T'}$에서, $\dfrac{600}{273.15+20} = \dfrac{x}{273.15+40}$
>
> $x = 641 ml$
>
> ∴ $x = 0.641 l$

 05 ④   06 ②   07 ②   08 ③   09 ④

10 주기율표에서 원자가 전자의 수가 같은 것을 무엇이라고 하는가?

① 주기   ② 전자수

③ 족   ④ 중성자수

해설

- 족 : 원자가 전자수가 같은 원소
- 주기 : 전자껍질수가 같은 원소

11 다음 중 원자번호 7인 질소와 같은 족에 해당되는 원소의 원자번호는?

① 15   ② 16

③ 17   ④ 18

해설

질소족 원소

원소명	질소	인	비소	안티몬	비스무트
원소기호	N	P	As	Sb	Bi
원자번호	7	15	33	51	83

12 어떤 기체의 확산속도는 SO_2의 2배이다. 이 기체의 분자량은 얼마인가?

① 8   ② 16

③ 32   ④ 64

해설

그레이엄의 확산속도 법칙

$$\frac{U_1}{U_2} = \sqrt{\frac{M_2}{M_1}}$$

여기서, U_1, U_2 : 기체의 확산속도

M_1, M_2 : 분자량

$SO_2 = 64$이고 어떤 기체의 분자량이 x라면,

$$\frac{1}{2} = \sqrt{\frac{x}{64\text{g/mol}}}$$

$\therefore x = 16\text{g/mol}$

13 프로판 1kg을 완전연소시키기 위해 표준상태의 산소가 약 몇 m³이 필요한가?

① 2.55   ② 5

③ 7.55   ④ 10

해설

프로판 완전연소 반응식

$\underline{C_3H_8} + \underline{5O_2} \longrightarrow 3CO_2 + 4H_2O$

$44\text{kg} : 5 \times 22.4\text{m}^3$

$1\text{kg} : x$

$$x = \frac{1\text{kg} \times 5 \times 22.4\text{m}^3}{44\text{kg}} \fallingdotseq 2.55\text{m}^3$$

14 어떤 기체의 무게는 30g인데 같은 조건에서 같은 부피의 이산화탄소의 무게가 11g이었다. 이 기체의 분자량은?

① 110   ② 120

③ 130   ④ 140

해설

모든 기체는 표준상태(0℃, 1기압)에서 1mol(분자량)의 부피는 22.4l이므로,

$CO_2 \Rightarrow \begin{bmatrix} 44\text{g} : 22.4l \\ 11\text{g} : x \\ x = \dfrac{11\text{g} \times 22.4l}{44\text{g}} = 5.6l \end{bmatrix}$

여기서 CO_2 5.6l와 어떤 기체부피가 같은 조건일 때 30g이므로,

어떤 기체의 분자량 $\Rightarrow \begin{bmatrix} 5.6l : 30\text{g} \\ 22.4l : x \\ x = \dfrac{22.4l \times 30\text{g}}{5.6l} = 120\text{g} \end{bmatrix}$

15 어떤 물질이 산소 50%, 황 50%를 포함하고 있다. 실험식은? (단, wt%임)

① SO   ② SO_2

③ SO_3 ④ SO_4

해설

$S(황) : O(산소) = \dfrac{50}{32} : \dfrac{50}{16} = \dfrac{1}{32} : \dfrac{1}{16}$이므로

정수비는 $S : O = 1 : 2$로서 SO_2가 된다.

10 ③ 11 ① 12 ② 13 ① 14 ② 15 ②

Chapter 1. 물질의 상태와 구조 **45**

16 어떤 용기에 수소 1g과 산소 16g을 넣고 전기불꽃을 이용하여 반응시켜 수증기를 생성하였다. 반응 전과 동일한 온도·압력으로 유지시켰을 때 최종 기체의 총 부피는 처음 기체의 총 부피의 얼마가 되는가?

① 1　　　　　② $\frac{1}{2}$

③ $\frac{2}{3}$　　　　④ $\frac{3}{4}$

해설

① 반응 전 : $H_2 = \dfrac{1g}{2g/mol} = 0.5mol$

$O_2 = \dfrac{16g}{32g/mol} = 0.5mol$

반응전 전체몰수 : $0.5mol + 0.5mol = 1mol$

② 반응 후 : $\underline{2H_2 + O_2 \longrightarrow 2H_2O}$

mol수비 $\begin{bmatrix} 2 : 1 \longrightarrow 2 \\ 0.5 : 0.25 \longrightarrow 0.5 \end{bmatrix}$ 이므로

여기서, H_2 0.5mol은 전부 반응에 참여하고 O_2는 0.5mol 중 0.25mol만 반응하고 0.25mol은 남는다.

따라서 반응 후 H_2O 0.5mol과 남은 O_2의 0.25mol를 합하면 반응 후 총 부피는 0.75mol이 되므로,

∴ $\dfrac{\text{반응 후 전체의 몰수}}{\text{반응 전 전체의 몰수}} = \dfrac{0.75mol}{1mol} = 0.75\left(=\dfrac{3}{4}\right)$ 이 된다.

17 표준상태를 기준으로 수소 2.24l가 염소와 완전히 반응했다면 생성된 염화수소의 부피는 몇 l인가?

① 2.24　　　　② 4.48

③ 22.4　　　　④ 44.8

해설

$H_2 + Cl_2 \longrightarrow 2HCl$

$22.4l$: $2 \times 22.4l$

$2.24l$: x

$x = \dfrac{2.24 \times 2 \times 22.4}{22.4} = 4.48l$

18 25g의 암모니아가 과잉의 황산과 반응하여 황산암모늄이 생성될 때 생성된 황산암모늄 양은 얼마인가?

① 82g　　　　　② 86g

③ 92g　　　　　④ 97g

해설

$2NH_3 + H_2SO_4 \longrightarrow (NH_4)_2SO_4$
(암모니아)　(황산)　　　(황산암모늄)

$2 \times 17g$: 132g

25g : x

$x = \dfrac{25 \times 132}{2 \times 17} = 97g$

19 프로판 1몰을 완전연소하는 데 필요한 산소의 이론량을 표준상태에서 계산하면 몇 l가 되는가?

① 22.4　　　　② 44.8

③ 89.6　　　　④ 112.0

해설

$C_3H_8 + 5O_2 \longrightarrow 3CO_2 + 4H_2O$

프로판 1mol 연소하는 데 필요한 산소는 5mol이므로,

∴ $5 \times 22.4l = 112l$

20 같은 온도에서 크기가 같은 4개의 용기에 다음과 같은 양의 기체를 채웠을 때 용기의 압력이 가장 큰 것은?

① 메탄 분자 1.5×10^{23}

② 산소 1그램당량

③ 표준상태에서 CO_2 16.8l

④ 수소기체 1g

해설

용기의 압력은 몰수에 비례하므로 각 기체의 몰수로 환산한다.

① 메탄분자 1.5×10^{23} : $\dfrac{1.5 \times 10^{23}}{6 \times 10^{23}} = 0.25mol$

② 산소 1g당량($= 8g$) : $M = \dfrac{8g}{32g} = 0.25mol$

③ 표준상태에서 CO_2 16.8l : $\dfrac{16.8l}{22.4l} = 0.75mol$

④ 수소기체 1g : $\dfrac{1}{2} = 0.5mol$

정답 16 ④　17 ②　18 ④　19 ④　20 ③

6 용액, 용해도, 용액의 농도

1. 용액과 용해

물질이 액체에 혼합되어 전체가 균일한 상태로 되는 현상을 용해라 하며, 이때 생긴 균일한 혼합 액체를 용액이라 한다. 이때, 녹이는 데 사용한 액체를 용매, 녹는 물질을 용질이라 한다.

$$용매(물)+용질(설탕) \underset{석출}{\overset{용해}{\rightleftarrows}} 용액(설탕물)$$

⑩ 용매가 물일 경우의 용액을 수용액이라고 한다.

(1) 극성용매에는 극성분자 또는 이온결정으로 된 용질이 잘 녹는다.

⑩ 물(극성용매) : 알코올, 아세톤, HCl, NaCl 등

(2) 비극성용매에는 비극성분자로 된 용질이 잘 녹는다.

⑩ 벤젠(비극성용매) : 에테르, 석유, 사염화탄소 등

2. 용액의 종류와 용해평형

(1) 용액의 종류

① 포화용액(석출속도=용해속도) : 용매에 용질이 최대한 녹아 있는 상태의 용액(일정한 온도에서)

② 불포화용액(석출속도<용해속도) : 용질이 용매에 더 녹아 들어 갈 수 있는 상태의 용액

③ 과포화용액(석출속도>용해속도) : 용질이 용매에 한도 이상으로 녹아 용질이 침전된 상태의 용액(가장 불안함)

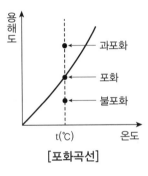

[포화곡선]

(2) 용해평형

포화용액에서는 결정이 녹으려는 속도와 용매 속에 녹아 있는 용질이 석출되려는 속도가 같으며, 이를 용해평형이라 한다.

3. 용해도

일정한 온도에서 용매 100g에 최대한 녹을 수 있는 용질의 g수를 용해도라고 한다. 즉, 포화용액을 말하며 용해도는 용매, 용질의 종류 및 온도에 따라 다르다.

$$용해도 = \frac{용질(g)}{용매(g)} \times 100 = \frac{용질(g)}{용액(g)-용질(g)} \times 100$$

참고 $\%농도 = \frac{용해도}{100+용해도} \times 100$

용해도를 온도의 변화에 따라 그래프로 나타낸 곡선을 용해도 곡선이라 하며, 이것을 이용하여 불순물을 제거할 수가 있다.

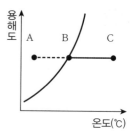

[용해도 곡선]

과포화 용액	$\xrightleftharpoons[\text{온도 내림}]{\text{온도 올림}}$	포화 용액	$\xrightleftharpoons[\text{온도 내림}]{\text{온도 올림}}$	불포화 용액
(A 용액)		(B 용액)		(C 용액)

(1) 고체 물질의 용해도

① 온도의 영향 : 고체의 용해 과정이 흡열반응이므로 온도가 상승할 수록 용해도는 증가한다(단, $Ca(OH)_2$, Na_2SO_4는 발열반응이기 때문에 용해도는 감소한다).

② 압력의 영향 : 고체의 용해도는 압력의 영향과는 무관하다.

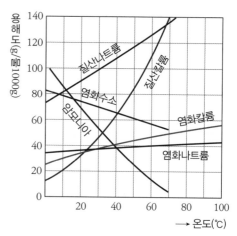

[용해도 곡선]

> **예** 용해 속도를 빠르게 하는 조건
> • 용질의 표면적으로 크게 한다(가루).
> • 용매의 온도를 높게 한다.
> • 빠른 속도로 저어 준다.

③ 재결정(불순물 정제) : 온도변화에 따라 용해도 차이가 큰 물질에 불순물이 섞여 있을 때 고온에서 물질을 용해시킨 후 저온으로 냉각시켜 용해도 차이로 결정을 석출시키는 방법이다.

 예제 1 25℃의 포화용액 90g 속에 어떤 물질이 30g 녹아있다. 이 온도에서 이 물질의 용해도는 얼마인가?

① 30 　　　　② 33 　　　　③ 50 　　　　④ 63

| 풀이 | • 포화용액(90g) ┌ 용매(90g－30g＝60g)
　　　　　　　　　└ 용질(30g)

• 용해도＝$\dfrac{\text{용질(g)}}{\text{용매(g)}} \times 100 = \dfrac{30g}{60g} \times 100 = 50$

정답 | ③

예제 2 용해도가 50이면 몇 %용액인가?

① 50% 　　　　② 43% 　　　　③ 23% 　　　　④ 33%

| 풀이 | %용액＝$\dfrac{\text{용해도}}{100+\text{용해도}} \times 100 = \dfrac{50}{100+50} \times 100 = 33\%$

정답 | ④

---

(2) 기체의 용해도

기체는 온도가 낮을수록, 압력이 높을수록 잘 용해한다.

1) 헨리(Henry)의 법칙 : 기체의 용해도는 압력에 비례한다.

① 헨리의 법칙에 잘 적용되는 기체(물에 잘 안 녹는 기체)

> 예) H_2, O_2, N_2, CO_2 등 무극성 분자

② 헨리의 법칙에 잘 적용되지 않는 기체(물에 잘 녹는 기체)

> 예) HCl, NH_3, SO_2, H_2S 등 극성분자

2) 보일의 법칙

기체의 용해도는 일정한 온도에서 용매에 녹는 기체의 질량은 압력에 비례하지만 압력이 증가하면 밀도가 커지므로 녹는 기체의 부피는 일정하다.

 다음 중 헨리의 법칙이 가장 잘 적용되는 기체는?

예제 3

① 암모니아   ② 염화수소   ③ 이산화탄소   ④ 플루오드화수소

| 풀이 | 헨리의 법칙은 용해도가 적은 기체로서 묽은 농도에만 성립하며 압력에 비례한다. 즉, 여름철 냉장고에 보관된 탄산음료수의 병마개를 제거하면 병 내부의 온도는 올라가고 압력은 내려가서 기체의 용해도가 줄기 때문에 녹아있었던 CO_2가스는 병 밖으로 분출된다.   **정답 | ③**

4. 수화물

결정 가운데는 결정 탄산나트륨($Na_2CO_3 \cdot 10H_2O$), 결정 황산구리($CuSO_4 \cdot 5H_2O$)와 같이 수용액에서 석출될 때는 반드시 일정한 비율로 물을 포함한 결정으로 석출되는 것이 있다. 이와 같은 결합 상태로 있는 물을 결정수(結晶水)라 하며, 결정수를 가진 화합물을 수화물이라 한다. 이 수화물을 가열하면 결정수를 잃고 분말로 된 것을 무수물이라 한다.

> 예) 수화물 : $CuSO_4 \cdot 5H_2O$,   결정수 : $5H_2O$,   무수물 : $CuSO_4$
> 　　　　　(청색)　　　　　　　　　　　　　　　　　　　　　　(백색분말)
> ※ 색깔변화를 이용하여 알코올 속의 수분검출(백색 → 청색)에 이용된다.

(1) 풍해 : 결정수를 가진 결정, 즉 수화물이 대기 속에서 결정수의 일부 또는 전부를 잃고 분말로 되는 현상을 풍해라 한다.

> 예) $Na_2CO_3 \cdot 10H_2O \xrightarrow{\text{풍해}} Na_2CO_3 \cdot H_2O + 9H_2O \uparrow$
> 　　결정 탄산나트륨

(2) 조해 : 물에 대단히 녹기 쉬운 고체 물질이 공기 중의 수증기를 흡수하여 자기 스스로 녹는 현상을 조해라 한다. 조해성 물질은 건조제로 이용된다.

> **예** 조해성 물질 : KOH, NaOH, $CaCl_2$, $MgCl_2$

※ 제1류 위험물(산화성 고체)은 대부분 조해성 물질이다.

5. 용액의 농도

중량 %농도	몰농도	규정농도	몰랄농도
$\dfrac{\text{용질의 양(g)}}{\text{용액의 양(g)}} \times 100(\%)$	$\dfrac{\text{용질의 양(mol)}}{\text{용액의 부피}(l)}(mol/l)$	$\dfrac{\text{용질의 양(g당량)}}{\text{용액의 부피}(l)}(g당량/l)$	$\dfrac{\text{용질의 양(mol)}}{\text{용매의 질량(kg)}}(mol/kg)$

(1) 중량 %농도 : 용액 100g 속에 녹아 있는 용질의 g수로 나타낸 농도

$$\%농도 = \frac{\text{용질의 양(g)}}{\text{용매의 양(g)} + \text{용질의 양(g)}} \times 100 = \frac{\text{용질의 양(g)}}{\text{용액의 양(g)}} \times 100$$

(2) 몰농도(M) : 용액 1,000ml (1l) 속에 포함된 용질의 몰수로 나타낸 농도

$$몰농도(mol/l) = \frac{\text{용질의 몰수(mol)}}{\text{용액의 부피}(l)} = \frac{\text{용질의 질량(g)/분자량(g)}}{\text{용액의 부피}(ml)/1,000}$$

(3) 규정농도(노르말 N) : 용액 1,000ml (1l) 속에 포함된 용질의 g당량수로 나타낸 농도

$$규정농도(g당량수/l) = \frac{\text{용질의 g당량수(g당량)}}{\text{용액의 부피}(l)} = \frac{\text{용질의 질량(g)/당량}}{\text{용액의 부피}(ml)/1,000}$$

$$※ \quad \underset{\text{(노르말농도)}}{N} \times \underset{\text{부피}(l)}{V} = g당량수$$

1) 산·염기의 당량

① 산의 1g당량 $= \dfrac{\text{산의 분자량(g)(+ 결정수)}}{\text{산의 } [H^+]\text{의 수(산의 염기도 수)}}$

예 $\begin{cases} \text{HCl 1g당량} = \dfrac{36.5}{1} = 36.5(g)[1mol = 1g당량] \\ \text{H}_2\text{SO}_4 \text{ 1g당량} = \dfrac{98}{2} = 49(g)[1mol = 2g당량] \end{cases}$

② 염기의 1g당량 $= \dfrac{\text{염기의 분자량(g)(+ 결정수)}}{\text{염기의 } [OH^-]\text{의 수(염기의 산도수)}}$

예 $\begin{cases} \text{NaOH : 1g당량} = \dfrac{40}{1} = 40(g)[1mol = 1g당량] \\ \text{Ca(OH)}_2 \text{ : 1g당량} = \dfrac{74}{2} = 37(g)[1mol = 2g당량] \end{cases}$

2) 농도의 환산법

① M농도와 N농도와의 관계

종류	품명	염기도	산도	1몰	1g당량	몰과 g당량	농도 관계	이온식
산성	HCl	1	–	36.5g	36.5g	1몰＝1g당량	1M＝1N	$HCl \rightarrow H^+ + Cl^-$
	H_2SO_4	2	–	98g	49g	1몰＝2g당량	1M＝2N	$H_2SO_4 \rightarrow 2H^+ + SO_4^{2-}$
	H_3PO_4	3	–	98g	32.7g	1몰＝3g당량	1M＝3N	$H_3PO_4 \rightarrow 3H^+ + PO_4^{3-}$
염기성	NaOH	–	1	40g	40g	1몰＝1g당량	1M＝1N	$NaOH \rightarrow Na^+ + OH^-$
	$Ca(OH)_2$	–	2	74g	37g	1몰＝2g당량	1M＝2N	$Ca(OH)_2 \rightarrow Ca^{2+} + 2OH^-$

② %농도를 M농도로 환산하는 공식

$$M농도 = \frac{비중 \times 1,000}{분자량(g)} \times \frac{\%농도}{100} = \frac{비중 \times 10 \times \%}{분자량(g)}$$

③ %농도를 N농도로 환산하는 공식

$$N농도 = \frac{비중 \times 1,000}{당량(g)} \times \frac{\%농도}{100} = \frac{비중 \times 10 \times \%}{당량(g)}$$

(4) 몰랄농도(m) : 용매 1,000g(1kg) 속에 녹아 있는 용질의 몰수로 나타낸 농도

예제 4 묽은 황산 250ml 속에 H_2SO_4 196g이 녹아 있다. 몇 M의 용액인가?

① 2M ② 4M ③ 8M ④ 16M

| 풀이 |

$$M = \frac{1000 \times 용질의\ 무게}{분자량 \times 용액의\ 부피}$$

$$= \frac{1,000 \times 196}{98 \times 250} = 8M$$

정답 | ③

예제 5 1N－H_2SO_4 500ml 속에 H_2SO_4는 몇 g 녹아 있겠는가?

① 98g ② 49g ③ 24.5g ④ 12.25g

| 풀이 |

① $N = \dfrac{1000 \times 물질의\ 무게}{당량 \times 용액\ 부피}$ 에서, $1 = \dfrac{1000 \times x}{49 \times 500}$

∴ $x = 24.5g$

② NV＝g당량에서 H_2SO_4 ┌ 1몰＝98g ┐ 이다.
　　　　　　　　　　　　　　└ 1g당량＝49g＝49당량 ┘

$1N \times 0.5l = 0.5g당량$　　※ [N : 노르말 농도, V : 부피(l)]

∴ $49g \times 0.5g당량 = 24.5g$

정답 | ③

예제 6

다음 중 비중이 1.84이고 무게 농도가 96%인 진한 황산(분자량=98)의 M농도와 N농도를 구하시오.

| 풀이 |

① $M = \dfrac{\text{비중} \times 10 \times \%}{\text{분자량(g)}} = \dfrac{1.84 \times 10 \times 96}{98} = 18M$

정답 | 18M

② $N = \dfrac{\text{비중} \times 10 \times \%}{\text{당량(g)}} = \dfrac{1.84 \times 10 \times 96}{49} = 36N$

정답 | 36N

참고 농도 계산문제에서 결정수(H_2O)의 포함여부
- 포함할 경우 : 몰(M)농도, 노르말(N)농도
- 포함하지 않을 경우 : 퍼센트(%)농도, 용해도

6. 묽은 용액의 성질

(1) 증기압(Vapor pressure)

액체를 가열하면 액체 표면에 있는 분자들이 기체로 되는데, 이때 이들 기체들만의 압력을 그 온도에서 그 물질의 증기압이라고 한다.

① 온도가 높아지면 증기압도 높아진다.

② 증기압이 주위의 압력과 같아지면 이 물질은 끓는다.

③ 주위의 압력을 낮추면 증기압이 낮아도 끓게 된다.

(2) 용액의 증기압

용질이 ┬ 휘발성 물질일 때 : 용액의 증기압은 용매의 증기압보다 높다.
        └ 비휘발성 물질일 때 : 용액의 증기압은 용매의 증기압보다 낮다.

(3) 끓는점 오름과 어는점 내림

용질이 비휘발성 물질일 때 용액의 증기압은 용매의 증기압보다 낮으므로 100℃가 되었을 때, 순수한 물은 증기압이 1기압이 되어 끓게 되나 용액의 증기압은 1기압이 되지 못하므로 끓지 못하고, 100℃보다 높은 온도가 되어야만 증기압이 1기압이 되어 끓게 된다. 이와 같은 현상을 용액의 끓는점 오름이라 한다. 또 순수한 물은 0℃에서 얼지만 용액의 어는점은 0℃보다 낮아진다. 이와 같은 현상을 어는점 내림이라고 한다.

참고 전해질 용액의 끓는점 오름과 어는점 내림
몰랄농도가 같을 때 전해질 용액은 비전해질 용액의 끓는점 오름이나 어는점 내림에 비하여 훨씬 그 차가 크다. 그 이유는, 전해질은 수용액에서 이온으로 전리되어 이온의 몰수가 증가하기 때문이다.

예제 7 **다음 수용액 중 가장 어는점(빙점)이 낮은 것은?**

① 설탕 0.1mol/l ② HCl 0.1mol/l ③ NaCl 0.1mol/l ④ CaCl₂ 0.1mol/l

| 풀이 | 모두 똑같은 0.1mol/l이므로 비전해질 물질이 가장 높고 전해질 중 전리된 이온수가 가장 많은 것이 빙점이 가장 낮다.

① 설탕 : 비전해질

② HCl $\longrightarrow$ H⁺ + Cl⁻ (2개 이온)

③ NaCl $\longrightarrow$ Na⁺ + Cl⁻ (2개 이온)

④ CaCl₂ $\longrightarrow$ Ca²⁺ + 2Cl⁻ (3개 이온)

∴ 염화칼슘(CaCl₂)은 3개 이온이 나오므로 어는점이 가장 낮다.   정답 | ④

(4) 라울의 법칙(Raoult, 1887년)

용질이 비휘발성이며 비전해질일 때 이 용액의 끓는점 오름과 어는점 내림은 용질의 종류에 관계없고 용매의 종류에 따라 다르며, 용질의 몰랄농도에 비례한다. 따라서 비전해질 물질의 분자량 측정에 사용한다.

$$M = \frac{a \times 1000 \times K_f}{W \times \Delta T_f}$$

여기서 ┌ M : 용질의 분자량   a : 용질의 질량(g)
       │ K_f : 몰내림   W : 용매의 질량(g)
       └ ΔT_f : 어는점 내림도

(5) 몰 오름과 몰 내림

용매 1,000g에 용질이 1몰 녹아 있을 때(1몰랄 용액) 비등점 상승과 빙점 강하의 정도를 몰오름, 몰내림이라 한다.

용매	비점℃	몰오름	빙점℃	몰내림
물	100	0.52	0	1.86
벤젠	80.1	0.57	5.5	5.10

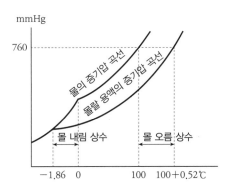

[용액·용매의 증기압, 어는점·끓는점]

 예제 8 **어떤 비전해질 12g을 물 60g에 녹였다. 이용액이 −1.88℃의 빙점 강하를 보였을 때 이 물질의 분자량을 구하라. (단, 물의 몰랄 어는점 내림 상수 K_f = 1.86℃/m이다.)**

① 297   ② 202   ③ 198   ④ 165

| 풀이 | $$M = \frac{a \times 1,000 \times K_f}{W \times \Delta T_f} = \frac{12 \times 1,000 \times 1.86}{60 \times 1.88} = 197.8g$$ 정답 | ③

예제 **9** 25.0g의 물속에 2.85g의 설탕($C_{12}H_{22}O_{11}$)이 녹아 있는 용액의 끓는점은? (단, 물의 끓는점 오름 상수는 0.52이다.)

① 100.0℃   ② 100.08℃   ③ 100.17℃   ④ 100.34℃

| 풀이 |

$$M = \frac{a \times 1,000 \times K_b}{W \times \Delta Tb}$$

$$\Delta T_b = \frac{a \times 1,000 \times K_b}{M \cdot W}$$

$$= \frac{2.85 \times 1,000 \times 0.52}{342 \times 25}$$

$$= 0.17℃$$

∴ 끓는점 : 100℃(물의 끓는점) + 0.17℃ = 100.17℃

여기서 ┌ M : 분자량(설탕 : 12×12 + 1×22 + 16×11 = 342)
      │ a : 용질(2.85g)
      │ k_b : 몰오름(0.52)
      │ W : 용매의 무게(25g)
      └ ΔT_b : 끓는점 오름도

정답 | ③

(6) 삼투압(Osmotic pressure)

셀로판이나 방광막처럼 용매의 분자나 이온은 통과시키지만 큰 분자의 용질은 통과시키지 못하는 막을 반투막이라고 한다. 즉, 반투막을 사이에 두고 물과 설탕물을 넣어주면 양쪽의 농도가 같게 하려는 성질 때문에 물이 설탕물 쪽으로 들어가게 되는데 이와 같은 현상을 삼투현상이라 하며, 물이 설탕물 쪽으로 들어가는 힘을 삼투압이라 한다.

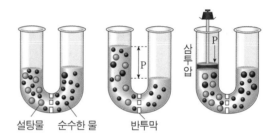

설탕물   순수한 물   반투막

┌──┐
│ 예 • 삼투 : 배추를 소금에 절이면 물이 빠져나오는 현상
│   • 반투막 : 셀로판지, 방광막, 황산지, 달걀의 속껍질, 식물의 세포막
└──┘

(7) 반트 호프(Vant Hoff)의 법칙

'비전해질의 묽은 수용액의 삼투압은 용매와 용액의 종류에 관계없이 용액의 몰농도와 절대온도에 비례한다.' 이것을 반트 호프 법칙이라 한다.

    $PV = nRT$

┌──┐
│ 분자량이 M인 비전해질 w(g)의 몰수를 n이라고 하면 $n = \dfrac{w}{M}$이므로,
│
│ $PV = \dfrac{w}{M}RT \Rightarrow M = \dfrac{w \cdot R \cdot T}{P \cdot V}$ 여기서 ┌ M : 분자량(g)   w : 용질의 질량(g)
│   │ R : 기체상수($0.082atm \cdot l/mol \cdot K$)   T : 절대온도(273.15 + ℃)
│   └ P : 삼투압(atm)   V : 용액의 부피(l)
└──┘

참고   삼투압은 용액의 농도가 묽을수록, 용질은 반투막을 통과할 수 없는 고분자 물질일수록 정확하다. 따라서 고분자 물질의 분자량 측정에 이용되고 있다.

7. 콜로이드(Colloid) 용액

(1) 콜로이드 용액 : 지름이 $10^{-7} \sim 10^{-5}$cm$(0.1\mu \sim 1m\mu)$ 정도의 입자가 액체 속에 분산되어 있는 용액을 콜로이드 용액이라 하며, 이것보다 작은 입자가 녹아 있는 용액을 참용액(True solution)이라 한다.

> **참고** 콜로이드 입자는 전자 현미경으로는 볼 수 있으나 광학 현미경으로는 볼 수 없고 거름종이는 투과하나 반투막은 투과할 수 없다.

(2) 콜로이드 용액의 성질

① **틴들현상** : 콜로이드 용액에 직사광선을 비출 때 콜로이드 입자가 빛을 산란시켜 빛의 진로를 밝게 보이게 하는 현상(한외 현미경으로 볼 수 있음)

> **예** 안개 속에서 자동차 불빛의 진로가 뚜렷이 보이는 현상

② **브라운 운동** : 콜로이드 입자가 분산매의 충돌에 의하여 불규칙하게 움직이는 무질서한 운동

> **예** 물 위에 떠있는 꽃가루가 불규칙하게 움직이는 현상, 잉크가 물속에서 퍼지는 현상

③ **흡착** : 콜로이드 입자의 표면적이 넓어서 입자 표면에 다른 분자나 이온이 쉽게 달라붙는 성질

> **예** 활성탄으로 흑설탕의 탈색, 비누거품의 콜로이드 입자가 때를 제거하는 현상

④ **투석(다이알리시스)** : 콜로이드와 전해질의 혼합액을 반투막(셀로판지, 황산지 등)에 넣고 맑은 물에 담가둘 때 전해질만 물 쪽으로 다 빠져 나오고, 반투막 속에는 콜로이드 입자들만 빠져 나오지 못하고 남게 되는 현상(콜로이드 정제에 사용)

> **예** 녹말과 소금물의 분리, 혈액의 정제 등
> ※ 콜로이드 입자는 거름종이를 통과하므로 사용 불가함

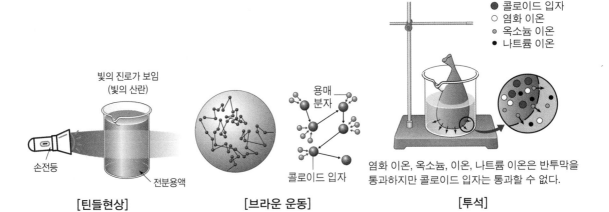

빛의 진로가 보임
(빛의 산란)

손전등

전분용액

[틴들현상]

용매 분자

콜로이드 입자

[브라운 운동]

● 콜로이드 입자
○ 염화 이온
● 옥소늄 이온
● 나트륨 이온

염화 이온, 옥소늄, 이온, 나트륨 이온은 반투막을 통과하지만 콜로이드 입자는 통과할 수 없다.

[투석]

⑤ 엉김(응석) : 소수콜로이드에 전해질을 넣으면 콜로이드 입자들이 전기력에 의해서 서로 덩어리로 뭉쳐서 침전이 되는 현상

- 양성 콜로이드의 엉김효과 : $Cl^- < SO_4^{2-} < PO_4^{3-}$
- 음성 콜로이드의 엉김효과 : $Na^+ < Mg^{2+} < Al^{3+}$

> 예 흙탕물에 백반(전해질)을 넣어 가라앉게 하여 물을 정제한다.

⑥ 염석 : 친수콜로이드는 소량의 전해질에 의해서는 침전이 되지 않고, 다량의 전해질을 가할 때 침전이 생성되는 현상

> 예 · 두부를 만들 때 전해질인 간수($MgCl_2$)를 넣어 만든다.
> · 비누콜로이드에 전해질인 소금($NaCl$)를 다량 넣어서 비누를 석출시킨다.

⑦ 전기영동 : 콜로이드 용액에 전극을 넣어주면 콜로이드 입자가 대전되어 어느 한 쪽의 전극으로 끌리는 현상. 이때 양이온(+) 콜로이드는 (-)극으로, 음이온(-) 콜로이드는 (+)극으로 이동한다.

> 예 공장에서 배출되는 매연을 제거하기 위해서 코트렐 전기 집진기를 설치한다.

(3) 콜로이드의 분류

① 소수콜로이드 : 물과의 친화력이 약하여 소량의 전해질을 가해도 침전되는 불안정한 콜로이드(주로 무기 물질의 콜로이드)

> 예 금, 은 가루, $Fe(OH)_3$, $Al(OH)_3$, 황 가루, 점토, 탄소 가루 등

② 친수콜로이드 : 물과의 친화력이 강하여 다량의 전해질을 가해야 침전되는 안정한 콜로이드(주로 유기물질의 콜로이드)

> 예 비누, 녹말, 한천, 젤라틴, 단백질, 아교 등

③ 보호콜로이드 : 소수콜로이드에 친수콜로이드를 가하면 친수콜로이드가 소수콜로이드를 둘러싸서 소량의 전해질을 가해도 침전되지 않는다. 이러한 목적으로 사용하는 친수콜로이드를 말한다.

> 예 먹물 속의 아교, 잉크 속의 아라비아 고무

(4) 콜로이드의 상태

① 졸(Sol) : 액체인 보통 콜로이드 용액의 상태

> 예 비눗물, 우유, 풀물

② 겔(Gel) : 물을 포함한 채 굳어 반고체인 콜로이드 용액의 상태

> 예 한천, 묵, 두부, 젤리, 삶은 계란 흰자

(5) 서스펜션 : 흙탕물과 같이 콜로이드 입자보다 큰 고체 입자가 분산된 용액

(6) 에멀션 : 우유와 같이 액체 입자가 분산된 용액(물에 기름 등이 녹아 있음)

[용액의 분류]

입자의 크기	$10^{-2} \sim 10^{-4}$cm	$10^{-5} \sim 10^{-7}$cm	10^{-7}cm 이하
용액의 지름	서스펜션, 에멀션	콜로이드	참용액
투과성	거름종이, 반투막은 모두 통과 못 함	거름종이는 통과하지만 반투막은 통과 못 함	거름종이, 반투막 모두 통과함

예제 10

콜로이드 용액에서 광선의 진로가 보이는 것은?

① 색을 띠고 있기 때문이다.　　　　② 전하를 띠고 있기 때문이다.

③ 빛을 산란시키기 때문이다.　　　　④ 브라운 운동을 하기 때문이다.

| 풀이 |　틴들현상 : 콜로이드 입자는 빛을 산란시킨다.　　　　　　　　　　　정답 | ③

예제 11

제련소 등에서 공해를 막기 위하여 굴뚝에 장치하는 것은 무슨 원리인가?

① 틴들현상　　　② 전기영동　　　③ 전기삼투　　　④ 염석

| 풀이 |　전기영동 : 콜로이드 입자는 전기를 띠고 있으므로 전기 집진기를 이용하여 전극에 끌려서 모인 먼지를 집진기에 의해서 제거한다.　　　　　　　　　　　　　　　　정답 | ②

01 어떤 온도에서 물 200g에 설탕이 최대 90g이 녹는다. 이 온도에서 설탕 용해도는?

① 45   ② 90

③ 180   ④ 290

해설

용해도 : 용매 100g에 최대한 녹을 수 있는 용질의 g수

$200 : 90 = 100 : x$

$x = \dfrac{90 \times 100}{200} = 45$

02 20℃에서 설탕물 100g 중에 설탕 40g이 녹아있다. 이 용액이 포화용액일 경우 용해도(g/H₂O 100g)는 얼마인가?

① 72.4   ② 66.7

③ 40   ④ 28.6

해설

용해＋용질＝용액
 (물)   (설탕) (설탕물)

$60g + 40g = 100g$

$\therefore$ 용해도 $= \dfrac{\text{용질의 무게(g)}}{\text{용매의 무게(g)}} \times 100$

$= \dfrac{40}{100 - 40} \times 100 = 66.7$

03 25℃에서 NaCl 포화용액을 잘 설명한 것은? (단, 25℃에서 NaCl의 용해도는 36이다.)

① 용액 100g 중에 NaCl이 36g 녹아 있을 때

② 용액 100g 중에 NaCl이 136g 녹아 있을 때

③ 용액 136g 중에 NaCl이 36g 녹아 있을 때

④ 용액 136g 중에 NaCl이 136g 녹아 있을 때

해설

용매＋용질＝용액

$100g : 36g = 136g$

용해도(36) $= \dfrac{\text{용질(36g)}}{\text{용매(100g)}} \times 100$

04 80℃와 40℃에서 물에 대한 용해도가 각각 50, 30인 물질이 있다. 80℃의 이 포화용액 75g을 40℃로 냉각시키면 몇 g의 물질이 석출되겠는가?

① 25   ② 20

③ 15   ④ 10

해설

용매＋용질＝용액

80℃ : $100 + 50 = 150$

40℃ : $100 + 30 = 130$

여기서 80℃ 용액 150g을 40℃로 냉각시키면

용질은 $50 - 30 = 20g$이 석출되므로

$150 : 20 = 75 : x$

$\therefore x = \dfrac{75 \times 20}{150} = 10g(\text{석출})$

정답 **01** ①   **02** ②   **03** ③   **04** ④

05 27℃에서 9g의 비전해질을 녹여 만든 900ml 용액의 삼투압은 3.84기압이었다. 이 물질의 분자량은 약 얼마인가?

① 18
② 32
③ 44
④ 64

해설

$PV=nRT$, $PV=\dfrac{WRT}{M}$ 에서,

$M=\dfrac{WRT}{PV}$

$=\dfrac{9g \cdot 0.082atm \cdot l/mol \cdot K \cdot (27+273.15)K}{3.84atm \cdot \left(\dfrac{900}{1,000}\right)l}$

$≒64g/mol$

06 95wt% 황산의 비중은 1.84이다. 이 황산의 몰농도는 약 얼마인가?

① 4.5
② 8.9
③ 17.8
④ 35.6

해설

$M농도=\dfrac{비중 \times 10 \times \%농도}{분자량}$

$=\dfrac{1.84 \times 10 \times 95}{98}=17.84M$

07 먹물에 아교를 약간 풀어주면 탄소 입자가 쉽게 침전되지 않는다. 이때 가해준 아교를 무슨 콜로이드라 하는가?

① 서스펜션
② 소수
③ 에멀션
④ 보호

해설

보호콜로이드에는 먹물 속의 아교, 잉크 속의 아라비아고무 등이 있다.

08 NaOH 1g이 250ml 메스플라스크에 녹아 있을 때 NaOH 수용액의 농도는?

① 0.1N
② 0.3N
③ 0.5N
④ 0.7N

해설

· NaOH의 분자량은 40g이다.

염기의 당량$=\dfrac{분자량}{[OH^-]개수}=\dfrac{40}{1}=40g(당량)=1g당량$

· 1N(규정)농도 : 물 1,000ml에 1g당량이 녹아있는 용액

$NV=g당량$ [N : 규정농도, V : 부피(l)]

$∴ N=\dfrac{g당량}{V}=\dfrac{\dfrac{1}{40}}{0.25}=0.1N$

09 분자량이 120인 물질 12g을 물 500g에 녹였다. 이 용액의 몰랄농도는 몇 몰인가?

① 0.1
② 0.2
③ 0.3
④ 0.4

해설

1몰랄농도 : 물 1,000g에 1몰이 녹아있는 용액

$500g : 12g=1,000g : x$

$x=\dfrac{1,000 \times 12}{500}=24g$을 몰수로 환산하면

$∴ n=\dfrac{W}{M}=\dfrac{24g}{120g}=0.2몰$

10 반투막을 이용해서 콜로이드 입자를 전해질이나 작은 분자로부터 분리 정제하는 것을 무엇이라 하는가?

① 틴들
② 브라운 운동
③ 투석
④ 전기영동

해설

투석(다이알리시스) : 녹말과 소금물 분리, 혈액의 정제 등

11 물 200g에 A물질 2.9g을 녹인 용액의 빙점은? (단, 물의 어는점 내림상수 : 1.86℃·kg/mol, A물질의 분자량 : 58)

① −0.465℃

② −0.932℃

③ −1.871℃

④ −2.453℃

해설

라울의 법칙(빙점 강하도)

$$M = \frac{a \times 1,000 \times K_f}{W \times \varDelta T_f}$$

$$\varDelta T_f = \frac{a \times 1,000 \times K_f}{M \times W} = \frac{2.9 \times 1,000 \times 1.86}{58 \times 200} = 0.465$$

∴ −0.465℃

$$\begin{bmatrix} M : 분자량(58) & a : 용질(2.9g) \\ W : 용매(200g) & K_f : 몰내림(1.86) \\ \varDelta T_f : 어는점 내림도 \end{bmatrix}$$

13 2N의 HCl 용액 200mℓ 속에 포함된 순 HCl는 몇 g인가?

① 7.3g

② 10.2g

③ 14.6g

④ 29.2g

해설

• HCl의 분자량은 36.5g이다.

산의 당량 $= \dfrac{분자량}{[H^+]개수} = \dfrac{36.5}{1} = 36.5g = 36.5$당량

$= 1g$당량

• NV = g당량 [N : 규정농도, V : 부피(ℓ)]

2 × 0.2 = 0.4g당량을 g으로 환산하면

∴ 0.4g당량 × 36.5g/g당량 = 14.6g

12 다음 중 물의 끓는점을 높이기 위한 방법으로 가장 타당한 것은?

① 순수한 물을 끓인다.

② 물을 저으면서 끓인다.

③ 감압하에서 끓인다.

④ 밀폐된 그릇에서 끓인다.

해설

• 끓는점(비등점, BP)을 높이는 방법 : 밀폐된 그릇에서 끓여서 내부 압력을 대기압보다 높인다.

• 끓는점(BP)을 낮추는 방법 : 위와 반대로 내부압력을 대기압보다 낮게 감압하여 끓인다.

14 다음 물질 중 물에 가장 잘 용해되는 것은?

① 디에틸에테르

② 글리세린

③ 벤젠

④ 톨루엔

해설

① $C_2H_5OC_2H_5$: 특수인화물(비수용성)

② $C_3H_5(OH)_3$: 제3석유류(수용성)

③ C_6H_6 : 제1석유류(비수용성)

④ $C_6H_5CH_3$: 제1석유류(비수용성)

2 Chapter 원자 구조

1 원자 구조 및 원자핵

1. 원자의 구성 입자

	원자	부호	질량	전기량	발견자
원자핵	양성자	$P(_1^2H)$	$1.7 \times 10^{-24}g$	+1	러더퍼드(Rutherford)
	중간자	π, μ	전자의 약 270배	0	유카와 히데키
	중성자	$n(_0^1n)$	$1.7 \times 10^{-25}g$	0	채드윅(Chadwick)
전자		$e(_{-1}^0e)$	$9.1 \times 10^{-28}g$	-1	톰슨(Thomson)

① 원자의 크기는 반지름이 10^{-8}cm(1Å) 정도이며 구형을 이루고 있다.

② 원자핵은 반지름이 10^{-12}cm$\left(\dfrac{1}{10000}$Å$\right)$ 정도이며 원자의 중심에 있다.

[원자의 구조]

③ 전자는 원자핵 주위에 구름처럼 퍼져서 원자의 크기를 나타낸다.

④ 원자의 무게는 원자핵이 나타낸다. 즉 전자의 무게는 너무 작아서 무시하고 원자핵속의 양성자와 중성자가 원자의 무게를 나타내게 된다.

2. 원자번호

원자번호＝양성자수＝전자수

모즐리(Moseley)는 중성원자의 X선 스펙트럼의 파장 순서로 번호를 붙였는데 이 번호를 원자번호라 한다.

3. 질량수

질량수＝양성자수＋중성자수

질량수는 원자의 질량(또는 무게)이 아니다. 양성자와 중성자의 무게를 각각 1로 했을 때 원자핵의 상대적인 무게를 나타낸다.

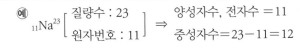

4. 방사선

종류	본질	표시	전기	에너지	투과력	전리, 감광, 형광 작용
α선	헬륨의 원자핵	$_2He^4$	$\oplus$	大	小	大
β선	전자의 흐름	e	$\ominus$	中	中	中
γ선	전자파	γ	없음	小	大	小

1896년 베크렐(Becquerel, 佛)이 우라늄 광석에서 사진 건판을 감광시키는 광선을 발견하고 이것을 방사선이라 했다. 방사선을 내는 원소를 방사성 원소라 하며 방사선을 방출하는 성질을 방사능이라 한다.

5. 방사성 원소의 자연 붕괴

종류	본질	Soddy-Fajan의 법칙	
		원자번호	질량수
알파(α) 붕괴	$_2He^4$ 튀어나옴	2 감소	4 감소
베타(β) 붕괴	e(전자) 튀어나옴	1 증가	변화 없음
감마(γ) 붕괴	전자파 튀어나옴	변화 없음	변화 없음

방사성 원소인 라듐(Ra)에서 나오는 방사선의 성질을 자기장으로부터 분석할 때 아래 그림과 같이 보면,

① α붕괴란 방사성 원소에서 헬륨의 원자핵($_2He^4$)이 튀어나오는 현상으로서 α입자는 왼쪽(−)으로 휘기 때문에 양전자(+)를 가짐을 알 수 있다.

② β붕괴란 원자핵 속에서 중성자가 양성자로 될 때 방출되는 전자의 이동이다. 따라서 중성자 수는 1 감소되고 양성자수(원자 번호)는 1 증가된다. 또한, β입자는 오른쪽(+)으로 휘기 때문에 음의 전하(−)를 가짐을 알 수 있다.

③ γ붕괴는 α붕괴 또는 β붕괴에 의해서 만들어진 원소가 불안정할 때 안정한 상태로 되기 위하여 방출되는 에너지이다. 따라서 γ선은 자기장의 영향을 받지 않고 수직으로 곧게 나아가므로 전하를 가지지 않음을 알 수 있으며 γ선과 χ선은 둘다 매우 높은 에너지를 갖는 빛(광자)의 전자기파이다.

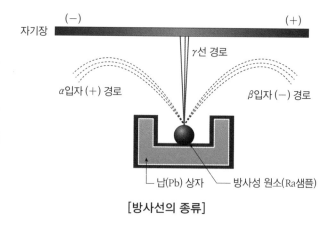

[방사선의 종류]

예제 **1**

다음의 핵화학 반응에서 ☐속에 채워져야 하는 것은?

$$^{14}_{7}N + ^{4}_{2}He \longrightarrow ^{17}_{8}O + \boxed{}$$

① $^{1}_{1}H$ ② $^{1}_{0}n$ ③ $^{0}_{1}e$ ④ $^{0}_{-1}P$

| 풀이 | 반응계와 생성계의 원자번호와 질량수의 합이 같아야 한다. 정답 | ①

예제 **2**

방사능 붕괴의 형태 중 $^{226}_{88}Ra$이 α붕괴될 때 생기는 원소는?

① $^{222}_{86}Rn$ ② $^{232}_{90}Th$ ③ $^{231}_{91}Pa$ ④ $^{238}_{92}U$

| 풀이 | α붕괴 : 원자번호 2 감소, 질량수 4 감소($^{4}_{2}He$ 방출)

$$^{226}_{88}Ra \xrightarrow{\alpha 붕괴} {}^{4}_{2}He + ^{222}_{86}Rn$$

정답 | ①

6. 원자에너지

$$E = mc^2 \quad \begin{bmatrix} E : 에너지 \\ m : 없어진 질량 \\ c : 광속도(3 \times 10^{10} cm/sec) \end{bmatrix}$$

• 질량 1g이 모두 에너지로 됐을 때
$$E = 1g \times (3 \times 10^{10} cm/sec)^2$$
$$= 9 \times 10^{20} erg = 2.16 \times 10^{13} cal$$

핵반응이 일어나면 반드시 질량 결손이 생기는데 이때 없어진 질량은 에너지로 된다.

예제 **3**

우라늄이 붕괴될 때 0.01%의 질량 손실이 있다. 1g의 우라늄이 붕괴될 때 나오는 에너지는 몇 erg인가?

① $9 \times 10^{20} erg$ ② $9 \times 10^{18} erg$ ③ $9 \times 10^{16} erg$ ④ $9 \times 10^{14} erg$

| 풀이 | $E = mc^2$
$$= 1 \times 0.0001 \times (3 \times 10^{10})^2 = 9 \times 10^{16} erg$$

정답 | ③

7. 반감기

$$m = M\left(\frac{1}{2}\right)^{\frac{t}{T}} \quad \begin{bmatrix} m : t시간 후에 남은 질량 & T : 반감기 \\ M : 방사성 원소의 처음 질량 & t : 경과된 시간 \end{bmatrix}$$

방사성 원소에서 α선, β선, γ선이 튀어나와 방사성 원소의 양이 처음 양의 반으로 되는 데 걸리는 시간을 반감기라 하며 원소에 따라 일정하다.

예제 4 반감기가 2일인 어떤 방사성 원소 12g은 6일 뒤에 몇 g 남을까?

| 풀이 |

$$m = M\left(\frac{1}{2}\right)^{\frac{t}{T}}$$

$$= 12\left(\frac{1}{2}\right)^{\frac{6}{2}} = 12\left(\frac{1}{2}\right)^{3} = 1.5g$$

또는 12g $\longrightarrow$ 6g $\longrightarrow$ 3g $\longrightarrow$ 1.5g

2일 2일 2일

정답 | 1.5g

---

2 전자 배열과 궤도 함수

1. 원자 모형의 발달 과정

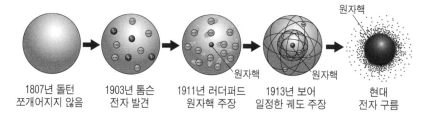

| 1807년 돌턴 | 1903년 톰슨 | 1911년 러더퍼드 | 1913년 보어 | 현대 |
| 쪼개어지지 않음 | 전자 발견 | 원자핵 주장 | 일정한 궤도 주장 | 전자 구름 |

2. 수소 선 스펙트럼과 보어의 원자 모형

(1) 수소 선 스펙트럼

① 선 스펙트럼이 나타나는 이유 : 에너지 준위가 다른 전자껍질 사이에서 전자가 이동함에 따라 에너지 준위 차이에 해당하는 불연속적인 에너지의 빛만 방출하게 된다.

② 수소 선 스펙트럼 : 바닥상태의 수소 분자에 에너지를 가해 들뜬상태의 수소 원자를 만든 후 바닥상태로 전자 전이가 일어나면서 전자껍질의 에너지 준위 차에 해당하는 빛에너지를 방출한다.

$$H_2 \longrightarrow H_2^* \longrightarrow 2H^* \longrightarrow 2H$$

바닥상태 들뜬상태 들뜬상태 바닥상태

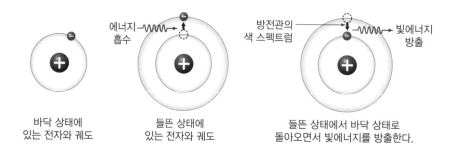

바닥 상태에 있는 전자와 궤도　　들뜬 상태에 있는 전자와 궤도　　들뜬 상태에서 바닥 상태로 돌아오면서 빛에너지를 방출한다.

예제 1 원자에서 복사되는 빛은 선 스펙트럼을 만드는데 이것으로부터 알 수 있는 사실은?

① 빛에 의한 광전자의 방출 ② 빛이 파동의 성질을 가지고 있다는 사실

③ 전자껍질의 에너지의 불연속성 ④ 원자핵 내부의 구조

| 풀이 | 전자껍질의 에너지의 불연속성으로 알 수 있다. 정답 | ③

3. 전자껍질, 최외각 전자

① 전자는 원자핵을 중심으로 에너지 준위가 다른 몇 개의 전자층을 이루며 회전 운동을 하고 있다. 이 전자층을 전자껍질(Electron shell)이라 한다.

② 전자껍질의 종류는 원자핵으로부터 K, L, M, N…… 등의 전자층(전자껍질)이 있다.

③ 각 전자껍질의 전자의 수용능력은 $2n^2$개이다.

④ 최외각 전자 : 전자가 전자껍질에 채워져 있을 때 제일 바깥 전자껍질에 들어 있는 전자를 최외각 전자 또는 원자가 전자(가전자)라고 한다. 이 최외각 전자는 그 원자의 화학적 성질을 결정한다.

- 가전자수가 같으면 그 원소의 화학적 성질이 서로 비슷하다.
- 주기표의 전형 원소는 가전자수와 족의 수가 일치한다.
- 최외각 전자가 8개가 되면 비교적 안정하다(Octet rule).
- 최외각 전자가 1~7개인 원자는 전자를 잃거나 얻어 8개가 되려고 할 때 이온이 된다.

[전자껍질과 최대수용전자수]

주양자수(n)	전자껍질	최대전자수($2n^2$)
n=1	K	2개
n=2	L	8개
n=3	M	18개
n=4	N	32개

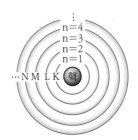

참고 팔우설(Octet rule)

모든 전형원소들은 0족 원소의 비활성원소(Ne, Ar, Kr, Xe 등)들처럼 최외각 껍질에 최외각 전자(nS^2, nP^6)가 8개의 전자를 가져서 안정되려는 경향이 있다(단, He은 가전자가 2개로 안정됨).

4. 원자 궤도 함수(Atomic orbital, 오비탈, 부전자(부양자) 껍질)

같은 전자껍질 속에서도 전자가 취할 수 있는 에너지 상태는 여러 가지가 있다. 이 여러 가지 에너지 상태를 부전자껍질이라 하고, 이 부전자껍질은 각각 일정한 모양을 나타내며, 이 모양을 오

비탈(궤도 함수)이란 말로 표시한다. 오비탈은 원자핵 주위에서 전자를 가장 많이 발견할 수 있는 확률로써 표시된다.

(1) 오비탈의 종류 : s, p, d, f

(2) 오비탈의 존재 : K, L, M, N······의 전자껍질 속에 들어 있다.

n=1 ······ K 껍질 ······ 1s

n=2 ······ L 껍질 ······ 2s, 2p

n=3 ······ M 껍질 ······ 3s, 3p, 3d

n=4 ······ N 껍질 ······ 4s, 4p, 4d, 4f

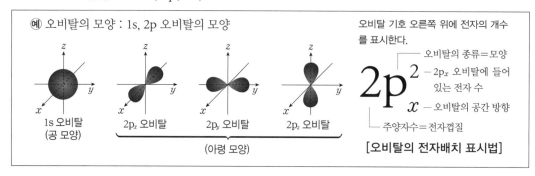

예) 오비탈의 모양 : 1s, 2p 오비탈의 모양

1s 오비탈 (공 모양)   2p$_x$ 오비탈   2p$_y$ 오비탈   2p$_z$ 오비탈

(아령 모양)

오비탈 기호 오른쪽 위에 전자의 개수를 표시한다.

$$2p_x^2$$

- 오비탈의 종류=모양
- 2p$_x$ 오비탈에 들어 있는 전자 수
- 오비탈의 공간 방향
- 주양자수=전자껍질

[오비탈의 전자배치 표시법]

(3) 각 오비탈의 전자의 수용능력

s=2개   p=6개   d=10개   f=14개

※ p오비탈에 전자 6개가 채워지는 순서 ⇒ 1 4 2 5 3 6 (훈트의 규칙)

(4) 오비탈의 에너지 준위 : 오비탈의 에너지가 커지는 순서

1s<2s<2p<3s<3p<4s<3d<4p<5s ······

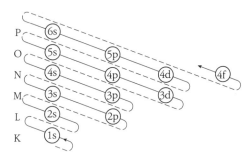

P (6s)
O (5s) (5p)
N (4s) (4p) (4d) (4f)
M (3s) (3p) (3d)
L (2s) (2p)
K (1s)

(5) 원자 내 전자배치

① 쌓음의 원리 : 원자에 전자가 채워질 때 에너지 준위가 낮은 오비탈부터 차례대로 채워지는 것

② 파울리 배타원리 : 한 오비탈에 최대 2개의 전자가 채워질 때 반대의 스핀으로 전자가 채워진다.

③ 훈트 규칙 : 에너지 준위가 같은 몇 개의 오비탈에 전자가 들어갈 때에는 각각의 오비탈에 1개씩의 전자가 배치된 후 스핀이 반대인 전자가 들어가 쌍을 이루게 된다.

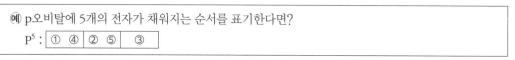

예) p오비탈에 5개의 전자가 채워지는 순서를 표기한다면?

P^5 : ① ④ ② ⑤ ③

(6) 구성 원리 : 전자가 오비탈에 채워질 때에는 에너지 준위가 낮은 데부터 차례로 채워진다.

$_7N \Rightarrow 1s^2$	$2s^2$	$2p^3$	$1s^2$	$2s^2$	$2p^3$
[↑↓]	[↑↓]	[↑][↑][↑] (○)	[↑↓]	[↑↓]	[↑↓][↑][ ] (×)
$_8O \Rightarrow 1s^2$	$2s^2$	$2p^4$	$1s^2$	$2s^2$	$2p^4$
[↑↓]	[↑↓]	[↑↓][↑][↑] (○)	[↑↓]	[↑↓]	[↑↓][↑↓][ ] (×)

(7) 부대 전자(홀전자)와 최외각 전자

$_7N$ 의 표시

$1s^2$ $2s^2$ $2p^3$
[: :] [: :] [· · ·]

① 최외각 전자 : $2s^2$, $2p^3$(주양자수가 가장 큰 것) → 5개
② 고립 전자쌍 : $2s^2$(최외각 전자 중에서 쌍을 이루고 있는 것) → 1쌍
③ 부대 전자 : $2p^3$(한 오비탈에 전자가 한 개만 들어 있는 전자) → 3개

참고 원자의 바닥상태의 전자 배치

원자번호	전자껍질	K	L		M			N	전자배치	홀전자수
	기호	1s	2s	2p	3s	3p	3d	4s		
1	H								$1s^1$	1
2	He								$1s^2$	0
3	Li								$1s^2 2s^1$	1
4	Be								$1s^2 2s^2$	0
5	B								$1s^2 2s^2 2p^1$	1
6	C								$1s^2 2s^2 2p^2$	2
7	N								$1s^2 2s^2 2p^3$	3
8	O								$1s^2 2s^2 2p^4$	2
9	F								$1s^2 2s^2 2p^5$	1
10	Ne								$1s^2 2s^2 2p^6$	0
11	Na								$1s^2 2s^2 2p^6 3s^1$	1
12	Mg								$1s^2 2s^2 2p^6 3s^2$	0
13	Al								$1s^2 2s^2 2p^6 3s^2 3p^1$	1
14	Si								$1s^2 2s^2 2p^6 3s^2 3p^2$	2
15	P								$1s^2 2s^2 2p^6 3s^2 3p^3$	3
16	S								$1s^2 2s^2 2p^6 3s^2 3p^4$	2
17	Cl								$1s^2 2s^2 2p^6 3s^2 3p^5$	1
18	Ar								$1s^2 2s^2 2p^6 3s^2 3p^6$	0
19	K								$1s^2 2s^2 2p^6 3s^2 3p^6 4s^1$	1
20	Ca								$1s^2 2s^2 2p^6 3s^2 3p^6 4s^2$	0

예제 2 **Si 원소의 전자배치로 옳은 것은?**

① $1s^2\ 2s^2\ 2p^6\ 3s^2\ 3p^2$

② $1s^2\ 2s^2\ 2p^6\ 3s^1\ 3p^2$

③ $1s^2\ 2s^2\ 2p^5\ 3s^1\ 3p^2$

④ $1s^2\ 2s^2\ 2s^6\ 3s^2$

| 풀이 | $^{28}_{14}$Si의 원자핵 둘레의 전자배열

전자껍질	K	L	M
주양자수	n=1	n=2	n=3
수용 전자수($2n^2$)	2	8	18
오비탈 수용 전자수	$1s^2$	$2s^2$, $2p^6$	$3s^2$, $3p^6$, $3d^{10}$
Si(원자번호 14)	$1s^2$	$2s^2$, $2p^6$	$3s^2$, $3p^2$

정답 | ①

(8) 화학결합과의 관계

화학결합은 $\left[\begin{array}{l} \text{여기 상태에서} \\ \text{부대 전자 사이에서} \end{array}\right]$ 일어나는 것이 원칙이다.

① 메탄(CH_4)의 설명(정사면체형 : SP^3 형)

$_6$C의 여기 상태 $\left\{\begin{array}{l} 1s^2 \quad 2s^2 \quad 2p^3 \\ \boxed{\uparrow\downarrow}\ \boxed{\uparrow}\ \boxed{\uparrow\ \uparrow\ \uparrow} \\ \qquad\quad \uparrow \quad \uparrow\ \uparrow\ \uparrow \\ \qquad\quad \text{H} \quad \text{H H H} \end{array}\right.$

C의 여기 상태에서 부대 전자는 4개이다. 한 오비탈에는 전자가 2개 들어갈 수 있으므로 여기에 각각 수소 원자(수소 원자는 부대 전자 한 개만 있음)가 채워진다. 이때 탄소의 s에 전자 1개, p에 전자 3개가 채워져서 CH_4 분자를 이루며 CH_4 분자의 궤도 함수를 sp^3이라고 한다.

② BH_3의 설명(평면삼각형 : SP^2형)

$_5$B $\Big\langle$ 기저 상태 $\left\{\begin{array}{l} 1s^2 \quad 2s^2 \quad 2p^1 \\ \boxed{\uparrow\downarrow}\ \boxed{\uparrow\downarrow}\ \boxed{\uparrow\ \ \ } \end{array}\right.$

여기 상태 $\left\{\begin{array}{l} \boxed{\uparrow\downarrow}\ \boxed{\uparrow}\ \boxed{\uparrow\ \uparrow} \\ 1s^2 \quad 2s^1 \end{array}\right.$

B의 여기 상태 $\left\{\begin{array}{l} 1s^2 \quad 2s^1 \quad 2p^2 \\ \boxed{\uparrow\downarrow}\ \boxed{\uparrow}\ \boxed{\uparrow\ \uparrow} \\ \qquad\quad \uparrow \quad \uparrow\ \uparrow \\ \qquad\quad \text{H} \quad \text{H H} \end{array}\right.$ BH_3의 분자 궤도 함수$=sp^2$

③ H_2O의 설명(굽은 V형 : P^2형)

$_8$O의 기저상태 $\left\{\begin{array}{l} 1s^2 \quad 2s^2 \quad 2p^4 \\ \boxed{\uparrow\downarrow}\ \boxed{\uparrow\downarrow}\ \boxed{\uparrow\downarrow\ \uparrow\ \uparrow} \\ \qquad\qquad\qquad\quad \uparrow \quad \uparrow \\ \qquad\qquad\qquad\quad \text{H} \quad \text{H} \end{array}\right.$

④ NH_3의 설명(피라미드형 : P^3형)

$_7N$의 기저상태 $\begin{cases} \begin{matrix} 1s^2 & 2s^2 & 2p^3 \end{matrix} \\ \end{cases}$

H H H

참고 결합 오비탈과 분자 모양

원소	$_3Li$	$_4Be$	$_5B$	$_6C$	$_7N$	$_8O$	$_9F$	$_{10}Ne$
결합 오비탈	s	sp	sp^2	sp^3	p^3	p^2	p	없음
결합수	1	2	3	4	3	2	1	0
보기	LiH	BeH_2	BH_3	CH_4	NH_3	H_2O	HF	없음
분자모형	직선형	직선형	삼각평면	정사면체	피라미드	굽은형	직선형	–
결합 각	180°	180°	120°	109.5°	107°	104.5°	180°	–

예제 3 sp^3혼성 오비탈을 가지고 있는 것은?

① BF_3　　　　② $BeCl_2$　　　　③ C_2H_4　　　　④ CH_4

| 풀이 | ① sp^2형　② sp형　③ sp^2형　④ sp^3형

※ C_2H_2 : sp형　　　　　　　　　　　　　　　　　　　　　　　정답 | ④

---

3 원소의 주기율과 주기표

1. 원소의 주기율

원소를 원자번호 순서로 나열했을 때 화학적 성질이 비슷한 원소가 주기적으로 나타나는 현상을 주기율이라 한다.

(1) 1869년 멘델레예프(Mendeleev) : 당시에 발견되었던 63가지 원소를 원자량 순서(무게의 순서)로 나열했을 때 8번째마다 비슷한 성질의 원소가 나오는 것을 주기율이라 하였다.

(2) 1913년 모즐리(Moseley) : 원소를 원자번호 순서로 나열했을 때 성질이 비슷한 원소가 주기적으로 나타남을 알았다.

2. 주기표(Periodic table)

최초의 주기표는 멘델레예프에 의하여 원자량 순서로 만들었으나 지금 사용 중인 완성된 주기표는 모즐리에 의하여 원자번호 순서로 되어 있다.

(1) 단주기표 : 2주기, 3주기의 8개의 원소를 기준으로 만듦

(2) 장주기표 : 4주기, 5주기의 18개의 원소를 기준으로 만듦

(3) 족과 주기

① 족(Group) : 주기율표에서 세로줄을 족이라 하며 같은 족 원소들은 원자가 전자수(가전자수)가 같아 화학적 성질이 비슷하다.

	1족 (알칼리금속)	2족 (알칼리토금속)	3족 (알루미늄족)	4족 (탄소족)	5족 (질소족)	6족 (산소족)	7족 (할로겐족)	0족 (비활성기체)
최외각 전자수	1	2	3	4	5	6	7	8(2)
최외각 전자배열	ns^1	ns^2	$ns^2 np^1$	$ns^2 np^2$	$ns^2 np^3$	$ns^2 np^4$	$ns^2 np^5$	$ns^2 np^6$
원자 '가'	+1	+2	+3	+4, +2 -4	+5, +3 -3	+6, +4 -2	+7, +5 -1	0

② 주기(Period) : 주기율표에서 가로줄을 주기라 하며 같은 주기에 있는 원소들은 같은 수의 전자껍질을 가지고 있다.

주기			전자껍질					원소수	원소
1주기	K	–	–	–	–	–	–	2	$_1H - _2He$
2주기	K	L	–	–	–	–	–	8	$_3Li - _{10}Ne$
3주기	K	L	M	–	–	–	–	8	$_{11}Na - _{18}Ar$
4주기	K	L	M	N	–	–	–	18	$_{19}K - _{36}Kr$
5주기	K	L	M	N	O	–	–	18	$_{37}Rb - _{54}Xe$
6주기	K	L	M	N	O	P	–	32	$_{55}Cs - _{86}Rn$
7주기	K	L	M	N	O	P	Q	미정	$_{87}Fr - 미완성$

3. 원소의 주기성

(1) 주기표와 그 성질

왼쪽 밑으로 갈수록

- 원자 반경 증가
- 이온화 에너지 감소
(전기 음성도 감소)
- 양(+)이온이 되기 쉬움
- 강한 환원제
(자신은 산화됨)
- 금속성이 강해짐
- 산화물의 수용액은
염기성이 강해짐

[주기표에서의 금속성과 비금속성]

오른쪽 위로 갈수록

- 원자 반경 감소
- 이온화 에너지 증가
(전기 음성도 증가)
- 음(-)이온이 되기 쉬움
- 강한 산화제
(자신은 환원됨)
- 비금속성이 강해짐
- 산화물의 수용액은 산성이
강해짐(단, F는 제외)

(2) **원소의 금속성과 비금속성** : 여러 원자는 최외각의 전자를 내놓거나 최외각에 전자를 받아들여 ns^2, np^6(8개)의 전자 배열형을 이루려고 한다.

① 금속성 : 최외각의 전자(가전자)를 내놓아 양이온이 되기 쉬운 성질

② 비금속성 : 최외각에 전자를 받아들여 음이온이 되기 쉬운 성질

③ 양쪽성 : 산, 염기에 모두 작용하는 것(Al, Zn, Sn, Pb)

(3) **원자 반지름과 이온 반지름**

① 원자 반지름은 원자번호가 증가함에 따라서

- 같은 족에서는 전자껍질수가 증가하여 핵으로부터의 거리가 멀어지기 때문에 원자 반지름은 커진다.

- 같은 주기에서는 양성자(+)수가 증가하여 유효핵 전하가 증가하므로 핵과 전자 사이에 정전기적 인력의 증가로 인하여 원자 반지름은 작아진다.

② 이온 반지름은 원자번호가 증가함에 따라서

- 금속의 양이온은 전자를 잃고 양이온(+)으로 될 때 전자껍질수가 감소하고 유효핵전하가 감소하므로 이온의 반지름은 원자의 반지름보다 작아진다.

- 비금속의 음이온은 전자의 껍질수와 유효핵전하가 동일한 상태에서 최외각 전자껍질에 전자수가 증가하면서 전자 사이의 반발력이 증가하므로 이온 반지름이 원자의 반지름보다 커진다.

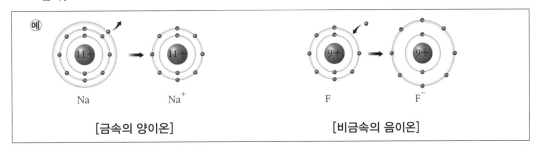

[금속의 양이온]   [비금속의 음이온]

 예제 1

주기율표에서 제2주기에 있는 원소 성질 중 왼쪽에서 오른쪽으로 갈수록 감소하는 것은?

① 원자핵의 하전량   ② 원자가 전자의 수

③ 원자 반지름   ④ 전자껍질의 수

| 풀이 | 주기율표에서 왼쪽에서 오른쪽으로 갈수록 이온 반지름과 원자 반지름은 작아지고 이온화 에너지, 전기음성도 및 비금속성은 증가한다.

정답 | ③

---

(4) **이온화 에너지(Ionization energy)**

기체상태의 중성원자(바닥상태) 1몰에서 전자 1몰을 제거하여 양이온으로 만드는 데 필요한 에너지(kJ/mol)를 말한다.

$$M(기체)+에너지 \longrightarrow M^+(기체)+e^-$$

① **같은 족** : 원자번호가 증가할수록 반지름이 커져 최외각전자 사이의 인력이 작아지므로 이온화 에너지가 감소한다.

② **같은 주기 원소** : 원자번호가 증가할수록 핵전하량이 증가하고 반지름이 작아져 핵과 최외각전자 사이의 인력이 커지므로 이온화 에너지가 증가한다.

> **참고** 이온화 에너지는 0족(비활성기체)이 가장 크고 1족(알칼리금속)이 가장 낮다.

예제 2

이온화 에너지에 대한 설명으로 옳은 것은?

① 바닥상태에 있는 원자로부터 전자를 제거하는 데 필요한 에너지이다.

② 들뜬상태에서 전자를 하나 받아들일 때 흡수하는 에너지이다.

③ 일반적으로 주기율표에서 왼쪽으로 갈수록 증가한다.

④ 일반적으로 같은 족에서 아래로 갈수록 증가한다.

정답 | ①

4. 전형 원소와 전이 원소

(1) 전형 원소

① 주기표의 1A, 2A 및 3B~7B, 0족 원소를 통틀어 전형 원소라 한다.

② 최종으로 배열된 전자가 s 및 p궤도 함수에 들어가는 원소이다.

③ 원자가 전자수는 족의 끝번호와 일치하고 전자껍질수는 주기를 결정한다.

④ 이온이 되었을 때 수용액에서 색을 띠지 않는다.

⑤ 금속원소와 비금속원소가 있다.

⑥ 산화수는 일정하다(예 Na^+).

(2) 전이 원소

① 전이 원소의 전자 배열

전이 원소는 주기표 4주기 이후부터 배열되는 3A~2B까지의 원소이다. 전자 배치는 s오비탈을 채우고 난 후 d오비탈이나 f오비탈에 전자가 차 들어가고 있는 원소이다.

② 전이 원소의 특성

• 활성이 작은 중금속으로, 녹는점이 높다.

• d나 f궤도에 전자가 차 들어가고 있는 원소이다. 원자가는 2종류 이상이 많다(예 Cu^+, Cu^{2+}).

• 촉매로 이용되는 것이 많다.

- 착이온을 만들기 쉽다.
- 이온이 되었을 때 수용액에서 색을 띠는 것이 많다.

5. 전기 음성도

원자가 전자를 끌어당겨 전기적으로 음성(−)을 띠는 힘의 정도를 말한다.

(1) 같은 족 원소 : 원자번호가 증가할수록 전기음성도는 감소한다.

> **예** 원자 반지름과 금속성은 증가, 이온화 에너지와 전자의 친화도는 감소한다.

(2) 같은 주기 원소 : 원자번호가 증가할수록 전기음성도는 증가한다.

> **예** 비금속성이 큰 7족이 가장 크고, 금속성이 큰 1족은 가장 작다.

(3) 전기음성도가 클수록

① 비금속성이 커진다(금속성은 작아진다).
② 산화력(산화성)이 큰 산화제가 된다.
③ ⊖원자가 (⊖산화수)를 갖는다.

(4) F(플루오르)는 전기 음성도가 가장 크기 때문에

① 비금속성이 제일 강하다.
② 언제나 화합물을 만들 때에는 ⊖의 원자가를 갖는다.
③ 제일 강한 산화제(산화성, 산화력)이다.

[폴링에 의한 전기 음성도]

F	>	O	>	N	>	Cl	>	Br	>	C	>	S	>	I	>	H	>	P	>	Si
4.0		3.5		3.1		3.0		2.8		2.5		2.4		2.2		2.1		2.06		1.8

(5) 0족(비활성 기체) : 화학적으로 안정하므로 전자를 끌어당기지 않기 때문에 전기음성도가 없다.

01 다음 중 아르곤(Ar)과 같은 전자수를 갖는 이온들로 이루어진 것은?

① NaCl
② MgO
③ KF
④ CaS

해설

아르곤(Ar)의 전자수 : 18(원자번호＝양성자수＝전자수)
① NaCl의 전자수 : $Na^+=11-1=10$,
$Cl^-=17+1=18$
② MgO의 전자수 : $Mg^{2+}=12-2=10$,
$O^{2-}=8+2=10$
③ KF의 전자수 : $K^+=19-1=18$,
$F^-=9+1=10$
④ CaS의 전자수 : $Ca^{2+}=20-2=18$,
$S^{2-}=16+2=18$

02 방사성원소에서 방출되는 방사선 중 전기장의 영향을 받지 않아 휘어지지 않는 선은?

① α선
② β선
③ γ선
④ α, β, γ선

해설

• α선 : 전기장(자기장)의 왼쪽(－)으로 휘어져 양전하(＋)를 가짐
• β선 : 전기장(자기장)의 오른쪽(＋)으로 휘어져 음전하(－)를 가짐
• γ선 : 전기장(자기장)의 영향을 받지 않고 수직으로 곧게 투과하며 광선, X선과 같은 일종의 전자파이다.
※ 투과력 : $\alpha < \beta < \gamma$
에너지 : $\alpha > \beta > \gamma$

03 $^{226}_{88}Ra$의 α붕괴 후 생성물은 어떤 물질인가?

① 금속 원소
② 비활성 원소
③ 양쪽 원소
④ 할로겐 원소

해설

원자(불안정) ⟶ 붕괴(안정)

종류	본질	원자번호	질량수
α붕괴	$2He^4$ 방출	2 감소	4 감소
β붕괴	e^-(전자) 방출	1 증가	변화무
γ붕괴	전자기파 방출	변화무	변화무

$$^{226}_{88}Ra \xrightarrow{\alpha} {}^{222}_{86}Rn$$

※ Radon(라돈) : 18족 6주기 원소 – 비활성기체

04 Be의 원자핵에 α입자를 충격하였더니 중성자 n이 방출되었다. 다음 반응식을 완결하기 위하여 (   ) 속에 알맞은 것은?

$$Be + {}^4_2He \longrightarrow (\quad) + {}^1_0n$$

① Be
② B
③ C
④ N

해설

$$^9_4Be + {}^4_2He \longrightarrow ({}^{12}_6C) + {}^1_0n$$

05 어떤 방사능 물질의 반감기가 10년이라면 10g의 물질이 20년 후에는 몇 g이 남는가?

① 2.5
② 5.0
③ 7.5
④ 10.0

해설

$$m = M \times \left(\frac{1}{2}\right)^{\frac{t}{T}}$$
$$= 10g \times \left(\frac{1}{2}\right)^{\frac{20}{10}}$$
$$= 2.5g$$

$\begin{bmatrix} m : 붕괴 후 질량 \\ M : 붕괴 선 실량 \\ t : 경과기간 \\ T : 반감기 \end{bmatrix}$

정답 01 ④ 02 ③ 03 ② 04 ③ 05 ①

06 염소 원자의 최외각 전자수는 몇 개인가?

① 1 ② 2
③ 7 ④ 8

해설

염소(Cl)의 전자배열(원자번호＝전자수＝양성자수)

원소명	전자수	K	L	M	최외각전자
Cl(염소)	17	2	8	7	7

※ 최외각껍질에 최외각전자 : 화학적 성질을 결정함

07 옥텟규칙(Octet rule)에 따르면 게르마늄이 반응할 때, 다음 중 어떤 원소의 전자수와 같아지려고 하는가?

① Kr ② Si
③ Sn ④ As

해설

옥텟 규칙(Octet rule) : 모든 원자들은 주기율표 18족의 비활성기체(Ne, Ar, Kr, Xe 등)와 같이 최외각전자(가전자) 8개를 가져서 안정되려고 하는 경향(단, He는 2개로 안정)

08 원자번호가 7인 질소와 같은 족에 해당되는 원소의 원자번호는?

① 15 ② 16
③ 17 ④ 18

해설

전자배열(원자번호＝전자수＝양성자수)

원소명	원자번호	K	L	M	족(가전자수)
N(질소)	7	2	5	–	5족
P(인)	15	2	8	5	5족
O(산소)	16	2	8	6	6족
Cl(염소)	17	2	8	7	7족
Ar(아르곤)	18	2	8	8	8족

9 다전자 원자에서 에너지 준위의 순서가 옳은 것은?

① 1s＜2s＜3s＜4s＜2p＜3p＜4p
② 1s＜2s＜2p＜3s＜3p＜3d＜4s
③ 1s＜2s＜2p＜3s＜3p＜4s＜4p
④ 1s＜2s＜2p＜3s＜3p＜4s＜3d

해설

원자의 에너지 준위의 순서
1s＜2s＜2p＜3s＜3p＜4s＜3d＜4p＜5s …

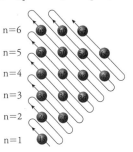

10 한 원자에서 네 양자수가 똑같은 전자가 2개 이상 있을 수 없다는 이론은?

① 네른스트의 식
② 파울리의 배타원리
③ 패러데이의 법칙
④ 플랑크의 양자론

해설

파울리의 배타원리(Pauli's principle)
• 한 오비탈에 최대 2개의 전자가 채워질 수 있으며 두 원자의 스핀($\boxed{\downarrow\uparrow}$)의 방향은 서로 반대에 위치한다.
• 각 오비탈에 최대 2개의 전자가 채워질 수 있어 n번째 전자껍질에 최대로 채워질 수 있는 전자 수는 $2n^2$개이다.

전자껍질	K	L	M	N
주양자수(n)	1	2	3	4
오비탈 총 수(n^2)	1	4	9	16
최대수용 전자 수($2n^2$)	2	8	18	32

11 다음 화합물 중 수용액에서 산성의 세기가 가장 큰 것은?

① HF
② HCl
③ HBr
④ HI

해설

- 할로겐 원소 : 주기율표 17족 원소(F 불소, Cl 염소, Br 브롬, I 요오드)
- 산성의 강도 : HF<HCl<HBr<HI
- 화합결합력의 강도 : HF>HCl>HBr>HI

12 주양자수가 4일 때 이 속에 포함된 오비탈 수는?

① 4
② 9
③ 16
④ 32

해설

주양자수	1	2	3	4
주기	K	L	M	N
궤도	s	s p	s p d	s p d f
오비탈수	1	1+3=4	1+3+5=9	1+3+5+7=16
전자수	2	8	18	32

13 전자배치가 $1s^2 2s^2 2p^6 3s^2 3p^5$인 원자의 M껍질에는 몇 개의 전자가 들어있는가?

① 2
② 4
③ 7
④ 17

해설

염소(Cl)의 전자배열

전자껍질	K(n=1)	L(n=2)	M(n=3)
최대 수용전자수($2n^2$)	2	8	18
오비탈	$1s^2$	$2s^2 2p^6$	$3s^2 3p^5$
Cl의 전자배열수	2	8	7

14 Mg^{2+}와 같은 전자배치를 가지는 것은?

① Ca^{2+}
② Ar
③ Cl^-
④ F^-

해설

전자배열($2n^2$)

원소명	전자수	K(n=1) 2	L(n=2) 8	M(n=3) 18
Mg^{2+}	12−2=10	2	8	
① Ca^{2+}	20−2=18	2	8	8
② Ar	18	2	8	8
③ Cl^-	17+1=18	2	8	8
④ F^-	9+1=10	2	8	

15 다음 원소들 중 전기음성도가 가장 큰 원소는?

① N
② C
③ O
④ F

해설

전기음성도 : 원자가 전자를 끌어당겨 전기적으로 음성(−)을 띠는 힘의 정도
F>O>N>Cl>Br>C>S>I>H>P

16 다음에서 설명하는 이론의 명칭으로 옳은 것은?

> 같은 에너지 준위에 있는 여러 개의 오비탈에 전자가 들어갈 때는 모든 오비탈에 분산되어 들어가려고 한다.

① 러더퍼드의 법칙
② 파울리의 배타원리
③ 헨리의 법칙
④ 훈트의 법칙

해설

훈트규칙 : p오비탈의 p_x, p_y, p_z와 같이 에너지 준위가 같은 오비탈에 전자가 채워질 때 가능한 한 홀전자 수가 최대가 되도록 배치될 때 안정하다.

 정답 11 ④ 12 ③ 13 ③ 14 ④ 15 ④ 16 ④

17 할로겐 원소에 대한 설명 중 옳지 않은 것은?

① 요오드의 최외각 전자는 7개이다.

② 할로겐 원소 중 원자 반지름이 가장 작은 원소는 F이다.

③ 염화이온은 염화은의 흰색 침전 생성에 관여한다.

④ 브롬은 상온에서 적갈색 기체로 존재한다.

해설

할로겐원소(17족) : $_9F$, $_{17}Cl$, $_{35}Br$, $_{53}I$
① 모두가 최외각전자는 7개이며 원자가 -1로 작용한다.
② 원자번호가 증가할수록 원자의 반지름은 증가한다.
③ $Ag^+ + Cl^- \longrightarrow AgCl\downarrow$ (흰색침전)
④ 브롬(Br)은 적갈색의 유일한 액체 비금속이다.
　[액체금속 : 수은(Hg)]

18 전이원소의 일반적인 설명으로 틀린 것은?

① 주기율표의 17족에 속하며 활성이 큰 금속이다.

② 밀도가 큰 금속이다.

③ 여러 가지 원자가의 화합물을 만든다.

④ 녹는점이 높다.

해설

① 전이원소
　• 주기율표에서 3A~2B족에 속하는 원소로, 미완성의 d, f오비탈에 전자가 들어가는 원소이다.
　• 촉매 및 착이온을 만들기 쉽다.
② 17족 원소(할로겐 원소) : F, Cl, Br, I, At

19 다음 중 1차 이온화 에너지가 가장 큰 것은?

① He　　　　　② Ne

③ Ar　　　　　④ Xe

해설

이온화 에너지
• 같은 족 : 원자번호가 증가할수록 반지름이 커져 가전자 사이의 인력이 작아지므로 이온화 에너지가 감소한다.
• 같은 주기 : 원자번호가 증가할수록 핵전하량이 증가하고 반지름은 작아져 핵과 가전자 사이의 인력이 커지므로 이온화 에너지가 증가한다.
※ 18족 원소: He, Ne, Ar, Xe은 He이 이온화 에너지가 가장 크다.

20 같은 주기에서 원자번호가 증가할수록 감소하는 것은?

① 이온화 에너지　　② 원자 반지름

③ 비금속성　　　　④ 전기 음성도

해설

• 같은 주기에서 원자번호가 증가할수록(좌 → 우)

증가	감소
이온화 에너지	원자의 반지름
비금속성	금속성
전기음성도	이온 반지름
전자의 친화도	

• 같은 족에서 원자번호가 증가할수록(위 → 아래)

증가	감소
원자 반지름	이온화 에너지
금속성	비금속성
이온 반지름	전기음성도
	전자의 친화도

21 Li과 F를 비교 설명한 것 중 틀린 것은?

① Li은 F보다 전기전도성이 좋다.

② F는 Li보다 높은 1차 이온화 에너지를 갖는다.

③ Li의 원자 반지름은 F보다 작다.

④ Li는 F보다 작은 전자친화도를 갖는다.

해설

Li과 F는 같은 2주기에 있다.

22 다음 중 준금속(Metalloid) 원소로만 이루어진 것은?

① B과 Si
② Sn과 Ag
③ Mn과 Sb
④ Pb과 Cu

해설

준금속(metalloid) 원소
• 화학원소에서 금속성과 비금속성의 성질을 모두 가지고 있는 원소
• B(붕소), Si(규소), Ge(게르마늄), As(비소), Sb(안티몬), Te(텔루륨) 등

23 각 원소의 1차 이온화 에너지가 큰 것부터 차례로 나열된 것은?

① Cl>P>Li>K
② Cl>P>K>Li
③ K>Li>Cl>P
④ Li>K>Cl>P

해설

• 비금속성이 클수록 이온화 에너지는 크다.
• 원자 반지름이 클수록 이온화 에너지는 작다.
• 비금속성 : Cl>P, 금속성과 원자 반지름 : K>Li

24 다음과 같은 경향성을 나타내지 않는 것은?

> Li<Na<K

① 원자번호
② 원자 반지름
③ 제1차 이온화 에너지
④ 전자수

해설

같은 1족 원소이므로 이온화 에너지는 감소한다.

25 $ns^2 np^5$의 전자구조를 가지지 않는 것은?

① F(원자번호 9)
② Cl(원자번호 17)
③ Se(원자번호 34)
④ I(원자번호 53)

해설

Se(34) : $1S^2 2S^2 2p^6 3S^2 3p^6 \underline{4S^2} 3d^{10} \underline{4p^4}$

26 다음 중 이온상태에서의 반지름이 가장 작은 것은?

① S^{2-}
② Cl^-
③ K^+
④ Ca^{2+}

해설

① 전자수
  • S^{2-} : 16+2=18
  • Cl^- : 17+1=18
  • K^+ : 19-1=18
  • Ca^{2+} : 20-2=18
② 전자수가 동일한 경우(등전자) 이온 반지름은 양성자수가 많을수록 양전하가 커서 전자들을 핵 가까이 끌어 당기므로 작아진다.
  • 같은 주기 : 왼쪽 → 오른쪽으로 갈수록 작아지고 같은 족 : 위 → 아래로 길수록 커진다.
  • 비금속(S, Cl)은 금속(K, Ca)보다 작고 같은 3주기의 K과 Ca는 오른쪽에 위치한 Ca이 작다.

화학결합

1 화학결합

1. 이온결합(Ionic bond)

팔우설에 의하여 최외각 전자수를 8개로 만들기 위하여 금속은 전자를 잃고 양이온(+)이 되며 비금속은 전자를 얻어서 음이온(−)이 되었을 때 이들 ⊕이온과 ⊖이온 사이의 쿨롱의 힘(Coulomb force)에 의한 결합이다.

(1) 금속성 물질 + 비금속성 물질 → 이온결합

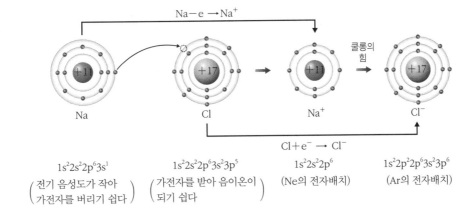

$1s^22s^22p^63s^1$ $1s^22s^22p^63s^23p^5$ $1s^22s^22p^6$ $1s^22p^22p^63s^23p^6$

(전기 음성도가 작아 가전자를 버리기 쉽다)   (가전자를 받아 음이온이 되기 쉽다)   (Ne의 전자배치)   (Ar의 전자배치)

참고   NaCl의 결정구조 : 1개의 Na^+이 6개의 Cl^-에 둘러싸여 있고, 1개의 Cl^-도 똑같이 6개의 Na^+이 둘러싸여 있으며, Cl^-은 정육면체의 꼭지점과 각 면의 중심에 위치하고 있다. 이와 같은 결정성 고체구조를 면심입방정계 결정의 구조라 한다.

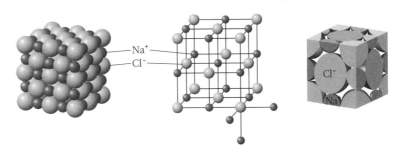

[염화나트륨의 결정구조]

(2) 이온결합의 특징

① 고체상태에서는 전기의 부도체로서 단단하며 힘을 가하면 쉽게 부서지고 액체상태에서는 양
   도체이다.

② 결정 속에서도 이온으로 존재하는 이온성 결정을 만든다.

③ 분자가 없고 분자식도 없으며 실험식(조성식)으로 표시된다.

④ 분자 상태가 없으므로 융점과 비등점이 높다.

⑤ 반응 속도가 빠르며 극성 용매(물, 암모니아수)에 잘 녹는다.

> **참고**
> • 이온결합은 1족의 알칼리금속(Li, Na, K 등)과 17족의 할로겐 원소(F, Cl, Br, I)로 이루어진 화
>   합물이 대부분이다.
> • 이온결합＝금속 원소＋비금속 원소의 사이에 이루어지는 결합이고, 공유결합＝비금속 원소 간
>   에 이루어지는 결합이지만 비금속 간에 결합한 화합물 중 NH_4Cl만 이온결합물질로 분류한다.

예제 1

이온결합물질의 일반적인 성질에 관한 설명 중 틀린 것은?

① 녹는점이 비교적 높다.　　　　② 단단하며 부스러지기 쉽다.

③ 고체와 액체상태에서 모두 도체이다.　　④ 물과 같은 극성 용매에 용해되기 쉽다.

정답 | ③

---

2. 공유결합

비활성 기체의 전자 배열(최외각 전자 8개, K껍질에서는 2개)을 닮기 위하여 원자가 부대 전자를
가운데 내놓고 서로 그 전자를 공유하여 안정상태를 만드는 결합을 공유결합이라 한다.

(1) 공유결합은 주로 다음과 같은 경우에 일어난다.

① 비금속＋비금속 ⟶ 공유결합

② 수소(H)가 비금속과 결합할 때(수소가 포함된 것이 대부분임)

　※ HCl은 HCl ⟶ H^++Cl^-과 같이 이온화를 하더라도 공유결합임

③ 탄소(C)가 포함된 모든 화합물(탄소화합물을 특별히 유기화합물이라고 함)

(2) 공유결합의 방법

① 단일결합 : 두 원자 사이에 전자쌍 1개를 공유하는 결합으로, 결합선은 한 줄로 표기한다.

$$H \ + \ Cl \ \xrightarrow{\text{공유 결합}} \ HCl$$

$$H\times \ + \ \overset{\circ\circ}{\underset{\circ\circ}{Cl}}\circ \ \xrightarrow{\substack{\text{루이스의}\\\text{전자구조식}}} \ \left(H \ \overset{\times}{\circ} \ \overset{\circ\circ}{\underset{\circ\circ}{Cl}}\circ\right) \left[H \uparrow \overset{\circ\circ}{\underset{\circ\circ}{Cl}}\circ\right]$$

(최외각 전자 1개 / 부대 전자 1개)　(최외각 전자 7개 / 부대 전자 1개)　(공유 전자쌍)　H는 He의 구조를 닮아서 2개의 전자로 안정상태가 된다.　단일결합

참고 ·공유전자쌍 : 공유결합에 참여하는 전자쌍(결합선으로 나타냄)
·비공유전자쌍 : 공유결합에 참여하지 않는 전자쌍
·부대전자(홀전자) : 원자가 전자 중 쌍을 이루지 않는 전자

② **2중 결합** : 두 원자 사이에 전자쌍 2개를 공유하는 결합으로, 결합선은 두 줄로 표기한다.

$$O + O \xrightarrow{\text{공유 결합}} O_2 \qquad \left[\ddot{O} = \ddot{O} \right]$$

(공유 전자쌍)   2중결합

[산소(O_2)의 루이스 전자점식]

③ **3중 결합** : 두 원자 사이에 전자쌍 3개를 공유하는 결합으로, 결합선은 세 줄로 표기한다.

$$N + N \xrightarrow{\text{공유 결합}} N_2 \qquad \left[N \equiv N \right]$$

(공유 전자쌍)   3중결합

[질소(N_2)의 루이스 전자점식]

참고 **공유결합에너지와 공유결합의 길이**

원자간의 결합수가 많아질수록 공유결합 길이는 짧아지고 공유결합에너지는 커진다.
·공유결합길이 : 단일결합 > 이중결합 > 삼중결합
·공유결합에너지 : 단일결합 < 이중결합 < 삼중결합

(3) 공유결합의 분자의 구조

전체의 전자쌍수가 같더라도 공유전자쌍과 비공유전자쌍의 수가 다르면 분자의 구조는 달라지고 비공유전자쌍의 수가 같더라도 결합각은 달라질 수 있다.

[2주기 원소 화합물의 구조]

분자	전자쌍수			분자의 모형	결합각	분자 구조	점자점식	구조식	결합 오비탈
	공유	비공유	전체						
BeH_2	2	0	2	180° H Be H	180°	직선형	H:Be:H	H—Be—H	SP
BF_3	3	0	3	F B F F 120°	120°	평면 삼각형	:F:B:F: :F:	F—B—F │ F	SP^2

CH_4	4	0	4	109.5°	109.5°	정사면체형	H:C:H (H 위·아래)	H–C–H (H 위·아래)	SP^3
NH_3	3	1	4	107°	107°	삼각뿔형	H:N:H (H 아래)	H–N–H (H 아래)	P^3
H_2O	2	2	4	104.5°	104.5°	굽은형	:O:H (H 아래)	O–H (H 아래)	P^2

예제 2

암모니아 분자의 구조는?

① 평면 　　　　② 선형 　　　　③ 피라미드 　　　　④ 사각형

| 풀이 |　암모니아 분자구조는 피라미드형(삼각뿔형), 결합각은 107°, P^3형이다.

　　　※ NH_3와 H_2O의 결합각 : 결합각이 H_2O는 104.5°이고 NH_3는 107°이다.

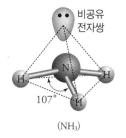

비공유전자쌍

107°

(NH₃)

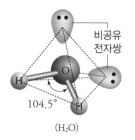

비공유전자쌍

104.5°

(H₂O)

정답 | ③

(4) 공유결합의 종류

① **극성 공유결합** : 전기음성도가 서로 다른 원자들이 공유결합을 하는 경우 전기음성도가 부분적으로 큰 쪽은 음전하(−)를, 작은 쪽은 양전하(+)를 띠게 된다. 이때 전기음성도가 큰 원자 쪽으로 치우쳐 결합을 하는 것을 극성 공유결합이라 한다.

> 예 HF, HCl, H_2O, NH_3, BF_3 등

② **비극성 공유결합** : 전기음성도가 서로 같은 원자들이 공유결합을 하는 경우 두 원자 사이의 전기음성도가 같으므로 한 쪽으로 치우치지 않고 동등하게 공유하게 된다. 이러한 원자 사이의 결합을 비극성 공유결합이라 한다.

> 예 H_2, O_2, N_2, F_2, Cl_2 등(동종 2원자 분자)

(5) 공유결합 물질의 특징

① 고체, 액체상태에서 모두 전기를 통하지 않는다.(수용액 상태 : 경우에 따라 다름)

② 분자성 물질이 되므로 물질의 구성단위가 이온이 아니라 분자이며 이온결합 물질에 비하여 융점, 비등점이 훨씬 낮다.

③ 다이아몬드 또는 수정(SiO_2)과 같은 그물구조는 공유결합이 연속되어 결정 전체가 하나의 거대한 분자를 이루고 있다. 이런 결정을 공유결합 결정 또는 원자성 결정이라 하며 융점이 높고 단단하다.

④ 비극성 용매(벤젠, 사염화탄소)에 잘 녹으며 반응속도가 느리다.

 예제 3 **비극성 분자에 해당하는 것은?**

① CO   ② CO_2 ③ NH_3 ④ H_2O

| 풀이 | CO_2는 O=C=O으로 대칭을 이루므로 비극성 분자가 된다.   정답 | ②

 예제 4 **공유결정(원자결정)으로 되어 있어 녹는점이 매우 높은 것은?**

① 얼음   ② 수정   ③ 소금   ④ 나프탈렌

| 풀이 | ① 공유결정(원자결정)은 서로 인접한 원자끼리 그물구조처럼 이루어진 강한 공유결합결정으로 녹는점과 끓는점이 매우 높다. 다이아몬드(C), 수정(SiO_2), 규소(Si), 흑연(C) 등이 있다.
② 분자성결정은 기체나 액체상태의 공유결합분자와 비활성기체 등이 있으며 이들은 분자 사이의 인력이 약하여 녹는점과 끓는점이 낮다.   정답 | ②

3. 배위결합

결합에 있어서 공유하는 전자쌍을 한 쪽의 원자에서만 일방적으로 제공하는 형식의 공유결합을 특별히 배위결합이라 한다.

① 비공유 전자쌍이 있는 곳에서만 일어난다. 즉, 비공유 전자쌍을 빼앗아가며 공유결합을 할 때를 배위결합이라 한다.

⟨예⟩ 암모늄이온(NH_4^+) 형성과정에서 암모니아(NH_3)와 수소이온(H^+)이 결합할 때 수소이온은 암모니아의 비공유전자쌍을 일방적으로 받아들여 암모늄이온(NH_4^+)을 만든다.

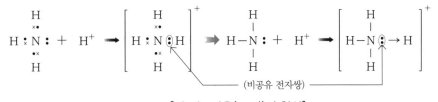

(비공유 전자쌍)

[암모늄 이온(NH_4^+)의 형성]

② 이온, 공유, 배위결합을 모두 가지고 있는 물질

NH_4Cl(염화암모늄)　　　　　　　　Na_2SO_4(황산나트륨)

$N + 3H \xrightarrow{\text{공유}} NH_3$

$NH_3 + H^+ \xrightarrow{\text{배위}} NH_4^+$

$SO_4^{-2} \left[\begin{array}{l} \text{공유} \\ \text{배위} \end{array} \right.$

$NH_4^+ + Cl^- \xrightarrow{\text{이온}} NH_4Cl$　　　$2Na^+ + SO_4^{-2} \xrightarrow{\text{이온}} Na_2SO_4$

> **참고**
> 이온결합＝금속(NH_4^+)＋비금속

예제 5　**NH_4Cl이 갖고 있지 않은 결합은?**

① 이온결합　　　　② 공유결합　　　　③ 배위결합　　　　④ 수소결합

정답 | ④

4. 금속결합(Metallic bond)

금속 원자는 최외각 전자를 버리고 불활성 기체 구조를 닮은 양이온(＋)이 되어 안정한 상태를 이루고, 이때 버려진 최외각 전자는 자유 전자가 되어 금속의 양이온 사이를 자유롭게 이동하며 정전기적인 인력으로 이루어진 결합이다.

① 모든 금속은 금속결합을 하고 이다.

② 자유 전자의 이동으로 고체, 액체상태에서 전기의 양도 체가 된다.

③ 자유 전자 때문에 금속의 광택성이 나타난다.

④ 금속 양이온의 규칙적인 배열 때문에 금속 결정을 이루고 있으며 금속의 퍼짐성과 뽑힘성이 나타나게 된다.

⊕ 금속이온
●→ 운동하고 있는 자유전자

[금속결합의 모형도]

5. 수소결합(Hydrogen bond)

수소 원자를 포함하고 있는 극성 분자가 있을 때 이 극성 분자의 ⊕부분이 다른 극성 분자의 ⊖ 부분에 전기적으로 끌려서 분자와 분자가 회합되는(붙는) 결합을 수소결합이라 한다.

① 전기 음성도의 차이가 클수록 극성이 커지며 극성이 강할수록 수소결합이 강해진다. 따라서 전기음성도가 큰 F, O, N 등의 수소화합물인 HF, H_2O, NH_3, C_2H_5OH, CH_3COOH 등은 수소결합이 강한 물질이다.

② 수소결합 물질의 특징은 같은 계열의 화합물 중에는 녹는점과 끓는점이 높다. 즉, 할로겐 원소의 수소화합물인 HF, HCl, HBr, HI의 끓는점은 HCl＜HBr＜HI＜HF로 HF가 가장 높다 (HCl＜HBr＜HI의 관계는 분자량이 커지므로 반데르발스 힘이 순서대로 커지기 때문이다).

HF가 끓는점이 가장 높은 이유는 수소결합으로 HF의 분자 회합도가 가장 크기 때문이다.

※ HF가 약산인 이유 : F가 전기음성도가 크기 때문에 H^+와 F^-로 전리가 잘 안된다. 그래서 H^+이온이 작게 전리가 되므로 약산이 된다.

    • 약산 : HF   • 강산 : HCl, HBr, HI

예제 6

H_2O가 H_2S보다 비등점이 높은 이유는 무엇인가?

① 분자량이 적기 때문에   ② 수소결합을 하고 있기 때문에

③ 공유결합을 하고 있기 때문에   ④ 이온결합을 하고 있기 때문에

| 풀이 | 전기음성도가 큰 F, O, N 등은 대표적인 수소결합화합물로서 HF, H_2O, NH_3이며 유기화합물로서는 C_2H_5OH의 알코올과 CH_3COOH의 아세트산 등이 대표적인 수소결합물질이다.

정답 | ②

---

6. 반데르발스(Van der Waal's) 결합

분자와 분자 사이의 거리가 아주 가까워졌을 때 순간적인 유발 쌍극자를 일으켜 분자와 분자가 회합되는(붙는) 결합을 반데르발스 결합이라 한다.

승화성(昇華性)이 있는 물질은 주로 반데르발스 힘에 의하여 고체상태를 이루고 있고, 이 힘은 다른 결합에 비하여 대단히 약하므로 가열에 의하여 쉽게 분자와 분자가 떨어져 기체상태로 된다.

> **예** 요오드(I_2), 드라이 아이스(CO_2), 나프탈렌 등

참고 **결합력의 세기**

공유결합 > 이온결합 > 금속결합 > 수소결합 > 반데르발스 결합

7. 화학결합과 물리적 결합의 구별

(1) 화학 결합 : 이온결합, 공유결합, 배위결합, 금속결합

(2) 물리적 결합 : 수소결합, 반데르발스 결합

① 팔우설에 따라 최외각 전자 8개를 만들어 불활성 기체의 구조를 닮은 원자와 원자 사이의 결합을 화학결합이라 한다.

② 원자와 원자가 공유 결합을 하여 분자가 되었을 때 이들 분자와 분자 사이의 결합을 물리적 결합 또는 분자간력(分子間力)이라 한다.

Chapter 3 │ 화학결합(1)

01 다음 물질 중 이온결합을 하고 있는 것은?

① 얼음   ② 흑연

③ 다이아몬드   ④ 염화나트륨

해설

이온결합＝금속(또는 NH_4^+)＋비금속

02 다음 중 이온결합성이 가장 큰 것은?

① NaCl   ② KF

③ MgO   ④ Na_2S

해설

K는 금속성이 제일 크고, F는 비금속성이 제일 크다.

03 다음 중 분자가 없는 것은 어느 것인가?

① H_2O ② Cl_2

③ CH_4 ④ KCl

해설

KCl은 이온결합이기 때문에 분자가 없다.

04 다이아몬드의 결합 형태는?

① 금속결합   ② 이온결합

③ 공유결합   ④ 수소결합

해설

다이아몬드(C), 수정(SiO_2), 규소(Si) 등은 그물구조의 원자성 결정으로 공유결합을 하고 있어 끓는점(bp), 녹는점(mp)이 매우 높고 경도가 크다.

05 다음 중 극성 분자에 해당하는 것은?

① CO_2 ② CCl_4

③ Cl_2 ④ NH_3

해설

• 극성분자 : NH_3, H_2O, HF, HCl, BF_3 등
• 비극성분자 : H_2, O_2, Cl_2, N_2, CO_2, CCl_4 등

06 SiO_2의 특성에 대한 설명 중 틀린 것은?

① 수정, 석영, 모래의 주성분이다.

② 공유결합은 없고 이온결합을 하고 있다.

③ 3차원 그물구조로 육각기둥 모양을 하고 있다.

④ 수산화나트륨과 작용시키면 물유리의 원료인 규산나트륨을 만든다.

07 탄화알루미늄에 물을 작용시켰을 때 생성되는 물질은?

① 메탄   ② 수소

③ 산소   ④ 부탄

해설

탄화알루미늄(Al_4C_3) : 제3류 위험물의 금수성 물질
• 물과 반응 : $Al_4C_3 + 12H_2O \longrightarrow 4Al(OH)_3 + 3CH_4 \uparrow$
• 소화시 : 마른모래 등으로 피복 및 질식소화

08 금속은 열, 전기를 잘 전도한다. 이와 같은 물리적 특성을 갖는 가장 큰 이유는?

① 금속의 원자 반지름이 크다.

② 자유전자를 가지고 있다.

③ 비중이 대단히 크다.

④ 이온화 에너지가 매우 크다.

> **해설**
>
> 금속결합
> • 금속의 양이온(＋)과 자유전자(－) 사이의 정전기적 인력에 의한 화학결합이다.
> • 자유전자의 이동으로 전기가 잘 통하고 금속의 광택이 난다.

09 공유결합과 배위결합에 의하여 이루어진 것은?

① NH_3 ② $Cu(OH)_2$

③ K_2CO_3 ④ $[NH_4]^+$

> **해설**
>
> • 배위결합 : 공유전자쌍을 한 쪽 원자에만 일방적으로 제공하는 공유결합
> • 암모늄 이온$[NH_4]^+$
>
> $$H:\overset{..}{\underset{H}{N}}:H + [H]^+ \longrightarrow \left[H:\overset{H}{\underset{H}{N}}:H \right]^+$$

10 원자 사이에 전기음성도의 차이가 없을 때 일어나는 결합은?

① 이온결합   ② 극성 공유결합

③ 수소결합   ④ 비극성 공유결합

11 다음의 반응 화합물 중 가장 안전한 화합물의 반응식은?

① $H_2 + F_2 \longrightarrow 2HF + 128kcal$

② $H_2 + Cl_2 \longrightarrow 2HCl + 44kcal$

③ $H_2 + Br_2 \longrightarrow 2HBr + 25kcal$

④ $H_2 + I_2 \longrightarrow 2HI + 2.5kcal$

> **해설**
>
> 전기음성도가 크고 발열량이 클수록 화합력이 세다.

12 물 분자들 사이에 작용하는 수소결합에 의해 나타나는 현상과 가장 관계가 없는 것은?

① 물의 기화열이 크다.

② 물의 끓는점이 높다.

③ 무색투명한 액체이다.

④ 얼음이 물 위에 뜬다.

> **해설**
>
> 얼음이 물위에 뜨는 이유
> 보통 다른 고체들은 분자끼리 거리를 좁혀가며 배열을 하면서 부피가 줄어들지만 물은 수소결합을 하기 때문에 얼음(고체)이 되면 규칙적인 육각구조의 배열을 만들어 분자사이에 많은 빈 공간이 형성된다. 그러므로 얼음은 무질서하게 분자배열을 하는 물(액체)의 형태보다 부피가 증가하므로 얼음의 밀도는 물보다 작아 물위에 뜨게 된다.

13 쌍극자 모멘트의 합이 0인 것으로만 나열된 것은?

① H_2O, CS_2 ② NH_3, HCl

③ HF, H_2S ④ C_6H_6, CH_4

> **해설**
>
> 비극성 분자는 쌍극자 모멘트의 합이 0이다.

14 다음 중 분자 사이의 결합은 어느 것인가?

① 이온결합   ② 공유결합

③ 금속결합   ④ 수소결합

> **해설**
>
> 공유결합은 원자 사이의 결합이고 이온결합은 ⊕이온과 ⊖이온의 결합이며 분자 사이의 결합은 수소결합과 반데르발스 결합이다.

정답 08 ② 09 ④ 10 ④ 11 ① 12 ③ 13 ④ 14 ④

1. 금속의 특징

모든 금속의 특성인 전기의 전도성, 열전도성, 연성과 전성, 금속의 광택, 녹는점은 금속의 양이온 사이를 자유롭게 이동하는 자유전자 때문에 이루어지고 금속결합을 하고 있다.

> **참고**
> - 수은(Hg)은 상온에서 액체 금속, 브롬(Br)은 액체 비금속이다.
> - 흑연(C)은 비금속이지만 전류가 흐른다.
> - 준금속은 B, Si, Ge, As이며, 특히 Si, Ge은 반도체칩을 만드는 데 이용된다.

2. 금속의 이온화 경향

이온화 경향이 클수록 금속이 쉽게 전자를 잃고 양이온($+$)으로 되려는 경향이 크고, 산화가 잘되며 환원력이 크다. 또한, 산이나 물과의 반응성이 커진다.

> **참고** 금속의 이온화 경향과 화학적 성질
>
> K Ca Na Mg Al Zn Fe Ni Sn Pb (H) Cu Hg Ag Pt Au
> 크다 ◀━━━━━━━━ 이온화 경향 ━━━━━━━━▶ 작다
>
> - 금속성이 강해진다.   • 비금속성이 강해진다.
> - 양이온($+$)이 되기 쉽다.   • 음이온($-$)이 되기 쉽다.
> - 전자를 잃기 쉽다.   • 전자를 얻기 쉽다.
> - 산화되기 쉽다.   • 환원되기 쉽다.
> - 환원력이 커진다.   • 산화력이 커진다.

[금속 이온화 경향의 화학반응성]

구분	크다 ◀━━━ 반응성 ━━━▶ 작다 K Ca Na Mg (카 카 나 마)	Al Zn Fe Ni (알 아 철 니)	Sn Pb (H) Cu (주 납 수 구)	Hg Ag (수 은	Pt Au 백 금)
상온 공기중에서 산화반응	산화되기 쉬움	금속표면은 산화되나 산화물이 내부를 보호함		산화되기 어려움	
물과의 반응	찬물과 반응하여 수소기체($H_2\uparrow$)를 발생함	수증기와 반응하여 수소기체를 발생함	물과 반응하지 않음		
산과의 반응	폭발적으로 반응하여 수소기체를 발생함	쉽게 반응하여 수소기체를 발생함	서서히 반응하여 수소기체를 발생함	산화성 산과 반응함 (HNO_3, H_2SO_4)	왕수와 반응함
	산과 반응하여 수소기체($H_2\uparrow$)를 발생함			※ 왕수＝HNO_3＋HCl(혼합) 1 : 3	

(1) 공기중에서 산화반응

$$4Na+O_2 \longrightarrow 2Na_2O$$

$$2Mg+O_2 \longrightarrow 2MgO, \quad 4Fe+3O_2 \longrightarrow 2Fe_2O_3$$

(2) 이온화 경향이 큰 금속은 작은 금속의 이온을 뺏는다(전자를 내놓는 성질이 크다).

$$Zn^{2+}+Fe \xrightarrow{\text{안 일어남}} Fe^{2+}+Zn \ (ZnSO_4+Fe \longrightarrow FeSO_4+Zn)$$

$$Zn^{2+}+Mg \xrightarrow{\text{일어남}} Mg^{2+}+Zn \ (ZnSO_4+Mg \longrightarrow MgSO_4+Zn)$$

(3) 물과의 반응

K   Ca   Na   Mg   Al   Zn   Fe   Ni   Sn   Pb   H   Cu   Hg   Ag   Pt   Au

←찬물과도 반응→   ←수증기와 반응→   ←———— 물과는 반응하지 않음 ————→

> 예) $Na+2H_2O \longrightarrow 2NaOH+H_2\uparrow$
>
> $\quad Mg+H_2O \longrightarrow MgO+H_2\uparrow$

(4) 산과의 반응

K   Ca   Na   Mg   Al   Zn   Fe   Ni   Sn   Pb   (H)   Cu   Hg   Ag   Pt   Au

←금속+산 ⇒ H_2 발생 ———————————→ ←—— 금속+산 ⇒ H_2 발생 안함 →

> 예) $Mg+H_2SO_4 \longrightarrow MgSO_4+H_2\uparrow$
>
> $\quad Cu+H_2SO_4 \xrightarrow{(\times)} CuSO_4+H_2$

(5) 염기와의 반응

금속은 염기와는 반응하지 않는다. 양쪽성 원소(Al, Zn, Sn, Pb)는 강염기와 반응한다.

> 예) $Zn+2NaOH \longrightarrow Na_2ZnO_2+H_2\uparrow$

 예제 1

반응이 오른쪽 방향으로 진행되는 것은?

① $Pb^{2+}+Zn \longrightarrow Zn^{2+}+Pb$ ② $I_2+2Cl^- \longrightarrow 2I^-+Cl_2$

③ $Mg^{2+}+Zn \longrightarrow Zn^{2+}+Mg$ ④ $2H^++Cu \longrightarrow Cu^{2+}+H_2$

| 풀이 | • 이온화 경향이 큰 금속일수록 반응 후 전자를 잃고 양이온(+)이 된다.

$\quad Mg>Zn>Pb>H>Cu$

$\quad\quad$ ③ $Mg+Zn^{2+} \longrightarrow Zn+Mg^{2+}$ ④ $H_2+Cu^{2+} \longrightarrow Cu+2H^+$

• 전기음성도가 큰 비금속일수록 반응 후 전자를 받아 음이온(−)이 된다.

$\quad F>O>N>Cl>Br>C>S>I>H>P$

$\quad\quad$ ② $2I^-+Cl_2 \longrightarrow I_2+2Cl^-$

정답 | ①

3. 알칼리금속과 화합물

(1) 알칼리 금속(Li, Na, K, Rb, Cs) : 1a족 원소

① 은백색의 연하고 가벼운 금속으로 녹는점이 낮다.

② 최외각 전자가 1개이고 금속성이 크며, 전자 1개를 잃고 $\oplus 1$가의 양이온이 되기 쉽다.

$$M \longrightarrow M^+ + e^- \ (M : Li, Na, K, Rb, Cs)$$

③ 반응성이 가장 활발한 금속으로서 원자번호가 클수록 이온화가 잘되어 화학반응성은 커지고, 원자반경이 증가하면서 원자간의 인력은 작아지기 때문에 녹는점과 끓는점은 낮아진다.

> **참고**
> • 금속의 반응성 : $_3Li < _{11}Na < _{19}K < _{37}Rb < _{55}Cs$
> • 녹는점, 끓는점 : $Li > Na > K > Rb > Cs$

④ 공기중 산소와 빠른 속도로 산화반응을 하여 산화물(M_2O)을 만든다.

$$4M + O_2 \longrightarrow 2M_2O \ (M : Li, Na, K, Rb)$$

> (예) $4K + O_2 \longrightarrow 2K_2O$
> $4Na + O_2 \longrightarrow 2Na_2O$

⑤ 찬물 또는 수증기와 격렬히 반응하여 수소($H_2\uparrow$) 기체를 발생하며 강염기를 만들고 많은 열을 낸다.

$$2M + 2H_2O \longrightarrow 2MOH + H_2\uparrow + 열 \ (M : 알칼리금속)$$

> (예) $2Na + 2H_2O \longrightarrow 2NaOH + H_2\uparrow + 열$
> ├──── 산화 ────┤
> $\Rightarrow 2Na + 2H_2O \longrightarrow 2Na^+ + 2OH^- + H_2\uparrow + 열$
> └──────── 환원 ────────┘

> **참고** 알칼리금속은 석유류(등유, 경유, 유동파라핀), 벤젠 속에 보관한다.

⑥ 알칼리금속(1a족)은 할로겐(7b족) 원소와 반응하여 무색결정의 할로겐화합물(MX)을 만든다

$$2M + X_2 \longrightarrow 2MX \ (M : Li, Na, K, Rb, Cs, \ X : F, Cl, Br, I)$$

> (예) $2Na + Cl_2 \longrightarrow 2NaCl$
> $2K + Cl_2 \longrightarrow 2KCl$

⑦ 알칼리금속의 검출은 불꽃반응을 통하여 한다.

알칼리금속	Li(리튬)	Na(나트륨)	K(칼륨)	Rb(루비듐)	Cs(세슘)
불꽃반응색	빨간색	노란색	보라색	빨간색	파란색

예제 2 다음 금속의 불꽃반응색이 잘못 연결된 것은?

① Li – 빨간색 　　② Na – 파란색 　　③ K – 보라색 　　④ Ca – 주황색

정답 | ②

(2) 수산화나트륨(NaOH)

① 제법

- 가성화법 : $Na_2CO_3 + Ca(OH)_2 \longrightarrow CaCO_3\downarrow + 2NaOH$

- 소금물의 전해법 : 소금물을 전기분해하면 (−)극에서 NaOH와 H_2가 생성되고 (+)극에서 Cl_2가 생성되는데, 이 물질들이 서로 반응하므로 격막을 설치해서 분리한다.

$$2NaCl + 2H_2O \xrightarrow[\text{격막법·수은법}]{\text{소금물의 전기분해}} \underbrace{2NaOH + H_2}_{(-)극} + \underbrace{Cl_2}_{(+)극}$$

② 성질

- 백색의 고체로 흡수성이 대단히 크고 조해성이 있다.

- 공기 중의 CO_2를 흡수하여 흰가루(Na_2CO_3)가 된다.

$$2NaOH + CO_2 \longrightarrow Na_2CO_3 + H_2O$$

(3) 탄산나트륨(Na_2CO_3)과 탄산수소나트륨($NaHCO_3$)

① 제법 : 암모니아 소다법(Solvay process)

- 원료 : 소금(NaCl), 암모니아(NH_3), 이산화탄소(CO_2)

- 주반응 : $NaCl + NH_3 + CO_2 + H_2O \longrightarrow NaHCO_3 + NH_4Cl$ (1차 제품)

$$2NaHCO_3 \xrightarrow{\text{열분해}} H_2O + CO_2 + Na_2CO_3 \text{ (2차 제품)}$$

- 부반응 : $2NH_4Cl + Ca(OH)_2 \longrightarrow CaCl_2 + 2H_2O + 2NH_3$

  ∴ 목적물 : Na_2CO_3, 부산물 : $CaCl_2$

② 성질

- 무수 탄산나트륨(Na_2CO_3)은 백색의 분말로서 유리의 중요한 원료이다.

- 결정 탄산나트륨($Na_2CO_3 \cdot 10H_2O$)은 풍해성이 있다.

$$Na_2CO_3 \cdot 10H_2O \xrightarrow{\text{풍해}} Na_2CO_3 \cdot H_2O + 9H_2O$$

　　　(결정상태) 　　　　　　　　　　　　(분말상태)

4. 알칼리토금속과 화합물

(1) 알칼리토금속(Be, Mg, Ca, Sr, Ba, Ra) : 2a족 원소

① 최외각 전자가 2개이면 ⊕2가의 양이온이 되기 쉽다.

$$M \longrightarrow M^{2+} + 2e^- \text{ (M : 알칼리 토금속)}$$

② Ca, Sr, Ba은 물과 작용하여 강염기성이 된다.

$$Ca + 2H_2O \longrightarrow Ca(OH)_2 + H_2$$

③ Be, Mg은 불꽃 반응이 없고 Ca는 주황(황적)색, Sr는 진한 빨간색, Ba는 황록색을 띤다.

(2) 마그네슘(Mg) 화합물

① Mg은 은백색의 가벼운 고체로 산소 속에서 밝은 빛을 내며 타기 때문에 사진관에서 이용한다.

② $MgCl_2$은 조해성이 있으며 일명 간수라고 한다.

$$MgCl_2 + 6H_2O \xrightarrow{\text{조해}} MgCl_2 \cdot 6H_2O$$

(3) 칼슘 화합물

① 탄산칼슘($CaCO_3$)은 천연으로 석회석, 대리석, 빙해석으로 산출된다.

$$CaCO_3 \xrightarrow{\text{가열}} CaO + CO_2, \qquad CaO + H_2O \longrightarrow Ca(OH)_2$$

석회석   생석회(산화칼슘)   소석회(수산화칼슘, 석회수)

> **참고** 석회는 생석회[CaO], 소석회[$Ca(OH)_2$], 소다석회[NaOH + CaO]가 있다.

② 염화칼슘($CaCl_2$)은 조해성이 있으므로 건조제로 사용된다.

$$CaCl_2 + 2H_2O \longrightarrow CaCl_2 \cdot 2H_2O$$

5. 연수(단물)와 경수(센물)

(1) 물

① 연수 : Ca^{2+}, Mg^{2+}이온이 적어 비누가 잘 풀어진다.(빨래, 보일러 용수로 적당함)

② 경수 : Ca^{2+}, Mg^{2+}이온이 많아 비누가 잘 풀리지 않는다.(양조, 간장에 좋음)

(2) 비누와 경수(센물)의 반응

센물 속에 칼슘이온(Ca^{2+})이나 마그네슘이온(Mg^{2+})이 들어 있어 비눗물속의 음이온($R-COO^-$)과 결합하여 물에 녹지 않는 염이 되어 침전되므로 비누거품이 잘 일어나지 않는다.

$$2RCOONa + Ca(HCO_3)_2 \longrightarrow (RCOO)_2Ca \downarrow + 2NaHCO_3$$

> **참고** 1. 비누(고급지방산 나트륨염) 반응식
>
> $$R-COOH + NaOH \longrightarrow R-COONa + H_2O$$
>   └→지방산   └→고급지방산나트륨(비누)
>
> ※ 비누의 작용 : R   —   COONa
>   └→소수성(친유성) └→친수성
>
> ❶ 유화작용 ❷ 침투작용 ❸ 흡착작용
>
> 2. 비누값 : 유지 1g을 비누화하는 데 필요한 KOH의 mg수
>
> ・ 비누화값 ┌ 크다 : 분자량이 작은 저급유지
>   └ 작다 : 분자량이 큰 고급유지

3 비금속과 화합물

1. 할로겐(Halogen) 원소와 화합물

(1) 할로겐 원소의 일반성

① 비금속성이 강한 7b족 원소로서 동종 2원자 분자로 존재하며 불소(F_2), 염소(Cl_2), 브롬(Br_2), 요오드(I_2) 등이 있다.

② 최외각 전자수가 7개($ns^2 np^5$)로써 -1가의 음이온이 되려는 성질(산화력)이 강하다.

$$X_2 + 2e^- \longrightarrow 2X^- \ (X : F, Cl, Br, I)$$

> **참고** 산화력의 세기는 원자번호가 작을수록 크다.
> $F > Cl > Br > I$

(2) 화학결합

① 금속 + 할로겐 원소 = 이온결합

> 예 NaCl, $CaCl_2$ 등

② 비금속 + 할로겐 원소 = 공유결합

> 예 HF, HCl, HBr 등

(3) 할로겐 단체의 성질

분자식 항목	F_2 (불소)	Cl_2 (염소)	Br_2 (브롬)	I_2 (요오드)
색깔 · 상태(15℃)	황색 · 기체	황록색 · 기체	적갈색 · 액체	흑자색 · 고체
H_2와의 반응	암실속에서 폭발적으로 반응	실온에서 빛이 있으면 폭발적으로 반응	고온에서 반응	촉매와 열을 가하면 반응이 일어남
H 화합물	HF(약산)	HCl(강산)	HBr(강산)	HI(강산)
H_2O와의 반응	격렬히 반응하여 산소 발생	빛에 의하여 산소 생성	Cl_2보다 약하게 반응	물에 용해하기 어렵고 반응하기 어려움
Ag과의 반응	AgF(무색 수용성)	AgCl↓(백색침전)	AgBr↓(담황색침전)	AgI↓(황색침전)
용도	가장 강한 산화제	표백분	AgBr은 사진 감광제	살균제(요오드팅크)
산화력 반응성 결합력	커짐 ←─────────────────────────→ 작아짐 $2NaCl + F_2$ $\xrightarrow{\text{일어남}}$ $2NaF + Cl_2$ $2NaCl + Br_2$ $\xrightarrow{\text{안 일어남}}$ $2NaBr + Cl_2$			
산소산	산소산을 만들지 않음	HClO 차아염소산 $HClO_2$ 아염소산 $HClO_3$ 염소산 $HClO_4$ 과염소산	HBrO $HBrO_2$ $HBrO_3$ $HBrO_4$	HIO HIO_2 HIO_3 HIO_4

2. 할로겐화 수소(HF, HCl, HBr, HI)

(1) 할로겐화 수소의 일반적인 성질

① 모두 상온에서 무색의 자극성 냄새를 가진 기체이다.

② 끓는점 : HF > HI > HBr > HCl (HF는 수소결합 때문에 bp가 높다)

③ 산성 : HI > HBr > HCl > HF (HF는 약한 산성)

④ 질산은($AgNO_3$)과의 반응 : F^-를 제외하고 모두 할로겐화은(AgX)의 침전을 만든다.(할로겐 이온 검출시약)

> 예 $AgCl\downarrow$(백색), $AgBr\downarrow$(담황색), $AgI\downarrow$(황색)

⑤ 브롬화은(AgBr)은 감광성이 크므로 사진의 필름, 인화지에 사용된다.

(2) 플루오르화 수소[HF]

① 제법 : 납이나 백금 용기에서 형석에 진한 황산을 넣고 가열한다.

$$CaF_2(형석) + H_2SO_4 \longrightarrow CaSO_4 + 2HF\uparrow$$

② 성질

- 상온에서 유독한 무색 액체로 수용액은 약산성이다.
- 상온에서 수소결합으로 회합분자$(HF)x$를 형성한다.
- 유리, 석영 등을 녹인다(폴리에틸렌병, 납병에 보관한다).

$$SiO_2 + 4HF \longrightarrow SiF_4\uparrow + 2H_2O$$

 예제 1

다음 중 수용액에서 산성의 세기가 가장 큰 것은?

① HF   ② HCl   ③ HBr   ④ HI

| 풀이 | 전기음성도가 클수록 결합력이 강해서 수소 양이온(H^+)을 내놓기 어렵다.

강산일수록 수소이온(H^+)을 많이 내놓고 약산일수록 작게 내놓는다.

- 결합력 : HF > HCl > HBr > HI
- 산의 세기 : HF < HCl < HBr < HI

정답 | ④

---

01 불꽃반응시 보라색을 나타내는 금속은?

① Li ② K

③ Na ④ Ba

> 해설

① Li(리튬) : 빨간색 ② K(칼륨) : 보라색

③ Na(나트륨) : 노란색 ④ Ba(바륨) : 황록색

02 다음 금속들 중에서 황산아연 수용액 속에 넣어 아연을 분리시킬 수 있는 것은?

① 철 ② 칼슘

③ 니켈 ④ 구리

> 해설

• 아연(Zn)보다 이온화 경향이 큰 금속을 넣어야 된다.

커짐 ← 이온화 경향 → 작아짐				※꼭 암기할 것
K Ca Na	Mg Al Zn Fe	Ni Sn Pb	(H) Cu Hg Ag	Pt Au
찬물과 반응하여 수소가스 발생	끓는 물과 반응하여 수소가스 발생	묽은 산과 반응하여 수소가스 발생	산화성 산과 반응 (HNO_3, H_2SO_4)	왕수와 반응
* ▨는 양쪽성 원소, 왕수＝HNO_3(1)＋HCl(3)				

• $ZnSO_4 + Ca \rightarrow CaSO_4 + Zn$

03 귀금속인 금이나 백금 등을 녹이는 왕수의 제조 비율로 옳은 것은?

① 질산 3부피＋염산 1부피

② 질산 3부피＋염산 2부피

③ 질산 1부피＋염산 3부피

④ 질산 2부피＋염산 3부피

> 해설

왕수(王水)는 진한 염산(HCl)과 진한 질산(HNO_3)을 3 : 1로 섞은 용액이다. (백금(Pt)과 금(Au)는 왕수에 녹음)

04 알칼리금속에 대한 설명 중 틀린 것은?

① 칼륨은 물보다 가볍다.

② 나트륨의 원자번호는 11이다.

③ 나트륨은 칼로 자를 수 있다.

④ 칼륨은 칼슘보다 이온화 에너지가 크다.

> 해설

• 이온화 경향이 크다 : 전자를 잃기 쉽기 때문에 이온화 에너지는 작다(금속성이 강함).

• 전기음성도가 크다 : 전자를 얻기 쉬우므로 이온화 에너지는 크다(비금속성이 강함).

∴ 이온화 경향 : K＞Ca이므로 이온화 에너지는 작다.

05 암모니아소다법의 탄산화 공정에서 사용되는 원료가 아닌 것은?

① NaCl ② NH_3

③ CO_2 ④ H_2SO_4

> 해설

암모니아소다법(솔베이법) : 탄산나트륨 제조법

① 원료 : 소금(NaCl), 암모니아(NH_3), 이산화탄소(CO_2)

② 탄산나트륨(Na_2CO_3)제조법

• 주반응

$NH_3 + H_2O + CO_2 \longrightarrow NH_4HCO_3$(탄산수소암모늄)

$NaCl + NH_4HCO_3 \longrightarrow NaHCO_3$(탄산수소나트륨)$+ NH_4Cl$

$2NaHCO_3 \longrightarrow \underline{Na_2CO_3} + H_2O + CO_2$
(목적물)

• 부반응 : $2NH_4Cl + Ca(OH)_2 \longrightarrow \underline{CaCl_2} + 2H_2O + 2NH_3$
(부산물)

정답 01 ② 02 ② 03 ③ 04 ④ 05 ④

06 A는 B이온과 반응하나 C이온과는 반응하지 않고 D는 C이온과 반응한다고 할 때, A, B, C, D의 환원력 세기를 큰 것부터 차례대로 나타낸 것은? (단, A, B, C, D는 모두 금속이다.)

① A>B>D>C
② D>C>A>B
③ C>D>B>A
④ B>A>C>D

> **해설**
>
> • 환원력이 큰 것은 산화되기 쉽고 전자를 잃기가 쉬우므로 이온화 경향이 크다는 것이다.
> • 이온화 경향이 큰 금속은 작은 금속과 반응을 한다. 그러므로 A>B, C>A, D>C가 된다.
>   ∴ D>C>A>B

07 어떤 물질의 불꽃반응은 노란색을 나타내며, 이물질의 수용액에 $AgNO_3$용액을 넣었더니 흰색침전이 생겼다. 이 물질은 무엇인가?

① $NaCl$
② $BaCl_2$
③ $CuSO_4$
④ K_2SO_4

> **해설**
>
> • 불꽃 반응색
>   Na : 노란색, Ba : 황록색, Cu : 청녹색, K : 보라색
> • AgCl↓(백색침전) : 염소(Cl^-)이온 검출
> $AgNO_3 + NaCl \longrightarrow AgCl↓ + NaNO_3$
>   (질산은) (염화나트륨)　(염화은) (질산나트륨)

08 네슬러 시약에 의하여 적갈색으로 검출되는 물질은?

① 질산이온
② 암모늄이온
③ 아황산이온
④ 일산화탄소

> **해설**
>
> 네슬러 시약은 암모니아(NH_3), 암모늄 이온(NH_4^+)검출 시약으로서 소량인 경우는 황갈색, 다량인 경우는 적갈색 침전을 생성한다.

09 전기로에서 탄소와 모래를 용융화합시켜서 얻을 수 있는 물질은?

① 카보런덤
② 카바이트
③ 규산석회
④ 유리

> **해설**
>
> • 커보런덤(SiC)은 코크스인 탄소(C)와 모래인 규사(SiO_2)를 전기저항로에서 약 2000℃의 고열로 용융화합시켜 제조한다.
> • 강도 높은 연마제로 사용한다.

10 발연황산이란 무엇인가?

① H_2SO_4의 농도가 98% 이상인 거의 순수한 황산
② 황산과 염산을 1 : 3의 비율로 혼합한 것
③ SO_3를 황산에 흡수시킨 것
④ 일반적인 황산을 총괄

> **해설**
>
> • 발연황산=98% 진한황산(H_2SO_4)+삼산화황(SO_3)
> • 발연황산은 SO_3의 흰연기가 발생한다.

11 연실법 또는 접촉법을 사용하여 제조하는 물질로서 건조제로 사용될 수 있는 것은?

① CaO
② $NaOH$
③ H_2SO_4
④ KOH

> **해설**
>
> 황산의 제조법(연실법, 접촉법)
> • 반응식 : $2SO_2 + O_2 \longrightarrow 2SO_3$
> $SO_3 + H_2O \longrightarrow H_2SO_4$
> • 촉매 ⎰ 연실법 : NO_2
>   ⎱ 접촉법 : Pt, V_2O_5
> • 건조제는 산성의 건조제를 사용 : H_2SO_4, P_2O_5

 정답 06 ② 07 ① 08 ② 09 ① 10 ③ 11 ③

12 대기를 오염시키고 산성비의 원인이 되며 광화학스 모그 현상을 일으키는 중요한 원인이 되는 물질은?

① 프레온가스

② 질소산화물

③ 할로겐화수소

④ 중금속 물질

13 CO_2와 CO의 성질에 대한 설명 중 옳지 않은 것은?

① CO_2는 공기보다 무겁고, CO는 가볍다.

② CO_2는 붉은색 불꽃을 내며 연소한다.

③ CO는 파란색 불꽃을 내며 연소한다.

④ CO는 독성이 있다.

> **해설**
>
> ① CO_2 : 불연성가스, 비중 1.52
> ② CO : • 가연성가스(연소범위 : 12.5~74%)
>   • 독성가스(허용농도 : 50ppm)
>   • 비중 0.97

14 빨갛게 달군 철에 수증기를 접촉시켜 자철광의 주성 분이 생성되는 반응식으로 옳은 것은?

① $3Fe + 4H_2O \longrightarrow Fe_3O_4 + 4H_2$

② $2Fe + 3H_2O \longrightarrow Fe_2O_3 + 3H_2$

③ $Fe + H_2O \longrightarrow FeO + H_2$

④ $Fe + 2H_2O \longrightarrow FeO_2 + 2H_2$

> **해설**
>
> 철광석의 종류
> • 적철광(붉은색) : Fe_2O_3
> • 자철광(자석) : Fe_3O_4
> • 갈철광(갈색) : $2Fe_2O_3 \cdot 3H_2O$
> • 능철광 : $FeCO_3$

15 아말감을 만들 때 사용되는 금속은?

① Sn

② Ni

③ Fe

④ Co

> **해설**
>
> • 아말감은 수은(Hg)과 합금을 만드는 것
> • 아말감을 만들지 않는 금속 : 철(Fe), 니켈(Ni), 코발트(Co), 망간(Mn), 백금(Pt)

16 수성가스(Water gas)의 주성분은?

① CO_2, CH_4

② CO, H_2

③ CO_2, H_2, O_2

④ H_2, H_2O

> **해설**
>
> 1000℃로 가열된 코크스에 수증기를 작용시켜 수성가스를 얻는다.
> $$C + H_2O \longrightarrow \underset{\text{(수성가스)}}{CO + H_2}$$

17 다음 중 양쪽성 산화물에 해당하는 것은?

① NO_2

② Al_2O_3

③ MgO

④ Na_2O

> **해설**
>
> 양쪽성원소 : Al, Zn, Sn, Pb(알아주나)

18 다음 원소 중 실온에서 액체인 것은 어느 것인가?

(A) 염소	(B) 브롬	(C) 규소
(D) 수은	(E) 나트륨	

① A, C

② C, E

③ B, D

④ C, E

> **해설**
>
> 상온에서 유일하게
> • 액체금속 : Hg(수은)
> • 액체비금속 : Br_2(브롬)

19 다음 화학반응 중에서 가장 일어나기 어려운 것은?

① $2I^- + Cl_2 \longrightarrow 2Cl^- + I_2$

② $2Br^- + Cl_2 \longrightarrow 2Cl^- + Br_2$

③ $2Cl^- + F_2 \longrightarrow 2F^- + Cl_2$

④ $2F^- + Br_2 \longrightarrow 2Br^- + F_2$

해설

할로겐 원소 중에서 전기음성도 순서는 F>Cl>Br>I이다. 전기음성도가 큰 것이 산화력이 커서 전자를 끌어 당기는 힘이 크다.

20 다음 중에서 가장 약한 산성이 되는 것은?

① HF　　　　② HCl

③ HBr　　　　④ HI

해설

HF : 약산으로 유리를 부식시킨다.

21 무색의 액체가 든 병이 있다. 이 병에 진한 암모니아수가 든 병을 가까이 가져갔더니 흰 연기가 생겼다. 이 병에 든 화합물은?

① H_2SO_4　　　　② HCl

③ C_2H_5OH　　　　④ NaOH수용액

해설

진한 암모니아수에서는 NH_3기체가 나온다.

$NH_4OH \rightleftharpoons NH_3 \uparrow + H_2O$

$NH_3 + HCl \longrightarrow NH_4Cl \downarrow$ (흰색 고체)

22 다음 금속에 염산을 넣었을 때 H_2가스가 발생되지 않는 것은 어느 것인가?

① Ba　　　　② Zn

③ Mg　　　　④ Ag

해설

H_2보다 이온화 경향이 적으면 발생되지 않는다.

23 솔베이법으로 만들어지는 물질이 아닌 것은?

① Na_2CO_3　　　　② NH_4Cl

③ $CaCl_2$　　　　④ H_2SO_4

24 $CuSO_4$에 Zn을 넣으면 Cu가 석출된다. 그 이유는 아연이 구리보다 (　　　).

① 이온화 경향이 크기 때문이다.

② 원자번호가 크기 때문이다.

③ 원자가 전자가 많기 때문이다.

④ 전기 저항이 크기 때문이다.

해설

이온화 경향이 큰 금속이 이온을 뺏는다.

$\begin{array}{l} CuSO_4 + Zn \longrightarrow ZnSO_4 + Cu \\ Cu^{2+} + Zn \longrightarrow Zn^{2+} + Cu \end{array}$

25 NaCl과 KCl을 구별할 수 있는 가장 좋은 방법은?

① $AgNO_3$ 용액을 가한다.

② H_2SO_4를 가한다.

③ 페놀프탈레인 용액을 가한다.

④ 불꽃반응을 실시해 본다.

해설

불꽃반응 색상 : Na(노란색), K(보라색)

26 진한 질산에 녹지 않는 금속은?

① Cu　　　　② Hg

③ Ag　　　　④ Fe

해설

• 부동태를 형성하는 금속 : Al, Fe, Ni

• 부동태를 만드는 산 : 진한 황산 및 질산

27 대리석 50g을 고온에서 가열했을 때 0℃, 2기압에서 발생되는 탄산가스 CO_2는 몇 l인가? (단, Ca : 40, C : 12, O : 16)

① 22.4l ② 11.2l

③ 5.6l ④ 2.45l

> **해설**
>
> $$CaCO_3 \longrightarrow CaO + CO_2$$
> 100g : 22.4l
> 50g : x
>
> $$x = \frac{50 \times 22.4}{100} = 11.2l \ (0℃, 1기압)$$
>
> 여기서, 0℃, 2기압일 때 부피를 환산하면
>
> $V' = V \times \dfrac{P}{P'}$ 에서 $11.2 \times \dfrac{1}{2} = 5.6l$

28 다음 반응 중에서 수소 기체를 얻을 수 없는 반응은?

① Al에 수산화나트륨 용액을 가한다.

② 철에 묽은 염산을 가한다.

③ 구리에 진한 황산을 가한다.

④ 나트륨을 물속에 넣는다.

> **해설**
>
> 수소보다 이온화 경향이 작은 금속은 묽은 산을 가하더라도 수소(H_2)를 발생치 않는다.

29 Ca^{2+}와 HCO_3^-이 많이 포함되는 물을 처리하여 비누가 잘 풀리는 수질로 바꿀려면 어떤 방법이 제일 좋은가?

① 탄산나트륨으로 처리한다.

② 가라앉혀 사용한다.

③ 이온교환수지에 통한다.

④ 끓인다.

> **해설**
>
> Ca^{2+}, HCO_3^-이온이 포함된 물은 일시적 경수이다. 이를 연수로 만들려면 끓이면 물속에 녹아 있는 칼슘(Ca)염이 침전된다.
>
> $$Ca(HCO_3)_2 \xrightarrow{\text{가열}} CaCO_3 \downarrow + H_2O + CO_2$$
>
> ※ ①, ③은 영구적 경수를 연수로 만드는 법이다.

30 화학 반응이 오른쪽으로 진행되는 것은?

① $I_2 + 2Cl^- \longrightarrow 2I^- + Cl_2$

② $2Fe^{+3} + 3Cu \longrightarrow 3Cu^{+2} + 2Fe$

③ $2Ag^+ + Zn \longrightarrow Zn^{+2} + 2Ag$

④ $Br_2 + 2F^- \longrightarrow 2Br^- + F_2$

> **해설**
>
> 전기음성도와 이온화 경향 참조

31 집기병 속에 물에 적신 빨간 꽃잎을 넣고 어떤 기체를 채웠더니 얼마 후 꽃잎이 탈색되었다. 이와 같이 색을 탈색(표백)시키는 성질을 가진 기체는?

① H_2 ② CO_2

③ N_2 ④ Cl_2

> **해설**
>
> • 염소와 물과의 반응
>
> $$Cl_2 + H_2O \longrightarrow HCl + HClO$$
> (염소) (물) (염산) (하이포염소산)
>
> $$HClO \longrightarrow HCl + [O]$$
> (발생기 산소)
>
> • 발생기 산소[O] : 표백, 살균작용을 한다.

4 화학반응

Chapter 4

1 반응열과 열화학 방정식

1. 열화학 방정식(Thermochemical equation)

> 열화학 방정식＝화학 방정식＋반응열

일반적으로 화학 반응이 일어날 때는 열이 발생되거나 흡수된다. 이때 발생 또는 흡수되는 열량을 반응열(Q)이라고 하며 화학 방정식에 이 반응열을 포함시켜 나타낸 식을 열화학 방정식이라 한다.

> 예 ① 수소(H_2) 2몰이 연소해서 물이 될 때 136kcal의 열이 발생된다.(발열반응)
>
> $$2H_2(g)+O_2(g) \longrightarrow 2H_2O(g)+136kcal$$
>
> ② 질소(N_2) 1몰이 산소와 결합하여 산화질소(NO)가 될 때 42kcal의 열을 흡수한다.(흡열반응)
>
> $$N_2(g)+O_2(g) \longrightarrow 2NO(g)-42kcal$$
>
> ※ 열화학 반응식에서는 물질의 상태에 따라 반응열이 달라지므로, 물질의 상태를 반드시 쓴다.
>
> 기체 ⇨ (기)(g), 액체 ⇨ (액)(l), 고체 ⇨ (고)(s)
>
> g : gas(기체), l : liquid(액체), s : solid(고체)

2. 발열반응과 흡열반응

(1) **발열반응** : Q＝⊕, $\Delta H＝\ominus$, 반응계 에너지＞생성계 에너지

발열반응이란, 반응이 진행되면서 열이 방출되는 것이며 발열반응열이 클수록 생성하기 쉬우므로 안정하다.

> 예 $C(s)+O_2(g) \longrightarrow CO_2(g)+94kcal$
>
> [＝$C(s)+O_2(g) \longrightarrow CO_2(g)$, $\Delta H＝-94kcal$]
>
> 탄소의 연소반응에서 반응물질인 탄소(C)와 산소(O_2)가 가진 에너지의 합이 생성물질인 이산화탄소(CO_2)의 에너지보다 더 크다.

(2) **흡열반응** : Q＝⊖, $\Delta H＝\oplus$, 반응계 에너지＜생성계 에너지

흡열반응이란, 반응이 진행되면서 열이 흡수되는 것으로 반응을 계속해서 일으키려면 외부에서 열을 계속 넣어주어야 하기 때문에 반응이 일어나기 힘들다.

> **(예)** $N_2(g) + O_2(g) \longrightarrow 2NO(g) - 42kcal$
>
> $[= N_2(g) + O_2(g) \longrightarrow 2NO(g), \Delta H = +42kcal]$
>
> 반응물질인 질소(N_2)와 산소(O_2)가 가진 에너지 합이 생성물질인 일산화질소(NO)의 에너지
> 보다 작다. 그러므로 반응물질과 생성물질의 에너지 차이의 열을 흡수하게 되는 것이다.

3. 반응열의 종류

(1) 생성열 : 그 물질 1몰이 성분 원소의 <mark>단체(홑원소)</mark>로부터 만들어질 때 방출 또는 흡수되는 열을 <mark>생성열</mark>이라 한다.

> **(예)** ① $C + O_2 \longrightarrow CO_2 + 94kcal$에서 CO_2의 생성열 $= 94kcal$
>
> ② $N_2 + O_2 \longrightarrow 2NO - 42kcal$에서 NO의 생성열 $= -21kcal$

(2) 분해열 : 그 물질 1몰이 성분원소의 <mark>단체(홑원소)</mark>로 분해될 때 방출 또는 흡수되는 열을 분해열이라 한다. 생성열의 반대되는 열로 생성열과는 절대값은 같고 부호는 반대이다.

> **(예)** $2H_2O \longrightarrow 2H_2 + O_2 - 136kcal$에서 H_2O의 분해열은 $-68kcal$이고, 생성열은 $+68kcal$이다.

(3) 연소열 : 그 물질 1몰이 산소 중에서 완전히 연소될 때 발생하는 열을 연소열이라 한다.

> **(예)** ① $C + O_2 \longrightarrow CO_2 + 94kcal$에서 C의 연소열 $= 94kcal$
>
> ② $2CO + O_2 \longrightarrow 2CO_2 + 136kcal$에서 136kcal는 이 반응의 반응열이 되고 CO의 연소열은 68kcal이다.

(4) 용해열 : 그 물질 1몰이 다량의 물에 용해될 때 방출 또는 흡수되는 열을 용해열이라 한다.

> **(예)** 염화나트륨 고체 1몰(NaCl 58.5g)이 물에 용해될 때 10kcal의 열이 흡수된다.
>
> 표시 방법 : $NaCl(s) + aq \longrightarrow NaCl(aq) - 10kcal$
>
> ※ aq는 라틴어의 aqua(물)의 약자로서 다량의 물을 뜻한다.
>
> • $NaCl(l)$: 소금이 용융되어 액체 상태로 된 것
> • $NaCl(aq)$: 소금 수용액

(5) 중화열 : 수용액 상태에서 산 1g당량과 염기 1g당량이 서로 중화할 때 발생되는 열을 <mark>중화열</mark>이라 한다.

> **(예)** $HCl(aq) + NaOH(aq) \longrightarrow NaCl(aq) + H_2O + 13.8kcal$
>
> 산과 염기의 종류가 달라져도 산·염기 중화반응의 알짜 이온 반응식은 똑같기 때문에 <mark>중화열은 13.8kcal로 일정하다.</mark>
>
> ※ 알짜 이온 반응식 : $H^+(aq) + OH^-(aq) \longrightarrow H_2O(l) + 13.8kcal$

4. 총열량 불변의 법칙(Hess의 법칙)

화학반응에서 최초와 최후의 물질과 상태가 결정되면 중간의 변화에 관계없이 전체의 반응열의 총합은 일정하다. 이것을 총열량 불변의 법칙 혹은 Hess의 법칙이라 부르며 이 법칙을 이용하여 직접 측정할 수 없는 반응열을 계산으로 구할 수 있다.

※ 탄소의 연소반응식에서 헤스의 법칙을 적용하면

① $C+O_2 \longrightarrow CO_2+94.1kcal$ … Q

② $C+\frac{1}{2}O_2 \longrightarrow CO+26.5kcal$ … Q_1

③ $CO+\frac{1}{2}O_2 \longrightarrow CO_2+67.6kcal$ … Q_2

여기서 ①식=②식+③식이 된다.

$$C+\frac{1}{2}O_2 \longrightarrow CO+26.5kcal$$

$$+) \underline{CO+\frac{1}{2}O_2 \longrightarrow CO_2+67.6kcal}$$

$$C+O_2 \longrightarrow CO_2+94.1kcal$$

∴ $Q=Q_1+Q_2$ [94.1kcal=26.5kcal+67.6kcal]

예제 1

일산화탄소의 생성열은?

• $C+O_2 \longrightarrow CO_2+94.0kcal$ • $2CO+O_2 \longrightarrow 2CO_2+135.2kcal$

① 161.4kcal ② 135.2kcal ③ 41.2kcal ④ 26.4kcal

| 풀이 |

$$C + O_2 \longrightarrow CO_2+94kcal$$

$$-) \underline{CO+\frac{1}{2}O_2 \longrightarrow CO_2+67.6kcal}$$

$$C +\frac{1}{2}O_2-CO \longrightarrow 26.4kcal$$

∴ $C+\frac{1}{2}O_2 \longrightarrow CO+26.4kcal$

정답 | ④

예제 2

• $C+O_2 \longrightarrow CO_2+94kcal$ • $C+\frac{1}{2}O_2 \longrightarrow CO+26kcal$

위의 식을 이용하여 CO의 연소열을 구하면?

① 120kcal ② 68kcal ③ −68kcal ④ 42kcal

| 풀이 |

$$C+O_2 \longrightarrow CO_2+94kcal$$

$$-) \underline{C+\frac{1}{2}O_2 \longrightarrow CO+26kcal}$$

$$\frac{1}{2}O_2 \longrightarrow CO_2-CO+68kcal$$

∴ $CO+\frac{1}{2}O_2 \longrightarrow CO_2+68kcal$

정답 | ②

2 반응속도와 화학평형

1. 반응속도

(1) 반응속도(Reaction velocity)의 개요

화학반응이 얼마나 빠르게 또는 느리게 일어나는지의 정도를 양적으로 나타내며 반응속도는 반응물질의 종류, 표면적의 크기, 온도, 농도, 압력, 촉매 등 여러 가지 요인에 따라 달라진다.

(2) 활성화 에너지(Activated energy)

① 활성화 에너지 : 처음으로 반응을 일으키는 데 필요한 최소의 에너지

② 활성화 상태 : 활성화 에너지를 가지고 있는 상태로 정반응과 역반응을 모두 일으킬 수 있는 상태

③ 활성화물 : 활성화 상태에 있는 불안정한 물질

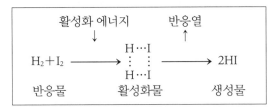

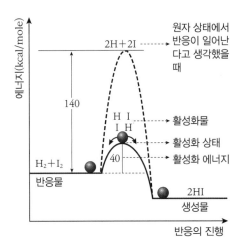

(3) 반응속도를 변화시키는 조건

① 반응속도와 온도

> 온도가 높아질수록 반응 속도는 빨라진다.

- 온도가 높아지면 모든 반응(발열반응, 흡열반응 관계없음)이 빨라진다. 그 이유는 온도가 높아질수록 반응을 일으킬 수 있는 활성화 상태의 입자수가 증가하기 때문이다.
- 일반적으로 온도가 10℃ 높아지면 반응속도는 약 2~3배 빨라진다.

② 반응속도와 촉매 : 촉매는 반응 물질이나 생성 물질에는 영향을 주지 않고 다만 반응속도만 변화시키고 반응후에 그대로 남아 있는 물질이다.

> - 정촉매 : 활성화 에너지를 낮추어 반응속도를 빠르게 한다.
> - 부촉매 : 활성화 에너지를 높여 반응속도를 느리게 한다.

③ 반응속도와 농도

> 반응속도는 반응하는 물질의 농도의 곱에 비례한다.

- 반응하는 물질의 농도가 증가되면 단위 체적 속에 분자수가 증가되어 분자들의 충돌횟수가 많아지고 반응속도는 빨라진다.
- 반응속도는 생성물질과는 관계가 없다.

- $2A+3B \xrightarrow{\;v'\;} 3C+4D$의 반응에서 반응속도 v'는 다음과 같다. $v'=k'[A]^2[B]^3$

> **예** 이 반응에서 A와 B의 농도를 각각 2배씩 하면 반응속도 $v'=k'(2[A])^2 \cdot (2[B])^3=32k'$
> $[A]^2[B]^3=32$배 빨라진다.

- 고체 물질의 농도는 반응속도에 영향이 없다.

④ 반응속도와 기타 조건
- 압력은 반응속도에 영향이 없다. 그러나 기체반응 중에서 압력 때문에 기체의 체적이 변할 경우에는 체적의 변화가 농도의 변화를 일으키므로 농도의 변화 같은 효과를 나타내게 된다.
- 접촉 면적이 클 경우 반응속도는 빨라지고 햇빛도 반응속도를 빠르게 할 경우가 있다.

> **예제 1** $CH_4(g)+2O_2(g) \longrightarrow CO_2(g)+2H_2O(g)$의 반응에서 메탄의 농도를 일정하게 하고 산소의 농도를 2배로 하면 동일한 온도에서 반응속도는 몇 배로 되는가?
>
> ① 2배   ② 4배   ③ 6배   ④ 8배

| 풀이 | 반응속도 $v'=[CH_4][O_2]^2=1 \times 2^2=4$배 | 정답 | ②

---

2. 화학평형

(1) 가역반응(Reversible reaction)

온도, 농도, 압력 등의 조건을 변화시킴에 따라 정반응과 역반응이 모두 일어나는 반응을 가역반응이라 한다.

> **예** NH_4Cl을 가열하면 NH_3와 HCl로 분해되고 또 NH_3와 HCl은 낮은 온도에서 서로 만나면 NH_4Cl로 된다. 이와 같은 반응을 가역반응이라 하며 $\rightleftarrows$ 기호로 표시한다.
> $$NH_4Cl \underset{냉각}{\overset{가열}{\rightleftarrows}} NH_3+HCl$$

(2) 불가역반응(Ivreversible reaction) : 비가역반응

일반적으로 정반응은 잘 일어나지만 그 역반응이 거의 일어나지 않을 때는 불가역반응이라 한다.

> **참고** 불가역반응의 경우
> ❶ 침전이 생길 때 $AgNO_3+NaCl \longrightarrow AgCl\downarrow +NaNO_3$
> ❷ 기체가 발생할 때 $Zn+H_2SO_4 \longrightarrow ZnSO_4+H_2\uparrow$
> ❸ 강산과 강염기의 반응 $HCl+NaOH \longrightarrow NaCl+H_2O$
> ❹ 연소 반응일 때 $CH_4+2O_2 \longrightarrow CO_2+2H_2O$

(3) 평형상수[Kc]

가역반응이 평형상태에 있을 때 정반응속도 v_1과 역반응속도 v_2의 비는 온도가 일정한 값을 갖는다. 그리고 이 일정한 값을 평형상수(Kc)라 한다.

① $aA + bB \underset{v_2}{\overset{v_1}{\rightleftarrows}} cC + dD$에서 ┌ 정반응속도 $v_1 = k[A]^a[B]^b$
                                                            └ 역반응속도 $v_2 = k'[C]^c[D]^d$

평형 상태는 $v_1 = v_2$ 이므로, $k[A]^a[B]^b = k'[C]^c[D]^d$

$\therefore \dfrac{k}{k'} = \dfrac{[C]^c[D]^d}{[A]^a[B]^b} = K_c(일정)$

위의 식은 주어진 온도에서 반응물과 생성물의 농도 평형상수(Kc)식이다.

② 평형상수(Kc)의 값은 농도, 압력, 촉매 등에 관계없이 온도에 따라서만 그 값이 변화한다.

참고 ┐ 평형상태=화학평형 ⇨ 정반응속도=역반응속도

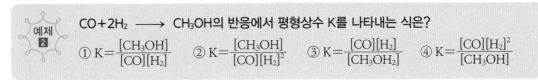

예제 2

CO + 2H₂ ⟶ CH₃OH의 반응에서 평형상수 K를 나타내는 식은?

① $K = \dfrac{[CH_3OH]}{[CO][H_2]}$　② $K = \dfrac{[CH_3OH]}{[CO][H_2]^2}$　③ $K = \dfrac{[CO][H_2]}{[CH_3OH_2]}$　④ $K = \dfrac{[CO][H_2]^2}{[CH_3OH]}$

정답 | ②

(4) 평형상수(K)와 자유에너지(G)의 관계

반응물과 생성물이 표준상태에서 자발적으로 반응이 일어날 때를 표준자유에너지 변화($\varDelta G°$)라 한다. 그러나 대부분 실제반응은 표준상태의 압력에서 일어나지 않고 반응이 진행됨에 따라서 압력이 변하게 된다. 따라서 표준상태가 아닐 때 자유에너지 변화($\varDelta G$)의 관계식은 다음과 같다.

$\varDelta G = \varDelta G° + RT \ln Q$

┌ 단, Q(반응지수) : 현 상태에서의 반응물과 생성물의 농도의 비 ┐
└ '$aA + bB \rightleftarrows cC + dD$' 반응에서 $Q = \dfrac{[C]^c[D]^d}{[A]^a[B]^b}$ ┘

평형상태에서는 자유에너지 변화 $\varDelta G = 0$이고 반응지수 Q가 평형상수 K가 되므로,

$0 = \varDelta G° + RT \ln K$, $\varDelta G° = -RT \ln K$가 된다.

[K : 수용액일 때 농도평형상수(Kc), 기체일 때는 압력평형상수(Kp)를 의미한다.]

참고 ┐ ・ $Q < K_c \Rightarrow \varDelta G < 0$: 자발적 정반응
      ・ $Q > K_c \Rightarrow \varDelta G > 0$: 비자발적 정반응(역반응)
      ・ $Q = K_c \Rightarrow \varDelta G = 0$: 평형상태

예제 3 25℃에서 다음 반응에 대하여 열역학적 평형상수값이 7.13이었다. 이 반응에 대한 $\Delta G°$ 값은 몇 KJ/mol인가? (단, 기체상수 R은 8.31J/mol·K이다)

$$2NO_2(g) \rightleftharpoons N_2O_4(g)$$

① 4.87　　② −4.87　　③ 9.74　　④ −9.74

| 풀이 |　$\Delta G = \Delta G° + RT \ln Q$

평형상태에서 $\Delta G = 0$, $Q = K$이므로

$\Delta G° = -RT \ln K$

$= -8.314 J/mol \cdot K \times (273.15 + 25)K \times \ln(7.13)$

$= -4869.17 J/mol$

$\therefore -4.87 KJ/mol$

정답 | ②

3. 평형이동의 법칙(Le Chatelier의 법칙)

가역반응이 평형상태에 있을 때 이 상태에 외부에서 온도, 농도, 압력 등의 조건을 변화시키면 이 변화시킨 조건을 없애는 방향으로 반응이 진행되어 새로운 평형상태로 된다.

(1) 온도와 평형의 이동

온도를 $\left\langle \begin{array}{l} \text{높이면(가열하면)} \Rightarrow \text{흡열반응} \\ \text{낮추면(냉각하면)} \Rightarrow \text{발열반응} \end{array} \right\rangle$ 이 일어난다.

① $2SO_2 + O_2 \rightleftharpoons 2SO_3 + 45kcal$에서 온도를 높이면 정반응(→)은 발열반응이므로 일어나지 않고 역반응(←)이 일어난다.

② $N_2 + O_2 \rightleftharpoons 2NO - 43kcal$에서 온도를 높이면 흡열반응인 정반응(→)이 일어난다.

(2) 농도와 평형의 이동

A 물질의 농도를 $\left\langle \begin{array}{l} \text{증가시키면} \Rightarrow \text{A가 반응하여 A가 감소되는 반응} \\ \text{감소시키면} \Rightarrow \text{A가 생성되어 A가 증가하는 반응} \end{array} \right\rangle$ 이 일어난다.

① $2SO_2 + O_2 \rightleftharpoons 2SO_3 + 45kcal$에서 SO_2를 넣어주면 SO_2가 반응하여 SO_2가 없어지는 정반응(→)이 일어난다.

② 위 반응의 평형 상태에서 O_2의 농도를 감소시키면 O_2가 생성되는 반응인 역반응(←)이 일어나게 된다.

(3) 압력과 평형의 이동

압력을 $\left\langle \begin{array}{l} \text{높이면} \Rightarrow \text{체적(몰수, 분자수)이 감소하는 반응} \\ \text{낮추면} \Rightarrow \text{체적(몰수, 분자수)이 증가하는 반응} \end{array} \right\rangle$ 이 일어난다.

① $2SO_2+O_2 \rightleftharpoons 2SO_3+45kcal$에서 압력을 높이면 정반응(→)이 일어난다.

반응 전 몰수＝SO_2 2몰＋O_2 1몰＝3몰 } 정반응은 몰수가 감소되는 반응이다.
반응 후 몰수＝SO_3 2몰＝2몰

② $N_2+O_2 \rightleftharpoons 2NO-43kcal$에서 압력의 변화는 평형을 이동시키지 못한다.

반응 전 몰수＝N_2 1몰＋O_2 1몰＝2몰 } 몰수의 변화가 없다.
반응 후 몰수＝NO 2몰＝2몰

③ $C(s)+CO_2 \rightleftharpoons 2CO-10kcal$에서 압력을 높이면 역반응(←)이 일어난다.

반응 전 몰수＝CO_2 1몰 } 역반응이 몰수가 감소되는 반응이 된다.
반응 후 몰수＝CO 2몰

주의 $C(s)$는 고체상태이므로 몰수의 계산에서 뺀다.

(4) 촉매와 평형의 이동

촉매는 $\left\langle \begin{matrix} 정촉매 \\ 부촉매 \end{matrix} \right\rangle$ 모두 평형은 이동시키지 못한다.

촉매는 평형상태가 되기 전에만 반응속도에 영향을 준다.

예제 4 **암모니아 합성반응식에서 암모니아 생성률을 높이기 위한 조건은?**

$$N_2+3H_2 \longrightarrow 2NH_3+22.1kcal$$

① 온도와 압력을 낮춘다.　　　　② 온도는 낮추고 압력은 높인다.
③ 온도를 높이고 압력은 낮춘다.　④ 온도와 압력을 높인다.

| 풀이 | 암모니아 생성률을 높이려면 정반응쪽으로 진행하여야 하므로 온도는 발열반응이므로 온도를 낮추고, 압력은 반응물의 부피의 합이 4몰이고 생성물이 2몰이므로 압력을 높여야 부피가 줄어드는 정반응쪽으로 일어난다.

정답 | ②

(5) 공통 이온 효과 : 전리 평형을 이루는 반응에서, 같은 이온의 농도를 증가시키면 이를 없애려는 방향으로 반응이 진행된다.

예 $CH_3COOH \rightleftharpoons CH_3COO^-+H^+$이 평형을 이룰 때, CH_3COONa를 가하면
$CH_3COONa \rightleftharpoons CH_3COO^-+Na^+$으로 되어, 결과적으로 CH_3COO^-의 농도가 커져 역반응이 진행하여 초산의 전리도는 감소한다.

예제 5 아세트산의 묽은 수용액에서는 다음과 같이 평형이 이루어진다.

$$CH_3COOH + H_2O \rightleftharpoons CH_3COO^- + H_3O^+$$

이 용액에 염산을 한방울 떨어뜨리면 어떤 변화가 일어나는가?

① CH_3COO^-은 많아지고 CH_3COOH는 적어진다.

② CH_3COOH는 많아지고 CH_3COO^-은 적어진다.

③ H_3O^+은 많아지고 CH_3COOH나 CH_3COO^-의 수에는 변화가 없다.

④ H_3O^+은 적어지고 CH_3COOH나 CH_3COO^-의 수에는 변화가 없다.

| 풀이 | 염산을 가하면, $HCl + H_2O \longrightarrow H_3O^+ + Cl^-$로서 H_3O^+가 공통 이온으로 되어, H_3O^+가 감소하는 방향(←)으로 새로운 평형에 도달한다.

정답 | ②

01 수소의 연소열은 몇 kcal/mol인가?

$$2H_2 + O_2 \longrightarrow 2H_2O + 136kcal$$

① 136kcal/mol

② 68kcal/mol

③ 34kcal/mol

④ 17kcal/mol

해설

연소열은 물질 1mol당 발생하는 열이기 때문에
$136 \div 2 = 68kcal/mol$

02 화학반응에서 발생 또는 흡수되는 열량은 그 반응 전의 물질의 종류와 상태 및 반응 후의 물질의 종류와 상태가 결정되면 그 도중의 경로에는 관계가 없다는 법칙은?

① 반트–호프의 법칙

② 르샤틀리에의 법칙

③ 아보가드로의 법칙

④ 헤스의 법칙

해설

① 반트–호프의 법칙 : 묽은 용액의 삼투압은 용매와 용질의 종류와는 관계없이, 용액의 몰농도와 절대온도에 비례한다는 법칙

② 르샤틀리에의 법칙 : 평형이동에 관한 법칙. 화학평형에서 계(系)의 상태를 결정하는 변수인 온도·압력·성분농도 등의 조건이 바뀌면, 그 계는 변화의 효과를 작게 하는 방향으로 반응이 이동되어 새로운 평형상태에 도달한다.

③ 아보가드로의 법칙 : 모든 기체 1mol(1g분자)은 표준상태(0℃, 1기압)에서 22.4l의 부피를 차지하며 이 속에는 6.02×10^{23}개의 분자가 들어 있다.

03 다음 중 흡열반응인 것은?

① $H_2(기) + \dfrac{1}{2}O_2(기) \longrightarrow H_2O$

   $\Delta H = -57.8kcal$

② $\dfrac{1}{2}N_2(기) + \dfrac{1}{2}O_2(기) \longrightarrow NO(기)$

   $\Delta H = 21.6kcal$

③ $\dfrac{1}{2}N_2(기) + \dfrac{3}{2}H_2(기) \longrightarrow NH_3(기) + 11.0kcal$

④ $CO + \dfrac{1}{2}O_2 \longrightarrow CO_2 + 68kcal$

해설

• 발열반응 : Q > O 또는 $\Delta H < O$

• 흡열반응 : Q < O 또는 $\Delta H > O$

04 아래 반응식을 이용하여 NH_3 생성열을 구하여라.

$$H_2 + \dfrac{1}{2}O_2 \longrightarrow H_2O(액) + 68kcal \quad \cdots\cdots ①$$

$$NH_3 + \dfrac{3}{4}O_2 \longrightarrow \dfrac{1}{2}N_2 + \dfrac{3}{2}H_2O(액) + 91kcal \quad \cdots\cdots ②$$

① 22kcal

② 44kcal

③ 11kcal

④ −11kcal

해설

$\dfrac{1}{2}N_2 + \dfrac{3}{2}H_2 \longrightarrow NH_3 + Q$

① 식 $\times \dfrac{3}{2} - ②$에서

$\dfrac{3}{2}H_2 + \dfrac{3}{4}O_2 \longrightarrow \dfrac{3}{2}H_2O + 68 \times \dfrac{3}{2}kcal$

$- \big) NH_3 + \dfrac{3}{4}O_2 \longrightarrow \dfrac{1}{2}N_2 + \dfrac{3}{2}H_2O + 91kcal$

$\overline{\dfrac{3}{2}H_2 - NH_3 \longrightarrow -\dfrac{1}{2}N_2 + 11kcal}$

$\therefore \dfrac{1}{2}N_2 + \dfrac{3}{2}H_2 \longrightarrow NH_3 + 11kcal$

정답 01 ② 02 ④ 03 ② 04 ③

05 화학반응의 속도에 영향을 미치지 않는 것은?

① 촉매의 유무

② 반응계의 온도 변화

③ 반응물질의 농도 변화

④ 일정한 농도하에서의 부피 변화

반응속도에 영향을 미치는 요인

• 촉매 : 정촉매는 반응속도를 빠르게, 부촉매는 반응속도를 느리게 한다.

• 온도 : 온도가 높아질수록 활성화 입자수가 증가하기 때문에 $10℃$ 높아지면 반응속도는 약 2~3배 빨라진다.

• 농도 : 농도가 증가되면 단위 체적 속에 분자수가 증가되어 분자들의 충돌횟수가 많아지고 반응속도는 빨라진다.

06 $CH_4(g) + 2O_2(g) \longrightarrow CO_2(g) + 2H_2O(g)$의 반응에서 메탄의 농도를 일정하게 하고 산소의 농도를 2배로 하면 동일한 온도에서 반응 속도는 몇 배로 되는가?

① 2배

② 4배

③ 6배

④ 8배

반응속도는 반응하는 물질의 농도의 곱에 비례한다.

$\therefore [CH_4][O_2]^2 = 1 \times 2^2 = 4$배

07 일정한 온도하에서 물질 A와 B가 반응을 할 때 A의 농도만 2배로 하면 반응속도가 2배가 되고 B의 농도만 2배로 하면 반응속도가 4배로 된다. 이 반응의 속도식은? (단, 반응속도 상수는 k이다)

① $v = k[A][B]^2$

② $v = k[A]^2[B]$

③ $v = k[A][B]^{0.5}$

④ $v = k[A][B]$

• A의 농도 : 2배로 하면 반응속도가 2배가 되고 반응속도 (v)는 A농도에 비례하므로 $v = k[A]$가 된다.

• B의 농도 : 2배로 하면 반응속도가 4배로 되고 반응속도 (v)는 B농도의 제곱에 비례하므로 $v = k[B]^2$가 된다.

$\therefore v = k[A][B]^2$

08 다음 반응식을 이용하여 구한 $SO_2(g)$의 몰 생성열은?

$$S(s) + 1.5O_2(g) \longrightarrow SO_3(g), \Delta H° = -94.5kcal$$
$$2SO_2(g) + O_2(g) \longrightarrow 2SO_3(g), \Delta H° = -47kcal$$

① $-71kcal$

② $-47.5kcal$

③ $71kcal$

④ $47.5kcal$

생성열과 헤스법칙을 이용한다.

• 생성열 : 물질 1몰이 각 홑원소로부터 만들어질 때 방출 또는 흡수되는 열이므로

$$S(s) + O_2(g) \longrightarrow SO_2(g), \Delta H° = ?$$

의 반응식을 기준으로 해야 한다.

① $S(s) + 1.5O_2(g) \longrightarrow SO_3(g), \Delta H° = -94.5kcal$

② $2SO_2(g) + O_2(g) \longrightarrow 2SO_3(g), \Delta H° = -47kcal$에서

②÷2로 하여 ②′로 한다면

②′ $SO_2(g) + 0.5O_2(g) \longrightarrow SO_3(g), \Delta H° = -23.5kcal$가 된다. 여기서 ①-②′하여 구한다.

$S(s) + 1.5O_2(g) \rightarrow S\cancel{O}_3(g), \Delta H° = -94.5kcal$ ……①

$-\,)\;SO_2(g) + 0.5O_2(g) \rightarrow S\cancel{O}_3(g), \Delta H° = -23.5kcal$……②′

$\therefore S(s) + O_2(g) \rightarrow SO_2(g), \Delta H° = -71kcal$

09 평형상태를 이동시키는 조건에 해당되지 않는 것은?

① 온도

② 농도

③ 촉매

④ 압력

촉매는 반응속도와 관계있다.

10 온도가 $10℃$ 높아지면 반응속도가 2배 빨라진다. 이 때, 온도를 $30℃$ 높이면 반응속도는 몇 배나 빨라지겠는가?

① 2배

② 4배

③ 6배

④ 8배

2^n배 $= 2^3 = 8$

11 $3H_2 + N_2 \longrightarrow 2NH_3$ 에서 평형이 되기 전에 수소와 질소의 농도를 각각 2배씩 하면 반응속도는 몇 배가 빨라지겠는가?

① 6배   ② 8배

③ 12배   ④ 16배

해설

$aA + bB \longrightarrow cC + dD$

$V' = k'(A)^a (B)^b = k'(2)^3 \times (2)^1 = 16$

12 염소산칼륨을 가열하여 산소를 만들 때 촉매로 쓰이는 이산화망간의 역할은 무엇인가?

① KCl를 산화시킨다.

② 역반응을 일으킨다.

③ 반응속도를 증가시킨다.

④ 산소가 더 많이 나오게 한다.

해설

제1류 위험물의 산화성 고체(KClO₃)

$KClO_3 \xrightarrow{MnO_2} 2KCl + 3O_2$

13 다음과 같은 반응에서 평형을 왼쪽으로 이동시킬 수 있는 조건은?

$$A_2(g) + 2B_2(g) \rightleftharpoons 2AB_2(g) + 열$$

① 압력감소, 온도감소

② 압력증가, 온도증가

③ 압력감소, 온도증가

④ 압력증가, 온도감소

해설

• 평형을 오른쪽(→)으로 이동조건
  A_2와 B_2농도 증가, 압력증가, 온도감소
• 평형을 왼쪽(←)으로 이동조건
  A_2와 B_2농도 감소, 압력감소, 온도증가

14 포름산은 약산이며 묽은 용액에서 다음과 같은 평형이 성립된다.

$$HCOOH + H_2O \rightleftharpoons HCOO^- + H_3O^+$$

이 용액에 HCOONa 수용액을 조금 떨어뜨리면?

① H_3O^+는 많아지며 산의 해리도가 증가한다.

② H_3O^+는 일정하게 유지되고 $HCOO^-$이 많아진다.

③ $HCOO^-$는 일정하게 유지되고 H_3O^+이 많아진다.

④ H_3O^+는 감소하고 HCOOH가 많아진다.

해설

$HCOONa \rightleftharpoons HCOO^- + Na^+$로 전리되어 $HCOO^-$농도 증가로 역반응이 진행된다.

15 이온 평형체에서 평형에 참여하는 이온과 같은 종류의 이온을 외부에서 넣어주면 그 이온의 농도를 감소시키는 방향으로 평형이 이동한다는 이론과 관계가 있는 것은?

① 공통이온효과

② 가수분해 효과

③ 물의 자체 이온화형상

④ 이온용액의 총괄성

3 산과 염기

1. 산·염기의 성질

(1) 산의 성질

① 수용액은 신맛을 가지고 있으며 전기를 잘 통한다.

② 푸른색 리트머스 종이를 붉은색으로 변화시킨다.

③ 수용액에서 옥소늄이온(H_3O^+)을 만든다.

④ 염기와 중화반응하여 염과 물을 만든다.

⑤ 이온화경향이 큰 금속과 반응하여 H_2를 발생한다.

$$Zn + H_2SO_4 \longrightarrow ZnSO_4 + H_2 \uparrow$$

⑥ 탄산염(Na_2CO_3)이나 탄산수소염($NaHCO_3$)과 반응하여 CO_2기체가 발생한다.

$$Na_2CO_3(s) + 2HCl(aq) \longrightarrow 2NaCl(aq) + H_2O(l) + CO_2(g)$$

$$NaHCO_3(s) + HCl(aq) \longrightarrow NaCl(aq) + H_2O(l) + CO_2(g)$$

(2) 염기의 성질

① 수용액은 쓴맛이 있고 미끈미끈하며 전기를 잘 통한다.

② 붉은색 리트머스 종이를 푸른색으로 변화시킨다.

③ 수용액에서 OH^-를 내며 물에 잘 녹는 염기를 알칼리라 한다.

※ 물에 녹지 않는 $Cu(OH)_2$는 염기이나 알칼리는 아니다.

④ 산과 중화반응하여 염과 물을 만든다.

⑤ 양쪽성 원소(Al, Zn, Sn, Pb 등)와 반응하여 $H_2 \uparrow$를 발생한다.

$$Zn + 2NaOH \longrightarrow Na_2ZnO_2 + H_2 \uparrow$$

> **참고** BTB용액 : 산성(노란색), 염기성(푸른색), 중성(초록색)으로 변함

2. 산·염기의 정의

(1) 아레니우스(Arrhenius)의 정의

① 산 : 수용액 중에서 이온화되어 수소이온(H^+)을 내놓는 물질

$$HCl \rightleftharpoons H^+ + Cl^-$$

② 염기 : 수용액 중에서 이온화되어 수산화이온(OH^-)을 내놓는 물질

$$NaOH \rightleftharpoons Na^+ + OH^-$$

> **참고** 중화반응 : $HCl + NaOH \longrightarrow NaCl + H_2O$
>   (산)   (염기)   (염)   (물)
>
> $\Rightarrow H^+ + Cl^- + Na^+ + OH^- \longrightarrow Na^+Cl^- + H^+OH^-$
>
>   ※ 알짜이온반응식 : $H^+ + OH^- \longrightarrow H_2O$

(2) 브뢴스테드와 로우리(Bronsted-Lowry)의 정의

① 산 : 양성자(H^+)를 내놓는 분자나 이온

② 염기 : 양성자(H^+)를 받아들이는 분자나 이온

③ 짝산과 짝염기 : 양성자(H^+)의 이동에 의하여 산과 염기로 되는 한 쌍의 물질

$$\text{짝산} \rightleftharpoons \text{짝염기} + H^+$$

> **예** ① HCl과 Cl^-, H_3O^+과 H_2O는 짝산 – 짝염기이다.
> 이때 HCl의 짝염기는 Cl^-이고, Cl^-의 짝산은 HCl이며, H_3O^+의 짝염기는 H_2O이고 H_2O의 짝산은 H_3O^+이다.
>
> $$HCl + H_2O \rightleftharpoons H_3O^+ + Cl^- \quad [H_2O : 염기]$$
> 산1 ㅤ염기2 ㅤㅤㅤㅤ산2 ㅤ염기1
>
> ② $H_2O + NH_3 \rightleftharpoons NH_4^+ + OH^- \quad [H_2O : 산]$
> 산1 ㅤ염기2 ㅤㅤㅤㅤ산2 ㅤ염기1

④ 양쪽성 물질 : 양성자(H^+)를 내놓을 수도 있고, 받을 수도 있는 물질

> **예** H_2O, HS^-, HCO_3^-, HSO_4^-, $H_2PO_4^-$ 등

예제 1 다음 중 물이 산으로 작용하는 반응은?

① $NH_4^+ + H_2O \longrightarrow NH_3 + H_3O^+$

② $HCOOH + H_2O \longrightarrow HCOO^- + H_3O^+$

③ $CH_3COO^- + H_2O \longrightarrow CH_3COOH + OH^-$

④ $HCl + H_2O \longrightarrow H_3O^+ + Cl^-$

| 풀이 |
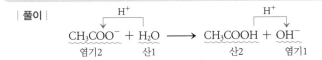

$$CH_3COO^- + H_2O \longrightarrow CH_3COOH + OH^-$$
염기2 ㅤㅤ산1 ㅤㅤㅤㅤ산2 ㅤㅤ염기1

정답 | ③

---

(3) 루이스(Lewis)의 정의

① 산 : 비공유전자쌍을 받아들이는 분자나 이온

② 염기 : 비공유전자쌍을 내놓는 분자나 이온

> **참고** 배위공유결합을 형성하는 모든 물질은 루이스의 산·염기반응을 하고 있다.

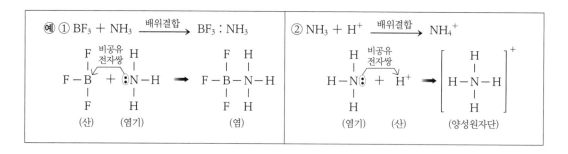

3. 산·염기의 분류

(1) 염기도와 산도에 의한 분류 : 산이 내놓는 H^+의 수를 산의 염기도, 염기분자속의 염기성을 나타내는 OH^-의 수를 염기의 산도라 한다.

	명칭	통칭	대표적인 예
산	1염기 산	1가의 산	HCl, HNO₃, CH₃COOH(아세트산), C₆H₅OH(석탄산)
	2염기 산	2가의 산	H₂SO₄(황산), H₂CO₃(탄산), H₂S(황화수소산), (COOH)₂(옥살산)
	3염기 산	3가의 산	H₃PO₄(인산), H₃BO₃(붕산)
염기	1산 염기	1가의 염기	NaOH, KOH(수산화칼륨), NH₄OH
	2산 염기	2가의 염기	Ca(OH)₂(수산화칼슘), Ba(OH)₂(수산화바륨), Mg(OH)₂(수산화마그네슘)
	3산 염기	3가의 염기	Fe(OH)₃(수산화제이철), Al(OH)₃(수산화알루미늄)

(2) 산·염기의 강약(세기)

① **전리도(α)** : 산·염기 등의 전해질이 수용액 중에 양·음이온으로 전리할 때 용해한 용질의 몰수에 대한 전리된 용질의 몰수의 비를 전리도 또는 이온화도라 한다.

$$전리도(\alpha) = \frac{이온화된\ 전해질의\ 몰\ 수}{용해된\ 전해질의\ 총\ 몰\ 수}\ (0 \leqq \alpha \leqq 1)$$

전리도가 1에 가까우면 강전해질이고, 전리도가 0에 가까우면 약전해질이다.

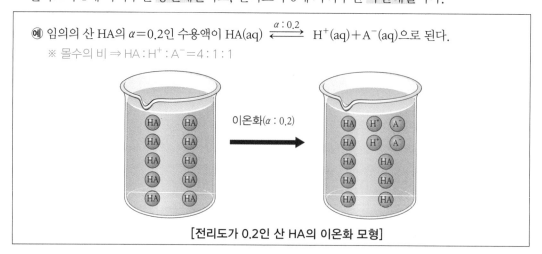

예 임의의 산 HA의 $\alpha = 0.2$인 수용액이 HA(aq) $\underset{\longleftarrow}{\overset{\alpha : 0.2}{\longrightarrow}}$ H^+(aq)+A^-(aq)으로 된다.

※ 몰수의 비 ⇒ HA : H^+ : A^- = 4 : 1 : 1

[전리도가 0.2인 산 HA의 이온화 모형]

참고 전리도는 온도가 높을수록, 농도가 묽을수록 커진다.(오스트발트의 희석률)

② 산·염기의 강약은 전리도로 구별한다.

• 전리도가 큰 것 : 강산, 강염기	• 전리도가 작은 것 : 약산, 약염기

산 $\begin{cases} \text{강산 : } HClO_4(\text{과염소산}), \ HI(\text{요오드화수소산}), \ HCl(\text{염산}), \ H_2SO_4(\text{황산}), \ HNO_3(\text{질산}), \\ \qquad HBr(\text{브롬산}) \ \text{등} \\ \text{약산 : } CH_3COOH(\text{아세트산}), \ H_2CO_3(\text{탄산}), \ H_2S(\text{황화수소산}), \ HCN(\text{시안산}) \ \text{등} \end{cases}$

염기 $\begin{cases} \text{강염기 : } NaOH(\text{수산화나트륨}), \ KOH(\text{수산화칼륨}), \ Ba(OH)_2(\text{수산화바륨}), \ Ca(OH)_2 \\ \qquad (\text{수산화칼슘}) \ \text{등} \\ \text{약염기 : } NH_4OH(\text{수산화암모늄}), \ Mg(OH)_2(\text{수산화마그네슘}), \ Al(OH)_3(\text{수산화알루미늄}) \end{cases}$

4. 산화물과 산·염기

(1) 산성 산화물[산성 산화물＝비금속 산화물(산 무수물)]

$\begin{cases} \text{산성 산화물＋물} \longrightarrow \text{산 : } CO_2+H_2O \rightleftharpoons H_2CO_3 \rightleftharpoons 2H^++CO_3^{2-} \\ \text{산성 산화물＋염기} \longrightarrow \text{염＋물 : } CO_2+2NaOH \rightleftharpoons Na_2CO_3+H_2O \end{cases}$

⑩ CO_2, SO_2, P_2O_5, NO_2 등

(2) 염기성 산화물[(염기성 산화물＝금속 산화물(염기 무수물)]

$\begin{cases} \text{염기성 산화물＋물} \longrightarrow \text{염기 : } BaO+H_2O \rightleftharpoons Ba(OH)_2 \rightleftharpoons Ba^{2+}+2OH^- \\ \text{염기성 산화물＋산} \longrightarrow \text{염＋물 : } CaO+2HCl \rightleftharpoons CaCl_2+H_2O \end{cases}$

⑩ CaO, Na_2O, MgO, K_2O 등

(3) 양쪽성 산화물 : 양쪽성 금속의 산화물은 산성과 염기성의 성질을 모두 나타낸다.

⑩ ZnO, Al_2O_3, SnO, PbO 등

예제 2

산성산화물에 해당하는 것은?

① CaO ② Na_2O ③ CO_2 ④ MgO

| 풀이 | • 금속 산화물은 물에 녹아 염기성을 나타내므로 염기성 산화물이 된다.

$$\begin{bmatrix} Na_2O \\ CaO \\ MgO \end{bmatrix} + H_2O \longrightarrow \begin{bmatrix} NaOH \\ Ca(OH)_2 \\ Mg(OH)_2 \end{bmatrix}$$

• 비금속 산화물이 물에 녹으면 산성을 나타내는 산성 산화물이 된다.

$$CO_2+H_2O \longrightarrow H_2CO_3$$

정답 | ③

5. 전리상수

(1) 산의 전리상수(Ka)

수용액 상태에서 산 HA의 이온화 평형은 $HA + H_2O \rightleftharpoons H_3O^+ + A^-$이다.

이 반응의 평형상수 $K = \dfrac{[H_3O^+][A^-]}{[HA][H_2O]}$이다.

그런데 H_2O의 농도는 거의 변화가 없으므로 상수로 볼 수 있다.

따라서 전리상수 Ka는 $K \times [H_2O] = Ka$가 되므로 다음과 같이 나타낼 수 있다.

$$Ka = \dfrac{[H_3O^+][A^-]}{[HA]}$$

(2) 전리도(α)와 전리상수(Ka) : 약산 또는 약염기는 수용액 중에서 전리하여 전리평형에 이른다.

지금 약산 HA의 농도를 C몰, 전리도를 α라 하면,

	HA	$\rightleftharpoons$	H^+	$+$	A^-
처음 농도 :	C몰		O		O
전리된 농도 :	$-C\alpha$몰	$+$	$C\alpha$몰	$+$	$C\alpha$몰
평형시의 농도 :	$C-C\alpha$몰		$C\alpha$몰		$C\alpha$몰

$$Ka = \dfrac{[H^+][A^-]}{[HA]} = \dfrac{(C\alpha)^2}{C-C\alpha} = \dfrac{C^2\alpha^2}{C(1-\alpha)} = \dfrac{C\alpha^2}{1-\alpha}$$

여기서, 약산(약염기)은 α가 매우 작아서 $1-\alpha \fallingdotseq 1$이므로

$$Ka = \dfrac{C\alpha^2}{1-\alpha} \fallingdotseq C\alpha^2 \qquad \therefore Ka = C\alpha^2$$

$$\alpha^2 = \dfrac{Ka}{C} \qquad \therefore \alpha = \sqrt{\dfrac{Ka}{C}}$$

> **참고** 전리상수(Ka)는 평형상수(K)와 마찬가지로 온도가 일정하면 산의 농도와 관계없이 항상 일정하며, Ka가 크면 강산, 작으면 약산이다.

6. 염의 종류 및 가수분해

(1) 염(Salt)

산과 염기의 중화반응에 의하여 물과 함께 생기는 화합물을 염이라 한다.

> 염 = 금속(또는 NH_4^+) + 산의 음이온(산기)

> **예** $HCl + NaOH \longrightarrow NaCl + H_2O$
> [염 : Na^+(금속) + Cl^-(산의 음이온)]
>
> $H_2SO_4 + 2NH_4OH \longrightarrow (NH_4)_2SO_4 + 2H_2O$
> [염 : $2NH_4^+$(암모늄이온) + SO_4^{2-}(산의 음이온)]

(2) 염의 종류

① 정염(중성염) : 산의 $[H^+]$이나 염기의 $[OH^-]$이 없는 형태

> (예) $NaCl$, K_2SO_4, Na_2CO_3, $(NH_4)_2SO_4$, $MgCl$, Na_3PO_4

② 산성염 : 산의 $[H^+]$ 일부가 남아있는 형태

> (예) $NaHSO_4$, $NaHCO_3$, NaH_2PO_4

③ 염기성염 : 염기의 $[OH^-]$ 일부가 남아있는 형태

> (예) $Ca(OH)Cl$, $Cu(OH)NO_3$, $Mg(OH)Cl$

(3) 복염과 착염

① 복염 : 두 가지 염이 결합할 때 생기는 염으로 물에 녹아 전리할 때 본래의 염과 같은 이온을 내는 염을 복염이라 한다.

> (예) K_2SO_4 + $Al_2(SO_4)_3 + 24H_2O \Longleftrightarrow 2KAl(SO_4)_2 \cdot 12H_2O$
>
> $\Updownarrow$ $\qquad$ $\Updownarrow$ $\qquad\qquad\qquad\qquad$ $\Updownarrow$
>
> $(2K^+ + SO_4^{2-} + 2Al^{3+} + 3SO_4^{2-})$ $\qquad$ $(2K^+ + 2Al^{3+} + 4SO_4^{2-})$
>
> $\qquad$ (성분 염의 전리) $\qquad\qquad\qquad\qquad$ (생성 염의 전리)

- 종류 : $KAl(SO_4)_2 \cdot 12H_2O$, $KCr(SO_4)_2 \cdot 12H_2O$, $NH_4Al(SO_4)_2 \cdot 12H_2O$ 등

  ※ 일반적으로 백반류는 복염에 속한다. 백반류 ⇨ $M^{+1}M^{+3}(SO_4)_2 \cdot 12H_2O$

② 착염 : 두 가지 염이 결합할 때 생기는 염으로 물에 녹아 전리할 때 본래의 염과 전혀 다른 이온을 내는 염을 착염이라고 한다.

> (예) $KCN + AgCN \longrightarrow KAg(CN)_2$
>
> $K^+ + CN^- + Ag^+ + CN^- \longrightarrow K^+ + \underset{\sim}{Ag(CN)^{2-}}$
>
> $\qquad\qquad\qquad\qquad\qquad\qquad\qquad$ 은시안 이온(착이온)
>
> $\quad$ [성분의 염의 전리] $\qquad\qquad\qquad$ [착염의 전리]

- 종류 : $KAg(CN)_2$, $K_3Fe(CN)_6$, $K_4Fe(CN)_6$, $[Cu(NH_3)_4](OH)_2$ 등

(4) 염의 가수분해

① 염의 가수분해 : 염이 수용액 중에서 물과 반응하여 산과 염기를 만드는 반응을 가수분해라고 하며 중화반응의 역반응이다.

> 산 + 염기 $\underset{\text{가수 분해}}{\overset{\text{중화}}{\rightleftarrows}}$ 염 + 물

염이 가수분해가 일어나려면 그 염을 구성하는 산·염기의 둘 중 하나가 약하거나, 또는 모두 약하여야 한다.

> (예) $HCl + NH_4OH \underset{\text{가수 분해}}{\overset{\text{중화}}{\rightleftarrows}} NH_4Cl + H_2O$

② 염의 가수분해와 그 액성

> 염의 액성 ⇨ 염을 이룬 산·염기의 강한 쪽의 성질을 띤다.

- 강한 산과 강한 염기로 된 염 : 물에 녹아 전리만 가능하고 가수분해는 안되며, 액성은 중성 염은 중성, 산성염은 산성, 염기성염은 염기성을 나타낸다.

  > 예) 중성 : $NaCl$, Na_2SO_4,　　산성 : $KHSO_4$, $NaHSO_4$,　　염기성 : $Ba(OH)Cl$

- 강한 산과 약한 염기로 된 염 : 가수분해되어 산성을 나타낸다.

  > 예) NH_4Cl, $(NH_4)_2SO_4$, $MgCl_2$, $CuSO_4$, $FeSO_4$

- 약한 산과 강한 염기로 된 염 : 가수분해되어 염기성을 나타낸다.

  > 예) CH_3COONa, $NaHCO_3$, KCN, Na_2CO_3

- 약한 산과 약한 염기로 된 염 : 가수분해되어 거의 중성을 나타낸다.

  > 예) CH_3COONH_4, $(NH_4)_2CO_3$

> **참고**
> ❶ 비록 약산이나 약염기의 염일지라도 물에 불용성의 물질은 가수분해되지 않는다. $CaCO_3$는 강 염기와 약산으로 되어 있으나 가수분해되지 않는다.
> ❷ NaH_2PO_4는 가수분해되지는 않으나 전리되어 양성자를 남에게 줄 수 있으므로 산성이다.
> $$H_2PO_4^- \rightleftharpoons H^+ + HPO_4^{2-}$$

4　중화와 pH

1. 중화

(1) 산·염기의 g당량

① 산 1g당량 : H^+ 1몰(6.02×10^{23}개)을 내놓을 수 있는 산의 양

② 염기 1g당량 : OH^- 1몰(6.02×10^{23}개)을 내놓을 수 있는 염기의 양

> **참고**
> ❶ 산의 당량 $= \dfrac{\text{분자량}}{\text{염기도}} = \dfrac{\text{분자량}}{[H^+]\text{의 수}}$　　❷ 염기의 당량 $= \dfrac{\text{분자량}}{\text{산도}} = \dfrac{\text{분자량}}{[OH^-]\text{의 수}}$

(2) 중화반응

① 산·염기와 반응하여 염과 물을 만드는 반응을 중화반응이라 한다.

② 산의 H^+이온과 염기의 OH^-이온이 작용하여 H_2O가 되는 반응을 중화반응이라고 한다.

중화반응 알짜이온반응식 : $H^+(aq) + OH^-(aq) \longrightarrow H_2O(l)$

③ 중화반응식 : $\underset{산}{HCl(aq)} + \underset{염기}{NaOH(aq)} \longrightarrow \underset{염}{NaCl(aq)} + \underset{물}{H_2O(l)}$

(3) 중화적정

이미 농도를 알고 있는 산 또는 염기의 용액을 사용하여 농도를 모르는 염기 또는 산의 농도를 알아내는 실험적 방법이다.

① **중화적정의 계산** : 산과 염기는 같은 g당량수끼리 중화반응을 한다.

$NV = $ g당량 [N : 노르말(규정)농도, V : 부피(l)]

> ※ 중화반응의 공식
>
> $$\underset{(산의 \; g당량수)}{NV} = \underset{(염기의 \; g당량수)}{N'V'} \quad \begin{bmatrix} N, N' : 노르말농도 \\ V, V' : 부피 \end{bmatrix}$$

• 농도와 체적이 주어졌을 경우, $NV = N'V'$

 1M−H₂SO₄ 20ml를 중화하는 데 1M−NaOH 몇 ml 필요한가?

| 풀이 | ① 중화의 공식 $NV = N'V'$는 반드시 N농도(노르말, 규정농도)이어야 하며 V, V'는 원칙은 l단위이지만 V와 V'가 모두 ml일 때는 그 비가 같으므로 직접 대입시켜도 된다.

② $1M - H_2SO_4 \Rightarrow 2N - H_2SO_4$

  $1M - NaOH \Rightarrow 1N - NaOH$

  ∴ $NV = N'V'$

  $2 \times 20 = 1 \times V'$

  ∴ $V' = 40ml$

• 산과 염기가 3가지 이상 혼합되었을 경우, $NV = $ g당량수

$NV = N_1V_1 + N_2V_2$(산 = 염기 + 염기) 또는 (염기 = 산 + 산)

 0.2N − HCl 30ml에 0.4N − NaOH 50ml를 넣은 다음 혼합용액을 중화하는 데 0.1N−H₂SO₄ 몇 ml 필요한가?

| 풀이 | ① 중화는 산과 염기 사이에서만 일어나므로 산은 산쪽으로, 염기는 염기쪽으로 합쳐야 한다.

② $\quad NV \quad + \quad N_1V_1 \quad = N_2V_2$

  $\quad HCl \quad + \quad H_2SO_4 = NaOH$

  $(0.2 \times 30) + (0.1 \times V_1) = (0.4 \times 50)$

  ∴ $V_1 = 140ml$

② 중화적정 곡선 : 산·염기 중화적정에서 가해준 산 또는 염기의 부피에 따른 용액의 pH변화를 나타내는 곡선

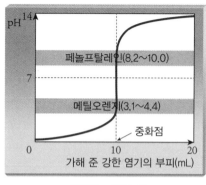

[강산＋강염기]

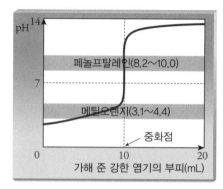

[약산＋강염기]

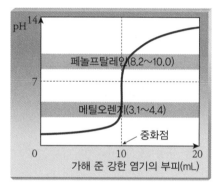

[강산＋약염기]

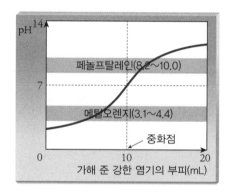

[약산＋약염기]

(4) 지시약

① 산·염기의 중화점(당량점)에서 색깔이 변화하는 약품을 지시약이라 한다.

② 지시약의 종류에 따라 색이 변화하는 pH범위는 각각 다르다. 이러한 변색을 일으키는 pH의 범위를 지시약의 변색범위라 한다.

지시약	산성(중성)알칼리성	변색범위	용도
메틸오렌지(M.O)	적색(주황)황색	3.1~4.4	강산 약염기의 적정
페놀프탈레인(P.P)	무색(무색)적색	8.2~10.0	약산 강염기의 적정
리트머스	적색(보라)청색	5.0~10.0	사용하지 않음
메틸레드(M.R)	적색(주황)황색	4.2~6.3	강산 약염기의 적정
브롬티몰블루(BTB)	황색(초록)청색	6.2~7.6	산·염기의 액성확인

2. 수소 이온 농도와 pH

(1) 물의 이온적(Kw)

모든 수용액에서 $Kw=[H^+][OH^-]=10^{-14}$은 일정하다.

물은 상온(25℃)에서 극히 적은 양이지만 이온화하여 평형상태를 이루고 있다.

$$H_2O(l) \rightleftarrows H^+(aq) + OH^-(aq), \quad \Delta H = +13.8kcal$$
$$(10^{-7}몰/l)(10^{-7}몰/l)$$

평형상수 $K = \dfrac{[H^+][OH^-]}{[H_2O]}$ $\therefore K[H_2O] = [H^+][OH^-]$

여기서 $[H_2O]$는 몰의 농도를 언제나 일정하므로 $K[H_2O]$도 일정한 값이 된다. 이 값을 물의 이온적이라 하고 Kw로 표시한다.

$\therefore Kw = [H^+][OH^-] = 10^{-7} \times 10^{-7} = 10^{-14}(몰/l)^2$ …… 25℃에서의 값

(2) pH(페하, power of Hydrogen ion concentration : 수소 이온 지수)

$$pH = \log \frac{1}{[H^+]} = -\log[H^+] \cdots \begin{cases} pH = -\log[H^+] \\ pOH = -\log[OH^-] \\ pH = 14 - pOH \end{cases}$$

① pH란 산성, 염기성의 정도를 표시하는 값으로 수소 이온 지수라고도 한다.

② 중성 용액인 물에서는 $[H^+]$와 $[OH^-]$가 같으므로 중성이 되는데 $[H^+] = 10^{-7}몰/l$이므로 pH=7이 된다.

$\begin{cases} 산성\ 용액 \cdots [H^+] > [OH^-] \cdots pH < 7 \\ 중성\ 용액 \cdots [H^+] = [OH^-] \cdots pH = 7 \\ 염기성\ 용액 \cdots [H^+] < [OH^-] \cdots pH > 7 \end{cases}$

※ $pOH = -\log[OH^-]$
$pH + pOH = -\log[H^+][OH^-] = -\log 10^{-14} = 14$

③ Kw가 온도에 따라 변하므로 pH도 온도에 따라 변한다. 다음 표는 25℃(Kw : 10^{-14})일 때의 값이다.

액성 pH	강산성				약산성			중성	약염기성				강염기성		
	0	1	2	3	4	5	6	7	8	9	10	11	12	13	14
$[H^+]$	10^0	10^{-1}	10^{-2}	10^{-3}	10^{-4}	10^{-5}	10^{-6}	10^{-7}	10^{-8}	10^{-9}	10^{-10}	10^{-11}	10^{-12}	10^{-13}	10^{-14}
$[OH^-]$	10^{-14}	10^{-13}	10^{-12}	10^{-11}	10^{-10}	10^{-9}	10^{-8}	10^{-7}	10^{-6}	10^{-5}	10^{-4}	10^{-3}	10^{-2}	10^{-1}	10^0
$[H^+][OH^-]$	10^{-14}	10^{-14}	10^{-14}	10^{-14}	10^{-14}	10^{-14}	10^{-14}	10^{-14}	10^{-14}	10^{-14}	10^{-14}	10^{-14}	10^{-14}	10^{-14}	10^{-14}

> **예** pH=12인 용액의 $[OH^-]$은 pH=9인 용액의 몇 배인가?
>
> ① pH=12인 용액의 pOH=2와 같다.
>
> 즉, pH=14−pOH이므로 pOH=14−pH=14−12=2 $\therefore [OH^-] = 10^{-2} = 0.01N$
>
> ② pH=9인 용액의 pOH=5와 같다.
>
> 즉, pH=14−pOH이므로 pOH=14−pH=14−9=5 $\therefore [OH^-] = 10^{-5} = 0.00001N$
>
> $\therefore N = \dfrac{0.01N}{0.00001N} = 1000배$

(3) pH의 계산 방법

① 강산, 강염기의 pH

강산, 강염기의 전리도 $\alpha = 1$, N농도는 그대로 $[H^+]$, $[OH^-]$의 값이 된다.

예 ① 0.01N−HCl 수용액의 pH는?

$$HCl \longrightarrow H^+ + Cl^-$$
$$\downarrow$$
$$0.01 \xrightarrow[\alpha=1]{\text{강산}} 0.01$$

- $[H^+] = 0.01 = 10^{-2}$

$$\therefore pH = -\log[H^+] = -\log[10^{-2}]$$
$$= 2\log10 = 2 \times 1 = 2$$

② 0.01N−NaOH 수용액의 pH는?

$$NaOH \longrightarrow Na^+ + OH^-$$
$$\downarrow$$
$$0.01 \xrightarrow[\alpha=1]{\text{강염기}} 0.01$$

- $[OH^-] = 0.01 = 10^{-2}$, $pOH = -\log[OH^-] = -\log[10^{-2}]$
$$= 2\log10 = 2 \times 1 = 2$$

$$\therefore pH = 14 - pOH = 14 - 2 = 12$$

---

② 산·염기가 혼합되었을 경우의 pH

혼합 후에 남은 산·염기의 농도를 구한다. $NV - N_1V_1 = N_2(V + V_1)$

예 $\begin{bmatrix} 0.1N - HCl\ 25ml \\ 0.1N - NaOH\ 10ml \end{bmatrix}$ 섞었을 때의 pH는?

산과 염기는 당량 대 당량으로 중화한다. 이때는 중화 후에 HCl이 남는다.

그러므로 남은 HCl의 농도를 공식에 의하여 구한다.

$$NV - N_1V_1 = N_2(V + V_1)$$

$$0.1 \times 25 - 0.1 \times 10 = N_2(25 + 10),$$

$$N_2 = \frac{0.1 \times 25 - 0.1 \times 10}{25 + 10} \fallingdotseq 0.04286$$

$$pH = -\log[H^+] = -\log(0.04286) = -\log(4.286 \times 10^{-2})$$
$$= 2 - \log4.286 \fallingdotseq 1.37 \qquad \therefore pH = 1.37$$

---

③ 용액을 묽게 희석시켰을 때의 pH

농도가 묽어지면 산의 pH는 커지고, 염기의 pH는 작아진다. 그러나 농도를 아무리 묽게 하여도 pH는 7을 넘을 수 없다.

- pH=6인 용액의 농도를 100배 묽게 했을 때 …… 6<pH<7
- pH=8인 용액의 농도를 100배 묽게 했을 때 …… 7<pH<8

(4) 완충 용액(Buffer solution)

'약산에 그 약산의 염을 넣은 용액'이나, '약염기에 그 약염기의 염을 넣은 용액'은 강산이나 강염기를 첨가하여도 앞의 공통 이온 효과에 의해서 pH가 거의 변하지 않는데, 이러한 용액을 완충용액이라고 한다.

예제 3 다음 중 완충용액에 해당하는 것은?

① CH_3COONa와 CH_3COOH ② NH_4Cl와 HCl

③ CH_3COONa와 $NaOH$ ④ $HCOONa$와 Na_2SO_4

| 풀이 |
- $CH_3COOH+CH_3COONa$(약산+그 약산의 염)
- NH_4OH+NH_4Cl(약염기+그 약염기의 염)
- $HCOOH+HCOONa$(약산+그 약산의 염)

정답 | ①

(5) 용해도곱(용해도적 : Ksp)

물에 잘 녹지 않는 난용성 및 불용성염 MA를 물에 넣어 혼합하면 극히 일부분이 녹아서 포화용액이 되고 나머지는 물에 녹지 않고 침전된다. 이때 녹는 부분은 전부 전리하여 M^+와 A^-로 되며, 이 평형을 식으로 표시하여 구한 상수를 용해도곱 상수(Ksp)라고 한다.

$$MA(s) \rightleftharpoons M^+(aq)+A^-(aq)$$

- 평형상수$(K)=\dfrac{[M^+][A^-]}{[MA]}$

- 용해도곱$(Ksp)=[M^+][A^-]$

예 ① AgCl(염화은)의 포화용액상태에서 평형을 이루고 있다면

$$AgCl(s) \rightleftharpoons Ag^+(aq)+Cl^-(aq)$$

- 평형상수 $K=\dfrac{[Ag^+][Cl^-]}{[AgCl(s)]}$

- 용해도곱(Ksp)는 일정한 온도에서 일정한 값을 가진다.

$$K[AgCl(s)]=Ksp=[Ag^+][Cl^-]$$

※ Ksp값이 클수록 잘 녹는다.

② CaF_2(불화칼슘)과 같이 잘 녹지 않는 고체의 경우

$$CaF_2(s) \rightleftharpoons Ca^{2+}(aq)+2F^-(aq)$$

- $K=\dfrac{[Ca^{2+}][F^-]^2}{[CaF_2(s)]}$

- $Ksp=[Ca^{2+}][F^-]^2$

※ 이온농도의 곱＜Ksp ······ 불포화(침전되지 않음)
　이온농도의 곱＝Ksp ······ 포화(용해 평형)
　이온농도의 곱＞Ksp ······ 과포화(침전됨)

---

01 물이 브뢴스테드의 산으로 작용한 것은?

① $HCl + H_2O \rightleftharpoons H_3O^+ + Cl^-$

② $HCOOH + H_2O \rightleftharpoons HCOO^- + H_3O^+$

③ $NH_3 + H_2O \rightleftharpoons NH_4^+ + OH^-$

④ $3Fe + 4H_2O \rightleftharpoons Fe_3O_4 + 4H_2$

해설

산·염기의 정의

정의	산	염기
아레니우스	[H⁺]를 내놓음	[OH⁻]를 내놓음
브뢴스테드·로우리	[H⁺]이온 내놓음	[H⁺]를 받음
루이스	전자쌍을 받음	전자쌍을 줌

$$\underset{\substack{\text{산}}}{H_2O} + \underset{\substack{\text{염기}}}{NH_3} \rightleftharpoons \underset{\substack{\text{산}}}{NH_4^+} + \underset{\substack{\text{염기}}}{OH^-}$$

02 산의 일반적 성질을 옳게 나타낸 것은?

① 쓴맛이 있는 미끈거리는 액체로 리트머스시험 지를 푸르게 한다.

② 수용액에서 OH^-이온을 내놓는다.

③ 수소보다 이온화 경향이 큰 금속과 반응하여 수소를 발생한다.

④ 금속의 수산화물로서 비전해질이다.

해설

• 산은 수소보다 이온화 경향이 큰 금속과 반응하여 수소를 발생한다.(Zn > H)

예 $2HCl + Zn \longrightarrow ZnCl_2 + H_2 \uparrow$

• ①, ②는 염기의 성질이다.

03 아레니우스의 이론에 의한 산·염기 정의에 따르면 다음 중 산에 해당하는 물질은?

① 물에 녹아 수소이온을 내놓는 물질

② 물에 녹아 수소이온을 받아들이는 물질

③ 물에 녹아 색깔이 변하는 물질

④ 물과 반응하지 않는 물질

04 다음 물질 중 비전해질인 것은?

① CH_3COOH ② C_2H_5OH

③ NH_4OH ④ HCl

해설

알코올류는 전리를 하지 않아 전기를 통하지 않는다.

05 다음 염 가운데 가수분해되지 않는 것은?

① $(NH_4)_2SO_4$ ② $AgNO_3$

③ KCl ④ K_2CO_3

해설

①, ② 약염기＋강산＝가수분해된다. (액성 : 산성)

③ 강염기＋강산＝가수분해되지 않는다. (중성)

④ 강염기＋약산＝가수분해된다. (염기성)

06 양쪽성 산화물에 해당되지 않는 것은?

① MgO ② SnO

③ ZnO ④ PbO

해설

양쪽성 산화물 : Al_2O_3, ZnO, SnO, PbO

 정답   01 ③   02 ③   03 ①   04 ②   05 ③   06 ①

07 다음 화합물의 0.1mol 수용액 중에서 가장 약한 산성을 나타내는 것은?

① H_2SO_4 ② HCl

③ HNO_3 ④ CH_3COOH

해설

3대 강산 : HCl, H_2SO_4, HNO_3

08 다음 중 염기성 산화물에 해당하는 것은?

① 이산화탄소 ② 산화나트륨

③ 이산화규소 ④ 이산화황

해설

• 산성 산화물(비금속산화물) : CO_2, SiO_2, SO_2
• 염기성 산화물(금속산화물) : Na_2O

09 다음 중 전리도가 가장 클 때는?

① 온도가 높고, 농도가 진할 때
② 온도가 높고, 농도가 묽을 때
③ 온도가 낮고, 농도가 묽을 때
④ 온도가 낮고, 농도가 진할 때

10 다음 중 정염(중성염)은?

① $NaHCO_3$
② CH_3COONa
③ $Ca(OH)Cl$
④ NaH_2PO_4

해설

중성염은 전리해서 산의 (H^+)이나, 염기의 (OH^-)이 없는 형태의 염이다.

11 약산인 HF 0.1M 용액의 $[H^+]$가 8.2×10^{-3}M임을 알았다. 이 약산이 물속에서 다음과 같은 반응을 한다고 하면 전리상수 Ka는?

$$HF \longrightarrow H^+ + F^-$$

① 6.7×10^{-6} ② 6.7×10^{-4}

③ 67×10^{-6} ④ 67×10^{-4}

해설

$$Ka = \frac{[H^+][F^-]}{[HF]}$$

$$= \frac{(8.2 \times 10^{-3}) \times (8.2 \times 10^{-3})}{10^{-1}}$$

$$= 6.7 \times 10^{-4}$$

12 15℃에서 0.1몰농도의 CH_3COOH의 $Ka = 1.8 \times 10^{-5}$일 때 $[H^+]$를 구하라.(C몰/l, 전리도 : α)

$$CH_3COOH \longrightarrow CH_3COO^- + H^+$$

① 1.3×10^{-3} ② 1.3×10^{-4}

③ 13×10^{-5} ④ 13×10^{-6}

해설

$$CH_3COOH \longrightarrow CH_3COO^- + H^+$$
$$C(1-a) \qquad\qquad Ca \qquad Ca$$

약산에서는 a의 전리도가 적기 때문에, $1-a \fallingdotseq 1$

$$Ka = \frac{[CH_3COO^-][H^+]}{[CH_3COOH]} = \frac{Ca \times Ca}{C(1-a)}$$

$$= \frac{Ca^2}{1-a} = \frac{Ca^2}{1}$$

$$\therefore Ka = Ca^2$$

$$a = \sqrt{\frac{Ka}{C}} = \sqrt{\frac{1.8 \times 10^{-5}}{0.1}} = \sqrt{1.8 \times 10^{-4}}$$

$$= 1.3 \times 10^{-2}$$

$$\therefore H^+ = Ca = 0.1 \times 1.3 \times 10^{-2} = 1.3 \times 10^{-3}$$

13 다음 염의 수용액이 산성인 것은?

① CaO
② K_2CO_3
③ Na_2SO_4
④ NH_4Cl

> **해설**
>
> 강염기와 약산으로 된 염은 알칼리성, 약염기와 강산으로 된 염은 산성이다.

14 0.5M−HAC 용액의 전리상수가 1.8×10^{-5}이라면 이 용액의 pH는? (단, $\log 3 = 0.48$)

① 1.3
② 2.3
③ 3.52
④ 2.52

> **해설**
>
> $\alpha = \sqrt{\dfrac{Ka}{C}}$이므로 $H^+ = C\alpha = C \cdot \sqrt{\dfrac{Ka}{C}}$
>
> $= \sqrt{C \cdot Ka} = \sqrt{0.5 \times 1.8 \times 10^{-5}} = 3 \times 10^{-3}$
>
> $pH = -\log[H^+] = -\log(3 \times 10^{-3})$
>
> $= -(\log 3 - 3\log 10) = -\log 3 + 3 \times 1$
>
> $= 3 - 0.48$
>
> $\therefore pH = 2.52$

15 황산 20ml를 중화하는 데 0.2N−NaOH 10ml가 든다. 황산의 농도는?

① 0.05M
② 0.1M
③ 0.5M
④ 0.2M

> **해설**
>
> $NV = N'V'$에서, $0.2 \times 10 = N' \times 20$
>
> $N' = \dfrac{0.2 \times 10}{20} = 0.1$
>
> N 농도 = M 농도 × 원자가에서,
>
> M 농도 $= \dfrac{\text{N 농도}}{\text{원자가}} = \dfrac{0.1}{2} = 0.05M$

16 10.0ml의 0.1M−NaOH을 25.0ml의 0.1M−HCl에 혼합하였을 때 이 혼합 용액의 pH는 얼마인가?

① 1.37
② 2.82
③ 3.37
④ 4.82

> **해설**
>
> $NV - N'V' = N''(V + V')$ [NaOH와 HCl : 1M = 1N]
>
> 액성이 다르므로 (−)이다.
>
> (액성이 같으면 +, 액성이 다르면 −)
>
> $0.1 \times 25 - 0.1 \times 10 = N''(25 + 10)$
>
> $N'' = \dfrac{0.1 \times 25 - 0.1 \times 10}{25 + 10} \fallingdotseq 0.0428N - HCl$
>
> $pH = -\log[H^+] = -\log(0.04286)$
>
> $= -\log(4.286 \times 10^{-2}) = 2 - \log 4.286 \fallingdotseq 1.37$

17 $H^+ = 2 \times 10^{-6}$M인 용액의 pH는 약 얼마인가?

① 5.7
② 4.7
③ 3.7
④ 2.7

> **해설**
>
> $pH = -\log[H^+] = -\log(2 \times 10^{-6})$
>
> $= 6 - \log 2 = 5.699 = 5.7$

18 0.03M NaOH 500ml와 0.01M HCl 500ml를 혼합한 용액의 pH는 실온에서 얼마인가?

① 2
② 6
③ 10
④ 12

> **해설**
>
> $NV - N'V' = N''V''$에서,
>
> $0.03 \times 500 - 0.01 \times 500 = N'' \times (500 + 500)$
>
> $N'' = \dfrac{10}{1000} = 0.01$
>
> $0.01N - NaOH \rightarrow 10^{-2}N$
>
> $pH = 14 - 2 = 12$

19 $PbSO_4$의 용해도를 실험한 결과 $0.045g/l$였다. $PbSO_4$의 용해도곱 상수(Ksp)는? (단, $PbSO_4$의 분자량은 303.27이다.)

① 5.5×10^{-2}

② 4.5×10^{-4}

③ 3.4×10^{-6}

④ 2.2×10^{-8}

해설

① $MA \rightleftharpoons M^+ + A^-$

용해도 곱(Ksp) = $[M^+][A^-]$

② $PbSO_4 \rightleftharpoons Pb^{2+} + SO_4^{2-}$

$0.045g/l$을 M(mol/g)로 환산하면

M농도 $= \dfrac{\text{용질의 몰수(mol)}}{\text{용액의 부피}(l)}$

$= \dfrac{\frac{0.045}{303.27}}{1} = \dfrac{0.045}{303.27}$

$\fallingdotseq 1.48 \times 10^{-4} mol/l$

$\therefore K_{sp} = [4.48 \times 10^{-4}][1.48 \times 10^{-4}] \fallingdotseq 2.2 \times 10^{-8}$

20 다음 중 산성용액에서 색깔을 나타내지 않는 것은?

① 메틸오렌지

② 페놀프탈레인

③ 메틸레드

④ 티몰블루

해설

산과 염기의 중화점(당량점)또는 pH측정시 종말점(End point)을 알아내기 위한 지시약의 변색범위

지시약	변색 범위	산성	중성	알칼리성
메틸오렌지 (M.O)	3.1~4.4	적색	주황색	황색
페놀프탈레인 (P.P)	8.2~10.0	무색	무색	적색
리트머스	5.0~10.0	적색	보라색	청색
메틸레드 (M.R)	4.2~6.3	적색	주황색	황색
브롬티몰블루 (B.T.B)	6.2~7.6	황색	초록색	청색

21 산·염기 지시약인 페놀프탈레인의 pH 변색범위는?

① 3.5~4.5

② 3.5~6.5

③ 4.5~8.0

④ 8.2~10.0

22 pH가 2인 용액은 pH가 4인 용액과 비교하면 수소이온농도가 몇 배인 용액이 되는가?

① 100배

② 10배

③ 10^{-1}배

④ 10^{-2}배

해설

• pH=2의 용액 : $[H^+] = 10^{-2} = 0.01N$

• pH=4의 용액 : $[H^+] = 10^{-4} = 0.0001N$

$\therefore N = \dfrac{0.01}{0.0001} = \dfrac{10^{-2}}{10^{-4}} = 10^2 = 100$배

23 0.1N HCl 100ml 용액에 수산화나트륨 0.16g을 넣고 물을 첨가하여 1l로 만든 용액의 pH값은 약 얼마인가? (단, Na의 원자량 : 23)

① 2.22

② 2.79

③ 3.22

④ 3.79

해설

$NV = g$당량 [N : 노르말농도, V : 체적(l)]

① HCl의 당량 : $0.1N \times 0.1l = 0.01g$당량

② NaOH의 당량 : $\dfrac{0.16g}{40g} = 0.004g$당량

③ NaOH와 반응하지 않고 남은 HCl의 당량
 : 0.01g 당량 - 0.004g당량 = 0.006g 당량
 여기서 0.006g 당량$/l$ = 0.006N - HCl이 된다.

$\therefore pH = -\log[H^+] = -\log[6 \times 10^{-3}]$
$= 3 - \log 6 = 2.22$

24 어떤 용액의 pH를 측정하였더니 4이었다. 이 용액을 1000배 희석시킨 용액의 pH를 옳게 나타낸 것은?

① pH=3   ② pH=4

③ pH=5   ④ 6<pH<7

> **해설**
>
> pH=4이면 $[H^+]=10^{-4}$을 1000배로 희석하면
>
> $[H^+]=10^{-4}\times\dfrac{1}{1000}=10^{-4}\times10^{-3}=10^{-7}$
>
> 이론적으로 중성이 되어야 한다. 그러나 실질적으로는 pH=7에 가깝다고 하므로
>
> ∴ 6<PH<7이 된다.

25 불순물로 식염을 포함하고 있는 NaOH 3.2g을 물에 녹여 100m*l*로 한 다음 그 중 50m*l*를 중화하는 데 1N의 염산이 20m*l* 필요했다. 이 NaOH의 농도는 약 몇 wt%인가?

① 10   ② 20

③ 33   ④ 50

> **해설**
>
> NaOH의 농도
>
> ① NV=N′V′에서 $1\times20=N'\times50$
>
> $N'=\dfrac{1\times20}{50}=0.4N-NaOH$
>
> NaOH 질량 : $0.4N\times40g=16g/l$
>
> ② NaOH 50m*l*중의 질량은 $1000ml : 16g=50ml : x$
>
> $x=\dfrac{16\times50}{1000}=0.8g$
>
> ③ NaOH 100m*l*중의 질량은 $50ml : 0.8g=100ml : x$
>
> $x=\dfrac{0.8\times100}{50}=1.6g$이 된다.
>
> 그런데 100m*l* 중에 3.2g(불순물포함)이 녹아 있으므로
>
> ∴ NaOH의 농도 $=\dfrac{1.6}{3.2}\times100=50\%$

26 염화나트륨 17.4g을 진한 황산으로 완전히 분해하여 발생시킨 염화수소를 전부 쓰면 0.2 규정농도의 염산 몇 m*l*를 얻을 수 있나? (S : 32, Cl : 35.5, O : 16, H : 1, Na : 23)

① 1487   ② 1477

③ 1467   ④ 1457

> **해설**
>
> ① $2NaCl+H_2SO_4 \longrightarrow Na_2SO_4+2HCl$
>
> $2\times58.5(g)$: $2\times36.5(g)$
>
> $17.4(g)$: x
>
> $x=\dfrac{17.4\times2\times36.5}{2\times58.5}=10.856(g)$
>
> ② NV=g당량 [N : 노르말농도, V : 체적(*l*)]
>
> $V=\dfrac{g당량}{N}=\dfrac{10.856/36.5}{0.2}=1.487(l)$
>
> ∴ $1.487l\times1000=1487ml$

27 25℃에서 83% 해리된 0.1N HCl의 pH는 얼마인가?

① 1.08   ② 1.52

③ 2.02   ④ 2.25

> **해설**
>
> 수소이온$[H^+]=N\times\alpha(전리도)=0.1N\times0.83=0.083$
>
> $pH=-\log[H^+]=-\log[0.083]=-\log[8.3\times10^{-2}]$
>
> $=2-\log8.3=1.08$

5 산화 및 환원

1. 산화와 환원의 정의

(1) 산소와의 관계 : 어떤 물질이 산소와 결합하는 것을 산화, 산소를 잃는 것을 환원이라 한다.

[산화와 환원의 요약]

구분	산화	환원
산소	얻음	잃음
수소	잃음	얻음
전자	잃음	얻음
산화수	증가	감소

$$산화(산소\ 얻음)$$
$$2Fe_2O_3 + 3C \longrightarrow 4Fe + 3CO_2$$
$$환원(산소\ 잃음)$$

> **참고** 산화와 환원은 동시에 일어난다.

(2) 수소와의 관계 : 어떤 수소화합물에서 수소를 잃는 것을 산화, 수소와 결합하는 것을 환원이라 한다.

$$산화(수소\ 잃음)$$
$$2HBr + Cl_2 \longrightarrow 2HCl + Br_2$$
$$환원(수소\ 얻음)$$

(3) 전자와의 관계 : 어떤 원자가 전자를 잃으면 산화, 전자를 얻으면 환원이라 한다.

$$환원(전자\ 얻음)$$
$$① \ Cu^{2+} + Zn \longrightarrow Cu + Zn^{2+}$$
$$산화(전자\ 잃음)$$

$$산화(전자\ 얻음)$$
$$② \ 2Cl^- + F_2 \longrightarrow 2F^- + Cl_2$$
$$환원(전자\ 잃음)$$

(4) 산화수와의 관계 : 어떤 원자의 산화수가 증가하면 산화, 산화수가 감소하면 환원이라 한다.

$$산화(산화수\ 증가 : O \rightarrow +2)$$
$$① \ Fe + CuSO_4 \longrightarrow FeSO_4 + Cu$$
$$O \quad (+2)-2=0 \quad (+2)-2=0 \quad O$$
$$환원(산화수\ 감소 : +2 \rightarrow O)$$

$$환원(산화수\ 감소 : +3 \rightarrow +2)$$
$$② \ 2FeCl_3 + SnCl_2 \longrightarrow 2FeCl_2 + SnCl_4$$
$$+3 \quad (+2) \quad +2 \quad (+4)$$
$$산화(산화수\ 증가 : +2 \rightarrow +4)$$

> **참고** $\begin{bmatrix} FeCl_2 : 염화제1철 \\ FeCl_3 : 염화제2철 \end{bmatrix}$ $\begin{bmatrix} SnCl_2 : 염화제1주석 \\ SnCl_4 : 염화제2주석 \end{bmatrix}$

2. 산화수(Oxidation number)

화학반응에서 어느 물질 중의 원자가 어느 정도 산화 또는 환원 되었는가를 나타내는 수치로, 전자를 잃은 산화상태를(+), 전자를 얻은 환원 상태를 (−)로 나타낸다.

(1) 산화수를 정하는 법

① 이온결합인 경우 〈 잃은 전자수 : ⊕산화수
　　　　　　　　　　　 얻은 전자수 : ⊖산화수

> 예 $NaCl \longrightarrow Na^+ + Cl^-$ (Na의 산화수 : +1, Cl의 산화수 : −1)
> $MgCl_2 \longrightarrow Mg^{2+} + 2Cl^-$ (Mg의 산화수 : +2, Cl의 산화수 : −1)

② 공유결합인 경우 〈 전기 음성도가 작은 것 : ⊕산화수
　　　　　　　　　　　 전기 음성도가 큰 것 : ⊖ 산화수

> 예 $H_2O : (+1 \times 2) + (-2) = 0$, 　　　　$NH_3 : (-3) + (+1 \times 3) = 0$

③ 단원소 물질의 산화수는 '0'이다.

> 예 Cu, Na, H_2, O_2, Cl_2, P_4 등

④ 단원자이온의 산화수는 이온의 전하와 같다.

> 예 $Mg^{2+} : +2$, $Cl^- : -1$, 　　　　$Na^+ : +1$, $O^{2-} : -2$

⑤ 원자단(기)의 산화수는 각 원자의 산화수의 총합이 다원자이온의 전하와 같다.

> 예 $OH^- : (-2) + (+1) = -1$, $MnO_4^- : (+7) + (-2 \times 4) = -1$, $SO_4^{2-} : (+6) + (-2 \times 4) = -2$

⑥ 화합물을 이루고 있는 산소(O)의 산화수 : −2, 수소(H)의 산화수 : +1이며 모든 원자의 산화수 총합은 '0'이다.(분자는 중성이므로)

> 예 $H_2SO_4 : (+1 \times 2) + (+6) + (-2 \times 4) = 0$, 　　$H_2CO_3 : (+1 \times 2) + (+4) + (-2 \times 3) = 0$

단, 과산화물일 때의 산소의 산화수 : −1

> 예 $H_2O_2 : (+1 \times 2) + (-1 \times 2) = 0$, 　　　　$Na_2O_2 : (+1 \times 2) + (-1 \times 2) = 0$

OF_2에서 F는 전기음성도가 O보다 크므로 산소의 산화수 : +2

> 예 $OF_2 : (+2) + (-1 \times 2) = 0$

금속의 수소화물에서 수소의 산화수 : −1

> 예 $NaH : (+1) + (-1) = 0$, 　　　　$CaH_2 : (+2) + (-1 \times 2) = 0$,
> $LiAlH_4 : (+1) + (+3) + (-1 \times 4) = 0$

⑦ 1족(알칼리금속) : $+1$(수소 제외), 2족(알칼리토금속) : $+2$, 알루미늄(Al)의 화합물에서 Al : $+3$의 산화수를 가진다.

> 예) $KOH : +1+(-2)+(+1)=0$, $\quad Na_2O : (+1\times2)+(-2)=0$
> $MgCl_2 : +2+(-1\times2)=0$, $\quad Al_2O_3 : (+3\times2)+(-2\times3)=0$

⑧ 화합물에서 할로겐원소 : -1의 산화수를 가진다.

> 예) $CaCl_2 : +2+(-1\times2)=0$, $\qquad KBr : +1+(-1)=0$

밑줄 친 원소의 산화수는?

① $K_3\underline{P}O_4 : (+1\times3)+x+(-2\times4)=0$ $\qquad \therefore x=+5$
② $K\underline{Mn}O_4 : +1+x+(-2\times4)=0$ $\qquad \therefore x=+7$
③ $K_2\underline{Cr}_2O_7 : (+1\times2)+2x+(-2\times7)=0$ $\qquad \therefore x=+6$
④ $K_3[\underline{Fe}(CN)_6] : +1\times3+[x+(-1\times6)]=0$ $\qquad \therefore x=+3$
⑤ $\underline{Mn}O_2 : x+(-2\times2)=0$ $\qquad \therefore x=+4$
⑥ $\underline{Cr}O_4^{2-} : x+(-2\times4)=-2$ $\qquad \therefore x=+6$
⑦ $\underline{Cl}O_2^- : x+(-2\times2)=-1$ $\qquad \therefore x=+3$

3. 산화 환원 반응의 구별 방법

① 반응 전 또는 후에 단체가 관계된 반응은 산화 환원 반응이다.
② 산화수의 변화가 있으면 산화 환원 반응이다.

> **참고** 원칙적으로 산화 환원 반응은 산화수의 변화가 있는 반응이다. 따라서, 원자의 산화수를 비교하면 되지만, 그러지 않고도 쉽게 구별할 수 있는 방법은 단체를 찾는 것이다.
> 단체가 관계된 반응은 예외 없이 산화 환원 반응이 된다.
>
> > 예) $Zn+H_2SO_4 \longrightarrow ZnSO_4+H_2$ ······ Zn과 H_2가 단체
> > $2H_2+O_2 \longrightarrow 2H_2O$ ······ H_2와 O_2가 단체

※ 분해와 복분해는 산화·환원 반응이 아니다.

4. 산화제와 환원제(Oxidation agent and Reduction agent)

① 산화제 : 자기자신은 환원이 되고 남을 산화시키는 물질
② 환원제 : 자기자신은 산화가 되고 남을 환원시키는 물질

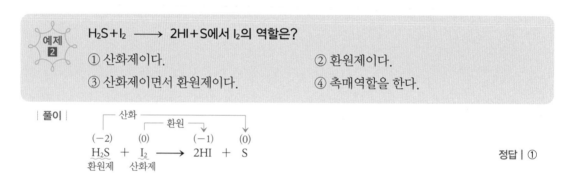

$$\overset{\overset{\text{환원}}{\overbrace{}}}{\underset{\text{산화}}{\underbrace{}}}$$

$$\underset{\text{산화제}}{\underset{(+4)}{MnO_2}} + \underset{\text{환원제}}{\underset{(-1)}{4HCl}} \longrightarrow \underset{(+2)}{MnCl_2} + 2H_2O + \underset{(0)}{Cl_2}$$

$$\left[\begin{array}{l} \text{환원(Mn의 산화수 감소)} : (+4) \longrightarrow (+2) \\ \text{산화(Cl의 산화수 증가)} : (-1) \longrightarrow (0) \end{array} \right]$$

[산화제·환원제의 일반적인 특징]

산화제	환원제
• 물질 이름 앞에 '과'자가 붙는 것 $KMnO_4$, H_2O_2	• 물질 이름 앞에 '아'자가 붙는 것 H_2SO_3, SO_2
• 비금속성이 강한 것 F_2, Cl_2, Br_2, I_2	• 금속성이 강한 것 K, Ca, Na, Mg
• 산소를 낼 수 있는 것 O_3, $K_2Cr_2O_7$ 등	• 산소와 결합하기 쉬운 것 CO, H_2, $C_2H_2O_4$ 등
• 제2화합물 $SnCl_4$, Fe_2O_3	• 제1화합물 $SnCl_2$, FeO
• 산소산 H_2SO_4, HNO_3, $HClO_4$	• 비산소산 HCl, H_2S, HBr 등

참고 산화제도 되고 환원제도 되는 물질 : H_2O_2, SO_2

H_2O_2와 SO_2는 반응에 따라 산화제도 되고 환원제도 된다.

예제 2 $H_2S + I_2 \longrightarrow 2HI + S$에서 I_2의 역할은?

① 산화제이다. ② 환원제이다.

③ 산화제이면서 환원제이다. ④ 촉매역할을 한다.

| 풀이 |

$$\overset{\overset{\text{산화}}{\overbrace{}}}{}\overset{\overset{\text{환원}}{\overbrace{}}}{}$$

$$\underset{\text{환원제}}{\underset{(-2)}{H_2S}} + \underset{\text{산화제}}{\underset{(0)}{I_2}} \longrightarrow \underset{(-1)}{2HI} + \underset{(0)}{S}$$

정답 | ①

---

6. 산화제(환원제)의 g당량수 구하는 법

$$g당량수 = \frac{몰질량(분자량)}{주고 받는 전자의 수}$$

> **예** $KMnO_4$(과망간산칼륨)의 당량과 g당량수[$KMnO_4 = 158$]
>
> $KMnO_4 \longrightarrow K^+ + MnO_4^-$ $\qquad$ $MnO_4^- + 8H^+ + 5e^- \longrightarrow Mn^{2+} + 4H_2O$
>
> 이 반응에서 좌측의 $\underline{MnO_4^-}$에서 Mn의 산화수[$x + (-2) \times 4 = -1$, $x = +7$]는 +7이고, 우측의 Mn^{2+}의 산화수는 +2이므로 좌·우측 반응에 관여하여 주고받는 이동전자(e^-)수는 5개(5당량)가 된다.
>
> 그러므로 g당량수는 $\frac{158}{5} = 31.6$이 된다.[이때 5가를 '가수'라 한다.]
>
> ∴ $KMnO_4$는 5당량 = 31.6g당량수가 된다.
>
> 즉, Mn이 5개의 전자를 얻었으니 환원되었고, $KMnO_4$는 이 반응에서 자신은 환원되고 다른 물질을 산화시켰으니 산화제로 작용한 것이다.

다음의 산화 환원반응에서 $Cr_2O_7^{2-}$ 1몰은 몇 당량인가?

$$6Fe^{2+} + Cr_2O_7^{2-} + 14H^+ \longrightarrow 2Cr^{3+} + 6Fe^{3+} + 7H_2O$$

① 3당량   ② 4당량   ③ 5당량   ④ 6당량

| 풀이 | 이동 전자수가 당량이 된다.

① $Cr_2O_7^{2-} + 14H^+ \longrightarrow 2Cr^{3+} + 7H_2O$에서 좌우측전자수를 같게 해준다.

② $Cr_2O_7^{2-} + 14H^+ + 6e^- \rightarrow 2Cr^{3+} + 7H_2O$

③ 전자의 좌우측반응에서 전자의 주고받는 이동전자수는 6개($6e^-$)이므로 6당량이 된다.

∴ $Cr_2O_7^{2-}$ 1몰의 당량은 6당량이다.

정답 | ④

6 화학전지와 전기분해

1. 금속 이온화 경향과 전자의 이동(Ionization tendency)

금속이 전자를 잃고 양이온(+)이 되려는 성질을 금속의 이온화 경향이라 한다.

큼	←	이온화 경향	→	작음

K Ca Na Mg Al Zn Fe Ni Sn Pb (H) Cu Hg Ag Pt Au

← (• 전자를 내어놓고 양이온으로 되려는 성질이 크다. • 산화가 잘 되는 금속이다.)

(• 전자를 내어놓기 어렵고 금속으로 되려는 성질이 크다. • 환원이 잘 되는 금속이다.) →

참고 이온화 경향이 작은 금속의 염이 녹아 있는 수용액에 이온화 경향이 큰 금속을 넣으면,

- 이온화 경향이 작은 금속 이온 ⟶ 금속의 석출
- 이온화 경향이 큰 금속 ⟶ 이온으로 용해

> 예 $CuSO_4$ 용액에 철(Fe)조각을 넣으면 Fe이 녹아 Fe^{2+}로 되고 철표면에 구리(Cu)가 석출한다.
>
> $CuSO_4 + Fe \longrightarrow FeSO_4 + Cu$ [이온화 경향 : Fe > Cu]
>
> $Cu^{2+} + Fe \longrightarrow Fe^{2+} + Cu$(석출)
>
> 산화 : $Fe \longrightarrow Fe^{2+} + 2e^-$ (Fe는 이온화경향이 크기 때문에 전자를 잃고 이온으로 되려는 성질)
>
> +) 환원 : $Cu^{2+} + 2e^- \longrightarrow Cu$ (Cu^{2+}는 이온화경향이 작기 때문에 전자를 얻어 금속으로 되려는 성질)
>
> ∴ $Cu^{2+} + Fe \longrightarrow Fe^{2+} + Cu$
>
> 이온화 경향이 큰 금속(Fe)이 이온으로 되면서 내놓는 전자를 이온화 경향이 작은 금속(Cu)이 이온을 얻어 일어나는 산화·환원반응이다.

2. 화학전지

화학전지는 산화·환원반응이 자발적으로 일어나면서 생기는 전자의 이동을 이용하여 전류를 얻는 장치로서 화학에너지를 전기에너지로 바꾸는 장치이다.

(1) 화학전지의 원리

① 구조 : 두 전극과 전해질로 되어 있다.

② 전극 ⌈ (−)극 : 이온화 경향이 큰 쪽 물질(전자가 흘러 나가는 전극=산화)

  ⌊ (+)극 : 이온화 경향이 작은 쪽 물질(전자가 흘러 들어오는 전극=환원)

③ 기전력 전지의 두 전극 사이의 전위차로서, 이를 볼트(V) 단위로 나타낸다.

참고 전지의 구조

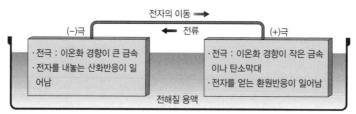

- 전자의 이동 : (−)극 ⟶ (+)극
- 전류의 흐름 : (+)극 ⟶ (−)극

전지의 구조 표시

  (−)금속 A | 전해질 용액 | 금속 B(+)

(이온화 경향이 큼)   (이온화 경향이 작음)

(2) 전지의 종류

① 볼타전지 : 아연판과 구리판을 묽은 황산에 나란히 담그고 도선으로 연결하면 전자가 아연판에서 구리판으로 이동하여 전류를 흐르게 하는 전지를 볼타전지라 한다.(최초의 화학전지)

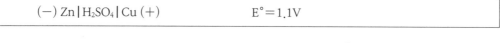

$$(-) \, Zn \, | \, H_2SO_4 \, | \, Cu \, (+) \qquad\qquad E° = 1.1V$$

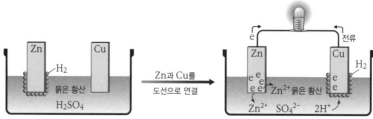

- (−)극(아연판) : 아연판의 표면에서는 아연이 이온화 경향이 크므로 양이온이 되며 묽은 황산에 녹아서 아연판에 전자가 생긴다.

$$Zn(s) \, \longrightarrow \, Zn^{2+}(aq) + 2e^-(산화, 질량감소)$$

- (+)극(구리판) : 용액 중의 수소 이온은 구리판 표면에서 아연판으로부터 흘러온 전자를 얻어 기체를 발생한다.

$$2H^+(aq) + 2e^- \longrightarrow H_2(g)(환원, 질량불변)$$

- 전체반응 : $Zn(s) + 2H^+(aq) \longrightarrow Zn^{2+}(aq) + H_2(g)$

 참고 　**기전력과 분극작용★★★**

❶ **기전력** : 전지의 두 극 사이의 전위차를 전지의 기전력이라 한다.

❷ **분극작용** : 볼타전지에서 전류가 흐를 때 구리판(+극)의 주위에 수소(H_2) 기체가 발생하여 기전력을 떨어지게 하는 현상

❸ 감극제(소극제) : 분극현상을 제거하기 위해서는 구리판을 둘러싸고 있는 수소기체를 산화시켜 제거하는 데 사용하는 산화제를 말한다.

> **예** 중크롬산칼륨($K_2Cr_2O_7$), 과산화수소(H_2O_2), 이산화망간(MnO_2)

예제 1 　볼타전지에서 갑자기 전류가 약해지는 현상을 '분극현상'이라 한다. 이 분극현상을 방지해주는 감극제로 사용되는 물질은?

① MnO_2 　　　　② $CuSO_4$ 　　　　③ $NaCl$ 　　　　④ $Pb(NO_3)_2$

| 풀이 | 　감극제 : MnO_2, H_2O_2, $K_2Cr_2O_7$ 　　　　　　　　　　　　　　　　 | 정답 | ①

---

② 다니엘 전지(Daniel Cell) : $ZnSO_4$ 용액에 Zn 막대를 넣고, $CuSO_4$ 용액에 Cu 막대를 넣어 이 두 용액을 염다리(또는 초벌구이 판으로도 사용함)로 연결하여 용액이 심하게 섞이는 것을 방지하고 이온을 이동하게 만든 전지이다.

> $(-) Zn | ZnSO_4 \| CuSO_4 | Cu(+)$ 　　　　　$E° = 1.1V$

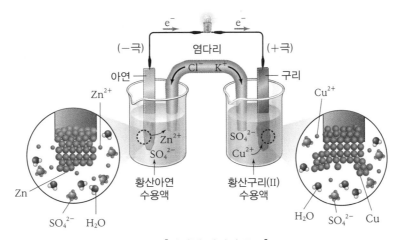

[다니엘 전지의 구조]

- (−)극(아연판) : $Zn(s) \longrightarrow Zn^{2+}(aq) + 2e^-$(산화, 질량 감소)
- (+)극(구리판) : $Cu^{2+}(aq) + 2e^- \longrightarrow Cu(s)$(환원, 질량 증가)
- 전체반응 : $Zn(s) + Cu^{2+}(aq) \longrightarrow Zn^{2+}(aq) + Cu(s)$

③ 건전지(Dry cell) : 아연통 가운데에 탄소봉을 꽂고, 탄소봉 주위에 MnO_2를, 그 밖으로 NH_4Cl 의 포화용액을 넣어서 만든 전지이다.

$$(-)Zn \mid NH_4Cl \mid MnO_2 \cdot C(+) \qquad E° = 1.5V$$

- (−)극(Zn판) : $Zn(s) \longrightarrow Zn^{2+}(aq) + 2e^-$(산화)
- (+)극(탄소막대) : $2NH_4^+(aq) + 2MnO_2(s) + 2e^-$
  $\longrightarrow Mn_2O_3(s) + H_2O(l) + 2NH_3(aq)$(환원)
- 건전지에서 전해질은 NH_4Cl, 감극제는 MnO_2를 사용한다.

④ 납축전지(Storage battery) : 회색의 Pb와 갈색의 PbO_2를 묽은 황산(비중 1.28) 속에 담그고 도선으로 연결하여 만든 전지이다.

[건전지의 구조]

$$(-) Pb \mid H_2SO_4 \mid PbO_2(+) \qquad E° = 2.0V$$

- (−)극(Pb판) : $Pb(s) + SO_4^{2-}(aq) \longrightarrow PbSO_4(s) + 2e^-$(산화)
- (+)극(PbO_2판) : $PbO_2(s) + SO_4^{2-}(aq) + 4H^+(aq) + 2e^- \longrightarrow PbSO_4(s) + 2H_2O(l)$(환원)
- 전체반응 : $Pb(s) + PbO_2(s) + 2H_2SO_4(aq) \underset{\text{충전}}{\overset{\text{방전}}{\rightleftarrows}} 2PbSO_4(s) + 2H_2O(l)$
  완충 상태 ──────── ──────── 완방 상태
- 납축전지는 충전과 방전이 가능한 전지로서 자동차의 배터리에 이용되는 2차 전지이다.
- 일정시간동안 전지를 사용하여 전지가 소모되는 과정을 방전이라 하고, 외부로부터 전원을 공급하여 전지에 전류를 흘러주어 전지가 재생되는 과정을 충전이라 한다.
- 1차 전지는 1회용 전지, 2차 전지는 여러 번 사용 가능한 전지이다.

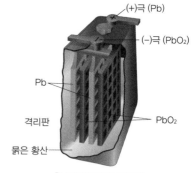
[납축전지의 구조]

3. 소금물(NaCl)의 전기분해

$$NaCl \xrightarrow[\text{전기분해}]{\text{수용액}} \begin{cases} \ominus극 : NaOH와 H_2 \\ \oplus극 : Cl_2 \end{cases}$$

① (+)극 : $2Cl^-(aq) \longrightarrow Cl_2(g) + 2e^-$(산화반응)
② (−)극 : $2H_2O(l) + 2e^- \longrightarrow 2OH^-(aq) + H_2$(환원반응)
③ 전체반응 : $2NaCl + H_2O \longrightarrow 2NaOH + H_2 + Cl_2$
  (−)극   (+)극

4. 패러데이의 법칙(Faraday's law)

제1법칙 : 전기 분해되는 물질의 양은 통과시킨 전기량에 비례한다.

제2법칙 : 일정한 전기량에 의하여 석출되는 물질의 양은 그 물질의 당량에 비례한다.

① 전하량(Q)＝전류(I)×시간(t)

- 1쿨롱(coul) : 1초 동안에 흐르는 전기량(A, amp)이다.
- 1C(쿨롱)＝1A(암페어)×1Sec(초)

> **예** 10A로 30분간 통과시킨 전기량은 10×30×60＝1800쿨롱

② 농도, 온도, 물질의 종류에 관계없이 1F, 즉 96500coul의 전기량을 통하면 전해질 1g당량이 전기분해되어, 각 극에서는 1g당량의 물질이 석출한다.

$$\therefore \ 당량＝\frac{원자량}{원자가}$$

> 1F＝96500쿨롱＝전자 $6.02×10^{23}$개의 전기량＝어떤 물질이든 1g당량 석출($\oplus$극, $\ominus$극)

[1패럿(F)＝1g당량 석출하는 물질의 양]

전기량	전해질	무게	부피(표준상태)	원자 수	분자 수
1F	H_2	1.008g	11.2L	$6×10^{23}$개	$\frac{1}{2}×6×10^{23}$개
1F	O_2	8.00g	5.6L	$\frac{1}{2}×6×10^{23}$개	$\frac{1}{4}×6×10^{23}$개
1F	$CuSO_4$	63.5/2g	–	$\frac{1}{2}×6×10^{23}$개	$\frac{1}{2}×6×10^{23}$개
1F	$AgNO_3$	108g	–	$6×10^{23}$개	$6×10^{23}$개

예제 2 $CuSO_4$수용액을 10A의 전류로 32분 10초 동안 전기분해시켰다. 음극에서 석출되는 Cu의 질량은 몇 g인가?(단, Cu의 원자량은 63.6이다.)

| 풀이 |

① $CuSO_4 \xrightarrow{\text{전리}} Cu^{2+}＋SO_4^{2-}$ 에서 Cu의 원자가는 2가이다.

② $CuSO_4$ 수용액을 10A의 전류로 32분 10초 동안 전기분해시 전하량은

$$\begin{array}{ccccl} Q & = & I & × & t= \ 10A×1930sec(32분\ 10초) \\ \text{(전하량)} & & \text{(전류)} & & \text{(시간)} = \ 19300C(쿨롱) \\ \text{[C]} & & \text{[A]} & & \text{[S]} \end{array}$$

③ 1F(패럿)＝96500C(쿨롱)＝1g당량 석출

$$\therefore \ 당량＝\frac{원자량}{원자가}$$

④ 금속의 석출량(g)＝F(패럿)×당량

$$=\left(\frac{19300}{96500}\right)×\left(\frac{63.6}{2}\right)=6.36g$$

$\therefore$ Cu석출량 : 6.36g

정답 | 6.36g

01 다음 산화 환원에 관한 설명 중 틀린 것은?

① 산화수가 감소하는 것은 산화이다.

② 산소와 화합하는 것은 산화이다.

③ 전자를 얻는 것은 환원이다.

④ 양성자를 잃는 것은 산화이다.

해설

산화수가 증가하는 것은 산화이고 감소하는 것은 환원이다.

02 다음 중 황(S)의 산화수가 가장 큰 것은?

① S_8　　　　　　② H_2S

③ SO_2　　　　　④ H_2SO_4

해설

① 단체이기 때문에 0

② $1 \times 2 + x = 0$　$x = -2$

③ $x \times (-2 \times 2) = 0$　$x = +4$

④ $1 \times 2 + x + (-2 \times 4) = 0$　$x = +6$

03 다음 중 염소(Cl)의 산화수가 $+3$인 것은?

① $HClO$　　　　　② $HClO_2$

③ ClO_3^-　　　　④ ClO_4^-

해설

② $1 + x + (-2 \times 2) = 0$,　$x = +3$

04 $Cl_2 + H_2O \longrightarrow HClO + HCl$에서 염소 원소는?

① 산화만 되었다.

② 환원만 되었다.

③ 산화도 되고 환원도 되었다.

④ 산화도 되지 않고 환원도 되지 않았다.

해설

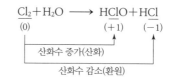

05 다음에서 산화제도 되고 환원제도 되는 것은?

① SO_2　　　　　② H_2S

③ HF　　　　　　④ Cl_2

해설

산화제도 되고 환원제도 되는 것은 SO_2와 H_2O_2 뿐이다.

06 다음 반응 중 밑줄 친 물질이 산화제로 작용한 것은?

① $\underline{SnCl_2} + 2HgCl_2 \longrightarrow SnCl_4 + Hg_2Cl_2$

② $\underline{2KI} + Cl_2 \longrightarrow 2KCl + I_2$

③ $\underline{SO_2} + 2H_2S \longrightarrow 3S + 2H_2O$

④ $2KMnO_4 + 3H_2SO_4 + 5\underline{H_2O_2}$
$\longrightarrow K_2SO_4 + 2MnSO_4 + 8H_2O + 5O_2$

해설

① $Sn : +2 \longrightarrow +4$로 산화(환원제)

② $I : -1 \longrightarrow 0$로 산화(환원제)

③ $S : +4 \longrightarrow 0$로 환원(산화제)

④ $O : -1 \longrightarrow 0$로 산화(환원제)

정답　**01** ①　**02** ④　**03** ②　**04** ③　**05** ①　**06** ③

07 과산화수소는 20℃에서 촉매에 의하여 다음과 같이 분해된다.

$$2H_2O_2 \longrightarrow 2H_2O + O_2$$

이 변화에서 수소의 산화수는 어떻게 변하였는가?

① +2에서 +1로 감소하였다.

② −1에서 +1로 증가하였다.

③ 0에서 +1로 증가하였다.

④ 반응 전후 변화 없이 +1이다.

해설

H_2O_2에서 H의 산화수는 +1이고, O의 산화수는 −1이다.

08 다음 반응식에서 산화된 성분은?

$$MnO_2 + 4HCl \longrightarrow MnCl_2 + 2H_2O + Cl_2$$

① Mn

② O

③ H

④ Cl

해설

염소(Cl)의 산화수 증가(산화)

$$\underset{(-1)}{HCl} \longrightarrow \underset{(0)}{Cl_2}$$

09 염화나트륨 수용액의 전기분해시 음극(Cathode)에서 일어나는 반응식을 옳게 나타낸 것은?

① $2H_2O(L) + 2Cl^-(aq)$
$$\longrightarrow H_2(g) + Cl_2(g) + 2OH^-(aq)$$

② $2Cl^-(aq) \longrightarrow Cl_2(g) + 2e^-$

③ $2H_2O(L) + 2e^- \longrightarrow H_2(g) + 2OH^-(aq)$

④ $2H_2O \longrightarrow O_2 + 4H^+ = 4e^-$

해설

$$2NaCl + 2H_2O \longrightarrow \underset{(-)극}{2NaOH} + \underset{(+)극}{H_2 + Cl_2}$$

① (+)극 : $2Cl^-(aq) \longrightarrow Cl_2(g) + 2e^-$ (산화)

② (−)극 : $2H_2O(l) + 2e^- \longrightarrow 2OH^-(aq) + H_2(g)$ (환원)

10 납축전지를 오랫동안 방전시키면 어느 물질이 생기는가?

① Pb

② PbO_2

③ H_2SO_4

④ $PbSO_4$

해설

① 납축전지 : 2차 전지로서 자동차 배터리에 사용되며 충전과 방전을 반복하여 사용한다.

② 납축전지의 충·방전 화학반응식

$$\underset{(+)}{PbO_2} + \underset{(-)}{2H_2SO_4} + \underset{}{Pb} \underset{충전}{\overset{방전}{\rightleftarrows}} \underset{(+)}{PbSO_4} + \underset{}{2H_2O} + \underset{(-)}{PbSO_4}$$
(이산화납) (전해액) (납)   (황산납) (물) (황산납)

11 백금 전극을 사용하여 물을 전기분해할 때 (+)극에서 5.6l의 기체가 발생하는 동안 (−)극에서 발생하는 기체의 부피는?

① 5.6l

② 11.2l

③ 22.4l

④ 44.8l

해설

① 물의 전기분해 반응식

$$H_2O(l) \longrightarrow H_2(g) + \frac{1}{2}O_2(g)$$

· (+)극 : $H_2O \longrightarrow \frac{1}{2}O_2(g) + 2H^+(aq) + 2e^-$

· (−)극 : $2H_2O + 2e^- \longrightarrow H_2(g) + 2OH^-(aq)$

② 각 극에 발생하는 기체의 비율

(+)극(O_2) : (−)극(H_2)

0.5몰 $\longrightarrow$ 1몰

5.6l $\longrightarrow$ x

$$\therefore x = \frac{5.6l \times 1몰}{0.5몰} = 11.2l$$

12 다음 중 전기화학반응을 통해 전극에서 금속으로 석출되는 원소 중 무게가 가장 무거운 것은? (단, 각 원소의 원자량은 Ag는 107, Cu는 63.546, Al은 26.982, Pb는 207.2이고, 전기량은 동일하다.)

① Ag 　　　　　 ② Cu

③ Al 　　　　　 ④ Pb

해설

① 패러데이 법칙 : 일정량의 전기를 통할 때 석출되는 물질의 양은 그 물질의 당량에 비례한다.

② 당량 $= \dfrac{\text{원자량}}{\text{원자가}}$ 이므로 1g당량이 가장 큰 원소인 Ag의 무게가 가장 무겁다.

③ 각 원소의 1g당량

• Ag(1가) : $\dfrac{107}{1} = 107g$

• Cu(2가) : $\dfrac{63.55}{2} = 31.78g$

• Pb(2가) : $\dfrac{207}{2} = 103.5g$

• Al(3가) : $\dfrac{26.98}{3} = 9.99g$

13 다음과 같이 나타낸 전지에 해당하는 것은?

$$(+)Cu \mid H_2SO_4(aq) \mid Zn(-)$$

① 볼타전지 　　　　 ② 납축전지

③ 다니엘전지 　　　 ④ 건전지

14 다음 중 산화·환원 반응이 아닌 것은?

① $Cu + 2H_2SO_4 \longrightarrow CuSO_4 + 2H_2O + SO_2$

② $H_2S + I_2 \longrightarrow 2HI + S$

③ $Zn + CuSO_4 \longrightarrow ZnSO_4 + Cu$

④ $HCl + NaOH \longrightarrow NaCl + H_2O$

15 산화·환원에 대한 설명 중 틀린 것은?

① 한 원소의 산화수가 증가하였을 때 산화되었다고 한다.

② 전자를 잃은 반응을 산화라 한다.

③ 산화제는 다른 화합물을 환원시키며, 그 자신의 산화수는 증가하는 물질을 말한다.

④ 중성인 화합물에서 모든 원자와 이온들의 산화수의 합은 0이다.

해설

③은 환원제이다.

16 볼타전지에 관한 설명으로 틀린 것은?

① 이온화 경향이 큰 쪽의 물질이 (−)극이다.

② (+)극에서 방전시 산화반응이 일어난다.

③ 전자는 도선을 따라 (−)극에서 (+)극으로 이동한다.

④ 전류의 방향은 전자의 이동방향과 반대이다.

해설

볼타전지 $(+)Cu \mid H_2SO_4(aq) \mid Zn(-)$

① 전자 : Zn(−)판 $\longrightarrow$ Cu(+)판 이동

② 전류 : Cu(+)판 $\longrightarrow$ Zn(−)판 흐름

③ Zn(−)판 : 산화, 질량감소
　Cu(+)판 : 환원, 질량불변

17 1패러데이(Faraday)의 전기량으로 물을 전기분해하였을 때 생성되는 기체 중 산소기체는 0℃, 1기압에서 몇 l인가?

① 5.6
② 11.2
③ 22.4
④ 44.8

해설

① 1F=96500C(쿨롱)=1g당량 석출

② 당량=$\dfrac{원자량}{원자가}$

산소(O)=$\dfrac{16}{2}$=8g=1g당량

∴ $\dfrac{8g}{32g} \times 22.4l = 5.6l$

18 다음 반응식에 관한 사항 중 옳은 것은?

$$SO_2 + 2H_2S \longrightarrow 2H_2O + 3S$$

① SO_2는 산화제로 작용
② H_2S는 산화제로 작용
③ SO_2는 촉매로 작용
④ H_2S는 촉매로 작용

해설

$$\underset{(+4)}{SO_2} + \underset{(-2)}{2H_2S} \longrightarrow 2H_2O + \underset{(0)}{3S}$$

산화(환원제)
환원(산화제)

19 물을 전기분해하여 표준상태 기준으로 산소 22.4l를 얻는 데 소요되는 전기량은 몇 F인가?

① 1
② 2
③ 4
④ 8

해설

1F=1g당량 석출=산소 5.6l 석출

∴ $\dfrac{22.4l}{5.6l}$=4g당량=4F

20 20%의 소금물을 전기분해하여 수산화나트륨 1몰을 얻는 데는 1A의 전류를 몇 시간 통해야 하는가?

① 12.4
② 26.8
③ 53.6
④ 104.2

해설

① 소금물 전기분해 반응식

$$2NaCl + 2H_2O \longrightarrow \underset{(-)극}{2NaOH} + H_2 + \underset{(+)극}{Cl_2}$$

② 1F=96500C(쿨롱)=1g당량 석출=NaOH는 40g 석출

NaOH=40g=1mol=1g당량이므로

96500C를 시간으로 환산하면

$$1C=1A \times 1sec, \text{ 즉 } Q=I \times t, 1hr=3600sec$$

$t=\dfrac{Q(C)}{I(A)}=\dfrac{96500C}{1A}$=96500sec이므로

∴ $\dfrac{96500sec}{3600sec/hr}$=26.8hr

탄소화합물(유기화합물)

1 탄소화합물의 일반 성질

1. 탄소화합물의 특성

탄소화합물은 공유결합으로 이루어진 분자성 물질이므로 무기화합물과 다른 특성을 가지고 있다.

	탄소(유기)화합물	무기화합물
구성원소	주로 C, H, O와 N, S, P, 할로겐(F.Cl) 등	천연에 존재하는 모든 원소
종류	130만 이상(이성질체가 많음)	6~7만
화합결합	공유결합(반데르발스 힘)	주로 이온결합
용융점	일반적으로 낮고, 300℃ 이하	높고, 300℃ 이상인 것이 많다.
용매	유기 용매(알코올·벤젠·에테르 등)에 잘 녹고 일반적으로 물에 잘 녹지 않는다.	극성 용매(물)에 잘 녹는 것이 많고, 유기 용매에 잘 안 녹는다.
전리반응	비전해질이 많고 그 반응은 대단히 느리며 반응 조건에 따라 반응이 다를 수도 있다.	전해질로서 이온 반응이기 때문에 반응 속도가 빠르다.
산소와의 반응	산소 속에서 가열하면 연소하여 CO_2와 H_2O가 되나 산소가 없으면 분해되어 C가 유리된다.	산소 속에서 가열하면 산화되나 산소 없이 가열하면 변화가 없다.

※ 탄소화합물 중 CO, CO_2와 같은 산화물, KCN과 같은 시안화물, Ca, CO_3와 같은 탄산염은 유기화합물에서 제외한다.

2. 탄소화합물의 분류

(1) 탄소 원자의 결합 형태에 의한 분류

탄소화합물
- 사슬모양 화합물 (지방족 화합물)
  - 포화 화합물 — 메탄계 (단일결합) : 일반식 C_nH_{2n+2}
  - 불포화 화합물
    - 에틸렌계(2중결합) : 일반식 C_nH_{2n}
    - 아세틸렌계(3중결합) : 일반식 C_nH_{2n-2}
- 고리모양 화합물
  - 탄소 고리모양 화합물
    - 방향족 화합물 : 벤젠, 페놀
    - 시클로 화합물 : 시클로 헥산
  - 이(異) 원소 고리모양 화합물 : 피리딘

참고 수의 접두어

1=mono(모노)	2=di(디)	3=tri(트리)	4=tetra(테트라)
5=penta(펜타)	6=hexe(헥사)	7=hepta(헵타)	8=octa(옥타)
9=nona(노나)	10=deca(데카)		

(2) 작용기에 의한 분류 : 작용기는 화합물의 특성을 나타내는 원자단이다.

작용기			일반명	보기
명칭	원자단	구조식		
히드록시기 (수산기)	$-OH$	$-O-H$	알코올, 페놀	에틸알코올(C_2H_5OH) 페놀(C_6H_5OH) : 산성
알데히드기 (포르밀기)	$-CHO$	$-\overset{\displaystyle}{\underset{\displaystyle O}{C}}-H$	알데히드	아세트알데히드(CH_3CHO) 환원성(펠링 용액을 환원, 은거울 반응)
카르복실기	$-COOH$	$-\overset{\displaystyle}{\underset{\displaystyle O}{C}}-O-H$	카르복실산	아세트산(CH_3COOH) : 산성 알코올과 에스테르 반응한다.
카르보닐기 (케톤기)	$>CO$	$>C=O$	케톤	아세톤(CH_3COCH_3) 저급은 용매로 사용된다.
니트로기	$-NO_2$	$-N\overset{O}{\underset{O}{\lessless}}$	니트로화합물	니트로벤젠($C_6H_5NO_2$) 폭발성이 있고, 환원시 아민이 된다.
아미노기	$-NH_2$	$-N\overset{H}{\underset{H}{<}}$	아민	아닐린($C_6H_5NH_2$) : 염기성
술폰산기	$-SO_3H$	$-\overset{O}{\underset{O}{S}}-O-H$	술폰산	벤젠 술폰산($C_6H_5SO_3H$) : 강산성
아세틸기	$-COCH_3$	$-\overset{\displaystyle}{\underset{\displaystyle O}{C}}-CH_3$	아세틸화합물	아세트아닐리드($C_6H_5NHCOCH_3$)
에테르기	$-O-$	$-O-$	에테르	디에틸에테르($C_2H_5OC_2H_5$) 마취성, 휘발성, 인화성이 있음
에스테르기	$-COO-$	$-\overset{\displaystyle}{\underset{\displaystyle O}{C}}-O-$	에스테르	아세트산메틸(CH_3COOCH_3) 방향성, 가수분해된다.
비닐기	$CH_2=CH-$	$-CH_2=CH-$	비닐	염화비닐(CH_2CHCl) 첨가 중합반응을 잘한다.

※ $\begin{bmatrix} -OH \\ -COOH \end{bmatrix} + \begin{bmatrix} Na \\ K \end{bmatrix} \longrightarrow$ 수소($H_2\uparrow$) 발생

(3) 알킬기와 탄소화합물의 명명법

분류 C의 수	Alkyl 기 R − $C_nH_{2n+1} -$	C − C Methane 계열 alkane 계열 $C_nH_{2n+2} \cdots$ 일반식		C = C Ethylene 계열 alkene 계열 $C_nH_{2n} \cdots$ 일반식		C ≡ C Acetylene 계열 alkine 계열 $C_nH_{2n-2} \cdots$ 일반식	
1	CH_3−methy 기	CH_4	methane	−		−	
2	C_2H_5−ethy 기	C_2H_6	ethane	C_2H_4	$\left(\begin{matrix}\text{ethene}\\\text{ethylene}\end{matrix}\right)$	C_2H_2	$\left(\begin{matrix}\text{ethine}\\\text{acetylene}\end{matrix}\right)$
3	C_3H_7−propyl 기	C_3H_8	propane	C_3H_6	propene	C_3H_4	propine
4	C_4H_9−butyl 기	C_4H_{10}	butane	C_4H_8	butene	C_4H_6	butine
5	C_5H_{11}−pentyl 기	C_5H_{12}	pentane	C_5H_{10}	pentene	C_5H_6	pentine

4. 이성질체(이성체, Isomer)

> 이성질체＝분자식은 같으나 시성식, 구조식 또는 성질이 다른 관계

(1) 구조 이성질체

① 작용기 이성질체 : 분자식은 같으나 작용기가 다르기 때문에 생기는 이성질체

> **예** 알코올과 에테르(C_2H_6O)
>
> 에틸알코올(b. p 78.3℃)　　디메틸에테르(b. p −24.9℃)

② 연쇄 이성질체 : 분자식이 같으면서 가지의 유무와 가지수에 의해서 생기는 이성질체

> **예** 펜탄 C_5H_{12}
>
> n-펜탄　　　iso-펜탄　　　neo-펜탄

※ 메탄계 탄화수소의 이성질체의 수

분자식	C_4H_{10}	C_5H_{12}	C_6H_{14}	C_7H_{16}	C_8H_{18}	C_9H_{20}	$C_{10}H_{22}$
이성질체수	2	3	5	9	18	36	75

참고　안정성 : 직선형이 안정, n＞iso＞neo, 안정성이 클수록 비등점이 높다.

③ 위치 이성질체 : 분자식이 같으나 원자 또는 원자단의 위치에 따라 달라지는 이성질체

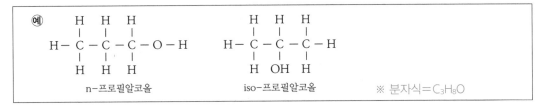

※ 프로필기(C_3H_7-)는 위치 이성질체가 2개이다.

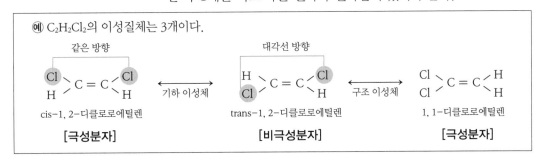

④ 이중결합이나 삼중결합의 위치가 다른 것

$$\begin{array}{cc}
\text{예} & \quad\quad\text{1-부틸렌}\quad\quad\quad\quad\quad\quad\quad\quad\text{2-부틸렌}\quad\quad\quad\quad\text{※ 분자식}=C_4H_8
\end{array}$$

(2) 입체 이성질체★★★

① 기하 이성질체 : 기하 이성질체는 이중결합의 회전축의 변화로 생기는 이성질체로 cis형과 trans형이 있다.

기하 이성질체의 조건 ┌ C와 C는 2중결합이어야 한다.
└ 한 쪽 C에는 서로 다른 원자나 원자단이 있어야 한다.

예 $C_2H_2Cl_2$의 이성질체는 3개이다.

같은 방향   대각선 방향

cis-1, 2-디클로로에틸렌   기하 이성체   trans-1, 2-디클로로에틸렌   구조 이성체   1, 1-디클로로에틸렌

[극성분자]   [비극성분자]   [극성분자]

예제 1 다음 중 기하 이성질체가 존재하는 것은?

① C_5H_{12}

② $CH_3CH = CHCH_3$

③ C_3H_7Cl

④ $CH \equiv CH$

풀이 ① 기하 이성질체 : 알켄족의 C = C 이중결합은 고정되어 회전할 수 없는 탄소화합물로서 구성 원자들의 공간상에서 배치가 서로 달라 생기는 이성체이며 시스(cis)형과 트랜스(trans)형이 있다.

[부텐(C_4H_8)의 기하이성체]

$$
\begin{array}{c}
H_3C \\ H
\end{array} C = C \begin{array}{c} CH_3 \\ H \end{array}
\qquad
\begin{array}{c}
H \\ H_3C
\end{array} C = C \begin{array}{c} CH_3 \\ H \end{array}
$$

(cis−2−부텐)   (trans−2−부텐)

② 기하이성체를 가지는 물질

• cis − 디클로로에틸렌과 trans − 디클로로에틸렌

• cis − 2 − 부텐과 trans − 2 − 부텐

• 말레산과 푸마르산

정답 | ②

② 광학 이성질체 : 부제 탄소의 편광성의 차이로 생긴다.

⑩ 젖산 $CH_3CH(OH)COOH$

• 빛에 예민하다.

• 서로 거울상은 되나 겹칠 수 없다.

• 편광면을 서로 반대 방향으로 회전시켜 준다.

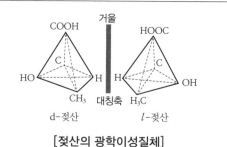

[젖산의 광학이성질체]

※ 광학 이성체를 가지는 물질 : 젖산[$CH_3CH(OH)COOH$], 타르타르산[$HOOCCH(OH)CH(OH)COOH$]

참고 부제 탄소 : 탄소 1개와 결합한 4개의 원자 또는 원자단이 각각 다를 때의 탄소

2 지방족 탄화수소

1. 탄화수소의 분류

탄소와 수소만으로 이루어진 물질을 탄화수소라 하는데, 탄소가 사슬모양으로 결합된 화합물을 지방족 탄화수소라 한다.

지방족 탄화수소
- 포화 화합물 ─ 메탄계 탄화수소(단일결합) ⋯ C_nH_{2n+2}
- 불포화 화합물
  - 에틸렌계 탄화수소(2중결합) ⋯ C_nH_{2n}
  - 아세틸렌계 탄화수소(3중결합) ⋯ C_nH_{2n-2}

2. 지방족 탄화수소의 일반성

구분	alkane계 (메탄계 탄화수소)	alkene계 (에틸렌계 탄화수소)	alkine계 (아세틸렌계 탄화수소)
일반식	C_nH_{2n+2}	C_nH_{2n}	C_nH_{2n-2}
보기 n=2	C_2H_6	C_2H_4	C_2H_2
구조 탄소거리	$\begin{array}{c} H \quad H \\ \vert \quad \vert \\ H-C-C-H \\ \vert \quad \vert \\ H \quad H \end{array}$ 1.54Å	$\begin{array}{c} H \\ \diagdown \\ H \end{array} C=C \begin{array}{c} H \\ \diagup \\ H \end{array}$ 1.34Å	$H-C\equiv C-H$ 1.20Å
C의 결합	sp^3 혼성 $\sigma=4\ \pi=0$	sp^2 혼성 $\sigma=3\ \pi=1$	sp 혼성 $\sigma=2\ \pi=2$
반응	치환반응	첨가·중합 반응	첨가·중합 반응

※ 결합의 종류
- 시그마(σ)결합 : 'C ─ C'의 단일결합으로 결합선이 끊어지지 않는 강한 포화결합
- 파이(π)결합 : 'C = C'(이중결합)와 'C ≡ C'(삼중결합)으로 결합력이 약한 불포화결합

참고 ┌ 계열별 특징

❶ ┌ 안정성
   ├ 결합길이 ┤ : 메탄계열(단일 결합) ＞ 에틸렌계열(2중 결합) ＞ 아세틸렌계열(3중 결합)
   └ 비점

❷ ┌ 결합력
   └ 반응성 ┤ : 메탄계열 ＜ 에틸렌계열 ＜ 아세틸렌계열

3. 알칸(alkane), C_nH_{2n+2} : sp^3결합

메탄계 탄화수소 또는 파라핀계 탄화수소라고도 한다.

(1) 알칸의 동족체

n	분자식	이름	n화합물의 b.p(℃)	이성체수	알킬기 R−	알킬기 이름
1	CH_4	메탄(methane)	−162	0	CH_3-	methyl 기
2	C_2H_6	에탄(ethane)	−89	0	C_2H_5-	ethyl 기
3	C_3H_8	프로판(propane)	−42	0	C_3H_7-	propyl 기
4	C_4H_{10}	부탄(butane)	−0.6	2	C_4H_9-	butyl 기
5	C_5H_{12}	펜탄(pentane)	36	3	$C_5H_{11}-$	amyl 기
6	C_6H_{14}	헥산(hexane)	69	5	$C_6H_{13}-$	hexyl 기

(2) 일반적 성질

① 동족체는 C_nH_{2n+2}일반식을 갖는다.($C_{1\sim4}$: 기체, $C_{5\sim15}$: 액체, $C_{16\sim이상}$: 고체)

② 이름 끝에 −ane을 붙인다.

③ 단일 결합(C−C), SP^3결합

④ 탄소 수가 증가함에 따라 녹는점·끓는점이 높아진다.(이유 : Van der Waals 힘 때문)

⑤ 화학적으로 안정하나 햇빛 존재하에 할로겐 원소와 치환반응을 한다.

(3) 메탄(CH_4)

① 존재 : 천연 gas, 유기 물질이 분해될 때

② 제법 : $CH_3COONa + NaOH \xrightarrow{\text{가열}} Na_2CO_3 + CH_4\uparrow$

③ 성질 : 색·맛·냄새가 없는 기체로 태우면 엷은 파란색 불꽃을 내며 탄다.

$$CH_4 + 2O_2 \longrightarrow CO_2 + 2H_2O$$

[메탄의 분자 모형]

> **참고** $C_nH_{2n+2} + \left(\dfrac{3n+1}{2}\right)O_2 \longrightarrow nCO_2 + (n+1)H_2O$

④ **치환반응** : 메탄에 염소를 섞어서 일광 촉매하에 두면 천천히 반응하여 염소 치환제와 염화 수소가 생긴다.

$$CH_4 \xrightarrow[\text{햇빛}]{+Cl_2} CH_3Cl \xrightarrow[\text{햇빛}]{+Cl_2} CH_2Cl_2 \xrightarrow[\text{햇빛}]{+Cl_2} CHCl_3 \xrightarrow[\text{햇빛}]{+Cl_2} CCl_4$$

메탄   염화메틸   염화메틸렌   클로로포름   사염화탄소

(4) IUPAC(국제순수 및 응용화학연합)의 명칭

① 기본명은 가장 긴 탄소 사슬의 탄화수소명으로 한다.

② 사슬 한 쪽 끝의 탄소로부터 번호를 표시하여 각 곁가지의 위치·수·명칭을 탄소골격 기본명 앞에 붙인다.

- $^1CH_3 - ^2CH_2 - ^3CH_2 - ^4CH_2 - ^5CH_3$: n-pentane(노르말 펜탄)

- $^1CH_3 - ^2\underset{\underset{CH_3}{|}}{CH} - ^3CH_2 - ^4CH_3$: $\left(\begin{array}{l} \text{iso-pentane(이소펜탄)} \\ \text{2-methyl butane(2-메틸부탄)} \end{array}\right)$

- $^1CH_3 - ^2\underset{\underset{CH_3}{|}}{\overset{\overset{CH_3}{|}}{C}} - ^3CH_2 - ^4\underset{\underset{CH_3}{|}}{CH} - ^5CH_3$: $\left(\begin{array}{l} \text{iso-octane(이소옥탄)} \\ \text{2, 2, 4-trimethyl pentane(2, 2, 4-트리메틸펜탄)} \end{array}\right)$

③ **곁가지가 같은 경우** : 곁가지가 가까운 탄소부터 번호를 표시하며 작은 수부터 표기한다.

- $\overset{⑤}{^1CH_3} - \overset{④}{^2\underset{\underset{CH_3}{|}}{CH}} - \overset{③}{^3\underset{\underset{CH_3}{|}}{CH}} - \overset{②}{^4CH_2} - \overset{①}{^5CH_3}$: 2, 3-dimethylpentane(2, 3-디메틸펜탄)

  ※ ①②③④⑤ : 잘못표시(주의할 것)

- $^6CH_3 - ^5\underset{\underset{CH_3}{|}}{CH} - ^4CH_2 - ^3\underset{\underset{CH_3}{|}}{CH} - ^2\underset{\underset{CH_3}{|}}{CH} - ^1CH_3$: 2, 3, 5-trimethyl hexane
  (2, 3, 5-트리메틸헥산)

- $^1CH_3 - ^2\underset{\underset{CH_3}{|}}{\overset{\overset{CH_3}{|}}{C}} - ^3\underset{\underset{CH_3}{|}}{CH} - ^4CH_3$: 2, 2, 3-trimethylbutane(2, 2, 3-트리메틸부탄)

④ **곁가지가 다른 경우** : ㉠ → C수가 작은 순서부터 ㉡ → 알파벳순서로

- $^1CH_3 - ^2\underset{\underset{CH_3}{|}}{CH} - ^3\underset{\underset{CH_2CH_3}{|}}{CH} - ^4CH_2 - ^5CH_3$

  ㉠ : 2-methy-3-ethyl-pentane(2-메틸-3-에틸펜탄)

  ㉡ : 3-ethyl-2-methyl-pentane(3-에틸-2-메틸-펜탄)

⑤ 할로겐 치환기는 어미 인(ine)을 오(-O)로 명명한다.

- $^7CH_3 - ^6CH_2 - ^5\underset{\underset{Cl}{|}}{\overset{\overset{Br}{|}}{CH}} - ^4\overset{\overset{Br}{|}}{CH} - ^3\overset{\overset{Cl}{|}}{CH} - ^2CH - ^1CH_3$: 3, 4-dibromo-2, 5-dichloro heptane
  (3, 4-디브로모-2, 5-디클로로 헵탄)

4. 시클로알칸(Cycloalkane), C_nH_{2n} : sp^3결합

지방족 탄화수소 화합물 중 고리모양을 형성하고 있는 포화탄화수소로서 이름앞에 '시클로(Cyclo-)'를 붙여서 명명한다.

(1) 시클로알칸의 종류 : 가장 대표적인 물질은 시클로헥산(C_6H_{12})이다.

분자식	C_3H_6	C_4H_8	C_5H_{10}	C_6H_{12}
구조식	(△)	(□)	(⬠)	(⬡)
이름	시클로프로판	시클로부탄	시클로펜탄	시클로헥산
결합각	60°	90°	108°	109.5°
특징	불안정하여 결합이 쉽게 끊어진다.		시클로프로판과 시클로부탄보다는 안정하지만 시클로헥산보다는 불안정하다.	6개의 탄소 원자가 동일 평면에 존재하지 않는 입체 구조로, 의자모양과 배 모양이 있다.

(2) **시클로알칸의 반응성** : 탄소수가 5~6개인 시클로알칸은 안정하여 알칸과 같이 첨가반응을 하지 않고 치환반응을 한다. 그러나 시클로프로판(C_3H_6)과 시클로부탄(C_4H_8)은 탄소수가 적어 C－C결합이 약하고 불안정하여 첨가반응이 일어난다.

① 치환반응

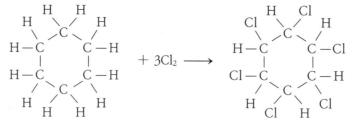

[시클로헥산 : C_6H_{12}]　　　　　[벤젠헥사클로라이드 BHC : $C_6H_6Cl_6$]

② 첨가반응

$$CH_2 \overset{CH_2}{\diagup \diagdown} CH_2 \quad + H_2 \longrightarrow \quad CH_2 - CH_2 - CH_2$$

[시클로프로판 : C_3H_6]　　　　　[프로판 : C_3H_8]

③ 치환기가 붙는 탄소부터 번호를 C_1으로 표시하고 치환기부터 명칭을 붙이고 시클로알칸을 명명하며, 치환기가 2개 이상일 경우 알파벳순으로 하되 치환기가 붙는 탄소부터 번호를 C_1으로 표시하여 명명한다.

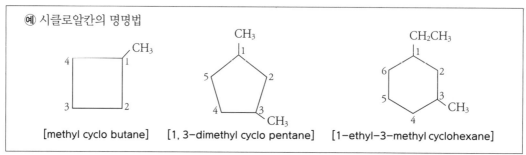

예 시클로알칸의 명명법

[methyl cyclo butane]　　[1, 3-dimethyl cyclo pentane]　　[1-ethyl-3-methyl cyclohexane]

5. 알켄(alkene), C_nH_{2n} : sp_2결합

탄소 원자 사이에 이중결합(C = C)을 1개 가지고 있는 불포화 화합물로 에틸렌계 탄화수소 또는 올레핀계 탄화수소라고도 하며, 첨가반응과 중합반응을 잘한다.

(1) 알켄의 동족체

n	분자식	IUPAC명	관용명	시성식
2	C_2H_4	ethene	ethylene	$CH_2 = CH_2$
3	C_3H_6	propene	propylene	$CH_2 = CHCH_3$
4	C_4H_8	butene	butylene	이성체 $\begin{cases} CH_2 = CHCH_2CH_3(1부텐) \\ CH_3CH = CHCH_3(2부텐) \\ CH_2 = C(CH_3)CH_3(이소부텐) \end{cases}$

(2) 에틸렌(C_2H_4) : $H_2C = CH_2$

① 제법 : 에탄올(C_2H_5OH)에 진한 H_2SO_4(탈수제)을 넣고 160~180℃로 가열한다.

$$\underset{\substack{|\;\;\;\;|\\H\;\;OH}}{\overset{\substack{H\;\;H\\|\;\;\;\;|}}{H-C-C-H}} \underset{280℃·300기압(c-H_2SO_4)}{\overset{160~180℃(c-H_2SO_4)}{\rightleftharpoons}} \underset{\substack{H\;\;\;\;\;\;\;\;\;\;H}}{\overset{\substack{H\;\;\;\;\;\;\;\;\;\;H}}{C=C}} + H_2O$$

참고 ⎰ 130~140℃로 가열하면 에테르($C_2H_5OC_2H_5$) 생성

$$C_2H_5OH + C_2H_5OH \underset{c-H_2SO_4}{\overset{130~140℃}{\rightleftharpoons}} C_2H_5OC_2H_5 + H_2O$$

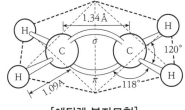

[에틸렌 분자모형]

② 성질 : 무색 달콤한 냄새가 나는 자극성 기체로서 물에 녹지 않고 첨가(부가)반응을 한다.

• 수소 첨가 $CH_2 = CH_2 + H_2 \xrightarrow{\;Ni\;} C_2H_6$

에틸렌(불포화)   에탄(포화)

• 할로겐 첨가 $CH_2 = CH_2 + Br_2 \longrightarrow CHBr - CHBr$

에틸렌   브롬수(적갈색)   1, 2-디브로모에탄(무색)

- 중합반응 : 알켄분자의 $C = C$ 이중결합이 끊어지면서 옆쪽 탄소원자와 결합하여 탄소의 긴 사슬이 계속 이어지는 반응을 말하며 이렇게 생성되는 고분자 화합물을 중합체(polymer), 이 단위체가 되는 알켄을 단량체(monomer)라고 한다.

$$n \; \underset{H}{\overset{H}{}} C = C \underset{H}{\overset{H}{}} \xrightarrow[\text{촉매, 200℃}]{\text{첨가중합}} \left[\begin{array}{cc} H & H \\ | & | \\ C - C \\ | & | \\ H & H \end{array} \right]_n$$

에틸렌(단량체)　　　　　　　폴리에틸렌(중합체)

> **참고** 브롬(Br_2)수 첨가반응
> 브롬은 반응성이 매우 큰 적갈색 액체로서 불포화결합(2중 결합, 3중 결합)을 가지고 있는 물질에 첨가하면 첨가반응이 일어나 적갈색이 무색으로 변하므로 불포화결합을 확인하는 데 이용된다.

(3) 알켄의 명명법

① 2중 결합이 1개 가진 것은 어미에 ene를 붙인다.
- $^1CH_3 - {}^2CH = {}^3CH - {}^4CH_3$: 2-butene (2-부텐)

- $^1CH_2 = {}^2C - {}^3CH_2 - {}^4CH_3$

  　　　　|

  　　　CH_3

  (2-methyl-1-butene)

- $^1CH_3 - {}^2CH = {}^3CH - {}^4CH - {}^5CH_3$

  　　　　　　　　　|

  　　　　　　　　CH_3

  (4-methyl-2-pentene)

- $^1CH_3 - {}^2C = {}^3CH - {}^4CH_2 - {}^5CH - {}^6CH_2 - {}^7CH_3$

  　　　|　　　　　　　　|

  　CH_3　　　　　　CH_3

  (2,5-dimethyl-2-heptene)

② 2중 결합이 2개 가진 것은 어미에 adiene를 붙인다.
- $^1CH_2 = {}^2CH - {}^3CH = {}^4CH_2$: 1, 3-butadiene(1, 3-부타디엔)

- 　　　Cl

  　　　|

  $^1CH_2 = {}^2C - {}^3CH = {}^4CH_2$: 2-chloro-1, 3-butadiene(2-클로로 1, 3-부타디엔)

6. 알킨(alkine : alkyne), C_nH_{2n-2} : SP결합

탄소원자 사이에 삼중결합($C \equiv C$)을 1개 가지고 있는 불포화 화합물로 아세틸렌계 탄화수소라고도 하며, 첨가반응, 중합반응을 잘하고 금속 이온(Cu^+, Ag^+)과 치환하여 금속아세틸리드를 생성한다.

(1) 알킨의 동족체

n	분자식	IUPAC명	관용명	시성식
2	C_2H_2	ethine	acetylene	$CH \equiv CH$
3	C_3H_4	propine	methyl-acetylene	$CH \equiv C - CH_3$
4	C_4H_6	butine	ethyl-acetylene, di-methyl-acetylene	이성체 $\begin{cases} CH \equiv C - CH_2CH_3 \\ CH_3 - C \equiv C - CH_3 \end{cases}$

(2) 아세틸렌(C_2H_2) : $H - C \equiv C - H$

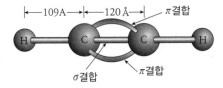

[아세틸렌의 분자 모형]

① 제법 : 카바이드에 물을 가하면 발생한다.

$$CaC_2 + 2H_2O \longrightarrow Ca(OH)_2 + C_2H_2\uparrow$$
탄화칼슘(카바이트)

② 성질

• 무색·무취의 기체이나 불순물(H_2S, PH_3)로 냄새가 나는 유독성 기체이다.

• 공기 중 연소 시 그을음을 내며 연소하고, 산소 속에서는 고온연소를 하므로 용접에 사용한다.

$$2C_2H_2 + 5O_2 \longrightarrow 4CO_2 + 2H_2O + 624.8kcal$$

• 첨가(부가)반응 : Ni이나 Pt를 촉매로 수소와 첨가 반응을 한다.

$$H - C \equiv C - H + H_2 \xrightarrow{Ni} \underset{H}{\overset{H}{}}C = C\underset{H}{\overset{H}{}} + H_2 \xrightarrow{Ni} H - \underset{H}{\overset{H}{C}} - \underset{H}{\overset{H}{C}} - H$$

(아세틸렌)　　　　　　　　　　(에틸렌)　　　　　　　　　　(에탄)

• 중합반응

– 아세틸렌을 500℃ 정도로 가열된 Fe관으로 통하면 3분자가 중합하여 벤젠이 된다.

$$3C_2H_2 \underset{\text{중합}}{\overset{Fe}{\rightleftharpoons}} C_6H_6(벤젠)$$

– 아세틸렌에 염화 제2수은($HgCl_2$)을 침착시킨 활성탄을 촉매로 하여 염화수소를 반응시키면 PVC(폴리염화비닐)의 원료인 염화비닐($CH_2 = CH - Cl$)이 얻어지고 이 염화비닐을 부가 중합시키면 PVC가 만들어진다.

$$C_2H_2 + HCl \xrightarrow{활성탄} CH_2 = CH - Cl, \quad n \underset{H}{\overset{H}{}}C = C\underset{H}{\overset{H}{}} \xrightarrow{부가중합} \left[\begin{array}{c} \underset{H}{\overset{H}{C}} - \underset{H}{\overset{H}{C}} \end{array} \right]_n$$

(아세틸렌)　　　　　　(염화비닐)　　　염화비닐(단위체)　　　　PVC(중합체)

• 치환반응 : 아세틸렌의 수소가 금속(Cu, Ag, Hg)과 치환하여 폭발성 물질인 금속 아세틸리드(acetylide)를 생성한다.

$$H-C\equiv C-H+Cu_2Cl_2 \longrightarrow Cu-C\equiv C-Cu+2HCl$$
(구리아세틸리드)

$$H-C\equiv C-H+2Ag(NH_3)_2NO_3 \longrightarrow Ag-C\equiv C-Ag+2NH_3+2NH_4NO_3$$
(은 아세틸리드)

- 아세틸렌에 황산수은($HgSO_4$)촉매 하에 물과 반응시키면 아세트알데히드(CH_3CHO)가 된다.

$$C_2H_2+H_2O \xrightarrow{HgSO_4} CH_3CHO \xrightarrow{\text{산화[O]}} CH_3COOH$$
(아세트알데히드)　　　　　(아세트산)

(3) 알킨의 명명법

① 2중 결합과 3중 결합이 함께 가질 경우에는 2중 결합이나 3중 결합이 있는 쪽에 번호를 붙이고, 2중 결합(ene), 3중 결합(yne)순으로 명명한다.

- $^1CH\equiv{}^2C-{}^3CH={}^4CH-{}^5CH_2-{}^6CH_3$: 3-hexene-1-yne(3-헥센-1-인)
- $^1CH_2={}^2CH-{}^3CH={}^4CH-{}^5CH\equiv{}^6CH$: 1, 3-hexadiene-5-yne(1, 3-헥사디엔-5-인)

② 2중 결합과 3중 결합에 곁가지가 붙은 경우는 알파벳순으로 2중 결합(ene), 3중 결합(yen)순으로 명명한다.

$$\underset{\underset{CH_2CH_3}{|}}{\overset{\overset{CH_2CH_2CH_3}{|}}{{}^1CH_2={}^2CH-{}^3C={}^4C-{}^5C\equiv{}^6CH}}$$: 4-ethyl-3-propyl-1, 3-hexadiene-5-yne
(4-에틸-3프로필-1, 3-헥사디엔-5-인)

 예제 1 **폴리염화비닐의 단위체와 합성법이 옳게 나열된 것은?**

① $CH_2=CHCl$, 첨가중합　　　　② $CH_2=CHCl$, 축합중합

③ $CH_2=CHCN$, 첨가중합　　　　④ $CH_2=CHCN$, 축합중합

| 풀이 | 염화비닐(단위체)의 2중 결합이 끊어지면서 서로 첨가중합반응을 하여 PVC(중합체)를 생성한다.

정답 | ①

---

6. 리포밍(개질)과 크래킹(열분해)

(1) 리포밍(Reforming) : 보통 가솔린(나프타)을 촉매(Pt 또는 Al_2O_3)를 사용하여 고온·고압으로 처리하여 질이 좋은 가솔린이나 방향족 탄화수소를 얻는 방법

> **예** $C_6H_{14} \xrightarrow[Pt]{\text{고온·고압}} C_6H_6+4H_2$
> 　　n-헥산　　　　　　벤젠

(2) 크래킹(Cracking) : 탄소 수가 많은 석유 성분을 탄소 수가 적은 탄화수소로 분해시키는 조작

> **예** $C_8H_{18} \xrightarrow[\text{크래킹}]{\text{촉매}} C_5H_{12}+C_3H_6$
> 　　(옥탄)　　　　　(펜탄) (프로필렌)

3 지방족 탄화수소의 유도체

지방족 탄화수소의 유도체란, 탄화수소기인 알킬기($R-$, $C_nH_{2n+1}-$)와 작용기가 합쳐져서 이루어지고 있는 물질로 주로 작용기에 의하여 그 특성을 나타내고 있다.

1. 알코올(alcohol)

(1) 알코올의 동족체($R-OH$, $C_nH_{2n+1}-OH$)

n	시성식	IPUAC명	관용명	참고	끓는점
1	CH_3OH	methanol	methyl alcohol	–	65℃
2	C_2H_5OH	ethanol	ethyl alcohol	CH_3CH_2OH	78℃
3	C_3H_7OH	propanol	n-propyl alcohol iso-propyl alcohol	$\begin{cases} CH_3CH_2CH_2OH \\ CH_3CH(OH)CH_3 \end{cases}$	97℃ 82℃

(2) 알코올의 분류

1) $-OH$기의 수에 의한 분류

1가 알코올	$-OH$: 1개	CH_3OH, C_2H_5OH
2가 알코올	$-OH$: 2개	$C_2H_4(OH)_2$: 에틸렌글리콜 … 부동액, 폴리에스테르
3가 알코올	$-OH$: 3개	$C_3H_5(OH)_3$: 글리세린(글리세롤) … 화장품, 화약

2) $-OH$기와 결합한 탄소 원자에 연결된 알킬기($R-$)의 수에 의한 분류

1차 알코올	2차 알코올	3차 알코올
에틸알코올	iso-프로판올	tert-부탄올(트리메틸카비놀)

3) 알코올의 일반성

① 알코올의 히드록시기($-OH$)는 이온화하지 않으므로 중성이 된다.

② 알코올($R-OH$)은 친유성인 알킬기($R-$)와 친수성인 히드록시기($-OH$)를 모두 가지고 있으므로, 분자량이 작은 저급 알코올은 친수성이 강하여 물에 잘 녹고, 반면에 분자량이 큰 고급 알코올은 친유성이 강하므로 물에 잘 녹지 않는다.

친유성기(R−)의 탄소수가 증가할수록 물에 대한 용해도가 감소하여 부탄올(C_4H_9OH)부터는 물
에 잘 녹지 않는다.

③ 반응성이 큰 알칼리금속(Na, K)과 반응하여 H_2가 발생한다. …알코올의 검출법

$$2R-OH + 2Na \longrightarrow 2R-ONa + H_2\uparrow$$

예 $2C_2H_5OH + 2Na \longrightarrow 2C_2H_5ONa + H_2\uparrow$

④ 산화반응 : 1차 알코올은 산화되면 알데히드(−CHO)를 거쳐 카르복실산(−COOH)이 생성되
고 2차 알코올은 산화되면 케톤($>$CO)이 생성되며, 3차 알코올은 산화되지 않는다.

1차 알코올	
2차 알코올	
3차 알코올	

⑤ 진한 황산 촉매하에 알코올(R−OH)와 카르복실산(R−COOH)과 반응시키면 물(−H_2O)이
빠져나오면서 에스테르(R−COO−R′)가 생성된다.

예

참고 저급 에스테르 화합물은 주로 꽃이나 과일의 향과 맛을 가지고 있으므로 청량음료나 아이스크림의 과일 향료에 이용된다.

⑥ 알코올(R–OH)을 탈수시키면 에테르(R–O–R′)화합물이 된다.

$$R-OH + R-OH \xrightarrow{\text{c}-H_2SO_4 \ \text{탈수}} R-O-R + H_2O [\text{축합반응}]$$

> 예 $C_2H_5OH + C_2H_5OH \xrightarrow[130\sim140℃]{\text{c}-H_2SO_4} C_2H_5OC_2H_5 + H_2O$
> 에탄올   에탄올   디에틸에테르(에테르)

※ 축합반응 : 물(H_2O)이 빠지면서 두 분자가 결합하는 반응이라 하며 이렇게 이루어진 중합을 축중합이라 한다.

⑦ 종류 : CH_3OCH_3, $CH_3OC_2H_5$, $C_2H_5OC_2H_5$ 등
　　　　디메틸에테르   메틸에틸에테르   디에틸에테르

⑧ 요오드포름 반응 : 아세틸기$[CH_2CO-]$ + $\boxed{I_2 + KOH}$ $\longrightarrow$ $CHI_3\downarrow$ (요오드포름)

$$C_2H_5OH + \boxed{I_2 + KOH} \xrightarrow[\text{가열}]{\text{요오드포름 반응}} CHI_3\downarrow \text{(노란색 침전)}$$
에탄올   요오드포름

참고 **요오드포름 반응을 하는 물질**

C_2H_5OH, CH_3CHO, CH_3COCH_3, $CH_3CH(OH)CH_3$
(에탄올) (아세트알데히드)   (아세톤)   (이소프로필알코올)

참고 다이너마이트(폭약)는 트리니트로글리세린을 규조토에 흡수시켜 만든다.

2. 알데히드(aldehyde : R – CHO)

(1) 알데히드

① 저급 알데히드는 물에 잘 녹는다.

② 1차 알코올을 산화시켜 얻으며, 포르밀기(알데히드기)는 산화되기 쉬워 산화되면 카르복실산이 된다.

> 예 $CH_3OH \xrightarrow[(-2H)]{\text{산화}} HCHO \xrightarrow[(+O)]{\text{산화}} HCOOH$
> 메탄올   포름알데히드   포름산
>
> $C_2H_5OH \xrightarrow[(-2H)]{\text{산화}} CH_3CHO \xrightarrow[(+O)]{\text{산화}} CH_3COOH$
> 에탄올   아세트알데히드   아세트산

③ 환원성이 있다(알데히드 검출)

• 은거울 반응 : 암모니아성 질산은 용액$[Ag(NH_3)_2]^+$을 환원하여 은거울(은을 유리)을 만든다.

$$\overset{\text{환원}}{\overbrace{2Ag(NH_3)_2OH + RCHO}} \longrightarrow RCOOH + 2Ag\downarrow + 4NH_3 + H_2O$$

• 펠링 반응 : 펠링 용액(진한 청색)을 환원하여 산화제일구리 Cu_2O의 붉은색 침전을 만든다.

환원

$$RCHO + 2Cu(OH)_2 + NaOH \longrightarrow RCOONa + Cu_2O\downarrow + 3H_2O$$

펠링 용액 성분(푸른색)   붉은색

참고 은거울 반응을 하고 펠링 용액을 환원시키는 물질

❶ 모든 알데히드($R - CHO$) … $HCHO$, CH_3CHO

❷ $HCO-$로 시작하는 모든 물질 … $HCOOH$, $HCOOCH_3$, $HCOOC_2H_5$

❸ 설탕을 제외한 모든 단당류(포도당, 과당, 갈락토오스)와 이당류(맥아당, 젖당)

❹ 카르복실산 중에서 은거울 반응하고, 펠링 용액을 환원시키는 것은 알데히드기를 포함하고 있는 $HCOOH$뿐이다.

(2) 대표적인 알데히드

① 포름알데히드($HCHO$) : 무색의 자극성 기체로 물에 잘 녹는다. 환원성이 있어서 은거울 반응, 펠링 반응을 한다. 또 합성수지의 원료로 쓰인다.

※ 포름알데히드의 30~40% 수용액을 포르말린이라고 한다. (방부제)

② 아세트알데히드(CH_3CHO) : 은거울 반응, 펠링 반응을 하며, CH_3CO-기를 가지고 있으므로 요오드포름 반응을 한다.

$$C_2H_5OH \xleftarrow[(+2H)]{\text{환원}} CH_3CHO \xrightarrow[(+O)]{\text{산화}} CH_3COOH$$

에탄올   아세트알데히드   아세트산

3. 케톤(ketone) R-CO-R′

(1) 케톤(RCOR′) : 카르보닐기($\rangle CO = O$)를 가지는 화합물로, 2차 알코올을 산화하여 얻는다.(아세톤 : CH_3COCH_3, 메틸에틸케톤[M.E.K] : $C_2H_5COCH_3$)

(2) 아세톤(CH_3COCH_3)

① 제2차 알코올인 iso-프로필 알코올을 산화시킨다.

② 성질

• 환원성이 없다(은거울 반응과 펠링 용액을 환원시키는 작용이 없다).

• 물과 에탄올, 에테르와 임의로 섞인다.

• 요오드포름 반응을 한다.

> **참고** 케톤은 2차 알코올을 산화시켜 얻고, 촉매의 존재하에서 환원시키면 2차 알코올을 얻는다.

$$\underset{\text{2차 알코올}}{R-\overset{\displaystyle OH}{\underset{\displaystyle H}{\overset{|}{\underset{|}{C}}}}-R'} \quad \underset{\text{환원}(+2H)}{\overset{\text{산화}(-2H)}{\rightleftarrows}} \quad \underset{\text{케톤}}{R-\overset{\displaystyle O}{\overset{\|}{C}}-R'}$$

4. 카르복실산(R−COOH)

(1) 카르복실산(Carboxylic acid)

① 분자 내에 카르복실기(− COOH)를 가지는 화합물이다.

② 카르복실산의 일반성

- 분자 간에 수소결합이 이루어지므로 끓는점이 비교적 높다.
- 산성 수용액 중에서 전리하여 H^+을 내어 약산성이 띤다.

$$R-COOH \longrightarrow R-COO^- + H^+$$

> (예) $CH_3COOH \longrightarrow CH_3COO^- + H^+$

- 알코올과 작용하여 에스테르를 만든다.(축합반응)

$$RCOOH + R'OH \xrightarrow[\text{진한 황산}]{140\text{℃}} RCOOR' + H_2O$$

> (예) $CH_3COOH + C_2H_5OH \xrightarrow[\text{탈수}]{c-H_2SO_4} CH_3COOC_2H_5 + H_2O$

- K, Na과 반응하여 수소를 발생한다.

$$2R-COOH + 2Na \longrightarrow 2RCOONa + H_2\uparrow$$

> (예) $2CH_3COOH + 2Na \longrightarrow 2CH_3COONa + H_2\uparrow$

(2) 포름산(HCOOH : 개미산)

① 물에 녹기 쉬운 자극성 액체로, 메탄올을 산화하면 얻어진다.

$$CH_3OH \xrightarrow[(-2H)]{\text{산화}} HCHO \xrightarrow[(+O)]{\text{산화}} HCOOH$$

② 포름산은 분자내에 카르복실기(− COOH)와 포르밀기(− CHO)를 함께 가지고 있으므로 산성을 나타내고, 환원성이 있어 은거울 반응과 펠링반응을 한다. 또한, 카르복실산 중에서 가장 산성이 강하다.

> **참고**
>
> 포르밀기(− CHO) ← $H-C\overset{\displaystyle O}{\underset{\displaystyle O-H}{<}}$ → 카르복실기(− COOH)
>
> 알데히드의 성질 　　　　　　　　　카르복실산의 성질
> ⇨ 환원성을 가짐 　　　　　　　　　⇨ 산성을 나타냄
> 　(은거울 반응, 펠링 반응)

③ 진한 황산을 넣고 가열하면 CO 발생한다.(CO의 제법)

$$HCOOH \xrightarrow{\text{진한 } H_2SO_4} CO\uparrow + H_2O$$

예제 1
은거울 반응을 하는 화합물은?

① CH_3COCH_3　　　② CH_3OCH_3　　　③ $HCHO$　　　④ CH_3CH_2OH

정답 | ③

(3) 아세트산(CH_3COOH)

① 제법

- 에틸알코올이나 아세트알데히드를 산화시켜 얻는다.

$$\underset{\text{에틸알코올}}{C_2H_5OH} + O_2 \longrightarrow \underset{\text{아세트산}}{CH_3COOH} + H_2O$$

$$\underset{\text{아세트알데히드}}{CH_3CHO} \xrightarrow[(+O)]{\text{산화}} \underset{\text{아세트산}}{CH_3COOH}$$

- 아세틸렌에 $HgSO_4$촉매로 물을 부가시켜 생성된 아세트알데히드를 산화시킨다.

$$H-C \equiv C-H + H_2O \longrightarrow CH_3CHO \xrightarrow[(+O)]{\text{산화}} CH_3COOH$$

② 성질

- 무색 자극성 액체이나 순수한 것은 17℃에서 고체가 된다.
- 점화하면 푸른 불꽃을 내며 연소한다.

$$CH_3COOH + 2O_2 \longrightarrow 2CO_2 + 2H_2O$$

- 알코올과 반응하여 에스테르가 된다.

$$CH_3COOH + C_2H_5OH \longrightarrow \underset{\text{아세트산에틸}}{CH_3COOC_2H_5} + H_2O$$

- 초산 두 분자에서 탈수하면 무수초산이 생긴다.

$$\begin{matrix} CH_3COOH \\ CH_3COOH \end{matrix} \xrightarrow[(P_4O_{10} \text{ 또는 } H_2SO_4)]{\text{탈수제}} \underset{\text{무수초산}}{\begin{matrix} CH_3CO \\ CH_3CO \end{matrix}}\!\!\!\!> O + H_2O$$

01 분자식이 같으면서도 구조가 다른 유기화합물을 무엇이라고 하는가?

① 이성질체　　　　② 동소체
③ 동위원소　　　　④ 방향족 화합물

해설

② 동소체 : 같은 원소로 되어 있으나 원자배열이나 분자배열이 시로 다른 관계
③ 동위원소 : 원자번호(양성자수, 전자수)가 같으나 질량수(중성자수)가 다른 원소
④ 방향족화합물 : 벤젠고리를 가진 탄화수소로서 벤젠의 유도체 화합물

02 평면 구조를 가진 $C_2H_2Cl_2$의 이성질체의 수는?

① 1개　　　　② 2개
③ 3개　　　　④ 4개

해설

$C_2H_2Cl_2$의 이성질체 3가지

cis형　　　　trans형　　　　구조이성질체
(극성분자)　　(비극성분자)　　(극성분자)

03 Alkyne의 일반식 표현이 올바른 것은?

① C_nH_{2n-2}　　　　② C_nH_{2n}
③ C_nH_{2n+2}　　　　④ C_nH_n

해설

① 알킨족(아세틸렌계)탄화수소
② 알켄족(올레핀계, 에틸렌계)탄화수소
③ 알칸족(메탄계, 파라핀계)탄화수소

04 다음 물질 중 물에 가장 잘 용해되는 것은?

① 디에틸에테르　　　② 글리세린
③ 벤젠　　　　　　　④ 톨루엔

해설

① $C_2H_5OC_2H_5$: 제4류 특수인화물(비수용성)
② $C_3H_5(OH)_3$: 제3석유류(수용성)
③ C_6H_6 : 제1석유류(비수용성)
④ $C_6H_5CH_3$: 제1석유류(비수용성)

05 다음 중 디메틸에테르와 구조 이성질체의 관계에 있는 것은?

① CH_3COOH　　　　② C_2H_5OH
③ CH_3CHO　　　　　④ CH_3OH

해설

이성질체 : 분자식이 같으나 시성식, 구조식이 다른 화합물

구분	에탄올	디메틸에테르
분자식	C_2H_6O	C_2H_6O
시성식	C_2H_5OH	CH_3OCH_3
구조식	$-\overset{\mid}{\underset{\mid}{C}}-\overset{\mid}{\underset{\mid}{C}}-O-H$	$-\overset{\mid}{\underset{\mid}{C}}-O-\overset{\mid}{\underset{\mid}{C}}-$

06 곧은 사슬 포화탄화수소의 일반적인 경향으로 옳은 것은?

① 탄소수가 증가할수록 비점은 증가하나 빙점은 감소한다.
② 탄소수가 증가하면 비점과 빙점이 모두 감소한다.
③ 탄소수가 증가할수록 빙점은 증가하나 비점은 감소한다.
④ 탄소수가 증가하면 비점과 빙점이 모두 증가한다.

 정답 01 ①　02 ③　03 ①　04 ②　05 ②　06 ④

해설

포화탄화수소의 일반적인 성질

분자량이 증가할수록 분자 간의 인력이 증가하기 때문에 용융점, 비등점이 높아진다.

---

07 기하 이성질체 때문에 극성 분자와 비극성 분자를 가질 수 있는 것은?

① C_2H_4　　　　② C_2H_3Cl

③ $C_2H_2Cl_2$　　　④ C_2HCl_3

해설

2번 해설 참조

---

08 $CH_2=CH-CH=CH_2$를 옳게 명명한 것은?

① 3-Butene　　　② 3-Butadiene

③ 1, 3-Butadiene　④ 1, 3-Butene

해설

탄소 ①과 ③번에 이중결합이 2개 붙어 있으므로 −디엔(diene)를 붙여 명명한다.

$$\begin{array}{ccccc}
& ① & ② & ③ & ④ \\
\text{H}-&\text{C}=&\text{C}-&\text{C}=&\text{C}-\text{H} \\
& | & | & | & | \\
& \text{H} & \text{H} & \text{H} & \text{H}
\end{array}$$

1, 3-Butadiene

---

09 디에틸에테르에 관한 설명으로 옳지 않은 것은?

① 휘발성이 강하고 인화성이 크다.

② 증기는 마취성이 있다.

③ 2개의 알킬기가 있다.

④ 물에 잘 녹지만 알코올에는 불용이다.

해설

디에틸에테르($C_2H_5OC_2H_5$)

제4류 특수인화물로서 물에는 녹지 않으나 알코올에는 잘 녹는다.

---

10 '2.3-dimethyl-1.3-butadiene'의 화학구조식을 옳게 나타낸 것은?

① $CH_2-C-C=CH_2$
　　　　|
　　　　CH_3

② $CH_2=C \ - \ C=CH_2$
　　　|　　　　|
　　　CH_3　　CH_3

③ $CH_3-C=CH-CH_3$
　　　　　|
　　　　　CH_3

④ $\begin{array}{c}CH_3 \\ \\ CH_3\end{array}\Big\rangle CH-CH=CH_2$

해설

탄소(C)의 ②와 ③에 메틸기($-CH_3$)가 2개(di) 있으며, ①과 ③에 이중결합이 2개 붙어 있으므로 −디엔(diene)를 붙여 명명한다.

$$\begin{array}{cccc}
① & ② & ③ & ④ \\
CH_2=&C \ - \ &C=&CH_2 \\
& | & | & \\
& CH_3 & CH_3 &
\end{array}$$

2, 3-Dimethyl-1, 3-Butadiene

---

11 아세틸렌의 성질과 관계가 없는 것은?

① 용접에 이용된다.

② 이중결합을 가지고 있다.

③ 합성화학원료로 쓸 수 있다.

④ 염화수소와 반응하여 염화비닐을 생성한다.

해설

아세틸렌(C_2H_2)

• 구조식 : $H-C\equiv C-H$ (3중 결합)

• 염화비닐 생성

$$H-C\equiv C-H + HCl \xrightarrow[\text{(첨가반응)}]{\text{염화비닐}} \begin{array}{c} H \\ \\ H \end{array}\!\!>C=C<\!\!\begin{array}{c} H \\ \\ Cl \end{array}$$

---

12 관능기와 그 명칭을 나타낸 것 중 틀린 것은?

① $-OH$: 히드록시기

② $-NH_2$: 암모니아기

③ $-CHO$: 알데히드기

④ $-NO_2$: 니트로기

> **해설**
>
> ② $-NH_2$: 아미노기

13 다음 작용기 중에서 메틸(methyl)기에 해당하는 것은?

① $-C_2H_5$　　　　② $-COCH_3$

③ $-NH_2$　　　　④ $-CH_3$

> **해설**
>
> ① $-C_2H_5$: 에틸기
>
> ② $-COCH_3$: 아세틸기
>
> ③ $-NH_2$: 아미노기

14 에탄올은 공업적으로 약 280℃, 300기압에서 에틸렌에 첨가하여 얻어진다. 이때 사용되는 촉매는?

① H_2SO_4　　　　② NH_3

③ HCl　　　　④ $AlCl_3$

> **해설**
>
> 에탄올제조법(직접수화법, 간접수화법)
>
> • 직접수화법 : 황산(H_2SO_4) 촉매하에 기체상태의 물(H_2O)과 에틸렌(C_2H_4)을 반응시켜 에탄올(C_2H_5OH)을 얻는다.
>
> • $C_2H_4 + H_2O \xrightarrow[\text{촉매}]{H_2SO_4} C_2H_5OH$

15 포화탄화수소에 대한 설명 중 옳은 것은?

① 기하 이성질체를 갖는다.

② 부가(첨가)반응을 한다.

③ 2중 결합으로 되어 있다.

④ 치환반응을 한다.

16 에탄올의 탈수로 만들어지는 물질로 물에 잘 녹지 않으며 마취성과 휘발성이 있는 액체는?

① C_6H_6　　　　② CH_3COOH

③ $C_2H_5OC_2H_5$　　　　④ CH_3CHO

> **해설**
>
> 디에틸에테르($C_2H_5OC_2H_5$) : 제4류 위험물 중 특수인화물, 마취성, 휘발성
>
> • 130~140℃
>
> : $C_2H_5OH + C_2H_5OH \xrightarrow[\text{탈수}]{c-H_2SO_4} C_2H_5OC_2H_5 + H_2O$
>
> • 160~180℃
>
> : $C_2H_5OH \xrightarrow[\text{탈수}]{c-H_2SO_4} C_2H_4 + H_2O$
> 　　　　　　　　　　(에틸렌)

17 2차 알코올이 산화되면 무엇이 되는가?

① 알데히드　　　　② 에테르

③ 카르복실산　　　　④ 케톤

> **해설**
>
> 알코올의 산화
>
> • 1차 알코올 $\xrightarrow[(-2H)]{\text{산화}}$ 알데히드 $\xrightarrow[(+O)]{\text{산화}}$ 카르복실산
>
> $C_2H_5OH \xrightarrow[(-2H)]{\text{산화}} CH_3CHO \xrightarrow[(+O)]{\text{산화}} CH_3COOH$
> (에틸알코올)　　　(아세트알데히드)　　　(초산)
>
> • 2차 알코올 $\xrightarrow[(-2H)]{\text{산화}}$ 케톤
>
> $CH_3-CH-CH_3 \xrightarrow[(-2H)]{\text{산화}} CH_3-CO-CH_3 + H_2O$
> 　　　|　　　　　　　　　　　(아세톤)　　　(물)
> 　　OH
> (이소프로필알코올)

18 벤젠을 약 300℃, 높은 압력에서 Ni 촉매로 수소와 반응시켰을 때 얻어지는 물질은?

① Cyclopentane   ② Cyclopropane
③ Cyclohexane   ④ Cyclooctane

해설

시클로헥산(cyclohexane) 또는 사이클로헥산(C_6H_{12})
: 제4류 위험물 제1석유류

19 $CH_2=CHCH_2OH$인지 또는 CH_3COCH_3인지 분명하지 않은 화합물이 있다. 이들 중의 어느 것인지를 분명히 알려면 다음 중 어느 실험을 하는 것이 좋은가?

① 브롬 수용액에 넣어 본다.
② 알칼리에 녹여 본다.
③ 산에 녹여 본다.
④ 태워본다.

해설

탄소 간의 2중 결합은 Br_2수의 적갈색을 탈색시켜 무색으로 변한다.

20 다음 중 환원성이 없는 것은?

① H · CHO   ② CH_3CHO
③ H · COOH   ④ CH_3COOH

해설

• 알데히드[−CHO]기는 환원성이 있지만 카르복실기 [−COOH]는 환원성이 없다.
• HCOOH는 알데히드기나 카르복실기를 가지고 있다.

$$H-C\overset{\displaystyle O}{\underset{\displaystyle O-H}{\Big\langle}}$$

21 다음 중 알코올과 화학적 성질이 다른 것은?

① C_2H_5OH
② $C_5H_{11}OH$
③ C_6H_5OH
④ CH_3OH

해설

페놀(C_6H_5OH)은 벤젠핵이 있는 방향족화합물로서 약산성을 나타낸다.

22 올레핀계 탄화수소에 해당하는 것은?

① CH_4 ② $CH_2=CH_2$
③ $CH\equiv CH$ ④ CH_3CHO

23 아세틸렌으로 합성된 아세트알데히드를 Ni 촉매하에 H_2로써 환원시켜 얻는 것은?

① HCHO
② CH_3OH
③ $CH_2=CHCl$
④ C_2H_5OH

해설

$$C_2H_2 + H_2O \xrightarrow{HgSO_4} CH_3CHO \overset{\text{환원}}{\underset{\text{산화}}{\diagdown\diagup}} \begin{matrix} C_2H_5OH \\ CH_3COOH \end{matrix}$$

정답 18 ③ 19 ① 20 ④ 21 ③ 22 ② 23 ④

4 방향족 화합물(芳香族化合物)

고리모양의 화합물 중 벤젠핵을 갖고 있는 물질을 방향족 화합물이라 하고, 방향족 화합물 중 C와 H만으로 이루어진 화합물을 방향족 탄화수소라 한다.

1. 벤젠(benzene : C_6H_6)

(1) 제법

① 콜타르의 분류에서 얻어지며 석유의 리포밍으로도 얻어진다.

② 아세틸렌으로부터 합성한다.

$$3C_2H_2 \xrightarrow[\text{중합}]{\text{Fe}} C_6H_6$$

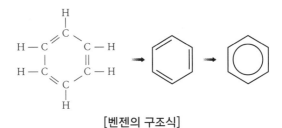

[벤젠의 구조식]

(2) 성질

① 무색의 휘발성 액체(bp 80.1℃)로 향기가 있고 인화성이 크다.

② 물에는 녹지 않고 알코올, 에테르에 잘 녹으며 유기용매로 사용한다.

③ 공기 중에서 그을음을 많이 내며 탄다.

④ 공명현상 때문에 안정하며 π결합이 있어서 부가(첨가)반응보다 치환반응을 더 쉽게 일으킨다.

(3) 치환반응

① 클로로화(chloro화 또는 halogen화)

$$\text{C}_6\text{H}_6\text{(H)} + \text{Cl}_2 \xrightarrow{\text{Fe}} \text{C}_6\text{H}_5\text{(Cl)} + \text{HCl}$$

C_6H_6 : 벤젠 C_6H_5Cl : 염화벤젠

② 술폰화(sulfonation)

$$\text{(H)} + \text{H}_2\text{SO}_4 \xrightarrow{\text{발연황산}} \text{(SO}_3\text{H)} + \text{H}_2\text{O}$$

(HO·SO₃H)

$C_6H_5SO_3H$: 벤젠술폰산

③ 니트로화(nitration)

$$\text{(H)} + \text{HNO}_3 \xrightarrow{\text{진한 H}_2\text{SO}_4} \text{(NO}_2) + \text{H}_2\text{O}$$

(HO·NO₂)

$C_6H_5NO_2$: 니트로벤젠

④ 알킬화(Friedel-Crafts반응)

$$\text{(H)} + \text{CH}_3\text{Cl} \xrightarrow{\text{AlCl}_3} \text{(CH}_3) + \text{HCl}$$

$C_6H_5CH_3$: 톨루엔

예제 1 벤젠에 진한질산과 진한황산의 혼합물을 작용시킬 때 황산이 촉매와 탈수제 역할을 하여 얻어지는 화합물은?

① 니트로벤젠　　　② 클로로벤젠　　　③ 알킬벤젠　　　④ 벤젠술폰산

| 풀이 |　벤젠의 치환반응에서 니트로화반응으로 만들어지는 니트로벤젠은 아닐린의 원료로 사용된다.

정답 | ①

(4) 첨가반응

① 수소 첨가

$$\bigcirc + 3H_2 \xrightarrow[150℃]{Ni} $$

시클로헥산

② 염소 첨가

$$\bigcirc + 3Cl_2 \xrightarrow[\text{자외선}]{\text{햇빛}} $$

벤젠헥사클로라이드(B.H.C)

2. 방향족 탄화수소

(1) 톨루엔(toluene) $C_6H_5CH_3$,

① 산화시키면 알데히드를 거쳐 산이 된다.

$$\xrightarrow[(H_2SO_4+KMnO_4)]{\text{산화}} \text{벤즈알데히드(CHO)} \xrightarrow{\text{산화}} \text{벤조산(COOH)}$$

② 니트로화를 시키면 T.N.T(화약)가 된다. ★★★

$$\text{톨루엔}(CH_3) + 3HNO_3 \xrightarrow[\text{니트로화반응}]{\text{진한 } H_2SO_4} + 3H_2O$$

(2, 4, 6-tri-nitro-toluene)[T.N.T]

③ FeCl₃의 존재하에 톨루엔과 염소를 반응시키면 클로로톨루엔이 된다.

④ 알킬치환기의 할로겐화반응(곁사슬 치환반응) : 알킬벤젠화합물과 할로겐원소를 햇빛존재하에 반응시키면 알킬기의 수소와 치환반응을 한다.

(톨루엔) + Cl₂ (햇빛 가열) → (벤질클로라이드) +HCl + Cl₂ → (벤졸클로라이드) +HCl + Cl₂ → (벤즈트리클로라이드) +HCl

예제 2 FeCl₃의 존재하에서 톨루엔과 염소를 반응시키면 어떤 물질이 생기는가?

| 풀이 | + Cl₂ FeCl₃→ + HCl

정답 | (클로로톨루엔)

※ 이성질체 3가지

o-클로로톨루엔   m-클로로톨루엔   p-클로로톨루엔

(2) 크실렌(xylene) C₆H₄(CH₃)₂

① 3가지 이성질체가 있다.

ortho-xylene   meta-xylene   para-xylene

② ortho-xylene을 산화시키면 프탈산이 된다.

(산화 (H₂SO₄+KMnO₄)) → COOH COOH 프탈산

(3) 페놀(phenol, 석탄산) C₆H₅OH,

① 제법 : 벤젠에 −OH는 직접 치환되지 않고, 다음 과정을 거쳐야 한다.

② 성질

- 페놀은 물에 약간 녹으며, 약산성을 나타낸다. $C_6H_5OH \rightleftharpoons C_6H_5O^- + H^+$
- 알칼리와 반응하여 염을 만든다. $C_6H_5OH + NaOH \longrightarrow C_6H_5ONa + H_2O$
- 염화제이철($FeCl_3$)수용액을 가하면 보라색이 된다.(정색 반응 ⇨ 페놀류의 검출)★★★
- 페놀 수지(베이클라이트)의 제조에 쓰인다.(페놀＋포름알데히드 ⇨ 페놀 수지)
- 진한 HNO_3과 진한 H_2SO_4에 의해 피크린산이 된다.

(피크린산, 트리니트로페놀)

참고 페놀류와 알코올의 성질 비교

구분	페놀류	알코올
작용기	−OH(히드록시기)	−OH(히드록시기)
작용기의 위치	−OH가 벤젠 고리에 결합되었다.	−OH가 알킬기에 결합되었다.
수용액의 액성	약한 산성	중성
Na과의 반응	반응하여 $H_2\uparrow$ 기체가 발생한다.	반응하여 $H_2\uparrow$ 기체가 발생한다.
카르복시산과의 에스테르화 반응	반응한다.	반응한다.
FeCl₃ 수용액과의 반응	적자색의 정색 반응을 한다.	반응하지 않는다.
염기와의 중화반응	반응한다.	반응하지 않는다.
화합물의 예	페놀, 크레졸, 살리실산	메탄올, 에탄올

(4) 아닐린(aniline) C₆H₅NH₂,

① 제법 : 벤젠에 −NH₂(아민근)은 직접 치환되지 않고, 다음 두 과정을 거쳐야 한다.

② 성질

- 무색의 액체로 물에 녹지 않으나 염기성을 나타낸다.
- 염기성이므로 산과 작용하여 염이 되고 이 염은 물에 용해된다.

$$\underset{}{\bigcirc}\text{—NH}_2 + \text{HCl} \longrightarrow \underset{}{\bigcirc}\text{—NH}_3\text{Cl} \xrightarrow[\text{물에 용해}]{\text{이온화}} \underset{}{\bigcirc}\text{—NH}_3^+ + \text{Cl}^-$$

- 표백분($CaOCl_2$)을 만나면 보라색이 된다. ……검출법으로 이용
- 아세트산과 반응하여 아세트아닐리드(해열제)가 된다.

$$\underset{}{\bigcirc}\text{—NH}_2 + \text{CH}_3\text{COOH} \longrightarrow \underset{}{\bigcirc}\text{—NHCOCH}_3 + \text{H}_2\text{O}$$

③ 디아조화 반응과 커플링 반응 : 아질산과 염산을 저온에서 반응시켜 염화벤젠디아조늄을 만들고, 여기에 페놀을 작용시키면 아조기($-\text{N}=\text{N}-$)를 가진 화합물이 생긴다. 이 반응을 디아조 커플링이라 한다. ★★★

$$\underset{}{\bigcirc}\text{—N}\,\boxed{\text{H}_2 + \text{HN O}_2 + \text{H}}\,\text{Cl} \xrightarrow{\text{디아조화}} [\underset{}{\bigcirc}\text{—N}\equiv\text{N}]^+\text{Cl}^- + 2\text{H}_2\text{O}$$
염화벤젠디아조늄(염료의 중간 산물)

$$\underset{}{\bigcirc}\text{—N}_2\text{Cl} + \underset{}{\bigcirc}\text{—OH} + \text{NaOH} \xrightarrow{\text{커플링 반응}} \underset{}{\bigcirc}\text{—N}=\text{N}-\underset{}{\bigcirc}\text{—OH} + \text{NaCl} + \text{H}_2\text{O}$$
파라히드록시아조벤젠(황적색)

니트로벤젠의 증기에 수소를 혼합한 뒤 촉매를 사용하여 환원시키면 무엇이 되는가?

① 페놀　　　　　② 톨루엔　　　　　③ 아닐린　　　　　④ 나프탈렌

| 풀이 | 니트로벤젠에 수소를 환원시키면 아닐린이 생성된다.

$$\underset{\text{니트로벤젠}}{\bigcirc\text{—NO}_2} + 3\text{H}_2 \xrightarrow{\text{환원}} \underset{\text{아닐린}}{\bigcirc\text{—NH}_2} + 2\text{H}_2\text{O}$$

정답 | ③

커플링(Coupling) 반응시 생성되는 작용기는?

① $-\text{NH}_2$　　　　② $-\text{CH}_3$　　　　③ $-\text{COOH}$　　　　④ $-\text{N}=\text{N}-$

| 풀이 | 방향족 디아조늄염에 페놀류를 작용시키면 아조기($-\text{N}=\text{N}-$)를 갖는 아조화합물을 만드는 반응이다.

정답 | ④

(5) 크레졸(cresol) $C_6H_4(OH)CH_3$

① 이성질체(위치 이성질체)가 3종 있다.

② 크레졸은 페놀성 −OH기 때문에 산성이며, 알칼리와 반응하여 염을 만드므로 알칼리성인 비
  눗물에 잘 녹는다.
③ 페놀보다 살균력이 강하며 $FeCl_3$에 의해 정색반응을 나타낸다.

[이성질체]

| o−cresol | m−cresol | p−cresol |
| (mp 32℃) | (mp 10.9℃) | (mp 36.5℃) |

(6) 방향족 카르복실산

① 벤조산(benzoic acid, 안식향산) C_6H_5COOH, ⟨구조식⟩ COOH
  • 무색의 판상 결정으로 물에 녹아서 산성을 나타낸다.
  • 살균력이 있고 방부제로 쓰인다.
② 살리실산(salicylic acid) $C_6H_4(OH)COOH$
  • 백색의 침상 결정으로 더운물에 녹는다.
  • 카르복실산, 알코올과도 반응하여 에스테르를 만든다.

참고
  • 산의 세기
    $HCl, H_2SO_4 > C_6H_5SO_3H > C_6H_5COOH > CH_3COOH$
    $H_2CO_3 > C_6H_5OH$
  • 벤젠의 수소와 직접 치환하는 관능기
    −Cl(클로로화, 할로겐화), −NO_2(니트로화), −SO_3H(술폰화), R−(알킬화)
  • 벤젠의 수소와 직접 치환하지 않는 관능기
    −OH(히드록시기), −CHO(알데히드기), −COOH(카르복실기), −NH_2(아민기)

(7) 기타 벤젠의 유도체

분자식	구조식	성질	용도
스티렌 $C_6H_5CHCH_2$	⟨구조식⟩ CH=CH₂	• 비닐기를 갖고 있다. • 첨가 중합 반응	합성수지, 합성고무의 원료
나프탈렌 $C_{10}H_8$	⟨구조식⟩	• 무색·특취의 판상 결정 • 승화성	프탈산, 염료의 원료, 방충제
안트라센 $C_{14}H_{10}$	⟨구조식⟩	• 엷은 푸른색 판상 결정 • 승화성	염료(알리자린)의 원료

(8) 방향족 탄화수소의 명명

벤젠에서 수소 한 개가 빠진기를 페닐(pheny)기라 하며 C_6H_5-(,)로 나타내어 명명하는 데 많이 쓰인다.

참고

(phenyl)

(benzyl)

(p-tolyl)

 acetophenone

styrene

 acetanilide

phenylacetylene

benzylalcohol

 Catechol

 resorcinol

 hydroquinone

 o-toluidine

4-hydroxy-3-methoxy
-benzaldehyde(Vanillin)

1-bromo-2-chloro-
3-nitroberzene

diphenyl·methane

예제 5	**아세토페논의 화학식에 해당하는 것은?**

① C_6H_5OH 　　② $C_6H_5NO_2$ 　　③ $C_6H_5CH_3$ 　　④ $C_6H_5COCH_3$

풀이	

① OH 페놀   　② NO_2 니트로벤젠   　③ CH_3 톨루엔   　④ COCH_3 아세토페논

정답 | ④

5 고분자 화합물

1. 고분자 화합물

분자량이 10,000 이상인 화합물로 화학적으로 안정하며 분자 구조가 복잡하고 녹는점이 일정치 않다.

2. 탄수화물

$C_m(H_2O)_n$의 일반식을 갖는 것으로 $m \geqq 6$

(1) 특징 : 많은 수의 $-OH$와 $-CHO$ 또는 $>CO$를 갖는다.

① $-OH$와 $-CHO$를 갖는 탄수화물 : aldose(포도당)

② $-OH$와 $>CO$를 갖는 탄수화물 : ketose(과당)

(2) 종류

종류	분자식	이름	가수 분해 생성물	환원작용	수용성	단맛
단당류	$C_6H_{12}O_6$	포도당 과당 칼락토오스	가수 분해되지 않는다.	있다	녹는다	있다
이당류	$C_{12}H_{22}O_{11}$	설탕 맥아당(엿당) 젖당	포도당＋과당 포도당＋포도당 포도당＋갈락토오스	없다 있다 있다	녹는다 녹는다 녹는다	있다 있다 있다
다당류	$(C_6H_{10}O_5)_n$	녹말(전분) 셀룰로오스 글리코켄	포도당	없다	잘 녹지 않는다	없다
		이눌린	과당	없다	잘 녹지 않는다	없다

※ 포름알데히드(CH_2O), 아세트산($C_2H_4O_2$), 젖산($C_3H_6O_3$) 등은 같은 일반식을 가지나, 이들은 성질이 다르므로 탄수화물은 아니다.

참고 탄수화물 분해효소(암기법)★★

- **아전맥포** : 전분 $\xrightarrow{\text{아밀라아제}}$ 맥아당 ＋ 포도당

- **인설포과** : 설탕 $\xrightarrow{\text{인베르타아제}}$ 포도당 ＋ 과당

- **말맥포** : 맥아당(엿당) $\xrightarrow{\text{말타아제}}$ 포도당

- 리유지글 : 유지(지방, 기름) $\xrightarrow{\text{리파아제}}$ 지방산 ＋ 글리세린

- 지포에 : 포도당 $\xrightarrow{\text{지마아제}}$ 에틸알코올 ＋ 이산화탄소
  $\quad\quad\quad$ ($C_6H_{12}O_6$) $\quad\quad\quad\quad\quad$ (C_2H_5OH) $\quad\quad$ (CO_2)

| 예제 1 | 다음 물질 중 환원성이 없는 것은? |

예제 1	다음 물질 중 환원성이 없는 것은?

예제 1 다음 물질 중 환원성이 없는 것은?

① 설탕   ② 엿당   ③ 젖당   ④ 포도당

| 풀이 | 단당류와 이당류는 설탕만 제외하고 전부 환원성이 있다. | 정답 | ① |

3. 유지

(1) 유지 : 유지는 고급 지방산과 글리세린의 에스테르이다.

① 유지의 성질

- 상온에서 색, 냄새, 맛이 없는 중성 물질로 공기 중에 오래 방치하면 악취를 내고 산성을 나타낸다. 이를 유지의 산패(酸敗)라 한다.
- 물에는 녹지 않고, 에테르, 벤젠, 사염화탄소 등에 녹는다.

> **예** 유지는 고급 지방산과 글리세린이 에스테르화(축합)반응을 할 때 생긴다.
>
> $$3C_{17}H_{35}COOH + C_3H_5(OH)_3 \xrightarrow[\text{가수분해}]{\text{에스테르화}} (C_{17}H_{35}COO)_3C_3H_5 + 3H_2O$$
>
>   스테아린산   글리세린   스테아린산글리세리드
>   (고급 지방산)   (3가 알코올)   (에스테르 : 유지)

② 유지의 종류

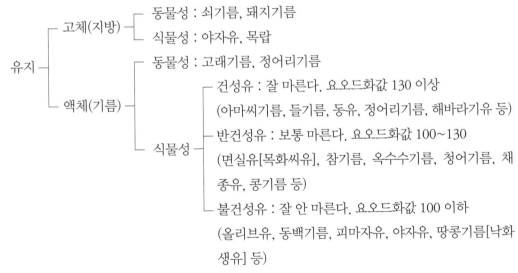

유지 ─┬─ 고체(지방) ─┬─ 동물성 : 쇠기름, 돼지기름
                   └─ 식물성 : 야자유, 목랍
      └─ 액체(기름) ─┬─ 동물성 : 고래기름, 정어리기름
                   └─ 식물성 ─┬─ 건성유 : 잘 마른다. 요오드화값 130 이상 (아마씨기름, 들기름, 동유, 정어리기름, 해바라기유 등)
                               ├─ 반건성유 : 보통 마른다. 요오드화값 100~130 (면실유[목화씨유], 참기름, 옥수수기름, 청어기름, 채종유, 콩기름 등)
                               └─ 불건성유 : 잘 안 마른다. 요오드화값 100 이하 (올리브유, 동백기름, 피마자유, 야자유, 땅콩기름[낙화생유] 등)

③ 유지의 요오드화값 : 유지 100g에 첨가되는 요오드(I_2)의 g수

요오드화값 ─┬─ 크다 : 2중 결합이 많다＝불포화도가 크다.
           └─ 작다 : 2중 결합이 적다＝불포화도가 작다.

④ 경화유 : 불포화가 큰 지방산을 포함한 유지(생선기름)를 Ni의 촉매로 하여 H_2를 첨가시키면 고체인 포화지방산으로 될 뿐 아니라 냄새도 없어지므로 맛, 냄새가 개선되고, 저장하기에도

편리하다. 이와 같이 처리된 기름을 경화유라고 한다.

⑤ 비누 : 고급지방산의 나트륨염(칼륨염)이다.

$$(RCOO)_3C_3H_5 + 3NaOH \xrightarrow{\text{비누화반응}} 3RCOONa + C_3H_5(OH)_3$$

유지　　　수산화나트륨　　　　　　　비누　　글리세린

- 유지의 비누화값 : 유지 1g을 비누화시키는 데 필요한 KOH의 mg수

비누화값 ┌ 크다 : 분자량이 작은 유지(저급유지)
　　　　 └ 작다 : 분자량이 큰 유지(고급유지)

- 비누의 세척작용 : 유화작용, 침투작용, 흡착작용

(2) 단백질

① 구조 : 다수의 아미노산이 축중합된 질소를 포함하는 고분자 물질로서 동물의 세포를 구성하는 중요한 물질이다. 단백질이 가수분해되면 아미노산이 된다.

즉, 단백질은 펩티드 결합(−CONH−)을 가진 물질이며, 이와 같이 팹티드 결합을 갖는 물질을 폴리펩티드 또는 폴리아미드(amide)라 한다.

② 성질

- 가수 분해하면 아미노산이 된다.
- 정색 반응을 한다.
- 크산토프로테인 반응 : 진한 질산을 가하고 가열하면 노란색을 띤다.
- 뷰렛 반응 : 알칼리성으로 한 다음 $CuSO_4$용액을 가하면 붉은 보라색을 나타낸다.
- 닌히드린 반응 : 닌히드린 용액을 넣고 가열하면 청자색을 띤다.
- 응고 반응 : 단백질을 가열하면 응고하는 반응이다.

예제 2 | **아미노기와 카르복실기가 동시에 존재하는 화합물은?**

① 식초산　　　　② 석탄산　　　　③ 아미노산　　　　④ 아민

| 풀이 |

```
      H
      |
R − C − NH₂
      |
   COOH
 (아미노산)
```

아미노산은 단백질을 구성하는 중요한 성분이며 분자속에 카르복실기(−COOH : 산성)와 아미노기(−NH₂ : 염기성)를 동시에 가지고 있는 양쪽성 전해질이다.

정답 | ③

---

(3) 합성수지(Plastics)

> 합성수지 ─┬─ 열가소성 수지 : 첨가중합 반응, 사슬 모양 구조
>   └─ 열경화성 수지 : 축중합 반응, 그물 모양 구조

① 송진과 같이 나무에 상처를 내었을 때 흐르는 반고체 물질을 수지(樹脂)라고 하고, 이와 비슷한 물질을 인공적으로 만든 것을 합성수지(Plastics)라 한다.

② 열가소성 수지 : 열을 받으면 유동성을 가지게 되었다가 식으면 다시 굳어지는 수지

열가소성 수지	단량체(원료)	합성반응	용도
폴리에틸렌	$CH_2 = CH_2$	첨가 중합	엷은 막, 약병
폴리염화비닐(P.V.C)	$CH_2 = CH - Cl$	첨가 중합	관(pipe), 판

③ 열경화성 수지 : 열을 받아도 다시 부드러워지지 않고 성형시킬 때 한 번 가열에 의해서 굳어지면 더 이상 변형시킬 수 없는 수지

열경화성 수지	단량체(원료)	합성반응	용도
페놀 수지	페놀+포름알데히드	축중합	전기절연체, 기계부속
요소 수지	요소+포름알데히드	축중합	접착제, 식기
멜라민 수지	멜라민+포름알데히드	축중합	가구표면 광택

(4) 합성섬유 : 석유, 석회석, 물, 공기 등과 같은 천연 자원에서 화학적으로 합성한 섬유

① 나일론(6.6-나일론) : 6.6 나일론은 펩티드 결합을 여러 개 갖는 고분자 화합물이다. 이와 같은 섬유를 폴리아미드계 합성섬유라 한다.

② 비닐론 : 일반적으로 비닐기($CH_2 = CH-$)를 갖는 화합물을 중합해서 만든 합성섬유로, 그 대표적인 것이 비닐론(vinylon : 폴리비닐계 합성섬유)이다.

③ 테릴렌 : 테레프탈산가 에틸렌글리콜을 축중합하여 테릴렌(terylene, 테트론, 데크론 : 폴리에스테르계 합성섬유)을 얻는다.

01 벤젠에 대한 설명으로 틀린 것은?

① 상온, 상압에서 액체이다.
② 일치환체는 이성질체가 없다.
③ 일반적으로 치환반응보다 첨가반응을 잘한다.
④ 이치환체에는 ortho, meta, para 3종이 있다.

해설

벤젠(C_6H_6) : 제4류 위험물 중 제1석유류
③ 공명현상의 안정된 π결합을 하기 때문에 첨가반응보다 치환반응이 더 잘 일어난다.

02 벤젠에 대한 설명으로 옳지 않은 것은?

① 정육각형의 평면구조로 120°의 결합각을 갖는다.
② 결합길이는 단일결합과 이중결합의 중간이다.
③ 공명 혼성구조로 안정한 방향족 화합물이다.
④ 이중결합을 가지고 있어 치환반응보다 첨가반응이 지배적이다.

03 다음 중 방향족 화합물이 아닌 것은?

① 톨루엔
② 아세톤
③ 크레졸
④ 아닐린

해설

방향족 화합물 : 벤젠고리를 가진 탄화수소로서 벤젠의 유도체이다.

① 톨루엔 : ⬡—CH_3
② 아세톤 : CH_3COCH_3
③ 크레졸 : ⬡$\substack{—CH_3 \\ —OH}$
④ 아닐린 : ⬡—NH_2

04 방향족 탄화수소가 아닌 것은?

① 톨루엔
② 크실렌
③ 나프탈렌
④ 시클로펜탄

해설

④ 시클로펜탄(C_5H_{10}=⬠) : 지방족 탄화수소

05 다음 중 벤젠고리를 함유하고 있는 것은?

① 아세틸렌
② 아세톤
③ 메탄
④ 아닐린

해설

① 아세틸렌 : C_2H_2
② 아세톤 : CH_3COCH_3
③ 메탄 : CH_4
④ 아닐린 : ⬡—NH_2

06 다음 |보기|의 벤젠 유도체 가운데 벤젠의 치환반응으로부터 직접 유도할 수 없는 것은?

| 보기 |
| ㉠ —Cl | ㉡ —OH |
| ㉢ —SO_3H | ㉣ —NH_2 |

① ㉠, ㉡
② ㉡, ㉣
③ ㉠, ㉢
④ ㉢, ㉣

해설

• 벤젠의 수소와 직접 치환하는 것
클로로화(—Cl), 술폰화(—SO_3H),
니트로화(—NO_2), 알킬화(—R)
• 벤젠의 수소와 직접 치환하지 않는 것
히드록시기(—OH), 알데히드기(—CHO),
카르복실기(—COOH), 아민기(—NH_2)

정답 01 ③ 02 ④ 03 ② 04 ④ 05 ④ 06 ②

07 프리델−크래프트 반응을 나타내는 것은?

① $C_6H_6 + 3H_2 \xrightarrow{Ni} C_6H_{12}$

② $C_6H_6 + CH_3Cl \xrightarrow{AlCl_3} C_6H_5CH_3 + HCl$

③ $C_6H_6 + Cl_2 \xrightarrow{Fe} C_6H_5Cl + HCl$

④ $C_6H_6 + HONO_2 \xrightarrow{c-H_2SO_4} C_6H_5NO_2 + H_2O$

해설
① 벤젠에 수소를 첨가 반응시켜 시클로헥산을 만드는 과정
② 알킬화 반응 ┐
③ 클로로화 반응 ├ 벤젠의 수소와 직접 치환 반응
④ 니트로화 반응 ┘

해설
트리니트로톨루엔[$C_6H_2CH_3(NO_2)_3$] : 제5류 위험물(니트로화합물)
• 톨루엔과 질산을 반응시켜 제조한다.
$$C_6H_5CH_3 + 3HNO_3 \xrightarrow[\text{(탈수작용)}]{C-H_2SO_4} C_6H_2CH_3(NO_2)_3 + 3H_2O$$
(톨루엔)　　(질산)　　　　　　　(트리니트로톨루엔)　(물)
• 강력한 폭약으로 급격한 타격에 의해 폭발한다.
$$2C_6H_2CH_3(NO_2)_3 \longrightarrow 2C + 12CO + 3N_2\uparrow + 5H_2\uparrow$$

① C_6H_5COOH(벤조산, 안식향산)
② C_6H_5OH(페놀)
③ $C_6H_5CH_3$(톨루엔)
④ $C_6H_5NH_2$(아닐린)

---

08 다음에서 설명하는 물질의 명칭은?

> • HCl과 반응하여 염산염을 만든다.
> • 니트로벤젠을 수소로 환원하여 만든다.
> • $CaOCl_2$ 용액에서 붉은 보라색을 띤다.

① 페놀　　　　　　　② 아닐린
③ 톨루엔　　　　　　④ 벤젠술폰산

해설
• 아닐린 + HCl $\longrightarrow$ 염산염
$$C_6H_5NH_2 + HCl \longrightarrow C_6H_5NH_2 \cdot HCl$$
　(아닐린)　(염산)　　　염산아닐린(염)
• 아닐린은 니트로벤젠을 수소로 환원하여 제조한다.
$$C_6H_5NO_2 + 3H_2 \longrightarrow C_6H_5NH_2 + 2H_2O$$
(니트로벤젠) (수소)　　　(아닐린)　(물)

---

09 TNT는 어느 물질로부터 제조하는가?

① COOH
② OH
③ CH₃
④ NH₂

---

10 다음 물질 중에서 염기성인 것은?

① $C_6H_5NH_2$　　　② $C_6H_5NO_2$
③ C_6H_5OH　　　④ C_6H_5COOH

해설
① 아닐린 : 염기성
② 니트로벤젠 : 중성
③ 페놀(석탄산) : 산성
④ 벤조산(안식향산) : 산성

---

11 다음 물질 중 수용액에서 약한 산성을 나타내며 염화제이철 수용액과 정색반응을 하는 것은?

① NH₂
② OH
③ NO₂
④ Cl

해설
① 아닐린　　　　　② 페놀
③ 니트로벤젠　　　④ 클로로벤젠
※ 정색반응(페놀류검출반응) : 페놀의 수용액에 $FeCl_3$용액을 가하면 보라색으로 변하는 반응

12 단백질에 관한 설명으로 틀린 것은?

① 펩티드 결합을 하고 있다.

② 뷰렛반응에 의해 노란색으로 변한다.

③ 아미노산의 연결체이다.

④ 체내 에너지대사에 관여한다.

해설

뷰렛반응 : 단백질속에 들어있는 펩티드 결합 물질을 검출하는 데 사용하며 보라색으로 변한다.

13 다음 물질 중 질소를 함유하는 것은?

① 나일론

② 폴리에틸렌

③ 폴리염화비닐

④ 프로필렌

해설

① 나일론 : 펩티드 결합$(-C=O-H-N-)$

② 폴리에틸렌 : $\{CH_2-CH_2\}_n$

③ 폴리염화비닐 : $\{CH_2-CHCl\}_n$

④ 프로필렌 : $CH_2=CH-CH_3$

14 다음 물질 중 $-CONH-$의 결합을 하는 것은?

① 천연고무

② 니트로셀룰로오스

③ 알부민

④ 전분

해설

알부민(albumin) : 세포의 기본물질인 단백질의 하나로서 동식물 조직 속에 존재하며 대수술을 받는 환자들의 치료에 사용된다.

※ 펩티드결합($-CONH-$)을 가지고 있는 물질 : 단백질, 나일론 66, 알부민 등

15 다음 중 요오드값이 가장 큰 것은?

① 아마씨기름

② 올리브기름

③ 야자기름

④ 땅콩기름

해설

① : 건성유(요오드값 130 이상)

②, ③, ④ : 불건성유(요오드값 100 이하)

16 다음 중 분자 내에 수산기와 카르복실기를 동시에 가지고 있는 것은?

① 프탈산

② 살리실산

③ 초산

④ 안식향산

해설

(프탈산)   (살리실산)   (초산)   (안식향산)

17 다음 중 양쪽성인 것은?

① 탄수화물

② 유지

③ 단백질

④ 아미노산

해설

아미노산 : $R-CH_2-COOH$
　　　　　　　　　｜
　　　　　　　　　NH_2

$-NH_2$(염기성)와 $-COOH$(산성)을 함께 가지고 있기 때문에 양쪽성이 된다.

18 다음 화합물 중 은거울 반응을 할 수 없는 것은?

① 포도당   ② 맥아당

③ 설탕   ④ 유당

해설

설탕은 환원성이 없기 때문에 은거울 반응을 할 수 없다.

19 요소, 멜라민, 페놀수지에 공통적으로 쓰이는 원료는?

① 포름알데히드   ② 요소

③ 알코올   ④ 페놀

해설

열경화성 수지 : 축중합에 의한 중합체로 한 번 성형되어 경화된 후에는 재차 열을 받아도 부드러워지지 않는 수지

20 가열하면 부드러워져서 소성을 나타내고 식히면 경화하는 수지는?

① 페놀 수지

② 멜라민 수지

③ 요소 수지

④ 폴리염화비닐 수지

해설

열가소성 수지 : 첨가반응을 하는 수지로서 열을 받으면 유동성을 가지게 되었다가 다시 굳어지는 수지

예 폴리염화비닐 수지(PVC), 폴리에틸렌, 폴리스티렌 아크릴 수지

memo

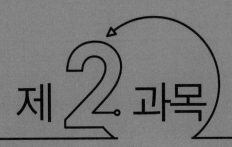

제 2 과목

화재예방 및 소화방법

화재예방과 소화방법

1 연소 이론

1. 연소의 정의

공기 중의 산소와 가연성 물질이 결합하여 빛과 열을 수반하는 산화반응이다.

(1) 완전연소 : 가연물이 산소가 충분한 상태에서 연소하여 더 이상 연소할 수 없는 생성물이 되는 연소현상

> 예) $C + O_2(g) \longrightarrow CO_2(g) + 94.1kcal$
>
> $C_3H_8(g) + 5O_2(g) \longrightarrow 3CO_2(g) + 4H_2O(l) + 530.6kcal$

(2) 불완전연소 : 가연물이 산소부족으로 연소하여 연소 후 가연성분이 생성되는 연소현상

> 예) $C + \frac{1}{2}O_2 \longrightarrow CO + 26.5kcal$ $CO + \frac{1}{2}O_2 \longrightarrow CO_2 + 67.6kcal$

> **참고** 불완전연소의 발생원인
>
> • 산소공급원이 부족할 때   • 환기, 배기가 불충분할 때   • 연소기구가 적합하지 않을 때
> • 유류의 온도가 낮을 때   • 가스 조성이 맞지 않을 때   • 불꽃이 냉각되었을 때
> • 주위의 온도, 연소실의 온도가 너무 낮을 때

(3) 산화반응 중 연소반응이라고 할 수 없는 경우

① 산화반응을 하지만 발열반응을 하지 않을 경우

$4Fe + 3O_2 \longrightarrow 2Fe_2O_3$ (산화철 : 녹)

② 산화반응을 하지만 흡열반응을 할 경우

$N_2 + O_2 \longrightarrow 2NO - 43.2kcal$ (온도가 내려감)

(4) 고온체의 색깔과 온도

불꽃의 온도	불꽃의 색깔	불꽃의 온도	불꽃의 색깔
500℃	적열	1100℃	황적색
700℃	암적색	1300℃	백적색
850℃	적색	1500℃	휘백색
950℃	휘적색		

2. 연소의 조건

(1) 연소의 3요소 : 가연물, 산소공급원, 점화원이며 여기에 '연쇄반응'을 추가시키면 연소의 4요소가 된다.

[연소의 3요소 : 무염연소]

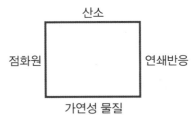

[연소의 4요소 : 불꽃연소]

1) 가연물 : 산화되기 쉬운 물질(즉, 타기 쉬운 물질)로 목재, 종이, 석탄, 금속, 석유류, 수소, LNG 등

① 가연물이 되기 쉬운 조건★★★

- 산소와 친화력이 클 것
- 열전도율이 적을 것(열축적이 잘 됨)
- 활성화 에너지(화박반응을 일으키는 최소에너지)가 작을 것
- 발열량(연소열)이 클 것
- 표면적이 클것(크기가 작을 것)
- 연쇄반응을 일으킬 것

② 가연물이 될 수 없는 조건

- 주기율표의 0족 원소 : He, Ar, Kr, Xe, Rn
- 질소(N_2) 또는 질소산화물(NO_x) : 산소와 흡열반응하는 물질
- 이미 산화반응이 완결된 안정된 산화물 : CO_2, H_2O, Al_2O_3 등

2) 산소 공급원(지연성 물질, 조연성 물질)

① 공기 : 일반적으로 화재시 공기 중의 산소(부피 21%, 중량 23.2%)를 공급받아 연소한다.

② 산화제 : 제1류 위험물 및 제6류 위험물은 강산화제로서 산소를 많이 함유하고 있다.

③ 자기반응성 물질(자기연소성 물질) : 제5류 위험물은 가연물인 동시에 자체내부에 산소를 함유하고 있다.

④ 할로겐 원소(불소, 염소 등), 오존, 일산화질소, 이산화질소 등의 조연성 물질

3) 점화원(열원)

① 연소반응에 필요한 최소착화에너지로서 즉, 연소하기 위하여 물질에 활성화 에너지를 주는 것을 말한다.

② 불꽃 외의 점화원 종류
- 화학적 에너지원 : 산화열, 연소열, 분해열, 융해열 등의 반응열
- 전기적 에너지원 : 저항열, 유도열, 유전열, 정전기열(정전기 불꽃), 아크방전(전기불꽃), 낙뢰(벼락)에 의한 열 등
- 기계적 에너지원 : 마찰열, 충격열, 단열, 압축열 등

참고
❶ 전기 불꽃 : 전기의 ⊕⊖ 합선에 의해서 일어나는 불꽃
❷ 정전기 불꽃 : 전기의 부도체의 마찰에 의하여 전기가 축적되어 미세하게 불꽃 방전을 일으키며 가연성 증기나 기체·분진을 점화시킬 수 있다.

$$E = \frac{1}{2}CV^2 = \frac{1}{2}QV$$

$\begin{bmatrix} E : 정전기에너지(J) \\ C : 전기용량(F) \\ V : 전압(V) \\ Q : 전기량(C) \\ [Q = CV] \end{bmatrix}$

❸ 정전기 방지법★★★★
- 접지를 할 것
- 공기를 이온화 할 것
- 공기 중의 상대습도를 70% 이상으로 할 것
- 유속을 1m/s 이하로 유지할 것
- 제진기를 설치할 것

4) 연쇄반응
① 가연물과 산소 분자가 점화에너지(활성화에너지)를 받으면 불안정한 과도기적 물질로 나누어지면서 활성화된다. 이러한 상태를 라디칼(Radical)이라고 한다.
② 무염연소(표면연소)에서는 연쇄반응으로 발생하는 라디칼을 흡착하여 없애는 억제소화는 효과가 없다.

참고
무염연소(표면연소)를 하고 있는 숯, 코크스 등은 연소의 3요소만으로도 연소가 잘 이루어지지만, 대부분의 일반적인 불꽃연소의 경우에는 연쇄반응이 일어나야만 지속적으로 연소가 일어난다. 그래서 연소의 3요소 이외에 연쇄반응을 포함하여 연소의 4요소라고 한다.

3. 연소의 형태

(1) 기체의 연소(발염연소, 불꽃연소) : 불꽃은 있으나 불티가 없는 연소
① 확산연소 : 분출되는 가연성 기체가 공기중으로 확산하여 연소 범위내에서 화염을 발생시키는 연소이다.

예 공기보다 가벼운 기체 : 수소(H_2), 아세틸렌(C_2H_2) 등

② **예혼합연소** : 가연성 기체와 공기를 미리 연소범위 내의 농도로 혼합하여 노즐을 통해 연소시키는 방법이다. 화염온도는 확산연소의 화염보다 높기때문에 연소효율이 증가한다.

> 예 가스버너 : LPG, LNG 등

(2) 액체의 연소 : 액체 자체가 타는 것이 아니라 발생된 증기가 연소하는 형태★★★

① **증발연소** : 액면에서 증발하는 가연성 증기가 착화되어 화염을 내고 이 화염 온도에 의하여 액체 표면이 더욱 가열되면서 증발을 촉진시켜 연소를 계속해 나가는 연소형태

> 예 석유류, 알코올, 에테르 등 제4류 위험물(인화성 액체)

② **액적연소(분무연소)** : 점도가 높고 비휘발성인 가연성 액체를 가열하여 점도를 낮추어서 분무기(버너)를 사용하여 액체의 입자를 안개모양으로 분출하여 액체의 표면적을 넓혀 연소시키는 형태

> 예 벙커C유 등

③ **분해연소** : 비휘발성이고 비점이 높은 가연성액체가 연소할 때 높은 온도에서 열분해하여 분해가스가 연소하는 형태

> 예 중유, 타르, 글리세린 등

④ **등심연소(심화연소)** : 모세관현상에 의해 연료 심지 선단으로 빨아올린 후 심지의 표면에서 증발 연소시키는 형태

> 예 심지식 석유버너 등

(3) 고체의 연소★★★

① **표면연소(무염연소, 작열연소)** : 열분해하여 가연성가스를 발생하지 않고 그 표면에서 산소와 직접반응하여 적열되면서 화염없이 연소하는 형태

> 예 숯(목탄), 코크스, 금속분(Mg 등)

② **분해연소** : 가연성 고체가 열분해하면서 가연성 증기를 발생하여 연소하는 형태(일반적인 고체의 연소형태)

> 예 목재, 종이, 석탄, 플라스틱 등

③ **증발연소** : 열에 의해 고체가 융해되어 액체가 되고 이 액체가 증발에 의해 가연성 증기를 발생시켜 연소하는 형태

> 예 유황, 나프탈렌, 고체파라핀(양초) 등

④ 내부연소(자기연소) : 물질 자체 분자 안에 산소를 함유하고 있어서 열분해에 의해 가연성 증기와 산소를 동시에 발생시키는 물질의 연소형태

> 예 자기반응성 물질(제5류 위험물) : 질산에스테르, 니트로화합물 등

4. 연소의 물성

(1) **인화점(Flash point)** : 가연성 물질에 점화원을 접촉시켰을 때 불이 붙는 최저 온도 즉, 가연성 액체를 가열할 경우 가연성 증기를 발생시켜 인화가 일어나는 액체의 최저온도이다. (증기의 농도는 연소 하한계에 달할 때의 온도)

예 디에틸에테르 : −45℃	아세톤 : −18℃	메틸알코올 : 11℃
에틸알코올 : 13℃	벤젠 : −11℃	가솔린 : −43℃
등유 : 30~60℃	경유 : 50~70℃	

(2) **연소점(Fire point)** : 발생한 화염이 꺼지지 않고 지속되는 온도로 점화원 에너지를 제거하여도 5초 이상 연소 상태가 유지되는 온도로서 일반적으로 인화점보다 5~10℃ 높다.

(3) **착화점(착화온도, 발화점, 발화온도, Ignition point)**

① 가연성 물질이 점화원 없이 열축적에 의하여 착화되는 최저온도

예 수소 : 580℃	메탄 : 650~750℃	프로판 : 440~460℃
가솔린 : 300℃	등유 : 254℃	코크스 : 450~550℃
목탄 : 250~320℃	목재 : 410~450℃	

② 착화점이 낮아지는 조건
- 발열량, 반응 활성도, 산소의 농도, 압력이 높을수록
- 열전도율, 습도 및 가스 압력이 낮을수록
- 분자구조가 복잡할수록

> **참고** 인화점 및 발화점이 낮은 것은 위험하다. 그러나 인화점이 낮다고 발화점이 낮은 것은 아니다. 즉, 가솔린(인화점 −43℃, 발화점 300℃)과 등유(인화점 30~60℃, 발화점 254℃)를 비교할 경우 가솔린보다 등유의 발화점이 낮다.

(4) **연소범위(연소한계, 폭발범위, 폭발한계)**

가연성 가스가 공기중에 혼합하여 연소할 수 있는 농도 범위를 말하며, 이때 농도가 묽은 쪽은 연소하한계, 진한 쪽은 연소상한계라 한다. (단위 : vol%)

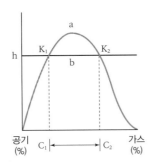

a : 열의 발생속도	
b : 열의 방열속도	
c_1 : 연소하한(LEL)	
c_2 : 연소상한(UEL)	
K_1, K_2 : 착화온도	

참고

❶ 연소범위 중 하한값이 낮을수록, 상한값이 높을수록, 연소범위가 넓을수록 위험성이 크다.

❷ 연소범위는 온도가 높아지면 하한은 낮아지고 상한은 높아지며, 압력이 높아지면 하한값은 크게 변하지 않지만 상한값은 높아진다.

❸ 산소중에서 연소범위는 하한값은 크게 변하지 않지만 상한값은 높아져서 연소범위가 넓어진다.

1) 중요가스 공기 중 폭발범위(상온, 1atm에서)

가스	하한계	상한계	위험도	가스	하한계	상한계	위험도
수소(H_2)	4.0	75.0	17.75	벤젠	1.4	7.1	4.07
일산화탄소(CO)	12.5	74.0	4.92	톨루엔	1.4	6.7	3.79
시안화수소(HCN)	6.0	41.0	5.83	가솔린	1.4	7.6	4.43
메탄	5.0	15.0	2.00	메틸알코올	7.3	36.0	3.93
에탄	3.0	12.5	3.13	에틸알코올	4.3	19.0	3.42
프로판	2.1	9.5	3.31	이소프로필알코올	2.0	12.0	5.0
부탄	1.8	8.4	3.67	아세트알데히드	4.1	57.0	12.90
에틸렌	2.7	36.0	12.33	에테르	1.9	48.0	24.26
프로필렌	2.4	11.0	4.55	아세톤	2.6	12.8	3.92
아세틸렌(C_2H_2)	2.5	81.0	31.4	산화에틸렌(C_2H_4O)	3.0	80.0	26.67
산화프로필렌	2.5	38.5	14.4	암모니아(NH_3)	15.0	28.0	0.86
염화비닐	4.0	22.0	4.50	이황화탄소(CS_2)	1.2	44.0	43
메틸에틸케톤	1.8	10.0	4.55	황화수소(H_2S)	4.3	45.0	9.46

2) 폭발범위와 압력과의 관계 : 일반적으로 가스압력이 높아질수록 발화온도는 낮아지고 폭발범위는 넓어진다. 그러나, 다음의 경우는 다르다.

① 수소는 공기중에서 10atm(1MPa)까지는 폭발범위가 좁아지지만 그 이상의 압력에서는 다시 점차 넓어진다.

② 일산화탄소는 공기중에서 압력이 높아질수록 폭발범위가 오히려 좁아진다.

3) 혼합가스의 폭발한계를 구하는 식(르샤틀리에의 법칙)

① 하한치 : $\dfrac{100}{L} = \dfrac{V_1}{L_1} + \dfrac{V_2}{L_2} + \dfrac{V_3}{L_3} + \cdots$

$\begin{bmatrix} L_1, L_2, L_3, \cdots : \text{각 성분의 폭발하한치(Vol\%)} \\ L'_1, L'_2, L'_2, \cdots : \text{각 성분의 폭발상한치(Vol\%)} \\ V_1, V_2, V_3, \cdots : \text{각 성분의 체적(Vol\%)} \end{bmatrix}$

② 상한치 : $\dfrac{100}{L} = \dfrac{V_1}{L'_1} + \dfrac{V_2}{L'_2} + \dfrac{V_3}{L'_3} + \cdots$

4) 위험도(H) : 가연성가스의 폭발범위로 구하며 수치가 클수록 위험성이 높다.

$H = \dfrac{U-L}{L}$　$\begin{bmatrix} H : \text{위험도} \\ U : \text{폭발상한치(UEL)} \\ L : \text{폭발하한치(LEL)} \end{bmatrix}$

> **예** 아세틸렌 폭발범위 2.5~81%일 때 위험도 $H = \dfrac{81-2.5}{2.5} = 31.4$이다.

(5) 폭발(Explosion)

가연성 기체의 비정상 연소반응으로서 '연소에 의한 열의 발생속도가 열의 방출속도보다 클 때 일어나는 현상'으로 격렬하게 소리를 내며, 파열되거나 팽창되며 그때 많은 기체가 발생하는 것이다.

1) 폭발의 유형

① 화학적 폭발 : 폭발성 혼합가스에 점화시 일어나는 폭발(산화폭발) 현상

> **예** 화약의 폭발 등

② 압력의 폭발 : 기기적인 장치의 압력이 상승하여 폭발하는 현상

> **예** 불량 용기의 폭발, 고압가스 용기의 폭발, 보일러 폭발 등

③ 중합 폭발 : 중합열에 의한 폭발 현상

> **예** 염화비닐 원료인 단량체, 시안화수소 등

④ 촉매 폭발 : 일광, 직사광선 등의 촉매 작용에 의한 폭발현상

> **예** 수소와 염소의 혼합가스(폭명기)

⑤ 분해 폭발 : 가압하에서 단일가스의 분해 폭발 현상

> **예** 아세틸렌, 산화에틸렌 등

⑥ 기타 : 분진 폭발, 증기운 폭발, 혼촉 폭발 등이 있다.

> **참고** 　**폭발할 경우 착화에너지**
> ❶ 가스나 화약 : $10^{-6} \sim 10^{-4} J(10 \sim 10^3 erg)$
> ❷ 분진 : $10^{-3} \sim 10^{-2} J(10^4 \sim 10^5 erg)$
> ❸ 분진 폭발범위 $\begin{bmatrix} \text{하한 : } 25 \sim 45 mg/l \\ \text{상한 : } 80 mg/l \end{bmatrix}$

2) 폭발의 영향인자

① **온도** : 발화온도가 낮을수록 폭발의 위험성이 크다.

② **폭발범위(조성)** : 폭발범위 중 하한치가 낮을수록, 상한치가 높을수록 폭발범위가 넓어지므로 위험성은 더욱더 커진다. 또한 공기 중보다 산소 중에서 폭발범위가 더 넓어 위험성이 크다.

③ **압력** : 일반적으로 가스압력이 높아질수록 발화온도는 낮아지고 폭발범위는 넓어진다(단, 수소와 일산화탄소는 제외).

④ **용기의 크기와 형태**

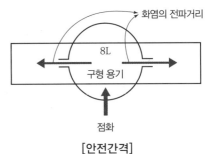

[안전간격]

- 소염(화염일주) 현상 : 발화된 화염이 전파되지 않고 도중에 꺼져 버리는 현상이다.
- 안전간격 : 2개의 평형 금속면의 틈 사이를 조정하면서 화염이 전달되지 않는 한계의 틈 사이를 안전간격이라 한다.
- 안전간격에 따른 폭발등급
  - 폭발 1등급(안전간격 0.6mm 이상) : 일산화탄소, 메탄, 아세톤, 프로판, 암모니아, 가솔린 등(주로 폭발범위가 좁은 가스)
  - 폭발 2등급(안전간격 0.4~0.6mm 미만) : 에틸렌, 석탄가스 등
  - 폭발 3등급(안전간격 0.4mm 미만) : 수소, 아세틸렌, 이황화탄소, 수성가스($CO+H_2$) 등(폭발범위가 넓은 가스)

3) 폭굉(Detonation)

폭발 중에서도 특히 격렬한 경우 폭굉이라 하며, 폭굉이라 함은 가스 중의 음속보다 화염 전파 속도가 더 큰 경우로, 이때 파면선단에 충격파라고 하는 솟구치는 압력파가 발생하여 격렬한 파괴작용을 일으키는 현상을 말한다.

참고　❶ 정상 연소시 전파속도 : 0.1~10m/sce, 폭굉시 전파속도 : 1000~3500m/sec

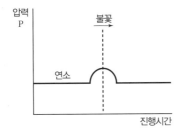

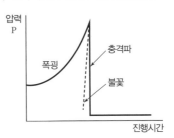

❷ 폭굉유도거리 : 최초의 완만한 연소가 격렬한 폭굉으로 발전할 때까지의 거리

※ 폭굉유도거리(DID)가 짧아지는 경우 ★★
- 정상 연소속도가 큰 혼합가스일수록
- 관 속에 방해물이 있거나 관경이 가늘수록
- 압력이 높을수록
- 점화원의 에너지가 강할수록

4) 방폭구조(폭발을 방지하는 구조)

① 내압방폭구조 : 폭발성 가스가 용기 내부에서 폭발하였을 때 용기가 그 압력에 견디거나 외부의 폭발성 가스가 인화되지 않도록 한 구조

② 압력방폭구조 : 용기 내부에 공기나 질소의 불연성 가스를 압입시켜 내압을 갖도록 하여 폭발성 가스가 침입하지 못하게 한 구조

③ 유입방폭구조 : 전기 불꽃 또는 아크가 발생하는 부분을 기름 속에 넣어 폭발성 가스에 점화되지 않도록 한 구조

④ 안전증방폭구조 : 폭발성 가스나 증기에 점화원의 발생을 방지하기 위하여 기계적, 전기적 구조상 온도 상승에 대한 안전도를 증가시키는 구조

⑤ 본질안전방폭구조 : 운전중 사고로 단락, 지락, 단선에서 발생되는 불꽃, 아크열에 의하여 폭발성 가스에 점화될 우려가 없음이 점화시험으로 확인된 구조

2 자연발화

1. 자연발화

물질이 외부로부터 점화에너지를 공급받지 않았는데도 상온, 공기중에서 화학변화를 일으켜 장시간에 걸쳐 열의 축적으로 온도가 상승하여 발화하는 현상이다.

(1) 자연발화의 형태★★★

① 산화열에 의한 발열 : 건성유, 석탄, 원면, 고무분말, 금속분 등

② 분해열에 의한 발열 : 셀룰로이드, 니트로셀룰로오스, 질산에스테르류 등

③ 흡착열에 의한 발열 : 활성탄, 목탄분말 등

④ 미생물에 의한 발열 : 퇴비, 먼지, 퇴적물, 곡물 등

⑤ 중합열에 의한 발열 : 시안화수소, 산화에틸렌 등

(2) 자연발화에 영향을 주는 인자★★★

① 수분   ② 열전도율   ③ 열의 축적

④ 발열량   ⑤ 공기의 유동   ⑥ 퇴적 방법

⑦ 용기의 크기와 형태

(3) 자연발화의 조건★★★

① 발열량이 클 것   ② 주위 온도가 높을 것

③ 열전도율이 낮을 것   ④ 표면적이 넓을 것

⑤ 적당한 수분(습도)이 존재할 것

(4) 자연발화의 방지법★★★

① 통풍을 잘 시킬 것　　　　　② 습도를 낮출 것

③ 저장실 온도를 낮출 것　　　④ 퇴적 및 수납할 때에 열이 쌓이지 않게 할 것

⑤ 물질의 표면적을 최소화할 것

2. 준자연발화

자연발화보다 연소반응속도가 빠르고, 특히 공기 또는 물과 접촉하였을 경우 일어나는 발화현상이다.

① 공기중에서 발화하는 것 : 황린(P_4) [물속에 보관함]

② 물 또는 습기와 접촉시 급격히 발화하는 것 : 칼륨(K), 나트륨(Na) [석유, 벤젠속에 보관]

③ 공기 또는 물과 접촉시 발화하는 것 : 일킬알루미늄 [희석액 : 벤젠, 헥산]

3. 혼촉발화

(1) 혼촉발화 : 2가지 이상의 물질이 서로 혼합·접촉하여 발화하는 것을 말한다. 혼촉발화가 모두 발화를 일으키는 것은 아니며 유해위험도 포함한다. 혼촉의 위험에는 다음과 같은 것이 있다.

① 폭발성 혼합물이 형성하는 경우

② 폭발성 화합물이 형성하는 경우

③ 가연성 가스를 발생하는 경우

⑤ 시간이 경과하거나 바로 분해 또는 발화폭발하는 경우

(2) 혼재할 수 있는 위험물★★★

구분	제1류	제2류	제3류	제4류	제5류	제6류
제1류		×	×	×	×	○
제2류	×		×	○	○	×
제3류	×	×		○	×	×
제4류	×	○	○		○	×
제5류	×	○	×	○		×
제6류	○	×	×	×	×	

비고1. '○'표시는 혼재할 수 있음을 표시, '×'는 혼재할 수 없음을 표시한다.
비고2. 지정수량 10분의 1 이하의 위험물은 적용하지 않음

> **참고** 서로 혼재 운반 가능한 위험물(꼭 암기 바람)★★★★
> - ④와 ②, ③ : 4류와 2류, 4류와 3류
> - ⑤와 ②, ④ : 5류와 2류, 5류와 4류
> - ⑥과 ① : 6류와 1류

3 피뢰설비 설치 대상★★

지정수량 10배 이상의 위험물을 취급하는 제조소(제6류 위험물은 제외)에는 피뢰침을 설치할 것

4 화재

1. 화재의 정의

① 사람의 의도와는 반대로 실화 또는 방화 등으로 발생하는 연소현상이다.

② 사회공익, 인명 및 경제적 손실 및 피해를 수반하기 때문에 소화해야 할 소화현상이다.

③ 소화시설이나 이와 등등 이상의 시설을 이용해야 하는 연소현상이다.

> **참고** 화재로 볼 수 없는 것
> - 자산 가치의 손실이 없을 때
> - 소화의 필요성의 가치가 없을 때
> - 소화의 필요성이 있다 해도 소화시설, 장비, 용구 등이 필요하지 않을 때

2. 화재의 분류★★★

(1) A급 화재(일반화재) : 백색

① 종이, 목재, 섬유, 고무, 플라스틱 등의 화재로서 연소 후 재를 남기는 보통 화재이다.

② 소화 : 다량의 물로 냉각소화한다.

(2) B급 화재(유류화재) : 황색

① 제4류 위험물(인화성 액체)의 석유류, 알코올류 등의 화재로서 연소 후 재를 남기지 않는 화재이다.

② 소화 : CO_2, 분말소화약제 등으로 질식소화하며 수용성 알코올포를 사용한다.

(3) C급 화재(전기화재) : 청색

① 통전중인 전기기기 등의 발열체가 발화원이 되는 화재이다.

② 소화 : CO_2, 분말소화약제 등으로 질식소화한다.

> ※ 화재 원인 1위 : 전기화재

(4) D급 화재(금속화재) : 무색

① 제2류 위험물(Mg, Al, Zn 등), 제3류 위험물(K, Na, Ca 등)의 금속, 금속분, 박, 리본 등에서 발생되는 화재이다.

② 소화 : 마른 모래 등으로 피복 및 질식소화한다.

(5) E급 화재(가스화재) : 황색

① 상온, 대기압 상태에서 기체 상태의 가연성 가스로서 LPG, LNG, H_2, C_2H_2 가스 등에서 발생되는 화재

② 소화 : CO_2, 분말소화액제 등으로 질식소화하며 B급(유류화재)에 포함시켰다.

(6) F(K)급 화재(식용유화재)

① 주방에서 조리용에 사용되는 튀김기름(식물성, 동물성)의 화재

② 소화 : 물분무, CO_2, 분말소화약제 등 냉각 및 질식소화한다.

3. 건축물의 화재 성상

(1) 목조 건축물 내의 화재

① 화재의 성상 : 고온 단기형(화재 지속시간 : 약 30분)

② 최고 온도 : 약 1,100~1,300℃

(2) 내화 건축물 내의 화재

① 화재의 성상 : 저온 장기형(화재 지속시간 : 2~3시간)

② 최고 온도 : 약 800~900℃

(3) 실내 화재의 진행 과정

① 초기(발화기) : 가연성 물질이 열분해하여 가연성 가스가 발생하는 시기이다.

② 성장기 : 실내에 있는 내장재, 목재 등이 착화하여 천정까지 화재가 확대해서 플래시 오버(Flash over)에 이르는 최성기의 전초단계이다.

③ 최성기 : 실내 전체에 화염이 가득하고 개구부를 통하여 화염이 출화하며 화재 중 실내온도가 최고 온도에 도달하는 시기이다.

④ 감쇠기(쇠퇴기, 종기) : 실내의 내장재 및 기둥 등이 대부분 소실되고 화세가 쇠퇴하여 연소의 확산 위험이 없는 상태이다.

4. 건축물의 화재 현상

(1) 플래시 오버(Flash over ; 순발연소, 순간연소)

화재발생시 실내의 온도가 급격히 상승하여 축적된 가연성 가스가 일순간 폭발적으로 착화하여 실내 전체가 화염에 휩싸이는 현상

(2) 백 드래프트(Back draft ; 연기폭발)

화재의 진화 및 피난을 하기 위해 출입문 등을 개방시 신선한 공기가 유입되어 산소부족으로 축적되었던 가연성 가스가 열분해하면서 단시간에 폭발적으로 연소하여 실외로 분출하는 현상

(3) 롤 오버(Roll over)

연소의 과정 중에 천정부근에서 가연물이 열분해시 가연성 증기가 발생하여 천정면에 파도처럼

빠르게 화염이 확산되는 현상

(4) 프레임 오버(Frame over)

가연물(천정, 벽, 마루 등)의 표면을 과열할 경우 발생하는 가연성 가스가 급속히 착화되어 그 물체의 표면을 통하여 화염이 전파되는 현상

5. 유류탱크 및 가스탱크에서 발생하는 현상

(1) 보일 오버(Boil over)★★

중질유류 탱크 화재 시 비중 차이로 탱크하부 바닥쪽에 있는 물 등이 온도상승으로 뜨거운 열류층(Heat layer)을 형성하여 수증기로 변할 때 부피의 팽창으로 인하여 탱크 상부로 넘쳐 연소상태의 유류가 비산 분출하는 현상이다.

(2) 슬롭 오버(Slop over)

중질유류 탱크 화재 시 물이나 포소화약제를 방사할 경우 뜨거워진 유류에 물이 비등증발하여 포가 파괴되고 일부 불이 붙은 기름과 포말이 함께 혼합되어 탱크 외부로 넘쳐 분출하는 현상이다.

(3) 블레비(BLEVE : Boiling Liquid Expanding Vapour Explosion)★★★

가연성 액화가스 탱크 주위에 화재가 발생하여 저장탱크 벽면을 국부적으로 장시간 가열하면 그 부분의 강관이 인장강도가 저하되고 내부의 비등현상으로 인한 압력상승으로 탱크 벽면이 파열되어 화구를 형성하며 폭발하는 현상을 말한다.

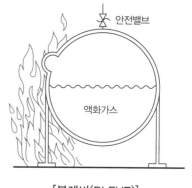

[블레비(BLEVE)]

(4) 증기운 폭발(Vapor cloud explosion)

가연성 액화저장탱크에 화재가 발생하면 화염에 의한 복사열이 주위의 저장탱크에 전달되어 탱크내에 온도가 상승한다. 이때 발생한 많은 증기량이 탱크외부로 분출되어 확산되지 않고 구름처럼 뭉쳐 있는 현상을 증기운(Vapor cloud)이라 한다. 증기운이 화재탱크와 접촉하게 되면 화염은 주위의 탱크로 전파되어 화재가 확대되게 된다.

(5) 프로스 오버(Froth over)

물이 점성을 가진 뜨거운 기름 표면 아래에서 끓을 때 화재를 수반하지 않고 용기에서 넘쳐 흐르는 현상으로 뜨거운 아스팔트를 물 중탕할 때 발생할 수 있는 현상이다.

(6) 오일 오버(Oil over)

저장탱크 내에 유류 저장량이 내용적의 50% 이하로 충전되어 있을 때 화재로 인하여 탱크가 폭발하는 현상이다.

01 고체의 일반적인 연소형태에 속하지 않는 것은?

① 표면연소
② 확산연소
③ 자기연소
④ 증발연소

> **해설**
>
> 확산연소는 기체연소의 형태이다.

02 고온체의 색깔과 온도 관계에서 다음 중 가장 낮은 온도의 색깔은?

① 적색
② 암적색
③ 휘적색
④ 백적색

> **해설**

불꽃의 온도	불꽃의 색깔	불꽃의 온도	불꽃의 색깔
500℃	적열	1,100℃	황적색
700℃	암적색	1,300℃	백적색
850℃	적색	1,500℃	휘백색
950℃	휘적색		

03 고체 가연물의 연소형태에 해당하지 않는 것은?

① 등심연소
② 증발연소
③ 분해연소
④ 표면연소

> **해설**
>
> • 등심연소(심화연소) : 액체 가연물의 연소형태이다.
> • 고체 가연물 연소형태 : ②, ③, ④ 외에 내부(자기)연소 등이 있다.

04 주된 연소형태가 분해연소인 것은?

① 금속분
② 유황
③ 목재
④ 피크르산

> **해설**
>
> 분해연소 : 목재, 석탄 등

05 다음 중 착화점에 대한 설명으로 가장 옳은 것은?

① 연소가 지속될 수 있는 최저온도
② 점화원과 접촉했을 때 발화하는 최저온도
③ 외부의 점화원 없이 발화하는 최저온도
④ 액체 가연물에서 증기가 발생할 때의 온도

> **해설**
>
> ① 연소점, ②·④ 인화점, ③ 착화점

06 다음 위험물 중 자연발화 위험성이 가장 낮은 것은?

① 알킬리튬
② 알킬알루미늄
③ 칼륨
④ 유황

> **해설**
>
> ①, ②, ③ : 제3류 위험물(자연발화성 및 금수성 물질)
> ④ : 제2류 위험물(산화성 고체)

07 화재를 잘 일으킬 수 있는 일반적인 경우에 대한 설명 중 틀린 것은?

① 산소와 친화력이 클수록 연소가 잘 된다.
② 온도가 상승하면 연소가 잘 된다.
③ 연소 범위가 넓을수록 연소가 잘 된다.
④ 발화점이 높을수록 연소가 잘 된다.

> **해설**
> 발화점이 낮을수록 위험성이 크고 연소가 잘된다.

08 자연발화가 일어날 수 있는 조건으로 가장 옳은 것은?

① 주위의 온도가 낮을 것
② 표면적이 작을 것
③ 열전도율이 작을 것
④ 발열량이 작을 것

09 공기 중 산소는 부피 백분율과 질량 백분율로 각각 약 몇 %인가?

① 79, 21
② 21, 23
③ 23, 21
④ 21, 79

> **해설**
> 공기 중
> • 산소의 부피 : 21%
> • 산소의 질량(%) : $\dfrac{32 \times 0.21}{28.84} \times 100 = 23.3\%$

10 폭굉유도거리(DID)가 짧아지는 요건에 해당하지 않는 것은?

① 정상연소속도가 큰 혼합가스일 경우
② 관 속의 방해물이 없거나 관경이 큰 경우
③ 압력이 높을 경우
④ 점화원의 에너지가 클 경우

> **해설**
> ② 관 속에 방해물이 있거나 관경이 가늘 경우

11 자연발화의 방지법으로 가장 거리가 먼 것은?

① 통풍을 잘 하여야 한다.
② 습도가 낮은 곳을 피한다.
③ 열이 쌓이지 않도록 유의한다.
④ 저장실의 온도를 낮춘다.

> **해설**
> ② 습도가 높은 곳을 피해야 한다.

12 94wt%드라이아이스 100g은 표준상태에서 몇 l의 CO_2가 되는가?

① 22.40
② 47.85
③ 50.90
④ 62.74

> **해설**
> $PV = nRT$, $PV = \dfrac{w}{M}RT$에서,
>
> 실량(w) $= 100g \times \dfrac{94}{100} = 94g$이다.
>
> $\therefore V = \dfrac{w}{PM}RT = \dfrac{94}{1 \times 44} \times 0.082 \times 273.15 = 47.85l$

13 지정수량 10배의 위험물을 운반할 때 다음 중 혼재가 금지된 경우는?

① 제2류 위험물과 제4류 위험물

② 제2류 위험물과 제5류 위험물

③ 제3류 위험물과 제4류 위험물

④ 제3류 위험물과 제5류 위험물

해설

혼재할 수 있는 위험물
• 제1류와 제6류
• 제4류와 제2류, 제3류
• 제5류와 제2류, 제4류

14 표준상태에서 2kg의 이산화탄소가 모두 기체상태의 소화약제로 방사될 경우 부피는 몇 m³인가?

① 1.018   ② 10.18

③ 101.8   ④ 1,018

해설

$PV = nRT = \dfrac{W}{M}RT$에서,

$V = \dfrac{W}{PM}RT = \dfrac{2{,}000}{1 \times 44} \times 0.082 \times 273.15$

$\therefore V = 1{,}018.10l = 1.018m^3$

15 알루미늄분의 연소 시 주수소화하면 위험한 이유를 옳게 설명한 것은?

① 물에 녹아 산이 된다.

② 물과 반응하여 유독 가스를 발생한다.

③ 물과 반응하여 수소 가스를 발생한다.

④ 물과 반응하여 산소 가스를 발생한다.

해설

알루미늄(Al)는 제2류(가연성 고체) 위험물로서 수증기, 산, 알칼리와 반응시 수소(H_2) 가스를 발생한다.

$2Al + 6H_2O \longrightarrow 2Al(OH)_3 + 3H_2 \uparrow$

16 화재의 종류와 표지색상의 연결이 옳은 것은?

① 금속화재 – 청색   ② 유류화재 – 황색

③ 일반화재 – 녹색   ④ 전기화재 – 백색

해설

화재의 분류

종류	등급	색표시	주된 소화 방법
일반화재	A급	백색	냉각소화
유류 및 가스화재	B급	황색	질식소화
전기화재	C급	청색	질식소화
금속화재	D급	–	피복소화
식용유화재	F(K)급	–	냉각·질식소화

17 폭발시 연소파의 전파속도 범위에 가장 가까운 것은?

① 0.1~10m/s

② 100~1000m/s

③ 2000~3500m/s

④ 5000~10000m/s

해설

• 폭발의 연소속도 : 0.1m/s~10m/s
• 폭굉의 연소속도 : 1000m/s~3500m/s

18 과산화나트륨의 화재시 적응성이 있는 소화설비는?

① 포소화기   ② 건조사

③ 이산화탄소 소화기   ④ 물통

해설

과산화나트륨(Na_2O_2) : 제1류 위험물 중 무기과산화물(금수성)
• 물과 격렬히 반응하여 산소(O_2) 발생
  $2Na_2O_2 + 2H_2O \longrightarrow 4NaOH + O_2 \uparrow$
• 이산화탄소(CO_2)와 반응하여 산소(O_2) 발생
  $2Na_2O_2 + 2CO_2 \longrightarrow 2NaCO_3 + O_2 \uparrow$
• 열분해시 산소(O_2) 반응
  $2Na_2O_2 \longrightarrow 2Na_2O + O_2 \uparrow$

 정답   13 ④   14 ①   15 ③   16 ②   17 ①   18 ②

19 분진 폭발을 일으킬 위험성이 가장 낮은 물질은?

① 대리석분말

② 커피분말

③ 알루미늄분말

④ 밀가루

해설

분진 폭발 : 금속분말가루, 곡물분진, 석탄분진, 나무분진, 플라스틱분진, 섬유분진 등

20 질식효과를 위해 포의 성질로서 갖추어야 할 조건으로 가장 거리가 먼 것은?

① 기화성이 좋을 것

② 부착성이 있을 것

③ 유동성이 좋을 것

④ 바람 등에 견디고 응집성과 안정성이 있을 것

해설

①은 CO_2, 할로겐화합물 등의 가스소화약제의 구비조건이다.

※ 포소화약제의 구비조건
- 부착성 : 화재면에 포소화약제가 잘 부착되는 성질
- 응집성 : 포소화약제 간에 서로 분리되지 않고 응집하는 성질
- 유동성 : 화재면에 골고루 잘 퍼지는 성질
- 안정성 : 열, 산, 염기에 대해 분해되지 않는 성질

21 전기불꽃 에너지 공식에서 (   )에 알맞은 것은? (단, Q는 전기량, V는 방전전압, C는 전기용량을 나타낸다.)

$$E=\frac{1}{2}(\quad)=\frac{1}{2}(\quad)$$

① QV, CV

② QC, CV

③ QV, CV²

④ QC, QV²

해설

전기불꽃 에너지 공식

$E=\dfrac{1}{2}QV=\dfrac{1}{2}CV^2$ $\left[\begin{array}{l} Q : 전기량 \\ V : 방전전압 \\ C : 전기용량 \end{array}\right.$

22 가연성 가스의 폭발범위에 대한 일반적인 설명으로 틀린 것은?

① 가스의 온도가 높아지면 폭발범위는 넓어진다.

② 폭발한계농도 이하에서 폭발성 혼합가스를 생성한다.

③ 공기 중에서보다 산소 중에서 폭발범위가 넓어진다.

④ 가스압이 높아지면 하한값은 크게 변하지 않으나 상한값은 높아진다.

해설

폭발한계농도 범위 내에서 폭발성 혼합가스를 생성한다.

23 물통 또는 수조를 이용한 소화가 공통적으로 적응성이 있는 위험물은 제 몇 류 위험물인가?

① 제2류 위험물

② 제3류 위험물

③ 제4류 위험물

④ 제5류 위험물

해실

제5류 위험물의 화재 초기 소화 : 다량의 물로 주수소화가 효과적임

24 이산화탄소를 이용한 질식소화에 있어서 아세톤의 한계산소농도(vol%)에 가장 가까운 것은?

① 15　　　　　　　② 18
③ 21　　　　　　　④ 25

25 탱크 내 액체가 급격히 비등하고 증기가 팽창하면서 폭발을 일으키는 현상은?

① Fire ball　　　　② Back draft
③ BLEVE　　　　　④ Flash over

26 제4류 위험물의 탱크화재에서 발생되는 보일 오버 (Boil over)에 대한 설명으로 가장 거리가 먼 것은?

① 원추형 탱크의 지붕판이 폭발에 의해 날아가고 화재가 확대될 때 저장된 연소 중인 기름에서 발생할 수 있는 현상이다.

② 화재가 지속된 부유식 탱크나 지붕과 측판을 약하게 결합한 구조의 기름 탱크에서도 일어난다.

③ 원유, 중유 등을 저장하는 탱크에서 발생할 수 있다.

④ 대량으로 증발된 가연성 액체가 갑자기 연소했을 때 커다란 구형의 불꽃을 발하는 것을 의미한다.

27 가연성 물질이 공기 중에서 연소할 때의 연소형태에 대한 설명으로 틀린 것은?

① 공기와 접촉하는 표면에서 연소가 일어나는 것을 표면연소라 한다.

② 유황의 연소는 표면연소이다.

③ 산소공급원을 가진 물질 자체가 연소하는 것을 자기연소라 한다.

④ TNT의 연소는 자기연소이다.

28 그림에서 C_1과 C_2 사이를 무엇이라고 하는가?

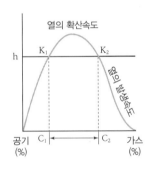

① 안전범위　　　　② 발열량
③ 흡열량　　　　　④ 폭발범위

29 연소가 일어나려면 가연물, 산소 공급원, 점화원이 필요하다. 다음 중 점화원으로 적합하지 않은 것은?

① 마찰에 의한 점화

② 충격에 의한 점화

③ 가열에 의한 점화

④ 흡수에 의한 점화

30 법령상 피뢰설비는 지정수량 얼마 이상의 위험물을 취급하는 제조소 등에 설치하는가? (단, 제6류 위험물을 취급하는 위험물 제조소 제외)

① 5배 이상 ② 10배 이상
③ 15배 이상 ④ 20배 이상

31 소방법에 의한 위험물을 취급함에 있어서 발생하는 정전기를 유효하게 제거하는 방법으로 옳지 않은 것은?

① 인화 방지망 설치 방법
② 접지에 의한 방법
③ 공기를 이온화하는 방법
④ 상대 습도를 70% 이상 높이는 방법

32 일반적으로 제4류 위험물 중 비수용성 액체의 화재 시 물로 소화하는 것은 적당하지 않다. 그 이유를 가장 옳게 설명한 것은?

① 가연성 가스를 발생한다.
② 인화점이 낮아진다.
③ 화재면의 확대 위험성이 있다.
④ 물을 분해하여 수소가스를 발생한다.

> **해설**
>
> 제4류 위험물(인화성 액체) : 비수용성 액체로써 물보다 비중이 가벼워 주수소화시 연소면이 확대의 위험성이 있다.

33 소화작용에 대한 설명으로 옳지 않은 것은?

① 연소에 필요한 산소의 공급원을 차단하는 것은 제거작용이다.
② 온도를 떨어뜨려 연소반응을 정지시키는 것은 냉각작용이다.
③ 가스화재시 주 밸브를 닫아서 소화하는 것은 제거작용이다.
④ 물에 의해 온도를 낮추는 것은 냉각작용이다.

> **해설**
>
> ① 공기 중 산소 농도를 21%에서 15% 이하로 감소시켜 질식소화를 한다.

34 화재의 위험성이 감소한다고 판단되는 경우는?

① 착화온도가 낮아지고 인화점이 낮아질수록
② 폭발하한값이 작아지고 폭발범위가 넓어질수록
③ 주변 온도가 낮을수록
④ 산소 농도가 높을수록

35 다음 중 자연발화의 인자가 아닌 것은?

① 발열량
② 수분
③ 열의 축적
④ 증발잠열

> **해설**
>
> ①, ②, ③ 이외에 열전도율, 공기의 유동, 용기의 크기와 형태 등이 있다.

정답 30 ② 31 ① 32 ③ 33 ① 34 ③ 35 ④

소화방법 및 소화기

Chapter 2

1 소화방법

1. 소화의 원리

연소가 일어나기 위해서는 가연물, 산소공급원, 점화원, 연쇄반응의 4요소가 구비되어야 하므로 이 요소들 중 하나 이상을 제거 또는 변화시키면 소화의 원리에 이용할 수 있다.

[제거요소별 소화법]

제거요소	가연물	산소	점화원	연쇄반응
소화법	제거소화	질식소화	냉각소화	억제소화

2. 소화방법

(1) 냉각효과

① 연소 물체로부터 열을 빼앗아 발화점 이하로 온도를 낮추는 방법

② 소화약제 : 물, 강화액, 산·알칼리 소화기, 분말, CO_2, 포 등

(2) 질식소화

① 공기 중의 산소의 농도를 21%에서 15% 이하로 낮추어 산소공급을 차단시켜 연소를 중단시키는 방법

② 소화약제 : 물분무, 포말(화학포, 기계포), 할로겐화물, CO_2, 분말, 마른모래 등

(3) 제거소화 : 연소할 때 필요한 가연성 물질을 없애주는 소화방법

> 예 촛불, 유전화재, 산불화재, 가스화재(밸브로 차단), 전원차단 등

(4) 부촉매소화(화학소화)

① 가연성 물질이 연속적으로 연소시 연쇄반응을 느리게 하여 억제·방해 또는 차단시켜 소화하는 방법

② 불꽃연소에만 유효하며 매우 효과적이나 표면연소에는 효과가 없다.

③ 연쇄반응을 억제하면서 동시에 산소희석, 냉각, 연료제거 등의 작용을 한다.

④ 소화약제 : 알칼리금속염, 암모늄염, 분말소화약제, 할로겐소화약제 등

참고 연소중 가연성 물질에서 활성화된 수소기(−H)와 수산기(−OH)가 결합하여 연속적인 연쇄반응을 일으키므로 이 반응을 차단·억제·방해하는 부촉매 소화방법이다.

(5) 희석효과 : 수용성인 가연성 물질의 화재시 다량의 물을 방사하여 가연물의 농도를 연소범위의 하한계 이하로 희석하여 소화하는 방법

> **예** 수용성 물질 : 알코올류, 에스테르류, 케톤류 등

(6) 유화소화 : 유류화재시 포소화약제를 방사하는 경우나 물보다 비중이 큰 중유 등의 화재시 무상주수할 경우 표면에 유화층이 형성되어 물과 기름의 중간성질을 나타내며 얇은막으로 산소를 차단시키는 소화방법

(7) 피복소화 : 이산화탄소 소화약제 방사시 비중이 공기의 1.5배로 무거워 가연물의 구석구석까지 침투·피복하므로 연소를 차단하여 소화하는 방법

2 소화기(약제) 및 소화의 특성

1. 소화기의 분류

(1) 소화능력단위에 의한 분류

① **소형소화기** : 소화능력단위 1단위 이상이며 대형소화기의 능력단위 미만인 소화기를 말한다.

② **대형소화기** : 소화능력단위가 A급 화재는 10단위 이상, B급 화재는 20단위 이상인 소화기를 말한다.

③ **소화설비의 능력단위★★★**

소화설비	용량	능력단위
소화전용(轉用)물통	8L	0.3
수조(소화전용물통 3개 포함)	80L	1.5
수조(소화전용물통 6개 포함)	190L	2.5
마른 모래(삽 1개 포함)	50L	0.5
팽창질석 또는 팽창진주암(삽 1개 포함)	160L	1.0

※ 능력단위 : 소요단위에 대응하는 소화설비의 소화능력의 기준단위

(2) 소요단위에 의한 분류

① **소요단위** : 소화설비의 설치대상이 되는 건축물, 그 밖의 공작물의 규모 또는 위험물의 양의 기준 단위

② 소요 1단위의 규정★★★★★

소요 1단위	제조소 또는 취급소용 건축물의 경우	내화 구조 외벽을 갖춘 연면적 $100m^2$
		내화 구조 외벽이 아닌 연면적 $50m^2$
	저장소 건축물의 경우	내화 구조 외벽을 갖춘 연면적 $150m^2$
		내화 구조 외벽이 아닌 연면적 $75m^2$
	위험물의 경우	지정수량의 10배

※ 위험물의 소요단위 = $\dfrac{저장(취급)수량}{지정수량 \times 10}$

(3) 대형소화기의 소화약제의 기준★★★

종류	소화약제 양
포소화기(기계포)	20L 이상
강화액소화기	60L 이상
물소화기	80L 이상
분말소화기	20kg 이상
할로겐화합물소화기	30kg 이상
이산화탄소소화기	50kg 이상

(4) 가압방식에 의한 분류

1) 가압식 : 수동펌프식, 화학반응식, 가스가압식 등이 있다.

① 수동펌프식 : 수동펌프의 피스톤에 의하여 가압된 소화약제를 방출하는 방식

② 화학반응식 : 소화약제의 화학반응에 의하여 생성된 가스의 압력으로 소화약제를 방출하는 방식

③ 가스가압식 : 소화약제의 방출을 위해 소화기 내부와 외부에 따로 가압용가스(소형 : CO_2, 대형 : CO_2, N_2) 용기를 부설하여 이 가스압력으로 소화약제를 방출하는 방식

참고 ☞ 가스가압식 강화액소화기는 축압식과 동일하지만 압력지시계가 없으며 안전밸브와 액면표시가 되어 있다.

2) 축압식

① 소화기 용기 내부에는 소화약제와 압축원인 압축공기 또는 불연성가스(CO_2, N_2)가 충전되어 있다.

② CO_2 소화기 외에는 모두 용기 내압을 확인할 수 있도록 지시압력계가 부착되어 있으며 사용 가능 범위는 0.7~0.98MPa로 녹색범위를 지시하고 황색이나 적색부분을 지시하면 비정상 압력상태이다.

(5) 간이소화기 : 소화탄, 마른모래(건조사), 소화질석(팽창질석, 팽창진주암), 중조톱밥, 수증기
(보조 소화약제)

(6) 전기설비의 소화설비★★★

제조소 등에 전기설비(전기배선, 조명기구 등은 제외)가 설치된 경우에는 당해 장소의 면적
100m²마다 소형 수동식 소화기를 1개 이상 설치할 것

(7) 소화기의 유지 관리

1) 소화기 외부 표시사항

① 소화기의 명칭 ② 능력단위 ③ 적응화재 표시
④ 사용방법 ⑤ 취급시 주의사항 ⑥ 용기합격 및 중량표시
⑦ 제조년월일 ⑧ 제조업체명 및 상호

2) 소화기의 사용방법★★★

① 소화기는 적응화재에만 사용할 것

② 성능에 따라 화점 가까이 접근하여 사용할 것

③ 소화작업은 바람을 등지고 풍상에서 풍하로 실시할 것

④ 소화작업은 양 옆으로 비로 쓸듯이 골고루 소화약제를 방사할 것

> ※ 소화기는 초기화재만 효과가 있고 화재가 확대된 후에는 효과가 거의 없으며 모든 화재에 유효한 만능
> 소화기는 없다.

3) 소화기의 공통사항

① 소화기는 바닥으로부터 1.5m 이하의 높이에 설치할 것

② 통행 및 피난 등에 지장이 없고 사용시 쉽게 반출할 수 있는 곳에 설치할 것

③ 소화기를 설치한 곳이 잘 보이도록 '소화기'라는 표시를 할 것

④ 각 소화제가 동결, 변질 및 분출할 우려가 없는 곳에 비치할 것

4) 소화기 관리상 주의사항

① 직사광선을 피하고 건조하고 서늘한 곳에 둘 것

② 전도되지 않도록 안전한 곳에 비치할 것

③ 소화기의 뚜껑은 반드시 잠그고 봉인할 것

④ 겨울철에 소화약제가 동결하지 않도록 보온조치할 것

⑤ 사용후 내·외부를 깨끗이 세척한 후 규정약품을 재충전할 것

⑥ 유사시 대비하여 소화약제의 변질상태 및 작동이상 유무를 정해진 기간마다 확인할 것

참고 소화기의 점검

• 외관검사 : 월 1회 이상 • 기능검사 : 3개월 1회 이상 • 정밀검사 : 6개월 1회 이상

2. 액체상태의 소화약제 및 소화기

(1) 물소화약제

연소물체로부터 열을 빼앗아 발화점 이하로 온도를 낮추어 소화하는 방법으로 봉상주수, 적상주수, 무상주수가 있다.

1) 물소화약제의 장·단점

① 장점
- 구입이 용이하며 가격이 저렴하다.
- 인체에 무해하고 취급이 간편하다.
- 냉각효과가 우수하며 무상주수일 때는 질식·유화효과가 있다.
- 장기보존이 가능하고 다른약제와 혼합하여 사용할 수 있다.

② 단점
- 동절기의 경우 0℃ 이하의 온도에서는 동파 및 응고현상으로 소화효과가 적다.
- 물은 전기의 도체이며 방사후 2차 피해가 우려된다.
- 전기화재(C급), 금속화재(D급)에는 소화효과가 없다.
- 유류화재시 물보다 가벼운 물질일 경우 연소면 확대의 우려가 있다.

2) 물소화약제의 방사방법

① 봉상주수 : 옥내소화전, 옥외소화전과 같이 소방노즐을 사용하여 분사되는 물줄기로 가늘고 긴 물줄기의 모양으로 방사하는 주수소화 방법(냉각효과)

② 적상주수 : 스프링클러헤드와 같이 물방울을 형성하면서 방사하는 주수형태(냉각효과)

③ 무상주수 : 물분무헤드나 분무노즐에서 안개 또는 구름모양의 분무상태로 방사하는 주수형태(질식, 냉각, 희석, 유화효과)

> **참고** 물의 질식효과 : 물 1g이 100℃ 수증기로 증발할 경우 약 1700배가 된다.
> - 물 1g의 표준상태(0℃ · 1atm)에서의 부피 : 1244[cm³]
>
> $$\frac{1}{18}[\text{mol}] \times 22.4[l] = 1.244[l] = 1244[\text{cm}^3]$$
>
> - 물 1g이 100℃ 온도에서 수증기로 변하면,
>
> $$1244[\text{cm}^3] \times \frac{(273+100)[\text{K}]}{273[\text{K}]} = 1700[\text{cm}^3]$$

3) 물소화약제 동결 방지제 : 에틸렌글리콜, 프로필렌글리콜, 글리세린 등을 첨가한다.

(2) 물소화기

1) 강화액 소화기(약제)

① 소화약제 : 물에 탄산칼륨(K_2CO_3)을 용해시켜 물소화약제 성능을 강화시킨 약제로서 강화액은 −30℃에서도 동결하지 않으므로 한랭지에서도 보온의 필요가 없을뿐만 아니라 탈수·탄화작용으로 종이·목재 등을 불연화하고 독성, 부식성이 없으며 재연 방지효과도 있다. (강화액 : pH 12, 비중 1.3~1.4, 사용온도 −20~−40℃)

② 소화기의 종류 : 축압식, 가스가압식, 파병식(반응식) 등이 있다.

> **참고** 소화의 원리(주로 A급, 무상방사시 B, C급에 사용가능)
>
> 내부의 황산이 있어 탄산칼륨과 화학반응하여 발생된 CO_2가 압력원이 된다.
>
> $$H_2SO_4 + K_2CO_3 \longrightarrow K_2SO_4 + H_2O + CO_2 \uparrow$$

2) 산·알칼리 소화기(약제)

① 소화약제 : 산의 황산(H_2SO_4)과 알칼리인 탄산수소나트륨($NaHCO_3$)의 화학반응으로 발생되는 CO_2가 압력원으로 방사되는 포로 화재를 진압한다. (방출용액의 pH 5.5)

$$H_2SO_4 + 2NaHCO_3 \longrightarrow Na_2SO_4 + 2CO_2 \uparrow + 2H_2O$$

② 소화기의 종류 : 전도식과 파병식이 있다.

> **참고** 산·알칼리 소화기 사용상 주의사항
>
> • A급(일반화재) : 적합, B급(유류화재) : 부적합, C급(전기화재) : 사용금지
>
> ※ 단 무상방사시 : A, B, C급 사용 가능
>
> • 보관시 : 전도금지, 겨울철 동결에 주의할 것

(3) 포말소화기(약제)

1) 포말(포)소화약제 : 물의 소화능력을 향상시키기 위하여 거품(Foam)을 방사할 수 있는 약제를 첨가하여 질식 및 냉각효과를 얻을 수 있도록 만든 소화약제이다.

① 포소화약제의 장·단점

〈장점〉

• 인체에 해가 없고 약제방사후 독성가스의 발생이 없다.

• 유동성이 좋아 소화속도가 빠르다.

• 가연성 유류화재시 거품(Foam)으로 소화작업을 진행하므로 질식·냉각의 효과가 있다.

〈단점〉

• 동절기에는 유동성이 약화되어 소화효과가 떨어질 수도 있다.

- 단백포의 경우에는 침전부패가 되기 쉬우므로 정기적으로 약제를 교체 충전하여야 한다.
- 약제 방사후 약제의 잔유물이 남는다.

② 포소화약제 구비조건★★★

- 독성이 적을 것
- 포의 안정성, 유동성이 좋을 것
- 유류의 표면에 잘 분산되고 접착성이 좋을 것
- 포의 소포성이 적을 것

2) 포소화약제의 종류

① **화학포소화약제** : 외약제[A제 : 탄산수소나트륨, $NaHCO_3$의 수용액]와 내약제[B제 : 황산알루미늄, $Al_2(SO_4)_3$수용액]의 화학반응에 의해 생성되는 이산화탄소(CO_2)를 이용하여 포를 발생시킨다. 여기에 안정제로 카제인, 젤라틴, 사포닌, 계면활성제, 수용성단백질, 소다회($CaO+NaOH$), 염화제1철($FeCl_2$) 등을 사용한다.

> **참고** **화학포소화약제의 구성(포핵 : CO_2)**★★
> - 화학포 반응식 : A제[$NaHCO_3$]＋B제[$Al_2(SO_4)_3$]＋안정제[카제인, 젤라틴, 사포닌 등]
>
> $$6NaHCO_3+Al_2(SO_4)_3+18H_2O \longrightarrow 3Na_2SO_4+2Al(OH)_3+6CO_2\uparrow+18H_2O$$
> - 소화약제 ┌ 건식(소화제) : 소화약제를 사용시 물에 용해시켜 사용하는 방법
>   └ 습식(소화액) : 소화약제를 미리 물에 용해시킨 수용액을 사용하는 방법

② **기계포소화약제(공기포소화약제)** : 포소화약제 원액을 물에 용해시켜 발포기의 기계적 수단으로 공기와 혼합교반하여 거품을 만들어 내는 형식으로서 유류화재에 적합하다.

[발포배율 및 혼합비율에 따른 팽창비]

구분	약제의 농도	약제의 종류	팽창비	포방출구의 종별
저발포용 (저팽창)	3%, 6%	수성막포	5배 이상 20배 이하	포헤드 (20배 이하)
		단백포, 불화단백포, 내알코올용포, 합성계면활성제포	6배 이상 20배 이하	
고발포용 (고팽창)	1%, 1.5%, 2%	합성계면활성제포	제1종 : 80배 이상 250배 미만	고발포용 고정포방출구 (80~1000배 미만)
			제2종 : 250배 이상 500배 미만	
			제3종 : 500배 이상 1000배 미만	

예 단백포 3% 혼합약제＝단백포약제 3%＋물 97%의 혼합비율

$$※ \text{팽창비}=\frac{\text{방출후 포의 체적}[l]}{\text{방출전 포수용액의 체적(포원액＋물)}[l]}=\frac{\text{방출후 포의 체적}[l]}{\dfrac{\text{포원액의 양}[l]}{\text{포의 농도}[\%]}}$$

〈단백포 소화약제〉

- 소의 뿔, 발톱, 피 등의 동물성 및 식물성 단백질로 가수분해시 생성물에 염화제일철염($FeCl_2$)이나 황산제철1염($FeSO_4$) 등을 포의 안정제와 방부제 등을 첨가하여 물에 용해시킨 것이다.
- 특이한 냄새가 나는 흑갈색의 끈끈한 액체로서 3%형과 6%형이 있으며 pH 6~7.5, 비중 1.10~1.20이다.
- 재연소 방지능력은 우수하지만 다른 포소화약제에 비해 유동성이 약하고 부식성이 있으며 소화시간이 느리고 보관기간이 짧다는 것이 단점이다.

〈불화단백포 소화약제〉

- 단백포와 불소계 계면활성제의 두 성분의 장점을 합성하여 유동성, 내유성, 내화성이 좋고 소화속도가 빠르며 기름에 오염되지 않으므로 장기간(10년 정도) 보관이 가능하지만 가격이 비싸다.
- 다른 소화약제와 병용하여 사용할 수 있으며 표면하 주입방식에도 사용할 수 있다.

> **참고** 표면하 주입방식 : 액표면 아래에서 포를 방출하는 방식으로 수성막포와 불화단백포 소화약제에 사용된다.

〈수성막포 소화약제(AFFF : Aqueous Film Forming Foam)〉★★★

- 포소화약제 중 가장 우수한 약제로 미국 3M사에서 개발한 일명 Ligh Water라고 한다.
- 불소계통의 습윤제에 합성계면활성제를 첨가한 약제로 특히 유류화재에 탁월한 소화능력이 있고 3%형과 6%형이 있으며 질식·냉각효과가 있다.
- 각종시설물 및 연소물을 부식시키지 않고 피해를 최소화하며 분말소화약제와 병용사용시 소화효과는 한층 더 증가하여 두배로 된다.

〈합성계면활성제포 소화약제〉

- 고급알코올 황산에스테르염을 사용하며 냄새가 없는 황색의 액체로서 포안정제를 첨가한 소화약제로 저발포형(3%, 6%)과 고발포형(1%, 1.5%, 2%)으로 분류하여 사용한다.
- 거품이 잘 만들어지고 유동성 및 질식효과가 좋아 유류화재에 우수하다.
- 소화성능은 수성막포에 비하여 낮은 편이다.

〈내알코올용포 소화약제〉★★★

- 단백질의 가수분해 생성물과 합성세제 등을 소화약제로 사용하며 특히 물에 잘녹는 알코올류, 에스테르류, 케톤류, 아민류 등의 수용성 용제에 적합하다.

3) 포말소화기의 종류(B급, C급 화재에 적합) : 보통전도식, 내통밀폐식, 내통밀봉식 등이 있다.

2. 기체상태의 소화약제 및 소화기

(1) 할로겐화합물의 소화약제(증발성 액체 소화제) 및 소화기

포화탄화수소인 메탄(CH_4)과 에탄(C_2H_6)의 물질에 수소원자 일부 또는 전부가 할로겐원소인 불소(F_2), 염소(Cl_2), 브롬(Br_2), 요오드(I_2)로 치환된 소화약제로서 주된 소화효과는 부촉매효과에 의한 억제소화이고 또한 질식·냉각효과도 있으며 독성이 적고 안정된 화합물을 형성한다.

> **참고** 할로겐화합물 소화약제 명명법★★
> • Halon 1211[CF_2ClBr] : 할론의 번호는 탄소수, 불소수, 염소수, 브롬수, 아이오딘 순이다.

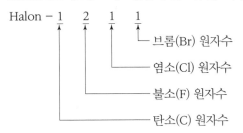

> • 할로겐화합물의 소화성능 효과 : F < Cl < Br < I
> • 할로겐화합물의 안정성 : F > Cl > Br > I

1) 할로겐화합물 소화약제의 특성
① 전기의 부도체로서 분해변질이 없다.
② 금속에 대한 부식성이 적다.
③ 연소의 억제작용으로 부촉매 소화효과가 뛰어나다.
④ 가연성 액체화재에 대하여 소화속도가 매우 빠르다.
⑤ 다른 소화약제에 비해 가격이 비싸다.(단점)

2) 할로겐화합물 소화약제의 구비조건★★★
① 비점이 낮고 기화가 쉬울것
② 비중은 공기보다 무겁고 불연성일 것
③ 증발 잔유물이 없고 증발잠열이 클것
④ 전기화재에 적응성이 있을 것

3) 할로겐화합물 소화약제의 종류★★★★
① 할론 1301 소화약제(CF_3Br) : 이 약제는 메탄(CH_4)에 불소(F) 3원자와 브롬(Br) 1원자가 치환된 것으로 BTM(Bromo Trifluoro Methane) 즉, '일취화 삼불화메탄'이라 한다.
  • 상온에서 기체이며 무색무취이고 인체에 가장 무해하다.
  • 증기 비중은 5.1이며 소화효과가 가장 우수하고 B급(유류), C급(전기) 화재에 적합하다.
  • 소화기는 고압가스로서 가스자체의 압력으로 방사하며 지시압력계는 부착되어 있지 않다.

② 할론 1211 소화약제(CF_2ClBr) : 이 약제는 메탄(CH_4)에 불소(F) 2원자와 염소(Cl) 1원자, 브롬(Br) 1원자가 치환된 것으로 BCF(Bromo Chloro Difluoro Methane) 즉 '일취화 일염화 이불화메탄'이라 한다.
 • 상온에서 기체이며 증기 비중은 5.7이고 약간 달콤한 냄새가 있다.
 • 비점이 −4℃이고 알루미늄(Al) 부식성이 크며 A급, B급, C급 화재에 적합하다.
③ 할론 1011 소화약제(CH_2ClBr) : 이 약제는 메탄(CH_4)에 염소(Cl) 1원자와 브롬(Br) 1원자가 치환된 것으로 CB(Chloro Bromo Methane) 즉, '일취화 일염화 메탄'이라 한다.
 • 상온에서 액체이며 증기 비중은 4.5이고 금속을 부식시킨다.
 • 소화능력은 할론 104(사염화탄소)보다 3배 크며 B급, C급 화재에 적합하다.
④ 할론 2402 소화약제($C_2F_4Br_2$) : 이 약제는 에탄(C_2H_6)에 불소(F) 4원자와 브롬(Br) 2원자가 치환된 것으로 FB(Tetra Fluoro Dibromo Ethane) 즉 '이취화 사불화 에탄'이라 한다.
 • 상온에서 액체이며 증기 비중은 7.3으로 가장 높고 저장용기에 충전시 방출압력원인 질소(N_2)와 함께 충전해야 한다. (생산중단으로 사용불가함)
  • 적응화재는 B급, C급 화재에 적합하다.
⑤ 할론 104 소화약제(CCl_4) : 사염화탄소 소화약제로 메탄(CH_4)에 염소(Cl) 4원자와 치환된 것으로 CTC(Carbon Tetra Chloride) 소화약제라고 한다.
 • 상온에서 무색투명한 휘발성 액체로 특이한 냄새와 독성이 있다.
 • 사염화탄소는 공기, 수분, 탄산가스와 반응하여 맹독성 가스인 포스겐($COCl_2$)을 발생시키므로 실내에서는 사용을 금지토록 하고 있다. (법적 사용금지됨)
 • 사염화탄소의 주요 소화효과는 억제효과와 질식효과(산소공급차단)이다.

> **참고** 사염화탄소의 화학반응식
> ❶ 공기 중 : $2CCl_4 + O_2 \longrightarrow 2COCl_2 + 2Cl_2$
> ❷ 습기 중 : $CCl_4 + H_2O \longrightarrow COCl_2 + 2HCl$
> ❸ 탄산가스 중 : $CCl_4 + CO_2 \longrightarrow 2COCl_2$
> ❹ 산화철 접촉 중 : $3CCl_4 + Fe_2O_3 \longrightarrow 3COCl_2 + 2FeCl_3$
> ❺ 발연황산 중 : $2CCl_4 + H_2SO_4 + SO_3 \longrightarrow 2COCl_2 + S_2O_5Cl_2 + 2HCl$

4) 할론소화약제의 효과
 할론 1301 > 할론 1211 > 할론 2402 > 할론 1011 > 할론 104

> **참고** ❶ 상온에서 ┌ 기체상태 : 할론 1301, 할론 1211 ┐ 이다.
>   └ 액체상태 : 할론 1011, 할론 2402, 할론 104 ┘
> ❷ 휴대용 소화기 : 할론 1211, 할론 2402

❸ 할론 소화기 및 CO₂소화기 설치금지 : 지하층, 무창층, 거실 또는 사무실 바닥면적이 20m² 미만인 곳(단, 할론 1301과 청정 소화약제는 제외)

※ 무창층이란 건물의 지상층 중 피난상 또는 소화활동상 유효한 개구부 면적의 합계가 당해층의 바닥면적의 1/30 이하가 되는 층

5) 할로겐화합물의 소화기 종류(B급, C급 화재에 적합)

용기에 수동 펌프를 부착한 '수동펌프식'과 가압펌프를 부착한 수동축압식, 축압가스로 압축공기 또는 질소(N₂)가스를 축압하여 소화약제를 방출시키는 축압식 등이 있다.

(2) 이산화탄소 소화기(약제)★★★

1) 이산화탄소의 특성(질식, 냉각, 피복효과)

① 상온에서 무색, 무취, 무미의 화학적으로 안정된 부식성이 없는 불연성 기체이다.

② 기체의 비중(공기=1.0)은 1.52로 공기보다 무거워 피복효과가 있으며 심부화재에 적합하다.

※ 심부화재 : 목재 또는 섬유류 같은 고체 가연성 물질에서 발생하는 화재형태로서 가연물 내부에서 연소가 일어나는 화재

③ CO_2는 기체, 액체, 고체의 3가지 상태가 공존하는 유일한 물질로 −56.3℃, 5.11kg/cm²에서 삼중점을 가지고 있으며 31℃에서는 액체와 증기가 동일한 밀도를 갖는다.

④ 소화원리는 CO_2가스 방출시 공기중 산소농도를 21%에서 15% 이하로 저하시키는 질식효과와 기화열의 흡수에 의한 냉각효과가 있다.

⑤ 이산화탄소 소화기 용기에 충전시 충전비는 1.5 이상으로 한다.(고압가스 안전관리법 적용)

⑥ 소화약제를 사용되는 CO_2의 순도는 용량이 99.5% 이상이고 수분함량은 0.05% 이하여야 한다.

> **참고** CO₂ 충전비 계산식
>
> $$충전비 = \frac{용기의\ 내용적(l)}{CO_2의\ 무게(kg)}$$
>
> 공기중 CO₂ 농도 산출식
>
> $$CO_2의\ 농도(\%) = \frac{21 - O_2(\%)}{21} \times 100$$
>
> ※ CO₂ 소화기 설치금지 : 지하층, 무창층, 거실 또는 사무실 바닥면적이 20m² 미만인 곳

2) 이산화탄소 소화약제의 장·단점

① 장점

- 화재 진화 후 소화약제의 잔존물이 없고 깨끗하여 소방대상물을 오염, 손상시키지 않아 증거보존이 가능하다.(전산실, 정밀기계실에 효과적임)
- 저장이 편리하고 수명이 반영구적이며 가격이 저렴하며 비전도성이다.
- 심부화재에 효과적이며 주로 유류화재 및 특히 전기화재에 매우 효과적이다.
- 큰 기화잠열의 열흡수로 인하여 냉각효과가 크다.
- 자체압력을 사용하므로 방출동력이 필요없다.

② 단점
- 밀폐된 공간에서 사용시 고농도의 CO_2는 독성이 있으며 질식으로 인하여 매우 위험하다.
- 부속이 고압밸브 및 배관으로 되어 있으므로 고장수리가 힘들고 정밀기계에 손상을 줄 우려가 있다.
- 방사시 소음이 매우 크고 급냉하여 피부의 접촉시 동상에 걸리기 쉽다.
- 약제가 부족할 경우 재연되기 쉽다.
- 금속분화재시 방출압력으로 인하여 연소확대의 우려가 있다.

3) 이산화탄소의 물성

구분	물성치
분자량	44
비중(공기＝1)	1.52
비점	−78℃
밀도	1.98(g/L)
삼중점	−56.3℃(5.1kg/cm²)
임계압력	72.8atm
임계온도	31℃
독성(허용농도)	비독성(5,000ppm)
증발잠열(KJ/kg)	576.5
승화점	−78.5℃

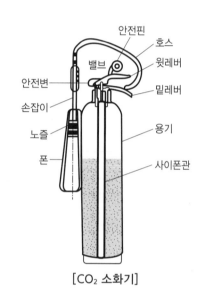

[CO₂ 소화기]

4) 이산화탄소의 소화기(B, C급 화재에 접합)

용기는 이음새 없는 고압용기를 사용하여 충전비는 1.5이상, 안전밸브는 200~250kg/cm² 압력에서 작동하여야 한다.

(3) 청정소화약제

1) 청정소화약제의 특성

청정소화약제는 할로겐 소화약제(할론 1301, 할론 2402, 할론 1211 제외)와 불활성가스 소화약제로 나누며 전기적으로 비전도성이고 휘발성이며 증발 후 잔여물을 남기지 않는 액체소화약제로서 특히 전기실, 발전실, 전산실 등에 설치하여 사용한다.

2) 청정소화약제의 구비조건

① 독성이 낮고 최대허용 설계농도(NOAEL) 이하일 것

② 오존파괴지수(ODP), 지구온난화지수(GWP)가 낮을 것

③ 비전도성이고 휘발성이며 소화 후 증발잔여물이 없을 것

④ 저장시 분해하지 않고 저장용기를 부식시키지 않을 것

- ODP(Ozone Depletion Potential) : 오존층 파괴지수

$$ODP = \frac{어떤 \ 물질 \ 1kg에 \ 의해 \ 파괴되는 \ 오존량}{CFC-11 \ 1kg에 \ 의해 \ 파괴되는 \ 오존량}$$

※ CFC-11는 염화불화탄소[CFCL₃]를 나타냄

> 예 ODP : 할론 1301은 14.1, 할론 1211은 2.4, 할론 2402는 6.6

- GWP(Global Warming Potential) : 지구온난화 지수

$$GWP = \frac{어떤 \ 물질 \ 1kg이 \ 기여하는 \ 온난화 \ 정도}{CO_2 \ 1kg이 \ 기여하는 \ 온난화 \ 정도}$$

- NOAEL(No Observed Adverse Effect Level) : 심장 독성시험에서 최대허용 설계농도를 증가시킬 때 심장에 아무런 악영향을 감지할 수 없는 최대농도
- LOAEL(Lowest Observable Adverse Effeet Level) : 심장독성 시험에서 농도를 감소시킬 때 심장에 악영향을 감지할 수 있는 최소농도
- ALT(Atmospheric Life Time) : 대기권 잔존수명년수, 어떤 물질이 방사되어 대기권내에서 분해되지 않은 채로 존재하는 기간

3) 청정소화약제의 종류

소화약제	화학식
퍼플루오브부탄(이하 FC-3-1-10이라 한다)	C_4F_{10}
하이드로클로로플루오르카본혼화제 (이하 HCFC BLEND A라 한다)	HCFC-123($CHCl_2CF_3$) : 4.75[%] HCFC-22($CHClF_2$) : 82[%] HCFC-124($CHClFCF_3$) : 9.5[%] $C_{10}H_{16}$: 3.75[%]
클로로테트라플루오르에탄(이하 HCFC-124라 한다)	$CHClFCF_3$
펜타플루오르프에탄(이하 HFC-125라 한다)	CHF_2CF_3
헵타플루오르프로판(이하 HFC-227ea라 한다)	CF_3CHFCF_3
트리플루오르메탄(이하 HFC-23라 한다)	CHF_3
헥사플루오르프로판(이하 HFC-236fa라 한다)	$CF_3CH_2CF_3$
트리플루오르이오다이드(이하 FIC-1311라 한다)	CF_3I
불연성·불활성 기체혼합가스(이하 IG-01이라 한다)	Ar
불연성·불활성 기체혼합가스(이하 IG-100이라 한다)	N_2
불연성·불활성 기체혼합가스(이하 IG-541이라 한다)	N_2 : 52[%], Ar : 40[%], CO_2 : 8[%]
불연성·불활성 기체혼합가스(이하 IG-550이라 한다)	N_2 : 50[%], Ar : 50[%]
도데카플루오르-2-메틸펜탄-3-원(이하 FK-5-1-12이라 한다)	$CF_3CF_2C(O)CF(CF_3)_2$

4) 청정소화약제의 구분

① 할로겐 청정소화약제 : 탄화수소의 탄소(C), 수소(H)에 할로겐원소의 불소(F), 염소(Cl), 브롬(Br), 요오드(I) 등의 성분을 포함한 것을 말한다.

〈분류〉

계열	정의	해당 물질
HFC (Hydro Fluoro Carbons) 계열	C(탄소)에 F(불소)와 H(수소)가 결합된 불화탄화수소	HFC-125, HFC-227ea HFC-23, HFC-236fa
HCFC (Hydro Chloro Fluoro Carbons) 계열	C(탄소)에 Cl(염소), F(불소), H(수소)가 결합된 염화불화탄화수소	HCFC-BLEND A, HCFC-124
FIC (Fluoro Iodo Carbons) 계열	C(탄소)에 F(불소)와 I(옥소)가 결합된 불화요드화탄소	FIC-1311
FC or PFC (PerFluoro Carbons) 계열	C(탄소)에 F(불소)가 결합된 불화탄소	FC-3-1-10, FK-5-1-12

〈명명법〉

$\times\times\times\times$ - $\underline{A}$ $\underline{B}$ $\underline{C}$ $\underline{D}$ $\underline{E}$: 생략되는 경우에는 A자리가 생략된다.

          → Br(브롬), I(요오드)의 수(없으면 생략)

        → Br(브롬) → B, I(요오드) → I로 표기

      → F(불소)의 수(C=F)

    → H(수소)의 수(B-1)

  → C(탄소)의 수(A+1)

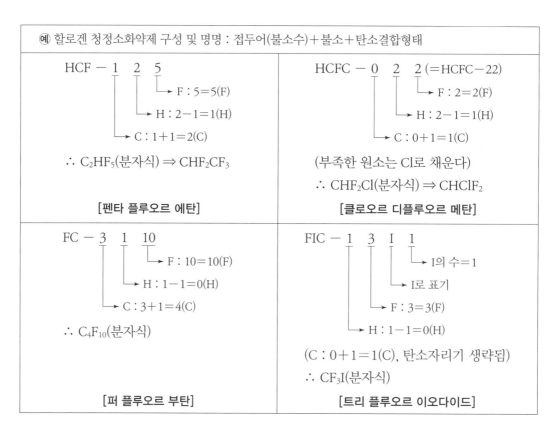

예) 할로겐 청정소화약제 구성 및 명명 : 접두어(불소수)+불소+탄소결합형태

HCF - 1 2 5
→ F : 5=5(F)
→ H : 2-1=1(H)
→ C : 1+1=2(C)
∴ C_2HF_5(분자식) ⇒ CHF_2CF_3
[펜타 플루오르 에탄]

HCFC - 0 2 2 (=HCFC-22)
→ F : 2=2(F)
→ H : 2-1=1(H)
→ C : 0+1=1(C)
(부족한 원소는 Cl로 채운다)
∴ CHF_2Cl(분자식) ⇒ $CHClF_2$
[클로오르 디플루오르 메탄]

FC - 3 1 10
→ F : 10=10(F)
→ H : 1-1=0(H)
→ C : 3+1=4(C)
∴ C_4F_{10}(분자식)
[퍼 플루오르 부탄]

FIC - 1 3 I 1
→ I의 수=1
→ I로 표기
→ F : 3=3(F)
→ H : 1-1=0(H)
(C : 0+1=1(C), 탄소자리기 생략됨)
∴ CF_3I(분자식)
[트리 플루오르 이오다이드]

② 불활성가스 청정소화약제 : 소화약제의 주성분으로 헬륨(He), 네온(Ne), 아르곤(Ar), 질소 (N_2) 또는 이산화탄소(CO_2) 등의 가스 중 한가지 또는 그 이상을 함유한 소화약제를 말한다.

〈분류〉★★★

종류	화학식	종류	화학식
IG-01	Ar	IG-55	N_2(50[%]), Ar(50[%])
IG-100	N_2	IG-541	N_2(52[%]), Ar(40[%]), CO_2(8[%])

〈명명법〉

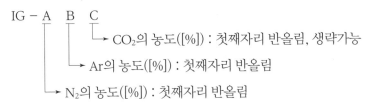

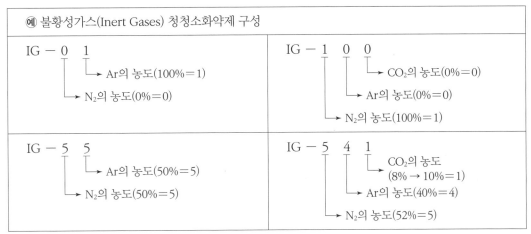

5) 소화효과★★

① 할로겐 청정소화약제 : 질식, 냉각, 부촉매효과

② 불활성가스 청정소화약제 : 질식, 냉각효과

3. 고체상의 소화약제 및 소화기

(1) **분말소화약제** : 분말소화약제의 가압 및 축압용가스는 질소(N_2) 가스를 사용하고 충전비는 0.8 이상, 분말입자크기는 20~25μm로 골고루 분포되어 있어야 하며 유류화재(B급) 및 전기화재 (C급)에 적합하다.

종류	주성분	색상	적응화재
제1종	탄산수소나트륨($NaHCO_3$)	백색	B, C급
제2종	탄산수소칼륨($KHCO_3$)	담자(회)색	B, C급
제3종	제일인산암모늄($NH_4H_2PO_4$)	담홍색	A, B, C급
제4종	탄산수소칼륨＋요소($KHCO_3＋(NH_2)_2CO$)	회(백)색	B, C급

※ 분말 소화약제의 소화효과 : 제1종＜제2종＜제3종＜제4종

1) 제1종 분말소화약제(탄산수소나트륨, 중탄산나트륨, 중조, $NaHCO_3$) : 백색

① 주성분은 중탄산나트륨($NaHCO_3$)이며 이 약제에 방습처리제(표면첨가제)로 스테아린산염 및 실리콘을 사용하여 습기로 인해 약제가 굳는 것을 방지한다.

※ 스테아린산염 : 스테아린산아연, 스테아린산알루미늄 등

② 소화효과 : 질식효과, 냉각효과, 부촉매(연쇄반응 억제)효과★★

탄산수소나트륨($NaHCO_3$)의 열분해시 발생하는 이산화탄소(CO_2)의 질식효과와 물(H_2O)에 의한 냉각효과, 또는 나트륨 이온(Na^+)의 연쇄반응을 차단하는 부촉매효과 등이 있다.

③ 주방에서 사용하는 식용유화재에 적합하며 이것은 화재시 방사되는 중탄산나트륨과 식용류가 반응하여 금속비누가 만들어지는 비누화현상으로 거품이 생성되어 기름의 표면을 덮어서 질식소화 및 재발방지에 효과를 나타내는 소화현상이다.

④ 열분해 반응식★★★

• 1차 열분해 반응식 : $2NaHCO_3 \longrightarrow Na_2CO_3 + CO_2 + H_2O - Qkcal$ [흡열반응]
　[270℃] 　(중탄산나트륨) 　(탄산나트륨) 　(이산화탄소) 　(수증기)

• 2차 열분해 반응식 : $2NaHCO_3 \longrightarrow Na_2O + 2CO_2 + H_2O - Qkcal$ [흡열반응]
　[850℃]

2) 제2종 분말소화약제(탄산수소칼륨, 중탄산칼륨, $KHCO_3$) : 담자색

① 주성분은 중탄산칼륨($KHCO_3$)이며 이 약제에 방습제(표면 첨가제)로 스테아린산염 및 실리콘을 사용한다.

② 소화효과 : 질식효과, 냉각효과, 부촉매효과

제1종 분말인 나트륨염보다 제2종인 칼륨염의 반응성이 커서 흡습성이 강하고 고체화되기 쉽기 때문에 소화효과는 제1종 소화약제보다 약 1.67배 우수하다. (제1종 분말 소화약제의 개량형)

③ 열분해 반응식★★

• 1차 열분해 반응식 : $2KHCO_3 \longrightarrow K_2CO_3 + CO_2 + H_2O - Qkcal$ [흡열반응]
　[190℃] 　(중탄산칼륨) 　(탄산칼륨) 　(이산화탄소) 　(수증기)

• 2차 열분해 반응식 : $2KHCO_3 \longrightarrow K_2O + 2CO_2 + H_2O - Qkcal$ [흡열반응]
　[590℃]

※ 제1종 및 제2종 분말소화약제의 열분해반응식에서 제 몇차 또는 열분해온도의 조건이 주어지지 않을 경우에는 제1차 열분해반응식을 쓰면 된다.

3) 제3종 분말소화약제(제일인산암모늄, $NH_4H_2PO_4$) : 담홍색★★★

① 주성분은 제일인산암모늄($NH_4H_2PO_4$)으로서 실리콘오일 등을 사용하여 방습처리되어 있다.

② 소화 효과 : 질식, 냉각, 부촉매, 방진, 차단효과 등

- 제1인산암모늄($NH_4H_2PO_4$)의 열분해를 할 경우
  - 흡열 반응에 의한 냉각작용
  - 발생하는 암모니아(NH_3)와 수증기(H_2O)에 의한 질식작용
  - 생성되는 메탄인산(HPO_3)에 의한 방진작용
  - 유리된 암모늄염(NH_4^+)에 의한 부촉매 작용
  - 공중의 분말 운무에 의한 열방사의 차단효과
- 기타 : 인산($O-H_3PO_4$)에 의한 섬유소인 셀룰로우스 등의 탄화 탈수 작용 등이 있다.

③ 열분해 반응식 : $NH_4H_2PO_4 \longrightarrow NH_3 + H_2O + HPO_3$★★★
  　　　　　　　　(제1인산암모늄)　　　(암모니아) (수증기) (메타인산)

- 190℃에서 분해 : $NH_4H_2PO_4 \longrightarrow NH_3 + H_3PO_4$ (인산, 올소인산)
- 215℃에서 분해 : $2H_3PO_4 \longrightarrow H_2O + H_4P_2O_7$ (피로인산)
- 300℃에서 분해 : $H_4P_2O_7 \longrightarrow H_2O + 2HPO_3$ (메타인산)
- 1000℃에서 분해 : $2HPO_3 \longrightarrow H_2O + P_2O_5$ (오산화인)

> **참고** 제3종 분말소화약제가 A급 화재에도 적응성이 있는 이유
> 제일인산암모늄의 열분해시 생성되는 불연성용융물질인 메타인산(HPO_3)이 가연물의 표면에 부착 및 점착되는 방진작용으로 가연물과 산소와의 접촉을 차단시켜주기 때문이다.

4) 제4종 분말소화약제(탄산수소칼륨($KHCO_3$)+요소($(NH_2)_2CO$) : 회(백)색

① 주성분은 중탄산칼륨($KHCO_3$)과 요소[$(NH_2)_2CO$]로 되어 있으며 이 약제에 방습제로 유·무기산을 사용한다.

② 소화효과 : 냉각효과, 질식효과, 부촉매효과(제2종 분말 및 소화약제의 개량형)

③ 열분해 반응식 : $2KHCO_3 + (NH_2)_2CO \longrightarrow K_2CO_3 + 2NH_3 + 2CO_2 - Qkcal$

※ 제4종 분말소화약제 : 소화성능은 우수하지만 가격이 너무 비싸기 때문에 우리나라에서는 거의 사용하지 않는다.

(2) 분말소화기의 종류

① 축압식 : 분말소화약제가 들어 있는 용기에 압력원으로 이산화탄소(CO_2) 또는 질소(N_2)가스를 축압시켜 방출하는 방식이며 지시압력계의 압력은 0.70~0.98MPa이다.

참고 축압식 분말소화기의 압력계 표시
- 녹색 : 정상상태(0.70~0.98MPa)
- 적색 : 과충전상태(0.98MPa 초과)
- 노란색 : 충전압력 부족상태(0.70MPa 미만)

② 가스가압식 : 별도로 용기 본체의 내부 또는 외부에 설치된 CO_2가스 용기에서 방출되는 가스 압으로 소화분말을 방출하는 방식이다.

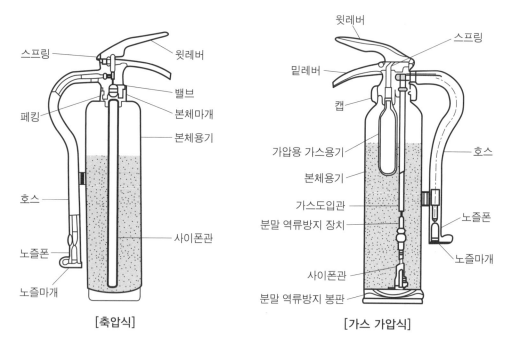

[축압식]   [가스 가압식]

(3) 간이 소화약제 : 건조사(마른모래), 팽창질석과 팽창진주암 등이 있다.

4. 소화약제의 소화성능 비율★★

소화약제의 명칭	할론 1301	분말소화약제	할론 2402	할론 1211	CO_2
소화력의 비율	3	2	1.7	1.4	1(기준)

01 올바른 소화기 사용법으로 가장 거리가 먼 것은?

① 적응화재에 사용할 것
② 바람을 등지고 사용할 것
③ 방출거리보다 먼 거리에서 사용할 것
④ 양옆으로 비로 쓸듯이 골고루 사용할 것

해설

화점 가까이 접근하여 사용할 것

02 물을 소화약제로 사용하는 가장 큰 이유는?

① 기화잠열이 크므로
② 부촉매 효과가 있으므로
③ 환원성이 있으므로
④ 기화하기 쉬우므로

해설

물의 기화잠열 : 539kcal/kg

03 인화성 액체의 화재에 해당하는 것은?

① A급 화재
② B급 화재
③ C급 화재
④ D급 화재

해설

B급 : 유류화재

04 다음 중 소화기의 외부 표시사항으로 가장 거리가 먼 것은?

① 유효기간
② 적응화재 표시
③ 능력단위
④ 취급상 주의사항

05 다음 중 소화설비와 능력단위의 연결이 옳은 것은?

① 마른모래(삽 1개 포함) 50l – 0.5 능력단위
② 팽창질석(삽 1개 포함) 80l – 1.0 능력단위
③ 소화전용물통 3l – 0.3 능력단위
④ 수조(소화전용 물통 6개 포함) 190l – 1.5 능력단위

해설

간이 소화용구의 능력단위

소화설비	용량	능력단위
소화전용 물통	8l	0.3
수조(소화전용 물통 3개 포함)	80l	1.5
수조(소화전용 물통 6개 포함)	190l	2.5
마른 모래(삽 1개 포함)	50l	0.5
팽창질석 또는 팽창진주암(삽 1개 포함)	160l	1.0

06 건축물의 외벽이 내화구조로 된 제조소는 연면적 몇 m²를 1소요단위로 하는가?

① 50
② 75
③ 100
④ 150

해설

소요 1단위의 규정

구분	외벽이 내화구조	외벽이 내화구조 아닌 것
제조소, 취급소용의 건축물	연면적 100m²	연면적 50m²
저장소의 건축물	연면적 150m²	연면적 75m²
위험물의 경우	지정수량의 10배	

07 탄화칼슘 60,000kg를 소요단위로 산정하면?

① 10단위　　　　　② 20단위

③ 30단위　　　　　④ 40단위

해설

• 탄화칼슘(CaC_2) : 제3류 위험물(금수성)의 지정수량은 300kg
• 위험물의 1소요단위 : 지정수량의 10배

$$\therefore \text{소요단위} = \frac{\text{저장수량}}{\text{지정수량} \times 10} = \frac{60,000}{300 \times 10} = 20\text{단위}$$

08 분말 소화약제의 착색된 색상으로 틀린 것은?

① $KHCO_3 + (NH_2)_2CO$: 회색

② $NH_4H_2PO_4$: 담홍색

③ $KHCO_3$: 담회색

④ $NaHCO_3$: 황색

해설

종별	주성분	화학식	색상	적응화재
제1종	탄산수소나트륨	$NaHCO_3$	백색	B, C급
제2종	탄산수소칼륨	$KHCO_3$	담자(회)색	B, C급
제3종	제1인산암모늄	$NH_4H_2PO_4$	담홍색	A, B, C급
제4종	탄산수소칼륨＋요소	$KHCO_3 + CO(NH_2)_2$	회(백)색	B, C급

09 제3종 분말 소화약제의 표시 색상은?

① 백색　　　　　② 담홍색

③ 검은색　　　　④ 회색

10 다음 중 위험물안전관리법상의 기타 소화설비에 해당하지 않는 것은?

① 마른 모래　　　② 수조

③ 소화기　　　　④ 팽창질석

11 분말 소화설비에서 분말 소화약제의 가압용 가스로 사용하는 것은?

① CO_2　　　　　② H_2

③ CCl_4　　　　　④ Cl_2

해설

가압용 가스 : 이산화탄소(CO_2)나 질소(N_2) 사용

12 분말 소화약제로 사용할 수 있는 것을 모두 옳게 나타낸 것은?

┌─────────────────────────────┐
│ ㉠ 탄산수소나트륨　　㉡ 탄산수소칼륨
│ ㉢ 황산구리　　　　　㉣ 인산암모늄
└─────────────────────────────┘

① ㉠, ㉡, ㉢, ㉣

② ㉠, ㉣

③ ㉠, ㉡, ㉢

④ ㉠, ㉡, ㉣

13 공기포 발포 배율을 측정하기 위해 중량 340g, 용량 1,800mL의 포 수집용기에 가득히 포를 채취하여 측정한 용기의 무게가 540g이었다면 발포 배율은? (단, 포 수용액의 비중은 1로 가정한다.)

① 3배　　　　　② 5배

③ 7배　　　　　④ 9배

해설

$$\text{팽창비} = \frac{\text{방출 후 포의 체적}(l)}{\text{방출 전 포수용액의 체적}(l)}$$

$$= \frac{\text{방출되는 포의 체적}}{\text{포를 가득 채운 용기의 무게} - \text{배율 측정하기 위한 중량}}$$

$$\therefore \frac{1800}{540 - 340} = 9$$

14 디에틸에테르 2,000ℓ와 아세톤 4,000ℓ를 옥내저장소에 저장하고 있다면 총 소요단위는 얼마인가?

① 5   ② 6

③ 7   ④ 8

> **해설**
>
> ① 제4류 위험물의 지정수량
> - 디에틸에테르(특수인화물) : 50ℓ
> - 아세톤(제1석유류 및 수용성) : 400ℓ
>
> ② 위험물의 소요1단위 : 지정수량의 10배
>
> $$\therefore \text{소요단위} = \frac{\text{저장수량}}{\text{지정수량} \times 10}$$
>
> $$= \frac{2,000}{50 \times 10} + \frac{4,000}{400 \times 10} = 5단위$$

15 위험물에 따라 적응성이 있는 소화설비를 연결한 것은?

① $C_6H_5NO_2$ – 이산화탄소소화기

② Ca_3P_2 – 물통(수조)

③ $C_2H_5OC_2H_5$ – 물통(수조)

④ $C_3H_5(ONO_2)_3$ – 이산화탄소소화기

> **해설**
>
> 위험물의 적응소화기
> ① $C_6H_5NO_2$(니트로벤젠 : 제4류 인화성액체) – 이산화탄소소화기
> ② Ca_3P_2(인화칼슘 : 제3류 금수성 물질) – 탄산수소염류, 마른 모래, 소화 질석(팽창질석, 팽창진주암)
> ③ $C_2H_5OC_2H_5$(디에틸에테르 : 제4류 인화성 액체) – 이산화탄소소화기
> ④ $C_3H_5(ONO_2)_3$(니트로글리세린 : 제5류 자기반응성물질) – 물통(수조)

16 탄산칼륨을 첨가한 것으로 물의 빙점을 낮추어 한냉지 또는 겨울철에 사용이 가능한 소화기는?

① 산 · 알칼리 소화기

② 할로겐화물 소화기

③ 분말 소화기

④ 강화액 소화기

> **해설**
>
> 강화액 소화기(A, B, C급)
> - 매우 추운 지방에서 사용(어는점 약 $-30 \sim -25℃$)
> - 반응식(압력원 : CO_2)
> $$H_2SO_4 + K_2CO_3 \rightarrow K_2SO_4 + H_2O + CO_2 \uparrow$$
> - 소화약제는 알칼리성(PH=12)

17 수성막 포 소화약제를 수용성 알코올 화재 시 사용하면 소화효과가 떨어지는 가장 큰 이유는?

① 유독가스가 발생하므로

② 화염의 온도가 높으므로

③ 알코올은 포와 반응하여 가연성 가스를 발생하므로

④ 알코올은 소포성을 가지므로

18 할로겐화물 소화약제의 조건으로 옳은 것은?

① 비점이 높을 것

② 기화되기 쉬울 것

③ 공기보다 가벼울 것

④ 연소되기 좋을 것

> **해설**
>
> 할로겐화물 소화약제의 조건
> - 비점이 낮을 것
> - 기화되기 쉬울 것
> - 전기화재에 적응성이 있을 것
> - 공기보다 무겁고 불연성일 것
> - 증발 잔유물이 없고 증발잠열이 클것

19 포 소화약제의 주된 소화효과를 모두 옳게 나타낸 것은?

① 촉매효과와 억제효과

② 억제효과와 제거효과

③ 질식효과와 냉각효과

④ 연소방지와 촉매효과

정답   14 ①   15 ①   16 ④   17 ④   18 ②   19 ③

20 주된 소화작용이 질식소화와 가장 거리가 먼 것은?

① 할론 소화기

② 분말 소화기

③ 포 소화기

④ 이산화탄소 소화기

> **해설**
>
> 할론 소화기 : 부촉매효과(억제소화)

21 할로겐화합물 소화약제를 구성하는 할로겐 원소가 아닌 것은?

① 불소(F) ② 염소(Cl)

③ 브롬(Br) ④ 네온(Ne)

> **해설**
>
> • 할로겐 원소 : 불소(F), 염소(Cl), 브롬(Br), 요오드(I)
> • 네온(Ne) : 불활성 기체

22 제1인산암모늄 분말소화약제의 색상과 적응화재를 옳게 나타낸 것은?

① 백색, BC급

② 담홍색, BC급

③ 백색, ABC급

④ 담홍색, ABC급

23 제3종 분말소화약제 사용 시 방진(방신)효과로 A급 화재의 진화에 효과적인 물질은?

① 암모늄이온 ② 메타인산

③ 물 ④ 수산화이온

> **해설**
>
> $NH_4H_2PO_4$: 300에서 분해시 발생하는 메타인산(HPO_3)은 부착성이 좋아 방진효과가 있다.
>
> $$NH_4H_2PO_4 \longrightarrow NH_3 + H_2O + HPO_3$$
> (제1인산암모늄)   (암모니아) (물) (메타인산)

24 분말 소화기에 사용되는 소화약제의 주성분이 아닌 것은?

① $NH_4H_2PO_4$ ② Na_2SO_4

③ $NaHCO_3$ ④ $KHCO_3$

> **해설**
>
> ① 제1인산암모늄($NH_4H_2PO_4$) : 제3종 분말 소화약제
> ③ 탄산수소나트륨($NaHCO_3$) : 제1종 분말 소화약제
> ④ 탄산수소칼륨($KHCO_3$) : 제2종 분말 소화약제

25 다음 중 니트로셀룰로오스 위험물의 화재 시에 가장 적절한 소화약제는?

① 사염화탄소 ② 이산화탄소

③ 물 ④ 인산염류

> **해설**
>
> 제5류 위험물(자기반응성물질)로 질식소화는 효과가 없고 다량의 물로 냉각소화한다.

26 Halon 1011에 함유되지 않은 원소는?

① H ② Cl

③ Br ④ F

> **해설**
>
> Halon 1011 = CH_2ClBr

27 제3종 분말소화약제가 열분해를 했을 때 생기는 부착성이 좋은 물질은?

① NH_3 ② HPO_3

③ CO_2 ④ P_2O_5

 정답 20 ① 21 ④ 22 ④ 23 ② 24 ② 25 ③ 26 ④ 27 ②

28 제1인산암모늄을 주성분으로 하는 분말소화약제에서 발수제 역할을 하는 물질은?

① 실리콘 오일   ② 실리카겔

③ 활성탄   ④ 소다라임

> **해설**
>
> 발수제는 분말소화약제에 수분이 흡수되어 응고되지 못하는 물질로서 실리콘 오일을 사용한다.

29 제3종 분말소화약제가 열분해될 때 생성되는 물질로서 목재, 섬유 등을 구성하고 있는 섬유소를 탈수·탄화시켜 연소를 억제하는 것은?

① CO_2 ② NH_3PO_4

③ H_3PO_4 ④ NH_3

> **해설**
>
> - 오르토(ortho)인산[H_3PO_4]섬유소의 탈수·탄화작용을 한다.
> - 제1인산암모늄($NH_4H_2PO_4$)의 열분해 반응식
>   190℃에서 $NH_4H_2PO_4 \longrightarrow NH_3 + H_3PO_4$

30 소화약제의 종류에 해당하지 않는 것은?

① CH_2BrCl ② $NaHCO_3$

③ NH_4BrO_3 ④ CF_3Br

> **해설**
>
> 브롬산암모늄(NH_4BrO_3) : 제1류 위험물(산화성고체)
> ① 할론 1011
> ② 제1종분말소화제
> ④ 할론 1301

31 Halon 1301, Halon 1211, Halon 2402 중 상온, 상압에서 액체상태인 Halon 소화약제로만 나열한 것은?

① Halon 1211

② Halon 2402

③ Halon 1301, Halon 1211

④ Halon 2402, Halon 1211

> **해설**
>
> 상온에서
> - 기체상태 : 할론 1301, 할론 1211
> - 액체상태 : 할론 1011, 할론 2402, 할론 104

32 A약제인 $NaHCO_3$와 B약제인 $Al_2(SO_4)_3$로 되어 있는 소화기는?

① 산·알칼리 소화기

② 드라이케미컬 소화기

③ 탄산가스 소화기

④ 화학포 소화기

> **해설**
>
> - 화학포 소화약제
>   - 외약제(A제) : $NaHCO_3$, 내약제(B제): $Al_2(SO_4)_3$
>   - 기포안정제 : 사포닝, 계면활성제, 소다회, 가수분해단백질
> - 반응식
> $6NaHCO_3 + Al_2(SO_4)_3 + 18H_2O$
>   (탄산수소나트륨)　(황산알루미늄)　(물)
> $\longrightarrow 3Na_2SO_4 + 2Al(OH)_3 + 6CO_2 + 18H_2O$
>   (황산나트륨)　(수산화알루미늄)　(이산화탄소)　(물)

33 다음 중 물분무소화설비가 적응성이 없는 대상물은?

① 전기설비

② 제4류 위험물

③ 인화성고체

④ 알칼리금속의 과산화물

> **해설**
>
> - 제1류 위험물(금수성물질) : 알칼리금속의 무기과산화물(K_2O_2, Na_2O_2 등)
> - 금수성 위험물질에 적응성이 있는 소화기 : 탄산수소염류, 마른 모래, 팽창질석 또는 팽창진주암

정답 28 ①   29 ③   30 ③   31 ②   32 ④   33 ④

34 동·식물유류 400,000l의 소화설비 설치시 소요단위는 몇 단위인가?

① 2   ② 4

③ 20   ④ 40

> **해설**
>
> • 동·식물유류 : 제4류위험물로 지정수량은 10,000l이다.
> • 위험물1소요단위 : 지정수량의 10배
>
> $$\therefore \text{총 소요단위} = \frac{\text{저장수량}}{\text{지정수량} \times 10} = \frac{400,000l}{10,000 \times 10l} = 4$$

35 다음은 제4류 위험물에 해당하는 물품의 소화방법을 설명한 것이다. 소화효과가 가장 떨어지는 것은?

① 산화프로필렌 : 알코올형 포로 질식소화한다.

② 아세트알데히드 : 수성막포를 이용하여 질식소화한다.

③ 이황화탄소 : 탱크 또는 용기 내부에서 연소하고 있는 경우에는 물을 유입하여 질식소화한다.

④ 디에틸에테르 : 이산화탄소 소화설비를 이용하여 질식소화한다.

> **해설**
>
> ② 아세트알데이드 : 물에 녹는 수용성이므로 내알코올용포에 의한 희석소화가 효과적이다.

36 다음 산·알칼리 소화기의 화학반응식에서 ( )에 들어갈 분자식은?

> $$2NaHCO_3 + H_2SO_4 \longrightarrow Na_2SO_4 + 2CO_2 + 2(\quad)$$

① Na_2CO_3 ② H_2O

③ H_2S ④ $NaCl$

> **해설**
>
> 산·알칼리소화기 : 내통(H_2SO_4), 외통($NaHCO_3$)

37 다음 중 무색, 무취이고 전기적으로 비전도성이며 공기보다 약 1.5배 무거운 성질을 가지는 소화약제는?

① 분말소화약제

② 이산화탄소 소화약제

③ 포소화약제

④ 할론 1301 소화약제

38 다음 ( ) 안에 알맞은 반응 계수를 차례대로 옳게 나타낸 것은?

> $$6NaHCO_3 + Al_2(SO_4)_3 \cdot 18H_2O$$
> $$\longrightarrow 3Na_2SO_4 + (\quad)Al(OH)_3 + (\quad)CO_2 + 18H_2O$$

① 3, 6   ② 6, 3

③ 6, 2   ④ 2, 6

> **해설**
>
> 화학포 소화약제
> 외약제(A제) $NaHCO_3$, 내약제(B제) $Al_2(SO_4)_3$

39 포 소화약제의 종류에 해당되지 않는 것은?

① 단백포소화약제

② 합성계면활성제포소화약제

③ 수성막포소화약제

④ 액표면포소화약제

> **해설**
>
> 포소화약제의 종류
> • 저발포용(3%, 6%) : 단백포, 수성막포, 알코올포, 합성계면 활성제포
> • 고발포용(1%, 1.5%, 2%) : 합성계면 활성제포

40 프로판 2m³이 완전연소할 때 필요한 이론 공기량은 약 몇 m³인가? (단, 공기 중 산소농도는 21vol%이다.)

① 23.81 ② 35.72
③ 47.62 ④ 71.43

해설

$$C_3H_8 \ + \ 5O_2 \longrightarrow 3CO_2 \ + \ 4H_2O$$
$$22.4m^3 \ : \ 5 \times 22.4m^3$$
$$2m^3 \ : \ Xm^3$$

$$X = \frac{2 \times 5 \times 22.4}{22.4} = 10m^3 (100\%의 \ 산소량)$$

$$\therefore 공기량 : 10m^3 \times \frac{1}{0.21} = 47.62m^3$$

41 이산화탄소 소화설비의 기준에서 저압식저장용기에 반드시 설치하도록 규정한 부품이 아닌 것은?

① 액면계 ② 압력계
③ 용기밸브 ④ 파괴판

해설

이산화탄소를 저장하는 저압식 용기 설치기준
• 압력계, 액면계, 파괴판, 방출밸브를 설치할 것
• 2.3MPa 이상 및 1.9MPa 이하의 압력에서 작동하는 압력경보장치를 설치할 것
• 용기내부의 온도를 −18℃ 이하를 유지할 수 있는 자동냉동기를 설치할 것

42 이산화탄소 소화약제 저장용기의 설치장소로 적당하지 않은 곳은?

① 방호구역 외의 장소
② 온도가 40℃ 이상이고 온도변화가 적은 장소
③ 빗물이 침투할 우려가 적은 장소
④ 직사일광을 피한 장소

해설

① 온도는 40℃ 이하이고 이외에 기준은
  • 저장용기에는 안전장치를 설치할 것
  • 저장용기의 외면에 소화약제의 종류와 양, 제조년도 및 제조자를 표시할 것
② 불활성가스소화설비의 저장용기 충전기준
  • 이산화탄소의 충전비 : 고압식 1.5~1.9,
      저압식 1.1~1.4 이하
  • IG−100, IG−55 또는 IG−541 : 32MPa 이하(21℃)

43 위험물과 적응성이 있는 소화약제의 연결이 틀린 것은?

① K − 탄산수소염류분말
② $C_2H_5OC_2H_5$ − CO_2
③ Na − 건조사
④ CaC_2 − H_2O

해설

탄화칼슘 (CaC_2 카바이트) : 제3류 위험물(금수성물질)
• $CaC_2 + 2H_2O$
  $\longrightarrow Ca(OH)_2 + C_2H_2 \uparrow (아세틸렌) + 27.8kcal$
• $CaC_2 + N_2 \xrightarrow{700℃} CaCN_2 (석회질소) + C + 74.6kcal$
• 마른모래로 피복소화한다.

44 Halon 1301 소화약제의 특성에 관한 설명으로 옳지 않은 것은?

① 상온, 상압에서 기체로 존재한다.
② 비전도성이다.
③ 공기보다 가볍다.
④ 고압용기 내에 액체로 보존한다.

해설

할론 1301[CF_3Br의 분자량 : 148.9]

$$\therefore 증기비중 = \frac{148.9}{29(공기평균분자량)} = 5.14$$

45 다음에서 설명하는 소화약제에 해당하는 것은?

> • 무색, 무취이며 비전도성이다.
> • 증기상태의 비중은 약 1.5이다.
> • 임계온도는 약 31℃이다.

① 탄산수소나트륨 ② 이산화탄소
③ 할론 1301 ④ 황산알루미늄

해설

CO_2의 삼중점은 압력 0.53MPa, 온도 −56.3C, 허용농도는 5000ppm

---

46 할로겐화합물 소화약제가 전기화재에 사용될 수 있는 이유에 대한 다음 설명 중 가장 적합한 것은?

① 전기적으로 부도체이다.
② 액체의 유동성이 좋다.
③ 탄산가스와 반응하여 포스겐가스를 만든다.
④ 증기의 비중이 공기보다 작다.

---

47 제1종 분말소화약제가 1차 열분해되어 표준상태를 기준으로 $10m^3$의 탄산가스가 생성되었다. 몇 kg의 탄산수소나트륨이 사용되었는가? (단, 나트륨의 원자량은 23이다.)

① 18.75 ② 37
③ 56.25 ④ 75

해설

$NaHCO_3$의 분자량 = $23 + 1 + 12 + 16 \times 3 = 84$

$2NaHCO_3 \longrightarrow Na_2CO_3 + H_2O + CO_2$

$2 \times 84kg$: $22.4m^3$
x : $10m^3$

$\therefore x = \dfrac{2 \times 84kg \times 10m^3}{22.4m^3} = 75kg$

---

48 제1종 분말소화약제의 소화효과에 대한 설명으로 가장 거리가 먼 것은?

① 열분해 시 발생하는 이산화탄소와 수증기에 의한 질식 효과
② 열분해 시 흡열반응에 의한 냉각 효과
③ H^+ 이온에 의한 부촉매 효과
④ 분말 운무에 의한 열 방사의 차단 효과

해설

제1종 분말소화약제($NaHCO_3$) : 연소시 생성되는 활성기가 분말표면에 흡착되거나, 나트륨 이온(Na^+)에 의하여 안정화되어 연쇄반응을 차단하는 부촉매효과

---

49 위험물안전관리법령에서 정한 다음의 소화설비 중 능력 단위가 가장 큰 것은?

① 팽창 진주암 160L(삽 1개 포함)
② 수조 80L(소화 전용 물통 3개 포함)
③ 마른 모래 50L(삽 1개 포함)
④ 팽창 질석 160L(삽 1개 포함)

해설

① 1단위, ② 1.5단위, ③ 0.5단위, ④ 1단위
• 수조 190l(소화전용물통 6개 포함) : 2.5단위

---

50 톨루엔의 화재에 적응성이 있는 소화방법이 아닌 것은?

① 무상수(霧狀水) 소화기에 의한 소화
② 무상 강화액 소화기에 의한 소화
③ 포 소화기에 의한 소화
④ 할로겐화합물 소화기에 의한 소화

해설

톨루엔($C_6H_5CH_3$) : 제4류 제1석유류(비수용성액체)
• 물분무 소화기는 소규모 화재시 소화가능하다.
• 포, CO_2, 건조분말, 할론소화기 등에 의해 질식소화한다.

---

51 다음 중 C급 화재에 가장 적응성이 있는 소화설비는?

① 봉상 강화액 소화기

② 포 소화기

③ 이산화탄소 소화기

④ 스프링클러 설비

해설

• C급 (전기화재) : 비전도성인 CO_2소화기를 사용한다.

• 전기화재는 물을 함유한 소화약제는 사용할 수 없다(단, 물분무소화설비는 제외).

52 소화기에 'B-2'라고 표시되어 있었다. 이 표시의 의미를 가장 옳게 나타낸 것은?

① 일반화재에 대한 능력단위 2단위에 적용되는 소화기

② 일반화재에 대한 압력단위 2단위에 적용되는 소화기

③ 유류화재에 대한 능력단위 2단위에 적용되는 소화기

④ 유류화재에 대한 압력단위 2단위에 적용되는 소화기

53 CF_3Br 소화기의 주된 소화효과에 해당되는 것은?

① 억제효과   ② 질식효과

③ 냉각효과   ④ 피복효과

해설

할론 1301(CF_3Br) : 부촉매효과에 의한 억제효과

54 다음 중 알코올형 포 소화약제를 이용한 소화가 가장 효과적인 것은?

① 아세톤   ② 휘발유

③ 톨루엔   ④ 벤젠

해설

• 알코올형포 : 수용성인 석유류에 효과가 좋다.

• 아세톤(CH_3COCH_3) : 제4류의 제1석유류(수용성)로서 알코올형포·CO_2·건조분말에 의해 질식소화하며 또한 다량의 물 또는 물분무로 희석소화가 가능하다.

55 제4종 분말소화약제의 주성분으로 옳은 것은?

① 탄산수소칼륨과 요소의 반응생성물

② 탄산수소칼륨과 인산염의 반응생성물

③ 탄산수소나트륨과 요소의 반응생성물

④ 탄산수소나트륨과 인산염의 반응생성물

해설

제4종(회색) : 탄산수소칼륨[$KHCO_3$]＋요소[$CO(NH_2)_2$]

56 이산화탄소 소화기 사용 중 소화기 방출구에서 생길 수 있는 물질은?

① 포스겐   ② 일산화탄소

③ 드라이아이스   ④ 수소가스

해설

• 줄-톰슨효과에 의하여 약제 방출시 $-78 \sim -80$℃로 온도가 급격히 강하하여 드라이아이스(Dryice)가 생성한다.

• 이때 생성된 드라이아이스가 소화기 방출구를 막아 소화 작업을 저해할 수 있다.

 정답 51 ③   52 ③   53 ①   54 ①   55 ①   56 ③

57 다음 중 이산화탄소 소화기에 대한 설명으로 옳은 것은?

① C급 화재에는 적응성이 없다.

② 다량의 물질이 연소하는 A급 화재에 가장 효과적이다.

③ 밀폐되지 않은 공간에서 사용할 때 가장 소화효과가 좋다.

④ 방출용 동력이 별도로 필요치 않다.

해설

이산화탄소 소화기 사용시 장·단점
① 장점
- 화재진화 후 잔존물이 없고 깨끗하다.
- 저장, 편리하고 가격이 저렴하다.
- 심부화재에 효과적이며, 유류화재(B급), 전기화재(C급)에 매우 효과적이다.
② 단점
- 밀폐공간에서는 질식의 위험이 있다.
- 방사시 소음이 크고 접촉시 동상의 우려가 있다.
- 약제 부족시 재연되기 쉽다.

58 연소물과 작용하여 유독한 $COCl_2$ 가스를 발생시키는 소화약제는?

① CH_2ClBr

② CCl_4

③ $CBrClF_2$

④ CO_2

해설

CCl_4(사염화탄소, CTC소화기)의 반응식
① 습한 공기와 반응 : $CCl_4 + H_2O \longrightarrow COCl_2 + HCl$
② 건조 공기와 반응 : $2CCl_4 + O_2 \longrightarrow 2COCl_2 + 2Cl_2$
③ 탄산가스와 반응 : $CO_2 + CCl_4 \longrightarrow 2COCl_2$
④ 철재와 반응 : $F_2O_3 + 3CCl_4 \longrightarrow 2FeCl_3 + 3COCl_2$

59 유류, 전기화재에 가장 부적당한 소화기는?

① 산, 알칼리 소화기

② 이산화탄소 소화기

③ 사염화탄소 소화기

④ 분말 소화기

해설

① A, C급 ② B, C급
③ B, C급 ④ B, C급(3종 : ABC급)

60 소화효과에 대한 설명으로 옳지 않은 것은?

① 산소 공급 차단에 의한 소화는 제거효과이다.

② 물에 의한 소화는 냉각효과이다.

③ 가연물을 제거하는 효과는 제거효과이다.

④ 소화분말에 의한 효과는 분말의 가열 분해에 의한 질식 및 억제 냉각의 상승효과이다.

해설

공기 중 산소농도 21%를 10~15% 이하로 떨어뜨려 질식소화를 한다.

61 어떤 소화기에 'A-3, B-5, C 적용'이라고 표시되어 있다. 여기서 알 수 없는 것은?

① 일반화재인 경우 이 소화기의 능력단위는 5단위이다.

② 유류화재에 적용할 수 있는 소화기이다.

③ 전기화재에 적용할 수 있는 소화기이다.

④ ABC 소화기이다.

해설

- A-3 : 일반화재시 3단위
- B-5 : 유류화재시 5단위
- C : 전기화재에 적응성이 있다는 표기

정답 57 ④ 58 ② 59 ① 60 ① 61 ①

62 소화에 대한 설명으로 가장 거리가 먼 것은?

① 연소되고 있는 곳에서 가연물을 제거하면 연소 반응은 더 이상 확산되지 않는다.

② 연소에서는 산소가 필요하므로 차단하면 질식 소화가 된다.

③ 공기 중의 산소 농도를 15%(부피비) 이하로 떨어뜨리는 것이 좋다.

④ 연소가 일어나면 다른 분자에 점차로 활성화 에너지를 감소시킨다.

해설

④ 활성화 에너지를 증가시킨다.

63 소화약제가 갖추어야 될 성질과 거리가 먼 것은?

① 현저한 독성이나 부식성이 없어야 한다.

② 열과 접촉 시 현저한 독성을 발생하지 않아야 한다.

③ 저장 안정성이 있어야 한다.

④ 부유물이나 침전에 의해 분리가 잘 되어야 한다.

해설

부유물이나 침전에 의해 분리되지 않아야 하며 항상 균일하게 분포되어 있어야 한다.

64 B, C 화재에 효과가 있는 드라이 케미컬의 주성분은?

① 인산염류　　　　② 할로겐화합물

③ 탄산수소나트륨　④ 수산화알루미늄

해설

드라이 케미컬은 제1종 소화분말약제인 탄산수소나트륨을 말한다.

∴ 드라이케미컬＝탄산수소나트륨($NaHCO_3$)＝중탄산나트륨＝중조

65 소화기의 사용방법에 대한 설명으로 가장 옳은 것은?

① 소화기는 화재 초기에만 효과가 있다.

② 소화기는 대형소화설비의 대용으로 사용할 수 있다.

③ 소화기는 어떠한 소화에도 만능으로 사용할 수 있다.

④ 소화기는 구조와 성능, 취급법을 명시하지 않아도 된다.

66 BCF 소화기의 약제를 화학식으로 옳게 나타낸 것은?

① CCl_4　　　　　② CF_3Br

③ CH_2ClBr　　　④ CF_2ClBr

해설

① CTC(Carbon Tetra Chloride) : CCl_4 (Halon 104)

② BT(Bromo Thloro Methane) : CH_2ClBr (Halon 1011)

③ BT(Bromo Trifluoro Methane) : CF_3Br (Halon 1301)

④ BCF(Bromo Chloro Difluoro Methane) : CF_2ClBr (Halon 1211)

67 화학포의 소화약제인 탄산수소나트륨 6몰과 반응하여 생성되는 이산화탄소는 표준상태에서 몇 *l*인가?

① 22.4　　　　　② 44.8

③ 89.6　　　　　④ 134.4

해설

화학포[외약제(A제) : $NaHCO_3$, 내약제(B제) : $Al_2(SO_4)_3$]

$6NaHCO_3 + Al_2(SO_4)_3 \cdot 18H_2O$

$\longrightarrow 3Na_2SO_4 + 2Al(OH)_3 + 6CO_2 + 18H_2O$에서,

$6NaHCO_3 \longrightarrow 6CO_2$이므로,

6mol : $6 \times 22.4l$(표준상태)이 생성된다.

$6 \times 22.4l = 134.4l$

68 소화기구의 능력단위를 가장 잘 설명한 것은?

① 위험물의 양에 대한 기준 단위이다.

② 소화기 1개로 소화할수 있는 능력이다.

③ 소화 능력에 따라 측정한 수치이다.

④ 지정수량을 초과하여 보관할 수 있는 능력이다.

69 수성막포(Aqueous film forming foam)에 대한 설명으로 옳지 않은 것은?

① 주성분은 플루오르계 계면활성제이다.

② 장기간 사용이 가능하다.

③ 주 소화작용은 질식작용이다.

④ 포 안정제로 단백질 분해물, 사포닝을 사용한다.

> **해설**
>
> ④는 화학포의 안정제이고, 수성막포는 불소계통의 습윤제에 합성계면 활성제를 첨가한 약제이다.

70 플래시 오버(Flash over)에 관한 설명이 아닌 것은?

① 실내 화재에서 발생하는 현상

② 순발적인 연소 확대 현상

③ 발생 시점은 초기에서 성장기로 넘어가는 분기점

④ 화재로 인하여 온도가 급격히 상승하여 화재가 순간적으로 실내 전체에 확산되어 연소되는 현상

> **해설**
>
> 플래시 오버(＝순발연소, 순간연소) : 화재로 인하여 실내의 온도가 급격히 상승하여 가연물이 일시에 폭발적으로 착화현상을 일으켜 순간적으로 실내 전체에 확산되는 현상

71 화학포를 만들 때 쓰이는 기포 안정제는?

① 사포닝　　　　② 황산알루미늄

③ 탄산가스　　　④ 탄산수소나트륨

> **해설**
>
> • 기포안정제 : 사포닝, 젤라틴, 계면활성제 가수분해단백질등
>
> • ② : 내약제(B제), ④ : 외약제(A제)

72 불에 대한 제거소화의 방법이 아닌 것은?

① 가스화재 시 가스 공급을 차단하기 위해 밸브를 닫아 소화시킨다.

② 유전화재 시 폭약을 사용하여 폭풍에 의하여 가연성 증기를 날려 보내 소화시킨다.

③ 연소하는 가연물을 밀폐시켜 공기 공급을 차단하여 소화한다.

④ 촛불 소화 시 입으로 바람을 불어서 소화시킨다.

> **해설**
>
> ③은 공기 중 산소공급을 차단하는 질식소화에 해당된다.

73 축압식 소화기의 압력계의 지침이 녹색을 가르키고 있다. 이 소화기의 상태는?

① 과충전된 상태

② 압력이 미달된 상태

③ 정상 상태

④ 이상 고온 상태

> **해설**
>
> • 정상상태 : 녹색
>
> • 과충전 상태 : 적색
>
> • 압력 미달 상태 : 백색 또는 황색

74 분무 소화기에서 나온 물 18kg이 100℃ 2atm에서 차지하는 부피는? (단, 기체상수값은 $0.082\text{m}^3 \cdot \text{atm}/\text{kmol} \cdot \text{K}$이고, 이상기체임을 가정한다.)

① 10.29m^3 　　② 15.29m^3
③ 20.29m^3 　　④ 25.29m^3

> **해설**
>
> $PV = nRT = \dfrac{w}{M}RT$에서,
>
> $V = \dfrac{wRT}{PM} = \dfrac{18 \times 0.082 \times (273 + 100)}{2 \times 18}$
>
> $= \dfrac{550.548}{36} = 15.29\text{m}^3$

75 클로로벤젠 300,000l의 소요단위는 얼마인가?

① 20 　　② 30
③ 200 　　④ 300

> **해설**
>
> • 클로로벤젠(C_6H_5Cl) : 제4류 2석유류(비수용성)로서 지정수량은 1,000l이다.
> • 위험물 1소요단위 : 지정수량의 10배
>
> ∴ 총소요단위 $= \dfrac{저장수량}{지정수량의\ 10배}$
>
> $= \dfrac{300,000l}{1,000 \times 10l} = 30$단위

76 위험물 취급소의 건축물 연면적이 500m²인 경우 소요단위는? (단, 외벽은 내화 구조이다.)

① 4단위 　　② 5단위
③ 6단위 　　④ 7단위

> **해설**
>
> 6번 해설 참조
>
> ∴ $\dfrac{500\text{m}^2}{100\text{m}^2} = 5$

77 외벽이 내화구조인 위험물 저장소 건축물의 연면적이 1,500m²인 경우 소요단위는?

① 6 　　② 10
③ 13 　　④ 14

> **해설**
>
> 6번 해설 참조
>
> ∴ $\dfrac{1500\text{m}^2}{150\text{m}^2} = 10$

78 제3류 위험물에서 금수성물질의 화재에 적응성이 있는 소화약제는?

① 할로겐화합물 　　② 이산화탄소
③ 탄산수소염류 　　④ 인산염류

> **해설**
>
> 33번 해설 참조

79 위험물안전관리법령에 따른 이산화탄소 소화약제의 저장용기 설치 장소에 대한 설명으로 틀린 것은?

① 방호 구역 내의 장소에 설치하여야 한다.
② 직사일광 및 빗물이 침투할 우려가 적은 장소에 설치하여야 한다.
③ 온도 변화가 적은 장소에 설치하여야 한다.
④ 온도가 섭씨 40도 이하인 곳에 설치하여야 한다.

> **해설**
>
> ① 방호구역외의 장소에 설치할 것

정답　74 ②　75 ②　76 ②　77 ②　78 ③　79 ①

3 Chapter 소방시설의 종류 및 설치운영

1 소방시설

소방시설은 소화설비, 경보설비, 피난설비, 소화용수설비 및 소화활동설비로 구분한다.

1. 소화설비

> • 소화설비 : 물 또는 그 밖의 소화약제를 사용하여 소화하는 기계, 기구 또는 설비
> • 소화설비의 종류 : 소화기구, 자동소화장치, 옥내소화전설비, 옥외소화전설비, 스프링클러설비, 물분무 등 소화설비

(1) 소화기구

1) 소화기구의 종류

① 소화기

② 자동확산소화기

③ 간이소화용구 : 에어졸식 소화용구, 투척용 소화용구 및 소화약제 외의 것

2) 소화기구 설치대상

① 건축물의 연면적 $33m^2$ 이상인 소방대상물

② 지정문화재 및 가스시설

③ 터널

※ 단, 노유자 시설의 경우 투척용 소화용구 등을 화재안전기준에 따라 산정된 소화기 수량의 $\frac{1}{2}$ 이상 설치할 수 있다.

3) 소화기구의 설치기준

① 소화기

  • 각층마다 설치할 것
  • 특정소방대상물의 각 부분으로부터 1개의 소화기까지의 보행거리 : 소형소화기는 20m 이내, 대형소화기는 30m 이내가 되도록 배치할 것

② 능력단위가 2단위 이상이 되도록 소화기를 설치하여야 할 특정소방 대상물 또는 그 부분에 있어서는 간이소화용구의 능력단위가 전체 능력단위의 $\frac{1}{2}$ 을 초과하지 아니할 것 (단, 노유자 시설의 경우에는 그렇지 않다.)

③ 소화기구(자동소화장치는 제외)는 바닥으로부터 높이 1.5m 이하의 곳에 비치할 것

④ 소화기는 '소화기', 투척용 소화용구 등에 있어서는 '투척용 소화용구 등', 마른모래는 '소화용모래', 팽창진주암 및 팽창질석은 '소화질석'이라고 표시한 표지를 보기 쉬운 곳에 부착할 것

4) 이산화탄소, 할로겐화합물(할론 1301 및 청정소화약제 제외) 소화기구(자동확산소화기 제외) 설치금지 장소★★

① 지하층

② 무창층 : 지상층의 면적의 합계가 당해층의 바닥면적의 $\frac{1}{30}$ 이하가 되는 층

③ 거실 또는 사무실로서 바닥면적이 20m² 미만인 곳

※ 단, 배기를 위한 유효한 개구부가 있는 곳은 제외한다.

(2) 자동소화장치

① 주거용 주방 자동소화장치 : 아파트 및 30층 이상 오피스텔 전층주방에 설치할 것

② 상업용 주방자동소화장치

③ 가스자동소화장치

④ 캐비닛형 자동소화장치

⑤ 분말 자동소화장치

⑥ 고체에어졸 자동소화장치

> **참고** 자동소화장치 탐지부 설치 위치
> - LNG(공기보다 가벼운 가스) : 천장면에서 30cm 이하
> - LPG(공기보다 무거운 가스) : 바닥면에서 30cm 이하

(3) 옥내소화전설비

건축물 내에 화재발생시 초기화재를 진화할 목적으로 소화전내에 비치된 호스 및 노즐을 이용하여 화재를 소화하는 설비이다.

1) 옥내소화전설비의 설치기준★★★

① 옥내소화전 개폐밸브 및 호스접속구는 바닥면으로부터 1.5m 이하의 높이에 설치할 것

② 옥내소화전 개폐밸브 및 방수용기구를 격납하는 상자(이하 '소화전함'이라 한다)는 불연재료로 제작하고 점검에 편리하고 화재발생시 연기가 충만할 우려가 없는 장소 등 쉽게 접근이 가능하고 화재 등에 의한 피해를 받을 우려가 적은 장소에 설치할 것

③ 가압송수장치의 시동을 알리는 표시등(이하 '시동표시등'이라 한다)은 적색으로 옥내소화전함의 내부 또는 그 직근의 장소에 설치할 것

④ 옥내소화전함에는 그 표면에 '소화전'이라고 표시할 것

⑤ 옥내소화전함의 상부의 벽면에 적색의 표시등을 설치하되, 당해 표시등의 부착면과 15° 이상의 각도가 되는 방향으로 10m 떨어진 곳에서 용이하게 식별이 가능하도록 할 것

2) 물올림장치의 설치기준[수원의 수위가 펌프(수평회전식에 한함)보다 낮을때 설치함]

① 물올림탱크에는 전용의 물올림탱크를 설치할 것

② 물올림탱크의 용량은 가압송수장치를 유효하게 작동할 수 있도록 할 것

③ 물올림장치에는 감수경보장치 및 물올림탱크에 물을 자동으로 보급하기 위한 장치가 설치되어 있을 것

3) 옥내소화전설비의 비상전원[자가발전설비 또는 축전지설비에 의함]

① 용량은 옥내소화전설비를 유효하게 45분 이상 작동시키는 것이 가능할 것

② 축전지설비는 설치된 실의 벽으로부터 0.1m 이상 이격할 것

③ 축전지설비를 동일실에 2 이상 설치하는 경우에는 축전지설비의 상호간격은 0.6m 이상 이격할 것

④ 충전장치와 축전지를 동일실에 설치하는 경우에는 충전장치를 강제의 함에 수납하고 당해 함의 전면에 폭 1m 이상의 공지를 보유할 것

4) 조작회로 및 표시등의 회로배선 : 600볼트 2종비닐절연전선을 사용할 것

5) 배관의 설치기준★★★

① 전용으로 할 것

② 가압수송장치의 토출측 직근부분의 배관에는 체크밸브 및 개폐밸브를 설치할 것

③ 펌프를 이용한 가압송수장치의 흡수관을 펌프마다 전용으로 설치하며, 흡수관에는 여과장치를 설치하고, 후드밸브는 용이하게 점검할 수 있도록 할 것

④ 주배관 중 입상관은 관의 직경이 50mm 이상인 것으로 할 것

⑤ 개폐밸브에는 그 개폐방향을, 체크밸브에는 그 흐름방향을 표시할 것

⑥ 배관은 당해 배관에 급수하는 가압송수장치의 체절압력의 1.5배 이상의 수압을 견딜 수 있는 것으로 할 것

> **참고**
> • 체절운전 : 펌프의 성능시험을 목적으로 펌프의 토출측의 개폐밸브를 닫은 상태에서 운전하는 것
> • 체절압력 : 체절운전시 릴리프밸브가 압력수를 방출할 때의 압력(토출압력의 140% 이하일 것)이다.

6) 가압송수장치의 설치기준

① 고가수조를 이용한 가압송수장치

• 낙차(수조의 하단으로부터 호스 접속구까지의 수직거리)는 다음식에 의하여 구한 수치 이상으로 할 것

$$H = h_1 + h_2 + 35m$$

- H : 필요낙차 (단위 : m)
- h_1 : 방수용 호수의 마찰손실수두 (단위 : m)
- h_2 : 배관의 마찰손실수두

- 고가수조에는 수위계, 배수관, 오버플로우용 배수관, 보급수관 및 맨홀을 설치할 것

② 압력수조를 이용한 가압송수장치

- 압력수조의 압력은 다음 식에 의하여 구한 수치 이상으로 할 것★★★

$$P = P_1 + P_2 + P_3 + 0.35MPa$$

- P : 필요한 압력 (단위 : MPa)
- P_1 : 소방용호스의 마찰손실수두압 (단위 : MPa)
- P_2 : 배관의 마찰손실수두압 (단위 : MPa)
- P_3 : 낙차의 환산수두압 (단위 : MPa)

- 압력수조의 수량은 당해 압력수조 체적의 $\frac{2}{3}$ 이하일 것

- 압력수조에는 압력계, 수위계, 배수관, 보급수관, 통기관 및 맨홀을 설치할 것

참고 단위환산 : $1kg/cm^2 = 10mH_2O(수두) = 100KPa = 0.1MPa$

※ $3.5kg/cm^2 = 35mH_2O = 350KPa = 0.35MPa$

③ 펌프를 이용한 가압송수장치

- 펌프의 토출량은 옥내소화전의 설치개수가 가장 많은 층의 설치개수(설치개수가 5개 이상인 경우에는 5개)에 $260l/min$를 곱한 양 이상이 되도록 할 것
- 펌프의 전양정은 다음 식에 의하여 구한 수치 이상으로 할 것

$$H = h_1 + h_2 + h_3 + 35m$$

- H : 펌프의 전양정 (단위 : m)
- h_1 : 소방용 호스의 마찰손실수두 (단위 : m)
- h_2 : 배관의 마찰손실수두 (단위 : m)
- h_3 : 낙차 (단위 : m)

- 펌프의 토출량이 정격토출량의 150%인 경우에는 전양정은 정격전양정의 65% 이상일 것
- 펌프에는 토출측에 압력계, 흡입측에 연성계를 설치할 것
- 가압송수장치에는 정격부하운전시 펌프의 성능을 시험하기 위한 배관설비를 설치할 것
- 가압송수장치에는 체절운전시에 수온상승방지를 위한 순환배관을 설치할 것

7) 가압송수장치에는 당해 옥내소화전의 노즐선단에서 방수압력이 0.7MPa을 초과하지 아니하도록 할 것

8) 옥내소화전은 제조소등의 건축물의 층마다 당해 층의 각 부분에서 하나의 호스접속구까지의 수평거리가 25m 이하가 되도록 설치할 것. 이 경우 옥내소화전은 각층의 출입구 부근에 1개 이상 설치하여야 한다.

9) 수원의 수량은 옥내소화전이 가장 많이 설치된 층의 옥내소화전 설치개수(설치개수가 5개 이상인 경우는 5개)에 7.8m³를 곱한 양 이상이 되도록 설치할 것

> • 수원의 양(Q) : Q(m³)＝N×7.8m³(N, 5개 이상인 경우 5개)★★★★
>
> ※ 법정 방수량 : 260*l*/min으로 30min 이상 기동할 수 있는 양
>
> ∴ 0.26m³/min×30min＝7.8m³

10) 옥내소화전설비는 각층을 기준으로 하여 당해 층의 모든 옥내소화전(설치개수가 5개 이상인 경우는 5개의 옥내소화전)을 동시에 사용할 경우에 각 노즐선단의 방수압력이 350KPa 이상이고 방수량이 1분당 260*l* 이상의 성능이 되도록 할 것

(4) 옥외소화전설비

건축물의 외부에 설치·고정되어 있어 물을 방사하는 소화설비로서 초기 및 대규모 화재시 주로 1, 2층의 저층에 사용하며 이외에 인접건축물의 연소확대방지에 사용하는 소방설비이다.

1) 옥외소화전설비의 설치기준

① 옥외소화전의 개폐밸브 및 호스접속구는 지반면으로부터 1.5m 이하의 높이에 설치할 것

② 방수용 기구를 격납하는 함(이하 '옥외소화전함'이라 한다)은 불연재료로 제작하고 옥외소화전으로부터 보행거리 5m 이하의 장소로서 화재발생시 쉽게 접근가능하고 화재 등의 피해를 받을 우려가 적은 장소에 설치할 것

③ 옥외소화전함에는 그 표면에 '호스격납함'이라고 표시할 것. 다만, 호스접속구 및 개폐밸브를 옥외소화전함의 내부에 설치하는 경우에는 '소화전'이라고 표시할 수도 있다.

④ 옥외소화전에는 직근의 보기 쉬운 장소에 '소화전'이라고 표시할 것

⑤ 가압송수장치, 시동표시등, 물올림장치, 비상전원, 조작회로의 배선 및 배관등은 옥내소화전설비의 기준의 예에 준하여 설치할 것(비상전원은 45분 이상 작동할 것). 단, 자체소방대를 둔 제조소등으로서 옥외소화전함 부근에 설치된 옥외전등에 비상전원이 공급되는 경우에는 옥외소화전함의 적색 표시등을 설치하지 아니할 수 있다.

> 참고 ▷ 옥외소화전과 소화전함의 설치개수★★
> • 소화전 10개 이하 : 소화전마다 5m 이내의 장소에 소화전함 1개 이상 설치
> • 소화전 11개 이상 30개 이하 : 소화전함 11개를 분산 설치
> • 소화전 31개 이상 : 소화전 3개마다 소화전함 1개 이상 설치

2) 옥외소화전은 방호대상물(당해 소화설비에 의하여 소화하여야 할 제조소등의 건축물, 그 밖의 공작물 및 위험물을 말한다)의 각 부분(건축물의 경우에는 1층 및 2층의 부분에 한한다)에서 하나의 호스접속구까지의 수평거리가 40m 이하가 되도록 설치할 것. 이 경우 그 설치개수가 1개일 때는 2개로 하여야 한다.

3) 수원의 수량은 옥외소화전의 설치개수(설치개수가 4개 이상인 경우는 4개의 옥외소화전)에 13.5m³를 곱한 양 이상이 되도록 설치할 것

> - 수원의 양(Q) : $Q(m^3) = N \times 13.5m^3$(N, 4개 이상인 경우 4개)★★★★
> ※ 법정 방수량 : $450l$/min으로 30min 이상 기동할 수 있는 양
>   ∴ $0.45m^3$/min × 30min = $13.5m^3$

4) 옥외소화전설비는 모든 옥외소화전(설치개수가 4개 이상인 경우는 4개의 옥외소화전)을 동시에 사용할 경우에 각 노즐선단의 방수압력이 350KPa 이상이고, 방수량이 1분당 450l 이상의 성능이 되도록 할 것

(5) 스프링클러설비

물을 자동으로 분무 방수하여 초기화재를 진압할 목적으로 천장이나 반자 및 벽 등에 스프링클러헤드를 설치하여 감열작용에 의해 화재시 효과적으로 진압할 수 있는 소화설비이다.

[스프링클러설비의 장·단점]★★★★

장점	단점
- 초기화재 진압에 절대적인 효과가 있다. - 감지부가 기계적이므로 오동작, 오보가 없다. - 소화약제가 물이라서 값이 싸고 복구가 쉽다. - 시설이 반영구적이고 조작이 쉽고 안전하다. - 야간에도 자동으로 화재의 감지, 경보, 소화 등을 제어할 수 있어 안전하다.	- 초기 시설비가 많이 든다. - 다른 설비에 비해 구조 및 시공이 복잡하다. - 물로 살수시 피해가 많다. - 일반화재(A급)에만 적합하며 유지관리에 유의해야 한다.

1) 스프링클러헤드의 종류 : 감열체의 유무에 따라 폐쇄형과 개방형으로 나눈다.
① 폐쇄형 헤드 : 감열체가 있어 일정한 온도에서 막혀있는 방수구가 자동적으로 파괴·용해 또는 이탈됨으로서 방수구가 개방되는 헤드이다.
② 개방형 헤드 : 감열체가 없어 항상 열려져 있는 헤드이다.

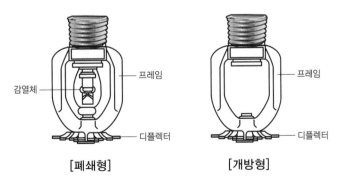

[폐쇄형]　　　[개방형]

2) 스프링클러설비의 설치기준★★★

① 스프링클러헤드는 방호대상물의 천장 또는 건축물의 최상부 부근(천장이 설치되지 아니한 경우)에 설치하되, 방호대상물의 각 부분에서 하나의 스프링클러헤드까지의 수평거리가 1.7m(살수밀도의 기준을 충족하는 경우에는 2.6m) 이하가 되도록 설치할 것

② 개방형 스프링클러헤드를 이용한 스프링클러설비의 방사구역(하나의 일제개방밸브에 의하여 동시에 방사되는 구역을 말한다)은 150m² 이상(방호대상물의 바닥면적이 150m² 미만인 경우에는 당해 바닥면적)으로 할 것

3) 개방형 스프링클러헤드의 설치기준★★

① 스프링클러헤드의 반사판으로부터 하방으로 0.45m, 수평방향으로 0.3m의 공간을 보유할 것

② 스프링클러헤드는 헤드의 축심이 당해 헤드의 부착면에 대하여 직각이 되도록 설치할 것

4) 폐쇄형 스프링클러헤드의 설치기준★★★

① 스프링클러헤드의 반사판과 당해 헤드의 부착면과의 거리는 0.3m 이하일 것

② 스프링클러헤드는 당해 헤드의 부착면으로부터 0.4m 이상 돌출한 보 등에 의하여 구획된 부분으로 설치할 것. 다만, 해당 보등의 상호간 거리(보 등의 중심선은 기산점)가 1.8m 이하인 경우에는 그러하지 아니하다.

③ 급배기용 덕트 등의 긴변의 길이가 1.2m를 초과하는 것이 있는 경우에는 당해 덕트 등의 아래면에도 스프링클러헤드를 설치할 것

④ 스프링클러헤드의 부착위치
- 가연성 물질을 수납하는 부분에 스프링클러헤드를 설치하는 경우에는 당해 헤드의 반사판으로부터 하방으로 0.9m, 수평방향으로 0.4m의 공간을 보유할 것
- 개구부에 설치하는 스프링클러헤드는 당해 개구부의 상단으로부터 높이 0.15m 이내의 벽면에 설치할 것

5) 건식 또는 준비작동식의 유수검지장치의 2차측에 설치하는 스프링클러헤드는 상향식스프링클러헤드로 할 것(단, 동결할 우려가 없는 장소에 설치하는 경우는 제외)

6) 스프링클러헤드는 그 부착장소의 평상시의 최고주위온도에 따라 다음 표에 정한 표시온도를 갖는 것을 설치할 것★★★

부착장소의 최고주위온도(단위 ℃)	표시온도(단위 ℃)
28 미만	58 미만
28 이상 39 미만	58 이상 79 미만
39 이상 64 미만	79 이상 121 미만
64 이상 106 미만	121 이상 162 미만
106 이상	162 이상

7) 수원의 수량은 폐쇄형 스프링클러헤드를 사용하는 것은 30(헤드의 설치개수가 30 미만인 방호대상물인 경우에는 당해 설치개수), 개방형 스프링클러헤드를 사용하는 것은 스프링클러헤드가 가장 많이 설치된 방사구역의 스프링클러헤드 설치개수에 2.4m³를 곱한 양 이상이 되도록 설치할 것

> • 수원의 양(Q) : Q(m³)＝N(헤드수)×2.4m³
> ※ 법정 방수량 : 80ℓ/min으로 30min 이상 기동할 수 있는 양
> ∴ 0.08m³/min×30min＝2.4m³
> ※ N(헤드수) : 폐쇄형은 최대 30개 미만, 개방형은 설치 개수

8) 스프링클러설비는 7)의 규정에 의한 개수의 스프링클러헤드를 동시에 사용할 경우에 각 선단의 방사압력이 100KPa 이상이고, 방수량이 1분당 80ℓ 이상의 성능이 되도록 할 것

9) 스프링클러설비에 각층 또는 방사구역마다 제어밸브의 설치기준
① 제어밸브는 개방형스프링클러헤드를 이용하는 스프링클러설비에 있어서는 방수구역마다, 폐쇄형스프링클러헤드를 사용하는 스프링클러설비에 있어서는 당해 방화대상물의 층마다, 바닥면으로부터 0.8m 이상 1.5m 이하의 높이에 설치할 것
② 제어밸브는 함부로 닫히지 아니하는 조치를 강구할 것
③ 제어밸브는 적근의 보기 쉬운 장소에 '스프링클러설비의 제어밸브'라고 표시할 것

10) 경보장치의 설치기준(단, 자동화재탐지설비에 의하여 경보가 발하는 경우는 음향경보장치를 설치하지 아니할 수 있다.)
① 스프링클러헤드의 개방 또는 보조살수전의 개폐밸브의 개방에 의하여 경보를 발하도록 할 것
② 발신부는 각층 또는 방수구역마다 설치하고 당해 발신부는 유수검지장치 또는 압력검지장치를 이용할 것
③ 유수검지장치 또는 압력검지장치에 작용하는 압력은 당해 검지장치의 최고 사용압력 이하로 할 것
④ 수신부에는 스프링클러헤드 또는 화재감지용헤드가 개방된 층 또는 방수구역을 알 수 있는 표시장치를 설치하고, 수신부는 수위실 기타 상시 사람이 있는 장소에 설치할 것
⑤ 하나의 방화대상물에 2 이상의 수신부가 설치되어 있는 경우에는 이들 수신부가 있는 장소 상호간에 동시에 통화할 수 있는 설비를 설치할 것

11) 유수검지장치의 설치기준
① 유수검지장치의 1차측에는 압력계를 설치할 것
② 유수검지장치의 2차측에 압력의 설정을 필요로 하는 스프링클러설비에는 당해 유수검지장치의 압력설정치보다 2차측의 압력이 낮아진 경우에 자동으로 경보를 발하는 장치를 설치할 것

12) 폐쇄형스프링클러헤드를 이용하는 말단시험밸브 설치기준

① 말단시험밸브는 유수검지장치 또는 압력검지장치를 설치한 배관의 계통마다 1개씩, 방수
압력이 가장 낮다고 예상되는 배관의 부분에 설치할 것

② 말단시험밸브의 1차측에는 1차측에는 압력계를, 2차측에는 스프링클러헤드와 동등의 방
수성능을 갖는 오리피스 등의 시험용방수구를 설치할 것

③ 말단시험밸브에는 직근의 보기 쉬운 장소에 '말단시험밸브'라고 표시할 것

13) 소방펌프자동차용 쌍구형의 송수구의 설치기준

① 전용으로 설치할 것

② 송수구의 결합금속구는 탈착식 또는 나사식으로 하고 내경을 63.5mm 내지 66.5mm로 할 것

③ 송수구의 결합금속구는 지면으로부터 0.5m 이상 1m 이하의 높이의 송수에 지장이 없는 위
치에 설치할 것

④ 송수구의 당해 스프링클러설비의 가압송수장치로부터 유수검지장치 압력검지장치 또는 일제
개방형밸브 수동식개방밸브까지의 배관에 전용의 배관으로 접속할 것

⑤ 송수구에는 그 직근의 보기 쉬운 장소에 '스프링클러용 송수구'라고 표시하고 그 송수압력범
위를 함께 표시할 것

(6) 물분무 소화설비

물분무 노즐을 사용하여 물의 입자를 미세하게 분무방사시켜 물방울의 표면적을 넓게 함으로써
유류화재 및 전기화재에 매우 효과적인 소화설비이다.

특히 ┌ 물의 냉각효과   ┐ 등이 있다.
     │ 연소열에 의해 발생하는 수증기의 산소차단으로 질식효과 │
     │ 유류화재시에 유류표면의 수막 형성에 의한 유화효과   │
     └ 알코올류 등 수용성 가연물의 농도의 희석효과   ┘

> **참고** 물분무등 소화설비★★
> - 물분무 소화설비
> - 이산화탄소 소화설비
> - 분말 소화설비
> - 포 소화설비
> - 할로겐화합물 소화설비

1) 물분무 소화설비의 설치기준

① 물분무 소화설비에 2 이상의 방사구역을 두는 경우에는 화재를 유효하게 소화할 수 있도록 인
접하는 방사구역이 상호 중복되도록 할 것

② 고압의 전기설비가 있는 장소에는 당해 전기설비와 분무헤드 및 배관과 사이에 전기절연을
위하여 필요한 공간을 보유할 것

③ 물분무 소화설비에는 각층 또는 방사구역마다 제어밸브, 스트레이너 및 일제개방밸브 또는 수
　동식개방밸브를 다음 각목에 정한 것에 의하여 설치할 것
　　• 제어밸브 및 일제개방밸브 또는 수동식개방밸브는 스프링클러설비의 기준의 예에 의할 것
　　• 스트레이너 및 일제개방밸브 또는 수동식개방밸브는 제어밸브의 하류측 부근에 스트레이
　　　너, 일제개방밸브 또는 수동식개방밸브의 순으로 설치할 것
④ 가압송수장치, 물올림장치, 비상전원, 조작회로의 배선 및 배관 등은 옥내소화전 설비의 예
　에 준하여 설치할 것

2) 물분무 소화설비의 방사구역은 150m² 이상(방호대상물의 표면적이 150m² 미만인 경우에는
　당해 표면적)으로 할 것

3) 수원의 수량은 분무헤드가 가장 많이 설치된 방사구역의 모든 분무헤드를 동시에 사용할 경
　우에 당해 방사구역의 표면적 1m²당 1분당 20l 의 비율로 계산한 양으로 30분간 방사할 수 있
　는 양 이상이 되도록 설치할 것

> • 수원의 양(Q) : Q(m³)＝A(방호대상물의 표면적 m²)×0.6m³/m²★★
> ※ 법정 방수량 : 20l/min·m²으로 30min 이상 방사할 수 있는 양
> ∴ 0.02m³/min·m²×30min=0.6m³/m²

4) 물분무 소화설비 분무헤드를 동시에 사용할 경우에 각 선단의 방사압력이 350KPa 이상으로
　표준방사량을 방사할 수 있는 성능이 되도록 할 것

5) 물분무 소화설비에는 비상전원을 설치할 것

[위험물제조소등의 소화설비 설치기준(비상전원 : 45분)]★★★

소화설비	수평거리	방수량	방수압력	토출량	수원의 양(Q : m³)
옥내	25m 이하	260(l/min) 이상	350(KPa) 이상	N(최대 5개) ×260(l/min)	Q=N(소화전개수 : 최대 5개)×7.8m³ (260l/min×30min)
옥외	40m 이하	450(l/min) 이상	350(KPa) 이상	N(최대 4개) ×450(l/min)	Q=N(소화전개수 : 최대 4개)×13.5m³ (450l/min×30min)
스프링클러	1.7m 이하	80(l/min) 이상	100(KPa) 이상	N(헤드수) ×80(l/min)	Q=N(헤드수)×2.4m³ (80l/min×30min)
물분무		20(l/m²·min) 이상	350(KPa) 이상	A(바닥면적 m²) ×20(l/m²·min)	Q=A(바닥면적 m²)×0.6m³/m² (20l/m²·min×30min)

(7) 포소화설비

물과 포소화약제가 혼합된 수용액을 화학적 또는 기계적으로 미세한 포를 발포시켜 연소물의 표
면을 피복·질식소화하며, 포에 함유된 수분에 의한 냉각효과도 있다. 특히 대규모 유류화재에
적합하고 옥외소화에도 효과가 있다.

1) 고정식의 포소화설비의 포방출구 설치기준 : 고정식 포방출구방식은 탱크에서 저장 또는 취급하는 위험물의 화재를 유효하게 소화할 수 있도록 포방출구, 당해 소화설비에 부속하는 보조포소화전 및 연결송수구를 다음에 정한 것에 의하여 설치할 것

① 고정식 포방출구의 종류

- Ⅰ형 : 고정지붕구조의 탱크에 상부포주입법(고정포방출구를 탱크옆판의 상부에 설치하여 액표면상에 포를 방출하는 방법)을 이용하는 것으로서 방출된 포가 액면 아래로 몰입되거나 액면을 뒤섞지 않고 액면상을 덮을 수 있는 통계단 또는 미끄럼판 등의 설비 및 탱크내의 위험물증기가 외부로 역류되는 것을 저지할 수 있는 구조 기구를 갖는 포방출구

- Ⅱ형 : 고정지붕구조 또는 부상덮개부착고정지붕구조(옥외저장탱크의 액상에 금속제의 플로팅, 팬 등의 덮개를 부착한 고정지붕구조의 것)의 탱크에 상부포주입법을 이용하는 것으로서 방출된 포가 탱크옆판의 내면을 따라 흘러내려 가면서 액면 아래로 몰입되거나 액면을 뒤섞지 않고 액면상을 덮을 수 있는 반사판 및 탱크내의 위험물증기가 외부로 역류되는 것을 저지할 수 있는 구조를 갖는 포방출구

- 특형 : 부상지붕구조의 탱크에 상부포주입법을 이용하는 것으로서 부상지붕의 부상부분상에 높이 0.9m 이상의 금속제의 칸막이를 탱크옆판의 내측으로부터 1.2m 이상 이격하여 설치하고 탱크옆판과 칸막이에 의하여 형성된 환상부분에 포를 주입하는 것이 가능한 구조의 반사판을 갖는 포방출구

- Ⅲ형 : 고정지붕구조의 탱크에 저부포주입법(탱크의 액면하에 설치된 포방출구로부터 포를 탱크내에 주입하는 방법을 말한다)을 이용하는 것으로서 송포관으로부터 포를 방출하는 포방출구

> **참고**
>
> ❶ Ⅲ형의 포방출구를 설치 가능한 위험물 탱크의 조건 : 비수용성일 것, 저장온도가 50℃ 이하일 것, 동점도(動粘度)가 100cSt 이하일 것
>
> - 비수용성이란 온도 20℃의 물 100g에 용해되는 양이 1g 미만인 위험물
>
> - 석유류에는 동점도단위를 스토스(St)의 $\frac{1}{100}$의 센티스토스(cSt)를 사용한다.
>
>   ($1st = 1cm^2/sec$)
>
> ❷ 고정포 방출구★★★
>
> - 고정식지붕구조[CRT(콘루프)탱크] ┌ 상부포주입법 : Ⅰ형, Ⅱ형
>   └ 저부포주입법 : Ⅲ형, Ⅳ형
>
>   ※ CRT : Cone Roof Tank
>
> - 부상식지붕구조[FRT(플루팅루프)탱크] : 상부포주입법 = 특형
>
>   ※ FRT : Floating Roof Tank

• Ⅳ형 : 고정지붕구조의 탱크에 저부포주입법을 이용하는 것으로서 평상시에는 탱크의 액면 하의 저부에 설치된 격납통에 수납되어 있는 특수호스 등이 송포관의 말단에 접속되어 있다가 포를 보내는 것에 의하여 특수호스 등이 전개되어 그 선단이 액면까지 도달한 후 포를 방출하는 포방출구

② 포방출구는 위험물의 구분 및 포방출구의 종류에 따라 정한 액표면적 1m²당 필요한 포수용액 양에 당해 탱크의 액표면적을 곱하여 얻은 양을 동표의 위험물의 구분 및 포방출구의 종류에 따라 정한 방출률 이상으로 유효하게 방출할 수 있도록 설치할 것

위험물의 구분 \ 포방출구의 종류	Ⅰ형		Ⅱ형		특형		Ⅲ형		Ⅳ형	
	포수용 액량 (l/m²)	방출률 (l/m² ·min)	포수용 액량 (l/m²)	방출률 (l/m² ·min)	포수용 액량 (l/m²)	방출률 (l/m² ·min)	포수용 액량 (l/m²)	방출률 (l/m² ·min)	포수용 액량 (l/m²)	방출률 (l/m² ·min)
제4류 위험물 중 인화점이 21℃ 미만인 것	120	4	220	4	240	8	220	4	220	4
제4류 위험물 중 인화점이 21℃ 이상 70℃ 미만인 것	80	4	120	4	160	8	120	4	120	4
제4류 위험물 중 인화점이 70℃ 이상인 것	60	4	100	4	120	8	100	4	100	4

③ 보조포소화전 설치기준

• 방유제 외측의 소화활동상 유효한 위치에 설치하되 각각의 보조포소화전 상호간의 보행거리가 75m 이하가 되도록 설치할 것

• 보조포소화전은 3개(호스접속구가 3개 미만인 경우에는 그 개수)의 노즐을 동시에 사용할 경우에 각각의 노즐선단의 방사압력이 0.35MPa 이상이고 방사량이 400l/min 이상의 성능이 되도록 설치할 것

• 보조포소화전은 옥외소화전설비의 옥외소화전의 기준의 예에 준하여 설치할 것

2) 연결송수구 설치개수

$$N = \frac{Aq}{C}$$

N : 연결송수구의 설치수
A : 탱크의 최대수평 단면적(m²)
q : 탱크의 액표면적 1m²당 방사하여야 할 포수용액의 방출률(l/min)
C : 연결송수구 1구당의 표준 송액량(800l/min)

3) 포헤드방식의 포헤드 설치기준

① 포헤드는 방호대상물의 모든 표면이 포헤드의 유효사정 내에 있도록 설치할 것

② 방호대상물의 표면적(건축물의 경우에는 바닥면적) 9m²당 1개 이상의 헤드를, 방호대상물의

표면적 1m²당의 방사량이 6.5*l*/min 이상의 비율로 계산한 양의 포수용액을 표준방사량으로 방사할 수 있도록 설치할 것

③ 방사구역은 100m² 이상(방호대상물의 표면적이 100m² 미만인 경우에는 당해 표면적)으로 할 것

4) 포모니터노즐 방식의 포모니터노즐 설치기준(위치가 고정된 노즐의 방사각도를 수동 또는 자동으로 조준하여 포를 방사하는 설비를 말함)

① 포모니터노즐은 옥외저장탱크 또는 이송취급소의 펌프설비 등이 안벽, 부두, 해상구조물, 그 밖의 이와 유사한 장소에 설치되어 있는 경우에 당해 장소의 끝선(해면과 접하는 선)으로부터 수평거리 15m 이내의 해면 및 주입구 등 위험물취급설비의 모든 부분이 수평방사거리 내에 있도록 설치할 것. 이 경우에 그 설치개수가 1개인 경우에는 2개로 할 것

② 포모니터노즐은 소화활동상 지장이 없는 위치에서 기동 및 조작이 가능하도록 고정하여 설치할 것

③ 포모니터노즐은 모든 노즐을 동시에 사용할 경우에 각 노즐선단의 방사량이 1900*l*/min 이상이고 수평방사거리가 30m 이상이 되도록 설치할 것

5) 수원의 수량

① 포방출구방식＝a항＋b항

　　a. 고정식포방출구는 1)의 ②항 표의 위험물의 구분 및 포방출구의 종류에 따라 정한 포수용 액량에 당해 탱크의 액표면적을 곱한 양

　　b. 보조포소화전은 정해진 방사량으로 20분간 방사할 수 있는 양

② 포헤드방식의 것은 헤드가 가장 많이 설치된 방사구역의 모든 헤드를 동시에 사용할 경우에 정해진 방사량으로 10분간 방사할 수 있는 양

③ 포모니터노즐방식의 것은 정해진 방사량으로 30분간 방사할 수 있는 양

$$수원(Q)＝N(노즐수) \times 방사량(1900l/min) \times 30min$$

④ 이동식포소화설비는 4개(호스접속구가 4개 미만인 경우에는 그 개수)의 노즐을 동시에 사용할 경우에 각 노즐선단의 방사압력은 0.35MPa 이상이고 방사량은 옥내에 설치한 것은 200*l*/min 이상, 옥외에 설치한 것은 400*l*/min 이상으로 30분간 방사할 수 있는 양

6) 포소화설비에 이용하는 포소화약제는 Ⅲ형의 방출구를 이용하는 것은 불화단백포소화약제 또는 수성막포소화약제로 하고, 그 밖의 것은 단백포소화약제(불화단백포소화약제를 포함) 또는 수성막소화약제로 할 것. 이 경우에 수용성 위험물에 사용하는 것은 수용성액체용포소화약제로 하여야 한다.

7) 가압송수장치 설치기준

① 고가수조를 이용하는 가압송수장치

$$H = h_1 + h_2 + h_3$$

- H : 필요한 낙차 (단위 : m)
- h_1 : 고정식포방출구의 설계압력환산수두 또는 이동식포소화설비 노즐방사압력 환산수두 (단위 : m)
- h_2 : 배관의 마찰손실수두 (단위 : m)
- h_3 : 이동식포소화설비의 소방용호스의 마찰손실수두 (단위 : m)

② 압력수조를 이용하는 가압송수장치★★★

$$P = P_1 + P_2 + P_3 + P_4$$

- P : 필요한 압력 (단위 : MPa)
- p_1 : 고정식포방출구의 설계압력 또는 이동식포소화설비 노즐방사압력 (단위 : MPa)
- p_2 : 배관의 마찰손실수두압 (단위 : MPa)
- p_3 : 낙차의 환산수두압 (단위 : MPa)
- p_4 : 이동식포소화설비의 소방용호스의 마찰손실수두압 (단위 : MPa)

③ 펌프를 이용하는 가압송수장치

$$H = h_1 + h_2 + h_3 + h_4$$

- H : 펌프의 전양정 (단위 : m)
- h_1 : 고정식포방출구의 설계압력환산수두 또는 이동식포소화설비 노즐선단의 방사압력 환산수두 (단위 : m)
- h_2 : 배관의 마찰손실수두 (단위 : m)
- h_3 : 낙차 (단위 : m)
- h_4 : 이동식포소화설비의 소방용호스의 마찰손실수두 (단위 : m)

8) 포소화설비의 기동장치 설치기준

① 기동장치는 자동식의 기동장치 또는 수동식의 기동장치를 설치할 것

② 자동식기동장치는 자동화재탐지설비의 감지기의 작동 또는 폐쇄형 스프링클러헤드의 개방과 연동하여 가압송수장치, 일제개방밸브 및 포소화약제혼합장치가 기동될 수 있도록 할 것.

③ 수동식기동장치는 다음에 정한 것에 의할 것

- 직접조작 또는 원격조작에 의하여 가압송수장치, 수동식개방밸브 및 포소화약제혼합장치를 기동할 수 있을 것
- 2 이상의 방사구역을 갖는 포소화설비는 방사구역을 선택할 수 있는 구조로 할 것
- 기동장치의 조작부는 화재시 용이하게 접근이 가능하고 바닥면으로부터 0.8m 이상 1.5m 이하의 높이에 설치할 것
- 기동장치의 조작부에는 유리 등에 의한 방호조치가 되어 있을 것
- 기동장치의 조작부 및 호스접속구에는 직근의 보기 쉬운 장소에 각각 '기동장치의 조작부' 또는 '접속구'라고 표시할 것

9) 비상전원 : 정한 방사시간의 1.5배 이상 소화설비를 작동시킬 수 있는 용량으로 할 것

10) 포소화약제의 혼합장치★★

① 펌프 프로포셔너 방식(펌프혼입방식) : 펌프의 토출관과 흡입관 사이의 배관도중에 흡입기를 설치하여 펌프에서 토출된 물의 일부를 보내고, 농도 조정밸브에서 조정된 포소화약제의 필요량을 포 소화약제 탱크에서 펌프 흡입측으로 보내어 혼합하는 방식(주로 소방펌프차에 사용함)

② 프레셔 프로포셔너 방식(차압혼입방식) : 펌프와 발포기의 중간에 벤추리관을 설치하여 벤추리 작용과 펌프 가압수의 포 소화약제 저장탱크에 대한 압력으로 포소화약제를 흡입·혼합하는 방식(가장 많이 사용함)

③ 라인 프로포셔너 방식(관로혼합방식) : 펌프와 발포기의 중간에 벤추리관을 설치하여 벤추리 작용에 의해 포소화약제를 흡입·혼합하는 방식(소규모설비에 사용함)

④ 프레셔사이드 프로포셔너 방식(압입 혼합방식) : 펌프의 토출관에 압입기를 설치하여 포소화약제 압입용 펌프로 포소화약제를 압입·혼합하는 방식(주로 대형유류탱크에 사용함)

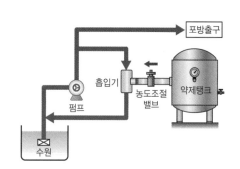

[펌프 프로포셔너 방식]

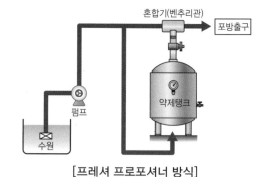

[프레셔 프로포셔너 방식]

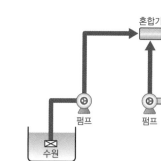

[라인 프로포셔너 방식]

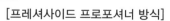

[프레셔사이드 프로포셔너 방식]

(8) 불활성가스 소화설비

고압가스용기에 저장된 불연성가스인 CO_2 가스 및 N_2 가스를 소화설비로 고정설치하여 화재발생시 불활성가스를 방출 분사시켜 질식 또는 냉각작용으로 소화시키는 설비이다.

1) 불활성가스 소화설비의 분사헤드 및 저장용기

① 방사된 소화약제가 방호구역의 전역에 균일하고 신속하게 방사할 수 있도록 설치할 것

<table>
<tr><th colspan="2" rowspan="2">구분</th><th colspan="3">전역방출방식</th><th rowspan="2">국소방출방식
(이산화탄소)</th></tr>
<tr><th colspan="2">이산화탄소(CO_2)</th><th>불활성가스</th></tr>
<tr><th colspan="2"></th><th>저압식</th><th>고압식</th><th>IG-100, IG-55, IG-541</th><th></th></tr>
<tr><td rowspan="2">분사
헤드</td><td>방사압력</td><td>1.05MPa 이상</td><td>2.1MPa 이상</td><td>1.9MPa 이상</td><td>—</td></tr>
<tr><td>방사시간</td><td>60초 이내</td><td>60초 이내</td><td>60초 이내(약제량 95% 이상)</td><td>30초 이내</td></tr>
<tr><td colspan="2">용기의 충전비</td><td>1.1~1.4 이하</td><td>1.5~1.9 이하</td><td>충전압력 32MPa 이하</td><td>—</td></tr>
</table>

② 저장용기 설치기준★★★★

- 방호구역 외의 장소에 설치할 것
- 온도가 40℃ 이하이고 온도 변화가 적은 장소에 설치할 것
- 직사일광 및 빗물이 침투할 우려가 적은 장소에 설치할 것
- 저장용기에 안전장치를 설치할 것
- 저장용기의 외면에 소화약제의 종류와 양, 제조년도 및 제조자를 표시할 것

2) 불활성가스 소화약제의 저장량

① 전역방출방식

- 이산화탄소(CO_2)

$$CO_2약제량(kg) = [방호구역 체적(m^3) \times 약제량(kg/m^3) + 개구부면적(m^2)]$$
$$\times 개구부의 가산량(5kg/m^2) \times 계수$$

※ 단, 방호구역의 개구부에 자동폐쇄장치를 설치시 개구부의 면적(m^2)당 $5kg/m^2$은 제외함

방호구역의 체적(단위 : m^3)	방호구역의 체적 1m^3당 소화약제의 양(단위 : kg)	소화약제 총량의 최저한도(단위 : kg)
5 미만	1.20	—
5 이상 15 미만	1.10	6
15 이상 45 미만	1.00	17
45 이상 150 미만	0.90	45
150 이상 1,500 미만	0.80	135
1,500 이상	0.75	1,200

• 불활성가스

> 약제량(kg)＝방호구역 체적(m^3)×약제량(kg/m^3)×계수

소화약제의 종류	방호구역의 체적 1m^3당 소화약제의 양(kg) (1기압, 20℃ 기준)
IG-100	0.516
IG-55	0.477
IG-541	0.472

② 국소방출방식

• 면적식 국소방출방식 : 액체 위험물을 상부를 개방한 용기에 저장하는 경우 등 화재시 연소면이 한면에 한정되고 위험물이 비산할 우려가 없는 경우 약제 저장량

> • 고압식 약제저장량(kg)＝방호 대상물의 표면적(m^2)×13kg/m^2×1.4×계수
> • 저압식 약제저장량(kg)＝방호 대상물의 표면적(m^2)×13kg/m^2×1.1×계수

• 용적식 국소방출방식 : 면적식 국소방출방식 이외의 것의 약제 저장량

> • 고압식 약제저장량(kg)＝방호 공간의 체적(m^3)×약제량(Q : kg/m^3)×1.4×계수
> • 저압식 약제저장량(kg)＝방호 공간의 체적(m^3)×약제량(Q : kg/m^3)×1.1×계수
>
> $$\therefore 약제량(Q)=8-6\frac{a}{A}$$
>
> Q : 단위체적당 소화약제의 양(단위 : kg/m^3)
> a : 방호대상물의 주위에 실제로 설치된 고정벽(방호대상물로부터 0.6m 미만의 거리에 있는 것에 한한다.)의 면적의 합계(단위 : m^2)
> A : 방호공간 전체둘레의 면적(단위 : m^2)

③ 이동식 불활성가스소화설비는 하나의 노즐마다 90kg 이상의 양으로 할 것★★

3) 전역방출방식 또는 국소방출방식의 불활성가스 소화설비의 설치기준

① 방호구역의 환기설비 또는 배출설비는 소화약제 방사 전에 정지할 수 있는 구조로 할 것

② 전역방출방식의 불활성가스 소화설비를 설치한 방화대상물 또는 그 부분의 개구부는 다음에 정한 것에 의할 것

③ 이산화탄소를 방사하는 것은 다음에 의할 것

• 층고의 $\frac{2}{3}$ 이하의 높이에 있는 개구부로서 방사한 소화약제의 유실의 우려가 있는 것에는 소화약제 방사전에 폐쇄할 수 있는 자동폐쇄장치를 설치할 것

• 자동폐쇄장치를 설치하지 아니한 개구부 면적의 합계수치는 방호대상물의 전체둘레의 면적(방호구역의 벽, 바닥 및 천정 또는 지붕면적의 합계)의 수치의 1% 이하일 것

④ IG-100, IG-55 또는 IG-541을 방사하는 것은 모든 개구부에 소화약제 방사 전에 폐쇄할 수 있는 자동폐쇄장치를 설치할 것

4) 배관의 설치기준

① 전용으로 할 것

② 이산화탄소

 • 강관의 배관은 고압식인 것은 스케줄 80 이상, 저압식인 것은 스케줄40 이상의 것을 사용할 것

 • 동관의 배관은 고압식인 것은 16.5MPa 이상, 저압식은 것은 3.75MPa 이상의 압력에 견딜 수 있는 것을 사용할 것

③ 불활성가스(IG-100, IG-55, IG-541)

 • 강관의 배관은 스케줄40 이상의 것 또는 이와 동등 이상의 강도를 갖는 것으로서 아연도금 등에 의한 방식처리를 한 것을 사용할 것

 • 동관의 배관은 16.5MPa 이상의 압력에 견딜 수 있는 것을 사용할 것

④ 관이음쇠는 고압식인 것은 16.5MPa 이상, 저압식인 것은 3.75MPa 이상의 압력에 견딜 수 있는 것으로서 적절한 방식처리를 한 것을 사용할 것

⑤ 낙차(배관의 가장 낮은 위치로부터 가장 높은 위치까지의 수직거리)는 50m 이하일 것

⑥ 고압식저장용기에는 용기밸브를 설치할 것

5) 저압식저장용기(CO_2 용기)의 설치기준★★★★

① 저압식저장용기에는 액면계 및 압력계를 설치할 것

② 저압식저장용기에는 2.3MPa 이상의 압력 및 1.9MPa 이하의 압력에서 작동하는 압력경보장치를 설치할 것

③ 저압식저장용기에는 용기내부의 온도를 −20℃ 이상 −18℃ 이하로 유지할 수 있는 자동냉동기를 설치할 것

④ 저압식저장용기에는 파괴판과 방출밸브를 설치할 것

6) 저장용기와 선택밸브 또는 개폐밸브 사이에는 안전장치 또는 파괴판을 설치할 것

7) 기동용가스용기

① 기동용가스용기는 25MPa 이상의 압력에 견딜 수 있는 것일 것

② 내용적은 1*l* 이상, 이산화탄소의 양은 0.6kg 이상, 충전비는 1.5 이상일 것

③ 기동용가스용기에는 안전장치 및 용기밸브를 설치할 것

8) 기동장치

① 이산화탄소를 방사하는 것의 기동장치는 수동식으로 하고(다만, 상주인이 없는 대상물 등 수동식에 의하는 것이 적당하지 아니한 경우에는 자동식으로 할 수 있다), IG-100, IG-55 또는 IG-541을 방사하는 것의 기동장치는 자동식으로 할 것

② 수동식의 기동장치의 설치기준

 • 기동장치는 당해 방호구역 밖에 설치하되 당해 방호구역 안을 볼 수 있고 조작을 한 자가 쉽

게 대피할 수 있는 장소에 설치할 것
- 기동장치는 하나의 방호구역 또는 방호대상물마다 설치할 것
- 기동장치의 조작부는 바닥으로부터 0.8m 이상 1.5m 이하의 높이에 설치할 것
- 기동장치에는 직근의 보기 쉬운 장소에 '불활성가스소화설비의 수동식 기동장치임을 알리는 표시를 할 것'이라고 표시할 것
- 기동장치의 외면은 적색으로 할 것
- 전기를 사용하는 기동장치에는 전원표시등을 설치할 것
- 기동장치의 방출용스위치 등은 음향경보장치가 기동되기 전에는 조작될 수 없도록 하고 기동장치에 유리 등에 의하여 유효한 방호조치를 할 것
- 기동장치 또는 직근의 장소에 방호구역의 명칭, 취급방법, 안전상의 주의사항 등을 표시할 것

③ 자동식의 기동장치의 설치기준
- 기동장치는 자동화재탐지설비의 감지기의 작동과 연동하여 기동될 수 있도록 할 것
- 기동장치에는 다음에 정한 것에 의하여 자동수동전환장치를 설치할 것
  - 쉽게 조작할 수 있는 장소에 설치할 것
  - 자동 및 수동을 표시하는 표시등을 설치할 것
  - 자동수동의 전환은 열쇠 등에 의하는 구조로 할 것
- 자동수동전환장치 또는 직근의 장소에 취급방법을 표시할 것

9) 음향경보장치
① 수동 또는 자동에 의하여 기동장치의 조작 작동과 연동하여 자동으로 경보를 발하도록 하고 소화약제 방사 전에 차단되지 않도록 할 것
② 음향경보장치는 방호구역 또는 방호대상물에 있는 모든 사람에게 소화약제가 방사된다는 사실을 유효하게 알릴 수 있도록 할 것
③ 전역방출방식인 것에 설치하는 음향경보장치는 음성에 의한 경보장치로 할 것

10) 전역방출방식인 것에는 다음에 정하는 안전조치를 할 것
① 기동장치의 방출용스위치 등의 작동으로부터 저장용기의 용기밸브 또는 방출밸브의 개방까지의 시간이 20초 이상 되도록 지연장치를 설치할 것
② 수동기동장치에는 위 항의 정한 시간내에 소화약제가 방출되지 않도록 조치를 할 것
③ 방호구역의 출입구 등 보기 쉬운 장소에 소화약제가 방출된다는 사실을 알리는 표시등을 설치할 것

11) 비상전원은 자가발전설비 또는 축전지설비에 의하고 그 용량은 당해 설비를 유효하게 1시간 작동할 수 있는 용량 이상으로 할 것

12) 불활성가스 소화설비에 사용하는 소화약제는 이산화탄소, IG-100, IG-55 또는 IG-541로 하되, 국소방출방식의 불활성가스 소화설비에 사용하는 소화약제는 이산화탄소로 할 것

13) 전역방출방식의 불활성가스 소화설비에 사용하는 소화약제는 다음 표에 의할 것

제조소등의 구분		소화약제 종류
제4류 위험물을 저장 또는 취급하는 제조소등	방호구획의 체적이 1,000m³ 이상의 것	이산화탄소
	방호구획의 체적이 1,000m³ 미만의 것	이산화탄소, IG-100, IG-55, IG-541
제4류 외의 위험물을 저장 또는 취급하는 제조소등		이산화탄소

14) 전역방출방식의 불활성가스 소화설비 중 IG-100, IG-55 또는 IG-541을 방사하는 것은 방호구역내의 압력상승을 방지하는 조치를 강구할 것

15) 이동식 불활성가스 소화설비 기준★★★

① 노즐은 온도 20℃에서 하나의 노즐마다 90kg/min 이상의 소화약제를 방사할 수 있을 것

② 저장용기의 용기밸브 또는 방출밸브는 호스의 설치장소에서 수동으로 개폐할 수 있을 것

③ 저정용기는 호스를 설치하는 장소마다 설치할 것

④ 저장용기의 직근의 보기 쉬운 장소에 적색등을 설치하고 이동식 불활성가스 소화설비임을 알리는 표시를 할 것

⑤ 화재시 연기가 현저하게 충만할 우려가 있는 장소 외의 장소에 설치할 것

⑥ 이동식 불활성가스 소화설비에 사용하는 소화약제는 이산화탄소로 할 것

(9) 할로겐화합물 소화설비

불연성가스인 할로겐화합물 소화약제를 사용하여 화재발생시 할로겐원자에 의하여 연소반응의 억제작용으로 냉각·희석작용 및 연쇄반응을 억제하는 고정소화설비이다.

1) 설치기준

① 전역 및 국소방출방식 분사헤드의 방사압력 및 방사시간

구분	소화약제	방사압력	방사시간
할로겐화합물	할론 2402	0.1 MPa 이상	30초 이내
	할론 1211	0.2 MPa 이상	
	할론 1301	0.9 MPa 이상	
할로겐화합물 (청정소화약제)	HFC-227ea	0.3 MPa 이상	10초 이내
	HFC-23	0.9 MPa 이상	
	HFC-125	0.9 MPa 이상	

※ 할론 2402를 방사하는 분사헤드는 당해 소화약제를 무상(霧狀)으로 방사하는 것일 것

② 국소방출 방식 분사헤드의 설치기준

• 분사헤드는 방호대상물의 모든 표면이 분사헤드의 유효사정 내에 있도록 설치할 것

• 소화약제의 방사에 의하여 위험물이 비산되지 않는 장소에 설치할 것

※ 소화약제 방사시간은 ①항의 전역방출방식과 동일하다.

2) 전역방출방식의 소화약제의 양

① 자동폐쇄장치를 설치한 경우

$$할론저장량(kg) = 방호구역의\ 체적(m^3) \times 약제량(kg/m^3) \times 계수$$

② 자동폐쇄장치를 설치하지 않은 경우

$$할론저장량(kg) = 방호구역의\ 체적(m^3) \times 약제량(kg/m^3) \times 개구부면적(m^2)$$
$$\times\ 가산량(kg/m^2) \times 계수$$

소화약제	소화약제량(kg/m³)	가산량(자동폐쇄장치 미설치시)(kg/m²)
할론 2402	0.4	3.0
할론 1211	0.36	2.7
할론 1301	0.32	2.4

③ 청정소화약제의 양(HFC-23, HFC-125, HFC-227ea)

$$청정소화약제저장량(kg) = 방호구역의\ 체적(m^3) \times 약제량(kg/m^3) \times 계수$$

소화약제	방호구역의 체적 1m³당 소화약제의 양(단위 : kg)
HFC-23 HFC-125	0.52
HFC-227ea	0.55

3) 국소방출방식의 소화약제의 양

① 면적식의 국소방출방식 : 액체 위험물을 상부를 개방한 용기에 저장하는 경우 등 화재시 연소면이 한면에 한정되고 위험물이 비산할 우려가 없는 경우

• 할론 2402의 경우

$$약제저장량(kg) = 방호대상물의\ 표면적(m^2) \times 8.8(kg/m^2) \times 1.1 \times 계수$$

• 할론 1211의 경우

$$약제저장량(kg) = 방호대상물의\ 표면적(m^2) \times 7.6(kg/m^2) \times 1.1 \times 계수$$

• 할론 1301의 경우

$$약제저장량(kg) = 방호대상물의\ 표면적(m^2) \times 6.8(kg/m^2) \times 1.25 \times 계수$$

② 용적식의 국소방출방식 : ①항 이외의 경우에는 다음 식에 의하여 구해진 양에 방호공간의 체적을 곱한 양

$$Q = X - Y\frac{a}{A}$$

여기서,
Q : 단위체적당 소화약제의 양 (단위 : kg/m³)
a : 방호대상물 주위에 실제로 설치된 고정벽의 면적의 합계 (단위 : m²)
A : 방호공간 전체둘레의 면적 (단위 : m²)
X 및 Y : 다음 표에 정한 소화약제의 종류에 따른 수치

소화약제의 종별	X의 수치	Y의 수치
할론 2402	5.2	3.9
할론 1211	4.4	3.3
할론 1301	4.0	3.0

※ 방호공간이란 방호대상물의 각 부분으로부터 0.6m의 거리에 따라 둘러싸인 공간을 말한다.

- 할론 2402, 할론 1211의 경우

> 약제저장량(kg)＝방호공간의 체적(m³)×약제량(Q : kg/m³)×1.1×계수

- 할론 1301의 경우

> 약제저장량(kg)＝방호공간의 체적(m³)×약제량(Q : kg/m³)×1.25×계수

4) 이동식할로겐화물 소화설비의 노즐당 방사량

소화약제의 종별	소화약제의 양 (단위 : kg)
할론 2402	50
할론 1211 또는 할론 1301	45

5) 전역방출방식 또는 국소방출방식의 할로겐화물 소화설비 기준

① 할로겐화물 소화설비에 사용하는 소화약제는 할론 2402, 할론 1211, 할론 1301, HFC-23, HFC-125 또는 HFC-227ea로 할 것

② 할로겐화물 소화약제의 충전비 : 저장용기의 내용적(l)/소화약제의 중량(l/kg)

약제	할론 2402		할론 1211	할론 1301 HFC-227ea	HFC-23 HFC-125
	가압식	축압식			
충전비	0.51~0.67 미만	0.67~2.75 이하	0.7~1.4 이하	0.9~1.6 이하	1.2~1.5 이하

6) 저장용기

① 가압식저장용기등에는 방출밸브를 설치할 것

② 용기 표시사항 : 충전소화약제량, 소화약제의 종류, 최고사용압력(가압식), 제조년도, 제조자명

7) 축압식저장용기등은 온도 21℃에서 질소(N_2)가스로 가압할 것

구분	할론 1301, HFC-227ea	할론 1211
저압식	2.5(MPa)	1.1(MPa)
고압식	4.2(MPa)	2.5(MPa)

8) 가압용가스용기는 질소가스가 충전되어 있고, 안전장치 및 용기밸브를 설치할 것

9) 저장용기(축압식의 것으로서 내부압력이 1.0MPa 이상인 것)에는 용기밸브를 설치할 것

10) 가압식의 것에는 2.0MPa 이하의 압력으로 조정할 수 있는 압력조정장치를 설치할 것

(10) 분말소화설비

저장탱크에 분말소화약제를 저장하여 불연성가스인 질소나 탄산가스 압력으로 배관 및 설비를 통하여 화재발생시 소화분말을 분출시켜 방호대상물을 질식, 냉각, 연쇄반응의 차단 등으로 소화시키는 설비로서 유류 및 전기화재에 적합하다.

1) 분사헤드 설치기준

① 전역방출방식

- 방사된 소화약제가 방호구역의 전역에 균일하고 신속하게 확산할 수 있도록 설치할 것
- 분사헤드의 방사압력은 0.1MPa 이상일 것
- 소화약제의 양을 30초 이내에 균일하게 방사할 것

② 국소방출방식

- 분사헤드는 방호대상물의 모든 표면이 분사헤드의 유효사정 내에 있도록 설치할 것
- 소화약제의 방사에 의하여 위험물이 비산되지 않는 장소에 설치할 것
- 소화약제의 양을 30초 이내에 균일하게 방사할 것

2) 분말소화약제 저장량

① 전역방출방식

$$약제저장량(kg) = [방호구역체적(m^3) \times 약제량(kg/m^3) \times 계수 + 개구부면적(m^2) \times 가산량(kg/m^2)] \times 계수$$

※ 보정계수 : 별표2참고

소화약제의 종별	약제의 양(kg/m³)	가산량(kg/m²)
제1종 분말[주성분 : 탄산수소나트륨]	0.6	4.5
제2종 분말[주성분 : 탄산수소칼륨] 제3종 분말[주성분 : 인산염류(인산암모늄을 90% 이상 함유)]	0.36	2.7
제4종 분말[탄산수소칼륨과 요소의 반응생성물]	0.24	1.8
제5종 분말[특정위험물에 적응성이 있는 것으로 인정된 것]	소화약제에 따라 필요한 양	

② 국소방출방식

• 면적식 : 액체 위험물을 상부를 개방한 용기에 저장하는 경우 등 화재시 연소면이 한면에 한 정되고 위험물이 비산할 우려가 없는 경우에는 다음 표에 정한 비율로 계산한 양

소화제의 종별	방호대상물의 표면적 1m² 당 소화약제의 양 (단위 : kg)
제1종 분말	8.8
제2종 또는 제3종 분말	5.2
제4종 분말	3.6
제5종 분말	소화약제에 따라 필요한 양

– 제1종 분말

약제저장량(kg)＝방호대상물의 표면적(m²)×약제량(8.8kg/m²)×1.1×계수

– 제2종 및 제3종 분말

약제저장량(kg)＝방호대상물의 표면적(m²)×약제량(5.2kg/m²)×1.1×계수

– 제4종 분말

약제저장량(kg)＝방호대상물의 표면적(m²)×약제량(3.6kg/m²)×1.1×계수

• 용적식 : 면적식 이외의 경우

약제저장량(kg)＝방호공간의 체적(m³)×약제량(Q : kg/m³)×1.1×계수

$$Q = X - Y\frac{a}{A}$$

여기서,
여기서, Q : 단위체적당 소화약제의 양 (단위 : kg/m³)
a : 방호대상물 주위에 실제로 설치된 고정벽의 면적의 합계 (단위 : m²)
A : 방호공간 전체둘레의 면적 (단위 : m²)
X 및 Y : 다음 표에 정한 소화약제의 종류에 따른 수치

소화약제의 종별	X의 수치	Y의 수치
제1종 분말	5.2	3.9
제2종 또는 제3종 분말	3.2	2.4
제4종 분말	2.0	1.5
제5종 분말	소화약제에 따라 필요한 양	

3) 이동식분말소화설비는 하나의 노즐마다 다음 표에 정한 소화약제의 종류에 따른 양 이상으로 할 것

소화약제의 종별	전체 소화약제의 양(kg)	방사량(kg/min)
제1종분말	50	45
제1종분말 또는 제3종분말	30	27
제4종분말	20	18
제5종분말	소화약제에 따라 필요한 양	—

4) 저장용기등의 충전비

소화약제의 종별	충전비의 범위
제1종분말	0.85 이상 1.45 이하
제1종분말 또는 제3종분말	1.02 이상 1.75 이하
제4종분말	1.50 이상 2.50 이하

5) 가압용 가스용기에는 안전장치 및 용기밸브를 설치할 것

6) 가압용 또는 축압용 가스의 기준

① 가압용 또는 축압용 가스는 질소 또는 이산화탄소로 할 것

② 가압용 가스로 질소를 사용하는 것은 소화약제 1kg당 온도 35℃에서 0MPa의 상태로 환산한 체적 40l 이상, 이산화탄소를 사용하는 것은 소화약제 1kg당 20g에 배관의 청소에 필요한 양을 더한 양 이상일 것

③ 축압용 가스로 질소가스를 사용하는 것은 소화약제 1kg당 온도 35℃에서 0MPa의 상태로 환산한 체적 10l에 배관의 청소에 필요한 양을 더한 양 이상, 이산화탄소를 사용하는 것은 소화약제 1k당 20g에 배관의 청소에 필요한 양을 더한 양 이상일 것

④ 클리닝에 필요한 양의 가스는 별도의 용기에 저장할 것

7) 배관기준

① 전용으로 할 것

② 강관의 배관은 아연도금 등에 의하여 방식처리를 한 것 또는 이와 동등 이상의 강도 및 내식성을 갖는 것을 사용할 것

③ 동관의 배관은 강도 및 내식성을 갖는 것으로 조정압력 또는 최고사용압력의 1.5배 이상의 압력에 견딜 수 있는 것을 사용할 것

④ 저장용기등으로부터 배관의 굴곡부까지의 거리는 관경의 20배 이상 되도록 할 것. 다만, 소화약제와 가압용 축압용가스가 분리되지 않도록 조치를 한 경우에는 그리하지 아니하다.

⑤ 낙차는 50m 이상일 것

8) 가압식의 분말소화설비에는 2.5MPa 이하의 압력으로 조절할 수 있는 압력조정기를 설치할 것

9) 가압식의 분말소화설비에 정압작동장치 설치기준

① 기동장치의 작동후 저장용기등의 압력이 설정압력이 되었을 때 방출밸브를 개방시키는 것일 것

② 정압작동장치는 저장용기등마다 설치할 것

10) 저장용기등과 선택밸브등 사이에는 안전장치 또는 파괴판을 설치할 것

11) 기동용가스용기

① 내용적 : 0.27l 이상

② 저장 가스(CO_2)의 양 : 145g 이상

③ 충전비 : 1.5 이상

2. 경보설비

화재발생 사실을 신속 정확하게 감지하여 다수인에게 통보하는 기계 기구 또는 설비를 말하며, 자동화재탐지설비, 자동화재속보설비, 비상경보설비, 비상방송설비, 누전경보설비, 가스누설경보설비, 시각경보기, 단독경보형감지기, 통합감시시설 등이 있다.

(1) 자동화재탐지설비

건물내에서 발생한 화재초기단계에서 발생하는 열 또는 연기나 불꽃 등을 자동으로 감지하여 관계자에게 벨, 사이렌 등의 음향으로 화재발생을 알리는 설비로서 화재의 조기발견, 통보, 소화, 피난 등을 신속하게 할 수 있도록 알리기 위한 설비이다.

수신기, 감지기, 발신기, 음향장치, 표시 등, 전원, 배선, 시각경보기, 중계기 등으로 구성되어 있다.

1) 수신기 : 감지기 또는 발신기로부터 발하여진 신호를 직접 또는 중계기를 거쳐 공통의 신호로 수신하여 화재발생시 당해 건물 관계자에게 표시 및 음향장치로 알려주는 것

① P형 수신기 : 일반적으로 가장 많이 사용한다.

  • 1급 수신기 : 각 회로별 경계구역을 표시하는 지구표시등이 각경계구역마다 1조의 배선으로 되어 있다.

  • 2급수신기 : 경계구역 5 이하의 소규모의 소방대상물에 사용된다.

② R형 수신기 : 고유의 신호를 수신하는 것으로 숫자 등의 기록장치에 의해 표시되며 회선수가 매우 많은 다수동이나 초고층빌딩 등에 사용한다.

③ 수신기의 조작 스위치의 높이 : 0.8m 이상 1.5m 이하

2) 감지기 : 화재 발생시 열, 연기 또는 불꽃 등을 감지하여 화재신호를 자동적으로 수신기에 전달하는 역할을 한다.

① 감지기의 종류

② 감지기의 작동원리
- 차동식 스포트형 : 화재발생시 온도 상승 → 감열실내의 공기팽창 → 다이어프램 압박 → 접점이 붙어서 수신기로 화재신호전송(거실, 사무실 등)
- 정온식 스포트형 : 화재발생시 감열판에 열전달 → 바이메탈이 휘어져 기동접점으로 이동 → 접점이 붙어서 수신기로 화재신호 전송(보일러실, 주방 등)
- 보상식 스포트형 감지기 : 차동식 스포트형과 정온식 스포트형 성능을 겸함
- 연기감지기(계단, 복도 등)
  - 이온식 스포트형 : 주위의 공기 농도가 일정한 농도 이상의 연기를 포함할 경우 작동하는 것으로서 일국소의 연기에 의하여 이온전류가 변화 작동하는 것
  - 광전관식 스포트형 : 미립자의 연기가 광원에서 방사되는 광속에 의해 산란반사를 일으켜 광전소자에 접하는 광량의 변화로 작동하는 것
③ 불꽃(화염)감지기는 자외선감지기와 적외선감지기기 있다.

(2) 자동화재 속보설비
화재발생시 자동화재 탐지설비와 연동으로 작동하여 자동적으로 상황을 119번의 소방관서에 통보해주는 설비를 말한다.

〈자동화재 속보설비의 기능〉

① 자동화재탐지설비로부터 작동신호를 수신 또는 구동으로 동작시켜 20초 이내에 소방관서에 자동적으로 3회 이상 신호를 발하여 통보할 것

② 자동화재 탐지설비로부터 화재신호를 수신하거나 속보기를 수동으로 동작시키는 경우 자동적으로 적색화재표시등이 점등되고 음향장치로 화재를 경보하여야 하며 화재표시 및 경보는 수동으로 복구 및 정지시키지 않는 한 계속 지속될 것

③ 예비전원은 감시상태를 60분간 지속한 후, 10분 이상 동작이 지속될 수 있는 용량으로 할 것

(3) 비상경보설비 및 비상방송설비

화재발생시 소상대상물내의 관계자에게 음향 및 음성에 의해 정확한 통보유도를 하기 위한 설비로 소방활동 및 피난유도등을 원활하게 하기 위한 목적으로 설치된 설비이다.

1) 비상경보설비 : 비상벨설비, 자동식사이렌설비

2) 비상방송설비(확성기 등)

3) 확성기의 설치기준★★

① 음성입력은 실외 또는 일반적인 장소 3W 이상(실내 : 1W 이상)

② 각층마다 설치하되 하나의 스피커까지의 수평거리는 25m 이하

③ 음향조정기의 배선은 3선식으로 할 것

④ 조작스위치의 높이는 바닥으로부터 0.8m~1.5m 이하

(4) 누전경보설비

내화구조가 아닌 건축물로서 벽, 바닥 또는 천장의 전부나 일부를 불연재료 또는 준불연재료가 아닌 재료에 철망을 넣어 만든 건물의 전기설비로부터 누전전류를 탐지하여 자동으로 경보를 발할 수 있도록 설치한 설비이다.

1) 1급 누전경보기 : 경계전로의 정격전류가 60A를 초과할 경우

2) 1급 또는 2급 누전경보기 : 정격전류가 60A 이하인 경우에 설치

(5) 기타

가스누설 경보설비(가스화재경보기), 시각경보기, 단독경보형감지기 등이 있다.

3. 피난설비

화재 등의 재해가 발생할 경우 안전한 장소에 피난 및 대피를 위해 사용되는 기계·기구 또는 설비를 말한다. 피난기구, 인명구조기구, 유도등 및 유도표시, 비상조명 및 휴대용 비상조명 등이 있다.

(1) 피난기구

1) 피난기구의 종류

① '피난사다리'라 함은 화재시 긴급대피를 위해 사용하는 사다리를 말한다.

② '완강기'라 함은 사용자의 몸무게에 따라 자동적으로 내려올 수 있는 기구 중 사용자가 교대하여 연속적으로 사용할 수 있는 것을 말한다.

> 완강기의 구성 : 조속기, 조속기의 연결부, 로프, 연결금속구, 벨트

③ '간이완강기'라 함은 사용자의 몸무게에 따라 자동적으로 내려올 수 있는 기구 중 사용자가 연속적으로 사용할 수 없는 것을 말한다. (1회용임)

'구조대'라 함은 포지 등을 사용하여 자루형태로 만든 것으로서 화재시 사용자가 그 내부에 들어가서 내려옴으로써 대피할 수 있는 것을 말한다.

④ '공기안전매트'라 함은 화재 발생시 사람이 건축물 내에서 외부로 긴급히 뛰어내릴 때 충격을 흡수하여 안전하게 지상에 도달할 수 있도록 포지에 공기 등을 주입하는 구조로 되어 있은 것을 말한다.

⑤ '피난밧줄'이라 함은 급격한 하강을 방지하기 위해 매듭 등을 만들어 놓은 밧줄을 말한다.

⑥ '다수인 피난장비'라 함은 화재시 2인 이상의 피난자가 동시에 해당층에서 지상 또는 피난층으로 하강하는 피난기구를 말한다.

⑦ '승강식 피난기'라 함은 사용자의 몸무게에 의하여 자동으로 하강하고 내려서면 스스로 상승하여 연속적으로 사용할 수 있는 무동력 승강식피난기를 말한다.

⑧ '하향식 피난구용 내림식사다리'라 함은 하향식 피난구 해치에 격납하여 보관하고 사용시에는 사다리 등이 소방대상물과 접촉되지 아니하는 내림식 사다리를 말한다.

2) 피난기구의 완강기 및 간이완강기 설치기준

① 층마다 설치하되, 숙박시설·노유자시설 및 의료시설로 사용되는 층에 있어서는 그 층의 바닥면적 500m²마다, 위락시설·문화집회 등 운동시설·판매시설로 사용되는 층 또는 복합용도의 층에 있어서는 그 층의 바닥면적 800m²마다, 계단실형 아파트에 있어서는 각 세대마다, 그 밖의 용도의 층에 있어서는 그 층의 바닥면적 1,000m²마다 1개 이상 설치할 것

② ①항의 규정에 따라 설치한 피난기구 외에 숙박시설(휴양콘도미니엄을 제외한다)의 경우에는 추가로 객실마다 완강기 또는 둘 이상의 간이완강기를 설치할 것

③ 피난기구를 설치한 장소에는 가까운 곳의 보기 쉬운 곳에 피난기구의 위치를 표시하는 발광식 또는 축광식 표지와 그 사용방법을 표시한 표지를 부착할 것

[소방대상물의 설치장소별 피난기구의 적응성]

설치장소별 구분 / 층별	노유자 시설	의료시설, 근린생활시설중 입원실이 있는 의원, 접골원, 조산원	다중 이용업소의 영업장의 위치가 4층 이하	그 밖의 것
지하층	• 피난용 트랩	• 피난용 트랩	−	• 피난사다리 • 피난용 트랩
1층	• 미끄럼대 • 구조대 • 피난교 • 다수인 피난장비 • 승각식 피난기	−	−	−
2층	• 미끄럼대 • 구조대 • 피난교 • 다수인 피난장비 • 승강식 피난기	−	• 미끄럼대 • 피난사다리 • 구조대 • 완강기 • 다수인 피난장비 • 승강식 피난기	−
3층	• 미끄럼대 • 구조대 • 피난교 • 다수인 피난장비 • 승강식 피난기	• 미끄럼대 • 구조대 • 피난교 • 피난용트랩 • 다수인 피난장비 • 승강식피난기	• 미끄럼대 • 피난사다리 • 구조대 • 완강기 • 다수인 피난장비 • 승강식 피난기	• 미끄럼대 • 피난사다리 • 구조대 • 완강기 • 피난교 • 피난용트랩 • 간이완강기 • 공기 안전매트 • 다수인 피난장비 • 승강식 피난기
4층 이상 10층 이하	• 피난교 • 다수인 피난장비 • 승강식 피난기	• 구조대 • 피난교 • 피난용트랩 • 다수인 피난장비 • 승강식 피난기	• 미끄럼대 • 피난사다리 • 구조대 • 완강기 • 다수인 피난장비 • 승강식 피난기	• 피난사다리 • 구조대 • 완강기 • 피난교 • 간이 완강기 • 공기 안전매트 • 다수인 피난장비 • 승강식 피난기

※ 비고 : 간이완강기의 적응성은 숙박시설의 3층 이상에 있는 객실에, 공기안전매트의 적응성은 공동주택(공동주택 관리법 시행령 제2조규정)에 한한다.

(2) 인명구조기구

① '방열복'이라 함은 고온의 복사열에 가까이 접근하여 소방활동을 수행할 수 있는 내열피복을 말한다.

② '공기호흡기'라 함은 소화활동 시에 화재로 인하여 발생하는 각종 유독가스 중에서 일정시간 사용할 수 있도록 제조된 압축공기식 개인호흡장비(보조마스크를 포함)를 말한다.

③ '인공소생기'라 함은 호흡 부전 상태인 사람에게 인공호흡을 시켜 환자를 보호하거나 구급하는 기구를 말한다.

※ 비고 : 방열복·공기호흡기(보조마스크를 포함) 및 인공소생기를 각 2개 이상 비치할 것

(3) 유도등 및 유도표시

화재발생시 안전한 대피 장소를 유도하기 위해 설치하는 방향표시의 피난설비를 말한다.

1) 모든 소방대상물의 설치대상 : 피난구 유도등, 통로유도등, 유도표지등이 있다.

2) 객실유도등 설치대상 : 무도장, 유흥장, 음식점, 관람집회 및 운동시설 등이 있다.

3) 전원

① 정상상태 : 상용전원으로 점등

② 정전시 : 비상전원으로 자동전환되어 20분 이상 작동할 수 있는 구조일 것

(단, 지하상가 및 11층 이상의 소방대상물은 60분 이상)

4) 종류

① '유도등'이라 함은 화재 시에 피난을 유도하기 위한 등으로서 정상상태에서는 상용전원에 따라 켜지고 상용전원이 정전되는 경우에는 비상전원으로 자동전환되어 켜지는 등을 말한다.

② '피난구유도등'이라 함은 피난구 또는 피난경로로 사용되는 출입구를 표시하여 피난을 유도하는 등을 말한다.

③ '통로유도등'이라 함은 피난통로를 안내하기 위한 유도등으로 복도통로유도등, 거실통로유도등, 계단통로유도 등을 말한다.

④ '복도통로유도등'이라 함은 피난통로가 되는 복도에 설치하는 통로유도등으로서 피난구의 방향을 명시하는 것을 말한다.

⑤ '거실통로유도등'이라 함은 거주, 집무, 작업, 집회, 오락 그밖에 이와 유사한 목적을 위하여 계속적으로 사용하는 거실, 주차장 등 개방된 통로에 설치하는 유도등으로 피난의 방향을 명시하는 것을 말한다.

⑥ '계단통로유도등'이라 함은 피난통로가 되는 계단이나 경사로에 설치하는 통로유도등으로 바닥면 및 디딤 바닥면을 비추는 것을 말한다.

⑦ '객석유도등'이라 함은 객석의 통로, 바닥 또는 벽에 설치하는 유도등을 말한다.

⑧ '피난구유도표지'라 함은 피난구 또는 피난경로로 사용되는 출입구를 표시하여 피난을 유도하는 표지를 말한다.

⑨ '통로유도표지'라 함은 피난통로가 되는 복도, 계단 등에 설치하는 것으로서 피난구의 방향을 표시하는 유도표지를 말한다.

⑩ '피난유도선'이라 함은 햇빛이나 전등불에 따라 축광(이하 '축광방식'이라 한다)하거나 정류에

따라 빛을 발하는(이하 '광원점등방식'이라 한다) 유도체로서 어두운 상태에서 피난을 유도할 수 있도록 띠 형태로 설치되는 피난유도시설을 말한다.

5) 통로유도등 설치기준

① 복도유도등 : 복도에 설치하며, 구부러진 모퉁이 및 보행거리 20m마다 설치할 것. 또한 설치 높이는 바닥으로부터 1m 이하에 설치한다.

② 바닥에 설치하는 통로 유도등 : 하중에 따라 파괴되지 아니하는 강도의 것일 것

③ 거실통로유도동 : 거실, 주차장 등의 통로에 설치하고 단, 거실통로가 벽체 등으로 구획된 경우에는 복도통로유도등을 설치한다. 또한 구부러진 모퉁이 및 보행거리 20m마다 설치하며 설치 높이는 바닥으로부터 1.5m 이상 위치에 설치한다. (단, 거실통로에 기둥이 설치된 경우 1.5m 이하로 할 수 있다.)

④ 계단통로유도등 : 각층의 경사로 참 또는 계단참마다(1개층에 경사로 참 또는 계단참이 2개 이상 있는 경우 2개의 계단참마다) 설치하여야 하며 높이는 바닥으로부터 1m 이하에 설치할 것

6) 객석유도등 : 객석의 통로 바닥 또는 벽에 설치한다.

$$설치개수 = \frac{객석통로의\ 직선부분의\ 길이(m)}{4} - 1$$

※ 소수점 이하의 수는 1로 본다

7) 유도표지 설치기준

① 계단에 설치하는 것을 제외하고는 각층마다 복도 및 통로의 각 부분으로부터 하나의 유도표지까지의 보행거리가 15m 이하가 되는 곳과 구부러진 모퉁이의 벽에 설치할 것

② 피난구유도표지는 출입구 상단에 설치하고, 통로유도표지는 바닥으로부터 높이 1m 이하의 위치에 설치할 것

③ 주위에서 이와 유사한 등화·광고물·게시물 등을 설치하지 아니할 것

④ 유도표지는 부착판 등을 사용하여 쉽게 떨어지지 아니하도록 설치할 것

⑤ 축광방식의 유도표지는 외광 또는 조명장치에 의하여 상시 조명이 제공되거나 비상조명등에 의한 조명이 제공되도록 설치할 것

8) 표시면의 표시

구분	바탕색	문자색	기타 표시사항
피난구유도등	녹색	백색	비상구, 비상계단, 계단에 표시하며 'EXIT' 또는 '화살표'로 병기함
통로유도등	백색	녹색	주체는 화살표로 표시하며 비상구, 비상계단 등은 '글씨' 및 'EXIT'로 병기함

4. 소화용수설비

대규모 건축물 등의 화재시 소방대(자동차)가 화재를 진압하는 데 필요한 전용 수원을 별도로 만들어 유사시 소화용수를 원활하게 사용할 수 있도록 만든 설비를 말한다.
① 상수도 소화용수설비
② 소화수조 및 저수조 설비

5. 소화활동설비

건축물에 미리 설치하여 소방관들이 화재진압 및 인명구조활동을 원활하게 할 수 있도록 지원해 주는 보조설비를 말한다. 제연설비, 연결송수관설비, 연결살수설비, 비상콘센트설비, 무선통신 보조설비, 연소방지설비 등이 있다.

(1) 제연설비

화재발생시 실내공간에서 발생되는 연기 등의 유독가스를 급기와 배기를 하여 복도와 거실 등에 침입을 방지시켜 피난을 안전하게 시키고 소화활동을 원활하게 하기 위한 설비이다.

> **참고**
> ❶ 배출 풍도 ─ 흡입측 풍속 : 15m/sec 이하
>   └ 배출측 풍속 : 20m/sec 이하
> ❷ 공기유입구 ─ 유입 풍도 안의 풍속 : 20m/sec 이하
>   └ 유입구의 크기 : 35cm² 이상(1m³/min에 대한 크기)

제연방식 ─ 자연 제연방식
        ├ 기계 제연방식 ─── 제1종 기계 제연방식(송풍기＋배연기)
        │   ├ 제2종 기계 제연방식(송풍기)
        │   └ 제3종 기계 제연방식(배연기)
        ├ 스모크타워 제연방식
        └ 밀폐 제연방식

1) **자연 제연방식** : 화재발생시 온도상승으로 발생되는 열기류의 부력 또는 외부의 공기의 흡출 효과에 의해 창문 또는 전용배연구를 통하여 자연적으로 연기를 옥외로 배출하는 방식

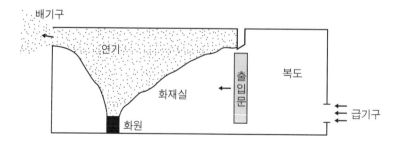

2) 기계 제연방식(강제 제연방식)

① 제1종 기계제연방식 : 화재실에 배연기(배풍기)의 배기와 복도나 계단실에서 송풍기의 급기
를 동시에 행하는 방식으로 장치가 복잡하다.

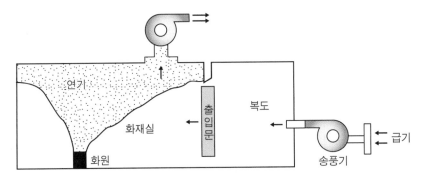

② 제2종 기계 제연방식 : 피난 통로인 복도, 계단, 거실 등에 외부공기를 송풍기로 불어 넣어 급
기하고 피난통로의 압력을 화재지역보다 상대적으로 높여 연기의 침입을 방지하는 방식으로
역류할 위험이 있어 잘 사용하지 않는다.

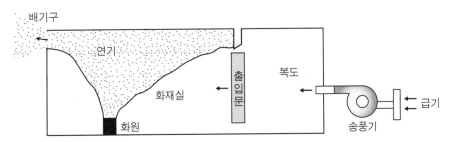

③ 제3종 기계 제연방식 : 화재발생시 발생한 연기를 발생한 곳의 상부에 배연기(배풍기)를 설치
하여 연기를 흡입해서 옥외로 배출하는 방식으로 가장 많이 사용한다.

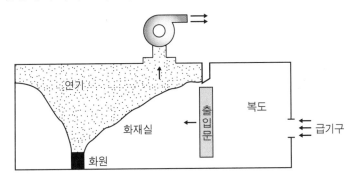

3) 스모크타워(Smoke tower) 제연방식 : 전용 제연 샤프트를 설치하여 화재발생시 온도상승으
로 발생되는 열기류의 부력이나 건물 내·외부의 온도차 및 제연설비의 상층부에 설치된 루
프모니터 등의 외부의 공기에 대한 흡입력을 통기력으로 하여 제연하는 방식으로 고층건물
에 적합하다.(굴뚝효과)

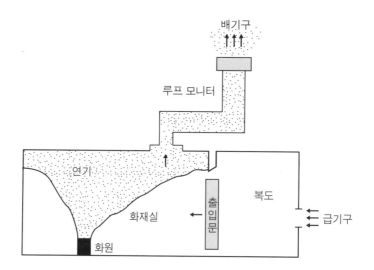

배기구

↑↑↑

루프 모니터

배기구

연기

복도

화재실

출입문

급기구

화원

4) **밀폐 제연방식** : 화재발생시 밀폐가 잘되는 벽이나 문 등으로 연기를 밀폐하여 연기의 유출이나 신선한 공기의 유입을 막아 제연하는 방식으로 방연구획을 잘 할 수 있는 주택이나 호텔 등의 건물에 적합하다.

> **참고** **제연설비와 배연설비의 차이점**
> • 제연설비 : 화재시 실내공간에 연기 등 유독가스를 들어오지 못하게 하여 맑은 공기가 있어 사람들이 대피공간을 확보하는 시설
> • 배연설비 : 화재시 발생되는 연기 등의 유독가스를 건축물 외부로 배출시키는 시설

(2) 연결송수관설비

화재발생시 지상에서 호스를 연장하기 곤란한 고층빌딩이나 지하 건축물에 설치하며 소방펌프차가 접속이 용이한 도로변에 송수구를 건물내에 방수구의 전용배관을 설치하여 소방펌프차의 압력수를 가압송수할 수 있도록 한 설비를 말한다.

> • 종류 : 건식, 습식
> • 구성요소 : 송수구, 방수구, 방수기구함, 배관

① 건식 : 평상시에는 연결송수관 내부의 배관은 물이 없이 비어 있는 상태로 관리한다.
② 습식 : 송수관 내부의 배관에 상시 물이 충전된 상태로 즉시 소화할 수 있는 방식이다.

(3) 연결살수설비

소방차 진입이 어려운 지하층의 화재시 연기나 열기가 차기 쉬운 지하층 천장면에 스프링클러 헤드를 설치하고 소방차가 지상의 연결 상수용 송수구를 통해 물을 송수하여 화재를 진압하는 소화설비이다.

(4) 비상콘센트설비

화재발생시 소방차에 보유하고 있는 비상발전설비인 조명장치, 파괴기구 등을 접속하여 사용하는 비상전원설비로서 소화활동을 원활하게 하기 위한 고정전원설비이다.

① 설치대상 : 11층 이상 및 지하 3층 이상이고 지하층의 바닥 면적의 합계가 1000m² 이상인 것은 지하전층

   ※ 11층 미만의 저층인 경우 소화활동상 필요한 설비 공급이 용이하므로 11층 이상으로 정한다.

② 비상전원의 종류 : 자가발전설비, 축전지설비, 비상 전원 수전설비등이 20분 이상 작동할 것

① 설치높이 : 바닥으로부터 0.8m~1.5m 이하

(5) 무선통신보조설비

지하에서 화재가 발생한 경우 전파가 현저하게 감쇄되이 무전통신이 잘 이루어지지 않아 방재센터 또는 지상과 지하층 사이의 상호간의 무선통신을 원활하게 하기 위한 보조설비를 말한다.

> 방식의 종류 : 누설 동축 케이블 방식, 공중선(안테나) 방식

(6) 연소방지설비

통신용 케이블·전선 등이 설치된 지하구에 화재가 발생한 경우 작은 개구부에 연기가 빠르게 충만되고 소방차 진입이 어려우므로 지하구의 천정 또는 벽면에 연소방지 전용 헤드나 스프링클러 헤드를 설치하여 소방차로 지상의 송수구를 이용하여 송수하는 소화설비를 말한다.

① 설치기준 : 폭 1.8m 이상 높이 2m 이상인 전력 사업용의 공동구의 길이가 500m 이상의 곳

② 살수구역 : 지하구의 길이 방향으로 350m 이하 또는 환기구 등을 기준으로 한다.

소화설비의 설치기준

1 소화설비

1. 소화난이도등급 Ⅰ

(1) 소화난이도등급 Ⅰ에 해당하는 제조소등

제조소 등의 구분	제조소등의 규모, 저장 또는 취급하는 위험물의 품명 및 최대수량 등
제조소 일반 취급소	연면적 1,000m² 이상인 것
	지정수량의 100배 이상인 것(고인화점위험물만을 100℃ 미만의 온도에서 취급하는 것 및 화학류의 위험물을 취급하는 것은 제외)
	지면으로부터 6m 이상의 높이에 위험물 취급설비가 있는 것(고인화점위험물만을 100℃ 미만의 온도에서 취급하는 것은 제외)
	일반취급소로 사용되는 부분 외의 부분을 갖는 건축물에 설치된 것(내화구조로 개구부없이 구획된 것 및 고인화점위험물만을 100℃ 미만의 온도에서 취급하는 것은 제외)
주유취급소	법규정상 주유취급소의 직원 외의 자가 출입하는 부분의 면적의 합이 500m²를 초과하는 것
옥내 저장소	지정수량의 150배 이상인 것(고인화점위험물만을 저장하는 것 및 제48조의 위험물을 저장하는 것은 제외)
	연면적 150m²를 초과하는 것(150m² 이내마다 불연재료로 개구부없이 구획된 것 및 인화성고체 외의 제2류 위험물 또는 인화점 70℃ 이상의 제4류 위험물만을 저장하는 것은 제외)
	처마높이가 6m 이상인 단층건물의 것
	옥내저장소로 사용되는 부분 외의 부분이 있는 건축물에 설치된 것(내화구조로 개구부없이 구획된 것 및 인화성고체 외의 제2류 위험물 또는 인화점 70℃ 이상의 제4류 위험물만을 저장하는 것은 제외)
옥외 탱크 저장소	액표면적이 40m² 이상인 것(제6류 위험물을 저장하는 것 및 고인화점위험물만을 100℃ 미만의 온도에서 저장하는 것은 제외)
	지반면으로부터 탱크 옆판의 상단까지 높이가 6m 이상인 것(제6류위험물을 저장하는 것 및 고인화점위험물만을 100℃ 미만의 온도에서 저장하는 것은 제외)
	지중탱크 또는 해상탱크로서 지정수량의 100배 이상인 것(제6류 위험물을 저장하는 것 및 고인화점위험물만을 100℃ 미만의 온도에서 저정하는 것은 제외)
	고체위험물을 저장하는 것으로서 지정수량의 100배 이상인 것
옥내 탱크 저장소	액표면적이 40m² 이상인 것(제6류 위험물을 저장하는 것 및 고인화점위험물만을 100℃ 미만의 온도에서 저장하는 것은 제외)
	바닥면으로부터 탱크 옆판의 상단까지 높이가 6m 이상인 것(제6류 위험물을 저장하는 것 및 고인화점위험물만을 100℃ 미만의 온도에서 저장하는 것은 제외)
	탱크전용실이 단층건물 외의 건축물에 있는 것으로서 인화점 38℃ 이상 70℃ 미만의 위험물을 지정수량의 5배 이상 저장하는 것(내화구조로 개구부없이 구획된 것은 제외)

옥외 저장소	덩어리 상태의 유황을 저장하는 것으로서 경계표시 내부의 면적(2 이상의 경계표시가 있는 경우에는 각 경계표시의 내부의 면적을 합한 면적)이 100m² 이상인 것
	인화성고체, 제1석유류 또는 알코올류의 위험물을 저장하는 것으로서 지정수량의 100배 이상 인것
암반 탱크 저장소	액표면적이 40m² 이상인 것(제6류 위험물을 저장하는 것 및 고인화점위험물만을 100℃ 미만의 온도에서 저장하는 것은 제외)
	고체위험물만을 저장하는 것으로서 지정수량의 100배 이상인 것
이송취급소	모든 대상

(2) 소화난이도등급 Ⅰ의 제조소등에 설치하여야 하는 소화설비

제조소등의 구분			소화설비
제조소 및 일반취급소			옥내소화전설비, 옥외소화전설비, 스프링클러설비 또는 물분무등소화설비(화재발생시 연기가 충만할 우려가 있는 장소에는 스프링클러설비 또는 이동식 외의 물분무등소화설비에 한한다)
옥내 저장소	처마높이가 6m 이상인 단층건물 또는 다른 용도의 부분이 있는 건축물에 설치한 옥내저장소		스프링클러설비 또는 이동식 외의 물분무등소화설비
	그 밖의 것		옥외소화전설비, 스프링클러설비, 이동식 외의 물분무등소화설비 또는 이동식 포소화설비(포소화전을 옥외에 설치하는 것에 한한다)
옥외 탱크 저장소	지중탱크 또는 해상탱크 외의 것	유황만을 저장 취급하는 것	물분무소화설비
		인화점 70℃ 이상의 제4류 위험물만을 저장취급하는 것	물분무소화설비 또는 고정식 포소화설비
		그 밖의 것	고정식 포소화설비(포소화설비가 적응성이 없는 경우에는 분말소화설비)
	지중탱크		고정식 포소화설비, 이동식 이외의 이산화탄소 소화설비 또는 이동식 이외의 할로겐화합물소화설비
	해상탱크		고정식 포소화설비, 물분무소화설비, 이동식이외의 이산화탄소소화설비 또는 이동식 이외의 할로겐화합물소화설비
옥내 탱크 저장소	유황만을 저장취급하는 것		물분무소화설비
	인화점 70℃ 이상의 제4류 위험물만을 저장취급하는 것		물분무소화설비, 고정식 포소화설비, 이동식 이외의 이산화탄소소화설비, 이동식 이외의 할로겐화합물소화설비 또는 이동식 이외의 분말소화설비
	그 밖의 것		고정식 포소화설비, 이동식 이외의 이산화탄소소화설비, 이동식 이외의 할로겐화합물소화설비 또는 이동식 이외의 분말소화설비
옥외저장소 및 이송취급소			옥내소화전설비, 옥외소화전설비, 스프링클러설비 또는 물분무등소화설비(화재발생시 연기가 충만할 우려가 있는 장소에는 스프링클러설비 또는 이동식 이외의 물분무소화설비에 한한다)
암반 탱크 저장소	유황만을 저장취급하는 것		물분무소화설비
	인화점 70℃ 이상의 제4류 위험물만을 저장취급하는 것		물분무소화설비 또는 고정식 포소화설비
	그 밖의 것		고정식 포소화설비(포소화설비가 적응성이 없는 경우에는 분말소화설비)

2. 소화난이도등급 Ⅱ

(1) 소화난이도등급 Ⅱ에 해당하는 제조소등

제조소등의 구분	제조소등의 규모, 저장 또는 취급하는 위험물의 품명 및 최대수량 등
제조소 일반 취급소	연면적 600m² 이상인 것
	지정수량의 10배 이상인 것(고인화점위험물만을 100℃ 미만의 온도에서 취급하는 것 및 제48조의 위험물을 취급하는 것은 제외)
	일반취급소로서 소화난이도등급 Ⅰ의 제조소등에 해당하지 아니하는 것(고인화점위험물만을 100℃ 미만의 온도에서 취급하는 것은 제외)
옥내 저장소	단층건물 이외의 것
	제2류 또는 제4류의 위험물(인화성 고체 및 인화점 70℃ 미만 제외)만을 저장·취급하는 다층건물 또는 지정수량의 50배 이하인 소규모 옥내저장소
	지정수량의 10배 이상인 것(고인화점위험물만을 저장하는 것 및 제48조의 위험물을 저장하는 것은 제외)
	연면적 150m² 초과인 것
	지정수량 20배 이하의 옥내저장소로서 소화난이도등급 Ⅰ의 제조소등에 해당하지 아니하는 것
옥외 탱크저장소 옥내 탱크저장소	소화난이도등급 Ⅰ의 제조소등 외의 것(고인화점위험물만을 100℃ 미만의 온도로 저장하는 것 및 제6류 위험물만을 저장하는 것은 제외)
옥외 저장소	덩어리 상태의 유황을 저장하는 것으로서 경계표시 내부의 면적(2 이상의 경계표시가 있는 경우에는 각 경계표시의 내부의 면적을 합한 면적)이 5m² 이상 100m² 미만인 것
	인화성고체, 제1석유류, 알코올류의 위험물을 저장하는 것으로서 지정수량의 10배 이상 100배 미만인 것
	지정수량의 100배 이상인 것(덩어리 상태의 유황 또는 고인화점위험물을 저장하는 것은 제외)
주유 취급소	옥내주유취급소
판매 취급소	제2종 판매취급소

(2) 소화난이도등급 Ⅱ의 제조소등에 설치하여야 하는 소화설비

제조소등의 구분	소화설비
제조소, 옥내저장소, 옥외저장소, 주유취급소, 판매취급소, 일반취급소	방사능력범위 내에 당해 건축물, 그 밖의 공작물 및 위험물이 포함되도록 대형수동식소화기를 설치하고, 당해 위험물의 소요단위의 1/5 이상에 해당되는 능력단위의 소형수동식소화기등을 설치할 것
옥외탱크저장소, 옥내탱크저장소	대형수동식소화기 및 소형수동식소화기등을 각각 1개 이상 설치할 것

3. 소화난이도등급 Ⅲ

(1) 소화난이도등급 Ⅲ에 해당하는 제조소등

제조소등의 구분	제조소등의 규모, 저장 또는 취급하는 위험물의 품명 및 최대수량 등
제조소 일반취급소	화약류에 해당하는 위험물을 취급하는 것
	화약류에 해당하는 위험물외의 것을 취급하는 것으로서 소화난이도등급 Ⅰ 또는 소화난이도등급 Ⅱ의 제조소등에 해당하지 아니하는 것
옥내저장소	화약류에 해당하는 위험물을 취급하는 것
	화약류에 해당하는 위험물외의 것을 취급하는 것으로서 소화난이도등급 Ⅰ 또는 소화난이도등급 Ⅱ의 제조소등에 해당하지 아니하는 것
지하 탱크저장소 간이탱크저장소 이동탱크저장소	모든 대상
옥외저장소	덩어리 상태의 유황을 저장하는 것으로서 경계표시 내부의 면적(2 이상의 경계표시가 있는 경우에는 각 경계표시의 내부의 면적을 합한 면적)이 5m² 미만인 것
	덩어리 상태의 유황외의 것을 저장하는 것으로서 소화난이도등급 Ⅰ 또는 소화난이도등급 Ⅱ의 제조소등에 해당하지 아니하는 것
주유취급소	옥내주유취급소외의 것
제1종 판매취급소	모든 대상

(2) 소화난이도등급 Ⅲ의 제조소등에 설치하여야 하는 소화설비

제조소등의 구분	소화설비	설치기준	
지하탱크저장소	소형수동식소화기등	능력단위의 수치가 3 이상	2개 이상
이동탱크저장소	자동차용소화기	무상의 강화액 8L 이상	2개 이상
		이산화탄소 3.2킬로그램 이상	
		일브롬화일염화이플루오르화메탄(CF₂ClBr) 2L 이상	
		일브롬화삼플루오르화메탄(CF₃Br) 2L 이상	
		이브롬화사플루화메탄(C₂F₄Br₂) 1L 이상	
		소화분말 3.5킬로그램 이상	
	마른모래 및 팽창질석 또는 팽창진주암	마른모래 150L 이상	
		팽창질석 또는 팽창진주암 640L 이상	
그 밖의 제조소등	소형수동식소화기등	능력단위의 수치가 건축물 그 밖의 공작물 및 위험물의 소요단위의 수치에 이르도록 설치할 것. 다만, 옥내소화전설비, 옥외소화전설비, 스프링클러설비, 물분무등소화설비 또는 대형수동식소화기를 설치한 경우에는 당해 소화설비의 방사능력범위내의 부분에 대하여는 수동식소화기등을 그 능력단위의 수치가 당해 소요단위의 수치의 1/5 이상이 되도록 하는 것으로 족하다	

※ 전기설비의 소화설비 : 제조소등에 전기설비(전기배선, 조명기구 등은 제외)가 설치된 경우에는 당해 장소의 면적 100m²마다 수동식 소화기를 1개 이상 설치할 것

4. 소화설비의 적응성

소화설비의 구분		건축물 그밖의 공작물	전기 설비	제1류 위험물 알칼리금속과산화물등	제1류 위험물 그밖의 것	제2류 위험물 철분·금속분·마그네슘등	제2류 위험물 인화성고체	제2류 위험물 그밖의 것	제3류 위험물 금수성물품	제3류 위험물 그밖의 것	제4류 위험물	제5류 위험물	제6류 위험물
옥내소화전설비 또는 옥외소화전설비		○			○		○	○		○		○	○
스프링클러설비		○			○		○	○		○	△	○	○
물분무등소화설비	물분무소화설비	○	○		○		○	○		○	○	○	○
	포소화설비	○			○		○	○		○	○	○	○
	이산화탄소소화설비		○				○				○		
	할로겐화합물소화설비		○				○				○		
	분말소화설비 인산염류 등	○	○		○		○	○			○		○
	분말소화설비 탄산수소염류 등		○	○		○	○		○		○		
	분말소화설비 그 밖의 것			○		○			○				
대형·소형수동식소화기	봉상수(棒狀水)소화기	○			○		○	○		○		○	○
	무상수(霧狀水)소화기	○	○		○		○	○		○		○	○
	봉상강화액소화기	○			○		○	○		○		○	○
	무상강화액소화기	○	○		○		○	○		○	○	○	○
	포소화기	○			○		○	○		○	○	○	○
	이산화탄소소화기		○				○				○		△
	할로겐화합물소화설비		○				○				○		
	분말소화기 인산염류소화기	○	○		○		○	○			○		○
	분말소화기 탄산수소염류소화기		○	○		○	○		○		○		
	분말소화기 그 밖의 것			○		○			○				
기타	물통 또는 수조	○			○		○	○		○		○	○
	건조사			○	○	○	○	○	○	○	○	○	○
	팽창질석 또는 팽창진주암			○	○	○	○	○	○	○	○	○	○

※ 비고 : '○'표시는 당해 소방대상물 및 위험물에 대하여 소화설비가 적응성이 있음을 표시하고, '△'표시는 제4류 위험물을 저장 또는 취급하는 장소의 살수기준면적에 따라 스프링클러설비의 살수밀도가 다음 표에 정하는 기준 이상인 경우에는 당해 스프링클러설비가 제4류 위험물에 대하여 적응성이 있음을, 제6류 위험물을 저장 또는 취급하는 장소로서 폭발의 위험이 없는 장소에 한하여 이산화탄소소화기가 제6류 위험물에 대하여 적응성이 있음을 각각 표시한다.

※ 제4류 위험물의 취급·저장장소에 스프링클러설비 설치 시 1분당 방사밀도

살수기준면적 (m²)	방사밀도(L/m²·분)		비고
	인화점 38℃ 미만	인화점 38℃ 이상	
279 미만	16.3 이상	12.2 이상	살수기준면적은 내화구조의 벽 및 바닥으로 구획된 하나의 실의 바닥면적을 말한다. 다만, 하나의 실의 바닥면적이 465m² 이상인 경우의 살수기준면적은 465m²로 한다.
279 이상 372 미만	15.5 이상	11.8 이상	
372 이상 465 미만	13.9 이상	9.8 이상	
465 이상	12.2 이상	8.1 이상	

2 경보설비 및 피난설비의 설치기준

1. 경보설비

(1) 제조소등별로 설치하여야 하는 경보설비의 종류

제조소등의 구분	제조소등의 규모, 저장 또는 취급하는 위험물의 종류 및 최대수량	경보설비
1. 제조소 및 일반취급소	• 연면적 500m² 이상인 것 • 옥내에서 지정수량의 100배 이상을 취급하는 것(고인화점 위험물만을 100℃ 이상의 온도에서 취급하는 것을 제외) • 일반취급소로 사용되는 부분 외의 부분이 있는 건축물에 설치된 일반취급소(일반취급소와 일반취급소 외의 부분이 내화구조의 바닥 또는 벽으로 개구부 없이 구획된 것을 제외)	자동화재 탐지설비
2. 옥내저장소	• 지정수량의 100배 이상을 저장 또는 취급하는 것(고인화점 위험물만을 저장 또는 취급하는 것을 제외) • 저장창고의 연면적이 150m²를 초과하는 것[당해 저장창고가 연면적 150m² 이내마다 불연재료의 격벽으로 개구부 없이 완전히 구획된 것과 제2류 또는 제4류의 위험물(인화성고체 및 인화점이 70℃ 미만인 제4류 위험물을 제외)만을 저장 또는 취급하는 것에 있어서는 저장창고의 연면적 500m² 이상의 것에 한한다] • 처마높이가 6m 이상인 단층건물의 것 • 옥내저장소로 사용되는 부분 외의 부분이 있는 건축물에 설치된 옥내저장소[옥내저장소와 옥내저장소 외의 부분이 내화구조의 바닥 또는 벽으로 개구부 없이 구획된 것과 제2류 또는 제4류의 위험물(인화성고체 및 인화점이 70℃ 미만인 제4류 위험물을 제외)만을 저장 또는 취급하는 것을 제외]	
3. 옥내탱크저장소	단층 건물 외의 건축물에 설치된 옥내탱크저장소로서 소화 난이도등급 Ⅰ에 해당하는 것	
4. 주유취급소	옥내주유취급소	

5. 옥외탱크저장소	특수인화물, 제1석유류 및 알코올류를 저장 또는 취급하는 탱크의 용량이 1000만L 이상인 것	자동화재탐지설비, 자동화재속보설비
6. 제1호 내지 제5호의 자동화재탐지설비 설치대상에 해당하지 아니하는 제조소등	지정수량의 10배 이상을 저장 또는 취급하는 것	자동화재탐지설비, 비상경보설비, 확성장치 또는 비상방송설비 중 1종 이상

(2) 자동화재탐지설비의 설치기준

① 자동화재탐지설비의 경계구역(화재가 발생한 구역을 다른 구역과 구분하여 식별할 수 있는 최소단위의 구역을 말한다. 이하 이 호 및 제2호에서 같다)은 건축물 그 밖의 공작물의 2 이상의 층에 걸치지 아니하도록 할 것. 다만, 하나의 경계구역의 면적이 500m² 이하이면서 당해 경계구역이 두 개의 층에 걸치는 경우이거나 계단·경사로·승강기의 승강로 그 밖에 이와 유사한 장소에 연기감지기를 설치하는 경우에는 그러하지 아니하다.

② 하나의 경계구역의 면적은 600m² 이하로 하고 그 한변의 길이는 50m(광전식분리형 감지기를 설치할 경우에는 100m)이하로 할 것. 다만, 당해 건축물 그 밖의 공작물의 주요한 출입구에서 그 내부의 전체를 볼 수 있는 경우에 있어서는 그 면적을 1,000m² 이하로 할 수 있다.

③ 자동화재탐지설비의 감지기는 지붕(상층이 있는 경우에는 상층의 바닥) 또는 벽의 옥내에 면한 부분(천장이 있는 경우에는 천장 또는 벽의 옥내에 면한 부분 및 천장의 뒷 부분)에 유효하게 화재의 발생을 감지할 수 있도록 설치할 것

④ 자동화재탐지설비에는 비상전원을 설치할 것

2. 피난설비

화재가 발생하였을 경우 안전한 장소로 피난 및 대피를 하기 위하여 사용되는 기계·기구 또는 설비를 말한다.

(1) 종류 : 피난기구, 인명구조기구, 유도등 및 유도표지, 비상조명 및 휴대용 비상조명 등

(2) 설치기준

① 주유소취급소 중 건축물의 2층 이상의 부분을 점포·휴게음식점 또는 전시장의 용도로 사용하는 것에 있어서는 당해 건축물의 2층이상으로부터 직접 주유취급소의 부지 밖으로 통하는 출입구와 당해 출입구로 통하는 통로·계단 및 출입구에 유도등을 설치해야 한다.

② 옥내주유취급소에 있어서는 당해 사무소 등의 출입구 및 피난구와 당해 피난구로 통하는 통로·계단 및 출입구에 유도등을 설치하여야 한다.

③ 유도등에는 비상전원을 설치하여야 한다.

01 대형수동식소화기를 설치하는 경우 방호대상물의 각 부분으로부터 하나의 대형수동식소화기까지의 거리는 보행거리가 몇 m 이하가 되도록 하여야 하는가? (단, 원칙적인 경우에 한한다.)

① 10
② 20
③ 25
④ 30

해설

수동식소화기 보행거리 : 대형 30m 이하, 소형 20m 이하

02 다음 중 대형소화기의 기준으로 잘못된 것은?

① 물소화기 80l 이상
② 강화액소화기 20l 이상
③ 할로겐화합물소화기 30kg 이상
④ 이산화탄소소화기 50kg 이상

해설

대형 소화기의 기준

소화기의 종류	소화약제의 충전량
물소화기	80l 이상
포소화기	20l 이상
강화액소화기	60l 이상
할로겐화합물소화기	30kg 이상
이산화탄소소화기	50kg 이상
분말소화기	20kg 이상

03 소화설비의 구분에서 물분무등소화설비에 속하는 것은?

① 포소화설비
② 옥내소화전설비
③ 스프링클러설비
④ 옥외소화전설비

해설

물분무등소화설비
• 물분무소화설비
• 포소화설비
• 이산화탄소 소화설비
• 할로겐화합물소화설비
• 분말소화설비

04 위험물제조소에서 옥내소화전이 가장 많이 설치된 총 옥내소화전 설치개수가 3개이다. 수원의 수량은 몇 m³가 되도록 설치하여햐 하는가?

① 2.6
② 7.8
③ 15.6
④ 23.4

해설

① 위험물제조소등의 소화설비 설치기준

소화설비	수평거리	방사량	방사압력	수원의 양 (Q : m³)
옥내	25m 이하	260(l/min) 이상	350 (KPa) 이상	Q=N(소화전개수 : 최대 5개) ×7.8m³ (260l/min×30min)
옥외	40m 이하	450(l/min) 이상	350 (KPa) 이상	Q=N(소화전개수 : 최대 4개) ×13.5m³ (450l/min×30min)
스프링클러	1.7m 이하	80(l/min) 이상	100 (KPa) 이상	Q=N(헤드수 : 최대 30개) ×2.4m³ (80l/min×30min)
물분무	–	20 (l/m²·min)	350 (KPa) 이상	Q=A(바닥면적 m²) ×0.6m³/m² (20l/m²·min×30min)

② 옥내소화전설비의 수원의 양
: Q(m³)=N×7.8m³=3×7.8m³=23.4m³

 정답 01 ④ 02 ② 03 ① 04 ④

05 위험물안전관리법령상 물분무등소화설비에 포함되지 않는 것은?

① 포소화설비

② 분말소화설비

③ 스프링클러설비

④ 이산화탄소소화설비

06 위험물제조소에서 옥내소화전이 1층에 4개, 2층에 6개가 설치되어 있을 때 수원의 수량은 몇 L 이상이 되도록 설치하여야 하는가?

① 13,000   ② 15,600

③ 39,000   ④ 46,800

> **해설**
>
> 옥내소화전설비의 수원의 양(Q : m^3)
> $Q=N$(5개 이상인 경우 5개)$\times 7.8m^3$
> $=5\times 7.8m^3=39m^3=39,000l$

07 위험물제조소등에 설치하는 옥내소화전 설비의 기준으로 옳지 않은 것은?

① 옥내소화전함에는 그 표면에 '소화전'이라고 표시하여야 한다.

② 옥내소화전함의 상부 벽면에 적색의 표시등을 설치하여야 한다.

③ 표시등 불빛은 부착면과 10도 이상의 각도가 되는 방향으로 8m 이내에서 쉽게 식별할 수 있어야 한다.

④ 호스 접속구는 바닥면으로부터 1.5m 이하의 높이에 설치하여야 한다.

> **해설**
>
> ③ 표시등의 부착면과 15° 이상의 각도가 되는 방향으로 10m 떨어진 곳에서 용이하게 식별이 가능할 것

08 위험물안전관리법령상 옥내소화전 설비에 관한 기준에 대해 다음 ( ) 안에 알맞은 수치를 옳게 나열한 것은?

> 옥내소화전 설비는 각 층을 기준으로 하여 당해 층의 모든 소화전(설치 개수가 5개 이상인 경우는 5개의 옥내 소화전)을 동시에 사용할 경우에 각 노즐 선단의 방수 압력이 (㉠) kPa 이상이고 방수량이 1분당 (㉡)l 이상의 성능이 되도록 할 것

① ㉠ 350, ㉡ 260

② ㉠ 450, ㉡ 260

③ ㉠ 350, ㉡ 450

④ ㉠ 450, ㉡ 450

09 표준관입 시험 및 평판재 시험을 실시하여야 하는 특정 옥외저장탱크의 지반의 범위는 기초의 외측이 지표면과 접하는 선의 범위 내에 있는 지반으로서 지표면으로부터 깊이 몇 m까지로 하는가?

① 10   ② 15

③ 20   ④ 25

> **해설**
>
> 기초의 표면으로부터 3m 이내의 기초직하의 지반부분이 기초와 동등 이상의 견고성이 있고, 지표면으로부터의 깊이가 15m까지의 지질(기초의 표면으로부터 3m 이내의 기초직하의 지반부분을 제외한다)이 국민안전처장관이 정하여 고시하는 것 외의 것일 것

10 옥내소화전 설비의 비상전원은 자가발전설비 또는 축전지설비로 옥내소화전 설비를 유효하게 몇 분 이상 작동할 수 있어야 하는가?

① 10분   ② 20분

③ 45분   ④ 60분

11 옥내소화전 설비에서 펌프를 이용한 가압송수장치의 경우 펌프의 전양정 H는 소정의 산식에 의한 수치 이상이어야 한다. 전양정 H를 구하는 식으로 옳은 것은? (단, h_1은 소방용 호스의 마찰손실수두, h_2는 배관의 마찰손실수두, h_3는 낙차이며, h_1, h_2, h_3의 단위는 모두 m이다.)

① $H=h_1+h_2+h_3$

② $H=h_1+h_2+h_3+0.35m$

③ $H=h_1+h_2+h_3+35m$

④ $H=h_1+h_2+0.35m$

12 위험물제조소에 옥내소화전을 각 층에 8개씩 설치하도록 할 때 수원의 최소 수량은 얼마인가?

① $13m^3$ 　　② $20.8m^3$

③ $39m^3$ 　　④ $62.4m^3$

> **해설**
>
> $Q(m^3)=N(5개\ 이상인\ 경우:5개)\times7.8m^3$
> $= 5\times7.8m^3=39m^3$

13 위험물안전관리법령상 옥내소화전 설비에 적응성이 있는 위험물의 유별로만 나열된 것은?

① 제1류 위험물, 제4류 위험물

② 제2류 위험물, 제4류 위험물

③ 제4류 위험물, 제5류 위험물

④ 제5류 위험물, 제6류 위험물

> **해설**
>
> 옥내·외 소화전 설비(봉상주수) : 제5류와 제6류에 적응성이 있다.

14 위험물제조소등의 스프링클러 설비의 기준에 있어 개방형 스프링클러 헤드는 스프링클러 헤드의 반사판으로부터 하방과 수평방향으로 각각 몇 m의 공간을 보유하여야 하는가?

① 하방 0.3m, 수평방향 0.45m

② 하방 0.3m, 수평방향 0.3m

③ 하방 0.45m, 수평방향 0.45m

④ 하방 0.45m, 수평방향 0.3m

> **해설**
>
> 개방형 스프링클러헤드의 유효사정거리
> - 헤드의 반사판으로부터 하방으로 0.45m, 수평방향으로 0.3m의 공간을 보유할 것
> - 헤드는 헤드의 축심이 당해 헤드의 부착면에 대하여 직각이 되도록 설치할 것

15 위험물안전관리법령에 따라 폐쇄형 스프링클러 헤드를 설치하는 장소의 평상시 최고주위온도가 28℃ 이상, 39℃ 미만일 경우 헤드의 표시온도는?

① 52℃ 이상, 76℃ 미만

② 52℃ 이상, 79℃ 미만

③ 58℃ 이상, 76℃ 미만

④ 58℃ 이상, 79℃ 미만

> **해설**
>
> | 부착장소의 최고주위온도(단위: ℃) | 표시온도(단위: ℃) |
> | --- | --- |
> | 28 미만 | 58 미만 |
> | 28 이상 39 미만 | 58 이상 79 미만 |
> | 39 이상 64 미만 | 79 이상 121 미만 |
> | 64 이상 106 미만 | 121 이상 162 미만 |
> | 106 이상 | 162 이상 |

16 스프링클러 설비의 장점이 아닌 것은?

① 소화약제가 물이므로 비용이 절감된다.

② 초기 시공비가 적게 든다.

③ 화재 시 사람의 조작 없이 작동이 가능하다.

④ 초기 화재의 진화에 효과적이다.

해설

• 단점 : 초기 시공비가 많이 들고, 설비가 다른 설비에 비해 복잡하며, 물로 인한 피해가 크다.
• 장점 : ①, ③, ④ 이외에 오작동, 오보가 없으며 야간에도 자동으로 화재를 감지하여 경보, 소화가 가능하다.

17 스크링클러설비에 방사구역마다 제어밸브를 설치하고자 한다. 바닥면으로부터 높이 기준으로 옳은 것은?

① 0.8m 이상 1.5m 이하

② 1.0m 이상 1.5m 이하

③ 0.5m 이상 0.8m 이하

④ 1.5m 이상 1.8m 이하

18 전역방출방식 분말소화설비의 분사헤드는 기준에서 정하는 소화약제의 양을 몇 초 이내에 균일하게 방사해야 하는가?

① 10

② 15

③ 20

④ 30

해설

제조소등에서 분말소화설비의 분사헤드 소화약제 방사시간
• 전역(국소) 방출방식 : 30초 이내

19 폐쇄형스프링클러헤드에 관한 기준에 따르면 급배기용 덕트 등의 긴 변의 길이가 몇 m를 초과하는 것이 있는 경우에는 당해 덕트 등의 아래면에도 스프링클러 헤드를 설치해야 하는가?

① 0.8

② 1.0

③ 1.2

④ 1.5

20 위험물안전관리법령상 이동탱크저장소로 위험물을 운송하게 하는 자는 위험물 안전카드를 위험물 운송자로 하여금 휴대하게 하여야 한다. 다음 중 이에 해당하는 위험물이 아닌 것은?

① 휘발유

② 과산화수소

③ 경유

④ 벤조일퍼옥사이드

해설

• 위험물(제4류 위험물에 있어서는 특수인화물 및 제1석유류에 한한다)을 운송하게 하는 자는 위험물안전카드를 위험물운송자로 하여금 휴대하게 할 것
• 경유 : 제4류 위험물 제2석유류

21 포소화설비의 기준에 따르면 포헤드방식의 포헤드는 방호대상물의 표면적 1m² 당의 방사량의 몇 L/min 이상의 비율로 계산한 양의 포수용액을 표준방사량으로 방사할 수 있도록 설치하여야 하는가?

① 3.5

② 4

③ 6.5

④ 9

해설

포헤드 방식의 설치기준
• 방호대상물의 표면적 9m²당 1개 이상의 헤드를 설치할 것
• 방호대상물의 표면적 1m²당의 방사량은 6.5l/min 이상

22 포소화설비의 가압송수장치에서 압력수조의 압력 산출시 필요 없는 것은?

① 낙차의 환산수두압

② 배관의 마찰손실수두압

③ 노즐선의 마찰손실수두압

④ 소방용 호스의 마찰손실수두압

해설

압력수조 방식 : $P = P_1 + P_2 + P_3 + P_4$

P : 필요한 압력(MPa)
p_1 : 소방용 호스의 마찰손실 수두압(MPa)
p_2 : 배관의 마찰손실 수두압(MPa)
p_3 : 낙차의 환산 수두압(MPa)
p_4 : 노즐방사압력(MPa)

23 포소화설비의 기준에서 포헤드방식의 포헤드는 방호대상물의 표면적 몇 m² 당 1개 이상의 헤드를 설치해야 하는가?

① 3　　　　　　　　　② 6
③ 9　　　　　　　　　④ 12

해설

21번 해설 참조

24 아닐린 취급을 주된 작업내용으로 하는 장소에 스프링클러설비를 설치할 경우 확보하여야 하는 1분당 방사밀도는 몇 l/m^2 이상이어야 하는가? (단, 살수기준면적은 250m²이다.)

① 12.2　　　　　　　② 13.9
③ 15.5　　　　　　　④ 16.3

해설

• 제4류 위험물취급 장소에 스프링클러설비를 설치 시 확보하여야 하는 1분당 방사밀도

살수기준면적 (m²)	방사밀도(l/m^2·분)		비고
	인화점 38℃ 미만	인화점 38℃ 이상	
279 미만	16.3 이상	12.2 이상	살수 기준면적은 내화 구조의 벽 및 바닥으로 구획된 하나의 실의 바닥면적을 말한다. 다만, 하나의 실의 바닥 면적이 465m² 이상인 경우의 살수기준 면적은 465m²로 한다.
279 이상 372 미만	15.5 이상	11.8 이상	
372 이상 465 미만	13.9 이상	9.8 이상	
465 이상	12.2 이상	8.1 이상	

• 아닐린의 인화점은 75℃이므로 38℃ 이상에 해당된다. (제3석유류)
• 살수면적은 250m²이므로 279m² 미만에 해당된다.
 ∴ 방사밀도 : 12.2l/m^2분 이상

25 위험물의 취급을 주된 작업 내용으로 하는 다음의 장소에 스프링클러 설비를 설치할 경우 확보하여야 하는 1분당 방사 밀도는 몇 L/m² 이상이어야 하는가? (단, 내화 구조의 바닥 및 벽에 의하여 2개의 실로 구획되고, 각 실의 바닥 면적은 500m²이다.)

> • 취급하는 위험물 : 제4류 제3석유류
> • 위험물을 취급하는 장소의 바닥 면적 : 1,000m²

① 8.1　　　　　　　② 12.2
③ 13.9　　　　　　④ 16.3

해설

• 제4류 제3석유류 : 인화점이 70℃ 이상 200℃ 미만이므로 38℃ 이상에 해당된다.
• 각 실의 바닥면적이 500m²이므로 살수기준면적은 465m² 이상에 해당된다.
 ∴ 방사밀도 : 8.1l/m^2·분 이상

26 이동식 분말소화설비에 노즐 1개에서 매분당 방사하는 제1종 분말소화약제의 양은 몇 kg 이상으로 하여야 하는가?

① 18　　　　　　　　② 27
③ 32　　　　　　　　④ 45

해설

이동식 분말소화설비의 노즐당 방사량

소화약제의 종류	분당 방사량(kg)
제1종 분말	45
제2종분말 또는 제3종 분말	27
제4종 분말	18

정답 23 ③　24 ①　25 ①　26 ④

27 인화점이 38℃ 이상인 제4류 위험물 취급을 주된 작업 내용으로 하는 장소에 스프링클러 설비를 설치할 경우 확보하여야 하는 1분당 방사밀도는 몇 L/m² 이상이어야 하는가? (단, 살수기준면적은 250m²이다.)

① 12.2

② 13.9

③ 15.5

④ 16.3

제4류 위험물 중 제3석유류 : 인화점이 38℃ 이상이고, 살수면적이 250m²이므로 살수기준면적은 279m² 미만이다.

∴ 방사밀도 : 12.2l/m² · 분 이상

28 위험물안전관리법상 아세트알데히드 또는 산화프로필렌 옥외저장탱크 저장소에 필요한 설비가 아닌 것은?

① 보냉장치

② 불연성가스 봉입장치

③ 수증기 봉입장치

④ 강제 배출장치

필요한 설비 : ①, ②, ③ 이외에 냉각장치가 있다.

29 다음 |조건|하에 국소방출방식의 할로겐화물 소화설비를 설치하는 경우 저장하여야 하는 소화약제의 양은 몇 kg 이상이어야 하는가?

┌─ 조건 ─
ㄱ. 저장하는 위험물 : 휘발유
ㄴ. 윗면이 개방된 용기에 저장함
ㄷ. 방호대상물의 표면적 : 40m²
ㄹ. 소화약제의 종류 : 할론 1301
└─

① 222

② 340

③ 467

④ 570

할론 1301의 약제저장량(kg)
= 방호대상물의 표면적(m²) × 6.8(kg/m²) × 1.25
= 40m² × 6.8kg/m² × 1.25 = 340kg

30 전역방출방식의 할로겐화물 소화설비의 분사 헤드에서 Halon 1211을 방사하는 경우의 방사압력은 얼마 이상으로 하여야 하는가?

① 0.1MPa

② 0.2MPa

③ 0.5MPa

④ 0.9MPa

전역 방출 방식의 분사헤드 방사압력

종류	할론 2402	할론 1211	할론 1301
방사압력	0.1MPa 이상	0.2MPa 이상	0.9MPa 이상

31 처마의 높이가 6m 이상인 단층 건물에 설치된 옥내 저장소의 소화설비로 고려될 수 없는 것은 어느 것인가?

① 고정식 포소화설비

② 옥내소화전 설비

③ 고정식 이산화탄소 소화설비

④ 고정식 할로겐화합물 소화설비

• 처마의 높이가 6m 이상인 단층 건물에 설치된 옥내저장소는 소화난이도등급 Ⅰ에 해당되므로 소화설비는 스프링클러설비 또는 이동식외의 물분무 등 소화설비를 설치해야 한다.

• 옥내소화전설비는 소화난이도등급 Ⅱ 건물에 설치해야 한다.

• 물분무 등 소화설비 : 물분무소화설비, 포소화설비, 이산화탄소 소화설비, 할로겐화합물 소화설비, 분말소화설비, 청정소화설비, 미분무 소화설비, 강화액 소화설비

 27 ① 28 ④ 29 ② 30 ② 31 ②

32 위험물안전관리법령상 디에틸에테르 화재 발생시 적응성이 없는 소화기는?

① 이산화탄소소화기
② 포소화기
③ 봉상강화액소화기
④ 할로겐 화합물소화기

해설

디에틸에테르는 제4류 특수인화물이므로 질식효과가 효과적이다. 봉상강화액소화기는 냉각효과가 주효과이므로 A급(일반화재)에 적응성이 있다.

33 인화성 고체와 질산에 공통적으로 적응성이 있는 소화설비는?

① 불활성가스 소화설비
② 할로겐 화합물 소화설비
③ 탄산수소염류 분말 소화설비
④ 포 소화설비

34 위험물안전관리법령상 지정수량의 10배 이상의 위험물을 저장, 취급하는 제조소등에 설치하여야 할 경보설비 종류에 해당되지 않는 것은?

① 확성장치
② 비상방송설비
③ 자동화재 탐지설비
④ 무선통신설비

해설

제조소등의 구분	제조소등의 규모, 저장 또는 취급하는 위험물의 종류 및 최대수량 등	경보설비
자동화재탐지설비 설치 대상에 해당하지 아니하는 제조소등	지정수량의 10배 이상을 저장 또는 취급하는 것	자동화재탐지설비, 비상경보설비, 확성장치 또는 비상방송설비 중 1종 이상

35 위험물에 따른 소화설비를 설명한 내용으로 틀린 것은?

① 제1류 위험물 중 알칼리금속 과산화물은 포소화설비가 적응성이 없다.
② 제2류 위험물 중 금속분은 스프링클러설비가 적응성이 없다.
③ 제3류 위험물 중 금수성물질은 포소화설비가 적응성이 있다.
④ 제5류 위험물은 스프링클러설비가 적응성이 있다.

해설

금수성 물질은 물을 주성분으로 하는 소화설비는 절대엄금이다.

36 위험물안전관리법령상 제3류 위험물 중 금수성 물질에 적응성이 있는 소화기는?

① 할로겐화합물소화기
② 인산염류 분말소화기
③ 이산화탄소소화기
④ 탄산수소염류 분말소화기

해설

제3류중 금수성물질에 적응성 있는 소화기 : 탄산수소염류 분말 소화기, 건조사, 팽창질석 또는 팽창진주암 등

37 고정식 포소화설비의 포방출구의 형태 중 고정지붕구조의 위험물탱크에 적합하지 않은 것은?

① 특형
② II형
③ III형
④ IV형

해설

옥외탱크 고정포 방출구[I형, II형, III형, IV형, 특형]
① 고정식 지붕구조[CRT(콘루프) 탱크]
 • 상부포 주입법 : I형, II형
 • 저부포 주입법 : III형, IV형
② 부상식 지붕구조[FRT(플루팅루프) 탱크]
 • 상부포 주입법 : 특형

38 고정지붕구조 위험물 옥외탱크저장소의 탱크 안에 설치하는 고정포 방출구가 아닌 것은?

① 특형 방출구

② Ⅰ형 방출구

③ Ⅱ형 방출구

④ 표면하 주입식 방출구

39 소화난이도등급 Ⅰ에 해당하는 옥외탱크저장소 중 유황만을 저장 취급하는 것에 설치하여야 하는 소화 설비는? (단, 지중탱크와 해상탱크는 제외한다.)

① 스프링클러소화설비   ② 이산화탄소소화설비

③ 분말소화설비   ④ 물분무소화설비

40 그림은 포소화설비의 소화약제 혼합장치이다. 이 혼 합방식의 명칭은?

① 라인프로포셔너

② 펌프프로포셔너

③ 프레셔프로포셔너

④ 프레셔사이드프로포셔너

41 통로유도등의 설치기준에 대한 설명으로 옳은 것은?

① 녹색 바탕에 백색 문자로 표기한다.

② 바닥으로부터 1.5m 이하의 높이에 설치한다.

③ 보행 거리 20m 이하마다 설치한다.

④ 조도 0.2Lx 이상으로 한다.

42 지정수량 10배의 위험물을 저장 또는 취급하는 제조 소에 있어서 연면적이 최소 몇 m²이면 자동화재 탐 지설비를 설치해야 하는가?

① 100   ② 300

③ 500   ④ 1,000

43 자동화재탐지설비 하나의 경계구역의 면적은 몇 m² 이하로 해야 하는가?

① 400m² 이하   ② 600m² 이하

③ 800m² 이하   ④ 1,000m² 이하

정답 38 ①   39 ④   40 ③   41 ③   42 ③   43 ②

44 소화기구는 바닥으로부터 몇 m 이하의 곳에 설치해야 하는가?

① 0.5m 이하
② 1.0m 이하
③ 1.5m 이하
④ 2.0m 이하

해설

소화기구는 바닥으로부터 1.5m 이하의 곳에 설치해야 한다.

45 이산화탄소소화설비의 약제저장방식 중 고압식의 충전비로 맞는 것은?

① 1.1~1.4
② 1.2~1.5
③ 1.5~1.9
④ 1.9~2.5

해설

• 고압식의 충전비 : 1.5~1.9
• 저압식의 충전비 : 1.1~1.4

46 이산화탄소소화설비의 약제저장방식 중 고압식과 저압식에 대한 설명으로 틀린 것은?

① 약제량 검측 시 고압식은 현장측정으로 하고, 저압식은 원격감시로 한다.
② 고압식은 충전이 불편하나, 저압식은 편리하다.
③ 안전장치로 고압식은 안전밸브를 사용하고, 저압식은 액면계, 압력계, 압력경보장치, 안전밸브, 파괴봉판을 사용한다.
④ 고압식은 대용량의 방호구역에 사용되고, 저압식은 소용량의 방호구역에 사용된다.

해설

고압식은 소용량, 저압식은 대용량의 방호구역에 사용된다.

47 다음 중 인명구조기구에 포함되지 않는 것은?

① 방화복
② 방열복
③ 인공소생기
④ 공기호흡기

해설

인명구조기구에는 방열복, 공기호흡기, 인공소생기가 있다.

48 피난구유도등의 설치 위치로 맞는 것은?

① 바닥으로부터 높이 0.5m 이상
② 바닥으로부터 높이 1.0m 이상
③ 바닥으로부터 높이 1.5m 이상
④ 바닥으로부터 높이 2.0m 이상

해설

피난구유도등의 설치 위치는 바닥으로부터 높이 1.5m 이상이다.

49 지하층에서 사용할 수 없는 소화설비 및 소화기는?

① 불연성가스 소화설비
② 증발성 액체 소화설비
③ 강화액을 방사하는 소화설비
④ 포말 소화설비

해설

이산화탄소 및 할론소화기 설치금지 : 지하층, 무창층, 거실 또는 사무실로서 바닥면적이 20m² 미만인 곳(단, 할론 1301과 청정소화약제는 제외)

 정답 44 ③   45 ③   46 ④   47 ①   48 ③   49 ①

50 이산화탄소소화설비의 약제저장방식 중 고압식의 분사헤드 방사압력은?

① 1.05MPa   ② 1.35MPa

③ 2.1MPa   ④ 2.05MPa

> **해설**
>
> • 고압식의 분사헤드 방사압력 : 2.1MPa
> • 저압식 : 1.05MPa

51 화재 발생을 통보하는 경보설비가 아닌 것은?

① 자동식 사이렌설비   ② 비상방송설비

③ 연소방지설비   ④ 가스누출경보기

> **해설**
>
> • 경보설비는 ①, ②, ④ 이외에 자동화재 탐지설비, 누전 경보설비, 시각 경보기, 단독 경보형 감지기 등이 있다.
> • 소화활동설비는 ③ 이외에 제연설비, 연결송수관설비, 연결살수설비, 비상콘센트 설비, 무선 통신 보조설비 등이 있다.

52 위험물안전관리법령상 위험물의 운반용기 외부에 표시해야 하는 사항이 아닌 것은? (단, 기계에 의하여 하역하는 구조로 된 운반용기는 제외한다.)

① 위험물의 품명

② 위험물의 수량

③ 위험물의 화학명

④ 위험물의 제조연월일

53 개방형 스프링클러 헤드를 이용하는 스프링클러 설비에서 수동식 개방 밸브를 개방 조작하는 데 필요한 힘은 얼마 이하가 되도록 설치하여야 하는가?

① 5kg   ② 10kg

③ 15kg   ④ 20kg

54 분말소화설비에 사용하는 소화약제 중 전역방출 방식에 있어서 방호 구역의 체적 $1m^3$에 대한 제4종 분말소화약제의 양은?

① 0.15kg   ② 0.20kg

③ 0.24kg   ④ 0.30kg

> **해설**
>
> 분말소화약제 저장량(전역방출방식)
>
> | 소화약제의 종별 | 약제의 양(kg/m^3) |
> | --- | --- |
> | 제1종분말(탄산수소나트륨) | 0.6 |
> | 제2종분말(탄산수소칼륨)
제3종분말(인산염류) | 0.36 |
> | 제4종분말(탄산수소칼륨과 요소의 반응물) | 0.24 |

55 이송취급소에 설치하는 경보설비의 기준에 따라 이송기지에 설치하여야 하는 경보설비로만 이루어진 것은?

① 확성장치, 비상벨장치

② 비상방송설비, 비상경보설비

③ 확성장치, 비상방송설비

④ 비상방송설비, 자동화탐지설비

> **해설**
>
> 이송취급소에 설치하는 경보설비
> • 이송기지 : 비상벨장치, 확성장치설치
> • 가연성 증기를 발생하는 위험물을 취급하는 펌프실 등 : 가연성증기경보설비

56 소화난이도등급 Ⅰ에 해당하지 않는 제조소등은?

① 제1석유류 위험물을 제조하는 제조소로서 연면적 $1000m^2$ 이상인 경우

② 제1석유류 위험물을 저장하는 옥외탱크저장소로서 액표면적이 $40m^2$ 이상인 것

③ 모든 이송취급소

④ 제6류 위험물을 저장하는 암반탱크저장소

 정답 50 ③   51 ③   52 ④   53 ③   54 ③   55 ①   56 ④

해설

소화난이도등급 Ⅰ의 암반탱크에서 제외대상 : 제6류 위험물을 저장하는 것 및 고인화점 위험물만을 100℃ 미만의 온도에서 저장하는 것

57 옥내에서 지정수량 100배 이상을 취급하는 일반취급소에 설치하여야 하는 경보설비는? (단, 고인화점 위험물만을 취급하는 경우는 제외한다.)

① 비상경보설비
② 자동화재탐지설비
③ 비상방송설비
④ 비상벨설비 및 확성장치

해설

제조소 및 일반취급소에서 자동화재탐지설비 설치 기준
• 연면적 500m² 이상인 것
• 옥내에서 지정수량 100배 이상을 취급하는 경우(단, 고인화점 위험물만을 취급시 제외)

58 다음 (   ) 안에 들어갈 수치를 순서대로 올바르게 나열한 것은? (단, 제4류 위험물에 적응성을 갖기 위한 살수밀도기준을 적용하는 경우는 제외한다.)

> 위험물제조소등에 설치하는 폐쇄형 헤드의 스프링클러설비는 30개의 헤드(헤드 설치수가 30 미만의 경우는 당해 설치 개수)를 동시에 사용할 경우 각 선단의 방사 압력이(   )KPa 이상이고 방수량이 1분당 (   )L 이상이어야 한다.

① 100, 80   ② 120, 80
③ 100, 100   ④ 120, 100

해설

스프링클러 설비 중 폐쇄형 헤드는 방사압력이 100KPa 이상이고 방수량은 80*l*/min이다.

59 소화설비의 설치기준으로 옳은 것은?

① 제4류 위험물을 저장 또는 취급하는 소화난이도등급 Ⅰ인 옥외탱크저장소에는 대형수동식소화기 및 소형수동식소화기 등을 각각 1개 이상 설치할 것
② 소화난이도등급 Ⅱ인 옥내탱크저장소에는 소형수동식소화기 등을 2개 이상 설치할 것
③ 소화난이도등급 Ⅲ인 지하탱크저장소는 능력단위의 수치가 2 이상인 소형수동식 소화기 등을 2개 이상 설치할 것
④ 제조소등에 전기설비(전기배선, 조명기구 등은 제외한다.)가 설치된 경우에는 당해 장소의 면적 100m² 마다 소형수동식소화기를 1개 이상 설치할 것

해설

위험물제조소 전기설비는 면적 100m² 마다 소형수동식 소화기를 1개 이상 설치한다.

60 위험물제조소등에 설치하는 옥내소화전설비의 설치기준으로 옳은 것은?

① 옥내소화전은 건축물의 층마다 당해 층의 각 부분에서 하나의 호스접속구까지의 수평거리를 25미터 이하가 되도록 설치하여야 한다.
② 당해 층의 모든 옥내소화전(5개 이상인 경우는 5개)을 동시에 사용할 경우 각 노즐단에서의 방수량은 130*l*/min 이상이어야 한다.
③ 당해 층의 모든 옥내소화전(5개 이상인 경우는 5개)을 동시에 사용할 경우 각 노즐선단에서의 압수압력은 250KPa 이상이어야 한다.
④ 수원의 수량은 옥내소화전이 가장 많이 설치된 층의 옥내소화전 설치개수(5개인 경우는 5개)에 2.6m³를 곱한 양 이상이 되도록 설치하여야 한다.

해설

② 260*l*/min, ③ 350KPa, ④ 7.8m³을 곱한 양 이상

 정답 57 ② 58 ① 59 ④ 60 ①

61 다음 중 오존층 파괴지수가 가장 큰 것은?

① Halon 104

② Halon 1211

③ Halon 1301

④ Halon 2402

> **해설**
>
> • 오존층 파괴지수(ODP) : 삼염화불화탄소($CFCl_3$)의 오존 파괴능력을 1로 보았을 때 상대적인 파괴능력을 나타내는 지수
> • 할론 1301 : 14, 할론 2402 : 6.6, 할론 1211 : 2.4

62 화재시 이산화탄소를 방출하여 산소의 농도를 12.5%로 낮추어 소화하려면 공기중의 이산화탄소의 농도는 약 몇 vol%로 해야 하는가?

① 30.7

② 32

③ 40.5

④ 68.0

> **해설**
>
> 공기중 CO_2농도(vol%)$= \dfrac{21-O_2}{21} \times 100$
>
> $\therefore \dfrac{21-12.5}{21} \times 100 = 40.5(vol\%)$

63 물분무소화설비의 방사구역은 몇 m² 이상이어야 하는가? (단, 방호대상물의 표면적이 300m²이다)

① 100

② 150

③ 300

④ 450

> **해설**
>
> 물분무 소화설비의 방사구역은 150m² 이상으로 할 것 (단, 방호대상물의 표면적이 150m² 미만인 경우 당해 표면적)

64 압력수조를 이용한 옥내소화전설비의 가압송수장치에서 압력수조의 최소압력(MPa)은? (단, 소화용 호스의 마찰손실수두압은 1MPa, 배관의 마찰손실수두압은 3MPa, 낙차의 환산수두압은 1.35MPa이다)

① 5.35

② 5.70

③ 6.00

④ 6.35

> **해설**
>
> $P = P_1 + P_2 + P_3 + 0.35$
> $= 1 + 3 + 1.35 + 0.35 = 5.70MPa$

65 위험물 저장탱크의 내용적이 300*l*일 때, 탱크에 저장하는 위험물의 용량의 범위로 적합한 것은? (단, 원칙적인 경우에 한한다)

① 240~270*l*

② 270~285*l*

③ 290~295*l*

④ 295~298*l*

> **해설**
>
> • 위험물 탱크에 저장하는 용량 범위 : 90~95%
> • $300l \times 0.9 = 270l$
> $300l \times 0.95 = 285l$
> $\therefore 270 \sim 285l$

66 벤젠을 저장하는 옥외탱크저장소가 액표면적이 45m²인 경우 소화난이도 등급은?

① 소화난이도 등급 Ⅰ

② 소화난이도 등급 Ⅱ

③ 소화난이도 등급 Ⅲ

④ 제시된 조건으로 판단할 수 없음

> **해설**
>
> ① 소화난이도 등급 Ⅰ : 액표면적이 40m² 이상인 것

정답 61 ③ 62 ③ 63 ② 64 ② 65 ② 66 ①

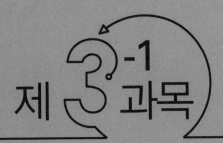

제3-1과목

위험물의 성질과 취급
– 위험물의 종류 및 성질

위험물의 구분

1 위험물의 정의

'위험물안전관리법'상 위험물은 인화성 또는 발화성 등의 성질을 가지는 것으로서 대통령령이 정하는 물품으로 정의한다. 또한 화학적, 물리적 성격에 따라 제1류에서 제6류까지 구분하고 각 유별로 품명과 지정수량을 명시하고 있다.

2 지정수량

1. 지정수량

위험물의 종류별로 위험성을 고려하여 대통령령이 정하는 수량으로서 제조소등의 설치허가 등에 있어서 기준이 되는 최저의 수량

> **참고** 지정수량의 표시 : 고체(kg), 액체(L) 단, 제6류 위험물의 액체(kg)

2. 2품명 이상의 지정수량 배수 환산 방법

$$\frac{\text{A품명 저장수량}}{\text{A품명의 지정수량}} + \frac{\text{B품명 저장수량}}{\text{B품명의 지정수량}} + \cdots = \text{배수 환산값}$$

> **참고** 환산값의 합계가 1 이상이 되면 지정수량 이상의 위험물로 본다.
> • 환산값 1 이상의 위험물 : 위험물 안전관리법 규제
> • 환산값 1 미만의 소량 위험물 : 시·도 조례 규제

3 위험물의 종류별 특성

(1) **제1류 위험물** : 산화성 고체

(2) **제2류 위험물** : 가연성 고체

(3) **제3류 위험물** : 자연발화성 및 금수성 물질

(4) **제4류 위험물** : 인화성 액체

(5) **제5류 위험물** : 자기반응성 물질

(6) **제6류 위험물** : 산화성 액체

4 유별을 달리하는 위험물의 혼재 기준

구분	제1류	제2류	제3류	제4류	제5류	제6류
제1류		×	×	×	×	○
제2류	×		×	○	○	×
제3류	×	×		○	×	×
제4류	×	○	○		○	×
제5류	×	○	×	○		×
제6류	○	×	×	×	×	

비고 : 1. ×표는 혼재하는 것이 금지되어 있다.

　　　2. ○표는 혼재해도 상관없다.

　　　3. 이 표는 지정수량의 10분의 1 이하의 위험물은 적용하지 아니한다.

참고 서로 혼재 운반 가능한 위험물(꼭 암기할 것)★★★★

　• ④와 ②, ③　　　　　• ⑤와 ②, ④　　　　　• ⑥과 ①

5 위험물 및 지정수량 (제2조 및 제3조 관련)

위험물			지정수량
유별	성질	품명	
제1류	산화성 고체	1. 아염소산염류	50킬로그램
		2. 염소산염류	50킬로그램
		3. 과염소산염류	50킬로그램
		4. 무기과산화물	50킬로그램
		5. 브롬산염류	300킬로그램
		6. 질산염류	300킬로그램
		7. 요오드산염류	300킬로그램
		8. 과망간산염류	1,000킬로그램
		9. 중크롬산염류	1,000킬로그램
		10. 그 밖에 행정안전부령으로 정하는 것 11. 제1호 내지 제10호의 1에 해당하는 어느 하나 이상을 함유한 것	50킬로그램, 300킬로그램 또는 1,000킬로그램

위험물			지정수량
유별	성질	품명	
제2류	가연성고체	1. 황화린	100킬로그램
		2. 적린	100킬로그램
		3. 유황	100킬로그램
		4. 철분	500킬로그램
		5. 금속분	500킬로그램
		6. 마그네슘	500킬로그램
		7. 그 밖에 행정안전부령으로 정하는 것 8. 제1호 내지 제7호의 1에 해당하는 어느 하나 이상을 함유한 것	100킬로그램 또는 500킬로그램
		9. 인화성 고체	1,000킬로그램
제3류	자연발화성 물질 및 금수성 물질	1. 칼륨	10킬로그램
		2. 나트륨	10킬로그램
		3. 알킬알루미늄	10킬로그램
		4. 알킬리튬	10킬로그램
		5. 황린	20킬로그램
		6. 알칼리금속(칼륨 및 나트륨을 제외한다) 및 알칼리토금속	50킬로그램
		7. 유기금속화합물(알킬알루미늄 및 알킬리튬을 제외한다)	50킬로그램
		8. 금속의 수소화물	300킬로그램
		9. 금속의 인화물	300킬로그램
		10. 칼슘 또는 알루미늄의 탄화물	300킬로그램
		11. 그 밖에 행정안전부령으로 정하는 것 12. 제1호 내지 제11호의 1에 해당하는 어느 하나 이상을 함유한 것	10킬로그램, 20킬로그램, 50킬로그램 또는 300킬로그램
제4류	인화성 액체	1. 특수인화물		50리터
		2. 제1석유류	비수용성 액체	200리터
			수용성 액체	400리터
		3. 알코올류		400리터
		4. 제2석유류	비수용성 액체	1,000리터
			수용성 액체	2,000리터
		5. 제3석유류	비수용성 액체	2,000리터
			수용성 액체	4,000리터
		6. 제4석유류		6,000리터
		7. 동식물유류		10,000리터

위험물			지정수량
유별	성질	품명	
제5류	자기 반응성 물질	1. 유기과산화물	10킬로그램
		2. 질산에스테르류	10킬로그램
		3. 니트로화합물	200킬로그램
		4. 니트로소화합물	200킬로그램
		5. 아조화합물	200킬로그램
		6. 디아조화합물	200킬로그램
		7. 히드라진 유도체	200킬로그램
		8. 히드록실아민	100킬로그램
		9. 히드록실아민염류	100킬로그램
		10. 그 밖에 행정안전부령으로 정하는 것 11. 제1호 내지 제10호의 1에 해당하는 어느 하나 이상 을 함유한 것	10킬로그램, 100킬로그램 또는 200킬로그램
제6류	산화성 액체	1. 과염소산	300킬로그램
		2. 과산화수소	300킬로그램
		3. 질산	300킬로그램
		4. 그 밖에 행정안전부령으로 정하는 것	300킬로그램
		5. 제1호 내지 제4호의 1에 해당하는 어느 하나 이상을 함유한 것	300킬로그램

비고
1. '산화성 고체'라 함은 고체[액체(1기압 및 섭씨 20도에서 액상인 것 또는 섭씨 20도 초과 섭씨 40도 이하에서 액상
   인 것을 말한다. 이하 같다)또는 기체(1기압 및 섭씨 20도에서 기상인 것을 말한다)외의 것을 말한다. 이하 같다]로
   서 산화력의 잠재적인 위험성 또는 충격에 대한 민감성을 판단하기 위하여 소방청장이 정하여 고시(이하 '고시'라
   한다)하는 시험에서 고시로 정하는 성질과 상태를 나타내는 것을 말한다. 이 경우 '액상'이라 함은 수직으로 된 시
   험관(안지름 30밀리미터, 높이 120밀리미터의 원통형유리관을 말한다)에 시료를 55밀리미터까지 채운 다음 당해
   시험관을 수평으로 하였을 때 시료액면의 선단이 30밀리미터를 이동하는데 걸리는 시간이 90초 이내에 있는 것
   을 말한다.
2. '가연성 고체'라 함은 고체로서 화염에 의한 발화의 위험성 또는 인화의 위험성을 판단하기 위하여 고시로 정하는
   시험에서 고시로 정하는 성질과 상태를 나타내는 것을 말한다.
3. 유황은 순도가 60중량퍼센트 이상인 것을 말한다. 이 경우 순도측정에 있어서 불순물은 활석 등 불연성물질과 수
   분에 한한다.
4. '철분'이라 함은 철의 분말로서 53마이크로미터의 표준체를 통과하는 것이 50중량퍼센트 미만인 것은 제외한다.
5. '금속분'이라 함은 알칼리금속·알칼리토류금속·철 및 마그네슘외의 금속의 분말을 말하고, 구리분·니켈분 및
   150마이크로미터의 체를 통과하는 것이 50중량퍼센트 미만인 것을 제외한다.
6. 마그네슘 및 제2류 제8호의 물품중 마그네슘을 함유한 것에 있어서는 다음에 해당하는 것은 제외한다.
   가. 2밀리미터의 체를 통과하지 아니하는 덩어리 상태의 것
   나. 직경 2밀리미터 이상의 막대 모양의 것

7. 황화린·적린·유황 및 철분은 제2호의 규정에 의한 성상이 있는 것으로 본다.

8. '인화성 고체'라 함은 고형알코올 그 밖에 1기압에서 인화점이 섭씨 40도 미만인 고체를 말한다.

9. '자연발화성물질 및 금수성물질'이라 함은 고체 또는 액체로서 공기 중에서 발화의 위험성이 있거나 물과 접촉하여 발화하거나 가연성가스를 발생하는 위험성이 있는 것을 말한다.

10. 칼륨·나트륨·알킬알루미늄·알킬리튬 및 황린은 제9호의 규정에 의한 성상이 있는 것으로 본다.

11. '인화성 액체'라 함은 액체(제3석유류, 제4석유류 및 동식물유류에 있어서는 1기압과 섭씨 20도에서 액상인 것에 한한다)로서 인화의 위험성이 있는 것을 말한다.

12. '특수인화물'이라 함은 이황화탄소, 디에틸에테르 그 밖에 1기압에서 발화점이 섭씨 100도 이하인 것 또는 인화점이 섭씨 영하 20도 이하이고 비점이 섭씨 40도 이하인 것을 말한다.

13. '제1석유류'라 함은 아세톤, 휘발유 그 밖에 1기압에서 인화점이 섭씨 21도 미만인 것을 말한다.

14. '알코올류'라 함은 1분자를 구성하는 탄소원자의 수가 1개부터 3개까지인 포화1가 알코올(변성알코올을 포함한다)을 말한다. 다만, 다음에 해당하는 것은 제외한다.

  가. 1분자를 구성하는 탄소원자의 수가 1개 내지 3개의 포화1가 알코올의 함유량이 60중량퍼센트 미만인 수용액

  나. 가연성 액체량이 60중량퍼센트 미만이고 인화점 및 연소점이 에틸알코올 60중량퍼센트 수용액의 인화점 및 연소점을 초과하는 것

15. '제2석유류'라 함은 등유, 경유 그 밖에 1기압에서 인화점이 섭씨 21도 이상 70도 미만인 것을 말한다. 다만, 도료류 그 밖의 물품에 있어서 가연성 액체량이 40중량퍼센트 이하이면서 인화점이 섭씨 40도 이상인 동시에 연소점이 섭씨 60도 이상인 것은 제외한다.

16. '제3석유류'라 함은 중유, 클레오소트유 그 밖에 1기압에서 인화점이 섭씨 70도 이상 섭씨 200도 미만인 것을 말한다. 다만, 도료류 그 밖의 물품은 가연성 액체량이 40중량퍼센트 이하인 것은 제외한다.

17. '제4석유류'라 함은 기어유, 실린더유 그 밖의 1기압에서 인화점이 섭씨 200도 이상 섭씨 250도 미만의 것을 말한다. 다만 도료류 그 밖의 물품은 가연성 액체량이 40증량퍼센트 이하인 것은 제외한다.

18. '동식물유류'라 함은 동물의 지육 등 또는 식물의 종자나 과육으로부터 추출한 것으로서 1기압에서 인화점이 섭씨 250도 미만인 것을 말한다. 다만, 법 제20조제1항의 규정에 의하여 행정안전부령으로 정하는 용기기준과 수납·저장기준에 따라 수납되어 저장·보관되고 용기의 외부에 물품의 통칭명, 수량 및 회기엄금(화기엄금과 동일한 의미를 갖는 표시를 포함한다)의 표시가 있는 경우를 제외한다.

19. '자기반응성 물질'이라 함은 고체 또는 액체로서 폭발의 위험성 또는 가열분해의 격렬함을 판단하기 위하여 고시로 정하는 시험에서 고시로 정하는 성질과 상태를 나타내는 것을 말한다.

20. 제5류 제11호의 물품에 있어서는 유기과산화물을 함유하는 것 중에서 불활성 고체를 함유하는 것으로서 다음에 해당하는 것은 제외한다.

  가. 과산화벤조일의 함유량이 35.5중량퍼센트 미만인 것으로서 전분가루, 황산칼슘2수화물 또는 인산1수소칼슘2수화물과의 혼합물

  나. 비스(4클로로벤조일)퍼옥사이드의 함유량이 30중량퍼센트 미만인 것으로서 불활성고체와의 혼합물

  다. 과산화지크밀의 함유량이 40중량퍼센트 미만인 것으로서 불활성 고체와의 혼합물

  라. 1·4비스(2-터셔리부틸퍼옥시이소프로필)벤젠의 함유량이 40중량퍼센트 미만인 것으로서 불활성 고체와의 혼합물

  마. 시크로헥사놀퍼옥사이드의 함유량이 30중량퍼센트 미만인 것으로서 불활성고체와의 혼합물

21. '산화성 액체'라 함은 액체로서 산화력의 잠재적인 위험성을 판단하기 위하여 고시로 정하는 시험에서 고시로 정하는 성질과 상태를 나타내는 것을 말한다.

22. 과산화수소는 그 농도가 36중량퍼센트 이상인 것에 한하며, 제21호의 성상이 있는 것으로 본다.

23. 질산은 그 비중이 1.49 이상인 것에 한하며, 제21호의 성상이 있는 것으로 본다.

24. 위 표의 성질란에 규정된 성상을 2가지 이상 포함하는 물품(이하 이 호에서 '복수성상물품'이라 한다)이 속하는 품명은 다음 각목의 1에 의한다.

  가. 복수성상물품이 산화성고체의 성상 및 가연성고체의 성상을 가지는 경우 : 제2류제8호의 규정에 의한 품명(가연성 고체)

  나. 복수성상물품이 산화성고체의 성상 및 자기반응성물질을 성상을 가지는 경우: 제5류제11호의 규정에 의한 품명(자기반응성물질)

  다. 복수성상물품이 가연성고체의 성상과 자연발화성물질의 성상 및 금수성물질의 성상을 가지는 경우 : 제3류제12호의 규정에 의한 품명(자연발화성물질 및 금수성물질)

  라. 복수성상물품이 자연발화성물질의 성상, 금수성물질의 성상 및 인화성액체의 성상을 가지는 경우 : 제3류제12호의 규정에 의한 품명(자연발화성물질 및 금수성물질)

  마. 복수성상물품이 인화성액체의 성상 및 자기반응성물질의 성상을 가지는 경우 : 제5류제11호의 규정에 의한 품명(자기반응성 물질)

25. 위 표의 지정수량란에 정하는 수량이 복수로 있는 품명에 있어서는 당해 품명이 속하는 유(類)의 품명 가운데 위험성의 정도가 가장 유사한 품명의 지정수량란에 정하는 수량과 같은 수량을 당해 품명의 지정수량으로 한다. 이 경우 위험물의 위험성을 실험·비교하기 위한 기준은 고사로 정할 수 있다.

26. 위 표의 기준에 따라 위험물을 판정하고 지정수량을 결정하기 위하여 필요한 실험은 「국가표준기본법」 제23조에 따라 인정을 받은 시험·검사기관, 「소방산업의 진흥에 관한 법률」 제23조에 따라 한국소방산업기술원, 중앙소방학교 또는 소방청장이 지정하는 기관에서 실시할 수 있다. 이 경우 실험결과에는 실험한 위험물에 해당하는 품명과 지정수량이 포함되어야 한다.

> **참고** 복수성상 유별 우선 순위 : 1류 〈 2류 〈 4류 〈 3류 〈 5류
>   • 1류 + 2류 = 2류
>   • 1류 + 5류 = 5류
>   • 2류 + 3류 = 3류
>   • 3류 + 4류 = 3류
>   • 4류 + 5류 = 5류

제1류 위험물(산화성 고체)

1 제1류 위험물의 종류 및 지정수량

성질	위험등급	품명[주요품목]	지정수량
산화성 고체	I	1. 아염소산염류[$NaClO_2$, $KClO_2$, $Ca(ClO_2)_2$]	50kg
		2. 염소산염류[$NaClO_3$, $KClO_3$, NH_4ClO_3]	
		3. 과염소산염류[$KClO_4$, $NaClO_4$, NH_4ClO_4]	
		4. 무기과산화물[Na_2O_2, K_2O_2, MgO_2, BaO_2]	
	II	5. 브롬산염류[$KBrO_3$, $NaBrO_3$]	300kg
		6. 질산염류[KNO_3, $NaNO_3$, NH_4NO_3, $AgNO_3$]	
		7. 요오드산염류[KIO_3, $NaIO_3$]	
	III	8. 과망간산염류[$KMnO_4$, $NaMnO_4$]	1000kg
		9. 중크롬산염류[$K_2Cr_2O_7$, $Na_2Cr_2O_7$]	
	I~III	10. 그 밖에 행정안전부령이 정하는것[CrO_3, KIO_4, $NaNO_2$ 등] 11. 1~10호의 하나 이상을 함유한것	50kg, 300kg 또는 1000kg

2 제1류 위험물의 개요

1. 공통 성질

① 일반적으로 불연성이고 다른 물질을 산화시킬 수 있는 산소를 포함하고 있는 산화성 고체로서 강산화제이다.

② 대부분이 무색 결정 또는 백색 분말로서 비중은 1보다 크고 수용성인 것이 많다.

③ 반응성이 풍부하고 과열, 타격, 충격, 마찰 및 다른 화합물(특히 환원성 물질)과의 접촉 등으로 분해하여, 발생한 산소가 연소를 돕는 지연성 물질로서 폭발 위험성이 있다.

④ 가연물과 혼합할 경우 격렬하게 연소 또는 폭발성이 있다.

⑤ 알칼리금속의 과산화물은 물과 반응하여 산소를 발생한다.

⑥ 대부분 무기화합물이며 유독성과 부식성이 있다.

2. 저장 및 취급시 유의사항★★★

① 가열, 충격, 마찰을 피하고 분해를 촉진하는 화합물과의 접촉을 피한다.

② 직사광선을 피하고 환기가 잘되는 찬 곳에 저장하되 열원, 산화되기 쉬운 물질(환원제)로부터 격리하고 화재 위험이 있는 장소에서 멀리 저장한다.

③ 용기 등에 수납해 있는 것은 용기 등의 파손을 막고 위험물이 새어 나가지 않도록 하며 특히 대부분 조해성을 가지므로 습기를 방지하도록 밀전하여 냉암소에 저장할 것

④ 다른 약품류나 강산류 및 가연물과의 접촉을 피할 것

3. 소화 방법★★★

① 산화성 고체는 자체 내에 산소를 함유하고 있으므로 외기의 산소를 차단하는 질식소화는 효과가 없으며 따라서 분해온도 이하로 낮추어 소화하는 냉각소화의 방법으로 다량의 물을 사용한다.

② 무기과산화물류 중 알칼리금속의 과산화물은 제3류 위험물과 같이 물과 반응하여 발열하므로 마른모래 등의 질식소화 방법을 쓴다(단, 주수소화는 절대 엄금).

③ 연소시 산화성이 강한 물질로서 많은 산소가 발생하여 격렬한 연소현상이 일어나므로 소화작업시 안전거리 확보 후 보안경 등 보호장구를 착용할 것

3 제1류 위험물의 종류 및 일반성상

1. 아염소산염류 [지정수량 : 50kg] : $M'ClO_2$ (M′는 +1가 금속)

아염소산 $HClO_2$의 수소가 금속 또는 다른 양 이온으로 치환된 형태의 염을 아염소산염이라 하고 이들의 염을 총칭하여 아염소산 염류라 한다. 가열이나 충격에 폭발하고 서서히 가열하면 염화물과 염소산 염의 혼합물이 되고 일반적으로 물에 잘 녹는 수용성이다.

(1) 아염소산나트륨($NaClO_2$) → 아염소산소다

1) 일반 성질

① 분자량 90.5, 무색의 결정성 분말로서 조해성이 있고 물에 잘 녹으며 무수염은 안정하다.

② 분해온도는 무수물일 때 350℃, 수분이 있을 경우는 120~140℃에서 분해한다.

$$3NaClO_2 \longrightarrow 2NaClO_3 + NaCl \qquad\qquad NaClO_3 \longrightarrow NaClO + O_2\uparrow$$

③ 산과 접촉시 분해하여 이산화염소(ClO_2)의 유독가스를 발생시킨다.

$$3NaClO_2 + 2HCl \longrightarrow 3NaCl + 2ClO_2\uparrow + H_2O_2$$

④ 암모니아, 아민류, 유기물질 등과 반응하여 폭발성 물질을 생성하고, 유황, 금속분(Al, Mg) 등의 환원성을 가진 물질과 혼촉시 발화한다.

$$4Al + 3NaClO_2 \longrightarrow 2Al_2O_3 + 3NaCl$$

⑤ 강산화제로서 산화력이 매우 크고 단독으로 폭발을 일으킨다.

2) 저장 및 취급시 주의사항

① 비교적 안정하나 유기물, 금속분 등 환원성 물질과 격리한다.

② 습기에 주의하여 밀봉 밀전하고 통풍이 잘되는 냉암소에 저장한다.

3) 소화 방법 : 화재시 초기에는 포, 분말로 유효하나 다량의 물로 주수소화가 좋으며 소량의 물은 폭발의 위험이 있다.

4) 용도 : 펄프의 표백, 염색, 폭약의 기폭제 등에 사용한다.

(2) 아염소산칼륨($KClO_2$)

① 분자량 106, 백색의 침상 결정 또는 결정성 분말로서 조해성이 있고 물에 잘 녹는다.

② 가열하면 160℃에서 분해하여 산소를 발생하고 열, 일광 및 충격으로 폭발의 위험이 있다.

③ 황린, 유황 및 황화합물, 목탄분과 혼합할 경우 발화 폭발의 위험이 있다.

④ 기타는 $NaClO_2$에 준한다.

2. 염소산염류 [지정수량 : 50kg]

염소산($HClO_3$)의 수소(H)가 금속 또는 다른 양이온으로 치환된 화합물을 염소산염이라 한다. 일반적으로 무색의 결정이며 녹는점 이상의 온도에서 분해되어 산소를 발생하며 가열, 충격 또는 강산과 혼합할 경우 폭발하고 황(S), 숯, 인(P), 마그네슘(Mg), 알루미늄(Al) 등의 분말이나 차아인산염, 유기물질 기타 산화성 물질과 혼합되면 연소 또는 폭발을 일으킨다.

(1) 염소산칼륨($KClO_3$)★★★

별명	염소산칼리 염산칼리 클로르산칼리	분자량	123.5	융점	368.4(℃)
		비중	2.32	분해온도	400(℃)
				용해도	7.2(20℃)

1) 일반 성질★★★

① 광택이 있는 무취, 무색의 결정(단사정계 결정) 또는 백색의 분말이다.

② 냉수, 알코올에는 잘 녹지 않으나 온수 및 글리세린에 잘 녹으며 찬맛이 있고 유독하다.

③ 강력한 산화제로 가연성 물질과 혼합되면 폭발물을 형성한다.

④ 400℃ 부근에서 분해를 시작해서 540~560℃에서 과염소산으로 분해하여 염화칼륨과 산소를 방출한다.

$$2KClO_3 \longrightarrow KCl + KClO_4 + O_2 \uparrow$$

$$KClO_4 \longrightarrow KCl + 2O_2 \uparrow$$

$$\therefore 2KClO_3 \longrightarrow 2KCl + 3O_2 \uparrow$$

⑤ 가연물과 혼재시 약간의 자극으로 폭발하며 강산화성 물질(유황, 적인, 목탄, 암모니아, 유기물), 분해 촉매인 중금속염 및 강산의 혼합은 폭발 위험이 있다.

⑥ 이산화망간(MnO_2) 등의 촉매 존재시 분해를 촉진시켜 산소를 방출하여 다른 가연물의 연소를 촉진한다(완전분해시 온도 : 200℃).

$$2KClO_3 \xrightarrow[200℃]{MnO_2} 2KCl + 3O_2 \uparrow$$

⑦ 황산 등의 산과 반응하여 이산화염소(ClO_2)를 발생하고 발열폭발위험이 있다.

$$6KClO_3 + 3H_2SO_4 \longrightarrow 3K_2SO_4 + 2HClO_4 + 4ClO_2 \uparrow + 2H_2O + 열$$

⑧ 혈액에 작용하여 독작용을 한다.

> **참고** 염소산칼륨은 낙구식 타격 감소시험의 표준물질에 사용된다.

2) 저장 및 취급 방법
① 용기의 파손을 막고 환기가 잘 되는 냉암소에 밀봉하여 저장할 것
② 저장소는 열원이나 산화되기 쉬운 물질과 강산, 금속분말류, 환원제 등과 혼합을 피할 것
③ 가열, 충격, 마찰, 분해를 촉진시키는 약품과의 접촉을 피할 것

3) 소화 방법 : 다량의 주수소화

4) 용도 : 성냥, 폭약 제조, 의약품, 염색, 살충제 등

(2) 염소산나트륨($NaClO_3$)

별명	염소산 소다 클로르산 소다 염조	분자량	106.5	융점	240(℃)
		비중	2.5	분해온도	300(℃)
				용해도	101(20℃)

1) 일반 성질
① 무색 무취의 입방정계 주상 결정으로 알코올, 물, 글리세린, 에테르에 잘 녹는다.
② 조해성이 큰 강한 산화제로서 철재를 잘 부식시킨다.
③ 300℃ 정도에서 분해하기 시작하여 산소를 발생한다.

$$2NaClO_3 \xrightarrow{300℃} 2NaCl + 3O_2 \uparrow$$

④ 산 또는 분해 반응시 독성과 폭발성이 강한 이산화염소(ClO_2)를 발생한다.

$$2NaClO_3 + 2HCl \longrightarrow 2NaCl + 2ClO_2 \uparrow + H_2O_2$$

$$3NaClO_3 \longrightarrow NaClO_4 + Na_2O + 2ClO_2 \uparrow$$

⑤ 흡습성이 있기 때문에 섬유, 나무, 먼지 등에 흡수되기 쉽다.

⑥ 분진이 있는 대기중에 오래 있으면 피부, 점막, 눈을 다치게 되며 다량 섭취(15~30g 정도) 때는 위험하다.

⑦ 암모니아, 아민류등과 반응시 혼촉발화, 폭발성 물질을 형성한다.

2) 저장 및 취급 방법

① 가열, 충격, 마찰을 피하고 분해시키기 쉬운 약품류와의 접촉을 피한다.

② 철을 부식시키므로 철재 용기는 사용하지 못한다.

③ 조해성이 크므로 습기에 주의하고 환기가 잘되는 냉암소에 보관한다.

3) 소화 방법 : 다량의 주수소화

4) 용도 : 제초제, 폭약, 성냥, 불꽃, 의약품 등에 사용

(3) 염소산암모늄(NH_4ClO_3)

별명	염소산 암몬	분자량	101.5
분해온도	100(℃)	비중	1.8(20℃)

1) 일반 성질

① 무색의 결정으로 폭발성, 조해성, 금속부식성이 있으며, 수용액은 산성이다.

② 산화기 $[ClO_3]^-$와 폭발기 $[NH_4]^+$의 결합으로 큰 폭발성을 가지고 있다.

③ 100℃에서 분해폭발하여 다량의 기체를 발생한다.

$$2NH_4 ClO_3 \xrightarrow{100℃} N_2 + Cl_2 + 4H_2O + O_2$$

2) 저장·취급 및 소화 방법 : 염소산칼륨($KClO_3$)에 준한다.

(4) 기타 염소산염

염소산은[$AgClO_3$], 염소산납[$Pb(ClO_3)_2H_2O$], 염소산아연[$Zn(ClO_2)_2$], 염소산바륨[$Ba(ClO_3)_2$] 등이 있다.

3. 과염소산염류 [지정수량 : 50kg]

과염소신($HClO_4$)의 수소를 금속 또는 양이온으로 치환된 형태의 화합물을 과염소산염이라 하며 이 염들을 총칭하여 과염소산 염류라 한다. 대부분 물과 유기용매에 녹는 것이 많고 무색, 무취의 결정성 분말로서 다른 물질의 연소를 촉진시키고 경우에 따라서는 폭발한다.

(1) 과염소산칼륨(KClO₄)★★

별명	과염소산 칼리	분자량	138.5	융점	610℃
		비중	2.52	분해온도	400℃
				용해도	1.8(20℃)

1) 일반 성질

① 무색, 무취의 사방정계 결정 또는 백색분말로서 불연성의 강산화제이다.

② 물에 녹기 힘들며 알코올, 에테르 등에도 녹지 않는다.

③ 수산화나트륨(NaOH)과는 안정하다.

④ 가열하면 400℃에서 분해가 시작되어 610℃에서는 완전분해가 되며 산소를 방출한다.

   (촉매 : MnO₂ 존재시 분해가 촉진되어 낮은 온도에서 분해됨)

$$KClO_4 \xrightarrow{610℃} KCl + 2O_2 \uparrow$$

⑤ 진한 황산과 접촉하면 폭발성 가스를 생성하여 폭발할 위험이 있다.

⑥ 인, 유황, 목탄, 금속분, 유기물 등과 혼합할 경우 가열, 충격, 마찰에 의하여 폭발한다.

2) 저장 및 취급 방법

① 진한 황산과 반응하면 폭발하기 때문에 황산을 멀리한다.

② 인(P), 황(S), 마그네슘(Mg), 알루미늄(Al)과 같이 저장할 수 없다.

③ 염소산염류와 같이 서늘한 곳, 통풍이 잘되는 곳에 저장한다.

3) 소화 방법 : 다량의 주수소화

4) 용도 : 폭약, 불꽃, 산화제, 시약, 의약 등

(2) 과염소산나트륨(NaClO₄)

별명	과염소산 소다	분자량	122.5	융점	482(℃)
용해도	170(20℃)	비중	2.5	분해온도	400(℃)

1) 일반 성질

① 무색, 무취이며 사방정계 결정 또는 백색분말로 조해성이 있는 불연성인 산화제이다.

② 물, 알코올, 아세톤에는 잘 녹으나 에테르에는 녹지 않는다.

③ 400℃에서 분해하여 산소를 발생하고 촉매로 MnO₂ 존재시 분해가 촉진되어 130℃에서도 분해가 된다.

$$NaClO_4 \xrightarrow{400℃} NaCl + 2O_2 \uparrow$$

④ 유기물 또는 가연물 등이 혼합시 가열, 충격, 마찰 등에 의해 폭발 위험성이 크다.

⑤ 가연성 분말, 히드라진, 비소, 유기물 등의 가연물과 혼합시 착화로 인해 급격히 연소를 일으키며 충격, 마찰 등에 의해 폭발 위험이 있다.

⑥ 상온에서 종이 등과 습기 또는 직사광선을 받으면 발화의 위험이 있다.

2) 저장·취급 및 소화 방법 : 과염소산칼륨에 준한다.

3) 용도 : 폭약, 나염염색, 산화제, 의약 등

(3) 과염소산암모늄(NH_4ClO_4)

별명	과염소산 암몬	분자량	117.5
분해온도	130(℃)	비중	1.87(20℃)

1) 일반 성질

① 무색, 무취의 결정 또는 백색분말로 조해성이 있는 불연성인 산화제이다.

② 물, 알코올, 아세톤에는 잘 녹으나 에테르에는 녹지 않는다.

③ 상온에서 비교적 안정하나 130℃에서 분해하기 시작하여 약 300℃ 부근에서 급격히 분해 폭발 위험이 있으며, 촉매로 MnO_2 존재시 분해가 촉진된다.

$$2NH_4ClO_4 \longrightarrow N_2 + Cl_2 + 2O_2 + 4H_2O$$

④ 강산과 접촉하거나 산화성 물질 또는 가연성 물질 등과 혼합하면 폭발의 위험이 있다.

$$NH_4ClO_4 + H_2SO_4 \longrightarrow NH_4HSO_4 + HClO_4$$

2) 저장·취급 및 소화 방법 : 과염소산칼륨에 준한다.

3) 용도 : 폭약, 성냥, 불꽃놀이 화약 등

(4) 기타 과염소산염 : 과염소산마그네슘[$Mg(ClO_4)_2$], 과염소산바륨[$Ba(ClO_4)_2$], 과염소산리튬 [$LiClO_4 \cdot 8H_2O$], 과염소산루비듐[$RbClO_4$] 등이 있다.

4. 무기과산화물류 [지정수량 : 50kg]

• 무기화산화물이란 과산화수소(H_2O_2)의 수소이온과 다른 금속으로 치환된 화합물로서 분자속에 '$-O-O-$'를 갖는 물질을 말한다.

• 무기과산화물 자체는 연소성이 없으나 유기물등과 반응하여 산소를 발생하고 특히, 알칼리금속(Li, Na, K 등)의 무기과산화물은 물과 격렬하게 발열, 분해반응을 일으켜 다량의 산소를 발생하여 위험하므로 소화작업시 주수소화는 절대엄금이고 마른모래, 탄산소다(Na_2CO_3), 암석분 등으로 피복소화한다.

• 알칼리토금속(Mg, Ca, Ba 등)의 과산화물은 알칼리금속의 과산화물에 비해 물과 접촉시 반응
성이 낮아서 위험성이 작다.

(1) 과산화나트륨(Na_2O_2)★★★

별명	과산화 소다	분자량	78	융점 및 분해온도	460(℃)
		비중	2.8(20℃)	비점	657(℃)

1) 일반 성질★★

① 순수한 것은 백색이고 보통은 황백색의 정방정계 분말로 조해성이 강하다.

② 상온에서 물과 격렬히 분해반응하여 수산화나트륨과 산소가 된다.

$$2Na_2O_2 + 2H_2O \longrightarrow 4NaOH + O_2\uparrow$$

③ 탄화칼슘(CaC_2), 마그네슘 분말, 알루미늄 분말, 초산, 에테르 등과 혼합하면 발화 또는 폭발
의 위험이 있다.

④ 가연성 물질과 접촉시 발화하고, 피부에 접촉하면 피부 점막을 상하게 한다.

⑤ 공기중 탄산가스(CO_2)와 반응하여 산소(O_2)를 발생한다.

$$2CO_2 + 2Na_2O_2 \longrightarrow 2Na_2CO_3 + O_2\uparrow$$

⑥ 알코올에는 녹지 않으며, 묽은 산과 반응하여 과산화수소(H_2O_2)를 발생한다.

$$Na_2O_2 + 2HCl \longrightarrow 2NaCl + H_2O_2$$
$$Na_2O_2 + 2CH_3COOH \longrightarrow 2CH_3COONa + H_2O_2$$

⑦ 가열시 열분해하여 산화나트륨(Na_2O)과 산소(O_2)를 발생시킨다.

$$2Na_2O_2 \longrightarrow 2Na_2O + O_2\uparrow$$

⑧ 강산화제이며 금, 니켈을 제외한 다른 금속을 침식하여 산화물로 만든다.

2) 저장 및 취급 방법

① 가열, 충격, 마찰 등을 피하고, 유기물, 가연물, 황분, 알루미늄분 등의 혼입을 막는다.

② 위험물의 누출을 방지하고 용기는 수분이 들어가지 못하게 밀전 및 밀봉하여 냉암소에 보관
할 것

③ 물, 습기의 접촉시 강알칼리가 되어 피부나 의복을 부식시키므로 주의해야 한다.

3) 소화 방법 : 주수소화는 절대엄금, 마른모래(건조사), 암분 또는 건조 석회 등으로 질식소화가
좋다(이산화탄소는 효과 없음).

4) 용도 : 산화제, 표백제, 염색, 분석시험 등

(2) 과산화칼륨(K_2O_2)★★★

별명	과산화 칼리	분자량	110	융점	490(℃)
		비중	2.9(20℃)		

1) 일반 성질★★

① 무색 또는 오렌지색의 분말로서 에틸알코올에 용해하며, 흡습성 및 조해성이 강하다.

② 불연성이나 가열하면 열분해하여 산화칼륨(K_2O)과 산소(O_2)를 발생한다.

$$2K_2O_2 \longrightarrow 2K_2O + O_2\uparrow$$

③ 물과 접촉시 발열하고 수산화칼륨(KOH)과 산소(O_2)를 발생한다.

$$2K_2O_2 + 2H_2O \longrightarrow 4KOH + O_2\uparrow$$

④ 산과 반응시 과산화수소(H_2O_2)를 생성한다.

$$K_2O_2 + 2HCl \longrightarrow 2KCl + H_2O_2$$
$$K_2O_2 + 2CH_3COOH \longrightarrow 2CH_3COOK + H_2O_2$$

⑤ 공기중의 이산화탄소와 반응시 탄산칼륨(K_2CO_3)과 산소(O_2)를 발생한다.

$$2K_2O_2 + 2CO_2 \longrightarrow 2K_2CO_3 + O_2\uparrow$$

2) 저장 및 취급 방법

① 가열, 충격, 마찰 등을 피하고 유기물, 가연물, 황분, 알루미늄분 등의 혼입을 막는다.

② 용기에 물과 수분이 들어가지 못하게 밀전 및 밀봉하여 통풍이 잘되게 보관한다.

③ 물과 작용하여 발열하고 다량일 경우 폭발의 위험성이 있다.

3) 소화 방법 : 물 사용시 연소면의 화재를 확대하므로 주수소화는 절대엄금이며 초기화재는 CO_2, 분말소화기로 소화한 후에 마른모래 또는 암분 등으로 덮어 질식소화를 한다.

4) 용도 : 살균제, 표백제, 염색, 제약 등

(3) 과산화마그네슘(MgO_2)★★

1) 일반 성질

① 백색 분말로서 물에 녹지 않으며 시판품은 15~25%의 MgO_2를 함유하고 있다.

② 가열하면 분해하여 산화마그네슘(MgO)과 산소(O_2)가 발생한다.

$$2MgO_2 \longrightarrow 2MgO + O_2\uparrow$$

③ 유기물, 환원제와 혼합시 마찰, 가열 및 충격에 의해 폭발 위험이 있다.

④ 습기나 물과 반응하여 발열하고, 수산화마그네슘[Mg[OH]$_2$]과 활성산소[O]를 발생하므로 특히 방습에 주의한다.

$$MgO_2 + H_2O \longrightarrow Mg(OH)_2 + [O]$$

⑤ 산에 녹아서 과산화수소(H_2O_2)를 발생한다.

$$MgO_2 + 2HCl \longrightarrow MgCl_2 + H_2O_2$$

2) 저장 및 취급 방법

① 물과 반응하는 성질이 있어 용기는 밀봉, 밀전할 것

② 산류를 멀리하고 가열, 충격을 피할 것

③ 유기물의 혼입이나 용기의 파손에 의한 누출이 없도록 주의할 것

3) 소화 방법 : 주수소화 또는 마른모래에 의한 피복소화(질식소화)가 효과적이다.

4) 용도 : 산화제, 표백제, 소독제, 의약 등

(4) 과산화칼슘(CaO_2)

별명	과산화 석회	분자량	72
분해온도	275(℃)	비중	1.70

1) 일반 성질

① 무정형 백색 분말이며 물에는 녹기 어렵다.

② 백색결정인 수화물($CaO_2 \cdot 8H_2O$)은 물에 조금 녹으며 온수에는 분해된다.

③ 에탄올, 에테르에는 녹지 않으나 산과 반응하여 H_2O_2를 생성한다.

$$CaO_2 + 2HCl \longrightarrow CaCl_2 + H_2O_2$$

④ 가열하면 100℃에서 결정수를 잃고 275℃에서 폭발적으로 산소를 방출하고 분해한다.

$$2CaO_2 \longrightarrow 2CaO + O_2\uparrow$$

2) 저장 및 취급 방법 : 과산화나트륨(Na_2O_2)에 준한다.

3) 소화 방법 : 주수소화 또는 마른모래에 의한 피복소화(질식소화)가 효과적이다.

(5) 과산화바륨(BaO_2)★★★

별명	과산화 중토	분자량	169	융점	450(℃)
	2 산화 중토	비중	4.958	분해온도	840(℃)

1) 일반 성질

① 정방정계 백색분말로서 무기과산화물 중 분해온도가 가장 높으며 알칼리토금속의 과산화물 중 가장 안정하다.

② 냉수에 약간 녹으나 알코올, 에테르, 아세톤에는 녹지 않는다.

③ 840℃로 가열하면 분해하여 산소(O_2)를 발생한다.

$$2BaO_2 \longrightarrow 2BaO + O_2\uparrow$$

④ 온수와 반응하여 수산화바륨과 산소를 발생한다.

$$2BaO_2 + 2H_2O \longrightarrow 2Ba(OH)_2 + O_2\uparrow$$

⑤ 산과 반응하여 과산화수소(H_2O_2)가 생성한다.

$$BaO_2 + H_2SO_4 \longrightarrow BaSO_4 + H_2O_2$$

⑥ CO_2와 반응하여 탄산염과 산소를 발생하고, 유기물과 접촉시 폭발한다.

$$2BaO_2 + 2CO_2 \longrightarrow 2BaCO_3 + O_2\uparrow$$

2) 저장 및 취급 방법 : 과산화나트륨에 준한다.

3) 소화 방법 : 건조사에 의한 피복소화, CO_2가스 등

4) 용도 : 표백제, 과산화수소 제조원료, 테르밋의 점화제, 시약 등

(6) 기타 무기과산화물 : 과산화리튬(Li_2O_2), 과산화루비듐(Rb_2O_2), 과산화세슘(CS_2O_2) 등이 있다.

참고 　무기과산화물의 특징

❶ 무기과산화물의 열분해 $\xrightarrow{\Delta}$ 산소(O_2) 발생

❷ 무기과산화물 + ┌ 물(H_2O) ┐ $\longrightarrow$ 산소(O_2) 발생
　　　　　　　 └ 이산화탄소(CO_2) ┘

　　※ 주수소화 및 CO_2 소화 : 절대엄금

❸ 무기과산화물+산(HCl, CH_3COOH 등) → 과산화수소(H_2O_2) 생성

---

5. 브롬(취소)산염류 [지정수량 : 300kg] : $M'BrO_3$

브롬산 ($HBrO_3$)의 수소(H)가 금속 또는 다른 양이온으로 치환된 화합물로 대부분 백색의 결정이며 물에 녹고 가열하면 분해하여 산소(O_2)를 발생한다.

(1) 브롬산칼륨($KBrO_3$)

별명	브롬산 칼리	분자량	167	융점	438℃
	취소산 칼륨	비중	3.27	용해도	3.11(0℃)

1) 일반 성질

① 백색 결정 또는 결정성 분말로 물에는 잘녹고 알코올에는 녹지 않는다.

② 370℃ 이상으로, 가열하면 분해되어 산소(O_2)를 발생한다.

$$2KBrO_3 \xrightarrow[\Delta]{400℃} 2KBr + 3O_2\uparrow$$

③ 황화합물, 나트륨, 마그네슘 및 알루미늄 분말, 이황화탄소, 에테르, 에탄올, 등유 등 다른 가연물과 혼촉 발화 위험이 있다.

④ 분진 흡입시 구토 및 위장 장애를 일으키고, 혈액과 반응하여 메타헤모글로빈을 만드므로 위험하다.

⑤ 염소산칼륨($KClO_3$)보다 안전하다.

2) 저장 및 취급 방법

① 분진을 조심하고, 습기와 열원을 멀리하고 밀봉, 밀전, 냉암소에 보관한다.

② 유기물과의 혼합 및 혼재를 엄금한다.

3) 소화 방법 : 초기소화시 물, CO_2 분말소화기가 유효하나 기타의 경우 다량의 주수소화(냉각소화)가 적당하다.

4) 용도 : 표백제, 분석시약, 의약 등

(2) 브롬산나트륨($NaBrO_3$)

1) 일반 성질

① 무색 결정이고 물에 잘 녹는다.

② 비중 3.3, 융점 381(℃), 분자량 151이다.

2) 저장·취급 및 소화 방법 : 브롬산칼륨에 준한다.

(3) 브롬산아연[$Zn(BrO_3)_2 6H_2O$]

1) 일반 성질

① 무색 결정이며 비중 2.56 , 융점 100℃, 분자량 429.4이다.

② 가연물과 혼합되었을 경우 폭발적으로 연소한다.

③ 물, 에탄올, 이황화탄소, 클로로포름에 잘 녹는다.

2) 저장·취급 및 소화 방법 : 브롬산칼륨에 준한다.

(4) 브롬산마그네슘[$Mg(BrO_3)_2 6H_2O$]

1) 일반 성질

① 무색, 백색 결정으로 물에 잘 녹는다.

② 200℃에서 무수물이 되며, 가열하면 분해하여 산소 및 브롬 증기를 발생한다.

$$2Mg(BrO_3)_2 \xrightarrow[\Delta]{200℃} 2MgO + 2Br_2\uparrow + 5O_2\uparrow$$

2) 저장·취급 및 소화 방법 : 브롬산칼륨에 준한다.

(5) 기타 : 브롬산바륨[$Ba(BrO_3)_2 \cdot H_2O$], 브롬산납[$Pb(BrO_3)_2 \cdot H_2O$], 브롬산암모늄[NH_4BrO_3] 등이 있다.

6. 질산염류 [지정수량 : 300kg]

- 질산(HNO_3)의 수소(H)를 금속 또는 다른 양이온으로 치환된 화합물이며, 강한 산화제이지만 염소산 염류나 과염소산 염류보다는 안정하고 금속에 대한 부식성은 없다.
- 대부분 무색, 백색의 결정 및 분말로서 물에 잘 녹으며 조해성이 강하고 가연물과 혼합하면 위험하다.
- 화약, 폭약의 원료에 사용되며, 질산칼륨은 낙구식 타격 강도 시험의 표준물질로 사용된다.
- 질산의 금속염은 가열하면 분해하여 산소(O_2)를 발생한다.

$$2MNO_3 \longrightarrow M_2O + N_2O_5 \longrightarrow M_2O + 2NO_2 + O \ [M : 금속]$$

(1) 질산칼륨(KNO_3)

별명	질산카리, 초석	분자량	101	융점	339(℃)
용해도	26(15℃)	비중	2.1	분해온도	400(℃)

1) 일반 성질★★

① 무색 또는 백색 결정 분말로 차가운 자극성의 짠맛과 산화성이 있다.

② 물, 글리세린 등에는 잘 녹으나 알코올에는 녹지 않고, 흑색화약의 원료로 사용한다.

③ 단독으로는 분해하지 않으나 가열하면 용융분해하여 산소(O_2)와 아질산칼륨(KNO_2)을 생성한다.

$$2KNO_3 \xrightarrow[\varDelta]{400℃} 2KNO_2 + O_2\uparrow$$

④ 강한 산화제이므로 가연성 분말이나 유기물과의 접촉, 또는 혼합시 폭발의 위험이 있다.

⑤ 흑색화약(질산칼륨＋유황＋목탄)의 원료로 가열, 충격, 마찰에 주의한다.

$$16KNO_3 + 3S + 21C \longrightarrow 13CO_2 + 3CO + 8N_2 + 5K_2CO_3 + K_2SO_4 + 2K_2S$$

⑥ 강산화제이므로 유황, 황린, 나트륨, 금속분, 에테르의 유기물 등과 혼촉 발화의 폭발 위험성이 있다.

2) 저장 및 취급 방법

① 유기물과 접촉을 피하고 밀폐, 건조한 냉암소에 보관할 것

② 가연물, 산류로부터 멀리하고 가열, 마찰, 충격을 피할 것

3) 소화 방법 : 다량의 주수소화(냉각소화), 대형화재시 비산할 위험이 있으므로 주의할 것

4) 용도 : 흑색화약, 불꽃놀이 원료, 유리청정제, 비료 등

(2) 질산나트륨(NaNO₃)

별명	질산소다, 칠레초석	분자량	85	융점	308(℃)
용해도	73(0℃)	비중	2.27	분해온도	380(℃)

1) 일반 성질

① 무색, 무취 투명한 결정 또는 백색 분말로서 강한 산화제이다.

② 물, 글리세린에 잘녹고 무수 알코올에는 녹지 않으며 조해성이 크고 흡습성이 강하므로 습도에 주의한다.

③ 380℃로 가열하면 열분해하여 아질산나트륨(NaNO₂)과 산소(O₂)를 생성한다.

$$2NaNO_3 \xrightarrow[\Delta]{380℃} 2NaNO_2 + O_2 \uparrow$$

④ 가연물, 유기물 또는 차아황산 나트륨과 함께 가열하면 폭발한다.

⑤ 강산화제로서 황산에 의해서 분해하고 질산을 유리시킨다.

⑥ 시안화화합물과 접촉시 발화하고, 티오황산나트륨과 함께 가열시 폭발한다.

2) 저장·취급 및 소화 방법 : 질산칼륨에 준한다.

3) 용도 : 유리(발포제), 비료, 염료, 열처리제 등

(3) 질산암모늄(NH₄NO₃)

별명	질산암모늄, 초안	분자량	80	융점	165(℃)
용해도	118.3(0℃)	비중	1.73	분해온도	220(℃)

1) 일반 성질

① 무색, 무취의 백색결정으로 조해성이 있고 물, 알코올, 알칼리에 잘 녹는다.

② 물에 녹을 경우에는 흡열반응을 하여 다량의 열을 흡수하므로 한제로 사용한다.

③ 급격히 가열시 산소(O₂)를 발생하고, 충격을 주면 단독으로 분해 폭발한다.

$$2NH_4NO_3 \longrightarrow 4H_2O + 2N_2 \uparrow + O_2 \uparrow$$

④ 약 220℃에서 가열하면 분해하여 아산화질소(N₂O)와 수증기(H₂O)를 발생시킨다.

$$NH_4NO_3 \xrightarrow[\Delta]{220℃} N_2O + 2H_2O$$

다시 계속 가열하면 폭발적으로 분해하여 질소(N₂)와 산소(O₂)를 발생시킨다.

$$2N_2O \longrightarrow 2N_2 \uparrow + O_2 \uparrow$$

⑤ 강력한 산화제로 혼합화약의 원료로 사용된다.

⑥ 상온에서 황산암모늄[$(NH_4)_2 SO_4$]과 혼합시 충격을 가하면 폭발 위험이 있고 수분존재하에 아연분과 혼합하면 연소의 위험성이 있다.

> **참고** AN-FO 폭약의 기폭제 : NH_4NO_3(94%) + 경유(6%) 혼합

2) 저장, 취급 및 소화 방법 : 질산칼륨에 준한다.

3) 용도 : 비료, 화학원료, 폭약, 불꽃 놀이, 살충제, 페니실린의 배양

(4) 질산은($AgNO_3$)

별명	초산은	분자량	170	융점	212(℃)
용해도	215(0℃)	비중	4.35	분해온도	450(℃)

1) 일반 성질

① 무색, 무취의 투명한 결정으로 물, 아세톤, 알코올, 글리세린에 잘 녹는다.

② 요오드 에틸시안과 혼합시 폭발성 물질이 생성되어 폭발의 위험성이 있다.

③ 450℃로 가열하면 분해하여 은(Ag)을 유리시키고 이산화질소(NO_2)와 산소(O_2)를 발생시킨다.

$$2AgNO_3 \xrightarrow{450℃} 2Ag + 2NO_2\uparrow + O_2\uparrow$$

2) 저장 및 취급 방법 : 가용성이고 햇빛에 의해 변질되므로 갈색병에 밀봉하여 냉암소에 보관한다.

3) 소화 방법 : 주수소화에 의한 냉각소화

4) 용도 : 사진필름의 감광제, 거울제조, 분석시약, 의약, 촉매 등

(5) 기타 질산염 : 질산바륨[$Ba(NO_3)_2$], 질산코발트[$Co(NO_3)_2$], 질산니켈[$Ni(NO_3)_2$], 질산카드뮴 [$Cd(NO_3)_2$], 질산납[$Pb(NO_3)_2$], 질산구리[$Cu(NO_3)_2$] 등이 있다.

7. 요오드산염류 [지정수량 : 300kg] : $M'IO_3$

- 옥소산(요오드산) HIO_3의 수소가 금속 또는 다른 양이온으로 치환된 형태의 화합물을 요오드 산염이라 하며 이 염을 총칭하여 요오드산 염류라 한다.

- 일반적으로 염소산염, 브롬산염보다 안정하나 산화력은 강하여 가연물, 유기물과 혼합하여 가 열, 충격 마찰에 의해 발화 폭발의 위험성이 있다.

(1) 요오드산칼륨(KIO₃)

별명	옥소산카리	분자량	214
융점	560(℃)	비중	3.89

1) 일반 성질

① 광택이 나는 무색의 결정성 분말로서 물, 진한 황산에는 녹지만 알코올에는 녹지 않는다.

② 융점 이상으로 가열하면 산소를 발생하고, 염소산 염류 및 브롬산염류보다 안정하다.

③ 유기물 ,가연물, 금속분, 인화성 액체류 등과 혼합하여 가열, 충격, 마찰에 의해 폭발한다.

2) 저장 및 취급 방법

① 가연물, 황화합물, 유기물 등과 분리 저장한다.

② 화기와 직사광선을 피하고 밀봉, 밀전하여 냉암소에 보관한다.

3) 소화 방법 : 초기소화시는 포, 분말소화제를 사용하고 기타의 경우는 다량의 주수소화(냉각 소화)한다.

4) 용도 : 침전제, 용량분석, 의약 분석시약 등

(2) 요오드산암모늄(NH₄IO₃)

1) 일반 성질

① 비중 3.3, 무색 결정으로 금속과 접촉시 심하게 분해한다.

② 150℃에서 가열 분해하여 암모니아(NH_3)와 산소(O_2)를 발생시킨다.

$$NH_4IO_3 \longrightarrow NH_3 \uparrow + I_2 + O_2 \uparrow$$

③ 유기물, 황린, 금속류(Na, K), 인화성 액체류 등과 혼촉시 폭발 위험이 있다.

2) 기타 : 요오드산칼륨에 준한다.

(3) 기타 요오드산염류 : 요오드산은[$AgIO_3$], 요오드산나트륨[$NaIO_3$], 요오드산바륨[$Ba(IO_3)_2$, H_2O], 요오드산칼슘[$Ca(IO_3)_2$ $6H_2O$], 요오드산아연[$Zn(IO_3)_2$] 등이 있다.

8. 삼산화크롬 [지정수량 : 300kg] : 무수크롬산 CrO₃

별명	무수크롬산 크롬산 무수물	분자량	100	융점	196(℃)
		비중	2.70	분해온도	250℃

1) 일반 성질

① 암적색 침상 결정으로 물, 에테르, 알코올, 황산에 잘 녹으며 독성이 강하다.

② 융점 이상으로 가열하면 250℃에서 분해하여 산소를 발생하고 산화크롬(Cr_2O_3)이 녹색으로 변한다.

$$4CrO_3 \xrightarrow[\Delta]{250℃} 2Cr_2O_3 + 3\,O_2\uparrow$$

③ 물과 격렬하게 발열반응을 하므로 산화하기 쉬운 가연물 등과 물이 접촉할 경우 발열 착화 위험이 있다.

④ 알코올, 벤젠, 에테르 등과 접촉시키면 순간적으로 발열 또는 발화한다.

⑤ 피부에 접촉시키면 강한 화상을 입는다.

2) 저장 및 취급 방법

① 가연물, 알코올, 물 또는 습기를 피하고 건조한 곳에 보관한다.

② 화기 및 직사광선을 피하고 밀봉 밀전하여 냉암소에 보관한다.

3) 소화 방법 : 마른모래(건조사)로 피복하여 질식소화

4) 용도 : 도료, 피혁연마, 합성촉매, 전지, 고무안료 등

> **참고** 소화시 용액의 접촉이나 분진의 흡수는 독성이 강하여 치명적 피해가 있으므로 주의한다.

9. 과망간산염류 [지정수량 : 1000kg]

과망간산($HMnO_4$)의 수소(H)가 다른 금속 또는 다른 양이온으로 치환된 물질로 보통 흑자색을 띠고 물에 잘 녹는다.

(1) 과망간산칼륨($KMnO_4$)★★

별명	과망간산카리 카메레온	분자량	158	융점	240(℃)
		비중	2.7	분해온도	240(℃)

1) 일반 성질★★

① 흑자색의 주상결정으로 물에 녹아서 진한 보라색을 나타내고 강한 산화력과 살균력이 있다.

> 3% 수용액 → 피부살균,   0.25%수용액 → 점막살균

② 240℃로 가열하면 분해하여 산소를 방출하고 이산화망간과 망간산칼륨(K_2MnO_4)을 생성한다.

$$2KMnO_4 \xrightarrow[\Delta]{240℃} K_2MnO_4 + MnO_2 + O_2\uparrow$$

③ 황화리과 접촉시 자연발화의 위험이 있으며, 목탄·황 등의 환원성 물질과 접촉시 가열, 충격에 폭발의 위험성이 있다.

④ 진한 황산, 알코올류, 에테르, 글리세린, 유기물, 가연물 등과 혼촉시 발화 및 폭발 위험성이 있다.

> ※ $KMnO_4$와 H_2SO_4의 반응
> • 묽은 황산 : $4KMnO_4 + 6H_2SO_4 \longrightarrow 2K_2SO_4 + 4MnSO_4 + 6H_2O + 5O_2\uparrow$
> • 진한 황산 : $2KMnO_4 + H_2SO_4 \longrightarrow K_2SO_4 + 2HMnO_4$ (폭발적 반응)

⑤ 고농도의 과산화수소(H_2O_2)와 접촉시 폭발위험이 있으며 아세톤, 메틸알코올, 빙초산에 잘 녹는다.

⑥ 염산과 반응하여 염소를 발생하며, 빛에 의하여 자연분해한다.

> $2KMnO_4 + 16HCl \longrightarrow 2KCl + 2MnCl_2 + 8H_2O + 5Cl_2\uparrow$

2) 저장 및 취급 방법

① 용기는 금속 또는 갈색의 유리병에 넣어 직사광선을 차단하고 냉암소에 저장한다.

② 황산, 알코올, 글리세린 등의 유기물 및 산, 가연물 등과 격리 저장한다.

③ 환원성 물질과 접촉 및 가열, 충격, 마찰을 피한다.

3) 소화 방법 : 다량의 주수소화 또는 마른모래(소량의 물은 용액의 확산으로 좋지 않다)

4) 용도 : 살균제, 의약품(무좀약 등), 사카린의 제조, 표백제, 특수사진 접착제, 촉매 등

(2) 과망간산나트륨($NaMnO_4$, $3H_2O$)

별명	과망간산 소다	분자량	142
분해온도	170(℃)	비중	2.47

1) 일반 성질

① 적자색 결정이며 물에 잘 녹고 조해성이 강하다.

② 융점 이상으로 가열하면 산소를 방출한다.

> $2NaMnO_4 \xrightarrow[\varDelta]{170℃ \text{ 이상}} Na_2MnO_4 + MnO_2 + O_2\uparrow$

2) 기타 : 과망간산칼륨에 준한다.

3) 용도 : 살균 소독제, 사카린 제조, 몰핀 등의 해독제

(3) 과망간산칼슘[$Ca(MnO_4)_2$ $4H_2O$]

1) 일반 성질 : 자색 결정이고, 수용성이며 비중이 2.4이다.

2) 기타 : 과망간산칼륨에 준한다.

3) 용도 : 살균제, 소독제, 산화제

(4) 과망간산암모늄(NH_4MnO_4)

흑자색 결정이며, 수용성이고 기타는 과망간산칼륨과 비슷하다.

10. 중크롬산염류 [지정수량 : 1000kg] : $M_2'Cr_2O_7$

중크롬산($H_2Cr_2O_7$)의 수소 원자를 금속 또는 양이온으로 치환한 화합물을 중크롬산염이라 하고 이 염을 총칭하여 중크롬산염류라 하며, 대체로 빨간색, 오렌지색 결정으로 용해도가 크고 산화력이 강하다.

(1) 중크롬산칼륨($K_2Cr_2O_7$)

별명	중크롬산 카리	분자량	294	융점	398(℃)
	이크롬산 카리	비중	2.69	분해온도	500(℃)

1) 일반 성질
① 등적색 결정 또는 분말로서 쓴맛, 금속성 맛, 독성이 있다.
② 흡습성이 있어 물에 잘녹으나 알코올에는 녹지 않는다.
③ 산성용액에서 강한 산화제로 산소를 발생시킨다.

$$K_2Cr_2O_7 + 4H_2SO_4 \longrightarrow K_2SO_4 + Cr_2(SO_4)_3 + 4H_2O + 3[O]$$

④ 부식성이 강하여 피부와 접촉시 점막을 자극하고 흡입시 기관지를 자극하며 중독의 위험성이 있다.
⑤ 500℃에서 가열시 산소(O_2)를 발생시키고, 산화크롬(Cr_2O_3)과 크롬산칼륨(K_2CrO_4)으로 분해된다.

$$4K_2Cr_2O_7 \xrightarrow[\Delta]{500℃} 4K_2CrO_4 + 2Cr_2O_3 + 3O_2 \uparrow$$

⑥ 수산화칼슘, 히드록실아민 황산 등과 혼촉시 발화, 폭발할 위험이 있다.
⑦ 단독으로는 안정하지만 가열하거나 유기물, 환원성 물질 및 가연물과 접촉시, 마찰, 가열하면 발화 및 폭발한다.

2) 저장 및 취급 방법
① 유기물과의 혼재를 엄금하며, 환기가 잘되는 냉암소에 밀봉하여 저장한다.
② 가연물, 환원성 물질(목탄, 황 등), 산 등과 혼합 금지하고 습기, 화기, 가열, 충격, 마찰 등을 피할 것

3) 소화 방법 : 다량의 주수소화 또는 건조사에 의한 피복 소화(초기소화 : 물, 포소화약제 유효)

4) 용도 : 매염제, 분석시약, 가죽처리제, 사진인쇄, 성냥, 의약품 등

(2) 중크롬산나트륨($Na_2Cr_2O_7$)

별명	중크롬산 소다	분자량	262	융점	356(℃)
	이크롬산 소다	비중	2.52	분해온도	400(℃)

1) 일반 성질

① 등적색 결정으로 조해성이 강하고 물에는 잘 녹으나 알코올에는 녹지 않는다.

② 가열시 분해하여 산소를 발생하고, 유기물과 기타 가연물의 혼합시 마찰, 충격, 가열에 폭발한다.

③ 히드록실아민, 황산 등과 혼촉시 발화 폭발의 위험이 있다.

④ 부식성이 강하고 피부에 접촉하면 점막을 자극하고 눈에 들어가면 결막염의 위험이 있다.

2) 저장·취급 및 소화 방법 : 중크롬산칼륨에 준한다.

3) 용도 : 폭약, 가죽처리, 유기합성, 의약품, 분석시약, 염색, 목재의 방부제 등

(3) 중크롬산암모늄[$(NH_4)_2Cr_2O_7$]

별명	중크롬산 암몬 이크롬산 암모늄	분자량	252	분해온도	185(℃)
		비중	2.15	용해도	47.2(30℃)

1) 일반 성질

① 적색 또는 등적색(오렌지색)의 침상 결정으로 물, 알코올에는 잘 녹으나 아세톤에는 녹지 않는다.

② 가열하면 225℃에서 분해하여 산화크롬과 질소 가스를 발생한다.

$$(NH_4)_2Cr_2O_7 \xrightarrow[\Delta]{225℃} Cr_2O_3 + N_2 \uparrow + 4H_2O$$

③ 에틸렌, 수산화나트륨, 히드라진, 히드록실아민 염류등과 혼촉시 발화폭발한다.

④ 강산을 가하면 급격하게 반응하고, 카바이트나 시안화수은 혼합물에 충격, 마찰을 가하면 연소 폭발한다.

⑤ 강산화제로서 단독으로 안정하나 가연물, 유기물등과 혼합시 발열, 발화하여 가열, 충격, 마찰등으로 폭발한다.

⑥ 부식성이 강하여 분진은 기관지, 눈을 자극하고, 피부접촉시 염증을 유발시키며 중독의 위험성이 있다.

2) 저장·취급 및 소화 방법 : 중크롬산칼륨에 준한다.

3) 용도 : 사진, 염색, 도자기의 유약, 인쇄제판, 불꽃화약 등

(4) 기타 중크롬산염 : 중크롬산아연($ZnCr_2O_7$, $3H_2O$), 중크롬산칼슘($CaCr_2O_7$, $3H_2O$), 중크롬산납($PbCr_2O_7$) 등이 있다.

01 아염소산나트륨의 성상에 관한 설명 중 잘못된 것은?

① 자신은 불연성이다.

② 불안정하여 180℃ 이상 가열하면 산소를 방출한다.

③ 수용액 상태에서도 강력한 환원력을 가지고 있다.

④ 티오황산나트륨, 디에틸에테르 등과 혼합하면 폭발한다.

해설

③ 아염소산나트륨($NaClO_2$)은 수용액 상태에서 강력한 산화력을 가지고 있다.

02 염소산나트륨의 위험성에 대한 설명 중 틀린 것은?

① 조해성이 강하므로 저장용기는 밀전한다.

② 산과 반응하여 이산화염소를 발생한다.

③ 황, 목탄, 유기물 등과 혼합한 것은 위험하다.

④ 유리용기를 부식시키므로 철제용기에 저장한다.

해설

염소산나트륨은 철제를 부식시키므로 철제용기를 사용금지하고 유리나 합성수지류의 용기를 사용할 것

※ 유리부식 : HF (플루오르산)

03 다음과 같은 성질을 가진 물질은?

• 무색, 무취의 결정
• 비중 약 2.3, 녹는점 약 368℃
• 열분해하여 산소를 발생
---

① $KClO_3$

② $NaClO_3$

③ $Zn(ClO_3)_2$

④ K_2O_2

해설

염소산칼륨($KClO_3$)

• 백색분말로 온수, 글리세린에 녹고 냉수, 알코올에는 녹지 않는다.

• 400℃에서 분해 시작하여 540~560℃ 정도에서 분해하여 산소 기체가 발생한다.

$2KClO_3 \rightarrow KCl + KClO_4 + O_2 \uparrow$,

$2KClO_4 \rightarrow KCl + 2O_2 \uparrow$

∴ $2KClO_3 \rightarrow 2KCl + 3O_2 \uparrow$

04 위험물안전관리법령상 제1류 위험물에 속하지 않는 것은?

① 염소산염류

② 무기과산화물

③ 유기과산화물

④ 중크롬산염류

해설

유기과산화물 : 제5류 위험물

05 제1류 위험물로서 물과 반응하여 발열하고 위험성이 증가하는 것은?

① 염소산칼륨

② 과산화나트륨

③ 과산화수소

④ 질산암모늄

해설

과산화나트륨(Na_2O_2) : 무기과산화물(금수성)

상온에서 물과 격렬히 반응하여 산소(O_2)를 방출하고 폭발 위험성이 있다.

$2Na_2O_2$ (과산화나트륨) $+ 2H_2O$ (물)

$\rightarrow 4NaOH$ (수산화나트륨) $+ O_2 \uparrow$ (산소)

 정답 01 ③ 02 ④ 03 ① 04 ③ 05 ②

06 염소산칼륨을 가열할 때의 현상으로 가장 거리가 먼 것은?

① 약 400℃에서 분해가 시작된다.

② 산소를 발생한다.

③ 염소를 발생한다.

④ 염화칼륨이 생성된다.

해설

$2KClO_3 \rightarrow 2KCl + 3O_2 \uparrow$ (산소)

07 과산화칼륨에 대한 설명으로 옳지 않은 것은?

① 염산과 반응하여 과산화수소를 생성한다.

② 탄산 가스와 반응하여 산소를 생성한다.

③ 물과 반응하여 수소를 생성한다.

④ 물과의 접촉을 피하고 밀전하여 저장한다.

해설

과산화칼륨(K_2O_2) : 무기과산화물(금수성)

• $K_2O_2 + 2HCl \rightarrow 2KCl + H_2O_2$

• $2K_2O_2 + 2CO_2 \rightarrow 2K_2CO_3 + O_2 \uparrow$

• $2K_2O_2 + 2H_2O \rightarrow 4KOH + O_2 \uparrow$

08 |보기|의 물질이 K_2O_2와 반응하였을 때 생성되는 가스의 종류가 같은 것으로 나열된 것은?

┤보기├

물, 이산화탄소, 아세트산, 염산

① 물, 이산화탄소

② 물, 아세트산

③ 물, 이산화탄소, 염산

④ 아산화탄소, 아세트산, 염산

해설

• 물과 반응 : $2K_2O_2 + 2H_2O \rightarrow 4KOH + O_2 \uparrow$

• 이산화탄소와 반응 : $2K_2O_2 + 2CO_2 \rightarrow 2K_2CO_3 + O_2 \uparrow$

• 아세트산과 반응 : $2K_2O_2 + 2CH_3COOH$
$\rightarrow 2CH_3COOK + H_2O_2$

• 염산과 반응 : $K_2O_2 + 2HCl \rightarrow 2KCl + H_2O_2$

09 과산화나트륨이 물과 반응할 때의 변화를 가장 옳게 설명한 것은?

① 산화나트륨과 수소를 발생한다.

② 물을 흡수하여 탄산나트륨이 된다.

③ 산소를 방출하여 수산화나트륨이 된다.

④ 서서히 물에 녹아 과산화나트륨의 안정한 수용 액이 된다.

해설

조해성 물질로 물과 접촉하면 발열 및 수산화나트륨(NaOH) 과 산소(O_2)를 발생한다.

$2Na_2O_2 + 2H_2O \rightarrow 4NaOH + O_2 \uparrow$

10 질산칼륨의 성질에 해당하는 것은?

① 무색 또는 흰색 결정이다.

② 물과 반응하면 폭발의 위험이 있다.

③ 물에 녹지 않으나 알코올에 잘 녹는다.

④ 황산, 목분과 혼합하면 흑색 화약이 된다.

해설

질산칼륨 : 제1류 위험물(산화성 고체)

• 무색결정 또는 백색분말로서 물, 글리세린에 잘 녹고, 알 코올에는 녹지 않는다.

• 흑색 화약＝질산칼륨(75%)＋유황(10%)＋목탄(15%)

11 염소산칼륨에 대한 설명 중 틀린 것은?

① 촉매 없이 가열하면 약 400℃에서 분해한다.

② 열분해하여 산소를 방출한다.

③ 불연성 물질이다.

④ 냉수, 알코올, 에테르에 잘 녹는다.

해설

④ 냉수, 알코올에는 녹지 않고 온수, 글리세린에 잘녹는다.

  정답 06 ③ 07 ③ 08 ① 09 ③ 10 ① 11 ④

12 과산화나트륨의 저장 및 취급 방법에 대한 설명 중 틀린 것은?

① 물과 습기의 접촉을 피한다.

② 용기는 수분이 들어가지 않게 밀전 및 밀봉 저장한다.

③ 가열 및 충격, 마찰을 피하고 유기물질의 혼입을 막는다.

④ 직사광선을 받는 곳이나 습한 곳에 저장한다.

해설

④ 직사광선을 피하고 건조한 장소에 보관한다.

13 다음 중 지정수량을 틀리게 나타낸 것은?

① 중크롬산염류 – 500kg

② 제2석유류(비수용성) – 1000L

③ 히드록실아민염류 – 100kg

④ 제4석유류 – 6000L

해설

① 제1류 : 1000kg

③ 제5류

②, ④ 제4류 위험물

14 과산화칼슘의 성질에 대한 설명으로 틀린 것은?

① 백색의 분말이다.

② 에테르에 용해되지 않는다.

③ 염산과 반응하여 과산화수소를 발생한다.

④ 가열하면 50℃ 이하에서 분해하여 산소를 발생하고 폭발한다.

해설

257℃에서 가열하면 분해 폭발하여 산소를 발생한다
$2CaO_2 \rightarrow 2CaO + O_2\uparrow$

15 다음 중 주수소화를 하면 위험성이 증가하는 것은?

① 과산화칼륨   ② 과망간산칼륨

③ 과염소산칼륨   ④ 브롬산칼륨

해설

• 제1류의 무기과산화물(금수성)은 물과 접촉시 발열하므로 위험성이 증가한다
$2K_2O_2 + 2H_2O \rightarrow 4KOH + O_2\uparrow$

• 소화제 : 건조사, 암분등으로 질식소화한다.

16 제1류 위험물에 관한 설명으로 옳은 것은?

① 질산암모늄은 황색결정으로 조해성이 있다.

② 과망간산칼륨은 흑자색 결정으로 물에 녹지 않으나 알코올에 녹여 피부병에 사용된다

③ 질산나트륨은 무색결정으로 조해성이 있으며 일명 칠레 초석으로 불린다.

④ 염소산칼륨은 청색분말로 유독하며 냉수, 알코올에 잘 녹는다.

해설

① 질산 암모늄은 무색결정이다.

② 과망간산칼륨은 물에 잘 녹는다.

④ 염소산칼륨은 무색 또는 백색의 분말로 냉수 알코올에 잘 녹지 않는다.

17 다음 위험물의 유별 구분이 나머지 셋과 다른 하나는?

① 중크롬산나트륨

② 과염소산마그네슘

③ 과염소산칼륨

④ 과염소산

해설

제1류(산화성 고체) : ①, ②, ③
제6류(산화성 액체) : ④

정답 12 ④   13 ①   14 ④   15 ①   16 ③   17 ④

18 다음 중 과망간산칼륨과 혼촉하였을 때 위험성이 가장 낮은 물질은?

① 물 ② 에테르
③ 글리세린 ④ 염산

해설

- 에테르, 알코올류, 염산, 글리세린, 유기물 등과 혼촉시 발화 및 폭발의 위험성이 매우 높다.
- 특히 진한황산과는 폭발적인 반응을 한다.
  $2KMnO_4 + H_2SO_4 \rightarrow K_2SO_4 + 2HMnO_4$

19 무기과산화물류 중 알칼리금속의 과산화물에 대한 소화 방법으로 옳은 것은?

① 억제소화 ② 냉각소화
③ 제거소화 ④ 질식소화

해설

물과 반응하여 발열하므로 주수소화는 절대 엄금하고 마른 모래 등으로 질식소화한다.

20 다음 화합물 중 망간의 산화수가 +7인 것은?

① MnO_2 ② $KMnO_4$
③ $MnSO_4$ ④ K_2MnO_4

해설

② $+1 + x + (-2 \times 4) = 0$ $\therefore x = +7$
① $+4$, ③ $+2$, ④ $+6$

21 다음은 과산화마그네슘에 대한 설명이다. 옳은 것은?

① 분해 촉진제와 접촉을 피한다.
② 물에 녹지 않으므로 습기와 접촉해도 무방하다.
③ 과산화마그네슘이 분해되면 금속 마그네슘과 산소가스가 발생한다.
④ 과산화마그네슘은 공기 중에서는 안전하기 때문에 보관 시 용기를 밀폐해 둘 필요가 없다.

해설

- $MgO_2 + H_2O \rightarrow Mg(OH)_2 + [O] \uparrow$
- $2MgO_2 \xrightarrow{\Delta} 2MgO + O_2 \uparrow$

22 질산암모늄에 대한 설명으로 틀린 것은?

① 열분해하여 산소와 질소가 발생한다.
② 폭약 제조시 산소공급제로 사용된다.
③ 물에 녹을 때 많은 열을 발생한다.
④ 무취의 결정이다.

해설

③ 질산암모늄(NH_4NO_3)은 물에 녹을 때 흡열반응을 한다.

23 과산화바륨에 대한 설명 중 틀린 것은?

① 약 840℃의 고온에서 분해하여 산소를 발생한다.
② 알칼리금속의 과산화물에 해당된다.
③ 비중은 1보다 크다.
④ 유기물과의 접촉을 피한다.

해설

과산화바륨(BaO_2) : 무기과산화물 중 알칼리토금속 과산화물에 해당된다.

24 염소산칼륨과 염소산나트륨의 공통성질에 대한 설명으로 적합한 것은?

① 물과 작용하여 발열 또는 발화한다.
② 가연물과 혼합시 가열, 충격에 의해 연소위험이 있다.
③ 독성이 없으나 연소 생성물은 유독하다.
④ 상온에서 발화하기 쉽다.

해설

염소산칼륨과 염소산나트륨은 강산화제로서 가연물과 혼합시 가열, 충격, 마찰에 의해 연소 폭발의 위험이 있다.

정답 **18** ① **19** ④ **20** ② **21** ① **22** ③ **23** ② **24** ②

25 다음 물질 중 과염소산칼륨과 혼합했을 때 발화폭발의 위험이 가장 높은 것은?

① 석면   ② 금
③ 유리   ④ 목탄

해설

과염소산칼륨($KClO_4$)은 목탄과 상온에서 습기 및 일광에 의해 발화 폭발의 위험이 있다.

26 아염소산염류 500kg과 질산염류 3000kg을 저장하는 경우 위험물의 소요단위는 얼마인가?

① 2   ② 4
③ 6   ④ 8

해설

지정수량 : 아염소산염류(50kg), 질산염류(300kg)

$$소요단위 = \frac{저장량}{지정수량 \times 10배} = \frac{500}{50 \times 10} + \frac{3000}{300 \times 10} = 2$$

27 과산화칼륨(K_2O_2)의 위험성에 대한 설명 중 틀린 것은?

① 가연물과 혼합시 충격이 가해지면 발화할 위험이 있다.
② 접촉시 피부를 부식시킬 위험이 있다.
③ 물과 반응하여 산소를 방출한다.
④ 가연성 물질이므로 화기접촉에 주의해야 한다.

28 과산화바륨(BaO_2)의 성질을 설명한 내용 중 틀린 것은?

① 고온에서 열분해하여 산소를 발생한다.
② 황산과 반응하여 과산화수소를 만든다.
③ 비중은 약 4.96 이다.
④ 온수와 접촉하면 수소가스를 발생한다.

해설

제1류 위험물은 산화성 고체로서 열분해 또는 물과 반응시 가연성가스를 발생하지 않는다.
④ $2BaO_2 + 2BaO + O_2 \uparrow$

29 과염소산암모늄이 300℃에서 분해되었을 때 주요 생성물이 아닌 것은?

① NO_2 ② Cl_2
③ O_2 ④ N_2

해설

$2NH_4ClO_4 \rightarrow N_2 + Cl_2 + 2O_2 + 4H_2O$

30 NH_4ClO_4에 대한 설명 중 틀린 것은?

① 가연성 물질과 혼합하면 위험하다.
② 폭약이나 성냥 원료로 쓰인다.
③ 에테르에 잘 녹으나 아세톤, 알코올에는 녹지 않는다.
④ 비중이 약 1.87이고 분해온도가 130℃ 정도이다.

해설

③ 물, 알코올, 아세톤에는 녹으나 에테르에는 녹지 않는다.

31 질산암모늄의 위험성에 대한 설명에 해당하는 것은?

① 폭발기와 산화기가 결합되어 있어 100℃에서 분해 폭발한다.
② 인화성 액체로 정전기에 주의하여야 한다.
③ 400℃에서 분해되기 시작하여 540℃에서 급격히 분해폭발할 위험성이 있다.
④ 단독으로 급격한 가열, 충격으로 분해하여 폭발의 위험이 있다.

해설

④ $2NH_4NO_3 \xrightarrow{\Delta} 4H_2O + 2N_2 \uparrow + O_2 \uparrow$
※ AN－FO 폭약의 기폭제 : NH_4NO_3(94%) + 경유(6%)

정답   25 ④   26 ①   27 ④   28 ④   29 ①   30 ③   31 ④

32 질산암모늄의 일반적 성질에 대한 설명 중 옳은 것은?

① 조해성을 가진 물질이다.

② 물에 대한 용해도 값이 매우 작다.

③ 가열시 분해하여 수소를 발생한다.

④ 과일향의 냄새가 나는 백색 결정체이다.

33 다음 중 위험등급이 다른 하나는?

① 아염소산염류   ② 알킬리튬

③ 질산에스테르류   ④ 질산염류

> **해설**
>
> • 위험등급 I : ①, ②, ③
> • 위험등급 II : ④

34 과산화나트륨 78g과 충분한 양의 물이 반응하여 생성되는 기체의 종류와 생성량을 옳게 나타낸 것은?

① 수소, 1g   ② 산소, 16g

③ 수소, 2g   ④ 산소, 32g

> **해설**
>
> $2Na_2O_2 + 2H_2O \rightarrow 4NaOH + O_2\uparrow$ (기체)
>
> $2 \times 78g$: $32g$
>
> $78g$: x
>
> $x = \dfrac{78 \times 32}{2 \times 78} = 16g$

35 과망간산칼륨에 대한 설명으로 옳은 것은?

① 물에 잘 녹는 흑자색의 결정이다.

② 에탄올, 아세톤에 녹지 않는다.

③ 물에 녹았을 때는 진한 노란색을 띤다.

④ 강알칼리와 반응하여 수소를 방출하며 폭발한다.

> **해설**
>
> 과망간산칼륨은 물, 에탄올, 아세톤에 잘 녹는 흑자색 결정으로 진한 보라색을 띠는 강한 산화제로서 강알칼리와 반응하여 산소를 방출한다.
>
> $4KMnO_4 + 4KOH \rightarrow 4K_2MnO_4 + 2H_2O + O_2\uparrow$

36 과망간산칼륨의 특성으로 틀린 것은?

① 흑자색(또는 적자색)의 결정이다.

② 가열 시 분해되어 산소를 발생한다.

③ 살균제, 소독제로 사용된다.

④ 물에는 녹지 않으므로 소량의 알코올에 녹인 후에 물을 가하여 수용액을 만든다.

37 흑색 감광제로 사용하는 질산염은?

① $AgNO_3$ ② $Fe(NO_3)_3$

③ $NaNO_3$ ④ KNO_3

> **해설**
>
> $AgNO_3$(질산은)
> • 물, 아세톤, 알코올, 글리세린에 잘 녹는 무색의 결정이다.
> • 450℃로 가열시 분해하여 은(Ag)을 유리시킨다.
> • 햇빛에 의해 변질되므로 갈색병에 밀봉하여 냉암소에 보관한다.
> • 필름의 감광제, 거울제조에 사용된다.

38 과염소산칼륨에 황린을 혼합하거나 마그네슘분을 섞으면 위험하다. 그 이유 중 옳은 것은?

① 외부적 충격만 가해도 폭발하므로

② 전지가 형성되어 열이 발생하고 분해하므로

③ 발화점이 높아지고 융점이 낮아지므로

④ 용융하여 분해온도가 낮아지므로

39 다음 설명 중 틀린 것은?

① 질산나트륨은 열분해시 산소를 방출한다.

② 과산화마그네슘을 가열하면 MgO와 O_2가 발생한다.

③ 과산화나트륨은 상온에서 적당한 물과 반응하여 Na_2O와 O_2가 생성된다.

④ 2몰의 염소산칼륨을 400℃에서 가열하면 분해되어 KCl, O_2 등이 생성된다.

> **해설**
>
> ① $2NaNO_3 \xrightarrow[\Delta]{380℃} 2NaNO_2 + O_2 \uparrow$
>
> ② $2MgO_2 \xrightarrow[\Delta]{} 2MgO + O_2 \uparrow$
>
> ③ $2Na_2O_2 + 2H_2O \longrightarrow 4NaOH + O_2 \uparrow$
>
> ④ $2KClO_3 \xrightarrow[\Delta]{400℃} 2KCl + O_2 \uparrow$

40 위험물류별의 일반적 특성에 대한 설명으로 옳은 것은?

① 제1류 위험물은 불연성 물질로 산소를 많이 가지며, 가연물과의 접촉을 피해야 한다.

② 제2류 위험물은 불연성 물질이고, 냉각소화가 적합하다.

③ 제3류 위험물은 자기연소성이 있으며 물 또는 포로 소화한다.

④ 제4류 위험물은 대개 가연성 물질이고, 주수소화가 적합하다.

> **해설**
>
> • 제1류(산화성고체) : 질식(무기과산화물), 냉각소화
> • 제2류(가연성고체) : 질식 (금속분), 냉각소화
> • 제3류(자연발화성, 금수성) : 질식소화
> • 제4류(인화성액체) : 질식소화
> • 제5류(자기반응성물질) : 냉각소화
> • 제6류(산화성액체) : 냉각소화

41 과산화나트륨(Na_2O_2)은 CO_2 가스를 흡수하여 무엇으로 변화하는가?

① 산화나트륨   ② 수산화나트륨

③ 탄산과 나트륨   ④ 탄산나트륨

> **해설**
>
> $2Na_2O_2 + 2CO_2 \longrightarrow 2Na_2CO_3 + O_2 \uparrow$

42 아염소산염류 100kg, 질산염류 3000kg, 과망간산염류 1000kg을 같은 장소에 저장하려 한다. 각각의 지정수량 배수의 합은?

① 5배   ② 10배

③ 13배   ④ 15배

> **해설**
>
> • 지정수량 : 아염소산염류 50kg, 질산염류 300kg, 과망간산염류 1000kg
> • 지정수량의 배수
>
> $= \dfrac{\text{A품목의 저장수량}}{\text{A품목의 지정수량}} + \dfrac{\text{B품목의 저장수량}}{\text{B품목의 지정수량}} + \cdots$
>
> $\therefore \dfrac{100}{50} + \dfrac{3000}{300} + \dfrac{1000}{1000} = 13$배

43 과염소산나트륨의 성질이 아닌 것은?

① 황색의 분말로 물과 반응하여 산소를 발생한다.

② 가열하면 분해되어 산소를 방출한다.

③ 융점은 약 482℃이고 물에 잘 녹는다.

④ 비중은 약 2.5로 물보다 무겁다.

> **해설**
>
> 과염소산나트륨($NaClO_4$)
> • 무색의 백색 분말로 조해성이 있으며 물, 알코올, 아세톤에 잘 녹고 에테르에는 녹지 않는다.
> • 비중 2.5, 융점 482℃, 분해온도 400℃
>
> $NaClO_4 \xrightarrow{400℃} NaCl + 2O_2 \uparrow$

44 중크롬산칼륨($K_2Cr_2O_7$)의 화재예방 및 진압 대책에 관한 설명 중 틀린 것은?

① 가열, 충격, 마찰을 피한다.

② 유기물, 가연물과 격리하여 저장한다.

③ 화재시 물과 반응하여 폭발하므로 주수소화를 금한다.

④ 소화작업시 폭발 우려가 있으므로 충분한 안전 거리를 확보한다.

> **해설**
>
> 중크롬산칼륨은 주수소화한다. 제1류 중 알칼리 무기과산화물(금수성)은 주수소화를 금한다.

45 아염소산나트륨의 저장 및 취급 시 주의사항과 거리가 먼 것은?

① 밀봉밀전하여 건조한 냉암소에 저장한다.

② 강산류와의 접촉을 피한다.

③ 저장, 취급, 운반 시 충격, 마찰을 피한다.

④ 무기물 등 산화성 물질과 격리한다.

> **해설**
>
> ④ 암모니아, 유기물질 등과 유황, 금속분(Al, Mg) 등의 환원성 물질과 혼촉시 발화한다.

46 위험물에 대한 유별 구분이 잘못된 것은?

① 브롬산염류 – 제1류 위험물

② 유황 – 제2류 위험물

③ 금속의 인화물 – 제3류 위험물

④ 무기과산화물 – 제6류 위험물

> **해설**
>
> ④ 무기과산화물 : 제1류 위험물 중 금수성 물질

47 과산화바륨의 취급에 대한 설명 중 틀린 것은?

① 직사광선을 피하고, 냉암소에 둔다.

② 유기물, 산 등의 접촉을 피한다.

③ 산과 반응시 과산화수소가 생성한다.

④ 화재시 주수 소화가 가장 효과적이다.

> **해설**
>
> 과산화 바륨(BaO_2) : 건조사, 팽창질석 팽창진주암으로 질식소화한다.
>
> $2BaO_2 + 2H_2O \rightarrow 2Ba(OH)_2 + O_2\uparrow$
>
> $BaO_2 + H_2SO_4 \rightarrow BaSO_4 + H_2O_2$

48 과망간산칼륨의 일반적인 성질에 관한 설명 중 틀린 것은?

① 강한 살균력과 산화력이 있다.

② 금속성 광택이 있는 무색의 결정이다.

③ 가열 분해시키면 산소를 방출한다.

④ 분자량은 158, 비중은 2.7이다.

> **해설**
>
> 비중이 2.7이고 흑자색의 결정으로서 강한 살균력과 산화력이 있으며 열분해시 산소를 발생한다.
>
> $2KMnO_4 \xrightarrow[\Delta]{240℃} K_2MnO_4 + MnO_2 + O_2\uparrow$

49 과염소산칼륨의 일반적인 성질에 대한 설명 중 틀린 것은?

① 강한 산화제의 불연성 물질이다.

② 알코올, 에테르에 녹지 않는다.

③ 과일향이 나는 보라색 결정이다.

④ 가열하여 완전 분해시키면 산소를 발생한다.

> **해설**
>
> • 무색 무취의 결정 또는 백색 분말로서 불연성인 강산화제이다.
> • 물에 약간 녹고 알코올, 에테르 등에는 녹지 않으며 가열시 분해시키면 산소를 발생한다.
>
> $KClO_4 \xrightarrow[\Delta]{400℃} KCl + 2O_2$

정답 44 ③ 45 ④ 46 ④ 47 ④ 48 ② 49 ③

50 위험물의 지정수량이 나머지 셋과 다른 하나는?

① $NaClO_4$
② MgO_2
③ KNO_3
④ NH_4ClO_3

- 지정수량 50kg : ① 과염소산나트륨, ② 과산화마그네슘, ④ 염소산암모늄
- 지정수량 300kg : ③ 질산칼륨

51 금수성 물질 저장 시설에 설치하는 주의사항 게시판의 바탕색과 문자색을 옳게 나타낸 것은?

① 적색 바탕에 백색 문자
② 백색 바탕에 적색 문자
③ 청색 바탕에 백색 문자
④ 백색 바탕에 청색 문자

주의사항 게시판의 색상과 크기
- 화기엄금, 화기주의 : 적색바탕에 백색문자
- 물기엄금 : 청색바탕에 백색문자
- 크기 : 60cm × 30cm

52 알칼리금속 과산화물에 적응성이 있는 소화설비는?

① 할로겐화합물 소화설비
② 탄산수소염류 분말소화설비
③ 물분무 소화설비
④ 스프링클러 설비

53 지정수량이 300kg인 위험물에 해당하는 것은?

① $NaBrO_3$
② CaO_2
③ $KClO_4$
④ $NaClO_2$

① : 300kg
②, ③, ④ : 50kg

54 다음 중 지정수량이 가장 큰 것은?

① 과염소산칼륨
② 트리니트로톨루엔
③ 황린
④ 황화린

① 제1류 : 50kg
② 제5류 : 200kg
③ 제3류 : 20kg
④ 제2류 : 100kg

55 다음 중 산을 가하면 이산화염소를 발생시키는 물질은?

① 아염소산나트륨
② 브롬산칼륨
③ 옥소산칼륨(요오드산칼륨)
④ 과망간산칼륨

아염소산나트륨은 산과 접촉시 유독한 이산화염소(ClO_2)가스를 발생시킨다.
$3NaClO_2 + 2HCl \rightarrow 3NaCl + 2ClO_2 \uparrow + H_2O_2$

56 제1류 위험물에 해당하지 않는 것은?

① 납의 산화물
② 질산구아니딘
③ 퍼옥소이황산염류
④ 염소화이소시아눌산

질산구아니딘($CH_4N_4O_2$) : 제5류 위험물(자기반응성물질)

정답 **50** ③ **51** ③ **52** ② **53** ① **54** ② **55** ① **56** ②

57 $NaClO_3$에 대한 설명으로 옳은 것은?

① 물, 알코올에 녹지 않고 에테르에 녹는다.

② 가연성 물질로 무색, 무취의 결정이다.

③ 유리를 부식시키므로 철재 용기에 저장한다.

④ 산과 반응하여 유독성의 ClO_2를 발생한다.

해설

- 무색무취의 입방정계 주상 결정으로 조해성, 흡습성이 있고 물, 알코올,글리세린, 에테르 등에 잘 녹는다.
- 강한 산화제로서 철재 용기를 부식시킨다.
- 산과 반응 또는 분해 반응시 독성이 있으며 폭발성이 강한 이산화염소(ClO_2)를 발생한다.

$$2NaClO_3 + 2HCl \rightarrow 2NaCl + 2ClO_2 \uparrow + H_2O_2$$
$$3NaClO_3 \rightarrow NaClO_4 + Na_2O + 2ClO_2 \uparrow$$

58 과산화마그네슘에 대한 설명으로 옳은 것은?

① 산화제, 표백제, 살균제 등으로 사용된다.

② 물에 녹지 않으므로 습기와 접촉해도 무방하다.

③ 물과 반응하여 산화 마그네슘을 생성한다.

④ 염산과 반응하면 산소와 수소를 발생한다.

해설

과산화마그네슘(MgO_2) : 제1류 중 무기과산화물(금수성)
- 물에 녹지 않고 습기나 물과 반응하여 활성산소[O]를 발생한다.

$$MgO_2 + H_2O \rightarrow Mg(OH)_2 + [O]$$
- 산에 녹아서 과산화수소(H_2O_2)를 발생한다.

$$MgO_2 + 2HCl \rightarrow MgCl_2 + H_2O_2$$

59 염소산염류에 대한 설명으로 옳은 것은?

① 염소산칼륨은 환원제이며 분해시 수소를 발생한다.

② 염소산나트륨은 조해성이 있다.

③ 염소산암모늄은 위험물에 해당 안된다.

④ 염소산칼륨은 냉수와 알코올에 잘 녹는다.

해설

① 염소산칼륨은 산화제이다. $2KClO_3 \rightarrow 2KCl + 3O_2 \uparrow$

③ 염소산암모늄은 제1류 위험물(산화성고체) 염소산 염류에 해당된다.

④ 염소산칼륨은 온수, 글리세린에는 잘 녹으며 냉수 및 알코올에는 잘 녹지 않는다.

60 아염소산나트륨의 저장 및 취급시 주의사항으로 가장 거리가 먼 것은?

① 물속에 넣어 냉암소에 저장한다.

② 유기물 및 강산류와의 접촉을 피한다.

③ 취급시 충격, 마찰을 피한다.

④ 유황, 금속분 및 가연성 물질과 접촉을 피한다.

해설

제1류 아염소산염류로서 조해성이 있으므로 물 또는 습기에 주의하고 밀봉 밀전하여 통풍이 잘되는 냉암소에 저장할 것

61 분자량이 약 169인 백색의 정방정계 분말로서 알칼리토금속의 과산화물 중 매우 안정한 물질이며 테르밋의 점화제 용도로 사용되는 제1류 위험물은?

① 과산화나트륨

② 과산화바륨

③ 과산화마그네슘

④ 과산화칼륨

해설

테르밋용접
Al(분말) + 산화철(Fe_2O_3)을 혼합시켜 3000℃를 가열 용융시켜 철이나 강의 용접에 사용함(점화제 : BaO_2)

62 2몰의 브롬산칼륨이 모두 열분해되어 생긴 산소의 양은 2기압 27℃에서 약 몇 *l*인가?

① 32.42 ② 36.92

③ 41.34 ④ 45.64

해설

$2KBrO_3 \rightarrow 2KBr + 3O_2$

　2mol　:　$3 \times 22.4l$

이 반응식에서 2mol의 브롬산칼륨이 열분해하면 산소가 표준상태(0℃, 1기압)에서 부피가 $3 \times 22.4l$이 생성되므로 2기압, 27℃로 산소기체를 환산해주면,

$\dfrac{PV}{T} = \dfrac{P'V'}{T'}$에서 $\dfrac{1 \times 3 \times 22.4}{273} = \dfrac{2 \times V'}{273 + 27}$

$\therefore V' = \dfrac{1 \times 3 \times 22.4 \times 300}{2 \times 273} = 36.92l$

---

63 복수의 성상을 가지는 위험물에 대한 품명지정의 기준상 유별의 연결이 틀린 것은?

① 산화성 고체의 성상 및 가연성 고체의 성상을 가지는 경우 : 가연성 고체

② 산화성 고체의 성상 및 자기반응성 물질의 성상을 가지는 경우 : 자기반응성 물질

③ 가연성 고체의 성상과 자연발화성 물질의 성상 및 금수성 물질의 성상을 가지는 경우 : 자연발화성 물질 및 금수성 물질

④ 인화성 액체의 성상 및 자기반응성 물질의 성상을 가지는 경우 : 인화성 액체

해설

④ 자기반응성 물질

---

64 과염소산나트륨의 성질이 아닌 것은?

① 물에 잘 녹고 에테르에 녹지 않는다.

② 조해성이 있다.

③ 분해 온도는 약 400℃이다.

④ 황색 고체로 물보다 가볍다.

해설

과염소산나트륨($NaClO_4$)

• 무색 무취의 백색분말 또는 결정으로 조해성이 있고, 비중 2.50으로 물보다 무겁다. 분해온도 400℃, 융점 482℃이다.

$NaClO_4 \xrightarrow{400℃} NaCl + 2O_2 \uparrow$

• 물, 아세톤, 알코올에 잘 녹고 에테르에는 녹지 않는 불연성인 산화제이다.

---

65 염소산칼륨 20kg과 아염소산나트륨 10kg을 과염소산과 함께 저장하는 경우 지정수량 1배로 저장하려면 과염소산은 얼마나 저장할 수 있는가?

① 20kg ② 40kg

③ 80kg ④ 120kg

해설

• 지정수량 : 염소산칼륨(50kg), 아염소산나트륨(50kg), 과염소산(300kg)

• 지정수량의 배수

$= \dfrac{A품목의\ 저장량}{A품목의\ 지정수량} + \dfrac{B품목의\ 저장량}{B품목의\ 지정수량} + \cdots$

$\therefore \dfrac{20kg}{50kg} + \dfrac{10kg}{50kg} + \dfrac{xkg}{300kg} = 1$이므로

$\dfrac{120}{300} + \dfrac{60}{300} + \dfrac{x}{300} = 1$

$\dfrac{180}{300} + \dfrac{x}{300} = 1$

$x = 120$

---

3 제2류 위험물(가연성 고체)

Chapter

1 제2류 위험물의 종류 및 지정수량

성질	위험등급	품명[주요품목]	지정수량
가연성 고체	II	1. 황화린 [P_4S_3, P_2S_5, P_4S_7]	100kg
		2. 적린 [P]	
		3. 황 [S]	
	III	4. 철분 [Fe]	500kg
		5. 금속분 [Al, Zn]	
		6. 마그네슘 [Mg]	
		7. 인화성고체 [고형알코올]	1000kg

2 제2류 위험물의 개요

(1) 공통 성질★★★

① 가연성 고체로서 비교적 낮은 온도에서 착화하기 쉬운 이연성, 속연성 물질이다.

② 연소속도가 매우 빠른 고체로서 연소시 연소온도가 높고 연소열이 크므로 유독가스의 발생으로 매우 유독하다.

③ 비중은 1보다 크고 물에 녹지 않으며 산소를 함유하지 않기 때문에 강력한 환원성 물질로서 인화성 고체를 제외하고는 무기화합물이다.

④ 철분, 마그네슘분 등의 금속분류는 이온화경향이 큰 금속일수록 산화되기 쉽고 산소와 결합력이 크기 때문에 물 또는 산과 접촉시 발열한다.

(2) 저장 및 취급시 유의사항★★★

① 화기를 피하고 불티, 불꽃 등 고온체인 점화원의 접근 또는 접촉을 피한다.

② 산화제인 제1류 위험물, 제6류 위험물과의 혼합, 혼촉시 가열, 마찰, 충격에 의해 발화 폭발 위험이 있다.

③ 금속분류(철분, 마그네슘분 등)는 물(습기) 또는 산과 접촉시 수소(H_2)기체가 발생할 수 있으므로 피하여 저장한다.

④ 저장용기는 밀전, 밀봉하여 통풍이 잘되는 냉암소에 보관한다.

(3) 소화 방법

① 적린, 유황은 다량의 주수에 의한 냉각소화가 좋다.

② 금속분을 제외하고 주수에 의한 냉각소화를 한다.

③ 금속분 화재시는 마른모래에 의한 피복소화가 좋다.

> **참고** 금속분은 주수에 의한 소화는 급격히 발생하는 수증기압과 분해되어 발생하는 수소(H_2)에 의해 연소, 금속의 비산, 폭발 현상이 일어나 화재를 확대시키는 위험이 있다.

3 제2류 위험물의 종류 및 성상

1. 황화린 [지정수량 : 100kg]

(1) 일반 성질

황화린은 삼황화린(P_4S_3), 오황화린(P_2S_5), 칠황화린(P_4S_7)의 3가지 종류가 있으며 분해하면 유독한 가연성인 황화수소(H_2S)가스를 발생한다.

종류 \ 성질	삼황화린(P_4S_3)	오황화린(P_2S_5)	칠황화린(P_4S_7)
분자량	220	222	348
색상	황색결정	담황색결정	담황색결정
비점	407℃	514℃	523℃
융점	172℃	290℃	310℃
착화점	약100℃	142℃	250℃
비중	2.03	2.09	2.19
물의 용해성	불용성	조해성	조해성
CS_2의 용해성	소량	77g/100g	0.03g/100g

1) 삼황화린(P_4S_3)★★

① 황색결정 또는 분말로서 조해성이 없다.

② 질산, 알칼리, 이황화탄소(CS_2)에는 녹지만, 물, 염산, 황산에는 녹지 않는다.

③ 공기중 약 100℃에서 발화하고 마찰에 의해서 쉽게 연소 및 자연발화하므로 가열·습기, 산화제와의 접촉을 피해야 한다.

④ 연소시 유독한 물질을 생성한다.

$$P_4S_3 + 8O_2 \longrightarrow 2P_2O_5 + 3SO_2 \uparrow$$

⑤ 용도 : 성냥, 유기합성물탈색 등

2) 오황화린(P_2S_5)★★

① 담황색 결정이고, 조해성이 있어 수분을 흡수하면 분해한다.

② 알코올, 이황화탄소(CS_2)에 잘 녹고 물, 알칼리에 분해하여 황화수소(H_2S)가스와 인산(H_3PO_4)이 된다.

$$P_2S_5 + 8H_2O \longrightarrow 5H_2S + 2H_3PO_4$$

- 황화수소(H_2S)는 산소(O_2)와 반응하여 아황가스(SO_2)와 물을 생성한다.

$$2H_2S + 3O_2 \longrightarrow 2SO_2 + 2H_2O$$

③ 연소시 유독한 물질을 생성한다.

$$2P_2S_5 + 15O_2 \longrightarrow 2P_2O_5 + 10SO_2 \uparrow$$

④ 용도 : 섬광제, 윤활유 첨가제, 의약품 등

3) 칠황화린(P_4S_7)

① 담황색 결정이고, 조해성이 있어 수분을 흡수하면 분해한다.

② 이황화탄소(CS_2)에 약간 녹지만 냉수에는 서서히, 더운물에는 급격히 분해하여 유독한 황화수소(H_2S)와 인산(H_3PO_4)을 발생한다.

④ 용도 : 유기합성 등

(2) 황화린의 위험성

① 삼화황린(P_4S_3)은 공기중 100℃에서 발화하므로 자연 발화할 위험이 있다.

② 황화린은 물 또는 습한 공기 중에서 분해하여 가연성, 유독한 황화수소(H_2S)가스를 발생한다.

③ 독성은 매우 적지만 미립자를 흡수했을 때는 기관 및 눈의 점막을 자극한다.

④ 황린, 과망간산염, 산화제, 금속분(납 : Pb, 안티몬 : Sb)등과 접촉하면 자연발화한다.

(3) 황화린의 저장 및 취급 방법

① 소량일 때는 유리병에 넣고 대량일 때는 양철통에 넣어 나무상자 속에 넣는다.

② 자연발화성이므로 산화제 금속분, 과산화물 등과 격리 저장한다.

③ 가열, 충격, 마찰을 피하고, 통풍이 잘되는 냉암소에 저장한다.

(4) 소화 방법

① 물에 의한 주수소화(냉각소화)는 유독한 H_2S의 발생으로 적당치 않고 CO_2, 건조사, 건조분말 등으로 질식소화를 한다.

② 연소시 유독한 연소생성물(P_2O_5, SO_2)이 발생하므로 공기호흡기 등 보호장구를 착용해야 한다.

2. 적린(P) [지정수량 : 100kg]★★★

별명	붉은 인, 자인	원자량	31	융점	590(℃)
승화온도	400(℃)	비중	2.2	발화점	260(℃)

(1) 일반 성질★★★

① 암적색의 무취의 분말로서 브롬화인(PBr_3)에 녹고, 물, CS_2, 에테르, NH_3(암모니아)에는 녹지 않는다.

② 황린의 동소체로서 어두운 곳에서는 인광을 발하지 않는다.

③ 독성이 없고 황린보다 안정하며 자연발화의 위험이 없어 안전하다.

④ 염소산염류 및 과염소산염류 등 강산화제와 혼합하면 불안정한 물질과 같이 되어 약간의 가열, 충격, 마찰 등에 의해 폭발한다.

$$6P + 5KClO_3 \longrightarrow 5KCl + 3P_2O_5$$

⑤ 제1류 위험물의 강산화제와 혼합시 저온에서 발화하거나, 특히 질산염류(KNO_3, $NaNO_3$)와 혼촉하면 발화 위험이 있다.

⑥ 연소할 경우는 황린과 마찬가지로 오산화린(P_2O_5)의 흰 연기를 낸다.

$$4P + 5O_2 \longrightarrow 2P_2O_5$$

⑦ 강알칼리와 반응시 유독한 포스핀(PH_3)가스를 생성하고 할로겐 원소 중 브롬(Br_2), 요오드(I_2)와 격렬히 반응하면서 혼촉발화한다.

⑧ 공기를 차단하고 황린을 260℃로 가열하면 적린으로 된다.

$$황린(P_4) \;\; \underset{\text{급격히 냉각}}{\overset{\text{260℃로 가열}}{\rightleftharpoons}} \;\; 적린(P)$$

> **참고**
> • 적린(P)는 제2류 위험물의 가연성 고체이고 황린(P_4)는 제3류 위험물의 자연발화성 물질이며 서로 인의 동소체이다.
> • 동소체 : 같은 원소로 되어 있으나 구조나 성질이 서로 다른 단체이다.
> • 동소체 확인방법 : 같은 원소로 되어 있으므로 연소시 생성물이 같다.

(2) 저장 및 취급 방법

① 화기 접근 금지, 가열, 마찰, 충격을 피하고 산화제 특히 제1류 위험물과의 혼합은 절대 엄금한다.

② 직사광선을 피하고 인화성, 발화성, 폭발성 물질과 격리하여 냉암소에 보관하고 물속에 저장하기도 한다.

(3) 소화 방법 : 다량의 물로 주수소화(냉각소화), 소량의 경우 모래나 CO_2 등으로 질식소화한다.

(4) 용도 : 성냥, 화약, 농약, 고무가황, 염료, 유기합성, 의약 등

3. 황(유황, S) [지정수량 : 100kg]★★★

유황은 순도가 60%(중량) 미만인 것을 제외하고, 이 경우 순도 측정에 있어서 불순물은 활석 등 불연성 물질과 수분에 한한다.

(1) 일반 성질★★★

성질 ＼ 종류	사방황(S_8)	단사황(S_8)	고무상황(S_8)
색상	노란색	노란색	흑갈색
결정형	팔면체	바늘 모양의 결정	무정형
비중	2.07	1.96℃	1.92
비등점	–	445℃	
융점	113℃	119℃	–
착화점	232.2℃	–	360℃
물에 대한 용해도	녹지 않음	녹지 않음	녹지 않음
CS_2에 대한 용해도	잘 녹음	잘녹음	녹지 않음
온도에 대한 안정성	95.5℃ 이하에서 안정	95.5℃ 이상에서 안정	–

① 황색의 결정 또는 분말로서 사방황, 단사황, 고무상황 등의 동소체가 있다.

② 사방황을 95.5℃ 이상으로 가열하면 단사황이 된다. (전이점 : 95.5℃)

$$\text{사방황} \underset{95.5℃\ 이하}{\overset{95.5℃\ 이상}{\rightleftarrows}} \text{단사황}$$

※ 고무상황은 350℃ 로 가열하여 용해한 황을 찬물에 넣으면 생성된다.

③ 물, 산에는 녹지 않고 알코올에는 약간 녹으며, 이황화탄소(CS_2)에는 잘 녹는다. (단, 고무상황은 CS_2에 녹지 않음)

④ 공기중에서 연소하기 쉬운 가연성 고체로서 연소시 푸른빛을 내며 유독성인 아황산가스(SO_2)를 발생한다.

$$S + O_2 \longrightarrow SO_2$$

⑤ 강산화제(제1류 위험물), 유기과산화물, 목탄분 등과 혼합시 약간의 가열, 충격, 마찰 등에 의해 발화 폭발한다.

⑥ 고온에서 탄소, 수소, 금속, 할로겐원소 등과 격렬히 발열 반응하여 황화합물을 만든다.

$$C + 2S \longrightarrow CS_2 + 발열 \qquad H_2 + S \longrightarrow H_2S\uparrow + 발열$$
$$Fe + S \longrightarrow FeS + 발열 \qquad Cl_2 + 2S \longrightarrow S_2Cl_2 + 발열$$

⑦ 밀폐된 공간에서 분말상태로 공기중 부유할 때 분진 폭발의 위험이 있다.

⑧ 전기의 부도체로서 정전기 발생시 마찰, 충격에 의해서 발화 폭발 위험이 있다.

(2) 저장 및 취급 방법

① 산화제와 격리저장하고 정전기의 축적을 방지하며, 화기 및 가열, 충격, 마찰에 주의한다.

② 분말은 유리 또는 금속제 용기에 보관하고 고체덩어리는 폴리에틸렌포대 등에 차고 건조하며, 통풍이 잘되는 곳에 보관한다.

(3) 소화 방법

① 소규모 화재시 모래로 질식소화하나 대규모 화재시 다량의 물로 분무주수에 의한 냉각소화한다.

② 화재시 유독성인 SO_2가스가 발생하므로 방독 마스크와 보호장구를 착용한다.

(4) 용도 : 이황화탄소(CS_2) 제조, 황산, 화약, 성냥, 의약, 고무가황제, 농약 등

4. 철분(Fe) [지정수량 : 500kg]

철분이라 함은 철의 분말로서 53마이크로미터의 표준체를 통과하는 것이 50%(중량)이상인 것을 말한다.

원자량	55.85	융점	1,535(℃)
비중	7.86(20℃)	비점	2750(℃)

(1) 일반 성질

① 은백색의 광택이 있는 금속으로서 열, 전기의 양도체이고 산소와 친화력이 강하다.

② 공기중에서 서서히 산화하여 산화제2철(Fe_2O_3)이 되어 은백색의 광택을 잃고 황갈색으로 변한다.

$$4Fe + 3O_2 \longrightarrow 2Fe_2O_3$$

③ 알칼리와는 반응하지 않으나 묽은산 또는 더운물, 수증기와 반응하여 수소(H_2) 가스를 발생한다. (단, 진한 질산에는 부동태가 되어 녹지 않는다.)

$$2Fe + 6HCl \longrightarrow 2FeCl_3 + 3H_2\uparrow, \qquad Fe + 2HCl \longrightarrow FeCl_2 + H_2\uparrow$$
$$2Fe + 6H_2O \longrightarrow 2Fe(OH)_3 + 3H_2\uparrow, \quad Fe + 2H_2O \longrightarrow Fe(OH)_2 + H_2\uparrow$$

④ 과열된 철분, 철솜과 브롬(Br_2)과 접촉시 격렬하게 발열, 연소반응을 일으킨다.

$$2Fe + 3Br_2 \longrightarrow 2FeBr_3$$

⑤ 연소하기 쉬운 기름 묻은 철분을 장기간 방치시 자연발화의 위험이 있다.

⑥ 산소기류 중에서 연소하여 가열하면 수증기와 작용하여 수소(H_2)를 발생하고 사산화삼철(Fe_3O_4)을 만든다.

$$3Fe + 4H_2O \longrightarrow Fe_3O_4 + 4H_2\uparrow, \quad 2Fe + 3H_2O \longrightarrow Fe_2O_3 + 3H_2\uparrow$$

(2) 저장 및 취급 방법

① 산이나, 물, 습기를 피하고 가열, 마찰, 충격을 피한다.

② 산화제와 격리하고 직사일광을 피하고 밀봉하여 냉암소에 저장한다.

(3) 소화 방법 : 주수소화는 엄금, 건조사, 소금분말, 건조분말, 소석회로 질식소화한다.

(4) 용도 : 공작기계, 유기합성, 철화합물, 공업적 주요금속, 환원제 등

5. 마그네슘(Mg)분 [지정수량 : 500kg]

마그네슘 또는 마그네슘을 함유한 것 중 2mm의 체를 통과하지 못하는 덩어리와 직경이 2mm 이상의 막대모양의 것은 제외한다.

원자량	24	융점	650(℃)	발화점	473(℃)
비중	1.74	비점	1,102(℃)		

(1) 일반 성질★★★

① 알칼리토금속에 속하는 은백색의 광택이 나는 경금속으로서 공기중에서 서서히 산화되어 광택을 잃는다.

② 열과 전기의 양도체로서 공기중 부식성은 적지만 산 또는 염류에는 침식되나 알칼리에는 안정하다.

③ 가열 및 점화시 백색광의 강한 빛을 내며 순간적으로 맹렬히 폭발 연소하고 높은 열을 내므로 소화가 곤란하다.

$$2Mg + O_2 \longrightarrow 2MgO + 287.4kcal$$

④ 산 또는 뜨거운 물(수증기)과 반응하여 많은 열을 내면서 수소(H_2)를 발생한다.

$$Mg + 2HCl \longrightarrow MgCl_2 + H_2\uparrow, \quad Mg + 2H_2O \longrightarrow Mg(OH)_2 + H_2\uparrow$$

⑤ 고온에서 질소(N_2)와 반응시 질화마그네슘(Mg_3N_2)을 생성한다.

$$3Mg + N_2 \longrightarrow Mg_3N_2$$

⑥ 할로겐 원소 및 강산화제(제1류 위험물)와 혼합한 것은 약간의 가열, 충격, 마찰 등에 의해 발화 폭발한다.

$$Mg + Cl_2 \longrightarrow MgCl_2$$

⑦ Mg분은 공기중에서 부유하면 화기에 의해 분진 폭발의 위험이 있으며 습기에 의하여 자연발화할 수 있다.

⑧ 저농도 산소중에서도 질식성가스인 CO_2와 반응, 연소하여 가연성 물질인 [C]와 유독성 가스인 [CO]를 발생한다.

$$2Mg + CO_2 \longrightarrow 2MgO + C, \quad Mg + CO_2 \longrightarrow MgO + CO$$

(2) 저장 및 취급 방법

① 수분, 할로겐원소 및 산화제와 접촉을 피하여 냉암소에 저장하고 가열, 마찰, 충격을 금한다.
② 분진폭발의 위험이 있으므로 분말이 비산되지 않도록 주의하여 취급한다.

(3) 소화 방법

① 분말의 비산을 막아 화세를 줄이기 위하여 석회분말이나 마른모래로 덮어 질식소화 한다.
② 물, CO_2, N_2, 포, 할로겐화합물(포스겐생성) 소화약제는 소화적응성이 없으므로 절대 사용금지 한다.

(4) 용도 : 경금속합금, 다이케스팅, 사진촬영, 전지의 음극, 환원제 등

6. 금속분류 [지정수량 : 500kg]

금속분이라 함은 알칼리금속, 알칼리토금속 및 철분, 마그네슘분 이외의 금속분을 말한다.
(단, 구리분, 니켈분과 $150\,\mu m$의 체를 통과하는 것이 50%(중량) 미만인 것은 제외한다.)

(1) 알루미늄(Al)분

원자량	27	융점	660(℃)
비중	2.71	비점	2,060(℃)

1) 일반 성질★★★

① 은백색 경금속으로 연성(퍼짐성), 전성(뽑힘성)이 풍부하고 전기 전도율이 좋다.
② 연소시 많은 열이 발생하고 공기중에서 표면에 부식을 방지하는 산화피막을 형성하여 내부를 보호한다.

$$4Al + 3O_2 \longrightarrow 2Al_2O_3 + 399kcal$$

③ 공기 중 Al분이 부유할 시 분진 폭발의 위험이 있으며 수분(습기) 및 할로겐원소와 접촉시 자연발화의 위험이 있다.
④ 진한 질산에서는 부동태를 만들어 녹지 않지만 묽은 질산, 묽은염산, 묽은황산에는 잘 녹는다.

- 부동태를 만드는 금속 : Fe, Ni, Al, Cr, Co
- 부동태를 만드는 산 : 진한 H_2SO_4, 진한 HNO_3 뿐임

⑤ 물(수증기), 산, 알칼리와 반응시 수소(H_2)를 발생한다. (단, 진한질산은 제외)

> - 산과의 반응 : $2Al + 6HCl \longrightarrow 2AlCl_3 + 3H_2\uparrow$
> - 알칼리와의 반응 : $2Al + 2NaOH + 2H_2O \longrightarrow 2NaAlO_2 + 3H_2\uparrow$
> - 물과의 반응 : $2Al + 6H_2O \longrightarrow 2Al(OH)_3 + 3H_2\uparrow$

참고 │ 양쪽성원소 : Al, Zn, Sn, Pb

⑥ 강산화제(제1류 위험물)와의 혼합시 가열, 충격, 마찰에 의해 발화폭발한다.

⑦ Al분말과 Fe_2O_3을 혼합하여 3000℃로 가열 용융시켜 용접하는 방법을 테르밋 용접이라 한다.

> 테르밋 반응 : $Fe_2O_3 + 2Al \longrightarrow Al_2O_3 + 2Fe + 187kcal$

2) 저장·취급 및 소화 방법 : Mg에 준한다.

3) 용도 : 합금, 테르밋 용접, 도료, 주방 용구 등

(2) 아연(Zn)분

원자량	65	융점	419(℃)
비중	7.14	비점	907(℃)

1) 일반 성질★★

① 은백색의 광택이 나는 분말로서 열 및 전기의 양도체이다.

② 공기중 융점 이상 가열시 녹백색 빛을 내며 연소한다.

> $2Zn + O_2 \rightarrow 2ZnO$

③ 물(수증기), 산과 반응시 수소(H_2)를 발생한다.

> - 물과 반응 : $Zn + 2H_2O \rightarrow Zn(OH)_2 + H_2\uparrow$
> - 황산과 반응 : $Zn + H_2SO_4 \rightarrow ZnSO_4 + H_2\uparrow$

④ 암모니아수(NH_4OH)와 시안화칼륨(KCN)수용액에 녹아서 착염을 만든다.

⑤ 강산화제(염소산염류, 과염소산염류등), 히드록실아민등과 혼합시 가열, 마찰, 충격으로 인하여 발화폭발하며, 특히 아연분과 NH_4NO_3와의 혼합물에 소량의 물을 가하면 발화의 위험이 있다.

⑥ 정전기, 충격 등의 점화원에 의해 분진폭발의 위험이 있고 소량의 수분과 유기물, 무기과산화물 등과 혼합시 자연발화의 위험이 있다.

2) 저장 및 취급 방법 : 직사광선을 피하고 냉암소 및 산화제와 격리시켜 유리병에 넣어 저장한다.

3) 소화 방법 : Mg에 준한다.

4) 용도 : 함석,합금(놋쇠) 건전지, 안료, 의약 등

(3) 안티몬(Sb)분

원자량	122	융점	630(℃)
비중	6.7	비점	1,750(℃)

1) 일반 성질

① 은백색 금속분말이며, 흑색 안티몬 분말은 공기 중에서 쉽게 산화 폭발한다.

$$4Sb + 3O_2 \longrightarrow 2Sb_2O_3$$

② 진한황산, 진한질산, 왕수에는 녹으나 물, 염산, 묽은 황산, 알칼리 수용액에는 녹지 않는다.

$$2Sb + 10HNO_3 \longrightarrow Sb_2O_3 + 5NO_2 + H_2O$$

③ 흑색 안티몬은 상온에서 쉽게 변화하며 무정형 안티몬은 약간의 가열, 자극에 의해 폭발적으로 회색 안티몬으로 변하고, 융점 이상 가열하면 발화한다.

④ 강산화제와 혼합한 것은 가열, 충격, 마찰로 발화 폭발하고, Cl_2와 혼촉하면 발화하여 삼염화안티몬($SbCl_3$)이 된다.

2) 저장·취급 및 소화 방법 : Mg에 준한다.

3) 용도 : 활자금, 도료, 합금, 반도체 등

(4) 티탄(Ti)분

원자량	48	융점	1,660(℃)
비중	4.5	비점	3,287(℃)

1) 일반 성질

① 은회색의 금속으로 딱딱하고 내부식성이 큰 고체이다.

② 발연질산 등 부식성이 강한 약품에도 보호피막(TiO_2)을 형성하기 때문에 부식당하지 않지만 알칼리에는 강하게 부식한다.

③ 상온에서는 반응성이 적으나 610℃ 이상 가열하면 활성을 가지며, 고온에서 산소와 결합하여 TiO_2가 된다.

④ 산과 반응하면 수소 가스를 발생한다.

$$2Ti + 3H_2SO_4 \longrightarrow Ti_2(SO_4)_3 + 3H_2 \uparrow$$

2) 저장·취급 및 소화 방법 : Mg에 준한다.

3) 용도 : 합금, 화학공업용 기기, 전자부품, 엔진, 초전도재료, 내화물 등

7. 인화성 고체 [지정수량 : 1000kg]

인화성 고체라 함은 고형 알코올과 그밖에 1기압에서 인화점이 40℃ 미만인 고체를 말한다.

(1) 고형 알코올(등산용 고체 알코올)

① 합성수지에 메탄올을 혼합 침투시켜 한천상(寒天狀)으로 만든 것이다.

② 30℃ 미만에서 가연성의 증기를 발생하기 쉽고 매우 인화하기 쉽다.

③ 가열 또는 화염에 의해 화재 위험성이 매우 높으므로 서늘하고 건조한 곳에 저장한다.

④ 증기발생을 억제하고 강산화제와의 접촉을 방지한다.

⑤ 소화 방법 : CO_2, 건조분말, 알코올형 포말이 적합하다.

(2) 메타알데히드[$(CH_3CHO)_4$]

분자량	176	융점	246(℃)	인화점	36(℃)
증기비중	6.1	비점	112~116(℃)	승화점	111.7~115.6(℃)

① 무색의 침상 또는 판상의 결정으로 증기는 공기보다 무겁다.

② 물에 녹지 않으며 에테르, 에탄올, 벤젠에는 녹기 어렵다.

③ 80℃에서 일부 분해하여 인화성이 강한 액체인 아세트알데히드로 변하여 더욱 위험해진다.

(3) 제삼부틸알코올[$(CH_3)_3COH$]

분자량	74	융점	25.6(℃)	인화점	11(℃)
비중	0.78	비점	82.4(℃)	발화점	478(℃)
증기비중	2.6				

① 무색의 고체로서 물보다 가볍고 물, 알코올, 에테르 등 유기용제에 잘 녹는다.

② 정 부틸알코올에 비해 알코올로서의 특성이 약하고, 탈수제에 의해 쉽게 탈수되며 가연성 기체로 변하여 더욱 위험해진다.

③ 상온에서 가연성의 증기발생이 용이하고 증기는 공기보다 무거워서 낮은 곳에 체류하기 쉬우며 밀폐공간에서는 인화, 폭발의 위험이 크다.

④ 화재시 열소 열량이 커서 소화가 곤란하다.

01 지정수량이 나머지 셋과 다른 하나는?

① 칼슘   ② 나트륨아미드

③ 인화아연   ④ 바륨

> **해설**
>
> ① 50kg, ② 50kg, ③ 300kg, ④ 50kg

02 금속분의 연소 시 주수소화하면 위험한 원인으로 옳은 것은?

① 물에 녹아 산이 되어 산소가스를 발생한다.

② 물과 작용하여 유독 가스를 발생한다.

③ 물과 작용하여 수소 가스를 발생한다

④ 물과 작용하여 산소 가스를 발생한다.

> **해설**
>
> 금속분(Al, Zn 등)과 물(H_2O)이 반응하여 가연성 가스인 수소(H_2)를 발생한다.
>
> $2Al + 6H_2O \rightarrow 2Al(OH)_3 + 3H_2 \uparrow$ (수소)

03 가연성 고체의 미세한 분물이 일정 농도 이상 공기 중에 분산되어 있을 때 점화원에 의하여 연소 폭발되는 현상은?

① 분진 폭발   ② 산화 폭발

③ 분해 폭발   ④ 중합 폭발

04 화재시 물을 이용한 냉각소화를 할 경우 오히려 위험성이 증가하는 물질은?

① 니트로글리세린   ② 마그네슘

③ 적린   ④ 황

> **해설**
>
> 마그네슘(Mg)은 물(H_2O)과 반응하여 가연성 가스인 수소(H_2)를 발생하고 발열의 위험성이 있으므로 마른모래나 석회분말로 덮어 질식소화한다.
>
> $Mg + 2H_2O \rightarrow Mg(OH)_2 + H_2 \uparrow + 발열$

05 제2류 위험물에 대한 설명 중 틀린 것은?

① 유황은 물, 산에 녹지 않는다.

② 오황화린은 CS_2에 녹는다.

③ 삼황화린은 가연성 물질이며 조해성이 없다.

④ 칠황화린은 더운물에 분해되어 이산화황을 발생한다.

> **해설**
>
> 칠황화린은 더운 물에서 급격히 분해하여 황화수소(H_2S)와 인산(H_3PO_4)을 발생한다.

06 황화린에 대한 설명 중 잘못된 것은?

① P_4S_3은 황색 결정 덩어리로 조해성이 있고, 공기 중 약 50℃에서 발화한다.

② P_2S_5는 담황색 결정으로 조해성이 있고, 알칼리와 분해하여 가연성 가스를 발생한다.

③ P_4S_7은 담황색 결정으로 조해성이 있고, 온수에 녹아 유독한 H_2S를 발생한다.

④ P_4S_3과 P_2S_5의 연소생성물은 모두 P_2O_5와 SO_2이다.

> **해설**
>
> ① P_4S_3는 황색결정으로 조해성은 없고 공기중 약 100℃에서 발화한다.
> - 삼화화린 연소 반응식 : $P_4S_3 + 8O_2 \rightarrow 2P_2O_5 + 3SO_2 \uparrow$
> - 오황화린 연소 반응식 : $2P_2S_5 + 15O_2$
> $\rightarrow 2P_2O_5 + 10SO_2 \uparrow$

 정답   01 ③   02 ③   03 ①   04 ②   05 ④   06 ①

07 위험물의 저장 및 취급 방법에 대한 설명으로 틀린 것은?

① 적린은 화기와 멀리하고 가열, 충격이 가해지지 않도록 한다.

② 황린은 자연 발화성이 있으므로 물속에 저장한다.

③ 마그네슘은 산화제와 혼합되지 않도록 취급한다.

④ 알루미늄분은 분진 폭발의 위험이 있으므로 분무 주수하여 저장한다.

해설

알루미늄분 저장 및 취급 방법
- 분진 폭발의 위험이 있으므로 분말이 비산하지 않도록 하고 완전 밀봉 저장한다.
- 수증기와 반응하여 가연성 가스인 수소(H_2)를 발생하므로 주수소화는 금지하고 건조사나 석회분말로 덮어 질식소화한다.

$$2Al + 6H_2O \rightarrow 2Al(OH)_3 + 3H_2 \uparrow$$

08 착화점이 232℃에 가장 가까운 위험물은?

① 삼황화린   ② 오황화린

③ 적린   ④ 유황

해설

① 삼황화린 : 100℃   ② 오황화린 : 142℃

③ 적린 : 260℃   ④ 유황 : 232℃

09 적린에 관한 설명 중 틀린 것은?

① 물에 잘 녹고 브롬화인에는 녹지 않는다.

② 화재시 물로 냉각소화 할 수 있다.

③ 황린에 비해 안정하다.

④ 황린과 서로 동소체이다.

해설

적린은 브롬화인에 녹고 물, 에테르, CS_2에 녹지 않는다.

10 철분, 마그네슘, 금속분에 적응성이 있는 소화설비는?

① 스프링클러 설비

② 할로겐화합물 소화설비

③ 대형 수동식 포 소화기

④ 금속화재용 분말 소화기

해설

금수성 물질에 적응성이 있는 소화기
- 건조사
- 팽창질석 또는 팽창진주암
- 탄산수소염류 분말 소화기(금속화재용 분말 소화기)

11 분말의 형태로서 150μm의 체를 통과하는 50wt% 이상인 것만 위험물로 취급되는 것은?

① Fe   ② Sn

③ Ni   ④ Cu

해설

금속분이라 함은 알칼리금속, 알칼리토류금속, 철 및 마그네슘외의 금속의 분말을 말하고, 구리분·니켈분 및 150마이크로미터의 체를 통과하는 것이 50중량퍼센트 미만인 것은 제외한다.

12 오황화린의 저장 및 취급 방법으로 틀린 것은?

① 금속분 및 산화제와의 접촉을 피한다.

② 물속의 밀봉하여 저장한다.

③ 불꽃과의 접근이나 가열을 피한다.

④ 용기의 파손, 위험물의 누출에 유의한다.

해설

오황화린(P_2S_5) : 물과 반응하여 황화수소와 인산이 되므로 밀폐된 용기에 보관하고 습기 및 빗물 등의 침투에 주의할 것

$$P_2S_5 + 8H_2O \rightarrow 5H_2S + 2H_3PO_4$$

13 적린에 관한 설명 중 틀린 것은?

① 황린의 동소체이고, 황린에 비하여 안정하다.

② 성냥, 화약 등에 이용된다.

③ 연소 생성물은 황린과 같다.

④ 자연 발화를 막기 위해 물속에 보관한다.

> **해설**
>
> 황린은 공기중 발화점이 40~50℃로 낮아 자연발화의 위험이 있으므로 물속에 보관한다.

14 제2류 위험물 중 지정수량이 잘못 연결된 것은?

① 유황 – 100kg

② 철분 – 500kg

③ 금속분 – 500kg

④ 인화성 고체 – 500kg

> **해설**
>
> 인화성 고체 – 1,000kg

15 제2류 위험물과 산화제를 혼합하면 위험한 이유로 가장 적합한 것은?

① 제2류 위험물이 가연성 액체이기 때문에

② 제2류 위험물이 환원제로 작용하기 때문에

③ 제2류 위험물은 자연 발화의 위험이 있기 때문에

④ 제2류 위험물은 물 또는 습기를 잘 머금고 있기 때문에

> **해설**
>
> 제2류 위험물(가연성 고체)의 환원제와 제1류 위험물(산화성 고체)의 산화제가 접촉시 혼촉발화의 위험이 있다.

16 적린이 공기 중에서 연소할 때 생성되는 물질은?

① P_2O_3 ② PO_2

③ PO_3 ④ P_2O_5

> **해설**
>
> 적린(P)와 황린(P_4)은 동소체로서 연소시 백색의 매독성인 오산화인(P_2O_5)이 발생하고, 일부 포스핀(PH_3)도 발생한다.
>
> $4P + 5O_2 \rightarrow 2P_2O_5$
>
> $P_4 + 5O_2 \rightarrow 2P_2O_5$

17 다음 중 제2류 위험물에 속하지 않는 것은?

① 마그네슘 ② 나트륨

③ 철분 ④ 아연분

> **해설**
>
> ② 나트륨 : 제3류 위험물 중 금수성

18 위험물의 반응성에 대한 설명 중 틀린 것은?

① 마그네슘은 온수와 작용하여 산소를 발생하고 산화마그네슘이 된다.

② 황린은 공기 중에서 연소하여 오산화인을 발생한다.

③ 아연 분말은 공기 중에서 연소하여 산화아연을 발생한다.

④ 삼황화린은 공기 중에서 연소하여 오산화인과 이산화황을 발생한다.

> **해설**
>
> ① $Mg + 2H_2O \rightarrow Mg(OH)_2 + H_2 \uparrow$
>
> ② $P_4 + 5O_2 \rightarrow 2P_2O_5$
>
> ③ $2Zn + O_2 \rightarrow 2ZnO$
>
> ④ $P_4S_3 + 8O_2 \rightarrow 2P_2O_5 + 3SO_2 \uparrow$

19 오황화린이 물과 반응하였을 때 발생하는 물질로 옳은 것은?

① 황화수소, 이산화황

② 황화수소, 인산

③ 이산화황, 오산화인

④ 이산화황, 인산

> **해설**
>
> 물과 반응하면 분해하여 황화수소(H_2S)와 인산(H_3PO_4)으로 된다.
>
> $P_2S_5 + 8H_2O \rightarrow 5H_2S + 2H_3PO_4$

20 다음 중 적린과 황린에서 동일한 성질을 나타내는 것은?

① 발화점   ② 용해성

③ 유독성   ④ 연소생성물

> **해설**
>
> 적린(P)과 황린(P_4)은 서로 동소체이므로 연소시 연소생성물이 같은 오산화인(P_2O_5)을 발생하고 일부 포스핀(PH_3)도 발생한다.

21 다음 중 적린의 위험성에 대한 설명으로 옳은 것은?

① 발화 방지를 위해 염소산나트륨과 함께 보관한다.

② 물과 격렬하게 반응하여 수소를 발생한다.

③ 공기 중에 방치하면 자연 발화한다.

④ 산화제와 혼합한 경우 마찰, 충격에 의해서 발화한다.

> **해설**
>
> 적린은 제2류 위험물(가연성 고체)의 환원제로서 제1류 위험물(산화성고체) 등의 산화제와 혼합하는 경우 마찰 또는 충격에 의해 발화의 위험이 있다.

22 유황(S)에 대한 설명으로 옳은 것은?

① 불연성이지만 산화제 역할을 하기 때문에 가연물 접촉은 위험하다.

② 이황화탄소, 알코올, 물 등에 매우 잘 녹는다.

③ 사방황, 고무상황과 같은 동소체가 있다.

④ 전기 도체이므로 감전에 주의한다.

> **해설**
>
> 유황(S)은 가연성 고체의 환원제로서 물에 녹지 않고 알코올에는 약간 녹으며 CS_2에 잘녹는 전기의 부도체이다.

23 P_4S_3이 가장 잘 녹는 것은?

① 염산   ② 이황화탄소

③ 황산   ④ 물

> **해설**
>
> 삼황화린(P_4S_3)은 질산, 알칼리, 이황화탄소에는 녹지만 물, 염산, 황산에는 녹지 않는다.

24 황의 성상에 관한 설명으로 틀린 것은?

① 연소할 때 발생하는 가스는 냄새를 갖고 있으나 인체에 무해하다.

② 미분이 공기중에 떠 있을 때 분진폭발의 우려가 있다.

③ 용융된 황을 물에서 급냉하면 고무상황을 얻을 수 있다.

④ 연소할 때 아황산가스를 발생한다.

> **해설**
>
> 황이 연소할 때 독성이 강한 아황산가스(SO_2)가 발생한다.
>
> $S + O_2 \rightarrow SO_2 \uparrow$

25 다음 위험물 중 발화점이 가장 낮은 것은?

① 황
② 삼황화린
③ 황린
④ 아세톤

> **해설**
>
> 황 232℃, 삼황화린 110℃, 황린 34℃, 아세톤 538℃

---

26 다음 중 위험물의 분류가 잘못된 것은?

① 유기과산화물 – 제1류 위험물
② 황화린 – 제2류 위험물
③ 금속분 – 제2류 위험물
④ 무기과산화물 – 제1류 위험물

> **해설**
>
> ① 유기과산화물 – 제5류 위험물

---

27 다음 중 일반적으로 알려진 황화린의 세 종류에 속하지 않은 것은?

① P_4S_3
② P_2S_5
③ P_4S_7
④ P_2S_9

> **해설**
>
> 삼황화린 P_4S_3, 오황화린 P_2S_5, 칠황화린 P_4S_7

---

28 유황을 목탄가루 등과 혼합하면 약간의 충격, 가열 등으로 발화한다. 이때 가장 적당한 소화 방법은?

① 포의 방사에 의한 소화
② 분말 소화제에 의한 소화
③ 다량의 물에 의한 소화
④ 할로겐 화합물의 방사에 의한 소화

---

29 제2류 위험물의 일반적 성질 중 옳지 않은 것은?

① 가연성 고체로서 속연성, 이연성 물질이다.
② 연소 시 연소열이 크고 연소 온도가 높다.
③ 산소를 포함하고 있어 연소 시 조연성 가스의 공급이 필요 없다.
④ 대부분 비중은 1보다 크고, 인화성 고체를 제외하고 무기화합 물질이다.

---

30 다음 설명 중 틀린 것은?

① 황린은 공기 중 방치하는 경우에 자연발화한다.
② 미분상의 유황은 물과 작용해서 자연발화할 때 황화수소가스를 발생한다.
③ 적린은 염소산칼륨 등의 산화제와 혼합하면 발화 또는 폭발할 수 있다.
④ 마그네슘은 알칼리토금속으로 할로겐 원소와 접촉하여 자연 발화의 위험이 있다.

> **해설**
>
> • 유황은 강산화제, 유기과산화물, 목탄분 등과 혼합시 가열, 충격, 마찰등에 의해 발화 폭발을 일으킨다.
>
> • 유황은 물에 녹지 않으며 연소시 유독성가스인 이산화황 (SO_2)를 발생한다.
>
> $$S + O_2 \rightarrow SO_2\uparrow$$

---

31 삼황화린(P_4S_3)은 다음 중 어느 물질에 녹는가?

① 물
② 염산
③ 질산
④ 황산

> **해설**
>
> 물, 염산, 황산에는 녹지 않고 질산, 이황화탄소, 알칼리에는 녹는다.

정답 25 ③ 26 ① 27 ④ 28 ③ 29 ③ 30 ② 31 ③

32 다음 중 적린의 성질로 잘못된 것은?

① 황린과 성분 원소는 같다.

② 착화 온도는 황린보다 낮다.

③ 물, 이황화탄소에 녹지 않고 브롬화인에 녹는다.

④ 황린에 비해 화학적 활성이 적다.

해설

착화점 : 황린 34℃, 적린 260℃

33 공기 중에서 서서히 산화되어 황갈색으로 되는 은백색의 분말로, 기름이 묻은 분말일 경우에는 자연발화의 위험이 있는 것은?

① 철분　　　　　　② 적린

③ 황화린　　　　　④ 아연

34 공기 중에서 표면에 산화 피막을 형성하는 제2류 위험물로 짝지어진 것은?

① 황화린, 철분

② 적린, 알루미늄분

③ 알루미늄분, 아연분

④ 아연분, 황린

해설

공기중 산화피막형성 : Al_2O_3, $Zn(OH)_2$, $ZnCO_3$

35 알루미늄의 위험성에 대한 설명 중 틀린 것은?

① 산화제와 혼합시 가열, 충격, 마찰에 의하여 발화할 수 있다.

② 할로겐원소와 접촉하면 발화되는 경우도 있다.

③ 분진폭발의 위험성이 있으므로 분진에 기름을 묻혀 보관한다.

④ 습기를 흡수하여 자연발화의 위험성이 있다.

36 마그네슘(Mg)에 대한 설명 중 틀린 것은?

① 알칼리토금속에 속하는 물질이다.

② 화재 시 CO_2 소화제는 효과가 없고 건조사를 사용한다.

③ 물과 반응하여 O_2를 발생시킨다.

④ 산화제와의 혼합시 발화위험이 있다.

해설

③ Mg는 물과 반응하여 H_2를 발생시킨다.
　 $Mg + 2H_2O \rightarrow Mg(OH)_2 + H_2 \uparrow$

37 적린의 성질에 관한 설명 중 틀린 것은?

① 착화온도는 약 260℃이다.

② 물, 암모니아, CS_2에 녹지 않는다.

③ 연소 시 인화수소 가스가 발생한다.

④ 산화제와 혼합 시 발화하기 쉽다.

해설

적린은 연소시 오산화인의 흰연기를 발생한다.
$4P + 5O_2 \rightarrow 2P_2O_5$

38 다음은 알루미늄의 성질에 대한 설명이다. 잘못된 것은?

① 진한 질산에 녹는 중(重)금속이다.

② 열전도율, 전기 전도도가 크다.

③ 질소나 할로겐과 반응하여 질화물과 할로겐화합물을 형성한다.

④ 공기 중에서 표면에 치밀한 산화 피막이 형성되어 내부를 보호하므로 부식성이 적다.

해설

• 진한 질산이나 진한 황산에는 금속의 부동태를 만들어 녹지 않지만 묽은 염산, 묽은 질산, 묽은 황산에는 잘 녹는다.

• 부동태를 만드는 금속 : Al, Fe, Ni

정답 32 ② 33 ① 34 ③ 35 ③ 36 ③ 37 ③ 38 ①

39 제2류 위험물의 화재 발생시 소화 방법 또는 주의할 점으로 적합하지 않은 것은?

① 마그네슘의 경우 이산화탄소를 이용한 질식소화는 위험하다.
② 황은 비산에 주의하여 분무주수로 냉각소화한다.
③ 적린의 경우 물을 이용한 냉각소화는 위험하다.
④ 인화성 고체는 이산화탄소를 질식소화 할 수 있다.

해설

적린은 브롬화인(PBr₃)에 녹고 물, CS₂, 에테르, NH₃에는 녹지 않으며 주수에 의한 냉각소화를 한다.

40 위험물의 화재시 소화 방법에 대한 설명 중 옳은 것은?

① 아연분은 주수소화가 적당하다.
② 마그네슘은 봉상주수소화가 적당하다.
③ 알루미늄은 건조사로 피복하여 소화하는 것이 좋다.
④ 황화린은 산화제로 피복하여 소화하는 것이 좋다.

해설

• 금속분(Al, Zn, Mg)은 금수성물질로서 물과 반응시 수소(H_2)를 발생하므로 주수소화는 절대엄금하고 건조사 등으로 피복소화한다.
• 황화린은 물과 반응시 유독한 H_2S가 발생하므로 CO_2, 건조사 등으로 질실소화한다.

41 가연성 고체 물질의 일반적 성질에 해당되지 않는 것은?

① 연소 속도가 빠른 속연성 고체들이다.
② 산화제와의 접촉은 위험하다.
③ 저온에서 착화되기 쉬운 가연성 물질이다.
④ 물과 접촉 시 산소와 불활성 가스가 발생한다.

42 유황은 순도가 몇 중량% 이상이어야 위험물에 해당하는가?

① 40%   ② 50%
③ 60%   ④ 70%

해설

위험물의 순도 : 유황 60중량% 이상, 알코올 60중량% 이상, 과산화수소 36중량% 이상

43 적린은 다음 중 어떤 물질과 혼합시 마찰, 충격, 가열에 의해 폭발할 위험이 가장 높은가?

① 염소산칼륨   ② 이산화탄소
③ 공기   ④ 물

해설

제1류(산화제)의 염소산염류와 혼합시 발화위험이 있다.

44 알루미늄(Al)분의 성질을 설명한 것 중 옳은 것은?

① 은백색의 중(重)금속이고, 불연성이다.
② 산에서만 녹아 수소 가스를 발생시킨다.
③ 열의 전도성이 좋고, ＋3가의 화합물을 만든다.
④ 진한 질산과는 표면에 환원막이 생성되어 부동태로 되므로 잘 녹는다.

해설

• 가연성 고체로서 경금속이다.
• 양쪽성 원소이므로 산 또는 염기에도 녹아 수소 가스를 발생한다.
• 진한 질산에는 표면에 산화피막(Al_2O_3)을 형성하여 부동태로 되므로 잘 녹지 않는다.

 정답   39 ③   40 ③   41 ④   42 ③   43 ①   44 ③

45 유황 500kg, 인화성 고체 1000kg을 저장하려 한다. 각각의 지정수량의 배수의 합은?

① 3배   ② 4배

③ 5배   ④ 6배

해설

- 지정수량 : 유황 100kg, 인화성 고체 1000kg
- 지정수량배수

$$= \frac{A품목의\ 저장수량}{A품목의\ 지정수량} + \frac{B품목의\ 저장수량}{B품목의\ 지정수량} + \cdots$$

$$\therefore \frac{500}{100} + \frac{1000}{1000} = 6배$$

46 황화린에 대한 설명 중 옳지 않은 것은?

① 삼황화린은 황색결정으로 공기 중 약 100℃에서 발화할 수 있다.

② 오황화린은 담황색 결정으로 조해성이 있다.

③ 오황화린은 물과 접촉하여 황화수소를 발생할 위험이 있다.

④ 삼황화린은 차가운 물에도 잘 녹으므로 주의해야 한다.

해설

삼황화린(P_4S_3) : 황색결정으로 질산, 알칼리, CS_2에는 녹지만 물, 염산, 황산에는 녹지 않는다. (착화점 100℃)

47 마그네슘(Mg)분에 대한 성질을 옳게 설명한 것은?

① 과열 수증기와 작용시키면 수소가 발생한다.

② 가벼운 금속분으로서, 비중은 물보다 약간 작은 경금속이다.

③ 화재 시 소화제로는 CO_2, N_2를 사용하여 소화한다.

④ 산, 알칼리 등과 작용하면 산소를 발생시킨다.

해설

① $Mg + 2H_2O \rightarrow Mg(OH)_2 + H_2 \uparrow$

48 오황화린(P_2S_5)이 물과 반응하였을 때 생성된 가스를 연소시키면 발생하는 독성이 있는 가스는?

① 이산화질소   ② 포스핀

③ 염화수소   ④ 이산화황

해설

- $P_2S_5 + 8H_2O \rightarrow 2H_3PO_4 + 5H_2S \uparrow$ (황화수소 발생)
- $2H_2S + 3O_2 \rightarrow 2SO_2 \uparrow + 2H_2O$(황화수소 연소반응식)

49 위험물의 성질을 설명한 것으로 옳은 것은?

① 황화린의 착화온도는 34℃이다.

② 황화린이 연소하면 O_2 가스가 발생한다.

③ 마그네슘은 알칼리 수용액과 반응하여 H_2 가스를 발생시킨다.

④ 유황은 전기의 절연재료로 사용되며, 3종의 동소체가 존재한다.

50 알루미늄분의 위험성에 대한 설명 중 틀린 것은?

① 뜨거운 물과 접촉시 격렬하게 반응한다.

② 산화제와 혼합하면 가열, 충격 등으로 발화할 수 있다.

③ 연소시 수산화 알루미늄과 수소를 발생한다.

④ 염산과 반응하여 수소를 발생한다.

해설

연소시 다량열과 광택을 내고 흰 연기를 내면서 연소한다.
$4Al + 3O_2 \rightarrow 2Al_2O_3$

51 적린과 혼합하여 반응하였을 때 오산화인을 발생하는 것은?

① 물   ② 황린

③ 에틸알코올   ④ 염소산칼륨

해설

적린은 제1류 위험물의 강산화제인 염소산염류와 반응시 약간의 충격, 마찰에 의해 발화 폭발한다.
$6P + 5KClO_3 \rightarrow 5KCl + 3P_2O_5$

정답   45 ④   46 ④   47 ①   48 ④   49 ④   50 ③   51 ④

52 제2류 위험물 중 지정수량이 500kg인 물질에 의한 화재는?

① A급 화재 ② B급 화재

③ C급 화재 ④ D급 화재

해설

제2류 중 지정수량 500kg인 것 : 철분, 마그네슘, 금속분등 이므로 금속화재인 D급 화재에 해당한다.

53 알루미늄분에 대한 설명으로 옳지 않은 것은?

① 알칼리 수용액에서 수소를 발생한다.

② 산과 반응하여 수소를 발생한다.

③ 물보다 무겁다.

④ 할로겐 원소와는 반응하지 않는다.

해설

알루미늄분은 수분 및 할로겐원소와 접촉시 자연발화의 위험이 있다.

54 고형 알코올 2,000kg과 철분 1,000kg의 각각 지정수량 배수의 총합은 얼마인가?

① 2 ② 3

③ 4 ④ 5

해설

- 지정수량 : 고형 알코올(1000kg), 철분(500kg)
- 지정수량배수$= \dfrac{저장량}{지정수량} = \dfrac{2000kg}{1000kg} + \dfrac{1000kg}{500kg} = 4$

55 위험물안전관리법령상 제2류 위험물에 속하지 않는 것은?

① P_4S_3 ② Zn

③ Mg ④ Li

해설

④ 리튬(Li) : 제3류(알칼리금속)

56 삼황화린과 오황화린의 공통점이 아닌 것은?

① 물과 접촉하여 인화수소가 발생한다.

② 가연성 고체이다.

③ 분자식이 P와 S로 이루어져 있다.

④ 연소 시 오산화인과 이산화황이 생성된다.

해설

- 삼황화린(P_4S0) : 물에 녹지 않음
- 오황화린(P_2S_5) : 물과 반응시 인산과 황화수소가 생성한다.
  $P_2S_5 + 8H_2O \rightarrow 5H_2S + 2H_3PO_4$

57 위험물제조소의 게시판에 '화기주의'라고 쓰여 있다. 제 몇류 위험물제조소인가?

① 제1류 ② 제2류

③ 제3류 ④ 제4류

해설

제조소의 주의사항 표시 게시판

위험물의 종류	주의사항	게시판의 색상
제1류 위험물 중 알칼리금속의 과산화물 제3류 위험물 중 금수성물질	물기엄금	청색바탕에 백색문자
제2류 위험물(인화성고체는 제외)	화기주의	적색바탕에 백색문자
제2류 위험물 중 인화성고체 제3류 위험물 중 자연발화성물질 제4류 위험물 제5류 위험물	화기엄금	

58 제2류 위험물인 유황의 대표적인 연소형태는?

① 표면연소 ② 분해연소

③ 증발연소 ④ 자기연소

제3류 위험물(자연발화성 물질 및 금수성 물질)

Chapter 4

1 제3류 위험물의 종류와 지정수량

성질	위험등급	품명[주요품목]	지정수량
자연발화성 물질 및 금수성 물질	I	1. 칼륨[K]	10kg
		2. 나트륨[Na]	
		3. 알킬알루미늄[$(CH_3)_3Al$, $(C_2H_5)_3Al$]	
		4. 알킬리튬[C_2H_5Li, C_4H_9Li]	
		5. 황린[P_4]	20kg
	II	6. 알칼리금속(칼륨 및 나트륨 제외) 및 알칼리토금속[Mg 제외]	50kg
		7. 유기금속화합물[$Te(C_2H_5)_2$, $Zn(CH_3)_2$, $Pb(C_2H_5)_4$] (알킬알루미늄 및 알킬리튬 제외)	
	III	8. 금속의 수소화물[LiH, NaH, CaH_2]	300kg
		9. 금속의 인화물[Ca_3P_2, AlP]	
		10. 칼슘 또는 알루미늄의 탄화물[CaC_2, Al_4C_3]	
	I, II, III	11. 그 밖에 행정안전부령이 정하는 것 염소화규소화합물[$SiHCl_3$, SiH_4Cl]	10kg, 20kg, 50kg 또는 300kg

2 제3류 위험물의 개요

(1) 공통 성질★★★

① 대부분 무기화합물의 고체이며 알킬알루미늄과 같은 액체도 있다.

② 금수성 물질(황린은 제외)로서 물과 반응하여 발열 또는 발화하고 가연성 가스(수소, 아세틸렌, 포스핀)를 발생한다. (K, Na, CaC_2, Ca_3P_2 등)

③ 칼륨(K), 나트륨(Na), 알킬알루미늄, 알킬리튬은 물보다 가볍고 나머지는 물보다 무겁다.

④ 알킬알루미늄 또는 알킬리튬은 공기 중에서 급격히 산화하고, 물과 접촉하면 가연성 가스를 발생하여 급격히 발화한다.

⑤ 황린은 공기 중에서 자연발화한다.

(2) 저장 및 취급시 유의사항★★★

① 금수성 물질로서 용기의 파손, 부식을 방지하고 밀전, 밀봉하여 공기와 수분과의 접촉을 절대 피한다.

② 다량 저장시 소화가 곤란하므로 소분하여 저장하고 K, Na은 보호액인 석유류속에 저장하고 황린은 물속에 저장한다.

③ 강산화제, 강산류, 충격, 불티 등 화기로부터 분리 및 격리 저장할 것

④ 알킬알루미늄, 알킬리튬, 유기금속화합물류는 물과 접촉시 가연성 가스를 발생하므로 화기에 절대 주의할 것

(3) 소화 방법

① 주수소화는 발화 또는 폭발을 유발하므로 절대 엄금하고 또한 CO_2와도 격렬하게 반응을 하므로 사용할 수 없다. (황린의 경우 초기화재 시 물로 사용 가능)

② 건조사, 팽창질석 및 팽창진주암 등을 사용하여 질식소화가 가장 효과적이다.

③ 금속화재용 소화약제로 분말 소화약제인 탄산수소염류를 사용한다.

3 제3류 위험물의 종류 및 성상

1. 칼륨(K) [지정수량 : 10kg]★★★★

별명	포타슘	원자량	39	융점	63.7(℃)
불꽃색상	보라색	비중	0.86	비점	762.2(℃)

(1) 일반 성질

① 은백색의 광택있는 무른 경금속으로 흡습성, 조해성 및 부식성이 있다.

② 융점(63.7℃) 이상으로 가열하면 보라색 불꽃을 내면서 연소한다.

$$4K + O_2 \rightarrow 2K_2O$$

③ 보호액인 석유류 등에 장시간 저장시 표면에 K_2O, KOH, K_2CO_3와 같은 물질이 피복되어 가라 앉는다.

④ 공기중에서 수분과 반응하여 수소(H_2)를 발생하고 자연발화의 폭발을 일으키기 쉬우므로 석유류(등유, 경유, 유동파라핀, 벤젠) 등에 저장한다.

$$2K + 2H_2O \rightarrow 2KOH + H_2 \uparrow + 92.8kcal$$

참고 │ 석유 속에 저장하는 이유 : 수분과 접촉을 차단하고 공기의 산화를 방지하기 위함

⑤ 이온화경향이 큰 금속이며 수은과 반응하여 이말감을 만든다.

⑥ 알코올과 반응하여 칼륨알코올레이트를 만들고 수소(H_2)를 발생한다.

$$2K + 2C_2H_5OH \rightarrow 2C_2H_5OK(칼륨 에틸레이트) + H_2 \uparrow$$

⑦ 저농도 산소에도 연소의 위험이 있으며 연소시 피부에 접촉하면 심한 화상과 호흡하면 자극한다.

⑧ CO_2와 CCl_4와 접촉하면 격렬히 폭발적으로 반응한다.

> $4K + 3CO_2 \rightarrow 2K_2CO_3 + C$ (연소, 폭발)
>
> $4K + CCl_4 \rightarrow 4KCl + C$ (폭발)
>
> ※ 화재시 : 이산화탄소, 사염화탄소 소화제 사용 금함

(2) 저장 및 취급 방법

① 습기나 물에 접촉하지 않도록 석유류 속에 저장할 것

② 강산류와 접촉을 피하고 저장시 소분하여 밀봉, 밀전하여 냉암소에 저장할 것

③ 용기의 파손, 부식에 주의하고 보호액 표면에 노출되지 않도록 할 것

(3) 소화 방법

① 건조사, 건조된 소금 분말, 탄산칼슘분말 혼합물로 피복하여 질식소화한다.

② 주수소화와 CO_2 또는 CCl_4 와는 폭발적 반응을 하므로 절대 사용을 금한다.

(4) 용도 : 원자로의 냉각제, 감속제, 환원제, 염료 등

2. 나트륨(Na) [지정수량 : 10kg]★★★★

별명	금조, 금속 소다	원자량	23	융점	97.7(℃)
불꽃색상	노란색	비중	0.97	비점	880(℃)

(1) 일반 성질★★★

① 은백색의 광택있는 무른 경금속으로 물보다 가볍고 공기중에서 융점 이상 가열 연소시 노란색 불꽃을 내면서 연소한다.

> $4Na + O_2 \longrightarrow 2Na_2O$ (회백색)

② 가연성 고체로서 공기중의 수분이나 알코올과 반응하여 수소(H_2)를 발생하며 자연발화를 일으키기 쉬우므로 석유류(등유, 경유, 유동파라핀, 벤젠 등) 속에 저장한다.

> $2Na + 2H_2O \longrightarrow 2NaOH + H_2\uparrow + 88.2kcal$
>
> $2Na + 2C_2H_5OH \longrightarrow 2C_2H_5ONa + H_2\uparrow$

③ 고온에서 수소와 반응하여 수소화합물을 만들며 할로겐과 반응하여 할로겐화합물을 생성한다.

> $2Na + Cl_2 \longrightarrow 2NaCl$,　　　　　$4Na + CCl_4 \longrightarrow 4NaCl + C$ (폭발)

④ 수은에 녹아 아말감을 생성하며, 액체암모니아에 녹아 나트륨아미드($NaNH_2$)와 수소(H_2)를 생성한다.

$$2Na + 2NH_3 \xrightarrow{\text{촉매 : } Fe_2O_3} 2NaNH_2 + H_2\uparrow$$

⑤ 산 또는 이산화탄소와 폭발적으로 반응한다.

$$2Na + 2CH_3COOH \longrightarrow 2CH_3COONa + H_2\uparrow$$
$$4Na + 3CO_2 \longrightarrow 2Na_2CO_3 + C \text{ (연소폭발)}$$

⑥ 피부에 접촉할 경우 강한 알칼리성 때문에 화상을 입는다.

(2) 저장·취급 및 소화 방법 : 금속 칼륨에 준한다.

(3) 용도 : 원자로 냉각제, 감속제, 유기합성, 열매, 수은과 아말감 제조 등

3. 알킬알루미늄(RAl 또는 RAlX) [지정수량 : 10kg]

• 알킬기 $C_nH_{2n+1}-$(R−)과 알루미늄(Al)의 혼합물을 알킬알루미늄(RAl)이라 하며, 할로겐 원소가 들어간 경우(RAlX)가 있다.

> ※ 종류
> 1. 트리 메틸 알루미늄[$(CH_3)_3Al$]
> 2. 트리 에틸 알루미늄[$(C_2H_5)_3Al$]
> 3. 트리 프로필 알루미늄[$(C_3H_7)_3Al$]
> 4. 트리 이소 부틸 알루미늄[iSO−$((C_4H_9)_3Al$]
> 5. 에틸알루미늄 디 클로로라이드[$C_2H_5AlCl_2$]
> 6. 디 에틸 알루미늄 하이드라이드[$(C_2H_5)_2AlH$]
> 7. 디 에틸 알루미늄 클로라이드[$(C_2H_5)_2AlCl$] 등

• 탄소수 $C_{1\sim4}$까지는 자연발화하고, C_5 이상은 점화하지 않으면 연소반응을 하지 않는다.

(1) 트리에틸알루미늄(Tri Ethyl Aluminium, TEA) : $(C_2H_5)_3Al$★★★★

분자량	114	융점	−46(℃)
비중	0.837	비점	186.6(℃)

1) 일반 성질

① 무색투명한 액체로서 외관은 등유와 유사한 가연성으로 공기중에 노출되면 백연을 발생하며 연소한다.

$$2(C_2H_5)_3Al + 21O_2 \longrightarrow 12CO_2\uparrow + Al_2O_3 + 15H_2O + 2 \times 735.4kcal$$

② 물, 산, 알코올과 반응하여 에탄(C_2H_6)을 생성하면서 발열 폭발에 이른다.

$$(C_2H_5)_3Al + 3H_2O \longrightarrow Al(OH)_3 + 3C_2H_6\uparrow$$
$$(C_2H_5)_3Al + HCl \longrightarrow (C_2H_5)_2AlCl + C_2H_6\uparrow$$
$$(C_2H_5)_3Al + 3CH_3OH \longrightarrow Al(CH_3O)_3 + 3C_2H_6\uparrow$$

③ 인화점은 정확하지 않지만 융점($-46℃$) 이하이므로 매우 위험하고 200℃ 이상으로 가열하면 폭발적으로 분해하여 가연성 가스를 발생한다.

$$(C_2H_5)_3Al \xrightarrow{\Delta} (C_2H_5)_2AlH + C_2H_4\uparrow \qquad (C_2H_5)_2AlH \xrightarrow{\Delta} Al + \frac{3}{2}H_2\uparrow + 2C_2H_4\uparrow$$

④ 할로겐과 폭발적으로 반응하여 가연성 가스를 발생한다.

$$(C_2H_5)_3Al + 3Cl_2 \longrightarrow AlCl_3 + 3C_2H_5Cl\uparrow$$

⑤ 저장 용기가 가열되면 용기가 심하게 파열된다.

2) 저장 및 취급 방법
① 화기엄금, 수분과 공기의 접촉을 방지하고 밀전하여 냉암소에 환기가 잘되는 곳에 보관한다.
② 사용시 희석 안정제(벤젠, 톨루엔, 헥산, 펜탄 등) 20~30% 정도로 희석하고 불활성가스 중에서 취급한다.
③ 산화제, 강산류, 알코올류와 격리한다.

3) 소화 방법
① 주수는 절대 엄금하며 CO_2, 할론은 발열반응하므로 사용 불가하다.
② 팽창질석, 팽창진주암, 규조토, 소다회, $NaHCO_3$, $KHCO_3$ 등의 건조 분말과 마른모래 등으로 질식소화한다.

4) 용도 : 중합촉매, 알미늄 도금원료, 로켓연료, 환원제, 알킬화시약 등

(2) 트리이소부틸알루미늄(Tri Iso Butyl Aluminium, TIBA) : $(C_4H_9)_3Al$

분자량	198	융점	1(℃)
비중	0.79	비점	212(℃)

1) 일반 성질
① 무색 투명한 가연성 액체로서 공기중에 노출되면 자연발화한다.
② 공기 또는 물과 격렬하게 반응하며 산화제, 강산, 알코올과 반응한다.
③ 저장 용기가 가열되면 파열한다.

2) 저장 및 취급 방법 : TEA에 준한다.

3) 소화 방법 : 주수엄금, 팽창질석, 팽창진주암, 흑연분말, 규조토, 소다회, 건조소금분말, 소다회로 질식소화한다.

4) 용도 : 유기화합물 합성 등

(3) 트리메틸알루미늄(TriMethly Aluminium, TMA) : $(CH_3)_3Al$★★

분자량	72	융점	15(℃)	증기비중	2.5
비중	0.752	비점	126(℃)	발화점	190(℃)

1) 일반 성질

① 무색의 가연성 액체로서 공기중 노출되면 자연발화한다.

$$2(CH_3)_3Al + 12O_2 \longrightarrow Al_2O_3 + 9H_2O + 6CO_2 \uparrow$$

② 물과 접촉하면 격렬히 반응하여 메탄을 생성하고 폭발한다.

$$(CH_3)_3Al + 3H_2O \longrightarrow Al(OH)_3 + 3CH_4 \uparrow$$

③ 기타사항은 TEA와 유사하다.

2) 용도 : 중합촉매 등

4. 알킬리튬(R–Li) [지정수량 : 10kg]

알킬리튬은 알킬기($C_nH_{2n+1}-$, R−)와 리튬(Li)금속이 결합된 것을 말하며 일반적으로 R–Li로 표기된 유기금속 화합물이다.

(1) 부틸리튬(C_4H_9Li)

1) 일반 성질

① 무색의 가연성 액체로서 자극성이 있으며 대기압에서 수소와 반응하여 LiH, C_4H_8을 생성한다.

② 공기중 노출되면 어떤 온도에서도 자연발화를 일으키고 수증기 또는 CO_2와 격렬하게 반응을 하므로 매우 위험하다.

2) 저장 및 취급 방법

① 자연발화의 위험이 있으므로 저장용기에 희석제(펜탄, 헥산, 헵탄 등)를 넣고 불활성가스를 함께 봉입하여 저장한다.

② 증기는 공기보다 무거워 낮은 곳에 체류하기 쉬우므로 통풍, 환기 및 건조한 상태를 잘 유지하고 완전 밀봉하여 냉암소에 저장 보관한다.

3) 소화 방법 : 주수는 엄금하고, 마른모래, 건조분말로 질식소화한다.

(2) 메틸리튬(CH_3Li), 에틸리튬(C_2H_5Li)

특성은 부틸리튬에 준하며 디에틸에테르, 요오드화리튬, 브롬화리튬 속에 넣어 저장 보관한다.

> **참고** 알킬리튬(R–Li)의 물과의 반응식(가연성 가스 발생)
> - 메틸리튬(CH_3Li) : $CH_3Li + H_2O \longrightarrow LiOH + CH_4 \uparrow$ (메탄)
> - 에틸리튬(C_2H_5Li) : $C_2H_5Li + H_2O \longrightarrow LiOH + C_2H_6 \uparrow$ (에탄)
> - 부틸리튬(C_4H_9Li) : $C_4H_9Li + H_2O \longrightarrow LiOH + C_4H_{10} \uparrow$ (부탄)

5. 황린[백린(P$_4$)] [지정수량 : 20kg]★★★★

별명	백린, 인	분자량	124	융점	44(℃)
발화점	34(℃)	비중	1.82	비점	280(℃)

(1) 일반 성질★★★

① 백색 또는 담황색의 가연성 및 자연발화성 고체로서 발화점이 34℃로 매우 낮고 산소와 화합력이 강하여 공기중에 방치하면 액화되면서 자연발화를 일으킨다.

② 물에 녹지 않고 반응하지 않기 때문에 pH=9(약알칼리) 정도의 물속에 저장하며 벤젠, 알코올에는 약간 녹고 이황화탄소(CS$_2$), 염화황, 삼염화린에는 잘 녹는다.

> **참고** 수산화칼륨 용액 등 pH=9 이상의 강알칼리용액이 되면 가연성, 유독성의 포스핀(PH$_3$)가스가 발생하여 공기중에서 자연발화한다.
>
> $$P_4 + 3KOH + 3H_2O \longrightarrow PH_3\uparrow + 3KH_2PO_2$$

③ 상온에서 증기를 발생하고 서서히 산화하여 어두운 곳에서 청백색의 인광을 낸다.

④ 증기는 공기보다 무겁고 자극적인 마늘 냄새가 나는 맹독성 물질로 치사량은 0.02~0.05g이면 사망한다.

⑤ 공기중에서 격렬하게 연소하여 오산화인(P$_2$O$_5$)의 백색 연기를 내며 연소하고 일부 유독성의 포스핀(PH$_3$)가스도 발생한다.

$$P_4 + 5O_2 \longrightarrow 2P_2O_5$$

⑥ 피부 접촉시 화상을 입으며 공기중에서 약 40~50℃에서 자연발화한다.

⑦ 할로겐, 강산화성 물질 및 수산화나트륨과 혼촉시 발화위험성이 있다.

⑧ 공기를 차단하고 황린(P$_4$)을 260℃로 가열하면 적린(P)으로 된다. [적린과 동소체임]

(2) 저장 및 취급 방법

① 자연발화성 물질이므로 물 속에 저장하고 직사광선을 막고 온도 상승시 물의 산성화가 되어 용기를 부식시키므로 이중용기에 넣어 밀봉, 냉암소에 저장한다.

② 맹독성 물질이므로 고무장갑, 보호복, 보호안경, 공기호흡기등을 착용하고 취급한다.

③ 인화수소(PH$_3$)의 생성을 막기 위해 보호액은 pH=9(약알칼리성)로 유지하기 위하여 알칼리제인 석회(CaO, Ca(OH)$_2$) 또는 소다회(CaO+NaOH) 등으로 중화시켜 pH를 조절한다.★★★

④ 피부에 접촉시 다량의 물로 세척하고 탄산나트륨 용액이나 피크린산용액 등으로 씻는다.

(3) 소화 방법 : 초기소화에는 물, 포, CO$_2$, 건조분말소화약제가 유효하다.

> **참고** 고압주수소화는 황린을 비산시켜 연소면을 확대, 분산의 위험이 있으므로 물은 분무주수를 한다.

(4) 용도 : 적린 제조, 인산, 살충제, 농약 등

[황린과 적린의 비교]★★★

구분	황린(P_4)	적린(P)
외관 및 형상	백색 또는 담황색 고체	암적색 분말
냄새	마늘 냄새	없음
독성	맹독성	없음
공기중 자연발화	자연발화(40~50℃)	없음
발화점	약 34℃	약 260℃
CS_2에 대한 용해성	녹음	녹지 않음
연소시 생성물(동소체)	P_2O_5	P_2O_5
사용 용도	적린 제조, 농약	성냥, 화약

6. 알칼리금속류(K, Na은 제외) 및 알칼리토금속(Mg은 제외) [지정수량 : 50kg]

- 알칼리금속류(K, Na 제외) : Li(리튬), Rb(루비늄), Cs(세슘), Fr(프란슘)
  - 은백색 무른 금속으로 융점, 밀도가 낮고 공기중에서 즉시 산화되어 녹이 잘슨다.
  - 물, 할로겐화합물과 격렬하게 반응하고 CO_2 중에서도 계속 연소한다.
- 알칼리토금속(Mg 제외) : Be (베릴륨), Ca(칼슘), Sr(스트론튬), Ba(바륨), Ra(라듐)
  - 은백색 무른 금속으로 알칼리금속보다 훨씬 높은 융점을 가지며 활성이 약하다.
  - 물, 산소, 유황, 할로겐 화합물과 쉽게 반응하나 격렬하지는 않는다.
  - 산과 반응시 수소(H_2) 기체를 발생하고 공기중 습기와 장시간 접촉시 자연발화를 일으킨다.

(1) 리튬(Li)

원자량	7	융점	180(℃)	발화점	179(℃)
비중	0.534	비점	1.336(℃)	불꽃색상	적색

1) 일반 성질

① 은백색의 무른 경금속으로 금속 원소 중 가장 가볍고 비열이 가장 크다.

② 칼륨(K),나트륨(Na)보다 화학 반응성이 크지 않아 위험성이 적다.

③ 실온에서는 산소와 반응하지 않지만 100~200℃로 가열하면 적색 불꽃을 내며 연소하여 산화물(Li_2O_2, Li_2O)이 된다.

④ 물과는 상온에서 서서히, 고온에서는 격렬하게 반응하여 수소(H_2)를 발생하고 산, 알코올과도 반응하여 수소(H_2) 가스를 발생한다.

$$2Li + 2H_2O \longrightarrow 2LiOH + H_2\uparrow, \qquad 2Li + 2HCl \longrightarrow 2LiCl + H_2\uparrow$$

⑤ 가연성 고체로서 활성도가 대단히 커서 다른 금속과 직접반응을 하며 고온(400℃)에서 공기 중의 질소와 반응하여 적색의 질화리튬(Li_3N)을 생성한다.

⑥ 연소시 수소속에서도 연소하여 수소화리튬(LiH)가 되고, 탄산가스(CO_2)기류 속에서도 꺼지지 않고 연소한다.

2) **저장 및 취급 방법** : 물을 격리하고 밀봉, 밀전하여 환기가 잘되는 냉암소에 저장한다.

3) **소화 방법** : 주수는 엄금하고, 건조된 소금분말, 마른모래, 건조 소다회, 건조 분말 소화약제로 질식소화한다.

4) **용도** : 2차 전지원료, 중합촉매, 유기합성 등

(2) 칼슘(Ca)

원자량	40	융점	851(℃)	불꽃색상	황적색
비중	1.55	비점	1,200±30(℃)		

1) 일반 성질

① 은백색 무른 경금속으로 공기중에서 가열하면 연소하여 산화칼슘(CaO)이 된다.

$$2Ca + O_2 \longrightarrow 2CaO$$

② 상온에서는 산소, 할로겐과 직접 반응하고, 고온에서 수소 또는 질소와 반응하여 수소화합물 및 질소화합물을 생성한다.

③ 물과 접촉시키면 상온에서는 수산화칼슘[$Ca(OH)_2$]의 보호막을 만들지만, 가열하면 분해하여 가연성 가스인 수소(H_2)가스를 발생한다.

$$Ca + 2H_2O \longrightarrow Ca(OH)_2 + H_2\uparrow + 102kcal$$

④ 공기중에서 서서히 수산화물[$Ca(OH)_2$], 탄산염[$CaCO_3$]을 만들고 대량의 칼슘 분말은 장시간 방치시, 수분과 접촉시 자연발화의 위험이 있다.

⑤ 산, 에탄올과 반응하여 수소(H_2)기체를 발생한다.

$$Ca + 2HCl \longrightarrow CaCl_2 + H_2\uparrow$$

⑥ 제1류 및 제6류 위험물 등과 반응시 발열 위험이 있으며 히드록실아민과 혼합시 가열, 마찰, 충격 등에 의해 발화의 위험이 있다.

2) 저장 및 취급 방법

① 석유, 톨루엔 속에 저장하고 밀봉, 밀전하여 습기, 물, 직사광선을 피하고 통풍이 잘되는 곳에 보관한다.

② 피부 접촉시 화상의 위험이 있으므로 보호구를 착용하고 취급한다.

3) **소화 방법** : 주수, CO_2, 할로겐화물은 사용을 금하고, 마른모래, 마른흙으로 피복하여 질식소화

4) **용도** : 석회, 시멘트, 환원제, 탈산제, 탄화석회의 제조원료 등

7. 유기금속화합물(알킬알루미늄, 알킬리튬 제외) [지정수량 : 50kg]

알킬기 또는 아닐기 등 탄화수소기와 금속 원자가 결합한 화합물, 즉 탄소와 금속 사이에 치환 결합을 갖는 화합물을 말한다.

(1) 디에틸텔르륨[$Te(C_2H_5)_2$]

1) 일반 성질

① 무취, 황적색의 유동성 액체로서 가연성이며, 비점은 138℃이다.

② 공기 또는 물과 접촉시 탄소수가 적은 것일수록 자연발화하며 격렬하게 분해 반응한다.

③ 공기중 노출되면 자연발화하며, 푸른색 불꽃을 내며 연소한다.

④ 물 또는 습한 공기와의 접촉에 의해 인화성 증기와 열을 발생하는데 이것은 발화의 원인이 된다.

⑤ 메탄올(CH_3OH), 산화제, 할로겐과 심하게 반응한다.

⑥ 열에 매우 불안정하며, 저장 용기를 가열하면 심하게 파열한다.

2) 저장 및 취급 방법

① 공기, 물, 산화제, 유기과산화물, 가연성 물질과 철저히 격리한다.

② 저장 용기중에 불활성 가스를 봉입한다.

3) 소화 방법 : 주수엄금, 건조분말로 질식소화

4) 용도 : 유기화합물의 합성 등

(2) 디에틸아연[$Zn(C_2H_5)_2$]

1) 일반 성질

① 무색, 마늘냄새가 나는 유동성 액체로서 가연성이며 융점은 −28℃, 비점은 117℃, 비중은 1.21℃이다.

② 열에 매우 불안정하여 120℃ 이상 가열하면 분해 폭발한다.

③ 기타 성질은 $Te(C_2H_5)_2$에 준한다.

2) 저장·취급 및 소화 방법 : $Te(C_2H_5)_2$에 준한다.

(3) 기타 유기금속화합물

① 디메틸카드뮴[$(CH_3)_2Cd$]

② 디메틸 텔르륨[$Te(CH_3)_2$]

③ 나트륨아미드[$Na\ NH_2$]

④ 사에틸납[$(C_2H_5)_4Pb$] : 자동차, 항공기 연료의 안티녹킹제로 사용하며 자연발화성도 없고 물과도 반응하지 않는다.

⑤ 디메틸수은[$Hg(CH_3)_2$] : 열에 불안정하다.

8. 금속의 수소화합물 [지정수량 : 300kg]

수소화물은 수소와 다른 원소의 이원화합물(MH, M_2H)을 말하며 알칼리금속과 알칼리토금속의 수소화합물을 말한다. (단, 알칼리토금속 중에서 Be, Mg은 제외한다.)

(1) 수소화리튬(LiH)

분자량	8	융점	680(℃)	비중	0.82	분해온도	400(℃)

1) 일반 성질

① 유리모양의 무색무취의 가연성 고체로서 알코올 등 용제에 녹지 않는다.

② 상온에서 물과 격렬하게 반응하여 수소(H_2)를 발생하며 공기중에 습기나 물과 접촉시 자연발화의 위험성이 있다.

$$LiH + H_2O \longrightarrow LiOH + H_2\uparrow + Q$$

③ 알칼리금속 수소화물 중 가장 안전하나 400℃에서 리튬(Li)과 수소(H_2)로 분해한다.

$$2LiH \longrightarrow 2Li + H_2\uparrow$$

④ 염소, 암모니아, 저급알코올 등과 반응시 수소(H_2)를 발생하며 산 또는 염소화합물 등과 혼촉시 발화 위험성이 있다.

2) 저장 및 취급 방법 : 저장용기중에 불활성기체(N_2, Ar 등)를 봉입하여 물, 습기를 피하고 통풍이 잘되는 곳에 밀봉 밀전하여 보관한다.

3) 소화 방법 : 주수, 포는 엄금하고 마른모래, 건조 흙으로 피복 질식소화

4) 용도 : 환원제, 수산화 알루미늄리튬의 제조, 유기합성의 촉매 등

(2) 수소화나트륨(NaH)

분자량	24	융점	800(℃)	비중	0.93	분해온도	425(℃)

1) 일반 성질

① 은백색 결정 또는 분말의 가연성 고체로서 유기용매(CS_2, CCl_4), 액체 암모니아에 녹지 않는다.

② 습기와 접촉시 자연발화의 위험이 있으며 고온(425℃ 이상)에서 가열하면 나트륨(Na)과 수소(H_2)로 분해한다.

③ 고온에서 암모니아(NH_3)와 반응하여 나트륨아미드($NaNH_2$)와 수소(H_2)가스를 발생시킨다.

$$NaH + NH_3 \longrightarrow NaNH_2 + H_2\uparrow$$

④ 물과 격렬히 반응하여 수소(H_2)를 발생하며, 이때 발열 반응열에 의해 발화 폭발한다.

$$NaH + H_2O \longrightarrow NaOH + H_2\uparrow + 21kcal$$

⑤ 강산화제와 접촉시 발열발화하고, 유황(S), 아황산가스(SO_2), 클로로벤젠(C_6H_5Cl) 등과 혼촉시 격렬히 반응하며, 글리세린[$CH_2OHCH(OH)CH_2OH$]과 혼합시 발열한다.

2) 저장 및 취급 방법 : 수소화리튬(LiH)에 준한다.

3) 소화 방법 : 주수, 포, CO_2, 할로겐화합물 소화약제는 엄금하고 마른모래, 소석회 등으로 피복 질식소화

4) 용도 : 반응시약, 금속표면 스케일 제거, 건조제, 환원제 등

(3) 수소화칼슘(CaH_2)

분자량	42	융점	817(℃)	비중	1.7	분해온도	600(℃)

1) 일반 성질

① 백색 결정 또는 분말로서 물에 녹고 에테르에는 녹지 않는다.

② 환원성이 강하며 물과 심하게 발열 반응하여 수산화칼슘[$Ca(OH)_2$]과 수소(H_2)기체를 발생한다.

$$CaH_2 + 2H_2O \longrightarrow Ca(OH)_2 + 2H_2 + 48kcal$$

③ 600℃까지는 안정하고 그 이상에서는 칼슘(Ca)과 수소(H_2)로 분해한다.

④ 습기와 접촉시 자연발화의 위험이 있으며, 강산화제(염소산염류, 브롬산염류 등) 황산과 혼합시 충격, 마찰에 의해 격렬하게 폭발의 위험이 있다.

2) 저장·취급 및 소화 방법 : 수소화나트륨(NaH)에 준한다.

3) 용도 : 건조제, 환원제, 유기합성, 충합제 등

(4) 수소화알루미늄리튬[Li(AlH$_4$)]

1) 일반 성질

① 백색 또는 회백색 분말로서 융점은 125℃, 분해온도는 125℃이며 에테르에 녹고 물과 접촉시 수소(H_2)를 발생시키고 발화한다.

$$LiAlH_4 + 4H_2O \longrightarrow LiOH + Al(OH)_3 + 4H_2 \uparrow$$

② 에테르, 초산메틸, 아세토니트릴, 디벤조일퍼옥사이드 등과 혼합시 폭발의 위험성이 있다.

③ 분해온도(약 125℃)로 가열하면 리튬(Li), 알루미늄(Al), 수소(H_2)로 분해한다.

2) 저장 및 취급 방법

① 물과 접촉을 피하고 건조하며 통풍이 잘되는 실내에서 보관한다.

② 저장 용기내에 불활성기체(N_2, Ar)를 봉입히고 밀봉 밀전하여 보관한다.

3) 소화 방법 : 수소화나트륨에 준한다.

4) 용도 : 환원제, 수소발생제 등

9. 금속의 인화합물 [지정수량 : 300kg]

(1) 인화칼슘(Ca_3P_2)★★★

별명	인화석회	분자량	182
융점	1,600℃	비중	2.51

1) 일반 성질
① 적갈색의 괴상의 고체로서 알코올, 에테르에 녹지 않는다.

② 공기중에서 안정하나 물이나 묽은 산에서 가연성이며 맹독성인 인화수소(PH_3 : 포스핀) 가스를 발생한다.

$$Ca_3P_2 + 6H_2O \longrightarrow 3Ca(OH)_2 + 2PH_3\uparrow \qquad Ca_3P_2 + 6HCl \longrightarrow 3CaCl_2 + 2PH_3\uparrow$$

$$2PH_3 + 4O_2 \longrightarrow P_2O_5 + 3H_2O$$

③ 건조한 공기중에서 안정하나 300℃ 이상에서 산화한다.

2) 저장 및 취급 방법
① 적수분 접촉을 엄금하고, 통풍이 잘되는 냉암소에 저장한다.

② 가스의 독성이 강하므로 방독마스크, 보호구를 착용하여 취급한다.

③ 가열, 마찰, 충격에 주의한다.

3) 소화 방법 : 주수, 포소화는 절대 엄금하고 마른모래등으로 피복, 질식소화

4) 용도 : 수중 조명의 신호탄, 해상 조명, 살서제(쥐약)의 원료 등

(2) 인화알루미늄(AlP)

분자량	58	비중	2.4~2.8	융점	1,000(℃)

1) 일반 성질
① 암회색 또는 황색의 결정 또는 분말로 가연성이며 물, 습한 공기, 스팀과 접촉시 맹독성인 포스핀(PH_3)의 가연성 가스를 발생한다.

$$AlP + 3H_2O \longrightarrow Al(OH)_3 + PH_3\uparrow$$

② 강산, 강알칼리, 탄산암모늄, 물 등과 격렬하게 반응하여 포스핀(PH_3)을 발생시킨다.

$$2AlP + 3H_2SO_4 \longrightarrow Al_2(SO_4)_3 + 2PH_3\uparrow$$

2) 저장 및 취급 방법 : 저장시 물기를 엄금하고 건조된 상태에서 밀폐용기에 저장하며 누출시 점화원을 제거하고 마른모래, 건조된 흙으로 흡수 회수한다.

3) 소화 방법 : 주수엄금, 마른모래나 건조된 흙으로 피복 질식 소화

4) 용도 : 해충구제용 훈증제, 살충제, 살서제 등

(3) 인화아연(Zn_3P_2)

분자량	258	융점	420(℃)	비중	4.55	분해온도	1,100(℃)

1) 일반 성질

① 암회색의 결정 또는 무딘 분말로서 이황화탄소(CS_2)에 녹고 차가운 물, 에탄올에는 녹지 않는다.

② 가연성 고체물질로 연소하면 자극성 독성 가스를 발생한다.

③ 산, 알칼리와 접촉하면 가연성, 유독성의 포스핀(PH_3) 가스를 발생한다.

④ 물과 반응하여 포스핀 가스를 발생한다. 공기중에서도 PH_3를 발생한다.

$$Zn_3P_2 + 6H_2O \longrightarrow 3Zn(OH)_2 + 2PH_3 \uparrow$$

2) 저장 및 취급 방법

① 물, 산, 알칼리, 공기와의 접촉을 방지한다.

② 차고 건조하며, 환기가 잘 되는 곳에 저장한다.

③ 누출시 점화원을 제거하고 분진이 발생하지 않도록 한다.

3) 소화 방법

① 물, CO_2, 할론사용금지, 마른모래, 건조석회로 질식소화한다.

② 소화 작업시 반드시 공기 호흡기 및 방호의를 착용하여야 한다.

4) 용도 : 살충제, 살서제 등

10. 칼슘 또는 알루미늄의 탄화물 [지정수량 : 300kg]

(1) 탄화칼슘(CaC_2)★★★★

별명	카바이드	분자량	64	융점	2,300(℃)
		비중	2.22	발화점	335(℃)

1) 일반 성질

① 순수한 것은 무색투명하나 보통은 회백색의 불규칙한 괴상고체로서 에테르에는 녹지 않고 물, 알코올에는 분해한다.

② 상온의 건조된 공기에서는 안정하나 350℃ 이상으로 가열시 산화한다.

$$CaC_2 + 5O_2 \longrightarrow 2CaO + 4CO_2$$

③ 약 700℃ 이상의 고온에서 질소(N_2)와 질화반응하여 석회질소($CaCN_2$, 칼슘시안아미드)를 생성한다.

$$CaC_2 + N_2 \longrightarrow CaCN_2 + C + 74.6kcal$$

④ 공기중의 습기 또는 물과 반응하여 수산화칼슘[Ca(OH)$_2$, 소석회]과 아세틸렌(C$_2$H$_2$)가스를 발생한다.★★★★

$$CaC_2 + 2H_2O \longrightarrow Ca(OH)_2 + C_2H_2\uparrow + 27.8kcal$$

여기서 생성되는 수산화칼슘은 강염기로서 유독하여 피부점막중, 시력 장애 등 인체에 유해하므로 주의해야 한다.

⑤ 시판품은 불순물로 약간의 황(S), 인(P), 질소(N$_2$) 등이 함유되어 있어 악취가 나며 물과 반응하여 발생되는 아세틸렌(C$_2$H$_2$)가스 속에는 유독한 가스인 AsH$_3$, PH$_3$, H$_2$S, NH$_3$ 등이 발생한다.

⑥ 유황, 산, 염소화합물, 과산화물 등과 혼합시 가열, 충격, 마찰 등에 의해 발화의 위험성이 있다.

> **참고** 아세틸렌(C$_2$H$_2$)가스의 특성★★★
> • 공기중 연소범위 : 2.5~81%(위험도 31.4)로 대단히 넓어 아주 적은 점화원에도 인화 및 폭발이 쉽게 일어나고 착화온도가 335℃로 낮아 대단히 위험한 가스이다.
>
> $$C_2H_2 + 2.5O_2 \longrightarrow 2CO_2 + H_2O + 312.4kcal$$
>
> • 단독으로 1.5기압 이상 가압시 분해 폭발을 일으키므로 용기에 충전시 용제인 아세톤이나 디메틸포름아미드(DMF)에 용해시켜 희석제인 N$_2$, CO, CH$_4$, C$_2$H$_4$ 등을 봉입하여 충전한다.
>
> $$C_2H_2 \longrightarrow 2C + H_2 + 54.2\ kcal$$
>
> • 금속(Cu, Ag, Hg)과 반응하여 폭발성인 금속아세틸라이드와 수소(H$_2$)를 발생하므로 위험하다. (단, Cu 합금제품 : Cu 함유량이 62% 이상은 사용금함)
>
> $$C_2H_2 + 2Cu \longrightarrow Cu_2C_2 \text{ (동아세틸라이드 : 폭발성)} + H_2\uparrow$$
> $$C_2H_2 + 2Ag \longrightarrow Ag_2C_2 \text{ (은아세틸라이드 : 폭발성)} + H_2\uparrow$$
> $$C_2H_2 + 2Hg \longrightarrow Hg_2C_2 \text{ (수은아세틸라이드 : 폭발성)} + H_2\uparrow$$
>
> • 아세틸렌은 탄소간에 불포화결합인 3중 결합(CH≡CH)이 있다.

2) 저장 및 취급 방법

① 물, 습기에 의해 아세틸렌 가스를 발생할 수 있으므로 빗물 및 침수 우려가 없고 화기 없는 장소에 저장할 것

② 용기내에 질소 등의 불연성 가스를 봉입하여 밀봉 밀전하여 직사광선을 피하고 건조하며 통풍이 잘되는 냉암소에 보관할 것

③ 용기내에 발생되는 아세틸렌 가스로 인하여 고압으로 용기의 변형, 파손 및 폭발의 위험이 있으므로 가열, 마찰, 충격에 주의할 것

3) 소화 방법 : 주수, 포, CO_2, 할론은 절대 엄금이며 마른모래, 마른흙 , 석회석, 건조분말로 피복 질식소화

4) 용도 : 비료(석회질소), 아세틸렌(C_2H_2) 가스 제조 등

참고 **카바이드류**

금속의 탄화물은 일반적으로 카바이드라 하며 여러 가지 탄화물이 있다. 이들은 수분, 또는 온수와 묽은 산 등에 의하여 아세틸렌 가스, 메탄 가스, 수소 가스 등 천연 가스가 발생하고, 때에 따라서는 반응열에 의하여 발화 내지 폭발하는 수도 있다.

$$Li_2C_2 + 2H_2O \longrightarrow 2LiOH + C_2H_2 \uparrow$$

$$Na_2C_2 + 2H_2O \longrightarrow 2NaOH + C_2H_2 \uparrow$$

$$K_2C_2 + 2H_2O \longrightarrow 2KOH + C_2H_2 \uparrow$$

$$MgC_2 + 2H_2O \longrightarrow Mg(OH)_2 + C_2H_2 \uparrow$$

$$Al_4C_3 + 12H_2O \longrightarrow 4Al(OH)_3 + 3CH_4 \uparrow$$

$$Be_2C + 4H_2O \longrightarrow 2Be(OH)_2 + CH_4 \uparrow$$

$$Mn_3C + 6H_2O \longrightarrow 3Mn(OH)_2 + CH_4 \uparrow + H_2 \uparrow$$

※ Mn_3C는 메탄 가스(CH_4)와 수소(H_2)를 발생함에 유의할 것

(2) 탄화알루미늄(Al_4C_3)

분자량	144	융점	2,200(℃)	분해온도	1,400(℃)
비중	2.36	승화점	1,800(℃)		

1) 일반 성질

① 순수한 것은 백색이나 보통은 황색 결정 또는 분말로서 상온의 공기중에서는 안정하지만 가열하면 표면에 산화피막을 형성하여 반응이 지속되지 않는다.

② 물과 반응하여 발열하고 가연성인 메탄(CH_4)가스를 발생 축적하여 인화폭발의 위험성이 있다.

$$Al_4C_3 + 12H_2O \rightarrow 4Al(OH)_3 + 3CH_4 \uparrow + 360kcal$$

③ 강산화제인 제1류 위험물($NaClO_3$, Na_2O_2, $NaBrO_3$ 등), 제6류 위험물(HNO_3, H_2O_2 등)과 반응시 격렬하게 발열한다.

2) **저장 및 취급 방법** : 산화제 접촉을 피하고 밀봉밀전하여 화기 및 직사광선을 피하고 건조하며 통풍이 잘되는 냉암소에 저장할 것

3) **소화 방법** : 탄화칼슘(CaC_2)에 준한다.

4) **용도** : 건조제, 촉매, 메탄 가스 제조 등

01 제3류 위험물의 성질을 설명한 것으로 옳은 것은?

① 물에 의한 냉각소화를 모두 금지한다.

② 알킬알루미늄, 나트륨, 수소화나트륨은 비중이 모두 물보다 무겁다.

③ 모두 무기화합물로 구성되어 있다.

④ 지정수량은 모두 300kg 이하의 값을 갖는다.

해설

① 물에 의한 냉각소화는 모두 금지한다.(황린은 제외)

② 알킬알루미늄 : 비중 0.83 , 나트륨 : 비중 0.97, 수소화나트륨 : 비중 0.93으로 비중은 모두 물보다 가볍다.

③ 유기 및 무기화합물로 구성되어 있다.

④ 알킬알루미늄과 나트륨 : 지정수량 10kg
   수소화나트륨 : 지정수량 300kg

02 칼륨에 대한 설명 중 틀린 것은?

① 보호액을 사용하여 저장한다.

② 가급적 소분하여 저장하는 것이 좋다.

③ 화재시 주수소화는 위험하므로 CO_2 약제를 사용한다.

④ 화재 초기에는 건조사 질식소화가 적당하다.

해설

• 금속칼륨은 제3류의 금수성 물질로서 석유(유동파라핀, 등유, 경유)속에 저장한다.

• CO_2와 접촉하면 격렬히 폭발적으로 반응한다.
  $$4K + 3CO_2 \rightarrow 2K_2CO_3 + C$$

• 물과 반응하여 수소기체가 발생한다.
  $$2K + 2H_2O \rightarrow 2KOH + H_2 \uparrow$$

03 금속나트륨의 올바른 취급으로 가장 거리가 먼 것은?

① 보호액인 석유나 벤젠속에서 노출되지 않도록 저장한다.

② 수분 또는 습기와 접촉되지 않도록 주의한다.

③ 용기에서 꺼낼 때는 손을 깨끗이 닦고 만져야 한다.

④ 다량 연소하면 소화가 어려우므로 가급적 소량씩 소분하여 저장한다.

해설

③ 피부와 접촉시 강알칼리성이므로 화상을 입을 우려가 있기 때문에 안전장비 등을 사용할 것

04 제3류 위험물을 취급하는 제조소는 300명 이상을 수용할 수 있는 극장으로부터 몇 m 이상의 안전거리를 유지하여야 하는가?

① 5 　　　　② 10

③ 30 　　　　④ 70

05 황린의 보존 방법으로 가장 적합한 것은?

① 벤젠 속에 보존한다.

② 석유 속에 보존한다.

③ 물 속에 보존한다.

④ 알코올 속에 보존한다.

해설

자연발화성이 있어 물속에 저장하며, 보호액은 약알칼리성($pH=9$)을 유지하여 인화수소(PH_3) 생성을 방지한다.

※ 알칼리제 : 석회, 소다회 등

06 황린에 대한 설명으로 옳지 않은 것은?

① 연소하면 악취가 있는 붉은색 연기를 낸다.

② 공기 중에서 자연발화할 수 있다.

③ 물속에 저장하여야 한다.

④ 자체 증기도 유독하다.

> **해설**
>
> 공기 중에서 연소하면 독성이 강한 오산화인(P_2O_5)의 흰연기가 발생한다.
>
> $P4+5O_2 \rightarrow 2P_2O_5$

07 물과 작용하여 포스핀 가스를 발생시키는 것은?

① P_4 ② P_4S_3

③ Ca_3P_2 ④ CaC_2

> **해설**
>
> 인화칼슘(Ca_3P_2)은 알코올 에테르에는 녹지 않으나 물이나 묽은 산과 반응하여 맹독성인 인화수소(PH_3 : 포스핀) 가스를 발생한다
>
> $Ca_3P_2+6H_2O \rightarrow 3Ca(OH)_2+2PH_3\uparrow$
>
> $Ca_3P_2+6HCl \rightarrow 3CaCl_2+2PH_3\uparrow$

08 제3류 위험물 중 금수성 물질 위험물제조소에는 어떤 주의사항을 표시한 게시판을 설치하여야 하는가?

① 물기 엄금   ② 물기 주의

③ 화기 엄금   ④ 화기 주의

> **해설**
>
> 주의사항 게시판
>
> | 위험물의 종류 | 주의사항 | 게시판의 색상 | 크기 |
> |---|---|---|---|
> | • 제1류(알칼리금속 과산화물)
• 제3류(금수성 물품) | 물기 엄금 | 청색바탕에 백색문자 | 30cm
×
60cm |
> | • 제2류(인화성 고체 제외) | 화기 주의 | | |
> | • 제2류(인화성 고체)
• 제3류(자연발화성 물품)
• 제4류
• 제5류 | 화기 엄금 | 적색바탕에 백색문자 | |

09 황린을 밀폐 용기 속에서 260℃로 가열하여 얻은 물질을 연소시킬 때 주로 생성되는 물질은?

① P_2O_5 ② CO_2

③ PO_2 ④ CuO

> **해설**
>
> 황린은 공기를 차단하고 약 260℃로 가열하면 적린이 된다. 적린은 연소시 독성이 강한 오산화인(P_2O_5)의 흰연기가 발생하며, 일부 포스핀(PH_3) 가스가 발생한다.
>
> $4P+5O_2 \rightarrow 2P_2O_5$

10 CaC_2의 저장 장소로서 적합한 곳은?

① 가스가 발생하므로 밀전을 하지 않고 공기중에 보관한다.

② $NaOH$ 수용액 속에 저장한다.

③ CCl_4 분위기의 수분이 많은 장소에 보관한다.

④ 밀봉 밀전하여 건조하고 환기가 잘 되는 장소에 보관한다.

> **해설**
>
> 탄화칼슘(CaC_2)은 물 또는 습기와 반응하여 가연성 가스인 아세틸렌(C_2H_2)가스를 발생하므로 밀봉 밀전하여 건조하고 환기가 잘되는 장소에 보관한다.
>
> $CaC_2+2H_2O \rightarrow Ca(OH)_2 +C_2H_2\uparrow$

11 금속나트륨, 금속칼륨 등을 보호액 속에 저장하는 이유를 가장 옳게 설명한 것은?

① 온도를 낮추기 위하여

② 산소발생을 막기 위하여

③ 공기중의 수분과 접촉을 막기 위하여

④ 운반시 충격을 작게 하기 위하여

> **해설**
>
> 제3류 위험물(자연발화성 및 금수성 물질)의 알칼리금속으로 공기중에 수분(H_2O)과 접촉하면 수소(H_2) 가스를 발생하고 발화의 위험이 있으므로 석유류등의 보호액 속에 저장한다.
>
> $2Na+2H_2O \rightarrow 2NaOH+H_2+88.2kcal$
>
> $2K+2H_2O \rightarrow 2KOH+H_2+92.8kcal$

정답 06 ① 07 ③ 08 ① 09 ① 10 ④ 11 ③

12 황린에 대한 설명으로 틀린 것은?

① 비중은 약 1.82이다.

② 물속에 보관한다.

③ 저장시 pH를 9 정도로 유지한다.

④ 연소시 포스핀 가스를 발생한다.

해설

④ 연소 시 오산화인(P_2O_5)의 흰연기가 발생한다.

$P_4 + 5O_2 \rightarrow 2P_2O_5$

13 금속칼륨의 보호액으로 가장 적당한 것은?

① 알코올　　　　② 경유

③ 아세트산　　　④ 물

해설

보호액 속에 저장하는 위험물

• 석유(유동파라핀, 경유, 등유) 속 보관 : 칼륨(K), 나트륨(Na)

• 물속에 보관 : 이황화탄소(CS_2), 황린(P_4)

14 금속칼륨의 성질에 대한 설명으로 옳은 것은?

① 화학적 활성이 강한 금속이다.

② 산화되기 어려운 금속이다.

③ 금속 중에서 가장 단단한 금속이다.

④ 금속 중에서 가장 무거운 금속이다.

해설

칼륨(K)은 이온화 경향이 매우 큰 금속(활성이 강함)이며 산화되기 쉽고 물이나 알코올과 반응하여 수소(H_2)를 발생시킨다.

$2K + 2H_2O \rightarrow 2KOH + H_2 \uparrow$

$2K + 2C_2H_5OH \rightarrow 2C_2H_5OK(칼륨에틸라이트) + H_2 \uparrow$

15 다음은 위험물의 성질에 대한 설명이다. 각 위험물에 대해 옳은 설명으로만 나열된 것은?

> A. 건조공기와 상온에서 반응한다.
> B. 물과 작용하면 가연성가스를 발생한다.
> C. 물과 작용하면 수산화칼슘을 만든다.
> D. 비중이 1 이상이다.

① K : A, B, D　　　② Ca_3P_2 : B, C, D

③ Na : A, C, D　　　④ CaC_2 : A, B, D

해설

인화칼슘(Ca_3P_2)은 물 및 약산과 격렬히 분해 반응하여 맹독성이자 가연성인 인화수소(PH_3)가스를 발생한다. (비중 2.51)

$Ca_3P_2 + 6H_2O \rightarrow 3Ca(OH)_2 + 2PH_3 \uparrow$

$Ca_3P_2 + 6HCl \rightarrow 3CaCl_2 + 2PH_3 \uparrow$

16 탄화칼슘에서 아세틸렌가스가 발생하는 반응식으로 옳은 것은?

① $CaC_2 + 2H_2O \rightarrow Ca(OH)_2 + C_2H_2$

② $CaC_2 + H_2O \rightarrow CaO + C_2H_2$

③ $2CaC_2 + 6H_2O \rightarrow 2Ca(OH)_3 + 2C_2H_3$

④ $CaC_2 + 3H_2O \rightarrow CaCO_3 + 2CH_3$

17 금속나트륨에 대한 설명으로 틀린 것은?

① 제3류 위험물이다.

② 융점은 약 297℃이다.

③ 은백색의 가벼운 금속이다.

④ 물과 반응하여 수소를 발생한다.

해설

• 융점은 약 97.8℃이다.

• 물과 격렬히 반응하여 발열하고 수소를 발생한다.

$2Na + 2H_2O \rightarrow 2NaOH + H_2 + 88.2kcal$

18 다음 중 물과 접촉시켰을 때 위험성이 가장 큰 것은?

① 황   ② 중크롬산칼륨
③ 질산암모늄   ④ 알킬알루미늄

해설

알킬알루미늄[$(C_nH_{2n+1}) \cdot Al$] : 제3류 위험물(금수성 물질)
① 물과 접촉 시 가연성 가스가 발생하므로 주수소화는 절대 금지한다.
- 트리메틸알루미늄(TMA : Tri Eethyl Aluminium)
  $(CH_3)_3Al + 3H_2O \rightarrow Al(OH)_3 + 3CH_4 \uparrow$ (메탄)
- 트리에틸알루미늄(TEA : Tri Eethyl Aluminium)
  $(C_2H_5)_3Al + 3H_2O \rightarrow Al(OH)_3 + 3C_2H_6 \uparrow$ (에탄)
② 소화시 팽창질석, 팽창진주암 등으로 피복소화한다.

19 제3류 위험물 중 금수성 물질을 제외한 위험물에 적응성이 있는 소화설비가 아닌 것은?

① 분말소화설비
② 스프링클러 설비
③ 팽창진주암
④ 포 소화설비

해설

제3류 위험물(자연발화성 및 금수성 물질) 중 금수성 물질을 제외한 유일한 위험물은 황린(P_4)뿐이며 분말 소화설비는 적응성이 없다.

※ 금수성 물질 적응소화기 : 탄산수소염류, 마른모래, 팽창진주암, 팽창질석

20 위험물의 품명과 지정수량이 잘못 짝지어진 것은?

① 황화린 – 100kg
② 마그네슘 – 500kg
③ 알킬알루미늄 – 10kg
④ 황린 – 50kg

해설

황린(P_4) – 20kg

21 트리에틸알루미늄의 화재 시 사용할 수 있는 소화약제(설비)가 아닌 것은?

① 마른모래   ② 팽창질석
③ 팽창진주암   ④ 이산화탄소

22 서로 반응할 때 수소가 발생하지 않는 것은?

① 리튬+염산   ② 탄화칼슘+물
③ 수소화칼슘+물   ④ 루비듐+물

해설

① 리튬 : $2Li + 2HCl \rightarrow 2LiCl + H_2 \uparrow$
② 탄화칼슘 : $CaC_2 + 2H_2O \rightarrow Ca(OH)_2 + C_2H_2 \uparrow$
③ 수소화칼슘 : $CaH_2 + 2H_2O \rightarrow Ca(OH)_2 + 2H_2 \uparrow$
④ 루비듐 : $2Rb + 2H_2O \rightarrow 2RbOH + H_2 \uparrow$

23 알킬알루미늄을 저장하는 이동탱크저장소에 적용하는 기준으로 틀린 것은?

① 탱크는 두께 10mm 이상의 강판 또는 이와 동등 이상의 기계적 성질이 있는 재료로 기밀하게 제작한다.
② 탱크의 저장 용량은 1900L 미만이어야 한다.
③ 탱크의 배관 및 밸브 등은 탱크의 아랫부분에 설치하여야 한다.
④ 안전장치는 이동저장탱크 수압시험 압력의 3분의 2를 초과하고 5분의 4를 넘지 아니하는 범위의 압력으로 작동하여야 한다.

해설

①, ②, ④ 이외에
- 이동저장탱크는 두께 10mm 이상의 강판 또는 이와 동등 이상의 기계적 성질이 있는 재료로 기밀하게 제작되고 1MPa 이상의 압력으로 10분간 실시하는 수압시험에서 새거나 변형하지 아니하는 것일 것
- 이동저장탱크의 배관 및 밸브 등은 당해 탱크의 윗부분에 설치할 것

 정답 18 ④ 19 ① 20 ④ 21 ④ 22 ② 23 ③

24 황린에 공기를 차단하고 약 몇 ℃로 가열하면 적린이 되는가?

① 260℃   ② 200℃

③ 44℃   ④ 34℃

> **해설**
>
> 공기를 차단하고 약 260℃로 가열하면 적린이 된다.
>
> 황린(P_4) $\xrightarrow[\text{급격히 냉각}]{260℃가열}$ 적린(P)

25 물과 반응하여 CH_4와 H_2 가스를 발생하는 것은?

① K_2C_2 ② MgC_2

③ BeC_2 ④ Mn_3C

> **해설**
>
> 제3류 위험물의 금속탄화물(지정수량 : 300kg)
> ① $K_2C_2 + 2H_2O \rightarrow 2KOH + C_2H_2\uparrow$
> ② $MgC_2 + 2H_2O \rightarrow Mg(OH)_2 + C_2H_2\uparrow$
> ③ $BeC_2 + 4H_2O \rightarrow 2Be(OH)_2 + CH_4\uparrow$
> ④ $Mn_3C + 6H_2O \rightarrow 3Mn(OH)_2 + CH_4\uparrow + H_2\uparrow$

26 수소화칼슘이 물과 반응하였을 때의 생성물은?

① 칼슘과 수소
② 수산화칼슘과 수소
③ 칼슘과 산소
④ 수산화칼슘과 산소

> **해설**
>
> 수소화칼슘(CaH_2) : 제3류 위험물(자연발화성 및 금수성물질)
> $CaH_2 + 2H_2O \rightarrow Ca(OH)_2 + 2H_2 + 48kcal$

27 물과 접촉시 동일한 가스를 발생하는 물질을 나열한 것은?

① 수소화알루미늄리튬, 금속리튬
② 탄화칼슘, 금속칼슘
③ 트리에틸알루미늄, 탄화알루미늄
④ 인화칼슘, 수소화칼슘

> **해설**
>
> ① $LiAlH_4 + 4H_2O \rightarrow LiOH + Al(OH)_3 + 4H_2\uparrow$
> $2Li + 2H_2O \rightarrow 2LiOH + H_2\uparrow$

28 알킬알루미늄에 대한 설명 중 틀린 것은 어느 것인가?

① 물과 폭발적 반응을 일으켜 발화되므로 비산하는 위험이 있으며 소화시 팽창질석을 사용한다.
② 이동저장탱크는 외면을 적색으로 도장하고, 용량은 1,900L 미만으로 저장한다.
③ 화재 시 발생되는 흰 연기는 인체에 유해하다.
④ 탄소수가 4개까지는 안전하나 5개 이상으로 증가할수록 자연 발화의 위험성이 증가한다.

> **해설**
>
> ④ $C_1 \sim C_4$는 공기중 자연발화하고 C_5 이상은 점화하지 않으면 연소반응을 아니한다.

29 금속나트륨에 관한 설명으로 옳은 것은?

① 은백색의 광택있는 금속으로 물보다 무겁다.
② 융점이 100℃ 보다 높고 연소시 노란색 불꽃을 낸다.
③ 물과 격렬히 반응하여 산소를 발생하고 발열한다.
④ 등유는 반응이 일어나지 않아 저장액으로 이용된다.

30 칼륨에 관한 설명 중 틀린 것은?

① 보라색의 불꽃을 내며 연소한다.

② 물과 반응하여 수소를 발생한다.

③ 화재 시 탄산가스 소화기가 가장 효과적이다.

④ 피부와 접촉하면 화상의 위험이 있다.

> **해설**
>
> ③ 칼륨은 CO_2와 폭발적으로 반응한다.
> - $4K + 3CO_2 \rightarrow 2K_2CO_3 + C$
> - 소화기 : 탄산수소염류, 마른모래, 팽창질석 또는 팽창진주암

---

31 황린과 적린의 성질에 대한 설명 중 틀린 것은?

① 황린은 담황색의 고체이며 마늘과 비슷한 냄새가 나며 공기중에 방치하면 자연발화한다.

② 적린은 암적색의 분말이고 냄새가 없다.

③ 황린은 독성이 없고 적린은 맹독성 물질이다.

④ 황린은 이황화탄소에 녹지만 적린은 녹지 않는다.

---

32 금속칼륨이 물과 반응했을 때 생성물로 옳은 것은?

① 산화칼륨＋수소

② 수산화칼륨＋수소

③ 산화칼륨＋산소

④ 수산화칼륨＋산소

> **해설**
>
> 물과 격렬히 발열반응하여 수산화칼륨과 수소를 발생시킨다.
> $2K + 2H_2O \rightarrow 2KOH + H_2$

---

33 다음 위험물의 저장시 보호액으로 물을 사용하는 것이 적합하지 않은 것은?

① 황린   ② 인화칼슘

③ 이황화탄소   ④ 니트로셀룰로오스

> **해설**
>
> ② $Ca_3P_2 + 6H_2O \rightarrow 3Ca(OH)_2 + 2PH_3$(포스핀, 인화수소)
> ※ 보호액속에 저장하는 위험물
> - 칼륨(K), 나트륨(Na) : 석유(유동파라핀, 경유, 등유) 속에 보관
> - 이황화탄소(CS_2), 황린(P_4) : 물속에 보관
> - 니트로셀룰로오스(NC) : 운반 시 물(20%) 또는 알코올(30%)을 첨가 습윤 시킴
> - 트리니트로 톨루엔(TNT) : 운반 시 물(10%)을 첨가 습윤 시킴

---

34 다음에서 설명하고 있는 위험물은?

> - 지정수량은 20kg이고, 백색 또는 담황색 고체이다.
> - 비중은 약 1.82이고, 융점은 약 44℃이다.
> - 비점은 약 280℃이고, 증기비중은 약 4.3이다.

① 적린   ② 황린

③ 아연   ④ 마그네슘

> **해설**
>
> - 황린(P_4)의 증기비중$=\dfrac{124}{28.8} \fallingdotseq 4.3$
> - 적린(P)의 증기비중$=\dfrac{31}{28.8} \fallingdotseq 1.07$

---

35 다음 중 제3류 위험물이 아닌 것은?

① 황린   ② 나트륨

③ 칼륨   ④ 적린

> **해설**
>
> 적린 : 제2류 위험물

---

36 다음 위험물 중 물과 반응하여 연소 범위가 약 2.5~81%인 위험한 가스를 발생시키는 것은?

① Na
② K
③ CaC_2
④ Na_2O_2

> **해설**
>
> 탄화칼슘(CaC_2, 카바이트)은 물과 반응하여 아세틸렌가스를 발생한다.
> - C_2H_2 가스 연소 범위 : 2.5~81%
> - $CaC_2 + 2H_2O \rightarrow Ca(OH)_2 + C_2H_2 \uparrow$

37 물과 반응하면 폭발적으로 반응하여 에탄을 생성하는 물질은?

① $(CaH_5)_2O$
② CS_2
③ CH_3CHO
④ $(C_2H_5)_3Al$

> **해설**
>
> 트리에틸알루미늄[TEA : $(C_2H_5)_3Al$]
> $(C_2H_5)_3Al + 3H_2O \rightarrow Al(OH)_3 + 3C_2H_6 \uparrow$ (에탄)

38 다음 중 금수성 물질로만 나열된 것은?

① K, CaC_2, Na
② $KClO_3$, Na, P_4
③ KNO_3, CaO, Na_2O_2
④ $NaNO_3$, $KClO_3$, Na_2O_2

> **해설**
>
> - $2K + 2H_2O \rightarrow 2KOH + H_2 \uparrow$
> - $CaC_2 + 2H_2O \rightarrow Ca(OH)_2 + C_2H_2 \uparrow$
> - $2Na + 2H_2O \rightarrow 2NaOH + H_2 \uparrow$

39 위험물의 저장 방법에 대한 설명으로 옳은 것은?

① 황화린은 알코올 또는 과산화물 속에 저장하여 습기 없는 건조된 곳에 보관한다.
② 마그네슘은 건조하면 분진 폭발의 위험성이 있으므로 물에 습윤하여 저장한다.
③ 적린은 화재 예방을 위해 할로겐 원소와 혼합하여 밀봉 보관한다.
④ 수소화리튬은 저장 용기에 아르곤과 같은 불활성 기체를 봉입한다.

40 물과 반응하여 가연성 가스를 발생하지 않는 것은?

① 탄화칼슘
② 과산화나트륨
③ 탄화알루미늄
④ 트리에틸알루미늄

> **해설**
>
> ① $CaC_2 + 2H_2O \rightarrow Ca(OH)_2 + C_2H_2 \uparrow$ (가연성 가스)
> ② $2Na_2O_2 + 2H_2O \rightarrow 4NaOH + O_2 \uparrow$ (조연성 가스)
> ③ $Al_4C_3 + 12H_2O \rightarrow 4Al(OH)_3 + 3CH_4 \uparrow$ (가연성 가스)
> ④ $(C_2H_5)_3Al + 3H_2O \rightarrow Al(OH)_3 + 3C_2H_6 \uparrow$ (가연성 가스)

41 탄화칼슘에 대한 설명으로 틀린 것은?

① 시판품은 흑회색이며 불규칙한 형태의 고체이다.
② 물과 작용하여 산화칼슘과 에틸렌을 만든다.
③ 고온에서 질소와 반응하여 칼슘시안아미드(석회질소)가 생성된다.
④ 분자량은 64이고 비중은 2.2이다.

> **해설**
>
> 탄화칼슘(CaC_2, 카바이트)
> - $CaC_2 + 2H_2O \rightarrow Ca(OH)_2 + C_2H_2 \uparrow$
> - $CaC_2 + N_2 \xrightarrow[\Delta]{700℃} CaCN_2 + C$

42 상온에서 CaC₂를 장기간 보관할 때 사용하는 물질로 다음 중 가장 적합한 것은?

① 물
② 알코올 수용액
③ 질소 가스
④ 메탄 가스

> **해설**
>
> 장기간 보관시 저장용기에 질소(N₂) 아르곤(Ar) 등의 불연성가스를 봉입 후 밀봉 밀전하여 건조한 냉암소에 보관한다.

43 제3류 위험물에 해당하는 것은?

① NaH
② Fe
③ Mg
④ P₄S₃

> **해설**
>
> ① 수소화나트륨(NaH) : 제3류 위험물(금속의 수소화물) 나머지는 제2류 위험물이다.

44 제3류 위험물 중 은백색 광택이 있고 노란색 불꽃을 내며 연소하며 비중이 약 0.97, 융점이 약 97.7℃인 물질의 지정수량은 몇 kg인가?

① 10
② 50
③ 200
④ 300

> **해설**
>
> 불꽃반응 색깔
>
> | K : 보라색 | Na : 노란색 | Li : 적색 |
> | Ca : 주황색 | Ba : 황록색, | Sr : 진한 빨간색 |

45 위험물의 성질에 대한 설명으로 틀린 것은?

① 인화칼슘은 물과 반응하여 유독한 가스를 발생한다.
② 금속나트륨은 물과 반응하여 산소를 발생시키고 흡열한다.
③ 아세트알데히드는 연소하여 이산화탄소와 불을 발생하며 산화하면 에탄올이 된다.
④ 질산에틸은 물에 녹지 않고 인화되기 쉽다.

> **해설**
>
> 금속나트륨은 물과 반응하여 수소를 발생하고 발열한다.
> $$2Na + 2H_2O \rightarrow 2NaOH + H_2 \uparrow$$

46 제3류 위험물인 칼륨의 성질이 아닌 것은?

① 물과 반응하여 수산화물과 수소를 만든다.
② 원자가전자가 2개로 쉽게 2가의 양이온이 되어 반응한다.
③ 원자량은 약 39이며 지정수량은 10kg이다.
④ 은백색 광택을 가지는 연하고 가벼운 고체로 칼로 쉽게 잘라진다.

> **해설**
>
> 칼륨(K)은 주기율표상 제1족의 알칼리금속으로서 최외각껍질에 최외각전자(원자가전자)가 1개 있어 쉽게 전자를 잃고 +1의 양이온으로 반응하기가 쉽다.

47 CaC₂는 물이나 습기에 닿으면 C₂H₂ 가스를 발생시키며, 반응이 급격할 때는 착화 폭발한다. 이의 화재시 소화기로서 적당하지 않은 것은?

① 포말
② 탄산 가스
③ 건조 분말
④ 마른 모래

> **해설**
>
> 포말소화기는 포말소화약제 안에 물이 포함되어 있으므로 탄화칼슘과 물과 반응하여 C₂H₂ 가스를 발생시킨다.

48 다음은 어떤 위험물에 대한 설명인가?

> ㄱ. 어두운 곳에서 인광을 내는 백색 또는 담황색
> 의 고체이다.
> ㄴ. 연소할 때 오산화인의 흰 연기를 발생시키고
> 일부는 유독성의 포스핀가스도 발생한다.
> ㄷ. 물속에 저장한다.
> ㄹ. 지정수량은 20kg이다.

① S
② P_4S_3
③ P_4
④ CS_2

49 탄화칼슘 30,000kg을 소요단위로 산정하면 몇 단위
인가?

① 10단위
② 20단위
③ 30단위
④ 40단위

해설

- 위험물의 1소요단위 : 지정수량의 10배
- 탄화칼슘(CaC_2)의 지정수량 : 300kg
- 소요단위 = $\dfrac{저장량}{지정수량 \times 10배}$

  $= \dfrac{30,000}{300 \times 10} = 10$단위

50 황린의 일반적 성질 중 옳지 않은 것은?

① 백색 또는 담황색 자연 발화성 물질로 발화점이
34℃이다.
② 화학적으로 활성이 작아 7족 원소와 결합하지
않는다.
③ 증기는 공기보다 무거우며, 유독성 물질이다.
④ 물과 반응하지 않으며 물에 녹지 않아 물속에
저장한다.

51 나트륨(Na) 취급을 잘못해 표면이 회백색으로 변했
다. 이 나트륨(Na) 표면에 생성된 물질의 분자식을
올바르게 표시한 것은?

① Na_2O
② Na_2O_2
③ $NaNO_3$
④ $NaOH$

해설

나트륨은 공기중의 산소와 반응하여 산화피막(Na_2O)을 형
성한다.
$4Na + O_2 \rightarrow 2Na_2O$

52 물과 작용하여도 가연성 기체를 발생시키지 않는 것
은?

① 수소화칼슘
② 탄화칼슘
③ 산화칼슘
④ 금속 칼륨

해설

① $CaH_2 + 2H_2O \rightarrow Ca(OH)_2 + 2H_2 \uparrow$
② $CaC_2 + 2H_2O \rightarrow Ca(OH)_2 + C_2H_2 \uparrow$
③ $CaO + H_2O \rightarrow Ca(OH)_2$
④ $2K + 2H_2O \rightarrow 2KOH + H_2 \uparrow$

53 탄화알루미늄이 물과 반응하여 생기는 현상이 아닌
것은?

① 산소가 발생한다.
② 수산화알루미늄이 생성된다.
③ 열이 발생한다.
④ 메탄가스가 발생한다.

해설

$Al_4C_3 + 12H_2O \rightarrow 4Al(OH)_3 + 3CH_4 \uparrow$

54 탄화칼슘(카바이트)의 성질에 대한 설명으로 틀린 것은?

① 건조한 공기 중에서는 안정하나 350℃ 이상으로 열을 가하면 산화된다.

② 분자량은 64.1이며, 보통은 통상 회흑색의 괴상 고체이며 저장시 습기와 화기가 없는 장소에 보관한다.

③ 물과 반응해서 수산화칼슘과 아세틸렌이 생성된다.

④ 질소와 고온에서 작용하여 흡열 반응하고 에테르에 잘 녹는다.

해설

④ 약 700℃의 고온에서 질소와 질화반응하여 석회질소를 생성하며 에테르에는 녹지 않는다.

$CaC_2 + N_2 \rightarrow CaCN_2 + C + 74.6kcal$

55 황린의 성질로서 다음 중 잘못된 것은?

① 물속에 저장하는 경우는 약알칼리성(pH=9)으로 하는 것이 좋다.

② 독성이 있는 물질로 공기 중에서 인광을 낸다.

③ 착화온도는 낮고 공기 중에서 자연발화 위험성이 있고 연소시 오산화인(P_2O_5)이 생성한다.

④ 담황색의 액체로서 특이한 냄새를 내며 CS_2에 잘 녹는다.

56 알칼리금속은 화재 예방상 다음 중 어떤 기(원자단)를 가지고 있는 물질과 접촉을 금해야 하는가?

① −OH   ② −CHO−

③ −COO−   ④ −NO₂

해설

알칼리금속 + $\begin{bmatrix} 히드록시기(-OH) \\ 카르복실기(-COOH) \end{bmatrix}$ → 수소($H_2\uparrow$) 발생

57 다음 품명에 따른 지정수량이 틀린 것은?

① 유기과산화물 : 10kg

② 황린 : 50kg

③ 알칼리금속 : 50kg

④ 알킬리튬 : 10kg

해설

황린 : 20kg

58 다음 중 |보기|와 같은 성상을 갖는 물질은?

| 보기 |
ㄱ. 은백색 광택의 무른 경금속으로 포타슘이라고도 부른다.
ㄴ. 공기 중에서 수분과 반응하여 수소가 발생하며 연소시 보라색 불꽃을 낸다.
ㄷ. 융점이 약 63.5℃이고, 비중은 약 0.857이다.

① 칼륨   ② 칼슘

③ 알킬리튬   ④ 알킬알루미늄

59 황린에 대한 설명 중 옳은 것은?

① 공기 중에서 안정한 물질이며 어두운 곳에서 인광을 낸다.

② 물, 이황화탄소, 벤젠에 잘 녹는다.

③ KOH 용액과 반응하여 유독성 포스핀 가스가 발생한다.

④ 담황색 또는 백색의 액상으로 일광에 노출하면 색이 짙어지면서 적린으로 변한다.

해설

황린(P_4)은 강한 알칼리용액과 반응시 가연성이자 맹독성인 포스핀(PH_3)가스를 발생한다.

$P_4 + 3KOH + H_2O \rightarrow PH_3 + 3KH_2PO_2$

 정답   54 ④   55 ④   56 ①   57 ②   58 ①   59 ③

60 위험물의 성상에 대한 설명 중 틀린 것은?

① 삼황화린은 황색의 고체이며 물에 잘 녹지 않는다.

② 인화석회는 백색의 고체이며 알코올 에테르에 녹는다.

③ 탄화칼슘 시판품은 흑회색의 고체이다.

④ 금속 나트륨은 은백색의 연한 금속이다.

> **해설**
>
> ② 인화석회(Ca_3P_2) : 적갈색의 고체로서 알코올 에테르에 녹지 않는다.

61 제3류 위험물에 해당하는 것은?

① 염소화규소화합물

② 금속의아지화합물

③ 질산구아니딘

④ 할로겐간화합물

> **해설**
>
> ① 제3류 지정수량 : 300kg
>
> ②, ③ 제5류 지정수량 : 200kg
>
> ④ 제6류 지정수량 : 300kg

62 물과 작용해서 유독성 가스를 발생하는 것은?

① AlP   ② Ca

③ Na   ④ K

> **해설**
>
> 인화알루미늄(AlP)은 물과 반응하여 가연성이자 맹독성인 포스핀(PH_3)가스를 발생한다.
>
> $AlP + 3H_2O \rightarrow Al(OH)_3 + PH_3 \uparrow$

63 위험물의 화재예방 및 진압 대책에 대한 설명 중 틀린 것은?

① 트리에틸알루미늄은 사염화탄소, 이산화탄소와 반응하여 발열하므로 화재시 이들 소화약제는 사용할 수 없다.

② K, Na은 등유, 경유 등의 산소가 함유되지 않는 석유류에 저장하여 물과의 접촉을 막는다.

③ 수소화리튬의 화재에는 소화약제로 Halon 1211, Halon 1301이 사용되며 특수 방호복 및 공기호흡기를 착용하고 소화한다.

④ 탄화알루미늄은 물과 반응하여 가연성의 메탄가스를 발생하고 발열하므로 물과의 접촉을 금한다.

> **해설**
>
> 수소화리튬(LiH) : 제3류 위험물 금속수소화합물(금수성 물질)
> - 적응소화제 : 건조사
> - 적응성 없는 소화제 : 주수, 포말, 할로겐화합물

64 위험물안전관리법의 규정상 운반차량에 혼재해서 적재할 수 없는 것은?(단, 지정수량 10배인 경우이다)

① 염소화규소화합물 – 특수인화물

② 고형 알코올 – 니트로화합물

③ 염소산 염류 – 질산

④ 질산구아니딘 – 황린

> **해설**
>
> ④ 제5류(질산구아니딘)와 제3류(황린)는 혼재해서 적재금지
>
> ※ 서로 혼재 가능한 위험물
> - 제1류와 제6류
> - 제4류와 제2류, 제3류
> - 제5류와 제2류, 제4류

65 알킬알루미늄의 저장 및 취급 방법으로 옳은 것은?

① 용기는 완전밀봉하고 CH_4, C_3H_8 등을 봉입한다.
② C_6H_6 등의 희석제를 넣어준다.
③ 용기의 마개에 다수의 미세한 구멍을 뚫는다.
④ 통기구가 달린 용기를 사용하여 압력 상승을 방지한다.

해설

알킬알루미늄 : 제3류 위험물(금수성 물질)
• 용기는 물 또는 공기의 접촉을 피하기 위하여 완전 밀봉 밀전하고 용기의 상부에는 불연성가스(N_2)로 봉입하여 저장한다.
• 희석제는 벤젠(C_6H_6), 톨루엔($C_6H_5CH_3$), 헥산(C_6H_{14}) 등을 20~30% 희석하여 사용한다.

66 Ca_3P_2 600kg을 저장하려 한다. 지정수량의 배수는?

① 2배
② 3배
③ 4배
④ 5배

해설

인화석회(Ca_3P_2) : 제3류의 금속인화물, 지정수량 300kg

$$\therefore \ 지정수량배수 = \frac{저장량}{지정수량} = \frac{600}{300} = 2배$$

67 다음의 조건을 갖추고 있는 위험물은?

┌──────────────────────────────┐
ㄱ. 지정수량은 20kg이고 백색 또는 담황색 고체이다.
ㄴ. 상온에서 증기를 발생하고 천천히 산화하며 공기중에서 자연발화한다.
ㄷ. 비중은 1.92, 융점 44℃, 비점 280℃, 발화점 34℃이다.
└──────────────────────────────┘

① 적린
② 나트륨
③ 황린
④ 마그네슘

68 제3류 위험물의 일반적 성질로서 옳은 것은?

① 모두 무기 금속 화합물이며 대부분 무색의 결정이나, 백색 분말 상태의 고체이다.
② 물에 대한 비중은 1보다 크며 조해성이 있어 물에 잘 녹는다.
③ 황린을 제외하고 물에 대하여 위험한 반응을 초래하는 물질이다.
④ 조연성 고체로서 비교적 낮은 온도에서 착화하기 쉬운 이연성(易燃性), 속연성(速燃性) 물질이다.

69 |보기|의 위험물을 위험등급 Ⅰ, 위험등급 Ⅱ, 위험등급 Ⅲ의 순서로 옳게 나열한 것은?

┌ 보기 ├──────────────────────┐
황린, 인화칼슘, 리튬
└──────────────────────────────┘

① 황린, 인화칼슘, 리튬
② 황린, 리튬, 인화칼슘
③ 인화칼슘, 황린, 리튬
④ 인화칼슘, 리튬, 황린

해설

품명	황린(P_4)	리튬(Li)	인화칼슘(Ca_3P_2)
위험등급	Ⅰ	Ⅱ	Ⅲ
지정수량	20kg	50kg	300kg

70 금속 리튬의 화학적 성질로 옳지 않은 것은?

① 물과 반응하여 수산화리튬과 수소를 생성한다.
② 질소와 직접 결합하여 생성물로 질화리튬을 만든다.
③ 금속 칼륨, 금속 나트륨보다 화학 반응성이 크지 않다.
④ 상온에서 리튬은 산소와 반응하여 진홍색의 산화리튬을 생성한다.

해설

④ 리튬은 상온에서 산소와 반응하지 않지만 100~200℃로 가열하면 적색 불꽃을 내며 연소하여 산화리튬이 된다.

71 황린의 자연발화가 쉽게 일어나는 이유로 올바른 것은?

① 조해성이 커서 공기 중 수분을 흡수하여 분해하여 산소를 발생하기 때문이다.

② 발화점이 매우 낮고 화학적 활성이 크기 때문이다.

③ 상온에서 산화성 고체이기 때문이다.

④ 환원력이 강하여 분해되면서 폭발성 가스를 생성하기 때문이다.

72 위험물과 물이 반응하여 발생하는 가스를 잘못 연결한 것은?

① 탄화알루미늄 – 메탄

② 탄화칼슘 – 아세틸렌

③ 인화칼슘 – 에탄

④ 수소화칼슘 – 수소

해설

① $Al_4C_3 + 12H_2O \rightarrow 4Al(OH)_3 + 3CH_4 \uparrow$

② $CaC_2 + 2H_2O \rightarrow Ca(OH)_2 + C_2H_2 \uparrow$

③ $Ca_3P_2 + 6H_2O \rightarrow 3Ca(OH)_2 + 2PH_3 \uparrow$

④ $CaH_2 + 2H_2O \rightarrow Ca(OH)_2 + 2H_2 \uparrow$

73 금속나트륨과 금속칼륨의 공통적인 성질에 대한 설명으로 옳은 것은?

① 불연성고체이다.

② 물과 반응하여 산소를 발생한다.

③ 은백색의 매우 단단한 금속이다.

④ 물보다 가벼운 금속이다.

해설

제3류의 금수성물질(K, Na)로 물과 반응하여 수소(H_2)를 발생시키는 경금속이다.

74 다음 각 위험물의 지정수량의 총합은 몇 kg인가?

알킬리튬, 리튬, 수소화나트륨, 인화칼슘, 탄화칼슘

① 820   ② 900

③ 960   ④ 1260

해설

지정수량 : 알킬리튬 10kg, 리튬 50kg, 나머지는 각각 300kg씩

∴ 총 지정수량 = 10kg + 50kg + 300kg + 300kg + 300kg

= 960kg

75 탄화알루미늄 1몰을 물과 반응시킬 때 발생하는 가연성 가스의 종류와 양은?

① 에탄, 4몰

② 에탄, 3몰

③ 메탄, 4몰

④ 메탄, 3몰

해설

$\underline{Al_4C_3} + 12H_2O \rightarrow 4Al(OH)_3 + \underline{3CH_4} \uparrow$
(1mol)   (3mol)

제4류 위험물(인화성 액체)

1 제4류 위험물의 종류 및 지정수량

성질	위험등급	품명[주요품목]		지정수량
인화성 액체	I	특수인화물[디에틸에테르, 이황화탄소, 아세트알데히드, 산화프로필렌]		50*l*
	II	제1석유류	비수용성[가솔린, 벤젠, 톨루엔, 콜로디온, 메틸에틸케톤 등]	200*l*
			수용성[아세톤, 피리딘, 초산에틸, 의산메틸, 시안화수소 등]	400*l*
		알코올류[메틸알코올, 에틸알코올, 프로필알코올, 변성 알코올]		400*l*
	III	제2석유류	비수용성[등유, 경유, 테레핀유, 스티렌, 크실렌, 클로로벤젠 등]	1000*l*
			수용성[포름산, 초산, 부틸알코올, 히드라진, 아크릴산 등]	2000*l*
		제3석유류	비수용성[중유, 클레오소트유, 아닐린, m-크레졸,니트로벤젠 등]	2000*l*
			수용성[에틸렌 글리콜, 글리세린 등]	4000*l*
		제4석유류	기어유, 실린더유, 윤활유, 가소제 등	6000*l*
		동, 식물유류[아마인유, 들기름, 정어리기름, 동유, 야자유, 올리브유 등]		10000*l*

2 제4류 위험물의 개요

(1) 공통 성질★★★★

① 대부분 액체로서 물보다 가볍고 물에 녹지 않는 것이 많다.

② 증기의 비중에 공기보다 무거워 낮은 곳에 체류하기 쉬우므로 인화의 위험이 있다(단, HCN 제외).

③ 상온에서 대단히 인화하기 쉬운 인화성 액체로서 착화온도(발화온도)가 낮은 것은 위험하다.

④ 연소범위의 하한값이 낮아 증기와 공기가 조금만 혼합하여도 연소폭발의 위험이 있다.

⑤ 전기의 부도체로서 정전기의 축척으로 인화의 위험이 있다.

> **참고**
> • 인화점 : 가연성 증기를 발생할 수 있는 최저온도
> • 착화온도(착화점, 발화온도, 발화점) : 가연성 물질에 점화원 없이 가열함으로서 착화되는 최저
>   온도
> • 연소범위(폭발범위) : 공기중에서 연소가 일어나는 가연성 가스의 농도(Vol%) 범위

(2) 저장 및 취급시 유의사항★★★

① 인화점 이하로 유지하고 화기 및 점화원인의 접근은 절대 금한다.

② 용기는 증기 및 액체의 누설을 방지하고 밀봉, 밀전하여 통풍이 잘되고 차고 건조한 냉암소
  에 저장할 것

③ 액체의 이송 및 혼합시 정전기 방지 위해 접지를 하고 증기는 높은 곳에 배출시킨다.

(3) 소화 방법★★★

① 제4류 위험물은 물보다 비중이 작고 물에 녹지 않아 물 위에 부상하여 연소면을 확대하므로
  봉상의 주수소화는 절대금한다(단, 수용성은 제외).

② CO_2, 할로겐화물, 분말, 물분무, 포 등으로 질식소화한다.

③ 수용성 위험물은 알코올포 및 다량의 물로 희석시켜 가연성 증기의 발생을 억제시켜 소화한
  다. (일반 포약제 사용시 소포성 때문에 효과없음)

> **참고** 인화성 액체의 인화점 시험방법
> • 태그 밀폐식 인화점 측정기 : 인화점이 0℃ 미만인 경우에 측정한다.
> • 신속평형법 인화점 측정기 : 인화점이 0℃ 이상 80℃ 이하인 경우에 측정한다.
> • 클리브랜드 개방컵 인화점 측정기 : 인화점이 80℃를 초과하는 경우에 측정한다.

3 제4류 위험물의 종류 및 일반 성상

1. 특수인화물류 [지정수량 : 50*l*]

• 지정품목 : 이황화탄소, 디에틸에테르

• 지정성상
  ┌ 1기압(760mmHg)에서 액체로 되는 것으로서 발화점이 100℃ 이하인 것
  └ 1기압(760mmHg)에서 액체로 되는 것으로서 인화점이 −20℃ 이하로서 비점이 40℃ 이
    하인 것

(1) 디에틸에테르($C_2H_5OC_2H_5$)★★★★

별명	에틸에테르에테르산화에틸	분자량	74	융점	−116.3(℃)
		비중	0.72	비점	34.6(℃)
		증기비중	2.6	인화점	−45(℃)
일반식	R–O–R′	연소범위	1.9~48(%)	발화점	180(℃)

1) 일반 성질★★★

① 휘발성이 강한 무색 투명한 액체로서 제4류 위험물 중 인화점(−45℃)이 가장 낮다.

② 물에 약간 녹고 알코올에 잘 녹으며 증기는 마취성 있고 특유한 향이 있다.

③ 전기의 부도체로서 정전기가 발생하기 쉬우므로 주의한다.

④ 공기와 장기간 접촉시 산화되어 과산화물이 생성될 수 있고 가열, 마찰, 충격으로 인하여 폭발할 수 있다.

⑤ 강산화제와 접촉시 격렬하게 반응하고 혼촉 발화한다.

참고 디에틸에테르

- 과산화물 검출시약 : 옥화칼륨(KI) 10% 수용액(황색 변화)
- 과산화물 제거시약 : 30%의 황산제일철수용액 또는 5g의 환원철
- 제법 : 에틸알코올에 진한황산을 넣고 130~140℃에서 축합반응에 의하여 생성된다.

$$C_2H_5OH + C_2H_5OH \xrightarrow[\Delta]{c-H_2SO_4} C_2H_5OC_2H_5 + H_2O$$

---

2) 저장 및 취급 방법★★★

① 일광, 화기, 정전기를 피하고 밀봉, 밀전하여 통풍이 잘되는 냉암소에 보관한다.

② 직사광선에 의해 분해되어 과산화물 생성을 방지하기 위해 40메시(mesh)의 구리망을 넣어 갈색병에 보관하고 용기의 공간용적은 2% 이상, 운반용기 공간용적은 10% 이상 여유를 두고 저장한다.

③ 대량 저장시 불활성가스를 봉입하고 정전기를 방지하기 위해 소량의 염화칼슘($CaCl_2$)을 넣어 둔다.

3) 소화 방법 : 이산화탄소, 할로겐화합물, 청정소화약제, 포말에 의한 질식소화

4) 용도 : 마취제 제조, 유기용제, 시약, 의약, 유기합성 등

(2) 이황화탄소(CS_2)★★★★

별명	이유화 탄소	분자량	76	비점	46.25(℃)
연소범위	1.2~44(%)	비중	1.26	인화점	−30(℃)
(비수용성 액체)		증기비중	2.64	발화점	100(℃)

1) 일반 성질★★★

① 순수한 것은 무색 투명한 액체이나 불순물이 있기 때문에 황색을 띠고 불쾌한 냄새가 난다.

② 물보다 무겁고, 물에 녹지 않으나, 알코올, 벤젠, 에테르 등의 유기용제에 잘 녹는다.

③ 휘발성이 강하고 발화점(100℃)은 제4류 위험물 중 가장 낮고 연소범위(1.2~44%)가 넓어 인화성, 발화성이 강하여 대단히 위험하다.

④ 증기는 유독하며 장시간 피부에 접촉하거나 흡입시 인체에 유해하다.

⑤ 연소시 청색의 불꽃을 내며, 유독한 아황산가스(SO_2)를 발생한다.

$$CS_2 + 3O_2 \longrightarrow CO_2 + 2SO_2 \uparrow$$

⑥ 물과 150℃ 이상의 고온으로 가열하면 분해하여 이산화탄소(CO_2)와 유독한 황화수소(H_2S)를 발생한다.

$$CS_2 + 2H_2O \xrightarrow[\Delta]{150℃} CO_2 + 2H_2S \uparrow$$

⑦ 알칼리금속인 나트륨(Na)과 접촉하면 발화폭발한다.

⑧ 황, 황린, 생고무, 유지, 수지 등을 잘녹여 용제로 사용한다.

2) 저장 및 취급 방법

① 인화점, 착화점이 낮으므로 화기 및 직사광선을 피하고 밀봉, 밀전하여 통풍이 잘되는 냉암소에 저장한다.

② 물보다 무겁고 물에 녹지 않으므로 용기나 탱크에 저장시 물속에 보관하여 가연성 증기의 발생을 억제시킨다.★★★

③ 용기의 파손이나 액체 및 증기가 누설되지 않도록 주의한다.

3) 소화 방법 : 이산화탄소, 할론, 청정소화약제, 분말소화약제로 질식소화 또는 물로 피복소화

4) 용도 : 유기용제, 고무가황 촉진제, 살충제, 소독 등

(3) 아세트알데히드(CH_3CHO)★★★★

별명	알데히드 초산 알데히드 메틸 알데히드	분자량	44	비점	21(℃)
		비중	0.78	인화점	−39(℃)
		증기비중	1.52	발화점	185(℃)
일반식	R–CHO	연소범위	4.1~57(%)	(수용성 액체)	

1) 일반 성질★★★

① 대단히 휘발성이 강하고, 과실과 같은 자극성 냄새를 가진 무색 액체로서 물, 에탄올, 에테르 등 유기용매에 잘 녹으며 고무도 잘 녹인다.

② 반응성이 풍부하여 산화 또는 환원된다(산화되면 초산, 환원되면 에틸알코올).

$$\cdot \text{산화} : 2CH_3CHO + O_2 \longrightarrow 2CH_3COOH$$

$$\cdot \text{환원} : CH_3CHO + H_2 \longrightarrow C_2H_5OH$$

[CH₃CHO 구조식]

③ 환원성 물질로 은거울반응, 펠링반응을 하며 요오드포름(CHI_3)반응을 한다.★★

④ 증기압이 높아 휘발하여 누출하기 쉽고 공기 중에서 산화하여 발열한다.

$$2CH_3CHO + 5O_2 \longrightarrow 4CO_2 + 4H_2O + 281.9kcal$$

⑤ Cu, Mg, Ag, Hg 및 그 합금 등과 접촉시 중합반응을 하여 폭발성 물질이 생성하므로 저장용기나 취급하는 설비는 사용을 하지 말아야 한다.★★

⑥ 산과 접촉시 중합반응하여 발열하고 공기와 접촉시 폭발성의 과산화물을 생성한다.★★

 참고

❶ 은거울반응 : 암모니아성 질산은 용액과 반응하여 은(Ag)이 유리된다.

$$CH_3CHO + 2Ag(NO_3)_2^+ + 2OH^- \longrightarrow CH_3COOH + 2Ag + H_2O + 4NH_3$$

❷ 펠링반응 : 펠링용액(푸른색)을 작용시키면 적색침전의 산화제일구리(Cu_2O)가 생긴다.

❸ 요오드포름반응 : I_2와 NaOH를 넣고 가열시 노란색침전의 요오드포름(CHI_3)이 생긴다.

$$CH_3CHO + \boxed{3I_2 + 4NaOH} \longrightarrow HCOONa + 3NaI + CHI_3\downarrow + 3H_2O$$

⑦ 제조법

• 에틸렌의 직접산화법 : 염화구리($CuCl_2$) 또는 염화파라듐($PdCl_2$)의 촉매하에 에틸렌을 산화시켜 제조하는 방법

$$2C_2H_4 + O_2 \xrightarrow[\text{촉매}]{CuCl_2, PdCl_2} 2CH_3CHO$$

• 아세틸렌의 수화법 : 황산수은($HgSO_4$) 촉매하에 아세틸렌과 물을 반응시켜 제조하는 방법

$$C_2H_2 + H_2O \xrightarrow[\text{촉매}]{HgSO_4} CH_3CHO$$

• 에탄올의 직접산화법 : 이산화망간(MnO_2) 촉매하에 에탄올을 산화시켜 제조하는 방법

$$2C_2H_5OH + O_2 \xrightarrow[\text{촉매}]{MnO_2} 2CH_3CHO + 2H_2O$$

2) 저장 및 취급 방법

① 공기와 접촉시 자동산화되어 과산화물이 생성하므로 밀봉, 밀전하여 통풍이 잘되는 냉암소에 저장한다.

② 저장탱크에 저장시 불활성가스(N_2, Ar 등) 또는 수증기를 봉입하고 냉각장치를 사용하여 저

장온도를 비점(21℃) 이하로 유지시켜야 한다. 보냉장치가 없는 이동저장탱크에 저장시 40℃ 이하로 유지하여야 한다.★★★

③ 증기는 자극성이 강하므로 발생이나 흡입을 피해야 한다.

④ 산 또는 강산화제와 중합반응을 하므로 접촉을 피한다.

3) 소화 방법 : 알코올용포, 다량의 물 분무, 이산화탄소, 분말소화 등에 의한 질식소화

참고 수용성 위험물 화재시
- 반드시 알코올용포를 사용한다.
- 일반용포소화약제 사용시 포가 소멸되는 소포성 때문에 효과가 없다.

4) 용도 : 초산, 합성수지원료, 용제, 에틸알코올 등

(4) 산화프로필렌(CH_3CHCH_2O)★★★

별명	프로필렌옥사이드	분자량	58	비점	34(℃)
연소범위	2.5~38.5(%)	비중	0.83	인화점	−37(℃)
(수용성 액체)		증기비중	2.0	발화점	465(℃)

1) 일반 성질

① 무색 투명하고 에테르향의 냄새를 가진 휘발성이 강한 자극성 액체로서 증기는 인체에 해롭다.

② 화학적으로 반응성이 활발하며 반응시 발열반응한다.

③ 물 또는 벤젠, 에테르, 알코올 등의 유기용제에 잘 녹고 액체가 피부 접촉시 화상을 입으며 다량의 증기 흡입시 폐부종을 일으킨다.

④ Cu, Mg, Ag, Hg 및 그 합금 등과 반응하여 폭발성 물질인 금속 아세틸라이드를 생성하므로 용기나 취급 설비는 사용을 하지 말아야 한다.★★★

⑤ 증기압이 매우 높으므로(20℃에서 45.5mmHg) 상온에서 쉽게 연소범위에 도달한다.

⑥ 강산화제와 접촉 반응시 격렬하게 혼촌 발화하므로 피해야 한다.

2) 저장·취급 및 소화 방법 : 아세트알데히드에 준한다.

3) 용도 : 용제, 의약품, 안료, 살균제, 계면활성제 등

(5) 기타

① 이소프렌 : 인화점 −54℃, 발화점 220℃, 연소범위 2~9%, 비점 34℃

② 이소펜탄 : 인화점 −51℃

2. 제1석유류 [지정수량 : 비수용성 200l, 수용성 400l]

- 지정품목 : 아세톤, 가솔린(휘발유)
- 지정성상 : 1기압, 20℃에서 액체로서 인화점이 21℃ 미만인 것

비수용성 액체

(1) 가솔린($C_5H_{12} \sim C_9H_{20}$)★★★★

별명	휘발유 솔벤트나프타 석유벤젠	비중	0.65~0.80	인화점	$-43 \sim -20(℃)$
		중기비중	3~4	발화점	300(℃)
		연소범위	1.4~7.6(%)	유출온도	30~210(℃)

1) 일반 성질★★★

① 무색 투명하고 휘발성이 강한 인화성 액체로서 주성분은 $C_5 \sim C_9$의 포화, 불포화의 지방족 탄화수소 혼합물로서 주로 옥탄(C_8H_{18})을 말한다.

② 증기는 공기보다 무거우며(3~4배) 비전도성이므로 낮은 곳에 체류하여 정전기 발생으로 축적하여 대전하기 쉽다.

③ 물에 녹지 않고 유기용제에 잘 녹으며 고무, 수지, 유지 등을 잘 녹인다.

④ 가솔린 제법 : 직류법(분류법), 열분해법(크래킹), 접촉개질법(리포밍)이 있다.

⑤ 옥탄가를 높여 연소성을 향상하기 위하여 사에틸납[(C_2H_5)$_4$Pb]을 첨가시켜서 오렌지 또는 청색으로 착색한다(노킹현상 억제하기 위함).

⑥ 분순물인 황이 연소하면 아황산가스(SO_2)가 발생하고 고온에서 질소산화물을 생성시킨다.

참고

❶ 가솔린 착색 : 공업용 – 무색, 자동차용 – 오렌지색, 항공기용 – 청색

❷ 옥탄가 $= \dfrac{\text{이소옥탄(vol\%)}}{\text{이소옥탄(vol\%)} + \text{노르말헵탄(vol\%)}} \times 100$

※ 옥탄가란, 이소옥탄을 100, 노르말헵탄을 0으로 하여 가솔린의 성능을 측정하는 기준값

❸ 가솔린의 첨가물
  • 유연가솔린 : 사에틸납[(CH_2H_5)$_4$Pb] (유해하므로 1993년 1월부터 생산중지)
  • 무연가솔린 : MTBE[메틸터셔리부틸에테르(CH_3)$_3$COCH_3)],메탄올 등

2) 저장 및 취급 방법

① 첨가제로 사용되는 사에틸납은 독성이 있고, 접촉시 빈혈 및 뇌를 손상시키므로 증기 및 액체 누출을 방지한다.

② 화기엄금, 불꽃, 가열금지, 직사광선을 피하고 정전기 발생 및 축적을 방지한다.

③ 온도 상승에 의한 부피 팽창률(0.00135/℃)을 감안하여 밀폐용기에 저장시 약 10% 이상의 안전 공간을 두어 통풍이 잘되는 냉암소에 저장한다.

3) 소화 방법 : 포말(대량일 때), 이산화탄소, 할로겐화합물, 청정소화약제, 분말 등에 의한 질식소화

4) 용도 : 자동차 및 항공기의 연료, 공업용용제, 희석제, 도료 등

(2) 벤젠(C_6H_6)★★★★

별명	벤졸	분자량	78	융점	5.5(℃)
구조식		비중	0.9	비점	80(℃)
		증기비중	2.8	인화점	−11(℃)
		연소범위	1.4~7.1(%)	발화점	562(℃)

1) 일반 성질★★★

① 무색 투명한 방향성의 독특한 냄새를 가진 휘발성이 강한 액체로서 위험성이 강하다.

② 증기는 마취성, 독성이 강하여 2% 이상 고농도의 증기를 5~10분간 흡입시 치명적이고 0.3% 이상 흡입시 급성중독의 상태가 되며 저농도(100ppm)의 증기를 장시간 흡입시 만성 중독이 일어난다.

③ 물에는 녹지 않으나 유기용제(알코올, 에테르, 아세톤 등)에는 잘 녹으며 수지, 고무, 유지 등 유기물질을 잘 녹인다.

④ 응고점(융점)이 5.5℃이므로 겨울에 찬 곳에 두면 응고될 수 있으며 응고된 고체상태에서도 연소가 가능하다.

⑤ 인화하기 쉬운 가연성 액체로서 연소시 이산화탄소(CO_2)와 물(H_2O)이 생성되며 이때 다량의 그을음(흑연)이 발생한다(H수에 비해 C수가 많기 때문에 그을음이 발생함).

> • 완전연소시 : $2C_6H_6 + 15O_2 \longrightarrow 12CO_2 + 6H_2O$
> • 불완전연소시 : $2C_6H_6 + 9O_2 \longrightarrow 6CO_2 + 6C + 6H_2O$

⑥ 증기는 공기보다 무거워 낮은 곳에 체류하기 쉬우며 비전도성이므로 정전기의 화재 발생 위험이 있다.

⑦ 불포화결합은 가지고 있으나 안전한 화합물로서 부가반응보다 치환반응을 많이 한다.

참고
❶ 치환반응($-NO_2$, $-HSO_3$, $-Cl$, $-R$)
• $C_6H_6 + HNO_3 \xrightarrow{c-H_2SO_4} C_6H_5NO_2 + H_2O$: 니트로화($-NO_2$) 반응
• $C_6H_6 + H_2SO_4 \xrightarrow{c-H_2SO_4} C_6H_5SO_3H + H_2O$: 술폰화($-HSO_3$) 반응
❷ 부가(첨가)반응
• $C_6H_6 + 3H_2 \longrightarrow C_6H_{12}$(시클로헥산) : Ni 촉매하에
• $C_6H_6 + 3Cl_2 \longrightarrow C_6H_6Cl_6$(BHC, 벤젠헥사클로라이드) : 햇볕, 자외선하에
• 아세틸렌(C_2H_2)을 중합반응시 벤젠(C_6H_6)이 된다 : 고온의 Fe관 통과시
$3C_2H_2 \longrightarrow C_6H_6$

2) 저장 및 취급 방법

① 화기, 가열, 불꽃, 직사광선을 피하고 밀봉, 밀전하여 통풍이 잘되는 냉암소에 보관한다.

② 온도 상승에 의한 부피 팽창을 감안하여 밀폐용기에 저장시 약 10% 이상의 안전 공간을 둔다.

③ 증기는 독성, 마취성이 강하므로 접촉을 피하고 정전기 발생 및 축적을 방지하기 위하여 환기를 잘 시킨다.

3) 소화 방법 : 가솔린에 준한다.

4) 용도 : 유지 추출의 용제, 도료, 고무용제, 합성수지. 농약(BHC) 등

(3) 톨루엔($C_6H_5CH_3$)★★★

별명	톨루올, 메틸벤젠	분자량	92	융점	-95(℃)
구조식	(구조식)	비중	0.871	비점	111(℃)
		증기비중	3.17	인화점	4(℃)
		연소범위	1.4~6.7(%)	발화점	552(℃)

1) 일반 성질

① 무색 투명한 액체로서 특유한 냄새가 나며 증기는 마취성, 독성이 있다.

② 물에는 녹지 않으나 유기용제(알코올, 벤젠, 에테르 등)에 잘 녹고 수지, 유지, 고무 등을 잘 녹인다.

③ 톨루엔을 산화($MnO_2 + H_2SO_4$)시키면 안식향산(벤조산 : C_6H_5COOH)이 된다.

> • $C_6H_5CH_3 + O_2 \longrightarrow C_6H_5CHO$(벤즈 알데히드)$+ H_2O$
>
> • $C_6H_5CHO + \frac{1}{2}O_2 \longrightarrow C_6H_5COOH$(안식향산)

④ TNT 폭약의 주원료로 사용한다(니트로화 반응).★★★

(반응식 구조도)

[톨루엔]   [T.N.T]

⑤ 유체의 마찰시 정전기의 인화의 위험이 있으며 독성은 벤젠보다 약하나 벤젠의 1/10 정도 피부접촉시 자극성 탈지작용의 위험이 있다.

2) 저장·취급 및 소화 방법 : 벤젠에 준한다.

3) 용도 : 잉크, 합성원료, 용제, 페인트, 화약 등

(4) 콜로디온 : 질화도가 낮은 질화면(질소함유율 11~12%)을 에탄올(3)과 에테르(1)의 비율로 혼합용제에 녹여 교질 상태로 만든 것

1) 일반 성질

① 무색 투명한 점성이 있는 액체로서 인화점은 －18℃이다.

② 성분중 에탄올, 에테르 등은 상온에서 휘발성이 매우 크고 가연성 증기를 쉽게 발생하므로 인화의 위험이 크다.

③ 연소시 용제가 휘발한 후에 남은 질화면은 폭발적으로 연소한다.

2) 저장 및 취급 방법 : 화기, 충격, 마찰, 가열, 직사광선을 피하고 용제의 증기 발생을 막기 위하여 밀봉, 밀전하여 냉암소에 저장한다. 또한 운반시 20% 이상의 수분을 첨가하여 운반한다.

3) 소화 방법 : 알코올포, 이산화탄소, 분무주수 등으로 질식소화

4) 용도 : 의약품(상처피복), 질화면 도료, 접착제 제조, 필름의 제조 등

(5) 메틸에틸케톤(MEK, $CH_3COC_2H_5$)

※ 수용성이지만 위험물 안전관리법상 비수용성으로 분류됨

분자량	72	융점	－86(℃)	인화점	－1(℃)
비중	0.81	비점	79.6(℃)	발화점	516(℃)
증기비중	2.84	연소범위	1.81∼10.0(%)	용해도	26.8

1) 일반 성질

① 아세톤과 비슷한 냄새가 나는 무색 휘발성 액체로서 물, 알코올, 에테르 등 유기용제에 잘 녹는다.

② 비점, 인화점이 낮아 인화의 위험성이 크고 증기는 공기보다 무거워 낮은 곳에 체류하기 쉬우므로 정전기 발생 및 축적에 유의한다.

③ 다량의 증기를 흡입시 마취성과 구토 증세가 발생할 수 있으며 피부 접촉시 탈지 작용을 일으킨다.

2) 저장 및 취급 방법

① 화기, 불꽃, 직사광선을 피하고 통풍이 잘되는 냉암소에 저장한다.

② 저장시 용기는 갈색병을 사용하고 용기내부에는 10% 이상 여유공간을 둔다.

3) 소화 방법 : 물분무주수, 알코올포, CO_2 등의 질식소화

4) 용도 : 용제, 접착제, 인쇄잉크, 가황 촉진제, 래커 등

(6) 아크릴로니트릴($CH_2=CHCN$)

분자량	53	융점	-84(℃)	인화점	0(℃)
비중	0.8	비점	77(℃)	발화점	481(℃)
증기비중	1.83	연소범위	3.0∼17(%)		

1) 일반 성질

① 특유의 냄새와 쓴맛이 있는 무색의 액체로서 물, 유기용제에 잘 녹는다.

② 독성이 강하고 상온에서 매우 쉽게 중합반응을 한다.

③ 증기는 공기와 혼합시 쉽게 폭발한다.

④ 염화제1구리(Cu_2Cl_2) 촉매하의 산성용액에서 아세틸렌과 시안화수소를 반응시켜 생성한다.

$$C_2H_2 + HCN \longrightarrow CH_2=CHCN$$

2) 저장 및 취급 방법

① 화기, 불꽃, 직사광선을 피하고 특히 공기접촉 방지, 증기누설을 방지하여 차고 건조하며 통풍이 잘되는 곳에 저장한다.

② 강산류, 알칼리, 강산화제와의 접촉을 방지한다.

③ 맹독성으로 피부, 눈, 호흡기에 극도로 자극적이므로 취급시 보호장구를 착용한다.

3) 소화 방법 : 물분무, 알코올포, 분말, CO_2 등으로 질식소화

4) 용도 : 합성섬유원료, 합성고무원료, 아크릴수지원료, 살충제 등

(7) 초산메틸(CH_3COOCH_3)

※ 수용성이지만 위험물 안전관리법상 비수용성으로 분류됨

별명	아세트산메틸 초산메틸에스테르	분자량	74	융점	−98(℃)
		비중	0.93	비점	60(℃)
일반식	R−COO−R′	증기비중	2.55	인화점	−10(℃)
용해도	24.5(22℃)	연소범위	3.1~16.0(%)	발화점	454(℃)

1) 일반 성질

① 휘발성, 마취성이 있는 무색액체로서 향긋한 냄새가 난다.

② 물, 유기용제에 잘 녹으며 수지, 유지를 잘 녹인다.

③ 독성이 있으며 피부 접촉시 탈지작용을 한다.

④ 초산에스테르류 중 물에 가장 잘 녹는다.

⑤ 초산과 메틸알코올이 에스테르화반응하여 얻어진 축합물질로서 물과 반응(가수분해)하면 초산과 메틸알코올이 된다.

$$CH_3COOCH_3 + H_2O \underset{\text{축합반응}}{\overset{\text{가수분해}}{\rightleftarrows}} CH_3COOH + CH_3OH$$

2) 저장 및 취급 방법 : 휘발성, 인화성이 강하므로 화기, 직사광선, 증기 누출 등을 피하고 밀봉, 밀전하여 통풍이 잘되는 냉암소에 저장한다.

3) 소화 방법 : 물분무, 알코올포, CO_2, 분말 등으로 질식소화

4) 용도 : 향료, 용제, 페인트, 래커, 유지 추출제 등

수용성 액체

(8) 아세톤(CH₃COCH₃)★★★

별명	디메틸케톤	분자량	58	비점	56.6(℃)
일반식	R-CO-R′	비중	0.79	인화점	-18(℃)
연소범위	2.6~12.8(%)	증기비중	2.0	발화점	538(℃)

1) 일반 성질★★

① 무색 독특한 냄새가 나는 휘발성 액체로서 보관 중 황색으로 변색된다.

② 수용성이며, 알코올, 에테르, 가솔린 등 유기용제에 잘 녹는다.

③ 독성은 없으나 장시간 다량 흡입시 구토가 나며 피부 접촉시 탈지작용을 한다.

④ 공기중 일광에 의해 분해하여 폭발성의 과산화물을 생성시킨다.

⑤ 요오드포름 반응을 하며 아세틸렌 저장시 용제로 사용한다.

2) 저장 및 취급 방법

① 공기와 직사광선을 피하여 과산화물 생성을 방지하고 갈색병에 저장한다.

② 증기의 누설시 점화원, 정전기 발생에 주의하며 전기설비는 방폭구조로 한다.

③ 통풍이 잘되는 곳에 밀봉, 밀전하여 냉암소에 저장한다.

3) 소화 방법 : 수용성이기 때문에 다량의 주수로 희석소화하거나 알코올형포, 물분무, CO_2, 건조분말에 의한 질식소화한다.

4) 용도 : 합성수지, 용제, 도료, 아세틸렌 용제 등

(9) 피리딘(C₅H₅N)★★

별명	아딘	분자량	79	융점	-41.8(℃)
증기비중	2.7	비중	0.98	비점	115(℃)
연소범위	1.8~12.4(%)	발화점	482(℃)	인화점	20(℃)

1) 일반 성질

① 순수한 것은 무색이나, 불순물로 인해 황색을 띠는 액체로 물, 알코올, 에테르에 잘 녹으며 무기물, 유기물을 잘 녹인다.

② 약알칼리성을 나타내며 강한 악취와 독성 및 흡습성이 있다.★★

③ 산, 알칼리에 안정하며 증기는 공기중 인화폭발의 위험이 있고 수용액 상태에서도 인화의 위험이 있다.

④ 염산(HCl)과 염[(C₅H₅NH)⁺Cl⁻]을 만드는 것 외에 아연(Zn), 코발트 같은 금속염과 부가 화

합물도 만든다.

⑤ 질산(HNO_3)과 함께 가열하여도 분해 폭발하지 않고 안정하다.

2) 저장 및 취급 방법

① 화기, 불꽃 등을 멀리하고 밀봉, 밀전하여 통풍이 잘되는 냉암소에 저장한다.

② 독성이 있으므로 액체의 접촉을 피하고 취급시 보호구를 착용하여 증기의 흡입을 하지 않도록 한다.

3) 소화 방법 : 분무주수, CO_2, 알코올포, 건조분말 등으로 질식소화한다.

4) 용도 : 촉매, 염기성용제, 살충제, 유기합성의 원료 등

(10) 초산에스테르류(아세트산에스테르류, CH_3COOR)

초산(CH_3COOH)에서 카르복실기($-COOH$)의 수소(H)가 알킬기($R-$, $C_nH_{2n+1}-$)와 치환된 화합물을 초산에스테르류(CH_3COOR)라 하며, 모두 과일의 향과 맛을 가지는 중성의 액체로 인공 과일 에센스로 쓰인다.

> **참고**
>
> 반응식 : $CH_3COOH + R-OH \longrightarrow CH_3COOR + H_2O$
>
> ※ 초산에스테르류에서 분자량이 증가할수록
>
> - 이성질체수가 많아진다.
> - 인화점이 높아진다.
> - 비점이 높아진다.
> - 증기비중이 커진다.
> - 수용성이 감소한다.
> - 연소범위가 좁아진다.
> - 착화온도가 낮아진다.

초산에틸($CH_3COOC_2H_5$)

별명	아세트산에틸 에틸아세테이트	분자량	88	융점	−84.2(℃)
		비중	0.9	비점	77(℃)
연소범위	2.5~11.5(%)	증기비중	3.0	인화점	−4(℃)
				발화점	427(℃)

1) 일반 성질

① 무색 투명한 가연성 액체로서 물에는 약간 녹으며 알코올, 에테르 등의 유기용제에 잘 녹는다.

② 휘발성, 인화성이 강하고 유지, 수지, 셀롤오스 유도체 등을 잘 녹인다.

③ 초산에 에틸알코올을 작용하여 만든 초산에틸($CH_3COOC_2H_5$)은 사과향과 맛을 낸다.

$$CH_3COOH + C_2H_5OH \underset{\text{가수분해}}{\overset{\text{에스테르화 반응}}{\rightleftarrows}} CH_3COOC_2H_5 + H_2O$$

④ 증기는 공기보다 3배 정도 무거우므로 낮은 곳에 고이기 쉽고 휘발성이 강하며 인화점이 낮아 인화되기 쉽다.

2) 저장 및 취급 방법 : 휘발성, 인화성이 강하므로 화기, 직사광선, 증기 누출 등을 피하고 밀봉 밀전하여 통풍이 잘되는 냉암소에 저장한다.

3) 소화 방법 : 물분무, 알코올포, CO_2, 분말 등으로 질식소화한다.

4) 용도 : 인공 과일의 에센스, 용제, 향료 등

기타 초산에스테르류

초산프로필($CH_3COOC_3H_7$) 등은 비수용성으로 초산메틸에 준한다.

(11) 의산에스테르류(개미산에스테르류, 포름산에스테르류, HCOOR)

의산(HCOOH)의 마지막 수소(H)가 알킬기(R$-$, $C_nH_{2n+1}-$)로 치환된 화합물을 의산에스테르류(HCOOR)라 한다.

의산메틸(HCOOCH₃)

별명	개미산메틸 포름산메틸에스테르	분자량	60	융점	$-100(℃)$
		비중	0.98	비점	32(℃)
용해도	23.3	증기비중	2.07	인화점	$-19(℃)$
연소범위	5~20(%)			발화점	449(℃)

1) 일반 성질

① 달콤한 향기를 가진 무색의 인화성 및 휘발성의 액체로서 물, 유기용제 등에 잘 녹는다.

② 증기는 마취성이 있고 독성이 강하여 흡입시 코, 결막, 폐 등에 자극을 준다.

③ 가수분해하여 포름산(HCOOH)과 독성이 강한 메틸알코올(CH_3OH)을 생성한다.

$$HCOOCH_3 + H_2O \underset{\text{에스테르화 반응}}{\overset{\text{가수 분해}}{\rightleftharpoons}} CH_3OH + HCOOH$$

④ 환원성이 있어 산화성 물질과 혼합하면 폭발한다.

2) 저장·취급 및 소화 방법 : 초산에틸에 준한다.

3) 용도 : 용제, 살충제, 향료, 의약품, 유기합성 원료 등

의산에틸(HCOOC₂H₅)

별명	의산에틸에스테르 개미산에틸	분자량	74	융점	$-81(℃)$
		비중	0.92	비점	54(℃)
용해도	13.6	증기비중	2.55	인화점	$-20(℃)$

					발화점	578(℃)
연소범위	2.7~13.5(%)					

1) 일반 성질

① 무색 투명한 액체로서 의산메틸과 비슷한 냄새가 나며 증기는 마취성이 다소 있으나 독성은 없다.

② 상온에서 물에 약간 녹고(용해도 13.6%) 알코올, 에테르, 벤젠 등 유기용제에 잘 녹는다.

③ 물, 공기중의 습기에 의하여 가수분해되어 개미산($HCOOH$)과 에틸알코올(C_2H_5OH)이 된다.

$$HCOOC_2H_5 + H_2O \longrightarrow HCOOH + C_2H_5OH$$

④ 유지, 수지, 셀룰로오스 유도체를 잘 녹인다.

2) 저장·취급 및 소화 방법 : 초산에틸에 준한다.

3) 용도 : 용제, 의약품, 향료, 합성수지, 유기합성 원료 등

(12) 시안화수소(HCN, 청산)

분자량	27	비점	26(℃)	인화점	−18(℃)
액비중	0.69	연소범위	5.6~40.5(%)	착화점	538(℃)
증기비중	0.93				

1) 일반 성질

① 특유한 냄새가 나는 무색액체로서 물, 알코올에 잘 녹으며 수용액은 약산성이다.

② 맹독성 물질이며 제4류 위험물 중 유일하게 공기보다 가볍다(증기비중 0.93).

③ 순수한 것은 저온에서 안정하나 소량(2% 이상)의 수분 또는 알칼리(NH_3, 소다 등)와 혼합하면 불안정하여 중합폭발을 일으킨다.

④ 장시간 저장시 중합이 촉진되어 흑갈색의 폭발성 물질로 변한다.

⑤ 물에 잘 녹는 약산으로 가수분해하면 포옴아미드($HCONH_2$)를 거쳐 포름산($HCOOH$)과 염화암모늄(NH_4Cl)이 된다.

$$HCN + 2H_2O + HCl \longrightarrow HCOOH + NH_4Cl$$

2) 저장 및 취급 방법

① 수분 및 직사광선을 피하고 통풍이 잘되는 차고 건조한 곳에 저장한다.

② 용기에 저장시 중합폭발을 방지하기 위해 안정제(황산, 아황산가스, 무기산 등)를 넣어 저장 보관한다.

3) 소화 방법 : 알코올포, 이산화탄소, 건조분말 등으로 질식소화한다.

4) 용도 : 의약, 농약, 연료, 야금, 유기합성 원료 등

3. 알코올류(R–OH) [지정수량 : 400l], 수용성 액체

- '알코올류'라 함은 1분자를 구성하는 탄소원자수가 C_1~C_3인 포화 1가 알코올(변성알코올을 포함)을 말한다. 다만, 다음에 해당하는 것은 제외한다.
- 1분자를 구성하는 탄소 원자수가 C_1~C_3인 포화 1가 알코올의 함유량이 60중량% 미만인 수용액
- 가연성 액체량이 60중량% 미만이고 인화점 및 연소점(태그 개방식 인화점 측정기에 의한 연소점을 말한다)이 에틸알코올 60중량% 수용액의 인화점 및 연소점을 초과하는 것

> **참고**
> ❶ 변성 알코올 : 에틸알코올 + 메틸알코올, 가솔린, 피리딘을 소량 첨가하여 음료용으로 사용하지 못하고 공업용으로 사용하게 한 것
> ❷ 에틸알코올 60중량%의 인화점 : 22.2℃
> ❸ 1가 알코올이 탄소수가 증가하면 상태는 다음과 같이 달라진다.
> C_1~C_5 : 수용성, C_6~C_{10} : 기름 모양의 점성, C_{11}~ : 고체 상태
> ❹ 알코올류에서 분자량이 증가할수록
> - 수용성이 감소한다.
> - 연소 범위가 좁아진다.
> - 비점이 높아진다.
> - 인화점이 높아진다.
> - 이성체수가 많아진다.
> - 착화 온도는 낮아진다.

(1) 메틸알코올(CH_3OH)★★★★

별명	메탄올, 목정	분자량	32	융점	−94(℃)
일반식	R–OH	비중	0.79	비점	64(℃)
구조식	H | H–C–O–H | H	증기비중	1.11	인화점	11(℃)
		연소범위	7.3~36(%)	발화점	464(℃)

1) 일반 성질★★★

① 무색 투명한 휘발성 액체로서 물, 유기용매에 잘 녹고 수지 등을 잘 녹이며 알코올류 중 물에 가장 잘 녹는다.

② 독성이 강하여 소량을 먹으면 실명하고 30~100ml 정도 먹으면 사망한다.

③ 알칼리금속(Na, K 등)과 반응하여 수소(H_2)를 발생한다.

$$2Na + 2CH_3OH \longrightarrow 2CH_3ONa + H_2\uparrow$$

④ 강산화제(제1류위험물 : $KMnO_4$, $HClO_4$, CrO_3 등, 제6류 위험물 : H_2O_2) 등과 혼합시 충격에 의해 폭발의 위험이 있다.

⑤ 연소시 완전 연소하므로 불꽃이 잘 보이지 않기 때문에 주의해야 한다.

※ 이유 : 탄소와 수소비율 중 탄소비가 적기 때문에

$$2CH_3OH + 3O_2 \longrightarrow 2CO_2 + 4H_2O$$

⑥ 인화점 이상이 되면 폭발성 혼합 기체를 발생하고 밀폐한 상태에서는 폭발한다.

⑦ 백금(Pt), 산화구리(CuO) 존재하에 공기 속에서 서서히 산화하면 포름알데히드(HCHO)을 거쳐 의산(HCOOH)이 된다.[산화 : (−H) 또는 (+O), 환원 : (+H) 또는 (−O)]

$$CH_3OH \underset{\text{환원}(+2H)}{\overset{\text{산화}(-2H)}{\rightleftharpoons}} HCHO \underset{\text{환원}(-O)}{\overset{\text{산화}(+O)}{\rightleftharpoons}} HCOOH$$
(메틸알코올)　　　(포름알데히드)　　　(의산)

2) 저장 및 취급 방법

① 인화점이 상온에 가까우므로 화기를 멀리하여 액체의 온도를 인화점 이상으로 하지 않는다.

② 용기는 밀봉, 밀전하고 용기에서 10%의 안전 공간을 두고 통풍이 잘되는 냉암소에 저장한다.

3) 소화 방법 : 알코올 포, 이산화탄소, 건조분말, 할로겐소화제등이 유효하고 소규모 화재시 다량의 물로 희석소화한다.

4) 용도 : 연료, 용제, 포르마린, 에틸 , 알코올의 변성 등

(2) 에틸알코올(C_2H_5OH)★★★★

별명	에탄올, 주정	분자량	46	융점	−142(℃)
일반식	R−OH	비중	0.79	비점	78.3(℃)
구조식	H−C−C−O−H (H H / H H)	증기비중	1.6	인화점	13(℃)
		연소범위	4.3~19(%)	발화점	423(℃)

1) 일반 성질

① 무색 투명한 휘발성 액체로서 특유한 향과 맛이 있으며 독성은 없다.

② 물에 잘 녹으며 벤젠, 아세톤, 가솔린 등 유기용제 등에는 농도에 따라 녹는 정도가 다르며 유지, 수지 등을 잘 녹인다.

③ 인화성이 높아 공기중에 연소시 완전연소하므로 불꽃이 잘 보이지 않고 그을음이 거의 없다.

$$C_2H_5OH + 3O_2 \longrightarrow 2CO_2 + 3H_2O$$

④ 에틸알코올을 산화하면 아세트 알데히드를 거쳐 아세트산(초산)이 된다.

$$C_2H_5OH \underset{\text{환원}(+2H)}{\overset{\text{산화}(-2H)}{\rightleftharpoons}} CH_3CHO \underset{\text{환원}(\times)}{\overset{\text{산화}(+O)}{\rightleftharpoons}} CH_3COOH$$
(에틸알코올)　　　(아세트알데히드)　　　(아세트산)

⑤ 고온, 고압에서 인산(H_3PO_4) 촉매하에 에틸렌(C_2H_4)과 물(H_2O)을 반응시켜 제조한다.(300℃, 70kg/cm²)

$$C_2H_4 + H_2O \longrightarrow C_2H_5OH$$

⑥ 요오드포름(CHI₃ ↓ : 황색침전) 반응을 한다(에틸알코올 검출에 사용함).

$$\underset{\text{(에틸알코올)}}{C_2H_5OH} + \underset{\text{(수산화칼륨)}}{6KOH} + \underset{\text{(요오드)}}{4I_2} \longrightarrow \underset{\text{(요오드포름)}}{CHI_3\downarrow} + \underset{\text{(요오드화칼륨)}}{5KI} + \underset{\text{(의산칼륨)}}{HCOOK} + \underset{\text{(물)}}{5H_2O}$$

참고 요오드포름 반응하는 물질
- 에틸알코올(C_2H_5OH)
- 아세트알데히드(CH_3CHO)
- 아세톤(CH_3COCH_3)
- 이소프로필알코올[($CH_3)_2CHOH$]

⑦ 140℃에서 진한 황산과의 반응하면 디에틸에테르가 생성한다.

$$\underset{\text{(에틸알코올)}}{2C_2H_5OH} \xrightarrow[\text{탈수, 축합}]{c-H_2SO_4} \underset{\text{(디에틸에테르)}}{C_2H_5OC_2H_5} + \underset{\text{(물)}}{H_2O}$$

⑧ 160℃에서 진한 황산과 반응하면 에틸렌을 생성한다.

$$\underset{\text{(에틸알코올)}}{C_2H_5OH} \xrightarrow[\text{160℃ 탈수}]{c-H_2SO_4} \underset{\text{(에틸렌)}}{C_2H_4} + \underset{\text{(물)}}{H_2O}$$

⑨ 알칼리금속(Na, K 등)과 반응하여 수소(H_2)를 발생한다.

$$2Na + 2C_2H_5OH \longrightarrow \underset{\text{(나트륨에틸레이트)}}{2C_2H_5ONa} + H_2\uparrow$$

2) 저장·취급 및 소화 방법 : 메틸알코올에 준한다.

3) 용도 : 주류원료, 용제, 화장품, 소독제, 세척제, 향료, 변성 알코올 등

(3) 노르말(n-)프로필알코올($CH_3CH_2CH_2OH$: C_3H_7OH)

별명	n-프로판올	분자량	60	융점	-127(℃)
구조식	H-C-C-C-OH (H H H / H H H)	비중	0.8	비점	97.4(℃)
		증기비중	2.08	인화점	15(℃)
		연소범위	2.1~13.5(%)	발화점	371(℃)

1) 일반 성질

① 무색 투명한 강한 향기를 가진 액체이다.

② 물, 유기용제 등에 잘 녹으며 유지, 수지 등 유기화합물을 녹인다.

③ 산화되면 프로피온알데히드를 거쳐 프로피온산(C_2H_5COOH)이 되고 황산으로 탈수하여 프로필렌($CH_3CH=CH_2$)이 생성한다.

2) 저장·취급 및 소화 방법 : 메틸알코올에 준한다.

3) 용도 : 용제, 부동액, 래커, 향료, 유기합성, 의약 등에 사용한다.

(4) 이소프로필알코올[$(CH_3)_2CHOH$: C_3H_7OH]

별명	이소프로판올(IPA)	분자량	60	비점	81.8(℃)
구조식	H-C-C-C-H 구조 (H H H / | | | / H-C-C-C-H / | | | / H OH H)	비중	0.79	인화점	11.7(℃)
		증기비중	2.08	발화점	398.9(℃)
		연소범위	2.0~12.0(%)		

1) 일반 성질

① 무색 투명한 강한 향기를 가진 액체이며, 요오드포름 반응한다.

② 물과는 임의비율로 섞이며, 에테르, 아세톤 등 유기용제에도 녹는다.

③ 유지·수지를 용해하고 산화하여 아세톤을 만들고 탈수하면 프로필렌($CH_3CH=CH_2$)이 된다.

2) 저장·취급 및 소화 방법 : 메틸알코올에 준한다.

3) 용도 : 용제, 부동액, 래커, 향료, 유기합성, 의약 등

4. 제2석유류 [지정수량 : 비수용성 1000 l, 수용성 2000 l]

• 지정품목 : 등유, 경유

• 지정성상 : 1기압에서 인화점이 21℃ 이상 70℃ 미만인 것. 단, 도료류 그 밖의 물품에 있어서 가연성 액체량이 40중량% 이하이면서 인화점이 40℃ 이상인 동시에 연소점이 60℃ 이상인 것은 제외한다.

비수용성 액체

(1) 등유(케로신)★★

비중	0.79~0.85	비점	150~320(℃)	인화점	30~60(℃)
증기비중	4~5	연소범위	1.1~6.0(%)	발화점	254(℃)

1) 일반 성질

① 무색 또는 담황색의 특취가 있는 액체로서 물에 녹지 않고 석유계의 용제에 잘 녹으며 유지, 수지 등을 잘 녹인다.

② 원유 증류시 휘발유와 경유 사이에 유출되는 물질로서 탄소수가 C_9~C_{18}이 되는 포화, 불포화 탄화수소의 혼합물이다.

③ 비교적 상온에서는 인화의 위험이 적으나 인화점 이상으로 가열시 용기가 폭발하며 증기는 무거워 낮은 곳에 체류하기 쉬우므로 정전기 발생에 주의한다.

④ 증기는 공기와 혼합시 강산화제(제1류와 제6류 위험물)와 혼촉하면 발화폭발 위험이 있다.

2) 저장 및 취급 방법 : 화기, 강산화제, 강산류 등과 접촉을 피하고 정전기 발생에 주의하며 통풍이 잘되는 냉암소에 저장한다.

3) 소화 방법 : 포, 분말, CO_2, 할론소화제 등에 의한 질식소화

4) 용도 : 연료, 용제, 희석제, 기계 세척제 등

(2) 경유(디젤유)

비중	0.83~0.88	비점	150~350(℃)	인화점	50~70(℃)
증기비중	4~5	연소범위	1~6(%)	발화점	257(℃)

1) 일반 성질

① 담황색 또는 담갈색의 액체로서 물에 녹지 않고 석유계의 용제에 잘 녹으며 유지, 수지 등을 잘 녹인다.

② 원유 증류시 등유와 중유 사이에 유출되는 물질로서 탄소수가 C_{10}~C_{20}이 되는 포화, 불포화 탄화수소의 혼합물이다.

③ 품질은 세탄값으로 정한다.

　　※ 세탄값=(n-세탄/n-세탄+α 메틸나프타렌)×100

2) 저장·취급 및 소화 방법 : 등유에 준한다.

3) 용도 : 디젤기관 연료, 보일러 연료, 세정제 등

(3) 크실렌($C_6H_4(CH_3)_2$, 자이렌)

벤젠핵(⬡)에 메틸기($-CH_3$)가 2개 결합된 것으로 3가지의 이성질체가 있다.

명칭	ortho-크실렌	meta-크실렌	para-크실렌
유별	제1석유류	제2석유류	제2석유류
인화점	32℃	25℃	25℃
발화점	464℃	528℃	529℃
비중	0.88	0.86	0.86
융점	−25℃	−48℃	13℃
비점	144.4℃	139.1℃	138.4℃
연소범위	1.0~6.0%	1.1~7.0%	1.1~7.0%
구조식	(o-크실렌)	(m-크실렌)	(p-크실렌)

1) 일반 성질

① 무색 투명한 휘발성 액체로서 단맛이 있고 방향성이 있다.

② 물에는 녹지 않으나 유기용제에 잘 녹으며 독성은 벤젠, 톨루엔보다 약하다.

③ 공기중에서 연소시 유독가스가 발생하고 질산, 질산염류, 염소산염류 등과 혼촉시 발화폭발의 위험성이 있다.

2) 저장 · 취급 및 소화 방법 : 벤젠에 준한다.

3) 용도 : 염료, 가소제, 용제, 도료, 합성섬유, 유기약품 등

(4) 테레핀유(송정유)

별명	송정유, 타펜유	비중	0.86	인화점	35(℃)
연소범위	0.8~0.86(%)	비점	153~175(℃)	발화점	253(℃)

1) 일반 성질

① 무색 담황색 액체로서 소나무과의 식물에서 기름으로 채집하고, 증류·정제하여 제조하며 주성분은 80~90%가 α-피넨($C_{10}H_{16}$)이다.

② 물에는 녹지 않고 알코올, 에테르, 벤젠 등에는 녹으며 유황, 인, 고무, 유지, 왁스 등을 잘 녹인다.

③ 공기 중에서 종이, 헝겊 등에 스며들어 방치하면 자연발화의 위험성이 있으며 여기에 염소가스를 접촉시키면 폭발한다.

2) 저장 및 취급 방법

① 화기, 직사광선을 피하고 통풍이 잘되는 냉암소에 저장한다.

② 강산화제, 강산류, 염소산염류 등과 혼촉시 발화 폭발 우려가 있으므로 접촉을 피한다.

3) 소화 방법 : 등유에 준한다.

4) 용도 : 용제, 향료, 방충제의 원료, 의약품 등

(5) 스틸렌($C_6H_5CHCH_2$)

별명	비닐벤젠	분자량	104	비점	146(℃)
연소범위	1.1~6.1(%)	비중	0.91	인화점	32(℃)
		증기비중	3.6	발화점	490(℃)

1) 일반 성질

① 색, 독특한 냄새를 가진 액체로서 가열, 빛, 과산화물에 의해 쉽게 중합반응을 하여 중합체인 폴리스틸렌 수지를 만든다.

② 메탄올, 에탄올, 에테르, 이황화탄소에 잘 녹으나 물에는 녹지 않는다.

③ 강산성 물질과의 혼촉시 발열 발화의 위험이 있다.

2) 저장 및 취급 방법

① 장시간 피부 접촉시 염증을 일으키고 증기는 독성이 있으므로 주의한다.

② 중합방지제를 첨가하여 저장한다.

③ 기타는 등유에 준한다.

3) 소화 방법 : 등유에 준한다.

4) 용도 : 합성고무, ABS 수지, 폴리스틸렌수지, 도료 등

(6) 클로로벤젠(C_6H_5Cl)

별명	염화페닐 클로로 벤졸	분자량	112.5	융점	$-45.2(℃)$
		비중	1.1	비점	$132(℃)$
구조식		증기비중	3.9	인화점	$32(℃)$
		연소범위	$1.3 \sim 7.1(\%)$	발화점	$638(℃)$

1) 일반 성질

① 마취성이 조금 있고 석유와 비슷한 냄새를 가진 무색 액체이다.

② 물에는 녹지 않으나 유기용제에 잘 녹고 유지, 고무, 수지 등을 잘 녹인다.

③ 벤젠을 철(Fe) 촉매하에 염소와 반응시켜 생성한다.

$$C_6H_6 + Cl_2 \xrightarrow[\text{클로로화}]{\text{Fe}} C_6H_5Cl + HCl$$

④ 공기 중에 연소시 유독성인 염화수소를 생성한다.

$$C_6H_5Cl + 7O_2 \longrightarrow 6CO_2 + 2H_2O + HCl$$

2) 저장 · 취급 및 소화 방법 : 등유에 준한다.

3) 용도 : 염료, 용제, DDT의 원료, 유기합성 원료, 의약품 등

(7) 장뇌유($C_{10}H_{16}O$)

1) 일반 성질

① 엷은 황색 액체로서 장목을 수증기로 증류하여 얻는 기름으로 백색유, 적색유, 감색유로 분류한다.

② 물에는 녹지 않고 유기용제에 잘 녹으며 독특한 향기를 가지고 있다.

2) 저장 · 취급 및 소화 방법 : 등유에 준한다.

3) 용도 : 백색유(방부제), 백색유(비누의 향료), 감색유(선광유) 등

(8) 큐멘[(CH₃)₂CHC₆H₅]

구조식		비중	0.861	인화점	36(℃)
	H | C－CH₃ | CH₃	비점	152(℃)	발화점	425(℃)
		연소범위	0.9~6.5(%)		

1) 일반 성질

① 방향성 냄새를 가진 무색 액체로서 물에 녹지 않으나 유기용매에 잘 녹는다.

② 공기 중에서 유기과산화물이 생성되고, 연소시 자극성 유독가스가 발생하므로 호흡 보호구를 착용할 것

③ 산화성 물질과 반응하여 강산류(HNO₃, H₂SO₄ 등)와 반응하여 발열한다.

2) 저장 및 취급 방법 : 화기, 직사광선, 산화성 물질, 강산류 등을 피하고 통풍이 잘되는 차고 건조한 곳에 저장한다.

3) 소화 방법 : 등유에 준한다.

4) 용도 : 염료, 용제, 유기합성 원료 등

수용성 액체

(9) 의산(HCOOH)

별명	개미산, 포름산	분자량	46	융점	8(℃)
증기비중	1.6	비중	1.2	비점	101(℃)
연소범위	18~57(%)	발화점	601(℃)	인화점	69(℃)

1) 일반 성질

① 무색, 투명하고 강한 산성의 신맛이 나는 자극성 액체이다.

② 물에 잘 녹고 물보다 무거우며 알코올, 에테르 등에 잘 녹는다.

③ 초산보다 산성이 강하며 포화지방산 중에서 산성이 가장 강하다.

④ 피부에 접촉시 수포상의 화상을 입으며, 점화하면 푸른불꽃을 내면서 연소하여 자극성 유독성 가스를 발생시킨다.

⑤ 강한 환원성이 있어 은거울 반응 및 펠링반응을 한다.

⑥ 진한 황산을 가하여 탈수하면 일산화탄소(CO)를 생성한다.

$$HCOOH \xrightarrow[\text{탈수}]{\text{c}-H_2SO_4} H_2O + CO\uparrow$$

2) 저장 및 취급 방법

① 화기 및 직사광선을 피하고 강산, 강알칼리, 산화성 물질, 과산화물 등과 격리 저장한다.

② 용기는 산성에 강한 내산성 용기를 사용하고 밀봉, 밀전하여 통풍이 잘되는 냉암소에 저장한다.

3) 소화 방법 : 알코올 포, CO_2, 물분무, 또는 다량의 물로 희석소화하며, 수용성이므로 '포소화제'는 효과 없음

4) 용도 : 용제, 염색 조제, 유기약품 합성, 향료, 의약 등

(10) 초산(CH_3COOH)★★

별명	아세트산, 빙초산	분자량	60	융점	16.7(℃)
증기비중	2.07	비중	1.05	비점	118.3(℃)
연소범위	5.4~16.9(%)	발화점	427(℃)	인화점	40(℃)

1) 일반 성질

① 강한 자극성의 냄새와 신맛이 나는 무색 투명한 액체이다.

② 융점(녹는점)이 16.7℃이므로 겨울에는 얼음과 같은 상태로 존재하기 때문에 빙초산이라고 한다.

③ 물, 알코올, 에테르에 잘 녹으며, 묽은 용액은 부식성이 강하고, 진한 용액은 부식성이 없다.

④ 피부와 접촉시 화상을 입으며, 3~5% 수용액을 식초라고 한다.

⑤ 금속과 반응하여 물에 잘 녹는 수용성염을 만든다(단, Al는 제외).

⑥ 연소하면 파란불꽃을 내면서 연소하여 이산화탄소(CO_2)와 물(H_2O)로 된다.

$$CH_3COOH + 2O_2 \longrightarrow 2CO_2\uparrow + 2H_2O\uparrow$$

⑦ 금속과 반응하여 수소(H_2)를 발생시키며, 질산(HNO_3), 과산화나트륨(Na_2O_2) 등 강산화제와 반응하면 발화 폭발한다.

$$2CH_3COOH + 2Na \longrightarrow 2CH_3COONa + H_2\uparrow$$

⑧ 암모니아(NH_3)와 반응하여 아세트아미드(CH_3CONH_2)를 생성한다.

$$CH_3COOH + NH_3 \longrightarrow CH_3CONH_2 + H_2O$$

2) 저장·취급 및 소화 방법 : 의산에 준한다.

3) 용도 : 초산비닐, 초산에스테르, 아세톤, 염료, 무수초산, 의약 등

(11) 부틸알코올(C_4H_9OH, 부탄올)

분자량	74	융점	-90(℃)	인화점	37(℃)
비중	0.8	비점	117(℃)	발화점	343(℃)
증기비중	2.6			연소범위	1.4~11.2(%)

1) 일반 성질

① 포도주와 유사한 냄새가 나는 무색 투명한 액체로서 물, 유기용제에 잘 녹는다.

② 가열 연소시 발열 발화하여 유독성 가스를 발생한다.

③ 증기는 공기보다 무거워 낮은 곳에 체류하기 쉬우며 인화폭발의 위험성이 있다.

④ 산화성 물질과 혼합시 가열, 충격, 마찰 등에 의해 발열, 발화의 위험이 있다.

2) 저장 및 취급 방법

① 화기, 직사광선을 차단하고 용기는 밀봉, 밀전하여 통풍이 잘되는 차고 건조한 곳에 저장한다.

② 저장소내에 정전기 발생 및 축적을 방지하고, 산화제, 강산류, 알칼리금속류 등과의 접촉을 피한다.

3) 소화 방법 : 알코올포, 물분무, CO_2, 할론 등의 질식소화

4) 용도 : 가소제의 원료, 의약품, 유기합성원료 등

(12) 히드라진(N_2H_4)

분자량	32	융점	1.4(℃)	인화점	38(℃)
연소범위	4.7~100%	비점	113.5(℃)	발화점	270(℃)

1) 일반 성질

① 무색의 맹독성인 가연성 액체로서 물, 알코올에는 잘 녹고 에테르에는 녹지 않는다.

② 공기중에서 180℃로 가열하면 암모니아(NH_3), 질소(N_2), 수소(H_2)로 분해시키고 350℃ 이상에서는 질소(N_2)와 수소(H_2)로 완전분해한다.

$$2N_2H_4 \xrightarrow[\Delta]{180℃} 2NH_3 + N_2 + H_2$$

$$N_2H_4 \xrightarrow[\Delta]{350℃} N_2 + 2H_2$$

③ 약알칼리성으로 강산, 강산화성 물질과 혼합시 대단히 위험하고, 고농도 히드라진과 과산화수소(H_2O_2)가 혼촉시 발화폭발 위험이 있다.

$$N_2H_4 + 2H_2O_2 \longrightarrow 4H_2O + N_2$$

④ 히드라진 증기는 공기중에서 혼합하면 보라색 불꽃을 내며 폭발적으로 연소한다.

⑤ 환원성 물질인 금속산화물(CaO, MgO, CuO 등)과 접촉시 발화폭발한다.

⑥ 공업적 젯법(라싱법)으로 암모니아(NH_3)를 하이포염소산나트륨($NaOCl$)으로 산화시켜서 생성한다.

$$2NH_3 + NaOCl \longrightarrow N_2H_4 + NaCl$$

2) 저장 및 취급 방법

① 화기, 직사광선 및 금속산화물 등을 차단하고 밀봉, 밀전하여 통풍이 잘되는 냉암소에 보관한다.

② 누출시 다량의 물로 세척하고 중화제(표백분 : $CaOCl_2$)로 중화시킨다.

③ 유독한 발암성 물질로 증기는 피부 점막, 호흡기 등을 자극하므로 보호장구를 착용하고 취급한다.

3) 소화 방법 : CO_2, 분말, 다량의 포, 물분무 등으로 질식소화하고 다량의 물로 희석 냉각소화한다.

4) 용도 : 로켓 항공기 원료, 환원제 등

(13) 아크릴산($CH_2 = CHCOOH$)

분자량	72	비점	141(℃)	인화점	51(℃)
비중	1.05	응고점	12(℃)	발화점	438(℃)
연소범위	2.4~8.0(%)				

1) 일반 성질

① 무색 초산과 같은 냄새가 나는 부식성, 인화성 액체이다.

② 물, 알코올, 아세톤 벤젠, 에테르 등 유기용제에 잘 녹고 겨울에는 응고된다(응고점 12℃).

③ 강산화제, 햇빛, 과산화물 등으로 인하여 고온에서 중합반응이 일어나기 쉬우며, 이때 중합열에 의해 증기압 상승으로 폭발 위험이 크다.

2) 저장 및 취급 방법 : 화기, 직사광선, 강산화제, 강산 및 알칼리류를 피하고 밀봉, 밀전하여 통풍이 잘되는 냉암소에 저장한다.

3) 소화 방법 : 알코올포, 분말, CO_2, 물분무, 다량의 주수 등

4) 용도 : 에스테르의 원료, 유기합성, 섬유개질제 등

5. 제3석유류 [지정수량 : 비수용성 2000l, 수용성 4000l]

• 지정품목 : 중유, 클레오소트유

• 지정성상 : 1기압에서 인화점이 70℃ 이상 200℃ 미만인 것. 단, 도료류 그 밖의 물품은 가연성 액체량이 40중량(%) 이하인 것은 제외한다.

비수용성 액체

(1) 중유

갈색 또는 암갈색의 끈적끈적한 액체로서 원유의 성분 중 비점이 300~350℃ 이상에서 분류하여 직류중유와 분해중유로 나눈다.

┌ 직류중유 : 원유의 300~350℃ 이상의 중유 또는 잔유에 경유를 혼합한 것을 말하며 포화탄
│ 화수소가 많아서 점도가 낮으며 분무성이 좋고 착화가 잘 된다.
├ 분해중유 : 중유를 열분해하여 가솔린을 만들고 그 잔유에 분해 경유를 배합한 것을 말하며,
│ 불포화 탄화수소가 많아서 점도가 높으며 분무성이 나쁘고 불안정하다.
└ 혼합중유 : 순수한 중유에 등유와 경유를 용도에 따라서 혼합한 것이므로 비중, 인화점, 착화
점이 일정하지 않다.

종류 \ 성질	비중	인화점	착화온도
직류중유	0.85~0.99	60~150℃	254~405℃
분해중유	0.95~1.00	70~150℃	308℃ 이하

1) 일반 성질

① 점도의 차이에 따라 A중유, B중유, C중유 등의 3등급으로 구분하며, C중유는 벙커C유라고
말한다.

② 점도가 낮아야 분무화가 잘되므로 사용시 80~100℃까지 가열하여 사용한다.

③ 상온에서는 인화의 위험성은 없으나 가열하면 제1석유류와 같이 위험성이 매우 커서 폭발성
연소를 하며 다량의 그을음(흑연)과 유독성 가스를 발생한다.

④ 대형 저장탱크의 화재가 발생할 경우 보일오버 또는 슬롭오버 현상이 일어날 위험이 있다.

⑤ 분해중유는 불포화탄화수소로 되어 있으므로 종이, 헝겊 등에 스며들면 공기 중에서 산화 중
합하여 자연발화의 위험이 있다.

참고

❶ 보일오버(Boil over)현상 : 유류탱크 화재시, 비중차이로 탱크하부 바닥쪽에 있는 물 등이 온도
상승으로 뜨거운 열류층(Heat layer)을 형성하여 수증기로 변할 때 부피의 팽창으로 인하여 탱
크상부로 넘쳐 연소상태의 유류가 비산 분출하는 현상

❷ 슬롭오버(Slop over)현상 : 물이나 포소화약제를 방사할 경우 뜨거워진 유류에 물이 비등, 증
발하여 포가 파괴되고 일부 불이 붙은 기름과 포말이 함께 혼합되어 탱크 외부로 넘쳐 분출하
는 현상

2) 저장 및 취급 방법

① 중유를 사용한 빈 용기나 탱크를 용접 보수 작업시 유증기에 의한 폭발 사고에 주의한다.

② 화기, 정전기 발생을 차단하고 통풍이 잘되는 냉암소에 보관한다.

3) 소화 방법

① 마른모래, 물분무, CO_2, 포, 할론, 분말 등으로 피복에 의한 질식소화한다.

② 주수로 탱크 외부를 냉각시켜 보일오버 및 슬롭오버 현상을 방지한다.

4) 용도 : A중유(요업, 금속제련), B중유(내연기관), C중유(보일러 원료, 대형 내연기관)

(2) 클레오소트유

별명	타르유 액체피치유	비중	1.02~1.05	인화점	74(℃)
		비점	194~400(℃)	발화점	336(℃)

1) 일반 성질

① 황색 또는 암갈색의 기름 모양의 액체로 독특한 냄새가 나며 증기는 유독하다.

② 콜타르를 증류할 때 혼합물로 얻으며 주성분은 나프탈렌, 안트라센이다.

③ 물보다 무겁고 물에 녹지 않으며 유기용제에 잘 녹는다.

④ 타르산을 많이 함유함으로 금속에 대하여 부식성이 있다.

2) 저장·취급 및 소화 방법 : 중유에 준한다.

3) 용도 : 목재의 방부제, 살충제, 카본블랙, 방수용 도료 등

(3) 아닐린($C_6H_5NH_2$)★★★

별명	아미노벤젠, 페닐아민	분자량	93	융점	−6(℃)
구조식	(구조식 이미지)	비중	1.02	비점	184(℃)
		증기비중	3.21	인화점	75(℃)
용해도	3.6			발화점	538(℃)

1) 일반 성질★★

① 무색 또는 담황색 기름상의 액체로서 공기중 햇빛에 의해 적갈색으로 변한다.

② 물에 약간 녹고 유기용제(알코올, 아세톤, 벤젠, 에테르 등)에 잘 녹는다.

③ 물보다 무겁고 가연성, 독성이 강하여 증기의 흡입 또는 피부 접촉시 만성 중독을 일으킨다.

④ 알칼리 금속이나 알칼리 토금속과 반응하여 수소(H_2)와 아닐리드를 생성한다.

⑤ 니트로벤젠을 수소로 환원시켜 얻으며 표백분($CaOCl_2$)용액에서 붉은 보라색을 띤다.

$$\text{(구조식)} {-}NO_2 + 3H_2 \xrightarrow[\text{환원}]{Fe + HCl} \text{(구조식)}{-}NH_2 + 2H_2O$$

2) 저장 및 취급 방법 : 화기, 직사광선을 피하고 밀봉 밀전하여 통풍이 잘되는 냉암소에 저장한다.

3) 소화 방법 : 물분무, CO_2, 분말, 알코올포 등으로 질식소화한다.

4) 용도 : 의약품, 염료, 매염제, 살균제, 농약 등

(4) 니트로벤젠($C_6H_5NO_2$)★★

별명	니트로벤졸	분자량	123	융점	5.7(℃)
구조식	(구조식) —NO_2	비중	1.20	비점	211(℃)
		증기비중	4.25	인화점	88(℃)
				발화점	482(℃)

1) 일반 성질

① 갈색 또는 담황색의 특유한 냄새가 나는 액체로서 물에 녹지 않고 알코올, 벤젠, 에테르 등에 잘 녹는다.

② 산, 알칼리에는 안정하나 금속(Fe, Zn 등) 촉매하에 염산과 반응하여 수소로 환원시키면 아닐린이 생성된다.

③ 벤젠에 진한 황산과 질산을 반응시키면 니트로화 반응으로 생성된다.

$$\text{(벤젠)}{-}H + HNO_3 \xrightarrow[\text{니트로화}]{c-H_2SO_4} \text{(벤젠)}{-}NO_2 + H_2O$$

④ 강산화제와 혼촉시 발열 발화의 위험이 있으며 연소시 유독성 가스가 발생하여 흡입시 치명적이다(치사량 : 4~10g 정도).

2) 저장·취급 및 소화 방법 : 아닐린에 준한다.

3) 용도 : 산화제, 연료, 향료, 용제, 독가스 등

(5) 염화벤조일(C_6H_5COCl)

분자량	141	비점	74(℃)	인화점	72(℃)
비중	1.21	융점	−1(℃)	발화점	197(℃)

① 자극성 냄새가 나는 무색의 액체로서 알칼리, 뜨거운 물에서 가수분해되고 에테르에 녹는다.
② 산화성 물질과 혼합할 경우 폭발의 위험이 있다.
③ 알코올, 페놀, 아민류와 반응하여 벤조일 유도체를 만든다.

(6) 에틸렌글리콜[CH₂OHCH₂OH : $C_2H_4(OH)_2$]

별명	1, 2 에탄디올 글리콜	분자량	62	융점	−12.6(℃)
구조식	H │ H−C−O−H │ H−C−O−H │ H	비중	1.1	비점	197(℃)
		증기비중	2.14	인화점	111(℃)
				발화점	413(℃)

1) 일반 성질★★

① 무색 무취의 단맛이 있고 흡수성 및 점성이 있는 액체이다.

② 물, 알코올, 아세톤, 글리세린, 초산, 피린딘에 잘 녹고, 사염화탄소, 에테르, 벤젠, 이황화탄소, 클로로포름에는 녹지 않는다.

③ 독성이 있는 2가 알코올로서 무기산 및 유기산과 반응하여 에스테르를 만든다.

④ 강산화제(제1류 위험물)와 혼합시 가열, 충격, 마찰 등에 의해서 발열 발화한다.

2) 저장 및 취급 방법

① 용기는 화기, 습기를 피하고 밀봉, 밀전하여 통풍이 잘되는 곳에 보관한다.

② 철제용기 사용도 무방하나 미량의 철(Fe)분이 문제가 될 우려가 있으므로 스테인레스, 알루미늄, 수지코팅 용기 등을 사용한다.

3) 소화 방법 : 물분무, CO_2, 분말, 알코올포 등으로 질식소화하며 다량의 물로 냉각소화도 가능하다.

4) 용도 : 자동차 부동액, 동작유, 염료, 유연제 계면활성제 등

(7) 글리세린[CH₂OH · CHOH · CH₂OH : $C_3H_5(OH)_3$]★★

별명	글리세롤	분자량	92	융점	17(℃)
구조식	H │ H−C−O−H │ H−C−O−H │ H−C−O−H │ H	비중	1.26	비점	290℃
		증기비중	2.17	인화점	160(℃)
				발화점	393(℃)

1) 일반 성질

① 무색 무취의 단맛이 있고 흡수성 및 점성이 있는 액체로서 물보다 무겁다.

② 물, 알코올에는 잘 녹고 벤젠, 에테르, 클로로포름에는 잘 녹지 않는다.

③ 독성이 없는 3가 알코올로서 알칼리금속과 반응하여 알코올레이트로 된다.

2) 저장·취급 소화 방법 : 에틸렌글리콜에 준한다.

3) 용도 : 보습제, 향미료, 안약, 화약, 로션, 크림, 화장품의 주원료 등

6. 제4석유류 [지정수량 : 6,000*l*]

- 지정품목 : 기어유, 실린더유
- 지정성상 : 1기압에서 인화점이 200℃ 이상 250℃ 미만인 것. 단, 도료류 그 밖의 물품은 가연성 액체량이 40중량(%) 이하인 것은 제외한다.

(1) 윤활유

1) 종류

① 기어유 : 기계, 자동차 등에 사용(비중 0.90, 인화점 220℃, 유동점 −12℃)

② 실린더유 : 증기기관 실린더에 사용(비중 : 0.90, 인화점 : 250℃, 유동점 : −10℃)

③ 터빈유 : 증기터빈, 화력터빈, 수력터빈, 발전기 등에 사용(비중 0.88, 인화점 230℃, 유동점 −12℃)

④ 모빌유 : 항공발전기, 자동차엔진, 디젤 및 가스엔진 등에 사용

⑤ 엔진오일 : 기관차, 증기기관, 가스엔진 등에 사용

⑥ 콤프레셔오일 : 에어콤프레셔에 사용

2) 일반 성질

① 기계의 마찰을 적게 하기 위하여 사용하며 점성이 있는 액체로 되어 있다.

② 윤활유의 기능은 윤활작용, 밀봉작용, 냉각작용, 녹 및 부식방지작용, 세척 및 분산작용 등을 한다.

③ 상온에서는 인화의 위험은 없으나 가열하면 연소 위험이 증가한다.

3) 저장 및 취급 방법

① 화기는 절대엄금하고 가연성 및 강산화성 물질과 격리시켜 저장한다.

② 발생된 증기 누설을 방지하고 정전기 발생에 주의하며 환기를 잘 시킨다.

4) 소화 방법 : 분말, 할로겐화합물, CO_2, 포소화약제(대형화재시) 등으로 질식소화한다.

(2) 가소제

휘발성이 적은 용제, 합성 수지, 합성 고무 등 고분자 물질에 첨가시켜 가소성, 유연성, 강도, 연화온도 등을 자유롭게 조절하기 위하여 사용하는 물질이다.

1) 가소제의 종류

명칭	비중	인화점(℃)	응고점(℃)	사용되는 수지
프탈산디옥틸 (DOP)	0.98	219	−25	포리염화비닐, 포리스티렌, 포리메타크릴산메틸
프탈산옥틸데실	0.97	228	−40	포리비닐부틸랄, 포리염화비닐, 포리메타크릴산 메틸, 포리스티렌
프탈산디이소데실 (DIDP)	0.96	221	−37	포리비닐부틸랄, 포리염화비닐, 포리스티렌
인산트리크레실 (TCP)	1.1	230	−35	포리비닐부틸렌, 포리염화비닐, 포리스티렌
세바스산디부틸	0.92	215	18.2~18.4	포리염화비닐, 포리메타크릴산메틸, 포리스티렌
아드핀산디옥틸	−	210	9.5~9.8	포리염화비닐

2) 가소제의 구비조건

① 성형 후 휘발성이 적을 것

② 소량으로 수지에 가소성을 줄 것

③ 내한성, 저온성이 좋을 것

④ 물, 기름에 추출되지 않을 것

⑤ 전기 절연성이 좋을 것

3) 저장 및 취급 방법 : 합성수지(플라스틱)이므로 저장이나 취급시 많은 주의가 필요 없다.

4) 소화 방법 : CO_2 소화, 분말 소화(이때 유독가스에 주의)

5) 용도 : 합성수지의 가소제

(3) 기타 : 전기절연유, 절삭유, 방청유 등이 있다.

7. 동식물유류 [지정수량 : 10,000*l*]★★★

• 지정성상 : 동물의 지육 등 또는 식물의 종자나 과육으로부터 추출한 것으로 1기압에서 인화점 이 250℃ 미만인 것(단, 행정안전부령이 정하는 용기기준 수납, 저장 기준에 따라 수납되어 저장, 보관되고 용기의 외부에 물품의 통칭명, 수량 및 화기엄금의 표시가 있는 경우 제외한다).

(1) 종류 : 유지는 요오드값에 따라 건성유, 반건성유, 불건성유로 구분한다.

> 참고 ❶ 요오드값 : 유지 100g에 부가되는 요오드의 g수(불포화도를 나타내며, 2중결합수에 비례한다.)
> ❷ 요오드 값이 클수록★★★
>   • 불포화 결합을 많이 함유한다(2중 결합이 많다).
>   • 자연발화성(산소와 산화 중합)이 크다.
>   • 건조되기 쉽고 반응성이 크다.

1) 건성유★★★

① 2중 결합이 많아서 불포화도가 크고, 자연발화 위험성이 있다.

② 공기 중에 방치하면 산화되어서 고화되어 단단한 막을 만든다.

③ 요오드값 : 130 이상

④ 종류 : 해바라기, 동유, 아마인유, 들기름, 정어리 기름 등

2) 반건성유

① 건조성이 약하고 단단한 막을 이루지 못한다.

② 요오드값 : 100~130

③ 종류 : 참기름, 옥수수기름, 청어기름, 채종유, 면실유(목화씨유), 콩기름, 쌀겨기름 등

3) 불건성유

① 2중 결합이 적어, 불포화도가 적고 건조되지 않으며 비교적 안정하다.

② 공기중에서 굳어지기 어렵다.

③ 요오드값 : 100 이하

④ 종류 : 야자유, 올리브유, 동백기름, 피마자유, 땅콩기름(낙화생유), 돈지, 우지

(2) 위험성★★

① 건성유는 종이나 헝겊 등에 스며들어 있는 상태에서 공기중에 방치하면 불포화결합이 산소에 의해 산화 중합을 하여 자연발화의 위험성이 있다.

② 상온에서는 인화의 위험이 없으나 가열하면 연소위험성이 매우 크다.

③ 화재시 액온이 높아 대형화재시 소화가 매우 곤란하다.

(3) 저장 및 취급 방법

① 액체의 누설에 주의하고 화기를 가까이 하지 않도록 한다.

② 가열할 때는 인화점 이상의 가열에 주의하고 발생한 증기는 인화하지 않도록 주의한다.

③ 건성유는 섬유류에 스며들지 않도록 하여 자연발화에 주의한다.

(4) 소화 방법 : CO_2, 분말, 할로겐화합물, 물분무 주수 등에 의한 질식소화

01 제4류 위험물의 일반적인 취급상 주의사항으로 옳은 것은?

① 정전기가 축적되어 있으면 화재의 우려가 있으므로 정전기가 축적되지 않게 할 것

② 위험물이 유출하였을 때 액면이 확대되지 않게 흙 등으로 잘 조치한 후 자연 증발시킬 것

③ 물에 녹지 않는 위험물은 폐기할 경우 물을 섞어 하수구에 버릴 것

④ 증기의 배출은 지표로 향해서 할 것

해설

제4류 위험물의 일반적 성질

• 인화성 액체로서 증기는 공기보다 무거워 낮은 곳에 채류하기 쉽다.

• 대부분 액체 비중은 물보다 가볍고 물에 녹지 않는다.

• 연소하한값이 낮아 증기는 공기와 약간 혼합하여도 연소한다.

• 전기의 부도체로서 정전기가 축적되어 인화의 위험이 있다.

02 제4류 위험물의 저장·취급시 주의사항으로 틀린 것은?

① 화기 접촉을 금한다.

② 증기의 누설을 피한다.

③ 냉암소에 저장한다.

④ 정전기 축적설비를 한다.

해설

④ 정전기 방지설비(접지)를 한다.

03 제4류 위험물의 일반적 성질에 대한 설명으로 틀린 것은?

① 발생 증기가 가연성이며 공기보다 무거운 물질이 많다.

② 정전기에 의하여도 인화할 수 있다.

③ 상온에서 액체이다.

④ 전기 도체이다.

04 화재 예방을 위하여 이황화탄소는 액면 자체 위에 물을 채워주는데 그 이유로 가장 타당한 것은?

① 공기와 접촉하면 불쾌한 냄새가 나기 때문에

② 발화점을 낮추기 위하여

③ 불순물을 물에 용해시키기 위하여

④ 가연성 증기의 발생을 방지하기 위하여

해설

이황화탄소(CS_2)는 비중이 1.26으로 물보다 무겁고 물에 녹지 않으며 휘발성이 강하고 발화점이 100℃로 낮아서 가연성 증기의 발생을 억제하기 위하여 물속에 저정한다.

05 위험물안전관리법령상 특수인화물의 정의에 대해 다음 (   ) 안에 알맞은 수치를 차례대로 옳게 나열한 것은?

> '특수인화물'이라 함은 이황화탄소, 디에틸에테르 그 밖에 1기압에서 발화점이 섭씨 (   )도 이하인 것 또는 인화점이 섭씨 영하(   )도 이하이고 비점이 섭씨 40도 이하인 것을 말한다.

① 100, 20 　　　② 25, 0

③ 100, 0 　　　④ 25, 20

 01 ① 　 02 ④ 　 03 ④ 　 04 ④ 　 05 ①

06 위험물안전관리법령상 인화성 액체의 인화점 시험방법이 아닌 것은?

① 태그(Tag)밀폐식 인화점 측정기에 의한 인화점 측정

② 세타밀폐식 인화점 측정기에 의한 인화점 측정

③ 클리브랜드개방식 인화점 측정기에 의한 인화점 측정

④ 펜스키–마르텐식 인화점 측정기에 의한 인화점 측정

07 이황화탄소에 대한 설명으로 틀린 것은?

① 순수한 것은 황색을 띠고 냄새가 없다.

② 증기는 유독하며 신경 계통에 장애를 준다.

③ 물에 녹지 않는다.

④ 연소시 유독성의 가스를 발생한다.

해설

- 이황화탄소(CS_2)는 제4류 위험물(인화성 액체) 중 특수인화물류로서 순수한 것은 무색투명하나 불순물이 있기 때문에 불쾌한 냄새가 난다.
- 인화점 $-30℃$, 착화점 $100℃$(제4류 중 착화점이 가장 낮음)
- 이황화탄소 연소시 유독성가스인 아황산가스(SO_2)를 발생한다.

  $CS_2 + 3O_2 \rightarrow CO_2 + 2SO_2\uparrow$

08 산화프로필렌의 성상에 대한 설명 중 틀린 것은?

① 청색의 휘발성이 강한 액체이다.

② 인화점이 낮은 인화성 액체이다.

③ 물에 잘 녹는다.

④ 에테르향의 냄새를 가진다.

해설

- 에테르 냄새를 가진 무색의 휘발성이 강한 액체로서 물 또는 벤젠, 에테르, 알코올 등의 유기용제에 잘 녹는다.
- 인화점 $-37℃$, 착화점 $465℃$, 비점 $34℃$, 연소범위 $2.3~36\%$

09 제4류 위험물의 성질 및 취급 시 주의사항에 대한 설명 중 가장 거리가 먼 것은?

① 액체의 비중은 물보다 가벼운 것이 많다.

② 대부분 증기는 공기보다 무겁다.

③ 제1석유류와 제2석유류는 비점으로 구분한다.

④ 정전기 발생에 주의하여 취급하여야 한다.

해설

석유류의 구분은 인화점으로 한다.

10 특수인화물 200L와 제4석유류 12,000L를 저장할 때 각각의 지정수량 배수의 합은 얼마인가?

① 3   ② 4

③ 5   ④ 6

해설

- 지정수량 : 특수인화물($50l$), 제4석유류($6,000l$)
- 지정수량배수

$$= \frac{\text{A품목의 저장수량}}{\text{A품목의 지정수량}} + \frac{\text{B품목의 저장수량}}{\text{B품목의 지정수량}}$$

$$= \frac{200l}{50l} + \frac{12,000l}{6,000l} = 6배$$

11 다음은 제4류 위험물에 해당하는 물품의 소화방법을 설명한 것이다. 소화효과가 가장 떨어지는 것은?

① 산화프로필렌 : 알코올형 포로 질식소화한다.

② 아세트알데히드 : 수성막포를 이용하여 질식소화한다.

③ 이황화탄소 : 탱크 또는 용기 내부에서 연소하고 있는 경우에는 물을 유입하여 질식소화한다.

④ 디에틸에테르 : 불활성가스 소화설비를 이용하여 질식소화한다.

해설

아세트알데히드 : 물에 녹는 수용성으로서 일반포를 사용 시 포가 소멸되는 소포성 때문에 효과가 없으므로 알코올포를 사용한다.

12 다음 위험물 중 인화점이 가장 낮은 것은?

① 이황화탄소   ② 에테르

③ 벤젠   ④ 아세톤

해설

제4류 위험물의 인화점

품명	이황화탄소	에테르	아세톤	벤젠
화학식	CS_2	$C_2H_5OC_2H_5$	CH_3COCH_3	C_6H_6
유별	특수인화물	특수인화물	제1석유류	제1석유류
인화점($℃$)	−30	−45	−18	−11

13 다음 물질 중 증기비중이 가장 작은 것은?

① 이황화탄소   ② 아세톤

③ 아세트알데히드   ④ 에테르

해설

$증기비중 = \dfrac{분자량}{29(공기평균분자량)}$

① 이황화탄소(CS_2) : $\dfrac{76}{29} = 2.62$

② 아세톤(CH_3COCH_3) : $\dfrac{58}{29} = 2$

③ 아세트알데히드(CH_3CHO) : $\dfrac{44}{29} = 1.52$

④ 에테르($C_2H_5OC_2H_5$) : $\dfrac{74}{29} = 2.55$

※ 증기비중은 분자량이 가장 작은 것 : CH_3CHO

14 제1석유류, 제2석유류, 제3석유류를 구분하는 주요 기준이 되는 것은?

① 인화점   ② 발화점

③ 비등점   ④ 비중

15 다음은 어떤 위험물에 대한 내용인가?

- 지정수량 : 400L
- 인화점 : 12℃
- 증기비중 : 2.07
- 녹는점 : −89.5℃

① 메탄올   ② 에탄올

③ 이소프로필알코올   ④ 부틸알코올

해설

이소프로필알코올(C_3H_7OH) : 제4류 위험물(알코올류)

- 증기비중 $= \dfrac{분자량}{29} = \dfrac{60}{29} ≒ 2.07$
- C_3H_7OH의 분자량 : $12 × 3 + 1 × 7 + 16 + 1 = 60$

16 다음 중 저장할 때 상부에 물을 덮어서 저장하는 것은?

① 디에틸에테르   ② 아세트알데히드

③ 산화프로필렌   ④ 이황화탄소

해설

이황화탄소(CS_2) : 제4류 위험물 중 특수인화물
저장 시 저장탱크를 물속에 넣어 가연성 증기의 발생을 억제시킨다.

> **참고** 보호액
> - 물속에 저장 : 황린(P_4), 이황화탄소(CS_2)
> - 석유류(등유, 경유, 유동파라핀) 속에 저장 : 칼륨(K), 나트륨(Na)

17 다음 위험물 중 인화점이 약 −37℃인 물질로서 구리, 은, 마그네슘 등의 금속과 접촉하면 폭발성 물질인 아세틸라이드를 생성하는 것은?

① $CH_3-CH-CH_2$
         $\backslash\ \ /$
         O

② $C_2H_5OC_2H_5$

③ CS_2 ④ C_6H_6

해설

산화프로필렌(CH_3CH_2CHO) : 제4류 위험물 중 특수인화물
- 휘발성이 강한 액체로서 물, 알코올, 벤젠 등에 잘 녹는다.
- 인화점 −37℃, 착화점 465℃, 연소범위 2.5~38.5%

18 다음에서 설명하는 위험물은 무엇인가?

> • 순수한 것은 무색 투명한 액체이다.
> • 물에 녹지 않고 벤젠에는 녹는다.
> • 물보다 무겁고 독성이 있다.

① 아세트알데히드   ② 디에틸에테르

③ 아세톤   ④ 이황화탄소

해설

이황화탄소(CS_2) : 액비중 1.26

---

19 건성유에 속하지 않는 것은?

① 동유   ② 아마인유

③ 야자유   ④ 들기름

해설

① 건성유 : 요오드값 130 이상
  • 종류 : 해바라기유, 동유, 아마인유, 정어리기름, 들기름 등
② 반건성유 : 요오드값 100~130
  • 종류 : 참기름, 옥수수기름, 청어기름, 채종유, 면실유(목화씨유), 콩기름, 쌀겨유 등
③ 불건성유 : 요오드값 100 이하
  • 종류 : 올리브유, 피마자유, 야자유, 땅콩기름(낙화생유) 등

---

20 동·식물유류를 취급 및 저장할 때 주의사항으로 옳은 것은?

① 아마인유는 불건성유이므로 옥외 저장 시 자연발화의 위험이 없다.

② 요오드가 130 이상인 것은 섬유질에 스며들어 있으면 자연 발화의 위험이 있다.

③ 요오드가 100 이상인 것은 불건성유이므로 저장할 때 주의를 요한다.

④ 인화점이 상온 이하이므로 소화에는 별 어려움이 없다.

---

21 벤젠의 성질로 옳지 않은 것은?

① 휘발성을 갖는 갈색, 무취의 액체이다.

② 증기는 유해하다.

③ 인화점은 0℃보다 낮다.

④ 끓는점은 상온보다 높다.

해설

• 무색 투명한 방향성의 독특한 냄새를 가진 휘발성이 강한 액체이다.
• 인화점 −11℃, 착화점 498℃, 비점 80℃, 연소범위 1.4~7.1%, 응고점 5.5℃

---

22 메틸알코올의 성질로 옳은 것은?

① 인화점 이하가 되면 밀폐된 상태에서 연소하여 폭발한다.

② 비점은 물보다 높다.

③ 물에 녹기 어렵다.

④ 증기 비중이 공기보다 크다.

해설

• 메틸알코올은 무색 투명한 휘발성 액체로서 독성이 있고 물, 유기용매에 잘 녹는다.
• 인화점 −11℃, 비점 64℃ , 착화점 464℃, 액비중 0.79, 증기비중 1.1, 연소범위 7.3~36%

---

23 다음 각 위험물을 저장할 때 사용하는 보호액으로 틀린 것은?

① 니트로셀룰로오스 − 알코올

② 이황화탄소 − 알코올

③ 금속 칼륨 − 등유

④ 황린 − 물

해설

• 이황화탄소, 황린 : 물속에 보관
• 칼륨, 나트륨 : 석유류, 벤젠 속에 보관

정답 18 ④   19 ③   20 ②   21 ①   22 ④   23 ②

24 다음 중 인화점이 20℃ 이상인 것은?

① CH_3COOCH_3 ② CH_3COCH_3

③ CH_3COOH ④ CH_3CHO

해설

인화점
① 초산메틸(제1석유류) : −10℃
② 아세톤(제1석유류) : −18℃
③ 아세트산(제2석유류) : 40℃
④ 아세트알데히드(특수인화물) : −38℃

---

25 1기압 27℃에서 아세톤 58g을 완전히 기화시키면 부피는 약 몇 L가 되는가?

① 22.4   ② 24.6

③ 27.4   ④ 58.0

해설

아세톤(CH_3COCH_3)의 분자량 : 58

$PV = nRT = \dfrac{W}{M}RT$에서,

$V = \dfrac{WRT}{PM} = \dfrac{58 \times 0.082 \times (273 + 27)}{1 \times 58} = 24.6l$

---

26 위험물안전관리법령상의 동식물유류에 대한 설명으로 옳은 것은?

① 피마자유는 건성유이다.
② 요오드값이 130 이하인 것이 건성유이다.
③ 불포화도가 클수록 자연 발화하기 쉽다.
④ 동식물유류의 지정수량은 20,000L이다.

해설

19번 해설 참조

---

27 다음 중 위험물안전관리법령상 품명이 다른 하나는?

① 클로로벤젠   ② 에틸렌글리콜
③ 큐멘   ④ 벤즈알데히드

해설

② : 제3석유류
①, ③, ④ : 제2석유류

---

28 위험물안전관리법령에서 정의한 제2석유류의 인화점 범위는 1기압에서 얼마인가?

① 21℃ 미만

② 21℃ 이상, 70℃ 미만

③ 70℃ 이상, 200℃ 미만

④ 200℃ 미만

해설

제4류 위험물(인화성 액체)의 석유류 분류는 인화점으로 한다.
① : 제1석유류 ② : 제2석유류 ③ : 제3석유류

---

29 아세톤과 아세트알데히드의 공통 성질에 대한 설명이 아닌 것은?

① 무취이며 휘발성이 강하다.

② 무색의 액체로 인화성이 강하다.

③ 증기는 공기보다 무겁다.

④ 물보다 가볍다.

해설

① 무색 자극성이며 휘발성이 강한 액체이다(모두 제4류 제1석유류이다).

---

30 아밀알코올에 대한 설명으로 틀린 것은?

① 8가지 이성체가 있다.

② 청색이고 무취의 액체이다.

③ 분자량은 약 88.15이다.

④ 포화지방족 알코올이다.

해설

아밀알코올($C_5H_{11}OH$) : 에테르, 벤젠 등에 잘 녹음
② 무색 투명하며 독특한 냄새를 가진 액체이다.

정답   24 ③   25 ②   26 ③   27 ②   28 ②   29 ①   30 ②

31 아세톤 최대 150t을 옥외탱크저장소에 저장할 경우 보유 공지의 너비는 몇 m 이상으로 하여야 하는가? (단, 아세톤의 비중은 0.79이다.)

① 3   ② 5
③ 9   ④ 12

> 해설

① 아세톤(제1석유류, 수용성 액체)의 지정수량 : 400l
② 150t을 체적(l)로 환산하여 지정수량으로 나누어 지정수량 배수로 환산한다.

- $\dfrac{150,000\text{kg}}{0.79} = 189.873l$

- 지정수량배수 = $\dfrac{189873l}{400l} = 474.68$배

∴ 지정수량 500배 이하 : 보유공지너비는 3m 이상
(옥외탱크 저장소 보유공지 참조 바람)

32 메틸에틸케톤에 대한 설명으로 옳은 것은?

① 물보다 무겁다.
② 증기는 공기보다 가볍다.
③ 지정수량은 200l이다.
④ 물과 접촉하면 심하게 발열하므로 주수소화는 금한다.

> 해설

메틸에틸케톤($CH_3COC_2H_5$, MEK) : 제4류 제1석유류
- 물, 알코올, 에테르에 잘 녹는 무색의 휘발성 액체이다.
- 비중 0.81(증기비중 2.48), 인화점 −1℃, 발화점 516℃
- 소화시 물분무, 알코올포, CO_2 등의 질식소화한다.

33 동식물유류에 대한 설명으로 틀린 것은?

① 건성유는 자연발화의 위험성이 높다.
② 불포화도가 높을수록 요오드가 크며 산화되기 쉽다.
③ 요오드값이 130 이하인 것이 건성유이다.
④ 1기압에서 인화점이 섭씨 250도 미만이다.

> 해설

- 건성유 : 요오드값이 130 이상
- 반건성유 : 요오드값 100~130
- 불건성유 : 요오드값 100 이하

34 에테르 중의 과산화물을 검출할 때 그 검출시약과 정색반응의 색이 옳게 짝지어진 것은?

① 요오드화칼륨용액 – 적색
② 요오드화칼륨용액 – 황색
③ 브롬화칼륨용액 – 무색
④ 브롬화칼륨용액 – 청색

> 해설

디에틸에테르($C_2H_5OC_2H_5$) : 제4류 특수인화물
- 직사광선에 장시간 노출 시 과산화물을 생성하므로 갈색병에 보관한다.
- 과산화물 생성 확인방법
  디에틸에테르＋KI용액(10%) → 황색변화(1분 이내에 변색)

35 다음 중 제2석유류에 해당되는 것은?

①   ②

③   ④

> 해설

- 제4류 제1석유류 : ① 벤젠 ② 사이클로헥산 ③ 에틸벤젠
- 제4류 제2석유류 : ④ 벤즈알데히드

정답 31 ①   32 ③   33 ③   34 ②   35 ④

36 벤젠의 성질에 대한 설명 중 틀린 것은?

① 증기는 유독하고 휘발성이 강하다.

② 물에 녹지 않는다.

③ CS_2보다 인화점이 낮다.

④ 독특한 냄새가 있는 액체이다.

해설

- 이황화탄소(CS_2)의 인화점 : $-30℃$
- 벤젠의 인화점 : $-11℃$

37 메탄올과 에탄올의 공통점에 대한 설명으로 틀린 것은?

① 증기비중이 같다.

② 무색 투명한 액체이다.

③ 비중이 1보다 작다.

④ 물에 잘 녹는다.

해설

$$증기비중 = \frac{분자량}{29(공기의\ 평균\ 분자량)}$$

- 메탄올(CH_3OH) $= \frac{32}{29} = 1.1$
- 에탄올(C_2H_5OH) $= \frac{46}{29} = 1.59$

38 다음 중 제1석유류에 해당하는 것은?

① 염화아세틸

② 아크릴산

③ 클로로벤젠

④ 아세트산

해설

① 염화아세틸(CH_3COCl) : 제1석유류
② 아크릴산 ($CH_2CHCOOH$) : 제2석유류
③ 클로로벤젠(C_6H_5Cl) : 제2석유류
④ 아세트산(CH_3COOH) : 제2석유류

39 다음과 같이 위험물을 저장할 경우 각각의 지정수량 배수의 총 합은 얼마인가?

> - 클로로벤젠 : 1000L
> - 동식물유류 : 5000L
> - 제4석유류 : 12000L

① 2.5

② 3.0

③ 3.5

④ 4.0

해설

- 지정수량 : 클로로벤젠(제2석유류, 비수용성 : $1000l$), 동식물유류($10000l$), 제4석유류($6000l$)
- 지정수량의 배수

$$= \frac{저장수량}{지정수량}$$

$$= \frac{A품목의\ 저장수량}{A품목의\ 지정수량} + \frac{B품목의\ 저장수량}{B품목의\ 지정수량} + \cdots\cdots$$

$$= \frac{1000l}{1000l} + \frac{5000l}{10000l} + \frac{12000l}{6000l} = 3.5배$$

40 초산메틸의 성질에 대한 설명으로 옳은 것은?

① 마취성이 있는 액체로 향기가 난다.

② 끓는점이 $100℃$ 이상이고 안전한 물질이다.

③ 불연성 액체이다.

④ 초록색의 액체로 물보다 무겁다.

해설

아세트산메틸(초산메틸)(CH_3COOCH_3) : 제4류, 제1석유류
- 무색의 과일 냄새가 나는 인화성 액체로 물보다 가볍다.
- 인화점 $-10℃$, 비중 0.93, 비점 $60℃$의 위험한 물질이다.

41 휘발유의 소화 방법으로 옳지 않은 것은?

① 분말소화약제를 사용한다.

② 포소화약제를 사용한다.

③ 물통 또는 수조로 주수소화한다.

④ 이산화탄소에 의한 질식소화를 한다.

해설

제4류(인화성액체)의 비수용성인 석유류 화재시 물로 소화하는 경우 물보다 비중이 작아 연소면이 확대되어 위험성이 커진다.

42 산화프로필렌 300*l*, 메탄올 400*l*, 벤젠 200*l*를 저장하고 있는 경우 각각 지정수량 배수의 총 합은 얼마인가?

① 4　　　　　　② 6
③ 8　　　　　　④ 10

해설

- 지정수량 : 산화프로필렌(특수인화물 : 50*l*), 메탄올(알코올류 : 400*l*), 벤젠(1석유류, 비수용성 : 200*l*)
- 지정수량의 배수

$$= \frac{\text{저장수량}}{\text{지정수량}}$$

$$= \frac{\text{A품목의 저장수량}}{\text{A품목의 지정수량}} + \frac{\text{B품목의 저장수량}}{\text{B품목의 지정수량}} + \cdots\cdots$$

$$= \frac{300l}{50l} + \frac{400l}{400l} + \frac{200l}{200l} = 8\text{배}$$

43 다음 제4류 위험물 중 연소범위가 가장 넓은 것은?

① 아세트알데히드　　② 산화프로필렌
③ 휘발유　　　　　　④ 아세톤

해설

① 아세트알데히드 : 4.1~57%
② 산화프로필렌 : 2.5~38.5%
③ 휘발유 : 1.4~7.6%
④ 아세톤 : 2.6~12.8%

44 구리, 은, 마그네슘과 접촉 시 아세틸라이드를 만들고, 연소 범위가 2.5~38.5%인 물질은?

① 아세트알데히드
② 알킬알루미늄
③ 산화프로필렌
④ 콜로디온

해설

산화프로필렌은 반응성이 풍부하여 구리, 철, 알루미늄, 마그네슘, 수은, 은 및 그 합금 등과 중합반응을 일으켜 발열하고 아세틸라이드의 폭발성 물질을 생성한다.

45 디에틸에테르의 성질 및 저장, 취급할 때의 주의사항으로 틀린 것은?

① 장시간 공기와 접촉하면 과산화물이 생성되어 폭발 위험이 있다.
② 연소 범위는 가솔린보다 좁지만 발화점이 낮아 위험하다.
③ 정전기 생성 방지를 위해 약간의 $CaCl_2$를 넣어 준다.
④ 이산화탄소 소화기는 적응성이 있다.

해설

② 디에틸에테르는 연소범위가 가솔린보다 넓다.

구분	디에틸에테르	가솔린
연소범위	1.9~48%	1.4~7.6%
발화점	180℃	300℃

46 액화 이산화탄소 1kg이 25℃, 2atm에서 방출되어 모두 기체가 되었다. 방출된 기체상의 이산화탄소 부피는 약 몇 L인가?

① 278　　　　　　② 556
③ 1,111　　　　　④ 1,985

해설

이상기체상태방정식

$$PV = nRT = \frac{W}{M}RT \ [1kg = 1000g]$$

$$\therefore V = \frac{WRT}{PM} = \frac{1000 \times 0.082 \times (273 + 25)}{2 \times 44} ≒ 278l$$

47 위험물의 운반에 관한 기준에 따르면 아세톤의 위험등급은 얼마인가?

① 위험등급 Ⅰ　　　② 위험등급 Ⅱ
③ 위험등급 Ⅲ　　　④ 위험등급 Ⅳ

해설

아세톤(CH_3COCH_3) : 제4류 위험물(인화성액체) 제1석유류, 위험등급은 Ⅱ등급에 해당됨

48 비중이 1보다 작고, 인화점이 0℃ 이하인 것은?

① $C_2H_5ONO_2$　　　② $C_2H_5OC_2H_5$

③ CS_2　　　④ C_6H_5Cl

해설

구분	질산에틸	디에틸에테르	이황화탄소	클로로벤젠
화학식	$C_2H_5ONO_2$	$C_2H_5OC_2H_5$	CS_2	C_6H_5Cl
유별	제5류	제4류	제4류	제4류
비중	1.11	0.72	1.26	1.11
인화점	-10℃	-45℃	-30℃	32℃

49 연소 위험성이 큰 휘발유 등은 배관을 통하여 이송할 경우 안전을 위하여 유속을 느리게 해주는 것이 바람직하다. 이는 배관 내에서 발생할 수 있는 어떤 에너지를 억제하기 위함인가?

① 유도 에너지

② 분해 에너지

③ 정전기 에너지

④ 아크 에너지

해설

정전기 발생을 방지하기 위해 배관내의 유속을 1m/s 이하로 한다.

50 다음 중 화재시 내알코올 포소화약제를 사용하는 것이 가장 적합한 위험물은?

① 아세톤　　　② 휘발유

③ 경우　　　④ 등유

해설

내알코올용 포소화약제 : 제4류 위험물 중 수용성 위험물에 적합함

예) 아세톤, 알코올류 등

51 등유에 관한 설명 중 틀린 것은?

① 물보다 가볍다.

② 가솔린보다 인화점이 높다.

③ 물에 용해되지 않는다.

④ 증기는 공기보다 가볍다.

해설

④ 증기는 공기보다 무겁다.
　(인화점 30~60℃, 착화점 254℃)

52 어떤 공장에서 아세톤과 메탄올을 18*l* 용기에 각각 10개, 등유를 200*l* 드럼으로 3드럼을 저장하고 있다면 각각의 지정수량 배수의 총합은 얼마인가?

① 1.3　　　② 1.5

③ 2.3　　　④ 2.5

해설

• 지정수량 : 아세톤(제1석유류, 수용성 : 400*l*), 메탄올(알코올류 : 400*l*), 등유(제2석유류, 비수용성 : 1000*l*)

• 지정수량의 배수 $= \dfrac{저장수량}{지정수량}$

$$= \frac{18l \times 10}{400l} + \frac{18l \times 10}{400l} + \frac{200l \times 3}{1000l}$$

$$= 1.5배$$

53 아세톤의 물리적 특성으로 틀린 것은?

① 무색, 투명한 액체로서 독특한 자극성의 냄새를 가진다.

② 물에 잘 녹으며 에테르, 알코올에도 녹는다.

③ 화재시 대량 주수 소화로 희석 소화가 가능하다.

④ 증기는 공기보다 가볍다.

해설

아세톤(CH_3COCH_3)의 분자량 : 58

증기의 비중 $= \dfrac{58}{29} = 2$이므로 공기보다 무겁다.

정답　48 ②　49 ③　50 ①　51 ④　52 ②　53 ④

54 제4류 위험물 중 특수인화물로만 나열된 것은?

① 아세트알데히드, 산화프로필렌, 염화아세틸

② 산화프로필렌, 염화아세틸, 부틸알데히드

③ 부틸알데히드, 이소프로필아민, 디에틸에테르

④ 이황화탄소, 황화디메틸, 이소프로필아민

> **해설**
>
> • 특수인화물 : 아세트알데히드, 산화프로필렌, 이소프로필아민, 황화디메틸, 이황화탄소
> • 제1석유류 : 염화아세틸, 부틸알데히드

55 제4류 위험물에 속하지 않는 것은?

① 아세톤   ② 실린더유

③ 과산화벤조일   ④ 니트로벤젠

> **해설**
>
> ③ 과산화벤조일 : 제5류 위험물(유기과산화물)

56 경유에 대한 설명으로 틀린 것은?

① 품명은 제3석유류이다.

② 디젤기관의 연료로 사용할 수 있다.

③ 원유의 증류시 등유와 중유 사이에서 유출된다.

④ K, Na의 보호액으로 사용할 수 있다.

> **해설**
>
> 경유 : 제4류 위험물(인화성 액체) 제2석유류

57 다음 위험물 중 물에 대한 용해도가 가장 낮은 것은?

① 아크릴산   ② 아세트알데히드

③ 벤젠   ④ 글리세린

> **해설**
>
> ①, ②, ④는 수용성 액체, ③은 비수용성 액체

58 이황화탄소의 성질에 대한 설명 중 틀린 것은?

① 연소할 때 주로 황화수소를 발생한다.

② 증기 비중은 약 2.6이다.

③ 보호액으로 물을 사용한다.

④ 인화점이 약 −30℃ 이다.

> **해설**
>
> 공기중에서 연소시 푸른색 불꽃을 내며 자극성인 아황산가스(SO_2)를 발생한다.
> $$CS_2 + 3O_2 \rightarrow CO_2 + \underset{\text{이산화황(아황산 가스)}}{2SO_2}$$

59 석유류가 연소할 때 발생하는 가스로 강한 자극적인 냄새가 나며 취급하는 장치를 부식시키는 것은?

① H_2 ② CH_4

③ NH_3 ④ SO_2

> **해설**
>
> 석유류 속에 들어있는 유황(S)은 연소시 자극성냄새와 독성이 있는 아황산가스(SO_2)를 발생한다. 이 아황산가스는 공기중 산화되어 무수황산(SO_3)이 되고 수분과 반응하여 황산(H_2SO_4)으로 된다. 바로 이 황산이 장치를 부식시킨다.
> $$S + O_2 \rightarrow SO_2 + \frac{1}{2}O_2 \rightarrow SO_3 + H_2O \rightarrow H_2SO_4$$

60 인화점이 100℃보다 낮은 물질은?

① 아닐린   ② 에틸렌글리콜

③ 글리세린   ④ 실린더유

> **해설**
>
> ① 아닐린($C_6H_5NH_2$) : 75℃
> ② 에틸렌글리콜[$C_2H_4(OH)_2$] : 111℃
> ③ 글리세린[$C_3H_5(OH)_3$] : 160℃
> ④ 실린더유 : 250℃

정답 54 ④ 55 ③ 56 ① 57 ③ 58 ① 59 ④ 60 ①

61 아세톤의 성질에 관한 설명으로 옳은 것은?

① 분자량은 58, 비중은 1.02이다.

② 물에 불용이고, 에테르에 잘 녹는다.

③ 증기 자체는 무해하나, 피부에 닿으면 탈지작용이 있다.

④ 인화점이 0℃보다 낮다.

> **해설**
>
> - 무색 독특한 냄새가 나는 휘발성 액체로서 보관중 황색으로 변색되며 일광에 의해 분해시 과산화물을 생성한다.
> - 물과 유기용제에 잘 녹고, 요오드포름 반응을 한다.
> - 분자량 58, 비중 0.79, 비점 56℃, 인화점 −18℃, 착화점 468℃, 연소 범위 26~12.8%이다.

62 위험물안전관리법령상 할로겐화합물 소화기가 적응성이 있는 위험물은?

① 나트륨   ② 질산메틸

③ 이황화탄소   ④ 과산화나트륨

> **해설**
>
> 제4류 위험물(인화성액체)의 적응소화기 : 포, 할론, 물분무, CO_2 등에 의한 질식소화가 효과적임

63 위험물의 성질에 관한 설명 중 옳은 것은?

① 벤젠과 톨루엔 중 인화온도가 낮은 것은 톨루엔이다.

② 디에틸에테르는 휘발성이 높으며 마취성이 있다.

③ 에틸알코올은 물이 조금이라도 섞이면 불연성 액체가 된다.

④ 휘발유는 전기 양도체이므로 정전기 발생이 위험하다.

64 위험물을 보관하는 방법에 대한 설명 중 틀린 것은?

① 염소산나트륨 : 철제 용기의 사용을 피한다.

② 산화프로필렌 : 저장시 구리 용기에 질소 등 불활성 기체를 충전한다.

③ 트리에틸알루미늄 : 용기는 밀봉하고 질소 등 불활성 기체를 충전한다.

④ 황화린 : 냉암소에 저장한다.

> **해설**
>
> 산화프로필렌 : 구리, 철, 알루미늄, 마그네슘, 수은 및 그 합금과 중합 반응을 일으켜 폭발성 물질을 생성하여 발열폭발하므로 사용을 금한다.

65 메틸알코올 8,000L에 대한 소화 능력으로 삽을 포함한 마른 모래를 몇 L 설치하여야 하는가?

① 100   ② 200

③ 300   ④ 400

> **해설**
>
> ① 메틸알코올(제4류, 알코올류)의 지정수량 : $400l$
> - 마른모래 0.5단위 : $50l$
> - 위험물 1소요단위 : 지정수량의 10배
>
> ② 소요단위 $= \dfrac{저장수량}{지정수량 \times 10배} = \dfrac{8,000l}{400l \times 10배} = 2단위$
>
> ∴ 설치할 마른모래 $l = \dfrac{2단위 \times 50l}{0.5단위} = 200l$

66 다음은 위험물안전관리법령에서 정의한 동·식물유류에 관한 내용이다. ( ) 안에 알맞은 수치는?

> 동물의 지육 등 또는 식물의 종자나 과육으로부터 추출한 것으로서 1기압에서 인화점이 섭씨 ( )도 미만인 것을 말한다.

① 21   ② 200

③ 250   ④ 300

61 ④   62 ③   63 ②   64 ②   65 ②   66 ③

Chapter 5. 제4류 위험물(인화성 액체) **417**

67 위험물안전관리법상 제3석유류의 액체 상태의 판단 기준은?

① 1기압과 섭씨 20도에서 액상인 것

② 1기압과 섭씨 25도에서 액상인 것

③ 기압에 무관하게 섭씨 20도에서 액상인 것

④ 기압에 무관하게 섭씨 25도에서 액상인 것

해설

'인화성 액체'라 함은 액체(제3석유류, 제4석유류 및 동식물유류에 있어서는 1기압과 섭씨 20도에서 액상인 것에 한한다)로서 인화의 위험성이 있는 것을 말한다.

68 휘발유, 등유, 경유 등의 제4류 위험물에 화재가 발생하였을 때 소화 방법으로 가장 옳은 것은?

① 포소화 설비로 질식 소화시킨다.

② 다량의 물을 위험물에 직접 주수하여 소화한다.

③ 강산화성 소화제를 사용하여 중화시켜 소화한다.

④ 염소산칼륨 또는 염화나트륨이 주성분인 소화약제로 표면을 덮어 소화한다.

해설

제4류 위험물(인화성 액체)의 적응소화기 : 포, 할론, 물분무, CO_2 등의 질식소화

69 다음 위험물 중 착화온도가 가장 낮은 것은?

① 이황화탄소   ② 디에틸에테르

③ 아세톤   ④ 아세트알데히드

해설

① 이황화탄소 : 100℃(제4류 중 착화온도가 가장 낮음)

② 디에틸에테르 : 180℃

③ 아세톤 : 538℃

④ 아세트알데히드 : 185℃

70 메틸알코올의 연소범위를 더 좁게 하기 위하여 첨가하는 물질이 아닌 것은?

① 질소   ② 산소

③ 이산화탄소   ④ 아르곤

해설

연소범위는 공기중보다 산소(조연성가스) 중에서 더 넓어지므로 불연성가스를 첨가하여야 좁아진다.

71 가솔린 저장량이 2,000l일 때 소화설비 설치를 위한 소요단위는?

① 1   ② 2

③ 3   ④ 4

해설

• 가솔린(제1석유류, 비수용성)의 지정수량 : 200l

• 위험물 1소요단위 : 지정수량의 10배

∴ 소요단위 $= \dfrac{\text{저장량}}{\text{지정수량} \times 10\text{배}} = \dfrac{2000}{200 \times 10} = 1\text{단위}$

72 특수인화물이 소화설비 기준 적용상 1소요단위가 되기 위한 용량은?

① 50L   ② 100L

③ 250L   ④ 500L

해설

소요 1단위의 산정방법

건축물	내화구조의 외벽	내화구조가 아닌 외벽
제조소 및 취급소	연면적 100m²	연면적 50m²
저장소	연면적 150m²	연면적 75m²
위험물	지정수량의 10배	

• 제4류 중 특수인화물의 지정수량 : 50L

∴ 소요 1단위 = 지정수량×10배 = 50L×10 = 500L

73 메탄올과 비교한 에탄올의 성질에 대한 설명 중 틀린 것은?

① 인화점이 낮다.

② 발화점이 낮다.

③ 증기비중이 크다.

④ 비점이 높다.

해설

메탄올과 에탄올의 비교

품명	분자량	증기비중	인화점	발화점	비점
메탄올 (CH_3OH)	32g	1.10	11℃	464℃	64℃
에탄올 (C_2H_5OH)	46g	1.59	13℃	423℃	78.3℃

74 1몰의 이황화탄소와 고온의 물이 반응하여 생성되는 유독한 기체 물질의 부피는 표준 상태에서 얼마인가?

① 22.4l　　② 44.8l

③ 67.2l　　④ 134.4l

해설

$$CS_2 + 2H_2O \rightarrow CO_2 + 2H_2S \uparrow$$

1mol　　　　　　　　2×22.4l

여기서 반응 후 유독가스(H_2S)는 44.8l이 발생한다.

75 1기압에서 인화점이 21℃ 이상 70℃ 미만인 품명에 해당하는 물품은?

① 벤젠　　② 경유

③ 니트로벤젠　　④ 실린더유

해설

'제2석유류'라 함은 등유, 경유 그 밖에 1기압에서 인화점이 섭씨 21도 이상 70도 미만인 것을 말한다.

76 다음 중 연소 범위가 가장 넓은 위험물은?

① 휘발유

② 톨루엔

③ 에틸알코올

④ 디에틸에테르

해설

품명	휘발유	톨루엔	에틸알코올	디에틸에테르
연소 범위	1.4~7.6%	1.4~6.7%	3.3~19%	1.9~48%

77 다음 중 휘발유에 대한 설명으로 옳지 않은 것은?

① 전기 양도체이므로 정전기 발생에 주의해야 한다.

② 빈 드럼통이라도 가연성 가스가 남아 있을 수 있으므로 취급에 주의해야 한다.

③ 취급, 저장 시 환기를 잘 시켜야 한다.

④ 직사광선을 피해 통풍이 잘 되는 곳에 저장한다.

해설

휘발유는 제4류 제1석유류로 인화성, 가연성, 휘발성이 강한 액체로서 전기의 부도체이므로 정전기 발생에 주의해야 한다.

78 제2류 위험물과 제4류 위험물의 공통적인 성질은?

① 가연성 물질이다.

② 강한 산화제이다.

③ 액체 물질이다.

④ 산소를 함유한다.

해설

• 제2류 위험물 : 가연성 고체

• 제4류 위험물 : 인화성 액체

정답 73 ① 74 ② 75 ② 76 ④ 77 ① 78 ①

79 다음 중 인화점이 가장 낮은 것은?

① 이소펜탄   ② 아세톤

③ 디에틸에테르   ④ 이황화탄소

> **해설**
>
> ① 이소펜탄 : −51℃
>
> ② 아세톤 : −18℃
>
> ③ 디에틸에테르 : −45℃
>
> ④ 이황화탄소 : −30℃

80 다음 중에서 제2석유류에 속하지 않는 것은?

① 등유   ② CH_3COOH

③ CH_3CHO ④ 경유

> **해설**
>
> ③ CH_3CHO : 아세트알데히드(제1석유류)

81 다음 위험물 중에서 인화점이 가장 낮은 것은?

① $C_6H_5CH_3$ ② $C_6H_5CHCH_2$

③ CH_3OH ④ CH_3CHO

> **해설**
>
> ① 톨루엔 : 4℃
>
> ② 스틸렌(비닐벤젠) : 32℃
>
> ③ 메탄올 : 11℃
>
> ④ 아세트알데히드 : −39℃

82 위험물에 대한 설명으로 옳은 것은?

① 이황화탄소는 연소 시 유독성 황화수소 가스를 발생한다.

② 디에틸에테르는 물에 잘 녹지 않지만 유지 등을 잘 녹이는 용제이다.

③ 등유는 가솔린보다 인화점이 높으나, 인화점이 0℃ 미만이므로 인화의 위험성은 매우 높다.

④ 경유는 등유와 비슷한 성질을 가지지만 증기비중이 공기보다 가볍다는 차이점이 있다.

> **해설**
>
> • 이황화탄소는 연소시 아황산가스를 발생한다.
> $$CS_2 + 3O_2 \rightarrow CO_2 + 2SO_2$$
>
> • 이황화탄소는 고온에서 물과 반응시 유독성 황화수소가스를 발생한다.
> $$CS_2 + 2H_2O \rightarrow CO_2 + 2H_2S$$

83 다음 중 인화점이 가장 낮은 것은?

① $C_6H_5NH_2$ ② $C_6H_5NO_2$

③ C_5H_5N ④ $C_6H_5CH_3$

> **해설**
>
> ① 아닐린 : 75℃
>
> ② 니트로벤젠 : 88℃
>
> ③ 피리딘 : 20℃
>
> ④ 톨루엔 : 4℃

84 등유에 대한 설명으로 틀린 것은?

① 휘발유보다 착화온도가 높다.

② 증기는 공기보다 무겁다.

③ 인화점은 상온(25℃)보다 높다.

④ 물보다 가볍고 비수용성이다.

> **해설**
>
> 착화점 : 휘발유 300℃, 등유 254℃

85 아세톤에 관한 설명 중 틀린 것은?

① 무색 휘발성이 강한 액체이다.

② 조해성이 있으며 물과 반응시 발열한다.

③ 겨울철에도 인화의 위험성이 있다.

④ 증기는 공기보다 무거우며 액체는 물보다 가볍다.

> **해설**
>
> 아세톤은 제4류 제1석유류의 인화성 액체로 물에 잘 녹고 발열하지는 않는다.

 정답   79 ①   80 ③   81 ④   82 ②   83 ④   84 ①   85 ②

86 아세트 알데히드의 일반적 성질에 대한 설명 중 틀린 것은?

① 은거울 반응을 한다.

② 물에 잘 녹는다.

③ 구리, 마그네슘의 합금과 반응한다.

④ 무색, 무취의 액체이다.

해설

④ 무색의 자극성 냄새를 가진 휘발성 액체이다.

---

87 다음 중 지정수량이 가장 작은 것은?

① 아세톤   ② 디에틸에테르

③ 클레오소트유   ④ 클로로벤젠

해설

제4류 위험물의 지정수량

① 아세톤 : 제1석유류(수용성) $400l$

② 디에틸에테르 : 특수인화물 $50l$

③ 클레오소트유 : 제3석유류(비수용성) $2000l$

④ 클로로벤젠 : 제2석유류(비수용성) $1000l$

---

88 다음 수용액 중 알코올의 함유량이 60중량% 이상일 때 위험물안전관리법상 제4류 알코올류에 해당하는 물질은?

① 에틸렌글리콜($C_2H_4(OH)_2$)

② 알릴알코올($CH_2=CHCH_2OH$)

③ 부틸알코올(C_4H_9OH)

④ 에틸알코올 (CH_3CH_2OH)

해설

알코올류 : 알코올 함유량 60중량% 이상인 탄소원자수가 $C_{1\sim3}$인 포화 1가 알코올로서 메틸알코올(CH_3OH), 에틸알코올(C_2H_5OH), 프로필알코올(C_3H_7OH) 등

---

89 다음 위험물 중에서 화재가 발생하였을 때 내알콜 포 소화약제를 사용하는 것이 효과가 가장 높은 것은?

① C_6H_6 ② $C_6H_5CH_3$

③ $C_6H_4(CH_3)_2$ ④ CH_3COOH

해설

④ CH_3COOH(아세트산)은 수용성 물질로 알코올폼의 소화 약제가 효과적이다.

---

90 다음 중 에틸렌글리콜과 혼재 할 수 없는 위험물은?

① 유황   ② 과망간산나트륨

③ 알루미늄분   ④ 트리니트로 톨루엔

해설

① 서로혼재 가능한 위험물
- 제1류와 제6류
- 제4류와 제2류, 제3류
- 제5류와 제2류, 제4류

② 에틸렌글리콜(제4류), 과망간산나트륨(제1류)

---

91 다음 위험물 중 끓는점이 가장 높은 것은?

① 벤젠   ② 디에틸에테르

③ 메탄올   ④ 아세트알데히드

해설

① 80℃ ② 34.6℃ ③ 64℃ ④ 21℃

---

92 다음 제4류 위험물 중 품명이 나머지 셋과 다른 하나는?

① 아세트알데히드   ② 디에틸에테르

③ 니트로벤젠   ④ 이황화탄소

해설

①, ②, ④ : 제4류, 특수인화물

③ : 제4류, 제3석유류

---

93 가솔린에 대한 설명으로 옳은 것은?

① 연소범위는 15~75vol%이다.

② 용기는 따뜻한 곳에 환기가 잘 되게 보관한다.

③ 전도성이므로 감전에 주의한다.

④ 화재 소화시 포소화약제에 의한 소화를 한다.

해설

- 연소범위 1.4~7.6
- 가열금지, 직사광선을 피하고 환기가 잘되게 보관한다.
- 비전도성이므로 정전기 발생에 주의한다.

94 다음 중 인화점이 가장 높은 물질은?

① 이황화탄소

② 디에틸에테르

③ 아세트알데히드

④ 산화프로필렌

해설

① −30℃   ② −45℃   ③ −39℃   ④ −37℃

95 톨루엔의 위험성에 대한 설명으로 틀린 것은?

① 증기비중은 약 0.87이므로 높은 곳에 체류하기 쉽다.

② 독성이 있으나 벤젠보다 약하다.

③ 약 4℃의 인화점을 갖는다.

④ 유체마찰 등으로 정전기가 생겨 인화하기도 한다.

해설

톨루엔($C_6H_5CH_3$)의 분자량 92, 공기의 평균분자량 29

증기비중$=\dfrac{92}{29}=3.17$배

∴ 증기비중은 3.17배로 낮은 곳에 체류하기 쉽다.

96 휘발유에 대한 설명으로 틀린 것은?

① 위험등급은 Ⅰ등급이다.

② 증기는 공기보다 무거워 낮은 곳에 체류하기 쉽다.

③ 내장 용기가 없는 외장 플라스틱 용기에 적재할 수 있는 용적은 20리터이다.

④ 이동탱크 저장소로 운송하는 경우 위험물 운송자는 위험물 안전카드를 휴대하여야 한다.

해설

- 휘발유는 제4류 제1석유류로서 위험등급 Ⅱ에 속한다.
- 제4류 위험물 중 특수인화물 및 제1석유류를 운송하는 자는 위험물 안전카드를 휴대해야 한다.

97 이황화탄소 기체는 수소 기체보다 20℃ 1기압에서 몇 배 더 무거운가?

① 11   ② 22

③ 32   ④ 38

해설

H_2의 분자량 2g, CS_2의 분자량 76g

∴ $\dfrac{76g}{2g}=38$배

98 $C_6H_5CH_3$의 일반적 성질이 아닌 것은?

① 벤젠보다 독성이 매우 강하다.

② 진한 질산과 진한 황산으로 니트로화하면 TNT가 된다.

③ 비중은 약 0.86이다.

④ 물에 녹지 않는다.

해설

독성은 톨루엔보다 벤젠이 더 강하다.

99 다음 중 물에 가장 잘 용해되는 위험물은?

① 벤즈알데히드　　② 이소프로필알코올

③ 휘발유　　　　　④ 에테르

> **해설**
>
> 탄소수가 $C_{1\sim5}$의 1가 알코올류는 수용성이므로 이소프로필알코올(C_3H_7OH)은 물에 잘 녹는다.

100 경유 2000l, 글리세린 2000l를 같은 장소에 저장하려 한다. 지정수량의 배수의 합은?

① 2.5　　　　　　② 3.0

③ 3.5　　　　　　④ 4.0

> **해설**
>
> 지정수량 : 경유(제2석유류, 비수용성 : 1000l), 글리세린(제3석유류, 수용성 : 4000l)
>
> $\therefore$ 지정수량 배수 $=\dfrac{\text{저장량}}{\text{지정수량}}=\dfrac{2000l}{1000l}+\dfrac{2000l}{4000l}$
>
> $\qquad\qquad\qquad =2.5$배

101 디에틸에테르의 저장시 소량의 염화칼슘($CaCl_2$)을 넣어 주는 목적은?

① 정전기발생 방지

② 과산화물 생성방지

③ 저장용기의 부식방지

④ 동결 방지

> **해설**
>
> • 대량 저장시 불활성가스를 봉입하고 동식물성 섬유로 여과시 정전기 발생을 방지하기 위해 $CaCl_2$를 넣어 준다.
> • 폭발성 과산화물의 생성방지를 위해 구리망(40메시)를 넣어두고 정전기 발생을 방지하기 위해 5%의 물을 넣어둔다.

102 벤젠의 위험성에 대한 설명으로 틀린 것은?

① 휘발성이 있다.

② 인화점이 0℃보다 낮다.

③ 증기는 유독하며 흡입하면 위험하다.

④ 이황화탄소보다 착화온도가 낮다.

> **해설**
>
> • 벤젠 : 인화점 -11℃, 착화점 562℃
> • 이황화탄소 : 인화점 -30℃, 착화점 100℃

103 산화프로필렌에 대한 설명 중 틀린 것은?

① 연소범위는 가솔린보다 넓다.

② 물에는 잘 녹지만 알코올, 벤젠에는 녹지 않는다.

③ 비중은 1보다 작고, 증기비중은 1보다 크다.

④ 증기압이 높으므로 상온에서 위험한 농도까지 도달할 수 있다.

> **해설**
>
> • 산화프로필렌(C_3H_6O) : 인화점 -37℃, 발화점 465℃, 연소범위 2.5~38.5%
> • 비중 0.83, 증기비중 2.0으로 물, 알코올, 벤젠 등에 잘 녹는다.

104 톨루엔의 화재시 가장 적합한 소화 방법은?

① 산, 알칼리 소화기에 의한 소화

② 포에 의한 소화

③ 다량의 강화액에 의한 소화

④ 다량의 주수에 의한 냉각소화

> **해설**
>
> 포말, 분말, CO_2 등의 질식소화

105 디에틸에테르의 안전관리에 관한 설명 중 틀린 것은?

① 증기는 마취성이 있으므로 증기 흡입에 주의하여야 한다.

② 폭발성의 과산화물 생성을 요오드화칼륨 수용액으로 확인한다.

③ 물에 잘 녹으므로 대규모 화재시 집중 주수하여 소화한다.

④ 정전기 불꽃에 의한 발화에 주의하여야 한다.

해설

주수소화시 비중이 0.72로 물보다 가볍고 물에 약간 녹기 때문에 화재면이 확대되므로 주수소화는 금하고 포, 분말, CO_2 등으로 질식소화한다.

106 벤젠, 톨루엔의 공통된 성상이 아닌 것은?

① 비수용성의 무색 액체이다.

② 인화점이 0℃ 이하이다.

③ 액체의 비중은 1보다 작다.

④ 증기의 비중은 1보다 작다.

해설

인화점 : 벤젠 −11℃, 톨루엔 4℃

107 디에틸에테르의 보관, 취급에 관한 설명으로 틀린 것은?

① 용기는 밀봉하여 보관한다.

② 환기가 잘 되는 곳에 보관한다.

③ 정전기가 발생하지 않도록 취급한다.

④ 저장용기에 빈 공간이 없게 가득 채워 보관한다.

해설

디에틸에테르는 저장시 체적 팽창을 고려하여 2% 이상, 운반 용기는 10% 이상 공간 용적의 여유를 둔다.

108 아닐린에 대한 설명으로 옳은 것은?

① 특유의 냄새를 가진 기름상 액체이다.

② 인화점이 0℃ 이하이어서 상온에서 인화의 위험이 높다.

③ 황산과 같은 강산화제와 접촉하면 중화되어 안정하게 된다.

④ 증기는 공기와 혼합하여 인화, 폭발의 위험이 없는 안정한 상태가 된다.

해설

아닐린($C_6H_5NH_2$) : 인화점 75℃, 강산화제와 접촉시 발화 폭발위험, 증기는 공기와 혼합시 인화, 폭발의 위험이 있다.

109 인화점이 낮은 것부터 높은 순서로 나열된 것은?

① 톨루엔 − 아세톤 − 벤젠

② 아세톤 − 톨루엔 − 벤젠

③ 톨루엔 − 벤젠 − 아세톤

④ 아세톤 − 벤젠 − 톨루엔

해설

제4류 제1석유류의 인화점 : 아세톤 −18℃, 벤젠 −11℃, 톨루엔 4℃

110 에틸알코올에 관한 설명 중 옳은 것은?

① 인화점은 0℃ 이하이다.

② 비점은 물보다 낮다.

③ 증기밀도는 메틸알코올보다 작다.

④ 수용성이므로 이산화탄소소화기는 효과가 없다.

해설

• 에틸알코올(C_2H_5OH) : 분자량, 46, 인화점 13℃, 비점 78℃

$$증기밀도 = \frac{46g}{22.4l} ≒ 2.05g/l (0℃, 1atm)$$

• 메틸알코올(CH_3OH) : 분자량 32g, 인화점 11℃, 비점 64℃

$$증기밀도 = \frac{32g}{22.4l} ≒ 1.43g/l (0℃, 1atm)$$

111 벤젠에 관한 설명 중 틀린 것은?

① 인화점은 약 −11℃ 정도이다.
② 이황화탄소보다 착화온도가 높다.
③ 벤젠 증기는 마취성은 있으나 독성은 없다.
④ 취급할 때 정전기 발생을 조심해야 한다.

해설

③ 증기는 마취성, 독성이 강하며 저농도(100ppm)의 증기를 흡입시 만성 중독이 일어난다.

112 메탄올(CH_3OH)에 관한 설명으로 옳지 않은 것은?

① 인화점은 약 11℃이다.
② 술의 원료로 사용된다.
③ 휘발성이 강하다.
④ 최종 산화물은 의산(포름산)이다.

해설

- 메탄올(CH_3OH) : 목정. 연료에 사용, 독성이 있음
- 에탄올(C_2H_5OH) : 주정. 술의 원료, 독성이 없음

113 아세트알데히드와 아세톤의 공통성질에 대한 설명 중 틀린 것은?

① 증기는 공기보다 무겁다.
② 무색 액체로서 인화점이 낮다.
③ 물에 잘 녹는다.
④ 특수인화물로 반응성이 크다.

해설

- 아세트알데히드(CH_3CHO) : 특수인화물
- 아세톤(CH_3COCH_3) : 제1석유류

114 톨루엔에 대한 설명으로 틀린 것은?

① 벤젠의 수소원자 하나가 메틸기로 치환된 것이다.
② 증기는 벤젠보다 가볍고 휘발성은 더 높다.
③ 독특한 향기를 가진 무색의 액체이다.
④ 물에 녹지 않는다.

해설

- 증기비중$\left(\dfrac{분자량}{29}\right)$

  : 톨루엔($C_6H_5H_3$) 3.17, 벤젠(C_6H_6) 2.8
- 증기는 벤젠보다 무겁고 휘발성은 벤젠이 더 높다.

115 디에틸에테르에 대한 설명 중 틀린 것은?

① 강산화제와 혼합시 안전하게 사용할 수 있다.
② 대량으로 저장시 불활성가스를 봉입한다.
③ 정전기 발생방지를 위해 주의를 기울여야 한다.
④ 통풍, 환기가 잘 되는곳에 저장한다.

해설

① 강산화제(제1류, 제6류)와 혼합시 발화 폭발위험이 있다.

116 다음 중 증기비중이 가장 큰 것은?

① 벤젠　　　　　　　② 등유
③ 메틸알코올　　　　④ 디에틸에테르

해설

증기비중$\left(\dfrac{분자량}{29}\right)$

- 벤젠(C_6H_6)$=\dfrac{78}{29}=2.69$
- 등유$=4.5$
- 메틸알코올(CH_3OH)$=\dfrac{32}{29}=1.10$
- 디에틸에테르($C_2H_5OC_2H_5$)$=\dfrac{74}{29}=2.55$

정답 111 ③　112 ②　113 ④　114 ②　115 ①　116 ②

117 가솔린의 연소범위에 가장 가까운 것은?

① 1.4~7.6%

② 2.0~23.0%

③ 1.8~36.5%

④ 1.0~50.5%

118 스테아린산[$CH_3(CH_2)_{16}COOH$]에 대한 설명 중 틀린 것은?

① 고급지방산의 일종이다.

② 벤젠, 에테르에 녹는다.

③ 양초나 비누 제조 용도로 사용된다.

④ 상온에서 액체로 존재하고 요오드값이 높다.

해설

④ 가연성 흰색 고체로서 요오드값이 낮다.

※ 일반적 성질(상온)

$C_{1~4}$: 기체, $C_{5~15}$: 액체, C_{16} 이상 : 고체

119 톨루엔을 산화(MnO_2+황산)시킬 때 생성되는 물질은?

① $C_6H_4(CH_3)_2$

② C_6H_5COOH

③ $C_6H_5NO_2$

④ $C_6H_5NH_2$

해설

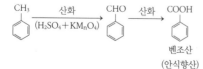

120 15℃의 기름 100g에 8,000J의 열량을 주면 기름의 온도는 몇 ℃가 되겠는가? (단, 기름의 비열은 2J/g·℃이다.)

① 25

② 45

③ 50

④ 55

해설

$Q = mC(t_2 - t_1)$

$8,000J = 100g \times 2J/g℃ \times \varDelta T$에서,

$8,000 = 200\varDelta T$

$\varDelta T = 40℃$

여기서 온도차가 40℃이므로, 최종 기름의 온도는 15℃+40℃=55℃이다.

6 Chapter 제5류 위험물(자기반응성 물질)

1 제5류 위험물의 종류 및 지정수량

성질	위험등급	품명[주요품목]	지정수량
자기 반응성 물질	I	1. 유기과산화물[과산화벤조일, MEKPO]	10kg
		2. 질산에스테르류[니트로셀룰로오스, 니트로글리세린, 질산메틸, 질산에틸]	
	II	3. 니트로화합물[TNT, 피크린산, 디니트로벤젠, 디니트로 톨루엔]	200kg
		4. 니트로소화합물[파라니트로소 벤젠]	
		5. 아조화합물[아조벤젠, 히드록시아조벤젠]	
		6. 디아조화합물[디아조 디니트로페놀]	
		7. 히드라진 유도체[디메틸 히드라진]	
		8. 히드록실아민[NH_2OH]	100kg
		9. 히드록실아민염류[황산히드록실아민]	
		10. 그 밖에 행정안전부령이 정하는 것 • 금속의 아지화합물[NaN_3 등] • 질산구아니딘[$HNO_3 \cdot C(NH)(NH_2)_2$]	200kg

2 제5류 위험물의 개요

(1) 공통 성질★★★

① 자체내에 산소를 함유한 물질로서 가열, 마찰, 충격 등에 의해 폭발 위험이 있는 자기반응성 물질이며 물에 녹지 않고 물보다 무겁다.

② 가연성 물질로 대부분 연소 또는 분해 속도가 매우 빠른 폭발성 유기질소화합물이다.

③ 공기중 장시간 방치하면 산화 반응이 일어나 열분해가 진행되어 자연발화를 일으킬 우려가 있다.

④ 가연물과 산소 공급원이 혼합되어 있는 상태이므로 점화원을 가까이 하는 것은 대단히 위험하다.

(2) 저장 및 취급시 유의사항

① 화기는 절대 엄금하고 직사광선, 가열, 충격, 마찰 등을 피한다.

② 정전기 발생 및 축적을 방지하며, 밀봉 밀전하여 적당한 온도와 습도를 유지하고 통풍이 잘되는 냉암소에 저장한다.

③ 가급적 소분하여 저장하고 용기의 파손 및 누설을 방지한다.

④ 강산화제, 강산류 기타 물질이 혼입되지 않도록 한다.

⑤ 위험물제조소등 및 운반용기의 외부에 주의사항으로 '화기엄금' 및 '충격주의'라고 표시한다.★★

⑥ 니트로 화합물은 민감하여 화기, 가열, 충격, 마찰, 타격 등에 폭발 위험이 있다.

(3) 소화 방법

① 연소 속도가 빠르고 폭발적이므로 소량의 화재나 화재 초기 이외에는 소화가 대단히 어렵다.

② 자체 내에 산소를 함유하고 있으므로 질식소화는 효과가 없고 따라서 대량의 주수로서 냉각소화를 하여야 한다.

---

3 제5류 위험물의 종류 및 성상

1. 유기과산화물류 [지정수량 : 10kg]

'유기과산화물'이란 일반적으로 [−O−O−]기의 구조를 가진 유기과산화물로서 산소 원자 사이의 결합이 약하고 불안정하며 자기반응성이 커서 가열, 마찰, 충격에 의해 분해가 잘된다. 특히 분해된 활성산소는 강한 산화작용을 일으켜 폭발을 쉽게 잘 일으킨다.

(1) 과산화벤조일[$(C_6H_5CO)_2O_2$, 벤조일 퍼옥사이드(BPO)]★★★★

분자량	242	비중	1.33	융점	103~105(℃)
구조식				발화점	125℃

구조식: 벤젠고리−C(=O)−O−O−C(=O)−벤젠고리

1) 일반 성질

① 무색, 무취의 백색 분말 또는 결정으로 물에 녹지 않고 알코올에는 약간 녹으며 유기용제에는 잘 녹는다.

② 상온에서는 안정하지만 가열하면 약 100℃에서 흰 연기를 내며 분해한다.

③ 폭발성이 강한 산화성 물질로 환원성 물질, 유기물, 진한 황산, 질산, 금속분등과 접촉시 화재나 분해 폭발의 위험성 있다.

④ 건조된 상태에서 열,빛,충격,마찰 등에 착화하며 연소속도가 매우 빠르게 폭발한다.

⑤ 비활성 희석제로 프탈산디메틸(DMP), 프탈산디부틸(DBP) 등을 사용하고 수분에 흡수시켜 폭발성을 낮출 수 있다.

2) 저장 및 취급 방법

① 화기, 직사광선 등을 차단하고, 가급적 소분하여 누출 및 파손을 방지한다.

② 운반할 경우 30% 이상의 물과 희석제를 첨가하여 안전하게 수송한다.

③ 이물질 혼입을 방지하고 밀봉 밀전하여 통풍이 잘되는 냉암소에 저장한다.

④ 희석제를 사용하여 폭발성을 낮추고 희석제 증발을 억제시킨다.

⑤ 분진은 눈이나 폐 등을 자극하므로 보호경이나 마스크 등 보호구를 착용한다.

3) 소화 방법 : 물분무, CO_2, 분말, 마른모래, 포 등으로 질식소화하고 다량일 경우 물로 냉각소
   화한다.

4) 용도 : 중합개시제, 각종 수지의 경화 촉매, 의약, 고무 배합제, 화장품 등

(2) 메틸에틸케톤퍼옥사이드[$(CH_3COC_2H_5)_2O_2$, MEKPO, 과산화메틸에틸케톤]

분자량	148	분해온도	40(℃) 이상	융점	−20(℃)
구조식	$\begin{array}{c} CH_3 \diagdown \quad O-O \quad \diagup CH_3 \\ C \qquad\qquad C \\ C_2H_5 \diagup \quad O-O \quad \diagdown C_2H_5 \end{array}$			인화점	58(℃)
				발화점	205(℃)

1) 일반 성질

① 무색, 특이한 냄새가 나는 기름 모양의 액체이다.

② 물에 약간 녹으며 알코올, 에테르, 케톤류에는 잘 녹고, 방향족탄화수소와 식물성 기름에는
   녹지 않는다.

③ 다공성 물질(헝겊, 탈지면, 규조포 등)과 30℃ 이상의 온도에서 장시간 접촉시 분해, 발열하
   여 자연발화의 위험이 있다.

④ 강한 산화제이며 가연성 물질로서 충격에 민감하고, 직사광선, 열, 알칼리금속에 의하여 분
   해가 촉진된다.

⑤ 상온에서 안정한 편이나 40℃ 이상에서 분해를 시작하여 80~100℃에서 심하게 발포 분해하
   고, 110℃ 이상에서 발열하며 이 분해 가스는 발화연소한다.

2) 저장 및 취급 방법

① 화기, 직사광선, 알칼리금속 등을 피하고, 시판품은 희석제(DMP, DBP)를 첨가하여, 그 농도
   가 60% 이상 되지 않게 하여 시판한다.

② 이물질을 혼입방지하고, 밀봉 밀전하여 통풍이 잘되는 냉암소에 저장한다.

3) 소화 방법 : 과산화벤조일에 준한다.

4) 용도 : 도료의 건조촉진제, 표백제, 수지의 경화제 등

(3) 과산화초산(CH_3COOOH)

구조식	$\begin{array}{c} HO \\ |\| \\ H-C-C-O-O-H \\ | \\ H \end{array}$	분자량	76	인화점	56(℃)
		비중	1.13	착화점	200(℃)
		비점	105(℃)	녹는점	−2(℃)

1) 일반 성질

① 무색, 독특한 냄새가 나는 가연성 액체로서 물에 잘 녹으며 독성은 없다.

② 강산화제이며 충격, 마찰, 타격에 민감하여 110℃로 가열하면 폭발한다.

2) 저장 및 취급 방법 : 화기, 직사광선을 피하고 밀봉 밀전하여 내산성 용기를 사용하고 통풍이 잘되는 냉암소에 저장한다.

3) 소화 방법 : 물분무, CO_2, 분말, 알코올포 등으로 질식소화하고 다량의 물로 냉각소화 한다.

4) 용도 : 식품의 세척액, 살균제, 소독제 등

(4) 아세틸퍼옥사이드[$(CH_3CO)_2O_2$]

분자량	118		인화점	45(℃)
구조식	$\begin{array}{c} OO \\ \|\| \\ CH_3-C-O-O-C-CH_3 \end{array}$		발화점	121(℃)
			녹는점	30(℃)

1) 일반 성질

① 무색의 가연성 고체로서 물, 에탄올, 에테르에 잘 녹는다.

② 충격에 대단히 민감하고 폭발성 물질로 직사광선에 의해 분해하며 가열하면 폭발한다.

③ 희석제인 DMF를 75% 첨가시켜 0~5℃ 이하의 저온으로 유지시켜 저장한다.

2) 저장·취급 및 소화 방법 : 과산화벤조일에 준한다.

3) 용도 : 올레핀염화비닐, 합성수지 산화제 등

2. 질산에스테르류 [지정수량 : 10kg]

질산에스테르류는 알코올의 수산기(−OH)를 질산으로 처리하여 질산기(−NO_3)와 치환한 질산에스테르(R·O·NO_2) 화합물이다. 이때 첨가되는 진한 황산은 탈수 작용을 한다.

$$R-O\underline{H+HO}\cdot NO_2 \xrightarrow[\text{탈수작용}]{\text{c-}H_2SO_4} R\cdot O\cdot NO_2 + H_2O$$
$$\text{(알코올)} \quad \text{(질산)} \qquad\qquad \text{(질산에스테르)}$$

(1) 니트로셀룰로오스[C_6H_7O_2(ONO_2)_3]n★★

별명	질화면 질산섬유소	비중	1.7	인화점	13(℃)
분해온도	130(℃)	비점	83(℃)	착화점	180(℃)

1) 일반 성질

① 셀룰로오스를 진한 질산(3)과 진한 황산(1)의 혼합액에 반응시켜 만든 셀룰로오스 질산에스테르이다.

$$[C_6H_7O_2(ONO_2)_3]n \ + \ 3nHONO_2 \ \xrightarrow{c-H_2SO_4} \ [C_6H_7O_2(ONO_2)_3]n \ + \ 3nH_2O$$

② 맛, 냄새가 없고 물에는 녹지 않으며 아세톤, 초산에틸, 초산아밀 등에는 잘 녹는다.

③ 에테르(2)와 알코올(1)의 혼합액에 녹는 것을 강질화면, 녹지 않는 것을 약질화면이라 한다.

④ 질화도가 12.76% 이상은 강질화면(강면약), 질화도가 10.18~12.76%의 것을 약질화면(약면약)이라 한다.

※ 질화도가 12.5~12.8의 범위를 피로면약(피로콜로디온)이라 한다.

⑤ 130℃ 정도에서 서서히 분해하고, 180℃에서 불꽃을 내며 급격히 연소하고 대량일 때에는 폭발한다.

$$2C_{24}H_{29}O_9(ONO_2)_{11} \ \longrightarrow \ 24CO_2\uparrow \ + \ 24CO\uparrow \ + \ 12H_2O \ + \ 17H_2\uparrow \ + \ 11N_2\uparrow$$

⑥ 질화도가 클수록 분해도, 폭발성이 증가하며, 건조한 상태에서 가열, 충격, 마찰에 의해 격렬히 폭발한다.

⑦ 직사광선, 산, 알칼리의 존재하에 분해하고 자연발화한다.

2) 저장 및 취급 방법★★

① 저장, 운반할 때는 물(20%) 또는 알코올(30%)로 습윤시킨다.

※ 건조시 타격, 마찰에 의해 폭발의 위험성이 있다.

② 직사광선, 강산류, 불씨 등을 차단하고 소분하여 통풍이 잘되는 냉암소에 저장한다.

3) 소화 방법 : 다량의 물로 냉각소화하며 CO_2, 분말, 할론 등의 질식소화는 효과 없다.

4) 용도 : 면화약, 콜로디온, 래커, 셀룰로이드, 코르다이트화약 등

(2) 니트로글리세린[C_3H_5(ONO_2)_3, NG]★★★

구조식	CH_2 — O — NO_2 | CH — O — NO_2 | CH_2 — O — NO_2	별명	N.G	융점	2.8(℃)
		분자량	227	비점	160(℃)
		비중	1.6	발화점	210(℃)

1) 일반 성질★★

① 순수한 것은 무색 단맛이 나는 투명한 기름 같은 액체(공업용 : 담황색)로서 가열, 마찰, 충격에 민감하여 폭발하기 쉽다.

② 규조토에 흡수시켜 폭약인 다이너마이트를 제조한다.

③ 물에는 거의 녹지 않으나 알코올, 에테르, 벤젠, 아세톤 등 유기용매에 잘 녹는다.

④ 상온에서는 액체이지만 겨울에는 일부 동결하여 충격에 더 민감하다.

⑤ 50℃ 이하에서는 안정하나 145℃에서는 격렬히 분해하고 222℃에서는 분해 폭발한다. 또한, 공기중에서 장시간 산과 저장시 자연 발화의 위험성이 있다.

$$4C_3H_5(ONO_2)_3 \longrightarrow 12CO_2\uparrow + 10H_2O + 6N_2\uparrow + O_2\uparrow$$

⑥ 강산류, 강산화제, 유기용제 등과 혼촉시 분해가 촉진되어 발화 폭발한다.

⑦ 증기는 유독성이 있고 흡입시 두통과 경련과 현기증이 일어나며 혈관을 확대시키는 유해성이 있다.

2) 저장 및 취급 방법

① 가열, 마찰, 충격 등에 민감하므로 폭발을 방지하기 위하여 다공성물질(규조토, 전분, 톱밥, 소맥분 등)에 흡수시켜 보관한다.

② 액체상태는 위험하므로 수송하지 않고 다공성 물질에 흡수시켜 운반하며 화재시 매우 격렬한 폭발을 일으키므로 안전거리를 유지한다.

③ 증기는 유독하므로 보호구를 착용하고 정전기에 주의하고 강산화제, 강산류 등과 격리시킨다.

④ 저장시 용기는 구리제를 사용하고 화기, 직사광선을 피하고 통풍이 잘되는 냉암소에 저장한다.

3) 소화 방법 : 다량의 물로 냉각소화하며 소화중 폭발적으로 연소가 일어나므로 주의한다.

4) 용도 : 다이너마이트, 무연 화약의 연료, 젤라틴, 의약품 등

(3) 질산에틸($C_2H_5ONO_2$)★★★

분자량	91	증기비중	3.14	융점	−94.6(℃)
비중	1.11	인화점	−10(℃)	비점	88(℃)

1) 일반 성질

① 무색 투명하고 향긋한 냄새와 단맛이 나는 액체이다.

② 물에 녹지 않고 알코올·에테르 등에 잘 녹으며 인화점이 −10℃로서 대단히 낮아 겨울에도 인화하기 쉽고 연소성이 강하다.

③ 비점(88℃) 이상 가열하거나 아질산(HNO_2)과 접촉시 폭발하며 제1석유류와 같은 위험성이 있다.

④ 휘발하기 쉽고 증기는 공기보다 무거워 낮은 곳에 체류하기 쉬우므로 정전기 발생에 주의한다.

⑤ 에탄올에 진한 질산을 작용시켜 얻는다.

$$C_2H_5OH + HNO_3 \longrightarrow C_2H_5ONO_2 + H_2O$$

2) 저장 및 취급 방법
① 화기, 불꽃, 직사광선 등을 피하고 정전기에 주의한다.

② 용기는 갈색병을 사용하고 밀봉밀전하여 환기가 잘되는 냉암소에 저장한다.

3) 소화 방법 : 물분무, CO_2, 마른모래, 분말 등으로 질식소화한다.

4) 용도 : 용제, 폭약 등

(4) 질산메틸(CH_3ONO_2)★★★

분자량	77	증기비중	2.66
비중	1.22	비점	66(℃)

1) 일반 성질
① 무색 투명한 액체로서 향긋한 냄새와 단맛이 난다.

② 기타 성질은 질산에틸에 준한다.

2) 저장·취급, 소화 방법, 용도 : 질산에틸에 준한다.

(5) 니트로글리콜[$C_2H_4(ONO_2)_2$]

분자량	152	융점	−11.3(℃)	발화점	215(℃)
비중	1.5	비점	105.5(℃)	응고점	−22(℃)
증기비중	5.25				

① 순수한 것은 무색이나 공업용은 담황색, 분홍색의 기름상 액체로 유동성과 휘발성이 있다.

② 알코올, 벤젠, 아세톤, 클로로포름에 잘 녹는다.

③ 산의 존재하에서 분해가 촉진되고 폭발할 수도 있다.

④ 20% 정도 니트로글리세린과 혼합하여 −20℃에서 얼지 않으며, 30% 정도 함유하면 −40℃에서도 얼지 않아 겨울철 다이너마이트로 사용한다.

⑤ 유독하므로 피부의 접촉 및 증기 흡입에 주의하고, 운송시 부동액에 흡수시켜 운반한다.

(6) 펜트리트[$C(CH_2NO_3)_4$, PETN]

분자량	316	착화점	215(℃)
비중	1.74	녹는점	141.3(℃)

① 백색분말 또는 결정으로 마찰에 둔감하고 충격에는 예민하며 점화는 잘 안된다.

② 공업 뇌관의 첨장약, 도폭선의 심약, 군용 전폭약으로 사용한다.

③ 물, 알코올, 에테르에는 녹지 않고 니트로글리세린에 녹으며 저장용기에 보관시 안정제로 아세톤을 첨가시킨다.

(7) 셀룰로이드

① 무색 또는 반투명 고체로서 열, 햇빛, 산소 등에 의해 황색으로 변한다.

  (발화온도 180℃, 비중 1.4)

② 가소제로서 니트로셀룰로오스(75%)와 장뇌(25%)의 균일한 콜로이드 분산액으로부터 개발한 최초로 만든 합성플라스틱물질이다.

③ 물에 녹지 않고 알코올, 아세톤, 초산에스테르, 니트로벤젠에는 잘 녹는다.

④ 연소시 유독가스를 발생하고 습도와 온도가 높을 경우 자연발화 위험이 있다.

3. 니트로화합물 [지정수량 : 200kg]

유기화합물의 수소 원자를 2 이상의 니트로기($-NO_2$)로 치환된 화합물로 트리니트로톨루엔(TNT), 트리니트로페놀(피크린산) 등이 있다.

(1) 트리니트로톨루엔[$C_6H_2CH_3(NO_2)_3$, TNT]★★★

구조식		분자량	227	융점	81(℃)
		비중	1.66	비점	280(℃)
		증기비중	7.84	발화점	300(℃)

1) 일반 성질★★★

① 담황색 결정이나 직사광선에 의해 다갈색으로 변하고 중성물질이기에 금속과 반응을 하지 않는다.

② 3개의 이성체 α, β, γ가 있으며 α형인 2, 4, 6$-$트리니트로 톨루엔의 폭발력이 가장 강하다.

③ 물에 녹지 않고 아세톤, 벤젠, 에테르 및 가열된 알코올에는 잘 녹는다.

④ 충격 강도는 피크르산보다 약하고 충격에도 둔감하여 점화시 기폭약을 사용하지 않으면 폭발하지 않는다.

⑤ TNT 제법은 진한 황산(탈수작용) 촉매하에 톨루엔과 질산을 나트로화 반응시켜 생성한다.

⑥ 분해하면 다량의 기체(N_2, CO, H_2)가 발생한다.

$$2C_6H_2CH_3(NO_2)_3 \longrightarrow 12CO\uparrow + 2C + 3N_2\uparrow + 5H_2\uparrow$$

⑦ NH₄NO₃(3)와 TNT(1)의 중량%로 혼합시 폭발력이 매우 증가하므로 폭파약으로 사용한다.

⑧ 환원성 물질과 격렬히 반응하고 강산화제와 혼합하면 발열, 폭발한다.

⑨ K, KOH, Na₂Cr₂O₇ 등과 접촉시 조건에 따라 발화하거나 충격, 마찰에 민감하여 폭발의 위험성이 높아진다.

2) 저장 및 취급 방법

① 화기, 마찰, 충격, 직사광선, 강산화제, 환원성물질 등을 피하고 통풍이 잘되는 냉암소에 저장한다.

② 분말로 취급시 정전기 발생에 주의하며 운반할 경우 물을 10% 정도 넣어서 안전하게 운반한다.

3) 소화 방법 : 연소 속도가 빨라서 소화는 어려우나 다량의 물로 주수소화한다.

4) 용도 : 폭약, 작약, 폭파약, 발사약 등

(2) 피크린산[$C_6H_2(NO_2)_3OH$, 트리니트로페놀, TNP]★★

구조식		분자량	229	융점	122.5(℃)
		비중	1.8	비점	255(℃)
		발화점	300(℃)	인화점	150(℃)

1) 일반 성질★★

① 광택 있는 휘황색의 침상 결정으로 쓴맛이 있고 독성이 있다.

② 찬물에는 잘 녹지 않고 온수, 알코올, 벤젠, 에테르에는 잘 녹는다.

③ 단독으로는 마찰, 충격에 둔감하고 연소시 검은 연기를 내지만 폭발은 하지 않는다. 그러나 건조한 상태에서 강하게 타격시 폭발 위험이 있다.

④ 금속(Fe, Cu, Pb 등)과 혼합하여 생성된 피크린산 금속염은 매우 민감하여 격렬히 폭발한다 (Al과 Sn은 제외).

⑤ 가솔린, 알코올, 요오드, 황 등과의 혼합시 충격, 마찰 등에 의하여 심하게 폭발한다.

⑥ 페놀에 진한황산(탈수작용)과 질산을 니트로화 반응시켜 생성한다.

(페놀) + 3HNO₃ (질산) $\xrightarrow[\text{니트로화 반응}]{\text{c-H}_2\text{SO}_4}$ (피크린산) + 3H₂O (물)

⑦ 300℃ 이상의 고온으로 급격히 가열하면 분해 폭발한다(폭발온도 3320℃, 폭발속도 7000m/s).

$$2C_6H_2(NO_2)_3OH \longrightarrow 4CO_2\uparrow + 6CO\uparrow + 3N_2\uparrow + 2C + 3H_2\uparrow$$

2) 저장 및 취급 방법

① 화기, 충격, 마찰, 직사광선 등을 피하고 산화성 물질(유황, 알코올, 인화점이 낮은 석유류 등)
과 혼재를 금한다.

② 장시간 저장해도 자연발화 위험 없이 안정하나 건조된 상태일수록 위험하기 때문에 약간 습
기가 있게 저장한다(운반시 10~20% 물로 습윤시켜 안전하게 운반한다).

3) 소화 방법 : 다량의 물로 냉각소화한다.

4) 용도 : 화약, 불꽃놀이, 농약, 염료, 뇌관의 첨장약 등

(3) 트리메틸렌트리니트로아민[$(H_2C-N-NO_2)_3$, 헥소겐]

분자량	222	융점	202(℃)	폭발열	6,300(kcal/kg)
비중	1.8	발화점	230(℃)	폭속	8,350(m/s)

① 백색 바늘 모양의 결정으로 물, 알코올, 에테르에 녹지 않고 아세톤에 잘 녹는다.

② 질산암모늄과 포름알데히드를 아세트산무수물 중에서 처리하여 직접 합성하여 제조한다.

$$3NH_4NO_3 + 3HCHO + 6(CH_3CO)_2O \longrightarrow (CH_2)_3(N-NO_2)_3 + 12CH_3COOH$$

③ 기타는 TNT와 유사하다.

(4) 기타 : 디 니트로 벤젠(DBN)[$C_6H_4(NO_2)_2$], 디 니트로 톨루엔(DNT)[$C_6H_3(NO_2)_2CH_3$], 디 니트로 페놀(DNP)[$C_6H_4OH(NO_2)_2$] 등이 있다.

4. 니트로소화합물 [지정수량 : 200kg]

하나의 벤젠핵에 수소 원자 대신 니트로소기(−NO)가 2 이상 결합된 것으로서 파라디니트로소
벤젠, 디니트로소레조르신, 디니트로소펜타메틸렌테드라민(DPT) 등이 있다.

(1) 파라디니트로소벤젠[$C_6H_4(NO)_2$]

① 황갈색 분말로 가열 충격에 의해 폭발하고 폭발력은 강하지 않다.

② 화기, 직사광선 가열, 마찰, 충격을 피하고 용기 저장시 안정제로 파라핀을 첨가하여 통풍이
잘되는 찬곳에 저장한다.

③ 고무가황제의 촉매, 퀴논디옥심의 원료에 사용되며 화재시 다량의 물로 냉각소화한다.

(2) 디니트로소레조르신[$C_6H_2(OH)_2(NO)_2$]

① 회흑색의 광택있는 결정으로 물에 녹는 폭발성 물질로 목면의 나염에 사용된다.

② 162℃에서 분해하여 포르말린, 암모니아, 질소 등의 물질을 생성한다.

③ 기타사항은 파라디니트로소벤젠에 준한다.

(3) 디니트로소펜타메틸렌테드라민[DPT, $C_6H_{10}N_4(NO)_2$]

① 황백색의 분말로 가열 또는 산을 가하면 200℃에서 분해 폭발한다.

② 스폰지 고무의 발포제로 사용된다.

③ 기타사항은 파라디니트로소 벤젠에 준한다.

5. 아조화합물 [지정수량 : 200kg]

아조기($-N=N-$)가 탄화수소기의 탄소 원자와 결합해 있는 화합물로서 아조벤젠, 히드록시아조벤젠, 아미노아조벤젠, 아족시벤젠 등이 있다.

(1) 아조벤젠($C_6H_5N=NC_6H_5$)

① 이성질체로 트랜스형과 시스형이 있다.

② 트랜스아조벤젠은 등적색이며, 융점 68℃, 비점 293℃이며, 물에 잘녹지 않고 알코올 및 에테르에 잘 녹는다.

③ 시스형 아조벤젠은 융점이 71℃로 불안정하며 실온에서 서서히 트랜스형으로 이성화한다.

④ 환원하면 히드라조벤젠이 된다.

(2) 히드록시아조벤젠($C_6H_5N=NC_6H_4OH$)

① 3가지 이성질체가 있으며 o-(융점 83℃), m-(융점 114~116℃), p-(융점 152℃)을 가지고 있다.

② 황색 결정으로 중요한 염료에 사용된다.

(3) 아미노아조벤젠($C_6H_5N=NC_6H_4NH_2$)

① 디아조 아미노벤젠($C_6H_5N=NNHC_6H_5$)의 전위에 의해 만들어진다.

② 보통의 것은 p-아미노아조벤젠, 황색 결정으로 융점이 127℃이다.

(4) 아족시벤젠($C_{12}H_{10}N_2O$)

① 황색의 침상 결정으로 융점이 36℃이며, 물에 녹지 않고 에테르에는 녹는다.

② 니트로벤젠($C_6H_5NO_2$)을 알코올칼륨으로 환원하여 만든다.

(5) 기타 : 아조디카르본아미드[$NH_2CON=NCONH_2$, ADCA], 아조비스이소부티로니트릴[$(CH_3)_2C(CN)N=N(CN)C(CH_3)_2$, AIBN] 등이 있다.

6. 디아조화합물류 [지정수량 : 200kg]

디아조기($N\equiv N-$)가 탄화수소의 탄소 원자와 결합한 화합물로서 디아조메탄, 디아조디니트로페놀, 디아조아세토니트릴, 디아조카르복실산에스테르 등이 있다.

(1) 디아조메탄(CH_2N_2)

① 황색 무취의 기체로서 융점 -140℃, 비점 -23℃, 비중 1.45이다.

② 에탄올, 에테르 등 유기용매에 잘 녹고 맹독성과 폭발성이 있다.

③ 디아조메탄을 광분해하면 메틸렌이 발생하며 불안정하기 때문에 장기보존이 어렵다.

(2) 디아조디니트로페놀[$C_6H_2ON_2(NO_2)_2$, DDNP]

분자량	210	융점	158(℃)
비중	1.63	발화점	170~180(℃)

① 노란 갈색의 미세한 분말 또는 결정으로 물에 녹지 않고, 아세톤, 가성소다(NaOH) 용액에는 녹는다.

② 화학적으로 안정하나 열에 대한 감도가 예민하여 가열, 충격, 타격, 작은 압력에 의해 폭발한다.

③ 기폭제 중 가장 맹도가 크며 폭발속도가 6900m/s로 매우 빨라서 공업용 뇌관을 기폭약으로 사용한다.

④ 용기 운반시는 10% 이상의 물을 첨가하고 대량누출 시 10% NaOH용액을 다량 사용하여 처리한다.

(3) 디아조카르복실산에스테르

① 매우 반응성이 강한 사슬식 디아조 화합물이다.

② RCH_2COOR'형의 사슬식 카르복실산 에스테르의 디아조 치환제를 말한다.

③ α-아미노산의 에스테르 $RCH(NH_2)COOR'$에 아질산을 작용시키면 생성한다.

④ 디아조카르복실산에틸($N_2CHOOC_2H_5$)은 비점이 140℃이고 황색 기름상의 액체로 반응성이 강하며 알칼리성으로 주의해야 한다.

(4) 디아조아세토니트릴[C_2HN_3, N≡N-CHCN]

① 담황색 액체로 물에 녹고 에테르 중에 안정하며 비점은 45.6℃이다.

② 공기중에는 불안정하고 점막을 자극하며, 고농도에서 가열, 충격, 타격 등에 의해서 폭발의 위험성이 있다.

(5) 기타 : 질화납[$Pb(N_3)_2$], 메틸디아조 아세테이트[$C_3H_4N_2O_2$] 등이 있다.

7. 히드라진유도체 [지정수량 : 200kg]

히드라진(N_2H_4)은 유기화합물로부터 얻어진 물질이며, 탄화수소치환체를 포함한 물질로 디메틸히드라진, 히드라조벤젠, 염산히드라진, 황산히드라진 등이 있다.

(1) 디메틸히드라진[$(CH_3)_2NNH_2$]

① 암모니아 냄새가 나는 무색 또는 미황색의 기름상 액체로서 물, 에탄올, 에테르에 잘 녹는다. (녹는점 -58℃, 비점 63.9℃)

② 인화성 물질로 독성이 강하여 연소시 유독성의 질소화합물 등이 발생한다.

③ 흡습성이 있어 공기중에 방치하면 노란색으로 변색하고, O_2, CO_2를 흡수한다.

④ 강산화성 물질, 강산, Fe, Cu, Hg과 그의 화합물과는 격리시킨다.

⑤ 저장할 경우 화기, 가열, 직사광선을 차단하고 통풍이 잘 되는 곳에 저장한다.

⑥ 취급시 눈, 피부, 점막에 침투하므로 보호안전장구를 착용한다.

⑦ 화재시 물분무, CO_2, 건조분말, 알코올포 등으로 질식소화하고 소규모 화재시 다량의 물로 희석·냉각소화한다.

⑧ 용도는 로켓연료, 유기합성시약 등에 사용된다.

(2) 염산히드라진($N_2H_4 \cdot HCl$)

① 백색 결정성 분말로 물에 잘녹고 알코올에는 녹지 않는다.

② 융점 890℃이고 피부 접촉 시 매우 부식성이 강하다.

③ 흡습성이 강하며, 질산은($AgNO_3$) 용액을 가하면 백색침전($AgCl\downarrow$)이 생성된다.

(3) 황산히드라진($N_2H_4 \cdot H_2SO_4$)

① 무색무취의 결정 또는 백색의 결정성 분말로 잘 녹고 알코올에는 녹지 않는다.

② 흡습성이 강하고 피부 접촉 시 매우 부식성이 강하다.

③ 강력한 산화제이며, 유독한 물질이다.

④ 유기물과의 접촉으로 위험성이 현저히 증가한다.

(4) 히드라조벤젠($C_6H_5NHHNC_6H_5$)

① 무색의 결정으로 물, 아세트산에는 녹지 않으며, 유기용매에는 잘 녹는다.

② 아조벤젠의 환원으로 얻으며, 산화되어 아조벤젠으로 되기 쉽다.

③ 강하게 환원하면 아닐린($C_6H_5NH_2$)으로 되고, 융점이 126℃이다.

(5) 메틸히드라진(CH_3NHNH_2)

① 암모니아 냄새가 나는 가연성 액체로 물, 에탄올, 에테르에 잘 녹는다.

② 상온에서 인화의 위험은 없으나 발화점이 비교적 낮아 가열시 연소의 위험이 있다.

③ 공기중에서 수증기를 흡수하여 흰 연기를 내며 강산류, 산화성물질 및 할로겐화물과 접촉 반응시 심하게 반응하며 발화의 위험이 있다.

④ 인화점 70℃, 발화점 196℃, 비점 88℃, 융점 −52℃이다.

⑤ 화재시 독성이 강하므로 보호장구를 착용하고 다량의 물로 냉각소화한다.

(6) 페닐히드라진($C_6H_5NHNH_2$)

① 무색액체로서 공기중에서 산화되어 갈색으로 변색된다.

② 약염기성으로 물에 녹지 않으나 에탄올, 에테르에 잘 녹고 독성이 있다.

③ 융점 23℃, 비점 241℃, 비중 1.091이다.

8. 히드록실아민(NH_2OH) [지정수량 : 100kg]

분자량	33	융점	33(℃)	밀도	1.21
비중	1.204	비점	142(℃)		

① 무색의 침상 결정으로 조해성이 있으며 물, 에탄올에 잘 녹고 에테르, 벤젠, 이황화탄소에 잘 안녹는다.

② 약염기성으로 산과 반응하여 히드록실암모늄염을 만든다.

③ 15℃에서 분해 시작하여 NH_3, N_2로 분해하고 일부는 N_2O를 생성하며 130℃ 이상 강하게 가열시 폭발한다.

$$3NH_2OH \longrightarrow NH_3 + N_2 + 3H_2O$$

④ 불안정하지만 공기와 접촉만 하지 않으면 장기간 보관할 수 있다.

⑤ 니트로메탄을 황산으로 가수분해하여 제조한다.

9. 히드록실아민염류 [지정수량 : 100kg]

(1) 황산히드록실아민[$(NH_2OH)_2 \cdot H_2SO_4$]

① 백색결정으로 물에 녹고 산성을 나타내며 알코올에는 약간 녹는다.

② 강한 환원성이 있으며 170℃로 가열시 분해 폭발한다.

③ 용기에 저장시 금속의 부식성이 있으므로 내산성을 가진 스테인레스제나 유리 또는 폴리에틸렌 용기를 사용한다.

④ 맹독성이므로 취급시 보호장구를 착용한다.

(2) 염산히드록실아민($NH_2OH \cdot HCl$)

① 무색의 결정으로 물에 거의 안녹고 에탄올에 잘 녹는다.

② 습한 공기중에서 서서히 분해한다.

10. 금속의 아지화합물 [지정수량 : 200kg]

아지화나트륨(NaN_3), 아지드화납[질화납, $Pb(N_3)_2$], 아지드화은(AgN_3) 등이 있다.

11. 질산구아니딘[$HNO_3 \cdot C(NH)(NH_2)_2$] [지정수량 : 200kg]

① 백색결정 분말로 물, 알코올에 녹으며 250℃에서 분해한다.

② 가연물과 접촉시 발화할 수 있고 급격히 가열 및 충격시 폭발한다.

③ 폭발물 제조, 로켓 추진제, 고급 비료 연구 등에 사용한다.

01 제5류 위험물의 일반적인 성질에 대한 설명 중 틀린 것은?

① 자기연소를 일으키며 연소속도가 빠르다.

② 무기물이므로 폭발의 위험이 있다.

③ 운반 용기 외부에 '화기엄금' 및 '충격주의' 주의 사항 표시를 하여야 한다.

④ 강산화제 또는 강산류와 접촉시 위험성이 증가한다.

해설

제5류 위험물(자기반응성 물질)은 전부 유기화합물로 되어 있으며 연소속도는 매우 빠르고 폭발성이 강하여 화약의 원료에 많이 쓰인다.

02 제5류 위험물의 일반적인 취급 및 소화 방법으로 틀린 것은?

① 운반 용기 외부에는 주의사항으로 화기 엄금 및 충격 주의 표시를 한다.

② 화재 시 소화 방법으로는 질식소화가 가장 이상적이다.

③ 대량 화재 시 소화가 곤란하므로 가급적 소분하여 저장한다.

④ 화재 시 폭발의 위험성이 있으므로 충분히 안전 거리를 확보하여야 한다.

해설

제5류 위험물은 물질 자체에 산소를 함유하고 있기 때문에 다량의 주수에 의한 냉각소화가 가장 효과적이다.

03 자기반응성 물질의 화재 예방법으로 가장 거리가 먼 것은?

① 충격, 마찰을 피한다.

② 불꽃의 접근을 피한다.

③ 고온체로 건조시켜 보관한다.

④ 운반 용기 외부에 '화기엄금' 및 '충격주의'를 표시한다.

해설

직사광선을 차단하고 습도가 낮으며 통풍이 잘되는 냉암소에 보관한다.

04 다음 중 발화점이 낮아지는 경우는?

① 화학적 활성도가 낮을 때

② 발열량이 클 때

③ 산소와 친화력이 나쁠 때

④ 습도가 높을 때

해설

발화점(착화온도)이 낮아지는 조건
- 압력이 높을 때
- 산소와 친화력이 좋을 때
- 습도가 낮을 때
- 분자구조가 복잡할 때
- 발열량이 클 때
- 화학적 활성도가 클 때
- 열전도율이 낮을 때

05 제5류 위험물이 아닌 것은?

① 클로로벤젠   ② 과산화벤조일

③ 염산히드라진   ④ 아조벤젠

해설

클로로벤젠(C_6H_5Cl) : 제4류 위험물(인화성 액체) 제2석유류

06 다음 중 제5류 위험물에 해당하지 않는 것은?

① 니트로글리콜

② 니트로글리세린

③ 트리니트로톨루엔

④ 니트로톨루엔

> **해설**
>
> 니트로톨루엔[$C_6H_4(CH_3)NO_2$] : 제4류, 제3석유류

07 제2류 위험물과 제5류 위험물의 공통점에 해당하는 것은?

① 유기 화합물이다.

② 가연성 물질이다.

③ 자연 발화성 물질이다.

④ 산소를 포함하고 있는 물질이다.

08 위험물안전관리법령상 품명이 질산에스테르류에 속하지 않는 것은?

① 질산에틸

② 니트로글리세린

③ 니트로톨루엔

④ 니트로셀룰로오스

> **해설**
>
> 제5류(자기반응성 물질) 질산에스테르류 : 질산메틸, 질산에틸, 니트로글리세린, 니트로셀룰로오스

09 니트로셀룰로오스에 관한 설명으로 옳은 것은?

① 용제에는 전혀 녹지 않는다.

② 질화도가 클수록 위험성이 증가한다.

③ 물과 작용하여 수소를 발생한다.

④ 화재 반응시 질식소화가 가장 적합하다.

> **해설**
>
> 니트로셀룰로오스($C_6H_7O_2(ONO_2)_3)_n$: 제5류(자기반응성 물질)
>
> • 건조한 상태에서는 폭발의 위험성이 매우 크므로 물과 혼합하여 위험성을 감소시켜 저장한다.
> • 운반시 물(20%) 및 알코올(30%)을 첨가하여 습윤시켜 운반한다.
> • 소화시 다량의 주수에 의한 냉각소화한다.

10 상온에서 액상인 것으로만 나열된 것은?

① 니트로셀룰로오스, 니트로글리세린

② 질산에틸, 니트로글리세린

③ 질산에틸, 피크린산

④ 니트로셀룰로오스, 셀룰로이드

> **해설**
>
> • 질산에틸($C_2H_5ONO_2$) : 제5류(질산에스테르류) 무색 투명한 액체
> • 니트로글리세린[$C_3H_5(ONO_2)_3$] : 제5류(자기반응성 물질) 무색 투명한 기름 모양의 액체(공업용 : 황색 액체)

11 유기과산화물에 대한 설명으로 틀린 것은?

① 소화 방법으로는 질식소화가 가장 효과적이다.

② 벤조일퍼옥사이드, 메틸에틸케톤퍼옥사이드 등이 있다.

③ 저장 시 고온체나 화기의 접근을 피한다.

④ 지정수량은 10kg이다.

> **해설**
>
> ① 다량의 주수에 의한 냉각소화가 가장 좋다.

12 제5류 위험물의 소화 방법에 대한 설명으로 옳은 것은?

① 물을 주수하여 냉각소화한다.

② 이산화탄소 소화기로 질식소화한다.

③ 할로겐화합물 소화기로 질식소화한다.

④ 건조사로 냉각소화한다.

정답 06 ④   07 ②   08 ③   09 ②   10 ②   11 ①   12 ①

13 제5류 위험물 중 유기과산화물을 함유한 것으로서 위험물에서 제외되는 것의 기준이 아닌 것은?

① 과산화벤조일의 함유량이 35.5wt% 미만인 것으로서 전분 가루, 황산칼슘2수화물 또는 인산1수소칼슘2수화물과의 혼합물

② 비스(4클로로벤조일)퍼옥사이드의 함유량이 30wt% 미만인 것으로서 불활성 고체와의 혼합물

③ 1·4비스(2-터셔리부틸퍼옥시이소프로필) 벤젠의 함유량이 40wt% 미만인 것으로서 불활성 고체와의 혼합물

④ 시클로헥사놀퍼옥사이드의 함유량이 40wt% 미만인 것으로서 불활성 고체와의 혼합물

> **해설**
>
> - 시크로헥사놀퍼옥사이드의 함유량이 30중량퍼센트 미만인 것으로서 불활성고체와의 혼합물
> - 과산화지크밀의 함유량이 40중량퍼센트 미만인 것으로서 불활성고체와의 혼합물

14 위험물의 유별에 따른 성질과 해당 품명의 예가 잘못 연결된 것은?

① 제1류 : 산화성 고체 – 무기과산화물

② 제2류 : 가연성 고체 – 금속분

③ 제3류 : 자연발화성 물질 및 금수성 물질 – 황화린

④ 제5류 : 자기반응성 물질 – 히드록실아민염류

> **해설**
>
> 황화린 : 제2류 – 가연성 고체

15 트리니트로톨루엔에 관한 설명으로 옳지 않은 것은?

① 일광에 의해 갈색으로 변한다.

② 녹는점은 약 81℃이다.

③ 벤젠, 아세톤에 잘 녹는다.

④ 비중은 약 1.8인 액체이다.

> **해설**
>
> 트리니트로톨루엔[TNT, $C_6H_2CH_3(NO_2)_3$] : 비중은 1.66이고 담황색 결정이나 직사광선에 의해 다갈색으로 변하며 중성물질이기에 금속과 반응하지 않는다.

16 니트로셀룰로오스의 저장·취급 방법으로 옳은 것은?

① 건조한 상태로 보관하여야 한다.

② 물 또는 알코올 등을 첨가하여 습윤시켜야 한다.

③ 물기에 접촉하면 위험하므로 제습제를 첨가하여야 한다.

④ 알코올에 접촉하면 자연 발화의 위험이 있으므로 주의하여야 한다.

17 상온에서 액체인 물질로만 조합된 것은?

① 질산에틸, 니트로글리세린

② 피크린산, 질산메틸

③ 트리니트로톨루엔, 디니트로벤젠

④ 니트로글리콜, 테트릴

> **해설**
>
> - 액체 : 질산에틸, 니트로글리세린, 질산메틸, 니트로글리콜
> - 고체 : 피크린산, 트리니트로톨루엔, 디니트로벤젠, 테트릴

 정답 13 ④ 14 ③ 15 ④ 16 ② 17 ①

18 위험물안전관리법령상 품명이 나머지 셋과 다른 하나는?

① 트리니트로톨루엔　② 니트로글리세린

③ 니트로글리콜　④ 셀룰로이드

해설

① 니트로화합물(지정수량 : 200kg)

②, ③, ④ 질산에스테르류(지정수량 : 10kg)

19 다음 중 니트로기($-NO_2$)를 1개만 가지고 있는 것은?

① 니트로셀룰로오스　② 니트로글리세린

③ 니트로벤젠　④ TNT

해설

① $C_6H_7O_2(ONO_2)_3$: 니트로셀룰로오스 (제5류)

② $C_3H_5(ONO_2)_3$: 니트로글리세린 (제5류)

③ $C_6H_5NO_2$: 니트로벤젠 (제4류 제3석유류)

④ $C_6H_5CH_3(NO_2)_3$: TNT(트리니트로톨루엔) (제5류)

※ 니트로기($-NO_2$)를 많이 가지고 있을수록 폭발성은 증가한다.

20 벤조일퍼옥사이드의 위험성에 대한 설명으로 틀린 것은?

① 상온에서 분해되며 수분이 흡수되면 폭발성을 가지므로 건조된 상태로 보관·운반된다.

② 강산에 의해 분해 폭발의 위험이 있다.

③ 충격, 마찰 등에 의해 분해되어 폭발할 위험이 있다.

④ 가연성 물질과 접촉하면 발화의 위험이 높다.

해설

벤조일퍼옥사이드[과산화벤조일, $(C_6H_5CO)_2O_2$]

• 상온에서 안정하나 열, 빛, 충격, 마찰 등에 의해 폭발성이 있다.

• 비활성 희석제로 프탈산디메틸(DMP), 프탈산디부틸(DBP) 등을 사용하고 수분을 흡수시켜 폭발성을 낮출 수 있다.

21 트리니트로톨루엔에 대한 설명으로 가장 거리가 먼 것은?

① 물에 녹지 않으나 알코올에는 녹는다.

② 직사광선에 노출되면 다갈색으로 변한다.

③ 공기 중에 노출되면 쉽게 가수 분해한다.

④ 이성질체가 존재한다.

해설

③ 물에 녹지 않고 물과 반응하지 않기 때문에 가수분해가 안된다.

22 $C_2H_5ONO_2$와 $C_6H_2(NO_2)_3OH$의 공통성질에 해당하는 것은?

① 품명이 니트로화합물이다.

② 인화성과 폭발성이 있는 고체이다.

③ 무색 또는 담황색 액체로서 방향성이 있다.

④ 알코올에 녹는다.

해설

	$C_2H_5ONO_2$(질산에틸)	$C_6H_2(NO_2)_3OH$(트리니트로페놀)
①	질산에스테르류	니트로화합물
②	인화성인 액체	폭발없는 고체
③	무색투명한 액체	순수한 것은 무색, 공업용은 휘황색의 침상결정
④	알코올에 녹는다	알코올에 녹는다

23 규조토에 어떤 물질을 흡수시켜 다이너마이트를 제조하는가?

① 페놀　② 니트로글리세린

③ 질산에틸　④ 장뇌

24 트리니트로톨루엔에 관한 설명 중 틀린 것은?

① TNT라고 한다.

② 피크린산에 비해 충격, 마찰에 둔감하다.

③ 물에 녹아 발열·발화한다.

④ 폭발시 다량의 가스를 발생한다.

해설

• 물에는 녹지 않고 알코올, 아세톤, 벤젠에 녹는다.

• 강력한 폭약이며 급격한 타격에 폭발한다.

$$2C_6H_2CH_3(NO_2)_3 \rightarrow 2C + 12CO + 3N_2\uparrow + 5H_2\uparrow$$

25 질소 함유량 약 11%의 니트로셀룰로오스를 장뇌와 알코올에 녹여 교질 상태로 만든 것을 무엇이라고 하는가?

① 셀룰로이드   ② 펜트리트

③ TNT   ④ 니트로글리콜

해설

셀룰로이드[Celluloid, $(C_6H_7O_2(ONO_2)_{3n}]$

• 무색 또는 반투명 고체로서 열, 햇빛, 산소 등에 의해 황색으로 변한다(발화온도 180℃, 비중 1.4).

• 연소시 유독가스를 발생하고 습도와 온도가 높을 경우 자연발화의 위험이 있다.

26 셀룰로이드에 대한 설명으로 옳은 것은?

① 질소가 함유된 유기물이다.

② 질소가 함유된 무기물이다.

③ 유기의 염화물이다.

④ 무기의 염화물이다.

해설

① 질소 함유량 : 10.5~11.5%

27 과산화벤조일에 대한 설명으로 틀린 것은?

① 발화점이 약 425℃로 상온에서 비교적 안전하다.

② 상온에서 고체이다.

③ 산소를 포함하는 산화성 물질이다.

④ 물을 혼합하면 폭발성이 줄어든다.

해설

상온에서는 안정하나 가열하면 약 100℃에서 흰연기를 내며 분해한다(발화점 125℃).

28 제5류 위험물 중 니트로 화합물에서 니트로기(nitro group)를 옳게 나타낸 것은?

① −NO   ② −NO_2

③ −NO_3   ④ −NON_3

해설

① : 니트로소기(−NO)

② : 니트로기(−NO_2)

③ : 질산기(−NO_3$^-$)

29 니트로셀룰로오스의 저장 및 취급 방법으로 틀린 것은?

① 가열, 마찰을 피한다.

② 열원을 멀리하고 냉암소에 저장한다.

③ 알코올용액으로 습면하여 운반한다.

④ 물과의 접촉을 피하기 위해 석유에 저장한다.

해설

저장, 운반 시 폭발을 방지하기 위하여 물(20%) 또는 알코올(30%)을 첨가하여 습윤시킨다.

30 니트로셀룰로오스에 대한 설명으로 옳지 않은 것은?

① 직사일광을 피해서 저장한다.

② 알코올 수용액 또는 물로 습윤시켜 저장한다.

③ 질화도가 클수록 위험도가 증가한다.

④ 화재 시에는 질식소화가 효과적이다.

> **해설**
>
> 니트로셀룰로오스는 제5류의 자기반응성 물질로 자체에 산소를 함유하기 때문에 질식소화는 효과가 없고 다량의 주수에 의한 냉각소화가 가장 효과적이다.

31 위험물안전관리법령의 규정에 따라 다음과 같이 예방 조치를 하여야 하는 위험물은?

> • 운반 용기의 외부에 '화기엄금' 및 '충격주의'를 표시한다.
> • 적재하는 경우 차광성 있는 피복으로 가린다.
> • 55℃ 이하에서 분해될 우려가 있는 경우는 보냉컨테이너에 수납하여 적정한 온도 관리를 한다.

① 제1류   ② 제2류

③ 제3류   ④ 제5류

32 질산에틸의 성상에 관한 설명 중 틀린 것은 어느 것인가?

① 향기를 갖는 무색의 액체이다.

② 휘발성 물질로 증기 비중은 공기보다 작다.

③ 물에는 녹지 않으나 에테르에 녹는다.

④ 비점 이상으로 가열하면 폭발의 위험이 있다.

> **해설**
>
> 질산에틸($C_2H_5ONO_2$)의 증기비중은 $\dfrac{92}{29}=3.17$로서 공기보다 무거운 휘발성 액체이다.

33 메틸에틸케톤퍼옥사이드의 저장 또는 취급시 유의할 점으로 가장 거리가 먼 것은?

① 통풍을 잘 시킬 것

② 찬 곳에 저장할 것

③ 일광의 직사를 피할 것

④ 저장 용기에는 증기 배출을 위해 구멍을 설치할 것

> **해설**
>
> 메틸에틸케톤퍼옥사이드(MEKPO)[$(CH_3COC_2H_5)_2O_2$] : 제5류(유기과산화물)
> ④ 저장용기는 증기배출을 막기 위해 밀폐할 것

34 유기과산화물의 화재 예방상 주의사항으로 틀린 것은?

① 열원으로부터 멀리한다.

② 직사광선을 피해야 한다.

③ 용기의 파손에 의해서 누출되면 위험하므로 정기적으로 점검하여야 한다.

④ 산화제와 격리하고 환원제와 접촉시켜야 한다.

> **해설**
>
> 유기과산화물은 제5류 위험물의 자기반응성 물질로서 자체 내에 산소를 가지고 있어 자기연소(내부연소)하기 때문에 산화제 및 환원제와 접촉을 금지시켜야 한다.

35 니트로셀룰로오스의 안전한 저장 및 운반에 대한 설명으로 옳은 것은?

① 습도가 높으면 위험하므로 건조한 상태로 취급한다.

② 아세톤과 혼합하여 저장한다.

③ 산을 첨가하여 중화시킨다.

④ 알코올 수용액으로 습면시킨다.

> **해설**
>
> 저장 및 운반시 물(20%)또는 알코올(30%)로 습면시킨다.

정답 30 ④   31 ④   32 ②   33 ④   34 ④   35 ④

36 피크린산의 각 특성 온도 중 가장 낮은 것은?

① 인화점   ② 발화점

③ 녹는점   ④ 끓는점

> 해설
>
> 트리니트로페놀(피크린산) : 인화점 150℃, 발화점 300℃,
> 녹는점 122.5℃, 끓는점 255℃

37 니트로셀룰로오스에 대한 설명으로 틀린 것은?

① 다이너마이트의 원료로 사용된다.

② 물과 혼합하면 위험성이 감소된다.

③ 셀룰로오스에 진한 질산과 진한 황산을 작용시켜 만든다.

④ 품명이 니트로화합물이다.

> 해설
>
> ④ 제5류(자기반응성물질) 중 질산에스테르류

38 질산에틸과 아세톤의 공통적인 성질 및 취급 방법으로 옳은 것은?

① 휘발성이 낮기 때문에 마개 없는 병에 보관하여도 무방하다.

② 점성이 커서 다른 용기에 옮길 때 가열하여 더운 상태에서 옮긴다.

③ 통풍이 잘되는 곳에 보관하고 불꽃 등의 화기를 피하여야 한다.

④ 인화점이 높으나 증기압이 낮으므로 햇빛에 노출된 곳에 저장이 가능하다.

> 해설
>
> • 질산에틸($C_2H_5ONO_2$) : 제5류(자기반응성 물질) 중 질산에스테르류
> • 아세톤(CH_2COCH_3) : 제4류 제1석유류(수용성)
> ※ 휘발성이 높기 때문에 용기는 밀봉 밀전하여 냉암소에 저장할 것

39 제5류 위험물의 운반용기의 외부에 표시하여야 하는 주의사항은?

① 물기주의 및 화기주의

② 물기엄금 및 화기엄금

③ 화기주의 및 충격엄금

④ 화기엄금 및 충격주의

40 니트로글리세린에 대한 설명으로 옳은 것은?

① 품명은 니트로화합물이다.

② 물, 알코올, 벤젠에 잘 녹는다.

③ 가열, 마찰, 충격에 민감하다.

④ 상온에서 청색의 결정성 고체이다.

> 해설
>
> 니트로글리세린[$C_3H_5(ONO_2)_3$]
> • 제5류(자기반응성물질)의 질산에스테르류, 지정수량 10kg
> • 무색 투명한 액체로서 물에 녹지 않고 알코올, 아세톤, 벤젠 등에 잘 녹는다.
> • 니트로글리세린＋규조토＝다이너마이트

41 다음 중 위험등급이 나머지 셋과 다른 하나는?

① 니트로소화합물   ② 유기과산화물

③ 아조화합물   ④ 히드록실아민

> 해설
>
> 제5류 위험등급 : Ⅰ등급은 질산에스테르류, 유기과산화물류이며 이외의 화합물은 전부 위험 Ⅱ등급에 해당된다.

42 질산에틸의 분자량은 약 얼마인가?

① 76   ② 82

③ 91   ④ 105

> 해설
>
> 질산에틸($C_2H_5ONO_2$)＝$12 \times 2 + 1 \times 5 + 16 + 14 + 16 \times 2$
> ＝91

43 니트로셀룰로오스에 관한 설명으로 옳은 것은?

① 섬유소를 진한 염산과 석유의 혼합액으로 처리하여 제조한다.

② 직사광선 및 산의 존재하에 자연발화의 위험이 있다.

③ 습윤상태로 보관하면 매우 위험하다.

④ 황갈색의 액체상태이다.

해설

셀룰로오스를 진한 질산(3)과 진한 황산(1)의 혼합액으로 반응시켜 만든 질화면으로 물(20%) 또는 알코올(30%)로 습윤시켜 보관하여 직사광선, 산·알칼리성의 존재하에 분해하고 자연발화한다.

---

44 다음 중 제5류 위험물에 해당하지 않는 것은?

① 히드라진

② 히드록실아민

③ 히드라진유도체

④ 히드록실아민염류

해설

히드라진(N_2H_4) : 제4류, 제2석유류

---

45 제5류 위험물에 관한 내용으로 틀린 것은?

① $C_2H_5ONO_2$: 상온에서 액체이다.

② $C_6H_2OH(NO_2)_3$: 공기 중 자연분해가 매우 잘 된다.

③ $C_6H_3(NO_2)_2CH_3$: 담황색 결정이다.

④ $C_3H_5(ONO_2)_3$: 혼산 중에 글리세린을 반응시켜 제조한다.

해설

② 피크린산(트리니트로페놀) : 마찰, 충격에 둔감하고 찬물에는 잘 녹지 않고 온수, 알코올, 벤젠, 에테르에 잘 녹으며 장기간 저장해도 자연발화 없이 안정하다.

---

46 지정수량의 10배의 위험물을 운반할 경우 제5류 위험물과 혼재 가능한 위험물에 해당하는 것은?

① 제1류 위험물　　② 제2류 위험물

③ 제3류 위험물　　④ 제6류 위험물

해설

서로 혼재 가능한 위험물
• 제1류와 제6류
• 제4류와 제2류, 제3류
• 제5류와 제2류, 제4류

---

47 질산에스테르류에 속하지 않는 것은?

① 니트로셀룰로오스

② 질산에틸

③ 니트로 글리세린

④ 디니트로페놀

해설

④ 니트로화합물(지정수량 : 200kg)

---

48 제5류 위험물의 화재예방 및 진압 대책에 대한 설명 중 틀린 것은?

① 벤조일퍼옥사이드의 저장 시 저장용기에 희석제를 넣으면 폭발 위험성을 낮출 수 있다.

② 건조상태의 니트로셀룰로오스는 위험하므로 운반시에는 물, 알코올 등으로 습윤시킨다.

③ 디니트로톨루엔은 폭발감도가 매우 민감하고 폭발력이 크므로 가열, 충격 등에 주의하여 조심스럽게 취급해야 한다.

④ 트리니트로톨루엔은 폭발시 다량의 가스가 발생하므로 공기 호흡기 등의 보호장구를 착용하고 소화한다.

해설

③ 디니트로톨루엔[$C_6H_3(NO_2)_2CH_3$]은 담황색 결정으로 물에 녹지 않고 알코올, 벤젠, 에테르에 잘 녹으며 폭발력이 약하여 폭약으로는 둔감하다.

---

49 제5류 위험물인 트리니트로톨루엔 분해시 주 생성물에 해당하지 않는 것은?

① CO ② N_2

③ NH_3 ④ H_2

> **해설**
>
> 트리니트로톨루엔(T.N.T) 분해반응식
> $2C_6H_2CH_3(NO_2)_3 \rightarrow 12CO + 3C + 3N_2 + 5H_2$

50 질산에틸에 관한 설명으로 옳은 것은?

① 인화점이 낮아 인화되기 쉽다.

② 증기는 공기보다 가볍다.

③ 물에 잘 녹는다.

④ 비점은 약 25℃ 정도이다.

> **해설**
>
> 무색 투명한 액체로서 물에 녹지 않고 알코올, 에테르에 잘 녹고 분자량 91, 증기비중 3.14, 비점 88℃, 인화점 −10℃이다.

51 위험물의 유별 구분이 나머지 셋과 다른 하나는?

① 니트로글리콜 ② 스티렌

③ 아조벤젠 ④ 디니트로벤젠

> **해설**
>
> ①, ③, ④ : 제5류 위험물
> ② : 제4류의 제2석유류

52 니트로셀룰로오스에 대한 설명으로 옳은 것은?

① 물에 녹지 않으며 물보다 무겁다.

② 수분과 접촉하는 것은 위험하다.

③ 질화도와 폭발 위험성은 무관하다.

④ 질화도가 높을수록 폭발 위험성이 낮다.

> **해설**
>
> 자연발화를 방지하기 위해 물(20%) 또는 알코올(30%)로 습윤시켜 저장 및 운반하며 질화도가 높을수록 폭발 위험성이 크다.

53 제5류 위험물에 대한 설명으로 옳지 않은 것은?

① 대표적인 성질은 자기반응성 물질이다.

② 피크린산은 니트로화합물이다.

③ 모두 산소를 포함하고 있다.

④ 니트로화합물은 니트로기가 많을 수록 폭발력이 커진다.

> **해설**
>
> 제5류 위험물의 대다수는 자기반응성 물질로서 산소를 포함하고 있지만 산소를 포함하지 않는 물질도 있다.

54 위험물법령상 셀룰로이드의 품명과 지정수량을 옳게 연결한 것은?

① 니트로화합물 − 200kg

② 니트로화합물 − 10kg

③ 질산에스테르류 − 200kg

④ 질산에스테르류 − 10kg

> **해설**
>
> 질산에스테르류(지정수량 : 10kg) : 질산메틸, 질산에틸 니트로글리세린, 니트로 셀루로오스, 셀룰로이드 등

55 제5류 위험물이 아닌 것은?

① 염화벤조일 ② 아지화나트륨

③ 질산구아니딘 ④ 아세틸퍼옥사이드

> **해설**
>
> ① 염화벤조일[C_6H_5COCl] : 제4류 위험물 중 제3석유류

 정답 49 ③　50 ①　51 ②　52 ①　53 ③　54 ④　55 ①

56 분자내의 니트로기($-NO_2$)와 같이 쉽게 산소를 유리할 수 있는 기를 가지고 있는 화합물의 연소 형태는?

① 표면연소
② 분해연소
③ 증발연소
④ 자기연소

해설

제5류(자기반응성, 자기연소성)의 니트로 화합물 : 니트로기($-NO_2$)가 2개 이상 치환된 화합물

57 트리니트로페놀의 성상에 대한 설명 중 틀린 것은?

① 융점은 약 61℃이고 비점은 약 120℃이다.
② 쓴맛이 있으며 독성이 있다.
③ 단독으로는 마찰, 충격에 비교적 안정하다.
④ 알코올, 에테르, 벤젠에 녹는다.

해설

트리니트로페놀(피크린산) : 녹는점 122.5℃, 비점 255℃, 인화점 150℃, 발화점 300℃

58 다음 중 위험물안전관리법령에 의한 지정수량이 가장 작은 품명은?

① 질산염류
② 인화성 고체
③ 금속분
④ 질산에스테르류

해설

① 질산염류(제1류) : 300kg
② 인화성 고체(제2류) : 1000kg
③ 금속분(제2류) : 500kg
④ 질산에스테르류(제5류) : 10kg

59 제5류 위험물을 취급하는 위험물제조소에 설치하는 주의사항 게시판에서 표시하는 내용과 바탕색, 문자색으로 옳은 것은?

① '화기주의', 백색 바탕에 적색 문자
② '화기주의', 적색 바탕에 백색 문자
③ '화기엄금', 백색 바탕에 적색 문자
④ '화기엄금', 적색 바탕에 백색 문자

해설

위험물제조소 주의사항 게시판

주의사항	유별
화기엄금 (적색바탕, 백색문자)	• 제2류 위험물(인화성고체) • 제3류 위험물(자연발화성물품) • 제4류 위험물 • 제5류 위험물
화기주의 (적색바탕, 백색문자)	• 제2류 위험물(인화성고체 제외)
물기엄금 (청색바탕, 백색문자)	• 제1류 위험물(무기과산화물) • 제3류 위험물(금수성물품)

60 질산의 수소 원자를 알킬기로 치환한 제5류 위험물의 지정수량은?

① 10kg
② 50kg
③ 100kg
④ 200kg

해설

질산에스테르류 : 질산의 수소원자가 알킬기로 치환된 화합물로 지정수량은 10kg이다.

예 질산메틸(CH_3NO_3), 질산에틸($C_2H_5NO_3$) 등

61 위험물안전관리법령에서 정하는 위험등급 I에 해당하지 않는 것은?

① 제3류 위험물 중 지정수량이 10kg인 위험물
② 제4류 위험물 중 특수인화물
③ 제1류 위험물 중 무기과산화물, 염소산염류
④ 제5류 위험물 중 지정수량이 100kg인 위험물

해설

제5류 위험물
• 위험등급 I (지정수량 10kg) : 질산에스테르류, 유기과산화물
• 위험등급 II (지정수량 100kg) : 히드록실아민, 히드록실아민염류

 정답 56 ④ 57 ① 58 ④ 59 ④ 60 ① 61 ④

62 셀룰로이드에 관한 설명 중 틀린 것은?

① 물에 잘 녹으며, 알코올, 아세톤에는 녹지 않는다.
② 지정수량은 10kg이다.
③ 탄력성이 있는 반투명 고체의 형태로서 연소시 유독가스를 발생한다.
④ 장시간 방치된 것은 햇빛, 고온 등에 의해 분해가 촉진되어 자연발화의 위험이 있다.

해설

① 물에 녹지 않고 진한 황산, 알코올, 아세톤, 초산에 잘 녹으며 자연발화 위험이 있다.

---

63 위험물안전관리법령상 유별이 같은 것으로만 나열된 것은?

① 금속의 인화물, 칼슘의 탄화물, 할로겐간화합물
② 아조벤젠, 염산히드라진, 질산구아니딘
③ 황린, 적린, 무기과산화물
④ 유기과산화물, 질산에스테르류, 알킬리튬

해설

① 금속의 인화물(제3류), 칼슘의 탄화물(제3류), 할로겐간화합물(제6류)
② 아조벤젠, 염산히드라진, 질산구아나딘(제5류)
③ 황린(제3류), 적린(제2류), 무기과산화물(제1류)
④ 유기과산화물(제5류), 질산에스테르류(제5류), 알킬리튬(제3류)

---

64 피크린산 제조에 사용되는 물질과 가장 관계가 있는 것은?

① C_6H_6　　　　② $C_6H_5CH_3$
③ $C_3H_5(OH)_3$　　④ C_6H_5OH

해설

피크린산(트리니트로페놀, TNP) : 페놀에 질산과 황산(탈수 작용)을 니트로화 반응시켜 만든다.

$$C_6H_5OH + 3HNO_3 \xrightarrow[\Delta]{(c-H_2SO_4)} C_6H_2OH(NO_2)_3 + 3H_2O$$
　(페놀)　　(질산)　　　　　　　　　(TNP)　　　(물)

---

65 위험물 운반에 관한 기준 중 위험 등급 Ⅰ에 해당하는 위험물은?

① 황화린
② 피크린산
③ 벤조일퍼옥사이드
④ 질산나트륨

해설

① 황화린 : 제2류(Ⅱ등급), 지정수량 100kg
② 피크린산 : 제5류(Ⅱ등급), 지정수량 200kg
③ 벤조일퍼옥사이드 : 제5류(유기과산화물 Ⅰ등급), 지정수량 10kg
④ 질산나트륨 : 제1류(질산염류 Ⅱ등급), 지정수량 300kg

---

66 과산화벤조일에 대한 설명 중 틀린 것은?

① 진한 황산과 혼촉 시 위험성이 증가한다.
② 폭발성을 방지하기 위하여 희석제를 첨가할 수 있다.
③ 가열하면 약 100℃에서 흰 연기를 내면서 분해한다.
④ 물에 녹으며 무색, 무취의 액체이다.

해설

④ 무색, 무취의 백색분말 결정으로 물에 녹지 않고 알코올에 약간 녹으며 유기용제에 잘녹는다.

제6류 위험물(산화성 액체)

1 위험물의 종류 및 지정수량

성질	위험등급	품명[주요품목]	지정수량
산화성 액체	I	1. 과염소산[$HClO_4$]	300kg
		2. 과산화수소[H_2O_2]	
		3. 질산[HNO_3]	
		4. 그 밖에 행정안전부령이 정하는 것 　• 할로겐간화합물(BrF_3, IF_5 등)	

2 제6류 위험물의 개요

(1) 공통성질★★★

① 산소를 많이 함유하고 있는 강산화성 액체이고 자신은 '불연성 물질'이다.

② 분해에 의하여 산소를 발생하므로 다른 가연 물질의 연소를 돕는다.

③ 무색 투명한 무기화합물로 비중은 1보다 크고 물에 잘 녹는다.

④ 과산화수소를 제외하고 강산성 물질이고 물과 접촉시 발열한다.

⑤ 산화력이 강해 가연물, 유기물 등과 혼합하면 산화시켜 발화하는 수도 있다.

⑥ 부식성의 강산이므로 피부 점막을 부식시키고 증기는 유독하다.

(2) 저장 및 취급시 유의사항

① 물, 가연물, 염기 및 산화제와의 접촉을 피해야 한다.

② 흡습성이 강하기 때문에 내산성 용기에 보관해야 하며, 용기의 밀봉, 파손과 위험물이 새어나오지 않도록 주의하여야 한다.

③ 피부에 접촉시 다량의 물에 세척하고 증기를 흡입하지 않도록 한다.

④ 위험물 누출시 마른모래나 흙으로 흡수시키고 대량일 때 과산화수소는 물로, 다른 물질은 중화제(소다회, 중탄산나트륨, 소석회)로 중화시킨후 다량의 물로 세척한다.

⑤ 위험물제조소등 및 운반용기의 외부에 주의사항으로 '가연물접촉주의'라고 표시한다.

(3) 소화 방법

① 물과 접촉시 발열하므로 물 사용을 피하는 것이 좋다.

② 가연성 물질을 제거하고 마른모래, CO_2, 분말 소화약제를 사용한다.

③ 소량화재시 또는 과산화수소는 다량의 물로 희석소화한다.

④ 소화작업시 유독하므로 보호피복, 보호장갑, 공기호흡기 등 보호장구를 착용한다.

3 위험물의 종류 및 성상

1. 과염소산($HClO_4$) [지정수량 : 300kg]★★★

분자량	100.5	융점	$-112(℃)$
비중	1.76	비점	39(℃)

(1) 일반 성질

① 무색 무취의 유동성 액체로 흡수성이 강하고 휘발성이 있다.

② 불연성 물질이지만 자극성, 산화성이 매우 크고 공기중에서 분해하여 연기를 발생한다.

③ 가열하면 분해 폭발하여 유독성인 HCl를 발생시킨다.

$$HClO_4 \xrightarrow{\varDelta} HCl + 2O_2$$

④ 물과 심하게 발열 반응을 하며, 염소산 중에서 제일 강한 산이다.

> **참고** 산의 세기 : $HClO_4 > HClO_3 > HClO_2 > HClO$
>
> (과염소산)　(염소산)　(아염소산)(차아염소산)

⑤ 대단히 불안정한 강산으로 순수한 것은 쉽게 분해하고 강한 폭발력을 가진다.

⑥ 유기물, 암모니아, 알코올류 등과 반응시 심한 반응을 일으켜 발화폭발한다.

⑦ 금속(금속산화물)과 반응하여 과염소산염을 만들고 Fe, Cu, Zn과 격렬히 반응하여 산화물을 만든다.

⑧ 물과 접촉시 발열반응을 하고 6종류의 과염소산 고체 수화물을 만든다.

> **참고** $HClO_4 \cdot H_2O$, $HClO_4 \cdot 2H_2O$, $HClO_4 \cdot 2.5H_2O$, $HClO_4 \cdot 3H_2O$(2종류), $HClO_4 \cdot 3.5H_2O$

⑨ 강한 산화력이 있는 강산으로 종이, 나무조각과 접촉시 연소와 동시에 폭발한다.

(2) 저장 및 취급 방법

① 화기, 직사광선 등을 차단하고 물, 알코올류, 가연성유기물 등과의 접촉을 피하여 저장한다.

② 용기에 저장시 유리나 도자기 등으로 밀봉 밀전하여 저온에서 통풍이 잘 되는 곳에 저장한다.

③ 취급시 피부에 접촉할 경우 즉시 다량의 물로 세척한다.

(3) 소화방법 : 마른모래, 분말소화제, 다량의 물분무 등을 사용한다.

(4) 용도 : 산화제, 염색, 전해 연마제 등

2. 과산화수소(H_2O_2) [지정수량 : 300kg] : 농도가 36중량% 이상인 것★★★★

분자량	34	융점	$-0.89(℃)$
비중	1.465	비점	$80.2(℃)$

(1) 일반 성질

① 점성있는 무색 또는 청색을 띠는 액체로 물, 알코올, 에테르 등에 잘 녹고 석유나 벤젠 등에는 녹지 않는다.

② 강력한 산화제로 분해하여 발생한 산소[O]는 산화력이 강하다. (KI 전분지 → 보라색으로 변색)

③ 산화제 및 환원제로도 사용한다.

> • 산화제 : $2KI + H_2O_2 \longrightarrow 2KOH + I_2$
>
> • 환원제 : $PbO_2 + H_2O_2 \longrightarrow PbO + H_2O + O_2$

④ 상온에 분해하여 발생기산소를 발생하여 표백, 살균작용을 한다.(정촉매 : MnO_2)

> $2H_2O_2 \xrightarrow{MnO_2} 2H_2O + O_2$

⑤ 과산화수소 3%의 수용액을 소독약인 옥시풀로 사용하며 고농도 사용시 피부에 접촉하면 화상(수종)을 입는다.

⑥ 알칼리용액에서는 쉽게 분해하지만, 약산성에서는 분해하지 않고 안정하다.★★★

그러므로 일반 시판품은 30~40%의 수용액으로 분해하기 쉬워 안정제로 인산(H_3PO_4), 요산($C_5H_4N_4O_3$)을 가하거나 약산성으로 만든다.

⑦ 고농도의 60% 이상인 것은 충격, 마찰에 의해 단독으로 분해 폭발 위험이 있으며 니트로글리세린, 히드라진 등과 접촉시 분해하여 발화, 폭발한다.

> $2H_2O_2 + N_2H_4 \longrightarrow 4H_2O + N_2$

※ 고농도의 과산화수소는 알칼리, 금속분(Ag, Pt), 암모니아, 유기물(에테르, 메탄올, 벤젠 등) 과 혼촉시 발화 폭발한다.

(2) 저장 및 취급 방법★★★

① 화기, 직사광선을 피하고 통풍이 잘되는 냉암소에 저장한다.

② 저장 용기는 유리제는 피하고, 금속제는 금하며 분해방지를 위해 갈색병에 안정제(인산, 요산, 글리세린, 인산나트륨 등)를 가하여 발생기 산소의 발생을 억제시킨다.

③ 용기는 밀봉하되 분해시 발생하는 산소를 방출시켜 폭발을 방지하기 위해 작은 구멍이 뚫린 마개를 사용한다.

④ 누출시 피부접촉에 주의하며 다량의 물로 희석한다.

(3) 소화방법 : 다량의 물로 희석 냉각소화한다.

(4) 용도 : 표백제, 산화제, 살균소독제, 의약, 발포제 등

3. 질산(HNO_3) [지정수량 : 300kg] : 비중이 1.49 이상인 것★★★

별명	농초산	분자량	63	융점	$-42(℃)$
증기비중	2.175	비중	1.49	비점	$86(℃)$

(1) 일반 성질

① 흡습성이 강하여 습한 공기 중에서 발열하는 자극성 부식성이 강한 무색의 무거운 액체이다.

② 휘발성 발연성이 강한 강산으로 직사광선에 의해 분해하여 적갈색의 이산화질소(NO_2)를 발생시킨다

$$4HNO_3 \longrightarrow 4NO_2\uparrow + 2H_2O + O_2\uparrow$$

③ 질산은 단백질과 반응하여 노락색으로 변한다. (크산토프로테인반응 : 단백질 검출 반응)★

④ 염산(3)과 질산(1)의 부피비로 혼합한 용액을 왕수라고 하며 이용액에 유일하게 녹는 금속은 금(Au)과 백금(Pt)이다.★

⑤ 묽은 질산, 진한 질산 모두 산화력이 강하여 Cu, Hg, Ag과 반응하여 각각 NO, NO_2 가스가 발생한다.

- 묽은 질산 : $3Cu + 8HNO_3 \longrightarrow 3Cu(NO_3)_2 + 4H_2O + 2NO\uparrow$ (무색)
- 진한 질산 : $Cu + 4HNO_3 \longrightarrow Cu(NO_3)_2 + 2H_2O + 2NO_2\uparrow$ (적갈색)

⑥ 진한 질산은 금속과 반응하여 산화피막(Fe_2O_3, NiO, Al_2O_3)을 만들어 내부를 보호하는 금속의 부동태를 만든다.★★

참고
- 부동태를 만드는 금속 : Fe, Ni, Al, Cr, Co
- 부동태를 만드는 산 : 진한 질산($c-HNO_3$), 진한 황산($c-H_2SO_4$)

⑦ 목탄분, 헝겊, 솜 등의 가연물에 스며들어 방치하면 **자연발화**한다.

⑧ 진한 질산은 **물**과 접촉시 심하게 **발열**하고, 가열하면 유독한 적갈색의 증기(NO_2)가 발생한다.★★

> • 묽은-$2HNO_3 \longrightarrow H_2O + 2NO + 3[O]$
> • 진한-$2HNO_3 \longrightarrow H_2O + 2NO_2 + [O]$
> • 발연 질산 : 진한 질산에 이산화질소(NO_2)를 녹인 것

⑨ 강산화제, 알칼리금속(K, Na 등), 암모니아(NH_3), 유기용제 등과 접촉시 폭발위험이 있다.

(2) 저장 및 취급 방법

① 화기, 직사광선을 차단하고 물과 접촉을 피하며 **갈색병**에 밀봉, 밀전하여 통풍이 잘되는 냉암소에 보관한다.

② 산화력과 부식성이 매우 강한 강산으로서 피부에 접촉시 화상을 입을 우려가 있으므로 취급시 보호장구를 착용한다.

③ 누출시 금속분, 환원성 물질 등 가연성 물질과 격리시키고 중화제(소석회, 소다회 등)로 중화시킨 후 다량의 물로 희석시킨다.

(3) 소화방법 : 마른모래, CO_2 등을 사용하고 소량일 경우 다량의 물로 희석한다.

※ 물로 소화시 발열하여 비산할 위험이 있으므로 주의한다.

(4) 용도 : 산화제, 니트로화제, 각종 폭약, 야금 등

4. 할로겐간 화합물 [지정수량 : 300kg]

두 할로겐 X와 Y로 이루어진 2성분 화합물로 보통 상호성분을 직접 작용시키면 생긴다.

(1) 종류 : 삼불화브롬(BrF_3), 오불화브롬(BrF_5), 염화요오드(ICl), 브롬화요오드(IBr), 오불화요오드(IF_5) 등이 있다.

(2) 일반 성질

① 일반적으로 할로겐과 비슷한 성질을 갖는다.

② 휘발성 기체 또는 액체이고 최고 끓는점은 BrF_3의 127℃이다.

③ 대다수 불안정하고 폭발하지 않으며 IF는 얻어지지 않는다.

④ 물과 격렬하게 폭발 반응하며 유독물질과 인화성 가스를 발생한다.

01 다음 중 산화성 액체 위험물의 화재 예방상 가장 주의해야 할 점은?

① 0℃ 이하로 냉각시킨다.
② 물과 공기와의 접촉을 피한다.
③ 가연물과의 접촉을 피한다.
④ 금속 용기에 저장한다.

해설

제6류 위험물은 산화성 액체의 산화제로 환원제인 가연물과의 접촉을 피해야 한다.

02 제6류 위험물에 대한 설명으로 틀린 것은?

① 위험등급 I에 속하는 불연성 물질이다.
② 자신이 산화되는 산화성 물질이다.
③ 지정수량이 300kg이다.
④ 삼불화브롬은 제6류 위험물이다.

해설

제6류 위험물은 산화성 액체로서 다른 물질을 산화시키는 물질에 해당된다.

03 제6류 위험물의 소화방법으로 틀린 것은?

① 마른모래로 소화한다.
② 환원성 물질을 사용하여 중화소화한다.
③ 연소의 상황에 따라 분무주수도 효과가 있다.
④ 과산화수소 화재 시 다량의 물을 사용하여 희석소화 할 수 있다.

해설

제6류 위험물은 산화성 액체로서 자체적으로 산소를 함유한 물질이므로 CO_2 및 할론의 질식소화는 효과가 없고 다량의 물로 주수소화한다.

04 질산과 과염소산의 공통적인 성질에 대한 설명 중 틀린 것은?

① 가연성 물질이다.
② 산화제이다.
③ 무기화합물이다.
④ 산소를 함유하고 있다.

05 과염소산과 과산화수소의 공통된 성질이 아닌 것은?

① 비중이 1보다 크다.
② 물에 녹지 않는다.
③ 산화제이다.
④ 산소를 포함한다.

06 위험물 안전관리에 관한 세부 기준에서 정한 위험물의 유별에 따른 위험성 시험 방법을 옳게 연결한 것은?

① 제1류 – 가열 분해성 시험
② 제2류 – 작은 불꽃 착화 시험
③ 제5류 – 충격 민감성 시험
④ 제6류 – 낙구 타격 감도 시험

해설

유별 위험성 실험 방법
• 제1류 : 연소 시험, 낙구식 타격 감소 시험, 대략 연소 시험, 철관 시험
• 제2류 : 작은 불꽃 착화 시험
• 제3류 : 자연발화성, 금수성 시험
• 제4류 : 테그밀폐식 인화점 측정 시험, 세타밀폐식 인화점 측정 시험, 클리브랜드 개방식의 인화점 측정 시험
• 제5류 : 열분석 시험, 압력 용기 시험, 내열 시험, 낙추 감도 시험, 순폭 시험, 마찰 감도 시험, 폭속 시험, 탄동구포 시험, 탄동진자 시험
• 제6류 : 연소 시간의 측정 시험, 액체 비중 측정 시험

정답 **01** ③ **02** ② **03** ② **04** ① **05** ② **06** ②

07 위험물안전관리법령상 탄산수소염류의 분말소화기가 적응성을 갖는 위험물이 아닌 것은?

① 과염소산　　　② 철분

③ 톨루엔　　　　④ 아세톤

해설

① 과염소산($HClO_4$) : 제6류 위험물(산화성 액체)는 다량의 물로 희석하여 소화한다.

※ 탄산수소염류 분말소화기의 적응성

• 금수성 물품 : 알칼리금속의 과산화물, 금속분, 마그네슘, 철분 등

• 제4류(인화성 액체) : 벤젠, 톨루엔, 아세톤 등

08 제6류 위험물의 위험성에 대한 설명으로 틀린 것은?

① 질산을 가열할 때 발생하는 적갈색 증기는 무해하지만 가연성이며 폭발성이 강하다.

② 고농도의 과산화수소는 충격, 마찰에 의해서 단독으로도 분해, 폭발할 수 있다.

③ 과염소산은 유기물과 접촉 시 발화 또는 폭발할 위험이 있다.

④ 과산화수소는 햇빛에 의해서 분해되며, 촉매(MnO_2) 하에서 분해가 촉진된다.

해설

① 질산(HNO_3)을 가열시 분해하면 이산화질소(NO_2)의 유독한 적갈색 기체가 발생한다.

$2HNO_3 \rightarrow H_2O + 2NO_2 + [O]$

09 위험등급이 나머지 셋과 다른 것은?

① 알칼리토금속

② 아염소산염류

③ 질산에스테르류

④ 제6류 위험물

해설

① : 위험등급 II

②, ③, ④ : 위험등급 I

10 과염소산에 대한 설명 중 틀린 것은?

① 산화제로 이용된다.

② 휘발성이 강한 가연성 물질이다.

③ 철, 아연, 구리와 격렬하게 반응한다.

④ 증기비중이 약 3.5이다.

해설

과염소산($HClO_4$) : 제6류 위험물(산화성 액체)로 불연성 물질이다.

11 제6류 위험물인 질산에 대한 설명으로 틀린 것은?

① 강산이다.

② 물과 접촉시 발열한다.

③ 불연성 물질이다.

④ 열분해시 수소를 발생한다.

해설

질산(HNO_3) : 제6류(산화성 액체)

• 무색의 부식성·흡습성이 강한 산성으로 발연성·불연성 액체이다.

• 물과 접촉시 발열하고 직사광선 및 열분해시 적갈색의 NO_2기체를 발생한다.(갈색병 보관)

• 위험물 적용범위 : 비중이 1.49 이상인 것

12 과산화수소에 대한 설명으로 틀린 것은?

① 불연성 물질이다.

② 농도가 약 3wt%이면 단독으로 분해 폭발한다.

③ 산화성 물질이다.

④ 점성이 있는 액체로 물에 용해된다.

해설

• 제6류 위험물(산화성 액체)로 점성이 있는 액체로 물, 에테르, 알코올에 용해하는 불연성 물질이다.

• 농도 60%이상인 것은 마찰, 충격에 의해 단독 분해 폭발 위험이 있다.

정답　07 ①　08 ①　09 ①　10 ②　11 ④　12 ②

13 공기 중에서 갈색 연기를 내는 물질은?

① 중크롬산암모늄   ② 과산화수소

③ 벤젠   ④ 발연 질산

해설

질산(HNO_3)을 가열시 분해하면 이산화질소(NO_2)의 유독한 적갈색 기체가 발생한다.

$HNO_3 \rightarrow H_2O + 2NO_2 + [O]$

14 위험물안전관리법상 위험물에 해당하는 것은?

① 아황산

② 비중이 1.41인 질산

③ $53\mu m$의 표준체를 통과하는 것이 50wt% 이상인 철의 분말

④ 농도가 15wt%인 과산화수소

해설

법규정상 위험물의 해당기준

유별	구분	기준
제2류 위험물 (가연성 고체)	유황(S)	순도 60% 이상인 것
	철분 (Fe)	$53\mu m$ 통과하는 것이 50wt% 이상인 것
	마그네슘 (Mg)	2mm의 체를 통과하지 아니하는 덩어리 상태의 것과 직경 2mm 이상의 막대모양의 것은 제외
제6류 위험물 (산화성 액체)	과산화수소 (H_2O_2)	농도가 36wt% 이상인 것
	질산(HNO_3)	비중이 1.49 이상인 것

15 과산화수소의 성질에 대한 설명 중 틀린 것은?

① 에테르에 녹지 않으며, 벤젠에 녹는다.

② 산화제이지만 환원제로서 작용하는 경우도 있다.

③ 물보다 무겁다.

④ 분해방지 안정제로 인산, 요산 등을 사용할 수 있다.

해설

① 에테르에 녹고 벤젠에 녹지 않는다.

16 과산화수소의 성질 및 취급 방법에 관한 설명 중 틀린 것은?

① 햇빛에 의하여 분해한다.

② 인산, 요산 등의 분해방지 안정제를 넣는다.

③ 저장 용기는 공기가 통하지 않게 마개로 꼭 막아둔다.

④ 에탄올에 녹는다.

해설

③ 용기는 밀봉하되 분해 시 발생하는 산소를 방출하기 위하여 작은 구멍이 뚫린 마개를 사용한다.

17 과산화수소의 운반용기에 외부에 표시해야 하는 주의사항은?

① 물기엄금   ② 화기엄금

③ 가연물접촉주의   ④ 충격주의

해설

제6류 위험물 운반 용기 : '가연물접촉주의' 표기

18 다음 물질 중 위험물안전관리법상 제6류 위험물에 해당하는 것은 모두 몇 개인가?

- 비중 1.49인 질산
- 비중 1.7인 과염소산
- 물 60g, 과산화수소 40g을 혼합한 수용액

① 1개   ② 2개

③ 3개   ④ 없음

해설

- 과산화수소 wt% $= \dfrac{40}{60+40} = 40$wt%로서 36wt% 이상으로 위험물에 해당된다.
- 과염소산은 제한이 없다.

정답 13 ④   14 ③   15 ①   16 ③   17 ③   18 ③

19 다음 위험물 중 지정수량이 가장 큰 것은?

① 질산에틸

② 과산화수소

③ 트리니트로톨루엔

④ 피크린산

해설

① 질산에틸(제5류 위험물 질산에스테르류) : 10kg

② 과산화수소(제6류 위험물) : 300kg

③, ④ 트리니트로톨루엔, 피크린산(제5류 위험물 중 니트로화합물류) : 200kg

20 하나의 위험물저장소에 다음과 같이 2가지 위험물을 저장하고 있다. 지정수량 이상에 해당하는 것은?

① 브롬산칼륨 80kg, 염소산칼륨 40kg

② 질산 100kg, 과산화수소 150kg

③ 질산칼륨 120kg, 중크롬산나트륨 500kg

④ 휘발류 20L, 윤활류 2,000L

해설

- 지정수량 배수가 1 이상이 되면 지정수량 이상으로 위험물저장에 해당된다.
- 지정수량배수

$$= \frac{\text{A품목의 저장수량}}{\text{A품목의 지정수량}} + \frac{\text{B품목의 저장수량}}{\text{B품목의 지정수량}} + \cdots$$

① 지정수량의 배수 $= \frac{80\text{kg}}{300\text{kg}} + \frac{40\text{kg}}{50\text{kg}} = 1.07$

② 지정수량의 배수 $= \frac{100\text{kg}}{300\text{kg}} + \frac{150\text{kg}}{1,000\text{kg}} = 0.83$

③ 지정수량의 배수 $= \frac{120\text{kg}}{300\text{kg}} + \frac{500\text{kg}}{300\text{kg}} = 0.9$

④ 지정수량의 배수 $= \frac{20l}{200l} + \frac{2,000l}{6,000l} = 0.43$

21 과염소산의 저장 및 취급 방법으로 틀린 것은?

① 종이, 나무 부스러기 등과의 접촉을 피한다.

② 직사광선을 피하고, 통풍이 잘 되는 장소에 보관한다.

③ 금속분과의 접촉을 피한다.

④ 분해 방지제로 NH_3 또는 $BaCl_2$로 사용한다.

해설

④ 분해방지제로 NH_3, $BaCl_2$ 사용시 격렬히 반응하여 발열, 발화, 폭발한다.

22 제6류 위험물에 해당하지 않는 것은?

① 농도가 50wt%인 과산화수소

② 비중이 1.5인 질산

③ 과요오드산

④ 오불화브롬

해설

과요오드산(HIO_4) : 제1류 위험물(그 밖의 행정안전부령)

23 무색 또는 엷은 청색의 액체로 농도가 36wt% 이상인 것을 위험물로 간주하는 것은?

① 과산화수소　　② 과염소산

③ 질산　　④ 초산

24 질산의 비중이 1.5일 때, 1소요단위는 몇 L인가?

① 150　　② 200

③ 1,500　　④ 2,000

해설

- 위험물의 1소요단위 = 지정수량 × 10배

$$= 300\text{kg} \times 10 = 3,000\text{kg}$$

- 질산의 액비중이 1.5이므로 밀도는 1.5kg/l가 된다.

- 밀도 = $\frac{\text{질량}}{\text{부피}}$

$\therefore$ 부피 = $\frac{\text{질량}}{\text{밀도}} = \frac{3000\text{kg}}{1.5\text{kg}/l} = 2000l$

19 ② **20** ① **21** ④ **22** ③ **23** ① **24** ④

제3-1과목 위험물의 성질과 취급 – 위험물의 종류 및 성질

25 과산화벤조일과 과염소산의 지정수량 합은 몇 kg인가?

① 310 　　　　② 400

③ 450 　　　　④ 500

해설

- 과산화벤조일(제5류 유기과산화물) 지정수량 : 10kg
- 과염소산(제6류) 지정수량 : 300kg

26 위험물의 저장 및 취급에 대한 설명 중 틀린 것은?

① H_2O_2 : 직사광선을 차단하고 찬 곳에 저장한다.

② MgO_2 : 습기의 존재하에서 산소를 발생하므로 특히 방습에 주의한다.

③ $NaNO_3$: 조해성이 크고 흡습성이 강하므로 습도에 주의한다.

④ K_2O_2 : 물속에 저장한다.

해설

과산화칼륨(K_2O_2)는 조해성 및 흡습성이 있어 물과 접촉하면 발열하며 수산화칼륨과 산소를 발생한다.

$2K_2O_2 + 2H_2O \rightarrow 4KOH + O_2\uparrow$

27 과산화수소에 대한 설명 중 틀린 것은?

① 이산화망간이 있으면 분해가 촉진된다.

② 농도가 높아질수록 위험성이 커진다.

③ 분해되면 산소를 방출한다.

④ 산소를 포함하고 있는 가연물이다.

해설

④ 산소를 포함하고 있는 불연성물질이다.

28 무색의 액체로 융점이 −112℃이고 물과 접촉하면 심하게 발열하는 제6류 위험물은?

① 과산화수소 　　　　② 과염소산

③ 질산 　　　　④ 오불화요오드

해설

과염소산($HClO_4$) : 무색 무취의 액체로 흡수성이 강하고 휘발성이 있는 불연성 물질로 융점이 −112℃이다.

29 과산화수소(H_2O_2)에 대한 설명으로 옳은 것은?

① 강산화제이지만 환원제로도 사용된다.

② 알코올 에테르에는 용해되지 않는다.

③ 20~30% 용액을 옥시돌(Oxydol)이라고도 한다.

④ 알칼리성 용액에서는 분해가 안된다.

해설

① H_2O_2는 산화제 또는 환원제로도 사용된다.

30 질산에 대한 설명 중 틀린 것은?

① 환원성 물질과 혼합하면 발화할 수 있다.

② 분자량은 약 63이다.

③ 위험물 안전관리법령상 비중이 1.82 이상 되어야 위험물로 취급된다.

④ 분해하면 인체에 해로운 가스가 발생한다.

해설

③ 질산(HNO_3)의 비중이 1.49 이상일 것

31 다음 중 제6류 위험물에 해당하는 것은?

① 과산화수소 　　　　② 과산화나트륨

③ 과산화칼륨 　　　　④ 과산화벤조일

정답 25 ① 　26 ④ 　27 ④ 　28 ② 　29 ① 　30 ③ 　31 ①

32 과산화수소가 이산화망간 촉매하에서 분해가 촉진될 때 발생하는 가스는?

① 수소 ② 산소
③ 아세틸렌 ④ 질소

해설

$2H_2O_2 \rightarrow 2H_2O + O_2$
분해방지안정제 : 인산(H_3PO_4), 요산($C_5H_4N_4O_3$)

33 제6류 위험물의 화재 예방 및 진압 대책으로 적합하지 않은 것은?

① 가연물과의 접촉을 피한다.
② 과산화수소를 장기 보존할 때는 유리 용기를 사용하여 밀전한다.
③ 옥내 소화전 설비를 사용하여 소화할 수 있다.
④ 물분무 소화 설비를 사용하여 소화할 수 있다.

해설

② 과산화수소(H_2O_2)는 직사광선, 열 등에 의해 분해하여 산소를 발생할 수 있으므로 갈색병에 밀봉하여 보관하되 마개에 작은 구멍을 뚫어 놓는다.

34 제6류 위험물에 대한 설명으로 적합하지 않은 것은?

① 질산은 햇빛에 의해 분해되어 NO_2를 발생한다.
② 과염소산은 산화력이 강하여 유기물과 접촉시 연소 또는 폭발한다.
③ 질산은 물과 접촉하면 발열한다.
④ 과염소산은 물과 접촉하면 흡열한다.

해설

④ 과염소산($HClO_4$)은 무색, 흡습성이 강한 휘발성 액체로서 물과 접촉시 발열 반응하고 6종류의 과염소산 고체 수화물을 만든다.

35 다음 중 과산화수소(H_2O_2)에 대한 설명이 틀린 것은?

① 열에 의해 분해한다.
② 농도가 높을수록 안정하다.
③ 인산, 요산과 같은 분해 방지 안정제를 사용한다.
④ 강력한 산화제이다.

해설

② 농도 60% 이상인 것은 충격, 마찰에 의해 단독 분해 폭발 위험이 있다.

36 질산의 성상에 대한 설명으로 옳은 것은?

① 흡습성이 강하고 부식성이 있는 무색의 액체이다.
② 햇빛에 의해 분해하여 암모니아가 생성되는 흰색을 띤다.
③ Au, Pt와 잘 반응하여 질산염과 질소가 생성된다.
④ 비휘발성이고 정전기에 의한 발화에 주의해야 한다.

해설

② 적갈색의 유독한 이산화질소(NO_2)가 발생한다.
③ Au, Pt는 질산에 녹지 않고 왕수[HNO_3(1)+HCl(3)]에 녹는다.
④ 산화성 액체로 발화하지 않는다.

37 제6류 위험물(산화성 액체)의 소화시 가장 위험성이 큰 요인은?

① 포스겐 가스의 발생
② 부식성에 의한 피해
③ 액체의 기포 발생
④ 발화로 인한 화상

해설

대부분 강산이며 강산화제로서 소화시 부식성의 피해가 가장 크다.

38 제6류 위험물에 속하는 것은?

① 염소화이소시아놀산

② 퍼옥소이황산염류

③ 질산구아니딘

④ 할로겐간 화합물

> **해설**
>
> ①, ② : 제1류   ③ : 제5류   ④ : 제6류

39 질산(NHO_3)에 대한 설명 중 옳은 것은?

① 산화력은 없고 강한 환원력이 있다.

② 자체 연소성이 있다.

③ 크산토프로테인 반응을 한다.

④ 조연성과 부식성이 없다.

> **해설**
>
> ③ 단백질(펩티드결합)과 반응하여 노란색으로 변색한다.
> 질산(HNO_3)은 산화력이 강한 산으로서 조연성, 부식성을 가진 액체이다.

40 질산과 과염소산의 공통 성질에 대한 설명 중 틀린 것은?

① 산소를 포함한다.   ② 산화제이다.

③ 물보다 무겁다.   ④ 쉽게 연소한다.

> **해설**
>
> 제6류 위험물(산화성 액체)은 산화제로서 연소를 돕는 조연성 물질이며 연소하지 않는다.

41 HNO_3에 대한 설명으로 틀린 것은?

① Al, Fe은 진한 질산에서 부동태를 생성해 녹지 않는다.

② 질산과 염산을 3 : 1 비율로 제조한 것을 왕수라 한다.

③ 부식성이 강하고 흡수성이 있다.

④ 직사광선에서 분해하여 NO_2를 발생한다.

> **해설**
>
> ② 왕수=질산(1) : 염산(3)

42 제6류 위험물의 화재예방 및 진압대책으로 옳은 것은?

① 과산화수소는 화재시 주수소화를 절대 금한다.

② 질산은 소량의 화재시 다량의 물로 희석한다.

③ 과염소산은 폭발방지를 위해 철제 용기에 저장한다.

④ 제6류 위험물의 화재에는 건조사만 사용하여 진압할 수 있다.

> **해설**
>
> 제6류 위험물(산화성 액체) : 다량의 물로 소화한다.

43 위험물을 운반 용기에 담아 지정수량의 1/10을 초과하여 적재하는 경우 위험물을 혼재하여도 무방한 것은?

① 제1류 위험물과 제6류 위험물

② 제2류 위험물과 제6류 위험물

③ 제2류 위험물과 제3류 위험물

④ 제3류 위험물과 제5류 위험물

> **해설**
>
> 서로 혼재 가능한 위험물
> • 제1류와 제6류
> • 제4류와 제2류, 제3류
> • 제5류와 제2류, 제4류

44 과산화수소와 산화프로필렌의 공통점으로 옳은 것은?

① 특수인화물로 휘발성이 강하다.

② 분해 시 질소를 발생한다.

③ 끓는점이 200℃ 이하이다.

④ 수용액 상태에서도 자연발화 위험이 있다.

> **해설**
>
> • 과산화수소(제6류) : 분해시 산소 발생, 자연발화 위험 없음, 비점 80.2℃
> • 산화프로필렌(제4류의 특수인화물) : Cu, Mg, Ag, Hg 등과 반응하여 폭발성 물질 생성, 비점 34℃

정답 38 ④   39 ③   40 ④   41 ②   42 ②   43 ①   44 ③

45 제6류 위험물에 대한 설명으로 옳은 것은?

① 과염소산은 독성은 없지만 폭발의 위험이 있으므로 밀폐하여 보관한다.

② 과산화수소는 농도가 3% 이상일 때 단독으로 폭발하므로 취급에 주의한다.

③ 질산은 자연발화의 위험이 높으므로 저온 보관한다.

④ 할로겐간 화합물의 지정수량은 300kg이다.

해설

① 흡수성이 강한 매우 불안정한 강산
② 농도가 60wt% 이상일 때 단독 폭발 위험성 있음
③ 산화력이 있는 불연성의 강산으로 자연발화성 없음

46 위험물안전관리법령에 따른 소화설비의 적응성에 관한 다음 내용 중 ( ) 안에 적합한 내용은?

> 제6류 위험물을 저장 또는 취급하는 장소로서 폭발의 위험이 없는 장소에 한하여 ( )가(이) 제6류 위험물에 대하여 적응성이 있다.

① 할로겐화합물 소화기
② 분말 소화기 – 탄산수소염류 소화기
③ 분말 소화기 – 그 밖의 것
④ 이산화탄소 소화기

47 다음 중 제6류 위험물로서 분자량이 약 63인 것은?

① 과염소산
② 질산
③ 과산화수소
④ 삼불화브롬

해설

① 과염소산 : $HClO_4 = 1 + 33.5 + 16 \times 4 = 100.5$
② 질산 : $HNO_3 = 1 + 14 + 16 + 3 = 63$
④ 과산화수소 : $H_2O_2 = 1 \times 2 + 16 \times 2 = 34$
④ 삼불화브롬 : $BrF_3 = 80 + 19 \times 3 = 137$

48 위험물안전관리법령에 따른 제6류 위험물의 특성에 대한 설명 중 틀린 것은?

① 과염소산은 유기물과 접촉 시 발화의 위험이 있다.

② 과염소산은 불안정하며 강력한 산화성 물질이다.

③ 과산화수소는 알코올, 에테르에 녹지 않는다.

④ 질산은 부식성이 강하고 햇빛에 의해 분해된다.

해설

③ 과산화수소 : 물, 알코올, 에테르 등에는 녹고 석유, 벤젠 등에는 녹지 않는다.

49 질산이 공기 중에서 분해되어 발생하는 유독한 갈색 증기의 분자량은?

① 16
② 40
③ 46
④ 71

해설

• 질산은 직사광선에 의해 분해되어 갈색의 유독한 이산화질소(NO_2)를 발생시킨다.
$$4HNO_3 \rightarrow 2H_2O + 4NO_2 + O_2$$
• NO_2의 분자량 = $14 + 16 \times 2 = 46$

50 위험물안전관리법령상 산화성 액체에 해당하지 않는 것은?

① 과염소산
② 과산화수소
③ 과염소산나트륨
④ 질산

해설

③ 과염소산나트륨 : 제1류의 산화성 고체

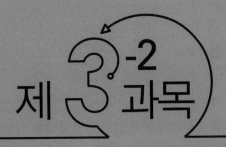

제 3 -2 과목

위험물의 성질과 취급
– 위험물 안전관리법

위험물의 취급방법

1 위험물 안전관리법 총칙

1. 목적

위험물의 저장·취급 및 운반과 이에 따른 안전 관리에 관한 사항을 규정함으로써 위험물로 인한 위해를 방지하여 공공의 안전을 확보함을 목적으로 한다.

2. 용어의 정의

① '위험물'이라 함은 인화성 또는 발화성 등의 성질을 가지는 것으로서 대통령령이 정하는 물품을 말한다.

② '지정수량'이라 함은 위험물의 종류별로 위험성을 고려하여 대통령령이 정하는 수량으로 제조소등의 설치허가 등에 있어서 최저의 기준이 되는 수량을 말한다.

③ '제조소'라 함은 위험물을 제조할 목적으로 지정수량 이상의 위험물을 취급하기 위하여 규정에 따른 허가 받은 장소를 말한다.

④ '저장소'라 함은 지정수량 이상의 위험물을 저장하기 위한 대통령이 정하는 장소로서 규정에 따른 허가를 받은 장소를 말한다.

⑤ '취급소'라 함은 지정수량 이상의 위험물을 제조외의 목적으로 취급하기 위한 대통령령이 정하는 장소로서 규정에 따른 허가를 받은 장소를 말한다.

⑥ '제조소등'이라 함은 제조소·저장소 및 취급소를 말한다.

> ※ 지정수량 미만인 위험물의 저장 및 취급: 특별시·광역시·특별자치도(이하 '시·도'라 한다.)의 조례로 정한다.

3. 위험물의 저장 및 취급의 제한

① 지정수량 이상의 위험물을 저장소가 아닌 장소에서 저장하거나 제조소등이 아닌 장소에서 취급하여서는 아니된다.

② 임시로 저장 또는 취급하는 장소에서의 저장 또는 취급의 기준과 임시로 저장 또는 취급하는 장소의 위치·구조 및 설비의 기준은 시·도의 조례로 정한다.

• 시·도의 조례가 정하는 바에 따라 관할소방서장의 승인을 받아 지정수량 이상의 위험물을

90일 이내의 기간동안 임시로 저장 또는 취급하는 경우
- 군부대가 지정수량 이상의 위험물을 군사목적으로 임시로 저장 또는 취급하는 경우

> ※위험물 취급기준
> - 지정수량 이상 : 제조소등에서 취급
> - 지정수량 미만 : 시·도의 조례에 의해 취급
> - 지정수량 이상 임시 저장 : 관할 소방서장 승인 후 90일 이내

③ 둘 이상의 위험물을 같은 장소에서 저장 또는 취급하는 경우에 있어서 당해 장소에서 저장 또는 취급하는 각 위험물의 수량을 그 위험물의 지정수량으로 각각 나누어 얻은 수의 합계가 1 이상인 경우 당해 위험물은 지정수량 이상의 위험물로 본다.

> ※ 둘 이상의 위험물질 취급시 지정수량 배수계산 ★★★★
>
> $$지정수량의\ 배수합 = \frac{A\ 물질의\ 저장량}{A\ 물질의\ 지정수량} + \frac{B\ 물질의\ 저장량}{B\ 물질의\ 지정수량} + \frac{C\ 물질의\ 저장량}{C\ 물질의\ 지정수량} + \cdots$$
>
> ※ 지정수량의 배수합계가 1이상인 경우 : 지정수량 이상의 위험물로 본다.

4. 제조소의 완공검사

① 규정에 따른 허가를 받은 자가 제조소등의 설치를 마쳤거나 그 위치·구조 또는 설비의 변경을 마친 때에는 당해 제조소등마다 시·도지사가 행하는 완공검사를 받아 법 규정에 따른 기술 기준에 적합하다고 인정받은 후가 아니면 이를 사용하여서는 아니된다. 다만, 제조소등의 위치·구조 또는 설비의 변경허가를 신청하는 때에 화재예방에 관한 조치사항을 기재한 서류를 제출하는 경우에는 당해 변경공사와 관계가 없는 부분을 완공검사를 받기 전에 미리 사용할 수 있다.

② 완공검사를 받고자 하는 자가 제조소등의 일부에 대한 설치 또는 변경을 마친 후 그 일부를 미리 사용하고자 하는 경우에는 당해 제조소등의 일부에 대하여 완공검사를 받을 수 있다.

5. 위험물시설의 설치 및 변경

① 제조소등을 설치하고자 하는 자는 대통령령이 정하는 바에 따라 그 설치장소를 관할하는 특별시장·광역시장·특별자치시장·도지사 또는 특별자치도지사(이하 '시·도지사'라 한다)의 허가를 받아야 한다.

② 제조소등의 위치·구조 또는 설비의 변경없이 당해 제조소등에서 저장하거나 취급하는 위험물의 품명·수량 또는 지정수량의 배수를 변경하고자 하는 자는 변경하고자 하는 날의 1일 전까지 행정 안정부령이 정하는 바에 따라 시·도지사에게 신고하여야 한다.

③ 제조소등의 설치자의 지위를 승계한 자는 행정안전부령이 정하는 바에 따라 승계한 날부터 30일 이내에 시·도지사에게 그 사실을 신고하여야 한다.

④ 제조소등의 관계인(소유자·점유자 또는 관리자를 말한다. 이하 같다)은 해당 제조소등의 용도를 폐지(장래에 대하여 위험물 시설로서의 기능을 완전히 상실시키는 것을 말한다)한 때에는 행정안전부령이 정하는 바에 따라 제조소등의 용도를 폐지한 날부터 14일 이내에 시·도지사에게 신고하여야 한다.

⑤ 다음에 해당하는 제조소등의 경우에는 허가를 받지 아니하고 당해 제조소등을 설치하거나 그 위치·구조 또는 설비를 변경할 수 있으며, 신고를 하지 아니하고 위험물의 품명·수량 또는 지정수량의 배수를 변경할 수 있다.
- 주택의 난방시설(공동주택의 중앙난방시설을 제외한다)을 위한 저장소 또는 취급소
- 농예용·축산용 또는 수산용으로 필요한 난방시설 또는 건조시설을 위한 지정수량 20배 이하의 저장소

6. 제조소등 설치허가의 취소와 사용정지

시·도지사는 제조소등의 관계인이 다음에 해당하는 때에는 행정안전부령이 정하는 바에 따라 허가를 취소하거나 6월 이내의 기간을 정하여 제조소등의 전부 또는 일부에 사용정지를 명할 수 있다.

① 변경허가를 받지 아니하고 제조소등의 위치·구조 또는 설비를 변경한 때
② 완공검사를 받지 아니하고 제조소등을 사용한 때
③ 수리·개조 또는 이전의 명령을 위반한 때
④ 위험물안전관리자를 선임하지 아니한 때
⑤ 대리자를 지정하지 아니한 때
⑥ 정기점검을 하지 아니한 때
⑦ 정기검사를 받지 아니한 때
⑧ 저장·취급기준 준수명령을 위반한 때

7. 과징금 처분

시·도지사는 제조소등에 대한 사용의 정지가 그 이용자에게 심한 불편을 주거나 그 밖에 공익을 해칠 우려가 있는 때에는 사용정지 처분에 갈음하여 2억원 이하의 과징금을 부과할 수 있다.

8. 위험물 안전관리자

(1) 위험물 안전관리자의 선임 및 해임★★★
① 제조소등의 관계인은 제조소등마다 위험물안전관리자로 선임한다.
② 안전관리자를 해임하거나 퇴직한 때에는 해임하거나 퇴직한 날부터 30일 이내에 재선임한다.

③ 안전관리자를 선임한 경우에는 선임한 날부터 14일 이내에 소방본부장 또는 소방서장에게 신고한다.

④ 안전관리자를 해임하거나 안전관리자가 퇴직한 경우 관계인 또는 안전관리자는 소방본부장이나 소방서장에게 그 사실을 알려 해임되거나 퇴직한 사실을 확인받을 수 있다.

⑤ 안전관리자를 선임한 제조소등의 관계인은 안전관리자가 여행·질병 그 밖의 사유로 직무를 수행할 수 없을 경우 대리자(代理者)를 지정한다. 직무의 대행하는 기간은 30일을 초과할 수 없다.

(2) 위험물 취급 자격자(위험물 안전관리자로 선임할 수 있는 자)

위험물 취급 자격자의 구분	취급할 수 있는 위험물
「국가기술자격법」에 의한 자격 취득자. 위험물 기능장. 위험물산업기사, 위험물기능사	모든 위험물
안전관리자 교육 이수자	제4류 위험물
소방공무원 경력자(소방공무원으로 근무한 경력이 3년 이상인 자)	

(3) 안전관리자의 책무

① 위험물의 취급 작업에 참여하여 해당 작업자에 대하여 지시 및 감독하는 업무

② 화재 등의 재난이 발생한 경우 응급처치 및 소방관서 등에 대한 연락 업무

③ 위험물 시설의 안전을 담당하는 자를 따로 두는 제조소등의 경우에는 그 담당자에게 다음 각목의 규정에 의한 업무의 지시, 그 밖에 제조소등의 경우에는 다음 각목의 규정에 의한 업무

- 제조소등의 위치·구조 및 설비를 기술 기준에 적합하도록 유지하기 위한 점검과 점검 상황의 기록, 보존

- 제조소등의 구조 또는 설비의 이상을 발견한 경우 소방관서 등에 대한 연락 및 응급조치 화재가 발생하거나 화재 발생의 위험성이 현저한 경우 소방관서 등에 대한 연락 및 응급조치

- 제조소등의 계측 장치·제어 장치 및 안전 장치 등의 적정한 유지·관리

- 제조소등의 위치·구조 및 설비에 관한 설계 도서 등의 정비·보존 및 제조소등의 구조 및 설비의 안전에 관한 사무의 관리

④ 화재 등의 재해의 방지와 응급조치에 관하여 인접하는 제조소등과 그 밖의 관련되는 시설의 관계자와 협조 체제의 유지

⑤ 위험물의 취급에 관한 일지의 작성·기록

⑥ 그 밖에 위험물을 수납한 용기를 차량에 적재하는 작업, 위험물 설비를 보수하는 작업 등 위험물의 취급과 관련된 작업의 안전에 관하여 필요한 감독의 수행

9. 다수의 제조소등을 설치한 자가 1인의 안전관리자를 중복하여 선임할 수 있는 경우

① 보일러·버너 또는 이와 비슷한 것으로서 위험물을 소비하는 장치로 이루어진 7개 이하의 일반취급소에 공급하기 위한 위험물을 저장하는 저장소를 동일인이 설치한 경우

② 위험물을 차량에 고정된 탱크 또는 운반기에 옮겨 담기 위한 5개 이하의 일반취급소 [일반취급소간의 보행거리가 300m 이내인 경우에 한한다]와 그 일반취급소에 공급하기 위한 위험물을 저장하는 저장소를 동일인이 설치한 경우

③ 동일구내에 있거나 상호 100m 이내의 거리에 있는 저장소로서 저장소의 규모, 저장하는 위험물의 종류 등을 고려하여 저장소를 동일인이 설치한 경우
  - 10개 이하의 옥내저장소, 옥외저장소, 암반탱크저장소
  - 30개 이하의 옥외탱크저장소
  - 옥내탱크저장소
  - 지하탱크저장소
  - 간이탱크저장소

④ 다음 각목의 기준에 모두 적합한 5개 이하의 제조소등을 동일인이 설치한 경우
  - 각 제조소등이 동일 구내에 위치하거나 상호 100m 이내의 거리에 있을 것
  - 각 제조소등에서 저장 또는 취급하는 위험물의 최대 수량이 지정수량의 3,000배 미만일 것 (단, 저장소의 경우는 제외)

10. 정기점검

(1) 정기점검 대상인 제조소등
① 예방규정을 정하여야 하는 제조소등
② 지하탱크 저장소
③ 이동탱크 저장소
④ 지하탱크가 있는 제조소, 주유 취급소 또는 일반취급소

(2) 정기점검 횟수 : 제조소등의 관계인은 해당 제조소등에 대하여 연1회 이상

11. 정기검사

정기검사 대상인 제조소등 : 액체 위험물을 저장 또는 취급하는 50만L 이상의 옥외탱크저장소 (특정·준특정 옥외 탱크 저장소)

 ❶ 특정 옥외저장탱크 : 100만*l* 이상의 옥외저장탱크
❷ 준특정 옥외저장탱크 : 50만*l* 이상 100만*l* 미만의 옥외저장탱크

12. 탱크 안전 성능검사의 대상

① 기초·지반검사 : 옥외탱크저장소의 액체위험물 탱크 중 그 용량이 100만 l 이상인 탱크
② 충수·수입검사 : 액체 위험물을 저장 또는 취급하는 탱크
③ 용접부 검사 : ①의 규정에 의한 탱크
④ 암반탱크검사 : 액체위험물을 저장 또는 취급하는 암반내의 공간을 이용한 탱크

13. 예방규정

일정 규모 이상의 위험물을 저장 취급하는 제조소등의 설치자가 화재예방과 화재 등 재해 발생 시 비상조치의 구체적인 방법 등의 규정을 정한 내용

(1) 예방규정을 정하여야 하는 제조소등★★★

① 지정수량의 10배 이상의 위험물을 취급하는 제조소
② 지정수량의 100배 이상의 위험물을 저장하는 옥외저장소
③ 지정수량의 150배 이상의 위험물을 저장하는 옥내저장소
④ 지정수량의 200배 이상을 저장하는 옥외탱크저장소
⑤ 암반탱크저장소
⑥ 이송취급소
⑦ 지정수량의 10배 이상의 위험물을 취급하는 일반취급소[다만, 제4류 위험물(특수인화물을 제외한다)만을 지정수량의 50배 이하로 취급하는 일반취급소(제1석유류·알코올류의 취급량이 지정수량의 10배 이하인 경우에 한한다)로서 다음 각목의 어느 하나에 해당하는 것을 제외]
   • 보일러·버너 또는 이와 비슷한 것으로서 위험물을 소비하는 장치로 이루어진 일반취급소
   • 위험물을 용기에 옮겨 담거나 차량에 고정된 탱크에 주입하는 일반취급소

(2) 예방규정 작성에 포함되어야 하는 내용

① 위험물의 안전관리업무를 담당하는 자의 직무 및 조직에 관한 사항
② 안전관리자가 여행·질병 등으로 인하여 그 직무를 수행할 수 없을 경우 그 직무의 대리자에 관한 사항
③ 자체소방대를 설치하여야 하는 경우에는 자체소방대의 편성과 화학 소방 자동차의 배치에 관한 사항
④ 위험물의 안전에 관계된 작업에 종사하는 자에 대한 안전 교육 및 훈련에 관한 사항
⑤ 위험물 시설 및 작업장에 대한 안전 순찰에 관한 사항
⑥ 위험물 시설·소방 시설 그 밖의 관련 시설에 대한 점검 및 정비에 관한 사항
⑦ 위험물 시설의 운전 또는 조작에 관한 사항
⑧ 위험물 취급 작업의 기준에 관한 사항

⑨ 이송취급소에 있어서는 배관 공사 현장 책임자의 조건 등 배관 공사 현장에 대한 감독체제에 관한 사항과 배관 주위에 있는 이송취급소 시설 외의 공사를 하는 경우 배관의 안전 확보에 관한 사항

⑩ 재난 그 밖의 비상 시의 경우에 취하여야 하는 조치에 관한 사항

⑪ 위험물의 안전에 관한 기록에 관한 사항

⑫ 제조소등의 위치·구조 및 설비를 명시한 서류와 도면의 정비에 관한 사항

⑬ 예방규정은 「산업안전보건법」 규정에 의한 안전보건관리규정과 통합하여 작성할 수 있다.

⑭ 예방규정을 제정하거나 변경한 경우에는 예방규정제출서에 제정 또는 변경한 예방규정 1부를 첨부하여 시·도지사 또는 소방서장에게 제출하여야 한다.

14. 자체소방대

다량의 위험물을 저장·취급하는 제조소등의 당해 사업소에는 자체소방대를 설치하여야 한다.

(1) 자체소방대 설치대상 사업소

① 지정수량의 3천배 이상의 제4류 위험물을 취급하는 제조소 또는 일반취급소★★★

② 지정수량의 50만배 이상 제4류 위험물을 저장하는 옥외탱크저장소

> ※ 자체소방대의 설치 제외 대상인 일반취급소
>
> • 보일러, 버너 그 밖에 이와 유사한 장치로 위험물을 소비하는 일반취급소
> • 이동저장 탱크 그 밖에 이와 유사한 것에 위험물을 주입하는 일반취급소
> • 용기에 위험물은 옮겨 담는 일반취급소
> • 유압 장치, 윤활유 순환 장치 그 밖에 이와 유사한 장치로 위험물을 취급하는 일반취급소
> • 「광산 보안법」의 적용을 받는 일반취급소

(2) 자체소방대에 두는 화학소방자동차 및 인원★★★

사업소	사업소 지정수량의 양	화학 소방자동차	자체소방대원의 수
제조소 또는 일반취급소에서 취급하는 제4류 위험물의 최대수량의 합계	지정수량의 3천배 이상 12만배 미만인 사업소	1대	5인
	지정수량의 12만배 이상 24만배 미만인 사업소	2대	10인
	지정수량이 24만배 이상 48만배 미만인 사업소	3대	15인
	지정수량의 48만배 이상인 사업소	4대	20인
옥외탱크저장소에 저장하는 제4류 위험물의 최대수량	지정수량의 50만배 이상인 사업소	2대	10인

※ 비고

• 화학 소방차에는 행정안전부령으로 정하는 소화능력 및 설비를 갖추어야 하고 소화활동에 필요한 소화약제 및 기구(방열복 등 개인 장구 포함)를 비치하여야 한다.

• 포말을 방사하는 화학소방차의 대수 : 상기 표의 규정대수의 2/3 이상으로 할 수 있다.

(3) 화학 소방자동차에 갖추어야 하는 소화 능력 및 설비의 기준★★

화학 소방자동차의 구분	소화 능력 및 설비의 기준
포수용액 방사차	포수용액의 방사능력이 2,000ℓ/분 이상일 것
	소화약 액탱크 및 소화약 액혼합 장치를 비치할 것
	10만 ℓ 이상의 포수용액을 방사할 수 있는 양의 소화 약제를 비치할 것
분말 방사차	분말의 방사능력이 35kg/초 이상일 것
	분말 탱크 및 가압용 가스 설비를 비치할 것
	1,400kg 이상의 분말을 비치할 것
할로겐화합물 방사차	할로겐 화합물의 방사 능력이 40kg/초 이상일 것
	할로겐 화합물 탱크 및 가압용 가스 설비를 비치할 것
	1,000kg 이상의 할로겐 화합물을 비치할 것
이산화탄소 방사차	이산화탄소의 방사능력이 40kg/초 이상일 것
	이산화탄소 저장 용기를 비치할 것
	3,000kg 이상의 이산화탄소를 비치할 것
제독차	가성소다 및 규조토를 각각 50kg 이상 비치할 것

2 위험물 저장 및 취급 공통기준

1. 제조소등에서의 저장·취급 공통기준

(1) 중요기준

제조소등에서 허가 및 신고와 관련되는 품명 외의 위험물, 허가 및 신고와 관련되는 수량 또는 지정수량의 배수를 초과하는 위험물을 저장 또는 취급하지 아니하여야 한다.

(2) 세부기준

① 위험물을 저장 또는 취급하는 건축물, 공작물 및 설비는 당해 위험물의 성질에 따라 차광 또는 환기를 실시하여야 한다.

② 위험물은 온도계, 습도계, 압력계 그 밖의 계기를 감시하여 해당 위험물의 성질에 맞는 적정한 온도, 습도 또는 압력을 유지하도록 저장 또는 취급하여야 한다.

③ 위험물의 변질, 이물의 혼입 등에 의하여 당해 위험물의 위험성이 증대되지 아니하도록 필요한 조치를 강구하여야 한다

④ 위험물이 남아 있거나 남아 있을 우려가 있는 설비, 기계·기구, 용기 등을 수리하는 경우에는 안전한 장소에서 위험물을 완전하게 제거한 후에 실시하여야 한다.

⑤ 위험물을 용기에 수납하여 저장 또는 취급할 때에는 그 용기는 당해 위험물의 성질에 적응하고 파손·부식·균열 등이 없는 것으로 하여야 한다.

⑥ 가연성의 액체·증기 또는 가스가 새거나 체류할 우려가 있는 장소 또는 가연성의 미분이 현저하게 부유할 우려가 있는 장소에서는 전선과 전기기구를 완전히 접속하고 불꽃을 발하는 기계·기구·공구·신발 등을 사용하지 아니하도록 한다.

※ 가연성 증기 또는 가연성 미분이 체류할 염려가 있는 장소 : 인화점이 40℃ 미만의 위험물 또는 인화점 이상의 온도에서 위험물 또는 가연성 미분을 대기에 방치한 상태로 취급하고 있는 것을 말한다.

⑦ 위험물을 보호액에 보존하는 경우에는 해당 위험물이 보호액으로부터 노출되지 아니하도록 하여야 한다.

(3) 위험물의 유별 저장·취급의 공통기준★★★

① 제1류 위험물은 가연물과의 접촉·혼합이나 분해를 촉진하는 물품과의 접근 또는 과열·충격·마찰 등을 피하는 한편, 알칼리금속의 과산화물 및 이를 함유한 것에 있어서는 물과의 접촉을 피하여야 한다.

② 제2류 위험물은 산화제와의 접촉·혼합이나 불티·불꽃·고온체와의 접근 또는 과열을 피하는 한편, 철분·금속분·마그네슘 및 이를 함유한 것에 있어서는 물이나 산과의 접촉을 피하고 인화성 고체에 있어서는 함부로 증기를 발생시키지 아니하여야 한다.

③ 제3류 위험물 중 자연발화성물질에 있어서는 불티·불꽃 또는 고온체와의 접근·과열 또는 공기와의 접촉을 피하고, 금수성 물질에 있어서는 물과의 접촉을 피하여야 한다.

④ 제4류 위험물은 불티·불꽃·고온체와의 접근 또는 과열을 피하고, 함부로 증기를 발생시키지 아니하여야 한다.

⑤ 제5류 위험물은 불티·불꽃·고온체와의 접근이나 과열·충격 또는 마찰을 피하여야 한다.

⑥ 제6류 위험물은 가연물과의 접촉·혼합이나 분해를 촉진하는 물품과의 접근 또는 과열을 피하여야 한다.

2. 위험물 저장기준

(1) 중요기준★★★

① 저장소에는 위험물 외의 물품을 저장하지 아니하여야 한다.

② 유별을 달리하는 위험물은 동일한 저장소(내화구조의 격벽으로 완전히 구획된 실이 2 이상 있는 저장소에 있어서는 동일한 실)에 저장하지 아니하여야 한다. 다만, 옥내저장소 또는 옥외저장소에 있어서 다음의 각목의 규정에 의한 위험물을 저장하는 경우로서 위험물을 유별로 정리하여 저장하는 한편, 서로 1m 이상의 간격을 두는 경우에는 그러하지 아니하다.

• 제1류 위험물(알칼리금속의 과산화물 또는 이를 함유한 것은 제외)과 제5류 위험물을 저장하는 경우

• 제1류 위험물과 제6류 위험물을 저장하는 경우

• 제1류 위험물과 제3류 위험물 중 자연발화성물질(황린 또는 이를 함유한 것)을 저장하는 경우

- 제2류 위험물 중 인화성고체와 제4류 위험물을 저장하는 경우
- 제3류 위험물 중 알킬알루미늄 등과 제4류 위험물(알킬알루미늄 또는 알킬리튬을 함유한 것)을 저장하는 경우
- 제4류 위험물 중 유기과산화물과 제5류 위험물 중 유기과산화물 또는 이를 함유한 것을 저장하는 경우

③ 제3류 위험물 중 황린 그 밖에 물속에 저장하는 물품과 금수성 물질은 동일한 저장소에서 저장하지 아니하여야 한다.

④ 옥내저장소에서 동일 품명의 위험물이더라도 자연발화할 우려가 있는 위험물 또는 재해가 현저하게 증대할 우려가 있는 위험물을 다량 저장하는 경우에는 지정수량의 10배 이하마다 구분하여 상호간 0.3m 이상의 간격을 두어 저장하여야 한다. 다만, 위험물 또는 기계에 의하여 하역하는 구조로 된 용기에 수납한 위험물에 있어서는 그러하지 아니하다.

⑤ 옥내저장소에는 용기에 수납하여 저장하는 위험물의 온도가 55℃ 이하로 할 것

(2) 알킬알루미늄 등, 아세트알데히드 등 및 디에틸에테르 등의 저장기준(중요기준)★★★★

① 옥외저장탱크 또는 옥내저장탱크 중 압력탱크(최대상용압력이 대기압을 초과하는 탱크를 말한다.)에 있어서는 알킬알루미늄 등의 취출에 의하여 당해 탱크내의 압력이 상용압력 이하로 저하하지 아니하도록, 압력탱크 외의 탱크에 있어서는 알킬알루미늄 등의 취출이나 온도의 저하에 의한 공기의 혼입을 방지할 수 있도록 불활성의 기체를 봉입할 것

② 옥외저장탱크·옥내저장탱크 또는 이동저장탱크에 새롭게 알킬알루미늄 등을 주입하는 때에는 미리 당해 탱크 안의 공기를 불활성기체와 치환하여 둘 것

③ 이동저장탱크로부터 위험물을 저장 또는 취급하는 탱크에 인화점이 40℃ 미만인 위험물을 주입할 때에는 이동탱크저장소의 원동기를 정지시킬 것

④ 이동 저장탱크에 알킬알루미늄 등을 저장하는 경우에는 20kPa 이하의 압력으로 불활성의 기체를 봉입하여 둘 것

⑤ 옥외 저장탱크·옥내저장탱크 또는 지하저장탱크 중 압력탱크에 있어서는 아세트알데히드 등의 취출에 의하여 당해 탱크내의 압력이 상용압력 이하로 저하하지 아니하도록, 압력탱크 외의 탱크에 있어서는 아세트알데히드등의 취출이나 온도의 저하에 의한 공기의 혼입을 방지할 수 있도록 불활성 기체를 봉입할 것

⑥ 옥외저장탱크·옥내저장탱크·지하저장탱크 또는 이동저장탱크에 새롭게 아세트알데히드 등을 주입하는 때에는 미리 당해 탱크 안의 공기를 불활성기체와 치환하여 둘 것

⑦ 이동저장탱크에 아세트알데히드 등을 저장하는 경우에는 항상 불활성의 기체를 봉입하여 둘 것

⑧ 옥외저장탱크·옥내저장탱크 또는 지하저장탱크 중 압력탱크외의 탱크에 저장할 경우 유지해야 하는 온도★★★
- 산화프로필렌, 디에틸에테르 : 30℃ 이하

- 아세트 알데히드 : 15℃ 이하

⑨ 옥외저장탱크·옥내저장탱크 또는 지하저장탱크 중 압력탱크에 저장할 경우 아세트알드히드
등 또는 디에틸에테르 등은 40℃ 이하로 유지할 것★★★

⑩ 아세트알데히드 등 또는 디에틸 에테르 등을 이동저장탱크에 저장할 경우★★★
- 보냉장치가 있는 경우 : 비점 이하
- 보냉 장치가 없는 경우 : 40℃ 이하로 유지

(3) 세부기준

① 옥내 및 옥외 저장소에서 위험물을 저장할 경우 다음 각목의 규정에 의한 높이를 초과하여 용
기를 겹쳐 쌓지 아니하여야 한다.★★★
- 기계에 의하여 하역하는 구조로 된 용기만을 겹쳐 쌓는 경우에 있어서는 6m
- 제4류 위험물 중 제3석유류, 제4석유류 및 동식물유류를 수납하는 용기만을 겹쳐 쌓는 경
  우에 있어서는 4m
- 그 밖의 경우에 있어서는 3m

② 옥외저장탱크·옥내저장탱크 또는 지하저장탱크의 주된 밸브(액체의 위험물을 이송하기 위
한 배관에 설치된 밸브 중 탱크의 바로 옆에 있는 것을 말한다) 및 주입구의 밸브 또는 뚜껑은
위험물을 넣거나 빼낼 때 외에는 폐쇄하여야 한다.

③ 옥외저장탱크의 주위에 방유제가 있는 경우에는 그 배수구를 평상시 폐쇄하여 두고, 해당 방
유제의 내부에 유류 또는 물이 괴었을 때에는 지체없이 이를 배출하여야 한다.

④ 이동저장탱크에는 해당 탱크에 저장 또는 취급하는 위험물의 유별·품명·최대 수량 및 적재
중량을 표시하고 잘 보일 수 있도록 관리하여야 한다.

⑤ 이동저장탱크 및 그 안전장치와 그 밖의 부속배관은 균열, 결합불량, 극단적인 변형, 주입호
수의 소상 등에 의한 위험물의 누설이 일어나지 아니하도록 하고, 해당 탱크의 배출 밸브는 사
용 시 외에는 완전하게 폐쇄하여야 한다.

⑥ 알킬알루미늄등을 저장 또는 취급하는 이동탱크저장소에는 긴급시의 연락처, 응급조치에 관
하여 필요한 사항을 기재한 서류, 방호복, 고무장갑, 밸브 등을 죄는 결합공구 및 휴대용 확성
기를 비치하여야 한다.

⑦ 유황을 용기에 수납하지 아니하고 저장하는 옥외저장소에서는 유황을 경계표시의 높이 이하
로 저장하고, 유황이 넘치거나 비산하는 것을 방지할 수 있도록 경계표시 내부의 전체를 난연
성 또는 불연성의 천막 등으로 덮고 해당 천막 등을 경계표시에 고정하여야 한다.

3. 위험물 취급기준

(1) 위험물 취급 중 제조에 관한 기준

① 증류공정 : 위험물을 취급하는 설비의 경우 내부압력의 변동 등에 의하여 액체 또는 증기가

새지 않도록 할 것

② 추출공정 : 추출관의 내부압력이 비정상으로 상승하지 않도록 할 것

③ 건조공정 : 위험물의 온도가 국부적으로 상승하지 아니하는 방법으로 가열 또는 건조할 것

④ 분쇄공정 : 위험물의 분말이 현저하게 부유하고 있거나 위험물의 분말이 현저하게 기계, 기구 등에 부착하고 있는 상태로 그 기계, 기구를 취급하지 않을 것

(2) 위험물 취급 중 소비에 관한 기준

① 분사도장작업 : 방화상 유효한 격벽 등으로 구획된 안전한 장소에서 실시할 것

② 담금질 또는 열처리작업 : 위험물이 위험한 온도에 이르지 않도록 실시할 것

③ 버너를 사용하는 작업 : 버너의 역화를 방지하고 위험물이 넘치지 않도록 할 것

(3) 주유취급소, 판매취급소, 이송취급소 또는 이동탱크저장소에서의 위험물의 취급기준

① 자동차 등에 주유할 때 : 고정주유설비를 사용하여 직접 주유할 것

② 자동차 등에 인화점 40℃ 미만의 위험물을 주유할 때 : 자동차 등의 원동기를 정지시킬 것★★★

③ 고객이 직접 주유하는 주유취급소 : 셀프용고정주유(급유)설비 외의 고정주유(급유)설비를 사용하여 고객에 의한 주유 또는 용기에 옮겨 담는 작업을 행하지 아니할 것

④ 이동저장탱크에 급유할 때 : 고정 급유설비를 사용하여 직접 급유할 것

(4) 알킬알루미늄 및 아세트알데히드 등의 취급기준(중요기준)★★★

① 알킬알루미늄등의 제조소 또는 일반취급소에 있어서 알킬알루미늄등을 취급하는 설비에는 불활성의 기체를 봉입할 것

② 알킬알루미늄등의 이동탱크저장소에 있어서 이동저장탱크로부터 알킬알루미늄등을 꺼낼 때에는 동시에 200kPa 이하의 압력으로 불활성의 기체를 봉입할 것

③ 아세트알데히드등의 제조소 또는 일반취급소에 있어서 아세트알데히드등을 취급하는 설비에는 연소성 혼합기체의 생성에 의한 폭발의 위험이 생겼을 경우에 불활성의 기체 또는 수증기(아세트알데히드등을 취급하는 탱크(옥외에 있는 탱크 또는 옥내에 있는 탱크로서 그 용량이 지정수량의 5분의 1 미만의 것을 제외한다)에 있어서는 불활성의 기체)를 봉입할 것

④ 아세트알데히드등의 이동탱크저장소에 있어서 이동저장탱크로부터 아세트알데히드 등을 꺼낼 때에는 동시에 100kPa 이하의 압력으로 불활성의 기체를 봉입할 것

4. 위험물 운반 기준

(1) 운반용기의 재질 및 성능

① 재질 : 강판, 알루미늄, 양철판, 유리, 금속판, 종이, 플라스틱, 섬유판, 고무류, 합성섬유, 삼, 짚 또는 나무로 한다.

② 성능 : 견고하여 쉽게 파손될 우려가 없고, 그 입구로부터 수납된 위험물이 샐 우려가 없도록 하여야 한다.

(2) 운반용기의 최대 용적 또는 중량

① 고체 위험물

운반 용기				수납 위험물의 종류									
내장 용기		외장 용기		제1류			제2류		제3류			제5류	
용기의 종류	최대용적 또는 중량	용기의 종류	최대용적 또는 중량	I	II	III	II	III	I	II	III	I	II
유리용기 또는 플라스틱 용기	10*l*	나무상자 또는 플라스틱상자 (필요에 따라 불활성의 완충재를 채울 것)	125kg	○	○	○	○	○	○	○	○	○	○
			225kg		○	○		○		○	○		○
		파이버판상자(필요에 따라 불활성의 완충재를 채울 것)	40kg	○	○	○	○	○	○	○	○	○	○
			55kg		○	○		○		○	○		○
금속제 용기	30*l*	나무상자 또는 플라스틱상자	125kg	○	○	○	○	○	○	○	○	○	○
			225kg		○	○		○		○	○		○
		파이버판상자	40kg	○	○	○	○	○	○	○	○	○	○
			55kg		○	○		○		○	○		○
플라스틱 필름포대 또는 종이포대	5kg	나무상자 또는 플라스틱상자	50kg	○	○	○	○	○		○	○	○	○
	50kg		50kg	○	○	○	○	○					○
	125kg		125kg				○	○		○			
	225kg		225kg					○		○			
	5kg	파이버판상자	40kg	○	○	○	○	○		○	○	○	○
	40kg		40kg	○	○	○	○	○					○
	55kg		55kg					○		○			
–	–	금속제용기(드럼 제외)	60*l*	○	○	○	○	○	○	○	○	○	○
		플라스틱용기(드럼 제외)	10*l*		○	○	○	○		○	○		○
			30*l*					○					○
		금속제드럼	250*l*	○	○	○	○	○	○	○	○	○	○
		플라스틱드럼 또는 파이버드럼 (방수성이 있는 것)	60*l*	○	○	○	○	○	○	○	○	○	○
			250*l*		○	○		○		○	○		○
		합성수지포대(방수성이 있는 것), 플라스틱필름포대, 섬유포대(방수성이 있는 것) 또는 종이포대(여러겹으로서 방수성이 있는 것)	50kg		○	○	○	○		○	○		○

② 액체 위험물

운반 용기				수납 위험물의 종류								
내장 용기		외장 용기		제3류			제4류			제5류		제6류
용기의 종류	최대용적 또는 중량	용기의 종류	최대용적 또는 중량	I	II	III	I	II	III	I	II	I
유리용기	5ℓ	나무상자 또는 플라스틱상자(불활성의 완충재를 채울 것)	75kg	○	○	○	○	○	○	○	○	○
	10ℓ		125kg		○	○		○	○		○	
			225kg						○			
	5ℓ	파이버판상자(불활성의 완충재를 채울 것)	40kg	○	○	○	○	○	○	○	○	○
	10ℓ		55kg						○			
플라스틱 용기	10ℓ	나무 또는 플라스틱상자(필요에 따라 불활성의 완충재를 채울 것)	75kg	○	○	○	○	○	○	○	○	○
			125kg		○	○		○	○		○	
			225kg						○			
		파이버판상자(필요에 따라 불활성의 완충재를 채울 것)	40kg	○	○	○	○	○	○	○	○	○
			55kg						○			
금속제 용기	30ℓ	나무상자 또는 플라스틱상자	125kg	○	○	○	○	○	○	○	○	
			225kg						○			
		파이버판상자	40kg	○	○	○	○	○	○	○	○	
			55kg		○	○		○	○		○	
–	–	금속제용기(금속제드럼 제외)	60ℓ		○	○		○	○		○	
		플라스틱용기 (플라스틱드럼 제외)	10ℓ		○	○		○	○		○	
			20ℓ					○	○		○	
			30ℓ						○		○	
		금속제드럼(뚜껑고정식)	250ℓ	○	○	○	○	○	○	○	○	○
		금속제드럼(뚜껑탈착식)	250ℓ					○	○			
		플라스틱 또는 파이버드럼(플라스틱 내용기 부착의 것)	250ℓ		○	○			○		○	

③ 액체 위험물(기계에 의하여 하역하는 구조로 된 운반 용기)

운반 용기		수납 위험물의 종류								
종류	최대용적	제3류			제4류			제5류		제6류
		I	II	III	I	II	III	I	II	I
금속제	3,000ℓ		○	○		○	○		○	
경질플라스틱제	3,000ℓ		○	○		○	○		○	
플라스틱 내용기 부착	3,000ℓ		○	○		○	○		○	

(3) 운반용기 적재 방법★★★

위험물은 규정에 의한 운반용기의 기준에 따라 수납하여 적재하여야 한다.(다만, 덩어리 상태의 유황을 운반하기 위하여 적재하는 경우 또는 위험물을 동일구내에 있는 제조소등의 상호간에 운반하기 위하여 적재하는 경우에는 제외)

① 고체 위험물은 운반 용기 내용적의 95% 이하의 수납률로 수납한다.

② 액체 위험물은 운반 용기 내용적의 98% 이하의 수납률로 수납하되, 55℃의 온도에서 누설되지 아니하도록 충분한 공간 용적을 유지하도록 한다.

③ 제3류 위험물은 다음의 기준에 따라 운반용기에 수납할 것
- 자연발화성물질에 있어서는 불활성 기체를 봉입하여 밀봉하는 등 공기와 접하지 않도록 할 것
- 자연발화성물질외의 물품에 있어서는 파라핀, 경유, 등유 등의 보호액으로 채워 밀봉하거나 불활성 기체를 봉입하여 밀봉하는 등 수분과 접하지 않도록 할 것
- 자연발화성물질 중 알킬알루미늄 등은 운반용기의 내용적의 90% 이하의 수납률로 수납하되, 50℃의 온도에서 5% 이상의 공간용적을 유지하도록 할 것

④ 위험물은 해당 위험물이 전락(轉落)하거나 위험물을 수납한 운반용기가 전도, 낙하 또는 파손되지 아니하도록 적재하여야 한다.

⑤ 운반용기는 수납구를 위로 향하게 하여 적재하여야 한다.

⑥ 위험물을 수납한 운반용기를 겹쳐 쌓는 경우에는 그 높이를 3m 이하로 하고, 용기의 상부에 걸리는 하중은 당해 용기 위에 당해 용기와 동종의 용기를 겹쳐 쌓아 3m의 높이로 하였을 때 걸리는 하중 이하로 하여야 한다.

⑦ 적재하는 위험물에 따른 조치사항★★★★★

차광성이 있는 것으로 피복해야 하는 경우	방수성이 있는 것으로 피복해야 하는 경우
제1류 위험물 제3류 위험물 중 자연발화성 물질 제4류 위험물 중 특수인화물 제5류 위험물 제6류 위험물	제1류 위험물 중 알칼리 금속의 과산화물 제2류 위험물 중 철분, 금속분, 마그네슘 제3류 위험물 중 금수성 물질

※ 제5류 위험물 중 55℃ 이하의 온도에서 분해될 우려가 있는 것은 보냉 컨테이너에 수납하는 등 적정한 온도관리를 한다.

> **참고** 위험물 운반시 차광성 및 방수성 피복을 전부 해야 할 위험물
> - 제1류 위험물 중 알칼리 금속의 과산화물
>   - 예 K_2O_2, Na_2O_2
> - 제3류 위험물 중 자연발화성 및 금수성 물질
>   - 예 K, Na, R-Al, R-Li

⑧ 유별이 다른 위험물의 혼재기준★★★★

위험물의 구분	제1류	제2류	제3류	제4류	제5류	제6류
제1류		×	×	×	×	○
제2류	×		×	○	○	×
제3류	×	×		○	×	×
제4류	×	○	○		○	×
제5류	×	○	×	○		×
제6류	○	×	×	×	×	

※ 이 표는 지정수량의 $\frac{1}{10}$ 이하의 위험물에 대하여는 적용하지 않는다.

참고 　서로 혼재 가능한 위험물(꼭 암기 바람)★★★★

　　• ④와 ②, ③　　　　　• ⑤와 ②, ④　　　　　• ⑥과 ①

⑨ 위험물은 그 운반용기의 외부에 다음에서 정하는 바에 따라 위험물의 품명, 수량 등을 표시하여 적재하여야 한다.

　• 위험물의 품명, 위험등급, 화학명 및 수용성('수용성'표시는 제4류 위험물로서 수용성인 것에 한함)
　• 위험물의 수량
　• 주의사항★★★★

종류별	구분	주의사항
제1류 위험물(산화성 고체)	알칼리금속의 과산화물	'화기·충격주의' '물기엄금' 및 '가연물접촉주의'
	그 밖의 것	'화기·충격주의' 및 '가연물접촉주의'
제2류 위험물(가연성 고체)	철분, 금속분, 마그네슘	'화기주의' 및 '물기엄금'
	인화성 고체	'화기엄금'
	그 밖의 것	'화기주의'
제3류 위험물(자연발화성 및 금수성 물질)	자연발화성 물질	'화기엄금' 및 '공기접촉엄금'
	금수성 물질	'물기엄금'
제4류 위험물(인화성 액체)	–	'화기엄금'
제5류 위험물(자기반응성 물질)	–	'화기엄금' 및 '충격주의'
제6류 위험물(산화성 액체)	–	'가연물접촉주의'

⑩ 위험물의 위험등급★★

구분	위험등급 I	위험등급 II	위험등급 III
제1류 위험물	아염소산염류, 염소산염류, 과염소산염류, 무기과산화물, 그 밖에 지정수량이 50kg인 위험물	브롬산염류, 질산염류, 요오드산염류, 그 밖에 지정수량이 300kg인 위험물	위험등급 I 위험등급 II 외의 것
제2류 위험물	–	황화린, 적린, 유황, 그 밖에 지정수량이 100kg인 위험물	
제3류 위험물	칼륨, 나트륨, 알킬알루미늄, 알킬리튬, 황린, 그 밖에 지정수량이 10kg 또는 20kg인 위험물	알칼리금속(칼륨 및 나트륨을 제외)알칼리토금속, 유기금속화합물(알킬알루미늄 및 알킬리튬을 제외), 그 밖에 지정수량이 50kg인 위험물	
제4류 위험물	특수인화물	제1석유류, 알코올류	
제5류 위험물	유기과산화물, 질산에스테르류, 그 밖에 지정수량이 10kg인 위험물	위험등급 I 에서 정하는 위험물 외의 것	
제6류 위험물	모두		

(4) 위험물의 운송기준

① 이동탱크저장소에 의하여 위험물을 운송하는 자(운송책임자 및 이동탱크저장소 수료증 운전자)는 해당 위험물을 취급할 수 있는 국가기술자격자 또는 안전교육을 받은 자

② 알킬알루미늄, 알킬리튬은 운송책임자의 감독·지원을 받아 운송하여야 한다.

> ※ 알킬알루미늄, 알킬리튬의 운송책임자의 자격
> • 해당 위험물의 취급에 관한 국가기술자격을 취득하고 관련 업무에 1년 이상 종사한 경력이 있는 자
> • 위험물의 운송에 관한 안전교육을 수료하고 관련 업무에 2년 이상 종사한 경력이 있는 자

③ 위험물운송자는 운송의 개시 전에 이동저장탱크의 배출밸브 등의 밸브와 폐쇄장치, 맨홀 및 주입구의 뚜껑, 소화기 등의 점검을 충분히 실시할 것

④ 위험물운송자는 장거리(고속국도에 있어서는 340km 이상, 그 밖의 도로에 있어서는 200km 이상을 말한다)에 걸치는 운송을 하는 때에는 2명 이상의 운전자로 할 것. 다만, 다음의 1에 해당하는 경우에는 제외한다.

• 운송책임자를 동승시킨 경우

• 운송하는 위험물이 제2류 위험물, 제3류 위험물(칼슘 또는 알루미늄의 탄화물과 이것만을 함유한 것에 한함) 또는 제4류 위험물(특수인화물을 제외)인 경우

• 운송도중에 2시간 이내마다 20분 이상씩 휴식하는 경우

⑤ 위험물운송자는 이동탱크저장소를 휴식, 고장 등으로 일시 정차시킬 때에는 안전한 장소를 택하고 해당 이동탱크저장소의 안전을 위한 감시를 할 수 있는 위치에 있는 등 운송하는 위험물의 안전확보에 주의할 것

⑥ 위험물운송자는 이동저장탱크로부터 위험물이 현저하게 새는 등 재해발생의 우려가 있는 경우에는 재난을 방지하기 위한 응급조치를 강구하는 동시에 소방관서 그 밖의 관계기관에 통보할 것

⑦ 위험물(제4류 위험물 중 특수인화물, 제1석유류에 한함)을 운송하게 하는 자는 위험물안전카드를 위험물운송자로 하여금 휴대하게 할 것★★

⑧ 위험물운송자는 위험물안전카드를 휴대하고 해당 카드에 기재된 내용에 따를 것. (다만, 재난 그 밖의 불가피한 이유가 있는 경우에는 제외)

(5) 운반방법★★★

① 지정수량 이상의 위험물을 차량으로 운반할 경우 표지판의 설치기준
- 한변의 길이가 0.3m 이상, 다른 한변의 길이가 0.6m 이상인 직사각형의 판으로 할 것
- 흑색 바탕에 황색 반사도료, 그 밖의 반사성이 있는 재료로 '위험물'이라고 표시할 것
- 표지는 차량의 전면 및 후면의 보기 쉬운 곳에 내걸 것

② 지정수량 이상의 위험물을 차량으로 운반할 경우 해당 위험물에 적응성이 있는 소형 소화기를 해당 위험물의 소요단위에 상응하는 능력단위 이상 갖출 것

> **참고** 소요단위 $= \dfrac{\text{저장(운반)수량}}{\text{지정수량}\times10}$
>
> (위험물 1소요단위=지정수량의 10배)

(6) 위험물 저장탱크의 용량

① 위험물을 저장 또는 취급하는 탱크의 용량은 해당 탱크의 내용적에서 공간 용적을 뺀 용적으로 한다.(단, 이동 탱크 저장소의 탱크인 경우에는 내용적에서 공간 용적을 뺀 용적이 자동차 관리 관계 법령에 의한 최대 적재량 이하이어야 한다.)

② 탱크의 공간 용적은 탱크 용적의 100분의 5 이상 100분의 10 이하로 한다.[다만, 소화설비(소화약제 방출구를 탱크안의 윗부분에 설치하는 것에 한한다.)를 설치하는 탱크의 공간용적은 해당 소화설비의 소화약제 방출구 아래의 0.3미터 이상 1미터 미만 사이의 면으로부터 윗부분의 용적으로 한다. 암반탱크에 있어서는 해당 탱크 내에 용출하는 7일간의 지하수의 양에 상당하는 용적과 해당탱크의 내용적의 100분의 1의 용적 중에서 보다 큰 용적을 공간용적으로 한다.]

③ 탱크의 내용적 계산법★★★

〈타원형 탱크의 내용적(V)〉

• 양쪽이 볼록한 것 : $V = \dfrac{\pi ab}{4}\left[l + \dfrac{l_1 + l_2}{3}\right]$

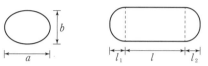

• 한쪽이 볼록하고 다른 한쪽은 오목한 것 : $V = \dfrac{\pi ab}{4}\left[l + \dfrac{l_1 - l_2}{3}\right]$

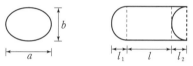

〈원형 탱크의 내용적(V)〉

• 횡(수평)으로 설치한 것 : $V = \pi r^2\left[l + \dfrac{l_1 + l_2}{3}\right]$

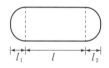

• 한쪽은 볼록하고 다른 한쪽은 오목한 횡(수평)으로 설치한 것 : $V = \pi r^2\left[l + \dfrac{l_1 - l_2}{3}\right]$

• 종(수직)으로 설치한 것 : $V = \pi r^2 l$, 탱크의 지붕 부분(l_2)은 제외

〈기타의 탱크〉

탱크의 형태에 따른 수학적 계산 방법에 의한 것

01 위험물 안전관리자를 반드시 선임하여야 하는 시설이 아닌 것은?

① 옥외저장소 　　② 옥외탱크저장소
③ 주유취급소 　　④ 이동탱크저장소

해설

④ 이동탱크저장소(차량에 고정된 탱크에 위험물을 저장 또는 취급하는 저장소)

02 물질의 자연발화를 방지하기 위한 조치로서 가장 거리가 먼 것은?

① 퇴적할 때 열이 쌓이지 않게 한다.
② 저장실의 온도를 낮춘다.
③ 촉매 역할을 하는 물질과 분리하여 저장한다.
④ 저장실의 습도를 높인다.

해설

저장실의 습도를 낮춰야 한다.

03 위험물안전관리법령 중 위험물의 운반에 관한 기준에 따라 운반 용기의 외부에 주의사항으로 '화기충격주의', '물기엄금' 및 '가연물접촉주의'를 표시하였다. 어떤 위험물에 해당하는가?

① 제1류 위험물 중 알칼리 금속의 과산화물
② 제2류 위험물 중 철분·금속분·마그네슘
③ 제3류 위험물 중 자연 발화성 물질
④ 제5류 위험물

04 질산나트륨 90kg, 유황 20kg, 클로로벤젠 2000*l*를 저장하고 있을 경우 각각의 지정수량의 배수의 총합은 얼마인가?

① 2 　　② 2.5
③ 3 　　④ 3.5

해설

유별 및 지정수량
• 질산나트륨(제1류) : 300kg
• 유황(제2류) : 100kg
• 클로로벤젠(제4류 2석유류 비수용성) : 1000*l*

$\therefore$ 지정수량의 배수 $= \dfrac{저장수량}{지정수량} = \dfrac{90kg}{300kg} + \dfrac{20kg}{100kg}$

$+ \dfrac{2000l}{1000l} = 2.5배$

05 운반할 때 빗물의 침투를 방지하기 위하여 방수성이 있는 피복으로 덮어야 하는 위험물은?

① TNT 　　② 이황화탄소
③ 과염소산 　　④ 마그네슘

해설

적재위험물 성질에 따라 구분

차광성 덮개를 해야 하는 것	방수성 피복으로 덮어야 하는 것
• 제1류 위험물 • 제3류 위험물 중 자연발화성 물질 • 제4류 위험물 중 특수인화물 • 제5류 위험물 • 제6류 위험물	• 제1류 위험물 중 알칼리 금속의 과산화물 • 제2류 위험물 중 철분, 금속분, 마그네슘 • 제3류 위험물 중 금수성 물질

06 제4류 위험물을 취급하는 제조소에서 지정수량의 몇 배 이상을 취급할 경우 자체소방대를 설치하여야 하는가?

① 1000배 　　② 2000배
③ 3000배 　　④ 4000배

정답 01 ④ 　02 ④ 　03 ① 　04 ② 　05 ④ 　06 ③

07 자체소방대에 두어야 하는 화학소방자동차 중 포수 용액을 방사하는 화학소방자동차는 전체 법정 화학 소방자동차 대수의 얼마 이상으로 하여야 하는가?

① 1/3
② 2/3
③ 1/5
④ 2/5

> 해설

화학소방차의 기준 : 포수용액을 방사하는 화학소방자동차의 대수는 규정에 의한 화학소방자동차의 대수의 3분의 2 이상으로 하여야 한다.

08 아염소산염류의 운반용기 중 적응성 있는 내장 용기의 종류와 최대 용적이나 중량을 옳게 나타낸 것은? (단, 외장용기의 종류는 나무상자 또는 플라스틱 상자이고, 외장용기의 최대중량은 125kg으로 한다.)

① 금속제 용기 : 20L
② 종이 포대 : 55kg
③ 플라스틱 필름 포대 : 60kg
④ 유리 용기 : 10L

> 해설

아염소산염류 (제1류, I등급)의 고체 운반용기의 최대용적
• 내장용기 : 유리,플라스틱은 10L , 급속제는 30L
• 외장용기 : 나무상자, 플라스틱 상자 125kg

09 위험물안전관리법령상 다음 (   ) 안에 알맞은 수치는?

> 이동저장탱크로부터 위험물을 저장 또는 취급하는 탱크에 인화점이 (   )℃ 미만인 위험물을 주입할 때에는 이동 탱크 저장소의 원동기를 정지시킬 것

① 40
② 50
③ 60
④ 70

10 제조소 또는 일반취급소에서 취급하는 제4류 위험물의 최대 수량의 합이 지정수량의 12만배 미만인 사업소의 자체소방대에 두는 화학소방자동차와 자체소방대원의 기준으로 옳은 것은?

① 1대, 5인
② 2대, 10인
③ 3대, 15인
④ 4대, 20인

11 고체 위험물은 운반 용기 내용적의 몇 % 이하의 수납률로 수납하여야 하는가?

① 94%
② 95%
③ 98%
④ 99%

> 해설

위험물 수납률 : 고체 95% 이하, 액체 98% 이하로 하되 55℃의 온도에서 누설되지 아니하도록 충분한 공간 용적을 유지하도록 한다.

12 위험물안전관리법령상 위험물의 운반 용기 외부에 표시해야 할 사항이 아닌 것은?(단, 용기의 용적은 10L이며 원칙적인 경우에 한다.)

① 위험물의 화학명
② 위험물의 지정수량
③ 위험물의 품명
④ 위험물의 수량

13 위험물의 운반에 관한 기준에서 위험물의 적재시 혼재가 가능한 위험물은? (단, 지정수량의 5배인 경우이다.)

① 과염소산칼륨 – 황린
② 질산메틸 – 경유
③ 마그네슘 – 알킬알루미늄
④ 탄화칼슘 – 니트로글리세린

> 해설

• 질산메틸 : 제5류 위험물
• 경유 : 제4류 위험물

정답 07 ② 08 ④ 09 ① 10 ① 11 ② 12 ② 13 ②

14 옥외저장탱크·옥내저장탱크 또는 지하저장탱크 중 압력 탱크에 저장하는 아세트알데히드 등의 온도는 몇 ℃ 이하로 유지하여야 하는가?

① 30 ② 40
③ 55 ④ 65

해설

① 옥외 및·옥내저장탱크 또는 지하저장탱크 중 압력 탱크에 저장하는 경우
  • 아세트알데히드, 디에틸에테르 등 : 40℃ 이하 유지
② ①의 압력 탱크외의 탱크에 저장하는 경우
  • 산화프로필렌, 디에틸에테르 : 30℃ 이하
  • 아세트알데히드 : 15℃ 이하
③ 아세트알데히드등 또는 디에틸에테르등을 이동저장탱크에 저장할 경우
  • 보냉장치가 있는 경우 : 비점 이하
  • 보냉장치가 없는 경우 : 40℃ 이하 유지

15 고체 위험물의 운반 시 내장 용기가 금속제인 경우 내장 용기의 최대 용적은 몇 L인가?

① 10 ② 20
③ 30 ④ 100

해설

• 유리, 플라스틱 용기 : 10L
• 금속제 용기 : 30L

16 화학소방자동차가 갖추어야 하는 소화능력 기준으로 틀린 것은?

① 포수용액 방사능력 : 2000L/min 이상
② 분말 방사능력 : 35kg/s 이상
③ 이산화탄소 방사능력 : 40kg/s 이상
④ 할로겐화합물 방사능력 : 50kg/s 이상

해설

④ 할로겐화합물 방사능력 : 40kg/s 이상

17 위험물을 적재, 운반할 때 방수성 덮개를 하지 않아도 되는 것은?

① 알칼리 금속의 과산화물
② 마그네슘
③ 니트로화합물
④ 탄화칼슘

해설

니트로화합물 : 제5류 위험물로 차광성이 있는 것으로 피복해야 한다.

18 특정옥외탱크저장소라 함은 저장 또는 취급하는 액체 위험물의 최대수량이 몇 L 이상의 것을 말하는가?

① 50만 ② 100만
③ 150만 ④ 200만

해설

저장 또는 취급하는 액체위험물의 최대수량 범위
• 특정옥외탱크 저장소 : 100만L 이상
• 준 특정옥외탱크 저장소 : 50만L 이상 100만L 미만

19 위험물안전관리법령상 어떤 위험물을 저장 또는 취급하는 이동 탱크 저장소가 불활성 기체를 봉입할 수 있는 구조를 하여야 하는가?

① 아세톤
② 벤젠
③ 과염소산
④ 산화프로필렌

해설

아세트알데히드등을 저장 또는 취급하는 이동탱크저장소는 당해 위험물의 성질에 따라 강화되는 기준은 다음에 의하여야 한다.
• 이동저장탱크는 불활성의 기체를 봉입할 수 있는 구조로 할 것
• 이동저장탱크 및 그 설비는 은, 수은, 동, 마그네슘 또는 이들을 성분으로 하는 합금으로 만들지 아니할 것

20 위험물안전관리법령상 위험물의 운반에 관한 기준에 따라 차광성이 있는 피복으로 가리는 조치를 하여야 하는 위험물에 해당하지 않는 것은?

① 특수인화물

② 제1석유류

③ 제1류 위험물

④ 제6류 위험물

21 그림과 같이 횡으로 설치한 원형탱크의 용량은 약 몇 m^2 인가?(단, 공간용적은 내용적의 $\dfrac{10}{100}$ 이다.)

① 1690.9

② 1335.1

③ 1268.4

④ 1201.7

해설

$$v=\pi r^2\left(L+\frac{L_1+L_2}{3}\right)=3.14\times5^2\times\left(15+\frac{3+3}{3}\right)$$
$$=133.4\times0.9=1,201.05$$

(공간용적이 10%이므로 탱크용량은 0.9을 곱한다.)

22 적재시 일광의 직사를 피하기 위하여 차광성이 있는 피복으로 가려야 하는 것은?

① 메탄올

② 과산화수소

③ 철분

④ 가솔린

해설

① 제4류 알콜류 ② 제6류 ③ 제2류 ④ 제4류 제1석유류

차광성으로 피복해야 하는 경우	방수성의 덮개를 해야 하는 경우
제1류 위험물 제3류 위험물 중 자연발화성 물질 제4류 위험물 중 특수인화물 제5류 위험물 제6류 위험물	제1류 위험물 중 알칼리 금속의 과산화물 제2류 위험물 중 철분, 금속분, 마그네슘 제3류 위험물 중 금수성 물질

23 다음 ( ) 안에 알맞은 수치와 용어를 옳게 나열한 것은?

> 이황화탄소의 옥외저장탱크는 벽 및 바닥의 두께가 ( )m 이상이고, 누수가 되지 아니하는 철근 콘크리트의 ( )에 넣어 보관하여야 한다.

① 0.2, 수조

② 1.2, 수조

③ 1.2, 진공탱크

④ 0.2, 진공탱크

해설

이황탄소(CS_2) : 제4류의 특수인화물
가연성 증기의 발생을 억제하기 위해 물속에 보관한다.

24 그림과 같은 타원형 위험물탱크의 내용적은 약 얼마인가? (단, 단위는 m이다.)

① $5.03\,m^3$

② $7.52\,m^3$

③ $9.03\,m^3$

④ $19.05\,m^3$

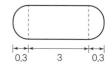

해설

타원형 탱크의 내용적
$$V=\frac{\pi ab}{4}\left(l+\frac{l_1+l_2}{3}\right)=\frac{\pi\times2\times1}{4}\left(3+\frac{0.3+0.3}{3}\right)$$
$$=5.03m^3$$

25 위험물안전관리법령에 따라 관계인이 예방규정을 정하여야 할 옥외탱크저장소에 저장되는 위험물의 지정수량 배수는?

① 100배 이상

② 150배 이상

③ 200배 이상

④ 250배 이상

해설

예방규정을 정하여야 하는 제조소등의 지정수량

• 제조소 : 10배이상
• 옥외저장소 : 100배이상
• 옥내저장소 : 150배이상
• 옥외탱크저장소 : 200배이상
• 암반탱크저장소
• 이송취급소
• 일반취급소 : 10배이상(제외사항있음)

정답 20 ② 21 ④ 22 ② 23 ① 24 ① 25 ③

26 위험물안전관리법령에서 정한 위험물의 운반에 관한 설명으로 옳은 것은?

① 위험물을 화물 차량으로 운반하면 특별히 규제 받지 않는다.

② 승용 차량으로 위험물을 운반할 경우에만 운반의 규제를 받는다.

③ 지정수량 이상의 위험물을 운반할 경우에만 운반의 규제를 받는다.

④ 위험물을 운반할 경우 그 양의 다소를 불문하고 운반의 규제를 받는다.

27 그림과 같은 위험물을 저장하는 탱크의 내용적은 약 몇 m³인가?(단, r은 10m, L은 25m이다.)

① 3612

② 4712

③ 5812

④ 7854

해설

탱크의 내용적(종으로 설치한 것)
$$V = \pi r^2 L = \pi \times 10^2 \times 25 = 7854 \text{m}^3$$

28 제조소등의 관계인은 당해 제조소등의 용도를 폐지한 때에는 행정안전부령이 정하는 바에 따라 제조소등의 용도를 폐지한 날부터 며칠이내에 시·도지사에게 신고하여야 하는가?

① 5일

② 7일

③ 10일

④ 14일

해설

위험물 시설의 설치 및 변경
• 제조소등 설치 : 시·도지사 허가를 받을 것
• 제조소등의 위치, 구조, 위험물의 품명, 수량, 지정수량의 배수 등을 변경 : 변경하는 날의 1일 전까지 시·도지사에게 신고
• 제조소등의 설치자의 지위승계 : 30일 이내 시·도지사에게 신고
• 제조소등의 용도의 폐지 : 폐지한 날부터 14일 이내에 시·도지사에게 신고
• 과징금 처분 : 사용정지 처분에 갈음하여 2억원 이하의 과징금 부과

29 위험물 저장기준으로 틀린 것은?

① 이동탱크저장소에는 설치허가증을 비치하여야 한다.

② 지하저장탱크의 주된 밸브는 위험물을 넣거나 빼낼 때 외에는 폐쇄하여야 한다.

③ 아세트알데히드를 저장하는 이동저장탱크에는 탱크안에 불활성 가스를 봉입하여야 한다.

④ 옥외저장탱크 주위에 설치된 방유제의 내부에 물이나 유류가 괴었을 경우에는 즉시 배출하여야 한다.

해설

① 이동탱크저장소에는 당해 이동탱크저장소의 완공검사필증 및 정기점검기록을 비치하여야 한다.

30 A업체에서 제조한 위험물을 B업체로 운반할 때 규정에 의한 운반용기에 수납하지 않아도 되는 위험물은? (단, 지정수량의 2배 이상인 경우이다.)

① 덩어리 상태의 유황

② 금속분

③ 삼산화크롬

④ 염소산나트륨

해설

위험물의 운반에 관한 기준

위험물은 규정에 의한 운반용기에 기준에 따라 수납하여 적재하여야 한다. 단, 덩어리상태의 유황을 운반하기 위하여 적재하는 경우 또는 위험물을 동일구내에 있는 제조소등의 상호간에 운반하기 위하여 적재하는 경우에는 제외

31 다음 (   ) 안에 들어갈 알맞은 단어는?

> 보냉장치가 있는 이동저장탱크에 저장하는 아세트알데히드 등 또는 디에틸에테르 등의 온도는 당해 위험물의 (   ) 이하로 유지하여야 한다.

① 비점   ② 인화점
③ 융해점   ④ 발화점

해설

• 보냉장치가 있을 경우 : 비점 이하 유지
• 보냉장치가 없을 경우 : 40℃ 이하 유지

32 위험물의 운반에 관한 기준에서 적재 방법 기준으로 틀린 것은?

① 고체 위험물은 운반 용기의 내용적 95% 이하의 수납률로 수납할 것
② 액체 위험물은 운반 용기의 내용적 98% 이하의 수납률로 수납할 것
③ 알킬알루미늄은 운반 용기 내용적의 95% 이하의 수납률로 수납하되, 50℃의 온도에서 5% 이상의 공간 용적을 유지할 것
④ 제3류 위험물 중 자연 발화성 물질에 있어서는 불활성 기체를 봉입하여 밀봉하는 등 공기와 접하지 아니하도록 할 것

해설

알킬알루미늄 등은 운반용기의 내용적의 90% 이하의 수납률로 수납하되, 5% 이상의 공간용적을 유지하도록 할 것

33 위험물안전관리법령에 따른 위험물의 운송에 관한 설명 중 틀린 것은?

① 알킬리튬과 알킬알루미늄 또는 이 중 어느 하나 이상을 함유한 것은 운송 책임자의 감독·지원을 받아야 한다.
② 이동 탱크 저장소에 의하여 위험물을 운송할 때의 운송 책임자에는 법정의 교육을 이수하고 관련 업무에 2년 이상 경력이 있는 자도 포함된다.
③ 서울에서 부산까지 금속의 인화물 300kg을 1명의 운반자가 휴식 없이 운송해도 규정 위반이 아니다.
④ 운송 책임자의 감독 또는 지원의 방법에는 동승하는 방법과 별도의 사무실에서 대기하면서 규정된 사항을 이행하는 방법이 있다.

해설

• 위험물 운송자는 장거리(고속국도에 있어서는 340km이상, 그 밖의 도로에 있어서는 200km 이상)에 걸치는 운송을 하는 때에는 2명 이상의 운전자로 할 것
• 서울에서 부산까지의 거리는 약 410km이다.

34 알킬알루미늄을 저장하는 용기에 봉입하는 가스로 다음 중 가장 적합한 것은?

① 포스겐   ② 인화수소
③ 질소 가스   ④ 아황산 가스

해설

알킬알루미늄 저장 및 취급 방법
• 용기는 밀봉하고 공기와 접촉을 금한다.
• 취급설비와 탱크 저장 시는 질소 등의 불활성 가스 봉입장치를 설치한다.
• 용기 파손으로 인한 공기누출을 방지한다.

 정답 31 ①   32 ③   33 ③   34 ③

35 위험물안전관리법령상 위험물의 운반에 관한 기준에 따르면 지정수량 얼마 이하의 위험물에 대하여는 '유별을 달리하는 위험물의 혼재 기준'을 적용하지 아니하여도 되는가?

① $\dfrac{1}{2}$

② $\dfrac{1}{3}$

③ $\dfrac{1}{5}$

④ $\dfrac{1}{10}$

36 운송 책임자의 감독·지원을 받아 운송하여야 하는 위험물은?

① 알킬알루미늄

② 금속나트륨

③ 메틸에틸케톤

④ 트리니트로톨루엔

해설

운송책임자의 감독·지원을 받아 운송하여야 하는 위험물
- 알킬알루미늄
- 알킬리튬
- 알킬알루미늄 또는 알킬리튬의 물질을 함유하는 위험물

37 알킬알루미늄 등 또는 아세트알데히드 등을 취급하는 제조소의 특례 기준으로서 옳은 것은?

① 알킬알루미늄 등을 취급하는 설비에는 불활성 기체 또는 수증기를 봉입하는 장치를 설치한다.

② 알킬알루미늄 등을 취급하는 설비는 은·수은·동·마그네슘을 성분으로 하는 것으로 만들지 않는다.

③ 아세트알데히드 등을 취급하는 탱크에는 냉각 장치 또는 보냉 장치 및 불화성 기체 봉입 장치를 설치한다.

④ 아세트알데히드 등을 취급하는 설비의 주위에는 누설 범위를 국한하기 위한 설비와 저장실에 유입시킬 수 있는 설비를 갖춘다.

해설

① 알킬알루미늄 등을 취급하는 제조소의 특례
- 알킬알루미늄 등을 취급하는 설비에는 불활성기체를 봉입하는 장치를 설치한다.
- 알킬알루미늄 등을 취급하는 설비의 주위에는 누설범위를 국한하기 위한 설비와 누설된 알킬알루미늄 등을 안전한 장소에 설치된 저장실에 유입시킬 수 있는 설비를 갖추어야 한다.

② 아세트알데히드 등을 취급하는 제조소의 특례
- 아세트알데히드 등을 취급하는 설비는 은·수은·동·마그네슘을 성분으로 하는 것으로 만들지 않는다.
- 아세트알데히드 등을 취급하는 탱크에는 냉각장치 또는 보냉장치 및 불활성기체 봉입장치를 설치한다.

38 공정 및 장치에서 분진 폭발을 예방하기 위한 조치로서 가장 거리가 먼 것은?

① 플랜트는 공정별로 구분하고 폭발의 파급을 피할 수 있도록 분진 취급 공정을 습식으로 한다.

② 분진이 물과 반응하는 경우는 물 대신 휘발성이 적은 유류를 사용하는 것이 좋다.

③ 배관의 연결 부위나 기계 가동에 의해 분진이 누출될 염려가 있는 곳은 흡인이나 밀폐를 철저히 한다.

④ 가연성 분진을 취급하는 장치류는 밀폐하지 말고 분진이 외부로 누출되도록 한다.

해설

④ 가연성 분진을 취급하는 장치류는 완전밀폐하여 분진이 외부로 누출되지 않도록 한다.

39 횡으로 설치한 원통형 위험물 저장 탱크의 내용적이 500 *l*일 때 공간 용적은 최소 몇 *l*이어야 하는가?(단, 원칙적인 경우에 한한다.)

① 15

② 25

③ 35

④ 50

해설

위험물 탱크의 공간용적 : 5~10%
① 최소 5% : 500L×0.05＝25 *l*
② 최대 10% : 500L×0.1＝50 *l*

정답 35 ④ 36 ① 37 ③ 38 ④ 39 ②

위험물 제조소등의 시설 기준

2 Chapter

---

1 제조소

1. 제조소의 안전거리★★★

(1) 제조소(제6류 위험물을 취급하는 제조소는 제외)

건축물의 외벽 또는 공작물의 외측으로부터 해당 제조소의 외벽 또는 이에 상당하는 공작물의 외측까지의 수평거리를 안전거리라 한다.

건축물(대상물)	안전거리
사용전압 7,000[V] 초과 35,000[V] 이하의 특고압가공전선	3[m]이상
사용전압 35,000[V] 초과의 특고압가공전선	5[m]이상
주거용으로 사용되는 것(제조소가 설치된 부지 내에 있는 것을 제외)	10[m]이상
고압가스, 액화석유가스, 도시가스를 저장 또는 취급하는 시설	20[m]
학교, 병원(병원급 의료기관), 극장, 공연장, 영화상영관으로서 수용인원 300명 이상, 복지시설(아동복지시설, 노인복지시설, 장애인복지시설, 한부모가족복지시설), 어린이집, 성매매피해자 등을 위한 지원시설, 정신보건시설, 가정폭력피해자 보호시설로서 수용인원 20명 이상	30[m] 이상
유형문화재, 지정문화재	50[m]

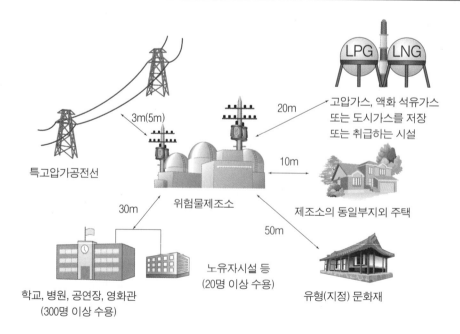

(2) 제조소등의 안전거리의 단축기준

방화상 유효한 담을 설치한 경우의 안전거리는 다음 표와 같다.

구분	취급하는 위험물의 최대수량 (지정수량의 배수)	안전거리(이상)		
		주거용 건축물	학교·유치원 등	문화재
제조소·일반취급소(취급하는 위험물의 양이 주거지역 30 배, 상업지역 35배, 공업지역 50배 이상인 것은 제외)	10배 미만 10배 이상	6.5 7.0	20 22	35 38

(3) 방화상 유효한 담의 높이

> - $H \leq pD^2 + a$ 인 경우 : $h = 2$
> - $H > pD^2 + a$ 인 경우 : $h = H - p(D^2 - d^2)$

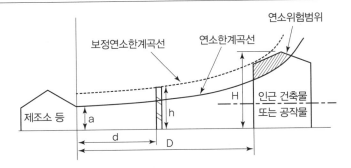

여기서, D : 제조소등과 인근 건축물 또는 공작물과의 거리(m)

        H : 인근 건축물 또는 공작물의 높이(m)

        a : 제조소등의 외벽의 높이(m)

        d : 제조소등과 방화상 유효한 담과의 거리(m)

        h : 방화상 유효한 담의 높이(m)

        p : 상수

인근 건축물 또는 공작물의 구분	P의 값
• 학교·주택·문화재 등의 건축물 또는 공작물이 목조인 경우 • 학교·주택·문화재 등의 건축물 또는 공작물이 방화구조 또는 내화구조이고, 제조소등 에 면한 부분의 개구부에 방화문이 설치되지 아니한 경우	0.04
• 학교·주택·문화재 등의 건축물 또는 공작물이 방화구조인 경우 • 학교·주택·문화재 등의 건축물 또는 공작물이 방화구조 또는 내화구조이고, 제조소등 에 면한 부분의 개구부에 을종방화문이 설치된 경우	0.15
• 학교·주택·문화재 등의 건축물 또는 공작물이 내화구조이고, 제조소등에 면한 개구부 에 갑종방화문이 설치된 경우	∞

① 앞의 식에 의하여 산출된 수치가 2 미만일 때에는 담의 높이는 2m로, 4 이상일 때는 담의 높이를 4m로 하되, 다음의 소화설비를 보강하여야 한다.
- 당해 제조소등의 소형소화기 설치대상인 것에 있어서는 대형소화기를 1개 이상 증설을 할 것
- 당해 제조소등이 대형소화기 설치대상인 것에 있어서는 대형소화기 대신 옥내소화전설비·옥외소화전설비·스프링클러설비·물분무소화설비·포소화설비·이산화탄소소화설비·할로겐화합물소화설비·분말소화설비중 적응소화설비를 설치할 것
- 당해 제조소등이 옥내소화전설비·옥외소화전설비·스프링클러설비·물분무소화설비·포소화설비·이산화탄소소화설비·할로겐화합물소화설비 또는 분말소화전설비 설치대상인 것에 있어서는 반경 30m마다 대형소화기 1개 이상을 증설할 것

② 방화상 유효한 담
- 제조소등으로부터 5m 미만의 거리에 설치할 경우 : 내화구조
- 제조소등으로부터 5m 이상의 거리에 설치할 경우 : 불연재료
- 제조소등의 벽을 높게 하여 방화상 유효한 담을 갈음할 경우 : 벽을 내화구조로 하고 개구부를 설치하여서는 아니된다.

2. 제조소의 보유공지★★

(1) 위험물을 취급하는 건축물의 주위에는 위험물의 최대수량에 따라 공지를 보유해야 한다.

취급하는 위험물의 최대수량	공지의 너비
지정수량의 10배 이하	3m 이상
지정수량의 10배 초과	5m 이상

(2) 제조소의 작업에 현저한 지장이 생길 우려가 있는 당해 제조소와 다른 작업장 사이에 기준에 따라 방화상 유효한 격벽을 설치한 때에는 공지를 보유하지 아니할 수 있다.
① 방화벽은 내화구조로 할 것(단, 제6류 위험물인 경우에는 불연재료로 할 수 있다)
② 방화벽에 설치하는 출입구 및 창 등의 개구부는 가능한 한 최소로 하고, 출입구 및 창에는 자동폐쇄식의 갑종방화문을 설치할 것
③ 방화벽의 양단 및 상단이 외벽 또는 지붕으로부터 50cm 이상 돌출하도록 할 것

3. 제조소의 표지 및 게시판

(1) 표지의 설치기준★★
① 표지의 기재사항 : '위험물 제조소'라고 표지하여 설치
② 표지의 크기 : 한변의 길이 0.3m 이상, 다른 한변의 길이 0.6m 이상인 직사각형
③ 표지의 색상 : 백색바탕에 흑색 문자

(2) 게시판 설치기준★★

① **기재사항** : 위험물의 유별·품명 및 저장최대수량 또는 취급최대수량, 지정수량의 배수 및 안전관리자의 성명 또는 직명

② **게시판의 크기** : 한변의 길이가 0.3m 이상, 다른 한변의 길이가 0.6m 이상인 직사각형

③ **게시판의 색상** : 백색바탕에 흑색문자

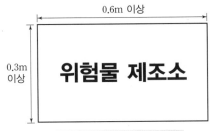

(위험물의 제조소의 표지판)

유별	제4류 제1석유류
품명	가솔린
취급 최대 수량	100,000리터
지정수량 배수	500배
위험물 안전관리자	은송기

0.6m 이상 / 0.3m 이상

(위험물 제조소의 게시판)

(3) 주의사항 표시 게시판★★★★

위험물의 종류	주의사항	게시판의 색상	크기
제1류 위험물중 알칼리금속의 과산화물 제3류 위험물중 금수성 물질	물기 엄금	청색 바탕에 백색 문자	한변 : 0.3m 이상 다른 한변 : 0.6m 이상인 직사각형
제2류 위험물 (인화성 고체는 제외)	화기주위	적색바탕에 백색문자	
제2류 위험물 중 인화성 고체 제3류 위험물 중 자연 발화성 물질 제4류 위험물 제5류위험물	화기엄금		

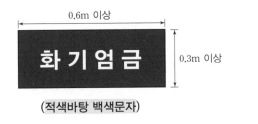

(적색바탕 백색문자)

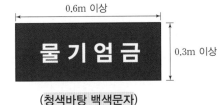

(청색바탕 백색문자)

4. 제조소 건축물의 구조★★★★

① 지하층이 없도록 하여야 한다.

② 벽, 기둥, 바닥, 보, 서까래 및 계단을 불연재료로 하고, 연소의 우려가 있는 외벽은 개구부가 없는 내화구조의 벽으로 할 것

③ 지붕은 폭발력이 위로 방출될 정도의 가벼운 불연재료로 덮어야 한다.

※ 지붕을 내화구조로 할 수 있는 경우
① 제2류 위험물(분상의 것과 인화성 고체는 제외)
② 제4류 위험물 중 제4석유류, 동식물유류
③ 제6류 위험물
④ 밀폐형 구조의 건축물로서 다음 조건을 갖출 경우
  • 발생할 수 있는 내부의 과압(過壓) 또는 부압(負壓)에 견딜 수 있는 철근콘크리트 구조일 것
  • 외부화재에 90분 이상 견딜 수 있는 구조일 것

④ 출입구와 비상구에는 갑종방화문 또는 을종방화문을 설치하되, 연소의 우려가 있는 외벽에 설치하는 출입구에는 수시로 열 수 있는 자동폐쇄식의 갑종방화문을 설치하여야 한다.

① 갑종 방화문
  • 골구의 철재로 하고 두께가 0.5mm 이상의 철판을 양면에 붙인 것
  • 철재로서 두께가 1.5mm 이상의 철판 한면을 붙인 것
② 을종 방화문
  • 철재로서 두께 0.8mm 이상 1.5mm 미만 철판 한면을 붙인 것
  • 철재 및 망이든 유리(망입유리)로 된 것
  • 골구를 방화목재로 하고 옥내면에는 두께 12mm 이상의 석고판을 옥외면에는 철판을 붙인 것

⑤ 위험물을 취급하는 건축물의 창 및 출입구의 유리는 망입유리로 할 것
⑥ 액체의 위험물을 취급하는 건축물의 바닥은 위험물이 스며들지 못하는 재료를 사용하고, 적당한 경사를 두어 그 최저부에 집유설비를 하여야 한다.

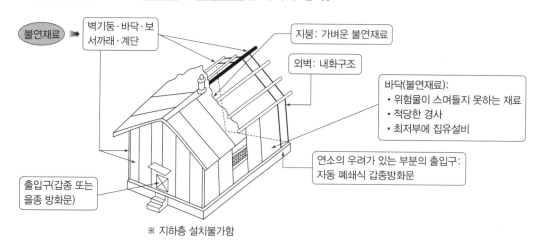

[위험물 제조소 건축물의 구조]

5. 채광, 조명 및 환기설비

(1) 채광설비 : 불연재료로 하고, 연소의 우려가 없는 장소에 설치하되 채광면적을 최소로 할 것

(2) 조명설비

① 가연성가스 등이 체류할 우려가 있는 장소의 조명등은 방폭등으로 할 것

② 전선은 내화, 내열전선으로 할 것

③ 점멸스위치는 출입구 바깥부분에 설치할 것(단, 스위치의 스파크로 인한 화재, 폭발의 우려가 없을 경우에는 제외)

(3) 환기설비의 기준

① 환기는 자연배기방식으로 할 것

② 급기구는 당해 급기구가 설치된 실의 바닥면적 $150m^2$ 마다 1개 이상으로 하되, 급기구의 크기는 $800cm^2$ 이상으로 할 것(단, 바닥면적이 $150m^2$ 미만인 경우에는 다음의 크기로 할 것)

바닥면적	급기구의 면적
$60m^2$ 미만	$150cm^2$ 이상
$60m^2$ 이상 $90m^2$ 미만	$300cm^2$ 이상
$90m^2$ 이상 $120m^2$ 미만	$450cm^2$ 이상
$120m^2$ 이상 $150m^2$ 미만	$600cm^2$ 이상

③ 급기구는 낮은 곳에 설치하고 가는 눈의 구리망 등으로 인화방지망을 설치할 것

④ 환기구는 지붕위 또는 지상 2m 이상의 높이에 회전식 고정벤틸레이터 또는 루프팬방식으로 설치할 것

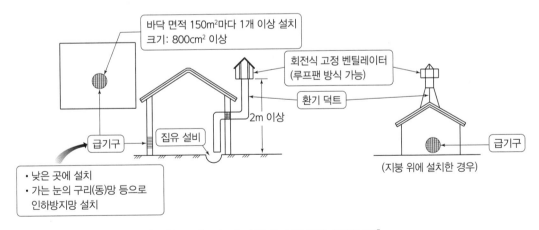

[위험물 제조소의 자연배기 방식의 환기설비]

6. 배출설비

가연성 증기 또는 미분이 체류할 우려가 있는 건축물에는 그 증기 또는 미분을 옥외의 높은 곳으로 배출할 수 있도록 배출설비를 설치하여야 한다.

① 배출설비는 국소방식으로 할 것

> ※ 전역방식으로 할 수 있는 경우
> • 위험물취급설비가 배관이음 등으로만 된 경우
> • 건축물의 구조, 작업장소의 분포 등의 조건에 의하여 전역방식이 유효한 경우

② 배출설비는 배풍기, 배출덕트, 후드 등을 이용하여 강제적으로 배출하는 것으로 할 것

③ 배출능력은 1시간당 배출장소 용적의 20배 이상인 것으로 하여야 한다(단, 전역방식의 경우에는 바닥면적 $1m^2$당 $18m^3$ 이상으로 할 수 있다).

④ 배출설비의 급기구 및 배출구는 다음 각목의 기준에 의한다.

• 급기구는 높은 곳에 설치하고, 가는 눈의 구리망 등으로 인화방지망을 설치할 것

• 배출구는 지상 2m 이상으로서 연소의 우려가 없는 장소에 설치하고, 배출덕트가 관통하는 벽부분의 바로 가까이에 화재시 자동으로 폐쇄되는 방화댐퍼를 설치할 것

⑤ 배풍기는 강제배기방식으로 하고, 옥내덕트의 내압이 대기압 이상이 되지 않는 위치에 설치할 것

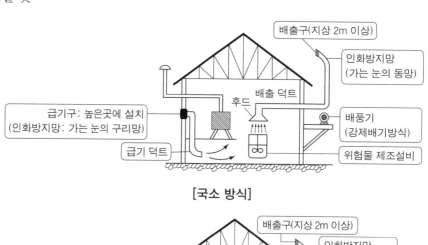

[국소 방식]

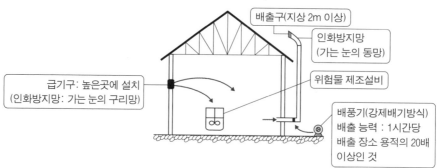

[전역 방식]

7. 옥외설비의 바닥(옥외에서 액체위험물을 취급할 경우)★★

① 바닥의 둘레에 높이 0.15m 이상의 턱을 설치할 것

② 바닥의 최저부에 집유설비를 할 것

③ 위험물(온도 20°C의 물 100g에 용해되는 양이 1g 미만인 것에 한함)을 취급하는 설비에 있어서는 당해 위험물이 직접 배수구에 흘러들어가지 않도록 집유설비에 유분리장치를 설치할 것

> ※ 집유설비 : 바닥에 웅덩이를 파서 흘러나온 위험물 등이 고이도록 한 설비
> ※ 유분리장치 : 누출된 물에 녹지 않는 위험물과 물 등의 이물질을 분리하는 장치

8. 기타설비

(1) 위험물의 누출, 비산방지

(2) 가열, 냉각설비 등의 온도측정장치

(3) 가열건조설비

(4) 압력계 및 안전장치

위험물의 압력이 상승할 우려가 있는 설비에는 압력계 및 안전장치를 설치하여야 한다.

① 자동적으로 압력의 상승을 정지시키는 장치

② 감압측에 안전밸브를 부착한 감압밸브

③ 안전밸브를 병용하는 경보장치

④ 파괴판(위험물의 성질에 따라 안전밸브의 작동이 곤란한 가압설비에 한함)

(5) 정전기 제거설비★★★★

① 접지에 의한 방법

② 공기 중의 상대습도를 70% 이상으로 하는 방법

③ 공기를 이온화하는 방법

(6) 피뢰설비★★

지정수량의 10배 이상의 위험물을 취급하는 제조소(제6류 위험물을 취급하는 위험물제조소를 제외한다)에는 피뢰침을 설치하여야 한다.(단 제조소의 주위의 상황에 따라 안전상 지장이 없는 경우 제외)

(7) 전동기 등

전동기 및 위험물을 취급하는 설비의 펌프, 밸브, 스위치 등은 화재예방상 지장이 없는 위치에 부착하여야 한다.

9. 위험물 취급탱크의 방유제(지정수량 1/5 미만은 제외)★★★

위험물 제조소의 옥외에 있는 위험물 취급탱크(이황화탄소는 제외)

① 하나의 취급탱크 주위에 설치하는 방유제의 용량 : 당해 탱크용량의 50% 이상

② 2 이상의 취급탱크 주위에 하나의 방유제를 설치하는 경우 방유제의 용량 : 당해 탱크 중 용량
   이 최대인 것의 50%에 나머지 탱크용량 합계의 10%를 가산한 양 이상이 되게 할 것. 이 경우
   방유제의 용량은 당해 방유제의 내용적에서 용량이 최대인 탱크 외의 탱크의 방유제 높이 이
   하 부분의 용적, 당해 방유제 내에 있는 모든 탱크의 지반면 이상 부분의 기초의 체적, 간막이
   둑의 체적 및 당해 방유제 내에 있는 배관 등의 체적을 뺀 것으로 한다.

예제 1 1개소의 방유제 안에 제조소의 옥외탱크가 3기가 있을 때 방유제용량은 얼마 이상이 되어야 하는가?(단, Ⓐ 탱크용량 : 10000*l*, Ⓑ 탱크용량 : 20000*l*, Ⓒ 탱크용량 : 5000*l*)

| 풀이 | 방유제 용량＝제일 큰 탱크 용량의 50%＋나머지 탱크 용량의 10%

$$= (20000l \times 0.5) + [(10000l + 5000l) \times 0.1] = 11500l$$

∴ 방유제 용량 : 11500*l* 이상되어야 한다.

정답 | 11500*l*

10. 위험물 제조소 내의 배관 설치 기준

(1) 배관의 재질은 강관 그 밖에 이와 유사한 금속성으로 하여야 한다. 다만, 다음 각 목의 기준에 적
   합한 경우에는 그러하지 아니하다.

   ① 배관의 재질은 한국산업규격의 유리섬유강화플라스틱, 고밀도폴리에틸렌 또는 폴리우레탄
      으로 할 것

   ② 배관의 구조는 내관 및 외관의 이중으로 하고, 내관과 외관의 사이에는 틈새공간을 두어 누설
      여부를 외부에서 쉽게 확인할 수 있도록 할 것(단, 배관의 재질이 취급하는 위험물에 의해 쉽
      게 열화될 우려가 없는 경우에는 제외)

   ③ 배관은 지하에 매설할 것(단, 화재 등 열에 의하여 쉽게 변형될 우려가 없는 재질이거나 악영
      향을 받을 우려가 없는 장소에 설치되는 경우에는 제외)

(2) 배관에 걸리는 최대상용압력의 1.5배 이상의 압력으로 수압시험(불연성의 액체 또는 기체를 이
   용하는 시험 포함)을 실시하여 누설 그 밖의 이상이 없을 것

(3) 배관을 지상에 설치하는 경우에는 지진,풍압,지반침하 및 온도변화에 안전한 구조의 지지물에 설치하되, 지면에 닿지 아니하도록 하고 배관의 외면에 부식방지를 위한 도장을 하여야 한다. 다만, 불변강관 또는 부식의 우려가 없는 재질의 배관의 경우에는 부식방지를 위한 도장을 아니할 수 있다.

(4) **배관을 지하에 매설하는 경우**

① 금속성 배관의 외면에는 부식방지를 위하여 도복장, 코팅 또는 전기방식등의 필요한 조치를 할 것

② 배관의 접합부분(용접에 의한 접합부 또는 위험물의 누설의 우려가 없다고 인정되는 방법에 의하여 접합된 부분을 제외) 에는 위험물의 누설여부를 점검할 수 있는 점검구를 설치할 것

③ 지면에 미치는 중량이 당해 배관에 미치지 아니하도록 보호할 것

(5) 배관에 가열 또는 보온을 위한 설비를 설치하는 경우에는 화재예방상 안전한 구조로 하여야 한다.

11. 위험물의 성질에 따른 제조소의 특례

(1) 고인화점 위험물 위험물 제조소의 특례

> ※ 고인화점 위험물의 제조소 : 인화점이 100°C 이상인 제4류 위험물(이하 '고인화점 위험물'이라 한다)만을 100°C 미만의 온도에서 취급하는 제조소

① 안전거리
- 주거용 : 10m 이상
- 고압가스, 액화석유가스, 도시가스를 저장 및 취급시설 : 20m 이상
- 학교, 병원, 공연장(300인 이상), 노인복지시설등 : 30m 이상
- 유형(지정)문화재 : 50m 이상

② 건축물의 보유 공지 : 3m 이상

③ 건축물의 지붕 : 불연재료

④ 건축물의 창 및 출입구 : 을종방화문, 갑종방화문 또는 불연재료나 유리로 만든 문(연소의 우려가 있는 외벽에 두는 출입구에는 수시로 열 수 있는 자동폐쇄식의 갑종방화문을 설치할 것)

⑤ 건축물의 연소의 우려가 있는 외벽에 두는 출입구 : 망입유리로 할 것

(2) 알킬알루미늄등을 취급하는 제조소의 특례★★

> ※ 알킬알루미늄등 : 제3류 위험물 중 알킬알루미늄, 알킬리튬 또는 이 중 어느 하나 이상을 함유하는 것

① 알킬알루미늄등을 취급하는 설비의 주위에는 누설범위를 국한하기 위한 설비와 누설된 알킬알루미늄등을 안전한 장소에 설치된 저장실에 유입시킬수 있는 설비를 갖출 것

② 알킬알루미늄등을 취급하는 설비에는 불활성기체를 봉입하는 장치를 갖출 것

(3) 아세트알데히드등을 취급하는 제조소의 특례★★★

> ※ 아세트알데히드등 : 제4류 위험물중 특수인화물의 아세트알데히드, 산화프로필렌 또는 이 중 어느 하나 이상을 함유하는 것

① 아세트알데히드등을 취급하는 설비는 은(Ag), 수은(Hg), 동(Cu), 마그네슘(Mg) 또는 이들을 성분으로 하는 합금으로 만들지 아니할 것

② 아세트알데히드등을 취급하는 설비에는 연소성 혼합기체의 생성에 의한 폭발을 방지하기 위한 불활성기체 또는 수증기를 봉입하는 장치를 갖출 것

③ 아세트알데히드등을 취급하는 탱크(옥외 또는 옥내 탱크의 용량이 지정수량의 1/5 미만은 제외)에는 냉각장치 또는 저온을 유지하기 위한 장치(이하 '보냉장치'라 한다) 및 연소성 혼합기체의 생성에 의한 폭발을 방지하기 위한 불활성기체를 봉입하는 장치를 갖출 것.(단, 지하에 있는 탱크가 아세트알데히드등의 온도를 저온으로 유지할 수 있는 구조인 경우에는 냉각장치 및 보냉장치를 갖추지 아니할 수 있다)

(4) 히드록실아민등을 취급하는 제조소의 특례★★

> ※ 히드록실아민등 : 제5류 위험물 중 히드록실아민, 히드록실아민염류 또는 이 중 어느 하나 이상을 함유하는 것

① 지정수량 이상의 히드록실아민등을 취급하는 제조소는 다음 식에 의하여 요구되는 거리 이상의 안전거리를 둘 것

$$D = \frac{51.1 \cdot N}{3} \quad \begin{bmatrix} D : 거리(m) \\ N : 당해 \ 제조소에서 \ 취급하는 \ 히드록실아민등의 \ 지정수량의 \ 배수 \end{bmatrix}$$

② 제조소 주위에 담 또는 토제(土堤)의 설치 기준
- 담 또는 토제는 당해 제조소의 외벽 또는 이에 상당하는 공작물의 외측으로부터 2m 이상 떨어진 장소에 설치할 것
- 담 또는 토제의 높이는 당해 제조소에 있어서 히드록실아민등을 취급하는 부분의 높이 이상으로 할 것
- 담은 두께 15cm 이상의 철근콘크리트조, 철골철근콘크리트조 또는 두께 20cm 이상의 보강콘크리트블록조로 할 것
- 토제의 경사면의 경사도는 60도 미만으로 할 것

③ 히드록실아민등을 취급하는 설비에는 철이온 등의 혼입에 의한 위험한 반응을 방지하기 위한 조치를 강구할 것

2 옥내 저장소

1. 옥내 저장소의 안전거리

(1) 옥내저장소의 안전거리 : 제조소와 동일하다

(2) 옥내저장소의 안전거리 제외 대상

① 제4석유류 또는 동식물유류의 위험물을 저장 또는 취급하는 옥내저장소로서 그 최대수량이 지정수량의 20배 미만인 것

② 제6류 위험물을 저장 또는 취급하는 옥내저장소

③ 지정수량의 20배(하나의 저장창고의 바닥면적이 150m² 이하인 경우에는 50배)이하의 위험물을 저장 또는 취급하는 옥내저장소로서 다음의 기준에 적합한 것

- 저장창고의 벽, 기둥, 바닥, 보 및 지붕이 내화구조인 것
- 저장창고의 출입구에 수시로 열 수 있는 자동폐쇄방식의 갑종방화문이 설치되어 있을 것
- 저장창고에 창을 설치하지 아니할 것

2. 옥내저장소의 보유공지

저장 또는 취급하는 위험물의 최대수량	공지의 너비	
	벽, 기둥 및 바닥이 내화구조로 된 건축물	그 밖의 건축물
지정수량의 5배 이하		0.5m 이상
지정수량의 5배 초과 10배 이하	1m 이상	1.5m 이상
지정수량의 10배 초과 20배 이하	2m 이상	3m 이상
지정수량의 20배 초과 50배 이하	3m 이상	5m 이상
지정수량의 50배 초과 200배 이하	5m 이상	10m 이상
지정수량의 200배 초과	10m 이상	15m 이상

※ 단, 지정수량의 20배를 초과하는 옥내저장소와 동일한 부지내에 있는 다른 옥내저장소와의 사이에는 동표에 정하는 공지의 너비의 1/3(당해 수치가 3m 미만인 경우에는 3m)의 공지를 보유할 수 있다.

3. 옥내 저장소의 표지 및 게시판

① 옥내저장소에는 보기 쉬운 곳에 '위험물옥내저장소'라는 표시를 한 표지와 방화에 관하여 필요한 사항을 게시한 게시판을 설치하여야 한다.

③ 기타 기준은 제조소와 동일하다.

4. 옥내 저장소의 저장창고 기준

(1) 저장창고는 위험물의 저장을 전용으로 하는 독립된 건축물로 하여야 한다.

(2) 저장창고는 지면에서 처마까지의 높이(이하 '처마높이'라 한다)가 6m 미만인 단층건물로 하고 그 바닥을 지반면보다 높게 하여야 한다.

(3) 제2류 또는 제4류의 위험물만을 저장하는 창고로서 다음 각목의 기준에 적합한 창고의 경우에는 처마 높이를 20m 이하로 할 수 있다.

① 벽, 기둥, 보 및 바닥을 내화구조로 할 것
② 출입구에 갑종방화문을 설치할 것
③ 피뢰침을 설치할 것(안전상 지장이 없는 경우에는 제외)

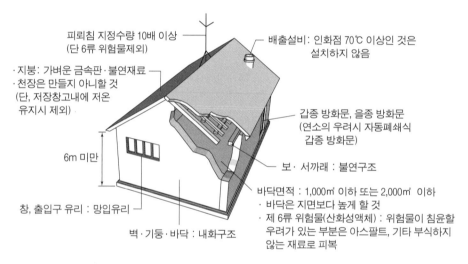

[옥내저장소의 구조]

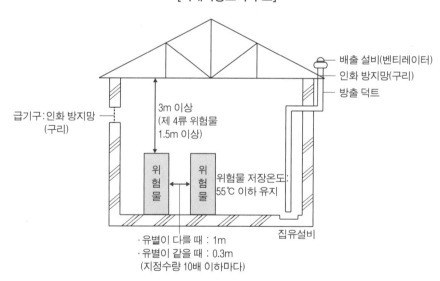

[옥내저장소의 측면도]

(4) 하나의 저장창고의 바닥 면적(2이상 구획된 식은 바닥면적의 합계)★★★

위험물을 저장하는 창고	바닥 면적
① 제1류 위험물 중 아염소산염류, 염소산염류, 과염소산염류, 무기과산화물 그 밖에 지정수량이 50kg인 위험물 ② 제3류 위험물 중 칼륨, 나트륨, 알킬알루미늄, 알킬리튬 그 밖에 지정수량이 10kg인 위험물 및 황린 ③ 제4류 위험물 중 특수인화물, 제1석유류 및 알코올류 ④ 제5류 위험물 중 유기과산화물, 질산에스테르류 그 밖에 지정수량이 10kg인 위험물 ⑤ 제6류 위험물	1000m² 이하
①~⑤ 외의 위험물을 저장하는 창고	2000m² 이하
상기의 전항목에 해당하는 위험물을 내화구조의 격벽으로 완전히 구획된 실에 각각 저장하는 창고(①~⑤의 위험물을 저장하는 실의 면적은 500m²를 초과할 수 없다)	1500m² 이하

(5) 저장창고의 벽·기둥 및 바닥은 내화구조로 하고, 보와 서까래는 불연재료로 할 것

　① 벽, 기둥, 바닥을 불연재료로 할 수 있는 경우

　　• 지정수량의 10배 이하의 위험물의 저장창고

　　• 제2류 위험물(인화성 고체는 제외)

　　• 제4류 위험물(인화점이 70°C 미만은 제외)만의 저장창고

(6) 저장창고는 지붕을 폭발력이 위로 방출될 정도의 가벼운 불연재료로 하고, 천장을 만들지 아니할 것

　① 지붕을 내화구조로 할 수 있는 경우

　　• 제2류 위험물(분상의 것과 인화성 고체는 제외)

　　• 제6류 위험물만의 저장창고

　② 천장을 난연재료 또는 불연재료로 설치할 수 있는 경우

　　• 제5류 위험물만의 저장창고(당해 저장창고내의 온도를 저온으로 유지하기 위함)

(7) 저장창고의 출입구에는 갑종방화문 또는 을종방화문을 설치하되, 연소의 우려가 있는 외벽에 있는 출입구에는 수시로 열 수 있는 자동폐쇄식의 갑종방화문을 설치할 것

　※ 저장창고의 창 또는 출입구에 유리를 이용하는 경우에는 망입유리로 할 것

(8) 저장창고의 바닥은 물이 스며 나오거나 스며들지 아니하는 구조로 해야 할 위험물★★

　① 제1류 위험물 중 알칼리금속의 과산화물

　② 제2류 위험물 중 철분, 금속분, 마그네슘

　③ 제3류 위험물 중 금수성물질

　④ 제4류 위험물

(9) 액상의 위험물의 저장창고의 바닥은 위험물이 스며들지 아니하는 구조로 하고, 적당하게 경사지게 하여 그 최저부에 집유설비를 하여야 한다.

(10) 저장창고에는 채광, 조명 및 환기의 설비를 갖추어야 하고, 인화점이 70°C 미만인 위험물의 저장창고에 있어서는 내부에 체류한 가연성의 증기를 지붕 위로 배출하는 설비를 갖추어야 한다.

(11) 지정수량의 10배 이상의 저장창고(제6류 위험물은 제외)에는 피뢰침을 설치하여야 한다.

(12) 제5류 위험물 중 셀룰로이드 그 밖에 온도의 상승에 의하여 분해, 발화할 우려가 있는 것의 저장창고는 당해 위험물이 발화하는 온도에 달하지 아니하는 온도를 유지하는 구조로 하거나 다음 각목의 기준에 적합한 비상전원을 갖춘 통풍장치 또는 냉방장치 등의 설비를 2 이상 설치하여야 한다.

  ① 상용전력원이 고장인 경우에 자동으로 비상전원으로 전환되어 가동되도록 할 것
  ② 비상전원의 용량은 통풍장치 또는 냉방장치 등의 설비를 유효하게 작동할 수 있는 정도일 것

5. 다층건물의 옥내저장소의 기준(제2류의 인화성고체, 제4류의 인화점이 70°C 미만은 제외)

(1) 저장창고는 각층의 바닥을 지면보다 높게 하고, 바닥면으로부터 상층의 바닥(상층이 없는 경우에는 처마)까지의 높이(이하 '층고'라 한다)를 6m 미만으로 하여야 한다.

(2) 하나의 저장창고의 바닥면적 합계는 1,000m² 이하로 하여야 한다.

(3) 저장창고의 벽, 기둥, 바닥 및 보를 내화구조로 하고, 계단을 불연재료로 하며, 연소의 우려가 있는 외벽은 출입구외의 개구부를 갖지 아니하는 벽으로 하여야 한다.

(4) 2층 이상의 층의 바닥에는 개구부를 두지 아니하여야 한다.(단, 내화구조의 벽과 갑종방화문 또는 을종방화문으로 구획된 계단실에 있어서는 제외)

6. 복합용도 건축물의 옥내저장소의 기준(지정수량의 20배 이하의 것은 제외)

(1) 옥내저장소는 벽, 기둥, 바닥 및 보가 내화구조인 건축물의 1층 또는 2층의 어느 하나의 층에 설치하여야 한다.

(2) 옥내저장소의 용도에 사용되는 부분의 바닥은 지면보다 높게 설치하고 그 층고를 6m 미만으로 하여야 한다.

(3) 옥내저장소의 용도에 사용되는 부분의 바닥면적은 75m² 이하로 하여야 한다.

(4) 옥내저장소의 용도에 사용되는 부분은 벽, 기둥, 바닥, 보 및 지붕(상층이 있는 경우에는 상층의 바닥)을 내화구조로 하고, 출입구외의 개구부가 없는 두께 70mm이상의 철근콘크리트조 또는 이와 동등 이상의 강도가 있는 구조의 바닥 또는 벽으로 당해 건축물의 다른 부분과 구획되도록 하여야 한다.

(5) 옥내저장소의 용도에 사용되는 부분의 출입구에는 수시로 열 수 있는 자동폐쇄방식의 갑종방화문을 설치하여야 한다.

(6) 옥내저장소의 용도에 사용되는 부분에는 창을 설치하지 아니하여야 한다.

(7) 옥내저장소의 용도에 사용되는 부분의 환기설비 및 배출설비에는 방화상 유효한 댐퍼 등을 설치하여야 한다.

7. 소규모 옥내 저장소의 특례

지정수량의 50배 이하인 소규모의 옥내저장소중 저장창고의 처마높이가 6m 미만인 저장 창고

(1) 보유공지

저장 또는 취급하는 위험물의 최대수량	공지의 너비
지정수량의 5배 이하	–
지정수량의 5배 초과 20배 이하	1m 이상
지정수량의 20배 초과 50배 이하	2m 이상

(2) 하나의 저장창고 바닥면적은 150m² 이하로 할 것

(3) 저장창고는 벽, 기둥, 바닥, 보 및 지붕을 내화구조로 할 것

(4) 저장창고의 출입구에는 수시로 개방할 수 있는 자동폐쇄방식의 갑종방화문을 설치할 것

(5) 저장창고에는 창을 설치하지 아니할 것

8. 위험물의 성질에 따른 옥내저장소의 특례

(1) 다음에 해당하는 위험물을 저장 또는 취급하는 옥내저장소에 있어서는 당해 위험물의 성질에 따라 강화되는 기준에 의하여야 한다.
  ① 제5류 위험물중 유기과산화물 또는 이를 함유하는 것으로서 지정수량이 10kg 인 것(이하 '지정과산화물'이라 한다)
  ② 알칼알루미늄등
  ③ 히드록실아민등

(2) 지정과산화물을 저장 또는 취급하는 옥내저장소에 대하여 강화되는 기준
  ① 옥내저장소는 당해 옥내저장소의 외벽으로부터 규정에 의한 건축물의 외벽 또는 이에 상당하는 공작물의 외측까지의 사이에 안전거리를 두어야 한다.
  ② 옥내저장소의 저장창고 주위에는 규정에서 정하는 너비의 공지를 보유하여야 한다. 단, 2이상의 옥내저장소를 동일한 부지내에 인접하여 설치하는 때에는 당해 옥내저장소의 상호간 공지의 너비를 동표에 정하는 공지 너비의 2/3로 할 수 있다.
  ③ 옥내저장소의 저장창고의 기준★★
    ⓐ 저장창고는 150m² 이내마다 격벽으로 완전하게 구획할 것. 이 경우 당해 격벽은 두께

30cm 이상의 철근콘크리트조 또는 철골철근콘크리트조로 하거나 두께 40cm 이상의 보강콘크리트블록조로 하고, 당해 저장창고의 양측의 외벽으로부터 1m 이상, 상부의 지붕으로부터 50cm 이상 돌출하게 하여야 한다.

ⓑ 저장창고의 외벽은 두께 20cm 이상의 철근콘크리트조나 철골철근콘크리트조 또는 두께 30cm 이상의 보강콘크리트블록조로 할 것

ⓒ 저장창고의 지붕 기준
   • 중도리 또는 서까래의 간격은 30cm 이하로 할 것
   • 지붕의 아래쪽 면에는 한 변의 길이가 45cm 이하의 환강(丸鋼), 경량형강(輕量形鋼) 등으로 된 강제(鋼製)의 격자를 설치할 것
   • 지붕의 아래쪽 면에 철망을 쳐서 불연재료의 도리, 보 또는 서까래에 단단히 결합할 것
   • 두께 5cm 이상, 너비 30cm 이상의 목재로 만든 받침대를 설치할 것

ⓓ 저장창고의 출입구에는 갑종방화문을 설치할 것

ⓔ 저장창고의 창은 바닥면으로부터 2m 이상의 높이에 두되, 하나의 벽면에 두는 창의 면적의 합계를 당해 벽면의 면적의 1/80 이내로 하고, 하나의 창의 면적을 0.4m² 이내로 할 것

④ 담 또는 토제의 기능
   • 지정수량의 5배 이하인 지정과산화물의 옥내저장소에 대하여는 당해 옥내저장소의 저장창고의 외벽을 두께 30cm 이상의 철근콘크리트조 또는 철골철근콘크리트조로 만드는 것으로서 담 또는 토제에 대신할 수 있다.
   • 담 또는 토제는 저장창고의 외벽으로부터 2m 이상 떨어진 장소에 설치할 것(단, 담 또는 토제와 당해 저장창고와의 간격은 당해 옥내저장소의 공지의 너비의 1/5을 초과할 수 없다)
   • 담 또는 토제의 높이는 저장창고의 처마높이 이상으로 할 것
   • 담은 두께 15cm 이상의 철근콘크리트조나 철골철근콘크리트조 또는 두께 20cm 이상의 보강콘크리트블록조로 할 것
   • 토제의 경사면의 경사도는 60도 미만으로 할 것
   • 지정수량의 5배 이하인 지정과산화물의 옥내저장소에 당해 옥내저장소의 저장창고의 외벽을 상기의 규정에 의한 구조로 하고 주위에 상기의 규정에 의한 담 또는 토제를 설치하는 때에는 건축물 등까지의 사이의 거리를 10m 이상으로 할 수 있다.

(3) 알킬알루미늄등을 저장 또는 취급하는 옥내저장소에는 누설범위를 국한하기 위한 설비 및 누설한 알킬알루미늄등을 안전한 장소에 설치된 조(槽)로 끌어들일 수 있는 설비를 설치하여야 한다.

(4) 히드록실아민등을 저장 또는 취급하는 옥내저상소에 대하여 강화되는 기준은 히드록실아민등의 온도의 상승에 의한 위험한 반응을 방지하기 위한 조치를 강구하는 것으로 한다.

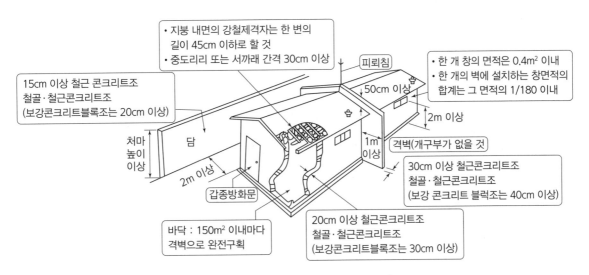

• 지붕 내면의 강철제격자는 한 변의 길이 45cm 이하로 할 것
• 중도리리 또는 서까래 간격 30cm 이상

피뢰침

• 한 개 창의 면적은 0.4m² 이내
• 한 개의 벽에 설치하는 창면적의 합계는 그 면적의 1/180 이내

15cm 이상 철근 콘크리트조 철골·철근콘크리트조 (보강콘크리트블록조는 20cm 이상)

50cm 이상

2m 이상

처마 높이 이상

담

1m 이상

격벽(개구부가 없을 것)

2m 이상

30cm 이상 철근콘크리트조 철골·철근콘크리트조 (보강 콘크리트 블럭조는 40cm 이상)

갑종방화문

20cm 이상 철근콘크리트조 철골·철근콘크리트조 (보강콘크리트블록조는 30cm 이상)

바닥 : 150m² 이내마다 격벽으로 완전구획

[지정유기과산화물의 지정창고]

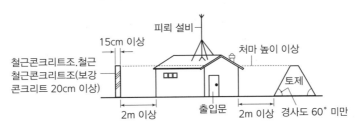

피뢰 설비

15cm 이상

처마 높이 이상

철근콘크리트조.철근 철근콘크리트조(보강 콘크리트 20cm 이상)

토제

2m 이상

출입문

2m 이상

경사도 60° 미만

[지정 과산화물의 전체 구조]

---

3 옥외 저장소

1. 옥외 저장소의 기준

① 위험물 제조소에 준하여 안전거리를 둘 것

② 습기가 없고 배수가 잘 되는 장소에 설치할 것

③ 위험물을 저장 또는 취급하는 장소의 주위에는 경계표시(울타리의 기능이 있는 것에 한한다)
• 를 하여 명확하게 구분할 것

2. 옥외 저장소에 저장할 수 있는 위험물★★★

① 제2류 위험물 중 유황, 인화성 고체(인화점이 0°C 이상인 것에 한함)

② 제4류 위험물 중 제1석유류(인화점이 0°C 이상인 것에 한함), 제2석유류, 제3석유류, 제4석유류, 알코올류, 동식물유류

③ 제6류 위험물

참고 ▸ 제1석유류 중 인화점이 0℃ 이상으로 옥외 저장소에 저장할 수 있는 위험물은 톨루엔(인화점 4℃), 피리딘(인화점 20℃) 등이 있다.

3. 옥외 저장소의 보유 공지★★★★

저장 또는 취급하는 위험물의 최대 수량	공지의 너비
지정수량의 10배 이하	3m 이상
지정수량의 10배 초과 20배 이하	5m 이상
지정수량의 20배 초과 50배 이하	9m 이상
지정수량의 50배 초과 200배 이하	12m 이상
지정수량의 200배 초과	15m 이상

※ 제4류 위험물 중 제4석유류와 제6류 위험물을 저장 또는 취급하는 보유 공지는 공지너비의 1/3 이상으로 할 수 있다.

4. 옥외 저장소의 선반 설치기준

① 선반은 불연재료로 만들고 견고한 지반면에 고정할 것
② 선반은 당해 선반 및 그 부속설비의 자중, 저장하는 위험물의 중량, 풍하중, 지진의 영향 등에 의하여 생기는 응력에 대하여 안전할 것
③ 선반의 높이는 6m를 초과하지 아니할 것
④ 선반에는 위험물을 수납한 용기가 쉽게 낙하하지 아니하는 조치를 강구할 것

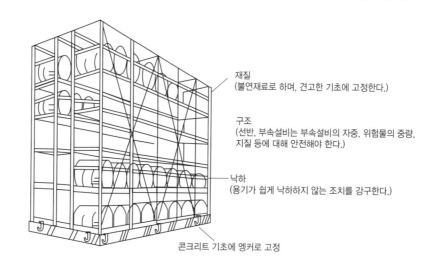

재질
(불연재료로 하며, 견고한 기초에 고정한다.)

구조
(선반, 부속설비는 부속설비의 자중, 위험물의 중량,
지질 등에 대해 안전해야 한다.)

낙하
(용기가 쉽게 낙하하지 않는 조치를 강구한다.)

콘크리트 기초에 엥커로 고정

[선반 저장하는 위험물]

5. 과산화수소 또는 과염소산을 저장하는 옥외 저장소의 기준

불연성 또는 난연성의 천막 등을 설치하여 햇빛을 가릴 것

6. 눈, 비 등을 피하거나 차광 등을 위하여 옥외저장소에 캐노피 또는 지붕의 설치 기준

환기 및 소화활동에 지장을 주지 아니하는 구조로 할 것. 이 경우 기둥은 내화구조로 하고, 캐노피 또는 지붕을 불연재료로 하며, 벽을 설치하지 아니하여야 한다.

7. 옥외저장소 중 덩어리 상태의 유황만을 저장 또는 취급하는 경우 ★★

① 하나의 경계표시의 내부의 면적은 100m² 이하일 것

② 2 이상의 경계표시를 설치하는 경우에 있어서는 각각 경계 표시 내부의 면적을 합산한 면적은 1,000m² 이하로 하고, 인접하는 경계표시와 경계표시와의 간격은 공지의 너비의 1/2이상으로 할 것(단, 지정수량 200배 이상 : 10m 이상)

③ 경계표시는 불연재료로 만드는 동시에 유황이 새지 아니하는 구조로 할 것

④ 경계표시의 높이는 1.5m 이하로 할 것

⑤ 경계표시에는 유황이 넘치거나 비산하는 것을 방지하기 위한 천막 등을 고정하는 장치를 설치하되, 천막 등을 고정하는 장치는 경계표시의 길이 2m마다 한 개 이상 설치할 것

⑥ 유황을 저장 또는 취급하는 장소의 주위에는 배수구와 분리장치를 설치할 것

8. 인화성 고체, 제1석유류 또는 알코올류의 옥외저장소의 특례

① 인화성 고체, 제1석유류 또는 알코올류를 저장 또는 취급하는 장소에는 적당한 온도로 유지하기 위한 살수설비 등을 설치할 것

② 제1석유류 또는 알코올류를 저장 또는 취급하는 장소의 주위에는 배수구 및 집유설비를 설치할 것. 이 경우 제1석유류(온도 20°C의 물 100g에 용해되는 양이 1g 미만인 것에 한한다)를 저장 또는 취급하는 장소에 있어서는 집유설비에 유분리장치를 설치할 것

 • 인화성고체는 제2류 위험물 중 인화점이 21°C 미만인 것에 한한다.
• 제1석유류 중 유분리장치를 설치해야 할 위험물은 벤젠, 톨루엔, 휘발유 등이다.

4 옥외탱크저장소

1. 옥외탱크저장소의 안전거리

위험물 제조소의 안전거리에 준한다.

2. 옥외탱크 저장소의 보유공지★★★

저장 또는 취급하는 위험물의 최대 수량	공지의 너비
지정수량의 500배 이하	3m 이상
지정수량의 500배 초과, 1,000배 이하	5m 이상
지정수량의 1,000배 초과, 2,000배 이하	9m 이상
지정수량의 2,000배 초과, 3000배 이하	12m 이상
지정수량의 3,000배 초과, 4,000배 이하	15m 이상
지정수량의 4,000배 초과	당해 탱크의 수평 단면의 최대 지름(횡형인 경우에는 긴변)과 높이 중 큰 것과 같은 거리 이상(단, 30m 초과의 경우에는 30m이상으로, 15m 미만의 경우에는 15m 이상으로 할 것

(1) 제6류 위험물 외의 옥외저장탱크(지정수량의 4,000배를 초과시 제외)를 동일한 방유제안에 2개 이상 인접하여 설치하는 경우 상기표에 의한 보유공지의 1/3 이상의 너비(단, 최소너비 3m 이상)

(2) 제6류 위험물의 옥외저장탱크일 경우 상기표의 규정에 의한 보유공지의 1/3이상의 너비(단, 최소너비 1.5m 이상)

(3) 제6류 위험물의 옥외저장탱크를 동일 구내에 2개 이상 인접하여 설치하는 경우의 보유 공지 상기표의 규정에 의하여 산출된 너비의 1/3 이상×1/3 이상(단, 최소너비 1.5m이상)

(4) 옥외저장탱크에 다음 각목의 기준에 적합한 물분무설비로 방호조치를 하는 경우 상기 표의 규정에 의한 보유공지의 1/2 이상의 너비(최소 3m 이상)로 할 수 있다.

① 탱크의 표면에 방사하는 물의 양은 탱크의 원주길이 1m에 대하여 분당 37l 이상으로 할 것

② 수원의 양은 상기의 규정에 의한 수량으로 20분 이상 방사할 수 있는 수량으로 할 것

> ※ 수원의 양(l)＝원주길이(m)×37(l/min·m)×20(min)
>   (여기서, 원주길이＝2πr이다)

③ 탱크에 보강링이 설치된 경우에는 보강링의 아래에 분무헤드를 설치하되, 분무헤드는 탱크의 높이 및 구조를 고려하여 분무가 적정하게 이루어질 수 있도록 배치할 것

3. 옥외탱크저장소의 표지 및 게시판

① 탱크의 군(群)에 있어서 표지 및 게시판을 그 의미 전달에 지장이 없는 범위 안에서 보기 쉬운 곳에 일괄하여 설치할 수 있다. 이 경우 게시판과 각 탱크가 대응될 수 있도록 하는 조치를 강구하여야 한다.

② 기타 기준은 제조소와 동일하다.

4. 특정옥외탱크 저장소 등★★★

(1) 특정옥외저장탱크 : 옥외탱크저장소 중 그 저장 또는 취급하는 액체위험물의 최대수량이 100 만l 이상의 옥외저장탱크

(2) 준특정옥외저장탱크 : 옥외탱크저장소 중 그 저장 또는 취급하는 액체위험물의 최대수량이 50 만l 이상 100만l 미만의 옥외저장탱크

(3) 압력탱크 : 옥외저장탱크 중 최대상용압력이 부압 또는 정압 5kpa을 초과하는 탱크

> **참고** 특정옥외저장탱크의 풍하중 계산방법 (1m² 당 풍하중)
>
> $$q = 0.588k\sqrt{h}$$
> - q : 풍하중(단위 : kN/m²)
> - k : 풍력계수(원통형탱크의 경우는 0.7, 그 외의 탱크는 1.0)
> - h : 지반면으로부터의 높이(단위 : m)

5. 옥외저장탱크의 외부구조 및 설비

(1) 옥외저장탱크는(특정옥외저장탱크 및 준특정옥외저장탱크 제외) 두께 3.2mm 이상의 강철판
※ 특정 및 준특정 옥외저장탱크 : 소방청장이 정하는 규격에 적합한 재료

(2) 시험 및 검사기준

① 압력탱크 : 최대상용압력의 1.5배의 압력으로 10분간 실시하는 수압시험에서 이상이 없을 것

② 압력탱크 이외의 탱크 : 충수시험(※압력탱크 : 최대사용압력이 대기압을 초과하는 탱크)

③ 특정옥외저장탱크의 용접부의 검사 : 방사선투과시험, 진공시험, 비파괴시험 등의 기준에 적합할 것

(3) 부식 방지 조치

① 탱크의 밑판 아래에 밑판의 부식을 유효하게 방지할 수 있도록 아스팔트샌드 등의 방식재료를 댈 것

② 탱크의 밑판에 전기방식의 조치를 강구할 것

(4) 탱크통 기관 설치 기준(제4류 위험물의 옥외저장탱크에 한함)★★★

① 밸브없는 통기관

- 직경은 30mm 이상일 것

- 선단은 수평면보다 45도 이상 구부려 빗물 등의 침투를 막는 구조로 할 것

- 인화방지망(장치) 설치기준(단, 인화점 70℃ 이상의 위험물만을 해당 위험물의 인화점 미만의 온도로 저장 또는 취급하는 탱크에 설치하는 통기관은 제외)

– 인화점이 38℃ 미만인 위험물만의 탱크는 화염방지장치를 설치할 것

– 그 외의 위험물 탱크(인화점이 38℃ 이상, 70℃ 미만인 위험물)는 40메쉬 이상의 구리망을 설치할 것

• 가연성의 증기를 회수하기 위한 밸브를 통기관에 설치하는 경우에 있어서는 당해 통기관의 밸브는 저장탱크에 위험물을 주입하는 경우를 제외하고는 항상 개방되어 있는 구조로 하는 한편, 폐쇄하였을 경우에 있어서는 10kPa 이하의 압력에서 개방되는 구조로 할 것. 이 경우 개방된 부분의 유효단면적은 777.15mm² 이상이어야 한다.

② 대기밸브부착 통기관

• 5kPa 이하의 압력차이로 작동할 수 있을 것

• 가는 눈의 구리망 등으로 인화방지 장치를 설치할 것

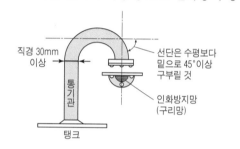

[밸브없는 통기관]

[밸브부착 통기관]

(5) 옥외 저장탱크의 액체위험물의 계량장치 설치기준

① 기밀 부유식 계량장치(위험물의 양을 자동적으로 표시하는 장치)

② 부유식 계량장치(증기가 비산하지 아니하는 구조)

③ 전기압력 자동방식, 방사성원소를 이용한 자동계량장치

(6) 인화점이 21℃ 미만인 위험물의 옥외탱크의 주입구 게시판(제4류 위험물)

① 게시판의 크기 : 한 변이 0.3m 이상, 다른 한 변의 길이는 0.6m 이상

② 게시판의 기재사항 : 옥외저장탱크 주입구, 위험물의 유별과 품명, 주의사항

③ 게시판의 색상 : 백색바탕에 흑색문자

④ 주의사항의 색상 : 백색바탕에 적색문자★★★

(7) 옥외저장탱크의 펌프설비

① 펌프설비의 주위에는 너비 3m 이상의 공지를 보유할 것

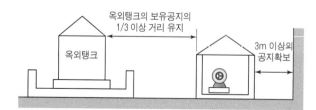

※ 보유 공지 제외 기준
  - 방화상 유효한 격벽으로 설치된 경우
  - 제6류 위험물을 저장, 취급하는 경우
  - 지정수량 10배 이하의 위험물을 저장, 취급하는 경우

② 펌프설비로부터 옥외저장탱크까지의 사이에는 당해 옥외저장탱크의 보유공지 너비의 1/3 이
  상의 거리를 유지할 것
③ 펌프실의 벽, 기둥, 바닥 및 보는 불연재료로 할 것
④ 펌프실의 지붕을 폭발력이 위로 방출될 정도의 가벼운 불연재료로 할 것
⑤ 펌프실의 창 및 출입구에는 갑종방화문 또는 을종방화문을 설치할 것
⑥ 펌프실의 창 및 출입구에 유리를 이용하는 경우에는 망입유리로 할 것
⑦ 펌프실의 바닥의 주위에는 높이 0.2m 이상의 턱을 만들고 최저부에는 집유설비를 설치할 것
⑧ 펌프실외의 장소에 설치하는 펌프설비의 바닥 기준
  - 재질 : 콘크리트, 기타 위험물이 스며들지 않는 재료
  - 턱의 높이 : 0.15m 이상
  - 집유설비 : 적당히 경사지게 하여 그 최저부에 설치
  - 유분리장치 : 제4류 위험물(온도 20°C의 물 100g에 용해되는 양이 1g 미만인 것에 한함)을
    취급하는 펌프설비에 있어서는 당해 위험물이 직접 배수구에 유입하지 아니하도록 집유설
    비에 유분리장치를 설치할 것

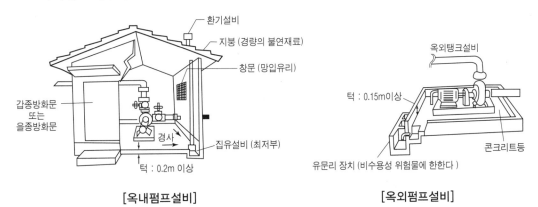

[옥내펌프설비] [옥외펌프설비]

※ 비수용성위험물 : 20°C의 물에 100g에 용해되는 양이 1g미만인 것

⑨ 인화점이 21°C 미만인 위험물을 취급하는 펌프설비에는 보기 쉬운 곳에 '옥외저장탱크 펌프
  설비'라는 표시를 한 게시판과 방화에 관하여 필요한 사항을 게시한 게시판을 설치할 것

6. 옥외탱크 저장소의 방유제(이황화탄소는 제외)★★★

(1) 방유제 : 옥외탱크의 파손 또는 배관의 위험물 누출 사고시 누출되는 위험물을 담기 위하여 만든 둑을 말한다.

(2) 방유제의 용량(단, 인화성이 없는 액체위험물은 110%를 100%로 본다)

    ① 탱크가 하나일 경우 : 탱크의 용량의 **110% 이상**

    ② 탱크가 2 이상일 경우 : 탱크 중 용량이 **최대인 것의 용량의 110% 이상**

(3) 방유제는 높이 **0.5m 이상 3m 이하**, 두께 **0.2m 이상**, 지하매설깊이 **1m 이상**으로 할 것

(4) 방유제내의 면적은 **80,000m² 이하**로 할 것★★★

(5) 방유제내에 설치하는 옥외저장탱크의 수는 10(방유제내에 설치하는 모든 옥외저장탱크의 용량이 20만*l* 이하이고, 위험물의 인화점이 70℃ 이상 200℃ 미만인 경우에는 20) **이하**로 할 것(단, 인화점이 200℃ 이상인 옥외 저장탱크는 제외)

> ※ 방유제내에 설치하는 옥외저장탱크의 수
>
> • 원칙(제1석유류, 제2석유류) : 10기 이하
>
> • 모든 탱크의 용량이 20만*l* 이하이고, 인화점이 70℃ 이상 200℃미만(제3석유류) : 20기 이하
>
> • 인화점이 200℃ 이상 위험물(제4석유류) : 탱크의 수 제한없음

(6) 방유제 외면의 **1/2 이상**은 자동차 등이 통행할 수 있는 **3m 이상**의 노면폭을 확보한 구내도로에 직접 접하도록 할 것

(7) 방유제는 탱크의 옆판으로부터 다음에 정하는 거리를 유지할 것(단, 인화점이 200℃ 이상인 위험물은 제외)★★★

    ① **탱크의 지름이 15m 미만인 경우** : 탱크 높이의 **1/3 이상**

    ② **탱크의 지름이 15m 이상인 경우** : 탱크 높이의 **1/2 이상**

(8) 방유제는 **철근콘크리트**로 할 것(단, 누출된 위험물을 수용할 수 있는 전용유조(專用油槽) 및 펌프 등의 설비를 갖춘 경우에는 방유제와 옥외저장탱크 사이의 지표면을 흙으로 할 수 있다.)

(9) 용량이 **1,000만*l* 이상**인 옥외저장탱크의 주위에 설치하는 방유제에는 다음의 규정에 따라 당해 **탱크마다 간막이 둑**을 설치할 것

    ① **간막이 둑의 높이는 0.3m**(방유제 내에 설치되는 옥외저장탱크의 용량의 합계가 **2억*l*를** 넘는 방유제에 있어서는 1m) 이상으로 하되, 방유제의 높이보다 **0.2m 이상 낮게** 할 것

    ② 간막이 둑은 **흙** 또는 **철근콘크리트**로 할 것

    ③ 간막이 둑의 용량은 간막이 둑안에 설치된 탱크의 **용량이 10% 이상**일 것

(10) 방유제에 배수구를 설치하고 방유제 외부에 개폐 밸브를 설치할 것(옥외저장탱크용량이 100만 *l* 이상일 때는 개폐 상황을 쉽게 확인할 수 있는 장치를 설치할 것)

(11) 높이가 1m를 넘는 방유제 및 간막이 둑의 안팎에는 방유제내에 출입하기 위한 계단 또는 경사로를 약 50m 마다 설치할 것

(12) 용량이 50만리터 이상인 옥외탱크저장소가 해안 또는 강변에 설치되어 방유제 외부로 누출된 위험물이 바다 또는 강으로 유입될 우려가 있는 경우에는 해당 옥외탱크저장소가 설치된 부지 내에 전용유조(專用油槽)등 누출위험물 수용설비를 설치할 것

5 옥내 탱크 저장소

옥내 탱크 저장소는 안전거리와 보유공지에 대한 기준 및 규제 내용이 없다.

1. 옥내 탱크 저장소의 구조(단층건물에 설치하는 경우)

(1) 단층건축물에 설치된 탱크전용실에 설치할 것

(2) 옥내저장탱크와 탱크전용실의 벽과의 사이 및 옥내저장탱크의 상호간에는 0.5m 이상의 간격을 유지할 것.

(3) 옥내저장탱크의 용량(동일한 탱크전용실에 2이상 설치하는 경우에는 각 탱크의 용량의 합계)은 지정수량의 40배(제4석유류 및 동식물유류 외의 제4류 위험물에 있어서 당해 수량이 20,000L를 초과할 때에는 20,000L) 이하일 것

(4) 옥내저장탱크 중 압력탱크(최대상용압력이 부압 또는 정압 5KPa을 초과하는 탱크) 외의 탱크(제4류 위험물에 한함) : 밸브 없는 통기관 또는 대기밸브 부착 통기관 설치

  ① 밸브 없는 통기관
  • 통기관의 선단은 건축물의 창, 출입구 등의 개구부로부터 1m 이상 떨어진 옥외의 장소에 지면으로부터 4m 이상의 높이로 설치하되, 인화점이 40℃ 미만인 위험물의 탱크에 설치하는 통기관에 있어서는 부지경계선으로부터 1.5m 이상 이격할 것(단, 고인화점 위험물만을 100℃ 미만의 온도로 저장 또는 취급하는 탱크에 설치하는 통기관은 그 선단을 탱크전용실 내에 설치할 수 있다)
  • 통기관은 가스 등이 체류할 우려가 있는 굴곡이 없도록 할 것
  • 기타 사항은 옥외탱크저장소의 통기관의 기준과 동일하다.

  ② 대기밸브 부착 통기관
  • 5KPa 이하의 압력 차이로 작동할 수 있을 것
  • 가는눈의 구리망 등으로 인화방지 장치를 할 것

(5) 액체위험물의 옥내저장탱크에는 위험물의 양을 자동적으로 표시하는 장치를 설치할 것

(6) 탱크 전용실의 구조

① 탱크전용실은 벽·기둥 및 바닥을 내화구조로 하고, 보를 불연재료로 하며, 연소의 우려가 있는 외벽은 출입구외에는 개구부가 없도록 할 것. 다만, 인화점이 70℃ 이상인 제4류 위험물만의 옥내저장탱크를 설치하는 탱크전용실에 있어서는 연소의 우려가 없는 외벽, 기둥 및 바닥을 불연재료로 할 수 있다.

② 탱크전용실은 지붕을 불연재료로 하고, 천장을 설치하지 아니할 것

③ 탱크전용실의 창 및 출입구에는 갑종방화문 또는 을종방화문을 설치하는 동시에, 연소의 우려가 있는 외벽에 두는 출입구에는 수시로 열 수 있는 자동폐쇄식의 갑종 방화문을 설치할 것

④ 탱크전용실의 창 또는 출입구에 유리를 이용하는 경우에는 망입유리로 할 것

⑤ 액상의 위험물의 옥내저장탱크를 설치하는 탱크전용실의 바닥은 위험물이 침투하지 아니하는 구조로 하고, 적당한 경사를 두는 한편, 집유설비를 설치할 것

2. 탱크전용실을 단층건물 외의 건축물에 설치하는 경우

(1) 저장 및 취급이 가능한 위험물★★

① 제2류 위험물 중 황화린, 적린 및 덩어리 유황

② 제3류 위험물 중 황린

③ 제4류 위험물 중 인화점이 38℃ 이상인 위험물

④ 제6류 위험물 중 질산

(2) 옥내저장탱크는 탱크전용실에 설치할 것

> ※ 1층 또는 지하층에 설치할 위험물 : 제2류 위험물 중 황화린, 적린 및 덩어리 유황, 제3류 위험물 중 황린, 제6류 위험물 중 질산의 탱크전용실

(3) 탱크전용실외의 장소에 설치하는 경우(옥내탱크저장소 밖에 펌프를 설치하는 경우)

① 이 펌프실은 벽·기둥·바닥 및 보를 내화구조로 할 것

② 펌프실은 상층이 있는 경우에 있어서는 상층의 바닥을 내화구조로 하고, 상층이 없는 경우에 있어서는 지붕을 불연재료로 하며, 천장을 설치하지 아니할 것

③ 펌프실에는 창을 설치하지 아니할 것(단, 제6류 위험물의 탱크 전용실은 갑종방화문 또는 을종방화문이 있는 창을 설치할 수 있다)

④ 펌프실의 출입구에는 갑종방화문을 설치할 것(단, 제6류 위험물의 탱크전용실은 을종방화문을 설치할 수 있다)

⑤ 펌프실의 환기 및 배출의 설비에는 방화상 유효한 댐퍼 등을 설치할 것

(4) 탱크전용실에 펌프설비를 설치하는 경우(옥내탱크저장소 안에 펌프를 설치하는 경우)

① 견고한 기초 위에 고정한 다음 그 주위에는 불연재료로 된 턱을 0.2m 이상의 높이로 설치하는 등 누설된 위험물이 유출되거나 유입되지 아니하도록 하는 조치를 할 것

② 탱크전용실은 벽, 기둥, 바닥 및 보를 내화구조로 할 것

③ 탱크전용실은 상층이 있는 경우에 있어서는 상층의 바닥을 내화구조로 하고, 상층이 없는 경우에 있어서는 지붕을 불연재료로 하며, 천장을 설치하지 아니할 것

④ 탱크전용실에는 창을 설치하지 아니할 것

⑤ 탱크전용실의 출입구에는 수시로 열 수 있는 자동폐쇄식의 갑종방화문을 설치할 것

⑥ 탱크전용실의 환기 및 배출의 설비에는 방화상 유효한 댐퍼 등을 설치할 것

⑦ 탱크전용실의 출입구의 턱의 높이를 당해 탱크전용실내의 옥내저장탱크(옥내저장탱크가 2 이상인 경우에는 모든 탱크)의 용량을 수용할 수 있는 높이 이상으로 하거나 옥내저장탱크로부터 누설된 위험물이 탱크전용실 외의 부분으로 유출하지 아니하는 구조로 할 것

3. 다층 건축물의 옥내저장탱크의 용량(탱크전용실에 옥내저장탱크를 2 이상 설치하는 경우에는 각 탱크의 용량의 합계)

(1) 1층 이하 층에 탱크전용실을 설치할 경우★★★

지정수량 40배 이하(단, 제4석유류 및 동식물유류 외의 제4류 위험물은 20,000L 초과 시 20,000L 이하로 함)

(2) 2층 이상의 층에 탱크전용실을 설치할 경우★★★

지정수량 10배 이하(단, 제4석유류 및 동식물유류 외의 제4류 위험물은 5,000L 초과 시 5,000L 이하로 함)

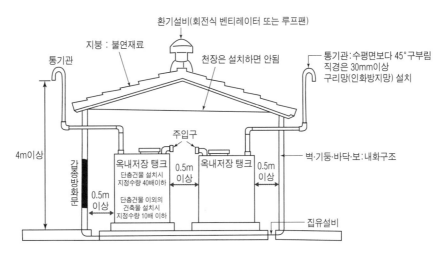

[옥내탱크저장소의 구조]

1. 지하탱크저장소의 기준

(1) 지하저장탱크는 지면하에 설치된 탱크전용실에 설치하여야 한다.

> 단, 제4류 위험물의 지하저장탱크가 다음 기준에 적합한 때에는 제외한다
> ① 당해 탱크를 지하철, 지하가 또는 지하터널로부터 수평거리 10m 이내의 장소 또는 지하
>   건축물내의 장소에 설치하지 아니할 것
> ② 당해 탱크를 그 수평투영의 세로 및 가로보다 각각 0.6m 이상 크고 두께가 0.3m 이상인
>   철근콘크리트조의 뚜껑으로 덮을 것
> ③ 뚜껑에 걸리는 중량이 직접 당해 탱크에 걸리지 아니하는 구조일 것
> ④ 당해 탱크를 견고한 기초 위에 고정할 것
> ⑤ 당해 탱크를 지하의 가장 가까운 벽, 피트, 가스관 등의 시설물 및 대지경계선으로부터
>   0.6m 이상 떨어진 곳에 매설할 것

(2) 지하저장탱크의 윗부분은 지면으로부터 0.6m 이상 아래에 있어야 한다.

(3) 지하저장탱크를 2 이상 인접해 설치하는 경우에는 그 상호간에 1m (당해 2 이상의 지하저장탱
크의 용량의 합계가 지정수량의 100배 이하인 때에는 0.5m) 이상의 간격을 유지할 것.(단, 그 사
이에 탱크전용실의 벽이나 두께 20cm 이상의 콘크리트 구조물이 있는 경우에는 제외)

(4) 지하저장탱크는 두께가 3.2mm 이상의 강철판으로 할 것

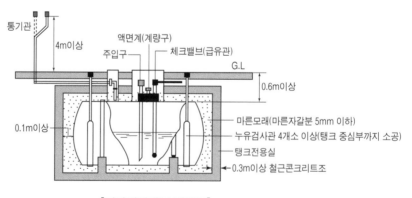

[지하저장탱크 매설도]

(5) 지하저장탱크는 수압 시험을 실시한다.

(압력탱크 : 최대 상용압력이 46.7kPa 이상인 탱크)

탱크의 종류	수압 시험 방법	판정기준
압력탱크	최대상용압력의 1.5배 압력으로 10분간 실시	새거나 변형이 없을 것
압력탱크 외의 탱크	70kPa 압력으로 10분간 실시	

※ 수압 시험은 기밀시험과 비파과시험을 동시에 실시하는 방법으로 대신할 수 있다.

(6) 지하저장탱크의 통기관 설치기준(제4류 위험물 탱크에 적용)

① 밸브 없는 통기관

- 통기관은 지하저장탱크의 윗부분에 연결할 것
- 통기관 중 지하의 부분은 그 상부의 지면에 걸리는 중량이 직접 해당 부분에 미치지 아니하도록 보호하고, 해당 통기관의 접합부분에 대하여는 해당 접합부분의 손상유무를 점검할 수 있는 조치를 할 것

② 대기밸브 부착 통기관

※ 제4류 제1석유류를 저장하는 탱크는 다음의 압력 차이에서 작동하여야 한다.

- 정압 : 0.6kPa 이상 1.5kPa 이하
- 부압 : 1.5kPa 이상 3kPa 이하

2. 지하저장탱크의 배관

(1) 지하저장탱크의 배관은 당해 탱크의 윗부분에 설치하여야 한다.

> ※ 제외대상 : 제2석유류(인화점이 40°C 이상), 제3석유류, 제4석유류, 동식물유류의 탱크로서 그 직근에 유효한 제어밸브를 설치한 경우

(2) 지하저장탱크의 주위에는 당해 탱크로부터의 액체위험물의 누설을 검사하기 위한 관을 다음의 각목의 기준에 따라 4개소 이상 적당한 위치에 설치하여야 한다.

① 이중관으로 할 것(단, 소공이 없는 상부는 단관으로 할 수 있다.)

② 재료는 금속관 또는 경질합성수지관으로 할 것

③ 관은 탱크전용실의 바닥 또는 탱크의 기초까지 닿게 할 것

④ 관의 밑부분으로부터 탱크의 중심 높이까지의 부분에는 소공이 뚫려 있을 것(단, 지하수위가 높은 장소에 있어서는 지하수위 높이까지의 부분에 소공이 뚫려 있어야 한다)

⑤ 상부는 물이 침투하지 아니하는 구조로 하고, 뚜껑은 검사시에 쉽게 열 수 있도록 할 것

3. 지하저장탱크의 탱크 전용실의 구조★★★★

(1) 탱크전용실은 지하의 가장 가까운 벽, 피트, 가스관 등의 시설물 및 대지 경계선으로부터 0.1m 이상 떨어진 곳에 설치하고, 지하저장탱크와 탱크전용실의 안쪽과의 사이는 0.1m 이상의 간격

을 유지하도록 하며, 당해 탱크의 주위에 마른 모래 또는 습기 등에 의하여 응고되지 아니하는 입자지름 5mm 이하의 마른 자갈분을 채워야 한다.

(2) 탱크 전용실은 철근콘크리트 구조로 설치할 것★★★★

① 벽, 바닥 및 뚜껑의 두께는 0.3m 이상일 것

② 벽, 바닥 및 뚜껑의 내부에는 직경 9mm부터 13mm까지의 철근을 가로 및 세로로 5cm부터 20cm까지의 간격으로 배치할 것

③ 벽, 바닥 및 뚜껑의 재료에 수밀콘크리트를 혼입하거나 벽, 바닥 및 뚜껑의 중간에 아스팔트 층을 만드는 방법으로 적정한 방수조치를 할 것

4. 지하저장탱크에는 과충전방지 장치를 설치할 것

(1) 탱크용량을 초과하는 위험물이 주입될 때 자동으로 그 주입구를 폐쇄하거나 위험물의 공급을 자동으로 차단하는 방법

(2) 탱크용량의 90%가 찰 때 경보음을 울리는 방법★★★

5. 맨홀 설치 기준

(1) 맨홀은 지면까지 올라오지 아니하도록 하되, 가급적 낮게 할 것

(2) 보호틀 설치기준

① 보호틀을 탱크에 완전히 용접하는 등 보호틀과 탱크를 기밀하게 접합할 것

② 보호틀의 뚜껑에 걸리는 하중이 직접 보호틀에 미치지 아니하도록 설치하고, 빗물 등이 침투 하지 아니하도록 할 것

(3) 배관이 보호틀을 관통하는 경우에는 당해 부분을 용접하는 등 침수를 방지하는 조치를 할 것

7 간이탱크 저장소

1. 간이 탱크 저장소의 설치 기준★★★

(1) 위험물을 저장 또는 취급하는 간이탱크('간이저장탱크'라 한다)는 옥외에 설치하여야 한다.

(2) 전용실 안에 설치할 경우에는 채광, 조명, 환기 및 배출설비를 옥내저장소의 기준에 적합할 것

(3) 하나의 간이탱크저장소에 설치하는 탱크의 수는 3이하로 한다.(단, 동일한 품질의 위험물의 탱크를 2 이상 설치하지 아니할 것)

(4) 간이저장탱크는 움직이거나 넘어지지 아니하도록 지면 또는 가설대에 고정시킬 것

(5) 옥외에 설치하는 경우에는 그 탱크의 주위에 너비 1m 이상의 공지를 둘 것

(6) 전용실안에 설치하는 경우에는 탱크와 전용실의 벽과의 사이에 0.5m 이상의 간격을 유지할 것

(7) 간이저장탱크의 용량은 600L 이하이어야 한다.

(8) 간이저장탱크는 두께 3.2mm 이상의 강관으로 제작하여야 하며, 70kPa의 압력으로 10분간의 수압시험을 실시하여 새거나 변형되지 아니할 것

2. 간이 저장탱크에 밸브 없는 통기관의 설치 기준

(1) 통기관의 지름은 25mm 이상으로 할 것

(2) 통기관은 옥외에 설치하되, 그 선단의 높이는 지상 1.5m 이상으로 할 것

(3) 통기관의 선단은 수평면에 대하여 아래로 45° 이상 구부려 빗물 등이 침투하지 아니하도록 할 것

(4) 가는 눈의 구리망 등으로 인화방지장치를 할 것(단, 인화점 70°C 이상의 위험물만을 해당 위험물의 인화점 미만의 온도로 저장 또는 취급하는 탱크에 설치하는 통기관에는 제외)

8 이동탱크저장소

자동차에 위험물을 저장할 수 있는 탱크를 고정 설치한 저장 시설

1. 이동탱크저장소의 상치장소

(1) 옥외에 있는 상치장소는 화기를 취급하는 장소 또는 인근의 건축물로부터 5m 이상(인근의 건축물이 1층인 경우에는 3m 이상)의 거리를 확보하여야 한다.

(2) 옥내에 있는 상치장소는 벽·바닥·보·서까래 및 지붕이 내화구조 또는 불연재료로 된 건축물의 1층에 설치하여야 한다.

2. 이동저장탱크의 구조★★

(1) 탱크(맨홀, 주입관의 뚜껑을 포함)는 두께 3.2mm 이상의 강철판

(2) 탱크의 수압시험

(압력탱크 : 최대상용압력이 46.7kPa 이상인 탱크)

탱크의 종류	시험방법(수압시험)	판정 기준
압력탱크	최대상용압력의 1.5배의 압력으로 10분간 실시	새거나 변형이 없을 것
압력탱크 외의 탱크	70kPa의 압력으로 10분간 실시	
※ 수압시험은 용접부에 대한 비파괴시험과 기밀시험으로 대신할 수 있다.		

(3) 이동저장탱크는 그 내부에 4,000*l* 이하마다 3.2mm 이상의 강철판 또는 이와 동등 이상의 강도, 내열성 및 내식성이 있는 금속성의 것으로 칸막이를 설치하여야 한다.(단, 고체인 위험물 또는 고체인 위험물을 가열하여 액체 상태로 저장하는 경우에는 제외)

(4) 칸막이로 구획된 각 부분마다 맨홀, 안전장치 및 방파판을 설치할 것(단, 용량이 2000*l* 미만 : 방파판 설치 제외)

① 안전장치의 작동압력
- 사용압력이 20kPa 이하인 탱크 : 20kPa 이상 24kPa 이하의 압력
- 상용압력이 20kPa를 초과하는 탱크: 상용압력의 1.1배 이하의 압력

② 방파판 : 액체의 출렁임, 쏠림 등을 완화해줌
- 두께 1.6mm 이상의 강철판
- 하나의 구획부분에 2개 이상의 방파판을 이동탱크저장소의 진행방향과 평행으로 설치하되, 각 방파판은 그 높이 및 칸막이로부터의 거리를 다르게 할 것
- 하나의 구획부분에 설치하는 각 방파판의 면적의 합계는 당해 구획부분의 최대 수직단면적의 50% 이상으로 할 것. (단, 수직단면이 원형 또는 지름이 1m 이하의 타원형일 경우에는 40% 이상으로 할 수 있다.)

[이동저장탱크 측면]

[이동저장탱크 후면]

(5) 맨홀, 주입구 및 안전장치 등이 탱크의 상부에 돌출되어 있는 부속장치의 손상을 방지하기 위한 측면틀 및 방호틀을 설치하여야 한다.

① 측면틀 : 탱크 전복시 탱크의 본체 파손 방지
- 탱크 뒷부분의 입면도에 있어서 측면틀의 최외측과 탱크의 최외측을 연결하는 직선의 수평면에 대한 내각이 75°이상일 것
- 최대수량의 위험물을 저장한 상태에 있을 때의 당해 탱크중량의 중심점과 측면틀의 최외측을 연결하는 직선과 그 중심점을 지나는 직선중 최외측선과 직각을 이루는 직선과의 내각이 35°이상이 되도록 할 것
- 외부로부터 하중에 견딜 수 있는 구조로 할 것
- 탱크상부의 네 모퉁이에 당해 탱크의 전단 또는 후단으로부터 각각 1m 이내의 위치에 설치 할 것

• 측면틀에 걸리는 하중에 의하여 탱크가 손상되지 아니하도록 측면틀의 부착부분에 받침판을 설치할 것

② **방호틀** : 탱크의 전복시 맨홀, 주입구, 안전장치등의 부속장치 파손 방지

• 정상부분은 부속장치보다 50mm 이상 높게하거나 동등이상의 성능이 있는 것으로 할 것

참고

1. 이동저장탱크의 강철판의 두께
   ❶ 탱크의 본체, 측면틀, 안전칸막이 : 3.2mm 이상
   ❷ 방호틀 : 2.3mm 이상
   ❸ 방파판 : 1.6mm 이상
2. 컨테이너식 이동저장탱크의 강철판의 두께
   ❶ 탱크의 본체, 맨홀, 주입구의 뚜껑 등의 두께
      • 탱크의 직경 또는 장경이 1.8m 이하 : 5mm 이상
      • 탱크의 직경 또는 장경이 1.8m 초과 : 6mm 이상
   ❷ 안전칸막이 : 3.2mm 이상
3. 알킬알루미늄 등의 이동저장탱크의 강판의 두께
   ❶ 탱크의 본체, 맨홀, 주입구의 뚜껑 : 10mm 이상

[이동저장탱크 측면틀의 위치]

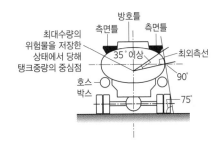

[탱크 후면의 입면도]

3. 배출밸브, 폐쇄장치 및 결합금속구 등

(1) 이동저장탱크의 아랫부분에 배출구를 설치하는 경우에는 당해 탱크의 배출구에 배출밸브를 설치하고 비상시에 직접 당해 배출밸브를 폐쇄할 수 있는 수동폐쇄장치 또는 자동폐쇄장치를 설치할 것

(2) 수동식 폐쇄장치의 레버 길이는 15cm 이상으로 설치할 것

(3) 탱크의 배관이 선단부에는 개폐밸브를 설치하여야 한다.

(4) 이동탱크저장소의 주입설비 설치 기준
   ① 위험물이 샐 우려가 없고 화재예방상 안전한 구조로 할 것
   ② 주입설비의 길이는 50m 이내로 하고, 그 선단에 정전기 제거장치를 설치할 것

③ 분당 토출량은 200*l* 이하로 할 것

④ 주입호스는 내경이 23mm 이상이고, 0.3MPa 이상의 압력에 견딜 수 있을 것

⑤ 제4류 위험물중 특수인화물, 제1석유류 또는 제2석유류에는 접지도선을 설치할 것★★★

4. 이동탱크저장소의 표지 및 경고 표시

(1) 표지판★★★

① 부착위치 : 차량의 전면 상단 및 후면 상단

② 규격 : 60cm 이상×30cm 이상의 직사각형

③ 색상 및 문자 : 흑색 바탕에 황색의 반사도료로 '위험물'이라 표기

(2) 게시판

① 기재내용 : 유별, 품명, 최대수량, 적재중량

② 문자의 크기 : 가로 40mm 이상, 세로 45mm 이상

(여러품명 혼재시 품명별 문자의 크기 : 20mm×20mm 이상)

(3) UN번호

① 부착위치 : 차량의 후면 및 양측면

② 규격 : 30cm이상×12cm 이상의 횡형 사각형

③ 색상 및 문자 : 흑색 테두리 선(굵기 1cm)과 오렌지색으로 이루어진 바탕에 UN번호(글자의 높이 6.5cm 이상)를 흑색으로 표기할 것

(4) 그림 문자

① 부착위치 : 차량의 후면 및 양측면

② 규격 : 25cm 이상×25cm 이상의 마름모꼴

③ 색상 및 문자 : 위험물의 품목별로 해당하는 심벌을 표기하고 그림문자의 하단에 분류 구분의 번호(글자의 높이 2.5cm 이상)를 표기할 것

차량에 부착할 표지	경고표지 예시(그림문자 및 UN번호)
위험물 (부착위치 : 전면 및 후면) 3 0000 (부착위치 : 후면 및 양측면)	휘발유 3 1203

5. 이동탱크 저장소의 펌프 설비

(1) 동력원을 이용하여 위험물 이송(모터 펌프 설치)
인화점이 40°C 이상인 것 또는 비인화성의 것

(2) 진공흡입방식의 펌프를 이용하여 위험물 이송(폐유의 회수용)
① 인화점이 70°C 이상인 폐유 또는 비인화성의 것
② 감압장치의 배관 및 배관의 이음은 금속제일 것

6. 컨테이너식 이동탱크저장소의 특례

이동저장탱크를 차량 등에 옮겨 싣는 구조로 된 이동탱크저장소를 '컨테이너식 이동탱크저장소'라 한다

(1) 컨테이너식 이동탱크저장소에는 이동저장탱크 하중의 4배의 전단하중에 견디는 걸고리체결금속구 및 모서리체결금속구를 설치할 것(단, 용량이 6,000*l* 이하인 이동탱크저장소의 경우에는 차량의 샤시프레임에 체결하도록 유(U) 자볼트를 설치할 수 있다)

(2) 다음 각목의 기준에 적합한 이동저장탱크로 된 컨테이너식 이동탱크저장소에 대하여는 안전칸막이 내지 방호틀 규정을 적용하지 아니한다.
① 이동저장탱크 및 부속장치(맨홀,주입구 및 안전장치)는 강재로 된 상자틀에 수납할 것
② 이동저장탱크 · 맨홀 및 주입구의 뚜껑은 두께 6mm(당해 탱크의 직경 또는 장경이 1.8m 이하인 것은 5mm) 이상의 강판으로 할 것
③ 이동저장탱크에 칸막이의 두께 3.2mm 이상의 강판으로 할 것
④ 이동저장탱크에는 맨홀 및 안전장치를 할 것
⑤ 부속장치는 상자틀의 최외측과 50mm 이상의 간격을 유지할 것

(3) 표시판
① 부착위치 및 크기 : 보기 쉬운 곳에 가로 0.4m 이상, 세로 0.15m 이상
② 색상 : 백색바탕에 흑색 문자
③ 표시내용 : 허가청의 명칭 및 완공검사번호

7. 공항에서 시속 40km 이하로 운행하도록 된 주유탱크차 기준

(1) 이동저장탱크는 그 내부에 길이 1.5m 이하 또는 부피 4천*l* 이하마다 3.2mm 이상의 강철판 또는 이와 같은 수준 이상의 강도, 내열성 및 내식성이 있는 금속성의 것으로 칸막이를 설치할 것

(2) (1)항에 따른 칸막이에 구멍을 낼 수 있되, 그 직경이 40cm 이내 일 것

8. 위험물의 성질에 따른 이동탱크저장소의 특례

(1) 알킬알루미늄등을 저장 또는 취급하는 이동탱크저장소

① 이동저장탱크는 두께 10mm 이상의 강판

② 수압시험은 1MPa 이상의 압력으로 10분간 실시하여 새거나 변형이 없을 것

③ 이동저장탱크의 용량은 1,900ℓ 미만일 것

④ 안전장치는 이동저장탱크의 수압시험의 2/3를 초과하고 4/5를 넘지 않는 범위의 압력으로 작동할 것

⑤ 맨홀, 주입구의 뚜껑의 두께는 10mm 이상의 강판

⑥ 이동저장탱크는 불활성 기체 봉입 장치를 설치할 것

(2) 아세트알데히드등을 저장 또는 취급하는 이동탱크저장소★★★

① 이동저장탱크는 불활성의 기체를 봉입할 수 있는 구조로 할 것

② 이동저장탱크 및 그 설비는 은·수은·동·마그네슘 또는 이들을 성분으로 하는 합금으로 만들지 아니할 것

9. 이동저장탱크의 외부도장★★

유별	도장의 색상	비고
제1류	회색	1. 탱크의 앞면과 뒷면을 제외한 면적의 40% 이내의 면적은 다른 유별의 색상 외의 색상으로 도장하는 것이 가능하다. 2. 제4류에 대해서는 도장의 색상 제한이 없으나 적색을 권장한다.
제2류	적색	
제3류	청색	
제5류	황색	
제6류	청색	

10. 자동차용 소화기

이산화탄소 3.2kg 이상, 할론 1211의 2ℓ 이상, 무상강화액 8ℓ 이상 등을 2개 이상 설치

※ 알킬알루미늄 등은 마른모래나 팽창질석 또는 팽창진주암을 추가로 설치

9 암반탱크 저장소

암반 안에 공간을 만들어 액체의 위험물을 저장하는 시설

1. 암반탱크 설치 기준

① 암반탱크는 암반투수계수가 1초당 10만분의 1m 이하인 천연암반내에 설치할 것★★

② 암반탱크는 저장할 위험물의 증기압을 억제할 수 있는 지하수면하에 설치할 것
③ 암반탱크의 내벽은 암반균열에 의한 낙반을 방지할 수 있도록 볼트, 콘크리트 등으로 보강할 것

2. 암반탱크의 수리 조건

① 암반탱크내로 유입되는 지하수의 양은 암반내의 지하수 충전량보다 적을 것
② 암반탱크의 상부로 물을 주입하여 수압을 유지할 필요가 있는 경우에는 수벽공을 설치할 것
③ 암반탱크에 가해지는 지하수압은 저장소의 최대운영압보다 항상 크게 유지할 것

3. 지하수위 관측공의 설치

암반탱크저장소 주위에는 지하수위 및 지하수의 흐름 등을 확인, 통제할 수 있는 관측공을 설치하여야 한다.

4. 계량장치

암반탱크저장소에는 위험물의 양과 내부로 유입되는 지하수의 양을 측정할 수 있는 계량구와 자동측정이 가능한 계량장치를 설치하여야 한다.

5. 배수시설

암반탱크저장소에는 주변 암반으로부터 유입되는 침출수를 자동으로 배출할 수 있는 시설을 설치하고 침출수에 섞인 위험물이 직접 배수구로 흘러 들어가지 아니하도록 유분리장치를 설치하여야 한다.

6. 펌프설비

암반탱크저장소의 펌프설비는 점검 및 보수를 위하여 사람의 출입이 용이한 구조의 전용공동에 설치하여야 한다.

> **참고** 암반탱크의 안전공간
> 7일간 지하수 용출량과 탱크 내용적의 1/100 용적 중 큰 것

3 Chapter 위험물 취급소의 시설 기준

1 주유 취급소

1. 주유공지 및 급유공지

① 주유공지 : 고정주유설비에서 주유를 받을 자동차 등이 출입할 수 있도록 너비 15m 이상 길이 6m 이상의 콘크리트로 포장한 보유 공지★★★

② 급유공지 : 고정주유설비의 호스 기기의 주위에 필요한 보유공지

③ 공지의 바닥 : 주위 지면보다 높게 하고 적당한 기울기, 배수구, 집유설비 및 유분리 장치를 설치할 것

2. 주유취급소의 표지 및 게시판

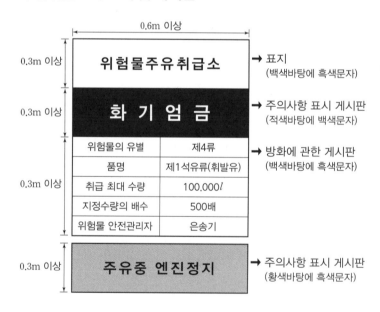

3. 주유취급소의 탱크 용량의 기준★★★

① 자동차 등에 주유하기 위한 고정주유설비에 직접 접속하는 전용탱크로서 50,000l 이하의 것

② 고정급유설비에 직접 접속하는 전용탱크로서 50,000l 이하의 것

③ 보일러 등에 직접 접속하는 전용탱크로서 10,000l 이하의 것

④ 자동차 등을 점검, 정비하는 작업장 등에서 사용하는 폐유·윤활유 등의 위험물 저장 폐유탱크로서 용량이 2,000l 이하의 것

⑤ 고정주유설비 또는 고정급유설비에 직접 접속하는 3기 이하의 간이탱크

⑥ 고속국도의 도로변에 설치된 주유취급소의 탱크의 용량을 60,000l 이하의 것

4. 고정주유설비 등

(1) 주유취급소의 고정주유설비 또는 고정급유설비의 기준

① 펌프기기는 주유관 선단에서의 최대토출량

- 제1석유류 : 50l/min 이하
- 경유 : 180l/min 이하
- 등유 : 80l/min 이하

② 이동저장탱크에 주입하기 위한 고정급유설비의 펌프기기 : 300l/min 이하

(단, 토출량이 200l/min이상 : 배관의 안지름이 40mm 이상)

(2) 고정주유설비 또는 고정급유설비의 주유관의 길이 5m(현수식의 경우에는 지면 위 0.5m의 수평면에 수직으로 내려 만나는 점을 중심으로 반경 3m) 이내로 하고 그 선단에는 축적된 정전기를 유효하게 제거할 수 있는 장치를 설치하여야 한다.

(3) 고정주유설비 또는 고정급유설비의 설치 기준

① 고정주유설비의 중심선을 기점으로 한 거리

- 도로경계선, 고정급유설비 : 4m 이상
- 부지경계선, 담, 건축물의 벽 : 2m 이상
- 건축물의 벽(개구부가 없는 벽까지) : 1m 이상

② 고정급유설비의 중심선을 기점으로 한 거리

- 도로경계선, 고정주유설비 : 4m 이상
- 부지경계선, 담 : 1m 이상
- 건축물의 벽 : 2m 이상(개구부가 없는 벽 까지 : 1m 이상)

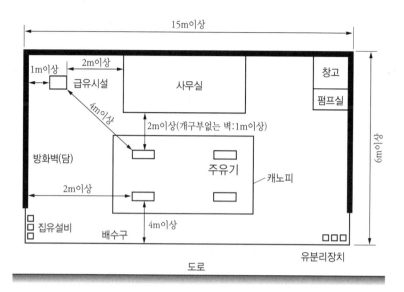

[주유 취급소]

5. 주유 취급소에 설치할 수 있는 건축물

(1) 주유 또는 등유, 경유를 옮겨 담기 위한 작업장

(2) 주유취급소의 업무를 행하기 위한 사무소

(3) 자동차 등의 점검 및 간이정비를 위한 작업장

(4) 자동차 등의 세정을 위한 작업장

(5) 주유취급소에 출입하는 사람을 대상으로 한 점포, 휴게음식점 또는 전시장

(6) 주유취급소의 관계자가 거주하는 주거시설

(7) 전기자동차용 충전설비(전기를 동력원으로 하는 자동차에 직접 전기를 공급하는 설비)

(8) 주유취급소의 직원 외의 자가 출입하는 (2), (3), 및 (5)의 용도에 제공하는 부분의 면적의 합은 1,000m²를 초과할 수 없다

6. 주유소의 건축물등의 구조

(1) 건축물의 벽·기둥·바닥·보 및 지붕을 내화구조 또는 불연재료로 할 것(단, 건축물 면적의 합이 500m²를 초과시 건축물의 벽은 내화구조로 할 것)

(2) 창 및 출입구에는 방화문 또는 불연재료로 된 문을 설치할 것

(3) 사무실 등의 창 및 출입구에 유리를 사용하는 경우에는 망입유리 또는 강화유리로 할 것(강화유리의 두께는 창에는 8mm 이상, 출입구에는 12mm 이상)

(4) 건축물 중 사무실 그 밖의 화기를 사용하는 곳의 구조

　① 출입구는 건축물의 안에서 밖으로 수시로 개방할 수 있는 자동폐쇄식의 것으로 할 것

　② 출입구 또는 사이 통로의 문턱의 높이를 15cm 이상으로 할 것

　③ 높이 1m 이하의 부분에 있는 창 등은 밀폐시킬 것

(5) 자동차 등의 점검, 정비를 행하는 설비 기준

　고정주유설비로부터 4m 이상, 도로경계선으로부터 2m 이상 떨어지게 할 것.

(6) 자동차 등의 세정을 행하는 설비 기준

　① 증기세차기를 설치하는 경우에는 그 주위의 불연재료로 된 높이 1m 이상의 담을 설치하고 출입구가 고정주유설비에 면하지 아니하도록 할 것. 이 경우 담은 고정주유설비로부터 4m 이상 떨어지게 하여야 한다.

　② 증기세차기 외의 세차기를 설치하는 경우에는 고정주유설비로부터 4m 이상, 도로경계선으로부터 2m 이상 떨어지게 할 것

(7) 주유원간의 대기실은 불연재료로 하고 바닥면적은 2.5m² 이하일 것

(8) 펌프실의 출입구는 바닥으로부터 0.1m 이상의 턱을 설치할 것

7. 담 또는 벽

(1) 주유취급소의 주위에는 자동차 등이 출입하는 쪽외의 부분에 높이 2m 이상의 내화구조 또는 불연재료의 담 또는 벽을 설치하되, 주유취급소의 인근에 연소의 우려가 있는 건축물이 있는 경우에는 소방청장이 정하여 고시하는 바에 따라 방화상 유효한 높이로 하여야 한다.

(2) 다음 각 목의 기준에 모두 적합한 경우에는 담 또는 벽의 일부분에 방화상 유효한 구조의 유리를 부착할 수 있다.

　① 유리를 부착하는 위치는 주입구, 고정주유설비 및 고정급유설비로부터 4m 이상 이격될 것

　② 유리를 부착하는 방법은 다음의 기준에 모두 적합할 것

　　• 주유취급소 내의 지반면으로부터 70cm를 초과하는 부분에 한하여 유리를 부착할 것

　　• 하나의 유리판의 가로의 길이는 2m 이내일 것

　　• 유리판의 테두리를 금속제의 구조물에 견고하게 고정하고 해당 구조물을 담 또는 벽에 견고하게 부착할 것

　　• 유리의 구조는 접합유리(두장의 유리를 두께 0.76mm 이상의 폴리비닐부티랄 필름으로 접합한 구조)로 하되, 「유리구획 부분의 내화시험방법(KS F 2845)」에 따라 시험하여 비차열 30분 이상의 방화성능이 인정될 것

　③ 유리를 부착하는 범위는 전체의 담 또는 벽의 길이의 2/10를 초과하지 아니할 것

8. 캐노피의 설치 기준

① 배관이 캐노피 내부를 통과할 경우에는 1개 이상의 점검구를 설치할 것

② 캐노피 외부의 점검이 곤란한 장소에 배관을 설치하는 경우에는 용접이음으로 할 것

③ 캐노피 외부의 배관이 일광열의 영향을 받을 우려가 있는 경우에는 단열재로 피복할 것

9. 고객이 직접 주유하는 주유취급소의 특례

(1) 셀프용고정주유설비의 기준

① 주유호스의 선단부에 수동개폐장치를 부착한 주유노즐을 설치할 것. 다만, 수동개폐장치를 개방한 상태로 고정시키는 장치가 부착된 경우에는 다음의 기준에 적합하여야 한다.

- 주유작업을 개시함에 있어서 주유노즐의 수동개폐장치가 개방상태에 있는 때에는 당해 수동개폐장치를 일단 폐쇄시켜야만 다시 주유를 개시할 수 있는 구조로 할 것
- 주유노즐이 자동차 등의 주유구로부터 이탈된 경우 주유를 자동적으로 정지시키는 구조일 것

② 주유노즐은 자동차 등의 연료탱크가 가득 찬 경우 자동적으로 정지시키는 구조일 것

③ 주유호스는 200kg 중 이하의 하중에 의하여 파단(破斷) 또는 이탈되어야 하고, 파단 또는 이탈된 부분으로부터의 위험물 누출을 방지할 수 있는 구조일 것

④ 휘발유와 경유 상호간의 오인에 의한 주유를 방지할 수 있는 구조일 것

⑤ 1회의 연속주유량 및 주유시간의 상한을 미리 설정할 수 있는 구조일 것. 이 경우 주유량의 상한은 휘발유는 100*l* 이하, 경유는 200*l* 이하로 하며, 주유시간의 상한은 4분 이하로 한다.

(2) 셀프용고정급유설비의 기준

① 급유호스의 선단부에 수동개폐장치를 부착한 급유노즐을 설치할 것

② 급유노즐은 용기가 가득찬 경우에 자동적으로 정지시키는 구조일 것

③ 1회의 연속급유량 및 급유시간의 상한을 미리 설정할 수 있는 구조일 것 이 경우 급유량의 상한은 100*l* 이하, 급유시간의 상한은 6분 이하로 한다.

2 판매 취급소

1. 제1종 판매 취급소★★★

(1) 저장 또는 취급하는 위험물의 수량이 지정수량의 20배 이하인 판매취급소

(2) 제1종 판매취급소는 건축물의 1층에 설치할 것

(3) 위험물 배합실의 기준★★★

① 바닥면적은 6m² 이상 15m² 이하로 할 것

② 내화구조 또는 불연재료로 된 벽으로 구획할 것

③ 바닥은 위험물이 침투하지 아니하는 구조로 하여 적당한 경사를 두고 집유설비를 할 것

④ 출입구에는 수시로 열 수 있는 자동폐쇄식의 갑종방화문을 설치할 것

⑤ 출입구 문턱의 높이는 바닥면으로부터 0.1m 이상으로 할 것

⑥ 내부에 체류한 가연성의 증기 또는 가연성의 미분을 지붕 위로 방출하는 설비를 할 것

2. 제2종 판매 취급소★★★

저장 또는 취급하는 위험물의 수량이 지정수량의 40배 이하인 판매취급소

3. 판매취급소에서 위험물을 배합하거나 옮겨담는 작업을 할 수 있는 위험물

① 도료류

② 제1류위험물중 염소산염류 및 염소산염류만을 함유한 것

③ 유황 또는 인화점이 38℃ 이상인 제4류 위험물

3 이송취급소

1. 설치장소

(1) 이송취급소는 다음의 장소 외의 장소에 설치하여야 한다.

① 철도 및 도로의 터널 안

② 고속국도 및 자동차전용도로의 차도, 길어깨 및 중앙분리대

③ 호수,저수지 등으로서 수리의 수원이 되는 곳

④ 급격사지역으로서 붕괴의 위험이 있는 지역

(2) 배관설치의 기준

1) 지하매설 : 배관을 지하에 매설하는 경우에는 다음 각목의 기준에 의하여야 한다.

① 배관은 그 외면으로부터 건축물, 지하가, 터널 또는 수도시설까지 각각 다음의 규정에 의한 안전거리를 둘 것(단, ⓑ 또는 ⓒ의 공작물에 있어서는 적절한 누설확산방지조치를 하는 경우에 그 안전거리를 1/2범위 안에서 단축할 수 있다)

ⓐ 건축물(지하내의 건축물을 제외) : 1.5m 이상

ⓑ 지하가 및 터널 : 10m 이상

ⓒ 「수도법」에 의한 수도시설(위험물의 유입우려가 있는 것에 한한다) : 300m 이상

② 배관은 그 외면으로부터 다른 공작물에 대하여 0.3m 이상의 거리를 보유 할 것. 다만, 0.3m

이상의 거리를 보유하기 곤란한 경우로서 당해 공작물의 보전을 위하여 필요한 조치를 하는 경우에는 그러하지 아니하다.

③ 배관의 외면과 지표면과의 거리는 산이나 들에 있어서는 0.9m 이상, 그 밖의 지역에 있어서는 1.2m 이상으로 할 것(단, 당해 배관을 방호구조물안에 설치시 제외)

    ⓐ 배관의 하부에는 사질토 또는 모래로 20cm(자동차 등의 하중이 없는 경우에는 10cm) 이상, 배관의 상부에는 사질토 또는 모래로 30cm(자동차 등의 하중에 없는 경우에는 20cm)이상 채울 것

(2) 도로 및 매설

① 배관은 그 외면으로부터 도로의 경계에 대하여 1m 이상의 안전거리를 둘 것

② 시가지 도로의 노면 아래에 매설하는 경우에는 배관의 외면과 노면과의 거리는 1.5m 이상, 보호관 또는 방호구조물의 외면과 노면과의 거리는 1.2m 이상으로 할 것

③ 시가지 외의 도로의 노면 아래에 매설하는 경우에는 배관의 외면과 노면과의 거리는 1.2m 이상으로 할 것

④ 포장된 차도에 매설하는 경우에는 포장부분의 노반의 밑에 매설하고, 배관의 외면과 노반의 최하부와의 거리는 0.5m 이상으로 할 것

⑤ 노면 밑외의 도로 밑에 매설하는 경우에는 배관의 외면과 지표면과의 거리는 1.2m[보호관 또는 방호구조물에 의하여 보호된 배관에 있어서는 0.6m(시가지의 도로 밑에 매설하는 경우에는 0.9m)] 이상으로 할 것

(3) 지상 설치

① 배관이 지표면에 접하지 아니하도록 할 것

② 배관[이송기지(펌프에 의하여 위험물을 보내거나 받는 작업을 행하는 장소) 의 구내에 설치되어진 것을 제외]은 다음의 기준에 의한 안전거리를 둘 것

    ⓐ 철도(화물수송용으로만 쓰이는 것은 제외) 또는 도로의 경계선으로부터 25m 이상

    ⓑ 종합병원, 병원, 치과병원, 한방병원, 요양병원, 공연장, 영화상영관, 복지시설(아동, 노인, 장애인 등) 등 시설로부터 45m 이상

    ⓒ 유형문화재, 지정문화재 시설로부터 65m 이상

    ⓓ 고압가스, 액화석유가스, 도시가스 시설로부터 35m 이상

    ⓔ 공공공지 또는 도시공원으로부터 45m 이상

    ⓕ 판매시설, 숙박시설, 위락시설 등 불특정다중을 수용하는 시설 중 연면적 1,000m² 이상인 것으로부터 45m 이상

    ⓖ 1일 평균 20,000명 이상 이용하는 기차역 또는 버스터미널로부터 45m 이상

    ⓗ 수도시설 중 위험물이 유입될 가능성이 있는 것으로부터 300m 이상

    ⓘ 주택 또는 ⓐ내지 ⓗ와 유사한 시설 중 다수의 사람이 출입하거나 근무하는 것으로부터

25m 이상

③ 배관의 양측면으로부터 당 해 배관의 최대상용압력에 따라 다음 표에 의한 너비의 공지를 보유할 것(단, 공업지역 또는 전용공업지역에 설치한 배관은 그 너비의 1/3)

배관의 최대상용압력	공지의 너비
0.3MPa 미만	5m이상
0.3MPa 이상 1MPa 미만	9m 이상
1MPa 이상	15m 이상

④ 배관은 지진, 풍압, 지반침하, 온도변화에 의한 신축 등에 대하여 안전성이 있는 철근콘크리트조로 할 것

3. 기타설비 등

(1) 가연성증기의 체류방지조치

배관을 설치하기 위하여 설치하는 터널(높이 1.5m 이상인 것에 한한다)에는 가연성 증기의 체류를 방지하는 조치를 하여야 한다.

(2) 비파괴시험★★

배관등의 용접부는 비파괴시험을 실시하여 합격할 것. 이 경우 이송기지내의 지상에 설치된 배관등은 전체 용접부의 20% 이상을 발췌하여 시험할 수 있다.

(3) 내압시험

배관등은 최대상용압력의 1.25배 이상의 압력으로 4시간 이상 수압을 가하여 누설 그 밖의 이상이 없을 것.

(4) 압력안전장치

배관계에는 배관내의 압력이 최대상용압력을 초과하거나 유격작용 등에 의하여 생긴 압력이 최대상용압력의 1.1배를 초과하지 아니하도록 제어하는 장치(압력안전장치)를 설치할 것

(5) 긴급차단밸브

① 시가지에 설치하는 경우에는 약 4km의 간격
② 하천, 호수 등을 횡단하여 설치하는 경우에는 횡단하는 부분의 양 끝
③ 해상 또는 해저를 통과하여 설치하는 경우에는 통과하는 부분의 양 끝
④ 산림지역에 설치하는 경우에는 약 10km의 간격
⑤ 도로 또는 철도를 횡단하여 설치하는 경우에는 횡단하는 부분의 양 끝

(6) 위험물 제거조치

배관에는 서로 인접하는 2개의 긴급차단밸브 사이의 구간마다 당해 배관 안의 위험물을 안전하게 물 또는 불연성기체로 치환할 수 있는 조치를 하여야 한다.

(7) 감진장치

배관의 경로에는 안전상 필요한 장소와 25km의 거리마다 감진장치 및 강진계를 설치하여야 한다.

(8) 경보설비

① 이송기지에는 비상벨장치 및 확성장치를 설치할 것

② 가연성증기를 발생하는 위험물을 취급하는 펌프실등에는 가연성증기 경보설비를 설치할 것

4 일반취급소

위험물을 제조 및 생산이외의 목적으로 1일에 지정수량 이상의 위험물을 취급 및 사용하는 장소로서 주유 취급소, 판매 취급소 및 이송취급소 이외의 시설을 말한다.

1. 분무도장작업등의 일반취급소

도장, 인쇄 또는 도포를 위하여 제2류 위험물 또는 제4류 위험물(특수 인화물을 제외)을 취급하는 일반취급소로서 지정수량의 30배 미만의 것

2. 세정작업의 일반취급소

세정을 위하여 위험물(인화점이 40°C 이상인 제4류 위험물에 한한다)을 취급하는 일반취급소로서 지정수량의 30배 미만의 것

3. 열처리작업 등의 일반취급소

열처리작업 또는 방전가공을 위하여 위험물(인화점이 70°C 이상인 제4류 위험물에 한한다)을 취급하는 일반취급소로서 지정수량의 30배 미만의 것

4. 보일러등으로 위험물을 소비하는 일반취급소

보일러, 버너 그 밖의 이와 유사한 장치로 위험물(인화점이 38°C 이상인 제4류 위험물에 한한다)을 소비하는 일반취급소로서 지정수량의 30배 미만의 것

5. 충전하는 일반취급소

이동저장탱크에 액체위험물(알킬알루미늄등, 이세트알데히드등 및 히드록실아민등을 제외)을 주입하는 일반취급소(액체위험물을 용기에 옮겨 담는 취급소를 포함)

6. 옮겨 담는 일반취급소

고정급유설비에 의하여 위험물(인화점이 38°C 이상인 제4류 위험물에 한한다)을 용기에 옮겨 담거나 4,000l 이하의 이동저장탱크(용량이 2,000l를 넘는 탱크에 있어서는 그 내부를 2,000l 이하마다 구획한 것에 한한다)에 주입하는 일반취급소로서 지정수량의 40배 미만인 것

7. 유압장치등을 설치하는 일반취급소

위험물을 이용한 유압장치 또는 윤활유 순환장치를 설치하는 일반취급소(고인화점 위험물만을 100°C 미만의 온도로 취급하는 것에 한한다)로서 지정수량의 50배 미만의 것

8. 절삭장치등을 설치하는 일반취급소

절삭유의 위험물을 이용한 절삭장치, 연삭장치 그 밖의 이와 유사한 장치를 설치하는 일반취급소(고인화점 위험물만을 100°C 미만의 온도로 취급하는 것에 한한다)로서 지정수량의 30배 미만의 것

9. 열매체유 순환장치를 설치하는 일반취급소

위험물 외의 물건을 가열하기 위하여 위험물(고인화점 위험물에 한한다)을 이용한 열매체유 순환장치를 설치하는 일반취급소로서 지정수량의 30배 미만의 것

10. 화학실험의 일반취급소

화학실험을 위하여 위험물을 취급하는 일반취급소로서 지정수량의 30배 미만의 것

참고 취급소의 종류 : 주유취급소, 이송취급소, 판매취급소, 일반취급소

01 위험물안전관리법령에 따른 안전거리 규제를 받는 위험물 시설이 아닌 것은?

① 제6류 위험물 제조소
② 제1류 위험물 일반취급소
③ 제4류 위험물 옥내 저장소
④ 제5류 위험물 옥외 저장소

02 제조소에서 취급하는 위험물의 최대 수량이 지정수량의 20배인 경우 보유 공지의 너비는 얼마인가?

① 3m 이상
② 5m 이상
③ 10m 이상
④ 20m 이상

해설

위험물 제조소의 보유공지

취급 위험물의 최대수량	공지의 너비
지정수량의 10배 이하	3m 이상
지정수량의 10배 초과	5m 이상

03 위험물 제조소의 배출설비 기준 중 국소방식의 경우 배출 능력은 1시간당 배출 장소 용적의 몇 배 이상으로 해야 하는가?

① 10배
② 20배
③ 30배
④ 40배

해설

배출 능력은 1시간당 배출 장소 용적의 20배 이상인 것으로 하여야 한다. 다만, 전역 방식의 경우에는 바닥 면적 1m² 당 18m² 이상으로 할 수 있다.

04 위험물 제조소는 문화재보호법에 의한 유형 문화재로부터 몇 m 이상의 안전거리를 두어야 하는가?

① 20m
② 30m
③ 40m
④ 50m

05 위험물 제조소등의 안전거리의 단축 기준과 관련해서 $H \leq pD^2 + a$인 경우 방화상 유효한 담의 높이는 2m 이상으로 한다. 다음 중 a에 해당되는 것은?

① 인근 건축물의 높이(m)
② 제조소등의 외벽의 높이(m)
③ 제조소등과 공작물과의 거리(m)
④ 제조소등과의 방화상 유효한 담과의 거리(m)

해설

방화상 유효한 담의 높이

> ① $H \leq pD^2 + a$인 경우 : $h = 2$
> ② $H > pD^2 + a$인 경우 : $h = H - p(D^2 - d^2)$

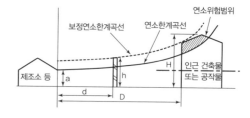

D : 제조소등과 인근 건축물 또는 공작물과의 거리(m)
H : 인근 건축물 또는 공작물의 높이(m)
a : 제조소등의 외벽의 높이(m)
d : 제조소등과 방화상 유효한 담과의 거리(m)
h : 방화상 유효한 담의 높이(m)
p : 상수

정답 01 ① 02 ② 03 ② 04 ④ 05 ②

06 위험물안전관리법령에서 정하는 제조소와의 안전거리 기준이 다음 중 가장 큰 것은?

① 「고압가스 안전관리법」의 규정에 의하여 허가를 받거나 신고를 하여야 하는 고압가스 저장 시설

② 사용 전압이 35,000V를 초과하는 특고압 가공 전선

③ 병원, 학교, 극장

④ 「문화재보호법」의 규정에 의한 유형 문화재

해설

제조소의 안전거리(제6류 위험물은 제외)

건축물	안전거리
사용전압이 7,000V 초과 35,000V 이하	3m 이상
사용전압이 3,500V 초과	5m 이상
주거용	10m 이상
고압가스, 액화석유가스, 도시가스	20m 이상
학교, 병원, 극장, 복지시설	30m 이상
유형문화재, 지정문화재	50m 이상

07 옥내저장탱크와 탱크 전용실의 벽과의 사이 및 옥내저장탱크의 상호 간에는 몇 m 이상의 간격을 유지하여야 하는가?

① 0.3　　　　　② 0.5
③ 1.0　　　　　④ 1.5

해설

탱크와 탱크 전용실과의 이격 거리
• 탱크와 탱크 전용실 외벽 : 0.5m 이상
• 탱크와 탱크 상호간 : 0.5m 이상

08 옥내 저장소에서 위험물 용기를 겹쳐 쌓는 경우에 있어서 제4류 위험물 중 제3석유류만을 수납하는 용기를 겹쳐 쌓을 수 있는 높이는 최대 몇m 인가?

① 3　　　　　② 4
③ 5　　　　　④ 6

해설

옥내저장소에서 위험물을 저장하는 경우(높이 초과금지)
• 기계에 의하여 하역하는 구조로 된 용기만을 겹쳐 쌓는 경우 : 6m 이하
• 제4류 위험물 중 제3석유류, 제4석유류 및 동식물유류를 수납하는 용기만을 겹쳐 쌓는 경우 : 4m 이하
• 그 밖의 경우 : 3m 이하

09 옥내 저장소의 안전거리 기준을 적용하지 않을 수 있는 조건으로 틀린 것은?

① 지정수량 20배 미만의 제4석유류를 저장하는 경우

② 제6류 위험물을 저장하는 경우

③ 지정수량 20배 미만의 동식물유류를 저장하는 경우

④ 지정수량의 20배 이하를 저장하는 것으로서 창에 망입 유리를 설치한 것

해설

④ 지정수량의 20배(하나의 저장창고의 바닥면적이 150m² 이하인 경우에는 50배) 이하의 위험물을 저장 또는 취급하는 옥내저장소로서 다음의 기준에 적합한 것
• 저장창고의 벽, 기둥, 바닥, 보 및 지붕이 내화구조인 것
• 저장창고의 출입구에 수시로 열 수 있는 자동폐쇄방식의 갑종방화문이 설치되어 있을 것
• 저장창고에 창을 설치하지 아니할 것

정답 06 ④　07 ②　08 ②　09 ④

10 위험물 제조소 건축물의 구조 기준이 아닌 것은?

① 출입구에는 갑종 방화문 또는 을종 방화문을 설치할 것

② 지붕은 폭발력이 위로 방출될 정도의 가벼운 불연 재료로 덮을 것

③ 벽, 기둥, 바닥, 보, 서까래 및 계단은 불연재료로 하고 연소 우려가 있는 외벽은 개구부가 없는 내화 구조로 할 것

④ 산화성 고체, 가연성 고체 위험물을 취급하는 건축물의 바닥은 위험물이 스며들지 못하는 재료를 사용할 것

> **해설**
>
> 액체의 위험물을 취급하는 건축물의 바닥은 위험물이 스며들지 못하는 재료를 사용하고, 적당한 경사를 두어 그 최저부에 집유 설비를 할 것

11 주거용 건축물과 위험물 제조소와의 안전거리를 단축할 수 있는 경우는?

① 제조소가 위험물의 화재 진압을 하는 소방서와 근거리에 있는 경우

② 취급하는 위험물의 최대 수량(지정수량의 배수)이 10배 미만이고 기준에 의한 방화상 유효한 벽을 설치한 경우

③ 위험물을 취급하는 시설이 철근콘크리트 벽일 경우

④ 취급하는 위험물이 단일 품목일 경우

12 옥내 탱크 전용실에 설치하는 탱크 상호 간에는 얼마의 간격을 두어야 하는가?

① 0.1m 이상   ② 0.3m 이상
③ 0.5m 이상   ④ 0.6m 이상

13 지정수량에 따른 제4류 위험물 옥외탱크저장소 주위의 보유공지 너비의 기준으로 틀린 것은?

① 지정수량의 500배 이하 - 3m 이상

② 지정수량의 500배 초과 1000배 이하 - 5m 이상

③ 지정수량의 1000배 초과 2000배 이하 - 9m 이상

④ 지정수량의 2000배 초과 3000배 이하 - 15m 이상

> **해설**
>
> ④ 12m 이상

14 옥외 저장소에서 저장할 수 없는 위험물은?(단, 시, 도 조례에서 정하는 위험물 또는 국제해상 위험물규칙에 적합한 용기에 수납된 위험물은 제외한다)

① 과산화수소   ② 아세톤
③ 에탄올   ④ 유황

> **해설**
>
> ② 아세톤 : 제4류 제1석유류로 인화점이 −18°C 이다.
>
> ※ 옥외저장소에 저장할 수 있는 위험물
> • 제2류 위험물 중 유황, 인화성고체(인화점이 0°C 이상인 것에 한함)
> • 제4류 위험물 중 제1석유류(인화점이 0°C 이상인 것에 한함), 제2석유류, 제3석유류, 제4석유류, 알코올류, 동식물유류
> • 제6류 위험물

15 위험물 제조소의 환기설비 설치 기준으로 옳지 않은 것은?

① 환기구는 지붕 위 또는 지상 2m 이상의 높이에 설치할 것

② 급기구는 바닥 면적 150m² 마다 1개 이상으로 할 것

③ 환기는 자연 배기 방식으로 힐 것

④ 급기구는 높은 곳에 설치하고 인화 방지망을 설치할 것

해설

급기구는 낮은 곳에 설치하고, 가는 눈의 구리망 등으로 인화 방지망을 설치한다.

16 다음 그림은 제5류 위험물 중 유기과산화물을 저장하는 옥내 저장소의 저장 창고를 개략적으로 보여 주고 있다. 창과 바닥으로부터 높이(a)와 하나의 창의 면적(b)은 각각 얼마로 하여야 하는가?(단, 이 저장 창고의 바닥 면적은 150m² 이내이다.)

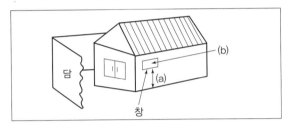

① (a) 2m 이상, (b) 0.6m² 이내
② (a) 3m 이상, (b) 0.4m² 이내
③ (a) 2m 이상, (b) 0.4m² 이내
④ (a) 3m 이상, (b) 0.6m² 이내

해설

저장창고의 창은 바닥면으로부터 2m 이상의 높이로 하되, 하나의 벽면에 두는 창의 면적의 합계를 당해 벽면의 면적의 1/80 이내로 하고, 하나의 창의 면적은 0.4m² 이내로 할 것

17 옥내 저장소 내부에 체류하는 가연성 증기를 지붕 위로 방출시키는 배출설비를 하여야 하는 위험물은?

① 과염소산
② 과망간산칼륨
③ 피리딘
④ 과산화나트륨

해설

• 피리딘(제4류 제1석유류) : 인화성액체(인화점20℃)이므로 가연성 증기를 배출시킬 것
• 저장창고에는 채광, 조명 및 환기의 설비를 갖추어야 하며, 인화점이 70℃ 미만인 위험물의 저장창고에는 내부에 체류한 가연성의 증기를 지붕 위로 배출하는 설비를 갖추어야 한다.

18 위험물 옥외저장탱크의 통기관에 관한 사항으로 옳지 않은 것은?

① 밸브 없는 통기관의 직경은 30mm 이상으로 한다.
② 대기 밸브 부착 통기관은 항시 열려 있어야 한다.
③ 밸브 없는 통기관의 선단은 수평면보다 45° 이상 구부려 빗물 등의 침투를 막는 구조로 한다.
④ 대기 밸브 부착 통기관은 5kPa 이하의 압력 차이로 작동할 수 있어야 한다.

해설

대기밸브부착 통기관은 평상시에는 닫혀 있고 설정압력(5kPa)에서 자동으로 개방되는 구조로 할 것

19 인화점이 섭씨 200°C 미만인 위험물을 저장하기 위하여 높이가 15m 이고 지름이 18m 인 옥외저장탱크를 설치하는 경우 옥외저장탱크와 방유제와의 사이에 유지하여야 하는 거리는?

① 5.0m 이상
② 6.0m 이상
③ 7.5m 이상
④ 9.0m 이상

해설

방유제의 탱크의 옆판(측면)과 이격거리
(단, 인화점이 200°C 미만인 위험물은 제외)

지름이 15m 미만인 경우	탱크 높이의 $\frac{1}{3}$ 이상
지름이 15m 이상인 경우	탱크 높이의 $\frac{1}{2}$ 이상

∴ 이격거리 $= 15\text{m} \times \frac{1}{2} = 7.5$

정답 16 ③ 17 ③ 18 ② 19 ③

20 특정옥외저장탱크를 원통형으로 설치하고자 한다. 지반면으로부터의 높이가 16m 일 때 이 탱크가 받는 풍하중은 1m²당 얼마 이상으로 계산하여야 하는가? (단, 강풍을 받을 우려가 있는 장소에 설치하는 경우는 제외한다.)

① 0.7640kN ② 1.2348kN
③ 1.6464kN ④ 2.348kN

해설

특정옥외저장탱크의 풍하중 계산방법(1m²당)

$q = 0.588k\sqrt{h}$
$\begin{cases} q : 풍하중(단위kN/m^2) \\ k : 풍력계수(원통형탱크 : 0.7, \\ \quad\quad 그\ 이외의\ 탱크 : 1.0) \\ h : 지반면으로부터\ 높이(m) \end{cases}$

$\therefore q = 0.588k\sqrt{h} = 0.588 \times 0.7 \times \sqrt{16} = 1.6464KN$

21 휘발유를 저장하던 이동저장탱크에 탱크의 상부로부터 등유나 경유를 주입할 때 액 표면이 주입관의 선단을 넘는 높이가 될 때까지 그 주입관내의 유속을 몇 m/s 이하로 하여야 하는가?

① 1 ② 2
③ 3 ④ 5

22 위험물 간이 탱크 저장소의 간이 저장 탱크 수압 시험 기준으로 옳은 것은?

① 50kPa의 압력으로 7분간의 수압 시험
② 70kPa의 압력으로 10분간의 수압 시험
③ 50kPa의 압력으로 10분간의 수압 시험
④ 70kPa의 압력으로 7분간의 수압 시험

해설

탱크의 구조 기준
• 강판의 두께 : 3.2mm 이상
• 하나의 탱크 용량 : 600ℓ 이하
• 탱크의 외면 : 녹방지 도장
• 시험방법 : 70kPa 압력으로 10분간 수압 시험을 실시하여 새거나 변형이 없을 것

23 간이탱크저장소의 위치, 구조 및 설비의 기준에서 간이저장탱크 1개의 용량은 몇 ℓ 이하이어야 하는가?

① 300 ② 600
③ 1000 ④ 1200

24 위험물안전관리법령에 따른 지하 탱크 저장소의 지하저장탱크의 기준으로 옳지 않은 것은?

① 탱크의 외면에는 녹 방지를 위한 도장을 하여야 한다.
② 탱크의 강철판 두께는 3.2mm 이상으로 하여야 한다.
③ 압력 탱크는 최대 상용 압력의 1.5배의 압력으로 10분간 수압 시험을 한다.
④ 압력 탱크 외의 것은 50kPa의 압력으로 10분간 수압 시험을 한다.

해설

지하저장탱크는 용량에 따라 압력탱크(최대상용압력이 46.7 kPa 이상인 탱크를 말한다) 외의 탱크에 있어서는 70kPa의 압력으로, 압력탱크에 있어서는 최대상용압력의 1.5배의 압력으로 각각 10분간 수압시험을 실시하여 새거나 변형되지 아니할 것

25 옥내 탱크 저장소 탱크 전용실에 설치하는 탱크의 용량은 지정수량의 몇 배인가?

① 지정수량의 10배 이하
② 지정수량의 20배 이하
③ 지정수량의 30배 이하
④ 지정수량의 40배 이하

해설

탱크 전용실의 탱크 용량 기준
(2기 이상의 탱크 : 각 탱크 용량의 합)
• 지정수량의 40배 이상
• 제4석유류, 동·식물유 외의 탱크 설치 시 20,000ℓ 초과할 때는 20,000ℓ 이하

 정답 20 ③ 21 ① 22 ② 23 ② 24 ④ 25 ④

26 위험물안전관리법에 따른 지하탱크저장소에 관한 설명으로 틀린 것은?

① 안전거리 적용대상이 아니다.
② 보유공지 확보대상이 아니다.
③ 설치 용량의 제한이 없다.
④ 10m 내에 2기 이상을 인접하여 설치할 수 없다.

해설

- 지하저장탱크 2 이상 상호간 거리 : 1m 이상
- 당해 2 이상의 지하저장탱크 용량의 합계가 지정수량의 100배 이하 : 0.5m 이상
- 지하저장탱크 사이에 탱크 전용실의 벽이나 두께 20cm 이상의 콘크리트구조물이 있을 때 : 거리제한 없음

27 아세톤 최대 150t을 옥외탱크저장소에 저장할 경우 보유 공지의 너비는 몇 m 이상으로 하여야 하는가?(단, 아세톤의 비중은 0.79이다.)

① 3
② 5
③ 9
④ 12

해설

- 아세톤 : 제4류중 제1석유류의 수용성(지정수량400l)
  저장량 = 150,000kg × 0.79 = 118,500l

  지정수량배수 = $\dfrac{저장량}{지정수량}$ = $\dfrac{118,500l}{400l}$ ≒ 296.25배
- 옥외탱크저장소의 보유공지가 지정수량 500배 이하 일 때는 3m 이상이다.

28 이동탱크저장소의 용량이 19000l일 때 탱크의 칸막이는 최소 몇 개를 설치해야 하는가?

① 2
② 3
③ 4
④ 5

해설

칸막이 : 이동저장탱크는 그 내부에 4,000l 이하마다 3.2mm 이상의 강철판으로 설치할 것 (단, 용량이 2000l 미만은 제외)

탱크의 칸막이 개수 = $\dfrac{19000}{4000}$ = 4.75   ∴ 5개

29 옥외 저장소에 덩어리 상태의 유황만을 지반면에 설치한 경계 표시의 안쪽에서 저장할 경우 하나의 경계 표시의 내부 면적은 몇 m² 이하이어야 하는가?

① 50
② 100
③ 200
④ 300

해설

덩어리 상태의 유황만을 지반면에 설치한 경계표시의 저장 및 취급할 경우 기준

- 하나의 경계표시의 내부면적 : 100m² 이하
- 2이상의 경계표시를 설치하는 경우에는 각각의 경계 표시 내부의 면적을 합산한 면적 : 1,000m² 이하
- 경계표시 높이 : 1.5m 이하
- 천막고정장치 : 2m 마다 1개 이상 설치

30 위험물안전관리법에서 구분한 취급소에 해당되지 않는 것은?

① 주유취급소
② 옥내취급소
③ 이송취급소
④ 판매취급소

해설

① 취급소의 구분
  - 주유취급소
  - 판매취급소
  - 이송취급소
  - 일반취급소
② 판매취급소의 구분
  - 제1종 판매취급소 : 지정수량의 20배 이하 취급
  - 제2종 판매취급소 : 지정수량의 40배 이하 취급

31 다음 중 제1종 판매 취급소는 지정수량 몇 배 이하의 위험물을 취급하는가?

① 10배
② 20배
③ 30배
④ 40배

정답 26 ④ 27 ① 28 ④ 29 ② 30 ② 31 ②

32 위험물안전관리법령상 지정수량의 3천배 초과, 4천배 이하의 위험물을 저장하는 옥외탱크저장소에 확보하여야 하는 보유공지는 얼마인가?

① 6m 이상　　　　② 9m 이상

③ 12m 이상　　　④ 15m 이상

33 위험물의 취급 중 소비에 관한 기준으로 틀린 것은?

① 열처리 작업은 위험물이 위험한 온도에 이르지 아니하도록 하여 실시하여야 한다.

② 담금질 작업은 위험물이 위험한 온도에 이르지 아니하도록 하여 실시하여야 한다.

③ 분사도장 작업은 방화상 유효한 격벽 등으로 구획한 안전한 장소에서 하여야 한다.

④ 버너를 사용하는 경우에는 버너의 역화를 유지하고 위험물이 넘치지 아니하도록 하여야 한다.

해설

④ 버너를 사용하는 경우에는 버너의 역화를 방지하고 위험물이 넘치지 아니하도록 할 것

34 위험물 주유 취급소의 주유 및 급유 공지의 바닥에 대한 기준으로 옳지 않은 것은?

① 주위 지면보다 낮게 할 것

② 표면을 적당하게 경사지게 할 것

③ 배수구, 집유설비를 할 것

④ 유분리장치를 할 것

해설

공지의 바닥은 주위 지면보다 높게 하고, 그 표면을 적당하게 경사지게 하여 새어나온 기름 그 밖의 액체가 공지의 외부로 유출되지 아니하도록 배수구, 집유설비 및 유분리장치를 하여야 한다.

35 이송취급소 배관 등의 용접부는 비파괴시험을 실시하여 합격하여야 한다. 이 경우 이송기지 내의 지상에 설치되는 배관 등은 전체 용접부의 몇 % 이상 발췌하여 시험할 수 있는가?

① 10　　　　② 15

③ 20　　　　④ 25

36 판매취급소에서 위험물을 배합하는 실의 기준으로 틀린 것은?

① 내화구조 또는 불연재료로 된 벽으로 구획한다.

② 출입구는 자동폐쇄식 갑종방화문을 설치한다.

③ 내부에 체류한 가연성 증기를 지붕 위로 방출하는 설비를 한다.

④ 바닥에는 경사를 두어 되돌림관을 설치한다.

해설

④ 바닥은 위험물이 침투하지 아니하는 구조로 하여 적당한 경사를 두고 집유설비를 할 것

※ 위험물의 배합실 설치 기준 : ①, ②, ③, ④ 이외에

• 바닥면적은 6m² 이상 15m² 이하일 것

• 출입구 문턱의 높이는 바닥면으로부터 0.1m 이상으로 할 것

• 내부에 체류한 가연성의 증기 또는 가연성의 미분을 지붕위로 방출하는 설비를 할 것

37 히드록실아민을 취급하는 제조소에 두어야 하는 최소한의 안전거리(D)를 구하는 산식으로 옳은 것은? (단, N은 당해 제조소에서 취급하는 히드록실아민의 지정수량 배수를 나타낸다.)

① $D = \dfrac{40 \times N}{3}$　　　② $D = \dfrac{51.5 \times N}{3}$

③ $D = \dfrac{55 \times N}{3}$　　　④ $D = \dfrac{62.1 \times N}{3}$

 정답 32 ④　33 ④　34 ①　35 ③　36 ④　37 ②

38 지정과산화물을 저장하는 옥내저장소의 저장창고를 일정면적마다 구획하는 격벽의 설치 기준에 해당하지 않는 것은?

① 저장창고 상부의 지붕으로부터 50cm 이상 돌출하게 하여야 한다.

② 저장창고 양측의 외벽으로부터 1m 이상 돌출하게 하여야 한다.

③ 철근콘크리트조의 경우 두께가 30cm 이상이어야 한다.

④ 바닥면적 $250m^2$ 이내마다 완전하게 구획하여야 한다.

해설

④ 바닥면적 $150m^2$ 이내마다 완전하게 구획한다.

39 옥외탱크저장소에 연소성 혼합 기체의 생성에 의한 폭발을 방지하기 위하여 불활성의 기체를 봉입하는 장치를 설치하여야 하는 위험 물질은?

① $CH_3COC_2H_5$

② C_5H_5N

③ CH_3CHO

④ $C_6H_5NO_2$

해설

아세트알데히드(CH_3CHO)

• Cu, Hg, Mg, Ag 등의 그외 합금으로 된 설비는 아세트알데히드와 이들간에 중합 반응을 일으켜 불분명한 폭발성 물질이 생성된다.

• 탱크에 저장시 불활성가스 또는 수증기로 봉입하고 냉각 장치를 이용하여 비점 이하로 유지할 것

40 위험물을 유별로 정리하여 상호 1m 이상의 간격을 유지하는 경우에도 동일한 옥내 저장소에 저장할 수 없는 것은?

① 제1류 위험물(알칼리 금속의 과산화물 또는 이를 함유한 것은 제외)과 제5류 위험물

② 제1류 위험물과 제6류 위험물

③ 제1류 위험물과 제3류 위험물 중 황린

④ 인화성 고체를 제외한 제2류 위험물과 제4류 위험물

해설

제2류 중 인화성고체와 제4류를 저장하는 경우이다.

41 제조소의 옥외에 모두 3기의 휘발유 취급 탱크를 설치하고 그 주위에 방유제를 설치하고자 한다. 방유제 안에 설치하는 각 취급 탱크의 용량이 5만l, 3만l, 2만l일 때 필요한 방유제의 용량은 몇 l인가?

① 66,000

② 60,000

③ 33,000

④ 30,000

해설

위험물 제조소의 옥외에 있는 위험물 취급탱크의 방유제의 용량

• 1기일 때 : 탱크용량 $\times 0.5$

• 2기 이상일 때 : 최대탱크용량 $\times 0.5 +$ (나머지 탱크 용량 합계 $\times 0.1$)

탱크가 2기 이상이므로,

∴ 방유제용량 $= (50000l \times 0.5) + (30000 + 20000) \times 0.1$
$= 30,000l$

42 제조소의 건축물 구조 기준 중 연소의 우려가 있는 외벽은 출입구 외의 개구부가 없는 내화 구조의 벽으로 하여야 한다. 이때 연소의 우려가 있는 외벽은 제조소가 설치된 부지의 경계선에서 몇 m 이내에 있는 외벽을 말하는가? (단, 단층 건물일 경우이다.)

① 3   ② 4

③ 5   ④ 6

> **해설**
> • 연소의 우려가 있는 외벽은 다음에 정한 선을 가산점으로 하여 3m (2층 이상의 층은 5m) 이내에 있는 제조소등의 외벽을 말한다.
> • 제조소등이 설치된 부지의 경계선, 도로의 중심선, 동일 부지 내의 다른 건축물의 외벽간의 중심선

43 주유 취급소에 다음과 같이 전용 탱크를 설치하였다. 최대로 저장, 취급할 수 있는 용량은 얼마인가? (단, 고속도로 외의 도로면에 설치하는 자동차용 주유 취급소인 경우이다.)

> • 간이 탱크 : 2기
> • 폐유 탱크 등 : 1기
> • 고정 주유 설비 및 급유 설비 접속하는 전용 탱크 : 2기

① 103,200*l*   ② 104,600*l*

③ 123,200*l*   ④ 124,200*l*

> **해설**
> ① 간이탱크 2기＝600*l* × 2기＝1,200*l*
> ② 폐유탱크 등 1기＝2,000*l* × 1기＝2,000*l*
> ③ 고정주유설비 및 급유설비 접속하는 전용탱크 2기
>   ＝50,000*l* × 2기＝100,000*l*
> ∴ 최대 저장 취급할 수 있는 탱크용량 : ①+②+③
> Q ＝1,200*l* + 2,000*l* + 100,000*l* ＝103,200*l*
> ※ 주유취급소의 저장, 취급 가능한 탱크 용량
> • 자동차등에 주유하는 고정주유(급유)설비 : 50,000*l* 이하
> • 보일러 전용 탱크 : 10000*l* 이하
> • 폐유탱크 : 2000*l* 이하
> • 간이저장탱크 : 600*l* 이하
> • 고정급유(주유)설비에 접속하는 간이탱크 : 3기 이하

44 지하 탱크 저장소 탱크 전용실의 안쪽과 지하저장탱크와의 사이는 몇 m 이상의 간격을 유지하여야 하는가?

① 0.1   ② 0.2

③ 0.3   ④ 0.5

45 위험물안전관리법령상 제조소의 위치, 구조 및 설비의 기준에 따르면 가연성 증기가 체류할 우려가 있는 건축물은 배출 장소의 용적이 500m³일 때 시간당 배출 능력(국소 방식)을 얼마 이상인 것으로 하여야 하는가?

① 5,000m³   ② 10,000m³

③ 20,000m³   ④ 30,000m³

> **해설**
> 제조소의 배출능력 : 1시간당 배출장소 용적의 20배 이상
> ∴ 500m³ × 20＝10,000m³

46 제조소등에 있어서 위험물의 저장하는 기준으로 잘못된 것은?

① 황린은 제3류 위험물이므로 물기가 없는 건조한 장소에 저장하여야 한다.

② 덩어리상태의 유황과 화약류에 해당하는 위험물은 위험물 용기에 수납하지 않고 저장할 수 있다.

③ 옥내 저장소에서는 용기에 수납하여 저장하는 위험물의 온도가 55℃를 넘지 아니하도록 필요한 조치를 강구하여야 한다.

④ 이동저장탱크에는 저장 또는 취급하는 위험물의 유별, 품명, 최대수량 및 적재중량을 표시하고 잘 보일수 있도록 관리하여야 한다.

> **해설**
> 황린(P_4): 제3류 위험물로서 발화점이 34℃로 매우 낮아 공기중 방치시 자연발화를 일으키므로 물속에 보관한다.

 정답 42 ①   43 ①   44 ①   45 ②   46 ①

47 위험물안전관리법령상 고정 주유 설비는 주유설비의 중심선을 기점으로 하여 도로 경계선까지 몇 m 이상의 거리를 유지해야 하는가?

① 1　　　　　　　　② 3
③ 4　　　　　　　　④ 6

48 옥외탱크저장소에서 제4류 위험물의 탱크에 설치하는 통기 장치 중 밸브 없는 통기관은 지름이 얼마 이상인 것으로 설치해야 되는가? (단, 압력 탱크 제외)

① 10mm　　　　　② 20mm
③ 30mm　　　　　④ 40mm

49 위험물안전관리법령에 따라 옥내 소화전 설비를 설치할 때 배관의 설치 기준에 대한 설명으로 옳지 않은 것은?

① 배관용 탄소 강관(KS D 3507)을 사용할 수 있다.
② 주배관의 입상관 구경은 최소 60mm 이상으로 한다.
③ 펌프를 이용한 가압 송수 장치의 흡수관은 펌프마다 전용으로 설치한다.
④ 원칙적으로 급수 배관은 생활 용수 배관과 같이 사용할 수 없으며 전용 배관으로만 사용한다.

> **해설**
>
> 주배관 중 입상관은 관의 직경이 50mm 이상, 가지배관은 40mm 이상

50 인화성 액체 위험물을 저장하는 옥외탱크저장소에 설치하는 방유제의 높이 기준은?

① 0.5m 이상, 1m 이하　② 0.5m 이상, 3m 이하
③ 0.3m 이상, 1m 이하　④ 0.3m 이상, 3m 이하

> **해설**
>
> ② 높이는 0.5m 이상 3.0m 이하(면적 : 80,000m²이하)

51 다음은 위험물을 저장하는 탱크의 공간 용적 산정 기준이다. (　　) 안에 알맞은 수치로 옳은 것은?

> • 위험물을 저장 또는 취급하는 탱크의 공간 용적은 탱크의 내용적의 (A) 이상 (B) 이하의 용적으로 한다. 다만, 소화설비(소화 약제 방출구를 탱크 안의 윗부분에 설치하는 것에 한한다.)를 설치하는 탱크의 공간 용적은 당해 소화설비의 소화 약제 방출구 아래의 0.3m 이상 1m 미만 사이의 면으로부터 윗부분의 용적으로 한다.
> • 암반 탱크에 있어서는 당해 탱크 내에 용출하는 (C)일간의 지하수의 양에 상당하는 용적과 당해 탱크의 내용적의 (D)의 용적 중에서 보다 큰 용적을 공간용적으로 한다.

① A : 3/100, B : 10/100, C : 10, D : 1/100
② A : 5/100, B : 5/100,　C : 10, D : 1/100
③ A : 5/100, B : 10/100, C : 7,　D : 1/100
④ A : 5/100, B : 10/100, C : 10, D : 3/100

> **해설**
>
> 탱크의 용적 산정기준
> 탱크의 용량＝탱크의 내용적－공간용적

52 위험물안전관리법령상 예방 규정을 정하여야 하는 제조소등의 관계인은 위험물 제조소등에 대하여 기술 기준에 적합한지의 여부를 정기적으로 점검하여야 한다. 법적 최소 점검 주기에 해당하는 것은? (단, 100만l 이상의 옥외탱크저장소는 제외한다.)

① 주 1회 이상
② 월 1회 이상
③ 6개월 1회 이상
④ 연 1회 이상

53 위험물안전관리법령에 따른 이동저장탱크의 구조 기준에 대한 설명으로 틀린 것은?

① 압력 탱크는 최대 상용 압력의 1.5배의 압력으로 10분간 수압 시험을 하여 새지 말 것

② 상용 압력이 20kPa를 초과하는 탱크의 안전장치는 상용 압력의 1.5배 이하의 압력에서 작동할 것

③ 방파판은 두께 1.6mm 이상의 강철판 또는 이와 동등 이상의 강도, 내식성 및 내열성이 있는 금속성의 것으로 할 것

④ 탱크는 두께 3.2mm 이상의 강철판 또는 이와 동등 이상의 강도, 내식성 및 내열성을 갖는 재질로 할 것

> **해설**
>
> 안전장치는 상용압력이 20kPa 이하인 탱크에 있어서는 20kPa 이상 24kPa 이하의 압력에서, 상용압력이 20kPa를 초과하는 탱크에 있어서는 상용압력의 1.1배 이하의 압력에서 작동하는 것으로 할 것

54 이송취급소의 배관이 하천을 횡단하는 경우 하천 밑에 매설하는 배관의 외면과 계획하상(계획하상이 최심하상보다 높은 경우에는 최심하상)과의 거리는?

① 1.2m 이상 ② 2.5m 이상

③ 3.0m 이상 ④ 4.0m 이상

> **해설**
>
> 하천 또는 수로의 밑에 배관을 매설시 깊이
> ① 하천을 횡단하는 경우 : 4.0m
> ② 수로를 횡단하는 경우
>   • 하수도 또는 운하 : 2.5m
>   • 좁은 수로(용수로 기타 유사한 것은 제외) : 1.2m

55 지하 탱크 저장소에서 인접한 2개의 지하저장탱크 용량의 합계가 지정수량의 100배일 경우 탱크 상호간의 최소 거리는?

① 0.1m ② 0.3m

③ 0.5m ④ 1m

> **해설**
>
> 지하저장탱크를 2 이상 인접해 설치하는 경우에는 그 상호간에 1m(단, 지정수량이 100배 이하 : 0.5m 이상) 이상의 간격을 유지할 것

56 위험물 판매 취급소에 대한 설명 중 틀린 것은?

① 제1종 판매 취급소라 함은 저장 또는 취급하는 위험물의 수량이 지정수량의 20배 이하인 판매 취급소를 말한다.

② 위험물을 배합하는 실의 바닥 면적은 6m² 이상 15m² 이하이어야 한다.

③ 판매 취급소에서는 도료류 외의 제1석유류를 배합하거나 옮겨 담는 작업을 할 수 없다.

④ 제1종 판매 취급소는 건축물의 2층까지만 설치가 가능하다.

> **해설**
>
> ④ 제1종 판매취급소는 건축물의 1층에 설치할 것

 53 ② 54 ④ 55 ③ 56 ④

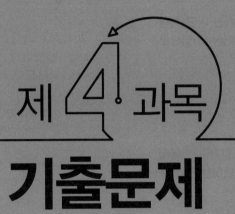

제 4 과목

기출문제

제1과목 | 일반화학

01 1기압에서 2L의 부피를 차지하는 어떤 이상 기체를 온도의 변화 없이 압력을 4기압으로 하면 부피는 얼마가 되겠는가?

① 8L
② 2L
③ 1L
④ 0.5L

02 반투막을 이용하여 콜로이드 입자를 전해질이나 작은 분자로부터 분리 정제하는 것을 무엇이라 하는가?

① 틴들현상
② 브라운 운동
③ 투석
④ 전기영동

03 불순물로 식염을 포함하고 있는 NaOH 3.2g을 물에 녹여 100mL로 한 다음 그 중 50mL를 중화하는 데 1N의 염산이 20mL 필요했다. 이 NaOH의 농도(순도)는 약 몇 wt%인가?

① 10
② 20
③ 33
④ 50

04 지시약으로 사용되는 페놀프탈레인 용액은 산성에서 어떤 색을 띠는가?

① 적색
② 청색
③ 무색
④ 황색

05 다음 중 배수비례의 법칙이 성립하는 화합물을 나열한 것은?

① CH_4, CCL_4
② SO_2, SO_3
③ H_2O, H_2S
④ SN_3, BH_3

---

01 보일의 법칙

$PV = P'V'$ [P, P' : 압력, V, V' : 부피]

$1 \times 2 = 4 \times V'$

$\therefore V' = 0.5l$

02 ① 틴들현상 : 콜로이드 용액에 직사광선을 비출 때 콜로이드 입자가 빛을 산란시켜 빛의 진로를 밝게 보이게 하는 현상

② 브라운 운동 : 콜로이드 입자가 분산매의 충돌에 의하여 불규칙하게 움직이는 무질서한 운동을 말한다.

③ 투석(다이알리시스) : 콜로이드와 전해질의 혼합액을 반투막에 넣고 맑은 물에 담가둘 때 전해질만 물쪽으로 다 빠져나오고, 반투막 속에는 콜로이드 입자들만 남게 되는 현상(콜로이드 정제에 사용)

④ 전기영동 : 콜로이드 용액에 전극을 넣어주면 콜로이드 입자가 대전되어 어느 한 쪽의 전극으로 끌리는 현상

03 • NV = g당량 [N : 노르말농도, V : 부피(l)]

HCl : $1N \times 0.02l = 0.02g$당량이 녹아있다. 따라서, 이를 중화하는 데 NaOH 50ml속에 0.02g당량 녹아있다.

• NaOH 100ml 속에는 0.04g당량이 녹아있으므로,

$40g \times 0.04g$당량 $= 1.6g$이 된다.

$\therefore 1.6g/3.2g \times 100 = 50$wt%

$$\left[\begin{array}{l} HCl : 36.5g(분자량) = 1mol = 1g당량 \\ NaOH : 40g(분자량) = 1mol = 1g당량 \end{array} \right]$$

04 • 지시약 : pH의 측정 및 산과 염기의 중화적정 시 중화점(종말점)를 찾아내기 위하여 사용하는 시약이다.

• 페놀프탈레인(P.P) : 산성과 중성(무색), 염기성(붉은색), 변색범위(pH 8.3~10.0)

05 배수비례의 법칙 : 서로 다른 두 종류의 원소가 화합하여 여러 종류의 화합물을 구성할 때 한 원소의 일정질량과 결합하는 다른 원소의 질량비는 간단한 정수비로 나타낸다.

예 탄소화합물 : CO, CO_2, 황화합물 : SO_2, SO_3

정답 01 ④   02 ③   03 ④   04 ③   05 ②

06 결합력이 큰 것부터 작은 순서로 나열한 것은?

① 공유결합 > 수소결합 > 반데르발스결합
② 수소결합 > 공유결합 > 반데르발스결합
③ 반데르발스결합 > 수소결합 > 공유결합
④ 수소결합 > 반데르발스결합 > 공유결합

07 다음 중 CH_3COOH와 C_2H_5OH의 혼합물에 소량의 진한황산을 가하여 가열하였을 때 주로 생성되는 물질은?

① 아세트산에틸   ② 메탄산에틸
③ 글리세롤   ④ 디에틸에테르

08 다음 중 비극성분자는 어느 것인가?

① HF   ② H_2O
③ NH_3 ④ CH_4

09 구리를 석출하기 위해 $CuSO_4$ 용액에 0.5F의 전기량을 흘렸을 때 약 몇 g의 구리가 석출되겠는가?(단, 원자량은 Cu:64, S:32, O:16이다.)

① 16g ② 32g
③ 64g ④ 128g

10 다음 물질 중 비점이 약 197℃인 무색 액체이고, 약간 단맛이 있으며 부동액의 원료로 사용하는 것은?

① CH_3CHCl_2 ② CH_3COCH_3
③ $(CH_3)_2CO$ ④ $C_2H_4(OH)_2$

11 다음 중 양쪽성산화물에 해당하는 것은?

① NO_2 ② Al_2O_3
③ MgO ④ Na_2O

12 다음 중 아르곤(Ar)과 같은 전자수를 갖는 양이온과 음이온으로 이루어진 화합물은?

① NaCl   ② MgO
③ KF   ④ CaS

---

06 결합력의 세기 : 공유결합 > 이온결합 > 금속결합 > 수소결합 > 반데르발스결합

07 에스테르화반응

$$CH_3COOH + C_2H_5OH \underset{가수분해}{\overset{c-H_2SO_4(탈수)}{\rightleftharpoons}} CH_3COOC_2H_5 + H_2O$$
(아세트산)   (에틸알코올)   (아세트산에틸)   (물)

08 • 극성분자 : 서로 다른 비금속원자들이 공유결합 시 전기음성도가 큰 쪽의 원자로 치우쳐 결합하는 분자
　　예 HF, H_2O, NH_3, CO 등
• 비극성분자 : 전기음성도가 서로 같은 비금속원자들끼리 결합 또는 서로 다른 원자들이 결합 시 대칭을 이루어 쌍극자 모멘트 값이 "0"인 분자
　　예 H_2, O_2, CO_2, CH_4, C_6H_6 등

09 • $CuSO_4 \rightarrow Cu^{2+} + SO_4^{2-}$(Cu : 2가)

Cu의 당량 = $\dfrac{원자량}{원자가}$ = $\dfrac{64}{2}$ = 32g(당량) = 1g당량(1F)

• 0.5F일 때 Cu의 석출량

1F : 32g
0.5F : x　　∴ $x = \dfrac{0.5 \times 32}{1} = 16g$

10 에틸렌글리콜[$C_2H_4(OH)_2$] : 녹는점 −12.6℃, 비점 197℃로 무색무취의 단맛이 나는 끈끈한 액체로서 흡습성이 있는 2가 알코올이다.

11 • 산성산화물(비금속산화물) : CO_2, SO_2, P_2O_5, NO_2 등
• 염기성산화물(금속산화물) : CaO, Na_2O, MgO, K_2O 등
• 양쪽성산화물(양쪽성금속산화물) : Al_2O_3, ZnO, SbO, PbO 등

12 아르곤(Ar)의 전자수 = 18개
① Na^+(11−1=10) = Ne(10), Cl^-(17+1=18) = Ar(18)
② Mg^{2+}(12−2=10) = Ne(10), O^{2-}(8+2=10) = Ne(10)
③ K^+(19−1=18) = Ar(18), F^-(9+1=10) = Ne(10)
④ Ca^{2+}(20−2=18) = Ar(18), S^{2-}(16+2=18) = Ar(18)

13 다음 중 방향족 화합물이 아닌 것은?

① 톨루엔
② 아세톤
③ 크레졸
④ 아닐린

14 산소의 산화수가 가장 큰 것은?

① O_2
② $KClO_4$
③ H_2SO_4
④ H_2O_2

15 에탄올 20.0g과 물 40.0g을 함유한 용액에서 에탄올의 몰분율은 약 얼마인가?

① 0.090
② 0.164
③ 0.444
④ 0.896

16 다음 중 밑줄 친 원자의 산화수 값이 나머지 셋과 다른 하나는?

① $\underline{Cr}_2O_7^{2-}$
② $H_3\underline{P}O_4$
③ H$\underline{N}$O$_3$
④ HC$\underline{l}$O$_3$

17 어떤 금속(M) 8g을 연소시키니 11.2g의 산화물이 얻어졌다. 이 금속의 원자량이 140이라면 이 산화물의 화학식은?

① M_2O_3
② MO
③ MO_2
④ M_2O_7

---

13 방향족 화합물 : 벤젠기(⬡)를 가지고 있는 유도체화합물

① 톨루엔(⬡^{CH_3})
② 아세톤(CH_3COCH_3) : 지방족 탄화수소의 유도체
③ 크레졸(⬡$^{OH}_{CH_3}$)
④ 아닐린(⬡^{NH_2})

14 산소의 산화수는 '-2'이다.(단, 과산화물 : -1, OF_2 : $+2$)
① 단체의 산화수 $= 0$
② -2가
③ -2가
④ 과산화물 : -1가

15 • 에탄올(C_2H_5OH)분자량 : 46, 물(H_2O)분자량 : 18
• 에탄올 몰수 $= \dfrac{20}{46} = 0.43$몰 , 물 몰수 $= \dfrac{40}{18} = 2.22$

$\therefore$ 에탄올의 몰분율 $= \dfrac{\text{에탄올의 몰수}}{\text{에탄올 몰수} + \text{물의 몰수}}$

$= \dfrac{0.43}{0.43 + 2.22} = 0.164$

16 ① $\underline{Cr}_2O_7^{2-}$: $Cr \times 2 + (-2 \times 7) = -2$ $\therefore Cr = +6$
② $H_3\underline{P}O_4$: $+1 \times 3 + P + (-2 \times 4) = 0$ $\therefore P = +5$
③ H$\underline{N}$O$_3$: $+1 + N + (-2 \times 3) = 0$ $\therefore N = +5$
④ HC$\underline{l}$O$_3$: $+1 + Cl + (-2 \times 3) = 0$ $\therefore Cl = +5$

※ 산화수를 정하는 법
• 단체 및 화합물의 원자의 산화수 총합은 '0'이다.
• 산소의 산화수는 -2이다.(단 과산화물 : -1, OF_2 : $+2$)
• 수소의 산화수는 비금속과 결합 $+1$, 금속과 결합 -1이다.
• 금속의 산화수는 알칼리금속(Li, Na, K 등) $+1$, 알칼리토금속(Mg, Ca 등) $+2$이다.
• 이온과 원자단의 산화수는 그 전하산화수와 같다.

17 • M(금속) + O(산화) → MO(금속산화물)

$\quad$ 8g $\quad$ (3.2g) → $\quad$ 11.2g
$\quad$ x : $\quad$ 8g

$\therefore x = \dfrac{8 \times 8}{3.2} = 20g$(M의 당량)

• 당량 : 수소 $1,008g(= 0.5mol)$ 또는 산소 $8g(= 0.25mol)$과 결합이나 치환할 수 있는 양
• 당량 $=$ 원자량/원자가

• M의 원자가 $= \dfrac{\text{원자량}}{\text{당량}} = \dfrac{140}{20} = 7$가

$\therefore M^{+7}O^{-2}$: M_2O_7

---

18 다음 중 전리도가 가장 커지는 경우는?

① 농도와 온도가 일정할 때
② 농도가 진하고 온도가 높을수록
③ 농도가 묽고 온도가 높을수록
④ 농도가 진하고 온도가 낮을수록

19 Rn은 α선 및 β선을 2번씩 방출하고 다음과 같이 변했다. 마지막 Po의 원자번호는 얼마인가?(단, Rn의 원자번호는 86, 원자량은 222이다.)

$$Rn \xrightarrow{\alpha} Po \xrightarrow{\alpha} Pb \xrightarrow{\beta} Bi \xrightarrow{\beta} Po$$

① 78　　　　② 81
③ 84　　　　④ 87

20 어떤 기체의 확산속도가 $SO_2(g)$의 2배이다. 이 기체의 분자량은 얼마인가?(단, 원자량은 S : 32, O : 16이다.)

① 8　　　　② 16
③ 32　　　　④ 64

제2과목 | 화재예방과 소화방법

21 위험물안전관리법령상 제3류 위험물 중 금수성물질에 적응성이 있는 소화기는?

① 할로겐화합물 소화기
② 인산염류 분말 소화기
③ 이산화탄소 소화기
④ 탄산수소염류 분말 소화기

22 할로겐화합물 청정 소화약제 중 HFC-23의 화학식은?

① CF_3I　　　　② CHF_3
③ $CF_3CH_2CF_3$　　　④ C_4F_{10}

---

18 전리도(α)는 농도가 묽고 온도가 높을수록 커진다.

$$전리도(\alpha) = \frac{이온화된\ 전해질의\ 몰수}{용해된\ 전해질의\ 총\ 몰수}$$

※ 전리 : 산·염기가 물에 녹아 양이온과 음이온으로 분리되는 과정

19 • 방사성원소의 붕괴

종류	원자번호	질량수
알파(α)붕괴	2 감소	4 감소
베타(β)붕괴	1 증가	변화없음
감마(γ)붕괴	변화없음	변화없음

• Rn은 α선 및 β선 2번씩 방출하였으므로 Po는

┌ 원자번호 : 86-2-2+1+1=84
└ 질량수(원자량) : 222-4-4=214

20 • 기체의 확산속도(그레이엄의 법칙) : 분자량(또는 밀도)의 제곱근에 반비례한다.

$$\frac{U_2}{U_1} = \sqrt{\frac{M_1}{M_2}} = \sqrt{\frac{d_1}{d_2}} \qquad \left[\begin{array}{l} U : 확산속도 \quad d : 밀도 \\ M : 분자량 \end{array}\right]$$

• SO_2분자량=64이고 어떤 기체 분자량이 x라면,

$$\frac{1}{2} = \sqrt{\frac{x}{64}} \qquad \therefore x = 16g/mol$$

21 제3류(금수성)에 적응성 있는 소화설비 : 탄산수소염류 분말 소화기, 건조사, 팽창질석 및 팽창진주암

22 • 할로겐화합물 청정소화약제 명명법

$$xxxx - ⓐⓑⓒ$$

$$\left[\begin{array}{l} ⓐ : ⓐ+1=C(탄소)의\ 수 \\ ⓑ : ⓑ-1=H(수소)의\ 수 \\ ⓒ : F(불소)의\ 수 \end{array}\right]$$

• HFC-23 → 023(ⓐⓑⓒ)
　C : 0+1=1, H : 2-1=1, F : 3
　∴ CHF_3

23 질식효과를 위해 포의 성질로서 갖추어야 할 조건으로 가장 거리가 먼 것은?

① 기화성이 좋을 것
② 부착성이 있을 것
③ 유동성이 좋을 것
④ 바람 등에 견디고 응집성과 안정성이 있을 것

24 인화성액체의 화재의 분류로 옳은 것은?

① A급 화재　　② B급 화재
③ C급 화재　　④ D급 화재

25 수소의 공기 중 연소범위에 가장 가까운 값을 나타내는 것은?

① 2.5~82.0vol%　② 5.3~13.9vol%
③ 4.0~74.5vol%　④ 12.5~55.0vol%

26 마그네슘 분말이 이산화탄소 소화약제와 반응하여 생성될 수 있는 유독기체의 분자량은?

① 28　　　　　② 32
③ 40　　　　　④ 44

27 위험물안전관리법령상 옥내소화전설비의 설치기준에 따르면 수원의 수량은 옥내소화전이 가장 많이 설치된 층의 옥내소화전 설치개수(설치개수가 5개 이상인 경우는 5개)에 몇 m³를 곱한 양 이상이 되도록 설치하여야 하는가?

① $2.3m^3$　　　② $2.6m^3$
③ $7.8m^3$　　　④ $13.5m^3$

28 물이 일반적인 소화약제로 사용될 수 있는 특징에 대한 설명 중 틀린 것은?

① 증발잠열이 크기 때문에 냉각시키는 데 효과적이다.
② 물을 사용한 봉상수 소화기는 A급, B급 및 C급 화재의 진압에 적응성이 뛰어나다.
③ 비교적 쉽게 구해서 이용이 가능하다.
④ 펌프, 호스 등을 이용하여 이송이 비교적 용이하다.

---

23 포가 기화성이 좋을 경우 기화가 빨리 되기 때문에 화재면에 질식효과를 기대하기 어렵다.

24

화재분류	종류	색상	소화방법
A급	일반화재	백색	냉각소화
B급	유류 및 가스화재	황색	질식소화
C급	전기화재	청색	질식소화
D급	금속화재	무색	피복소화
F(K)급	식용유화재	–	냉각·질식소화

25 연소범위(폭발범위)
• 아세틸렌 : 2.5~81%
• 메탄 : 5~15%
• 수소 : 4~75%
• 일산화탄소 : 12.5~74%

26 마그네슘(Mg) : 제2류(가연성고체, 금수성)
• 이산화탄소와 반응 : $Mg + CO_2 \rightarrow MgO + CO\uparrow$
　이때 가연성이자 유독가스인 CO(12+16=28)기체가 발생한다.
• 주수 및 CO_2소화는 엄금하고 건조사, 팽창질석을 사용한다.

27 옥내소화전설비의 수원의 양(Q : m^3)
　Q=N(소화전개수 : 최대 5개)×$7.8m^3$
　(260l/min×30min)

28 • 증발잠열이 539cal/g로 매우 커서 냉각효과에 우수하다.
• 물의 봉상주수 시 유류화재(B급)는 연소면 확대로, 전기화재(C급)는 전기의 양도체이므로 적응성이 없다.

　23 ①　24 ②　25 ③　26 ①　27 ③　28 ②

29 CO₂에 대한 설명으로 옳지 않은 것은?

① 무색, 무취 기체로서 공기보다 무겁다.
② 물에 용해 시 약알칼리성을 나타낸다.
③ 농도에 따라서 질식을 유발할 위험성이 있다.
④ 상온에서도 압력을 가해 액화시킬 수 있다.

30 물리적 소화에 의한 소화효과(소화방법)에 속하지 않는 것은?

① 제거효과   ② 질식효과
③ 냉각효과   ④ 억제효과

31 위험물안전관리법령상 간이소화용구(기타 소화설비)인 팽창질석은 삽을 상비한 경우 몇 L가 능력단위 1.0인가?

① 70L   ② 100L
③ 130L   ④ 160L

32 위험물안전관리법령상 소화설비의 구분에서 물분무등 소화설비에 속하는 것은?

① 포 소화설비   ② 옥내소화전설비
③ 스프링클러설비   ④ 옥외소화전설비

33 가연성고체 위험물의 화재에 대한 설명으로 틀린 것은?

① 적린과 유황은 물에 의한 냉각소화를 한다.
② 금속분, 철분, 마그네슘이 연소하고 있을 때에는 주수해서는 안 된다.
③ 금속분, 철분, 마그네슘, 황화린은 마른 모래, 팽창질석 등으로 소화를 한다.
④ 금속분, 철분, 마그네슘의 연소 시에는 수소와 유독가스가 발생하므로 충분한 안전거리를 확보해야 한다.

34 과산화칼륨이 다음과 같이 반응하였을 때 공통적으로 포함된 물질(기체)의 종류가 나머지 셋과 다른 하나는?

① 가열하여 열분해 하였을 때
② 물(H_2O)과 반응하였을 때
③ 염산(HCl)과 반응하였을 때
④ 이산화탄소(CO_2)와 반응하였을 때

---

29 · CO_2는 물에 용해 시 약산성인 탄산(H_2CO_3)이 만들어진다.

$$CO_2 + H_2O \rightarrow H_2CO_3$$

· 비중 1.52로 공기보다 무거우므로 소화약제로는 질식효과로 심부화재에 적합하고 특히 전기화재에 우수하다.

30 억제(부촉매)효과 : 화재연소 시 연쇄반응을 억제하여 화재의 확대를 감소시켜 멈추게 하는 것이므로 화학적 소화에 해당된다(할론 소화약제).

31 간이소화용구의 능력단위

소화설비	용량	능력단위
소화전용 물통	8l	0.3
수조(소화전용 물통 3개 포함)	80l	1.5
수조(소화전용 물통 6개 포함)	190l	2.5
마른 모래(삽 1개 포함)	50l	0.5
팽창질석 또는 팽창진주암(삽 1개 포함)	160l	1.0

32 물분무등 소화설비
· 물분무 소화설비
· 포 소화설비
· 불활성가스(CO_2) 소화설비
· 할로겐화합물 소화설비
· 분말 소화설비

33 제2류(가연성고체) 중 금속분, 철분, 마그네슘 등은 물과 반응하여 가연성기체인 수소(H_2)를 발생하므로 주수소화는 절대 엄금한다.

$$2Fe + 3H_2O \rightarrow Fe_2O_3 + 3H_2 \uparrow$$
$$Mg + 2H_2O \rightarrow Mg(OH)_2 + H_2 \uparrow$$

34 과산화칼륨(K_2O_2) : 제1류(산화성고체)
① 열분해 시 : $2K_2O_2 \rightarrow 2K_2O + O_2 \uparrow$ (산소)
② 물과 반응 시 : $2K_2O_2 + 2H_2O \rightarrow 4KOH + O_2 \uparrow$ (산소)
③ 염산과 반응 시 : $K_2O_2 + 2HCl \rightarrow 2KCl + H_2O_2$ (과산화수소)
④ CO_2와 반응 시 : $2K_2O_2 + 2CO_2 \rightarrow 2K_2CO_3 + O_2 \uparrow$ (산소)

정답 29 ②   30 ④   31 ④   32 ①   33 ④   34 ③

35 다음 중 보통의 포 소화약제보다 알코올형 포 소화약제가 더 큰 소화효과를 볼 수 있는 대상물질은?

① 경유 ② 메틸알코올
③ 등유 ④ 가솔린

36 연소의 3요소 중 하나에 해당하는 역할이 나머지 셋과 다른 위험물은?

① 과산화수소 ② 과산화나트륨
③ 질산칼륨 ④ 황린

37 위험물안전관리법령상 전역방출방식 또는 국소방출방식의 불활성가스 소화설비 저장용기의 설치기준으로 틀린 것은?

① 온도가 40℃ 이하이고 온도 변화가 적은 장소에 설치할 것
② 저장용기의 외면에 소화약제의 종류와 양, 제조년도 및 제조자를 표시할 것
③ 직사일광 및 빗물이 침투할 우려가 적은 장소에 설치할 것
④ 방호구역 내의 장소에 설치할 것

38 칼륨, 나트륨, 탄화칼슘의 공통점으로 옳은 것은?

① 연소생성물이 동일하다.
② 화재 시 대량의 물로 소화한다.
③ 물과 반응하면 가연성가스를 발생한다.
④ 위험물안전관리법령에서 정한 지정수량이 같다.

39 공기포 발포배율을 측정하기 위해 중량 340g, 용량 1,800mL의 포 수집 용기에 가득히 포를 채취하여 측정한 용기의 무게가 540g이 있다면 발포배율은?(단, 포 수용액의 비중은 1로 가정한다.)

① 3배 ② 5배
③ 7배 ④ 9배

---

35 • 알코올형 포 소화약제 : 일반포를 수용성 위험물에 방사하면 포 약제가 소멸하는 소포성 때문에 사용하지 못한다. 이를 방지하기 위하여 특별히 제조된 포 약제이다.
• 알코올형 포 사용(수용성 위험물) : 알코올, 아세톤, 초산 등

36 과산화수소(H_2O_2), 과산화나트륨(Na_2O_2), 질산칼륨(KNO_3) 등은 자신이 산소를 가지고 있는 산소공급원이 되지만, 황린(P_4)은 자연발화성인 인화성고체로서 가연물이 된다.
※ 연소의 3요소 : 가연물, 산소공급원, 점화원

37 불활성가스 소화설비 저장용기는 방호구역 외의 장소에 설치할 것

38 제3류(금수성물질) : 칼륨(K), 나트륨(Na), 탄화칼슘(CaC_2)
• 연소할 경우 생성물
$$4K + O_2 \rightarrow 2K_2O$$
$$4Na + O_2 \rightarrow 2Na_2O$$
$$CaC_2 + 5O_2 \rightarrow 2CaO + 4CO_2$$
• 물과 반응할 경우, 가연성가스(H_2, C_2H_2)가 발생한다.
$$2K + 2H_2O \rightarrow 2KOH + H_2\uparrow$$
$$2Na + 2H_2O \rightarrow 2NaOH + H_2\uparrow$$
$$CaC_2 + 2H_2O \rightarrow Ca(OH)_2 + C_2H_2\uparrow$$
• 지정수량 : 칼륨과 나트륨 10kg, 탄화칼슘 300kg

39 팽창비(발포배율) $= \dfrac{\text{방출 후 포의 체적}[l]}{\text{방출 전 포 수용액의 체적(원액+물)}[l]}$
$= \dfrac{\text{내용적(용량)}}{\text{(전체중량−빈 용기의 중량)}}$
$= \dfrac{1,800}{(540-340)} = 9$배

40 위험물안전관리법령상 위험물 저장소 건축물의 외벽이 내화구조인 것은 연면적 얼마를 1소요단위로 하는가?

① $50m^2$ ② $75m^2$
③ $100m^2$ ④ $150m^2$

제3과목 | 위험물의 성질과 취급

41 취급하는 장치가 구리나 마그네슘으로 되어 있을 때 반응을 일으켜서 폭발성의 아세틸라이트를 생성하는 물질은?

① 이황화탄소 ② 이소프로필알코올
③ 산화프로필렌 ④ 아세톤

42 휘발유를 저장하던 이동저장탱크에 탱크의 상부로부터 등유나 경유를 주입할 때 액표면이 주입관의 선단을 넘는 높이가 될 때까지 그 주입관 내의 유속을 몇 m/s 이하로 하여야 하는가?

① $1m/s$ ② $2m/s$
③ $3m/s$ ④ $5m/s$

43 과산화벤조일에 대한 설명으로 틀린 것은?

① 벤조일퍼옥사이드라고도 한다.
② 상온에서 고체이다.
③ 산소를 포함하지 않는 환원성 물질이다.
④ 희석제를 첨가하여 폭발성을 낮출 수 있다.

44 이황화탄소를 물속에 저장하는 이유로 가장 타당한 것은?

① 공기와 접촉하면 즉시 폭발하므로
② 가연성 증기의 발생을 방지하므로
③ 온도의 상승을 방지하므로
④ 불순물을 물에 용해시키므로

45 다음 중 황린의 연소생성물은?

① 삼황화린 ② 인화수소
③ 오산화인 ④ 오황화린

---

40 소요 1단위의 산정방법

건축물	내화구조의 외벽	내화구조가 아닌 외벽
제조소 및 취급소	연면적 $100m^2$	연면적 $50m^2$
저장소	연면적 $150m^2$	연면적 $75m^2$
위험물	지정수량의 10배	

41 산화프로필렌, 아세트알데히드, 아세틸렌 등은 반응성이 풍부하여 구리, 마그네슘, 수은, 은 및 그 합금과 반응 시 폭발성의 아세틸라이트를 생성한다.

42 • 이동저장탱크에 위험물(휘발유, 등유, 경유)을 교체 주입하고자 할 때 정전기 방지조치를 위해 유속을 $1m/s$ 이하로 할 것
• 이동저장탱크에 위험물 주입 시 인화점이 $40℃$ 미만인 위험물일 때는 원동기를 정지시킬 것

43 과산화벤조일[$(C_6H_5CO)_2O_2$] : 제5류(자기반응성물질)
• 무색무취의 백색분말 또는 결정성고체이다.
• 물에 녹지 않고 알코올 등에 잘 녹으며 운반시 30% 이상 물을 함유시켜 운송한다.
• 자체적으로 산소를 포함하고 있는 산화성물질이다.
• 열, 충격, 마찰 등에 의해 폭발의 위험이 있으므로 물을 함유시키거나 희석제(프탈산디메틸, 프탈산디부틸 등)를 첨가하여 폭발성을 낮출 수 있다.

44 이황화탄소(CS_2) : 제4류(특수인화물)
• 발화점 $100℃$, 액비중 1.26으로 물보다 무겁고 물에 녹지 않아 가연성 증기의 발생을 방지하기 위해서 물속에 저장한다.

45 황린(P_4) : 제3류(자연발화성물질)
• 발화점 $34℃$, 백색 또는 담황색의 고체로서 자극적인 맹독성물질이다.
• 물에 녹지 않고 CS_2에 잘 녹으며 물속에 저장한다.
• 공기를 차단하고 약 $260℃$로 가열하면 적린(P)이 된다.
• 어두운 곳에서 청백색의 인광을 내며 연소 시 오산화인(P_2O_5)을 생성한다.
  $P_4 + 5O_2 \rightarrow 2P_2O_5$(백색연기)

정답 40 ④ 41 ③ 42 ① 43 ③ 44 ② 45 ③

46 위험물안전관리법령상 위험물의 지정수량이 틀리게 짝지어진 것은?

① 황화린 − 50kg

② 적린 − 100kg

③ 철분 − 500kg

④ 금속분 − 500kg

47 다음 중 요오드값이 가장 작은 것은?

① 아미인유　　　① 들기름

② 정어리기름　　③ 야자유

48 다음 제4류 위험물 중 연소범위가 가장 넓은 것은?

① 아세트알데히드

② 산화프로필렌

③ 휘발유

④ 아세톤

49 다음 위험물 중 보호액으로 물을 사용하는 것은?

① 황린　　　　　② 적린

③ 루비듐　　　　④ 오황화린

50 다음 위험물의 지정수량 배수의 총합은?

| • 휘발유 : 2,000L |
| • 경유 : 4,000L |
| • 등유 : 40,000L |

① 18　　　　　　② 32

③ 46　　　　　　④ 54

51 위험물안전관리법령상 옥내저장소의 안전거리를 두지 않을 수 있는 경우는?

① 지정수량 20배 이상의 농식물유류

② 지정수량 20배 미만의 특수인화물

③ 지정수량 20배 미만의 제4석유류

④ 지정수량 20배 이상의 제5류 위험물

---

46 제2류 위험물의 지정수량

성질	위험등급	품명	지정수량
가연성 고체	II	황화린, 적린, 유황	100kg
	III	철분, 금속분, 마그네슘	500kg
		인화성고체	1,000kg

47
- 요오드값 : 유지 100g에 부가(첨가)되는 요오드의 g수
- 요오드값에 따른 분류
  - 건성유(130 이상) : 해바라기유, 동유, 아마인유, 정어리기름, 들기름 등
  - 반건성유(100~130) : 면실유, 참기름, 청어기름, 채종유 콩기름 등
  - 불건성유(100 이하) : 올리브유, 동백기름, 피마자유, 야자유 등

48 연소범위
① 아세트알데히드 : 4.1~57%
② 산화프로필렌 : 2.5~38.5%
③ 휘발유 : 1.4~7.6%
④ 아세톤 : 2.5~12.8%

49 보호액
- 물 : 황린(P_4), 이황화탄소(CS_2)
- 석유(유동파라핀, 등유, 경유) : 칼륨(K), 나트륨(Na) 등

50
- 제4류 위험물의 지정수량 : 휘발유(제1석유류, 비수용성) 200l, 등유, 경유(제2석유류, 비수용성) 1,000l
- 지정수량배수 $= \dfrac{\text{A품목 저장량}}{\text{A품목 지정수량}} + \dfrac{\text{B품목 저장량}}{\text{B품목 지정수량}} + \cdots$

$$= \frac{2,000}{200} + \frac{4,000}{1,000} + \frac{40,000}{1,000} = 54$$

51 옥내저장소의 안전거리 제외 대상
① 제4석유류 또는 동식물유류의 위험물을 저장 또는 취급하는 옥내저장소로서 지정수량의 20배 미만인 것
② 제6류 위험물을 저장 또는 취급하는 옥내저장소
③ 지정수량의 20배(하나의 저장창고의 바닥면적이 150m^2 이하인 경우에는 50배) 이하의 위험물을 저장 또는 취급하는 옥내저장소로서 다음의 기준에 적합한 것
  - 저장창고의 벽, 기둥, 바닥, 보 및 지붕이 내화구조일 것
  - 저장창고의 출입구에 수시로 열 수 있는 자동폐쇄방식의 갑종 방화문이 설치되어 있을 것
  - 저장창고에 창을 설치하지 아니할 것

정답　**46** ①　**47** ④　**48** ①　**49** ①　**50** ④　**51** ③

52 질산염류의 일반적인 성질에 대한 설명으로 옳은 것은?

① 무색 액체이다.

② 물에 잘 녹는다.

③ 물에 녹을 때 흡열반응을 나타내는 물질은 없다.

④ 과염소산염류보다 충격, 가열에 불안정하여 위험성이 크다.

53 위험물안전관리법령에 따른 질산에 대한 설명으로 틀린 것은?

① 지정수량은 300kg이다.

② 위험등급은 Ⅰ이다.

③ 농도가 36wt% 이상인 것에 한하여 위험물로 간주된다.

④ 운반 시 제1류 위험물과 혼재할 수 있다.

54 과산화수소 용액의 분해를 방지하기 위한 방법으로 가장 거리가 먼 것은?

① 햇빛을 차단한다.

② 암모니아를 가한다.

③ 인산을 가한다.

④ 요산을 가한다.

55 금속칼륨의 보호액으로 정당하지 않은 것은?

① 유동파라핀　　② 등유

③ 경유　　　　　④ 에탄올

56 휘발유의 일반적인 성질에 대한 설명으로 틀린 것은?

① 인화점은 0℃보다 낮다.

② 액체비중은 1보다 작다.

③ 증기비중은 1보다 작다.

④ 연소범위는 약 1.4~7.6%이다.

57 인화칼슘이 물과 반응하였을 때 발생하는 기체는?

① 수소　　　　　② 산소

③ 포스핀　　　　④ 포스겐

---

52 질산염류 : 제1류 위험물(산화성고체)

• 일반적으로 흡습성이 있고 물에 잘 녹는다.

• 질산암모늄(NH_4NO_3)은 물에 녹을 때 흡열반응을 한다.

• 과염소산염류, 염소산염류, 아염소산염류보다 충격 가열에 대하여 안정하다.

53 질산(HNO_3) : 제6류(산화성 액체)

• 비중이 1.49 이상인 것에 한하여 위험물로 간주된다.

※ 과산화수소(H_2O_2) : 농도가 36wt% 이상의 것만 위험물에 해당된다.

54 과산화수소(H_2O_2) : 제6류(산화성 액체)

• 알칼리용액에서는 급격히 분해되나 약산성에서는 분해가 잘 안된다. 그러므로 직사광선을 피하고 분해방지제(안정제)로 인산, 요산을 가한다.

• 분해 시 발생되는 산소를 방출하기 위하여 용기에 작은 구멍이 있는 마개를 사용한다.

55 칼륨(K) : 제3류(자연발화성 및 금수성)

• 보호액 : 석유(유동파라핀, 등유, 경유), 벤젠

• 물 또는 에탄올과 반응하여 수소(H_2)를 발생한다.

$$2K + 2H_2O \rightarrow 2KOH + H_2 \uparrow$$
$$2K + 2C_2H_5OH \rightarrow 2C_2H_5OK + H_2 \uparrow$$

56 휘발유(가솔린, C_5~C_9) : 제4류 제1석유류

• 액비중 0.65~0.8

• 증기비중 3~4

• 인화점 -43~-20℃

• 발화점 300℃

• 연소범위 1.4~7.6%

57 인화칼슘(Ca_3P_2, 인화석회) : 제3류(금수성)

• 물 또는 산과 반응 시 가연성이자 유독성인 포스핀(PH_3)가스를 발생한다.

$$Ca_3P_2 + 6H_2O \rightarrow 3Ca(OH)_2 + 2PH_3 \uparrow$$
$$Ca_3P_2 + 6HCl \rightarrow 3CaCl_2 + 2PH_3 \uparrow$$

정답 52 ② 53 ③ 54 ② 55 ④ 56 ③ 57 ③

58 다음 위험물안전관리법령에서 정한 지정수량이 가장 작은 것은?

① 염소산염류
② 브롬산염류
③ 니트로화합물
④ 금속의 인화물

59 다음 중 발화점이 가장 높은 것은?

① 등유
② 벤젠
③ 디에틸에테르
④ 휘발유

60 제조소에서 위험물을 취급함에 있어서 정전기를 유효하게 제거할 수 있는 방법으로 가장 거리가 먼 것은?

① 접지에 의한 방법
② 공기 중의 상대습도를 70% 이상으로 하는 방법
③ 공기를 이온화하는 방법
④ 부도체 재료를 사용하는 방법

58 위험물의 지정수량
① 염소산염류(제1류) : 50*kg*
② 브롬산염류(제1류) : 300*kg*
③ 니트로화합물(제5류) : 200*kg*
④ 금속의 인화물(제3류) : 300*kg*

59 제4류 위험물의 발화점
① 등유 : 220℃
② 벤젠 : 498℃
③ 디에틸에테르 : 180℃
④ 휘발유 : 300℃

60 전기가 통하지 않는 부도체는 정전기가 잘 일어난다.

정답 58 ① 59 ② 60 ④

제1과목 | 일반화학

01 다음의 반응 중 평형상태가 압력의 영향을 받지 않는 것은?

① $N_2 + O_2 \leftrightarrow 2NO$

② $NH_3 + HCl \leftrightarrow NH_4Cl$

③ $2CO + O_2 \leftrightarrow 2CO_2$

④ $2NO_2 \leftrightarrow N_2O_4$

01
- 평형상태에서 압력을 높이면 반응물과 생성물 중 몰수가 큰 쪽에서 작은 쪽으로 평형이 이동한다.
- $N_2 + O_2 \leftrightarrow 2NO$에서 반응물(2몰), 생성물(2몰)의 몰수가 같으므로 압력의 영향을 받지 않는다.
- ※ 화학평형에 영향을 주는 인자 : 온도, 농도, 압력
  (단, 촉매는 반응속도에만 영향을 준다.)

02 배수비례의 법칙이 적용 가능한 화합물을 옳게 나열한 것은?

① CO, CO_2

② HNO_3, HNO_2

③ H_2SO_4, H_2SO_3

④ O_2, O_3

02 배수비례의 법칙 : 서로 다른 두 종류의 원소가 화합하여 여러 종류의 화합물을 구성할 때 한 원소의 일정질량과 결합하는 다른 원소의 질량비는 간단한 정수비로 나타낸다.

예 탄소화합물 : CO, CO_2 황화합물 : SO_2, SO_3

03 A는 B이온과 반응하나 C이온과는 반응하지 않고, D는 C이온과 반응한다고 할 때 A, B, C, D의 환원력 세기를 큰 것부터 차례대로 나타낸 것은?(단, A, B, C, D는 모두 금속이다.)

① $A>B>D>C$

② $D>C>A>B$

③ $C>D>B>A$

④ $B>A>C>D$

03 이온화경향이 큰 금속(환원력이 큰 것)은 작은 금속과 반응하여 전자를 내놓는다. 그러나 이온화경향이 작은 금속은 큰 금속과 반응을 하지 않는다. 그러므로 A>B, C>A, D>C

∴ $D>C>A>B$

04 1N-NaOH 100mL 수용액으로 10wt% 수용액을 만들려고 할 때의 방법으로 다음 중 가장 적합한 것은?

① 36ml의 증류수 혼합

② 40ml의 증류수 혼합

③ 60ml의 수분 증발

④ 64ml의 수분 증발

04
- 1N(노르말) 농도 : 물 1,000ml에 NaOH 1mol(=40g)이 녹아 있다.
- 1N-NaOH 100ml : 물 100ml에 0.1mol(=4g)이 녹아 있다.
- 10wt%를 만들기 위해서는 NaOH 0.1mol(=4g)+36g의 물이 필요하므로,

$$\%농도 = \frac{용질}{용매+용질} \times 100$$

$$10\% = \frac{4}{36+4} \times 100$$

수분 64ml가 증발하여야 한다.

$$100ml - 36ml = 64ml$$

05 엿당을 포도당으로 변화시키는 데 필요한 효소는?

① 말타아제

② 아밀라아제

③ 지마아제

④ 리파아제

05 효소에 따른 탄수화물의 변화(암기법)

① 아전맥포 : 전분 $\xrightarrow{\text{아밀라아제}}$ 맥아당+포도당

② 인설포과 : 설탕 $\xrightarrow{\text{인베르타아제}}$ 포도당+과당

③ 말맥포 : 맥아당(엿당) $\xrightarrow{\text{말타아제}}$ 포도당

④ 지포에이 : 포도당 $\xrightarrow{\text{지마아제}}$ 에틸알코올+이산화탄소

정답 01 ① 02 ① 03 ② 04 ④ 05 ①

06 30wt%인 진한 HCl의 비중은 1.1이다. 진한 HCl의 몰농도는 얼마인가?(단, HCl의 화학식량은 36.5이다.)

① 7.21 ② 9.04
③ 11.36 ④ 13.08

07 다음 물질 중 감광성이 가장 큰 것은?

① HgO ② CuO
③ $NaNO_3$ ④ AgCl

08 한 분자 내에 배위결합과 이온결합을 동시에 가지고 있는 것은?

① NH_4Cl ② C_6H_6
③ CH_3OH ④ NaCl

09 메탄에 직접 염소를 작용시켜 클로로포름을 만드는 반응을 무엇이라 하는가?

① 환원반응 ② 부가반응
③ 치환반응 ④ 탈수소반응

10 주기율표에서 3주기 원소들의 일반적인 물리·화학적 성질 중 오른쪽으로 갈수록 감소하는 성질들로만 이루어진 것은?

① 비금속성, 전자흡수성, 이온화에너지
② 금속성, 전자방출성, 원자반지름
③ 비금속성, 이온화에너지, 전자친화도
④ 전자친화도, 전자흡수성, 원자반지름

11 다음 반응식에 관한 사항 중 옳은 것은?

$$SO_2 + 2H_2S \rightarrow 2H_2O + 3S$$

① SO_2는 산화제로 작용
② H_2S는 산화제로 작용
③ SO_2는 촉매로 작용
④ H_2S는 촉매로 작용

---

06 M농도 $= \dfrac{\text{비중} \times \%\text{농도} \times 10}{\text{분자량}} = \dfrac{1.1 \times 30 \times 10}{36.5} = 9.04$

※ N농도 $= \dfrac{\text{비중} \times \%\text{농도} \times 10}{\text{당량}}$

07 감광성 : 브롬화은(AgBr)이나 염화은(AgCl) 등의 물질이 광선이나 X선, γ선, 중성자선과 같은 방사선에 의해서 변화하는 성질로서, 사진의 감광재료에 사용된다.

08 • 배위결합 : 공유결합에서 공유하는 전자쌍을 한 쪽의 원자에서만 일방적으로 제공하는 결합을 배위결합이라 한다.

$$\underset{H}{\overset{H}{H:\ddot{N}:}} + H^+ \xrightarrow{\text{배위결합}} \left[\underset{H}{\overset{H}{H:\ddot{N}:H}} \right]^+ \quad \text{비공유전자쌍}$$

• 이온결합 = 금속(NH_4^+) + 비금속(Cl^-)

$NH_4^+ + Cl^- \xrightarrow{\text{이온결합}} NH_4Cl$

∴ NH_4Cl : 공유결합, 배위결합, 이온결합

09 메탄(CH_4)은 포화 탄화수소계열이므로 치환반응을 한다.
① $CH_4 + Cl_2 \rightarrow HCl + CH_3Cl$(염화메틸)
② $CH_3Cl + Cl_2 \rightarrow HCl + CH_2Cl_2$(염화메틸렌)
③ $CH_2Cl_2 + Cl_2 \rightarrow HCl + CHCl_3$(클로로포름)
④ $CHCl_3 + Cl_2 \rightarrow HCl + CCl_4$(사염화탄소)

10 주기율표 : 같은 주기에서 오른쪽으로 갈수록
• 증가 : 비금속성, 전자의 친화도, 전자의 흡수성, 이온화에너지
• 감소 : 금속성, 전자의 방출성, 원자의 반지름

11
$$\overset{\overbrace{\qquad\qquad}^{\text{환원(산화제)}}}{\underset{\underbrace{\qquad\qquad}_{\text{산화(환원제)}}}{\underset{+4 \qquad -2 \qquad\quad 0}{SO_2 + 2H_2S \rightarrow 2H_2O + 3S}}}$$

∴ $\begin{bmatrix} SO_2 : \text{산화제} \\ H_2S : \text{환원제} \end{bmatrix}$

• 산화 : 원자가(산화수) 증가, 환원 : 원자가(산화수) 감소
• 산화제 : 자신은 환원되고 남은 산화시키는 것
• 환원제 : 자신은 산화되고 남은 환원시키는 것

정답 06 ② 07 ④ 08 ① 09 ③ 10 ② 11 ①

12 다음 중 물의 끓는점을 높이기 위한 방법으로 가장 타당한 것은?

① 순수한 물을 끓인다.
② 물을 저으면서 끓인다.
③ 감압하에 끓인다.
④ 밀폐된 그릇에서 끓인다.

13 어떤 기체의 확산속도는 SO_2의 2배이다. 이 기체의 분자량은 얼마인가?(단, SO_2의 분자량은 64이다.)

① 4   ② 8
③ 16   ④ 32

14 다음 중 산성산화물에 해당하는 것은?

① BaO   ② CO_2
③ CaO   ④ MgO

15 다음 중 가수분해가 되지 않는 염은?

① NaCl
② NH_4Cl
③ CH_3COONa
④ CH_3COONH_4

16 방사성 원소에서 방출되는 방사선 중 전기장의 영향을 받지 않아 휘어지지 않는 선은?

① α선   ② β선
③ γ선   ④ α, β, γ선

17 다음 중 산성염으로만 나열된 것은?

① $NaHSO_4$, $Ca(HCO_3)_2$
② $Ca(OH)Cl$, $Cu(OH)Cl$
③ NaCl, $Cu(OH)Cl$
④ $Ca(OH)Cl$, $CaCl_2$

---

12 • 액체의 끓는점은 액체의 증기압이 외부의 압력과 같아질 때의 온도이므로 외부압력이 높아지면 끓는점도 높아진다.
• 그러므로 밀폐된 그릇에서 끓이면 증기압이 높아지므로 끓는점도 높아진다.

13 • 기체의 확산속도(그레이엄의 법칙) : 분자량(또는 밀도)의 제곱근에 반비례한다.

$$\frac{U_2}{U_1} = \sqrt{\frac{M_2}{M_1}} = \sqrt{\frac{d_2}{d_1}} \qquad \begin{bmatrix} U : \text{확산속도} \quad d : \text{밀도} \\ M : \text{분자량} \end{bmatrix}$$

• SO_2분자량이 64이고 어떤 기체 분자량이 M_2라면,

$$\frac{1}{2} = \sqrt{\frac{M_2}{64}} \qquad \therefore M_2 = 16g/mol$$

14 • 산성산화물(비금속산화물) : CO_2, SO_2, P_2O_5, NO_2 등
• 염기성산화물(금속산화물) : BaO, CaO, MgO, K_2O 등
• 양쪽성산화물(양쪽성금속산화물) : Al_2O_3, ZnO, SnO, PbO 등

15 ① NaCl(강염기 + 강산) = (×)
② NH_4Cl(약염기 + 강산) = (○)
③ CH_3COONa(약산 + 강염기) = (○)
④ CH_3COONH_4 = (약산 + 약염기) = (○)

$$\begin{bmatrix} \text{NaOH(강염기)} \\ \text{HCl(강산)} \\ \text{NH}_4\text{OH(약염기)} \\ \text{CH}_3\text{COOH(약산)} \end{bmatrix}$$

> • 염 = 금속(NH_4^+) + 산의 음이온
>
> • 염의 가수분해 : 산 + 염기 $\underset{\text{가수분해}}{\overset{\text{중화반응}}{\rightleftharpoons}}$ 염 + 물
>
> 염이 가수분해가 일어나려면 그 염을 구성하는 산·염기의 둘 중 하나가 약하거나 또는 모두 약해야 한다. 둘 다 강하면 일어나지 않는다.

16 방사선의 종류

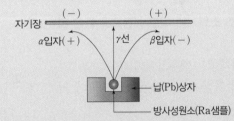

17 염의 종류

종류	화학식	특징
정염(중성염)	NaCl, $CaCl_2$	산의 H^+이나 염기의 OH^-이 없는 것
산성염	$NaHSO_4$, $Ca(HCO_3)_2$	산의 H^+ 일부가 남아있는 것
염기성염	$Ca(OH)Cl$, $Cu(OH)Cl$	염기의 OH^- 일부가 남아 있는 것

정답   12 ④   13 ③   14 ②   15 ①   16 ③   17 ①

18 1패러데이(Faraday)의 전기량으로 물을 전기분해 하였을 때 생성되는 기체 중 산소 기체는 0℃, 1기압에서 몇 L인가?

① 5.6L ② 11.2L
③ 22.4L ④ 44.8L

19 공업적으로 에틸렌을 $PdCl_2$ 촉매하에 산화시킬 때 주로 생성되는 물질은?

① CH_3OCH_3 ② CH_3CHO
③ $HCOOH$ ④ C_3H_7OH

20 다음과 같은 전자배치를 갖는 원자 A와 B에 대한 설명으로 옳은 것은?

> A : $1S^2\ 2S^2\ 2P^6\ 3S^2$
>
> B : $1S^2\ 2S^2\ 2P^6\ 3S^1\ 3P^1$

① A와 B는 다른 종류의 원자이다.
② A는 홀원자이고, B는 이원자 상태인 것을 알 수 있다.
③ A와 B는 동위원소로서 전자배열이 다르다.
④ A에서 B로 변할 때 에너지를 흡수한다.

제2과목 | 화재예방과 소화방법

21 이산화탄소 소화기에 대한 설명으로 옳은 것은?

① C급 화재에는 적응성이 없다.
② 다량의 물질이 연소하는 A급 화재에 가장 효과적이다.
③ 밀폐되지 않는 공간에서 사용할 때 가장 소화효과가 좋다.
④ 방출용 동력이 별도로 필요치 않다.

22 위험물안전관리법령상 염소산염류에 대해 적응성이 있는 소화설비는?

① 탄산수소염류 분말 소화설비
② 포 소화설비
③ 불활성가스 소화설비
④ 할로겐화합물 소화설비

---

18 · 물의 전기분해 : $2H_2O \xrightarrow{\ H_2SO_4\ } \underset{(-)극\quad(+)극}{2H_2\ +\ O_2}$

> · 1F=96,500C(쿨롱)=1g당량 석출(각 극에서 각각 석출)
> · 당량=수소 1.008g($=11.2l$) 또는 산소 8g($=5.6l$)과 결합이나 치환할 수 있는 양
> · 당량=원자량/원자가

· 1F=1g당량 석출하므로 산소는 5.6l이다.

19 아세트알데히드(CH_3CHO) 제조법 : 제4류 특수인화물
· 에틸렌의 직접산화법 : 염화구리 또는 염화파라듐의 촉매하에 에틸렌을 산화시켜 제조하는 법
$2C_2H_4+O_2 \rightarrow 2CH_3CHO$
· 에틸알코올의 직접산화법 : 이산화망간 촉매하에 에틸알코올을 산화시켜 제조하는 법
$2C_2H_5OH+O_2 \rightarrow 2CH_3CHO+2H_2O$
· 아세틸렌 수화법 : 황산수은 촉매하에 아세틸렌과 물을 수화시켜 제조하는 법
$C_2H_2+H_2O \rightarrow CH_3CHO$

20 · A의 전자배치는 바닥상태, 안정된 상태이고, B의 전자배치는 들뜬 상태이다.
· A의 바닥상태에서 B의 들뜬 상태로 변할 때는 에너지를 흡수한다.

21 이산화탄소(CO_2) 소화기
· 방출용 동력은 CO_2자체의 압력을 사용한다.
· 비중이 1.52로 공기보다 무거워 심부화재에 적합하다.
· 전기화재(C급)에 특히 효과가 좋다.
· 이산화탄소, 할로겐화합물 소화기 설치금지장소(소화효과는 좋으나 질식위험이 있다.) : 지하층, 무창층, 밀폐된 거실로 그 바닥면적이 20m^2 미만인 장소

22 제1류 중 염소산염류의 적응성 있는 소화설비
· 옥내 · 외 소화전설비
· 스프링클러설비
· 물분무 소화설비
· 포 소화설비
· 인산염류 분말 소화설비

정답 **18** ① **19** ② **20** ④ **21** ④ **22** ②

23 위험물안전관리법령상 마른 모래(삽 1개 포함) 50L의 능력단위는?

① 0.3   ② 0.5

③ 1.0   ④ 1.5

24 이산화탄소 소화약제의 소화작용을 옳게 나열한 것은?

① 질식소화, 부촉매소화

② 부촉매소화, 제거소화

③ 부촉매소화, 냉각소화

④ 질식소화, 냉각소화

25 전역방출방식의 할로겐화물 소화설비의 분사헤드에서 Halon 1211을 방사하는 경우의 방사압력은 얼마 이상으로 하여야 하는가?

① 0.1MPa   ② 0.2MPa

③ 0.5MPa   ④ 0.9MPa

26 디에틸에테르 2,000L와 아세톤 4,000L를 옥내저장소에 저장하고 있다면 총 소요단위는 얼마인가?

① 5단위   ② 6단위

③ 50단위   ④ 60단위

27 벤젠에 관한 일반적 성질로 틀린 것은?

① 무색투명한 휘발성 액체로 증기는 마취성과 독성이 있다.

② 불을 붙이면 그을음을 많이 내고 연소한다.

③ 겨울철에는 응고하여 인화의 위험이 없지만, 상온에서는 액체상태로 인화 위험이 높다.

④ 진한황산과 질산으로 니트로화 시키면 니트로벤젠이 된다.

---

23 간이 소화용구의 능력단위

소화설비	용량	능력단위
소화전용 물통	$8l$	0.3
수조(소화전용 물통 3개 포함)	$80l$	1.5
수조(소화전용 물통 6개 포함)	$190l$	2.5
마른 모래(삽 1개 포함)	$50l$	0.5
팽창질석 또는 팽창진주암(삽 1개 포함)	$160l$	1.0

24 소화약제의 소화효과

- 물(적상, 봉상) : 냉각효과
- 물(무상) : 질식, 냉각, 유화, 희석효과
- 포말 : 질식, 냉각효과
- 이산화탄소 : 질식, 냉각, 피복효과
- 분말, 할로겐화합물 : 질식, 냉각, 부촉매(어제)효과
- 청정소화약제
  - 할로겐화합물 : 질식, 냉각, 부촉매효과
  - 불활성가스 : 질식, 냉각효과

25 할로겐화물 소화설비(전역, 국소방출방식)의 분사헤드 방사

약제	방사압력	방출시간
할론 2402	0.1MPa 이상	
할론 1211	0.2MPa 이상	30초 이내
할론 1301	0.9MPa 이상	

26 제4류 위험물의 지정수량

- 지정수량 : 디에틸에테르(제4류 특수인화물) $50l$, 아세톤(제4류 1석유류, 수용성) $400l$
- 위험물의 소요 1단위 : 지정수량의 10배
- 소요단위 $= \dfrac{\text{저장수량}}{\text{지정수량} \times 10} = \dfrac{2,000}{50 \times 10} + \dfrac{4,000}{400 \times 10} = 5$단위

27 벤젠 : 제4류 1석유류(비수용성)

- 인화점 −11℃, 발화점 498℃, 연소범위 1.4~7.1%, 비점 80℃, 응고점 5.5℃로서 겨울철에 응고된 상태에서도 연소가 가능하다.
- 니트로화반응

$$C_6H_6 + HNO_3 \xrightarrow[\text{탈수}]{c-H_2SO_4} C_6H_5NO_2 + H_2O$$

(벤젠)   (질산)   (니트로벤젠)   (물)

23 ②   **24** ④   **25** ②   **26** ①   **27** ③

28 위험물안전관리법령상 제5류 위험물에 적응성 있는 소화설비는?

① 분말을 방사하는 대형 소화기

② CO_2를 방사하는 소형 소화기

③ 할로겐화합물을 방사하는 대형 소화기

④ 스프링클러설비

29 과산화나트륨 저장 장소에서 화재가 발생하였다. 과산화나트륨을 고려하였을 때 다음 중 가장 적합한 소화약제는?

① 포 소화약제   ② 할로겐화합물

③ 건조사   ④ 물

30 벤조일퍼옥사이드의 화재 예방상 주의사항에 대한 설명 중 틀린 것은?

① 열, 충격 및 마찰에 의해 폭발할 수 있으므로 주의한다.

② 진한질산, 진한황산과의 접촉을 피한다.

③ 비활성의 희석제를 첨가하면 폭발성을 낮출 수 있다.

④ 수분과 접촉하면 폭발의 위험이 있으므로 주의한다.

31 10℃의 물 2g을 100℃의 수증기로 만드는 데 필요한 열량은?

① 180cal   ② 340cal

③ 719cal   ④ 1,258cal

32 금속나트륨의 연소 시 소화방법으로 가장 적절한 것은?

① 팽창질석을 사용하여 소화한다.

② 분무상의 물을 뿌려 소화한다.

③ 이산화탄소를 방사하여 소화한다.

④ 물로 적신 헝겊으로 피복하여 소화한다.

33 불활성가스 소화약제 중 IG−541의 구성성분 아닌 것은?

① N_2 ② Ar

③ Ne   ④ CO_2

---

28 제5류 위험물에 적용성 있는 소화설비

- 옥내·외 소화설비   • 스프링클러설비
- 물분무 소화설비   • 포 소화설비

29 과산화나트륨(Na_2O_2) : 제1류(무기과산화물, 금수성)

- 주수소화는 엄금하고 이산화탄소도 효과가 없다. 건조사나 팽창질석 또는 팽창진주암 등을 사용한다.

30 벤조일퍼옥사이드 : 제5류(자기반응성 물질)

- 보통 상온에서는 안정하나 열, 충격, 마찰 등에 의해 폭발의 위험이 있다.
- 운반 시 30% 이상 물을 포함시켜 운송하여 폭발의 위험성을 방지한다.

31 $Q = m \cdot C \cdot \Delta t + m \cdot r$

$= [2g \times 1cal/g℃ \times (100-10)℃] + [2g \times 539cal/g]$

$= 1,258cal$

> - 현열($Q = m \cdot c \cdot \Delta t$) : 물질의 상태는 변화없고 온도만 변화할 때의 열량
> - 잠열($Q = m \cdot r$) : 온도는 변화없고 물질의 상태만 변화할 때의 열량
>
> $\begin{bmatrix} Q : 열량(cal), \ m : 질량(g), \ C : 비열(cal/g℃) \\ r : 잠열(cal/g), \ \Delta t : 온도차(℃) \end{bmatrix}$

32 나트륨(Na) : 제3류(자연발화성, 금수성 물질)

- 물과 반응 : $2Na + 2H_2O \rightarrow 2NaOH + H_2 \uparrow$
- 이산화탄소와 반응 : $4Na + 3CO_2 \rightarrow 2Na_2CO_3 + C$(연소폭발)
- 소화약제 : 건조사, 팽창질석 또는 팽창진주암 등의 피복소화

33 불활성가스 청정소화약제의 성분비율

소화약제명	화학식
IG−01	Ar
IG−100	N_2
IG−541	N_2 : 52%, Ar : 40%, CO_2 : 8%
IG−55	N_2 : 50%, Ar : 50%

정답   28 ④   29 ③   30 ④   31 ④   32 ①   33 ③

34 어떤 가연물의 착화에너지가 24cal일 때, 이것을 일에너지의 단위로 환산하면 약 몇 Joule인가?

① 24　　　　　　② 42

③ 84　　　　　　④ 100

35 위험물제조소등에 옥내소화전설비를 압력수조를 이용한 가압송수장치로 설치하는 경우 압력수조의 최소압력은 몇 MPa인가?(단, 소방용 호스의 마찰손실수두압은 3.2MPa, 배관의 마찰손실수두압은 2.2MPa, 낙차의 환산수두압은 1.79MPa이다.)

① 5.4MPa　　　　② 3.99MPa

③ 7.19MPa　　　④ 7.54MPa

36 다음은 위험물안전관리법령상 위험물제조소등에 설치하는 옥내소화전설비의 설치표시기준 중 일부이다. ( )에 알맞은 수치를 차례대로 옳게 나타낸 것은?

> 옥내소화전함의 상부의 벽면에 적색의 표시등을 설치하되, 당해 표시등의 부착면과 ( ) 이상의 각도가 되는 방향으로 ( ) 떨어진 곳에서 용이하게 식별이 가능하도록 할 것

① 5°, 5m　　　　② 5°, 10m

③ 15°, 5m　　　④ 15°, 10m

37 연소 이론에 대한 설명으로 가장 거리가 먼 것은?

① 착화온도가 낮을수록 위험성이 크다.

② 인화점이 낮을수록 위험성이 크다.

③ 인화점이 낮은 물질은 착화점도 낮다.

④ 폭발 한계가 넓을수록 위험성이 크다.

38 분말 소화약제의 착색 색상으로 옳은 것은?

① $NH_4H_2PO_4$: 담홍색

② $NH_4H_2PO_4$: 백색

③ $KHCO_3$: 담홍색

④ $KHCO_3$: 백색

---

34 $1cal = 4.2J$
$\therefore 24cal \times 4.2J/cal = 100.8J$

35 $P = p_1 + p_2 + p_3 + 0.35MPa$

> P : 필요한 압력(단위 : MPa)
> p_1 : 소방용 호스의 마찰손실수두압(단위 : MPa)
> p_2 : 배관의 마찰손실수두압(단위 : MPa)
> p_3 : 낙차의 환산수두압(단위 : MPa)

$\therefore P = 3.2 + 2.2 + 1.79 + 0.35 = 7.54MPa$

36 옥내소화전설비의 설치기준
- 옥내소화전의 개폐밸브 호스접속구의 설치위치 : 바닥으로부터 $1.5m$ 이하
- 가압송수장치의 기동을 알리는 표시등은 적색으로 한다.
- 옥내소화전함의 상부의 벽면에 적색의 표시등을 설치하되, 당해 표시등의 부착면과 15° 이상의 각도가 되는 방향으로 $10m$ 떨어진 곳에서 용이하게 식별이 가능하도록 한다.

37 가솔린과 등유의 인화점, 착화점 비교

구분	인화점	착화점
가솔린	−43~−20℃	300℃
등유	30~60℃	210℃

38 분말 소화약제

종별	약제명	화학식	색상	적응화재
제1종	탄산수소나트륨	$NaHCO_3$	백색	B, C급
제2종	탄산수소칼륨	$KHCO_3$	담자(회)색	B, C급
제3종	제1인산암모늄	$NH_4H_2PO_4$	담홍색	A, B, C급
제4종	탄산수소칼륨 +요소	$KHCO_3$ $+(NH_2)_2CO$	회색	B, C급

39 불활성가스 소화설비에 의한 소화적응성이 없는 것은?

① $C_3H_5(ONO_2)_3$　　② $C_6H_4(CH_3)_2$

③ CH_3COCH_3　　④ $C_2H_5OC_2H_5$

40 다음 중 자연발화의 원인으로 가장 거리가 먼 것은?

① 기화열에 의한 발열

② 산화열에 의한 발열

③ 분해열에 의한 발열

④ 흡착열에 의한 발열

제3과목 | 위험물의 성질과 취급

41 위험물이 물과 접촉하였을 때 발생하는 기체를 옳게 연결한 것은?

① 인화칼슘 – 포스핀

② 과산화칼륨 – 아세틸렌

③ 나트륨 – 산소

④ 탄화칼슘 – 수소

42 제4류 위험물인 동식물유류의 취급 방법이 잘못된 것은?

① 액체의 누설을 방지하여야 한다.

② 화기 접촉에 의한 인화에 주의하여야 한다.

③ 아마인유는 섬유 등에 흡수되어 있으면 매우 안정하므로 취급하기 편리하다.

④ 가열할 때 증기는 인화되지 않도록 조치하여야 한다.

43 연소범위가 약 2.5~38.5vol%로 구리, 은, 마그네슘과 접촉 시 아세틸라이드를 생성하는 물질은?

① 아세트알데히드

② 알킬알루미늄

③ 산화프로필렌

④ 콜로디온

---

39 • 니트로글리세린[$C_3H_5(ONO_2)_3$] : 제5류(자기반응성)는 자기 자신이 산소를 함유하고 있어 질식소화는 효과가 없고 물로 냉각소화한다.
  • 제4류(인화성액체)인 크실렌[$C_6H_4(CH_3)_2$], 아세톤[CH_3COCH_3], 디에틸에테르[$C_2H_5OC_2H_5$] 등은 질식소화설비인 불활성가스 소화설비가 적합하다.

40 • 자연발화의 발열원인 : 산화열, 분해열, 흡착열, 미생물의 발화 등
  • 기화열 : 액체가 기체로 변화할 때의 기화잠열

41 ① $Ca_3P_2 + 6H_2O \rightarrow 3Ca(OH)_2 + 2PH_3 \uparrow$ (포스핀)
  ② $2K_2O_2 + 2H_2O \rightarrow 4KOH + O_2 \uparrow$ (산소)
  ③ $2Na + 2H_2O \rightarrow 2NaOH + H_2 \uparrow$ (수소)
  ④ $CaC_2 + 2H_2O \rightarrow Ca(OH)_2 + C_2H_2 \uparrow$ (아세틸렌)

42 동식물유류 : 제4류 위험물로 1기압에서 인화점이 250℃ 미만인 것
  • 요오드값이 큰 건성유는 불포화도가 크기 때문에 자연발화가 잘 일어난다.
  • 요오드값에 따른 분류
    - 건성유(130 이상) : 해바라기기름, 동유, 아마인유, 정어리기름, 들기름 등
    - 반건성유(100~130) : 면실유, 참기름, 청어기름, 채종유, 콩기름 등
    - 불건성유(100 이하) : 올리브유, 동백기름, 피마자유, 야자유, 땅콩기름 등

43 산화프로필렌(CH_3CHOCH_2) : 제4류 특수인화물
  • 무색 휘발성이 강한 액체로서 물, 유기용제에 잘 녹는다.
  • 비점 34℃, 인화점 −37℃, 발화점 465℃, 연소범위 2.5~38.5%
  • 반응성이 풍부하여 구리, 은, 마그네슘, 수은 등과 접촉 시 폭발성이 강한 아세틸라이드를 생성한다.
  • 증기압이 상온에서 $45.5mmHg$로 매우 높아 위험성이 크다.

정답　39 ①　40 ①　41 ①　42 ③　43 ③

44 위험물안전관리법령상 제5류 위험물 중 질산에스테르류에 해당하는 것은?

① 니트로벤젠
② 니트로셀룰로오스
③ 트리니트로페놀
④ 트리니트로톨루엔

45 연면적 1,000m²이고 외벽이 내화구조인 위험물 취급소의 소화설비 소요단위는 얼마인가?

① 5단위   ② 10단위
③ 20단위   ④ 100단위

46 다음 위험물 중 가열 시 분해온도가 가장 낮은 물질은?

① $KClO_3$ ② Na_2O_2
③ NH_4ClO_4 ④ KNO_3

47 다음 중 황린이 자연발화하기 쉬운 가장 큰 이유는?

① 끓는점이 낮고 증기의 비중이 작기 때문에
② 산소와 결합력이 강하고 착화온도가 낮기 때문에
③ 녹는점이 낮고 상온에서 액체로 되어 있기 때문에
④ 인화점이 낮고 가연성 물질이기 때문에

48 위험물안전관리법령에 따른 위험물 저장기준으로 틀린 것은?

① 이동탱크저장소에는 설치허가증과 운송허가증을 비치하여야 한다.
② 지하저장탱크의 주된 밸브는 위험물을 넣거나 빼낼 때 외에는 폐쇄하여야 한다.
③ 아세트알데히드를 저장하는 이동저장탱크에는 탱크 안에 불활성가스를 봉입하여야 한다.
④ 옥외저장탱크 주위에 설치된 방유제의 내부에 물이나 유류가 괴었을 경우에는 즉시 배출하여야 한다.

---

44 • 니트로벤젠 : 제4류 3석유류
• 니트로셀룰로오스 : 제5류 질산에스테르류
• 트리니트로페놀과 트리니트로톨루엔 : 제5류 니트로화합물

45 소요 1단위의 산정방법

건축물	내화구조의 외벽	내화구조가 아닌 외벽
제조소 및 취급소	연면적 $100m^2$	연면적 $50m^2$
저장소	연면적 $150m^2$	연면적 $75m^2$
위험물	지정수량의 10배	

$$\therefore 소요단위 = \frac{1,000m^2}{100m^2} = 10단위$$

46 제1류 위험물(산화성고체)의 분해온도(산소 발생)
① 400℃ : $2KClO_3 \rightarrow 2KCl + 3O_2 \uparrow$
② 460℃ : $2Na_2O_2 \rightarrow 2Na_2O + O_2 \uparrow$
③ 130℃ : $2NH_4ClO_4 \rightarrow N_2 + Cl_2 + 2O_2 + 4H_2O \uparrow$
④ 400℃ : $2KNO_3 \rightarrow 2KNO_2 + O_2 \uparrow$

47 황린(P_4) : 제3류(자연발화성물질)
• 가연성, 자연발화성고체로서 맹독성 물질이다.
• 발화점이 34℃로 낮고 산소와 결합력이 강하여 물속에 보관한다.
• 보호액은 pH 9를 유지하여 인화수소(PH_3)의 생성을 방지하기 위해 알칼리제(석회 또는 소다회)로 pH를 조절한다.

48 이동탱크저장소에는 완공검사필증과 정기점검기록을 비치할 것

---

49 다음 2가지 물질을 혼합하였을 때 그로 인한 발화 또는 폭발의 위험성이 가장 낮은 것은?

① 아염소산나트륨과 티오황산나트륨
② 질산과 이황화탄소
③ 아세트산과 과산화나트륨
④ 나트륨과 등유

50 금속 과산화물을 묽은 산에 반응시켜 생성되는 물질로서 석유와 벤젠에 불용성이고, 표백작용과 살균작용을 하는 것은?

① 과산화나트륨
② 과산화수소
③ 과산화벤조일
④ 과산화칼륨

51 제5류 위험물 중 니트로화합물에서 니트로기(nitro group)를 옳게 나타낸 것은?

① −NO
② −NO₂
③ −NO₃
④ −NON₃

52 옥내저장소에서 위험물 용기를 겹쳐 쌓는 경우에 있어서 제4류 위험물 중 제3석유류만을 수납하는 용기를 겹쳐 쌓을 수 있는 높이는 최대 몇 m인가?

① 3m ② 4m
③ 5m ④ 6m

53 최대 아세톤 150톤을 옥외탱크저장소에 저장할 경우 보유공지의 너비는 몇 m 이상으로 하여야 하는가?(단, 아세톤의 비중은 0.79이다.)

① 3m ② 5m
③ 9m ④ 12m

---

49 나트륨(Na)이나 칼륨(K) 등은 석유(유동파라핀, 등유, 경유)나 벤젠 속에 보관한다.

50 제1류 중 무기과산화물은 산과 반응하면 과산화수소를 생성한다.

$K_2O_2 + H_2SO_4 \rightarrow K_2SO_4 + H_2O_2$
$Na_2O_2 + 2HCl \rightarrow 2NaCl + H_2O_2$

51 −NO : 니트로소기, −NO₂ : 니트로기

52 옥내저장소에서 위험물 용기를 겹쳐 쌓을 경우 : 높이초과금지
 • 기계에 의해 하역하는 구조로 된 용기 : 6m
 • 제4류 중 제3석유류, 제4석유류, 동식물유류의 수납용기 : 4m
 • 기타 : 3m

53 아세톤(CH_3COCH_3) : 제4류 제1석유류(수용성), 지정수량 400l
 • $150,000kg \div 0.79 = 189,873l$
 • 지정수량배수 $= \dfrac{저장량}{지정수량} = \dfrac{189,873l}{400l} = 475배$
 ∴ 보유공지는 지정수량 500배 이하 : 3m 이상

※ 옥외탱크저장소의 보유공지

위험물의 최대수량	보유공지의 너비
지정수량의 500배 이하	3m 이상
지정수량의 500배 초과 1,000배 이하	5m 이상
지정수량의 1,000배 초과 2,000배 이하	9m 이상
지정수량의 2,000배 초과 3,000배 이하	12m 이상
지정수량의 3,000배 초과 4,000배 이하	15m 이상
지정수량의 4,000배 초과	당해 탱크의 수평단면의 최대지름(횡형인 경우는 긴 변)과 높이 중 큰 것과 같은 거리 이상(단, 30m 초과의 경우 30m 이상으로, 15m 미만의 경우 15m 이상으로 할 것)

정답 49 ④ 50 ② 51 ② 52 ② 53 ①

54 제5류 위험물제조소에 설치하는 표지 및 주의사항을 표시한 게시판의 바탕색상을 각각 옳게 나타낸 것은?

① 표지 : 백색
　　주의사항을 표시한 게시판 : 백색
② 표지 : 백색
　　주의사항을 표시한 게시판 : 적색
③ 표지 : 적색
　　주의사항을 표시한 게시판 : 백색
④ 표지 : 적색
　　주의사항을 표시한 게시판 : 적색

55 다음 중 물에 대한 용해도가 가장 낮은 물질은?

① $NaClO_3$
② $NaClO_4$
③ $KClO_4$
④ NH_4ClO_4

56 다음 중 메탄올의 연소범위에 가장 가까운 것은?

① 약 1.4~5.6vol%
② 약 7.3~36vol%
③ 약 20.3~66vol%
④ 약 42.0~77vol%

57 위험물의 저장 및 취급에 대한 설명으로 틀린 것은?

① H_2O_2 : 직사광선을 차단하고 찬 곳에 저장한다.
② MgO_2 : 습기의 존재하에서 산소를 발생하므로 특히 방습에 주의한다.
③ $NaNO_3$: 조해성이 있으므로 습기에 주의한다.
④ K_2O_2 : 물과 반응하지 않으므로 물속에 저장한다.

58 다음 위험물 중 물에 가장 잘 녹는 것은?

① 적린　　　　② 황
③ 벤젠　　　　④ 아세톤

---

54 제5류 위험물의 제조소
① 제조소의 표지 및 게시판
　• 규격 : 0.3m 이상×0.6m 이상
　• 색상 : 백색바탕 흑색문자
　• 표지판 기재사항 : 제조소등의 명칭
　• 게시판 기재사항
　　– 위험물의 유별 및 품명
　　– 최대수량, 지정수량의 배수
　　– 안전관리자 성명
② 주의사항 게시판
　• 규격 : 0.3m 이상×0.6m 이상
　• 색상 : 적색바탕 백색문자
　• 주의사항 : 화기엄금

55 과염소산칼륨($KClO_4$) : 물에 잘 녹지 않음

56 메탄올(CH_3OH) : 제4류 중 알코올류
　• 인화점 11℃, 착화점 464℃, 연소범위 7.3~36%
　• 무색투명한 독성이 있는 휘발성이 강한 액체이다.
　• 화재 시 알코올포를 사용한다.

57 과산화칼륨(K_2O_2) : 제1류(산화성 고체, 금수성)
　$2K_2O_2 + 2H_2O \rightarrow 4KOH + O_2 \uparrow$ (발열)

58 아세톤(CH_3COCH_3) : 제4류 제1석유류(수용성)

59 위험물안전관리법령상 위험물의 운반에 관한 기준에 따르면 위험물은 규정에 의한 운반용기에 법령에서 정한 기준에 따라 수납하여 적재하여야 한다. 다음 중 적용 예외의 경우에 해당하는 것은?(단, 지정수량의 2배인 경우이며, 위험물을 동일구내에 있는 제조소등의 상호 간에 운반하기 위하여 적재하는 경우는 제외한다.)

① 덩어리 상태의 유황을 운반하기 위하여 적재하는 경우

② 금속분을 운반하기 위하여 적재하는 경우

③ 삼산화크롬을 운반하기 위하여 적재하는 경우

④ 염소산나트륨을 운반하기 위하여 적재하는 경우

60 위험물안전관리법령상 다음 |보기| 의 (   ) 안에 알맞은 수치는?

┌ 보기 ┤
이동저장탱크로부터 위험물을 저장 또는 취급하는 탱크에 인화점이 (   )℃ 미만인 위험물을 주입할 때에는 이동탱크저장소의 원동기를 정지시킬 것

① 40   ② 50
③ 60   ④ 70

59 위험물은 규정에 의한 운반용기에 기준에 따라 수납하여 적재하여야 한다. 단, 덩어리 상태의 유황을 운반하기 위하여 적재하는 경우 또는 위험물을 동일구내에 있는 제조소등의 상호 간에 운반하기 위하여 적재하는 경우에는 그러하지 아니하다.

60 • 이동저장탱크에 인화점이 40℃ 미만의 위험물을 주입 시 원동기를 정지 시킬 것
• 이동저장탱크에 위험물(휘발유, 등유, 경유)을 교체 주입하고자 할 때 정전기 방지조치를 위해 유속을 $1m/s$ 이하로 할 것

제1과목 | 일반화학

해설·정답 확인하기

01 헥산(C_6H_{14})의 구조이성질체의 수는 몇 개인가?

① 3개   ② 4개
③ 5개   ④ 9개

01 메탄계 탄화수소의 구조이성질체의 수

분자식	C_4H_{10}	C_5H_{12}	C_6H_{14}	C_7H_{16}	C_8H_{18}	C_9H_{20}
이성질체수	2	3	5	9	18	36

※ 이성질체 : 분자식과 같고 구조식이나 시성식이 다른 관계

02 1몰의 질소와 3몰의 수소를 촉매와 같이 용기 속에 밀폐하고 일정한 온도로 유지하였더니 반응물질의 50%가 암모니아로 변하였다. 이때의 압력은 최초 압력의 몇 배가 되는가? (단, 용기의 부피는 변하지 않는다.)

① 0.5배   ② 0.75배
③ 1.25배   ④ 변하지 않는다.

02 • 암모니아 생성반응식

$$N_2 \ + \ 3H_2 \ \rightarrow \ 2NH_3$$

반응 전 : $1mol$: $3mol$ $\rightarrow$ $0mol$
반응 후 : $0.5mol$: $1.5mol$ $\rightarrow$ $1mol$ … 50% 반응

• 압력은 몰수에 비례하므로(몰수비=압력비)

$$\frac{\text{반응 후 몰수}}{\text{반응 전 몰수}} = \frac{0.5+1.5+1}{1+3} = \frac{3}{4} = 0.75\text{배}$$

03 물 450g에 NaOH 80g이 녹아있는 용액에서 NaOH의 몰분율은?(단, Na의 원자량은 23이다.)

① 0.074   ① 0.178
② 0.200   ③ 0.450

03 $$\text{NaOH 몰분율} = \frac{\text{NaOH 몰수}}{H_2O + \text{NaOH 몰수}}$$

$$= \frac{\dfrac{80}{40}}{\dfrac{450}{18} + \dfrac{80}{40}} = \frac{2mol}{25mol + 2mol} = 0.074$$

[H_2O : $18g/mol$, NaOH : $40g/mol$]

04 다음 pH 값에서 알칼리성이 가장 큰 것은?

① pH=1   ② pH=6
③ pH=8   ④ pH=13

04 pH=7은 중성, pH값이 7보다 작을수록 산성이 강하고, pH값이 7보다 클수록 염기성(알칼리성)이 강해진다.
즉, 중성 : pH=7, 산성 : pH<7, 염기성 : pH>7

• $pH + pOH = -\log[H^+][OH^-] = -\log 10^{-14} = 14$
• $pH = -\log[H^+]$, $pOH = -\log[OH^-]$, $pH = 14 - pOH$

05 우유의 pH는 25℃에서 6.4이다. 우유 속의 수소이온농도는?

① 1.98×10^{-7}M
② 2.98×10^{-7}M
③ 3.98×10^{-7}M
④ 4.98×10^{-7}M

05 $[H^+] = 3.98 \times 10^{-7}$M
$pH = -\log[H^+] = -\log[3.98 \times 10^{-7}]$
    $= 7 - \log 3.98 = 6.4$

정답   **01** ③   **02** ②   **03** ①   **04** ④   **05** ③

06 다음 중 기하이성질체가 존재하는 것은?

① C_5H_{12}

② $CH_3CH=CHCH_3$

③ C_3H_7Cl

④ $CH\equiv CH$

07 방사능 붕괴의 형태 중 $^{226}_{88}Ra$이 α 붕괴할 때 생기는 원소는?

① $^{222}_{86}Rn$ ② $^{232}_{90}Th$

③ $^{231}_{91}Pa$ ④ $^{238}_{92}U$

08 $K_2Cr_2O_7$에서 Cr의 산화수를 구하면?

① $+2$ ② $+4$

③ $+6$ ④ $+8$

09 다음 할로겐족 분자 중 수소와의 반응성이 가장 높은 것은?

① Br_2 ② F_2

③ Cl_2 ④ I_2

10 다음 반응식에서 산화된 성분은?

$$MnO_2+4HCl \rightarrow MnCl_2+2H_2O+Cl_2$$

① Mn ② O

③ H ④ Cl

11 다음 물질 중 동소체의 관계가 아닌 것은?

① 흑연과 다이아몬드

② 산소와 오존

③ 수소와 중수소

④ 황린과 적린

---

06 기하이성질체 : 이중결합의 탄소원자에 결합된 원자 또는 원자단의 공간적 위치가 다른 것으로서 시스(cis)형과 트랜스(trans)형의 두 가지를 갖는다.

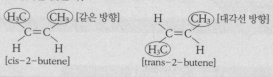

[cis-2-butene] [trans-2-butene]

- 이성질체 : 분자식은 같고 구조식이나 시성식이 다른 관계
- 기하이성질체를 갖는 화합물(cis형, trans형) : 디클로로에틸렌($C_2H_2Cl_2$), 2-부텐($CH_3CH=CHCH_3$) 등

07
- α 붕괴 : 원자번호 88−2=86, 질량수 226−4=222

$$\therefore {}^{226}_{88}Ra \xrightarrow{\alpha} {}^{222}_{86}Rn$$

- 방사성 원소의 붕괴

종류	원자번호	질량수
알파(α) 붕괴	2 감소	4 감소
베타(β) 붕괴	1 증가	변화없음
감마(γ) 붕괴	변화없음	변화없음

08 $K_2Cr_2O_7 = +1\times2+Cr\times2+(-2)\times7=0$, $\therefore Cr=+6$

※ 산화수를 정하는 법
- 단체 및 화합물의 원자의 산화수 총합은 '0'이다.
- 산소의 산화수는 −2이다.(단, 과산화물 : −1, OF_2 : +2)
- 수소의 산화수는 비금속과 결합 : +1, 금속과 결합 : −1이다.
- 금속의 산화수는 알칼리금속(Li, Na, K 등) : +1, 알칼리토금속(Mg, Ca 등) : +2이다.
- 이온과 원자단의 산화수는 그 전하산화수와 같다.

09 할로겐족 분자의 반응활성도 : $F_2>Cl_2>Br_2>I_2$

※ 수소결합이 가장 강한 것 : HF

10

$$\underset{(+4)}{MnO_2}+\underset{(-1)}{4HCl} \rightarrow \underset{(+2)}{MnCl_2}+2H_2O+\underset{(0)}{Cl_2}$$

환원(산화수 감소) / 산화(산화수 증가)

- 산화반응 : 원자가(산화수) 증가
- 환원반응 : 원자가(산화수) 감소

11 동소체 : 한가지 같은 원소로 되어 있으나 서로 성질이 다른 단체

성분원소	동소체	연소생성물
황(S)	사방황, 단사황, 고무상황	이산화황(SO_2)
탄소(C)	다이아몬드, 흑연, 활성탄	이산화탄소(CO_2)
산소(O)	산소(O_2), 오존(O_3)	−
인(P)	황린(P_4), 적린(P)	오산화인(P_2O_5)

※ 동소체 확인방법 : 연소생성물이 같다.

정답 06 ② 07 ① 08 ③ 09 ② 10 ④ 11 ③

12 이상기체상수 R값이 0.082라면 그 단위로 옳은 것은?

① $\dfrac{atm \cdot mol}{L \cdot K}$ ② $\dfrac{mmHg \cdot mol}{L \cdot K}$

③ $\dfrac{atm \cdot L}{mol \cdot K}$ ④ $\dfrac{mmHg \cdot L}{mol \cdot K}$

13 pH＝9인 수산화나트륨 용액 100mL 속에는 나트륨이온이 몇 개 들어 있는가?(단, 아보가드로수는 6.02×10^{23}이다.)

① 6.02×10^{9}개
② 6.02×10^{17}개
③ 6.02×10^{18}개
④ 6.02×10^{21}개

14 다음과 같은 반응에서 평형을 왼쪽으로 이동시킬 수 있는 조건은?

$$A_2(g) + 2B_2(g) \rightleftarrows 2AB_2(g) + 열$$

① 압력감소, 온도감소
② 압력증가, 온도증가
③ 압력감소, 온도증가
④ 압력증가, 온도감소

15 벤젠의 유도체인 TNT의 구조식을 옳게 나타낸 것은?

①
②
③
④

16 20개의 양성자와 20개의 중성자를 가지고 있는 것은?

① Zr ② Ca
③ Ne ④ Zn

---

12 이상기체 상태방정식(1mol의 부피 : 0℃, 1atm에서 22.4l)
PV＝nRT에서,

$$R = \frac{PV}{nT} = \frac{1atm \cdot 22.4l}{1mol \cdot (273+0)K} = 0.082\,atm \cdot l/mol \cdot K$$

13 ① pH＝9의 NaOH농도는 pOH＝14－pH이므로
pOH＝14－9＝5, 즉 10^{-5}N가 된다.
② NaOH → Na^{+}＋OH^{-}
NaOH : 40g(＝1mol＝1g당량＝6.02×10^{23}개)이 전리하면
Na^{+}이온과 OH^{-}이온은 각각 6.02×10^{23}개의 이온으로 전리한다.
③ NV＝g당량에서 [N : 노르말농도, V : 부피(l)]
10^{-5}N×0.1l＝$10^{-6}g$당량이므로 NaOH g/mol로 환산하면
$10^{-6} \times 40g$이 된다.
④ NaOH 40g/mol을 전리하면 Na^{+}이온은 6.02×10^{23}개 전리하므로, 40g : 6.02×10^{23}＝$10^{-6}g$당량×40g : x

$$\therefore\ x = \frac{10^{-6} \times 40 \times 6.02 \times 10^{23}}{40} = 6.02 \times 10^{17}개$$

14 ① 화학평형을 왼쪽으로 이동시키는 조건
• AB_2의 농도 증가 : 농도가 감소하는 쪽으로 이동
• 압력 감소 : 반응물 몰수(3몰)와 생성물의 몰수(2몰)에서 몰수가 많은 쪽으로 이동
• 온도 증가 : 발열반응이므로 흡열반응 쪽으로 이동
② 화학평형을 오른쪽으로 이동시키는 조건
• A_2와 B_2 농도 증가
• 압력 증가
• 온도 감소

15 트리니트로톨루엔[$C_6H_2CH_3(NO_2)_3$, TNT] : 제5류 위험물
• 진한 황산(탈수작용) 촉매하에 톨루엔과 질산을 반응시켜 생성한다.

(톨루엔)　(질산)　　　　　　　(TNT)　　　(물)

16

원소명	$^{91}_{40}Zr$	$^{40}_{20}Ca$	$^{20}_{10}Ne$	$^{65}_{30}Zn$
질량수	91	40	20	65
양성자수	40	20	10	30
중성자수	51	20	10	35

• 질량수＝양성자수＋중성자수
• 원자번호＝전자수＝양성자수

17 다음 화합물 가운데 환원성이 없는 것은?

① 젖당   ② 과당
③ 설탕   ④ 엿당

18 95wt% 황산의 비중은 1.84이다. 이 황산의 몰 농도는 약 얼마인가?

① 8.9   ② 9.4
③ 17.8   ④ 18.8

19 주기율표에서 제2주기에 있는 원소 성질 중 왼쪽에서 오른쪽으로 갈수록 감소하는 것은?

① 원자핵의 전하량
② 원자가 전자의 수
③ 원자 반지름
④ 전자껍질의 수

20 NaOH 1g이 물에 녹아 메스플라스크에서 250mL의 눈금을 나타낼 때 NaOH 수용액의 농도는?

① 0.1N   ② 0.3N
③ 0.5N   ④ 0.7N

제2과목 | 화재예방과 소화방법

21 주된 소화효과가 산소공급원의 차단에 의한 소화가 아닌 것은?

① 포 소화기
② 건조사
③ CO_2 소화기
④ Halon 1211 소화기

22 위험물안전관리법령상 소화설비의 적응성에서 제6류 위험물에 적응성이 있는 소화설비는?

① 옥외소화전설비
② 불활성가스 소화설비
③ 할로겐화합물 소화설비
④ 분말 소화설비(탄산수소염류)

---

17 환원성이 없는 것 : 설탕과 다당류

- 단당류($C_6H_{12}O_6$) : 포도당, 과당, 갈락토오스
- 이당류($C_{12}H_{22}O_{11}$) : 설탕, 맥아당, 젖당
- 다당류($C_6H_{10}O_5)_n$: 녹말, 셀룰로오스, 글리코겐

18 $M농도 = \dfrac{비중(밀도) \times 10 \times \%농도}{분자량} = \dfrac{1.84 \times 10 \times 95}{98} ≒ 17.8M$

$[H_2SO_4(황산) = 1\times2 + 32 + 16\times4 = 98g(분자량)]$

※ $N농도 = \dfrac{비중(밀도) \times 10 \times \%농도}{당량}$

19 같은 제2주기 원소가 왼쪽에서 오른쪽으로 갈수록
- 원자번호가 증가할수록 전자껍질수와 핵 전하량이 증가하고 핵과 전자 사이의 인력이 커지므로 이온화에너지는 증가하여 원자반지름은 작아진다.
- 족수(원자가 전자수)는 증가한다.

20
- NaOH : $40g = 1mol = 1g$당량
- $NV = g$당량 [N : 노르말농도, V : 부피(l)]

$N \times 0.25 = \dfrac{1}{40}g$당량   ∴ $N = 0.1N$

21
- 할론 소화기의 주된 소화효과는 부촉매(억제)효과이다.
- 부촉매효과 : 연소반응이 계속 이어지는 과정에서 연쇄반응을 억제하여 냉각, 질식, 연료제거 등의 작용을 한다.

22 소화설비의 적응성

소화설비의 구분	건축물·그 밖의 공작물	전기설비	알칼리금속과 산화물 등	그 밖의 것	철분·금속분·마그네슘 등	인화성고체	그 밖의 것	금수성물품	그 밖의 것	제4류 위험물	제5류 위험물	제6류 위험물
옥내소화전 또는 옥외소화전설비	○			○		○	○		○		○	○
스프링클러설비	○			○		○	○		○	△	○	○
물분무 소화설비	○	○		○		○	○		○	○	○	○
포 소화설비	○			○		○	○		○	○	○	○
불활성가스 소화설비		○				○				○		
할로겐화합물 소화설비		○				○				○		
인산염류 등	○	○		○		○	○			○		○
탄산수소염류 등		○	○		○	○		○		○		
그 밖의 것			○		○			○				

23 알코올 화재 시 보통의 포 소화약제는 알코올형포 소화약제에 비하여 소화효과가 낮다. 그 이유로서 가장 타당한 것은?

① 소화약제와 섞이지 않아서 연소면을 확대하기 때문에

② 알코올은 포와 반응하여 가연성가스를 발생하기 때문에

③ 알코올이 연료로 사용되어 불꽃의 온도가 올라가기 때문에

④ 수용성 알코올로 인해 포가 파괴되기 때문에

24 고체가연물의 일반적인 연소형태에 해당하지 않는 것은?

① 등심연소　　② 증발연소
③ 분해연소　　④ 표면연소

25 다음 중 소화약제가 아닌 것은?

① CF_3Br　　② $NaHCO_3$
③ C_4F_{10}　　④ N_2H_4

26 메탄올에 대한 설명으로 틀린 것은?

① 무색투명한 액체이다.
② 완전연소하면 CO_2와 H_2O가 생성된다.
③ 비중 값이 물보다 작다.
④ 산화하면 포름산을 거쳐 최종적으로 포름알데히드가 된다.

27 위험물안전관리법령상 제2류 위험물 중 철분의 화재에 적응성이 있는 소화설비는?

① 물분무소화설비
② 포소화설비
③ 탄산수소염류분말소화설비
④ 할로겐화합물소화설비

28 열의 전달에 있어서 열전달면적과 열전도도가 각각 2배로 증가한다면, 다른 조건이 일정한 경우 전도에 의해 전달되는 열의 양은 몇 배가 되는가?

① 0.5배　　② 1배
③ 2배　　④ 4배

---

23 • 알코올용포 소화약제 : 일반포를 수용성 위험물에 방사하면 포약제가 소멸하는 소포성 때문에 사용하지 못한다. 이를 방지하기 위해 특별히 제조된 포약제를 말한다.
　• 알코올용포 사용 위험물(수용성 위험물) : 알코올, 아세톤, 포름산(개미산), 피리딘, 초산 등의 수용성 액체화재 시 사용

24 연소형태
　• 기체연소 : 확산연소, 예혼합연소
　• 액체연소 : 증발연소, 액적연소(분무연소), 분해연소, 등심연소(심화연소)
　• 고체연소 : 표면연소, 분해연소, 증발연소, 내부연소

25 ① CF_3Br : 할론 1301
　② $NaHCO_3$: 제1종 분말소화약제
　③ C_4F_{10} : FC-3-1-10(청정소화약제)
　④ N_2H_4(히드라진) : 제4류 제2석유류

26 메탄올(CH_3OH, 목정) : 제4류의 알코올류
　• 독성이 있는 무색투명한 액체이다.
　• 연소범위 7.3~36%, 인화점 11℃, 착화점 464℃, 비중 0.79, 증기비중 1.1
　• 완전연소 반응식 : $2CH_3OH + 3O_2 \rightarrow 2CO_2 + 4H_2O$
　• 산화 반응식 : $CH_3OH \xrightarrow[(-2H)]{산화} H \cdot CHO \xrightarrow[(+O)]{산화} H \cdot COOH$
　　　　　　　　(메탄올)　　　　(포름알데히드)　　　　(포름산)

27 22번 해설 참조

28 열전달률($kcal/h \cdot m^2 \cdot ℃$)
　$Q = \alpha \cdot F \cdot \Delta t$
　　$= 2 \times 2 \times \Delta t$(일정)
　　$= 4$배

$$\begin{bmatrix} Q : 전도전열량(kcal/h) \\ \alpha : 열전도율(kcal/h \cdot m \cdot ℃) \\ F : 표면적(m^2) \\ \Delta t : 온도차(℃) \end{bmatrix}$$

정답　23 ④　24 ①　25 ④　26 ④　27 ③　28 ④

29 가연물에 대한 일반적인 설명으로 옳지 않은 것은?

① 주기율표에서 0족의 원소는 가연물이 될 수 없다.

② 활성화 에너지가 작을수록 가연물이 되기 쉽다.

③ 산화반응이 완결된 산화물은 가연물이 아니다.

④ 질소는 비활성 기체이므로 질소의 산화물은 존재하지 않는다.

30 제1종 분말 소화약제의 소화효과에 대한 설명으로 가장 거리가 먼 것은?

① 열분해 시 발생하는 이산화탄소와 수증기에 의한 질식효과

② 열분해 시 흡열반응에 의한 냉각효과

③ H^+ 이온에 의한 부촉매 효과

④ 분말 운무에 의한 열방사의 차단효과

31 포 소화설비의 가압송수장치에서 압력수조의 압력 산출 시 필요 없는 것은?

① 낙차의 환산수두압

② 배관의 마찰손실수두압

③ 노즐선의 마찰손실수두압

④ 소방용 호스의 마찰손실수두압

32 위험물제조소등에 설치하는 이동식 불활성가스 소화설비의 소화약제 양은 하나의 노즐마다 몇 kg 이상으로 하여야 하는가?

① $30kg$ ② $50kg$

③ $60kg$ ④ $90kg$

---

29 ① 가연물이 되기 쉬운 조건
   • 산소와 친화력이 클 것
   • 열전도율이 적을 것(열축적이 잘됨)
   • 활성화 에너지가 작을 것
   • 발열량(연소열)이 클 것
   • 표면적이 클 것
   • 연쇄반응을 일으킬 것
   ② 가연물이 될 수 없는 조건
   • 주기율표의 0족 원소 : He, Ne, Ar, Kr, Xe, Rn
   • 질소 또는 질소산화물(NO_x) : 산소와 흡열반응하는 물질
   • 이미 산화반응이 완결된 안정된 산화물 : CO_2, H_2O, Al_2O_3등

30 제1종 분말 소화약제의 소화효과
   $$2NaHCO_3 \rightarrow Na_2CO_3 + CO_2 + H_2O$$
   ① 이산화탄소와 수증기에 의한 산소차단의 질식효과
   ② 이산화탄소와 수증기의 발생 시 흡열반응에 의한 냉각효과
   ③ 나트륨 이온(Na^+)에 의한 부촉매 효과
   ④ 분말 운무에 의한 열방사의 차단효과

31 포 소화설비의 압력수조를 이용하는 가압송수장치
   $$P = P_1 + P_2 + P_3 + P_4$$

   ┌ P : 필요한 압력(단위 : MPa)
   │ P_1 : 고정식 포 방출구의 설계압력 또는 이동식 포 소화설비 노즐방사
   │   압력(단위 : MPa)
   │ P_2 : 배관의 마찰손실수두압(단위 : MPa)
   │ P_3 : 낙차의 환산수두압(단위 : MPa)
   └ P_4 : 이동식 포 소화설비의 소방용 호스의 마찰손실수두압(단위 : MPa)

32 이동식 불활성가스 소화설비 기준
   • 20℃에서 하나의 노즐마다 $90kg/min$ 이상의 소화약제를 방사할 수 있을 것
   • 저장용기의 밸브는 호스의 설치장소에서 수동으로 개폐할 수 있을 것
   • 저장용기는 호스를 설치하는 장소마다 설치할 것
   • 저장용기의 보기 쉬운 장소는 적색등을 설치할 것
   • 소화약제는 이산화탄소로 할 것

정답 29 ④   30 ③   31 ③   32 ④

33 위험물의 취급을 주된 작업내용으로 하는 다음의 장소에 스프링클러설비를 설치할 경우 확보하여야 하는 1분당 방사밀도는 몇 L/m² 이상이어야 하는가?(단, 내화구조의 바닥 및 벽에 의하여 2개의 실로 구획되고, 각 실의 바닥면적은 500m²이다.)

> • 취급하는 위험물 : 제4류 제3석유류
> • 위험물을 취급하는 장소의 바닥면적 : 1,000m²

① 8.1   ② 12.2
③ 13.9   ④ 16.3

34 금속분의 화재 시 주수소화를 할 수 없는 이유는?

① 산소가 발생하기 때문에
② 수소가 발생하기 때문에
③ 질소가 발생하기 때문에
④ 이산화탄소가 발생하기 때문에

35 표준관입시험 및 평판재하시험을 실시하여야 하는 특정 옥외저장탱크의 지반의 범위는 기초의 외측이 지표면과 접하는 선의 범위 내에 있는 지반으로서 지표면으로부터 깊이 몇 m까지로 하는가?

① 10m ② 15m
③ 20m ④ 25m

36 위험물안전관리법령상 옥외소화전설비의 옥외소화전이 3개 설치되었을 경우 수원의 수량은 몇 m³ 이상이 되어야 하는가?

① 7m^3 ② 20.4m^3
③ 40.5m^3 ④ 100m^3

37 위험물안전관리법령에서 정한 다음의 소화설비 중 능력단위가 가장 큰 것은?

① 팽창진주암 160L(삽 1개 포함)
② 수조 80L(소화전용 물통 3개 포함)
③ 마른 모래 50L(삽 1개 포함)
④ 팽창질석 160L(삽 1개 포함)

---

33 제4류 위험물취급 장소에 스프링클러설비를 설치 시 1분당 방사밀도

살수기준 면적(m^2)	방사밀도($l/m^2 \cdot$분)		비고
	인화점 38℃ 미만	인화점 38℃ 이상	
279 미만	16.3 이상	12.2 이상	살수기준면적은 내화구조의 벽 및 바닥으로 구획된 하나의 실의 바닥면적을 말한다. 다만, 하나의 실의 바닥면적이 465m^2 이상인 경우의 살수기준면적은 465m^2로 한다.
279 이상 372 미만	15.5 이상	11.8 이상	
372 이상 465 미만	13.9 이상	9.8 이상	
465 이상	12.2 이상	8.1 이상	

• 제4류 제3석유류 : 인화점이 70℃ 이상 200℃ 미만이므로 38℃ 이상에 해당된다.
• 각 실의 바닥면적이 500m^2이므로 살수기준면적은 465m^2 이상에 해당된다.
∴ 방사밀도 : 8.1$l/m^2 \cdot$분 이상

34 금속분(Al, Zn) : 제2류 위험물
• 금속분은 주수의 의한 소화는 절대 금하고 있다.
• 이유 : 주수소화 시 급격히 발생하는 수증기와 금속분이 분해 반응하여 발생되는 수소(H_2)에 의해 금속의 비산, 폭발현상이 일어나 화재를 확대시키는 위험이 있기 때문이다.

$$2Al + 6H_2O \rightarrow 2Al(OH)_3 + 3H_2 \uparrow$$
$$Zn + 2H_2O \rightarrow Zn(OH)_2 + H_2 \uparrow$$

35 위험물안전관리에 관한 세부기준 제42조 : 표준관입시험 및 평판재하시험에서 특정·옥외저장탱크의 지반의 범위는 규정에 의하여 기초의 외측이 지표면과 접하는 선의 범위 내에 있는 지반으로서 지표면으로부터 깊이 15m까지로 한다.

36 옥외 소화전설비 설치기준

수평 거리	방사량	방사압력	수원의 양(Q : m³)
40m 이하	450(l/min) 이상	350(kPa) 이상	Q=N(소화전 개수 : 최소 2개, 최대 4개)×13.5m^3(450l/min ×30min)

∴ Q=N×13.5m^3=3×13.5m^3=40.5m^3

37 간이소화용구의 능력단위

소화설비	용량	능력단위
소화전용 물통	8l	0.3
수조(소화전용 물통 3개 포함)	80l	1.5
수조(소화전용 물통 6개 포함)	190l	2.5
마른 모래(삽 1개 포함)	50l	0.5
팽창질석 또는 팽창진주암(삽 1개 포함)	160l	1.0

정답 33 ①   34 ②   35 ②   36 ③   37 ②

38 물을 소화약제로 사용하는 이유는?

① 물은 가연물과 화학적으로 결합하기 때문에
② 물은 분해되어 질식성 가스를 방출하므로
③ 물은 기화열이 커서 냉각 능력이 크기 때문에
④ 물은 산화성이 강하기 때문에

39 'Halon 1301'에서 각 숫자가 나타내는 것을 틀리게 표시한 것은?

① 첫째자리 숫자 '1' – 탄소의 수
② 둘째자리 숫자 '3' – 불소의 수
③ 셋째자리 숫자 '0' – 요오드의 수
④ 넷째자리 숫자 '1' – 브롬의 수

40 다음 중 제6류 위험물의 안전한 저장·취급을 위해 주의할 사항으로 가장 타당한 것은?

① 가연물과 접촉시키지 않는다.
② 0℃ 이하에서 보관한다.
③ 공기와의 접촉을 피한다.
④ 분해방지를 위해 금속분을 첨가하여 저장한다.

제3과목 | 위험물의 성질과 취급

41 동식물유류의 일반적인 성질로 옳은 것은?

① 자연발화의 위험은 없지만 점화원에 의해 쉽게 인화한다.
② 대부분 비중 값이 물보다 크다.
③ 인화점이 100℃보다 높은 물질이 많다.
④ 요오드값이 50 이하인 건성유는 자연발화위험이 높다.

42 인화칼슘이 물 또는 염산과 반응하였을 때 공통적으로 생성되는 물질은?

① $CaCl_2$ ② $Ca(OH)_2$
③ PH_3 ④ H_2

---

38 물의 기화잠열이 $539cal/g$으로 매우 커서 냉각작용에 의한 소화효과가 가장 크다.

39 할로겐화합물 소화약제 명명법

Halon   1   3   0   1 [CF₃Br]

탄소(C) 원자수 ┐ │ │ ┌ 브롬(Br) 원자수
불소(F) 원자수 ┘   └ 염소(Cl) 원자수

40 제6류 위험물(산화성액체) : 자신은 불연성이지만 산화성이 매우 크므로 다른 가연물과 접촉 시 발화의 위험성이 있다.

41 제4류 위험물 : 동식물유류란 동물의 지육 또는 식물의 종자나 과육으로부터 추출한 것으로 1기압에서 인화점이 250℃ 미만인 것이다.
• 요오드값 : 유지 100g에 부과되는 요오드의 g수이다.
• 요오드값이 클수록 불포화도가 크다.
• 요오드값이 큰 건성유는 불포화도가 크기 때문에 자연발화가 잘 일어난다.
• 요오드값에 따른 분류
┌ 건성유(130 이상) : 해바라기기름, 동유, 아마인유, 정어리기름, 들기름 등
├ 반건성유(100~130) : 면실유, 참기름, 청어기름, 채종류, 콩기름 등
└ 불건성유(100 이하) : 올리브유, 동백기름, 피마자유, 야자유, 우지, 돈지 등

42 Ca_3P_2(인화칼슘, 인화석회) : 제3류(금수성물질)
• 물과 반응 : $Ca_3P_2+6H_2O \rightarrow 3Ca(OH)_2+2PH_3\uparrow$
• 염산과 반응 : $Ca_3P_2+6HCl \rightarrow 3CaCl_2+2PH_3\uparrow$
※ PH_3(인화수소, 포스핀) : 유독성가스

정답 **38** ③ **39** ③ **40** ① **41** ③ **42** ③

43 위험물안전관리법령에 따른 제4류 위험물 중 제1석유류에 해당하지 않는 것은?

① 등유
② 벤젠
③ 메틸에틸케톤
④ 톨루엔

44 니트로소화합물의 성질에 관한 설명으로 옳은 것은?

① −NO기를 가진 화합물이다.
② 니트로기를 3개 이하로 가진 화합물이다.
③ −NO₂기를 가진 화합물이다.
④ −N＝N−기를 가진 화합물이다.

45 다음 물질 중 증기비중이 가장 작은 것은?

① 이황화탄소
② 아세톤
③ 아세트알데히드
④ 디에틸에테르

46 제4석유류를 저장하는 옥내탱크저장소의 기준으로 옳은 것은?(단, 단층건축물에 탱크전용실을 설치하는 경우이다.)

① 옥내저장탱크의 용량은 지정수량의 40 배 이하일 것
② 탱크전용실은 벽, 기둥, 바닥, 보를 내화구조로 할 것
③ 탱크전용실에는 창을 설치하지 아니할 것
④ 탱크전용실에 펌프설비를 설치하는 경우에는 그 주위에 0.2m 이상의 높이로 턱을 설치할 것

47 위험물제조소의 배출설비의 배출능력은 1시간당 배출장소 용적의 몇 배 이상인 것으로 해야 하는가?(단, 전역방식의 경우는 제외한다.)

① 5배   ② 10배
③ 15배   ④ 20배

---

43 제4류 위험물(인화성액체)

구분	등유	벤젠	메틸에틸케톤	톨루엔
인화점	30~60℃	−11℃	−1℃	4℃
유별	제2석유류	제1석유류	제1석유류	제1석유류

44 ・−NO : 니트로소기
・−NO₂ : 니트로기
・−N＝N− : 아조기

45 ① 이황화탄소($CS_2 = 12 + 32 \times 2 = 76$),   ∴ $\dfrac{74}{29} = 2.62$

② 아세톤($CH_3COCH_3 = 12 + 1 \times 3 + 12 + 16 + 12 + 1 \times 3 = 58$),
　　　∴ $\dfrac{58}{29} = 2$

③ 아세트알데히드($CH_3CHO = 12 + 1 \times 3 + 12 + 1 + 16 = 44$),
　　　∴ $\dfrac{44}{29} = 1.52$

④ 디에틸에테르($C_2H_5OC_2H_5 = 12 \times 2 + 1 \times 5 + 16 + 12 \times 2 + 1 \times 5 = 74$),   ∴ $\dfrac{74}{29} = 2.55$

> 증기비중 = $\dfrac{분자량}{29(공기의\ 평균분자량)}$
>
> ∴ 분자량이 작을수록 증기비중은 작다.

46 옥내탱크저장소 기준(단층건축물에 탱크전용실을 설치하는 경우)
・옥내저장탱크와 탱크전용실의 벽과의 사이 및 옥내저장탱크의 상호 간에는 0.5m 이상 간격을 유지할 것
・옥내저장탱크의 용량은 지정수량의 40배 이하일 것
・탱크전용실은 벽, 기둥 및 바닥을 내화구조로 하고, 보는 불연재료로 할 것
・탱크전용실의 창 및 출입구에는 갑종방화문 또는 을종방화문을 설치하며 유리를 이용할 경우는 망입유리로 할 것
・액상위험물을 사용하는 탱크전용실의 바닥은 위험물이 침투하지 아니하는 구조로 하고, 적당한 경사를 두는 한편, 집유설비를 설치할 것

47 배출능력은 1시간당 배출장소 용적의 20배 이상인 것으로 하여야 한다. 단, 전역방식은 바닥면적 1m² 당 18m³ 이상으로 할 수 있다.

---

48 위험물안전관리법령에서 정한 위험물의 지정수량으로 틀린 것은?

① 적린 : $100kg$

② 황화린 : $100kg$

③ 마그네슘 : $100kg$

④ 금속분 : $500kg$

49 연소생성물로 이산화황이 생성되지 않는 것은?

① 황린   ② 삼황화린

③ 오황화린   ④ 황

50 탄화칼슘이 물과 반응했을 때 반응식을 옳게 나타낸 것은?

① 탄화칼슘＋물 → 수산화칼슘＋수소

② 탄화칼슘＋물 → 수산화칼슘＋아세틸렌

③ 탄화칼슘＋물 → 칼슘＋수소

④ 탄화칼슘＋물 → 칼슘＋아세틸렌

51 적린의 성상에 관한 설명 중 옳은 것은?

① 물과 반응하여 고열을 발생한다.

② 공기 중에 방치하면 자연발화한다.

③ 강산화제와 혼합하면 마찰, 충격에 의해서 발화할 위험이 있다.

④ 이황화탄소, 암모니아 등에 매우 잘 녹는다.

52 벤젠에 대한 설명으로 틀린 것은?

① 물보다 비중값이 작지만, 증기비중값은 공기보다 크다.

② 공명구조를 가지고 있는 포화탄화수소이다.

③ 연소 시 검은 연기가 심하게 발생한다.

④ 겨울철에 응고된 고체상태에서도 인화의 위험이 있다.

---

48 제2류 위험물의 지정수량

성질	위험등급	품명	지정수량
산화성 고체	II	황화린(P_4S_3, P_2S_5, P_4S_7)	100kg
		적린(P)	
		황(S)	
	III	철분(Fe)	500kg
		금속분(Al, Zn)	
		마그네슘(Mg)	
		인화성고체(고형 알코올)	1,000kg

49 ① 황린(P_4) : 제3류(자연발화성물질)

$$P_4 + 5O_2 \rightarrow 2P_2O_5 (오산화인)$$

② 삼황화린(P_4S_3) : 제2류(황화린 화합물)

$$P_4S_3 + 8O_2 \rightarrow 2P_2O_5 + 3SO_2 \uparrow (이산화황)$$

③ 오황화린(P_2S_5) : 제2류(황화린 화합물)

$$2P_2S_5 + 15O_2 \rightarrow 2P_2O_5 + 10SO_2 \uparrow (이산화황)$$

④ 황(S) : 제2류 위험물(산화성고체)

$$S + O_2 \rightarrow SO_2 \uparrow (이산화황)$$

50 탄화칼슘(CaC_2, 카바이트) : 제3류(금수성 물질)

$$CaC_2 + 2H_2O \rightarrow Ca(OH)_2 + C_2H_2 \uparrow$$

(탄화칼슘)   (물)   (수산화칼슘) (아세틸렌)

51 적린(P) : 제2류(가연성 고체)

• 암적색의 무취의 분말로서 황린의 동소체이다.

• 브롬화인(PBr_3)에 녹고, 물, CS_2, 암모니아에는 녹지 않는다.

• 독성이 없고 공기 중 자연발화위험은 없다.

• 강산화제(제1류)와 혼합하면 불안정하여 마찰, 충격에 의해 발화폭발위험이 있다.

• 공기를 차단하고 황린을 260℃로 가열하면 적린이 된다.

$$황린(P_4) \xrightarrow[가열]{260℃} 적린(P)$$

52 벤젠(C_6H_6) : 제4류 제1석유류(인화성액체)

• 무색투명한 방향성을 갖은 액체이다.

• 비중 0.9(증기비중 2.8), 인화점 $-11℃$, 착화점 562℃, 융점 5.5℃, 연소범위 1.4~7.1%

• 공명구조의 π결합을 하고 있는 불포화탄화수소로서 부가반응보다 치환반응이 더 잘 일어난다.

정답   48 ③   49 ①   50 ②   51 ③   52 ②

53 외부의 산소공급이 없어도 연소하는 물질이 아닌 것은?

① 알루미늄의 탄화물
② 과산화벤조일
③ 유기과산화물
④ 질산에스테르

54 다음 중 물과 반응하여 산소를 발생하는 것은?

① $KClO_3$ ② Na_2O_2
③ $KClO_4$ ④ CaC_2

55 제1류 위험물에 관한 설명으로 틀린 것은?

① 조해성이 있는 물질이 있다.
② 물보다 비중이 큰 물질이 많다.
③ 대부분 산소를 포함하는 무기화합물이다.
④ 분해하여 방출된 산소에 의해 자체연소한다.

56 질산나트륨 90kg, 유황 70kg, 클로로벤젠 2,000L, 각각의 지정수량의 배수의 총합은?

① 2   ② 3
③ 4   ④ 5

57 위험물 지하탱크저장소의 탱크전용실 설치 기준으로 틀린 것은?

① 철근콘크리트 구조의 벽은 두께 $0.3m$ 이상으로 한다.
② 지하저장탱크와 탱크전용실의 안쪽과의 사이는 $50cm$ 이상의 간격을 유지한다.
③ 철근콘크리트 구조의 바닥은 두께 $0.3m$ 이상으로 한다.
④ 벽, 바닥 등에 적정한 방수 조치를 강구한다.

53 • 알루미늄의 탄화물 : 제3류(금수성)
• 과산화벤조일, 유기과산화물, 질산에스테르 등의 제5류(자기반응성물질)는 자체 내에 산소를 함유하고 있으므로 가열, 마찰, 충격에 의해 폭발위험이 있다.

54 Na_2O_2(과산화나트륨) : 제1류(무기과산화물, 금수성)
• 주수소화는 절대 금하고 건조사로 피복소화한다.

$$2Na_2O_2 + 2H_2O \rightarrow 4NaOH + O_2\uparrow (산소)$$

※ 무기과산화물＋물 → 산소 발생
무기과산화물＋산 → 과산화수소 생성

55 제1류 위험물은 대부분 산소를 포함하고 있는 강산화제이며 분해 시 산소를 방출하며 자체는 불연성이다.

56 • 질산나트륨($NaNO_3$) : 제1류(질산염류), 지정수량 $300kg$
• 유황(S) : 제2류, 지정수량 $100kg$
• 클로로벤젠(C_6H_5Cl) : 제4류 제2석유류, 지정수량 $1,000l$
∴ 지정수량의 배수

$$= \frac{A품목\ 저장수량}{A품목\ 지정수량} + \frac{B품목\ 저장수량}{B품목\ 지정수량} + \cdots$$

$$= \frac{90}{300} + \frac{70}{100} + \frac{2,000}{1,000} = 3배$$

57 지하탱크저장소의 기준
① 탱크전용실은 지하의 가장 가까운 벽, 피트, 가스관 등의 시설물 및 대지경계선으로부터 $0.1m$ 이상 떨어진 곳에 설치하고, 지하 저장탱크와 탱크전용실의 안쪽과의 사이는 $0.1m$ 이상의 간격을 유지하도록 하며, 해당 탱크의 주위에 마른모래 또는 입자지름 $5mm$ 이하의 마른 자갈분을 채워야 한다.
② 지하저장탱크의 윗부분은 지면으로부터 $0.6m$ 이상 아래에 있어야 한다.
③ 지하저장탱크를 2 이상 인접해 설치하는 경우에는 그 상호 간에 $1m$(해당 2 이상의 지하저장탱크의 용량의 합계가 지정수량의 100배 이하 : $0.5m$) 이상의 간격을 유지하여야 한다.
④ 지하저장탱크의 재질은 두께 $3.2mm$ 이상의 강철판으로 할 것
⑤ 탱크전용실의 구조(철근콘크리트구조)
• 벽, 바닥, 뚜껑의 두께 : $0.3m$ 이상
• 벽, 바닥 및 뚜껑의 재료에 수밀콘크리트를 혼입하거나 벽, 바닥 및 뚜껑의 중간에 아스팔트 층을 만드는 방법으로 적정한 방수조치를 할 것

정답 53 ① 54 ② 55 ④ 56 ② 57 ②

58 다음 중 인화점이 가장 낮은 것은?

① 실린더유 　　② 가솔린
③ 벤젠 　　④ 메틸알코올

58 제4류 위험물의 인화점

구분	실린더유	가솔린	벤젠	메틸알코올
인화점	250℃	−43~−20℃	−11℃	11℃
유별	제4석유류	제1석유류	제1석유류	알코올류

59 위험물안전관리법령상 과산화수소가 제6류 위험물에 해당하는 농도 기준으로 옳은 것은?

① 36wt% 이상
② 36vol% 이상
③ 1.49wt% 이상
④ 1.49vol% 이상

59 과산화수소(H_2O_2) : 제6류(산화성액체)
• 36중량% 이상만 위험물에 적용된다.
• 알칼리용액에서는 급격히 분해되나 약산성에서는 분해가 잘 안 된다. 그러므로, 직사광선을 피하고 분해방지제(안정제)로 인산(H_3PO_4), 요산($C_5H_4N_4O_3$)을 가한다.
• 분해 시 발생되는 산소(O_2)를 방출하기 위해 저장용기의 마개에는 작은 구멍이 있는 것을 사용한다.

60 운반할 때 빗물의 침투를 방지하기 위하여 방수성이 있는 피복으로 덮어야 하는 위험물은?

① TNT
② 이황화탄소
③ 과염소산
④ 마그네슘

60 위험물 적재운반 시 조치해야 할 위험물

차광성의 덮개를 해야 하는 것	방수성의 피복으로 덮어야 하는 것
• 제1류 위험물 • 제3류 위험물 중 자연발화성물질 • 제4류 위험물 중 특수인화물 • 제5류 위험물 • 제6류 위험물	• 제1류 위험물 중 알칼리금속의 과산화물 • 제2류 위험물 중 철분, 금속분, 마그네슘 • 제3류 위험물 중 금수성물질

> **참고** 위험물 적재 운반시 차광성 및 방수성피복을 전부 해야 할 위험물
> • 제1류 위험물 중 알칼리금속의 과산화물
>   예 K_2O_2, Na_2O_2
> • 제3류 위험물 중 자연발화성 및 금수성 물질
>   예 K, Na, R−Al, R−Li

정답 58 ② 　 59 ① 　 60 ④

제1과목 | 일반화학

01 기체상태의 염화수소는 어떤 화학결합으로 이루어진 화합물인가?

① 극성공유결합
② 이온결합
③ 비극성공유결합
④ 배위공유결합

02 20%의 소금물을 전기분해하여 수산화나트륨 1몰을 얻는 데는 1A의 전류를 몇 시간 통해야 하는가?

① 13.4
② 26.8
③ 53.6
④ 104.2

03 다음 반응식은 산화-환원 반응이다. 산화된 원자와 환원된 원자의 순서대로 옳게 표현한 것은?

$$3Cu + 8HNO_3 \longrightarrow \\ 3Cu(NO_3)_2 + 2NO + 4H_2O$$

① Cu, N
② N, H
③ O, Cu
④ N, Cu

---

01 화학결합
- 이온결합＝금속(NH_4^+)＋비금속

  예 NaCl, $CaCl_2$, Na_2SO_4, NH_4Cl, Al_2O_3, MgO 등
- 공유결합＝비금속＋비금속

  예 H_2, Cl_2, H_2O, NH_3, CO_2, CH_4, C_6H_6 등의 유기화합물

  ┌ 극성공유결합 : 서로 다른 비금속원자들이 공유결합시 전기
  │ 음성도가 큰쪽의 원자로 치우쳐 결합하는 것

  예 HF, HCl, H_2O, NH_3, CO 등
  └ 비극성공유결합 : 전기음성도가 서로 같은 비금속원자들끼리
     결합 또는 서로 대칭을 이루는 쌍극자 모멘트가 "0"인 결합

  예 H_2, O_2, N_2, F_2, Cl_2, CO_2, CH_4 등
- 배위결합 : 공유전자쌍을 한 쪽의 원자에서만 일방적으로 제공하는 형식

  예 NH_4^+, SO_4^{2+} 등

02 ① 소금물 전기분해 방정식
$$2NaCl + 2H_2O \rightarrow \underset{(-)극}{2NaOH} + \underset{(+)극}{H_2} + Cl_2$$

② NaOH의 당량＝$\dfrac{분자량}{[OH^-]수}=\dfrac{40}{1}=40g=1g$당량＝$1mol$

- NaOH의 $1mol$＝$1g$당량이므로 전기량 1F＝96500C을 통하면 된다.

③ 96500C＝1A×96500sec를 통해야 하므로

$$\therefore \frac{96500sec}{3600sec/hr}=26.8hr(시간)$$

03 ① 산화 : 원자가 증가, 환원 : 원자가 감소
② 반응식

원자가 증가(산화)
$$\underset{0}{3Cu} + \underset{+5}{8HNO_3} \rightarrow \underset{+2}{3Cu(NO_3)_2} + \underset{+2}{2NO} + 4H_2O$$
원자가 감소(환원)

- Cu의 단체의 산화수 : 0
- HNO_3에서 N의 산화수 : $+1+N+(-2×3)=0$, N＝$+5$
- $Cu(NO_3)_2$에서 Cu의 산화수 : $Cu+(-1)×2=0$, Cu＝$+2$ (NO_3^- : 질산기(원자단)의 산화수 : -1)
- NO에서 N의 산화수 : $N+(-2)=0$, N＝$+2$

정답 01 ① 02 ② 03 ①

04 메틸알코올과 에틸알코올이 각각 다른 시험관에 들어있다. 이 두 가지를 구별할 수 있는 실험 방법은?

① 금속 나트륨을 넣어본다.
② 환원시켜 생성물을 비교하여 본다.
③ KOH와 I_2의 혼합 용액을 넣고 가열하여 본다.
④ 산화시켜 나온 물질에 은거울 반응시켜 본다.

05 다음 중 벤젠 고리를 함유하고 있는 것은?

① 아세틸렌
② 아세톤
③ 메탄
④ 아닐린

06 분자식이 같으면서도 구조가 다른 유기화합물을 무엇이라고 하는가?

① 이성질체
② 동소체
③ 동위원소
④ 방향족화합물

07 다음 중 수용액의 pH가 가장 작은 것은?

① 0.01N HCl
② 0.1N HCl
③ 0.01N CH_3COOH
④ 0.1N NaOH

04 • 요오드포름 반응하는 물질

$$\begin{bmatrix} C_2H_5OH(에틸알코올) \\ CH_3CHO(아세트알데히드) \\ CH_3COCH_3(아세톤) \end{bmatrix}$$

$$+ \boxed{KOH + I_2} \xrightarrow[\Delta]{가열} CHI_3 \downarrow (요오드포름 : 노란색 침전)$$

※ CH_3OH(메틸알코올)은 요오드포름 반응을 하지 않음

05 ① 아세틸렌(C_2H_2)   ② 아세톤(CH_3COCH_3)
③ 메탄(CH_4)   ④ 아닐린($C_6H_5NH_2$, ⬡$-NH_2$)

06 ① 이성질체 : 분자식은 같고 구조식이나 시성식이 다른 화합물

구분	분자식	시성식	구조식
에틸알코올	C_2H_6O	C_2H_5OH	H–C–C–O–H (구조식)
디메틸에테르	C_2H_6O	CH_3OCH_3	H–C–O–C–H (구조식)

② 동소체 : 한 가지 원소로 되어 있으나 서로 성질이 다른 화합물
 • 동소체를 가지는 물질 : 황(S), 탄소(C), 산소(O), 인(P)
③ 동위원소 : 원자번호는 같고 질량수가 다른 것
 • H_1^1 H_2^1 H_3^1, Cl_{35}^{17} Cl_{37}^{17}
④ 방향족 화합물 : 고리모양의 화합물 중 벤젠핵을 가지고 있는 벤젠의 유도체

07

> • $pH = -\log[H^+]$
> • $pOH = -\log[OH^-]$
> • $pH = 14 - \log[OH^-]$

① 0.01N–HCl : $[H^+] = 0.01N = 10^{-2}N$
 $pH = -\log[H^+] = -\log[10^{-2}]$ ∴ $pH = 2$
② 0.1N–HCl : $[H^+] = 0.1N = 10^{-1}N$
 $pH = -\log[H^+] = -\log[10^{-1}]$ ∴ $pH = 1$
③ 0.01N–CH_3COOH : $[H^+] = 0.01N = 10^{-2}N$
 $pH = -\log[H^+] = -\log[10^{-2}]$ ∴ $pH = 2$
④ 0.1N–NaOH : $[OH^-] = 0.1N = 10^{-1}N$
 $pOH = -\log[OH^-] = -\log[10^{-1}] = 1$
 ∴ $pH = 14 - pOH = 14 - 1 = 13$

정답   **04** ③   **05** ④   **06** ①   **07** ②

08 물 500g 중에 설탕($C_{12}H_{22}O_{11}$) 171g이 녹아 있는 설탕물의 몰랄농도(m)는?

① 2.0
② 1.5
③ 1.0
④ 0.5

09 다음 중 불균일 혼합물은 어느 것인가?

① 공기
② 소금물
③ 화강암
④ 사이다

10 다음은 원소의 원자번호와 원소기호를 표시한 것이다. 전이원소만으로 나열된 것은?

① $_{20}Ca$, $_{21}Sc$, $_{22}Ti$
② $_{21}Sc$, $_{22}Ti$, $_{29}Cu$
③ $_{26}Fe$, $_{30}Zn$, $_{38}Sr$
④ $_{21}Sc$, $_{22}Ti$, $_{38}Sr$

11 다음 중 동소체 관계가 아닌 것은?

① 적린과 황린
② 산소와 오존
③ 물과 과산화수소
④ 다이아몬드와 흑연

12 다음 중 반응이 정반응으로 진행되는 것은?

① $Pb^{2+} + Zn \rightarrow Zn^{2+} + Pb$
② $I_2 + 2Cl^- \rightarrow 2I^- + Cl_2$
③ $2Fe^{3+} + 2Cu \rightarrow 3Cu^{2+} + 2Fe$
④ $Mg^{2+} + Zn \rightarrow Zn^{2+} + Mg$

---

08 • 몰랄농도(m) : 용매 $1000g(1kg)$ 속에 녹아 있는 용질의 몰(mol) 수
• 설탕($C_{12}H_{22}O_{11}$)의 분자량 : $12 \times 12 + 1 \times 22 + 16 \times 11$
$$= 342g(1mol)$$

   (물)   (용질)
   $500g$: $171g$
   1000 : x

$$x = \frac{1000 \times 171}{500} = 342g(1mol)$$

∴ 물 $1000g$에 $342g(1mol)$이 녹아 있으므로 1몰랄농도가 된다.

09 혼합물
• 균일혼합물 : 두 가지 이상의 순수한 물질의 성분들이 고르게 섞여 이루어진 혼합물
　⑩ 소금물, 공기, 사이다, 설탕물 등
• 불균일 혼합물 : 여러가지 성분들의 조성이 용액 전체에 고르지 않게 섞여 이루어진 혼합물
　⑩ 화강암, 흙탕물, 우유, 콘크리트 등

10 전이원소(천이원소) : 원자의 전자배치에서 s오비탈을 채우고 난 다음 제일 바깥껍질부분의 d오비탈에 채워지는 원소(전부 금속원소임)
• $_{21}Sc$: $1s^2 2s^2 2p^6 3s^2 3p^6 4s^2 3d^1$
• $_{22}Ti$: $1s^2 2s^2 2p^6 3s^2 3p^6 4s^2 3d^2$
• $_{29}Cu$: $1s^2 2s^2 2p^6 3s^2 3p^6 4s^2 3d^9$
※ 전형원소 : 제일바깥부분의 전자배치가 s나 p오비탈에 채워지는 원소

11 동소체 : 한 가지 같은 원소로 되어 있으나 서로 성질이 다른 단체

성분원소	동소체	연소생성물
황(S)	사방황, 단사황, 고무상황	이산화황(SO_2)
탄소(C)	다이아몬드, 흑연, 활성탄	이산화탄소(CO_2)
산소(O)	산소(O_2), 오존(O_3)	—
인(P)	적린(P), 황린(P_4)	오산화인(P_2O_5)

※ 동소체 확인방법 : 연소 시 생성물이 동일하다.

12 • 금속의 이온화경향이 큰 금속일수록 반응 후 전자를 잃고 양이온 (＋)으로 된다.(이온화경향 : Zn > Pb)
$$Pb^{2+} + Zn \rightarrow Zn^{2+} + Pb$$

```
※ 금속의 이온화 경향
크다 ←――――― 반응성 ―――――→ 작다
K  Ca Na Mg Al Zn Fe Ni Sn Pb (H) Cu Hg Ag Pt Au
(카 카 나 마) (알 아 철 니)(주 납 수 구) (수 은 백 금)
```

• 전기음성도가 큰 비금속일수록 반응후 전자를 받아 음이온(－)으로 된다.(전기음성도 : Cl > I)

정답 　08 ③　09 ③　10 ②　11 ③　12 ①

13 물이 브뢴스테드 산으로 작용한 것은?

① $HCl + H_2O \rightleftharpoons H_3O^+ + Cl^-$

② $HCOOH + H_2O \rightleftharpoons HCOO^- + H_3O^+$

③ $NH_3 + H_2O \rightleftharpoons NH_4^+ + OH^-$

④ $3Fe + 4H_2O \rightleftharpoons Fe_3O_4 + 4H_2$

14 수산화칼륨에 염소가스를 흡수시켜 만드는 물질은?

① 표백분

② 수소화칼슘

③ 염화수소

④ 과산화칼슘

15 질산칼륨 수용액 속에 소량의 염화나트륨이 불순물로 포함되어 있다. 용해도 차이를 이용하여 이 불순물을 제거하는 방법으로 가장 적당한 것은?

① 증류

② 막분리

③ 재결정

④ 전기분해

16 할로겐화 수소의 결합에너지 크기를 비교하였을 때 옳게 표시된 것은?

① $HI > HBr > HCl > HF$

② $HBr > HI > HF > HCl$

③ $HF > HCl > HBr > HI$

④ $HCl > HBr > HF > HI$

17 용매분자들이 반투막을 통해서 순수한 용매나 묽은 용액으로부터 좀 더 농도가 높은 용액쪽으로 이동하는 알짜이동을 무엇이라 하는가?

① 총괄이동

② 등방성

③ 국부이동

④ 삼투

$$2I^- + Cl_2 \rightarrow I_2 + 2Cl^-$$

> ※ 전기음성도
>
> 大 ←──── 전기음성도 ────→ 小
>
> $F > O > N > Cl > Br > C > S > I > H > P$

13 브뢴스테드의 산·염기 정의
- 산 : 양성자(H^+)를 내놓는 분자나 이온
- 염기 : 양성자(H^+)를 받아들이는 분자나 이온

$$\underset{(\text{염기})}{NH_3} + \underset{(\text{산})}{H_2O} \rightleftharpoons \underset{(\text{산})}{NH_4^+} + \underset{(\text{염기})}{OH^-}$$

14 표백분($CaOCl_2$, 클로로칼키)
- $\underset{(\text{수산화칼슘})}{Ca(OH)_2} + \underset{(\text{염소})}{Cl_2} \rightarrow \underset{(\text{표백분})}{CaOCl_2} + \underset{(\text{물})}{H_2O}$
- 강한 산화력이 있어 표백·살균작용을 한다.

15 재결정 : 고체혼합물의 분리하는 방법 중 하나로 용해도가 큰 결정 속에 용해도가 작은 결정이 섞여 있을 때 용해도의 차이를 이용하여 분리 정제하는 방법

16 할로겐화 수소의 일반적 성질
- 모두 상온에서 무색의 자극성 냄새를 가진 기체이다.
- 끓는점 : $HF > HI > HBr > HCl$ (HF는 수소결합 때문에 bp가 높다)
- 산성 : $HI > HBr > HCl > HF$ (HF는 약한 산성)
- 결합력 : $HF > HCl > HBr > HI$
  (산화력의 세기 : $F > Cl > Br > I$)

17
- 반투막 : 셀로판이나 방광막은 용매의 분자나 이온을 통과시키지만 큰 분자의 용질은 통과시키지 못하는 막
- 삼투현상 : 반투막을 사이에 두고 물과 설탕물을 넣어주면 양쪽의 농도가 같게 하려는 성질 때문에 물이 설탕물쪽으로 들어가게 되는데 이와 같은 현상을 삼투현상이라고 한다.
- 삼투압 : 물이 설탕물 쪽으로 들어가는 힘
  예 삼투 : 배추를 소금에 절이면 물이 빠져나오는 현상

정답 13 ③ 14 ① 15 ③ 16 ③ 17 ④

18 다음 반응식을 이용하여 구한 $SO_2(g)$의 몰 생성열은?

$$S(s) + 1.5O_2(g) \rightarrow SO_3(g)$$
$$\Delta H^0 = -94.5kcal$$
$$2SO_2(s) + O_2(g) \rightarrow 2SO_3(g)$$
$$\Delta H^0 = -47kcal$$

① $-71kcal$
② $-47.5kcal$
③ $71kcal$
④ $47.5kcal$

19 27℃에서 부피가 2L인 고무풍선 속의 수소 기체 압력이 1.23atm이다. 이 풍선속에 몇 mole의 수소기체가 들어 있는가? (단, 이상 기체라고 가정한다.)

① 0.01
② 0.05
③ 0.10
④ 0.25

20 20℃에서 600mL의 부피를 차지하고 있는 기체를 압력의 변화 없이 온도를 40℃로 변화시키면 부피는 얼마로 변하겠는가?

① $300ml$
② $641ml$
③ $836ml$
④ $1200ml$

제2과목 | 화재예방과 소화방법

21 클로로벤젠 300000L의 소요단위는 얼마인가?

① 20
② 30
③ 200
④ 300

---

18 1. 생성열 : 그 물질 1몰이 성분원소의 단체(홑원소)로부터 생성될 때 방출 또는 흡수되는 열
2. SO_2의 생성열 : $S + O_2 \rightarrow SO_2$, $\Delta H^\circ = ?$

$$\left[\begin{array}{l} \text{발열반응} : Q = \oplus, \Delta H^\circ = \ominus \\ \text{흡열반응} : Q = \ominus, \Delta H^\circ = \oplus \end{array}\right]$$

• $S + 1.5O_2 \rightarrow SO_3$ $\Delta H^\circ = -94.5kcal$ ··· ①
• $2SO_2 + O_2 \rightarrow 2SO_3$ $\Delta H^\circ = -47kcal$ ··· ②

여기서 ①×2하여 ①′식이라고 하면, ①′식에서 ②식을 ⊖해준다.

$$\begin{array}{l} \quad 2S + 3O_2 \rightarrow 2SO_3 \ \Delta H^\circ = -94.5 \times 2 \cdots ①' \\ - \underline{\big) \ 2SO_2 + O_2 \rightarrow 2SO_3 \ \Delta H^\circ = -47 \cdots ②} \\ \quad 2S - 2SO_2 + 2O_2 \rightarrow \quad \Delta H^\circ = -142kcal \end{array}$$

$2S + 2O_2 \rightarrow 2SO_2$ $\Delta H^\circ = -142kcal$ 이 식을 ÷2하면

∴ $S + O_2 \rightarrow SO_2$, $\Delta H^\circ = -71kcal$

19 이상기체 상태방정식

$$PV = nRT = \frac{W}{M}RT \text{에서,}$$

$$\left[\begin{array}{ll} P : \text{압력}(atm) & V : \text{부피}(l) \\ n : \text{몰수}\left(\frac{W}{M}\right) & M : \text{분자량} \\ W : \text{질량}(g) & T : \text{절대온도}(273 + ℃)K \\ R : \text{기체상수}(0.082atm \cdot l/mol \cdot K) \end{array}\right]$$

$$n = \frac{PV}{RT} = \frac{1.23 \times 2}{0.082 \times (273 + 27)} = 0.1mol$$

20 샤를의 법칙 : 일정한 압력하에서 기체의 부피는 절대온도에 비례한다.

$$\frac{V}{T} = \frac{V'}{T'} \text{에서,}$$

$$\left[\begin{array}{l} V : \text{반응전의 부피} \\ T : \text{반응전의 절대온도}(273 + ℃)K \\ V' : \text{반응후의 부피} \\ T' : \text{반응후의 절대온도}(273 + ℃)K \end{array}\right]$$

$$V' = \frac{VT'}{T}$$

$$= \frac{600 \times (273 + 40)}{(273 + 20)}$$

$$\fallingdotseq 641ml$$

21 • 클로로벤젠(C_6H_5Cl) : 제4류 제2석유류, 비수용성, 지정수량 $1000l$
• 위험물의 1소요단위 : 지정수량의 10배

∴ 소요단위 = $\frac{\text{저장수량}}{\text{지정수량} \times 10} = \frac{300000}{1000 \times 10} = 30$

22 가연성 물질이 공기 중에서 연소할 때의 연소 형태에 대한 설명으로 틀린 것은?

① 공기와 접촉하는 표면에서 연소가 일어나는 것을 표면연소라 한다.

② 유황의 연소는 표면연소이다.

③ 산소공급원을 가진 물질 자체가 연소하는 것을 자기연소라 한다.

④ TNT의 연소는 자기연소이다.

23 할로겐화합물 소화약제가 전기화재에 사용될 수 있는 이유에 대한 다음 설명 중 가장 적합한 것은?

① 전기적으로 부도체이다.

② 액체의 유동성이 좋다.

③ 탄산가스와 반응하여 포스겐가스를 만든다.

④ 증기의 비중이 공기보다 작다.

24 소화약제로서 물이 갖는 특성에 대한 설명으로 옳지 않은 것은?

① 유화효과(Emulsification)도 기대할 수 있다.

② 증발잠열이 커서 기화 시 다량의 열을 제거한다.

③ 기화팽창률이 커서 질식효과가 있다.

④ 용융잠열이 커서 주수 시 냉각효과가 뛰어나다.

25 위험물안전관리법령상 정전기를 유효하게 제거하기 위해서는 공기 중의 상대습도는 몇 % 이상 되게 하여야 하는가?

① 40%　　　　② 50%

③ 60%　　　　④ 70%

26 벤젠과 톨루엔의 공통점이 아닌 것은?

① 물에 녹지 않는다.

② 냄새가 없다.

③ 휘발성 액체이다.

④ 증기는 공기보다 무겁다.

---

22 연소의 형태
- 표면연소 : 숯, 코크스, 목탄, 금속분(Zn, Al 등)
- 증발연소 : 파라핀, 황, 나프탈렌, 휘발유, 등유 등의 제4류 위험물
- 분해연소 : 목탄, 종이, 플라스틱, 목재, 중유 등
- 자기연소(내부연소) : 셀룰로이드, 니트로셀룰로오스 등 제5류 위험물
- 확산연소 : 수소, LPG, LNG 등 가연성 기체

23 1. 할로겐화합물 소화약제의 특징
- 전기의 부도체로서 분해변질이 없다.
- 금속에 대한 부식성이 적다.
- 연소의 억제작용으로 부촉매 소화효과가 뛰어나다.
- 가연성 액체화재에 대하여 소화속도가 매우 빠르다.
- 다른 소화약제에 비해 가격이 비싸다.(단점)

2. 할로겐화합물 소화약제의 구비조건
- 비점이 낮고 기화가 쉬울 것
- 비중은 공기보다 무겁고 불연성일 것
- 증발 잔유물이 없고 증발 잠열이 클 것
- 전기화재에 적응성이 있을 것

24 물소화약제의 주소화 효과 : 물의 기화열 및 비열이 큰 것을 이용하여 가연성 물질을 발화점 이하로 냉각시키는 효과이다.
(물의 기화열 : $539 kcal/kg$, 물의 비열 : $1 kcal/kg \cdot ℃$)

25 정전기방지법
- 접지할 것
- 공기를 이온화할 것
- 상대습도를 70% 이상으로 할 것
- 제진기를 설치할 것
- 유속을 1m/s 이하로 유지할 것

26 벤젠(C_6H_6), 톨루엔($C_6H_5CH_3$) : 제4류 제1석유류, 비수용성
1. 벤젠(C_6H_6)
- 무색 투명한 방향성 냄새를 가진 휘발성이 강한 액체이다.
- 인화점 $-11℃$, 발화점 562℃, 융점 5.5℃, 연소범위 1.4~7.1%
- 증기는 공기보다 무겁고 마취성, 독성이 강하다.

$$증기비중 = \frac{분자량}{공기의 평균 분자량} = \frac{78}{29} ≒ 2.7$$

- 물이 녹지 않고 알코올, 에테르, 아세톤 등에 잘 녹는다.

2. 톨루엔($C_6H_5CH_3$)
- 무색 투명한 액체로서 특유한 냄새가 나며 마취성, 독성이 있다.
- 인화점 4℃, 발화점 552℃, 증기비중 3.2(공기보다 무겁다)

$$증기비중 = \frac{분자량}{29} = \frac{92}{29} ≒ 3.2$$

- 물에 녹지 않고 유기용매에 잘녹는다.

27 제6류 위험물인 질산에 대한 설명으로 틀린 것은?

① 강산이다.
② 물과 접촉시 발열한다.
③ 불연성 물질이다.
④ 열분해시 수소를 발생한다.

28 제1종 분말소화약제가 1차 열분해되어 표준상태를 기준으로 2m³의 탄산가스가 생성되었다. 몇 kg의 탄산수소나트륨이 사용되었는가? (단, 나트륨의 원자량은 23이다.)

① 15
② 18.75
③ 56.25
④ 75

29 다음 A~D 중 분말소화약제로만 나타낸 것은?

A. 탄산수소나트륨
B. 탄산수소칼륨
C. 황산구리
D. 제1인산암모늄

① A, B, C, D   ② A, D
③ A, B, C   ④ A, B, D

30 이산화탄소소화설비의 소화약제 방출방식 중 전역방출방식 소화설비에 대한 설명으로 옳은 것은?

① 발화위험 및 연소위험이 적고 광대한 실내에서 특정장치나 기계만을 방호하는 방식
② 일정 방호구역 전체에 방출하는 경우 해당 부분의 구획을 밀폐하여 불연성가스를 방출하는 방식
③ 일반적으로 개방되어 있는 대상물에 대하여 설치하는 방식
④ 사람이 용이하게 소화활동을 할 수 있는 장소에서는 호스를 연장하여 소화활동을 행하는 방식

---

27 질산(HNO_3) : 제6류(산화성 액체)
- 무색의 부식성·흡습성이 강한 산성으로 발연성·불연성 액체이다.
- 진한질산은 물과 접촉시 심하게 발열하고 직사광선 및 가열 분해 시 NO_2(적갈색)기체를 발생한다. (갈색병 보관)

$$4HNO_3 \rightarrow 2H_2O + 4NO_2\uparrow + O_2\uparrow$$

- 위험물 적용범위 : 비중이 1.49 이상인 것

28 제1종 분말소화약제($NaHCO_3$) 열분해 반응식

$$2NaHCO_3 \rightarrow Na_2CO + CO_2 + H_2O$$

$$2 \times 84kg \quad : \quad 22.4m^3 \quad \cdots\cdots 표준상태(0℃, 1atm)$$
$$x \quad : \quad 2m^3$$

$$x = \frac{2 \times 84 \times 2}{22.4} = 15kg(NaHCO_3)$$

29 분말소화약제

종류	주성분	화학식	색상	적용화재	열분해 반응식
제1종	탄산수소나트륨 (중탄산나트륨)	$NaHCO_3$	백색	B, C급	$2NaHCO_3$ $\rightarrow Na_2CO_3 + CO_2 + H_2O$
제2종	탄산수소칼륨 (중탄산칼륨)	$KHCO_3$	담자 (회)색	B, C급	$2KHCO_3$ $\rightarrow K_2CO_3 + CO_2 + H_2O$
제3종	제1인산암모늄	$NH_4H_2PO_4$	담홍색	A, B, C급	$NH_4H_2PO_4$ $\rightarrow HPO_3 + NH_3 + H_2O$
제4종	탄산수소칼륨 + 요소	$2KHCO_3 + CO(NH_2)_2$	회색	B, C급	$2KHCO_3 + (NH_2)_2CO$ $\rightarrow K_2CO_3 + 2NH_3 + 2CO_2$

※ 분말소화약제 소화효과 : 1종 < 2종 < 3종 < 4종

30
- 전역방출방식 : 실내나 밀폐된 구역에 가연물이 있을 경우 노즐을 장치하여 CO_2 소화약제를 방사시켜 산소함유률을 떨어뜨려서 질식 및 냉각효과로 소화하는 방식
- 국부방출방식 : 주위에 벽이 없거나 큰 개구부가 있을 경우 구획된 일부분을 대상으로 하여 방화대상물을 국부적으로 노즐을 장치하여 CO_2 소화약제로 피복되도록 소화하는 방식

31 알루미늄분의 연소 시 주수소화하면 위험한 이유를 옳게 설명한 것은?

① 물에 녹아 산이 된다.
② 물과 반응하여 유독가스가 발생한다.
③ 물과 반응하여 수소가스가 발생한다.
④ 물과 반응하여 산소가스가 발생한다.

32 인화알루미늄의 화재시 주수소화를 하면 발생하는 가연성 기체는?

① 아세틸렌
② 메탄
③ 포스겐
④ 포스핀

33 강화액 소화약제에 소화력을 향상시키기 위하여 첨가하는 물질로 옳은 것은?

① 탄산칼륨
② 질소
③ 사염화탄소
④ 아세틸렌

34 일반적으로 고급 알코올 황산에스테르염을 기포제로 사용하여 냄새가 없는 황색의 액체로서 밀폐 또는 준밀폐 구조물의 화재 시 고팽창포로 사용하여 화재를 진압할 수 있는 포소화약제는?

① 단백포소화약제
② 합성계면활성제포소화약제
③ 알코올형포소화약제
④ 수성막포소화약제

35 전기불꽃에너지 공식에서 ( )에 알맞은 것은? (단, Q는 전기량, V는 방전전압, C는 전기용량을 나타낸다.)

$$E = \frac{1}{2}(\quad) = \frac{1}{2}(\quad)$$

① QV, CV
② QC, CV
③ QV, CV^2
④ QC, QV^2

31 알루미늄(Al) : 제2류(가연성 고체)
- 은백색의 경금속으로 연소시 많은 열을 발생한다.
- 분진폭발의 위험이 있으며 수분 및 할로겐 원소와 접촉시 자연발화의 위험이 있다.
- 테르밋(Al분말+Fe$_2$O$_3$) 용접에 사용된다. (점화제 : BaO$_2$)
- 수증기(H$_2$O)와 반응하여 수소(H$_2$↑)를 발생한다.
    $2Al + 6H_2O \rightarrow 2Al(OH)_3 + 3H_2↑$
- 주수소화는 절대엄금, 마른모래 등으로 피복소화한다.

32 인화알루미늄(AlP) : 제3류(금수성 물질)
- 물·강산·강알칼리 등과 반응하여 인화수소(PH$_3$: 포스핀)의 유독가스를 발생한다.
    $AlP + 3H_2O \rightarrow Al(OH)_3 + PH_3↑$
    $2AlP + 3H_2SO_4 \rightarrow Al_2(SO_4)_3 + PH_3↑$
- 소화시 마른모래 등으로 피복소화한다(주수 및 포소화약제 절대엄금).

33 강화액 소화약제=물+탄산칼륨(K$_2$CO$_3$)
- −30℃의 한냉지에서도 사용가능(−30~−25℃)
- 소화원리(A급, 무상방사 시 B, C급) 압력원 CO$_2$
    $H_2SO_4 + K_2CO_3 \rightarrow K_2SO_4 + H_2O + CO_2↑$
- 소화약제 pH=12(약알칼리성)

34 합성계면활성제포 소화약제
- 고급 알코올 황산에스테르염을 사용하며 냄새가 없는 황색의 액체로서 포안정제를 첨가한 소화약제로 저발포형(3%, 6%)과 고발포형(1%, 1.5%, 2%)으로 분류하여 사용한다.
- 거품이 잘만들어지고 유동성 및 질식효과가 좋아 유류화재에 우수하다.

35 전기 및 정전기 불꽃
$$E = \frac{1}{2}QV = \frac{1}{2}CV^2 \quad \begin{bmatrix} E : 착화(정전기)에너지(J) \\ C : 전기(정전기) 용량(F) \\ V : 전압 \\ Q : 전기량(C)[Q=C \cdot V] \end{bmatrix}$$

36 위험물제조소등의 스프링클러설비의 기준에 있어 개방형스프링클러헤드는 스프링클러헤드의 반사판으로부터 하방 및 수평방향으로 각각 몇 m의 공간을 보유하여야 하는가?

① 하방 $0.3m$, 수평방향 $0.45m$
② 하방 $0.3m$, 수평방향 $0.3m$
③ 하방 $0.45m$, 수평방향 $0.45m$
④ 하방 $0.45m$, 수평방향 $0.3m$

37 적린과 오황화린의 공통 연소생성물은?

① SO_2　　　　② H_2S
③ P_2O_5　　　　④ H_3PO_4

38 제1류 위험물 중 알칼리금속과산화물의 화재에 적응성이 있는 소화약제는?

① 인산염류분말
② 이산화탄소
③ 탄산수소염류분말
④ 할로겐화합물

39 가연성 가스의 폭발범위에 대한 일반적인 설명으로 틀린 것은?

① 가스의 온도가 높아지면 폭발범위는 넓어진다.
② 폭발한계농도 이하에서 폭발성 혼합가스를 생성한다.
③ 공기 중에서보다 산소 중에서 폭발범위가 넓어진다.
④ 가스압이 높아지면 하한값은 크게 변하지 않으나 상한값은 높아진다.

40 위험물제조소등에 설치하는 포소화설비의 기준에 따르면 포헤드방식의 포헤드는 방호대상물의 표면적 1m² 당 방사량의 몇 L/min 이상의 비율로 계산한 양의 포수용액을 표준방사량으로 방사할 수 있도록 설치하여야 하는가?

① 3.5　　　　② 4
③ 6.5　　　　④ 9

---

36 개방형 스프링클러 헤드의 설치기준
• 스프링클러 헤드의 반사판으로부터 하방으로 $0.45m$, 수평방향으로 $0.3m$의 공간을 보유할 것
• 스프링클러 헤드는 헤드의 축심이 해당 헤드의 부착면에 대하여 직각이 되도록 설치할 것

37 제2류 위험물(가연성 고체)
• 적린(P)의 연소시 오산화인(P_2O_5)이 생성한다.
$$4P + 5O_2 \rightarrow 2P_2O_5(백색연기)$$
• 오황화린(P_2S_5)의 연소시 오산화인(P_2O_5)과 이산화황(SO_2) 기체가 발생한다.
$$2P_2P_5 + 15O_2 \rightarrow 10SO_2 \uparrow + 2P_2O_5(백색연기)$$

38 제1류 위험물 중 알칼리금속과산화물(금수성)의 적응성 있는 소화약제
• 탄산수소염류분말
• 건조사
• 팽창질식 또는 팽창진주암

39 폭발범위(연소범위) : 가연성가스가 공기중에 혼합하여 연소할 수 있는 농도범위
• 가스의 온도가 높아지면 하한값은 낮아지고 상한값은 높아진다 (폭발범위는 넓어진다).
• 가스 압력이 높아지면 하한값은 크게 변하지 않지만 상한값은 높아진다(넓어진다).
• 공기중에서 보다 산소중에서는 하한값이 크게 변하지 않지만 상한값은 높아진다(넓어진다).
• 폭발성 혼합가스는 폭발한계농도에서만 생성한다.

40 포헤드방식의 포헤드 설치기준
• 포헤드는 방호대상물의 모든 표면이 포헤드의 유효사정 내에 있도록 설치할 것
• 방호대상물의 표면적(건축물의 경우에는 바닥면적) 9m² 당 1개 이상의 헤드를 방호대상물의 표면적 1m² 당의 방사량이 $6.5l$/min 이상의 비율로 계산한 양의 포수용액을 표준방사량으로 방사할 수 있도록 설치할 것
• 방사구역은 100m² 이상(방호대상물의 표면적이 100m² 미만인 경우에만 당해 표면적)으로 할 것

41 동식물유류에 대한 설명으로 틀린 것은?

① 건성유는 자연발화의 위험성이 높다.

② 불포화도가 높을수록 요오드가 크며 산화되기 쉽다.

③ 요오드값이 130 이하인 것이 건성유이다.

④ 1기압에서 인화점이 섭씨 250도 미만이다.

42 과산화나트륨의 물과 반응할 때의 변화를 가장 옳게 설명한 것은?

① 산화나트륨과 수소를 발생한다.

② 물을 흡수하여 탄산나트륨이 된다.

③ 산소를 방출하여 수산화나트륨이 된다.

④ 서서히 물에 녹아 과산화나트륨의 안정한 수용액이 된다.

43 다음 중 연소범위가 가장 넓은 위험물은?

① 휘발유

② 톨루엔

③ 에틸알코올

④ 디에틸에테르

44 메틸에틸케톤의 취급 방법에 대한 설명으로 틀린 것은?

① 쉽게 연소하므로 화기 접근을 금한다.

② 직사광선을 피하고 통풍이 잘되는 곳에 저장한다.

③ 탈지직용이 있으므로 피부에 접촉하지 않도록 주의한다.

④ 유리 용기를 피하고 수지, 섬유소 등의 재질로 된 용기에 저장한다.

---

41 제4류 위험물 : 제4류 위험물로 1기압에서 인화점이 250℃ 미만인 것

- 요오드값 : 유지 100g에 부가(첨가)되는 요오드(I)의 g수이다.
- 요오드값이 큰 건성유는 불포화도가 크기 때문에 자연발화가 잘 일어난다.
- 요오드값에 따른 분류
  - 건성유(130 이상) : 해바라기기름, 동유, 아마인유, 정어리기름, 들기름 등
  - 반건성유(100~130) : 면실유, 참기름, 청어기름, 채종유, 콩기름 등
  - 불건성유(100 이하) : 올리브유, 동백기름, 피마자유, 야자유, 우지, 돈지 등

42 과산화나트륨(Na_2O_2) : 제1류 중 무기과산화물(산화성 고체)

- 물 또는 공기중 이산화탄소와 반응시 산소를 발생한다.
$$2Na_2O_2 + 2H_2O \rightarrow 4NaOH + O_2\uparrow (산소)$$
$$2Na_2O_2 + 2CO_2 \rightarrow 2Na_2CO_3 + O_2\uparrow (산소)$$
- 열분해시 산소(O_2)를 발생한다.
$$2Na_2O_2 \rightarrow 2Na_2O + O_2\uparrow$$
- 조해성이 강하고 알코올에는 녹지 않는다.
- 산과 반응시 과산화수소(H_2O_2)를 발생한다.
$$Na_2O_2 + 2HCl \rightarrow NaO + H_2O_2\uparrow$$
- 주수소화 엄금, 건조사 등으로 질식소화한다.(CO_2는 효과없음)

43 제4류 위험물의 연소범위(공기중)
① 휘발유(가솔린) : 1.4~7.6%
② 톨루엔($C_6H_5CH_3$) : 1.4~6.7%
③ 에틸알코올(C_2H_5OH) : 4.3~19%
④ 디에틸에테르($C_2H_5OC_2H_5$) : 1.9~4.8%

44 메틸에틸케톤($CH_3COC_2H_5$, MEK) : 제4류 제1석유류(인화성 액체)

- 무색 휘발성 액체로 물, 알코올, 에테르 등에 잘 녹는다.
- 인화점 $-1℃$, 착화점 516℃이고 증기흡입시 마취성 구토증세를 일으킨다.
- 피부접촉시 탈지작용을 일으킨다.
- 저장시 갈색병에 직사광선을 피하고 통풍이 잘되는 냉암소에 보관한다.
- 증기비중은 공기보다 무거우므로 정전기에 유의한다.

$$증기비중 = \frac{분자량}{공기의 평균 분자량(29)} = \frac{72}{29} = 2.5$$

정답 41 ③ 42 ③ 43 ④ 44 ④

45 유기과산화물에 대한 설명으로 틀린 것은?

① 소화방법으로는 질식소화가 가장 효과적이다.

② 벤조일퍼옥사이드, 메틸에틸케톤퍼옥사이드 등이 있다.

③ 저장시 고온체나 화기의 접근을 피한다.

④ 지정수량은 $10kg$이다.

46 위험물안전관리법령상 시·도의 조례가 정하는 바에 따르면 관할소방서장의 승인을 받아 지정수량 이상의 위험물을 임시로 제조소등이 아닌 장소에서 취급할 때 며칠 이내의 기간 동안 취급할 수 있는가?

① 7일　　　　② 30일

③ 90일　　　④ 180일

47 다음 물질 중 인화점이 가장 낮은 것은?

① 톨루엔　　　② 아세톤

③ 벤젠　　　　④ 디에틸에테르

48 오황화린에 관한 설명으로 옳은 것은?

① 물과 반응하면 불연성기체가 발생된다.

② 담황색 결정으로서 흡습성과 조해성이 있다.

③ P_2S_5로 표현되며 물에 녹지 않는다.

④ 공기 중 상온에서 쉽게 자연발화 한다.

49 물과 접촉하였을 때 에탄이 발생되는 물질은?

① CaC_2

② $(C_2H_5)_3Al$

③ $C_6H_3(NO_2)_3$

④ $C_2H_5ONO_2$

50 아염소산나트륨이 완전 열분해하였을 때 발생하는 기체는?

① 산소　　　　② 염화수소

③ 수소　　　　④ 포스겐

---

45 유기과산화물 : 제5류 위험물(자기 반응성) 지정수량 $10kg$
자체내에 산소를 함유하고 있기 때문에 질식소화는 효과없고 다량의 물로 주수하여 냉각소화가 가장 효과적이다.

47 제4류 위험물의 인화점

품명	톨루엔	아세톤	벤젠	디에틸에테르
화학식	$C_6H_5CH_3$	CH_3COCH_3	C_6H_6	$C_2H_5OC_2H_5$
인화점	4℃	−18℃	−11℃	−45℃
유별	제1석유류	제1석유류	제1석유류	특수인화물

48 오황화린(P_2S_5) : 제2류의 황과 인화합물(가연성 고체)
- 담황색 결정으로 조해성, 흡습성이 있어 수분흡수시 분해한다.
- 알코올, 이황화탄소(CS_2)에 잘 녹는다.
- 물, 알칼리와 반응시 인산(H_3PO_4)과 황화수소(H_2S) 가스를 발생한다.
$$P_2S_5 + 8H_2O \rightarrow 5H_2S\uparrow + 2H_3PO_4$$

49 알킬알루미늄(R-Al) : 제3류(금수성 물질)
- 알킬기($C_nH_{2n+1}-$, $R-$)에 알루미늄(Al)이 결합된 화합물이다.
- 탄산수 $C_{1~4}$까지는 자연발화하고, C_5 이상은 연소반응하지 않는다.
- 물과 반응 시 가연성가스를 발생한다(주수소화 절대엄금).
  트리메틸알루미늄[TMA, $(CH_3)_3Al$]
$$(CH_3)_3Al + 3H_2O \rightarrow Al(OH)_3 + 3CH_4\uparrow (메탄)$$
  트리에틸알루미늄[TEA, $(C_2H_5)_3Al$]
$$(C_2H_5)_3Al + 3H_2O \rightarrow Al(OH)_3 + 3C_2H_6\uparrow (에탄)$$
- 저장 시 희석안정제(벤젠, 톨루엔, 헥산 등)를 사용하여 불활성기체(N_2)를 봉입한다.
- 소화 : 팽창질석 또는 팽창진주암을 사용한다(주수소화는 절대엄금).

50 아염소산나트륨($NaClO_2$) : 제1류(산화성 고체)
- 무색의 결정성 분말로서 조해성이 있다.
- 분해온도는 무수분일 때 350℃, 수분이 있을 경우는 120~140℃에서 분해한다.
$$3NaClO_2 \rightarrow 2NaClO_3 + NaCl$$
$$NaClO_3 \rightarrow NaClO + O_2\uparrow$$
- 산과 접촉시 분해하여 이산화염소(ClO_2)의 유독가스를 발생시킨다.
$$3NaClO_2 + 2HCl \rightarrow 3NaCl + 2ClO_2\uparrow + H_2O_2$$

정답　45 ①　46 ③　47 ④　48 ②　49 ②　50 ①

51 위험물안전관리법령에서 정한 위험물의 운반에 관한 설명으로 옳은 것은?

① 위험물을 화물차량으로 운반하면 특별히 규제받지 않는다.
② 승용차량으로 위험물을 운반할 경우에만 운반의 규제를 받는다.
③ 지정수량 이상의 위험물을 운반할 경우에만 운반의 규제를 받는다.
④ 위험물을 운반할 경우 그 양의 다소를 불문하고 운반의 규제를 받는다.

52 제6류 위험물의 취급 방법에 대한 설명 중 옳지 않은 것은?

① 가연성 물질과의 첩촉을 피한다.
② 지정수량의 1/10을 초과할 경우 제2류 위험물과의 혼재를 금한다.
③ 피부와 접촉하지 않도록 주의한다.
④ 위험물제조소에는 '화기엄금' 및 '물기엄금' 주의사항을 표시한 게시판을 반드시 설치하여야 한다.

53 제2류 위험물과 제5류 위험물의 공통적인 성질은?

① 가연성 물질이다.
② 강한 산화제이다.
③ 액체 물질이다.
④ 산소를 함유한다.

54 묽은 질산에 녹고, 비중이 약 2.7인 은백색 금속은?

① 아연분
② 마그네슘분
③ 안티몬분
④ 알루미늄분

51 위험물을 운반할 경우에는 그 양의 다소를 불문하고 운반의 규제를 받는다.

52 제6류 위험물의 저장 및 취급시 유의사항
• 물, 가연물, 염기 및 산화제(제1류)와의 접촉을 피한다.
• 흡수성이 강하기 때문에 내산성 용기를 사용한다.
• 피부접촉 시 다량의 물로 세척하고 증기를 흡입하지 않도록 한다.
• 누출 시 과산화수소는 물로, 다른 물질은 중화제(소다, 중조 등)로 중화시킨다.
• 위험물제조소등 및 운반용기의 외부에 주의사항은 '가연물 접촉주의'라고 표시한다.
※ 법규정상 위험물의 혼재기준은 지정수량의 1/10 이하일 때는 적용하지 않는다.

53 1. 제2류 위험물의 일반적 성질
• 가연성 고체로서 비교적 낮은 온도에서 착화하기 쉬운 이연성·속연성 물질이다.
• 연소속도가 매우 빠른 고체이며 연소 시 연소열이 크고 유독가스를 발생한다.
• 비중은 1보다 크고 물에 녹지 않으며 산소를 함유하지 않은 강력한 환원성 물질이다.
• 철, 마그네슘 등의 금속분은 더운물 또는 산과 접촉시 발열하며 수소(H_2↑) 기체를 발생시킨다.

2. 제5류 위험물의 일반적 성질
• 자체 내에 산소를 함유한 가연성 물질이다.
• 가열, 충격, 마찰 등에 의해 폭발하는 자기반응성(내부연소성) 물질이다.
• 연소 또는 분해속도가 매우 빠른 폭발성 물질이다.
• 공기 중 장시간 방치 시 자연발화한다.
• 연소 시 소화가 곤란하므로 소분하여 저장한다.
• 초기화재시 다량의 물로 냉각소화한다.

54 알루미늄(Al)분 : 제2류(가연성 고체)
• 금속의 부동태 : 묽은산(질산, 황산)에는 녹으나 진한산(질산, 황산)에서는 산화력이 강하여 산화물의 얇은 피막(Al_2O_3, Fe_2O_3, NiO)을 형성하여 금속의 내부를 보호한다.
• 부동태를 만드는 산 : 진한황산, 진한질산
• 부동태를 만드는 금속 : Al, Fe, Ni
• 은백색의 경금속(비중 2.7)이며, 산 또는 염기에도 반응하는 양쪽성원소이다.
$$2Al + 6HCl \rightarrow 2AlCl_3 + 3H_2 \uparrow$$
$$2Al + 2NaOH + 2H_2O \rightarrow 2NaAlO_2 + 3H_2 \uparrow$$

정답 **51** ④ **52** ④ **53** ① **54** ④

55 황린에 대한 설명으로 틀린 것은?

① 백색 또는 담황색의 고체이며, 증기는 독성이 있다.
② 물에는 녹지 않고 이산화탄소에는 녹는다.
③ 공기 중에서 산화되어 오산화인이 된다.
④ 녹는점이 적린과 비슷하다.

56 다음은 위험물안전관리법령에서 정한 아세트알데히드 등을 취급하는 제조소의 특례에 관한 내용이다. ( ) 안에 해당하지 않는 물질은?

> 아세트알데히드등을 취급하는 설비는
> ( )·( )·( )·마그네슘 또는
> 이들을 성분으로 하는 합금으로 만들지
> 아니할 것

① Ag
② Hg
③ Cu
④ Fe

57 위험물안전관리법령에 근거한 위험물 운반 및 수납시 주의사항에 대한 설명 중 틀린 것은?

① 위험물을 수납하는 용기는 위험물이 누설되지 않게 밀봉시켜야 한다.
② 온도 변화로 가스가 발생해 운반용기 안의 압력이 상승할 우려가 있는 경우(발생한 가스가 위험성이 있는 경우 제외)에는 가스 배출구가 설치된 운반용기에 수납할 수 있다.
③ 액체 위험물은 운반용기의 내용적의 98% 이하의 수납률로 수납하되 55℃의 온도에서 누설되지 아니하도록 충분한 공간 용적을 유지하도록 하여야 한다.
④ 고체 위험물은 운반용기 내용적의 98% 이하의 수납률로 수납하여야 한다.

---

55 황린(P_4) : 제3류 위험물(자연발화성)
- 백색 또는 담황색의 고체로서 물에 녹지 않고 벤젠, 이황화탄소에 잘 녹는다.
- 황린의 녹는점은 44℃, 적린(P)의 녹는점은 590℃이며 서로 인의 동소체이다.
- 공기중 약 40~50℃에서 자연발화하므로 물 속에 저정한다.
- 강알칼리 용액에서는 포스핀(인화수소 : pH_3) 가스가 생성하므로 이를 방지하기 위해 약알칼리성(pH=9)인 물 속에 보관한다.
- 맹독성으로 피부접촉시 화상을 입는다.
- 연소시 오산화인(P_2O_5)의 백색연기를 낸다.
    $P_4 + 5O_2 \rightarrow 2P_2O_5$
- 소화시 마른모래, 물 분무 등으로 질식소화한다.

56 아세트알데히드 등을 취급하는 제조소의 특례
- 취급하는 설비는 은(Ag), 수은(Hg), 동(Cu), 마그네슘(Mg) 또는 이들의 합금으로 만들지 않을 것
- 취급하는 설비에는 연소성 혼합기체의 생성시 폭발을 방지하기 위한 불활성기체 또는 수증기를 봉입하는 장치를 갖출 것

> 참고 아세트알데히트 등 : 제4류 위험물 중 특수인화물의 아세트알데히드, 산화프로필렌 또는 이 중 어느 하나 이상 함유한 것

57 1. 위험물 운반용기의 내용적의 수납률
- 고체 : 내용적의 95% 이하
- 액체 : 내용적의 98% 이하
- 제3류 위험물(자연발화성 물질 중 알킬알루미늄 등) : 내용적의 90% 이하로 하되 50℃에서 5% 이상의 공간용적을 유지할 것
2. 저장탱크의 용량＝탱크의 내용적－탱크의 공간용적
- 저장탱크의 용량범위 : 90~95%

58 인화칼슘의 물과 반응하여 발생하는 기체
는?

① 포스겐
② 포스핀
③ 메탄
④ 이산화황

59 위험물제조소의 배출설비 기준 중 국소방식
의 경우 배출능력은 1시간당 배출장소 용적
의 몇 배 이상으로 해야 하는가?

① 10배
② 20배
③ 30배
④ 40배

60 제1류 위험물 중 무기과산화물 150kg, 질산
염류 300kg, 중크롬산염류 3000kg을 저장
하고 있다. 각각 지정수량의 배수의 총합은
얼마인가?

① 5
② 6
③ 7
④ 8

---

58 인화칼슘(Ca_3P_2, 인화석회) : 제3류(금수성)
• 적갈색의 괴상의 고체이다.
• 물 또는 묽은산과 반응하여 가연성이며 맹독성인 포스핀(PH_3 :
  인화수소) 가스를 발생한다.
$$Ca_3P_2 + 6H_2O \rightarrow 3Ca(OH)_2 + 2PH_2 \uparrow$$
$$Ca_3P_2 + 6HCl \rightarrow 3CaCl_2 + 2PH_3 \uparrow$$
• 소화시 주수 및 포소화는 엄금하고 마른모래 등으로 피복소화
한다.

59 위험물 제조소의 배출설비
① 배출설비는 국소방식으로 할 것

> **참고** 전역방식으로 할 수 있는 경우
> • 위험물취급설비가 배관이음 등으로만 된 경우
> • 전역방식이 유효한 경우

② 배풍기, 배출덕트, 후드 등을 이용하여 강제 배출할 것
③ 배출능력은 1시간당 배출장소 용적의 20배 이상일 것(단, 전역
  방식 : 바닥면적 $1m^2$당 $18m^3$ 이상)
④ 배출설비의 급기구 및 배출구의 설치기준
  • 급기구는 높은 곳에 설치하고, 인화방지망(가는눈 구리망)을
    설치할 것
  • 배출구는 지상 $2m$ 이상 높이에 설치하고 화재 시 자동폐쇄되
    는 방화 댐퍼를 설치할 것
⑤ 배풍기는 강제배기방식으로 옥내닥트의 내압이 대기압 이상 되
  지 않는 위치에 설치할 것

60 제1류 위험물의 지정수량
• 무기과산화물 : $50kg$
• 질산염류 : $300kg$
• 중크롬산염류 : $1,000kg$
∴ 지정수량 배수의 총합
$$= \frac{A품목의 저장량}{A품목의 지정수량} + \frac{B품목의 저장량}{B품목의 지정수량} + \cdots\cdots$$
$$= \frac{150kg}{50kg} + \frac{300kg}{300kg} + \frac{3,000kg}{1,000kg}$$
$$= 7$$

제1과목 | 일반화학

01 NH_4Cl에서 배위결합을 하고 있는 부분을 옳게 설명한 것은?

① NH_3의 N–H 결합

② NH_3와 H^+과의 결합

③ NH_4^+과 Cl^-과의 결합

④ H^+과 Cl^-과의 결합

01 · 배위결합 : 공유 전자쌍을 한 쪽의 원자에서만 일방적으로 제공하는 형식의 결합

· NH_4Cl(염화암모늄)의 결합 : 공유결합, 배위결합, 이온결합 등을 가지고 있다.

$$N + 3H \xrightarrow{\text{공유결합}} NH_3$$

$$NH_3 + H^+ \xrightarrow{\text{배위결합}} NH_4^+$$

$$NH_4^+ + Cl^- \xrightarrow{\text{이온결합}} NH_4Cl$$

02 자철광 제조법으로 빨갛게 달군 철에 수증기를 통할 때의 반응식으로 옳은 것은?

① $3Fe + 4H_2O \rightarrow Fe_3O_4 + 4H_2$

② $2Fe + 3H_2O \rightarrow Fe_2O_3 + 3H_2$

③ $Fe + H_2O \rightarrow FeO + H_2$

④ $Fe + 2H_2O \rightarrow FeO_2 + 2H_2$

02 철광석의 종류

· 적철광(붉은색) : Fe_2O_3

· 자철광(자석) : Fe_3O_4

· 갈철광(갈색) : $2Fe_2O_3 \cdot 3H_2O$

· 능철광 : $FeCO_3$

03 불꽃반응 결과 노란색을 나타내는 미지의 시료를 녹인 용액에 $AgNO_3$ 용액을 넣으니 백색침전이 생겼다. 이 시료의 성분은?

① Na_2SO_4

② $CaCl_2$

③ NaCl

④ KCl

03 · 질산은($AgNO_3$)용액과 NaCl(염화나트륨)이 반응하면 AgCl(염화은)의 백색침전이 생긴다.

$$AgNO_3 + NaCl \rightarrow AgCl \downarrow + NaNO_3$$

· 불꽃반응 색상

구분	칼륨(K)	나트륨(Na)	칼슘(Ca)	리튬(Li)	바륨(Ba)
불꽃색상	보라색	노란색	주홍색	적색	황록색

04 산·염기의 정의

정의	산	염기
아레니우스	$[H^+]$를 내놓음	$[OH^-]$를 내놓음
브뢴스테드·로우리	$[H^+]$를 내놓음	$[H^+]$를 받음
루이스	비공유 전자쌍을 받음	비공유 전자쌍을 내놓음

$$\overbrace{CH_3COOH}^{} + \overbrace{H_2O}^{} \rightleftarrows \overbrace{CH_3COO^-}^{} + \overbrace{H_3O^+}^{}$$
$$\text{(산)} \quad \text{(염기)} \quad \text{(염기)} \quad \text{(산)}$$

04 다음 화학반응 중 H_2O가 염기로 작용한 것은?

① $CH_3COOH + H_2O \rightarrow CH_3COO^- + H_3O^+$

② $NH_3 + H_2O \rightarrow NH_4^+ + OH^-$

③ $CO_3^{-2} + 2H_2O \rightarrow H_2CO_3 + 2OH^-$

④ $Na_2O + H_2O \rightarrow 2NaOH$

정답 01 ②　02 ①　03 ③　04 ①

05 AgCl의 용해도는 0.0016g/L이다. 이 AgCl의 용해도곱(Solubility product)은 약 얼마인가? (단, 원자량은 각각 Ag 108, Cl 35.5이다.)

① 1.24×10^{-10}

② 2.24×10^{-10}

③ 1.12×10^{-5}

④ 4×10^{-4}

06 황이 산소와 결합하여 SO_2를 만들 때에 대한 설명으로 옳은 것은?

① 황은 환원된다.

② 황은 산화된다.

③ 불가능한 반응이다.

④ 산소는 산화되었다.

07 다음 화합물 중에서 밑줄 친 원소의 산화수가 서로 다른 것은?

① $C̲Cl_4$

② $B̲aO_2$

③ $S̲O_2$

④ $O̲H^-$

08 먹물에 아교나 젤라틴을 약간 풀어주면 탄소입자가 쉽게 침전되지 않는다. 이때 가해준 아교는 무슨 콜로이드로 작용하는가?

① 서스펜션

② 소수

③ 복합

④ 보호

09 황의 산화수가 나머지 셋과 다른 하나는?

① $Ag_2S̲$

② $H_2S̲O_4$

③ $S̲O_4^{2-}$

④ $Fe_2(S̲O_4)_3$

---

05 • $AgCl(s) \rightleftarrows Ag^+(aq) + Cl^-(aq)$

• $0.0016 g/l$을 $M(mol/g)$로 환산하면

$$M농도 = \frac{용질의 몰수(mol)}{용액의 부피(l)} = \frac{0.0016/143.5}{1}$$

$$= 1.111498 \times 10^{-5}$$

[AgCl분자량 = $108 + 35.5 = 143.5/mol$]

∴ 용해도곱$(Ksp) = [Ag^+][Cl^-]$

$$= [1.111498 \times 10^{-5}][1.111498 \times 10^{-5}]$$

$$≒ 1.24 \times 10^{-10}$$

06

구분	산소(O)	수소(H)	산화수	전자
산화	결합	잃음	증가	잃음
환원	잃음	결합	감소	얻음

※ $\underset{0}{S} + \underset{0}{O_2} \rightarrow \underset{(+4) - 2 \times 2 = 0}{SO_2}$

• S의 산화수 : $0 \rightarrow +4$ (증가 : 산화)

• O의 산화수 : $0 \rightarrow -2$ (감소 : 환원)

07 ① CCl_4(사염화탄소) : $x + (-1 \times 4) = 0$, $x(C) = +4$

② BaO_2(과산화바륨) : $x + (-2 \times 2) = 0$, $x(Ba) = +4$

③ SO_2(이산화황) : $x + (-2 \times 2) = 0$, $x(S) = +4$

④ OH^-(수산이온) : $x + (+1) = -1$, $x(O) = -2$

08 콜로이드의 분류

• 소수콜로이드 : 소량의 전해질을 가하여 엉김이 일어나는 콜로이드(무기질 콜로이드)

   예 $Fe(OH)_3$, 먹물, 점토, 황가루 등

• 친수콜로이드 : 다량의 전해질을 가해야 엉김이 일어나는 콜로이드(유기질 콜로이드)

   예 비누, 녹말, 젤라틴, 아교, 한천, 단백질 등

• 보호콜로이드 : 소수콜로이드에 친수콜로이드를 가하여 불안한 소수콜로이드의 엉김이 일어나지 않도록 친수콜로이드가 보호하는 현상

   예 먹물속의 아교, 잉크속의 아라비아고무 등

09 ① Ag_2S : $+1 \times 2 + x = 0$, $x = -2$

② H_2SO_4 : $+1 \times 2 + x + (-2 \times 4) = 0$, $x = +6$

③ SO_4^{2-} : $x + (-2 \times 4) = -2$, $x = +6$

④ $Fe_2(SO_4)_3$: $+3 \times 2[x + (-2 \times 4)] \times 3 = 0$, $x = +6$

10 다음 물질 중 이온결합을 하고 있는 것은?

① 얼음
② 흑연
③ 다이아몬드
④ 염화나트륨

11 H_2O가 H_2S보다 끓는점이 높은 이유는?

① 이온결합을 하고 있기 때문에
② 수소결합을 하고 있기 때문에
③ 공유결합을 하고 있기 때문에
④ 분자량이 적기 때문에

12 황산구리 용액에 10A의 전류를 1시간 통하면 구리(원자량 63.54)를 몇 g 석출하겠는가?

① 7.2g
② 11.85g
③ 23.7g
④ 31.77g

13 실제 기체는 어떤 상태일 때 이상기체방정식에 잘 맞는가?

① 온도가 높고 압력이 높을 때
② 온도가 낮고 압력이 낮을 때
③ 온도가 높고 압력이 낮을 때
④ 온도가 낮고 압력이 높을 때

14 네슬러 시약에 의하여 적갈색으로 검출되는 물질은 어느 것인가?

① 질산이온
② 암모늄이온
③ 아황산이온
④ 일산화탄소

---

10 • 이온결합 = 금속(또는 NH_4^+) + 비금속
    예 염화나트륨 : $NaCl \rightarrow \underset{\text{(금속)}}{Na^+} + \underset{\text{(비금속)}}{Cl^-}$

• 공유결합 = 비금속 + 비금속
    예 흑연, 다이아몬드, 얼음(공유결합, 수소결합)

11 수소결합 : 수소원자와 전기음성도가 큰 F, O, N이 결합된 분자로 HF, H_2O, NH_3이고 유기물질로는 C_2H_5OH, CH_3COOH 등이 대표적인 물질이며, 특히 비등점(끓는점)이 높고 기화잠열이 크다.

12 ① 황산구리 용액 : $CuSO_4 \xrightarrow{\text{전리}} Cu^{2+} + SO_4^{2-}$
    여기서 Cu의 원자가 = 2가이고 원자량 = 63.54 = 2g당량이다.

$$당량 = \frac{원자량}{원자가} = \frac{63.54}{2} = 31.77g = 1g당량$$

    1F(패럿) = 96,500C(쿨롱) = 1g당량 석출, 1C = 1A × 1sec

② Q = I(A) × t(sec) = 10A × 3600sec/h = 36000C(쿨롱)이므로
    96500C : 31.77g(= 1g당량)
    36000C : x

$$\therefore x = \frac{36000C \times 31.77g}{96500C} = 11.85g(Cu의 석출량)$$

13 이상기체와 실제기체의 비교

구분	이상기체	실제기체
분자의 크기	없다	있다
분자의 질량과 부피	질량은 있고 부피는 없다	질량과 부피 모두 있다
−273℃[0K]에서 부피	부피 = 0	고체
고압, 저온	기체	액체·고체
기체에 관한 법칙	완전 일치한다	고온, 저압에서 일치한다
분자간 인력·반발력	없다	있다

14 암모늄이온(NH_4^+) 검출시약 : 네슬러시약에 의하여 황갈색(적갈색) 침전이 생긴다.

15 산(acid)의 성질을 설명한 것 중 틀린 것은?

① 수용액 속에서 H^+를 내는 화합물이다.
② pH값이 적을수록 강산이다.
③ 금속과 반응하여 수소를 발생하는 것이 많다.
④ 붉은색 리트머스 종이를 푸르게 변화시킨다.

16 다음 반응속도에서 2차 반응인 것은?

① $v = k[A]^{\frac{1}{2}}[B]^{\frac{1}{2}}$
② $v = k[A][B]$
③ $v = k[A][B]^2$
④ $v = k[A]^2[B]^2$

17 0.1M 아세트산 용액의 해리도를 구하면 약 얼마인가? (단, 아세트산의 해리상수는 1.8×10^{-5})

① 1.8×10^{-5}
② 1.8×10^{-2}
③ 1.3×10^{-5}
④ 1.3×10^{-2}

18 순수한 옥산살($C_2H_2O_4 \cdot 2H_2O$) 결정 6.3g을 물에 녹여서 500mL의 용액을 만들었다. 이 용액의 농도는 몇 M인가?

① 0.1
② 0.2
③ 0.3
④ 0.4

---

15 산·염기의 성질

산	염기
신맛, 전기를 잘 통한다.	쓴맛, 전기를 잘 통한다.
푸른리트머스 종이 → 붉은색	붉은리트머스 종이 → 푸른색
수용액에서 수소이온(H^+)을 낸다.	수용액에서 수산이온(OH^-)을 낸다. (물에 녹는 염기를 알칼리라고 한다.)
염기와 중화반응 시 염과 물을 생성한다.	산과 중화반응 시 염과 물을 생성한다.
이온화 경향이 큰 금속(Zn, Fe 등)과 반응 시 $H_2\uparrow$ 발생한다. $Zn + H_2SO_4 \rightarrow ZnSO_4 + H_2\uparrow$	강알칼리(NaOH, KOH 등) 용액은 피부접촉 시 부식한다.

강산 ← 산성 — 중성 — 염기성 → 강염기
pH : 0 1 2 3 4 5 6 7 8 9 10 11 12 13 14

16 반응차수 : 반응속도식에서 지수 m과 n은 [A], [B]가 변할 때 속도가 어떻게 변하는지 알려주는 것
• 반응속도(v) $= k[A]^m[B]^n$ [전체반응차수 $= m + n$]

① $\frac{1}{2} + \frac{1}{2} = 1$차 반응
② $1 + 1 = 2$차 반응
③ $1 + 2 = 3$차 반응
④ $2 + 2 = 4$차 반응

17 약산의 전리상수(해리상수)[Ka]

$Ka = Ca^2$
$a^2 = \dfrac{ka}{C}$

$\begin{bmatrix} Ka : \text{전리상수(해리상수)} \\ C : \text{몰수}(mol/l) \\ a : \text{전리도} \end{bmatrix}$

$\therefore a = \sqrt{\dfrac{Ka}{C}}$

$= \sqrt{\dfrac{1.8 \times 10^{-5}}{0.1}} = 0.0134 = 1.34 \times 10^{-2}$

18 몰농도(M) = 용액 $1,000ml$($1l$) 속에 포함된 용질의 몰수

몰농도$(mol/l) = \dfrac{\text{용질의 몰수}(mol)}{\text{용액의 부피}(l)} = \dfrac{\text{용질의 질량}(g)/\text{분자량}(g)}{\text{용액의 부피}(ml)/1,000}$

• 옥살산의 분자량($C_2H_2O_4 \cdot 2H_2O$) $= 126g/mol$
• M농도 $= \dfrac{6.3g/126g}{500ml/1000} = 0.1M$

> 참고 농도 계산시 결정수의 포함 여부
> • %농도, 용해도 : 결정수를 포함시키지 않는다.
> • M농도, N농도 : 결정수를 포함시킨다.

정답 15 ④ 16 ② 17 ④ 18 ①

19 비금속원소와 금속원소 사이의 결합은 일반적으로 어떤 결과에 해당하는가?

① 공유결합
② 금속결합
③ 비금속결합
④ 이온결합

20 화학반응속도를 증가시키는 방법으로 옳지 않은 것은?

① 온도를 높인다.
② 부촉매를 가한다.
③ 반응물 농도를 높게 한다.
④ 반응물 표면적을 크게 한다.

제2과목 | 화재예방과 소화방법

21 위험물안전관리법령상 제6류 위험물에 적응성이 있는 소화설비는?

① 옥내소화전설비
② 불활성가스소화설비
③ 할로겐화합물소화설비
④ 탄산수소염류분말소화설비

22 인산염 등을 주성분으로 한 분말소화약제의 착색은?

① 백색
② 담홍색
③ 검은색
④ 회색

23 위험물안전관리법령상 위험물과 적응성 있는 소화설비가 잘못 짝지어진 것은?

① K – 탄산수소염류 분말소화설비
② $C_2H_5OC_2H_5$ – 불황성가스소화설비
③ Na – 건조사
④ CaC_2 – 물통

---

19 결합의 형태
- 이온결합＝금속(또는 NH_4^+)＋비금속
- 공유결합＝비금속＋비금속
- 금속결합＝금속＋금속
- 수소결합＝극성분자＋극성분자
- 반데르발스결합＝비극성분자＋비극성분자
※ 화학결합력의 세기
   공유결합＞이온결합＞금속결합＞수소결합＞반데르발스결합

20 화학반응 속도를 증가시키는 조건
- 온도를 높인다.
- 반응물의 농도를 높인다.
- 반응물의 표면적을 크게 한다.(덩어리 → 가루상태)
- 정촉매를 가한다.
   [정촉매 : 반응속도를 빠르게 한다.
     부촉매 : 반응속도를 느리게 한다.
※ 반응속도와 압력은 무관하다.

21 제6류 위험물(산화성 액체) : 물의 주수에 의한 냉각소화한다.
- 옥내·옥외소화전설비
- 물분무소화설비
- 스프링클러설비
- 포소화설비
- 인산염류분말소화설비

22 분말소화약제

종별	약제명	주성분	색상	적응화재
제1종	탄산수소나트륨	$NaHCO_3$	백색	B, C급
제2종	탄산수소칼륨	$KHCO_3$	담자(회)색	B, C급
제3종	제1인산암모늄	$NH_4H_2PO_4$	담홍색	A, B, C급
제4종	탄산수소칼륨 ＋요소	$KHCO_3$ ＋$(NH_2)_2CO$	회색	B, C급

23 탄화칼슘(CaC_2, 카바이트) : 제3류(금수성)
- 물과 반응 시 아세틸렌(C_2H_2)가스가 발생한다.
   $CaC_2 + 2H_2O \rightarrow Ca(OH)_2 + C_2H_2\uparrow$ (폭발범위 : 2.5~81%)
- 질소와 고온(700℃ 이상)에서 반응 시 석회질소($CaCN_2$)를 생성한다.
   $CaC_2 + N_2 \rightarrow CaCN_2 + C$
- 소화 : 물, 포, 이산화탄소를 절대 엄금하고 마른 모래 등으로 피복소화한다.

정답 19 ④ 20 ② 21 ① 22 ② 23 ④

24 다음 각 위험물의 저장소에서 화재가 발생하였을 때 물을 사용하여 소화할 수 있는 물질은?

① K_2O_2 ② CaC_2

③ Al_4C_3 ④ P_4

25 위험물안전관리법령상 소화설비의 설치기준에서 제조소등에 전기설비(전기배선, 조명기구 등은 제외)가 설치된 경우에는 해당 장소의 면적 몇 m^2마다 소형수동식소화기를 1개 이상 설치하여야 하는가?

① 50   ② 75

③ 100   ④ 150

26 위험물안전관리법령상 이동저장탱크(압력탱크)에 대해 실시하는 수압시험은 용접부에 대한 어떤 시험으로 대신할 수 있는가?

① 비파괴시험과 기밀시험

② 비파괴시험과 충수시험

③ 충수시험과 기밀시험

④ 방폭시험과 충수시험

27 다음 보기에서 열거한 위험물의 지정수량을 모두 합산한 값은?

┌ 보기 ┐
과요오드산, 과요오드산염류, 과염소산,
과염소산염류
└────────────────────────┘

① 450kg ② 500kg

③ 950kg ④ 1200kg

28 다음 중 화재 시 다량의 물에 의한 냉각소화가 가장 효과적인 것은?

① 금속의 수소화물

② 알칼리금속과산화물

③ 유기과산화물

④ 금속분

---

24 ① K_2O_2(과산화칼륨) : 제1류(산화성 고체)

$$2K_2O_2 + 2H_2O \rightarrow 4KOH + O_2\uparrow (산소 발생)$$

② CaC_2(탄산칼슘) : 제3류(금수성)

$$CaC_2 + 2H_2O \rightarrow Ca(OH)_2 + C_2H_2\uparrow (아세틸렌 발생)$$

③ Al_4C_3(탄화알루미늄) : 제3류(금수성)

$$Al_4C_3 + 12H_2O \rightarrow 4Al(OH)_3 + 3CH_4\uparrow (메탄 발생)$$

④ P_4(황린) : 제3류(자연발화성물질)

- 황린은 공기 중 자연발화(발화온도 40~50℃)를 일으키므로 물속에 보관한다.
- 황린은 물에 녹지 않으나 온도 상승 시 용해도가 증가하면 유독성인 포스핀(PH_3)가스가 생성하여 산성화되고 용기를 부식시키므로 약알칼리성인 pH 9를 넘지 않는 물속에 보관한다.

25 전기설비의 소화설비 : 제조소등의 해당 장소를 면적 100m^2마다 소형 수동식 소화기를 1개 이상 설치할 것

26 법규정상 이동저장탱크(압력탱크)에 대해 실시하는 수압시험은 용접부에 대한 시험을 비파괴시험과 기밀시험으로 대신 갈음할 수 있다.

27 지정수량
과요오드산(제1류, 300kg) + 과요오드산염류(제1류, 300kg)
+ 과염소산(제6류, 300kg) + 과염소산염류(제1류, 50kg)
= 950kg

28 제5류 위험물의 유기과산화물은 자기반응성 물질로서 자체에 산소를 함유하고 있어 소화작업시 질식소화는 효과가 없으므로 물에 의한 냉각소화가 가장 효과적이다.

29 위험물안전관리법령상 옥내소화전설비의 기준으로 옳지 않은 것은?

① 소화전함은 화재발생 시 화재 등에 의한 피해의 우려가 많은 장소에 설치하여야 한다.

② 호스접속구는 바닥으로부터 1.5m 이하의 높이에 설치한다.

③ 가압송수장치의 시동을 알리는 표시등은 적색으로 한다.

④ 별도의 정해진 조건을 충족하는 경우는 가압송수장치의 시동표시등을 설치지 않을 수 있다.

30 불황성가스소화약제 중 IG-55의 구성성분을 모두 나타낸 것은?

① 질소
② 이산화탄소
③ 질소와 아르곤
④ 질소, 아르곤, 이산화탄소

31 ABC급 화재에 적응성이 있으며 열분해되어 부착성이 좋은 메타인산을 만드는 분말소화약제는?

① 제1종
② 제2종
③ 제3종
④ 제4종

32 정전기를 유효하게 제거할 수 있는 설비를 설치하고자 할 때 위험물안전관리법령에서 정한 정전기 제거 방법의 기준으로 옳은 것은?

① 공기 중의 상대습도를 70% 이상으로 하는 방법

② 공기 중의 상대습도를 70% 미만으로 하는 방법

③ 공기 중의 절대습도를 70% 이상으로 하는 방법

④ 공기 중의 절대습도를 70% 미만으로 하는 방법

---

29 옥내소화전설비의 기준
- 옥내소화전의 개폐밸브 및 호스접속구는 바닥면으로부터 1.5m 이하의 높이에 설치할 것
- 옥내소화전의 개폐밸브 및 방수용기구를 격납하는 상자(이하 '소화전함'이라 한다)는 불연재료로 제작하고 점검에 편리하고 화재방생시 연기가 충만할 우려가 없는 장소 등 쉽게 접근이 가능하고 화재 등에 의한 피해를 받을 우려가 적은 장소에 설치할 것
- 가압송수장치의 시동을 알리는 표시등(이하 '시동표시등'이라 한다)은 적색으로 하고 옥내소화전함의 내부 또는 그 직근의 장소에 설치할 것
- 옥내소화전함에는 그 표면에 '소화전'이라고 표시할 것
- 옥내소화전의 상부의 벽면에 적색의 표시등을 설치하되, 당해 표시등의 부착면과 15° 이상의 각도가 되는 방향으로 10m 떨어진 곳에서 용이하게 식별이 가능하도록 할 것

30 불활성가스 청정소화약제의 성분비율

소화약제명	화학식
IG-01	Ar
IG-100	N_2
IG-541	N_2 52%, Ar 40%, CO_2 8%
IG-55	N_2 50%, Ar 50%

31 메탄인산(HPO_3) : 가연물에 부착성이 좋아 산소공급을 차단하는 방진효과가 우수하다(A급 적응성).

※ 분말 소화약제 열분해 반응식

종별	약제명	색상	적응화재	열분해 반응식
제1종	탄산수소나트륨	백색	B, C	$2NaHCO_3$ $\rightarrow Na_2CO_3 + CO_2 + H_2O$
제2종	탄산수소칼륨	담자(회)색	B, C	$2KHCO_3$ $\rightarrow K_2CO_3 + CO_2 + H_2O$
제3종	제1인산암모늄	담홍색	A, B, C	$NH_4H_2PO_4$ $\rightarrow HPO_3 + NH_3 + H_2O$
제4종	탄산수소칼륨 +요소	회색	B, C	$2KHCO_3 + (NH_2)_2CO$ $\rightarrow K_2CO_3 + 2NH_3 + 2CO_2$

32 정전기방지법
- 접지할 것
- 공기를 이온화할 것
- 상대습도를 70% 이상으로 할 것
- 유속을 1m/s 이하로 유지할 것
- 제진기를 설치할 것

정답 29 ①　30 ③　31 ③　32 ①

33 자연발화가 일어날 수 있는 조건으로 가장 옳은 것은?

① 주위의 온도가 낮을 것
② 표면적이 작을 것
③ 열전도율이 작을 것
④ 발열량이 작을 것

34 다음은 제4류 위험물에 해당하는 물품의 소화방법을 설명한 것이다. 소화효과가 가장 떨어지는 것은?

① 산화프로필렌 : 알코올형 포로 질식소화한다.
② 아세톤 : 수성막포를 이용하여 질식소화한다.
③ 이황산탄소 : 탱크 또는 용기 내부에서 연소하고 있는 경우에는 물을 사용하여 질식소화한다.
④ 디에틸에테르 : 이산화탄소소화설비를 이용하여 질식소화한다.

35 피리딘 20000리터에 대한 소화설비의 소요단위는?

① 5단위   ② 10단위
③ 15단위   ④ 100단위

36 위험물제조소등에 설치하는 포 소화설비에 있어서 포헤드 방식의 포헤드는 방호대상물의 표면적(m²) 얼마당 1개 이상의 헤드를 설치하여야 하는가?

① 3   ② 6
③ 9   ④ 12

37 탄소 1mol이 완전연소하는 데 필요한 최소 이론공기량은 약 몇 L인가? (단, 0℃, 1기압 기준이며, 공기 중 신소의 농도는 21vol% 이다.)

① 10.7   ② 22.4
③ 107   ④ 224

---

33 자연발화 조건
• 주위의 온도가 높을 것
• 표면적이 넓을 것
• 열전도율이 작을 것
• 발열량이 클 것
※ 자연발화 방지대책
• 직사광선을 피하고 저장실 온도를 낮출 것
• 습도 및 온도를 낮게 유지하고 미생물 활동에 의한 열발생을 낮출 것
• 통풍 및 환기 등을 잘하여 열축적을 방지할 것

34 • 알코올형 포 소화약제 : 일반포를 수용성위험물에 방사하면 포 약제가 소멸하는 소포성 때문에 사용하지 못한다. 이를 방지하기 위하여 특별히 제조된 포약제가 알코올형 포 소화약제이다.
• 알코올형 포 사용위험물(수용성) : 알코올, 아세톤, 포름산, 피리딘, 초산, 산화프로필렌 등의 수용성 액체 화재 시 사용한다.

35 피리딘(C_5H_5N) : 제4류, 제1석유류(수용성), 지정수량 400l
• 위험물의 1소요단위 : 지정수량의 10배
• 소요단위$=\dfrac{저장수량}{지정수량 \times 10배}=\dfrac{20000l}{400l \times 10}=$5단위

36 포소화설비에서 포헤드방식의 포헤드 설치기준
• 헤드 : 방호대상물의 표면적 9m^2당 1개 이상
• 방사량 : 방호대상물의 표면적 1m^2당 6.5l/min 이상

> **참고** 포워터 스프링클러헤드와 포헤드 설치기준
> • 포워터 스프링클러헤드 : 바닥면적 8m^2 마다 1개 이상
> • 포헤드 : 바닥면적 9m^2 마다 1개 이상

37 탄소의 완전연소 반응식
$$\underline{C} + \underline{O_2} \rightarrow CO_2$$
$$1mol : 1mol \times 22.4l \quad (0℃, 1기압)$$

∴ 공기량$=22.4l \times \dfrac{100}{21}=106.67l$

38 위험물제조소에 옥내소화전 설비를 3개 설치하였다. 수원의 양은 몇 m³ 이상이어야 하는가?

① 7.8m³   ② 9.9m³
③ 10.4m³   ④ 23.4m³

39 위험물안전관리법령상 옥내소화전설비의 비상전원은 자가발전설비 또는 축전지 설비로 옥내소화전 설비를 유효하게 몇 분 이상 작동할 수 있어야 하는가?

① 10분   ② 20분
③ 45분   ④ 60분

40 수성막포소화약제를 수용성 알코올 화재 시 사용하면 소화효과가 떨어지는 가장 큰 이유는?

① 유독가스가 발생하므로
② 화염의 온도가 높으므로
③ 알코올은 포와 반응하여 가연성 가스를 발생하므로
④ 알코올이 포 속의 물을 탈취하여 포가 파괴되므로

제3과목 | 위험물의 성질과 취급

41 금속 칼륨에 관한 설명 중 틀린 것은?

① 연해서 칼로 자를 수가 있다.
② 물속에 넣을 때 서서히 녹아 탄산칼륨이 된다.
③ 공기 중에서 빠르게 산화하여 피막을 형성하고 광택을 잃는다.
④ 등유, 경유 등의 보호액 속에 저장한다.

42 과산화수소의 성질에 대한 설명 중 틀린 것은?

① 에테르에 녹지 않으며, 벤젠에 녹는다.
② 산화제이지만 환원제로서 작용하는 경우도 있다.
③ 물보다 무겁다.
④ 분해방지 안정제로 인산, 요산 등을 사용할 수 있다.

---

38 옥내소화전설비 설치기준

수평 거리	방사량	방사압력	수원의 양(Q : m³)
25m 이하	260(l/min) 이상	350(kPa) (=350kPa) 이상	Q=N(소화전개수 : 최대 5개)×7.8m^3 (260l/min×30min)

$$\therefore Q = N \times 7.8m^3 = 3 \times 7.8m^3 = 23.4m^3$$

39 법규정상 위험물 제조소등의 옥내·옥외소화전 설비, 스프링클러 설비의 비상전원은 45분 이상 작동가능할 것

40 34번 해설 참고

41 금속칼륨(K) : 제3류 위험물(금수성)
- 비중이 0.86으로 물보다 가벼운 은백색의 연한 경금속이다.
- 연소 시 보라색 불꽃을 내며 연소한다.
  $$4K + O_2 \rightarrow 2K_2O$$
- 물 또는 알코올과 반응 시 수소(H₂)기체를 발생한다.
  $$K + 2H_2O \rightarrow 2KOH + H_2 \uparrow$$
  $$2K + 2C_2H_5OH \rightarrow 2C_2H_5OK + H_2 \uparrow$$
- 저장은 석유(유동파라핀, 등유, 경유), 벤젠 속에 한다.

42 과산화수소(H₂O₂) : 제6류(산화성 액체)
- 36중량% 이상만 위험물에 적용된다.
- 물, 에탄올, 에테르 등에 잘 녹고 벤젠 등에는 녹지 않는다.
- 분해방지 안정제로 인산(H₃PO₄), 요산(C₅H₄N₄O₃)을 첨가한다.
- 저장용기에는 구멍있는 마개를 사용한다.
- 강산화제이지만 환원제로도 사용한다.
- 비중 1.462, 융점 −0.89℃이다.
- 소화시 다량의 주수로 냉각소화한다.

43 위험물안전관리법령상 $C_6H_2(NO_2)_3OH$의 품명에 해당하는 것은?

① 유기과산화물
② 질산에스테르류
③ 니트로화합물
④ 아조화합물

44 위험물을 저장 또는 취급하는 탱크의 용량은?

① 탱크의 내용적에서 공간용적을 뺀 용적으로 한다.
② 탱크의 내용적으로 한다.
③ 탱크의 공간용적으로 한다.
④ 탱크의 내용적에 공간용적을 더한 용적으로 한다.

45 P_4S_7에 고온의 물을 가하면 분해된다. 이때 주로 발생하는 유독물질의 명칭은?

① 아황산
② 황화수소
③ 인화수소
④ 오산화린

46 과산화칼륨에 대한 설명으로 옳지 않은 것은?

① 염산과 반응하여 과산화수소를 생성한다.
② 탄산가스와 반응하여 산소를 생성한다.
③ 물과 반응하여 수소를 생성한다.
④ 물과의 접촉을 피하고 밀전하여 저장한다.

47 염소산칼륨이 고온에서 완전 열분해할 때 주로 생성되는 물질은?

① 칼륨과 물 및 산소
② 염화칼륨과 산소
③ 이염화칼륨과 수소
④ 칼륨과 물

---

43 피크린산[$C_6H_2(NO_2)_3OH$] : 제5류의 니트로화합물(자기반응성)
• 황색의 침상결정으로 쓴맛과 독성이 있다.
• 충격, 마찰에 둔감하고 자연발화위험이 없이 안정하다.
• 인화점 150℃, 발화점 300℃, 녹는점 122℃, 끓는점 255℃이다.
• 냉수에는 거의 녹지 않으나 온수, 알코올, 벤젠 등에 잘 녹는다.
• 황, 가솔린, 알코올 등 유기물과 혼합 시 마찰 충격에 의해 격렬하게 폭발한다.

44 탱크의 용적 산정기준
탱크의 용량＝탱크의 내용적－공간용적
※ 탱크의 공간용적
• 일반 탱크의 공간용적 : 탱크의 용적의 5/100 이상 10/100 이하로 한다.
• 소화설비를 설치하는 탱크이 공간 용적(탱크 안 윗부분에 설치시) : 당해 소화설비의 소화약제 방출구 아래의 0.3m 이상 1m 미만 사이의 면으로부터 윗부분의 용적으로 한다.
• 암반 탱크의 공간용적 : 탱크내의 용출하는 7일간의 지하수의 양에 상당하는 용적과 당해 탱크의 용적 1/100의 용적중에서 보다 큰 용적을 공간용적으로 한다.

45 황화린(지정수량 : $100kg$) : 제2류(가연성 고체)
• 황화린은 삼황화린(P_4S_3), 오황화린(P_2S_5), 칠황화린(P_4S_7)의 3종류가 있으며 물에 의해 분해 시 유독한 가연성인 황화수소(H_2S) 가스를 발생한다.
• 칠황화린(P_4S_7)
  - 담황색 결정으로 조해성이 있어 수분 흡수 시 분해한다.
  - 이황화탄소(CS_2)에 약간 녹고 냉수에는 서서히 더운물에는 급격히 분해하여 유독한 황화수소와 인산을 발생한다.

46 과산화칼륨(K_2O_2) : 제1류(산화성 고체)
• 무색 또는 오렌지색 분말로 에틸알코올에 용해, 흡습성 및 조해성이 강하다.
  열분해 : $2K_2O_2 \xrightarrow{\Delta} 2K_2O + O_2\uparrow$
  물과 반응 : $2K_2O_2 + 2H_2O \longrightarrow 4KOH + O_2\uparrow$
• 염산과 반응 : $K_2O_2 + 2CH_3COOH \longrightarrow 2CH_3COOK + H_2O_2$
• CO_2와 반응 : $2K_2O_2 + 2CO_2 \longrightarrow 2K_2CO_3 + O_2\uparrow$
• 주수소화 절대엄금, 건조사 등으로 질식소화한다.(CO_2 효과없음)

47 염소산칼륨($KClO_3$) : 제1류(산화성 고체)
• 무색, 백색분말로서 강한 산화력이 있다.
• 온수, 글리세린에 녹으며 냉수, 알코올에는 잘 녹지 않는다.
• 열분해 시 염화칼륨(KCl)과 산소(O_2)를 방출한다.
  $2KClO_3 \rightarrow 2KCl + 3O_2\uparrow$ (540~560℃)
• 용도 : 폭약, 불꽃, 성냥, 표백, 인쇄잉크 등

정답 **43** ③ **44** ① **45** ② **46** ③ **47** ②

48 위험물안전관리법령상 위험물의 운반에 관한 기준에서 적재하는 위험물의 성질에 따라 직사일광으로부터 보호하기 위하여 차광성 있는 피복으로 가려야 하는 위험물은?

① S

② Mg

③ C_6H_6

④ $HClO_4$

49 연소시에는 푸른 불꽃을 내며, 산화제와 혼합되어 있을 때 가열이나 충격 등에 의하여 폭발할 수 있으며 흑색화약의 원료로 사용되는 물질은?

① 적린

② 마그네슘

③ 황

④ 아연분

50 다음과 같은 성질을 갖는 위험물로 예상할 수 있는 것은?

> • 지정수량 : 400L
> • 증기비중 : 2.07
> • 인화점 : 12℃
> • 녹는점 : −89.5℃

① 메탄올

② 벤젠

③ 이소프로필알코올

④ 휘발유

51 제5류 위험물 중 상온(25℃)에서 동일한 물리적 상태(고체, 액체, 기체)로 존재하는 것으로만 나열된 것은?

① 니트로글리세린, 니트로셀룰로오스

② 질산메틸, 니트로글리세린

③ 트리니트로톨루엔, 질산메틸

④ 니트로글리콜, 트리니트로톨루엔

---

48 위험물 적재운반 시 조치해야 할 위험물

차광성의 덮개를 해야 하는 것	방수성의 피복으로 덮어야 하는 것
• 제1류 위험물 • 제3류 위험물 중 자연발화성물질 • 제4류 위험물 중 특수인화물 • 제5류 위험물 • 제6류 위험물	• 제1류 위험물 중 알칼리금속의 과산화물 • 제2류 위험물 중 철분, 금속분, 마그네슘 • 제3류 위험물 중 금수성물질

① 유황(S) : 제2류(가연성고체)

② 마그네슘(Mg) : 제2류(가연성고체)의 금속분

③ 벤젠(C_6H_6) : 제4류(인화성액체)의 제1석유류

④ 과염소산($HClO_4$) : 제6류(산화성액체)

49 유황(S) : 제2류(가연성고체)

• 동소체로 사방황, 단사황, 고무상황이 있다.

• 물에 녹지 않고, 고무상황을 제외하고 이황화탄소(CS_2)에 잘 녹는 황색의 고체(분말)이다.

• 공기 중에 연소 시 푸른빛을 내며 유독한 아황산가스(SO_2)를 발생한다.

$$S + O_2 \rightarrow SO_2$$

• 강산화제(제1류), 유기과산화물, 목탄분 등과 혼합 시 가열, 충격, 마찰 등에 의해 발화폭발한다(분진폭발성 있음).

• 흑색화약(질산칼륨 75%＋유황 10%＋목탄 15%) 원료에 사용한다.

• 소화 : 다량의 물로 냉각소화 또는 질식소화한다.

> 참고 유황은 순도가 60wt% 미만은 제외한다.

50 제4류 위험물(인화성 액체)의 물성

구분	메탄올	벤젠	이소프로필알코올	휘발유
인화점	11℃	−11℃	12℃	−43∼−20℃
착화점	464℃	562℃	389℃	300℃
증기비중	1.11	2.8	2.08	3∼4
녹는점	−94℃	5.5℃	·	·
유별	알코올류	제1석유류 (비수용성)	알코올류	제1석유류 (비수용성)
지정수량	400*l*	200*l*	400*l*	200*l*

51 제5류 위험물(자기 반응성 물질)의 상태

• 고체 : 니트로셀룰로오스, 트리니트로톨루엔

• 액체 : 질산메틸, 니트로글리세린, 트리니트로글리콜

---

52 아세톤과 아세트알데히드에 대한 설명으로 옳은 것은?

① 증기비중은 아세톤이 아세트알데히드보다 작다.

② 위험물안전관리법령상 품명은 서로 다르지만 지정수량은 같다.

③ 인화점과 발화점 모두 아세트알데히드가 아세톤보다 낮다.

④ 아세톤의 비중은 물보다 작지만, 아세트알데히드는 물보다 크다.

53 다음 중 특수인화물이 아닌 것은?

① CS_2

② $C_2H_5OC_2H_5$

③ CH_3CHO

④ HCN

54 위험물안전관리법령상 주유취급소에서의 위험물 취급기준에 따르면 자동차 등에 인화점 몇 ℃ 미만의 위험물을 주유할 때에는 자동차 등의 원동기를 정지시켜야 하는가? (단, 원칙적인 경우에 한한다.)

① 21   ② 25

③ 40   ④ 80

55 $C_2H_5OC_2H_5$의 성질 중 틀린 것은?

① 전기 양도체이다.

② 물에는 잘 녹시 않는다.

③ 유동성의 액체로 휘발성이 크다.

④ 공기 중 장시간 방치 시 폭발성 과산화물을 생성할 수 있다.

---

52 제4류 위험물(인화성 액체)

구분	류별	지정 수량	증기 비중	인화점	발화점	비중
아세톤 (CH_3COCH_3)	제1석유류 (수용성)	400*l*	2.0	−18℃	538℃	0.79
아세트알데히드 (CH_3CHO)	특수인화물 (수용성)	50*l*	1.52	−39℃	185℃	0.78

53 제4류 위험물(인화성 액체)

구분	이황화탄소	디에틸에테르	아세트알데히드	시안화수소
화학식	CS_2	$C_2H_5OC_2H_5$	CH_3CHO	HCN
인화점	−30℃	−45℃	−39℃	−18℃
발화점	100℃	180℃	185℃	538℃
유별	특수인화물	특수인화물	특수인화물	제1석유류

※ 제4류 위험물의 유별구분은 인화점으로 한다.

구분	인화점 범위(1atm)
특수인화물	• 발화점 100℃ 이하 • 인화점 −20℃ 이하이고, 비점 40℃ 이하
제1석유류	• 인화점 21℃ 미만
제2석유류	• 인화점 21℃ 이상 70℃ 미만
제3석유류	• 인화점 70℃ 이상 200℃ 미만
제4석유류	• 인화점 200℃ 이상 250℃ 미만
동식물류	• 인화점 250℃ 미만

54 • 이동저장탱크에 위험물을 주입시 인화점이 40℃ 미만인 위험물일 때는 원동기를 정지시킬 것
• 이동저장탱크에 위험물(휘발유, 등유, 경유)을 교체 주입하고자 할 때는 정전기 방지조치를 위해 유속을 1m/s 이하로 할 것

55 디에틸에테르($C_2H_5OC_2H_5$) : 제4류의 특수인화물
• 인화점 −45℃, 발화점 180℃, 연소범위 1.9~48%, 증기비중 2.6
• 휘발성이 강한 무색 액체이다.
• 물에 약간 녹고 알코올에 잘 녹으며 마취성이 있다.
• 공기와 장기간 접촉 시 과산화물을 생성한다.
• 전기의 부도체로서 정전기를 방지하기 위해 소량의 염화칼슘($CaCl_2$)을 넣어둔다.
• 저장 시 불활성가스를 봉입하고 과산화물 생성을 방지하기 위해 구리망을 넣어둔다.
• 소화 : CO_2로 질식소화한다.

> 참고 • 과산화물 검출시약 : 디에틸에테르+KI(10%)용액 → 황색 변화
> • 과산화물 제거시약 : 30%의 황산제일철수용액

정답   52 ③   53 ④   54 ③   55 ①

56 다음 중 자연발화의 위험성이 제일 높은 것은?

① 야자유
② 올리브유
③ 아마인유
④ 피마자유

57 고체위험물은 운반용기 내용적의 몇 % 이하의 수납률로 수납하여야 하는가?

① 90
② 95
③ 98
④ 99

58 황린이 연소할 때 발생하는 가스와 수산화나트륨 수용액과 반응하였을 때 발생하는 가스를 차례대로 나타낸 것은?

① 오산화인, 인화수소
② 인화수소, 오산화인
③ 황화수소, 수소
④ 수소, 황화수소

59 제4류 위험물의 일반적인 성질에 대한 설명 중 가장 거리가 먼 것은?

① 인화되기 쉽다.
② 인화점, 발화점이 낮은 것은 위험하다.
③ 증기는 대부분 공기보다 가볍다.
④ 액체비중은 대체로 물보다 가볍고 물에 녹기 어려운 것이 많다.

60 위험물안전관리법령상 지정수량의 10배를 초과하는 위험물을 취급하는 제조소에 확보하여야 하는 보유공지의 너비의 기준은?

① 1m 이상
② 3m 이상
③ 5m 이상
④ 7m 이상

56 요오드값이 큰 건성유는 불포화도가 높기 때문에 자연발화의 위험성이 크다.
- 건성유(요오드값 130 이상) : 해바라기유, 동유, 아마인유, 정어리기름, 들기름 등
- 반건성유(요오드값 100~130) : 면실유, 참기름, 채종유, 콩기름, 옥수수기름, 목화씨유 등
- 불건성유(요오드값 100 이하) : 올리브유, 동백기름, 피마자유, 야자유, 땅콩기름 등
※ 요오드값 : 유지 $100g$에 부가되는 요오드의 g수를 말한다.

57 1. 위험물 운반용기의 내용적의 수납률
- 고체 : 내용적의 95% 이하
- 액체 : 내용적의 98% 이하(55℃에서 누설되지 않도록 공간 유지)
※ 제3류(자연발화성 물질 중 알칼리알루미늄 등)
- 자연발화성 물질은 불황성기체를 봉입하여 밀봉할 것(공기와 접촉 금지)
- 내용적의 90% 이하로 하되 50℃에서 5% 이상 공간용적을 유지할 것
2. 저장탱크의 용량=탱크의 내용적−탱크의 공간용적
- 저장탱크의 용량범위 : 90~95%(탱크의 공간용적 5~10%)

58 황린(P_4) : 제3류(자연발화성 물질)
- 백색 또는 담황색 결정으로 가연성 및 자연발화성(발화점 34℃) 고체이다.
- 공기중 자연발화 온도가 40~50℃으로 낮아 pH=9인 약알칼리성의 물속에 저장한다.
- 맹독성으로 연소시 오산화인(P_2O_5)를 생성한다.
$P_4+5O_2 → 2P_2O_5$(오산화인)
- 강알칼리인 수산화나트륨(NaOH)과 반응시 유독성의 인화수소(pH3, 포스핀) 기체를 발생한다.
$P_4+3NaOH+3H_2O → 3NaH_2PO_2+PH_3↑$(인화수소)

59 제4류 위험물의 일반적인 성질
- 대부분 인화성 액체로서 물보다 가볍고 물에 녹지 않는다.
- 증기의 비중은 공기보다 무겁다(단, HCN 제외).
- 증기와 공기가 조금만 혼합하여도 연소폭발의 위험이 있다.
- 전기의 부도체로서 정전기 축적으로 인화의 위험이 있다.
- 인화점, 발화점이 낮은 것도 위험하다.

60 위험물제조소의 보유공지

취급 위험물의 최대수량	공지의 너비
지정수량의 10배 이하	3m 이상
지정수량의 10배 초과	5m 이상

정답 56 ③ 57 ② 58 ① 59 ③ 60 ③

제1과목 | 일반화학

01 n그램(g)의 금속을 묽은 염산에 완전히 녹였더니 m몰의 수소가 발생하였다. 이 금속의 원자가를 2가로 하면 이 금속의 원자량은?

① $\dfrac{n}{m}$

② $\dfrac{2n}{m}$

③ $\dfrac{n}{2m}$

④ $\dfrac{2m}{n}$

01 ① 당량

- 당량 $=\dfrac{원자량}{원자가}$

- 당량 : 수소 $1g(=0.5$몰$)$ 또는 산소 $8g(=0.25$몰$)$과 결합이나 치환되는 원소의 양을 $1g$당량이라 한다.

② $\underline{M(금속)}+2HCl \rightarrow MCl_2+\underline{H_2}\uparrow$

$$
\begin{array}{ccc}
ng & : & m몰 \\
x & : & 0.5몰
\end{array}
$$

x(M금속의 당량)$=\dfrac{n\times 0.5}{m}$

∴ 원자량 = 당량 × 원자가 $=\dfrac{0.5n}{m}\times 2=\dfrac{n}{m}$

02 질산나트륨의 물 100g에 대한 용해도는 80℃에서 148g, 20℃에서 88g이다. 80℃의 포화용액 100g을 70g으로 농축시켜서 20℃로 냉각시키면, 약 몇 g의 질산나트륨이 석출되는가?

① 29.4

② 40.3

③ 50.6

④ 59.7

02 ① 80℃에서 물 $100g$에 대한 용해도가 $148g$이면 용질은 $148g$이 녹는다.(포화용액 $248g$)

② 20℃에서 물 $100g$에 대한 용해도가 $88g$이면 용질은 $88g$이 녹는다.(포화용액 $188g$)

③ 80℃에서 포화용액 $100g$속에 용매(물)과 용질(질산나트륨)을 계산하면

$$
\begin{array}{ccccc}
 & (용매) & + & (용질) & = & (포화용액) \\
80℃ : & 100 & + & 148 & = & 248 \\
 & x & & & : & 100
\end{array}
$$

- x(물)$=\dfrac{100\times 100}{248}=40.3225g$

- 용질 = 용액 − 용질 $=100-40.3225=59.6775g$

④ 여기서 80℃ 포화용액 $100g$을 $70g$으로 농축시켰으면 물만 $30g$ 증발시켰으므로

- 물 : $40.3225-30=10.3225g$이고

- 용질 : $59.6775g$ 그대로 남아있다.

⑤ 20℃에서 용해도가 88일 때 물 $10.3225g$에 녹는 용질을 계산한다.

$$
\begin{array}{ccccc}
 & (용매) & + & (용질) & = & (포화용액) \\
20℃ : & 100 & + & 88 & = & 188 \\
 & 10.327 & : & x
\end{array}
$$

- $x=\dfrac{10.327\times 88}{100}=9.0878g$이므로 80℃에서 20℃로 냉각시

∴ 석출되는 질산나트륨(용질) $=59.6775-9.0878=50.5897g$

정답 01 ① 02 ③

03 다음과 같은 경향성을 나타내지 않는 것은?

> Li < Na < K

① 원자번호
② 원자반지름
③ 제1차 이온화에너지
④ 전자수

04 금속은 열, 전기를 잘 전도한다. 이와 같은 물리적 특성을 갖는 가장 큰 이유는?

① 금속의 원자반지름이 크다.
② 자유전자를 가지고 있다.
③ 비중이 대단히 크다.
④ 이온화에너지가 매우 크다.

05 어떤 원자핵에서 양성자의 수가 3이고, 중성자의 수가 2일 때 질량수는 얼마인가?

① 1   ② 3
③ 5   ④ 7

06 상온에서 1L의 순수한 물에는 H^+과 OH^-가 각각 몇 g 존재하는가?(단, H의 원자량은 1.008×10^{-7} g/mol이다.)

① 1.008×10^{-7}, 17.008×10^{-7}
② $1000 \times \dfrac{1}{18}$, $1000 \times \dfrac{17}{18}$
③ 18.016×10^{-7}, 18.016×10^{-7}
④ 1.008×10^{-14}, 17.008×10^{-14}

07 프로판 1kg을 완전연소시키기 위해 표준상태의 산소가 약 몇 m^3 필요한가?

① 2.55   ② 5
③ 7.55   ④ 10

---

03 • 1족원소 : Li, Na, K

원소	원자번호	전자수	원자량	원자반지름	이온화에너지
Li	3	3	7	작아짐 ↓ 커짐	커짐 ↓ 작아짐
Na	11	11	23		
K	19	19	39		

• 원자번호＝전자수＝양성자수
• 질량수(원자량)＝양성자수＋중성자수
• 원자반지름 : 같은 족에서는 원자번호가 증가함에 따라 전자껍질수가 증가하여 핵으로부터의 거리가 멀어지기 때문에 원자반지름은 커진다.
• 이온화 에너지 : 같은 족에서는 원자번호가 증가함에 따라 원자의 반지름이 커져 최외각전자 사이의 인력이 작아지므로 이온화에너지가 감소한다.

04 금속은 금속의 양이온(+) 사이를 자유롭게 이동하는 자유전자(−) 때문에 열, 전기를 잘 전도하고 금속의 광택성이 나타난다.

05 질량수＝양성자수＋중성자수
     ＝3＋2＝5

06 • 수용액에 물의 이온적(Kw)
  ＝$[H^+][OH^-]$
  ＝$10^{-7} \times 10^{-7} = 10^{-14}$(몰/$l$)^2 …… 상온(25℃)에서의 값
• $[H^+] = 1.008 \times 10^{-7}$($g$이온/$l$)
• $[OH^-] = 16 + 1.008 \times 10^{-7}$($g$이온/$l$)$= 17.008 \times 10^{-7}$($g$이온/$l$)

07 • 프로판(C_3H_8)의 분자량＝$12 \times 3 + 1 \times 8 = 44$
• 프로판의 완전연소반응식
$$\underline{C_3H_8} + \underline{5O_2} \rightarrow 3CO_2 + 4H_2O$$
$$44kg \quad : \quad 5 \times 22.4 m^3 \text{(표준상태)}$$
$$1kg \quad : \quad x$$
$$x = \frac{1 \times 5 \times 22.4}{44} = 2.545 m^3$$

08 다음의 염을 물에 녹일 때 염기성을 띠는 것은?

① Na_2CO_3
② $NaCl$
③ NH_4Cl
④ $(NH_4)_2SO_4$

09 콜로이드 용액을 친수콜로이드와 소수콜로이드로 구분할 때 소수콜로이드에 해당하는 것은?

① 녹말
② 아교
③ 단백질
④ 수산화철(III)

10 기하이성질체 때문에 극성분자와 비극성분자를 가질 수 있는 것은?

① C_2H_4
② C_2H_3Cl
③ $C_2H_2Cl_2$
④ C_2HCl_3

11 메탄에 염소를 작용시켜 클로로포름을 만드는 반응을 무엇이라 하는가?

① 중화반응
② 부가반응
③ 치환반응
④ 환원반응

12 제3주기에서 음이온이 되기 쉬운 경향성은?(단, 0족(18족) 기체는 제외한다.)

① 금속성이 큰 것
② 원자의 반지름이 큰 것
③ 최외각 전자수가 많은 것
④ 염기성 산화물을 만들기 쉬운 것

---

08 ① Na_2CO_3=강염기+약산 : 염기성
② $NaCl$=강염기+강산 : 중성
③ NH_4Cl=약염기+강산 : 산성
④ $(NH_4)_2SO_4$=약염기+강산 : 산성
※ 염의 액성 : 염을 이룬 산·염기의 강한 쪽의 성질을 띤다.

- 산 ┌ 강산 : HCl, HNO_3, H_2SO_4 등
  └ 약산 : H_2CO_3, CH_3COOH, H_2S 등
- 염기 ┌ 강염기 : $NaOH$, KOH, $Ca(OH)_2$ 등
  └ 약염기 : NH_4OH, $Mg(OH)_2$, $Al(OH)_3$ 등

09 콜로이드의 분류
- 소수콜로이드 : 소량의 전해질을 가하여 엉김이 일어나는 콜로이드(무기질 콜로이드)
  예 $Fe(OH)_3$, 먹물, 점토, 황가루 등
- 친수콜로이드 : 다량의 전해질을 가해야 엉김이 일어나는 콜로이드(유기질 콜로이드)
  예 비누, 녹말, 젤라틴, 아교, 한천, 단백질 등
- 보호콜로이드 : 소수콜로이드에 친수콜로이드를 가하여 불안한 소수콜로이드의 엉김이 일어나지 않도록 친수콜로이드가 보호하는 현상
  예 먹물속의 아교, 잉크속의 아라비아고무 등

10 기하이성질체 : 이중결합의 탄소원자에 결합된 원자 또는 원자단의 공간적 위치가 다른 것으로서 시스(cis)형과 트랜스(trans)형의 두 가지를 갖는다.

cis−1,2−dichloroethene (극성분자)　　trans−1,2−dichloroethene (비극성분자)

11 메탄(CH_4)은 포화 탄화수소계열이므로 치환반응을 한다.
① $CH_4+Cl_2 \rightarrow HCl+CH_3Cl$(염화메틸)
② $CH_3Cl+Cl_2 \rightarrow HCl+CH_2Cl_2$(염화메틸렌)
③ $CH_2Cl_2+Cl_2 \rightarrow HCl+CHCl_3$(클로로포름)
④ $CHCl_3+Cl_2 \rightarrow HCl+CCl_4$(사염화탄소)

12 같은 주기에서 오른쪽($\rightarrow$)으로 갈수록
- 음이온이 되기 쉬우므로 최외각 전자수가 많아진다.
- 금속성이 약하고 염기성산화물을 만들기 어렵다.(금속은 염기성산화물을 만듦)
- 비금속성은 강하여 산성산화물을 만들기 쉽다.(비금속은 산성산화물을 만듦)
- 원자의 반지름은 양성자(+)수가 증가하여 유효핵전하가 증가하므로 핵과 전자 사이에 정전기적 인력의 증가로 인하여 원자반지름은 작아진다.

정답 08 ①　　09 ④　　10 ③　　11 ③　　12 ③

13 황산구리(II) 수용액을 전기분해할 때 63.5g 의 구리를 석출시키는 데 필요한 전기량은 몇 F인가?(단, Cu의 원자량은 63.5이다.)

① 0.635F

② 1F

③ 2F

④ 63.5F

14 수성가스(water gas)의 주성분을 옳게 나타 낸 것은?

① CO_2, CH_4

② CO, H_2

③ CO_2, H_2, O_2

④ H_2, H_2O

15 다음은 열역학 제 몇 법칙에 대한 내용인가?

> 0K(절대영도)에서 물질의 엔트로피는 0이다.

① 열역학 제 0 법칙

② 열역학 제 1 법칙

③ 열역학 제 2 법칙

④ 열역학 제 3 법칙

16 다음과 같은 구조를 가진 전지를 무엇이라 하는가?

> $(-)Zn \parallel H_2SO_4 \parallel Cu(+)$

① 볼타전지

② 다니엘전지

③ 건전지

④ 납축전지

제3주기	Na	Mg	Al	Si	P	S	Cl
최외각전자수	1	2	3	4	5	6	7
금속성 (+ : 양이온)	강	←	금속성(+) (염기성산화물)		→		약
비금속성 (- : 음이온)	약	←	비금속성(-) (산성산화물)		→		강
원자의 반지름	큼	←	반지름		→		작음

13 황산구리($CuSO_4$)수용액 : $CuSO_4 \rightarrow Cu^{2+} + SO_4^{2-}$
여기서 Cu의 원자가=2가이고, 원자량=63.5g=2g당량이 된다.

- 당량 $= \dfrac{원자량}{원자가} = \dfrac{63.5}{2} = 31.75g(당량) = 1g당량$

- 1F(패럿)=96,500C(쿨롱)=1g당량 석출

∴ 구리(Cu) 63.5g=2g당량이므로 전기량은 2F이다.

※ 패러데이의 법칙(Faraday's law)
- 제1법칙 : 전기분해 되는 물질의 양은 통과시킨 전기량에 비례한다.
- 제2법칙 : 일정한 전기량에 의하여 석출되는 물질의 양은 그 물질의 당량에 비례한다.

14 수성가스(water gas) : 가열한 코크스(C)에 수증기(H_2O)를 통하면 생성된다.

$$C + H_2O \rightarrow \underbrace{CO + H_2}_{혼합기체를\ 수성가스라\ 한다.}$$

15 ① 열역학 제0법칙(열평형의 법칙) : 온도가 서로 다른 물체를 접촉할 때 높은 것은 내려가고 낮은 것은 올라가 두 물체 사이에 온도차가 없어지게 된다. 이것을 열평형이 되었다고 한다.
② 열역학 제1법칙(에너지보존의 법칙) : 열은 일로 변환되며, 일로 열로 변환이 가능한 법칙
③ 열역학 제2법칙(엔트로피 법칙) : 일은 열로 변환이 가능하지만, 열은 일로 변환이 불가능하다. 즉, 100%의 열효율을 가진 기관은 불가능하다.
④ 열역학 제3법칙 : 어떤 방법으로도 물체의 온도를 절대온도 0K로 내리는 것은 불가능하다. 즉 0K(절대영도)에서 물질의 엔트로피는 0이다.

16 ① 볼타전지 : Zn판에서 Cu판을 묽은 황산에 담그고 도선을 연결한 전지

> $(-)Zn \mid H_2SO_4 \mid Cu(+)$

- 전자 : Zn판에서 Cu판으로 이동한다.(전자이동 : ⊖극 → ⊕극)
- 전류 : Cu판에서 Zn판으로 흐른다.(전류흐름 : ⊕극 → ⊖극)
- Zn판 : 산화(질량감소), Cu판 : 환원(질량 불변)
- 소극제(감극제) : 이산화망간(MnO_2)을 사용하여 분극현상을 제거한다.

정답 13 ③ 14 ② 15 ④ 16 ①

17 20℃에서 NaCl 포화용액을 잘 설명한 것은?(단, 20℃에서 NaCl의 용해도는 36이다.)

① 용액 100g 중에 NaCl이 36g 녹아 있을 때
② 용액 100g 중에 NaCl이 136g 녹아 있을 때
③ 용액 136g 중에 NaCl이 36g 녹아 있을 때
④ 용액 136g 중에 NaCl이 136g 녹아 있을 때

18 다음 중 KMnO$_4$의 Mn의 산화수는?

① +1
② +3
③ +5
④ +7

19 다음 중 배수비례의 법칙이 성립되지 않는 것은?

① H$_2$O와 H$_2$O$_2$
② SO$_2$와 SO$_3$
③ N$_2$O와 NO
④ O$_2$와 O$_3$

20 [H$^+$]=2×10^{-6}M인 용액의 pH는 약 얼마인가?

① 5.7
② 4.7
③ 3.7
④ 2.7

② 다니엘전지

$$(-)\text{Zn} \mid \text{ZnSO}_4 \parallel \text{CuSO}_4 \mid \text{Cu}(+)$$

③ 건전지

$$(-)\text{Zn} \mid \text{NH}_4\text{Cl} \mid \text{MnO}_2 \cdot \text{C}(+)$$

④ 납축전지

$$(-)\text{Pb} \mid \text{H}_2\text{SO}_4 \parallel \text{PbO}_2(+)$$

17
• 용해도 : 일정한 온도에서 용매(물) 100g에 최대한 녹을 수 있는 용질의 g수(포화용액)
• 용매+용질=용액(용매 : 녹이는 물질, 용질 : 녹는 물질)

• 용해도가 36이란 : 용매(물) 100g에 최대한 녹을 수 있는 용질(NaCl)이 36g이다.
•   (용매) + (용질) = (포화용액)
  20℃ : 100g +   36   =   136g 이므로
  포화용액 136g 속에 용질(NaCl)이 36g이 녹아 있다는 뜻이다.

18 화합물의 원자의 산화수 총합은 "0"이다.
KM<u>n</u>O$_4$=+1+(Mn)-2×4=0, Mn=+7
※ 산화수를 정하는 법
• 단체 및 화합물의 원자의 산화수 총합은 "0"이다.
• 산소의 산화수는 -2이다.(단, 과산화물 : -1, OF$_2$: +2)
• 수소의 산화수는 비금속과 결합 +1, 금속과 결합 -1 이다.
• 금속의 산화수는 알칼리금속(Li, Na, K 등) +1, 알칼리토금속(Mg, Ca 등) +2 이다.
• 이온과 원자단의 산화수는 그 전하산화수와 같다.

19 배수비례의 법칙 : 서로 다른 두 종류의 원소가 화합하여 여러 종류의 화합물을 구성할 때, 한 원소의 일정 질량과 결합하는 다른 원소의 질량비는 간단한 정수비로 나타낸다.
예 • 탄소화합물 : CO, CO$_2$(탄소원자 1개당 산소가 1:2 정수비로 나타남)
• 황화합물 : SO$_2$, SO$_3$(황원자 1개당 산소가 2:3 정수비로 나타남)
• 수소화합물 : H$_2$O, H$_2$O$_2$(수소원자 2개당 산소가 1:2 정수비로 나타남)
• 산소화합물 : N$_2$O, NO(산소원자 1개당 질소가 2:1 정수비로 나타남)

20 pH=-log[H$^+$]=-log[2×10^{-6}]=6-log2=6-0.3=5.7

$$\text{pH}=-\log[\text{H}^+] \quad \text{pOH}=-\log[\text{OH}^-] \quad \text{pH}=14-[\text{pOH}]$$

정답 **17** ③ **18** ④ **19** ④ **20** ①

21 자연발화가 잘 일어나는 조건에 해당하지 않는 것은?

① 주위 습도가 높을 것
② 열전도율이 클 것
③ 주위 온도가 높을 것
④ 표면적이 넓을 것

21 1. 자연발화의 조건
   • 주위의 온도가 높을 것
   • 표면적이 넓을 것
   • 열전도율이 작을 것
   • 발열량이 클 것
2. 자연발화 방지대책
   • 직사광선을 피하고 저장실 온도를 낮출 것
   • 습도 및 온도를 낮게 유지하여 미생물활동에 의한 열발생을 낮출 것
   • 통풍 및 환기 등을 잘하여 열축적을 방지할 것

22 제조소 건축물로 외벽이 내화구조인 것의 1소요단위는 연면적이 몇 m²인가?

① 50   ② 100
③ 150   ④ 1000

22 소요1단위의 산정방법

건축물	내화구조의 외벽	내화구조가 아닌 외벽
제조소 및 취급소	연면적 $100m^2$	연면적 $50m^2$
저장소	연면적 $150m^2$	연면적 $75m^2$
위험물	지정수량의 10배	

23 종별 분말소화약제에 대한 설명으로 틀린 것은?

① 제1종은 탄산수소나트륨을 주성분으로 한 분말
② 제2종은 탄산수소나트륨과 탄산칼슘을 주성분으로 한 분말
③ 제3종은 제일인산암모늄을 주성분으로 한 분말
④ 제4종은 탄산수소칼륨과 요소와의 반응물을 주성분으로 한 분말

23 분말 소화약제 열분해 반응식

종류	약제명	색상	열분해 반응식
제1종	탄산수소나트륨	백색	$2NaHCO_3$ $\rightarrow Na_2CO_3 + CO_2 + H_2O$
제2종	탄산수소칼륨	담자(회)색	$2KHCO_3$ $\rightarrow K_2CO_3 + CO_2 + H_2O$
제3종	제1인산암모늄	담홍색	$NH_4H_2PO_4$ $\rightarrow HPO_3 + NH_3 + H_2O$
제4종	탄산수소칼륨+요소	회색	$2KHCO_3 + (NH_2)_2CO$ $\rightarrow K_2CO_3 + 2NH_3 + 2CO_2$

24 위험물제조소등에 펌프를 이용한 가압송수장치를 사용하는 옥내소화전을 설치하는 경우 펌프의 전양정은 몇 m인가?(단, 소방용호스의 마찰손실수두는 6m, 배관의 마찰손실수두는 1.7m, 낙차는 32m이다.)

① 56.7   ② 74.7
③ 64.7   ④ 39.87

24 옥내소화전펌프의 전양정 구하는 식
$H = h_1 + h_2 + h_3 + 35m$
$= 6m + 1.7m + 32m + 35m$
$= 74.7m$

$$\begin{bmatrix} H : 펌프의\ 전양정(m) \\ h_1 : 소방용호스\ 마찰손실수두(m) \\ h_2 : 배관의\ 마찰손실수두(m) \\ h_3 : 낙차(m) \end{bmatrix}$$

25 자체소방대에 두어야 하는 화학소방자동차 중 포수용액을 방사하는 화학소방자동차는 전체 법정 화학소방자동차 대수의 얼마 이상으로 하여야 하는가?

① $\frac{1}{3}$ ② $\frac{2}{3}$

③ $\frac{1}{5}$ ④ $\frac{2}{5}$

25 위험물안전관리법 시행규칙 제75조 ②항(화학소방차기준)
포수용액을 방사하는 화학소방차 대수는 전체법정대수의 $\frac{2}{3}$ 이상으로 하여야 한다.

정답 21 ② 22 ② 23 ② 24 ② 25 ②

26 제1인산암모늄 분말 소화약제의 색상과 적응 화재를 옳게 나타낸 것은?

① 백색, BC급
② 담홍색, BC급
③ 백색, ABC급
④ 담홍색, ABC급

27 과산화수소 보관장소에 화재가 발생하였을 때 소화방법으로 틀린 것은?

① 마른모래로 소화한다.
② 환원성 물질을 사용하여 중화 소화한다.
③ 연소의 상황에 따라 분무주수도 효과가 있다.
④ 다량의 물을 사용하여 소화할 수 있다.

28 할로겐화합물 소화약제의 구비조건과 거리가 먼 것은?

① 전기절연성이 우수할 것
② 공기보다 가벼울 것
③ 증발 잔유물이 없을 것
④ 인화성이 없을 것

29 강화액 소화기에 대한 설명으로 옳은 것은?

① 물의 유동성을 강화하기 위한 유화제를 첨가한 소화기이다.
② 물의 표면장력을 강화하기 위해 탄소를 첨가한 소화기이다.
③ 산·알칼리 액을 주성분으로 하는 소화기이다.
④ 물의 소화효과를 높이기 위해 염류를 첨가한 소화기이다.

30 불활성가스 소화약제 중 IG−541의 구성성분이 아닌 것은?

① 질소
② 브롬
③ 아르곤
④ 이산화탄소

31 연소의 주된 형태가 표면 연소에 해당하는 것은?

① 석탄
② 목탄
③ 목재
④ 유황

26

종별	약제명	화학식	색상	적응 화재
제1종	탄산수소나트륨	$NaHCO_3$	백색	B, C급
제2종	탄산수소칼륨	$KHCO_3$	담자(회)색	B, C급
제3종	제1인산암모늄	$NH_4H_2PO_4$	담홍색	A, B, C급
제4종	탄산수소칼륨 +요소	$KHCO_3$ +$(NH_2)_2CO$	회색	B, C급

27 과산화수소(H_2O_2)는 제6류 위험물(산화성액체)로서 소화방법은 다량의 물의 수(水)계통의 소화약제를 사용하며, 마른모래, 인산염류분말 소화약제, 팽창질석 또는 팽창진주암 등을 사용한다.

28 할로겐화합물 소화약제 구비조건
• 비점이 낮을 것
• 기화(증기)되기 쉬울 것
• 공기보다 무겁고 불연성일 것
• 전기 절연성이 우수할 것
• 증발잠열이 클 것
• 증발잔유물이 없을 것
• 공기의 접촉을 차단할 것

29 강화액 소화기 : 물의 소화효과를 높이기 위해 물에 탄산칼륨(K_2CO_3)의 염류를 첨가한 소화기이다.
• −30℃의 한냉지에서도 사용가능(−30~−25℃)
• 소화원리(A급, 무상방사시 B, C급), 압력원 CO_2
$H_2SO_4+K_2CO_3 \rightarrow K_2SO_4+H_2O+CO_2\uparrow$
• 소화약제 pH=12(알칼리성)

30 불활성가스 청정소화약제의 성분비율

소화약제명	화학식
IG−01	Ar : 100%
IG−100	N_2 : 100%
IG−541	N_2 : 52%, Ar : 40%, CO_2 : 8%
IG−55	N_2 : 50%, Ar : 50%

31 연소의 형태
• 표면연소 : 숯, 목탄, 코크스, 금속분 등
• 분해연소 : 석탄, 종이, 목재, 플라스틱, 중유 등
• 증발연소 : 황, 파라핀(양초), 나프탈렌, 휘발유, 등유 등 제4류 위험물
• 자기연소(내부연소) : 니트로셀룰로오스, 니트로글리세린 등 제5류 위험물
• 확산연소 : 수소, 아세틸렌, LPG, LNG 등 가연성기체

정답 26 ④ 27 ② 28 ② 29 ④ 30 ② 31 ②

32 마그네슘 분말의 화재시 이산화탄소 소화약제는 소화적응성이 없다. 그 이유로 가장 적합한 것은?

① 분해반응에 의하여 산소가 발생하기 때문이다.

② 가연성의 일산화탄소 또는 탄소가 생성되기 때문이다.

③ 분해반응에 의하여 수소가 발생하고 이 수소는 공기 중의 산소와 폭명반응을 하기 때문이다.

④ 가연성의 아세틸렌가스가 발생하기 때문이다.

33 분말소화약제 중 열분해 시 부착성이 있는 유리상의 메타인산이 생성되는 것은?

① Na_3PO_4 ② $(NH_4)_3PO_4$

③ $NaHCO_3$ ④ $NH_4H_2PO_4$

34 제3류 위험물의 소화방법에 대한 설명으로 옳지 않은 것은?

① 제3류 위험물은 모두 물에 의한 소화가 불가능하다.

② 팽창질석은 제3류 위험물에 적응성이 있다.

③ K, Na의 화재시에는 물을 사용할 수 없다.

④ 할로겐화물 소화설비는 제3류 위험물에 적응성이 없다.

35 이산화탄소 소화기 사용 중 소화기 방출구에서 생길 수 있는 물질은?

① 포스겐   ② 일산화탄소

③ 드라이아이스   ④ 수소가스

36 위험물제조소에 옥내소화전을 각 층에 8개씩 설치하도록 할 때 수원의 최소 수량은 얼마인가?

① $13m^3$ ② $20.8m^3$

③ $39m^3$ ④ $62.4m^3$

---

32 마그네슘 분(Mg) : 제2류 위험물(가연성고체), 지정수량 500kg

• 은백색의 광택이 나는 경금속이다.

• 공기 중에서 화기에 의해 분진폭발 위험과 습기에 의해 자연발화 위험이 있다.

• 산 또는 수증기와 반응 시 고열과 함께 수소(H_2)가스를 발생한다.

$$Mg+2HCl \rightarrow MgCl_2+H_2\uparrow$$
$$Mg+2H_2O \rightarrow Mg(OH)_2+H_2\uparrow$$

• 고온에서 질소(N_2)와 반응하여 질화마그네슘(Mg_3N_2)을 생성한다.

• 저농도 산소 중에서도 CO_2와 반응연소하여 일산화탄소(CO) 또는 탄소(C)를 생성한다.

$$Mg+CO_2 \rightarrow MgO+CO$$
$$2Mg+CO_2 \rightarrow 2MgO+C$$

• 소화 : 주수소화, CO_2, 포, 할로겐화합물은 절대엄금, 마른 모래로 피복소화한다.

33 제3종 분말소화약제(제일인산암모늄, $NH_4H_2PO_4$) : 담홍색(A, B, C급)

• 열분해반응식 : $NH_4H_2PO_4$ → NH_3 + H_2O + HPO_3
　　　　　　(제1인산암모늄)　(암모니아)　(물)　(메타인산)

• A급 화재에 적용되는 이유 : 열분해 시 생성되는 불연성 용융물질인 유리상의 메타인산(HPO_3)이 가연물의 표면에 부착 및 점착되는 방진작용으로 가연물과 산소와의 접촉을 차단시켜 주기 때문이다.

34 제3류 위험물의 소화방법

• 금수성물질로 주수소화는 절대엄금, CO_2와도 격렬하게 반응하므로 사용금지한다.(단, 황린(P_4)의 경우 초기화재 시 물로 사용가능)

• 마른모래, 금속화재용 분말약제인 탄산수소염류를 사용한다.

• 팽창질석 및 팽창진주암은 알킬알루미늄화재 시 사용한다.

• K, Na 등은 금수성물질로 화재 시 물을 사용 시 반응하여 가연성인 수소(H_2) 기체를 발생하므로 사용할 수 없다.

$$2K+2H_2O \rightarrow 2KOH+H_2\uparrow$$
$$2Na+2H_2O \rightarrow 2NaOH+H_2\uparrow$$

35 이산화탄소 소화기 사용 중 소화기 방출구에 고체이산화탄소인 드라이아이스가 생성되어 방출구를 폐쇄시킬 우려가 있다.

※ 줄-톰슨효과(Joule-Thomson효과) : 이산화탄소의 기체를 가는 구멍을 통하여 갑자기 팽창시키면 온도가 급강하여 고체인 드라이아이스가 만들어지는 현상

36 옥내소화전설비의 수원의 양

• 옥내소화전이 가장 많이 설치된 층을 기준한다. 여기서 각 층에 8개씩 설치되어 있지만 한 층에 최대 5개만 해당된다.

• Q＝N(소화전개수 : 최대5개)×$7.8m^3$
　＝5×$7.8m^3$＝$39m^3$ 이상

정답 32 ②   33 ④   34 ①   35 ③   36 ③

37 위험물안전관리법령상 위험물 저장·취급 시 화재 또는 재난을 방지하기 위하여 자체소방대를 두어야 하는 경우가 아닌 것은?

① 지정수량의 3천배 이상의 제4류 위험물을 저장·취급하는 제조소

② 지정수량의 3천배 이상의 제4류 위험물을 저장·취급하는 일반취급소

③ 지정수량의 2천배의 제4류 위험물을 취급하는 일반취급소와 지정수량의 1천배의 제4류 위험물을 취급하는 제조소가 동일한 사업소에 있는 경우

④ 지정수량의 3천배 이상의 제4류 위험물을 저장·취급하는 옥외탱크저장소

38 경보설비를 설치하여야 하는 장소에 해당되지 않는 것은?

① 지정수량 100배 이상의 제3류 위험물을 저장·취급하는 옥내저장소

② 옥내주유취급소

③ 연면적 $500m^2$이고 취급하는 위험물의 지정수량이 100배인 제조소

④ 지정수량 10배 이상의 제4류 위험물을 저장·취급하는 이동탱크저장소

39 위험물안전관리법령상 옥내소화전설비에 관한 기준에 대해 다음 ( )에 알맞은 수치를 옳게 나열한 것은?

> 옥내소화전설비는 각층을 기준으로 하여 당해 층의 모든 옥내소화전(설치개수가 5개 이상인 경우는 5개의 옥내소화전)을 동시에 사용할 경우에 각 노즐선단의 방수압력이 (ⓐ)kPa 이상이고 방수량이 1분당 (ⓑ)L 이상의 성능이 되도록 할 것

① ⓐ 350, ⓑ 260

② ⓐ 450, ⓑ 260

③ ⓐ 350, ⓑ 450

④ ⓐ 450, ⓑ 450

※ 옥내소화전설비 설치기준

수평거리	방사량	방사압력	수원의 양(Q:m³)
25m 이하	260(l/min) 이상	350(KPa) 이상	Q=N(소화전개수 : 최대 5개)×7.8m³ (260l/min×30min)

37 법규정상 자체소방대 설치대상 사업소 : 지정수량의 3천배 이상 제4류 위험물을 취급하는 제조소 또는 일반취급소

38 경보설비 설치대상에서 이동탱크저장소는 제외된다.
[제조소등별로 설치하는 경보설비의 종류]

제조소등의 구분	제조소 등의 규모, 저장, 취급하는 위험물의 종류 및 최대수량	경보설비
1. 제조소 및 일반취급소	• 연면적 $500m^2$ 이상인 것 • 옥내에서 지정수량의 100배 이상을 취급하는 것 • 일반취급소에 사용되는 부분 외의 부분이 있는 건축물에 설치된 일반취급소	자동화재탐지설비
2. 옥내저장소	• 지정수량의 100배 이상 저장, 취급하는 것(고인화점 제외) • 저장창고의 연면적이 $150m^2$를 초과하는 것 　－ 연면적 $150m^2$ 이내마다 불연재료의 격벽으로 개구부없이 구획된 것 　－ 제2류 및 제4류를 저장·취급하는 창고의 연면적이 $500m^2$ 이상인 것 • 처마높이가 $6m$ 이상인 단층건물의 것 • 옥내저장소로 사용되는 부분 외의 부분이 있는 건축물에 설치된 옥내저장소	
3. 옥내탱크저장소	단층건물 외의 건축물에 설치된 옥내탱크저장소로서 소화난이도 등급 I에 해당하는 것	
4. 주유취급소	옥내주유취급소	
5. 옥외탱크저장소	특수인화물, 제1석유류 및 알코올류를 저장 또는 취급하는 탱크의 용량이 1000만L 이상인 것	자동화재탐지설비, 자동화재속보설비
6. 제1호~제5호의 자동화재탐지설비 설치 대상에 해당하지 않는 제조소등	지정수량의 10배 이상을 저장·취급하는 것	자동화재탐지설비, 비상경보설비, 확성장치 또는 비상방송설비 중 1종 이상

39 36번 해설 참조

 정답　37 ④　38 ④　39 ①

40 제1류 위험물 중 알칼리금속의 과산화물을 저장 또는 취급하는 위험물제조소에 표시하여야 하는 주의사항은?

① 화기엄금
② 물기엄금
③ 화기주의
④ 물기주의

40 위험물제조소에 표시해야 할 주의사항

주의사항	유별
화기엄금(적색바탕, 백색문자)	• 제2류 위험물(인화성고체) • 제3류 위험물(자연발화성물품) • 제4류 위험물 • 제5류 위험물
화기주의(적색바탕, 백색문자)	• 제2류 위험물(인화성고체 제외)
물기엄금(청색바탕, 백색문자)	• 제1류 위험물(무기과산화물) • 제3류 위험물(금수성물품)

제3과목 | 위험물의 성질과 취급

41 물과 접촉하면 위험한 물질로만 나열된 것은?

① CH_3CHO, CaC_2, $NaClO_4$
② K_2O_2, $K_2Cr_2O_7$, CH_3CHO
③ K_2O_2, Na, CaC_2
④ Na, $K_2Cr_2O_7$, $NaClO_4$

41 • 과산화칼륨(K_2O_2) : 제1류(무기과산화물, 금수성)로 물과 격렬히 반응하여 산소를 발생한다.
　$2K_2O_2 + 2H_2O \rightarrow 4KOH + O_2\uparrow$
• 나트륨(Na) : 제3류(자연발화성 및 금수성)로 물과 반응 시 가연성기체인 수소를 발생하고 자연발화 및 폭발한다.
　$2Na + 2H_2O \rightarrow 2NaOH + H_2\uparrow$
• 탄화칼슘(카바이트, CaC_2) : 제3류(금수성)로 물과 반응 시 가연성기체인 아세틸렌(C_2H_2)을 생성한다.
　$CaC_2 + 2H_2O \rightarrow Ca(OH)_2 + C_2H_2\uparrow$

42 위험물안전관리법령상 지정수량의 각각 10배를 운반할 때 혼재할 수 있는 위험물은?

① 과산화나트륨과 과염소산
② 과망간산칼륨과 적린
③ 질산과 알코올
④ 과산화수소와 아세톤

42 ① 과산화나트륨(제1류)과 과염소산(제6류)
② 과망간산칼륨(제1류)과 적린(제2류)
③ 질산(제6류)과 알코올(제4류)
④ 과산화수소(제6류)와 아세톤(제4류)
※ 서로 혼재 운반 가능한 위험물★★★★
④ + ②, ③
⑤ + ②, ④
⑥ + ①

43 다음 중 위험물의 저장 또는 취급에 관한 기술상의 기준과 관련하여 시·도의 조례에 의해 규제를 받는 경우는?

① 등유 2000l를 저장하는 경우
② 중유 3000l를 저장하는 경우
③ 윤활유 5000l를 저장하는 경우
④ 휘발유 400l를 저장하는 경우

43 1. 위험물 취급기준
　• 지정수량 이상 : 제조소등에서 취급
　• 지정수량 미만 : 시·도의 조례에 의하여 취급
2. 제4류 위험물의 지정수량
　• 등유 : 제2석유류(비수용성) 1000l
　• 중유 : 제3석유류(비수용성) 2000l
　• 윤활유 : 제4석유류 6000l
　• 휘발유 : 제1석유류(비수용성) 200l
　∴ 윤활유의 5000l은 지정수량 미만이므로 시·도의 조례에 의해 규제를 받는다.

정답 **40** ② **41** ③ **42** ① **43** ③

44 위험물제조소등의 안전거리의 단축기준과 관련해서 H ≤ pD²＋a인 경우 방화상 유효한 담의 높이는 2m 이상으로 한다. 다음 중 a에 해당되는 것은?

① 인근 건축물의 높이(m)
② 제조소등의 외벽의 높이(m)
③ 제조소등과 공작물과의 거리(m)
④ 제조소등과 방화상 유효한 담과의 거리(m)

45 위험물제조소는 문화재보호법에 의한 유형문화재로부터 몇 m 이상의 안전거리를 두어야 하는가?

① $20m$
② $30m$
③ $40m$
④ $50m$

46 황화린에 대한 설명으로 틀린 것은?

① 고체이다.
② 가연성 물질이다.
③ P_4S_3, P_2S_5 등의 물질이 있다.
④ 물질에 따른 지정수량은 $50kg$, $100kg$ 등이 있다.

47 아세트알데히드의 저장 시 주의할 사항으로 틀린 것은?

① 구리나 마그네슘 합금 용기에 지장한다.
② 화기를 가까이 하지 않는다.
③ 용기의 파손에 유의한다.
④ 찬 곳에 저장한다.

---

44 방화상 유효한 담의 높이

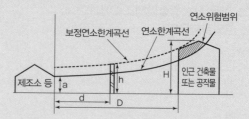

- H≤pD²＋a인 경우, h=2
- H＞pD²＋a인 경우, h=H－p(D²－d²)
  - D : 제조소등과 인근 건축물 또는 공작물과의 거리(m)
  - H : 인근 건축물 또는 공작물의 높이(m)
  - a : 제조소등의 외벽의 높이(m)
  - d : 제조소등과 방화상 유효한 담과의 거리(m)
  - h : 방화상 유효한 담의 높이(m)
  - p : 상수

45 제조소의 안전거리(제6류 위험물은 제외)

건축물	안전거리
사용전압이 7,000V 초과 35,000V 이하	3m 이상
사용전압이 35,000V 초과	5m 이상
주거용(주택)	10m 이상
고압가스, 액화석유가스, 도시가스	20m 이상
학교, 병원, 극장, 복지시설	30m 이상
유형문화재, 지정문화재	50m 이상

46 황화린(P_4S_3, P_2S_5, P_4S_7) : 제2류(가연성고체), 지정수량 $100kg$
- 삼황화린(P_4S_3) : 황색결정으로 물, 염산, 황산 등에는 녹지 않고 질산, 알칼리, 이황화탄소(CS_2)에 녹는다.
  $P_4S_3+8O_2 \rightarrow 2P_2O_5+3SO_2\uparrow$
- 오황화린(P_2S_5) : 담황색결정으로 조해성·흡습성이 있다. 물, 알칼리와 반응하여 인산(H_3PO_4)과 황화수소(H_2S)를 발생한다.
  $P_2S_5+8H_2O \rightarrow 2H_3PO_4+5H_2S\uparrow$
- 칠황화린(P_4S_7) : 담황색결정으로 조해성이 있으며 더운물에 급격히 분해하여 황화수소(H_2S)를 발생한다.

47 아세트알데히드(CH_3CHO) : 제4류 위험물 중 특수인화물, 지정수량 $50l$
- 인화점 $-39℃$, 발화점 $185℃$, 연소범위 4.1~57%, 비점 21℃
- 휘발성 및 인화성이 강하고, 과일냄새가 나는 무색액체이다.
- 물, 에테르, 에탄올에 잘 녹는다(수용성).
- 환원성 물질로 은거울반응, 펠링반응, 요오드포름반응 등을 한다.
- Cu, Ag, Hg, Mg 및 그 합금 등과는 용기나 설비를 사용하지 말 것(중합반응 시 폭발성물질 생성)
- 저장 시 불활성가스(N_2, Ar) 또는 수증기를 봉입하고 냉각장치를 사용하여 비점 이하로 유지할 것
- 소화 : 알코올용포, 다량의 물, CO_2 등으로 질식소화한다.

정답 44 ② 45 ④ 46 ④ 47 ①

48 질산과 과염소산의 공통 성질로 옳은 것은?

① 강한 산화력과 환원력이 있다.

② 물과 접촉하면 반응이 없으므로 화재 시 주수소화가 가능하다.

③ 가연성이 없으면 가연물 연소 시에 소화를 돕는다.

④ 모두 산소를 함유하고 있다.

49 가솔린에 대한 설명 중 틀린 것은?

① 비중은 물보다 작다.

② 증기비중은 공기보다 크다.

③ 전기에 대한 도체이므로 정전기 발생으로 인한 화재를 방지해야 한다.

④ 물에는 녹지 않지만 유기용제에 녹고 유지 등을 녹인다.

50 위험물을 적재, 운반할 때 방수성 덮개를 하지 않아도 되는 것은?

① 알칼리금속의 과산화물

② 마그네슘

③ 니트로화합물

④ 탄화칼슘

51 질산암모늄이 가열분해하여 폭발이 되었을 때 발생되는 물질이 아닌 것은?

① 질소

② 물

③ 산소

④ 수소

---

48 질산과 과염소산 : 제6류 위험물(산화성액체), 지정수량 $300kg$

- 모두 산소를 포함한 강산으로 분해 시 발생시키는 강한 산화력이 있다.

$$4HNO_3 \rightarrow 2H_2O + 4NO_2\uparrow + O_2\uparrow$$
$$HClO_4 \rightarrow HCl + 2O_2\uparrow$$

- 진한 질산은 물과 접촉 시 심하게 발열하고 가열 시 NO_2(적갈색)의 유독성 기체가 발생하므로 물로 소화 시 발열, 비산할 위험이 있으므로 주의한다.

- 불연성이지만 자극성, 흡수성, 산화성이 강하여 가연물 연소시에는 화재를 도와 더욱더 확대시킨다. 특히 과염소산은 종이, 나무조각과 접촉 시 연소폭발한다.

49 가솔린(휘발유 $C_5H_{12} \sim C_9H_{20}$) : 제4류(인화성액체), 지정수량 $200l$

- 액비중 0.65~0.80, 인화점 $-43 \sim -20°C$, 발화점 $300°C$, 연소범위 1.4~7.6%

- 무색 투명한 휘발성이 강한 액체로서 물에 녹지 않고 유기용제에 잘 녹으며 고무, 수지, 유지 등을 잘 녹인다.

- 증기는 공기보다 무거우며(증기비중 3~4배) 비전도성이므로 낮은 곳에 체류하여 정전기 발생의 축적우려가 있으므로 주의할 것

- 소화 : 포말(대량일 때), CO_2, 할로겐화합물, 분말소화약제 등의 질식소화한다.

50 적재위험물 성질에 따른 구분

차광성 덮개를 해야 하는 것	방수성 피복으로 덮어야 하는 것
• 제1류 위험물 • 제3류 위험물 중 자연발화성물질 • 제4류 위험물 중 특수인화물 • 제5류 위험물 • 제6류 위험물	• 제1류 위험물 중 알칼리금속의 과산화물 • 제2류 위험물 중 철분, 금속분, 마그네슘 • 제3류 위험물 중 금수성물질

① 알칼리금속의 과산화물 : 제1류 위험물

② 마그네슘 : 제 2류 위험물

③ 니트로화합물 : 제5류 위험물(차광성 덮개)

④ 탄화칼슘 : 제3류 위험물의 금수성물질

51 질산암모늄(NH_4NO_3) : 제1류 위험물(산화성고체), 지정수량 $300kg$

- 물에 용해 시 흡열반응으로 열의 흡수로 인해 한제로 사용한다.

- 가열 시 산소(O_2)를 발생하며, 충격을 주면 단독 분해폭발한다.

$$2NH_4NO_3 \rightarrow 4H_2O + 2N_2\uparrow + O_2\uparrow$$

- 조해성, 흡수성이 강하고 혼합화약원료에 사용된다.

AN-FO폭약의 기폭제 : NH_4NO_3(94%) + 경유(6%) 혼합

정답 48 ④ 49 ③ 50 ③ 51 ④

52 다음 중 과망간산칼륨과 혼촉하였을 때 위험성이 가장 낮은 물질은?

① 물
② 디에틸에테르
③ 글리세린
④ 염산

53 오황화린이 물과 작용해서 발생하는 기체는?

① 이황화탄소
② 황화수소
③ 포스겐가스
④ 인화수소

54 제5류 위험물에 해당하지 않는 것은?

① 니트로셀룰로오스
② 니트로글리세린
③ 니트로벤젠
④ 질산메틸

55 질산칼륨에 대한 설명 중 틀린 것은?

① 무색의 결정 또는 백색분말이다.
② 비중이 약 0.81, 녹는점은 약 200℃이다.
③ 가열하면 열분해하여 산소를 방출한다.
④ 흑색화약의 원료로 사용된다.

56 가연성 물질이며 산소를 다량 함유하고 있기 때문에 자기연소가 가능한 물질은?

① $C_6H_2CH_3(NO_2)_3$
② $CH_3COC_2H_5$
③ $NaClO_4$
④ HNO_3

52 과망간산칼륨($KMnO_4$) : 제1류 위험물(산화성고체), 지정수량 $1000kg$
- 흑자색의 주상결정으로 물에 녹아 진한 보라색을 나타내고 강한 산화력과 살균력이 있다.
- 240℃로 가열하면 분해하여 산소(O_2)를 발생한다.

$$2KMnO_4 \xrightarrow[\Delta]{240℃} K_2MnO_4 + MnO_2 + O_2\uparrow$$

- 알코올, 에테르, 글리세린, 염산, 진한 황산 등과 혼촉 시 발화 및 폭발위험성이 있다.
- 염산과 반응 시 염소(Cl_2)를 발생한다.

53 46번 해설 참조
$$P_2S_5 + 8H_2O \rightarrow 5H_2S\uparrow + 2H_3PO_4$$

54 니트로벤젠($C_6H_5NO_2$) : 제4류 위험물 중 제3석유류(비수용성), 지정수량 $2000l$
- 갈색 특유한 냄새가 나는 액체로서 증기는 독성이 있다.
- 물에 녹지 않고 유기유제에 잘 녹는다.
- 염산과 반응하여 수소로 환원 시 아닐린이 생성된다.

55 질산칼륨(KNO_3) : 제1류 위험물(산화성고체), 지정수량 $300kg$
- 무색의 결정 또는 백색분말로서 자극성의 짠맛과 산화성이 있다.
- 비중 2.1, 녹는점 339℃, 분해온도 400℃ 이다.
- 물, 글리세린 등에 잘녹고 알코올에는 녹지 않는다.
- 가열 시 용융분해하여 산소(O_2)를 발생한다.

$$2KNO_3 \xrightarrow[\Delta]{400℃} 2KNO_2 + O_2\uparrow$$

- 흑색화약[질산칼륨 75% + 유황 10% + 목탄 15%] 원료에 사용된다.
- 유황, 황린, 나트륨, 금속분, 에테르 등의 유기물과 혼촉 발화폭발한다.

56 제5류 위험물 : 자체 내에 산소를 함유한 가연성물질로 가열, 마찰, 충격 등에 의해 폭발위험이 있는 자기반응성(자기연소성)물질이다.
- $C_6H_2CH_3(NO_2)_3$[트리니트로톨루엔, TNT] : 제5류(자기반응성 물질)
- $CH_3COC_2H_5$[메틸에틸케톤, MEK] : 제4류(인화성액체)
- $NaClO_4$[과염소산나트륨] : 제1류(산화성고체)
- HNO_3[질산] : 제6류(산화성액체)

정답 52 ① 53 ② 54 ③ 55 ② 56 ①

57 어떤 공장에서 아세톤과 메탄올을 18L 용기에 각각 10개, 등유를 200L 드럼으로 3드럼을 저장하고 있다면 각각의 지정수량 배수의 총합은 얼마인가?

① 1.3
② 1.5
③ 2.3
④ 2.5

58 위험물안전관리법령상 제4류 위험물 중 1기압에서 인화점이 21℃인 물질은 제 몇 석유류에 해당하는가?

① 제1석유류
② 제2석유류
③ 제3석유류
④ 제4석유류

59 다음 중 증기비중이 가장 큰 물질은?

① C_6H_6
② CH_3OH
③ $CH_3COC_2H_5$
④ $C_3H_5(OH)_3$

60 금속칼륨의 성질에 대한 설명으로 옳은 것은?

① 중금속류에 속한다.
② 이온화경향이 큰 금속이다.
③ 물 속에 보관한다.
④ 고광택을 내므로 장식용으로 많이 쓰인다.

---

57 • 제4류 위험물의 지정수량

구분	아세톤(CH_3COCH_3)	메탄올(CH_3OH)	등유(C_9~C_{18})
유별	제1석유류(수용성)	알코올류	제2석유류(비수용성)
지정수량	400l	400l	1000l

• 지정수량 배수의 총합

$$= \frac{A품목의 저장수량}{A품목의 지정수량} + \frac{B품목의 저장수량}{B품목의 지정수량} + \cdots\cdots$$

$$= \frac{18l \times 10개}{400l} + \frac{18l \times 10개}{400l} + \frac{200l \times 3드럼}{1000l}$$

$$= \frac{180}{400} + \frac{180}{400} + \frac{600}{1000} = 1.5배$$

58 제4류 위험물의 정의(1기압에서)

• 특수인화물 : 발화점 100℃ 이하, 인화점 -20℃ 이하, 비점 40℃ 이하
• 제1석유류 : 인화점 21℃ 미만
• 제2석유류 : 인화점 21℃ 이상 70℃ 미만
• 제3석유류 : 인화점 70℃ 이상 200℃ 미만
• 제4석유류 : 인화점 200℃ 이상 250℃ 미만
• 동식물유류 : 인화점 250℃ 미만

59 증기비중 $= \dfrac{분자량}{공기의 평균 분자량(29)}$

① C_6H_6(벤젠)의 분자량 $= 12 \times 6 + 1 \times 6 = \dfrac{78}{29} ≒ 2.7$

② CH_3OH(메탄올)의 분자량 $= 12 + 1 \times 3 + 16 + 1 = \dfrac{32}{29} ≒ 1.1$

③ $CH_3COC_2H_5$(메틸에틸케톤)의 분자량
$$= 12 \times 4 + 1 \times 8 + 16 = \dfrac{72}{29} ≒ 2.5$$

④ $C_3H_5(OH)_3$(글리세린)의 분자량
$$= 12 \times 3 + 1 \times 5 + (16 + 1) \times 3 = \dfrac{92}{29} ≒ 3.2$$

60 금속칼륨(K) : 제3류(자연발화성 및 금수성 물질), 지정수량 10kg
• 은백색의 무른 경금속, 보호액으로 석유, 벤젠 속에 보관한다.
• 가열 시 보라색 불꽃을 내면서 연소한다.
• 수분과 반응 시 수소(H_2)를 발생하고 자연발화하며 폭발하기 쉽다.
$$2K + 2H_2O \rightarrow 2KOH + H_2 \uparrow + 92.8kcal$$
• 이온화경향이 큰 금속(활성도가 큼)이며 알코올과 반응하여 수소(H_2)를 발생한다.
$$2K + 2C_2H_5OH \rightarrow 2C_2H_5OK(칼륨에틸레이트) + H_2 \uparrow$$

제1과목 | 일반화학

01 물 200g에 A물질 2.9g을 녹인 용액의 어는점은? (단, 물의 어는점 내림 상수는 1.86℃·kg/mol이고, A물질의 분자량은 58이다.)

① −0.017℃   ② −0.465℃
③ −0.932℃   ④ −1.871℃

02 다음과 같은 기체가 일정한 온도에서 반응을 하고 있다. 평형에서 기체 A, B, C가 각각 1몰, 2몰, 4몰이라면 평형상수 K의 값은 얼마인가?

A + 3B → 2C + 열

① 0.5   ② 2
③ 3   ④ 4

03 0.01N CH₃COOH의 전리도가 0.01이면 pH는 얼마인가?

① 2   ② 4
③ 6   ④ 8

04 액체나 기체 안에서 미소 입자가 불규칙적으로 계속 움직이는 것을 무엇이라 하는가?

① 틴들 현상   ② 다이알리시스
③ 브라운 운동   ④ 전기영동

해설·정답 확인하기

01 라울의 법칙(비전해질 물질의 분자량 측정)

$$M = K_f \times \frac{a}{W \cdot \Delta T_f} \times 1,000$$

$$\Delta T_f = K_f \cdot m = K_f \times \frac{a}{W} \times \frac{1,000}{M}$$

$$= 1.86 \times \frac{2.9}{200} \times \frac{1,000}{58} = 0.465℃$$

∴ 어는점이므로 −0.465℃가 된다.

⎡ K_f : 몰내림(분자강하)
│   (물의 K_f = 1.86),
│ m : 몰랄농도
│ a : 용질(녹는 물질)의 무게
│ W : 용매(녹이는 물질)의 무게
│ M : 분자량
⎣ ΔT_f : 빙점강하도

02 A + 3B → 2C + 열

$$K(\text{평형상수}) = \frac{[C]^2}{[A][B]^3}$$

$$= \frac{4}{1 \times 2^3} = \frac{16}{8} = 2$$

03 $\underset{0.01N}{CH_3COOH} \xrightarrow{\alpha\,:\,0.01} [CH_3COO^-] + [H^+]$

• $[H^+] = C \times \alpha$ (C : 몰/l, 전리도 : α)
    $= 0.01 \times 0.01 = 0.0001N = 10^{-4}N$
• $pH = -\log[H^+] = -\log(10^{-4}) = 4\log 10 = 4 \times 1 = 4$
    ∴ pH = 4

04 콜로이드 용액(입자크기 : 지름 $10^{-7} \sim 10^{-5}cm$)
• 틴들현상 : 콜로이드 입자의 빛의 산란에 의한 빛의 진로가 보이는 현상
• 브라운 운동 : 콜로이드의 불규칙하게 움직이는 무질서한 운동
• 다이알리시스(투석) : 전해질과 콜로이드를 분리시키는 방법(삼투압 측정에 이용)
• 전기영동 : 콜로이드 용액에 전극(⊕⊖)을 넣어주면 콜로이드 입자가 대전되어 어느 한쪽의 전극으로 끌리는 현상(전기집진기에 이용)

정답 01 ②   02 ②   03 ②   04 ③

05 다음 중 파장이 짧으면서 투과력이 가장 강한 것은?

① α선   ② β선

③ γ선   ④ X선

06 1패러데이(Faraday)의 전기량으로 물을 전기분해 하였을 때 생성되는 수소기체는 0℃, 1기압에서 얼마의 부피를 갖는가?

① 5.6L   ② 11.2L

③ 22.4L   ④ 44.8L

07 구리줄을 불에 달구어 약 50℃ 정도의 메탄올에 담그면 자극성 냄새가 나는 기체가 발생한다. 이 기체는 무엇인가?

① 포름알데히드   ② 아세트알데히드

③ 프로판   ④ 메틸에테르

08 다음의 금속원소를 반응성이 큰 순서부터 나열한 것은?

Na, Li, Cs, K, Rb

① $Cs > Rb > K > Na > Li$

② $Li > Na > K > Rb > Cs$

③ $K > Na > Rb > Cs > Li$

④ $Na > K > Rb > Cs > Li$

09 "기체의 확산속도는 기체의 밀도(또는 분자량)의 제곱근에 반비례한다." 라는 법칙과 연관성이 있는 것은?

① 미지의 기체 분자량을 측정에 이용할 수 있는 법칙이다.

② 보일 − 샤를이 정립한 법칙이다.

③ 기체상수 값을 구할 수 있는 법칙이다.

④ 이 법칙은 기체상태방정식으로 표현된다.

10 다음 물질 중에서 염기성인 것은?

① $C_6H_5NH_2$ ② $C_6H_5NO_2$

③ C_6H_5OH ④ C_6H_5COOH

---

05 • 방사선의 투과력 : $\gamma > \beta > \alpha$
• 방사선의 에너지 : $\alpha > \beta > \gamma$

06 • $1F = 96,500C = 6.02 \times 10^{23}$개의 전기량 = 1$g$당량 석출
• 수소 $1F = 1g$당량 = 1.008g = 11.2l (0℃, 1기압)
※ 패러데이의 법칙(Faraday's law)
• 제1법칙 : 전기분해 되는 물질의 양은 통과시킨 전기량에 비례한다.
• 제2법칙 : 일정한 전기량에 의하여 석출되는 물질의 양은 그 물질의 당량에 비례한다.

07 $CH_3OH \underset{\text{산화}[-2H]}{\overset{\text{CuO(산화구리)}}{\rightleftarrows}} H \cdot CHO$
(메탄올)   (포름알데히드)

참고 알코올의 산화반응[산화 : (+O) 또는 (−H), 환원 : (−O) 또는 (+H)]

• 1차알코올 $\underset{[-2H]}{\overset{\text{산화}}{\rightleftarrows}}$ 알데히드 $\underset{[+0]}{\overset{\text{산화}}{\rightleftarrows}}$ 카르복실산
(R−OH)   (R−CHO)   (R−COOH)

예 $CH_3OH \underset{\text{환원}[+2H]}{\overset{\text{산화}[-2H]}{\rightleftarrows}} HCHO \underset{\text{환원}[-O]}{\overset{\text{산화}[+O]}{\rightleftarrows}} HCOOH$
(메틸알코올)   (포름알데히드)   (포름산)

$C_2H_5OH \underset{\text{환원}[+2H]}{\overset{\text{산화}[-2H]}{\rightleftarrows}} CH_3CHO \underset{\text{환원}(\times)}{\overset{\text{산화}[+O]}{\rightleftarrows}} CH_3COOH$
(에틸알코올)   (아세트알데히드)   (아세트산)

※ —CHO(알데히드) : 환원성 있음 (은거울반응, 펠링용액 환원시킴)

08 • 원소주기율표에서 1A족(알칼리금속) : Li, Na, K, Rb, Cs, Fr
• 같은 족에서 원자번호가 증가할수록
– 금속 원소의 반응성 증가(금속성이 강해짐)
$Li < Na < K < Rb < Cs < Fr$
– 원자 반경 증가
– 이온화 에너지 감소

09 그레이엄의 기체의 확산의 법칙
기체의 확산속도는 일정한 압력하에서 그 기체 분자량(또는 밀도)의 제곱근에 반비례한다.

$\therefore \dfrac{U_1}{U_2} = \sqrt{\dfrac{M_2}{M_1}} = \sqrt{\dfrac{d_2}{d_1}} = \dfrac{t_2}{t_1}$

$\begin{bmatrix} U : \text{확산속도} \\ M : \text{분자량} \\ d : \text{밀도} \\ t : \text{확산시간} \end{bmatrix}$

10 ① $C_6H_5NH_2$(아닐린) : 염기성
② $C_6H_5NO_2$(니트로벤젠) : 중성
③ C_6H_5OH(페놀, 석탄산) : 산성
④ C_6H_5COOH(벤조산, 안식향산) : 산성

정답 05 ③   06 ②   07 ①   08 ①   09 ①   10 ①

11 다음의 반응에서 환원제로 쓰인 것은?

$$MnO_2 + 4HCl \rightarrow MnCl_2 + 2H_2O + Cl_2$$

① Cl_2
② $MnCl_2$
③ HCl
④ MnO_2

12 ns^2np^5의 전자구조를 가지지 않는 것은?

① F(원자번호 9)
② Cl(원자번호 17)
③ Se(원자번호 34)
④ I(원자번호 53)

13 98% H_2SO_4 50g에서 H_2SO_4에 포함된 산소 원자수는?

① 3×10^{23}개
② 6×10^{23}개
③ 9×10^{23}개
④ 1.2×10^{24}개

14 질소와 수소로 암모니아를 합성하는 반응의 화학반응식은 다음과 같다. 암모니아의 생성률을 높이기 위한 조건은?

$$N_2 + 3H_2 \rightarrow 2NH_3 + 22.1kcal$$

① 온도와 압력을 낮춘다.
② 온도는 낮추고, 압력은 높인다.
③ 온도를 높이고, 압력은 낮춘다.
④ 온도와 압력을 높인다.

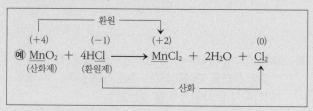

11 · 산화제 : 자신은 환원되고 남을 산화시키는 물질
(환원 : 원자가 감소)
· 환원제 : 자신은 산화되고 남을 환원시키는 물질
(산화 : 원자가 증가)

12 · ns^2np^5에서 상위의 숫자는 가전자수(2+5=7)를 나타내며 또한 족수를 의미한다. 그러므로 7족 원소임을 알 수 있다.
· 7족 원소(할로겐족) : F, Cl, Br, I
※ Se(셀렌)
　· 원자번호 34, 6A족
　· 전자배열 : $1s^22s^22p^63s^23p^64s^23d^{10}4p^4$

13 · H_2SO_4(황산)의 분자량 : $1×2+32+16×4=98g$
· H_2SO_4 : 수소원자(2몰)+황원자(1몰)+산소원자(4몰)
· H_2SO_4에 포함된 산소원자수 : $4몰×6×10^{23}$개
· $H_2SO_4 \Rightarrow$　$98gx$　：　$4×6×10^{23}$개 (산소원자수)
　　　　　　$50g×0.98$　：　x

$$x = \frac{50×0.98×4×6×10^{23}}{98} = 12×6×10^{23}개$$

$$\therefore x = 1.2×6×10^{24}개$$

14 평형이동의 법칙(르샤틀리에의 법칙)
화학평형 상태에 있어서 외부에 온도, 압력, 농도 등의 조건을 변화시키면 이 조건의 변화를 작게 하는 새로운 방향으로 평형상태에 도달한다.
※ 촉매는 화학평형은 이동시키지 못하고 반응속도에만 관계가 있다.

$N_2 + 3H_2 \rightleftharpoons 2NH_3 + 22.1kcal$
① 화학평형을 오른쪽(→)으로 이동시키려면 : 온도 감소, 압력 증가, N_2와 H_2농도 증가
· 온도 : 발열반응이므로 온도를 감소시킨다.
· 압력 : 증가시키면 몰수가 큰 쪽[N_2(1몰)+H_2(3몰)=4몰]에서 작은 쪽[NH_3(2몰)]으로 이동하므로 압력을 증가시킨다.
· 농도 : 질소(N_2)나 수소(H_2)의 농도를 증가시키면 묽은 쪽(NH_3)으로 이동한다.
② 화학평형을 왼쪽(←)으로 이동시키려면 : 온도 증가, 압력 감소, N_2와 H_2농도 감소

정답　**11** ③　**12** ③　**13** ④　**14** ②

15 pH가 2인 용액은 pH가 4인 용액과 비교하면 수소이온농도가 몇 배인 용액이 되는가?

① 100배
② 2배
③ 10^{-1}배
④ 10^{-2}배

16 다음 그래프는 어떤 고체물질의 온도에 따른 용해도 곡선이다. 이 물질의 포화용액을 80℃에서 0℃로 내렸더니 20g의 용질이 석출되었다. 80℃에서 이 포화용액의 질량은 몇 g인가?

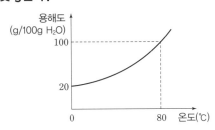

① 50g
② 75g
③ 100g
④ 150g

17 중성원자가 무엇을 잃으면 양이온으로 되는가?

① 중성자
② 핵전하
③ 양성자
④ 전자

18 2차 알코올을 산화시켜서 얻어지며, 환원성이 없는 물질은?

① CH_3COCH_3
② $C_2H_5OC_2H_5$
③ CH_3OH
④ CH_3OCH_3

19 다음은 표준 수소전극과 짝지어 얻은 반쪽반응 표준환원 전위값이다. 이들 반쪽전지를 짝지었을 때 얻어지는 전지의 표준 전위차($E°$)는?

$$Cu^{2+}+2e^- \rightarrow Cu, \quad E°=+0.34V$$
$$Ni^{2+}+2e^- \rightarrow Ni, \quad E°=-0.23V$$

① $+0.11V$
② $-0.11V$
③ $+0.57V$
④ $-0.57V$

15
- pH=2, $[H^+]=10^{-2}=0.01N$
- pH=4, $[H^+]=10^{-4}=0.0001N$

$$\therefore \frac{0.01N}{0.0001N}=100배$$

16
- 용해도 : 일정한 온도 용매(물) 100g에 최대한 녹을 수 있는 용질의 g수(포화용액)

	용매	+	용질	=	포화용액
80℃ :	100g	+	100g	=	200g
0℃ :	100g	+	20g	=	120g

여기에서 80℃ 포화용액 200g을 0℃로 냉각시키면 용질이 80g(100−20=80)이 석출된다.

80℃ (포화용액)　(석출량)

200g : 80g
xg : 20g

$$\therefore x=\frac{200\times20}{80}=50g(80℃ 포화용액)$$

17
- 양이온 : 중성원자가 전자를 잃고 양전하를 띠게 되는 것
- 음이온 : 중성원자가 전자를 얻어 음전하를 띠게 되는 것

18 7번 해설 참조

19
1. 표준전극전위값($E°$) : 표준수소전위값을 $E°$=0.00V로 정하고 반쪽전지인 다른 물질을 표준환원전극전위값으로 정한 값
2. 두 전극 사이에 이온화경향이 큰 Ni는 (−)극으로 산화반응, 작은 Cu는 (+)극에서 환원반응을 한다. [전자(e^-) : (−)극에서 (+)극으로 이동]
   표준기전력(전위차 $E°$)=(+)극 : 표준환원전위(환원반응)
   　　　　　　　　　−(−)극 : 표준환원전위(산화반응)
   ∴ 표준전위차($E°$)=(+)극 : Cu의 표준환원전위값
   　　　　　　　−(−)극 : Ni의 표준환원전위값
   　　　　　　　=0.34V−(−0.23V)=0.57V
3. 전체반응
   (+)극 : $Cu^{2+}+2e^- \rightarrow Cu$　　　$E°=+0.34V$ (환원반응)
   (−)극 : $Ni \rightarrow Ni^{2+}+2e^-$　　　$E°=+0.23V$ (산화반응)
   ──────────────────────────────
   전체반응 : $Ni+Cu^{2+} \rightarrow Ni^{2+}+Cu$　$E°=+0.57V$

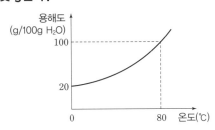

정답 15 ①　16 ①　17 ④　18 ①　19 ③

20 디에틸에테르는 에탄올과 진한 황산의 혼합물을 가열하여 제조할 수 있는데 이것을 무슨 반응이라고 하는가?

① 중합반응 ② 축합반응
③ 산화반응 ④ 에스테르화반응

제2과목 | 화재예방과 소화방법

21 1기압, 100℃에서 물 36g이 모두 기화되었다. 생성된 기체는 약 몇 L인가?

① 11.2 ② 22.4
③ 44.8 ④ 61.2

22 스프링클러설비에 관한 설명으로 옳지 않은 것은?

① 초기화재 진화에 효과가 있다.
② 살수밀도와 무관하게 제4류 위험물에는 적응성이 없다.
③ 제1류 위험물 중 알칼리금속과산화물에는 적응성이 없다.
④ 제5류 위험물에는 적응성이 있다.

23 표준상태에서 프로판 2m³이 완전연소할 때 필요한 이론공기량은 약 몇 m³인가? (단, 공기 중 산소농도는 21vol%이다.)

① 23.81 ② 35.72
③ 47.62 ④ 71.43

24 묽은 질산이 칼슘과 반응하였을 때 발생하는 기체는?

① 산소 ② 질소
③ 수소 ④ 수산화칼슘

---

20 축합반응 : 물(H_2O)이 빠지면서 두 분자가 결합하는 반응이라 하며 이렇게 이루어진 중합을 축중합이라고 한다.

$$C_2H_5OH + C_2H_5OH \xrightleftharpoons[130 \sim 140℃]{c-H_2SO_4} C_2H_5OC_2H_5 + H_2O$$

(에탄올) (에탄올)   (디에틸에테르) (물)

21 이상기체상태방정식

$$PV = nRT = \frac{W}{M}RT$$

$$V = \frac{WRT}{PM} = \frac{36 \times 0.082 \times (273+100)}{1 \times 18} = 61.2L$$

$$\begin{bmatrix} P : 압력(atm) & M : 분자량 \\ V : 부피(L) & W : 질량(g) \\ n : 몰수\left(\frac{W}{M}\right) & T : 절대온도(273+℃)[K] \\ R : 기체상수0.082(atm \cdot L/mol \cdot K) \end{bmatrix}$$

22 • 스프링클러설비를 제4류 위험물에 사용할 경우에는 방사밀도(삼수밀도)가 일정수치 이상인 경우에만 적응성을 갖는다.
• 제4류 위험물취급장소에 스프링클러설비 설치 시 1분당 방사밀도

살수기준면적(m²)	방사밀도(l/m²·분)		비고
	인화점 38℃ 미만	인화점 38℃ 이상	
279 미만	16.3 이상	12.2 이상	살수기준면적은 내화구조의 벽 및 바닥으로 구획된 하나의 실의 바닥면적을 말한다. 다만, 하나의 실의 바닥면적이 $465m^2$ 이상인 경우의 살수기준면적은 $465m^2$로 한다.
279 이상 372 미만	15.5 이상	11.8 이상	
372 이상 465 미만	13.9 이상	9.8 이상	
465 이상	12.2 이상	8.1 이상	

23 프로판의 완전연소반응식
• $\underline{C_3H_8} + \underline{5O_2} \rightarrow 3CO_2 + 4H_2O$
$1 \times 22.4m^3 : 5 \times 22.4m^3$
$2m^3 \quad : \quad x$

• $x = \frac{2 \times 5 \times 22.4}{1 \times 22.4} = 10m^3(O_2량)$

∴ 공기량 $= 10m^3 \times \frac{100}{21} = 47.619m^3 = 47.62m^3$

24 수소(H)보다 이온화경향이 큰 금속과 산이 반응하면 수소기체를 발생한다.
$2HNO_3 + Ca \rightarrow Ca(NO_3)_2 + H_2 \uparrow$

정답 **20** ② **21** ④ **22** ② **23** ③ **24** ③

25 소화기와 주된 소화효과가 옳게 짝지어진 것은?

① 포 소화기 – 제거소화
② 할로겐화합물 소화기 – 냉각소화
③ 탄산가스 소화기 – 억제소화
④ 분말 소화기 – 질식소화

26 인화점이 70℃ 이상인 제4류 위험물을 저장·취급하는 소화난이도등급 I 의 옥외탱크 저장소(지중탱크 또는 해상탱크 외의 것)에 설치하는 소화설비는?

① 스프링클러소화설비
② 물분무소화설비
③ 간이소화설비
④ 분말소화설비

27 Na_2O_2와 반응하여 제6류 위험물을 생성하는 것은?

① 아세트산   ② 물
③ 이산화탄소   ④ 일산화탄소

28 다음 물질의 화재 시 내알코올포를 사용하지 못하는 것은?

① 아세트알데히드   ② 알킬리튬
③ 아세톤   ④ 에탄올

---

25 ① 포 소화기 – 냉각소화
② 할로겐화합물 소화기 – 억제소화
③ 탄산가스 소화기 – 질식소화

26 소화난이도 등급 I 의 제조소 등에 설치하여야 하는 소화설비

제조소 등의 구분		소화설비
옥외 탱크 저장소	지중탱크 또는 해상탱크 외의 것	유황만을 저장 취급하는 것 → 물분무소화설비
		인화점 70℃ 이상의 제4류 위험물만을 저장 취급하는 것 → 물분무소화설비 또는 고정식 포소화설비
		그 밖의 것 → 고정식 포소화설비(포소화설비가 적응성이 없는 경우에는 분말소화설비)
	지중탱크	고정식 포소화설비, 이동식 이외의 불활성가스 소화설비 또는 이동식 이외의 할로겐화합물소화설비
	해상탱크	고정식 포소화설비, 물분무포소화설비, 이동식 이외의 불활성가스 소화설비 또는 이동식 이외의 할로겐화합물소화설비

27 과산화나트륨(Na_2O_2) : 제1류 중 무기과산화물(산화성 고체), 지정 수량 50kg

• 물 또는 공기 중 이산화탄소와 반응 시 산소를 생성한다.
$2Na_2O_2 + 2H_2O \rightarrow 4NaOH + O_2\uparrow$ (산소)
$2Na_2O_2 + 2CO_2 \rightarrow 2Na_2CO_3 + O_2\uparrow$ (산소)
• 열분해시 산소(O_2)를 발생한다.
$2Na_2O_2 \rightarrow 2Na_2O + O_2\uparrow$
• 조해성이 강하고 알코올에는 녹지 않는다.
• 산과 반응시 제6류 위험물인 과산화수소(H_2O_2)를 발생한다.
$Na_2O_2 + 2CH_3COOH \rightarrow 2CH_3COONa + H_2O_2\uparrow$
• 주수소화 엄금, 건조사 등으로 질식소화한다.(CO_2는 효과 없음)

28 • 알코올형 포 소화약제 : 일반포를 수용성 위험물에 방사하면 포 약제가 소멸하는 소포성 때문에 사용하지 못한다. 이를 방지하기 위하여 특별히 제조된 포 약제이다.
[알코올형 포 사용(수용성 위험물)] : 알코올, 아세톤, 초산, 아세트알데히드 등]
• 알칼리튬(R-Li)은 제3류 위험물의 자연발화성 및 금수성물질로 물을 주성분으로 하는 소화약제는 절대 엄금하고 건조사, 건조분말, 팽창질석 및 팽창진주암 등을 사용한다.

정답 25 ④   26 ②   27 ①   28 ②

29 다음 중 고체 가연물로서 증발연소를 하는 것
은?

① 숯   ② 나무

③ 나프탈렌   ④ 니트로셀룰로오스

30 이산화탄소의 특성에 관한 내용으로 틀린 것
은?

① 전기의 전도성이 있다.

② 냉각 및 압축에 의하여 액화될 수 있다.

③ 공기보다 약 1.52배 무겁다.

④ 일반적으로 무색, 무취의 기체이다.

31 위험물안전관리법령상 분말소화설비의 기준
에서 가압용 또는 축압용 가스로 알맞은 것
은?

① 산소 또는 수소

② 수소 또는 질소

③ 질소 또는 이산화탄소

④ 이산화탄소 또는 산소

32 위험물제조소에서 옥내소화전이 1층에 4개,
2층에 6개가 설치되어 있을 때 수원의 수량
은 몇 L 이상이 되도록 설치하여야 하는가?

① 13000   ② 15600

③ 39000   ④ 46800

33 Halon 1301에 대한 설명 중 틀린 것은?

① 비점은 상온보다 낮다.

② 액체 비중은 물보다 크다.

③ 기체 비중은 공기보다 크다.

④ 100℃에서도 압력을 가해 액화시켜 저
장할 수 있다.

---

29 연소의 형태

· 표면연소 : 숯, 코크스, 목탄, 금속본

· 증발연소 : 파라핀, 황, 나프탈렌, 휘발유, 등유 등의 제4류 위
험물

· 분해연소 : 목탄, 종이, 플라스틱, 목재, 중유 등

· 자기연소(내부연소) : 셀룰로이드, 니트로셀룰로오스 등 제5류
위험물

· 확산연소 : 수소, LPG, LNG 등 가연성기체

30 이산화탄소(CO_2)의 특성

· 상온에서 무색, 무취의 부식성이 없는 비전도성인 불연성 기체
이다.

· 기체의 비중(44/29≒1.52배)은 공기보다 무거워 피복효과가 있
어 심부화재에 적합하다.

· 고압 저온으로 압축 및 냉각시켜 액화시킨 다음 팽창시키면 드라
이아이스(고체 CO_2)가 생성된다.

· 특히 전기화재에 매우 효과적이다.

31 분말 소화약제 가압용 및 축압용 가스(N_2,CO_2)

구분	가압용 가스	축압용 가스
질소(N_2)가스 사용 시	40l(N_2)/1kg(소화약 제)이상 (35℃, 0MPa 상태)	10l(N_2)/1kg(소화약 제)이상 (35℃, 0MPa 상태)
이산화탄소(CO_2)가스 사용 시	20g(CO_2)/1kg(소화약 제)+배관 청소에 필 요한 양	20g(CO_2)/1kg(소화약 제)+배관 청소에 필요 한 양

32 옥내소화전설비의 수원의 양(Q : m^3)

· 옥내소화전수가 가장 많은 층을 기준한다.

· Q=N(소화전개수 : 최대 5개)×7.8m^3

    =5×7.8m^3=39m^3=39,000l

※ 옥내소화전 설치 기준

수평 거리	방사량	방사압력	수원의 양(Q : m^3)
25m 이하	260(l/min) 이상	0.35MPa 이상	Q=N(소화전개수 : 최대 5개)×7.8m^3 (260l/min×30min)

33 Halon 1301(CF_3Br)

· 비점은 −57.75℃로 상온보다 낮은 무색 무취의 기체이다.

· 액체비중은 1.57로 물보다 무겁다.

· 기체의 비중은 5.1(149/29≒5.1)로 공기보다 무겁다.

· 임계온도는 67.0℃, 임계압력은 39.1atm이므로 100℃에서는 압
력을 가해 액화시킬 수 있다.

정답   29 ③   30 ①   31 ③   32 ③   33 ④

34 위험물안전관리법령상 제조소등에서의 위험물의 저장 및 취급에 관한 기준에 따르면 보냉장치가 있는 이동저장탱크에 저장하는 디에틸에테르의 온도는 얼마 이하로 유지하여야 하는가?

① 비점

② 인화점

③ 40℃

④ 30℃

35 과산화수소의 화재예방 방법으로 틀린 것은?

① 암모니아와의 접촉은 폭발의 위험이 있으므로 피한다.

② 완전히 밀전·밀봉하여 외부 공기와 차단한다.

③ 불투명 용기를 사용하여 직사광선이 닿지 않게 한다.

④ 분해를 막기 위해 분해방지 안정제를 사용한다.

36 위험물안전관리법령에 따른 옥내소화전설비의 기준에서 펌프를 이용한 가압송수장치의 경우 펌프의 전양정(H)를 구하는 식으로 옳은 것은? (단, h_1은 소방용 호스의 마찰손실수두, h_2는 배관의 마찰손실수두, h_3는 낙차이며, h_1, h_2, h_3의 단위는 모두 m이다.)

① $H = h_1 + h_2 + h_3$

② $H = h_1 + h_2 + h_3 + 0.35m$

③ $H = h_1 + h_2 + h_3 + 35m$

④ $H = h_1 + h_2 + 0.35m$

37 분말소화약제인 제1인산암모늄(인산이수소암모늄)의 열분해 반응을 통해 생성되는 물질로 부착성 막을 만들어 공기를 차단시키는 역할을 하는 것은?

① HPO_3

② PH_3

③ NH_3

④ P_2O_3

---

34 • 옥외 및 옥내 저장탱크 또는 지하탱크의 저장유지온도

위험물의 종류	압력탱크 외의 탱크	위험물의 종류	압력탱크
산화프로필렌, 디에틸에테르 등	30℃ 이하	아세트알데히드 등, 디에틸에테르 등	40℃ 이하
아세트알데히드	15℃ 이하		

• 이동저장탱크의 저장유지온도

위험물의 종류	보냉장치가 있는 경우	보냉장치가 없는 경우
아세트알데히드 등, 디에틸에테르 등	비점 이하	40℃ 이하

• 이동저장탱크에 알킬알루미늄 등을 저장하는 경우에는 20kpa 이하의 압력으로 불활성의 기체를 봉입하여 둘 것

35 과산화수소(H_2O_2) : 제6류(산화성액체), 지정수량 300kg

※ 위험물 대상 범위 : 농도가 36중량% 이상인 것

• 강산화제로 분해 시 발생기 산소(O_2)는 산화력이 강하다.(정촉매 : MnO_2)

$2H_2O_2 \rightarrow 2H_2O + O_2\uparrow$

• 고농도의 과산화수소는 알칼리, 금속분, 암모니아, 유기물 등과 혼촉 시 발화 폭발의 위험이 있다.

• 일반 시판품은 30~40%의 수용액으로 분해하기 쉽다.(분해안정제 : 인산(H_3PO_4), 요산($C_5H_4N_4O_3$)을 첨가).

• 과산화수소 3% 수용액을 옥시풀(소독약)로 사용한다.

• 고농도의 60% 이상은 충격 마찰에 의해 단독으로 분해폭발 위험이 있다.

• 히드라진(N_2H_4)과 접촉 시 분해하여 발화폭발한다.

$2H_2O_2 + N_2H_4 \rightarrow 4H_2O + N_2$

• 저장 용기의 마개에는 작은 구멍이 있는 것을 사용 한다.(이유 : 분해 시 발생하는 산소를 방출시켜 폭발을 방지하기 위하여).

• 소화 : 다량의 물로 주수소화한다.

36 옥내소화전펌프의 전양정 구하는 식

$H = h_1 + h_2 + h_3 + 35m$

$\begin{bmatrix} H : 펌프의 전양정(m) \\ h_1 : 소방용호스 마찰손실수두(m) \\ h_2 : 배관의 마찰손실수두(m) \\ h_3 : 낙차(m) \end{bmatrix}$

37 제3종 분말소화약제(제1인산암모늄, $NH_4H_2PO_4$) : 담홍색(A, B, C급)

• 열분해 반응식 : $NH_4H_2PO_4 \rightarrow NH_3 + H_2O + HPO_3$

• 제3종 분말소화약제가 A급 화재에도 적응성이 있는 이유 : 열분해시 생성되는 불연용융물질인 메타인산(HPO_3)이 가연물의 표면에 부착 및 점착되는 방진작용으로 가연물과 공기(산소)와의 접촉을 차단시켜주기 때문이다.

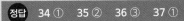

정답 **34** ① **35** ② **36** ③ **37** ①

38 점화원 역할을 할 수 없는 것은?

① 기화열   ② 산화열

③ 정전기불꽃   ④ 마찰열

39 일반적으로 다량의 주수를 통한 소화가 가장 효과적인 화재는?

① A급 화재   ② B급 화재

③ C급 화재   ④ D급 화재

40 소화 효과에 대한 설명으로 옳지 않은 것은?

① 산소공급원 차단에 의한 소화는 제거효과이다.

② 가연물질의 온도를 떨어뜨려서 소화하는 것은 냉각효과이다.

③ 촛불을 입으로 바람을 불어 끄는 것은 제거효과이다.

④ 물에 의한 소화는 냉각효과이다.

제3과목 | 위험물의 성질과 취급

41 짚, 헝겊 등을 다음의 물질과 적셔서 대량으로 쌓아 두었을 경우 자연발화의 위험성이 가장 높은 것은?

① 동유   ② 야자유

③ 올리브유   ④ 피마자유

---

38 • 점화원(열원) : 연소반응에 필요한 최소 착화에너지, 즉 연소하기 위하여 물질에 활성화에너지를 주는 것을 말한다.

• 불꽃외의 점화원의 종류
- 화학적 에너지원 : 산화열, 연소열, 분해열, 반응열 등
- 전기적 에너지원 : 정전기불꽃, 저항열, 유도열, 전기불꽃 등
- 기계적 에너지원 : 마찰열, 충격열, 단열 압축열 등

39

화재분류	종류	색상	소화방법(주소화약제)
A급	일반화재	백색	냉각소화(다량의 주수)
B급	유류화재	황색	질식소화(분말, CO_2)
C급	전기화재	청색	질식소화(CO_2)
D급	금속화재	무색	피복소화(건조사)

40 소화 방법

• 냉각효과 : 연소물체로부터 열을 빼앗아 발화점 이하로 온도를 낮추는 방법
(소화약제 : 물, 강화액, 산·알칼리소화기 등)

• 질식효과 : 공기중 산소의 농도를 21%에서 15% 이하로 낮추어 산소공급을 차단시켜 연소를 중단시키는 방법
(소화약제 : 포말·분말·할로겐화물, 건조사 등)

• 제거소화 : 연소할 때 필요한 가연성 물질을 없애주는 소화방법
예 촛불, 유전화재, 가스화재(밸브로 가스공급차단), 전원차단 등

• 부촉매효과(화학소화) : 가연성 물질이 연속적으로 연소시 연쇄반응을 느리게 하여 억제·방해 또는 차단시켜 소화하는 방법
(소화약제 : 할로겐 소화약제, 분말 소화약제 등)

• 이외의 희석효과, 유화소화, 피복소화 등이 있다.

41 제4류위험물 : 동식물유류란 동물의 지육 또는 식물의 종자나 과육으로부터 추출한 것으로 1기압에서 인화점이 250℃ 미만인 것이다.

• 요오드값 : 유지 $100g$에 부과되는 요오드의 g수이다.

• 요오드값이 클수록 불포화도가 크다.

• 요오드값이 큰 건성유는 불포화도가 크기 때문에 자연발화가 잘 일어난다.

• 요오드값에 따른 분류
- 건성유(130 이상) : 해바라기기름, 동유, 아마인유, 정어리기름, 들기름 등
- 반건성유(100~130) : 면실유, 참기름, 청어기름, 채종류, 콩기름 등
- 불건성유(100이하) : 올리브유, 동백기름, 피마자유, 야자유 등

42 다음 중 제1류 위험물에 해당하는 것은?

① 염소산칼륨
② 수산화칼륨
③ 수소화칼륨
④ 요오드화칼륨

43 제4류 위험물 중 제1석유류란 1기압에서 인화점이 몇 ℃인 것을 말하는가?

① 21℃ 미만
② 21℃ 이상
③ 70℃ 미만
④ 70℃ 이상

44 삼황화린과 오황화린의 공통연소생성물을 모두 나타낸 것은?

① H_2S, SO_2
② P_2O_5, H_2S
③ SO_2, P_2O_5
④ H_2S, SO_2, P_2O_5

45 주유취급소의 표지 및 게시판의 기준에서 "위험물 주유취급소" 표지와 "주유중엔진정지" 게시판의 바탕색을 차례대로 옳게 나타낸 것은?

① 백색, 백색
② 백색, 황색
③ 황색, 백색
④ 황색, 황색

46 제6류 위험물인 과산화수소의 농도에 따른 물리적 성질에 대한 설명으로 옳은 것은?

① 농도와 무관하게 밀도, 끓는점, 녹는점이 일정하다.
② 농도와 무관하게 밀도는 일정하나, 끓는점과 녹는점은 농도에 따라 달라진다.
③ 농도와 무관하게 끓는점, 녹는점은 일정하나, 밀도는 농도에 따라 달라진다.
④ 농도에 따라 밀도, 끓는점, 녹는점이 달라진다.

---

42 염소산칼륨($KClO_3$) : 제1류(산화성고체) 중 염소산염류, 지정수량 $50kg$
- 무색 결정 또는 백색 분말로, 비중 2.32, 분해온도 400℃이다.
- 온수, 글리세린에 녹고, 냉수, 알코올에는 잘 녹지 않는다.
- 열분해반응식 : $2KClO_3 \rightarrow KCl + 3O_2$
- 가연물과 혼재 시 또는 강산화성물질(유황, 유기물, 목탄, 적린 등)과 접촉 충격 시 폭발 위험이 있다.

43 제4류 위험물의 인화점 범위(1기압에서)
- 특수인화물 : 발화점 100℃ 이하, 인화점 -20℃ 이하, 비점 40℃ 이하
- 제1석유류 : 인화점 21℃ 미만
- 제2석유류 : 인화점 21℃ 이상 70℃ 미만
- 제3석유류 : 인화점 70℃ 이상 200℃ 미만
- 제4석유류 : 인화점 200℃ 이상 250℃ 미만
- 동식물유류 : 인화점 250℃ 미만

44 제2류(가연성고체)의 황화린, 지정수량 $100kg$
- 삼황화린(P_4S_3)의 연소반응식
  $P_4S_3 + 8O_2 \rightarrow 2P_2O_5 + 3SO_2 \uparrow$
- 오황화린(P_4S_5)의 연소반응식
  $2P_2S_5 + 15O_2 \rightarrow 2P_2O_5 + 10SO_2 \uparrow$

45 주유취급소의 표지 및 게시판의 기준
1. 주유취급소의 표지
   - 크기 : $0.6m$ 이상×$0.3m$ 이상
   - 문자 : "위험물 주유취급소"
   - 색상 : 백색바탕에 흑색문자
2. 주유 중 엔진정지 표지 게시판
   - 크기 : $0.6m$ 이상×$0.3m$ 이상
   - 문자 : "주유 중 엔진정지"
   - 색상 : 황색바탕에 흑색문자

46 35번 해설 참조
※ 농도가 진할수록 밀도, 끓는점은 높아지고 녹는점은 낮아진다.

정답 42 ① 43 ① 44 ③ 45 ② 46 ④

47 트리니트로페놀의 성질에 대한 설명 중 틀린 것은?

① 폭발에 대비하여 철, 구리로 만든 용기에 저장한다.

② 휘황색을 띤 침상결정이다.

③ 비중이 약 1.8로 물보다 무겁다.

④ 단독으로는 테트릴보다 충격, 마찰에 둔감한 편이다.

48 적린에 대한 설명으로 옳은 것은?

① 발화방지를 위해 염소산칼륨과 함께 보관한다.

② 물과 격렬하게 반응하여 열을 발생한다.

③ 공기 중에 방치하면 자연발화한다.

④ 산화제와 혼합한 경우 마찰·충격에 의해서 발화한다.

49 위험물안전관리법령상 위험물의 취급 중 소비에 관한 기준에 해당하지 않는 것은?

① 분사도장작업은 방화상 유효한 격벽 등으로 구획된 안전한 장소에서 실시할 것

② 버너를 사용하는 경우에는 버너의 역화를 방지할 것

③ 반드시 규격용기를 사용할 것

④ 열처리작업은 위험물이 위험한 온도에 이르지 아니하도록 하여 실시할 것

50 디에틸에테르 중의 과산화물을 검출할 때 그 검출시약과 정색반응의 색이 옳게 짝지어진 것은?

① 요오드화칼륨용액 — 적색

② 요오드화칼륨용액 — 황색

③ 브롬화칼륨용액 — 무색

④ 브롬화칼륨용액 — 청색

---

47 피크르산[$C_6H_2(NO_2)_3OH$, TNP] : 제5류의 니트로화합물, 지정수량 200kg

- 비중 1.8의 침상결정으로 쓴맛이 있고 독성이 있다.
- 찬물에 불용, 온수, 알코올, 벤젠 등에 잘 녹는다.
- 진한 황산 촉매하에 페놀(C_6H_5OH)과 질산을 니트로화반응시켜 제조한다.

(페놀)　　(질산)　　　　　　[트리니트로 페놀(피크린산)] (물)

- 피크린산 금속염(Fe, Cu, Pb 등)은 격렬히 폭발한다.
- 운반 시 10~20% 물로 습윤시켜 운반한다.

48 적린(P) : 제2류(가연성 고체), 지정수량 100kg

- 암적색의 무취의 분말로서 황린의 동소체이다.
- 브롬화인(PBr_3)에 녹고, 물, CS_2, 암모니아에는 녹지 않는다.
- 독성이 없고 공기 중 자연발화위험은 없다.
- 강산화제(제1류)와 혼합하면 불안정하여 마찰, 충격에 의해 발화폭발위험이 있다.(염소산칼륨 : 제1류 강산화제)
- 공기를 차단하고 황린을 260℃로 가열하면 적린이 된다.

$$황린(P_4) \xrightarrow[가열]{260℃} 적린(P)$$

49 위험물 취급 중 소비에 관한 기준

- 분사도장작업 : 방화상 유효한 격벽 등으로 구획된 안전한 장소에서 실시할 것
- 담금질 또는 열처리작업 : 위험물이 위험한 온도에 이르지 않도록 실시할 것
- 버너를 사용하는 작업 : 버너의 역화를 방지하고 위험물이 넘치지 않도록 할 것

50 디에틸에테르($C_2H_5OC_2H_5$) : 제4류 위험물의 특수인화물(인화성 액체), 지정수량 50l

- 무색, 휘발성이 강한 액체로서 특유한 향과 마취성이 있다.
- 인화점 −45℃, 발화점 180℃, 연소범위 1.9~48%
- 직사광선에 장시간 노출 시 과산화물을 생성하므로 갈색병에 보관한다.
  - 과산화물 검출시약 : 디에틸에테르+KI(10%)용액 → 황색변화
  - 과산화물 제거시약 : 30%의 황산제일철수용액
  - 과산화물 생성방지 : 40mesh의 구리망을 넣어준다.
- 저장 시 불활성 가스를 봉합하고 정전기를 방지하기 위해 소량의 염화칼슘($CaCl_2$)을 넣어 둔다.
- 소화 시 CO_2로 질식소화한다.

정답 47 ①　48 ④　49 ③　50 ②

51 제1류 위험물로서 조해성이 있으며 흑색화약의 원료로 사용하는 것은?

① 염소산칼륨
② 과염소산나트륨
③ 과망간산암모늄
④ 질산칼륨

52 다음 중 3개의 이성질체가 존재하는 물질은?

① 아세톤
② 톨루엔
③ 벤젠
④ 자일렌(크실렌)

53 위험물을 저장 또는 취급하는 탱크의 용량산정 방법에 관한 설명으로 옳은 것은?

① 탱크의 내용적에서 공간용적을 뺀 용적으로 한다.
② 탱크의 공간용적에서 내용적을 뺀 용적으로 한다.
③ 탱크의 공간용적에 내용적을 더한 용적으로 한다.
④ 탱크의 볼록하거나 오목한 부분을 뺀 용적으로 한다.

54 물과 반응하였을 때 발생하는 가연성 가스의 종류가 나머지 셋과 다른 하나는?

① 탄화리튬
② 탄화마그네슘
③ 탄화칼슘
④ 탄화알루미늄

51 질산칼륨(KNO_3) : 제1류(산화성고체), 지정수량 $300kg$
- 무색, 무취의 결정 또는 분말로 산화성이 있다.
- 물, 글리세린 등에 잘 녹고, 알코올에는 녹지 않는다.
- 흑색화약(질산칼륨＋유황＋목탄)의 원료로 사용된다.
  $$2KNO_3 + 3C + S \rightarrow K_2S + 3CO_2 + N_2$$
- 용융분해하여 산소를 발생한다.
  $$2KNO_3 \xrightarrow[\Delta]{400℃} 2KNO_3 + O_2\uparrow$$
- 강산화제이므로 유기물, 강산, 황린, 유황 등과 혼촉발화의 위험성이 있다.

52 자일렌[크실렌, $C_6H_4(CH_3)_2$] : 제4류(인화성 액체), 제2석유류(비수용성)
- 벤젝핵에 메틸기($-CH_3$)가 2개 결합된 것으로 3개의 이성질체가 있다.

(o-크실렌)　　(m-크실렌)　　(p-크실렌)

- o-크실렌(인화점 32℃)
- m-크실렌, p-크실렌(인화점 25℃)

53 저장탱크의 용적 산정기준
탱크의 용량 ＝ 탱크의 내용적－공간용적
※ 탱크의 공간용적
- 일반탱크의 공간용적 : 탱크 용적의 5/100 이상 10/100 (5~10%) 이하로 한다.
- 소화설비를 설치하는 탱크의 공간용적(탱크 안 윗부분에 설치 시) 당해 소화설비의 소화약제 방출구 아래의 $0.3m$ 이상 $1m$ 미만 사이의 면으로부터 윗부분의 용적으로 한다.
- 암반탱크에 있어서는 해당 탱크 내에 용출하는 7일 간의 지하수의 양에 상당하는 용적과 해당 탱크의 내용적의 1/100의 용적 중에서 보다 큰 용적을 공간용적으로 한다.

54 제3류 위험물(금수성), 지정수량 $300kg$
① 탄화리튬 : $Li_2C_2 + 2H_2O \rightarrow 2LiOH + C_2H_2\uparrow$
② 탄화마그네슘 : $MgC_2 + 2H_2O \rightarrow Mg(OH)_2 + C_2H_2\uparrow$
③ 탄화칼슘 : $CaC_2 + 2H_2O \rightarrow Ca(OH)_2 + C_2H_2\uparrow$
④ 탄화알루미늄 : $Al_4C_3 + 12H_2O \rightarrow 4Al(OH)_3 + 3CH_4\uparrow$
　∴ ①, ②, ③ : 아세틸렌(C_2H_2), ④ : 메탄(CH_4)

정답 51 ④　52 ④　53 ①　54 ④

55 칼륨과 나트륨의 공통성질이 아닌 것은?

① 물보다 비중값이 작다.
② 수분과 반응하여 수소를 발생한다.
③ 광택이 있는 무른 금속이다.
④ 지정수량이 50kg이다.

56 옥내탱크저장소에서 탱크 상호 간에는 얼마 이상의 간격을 두어야 하는가? (단, 탱크의 점검 및 보수에 지장이 없는 경우는 제외한다)

① 0.5m
② 0.7m
③ 1.0m
④ 1.2m

57 인화칼슘의 성질에 대한 설명 중 틀린 것은?

① 적갈색의 괴상고체이다.
② 물과 격렬하게 반응한다.
③ 연소하여 불연성의 포스핀가스를 발생한다.
④ 상온의 건조한 공기 중에서는 비교적 안정하다.

58 주유취급소에서 고정주유설비는 도로경계선과 몇 m 이상 거리를 유지해야 하는가? (단, 고정주유설비의 중심선을 기점으로 한다)

① 2
② 4
③ 6
④ 8

---

55 칼륨(K)과 나트륨(Na) : 제3류(자연발화성 및 금수성)
• 비중 : K(0.86), Na(0.97)
• 수분과 반응하여 수소(H_2)를 발생한다.
$$2K + 2H_2O \rightarrow 2KOH + H_2 \uparrow$$
$$2Na + 2H_2O \rightarrow 2NaOH + H_2 \uparrow$$
• 은백색 광택이 나는 무른 경금속으로 석유류(등유, 경유, 파라핀) 속에 보관한다.
• 지정수량은 10kg이다.

56 옥내탱크저장소 기준(단층건축물에 탱크전용실을 설치하는 경우)
• 옥내저장탱크와 탱크전용실의 벽과의 사이 및 옥내저장탱크의 상호 간에는 0.5m 이상 간격을 유지할 것
• 옥내저장탱크의 용량은 지정수량의 40배 이하일 것
• 탱크전용실은 벽, 기둥 및 바닥을 내화구조로 하고, 보는 불연재료로 할 것
• 탱크전용실의 창 및 출입구에는 갑종방화문 또는 을종방화문을 설치하며 유리를 이용할 경우는 망입유리로 할 것
• 액상위험물을 사용하는 탱크전용실의 바닥은 위험물이 침투하지 아니하는 구조로 하고, 적당한 경사를 두는 한편, 집유설비를 설치할 것

57 인화칼슘(Ca_3P_2, 인화석회) : 제3류(금수성), 지정수량 300kg
• 적갈색의 괴상의 고체이며 상온의 건조한 공기 중에는 안정하다.
• 물 또는 묽은산과 반응하여 가연성이며 맹독성인 포스핀(PH_3, 인화수소) 가스를 발생한다.
$$Ca_3P_2 + 6H_2O \rightarrow 3Ca(OH)_2 + 2PH_3 \uparrow$$
$$Ca_3P_2 + 6HCl \rightarrow 3CaCl_2 + 2PH_3 \uparrow$$
• 소화 : 마른모래 등으로 피복소화한다.(주수 및 포소화약제는 절대엄금)

58 주유취급소
• 주유공지 : 너비 15m 이상, 길이 6m 이상
• 공지의 바닥 : 주위지면보다 높게 하고, 적당한 기울기, 배수구, 집유설비, 유분리장치를 설치할 것
• 주유 중 엔진정지 : 황색바탕에 흑색문자
• 주유관의 길이 : 5m 이내(현수식 : 반경 3m 이내)
• 담 또는 벽 : 자동차 등이 출입하는 쪽 외의 부분에 높이 2m 이상의 내화구조 또는 불연재료의 담 또는 벽을 설치할 것
• 고정주유설비 설치기준(중심선을 기점한 거리)
 - 도로경계선 : 4m 이상
 - 부지경계선, 담 및 건축물의 벽 : 2m(개구부가 없는 벽 : 1m) 이상

59 제4류 위험물 중 제1석유류를 저장, 취급하는 장소에서 정전기를 방지하기 위한 방법으로 볼 수 없는 것은?

① 가급적 습도를 낮춘다.
② 주위 공기를 이온화시킨다.
③ 위험물 저장, 취급설비를 접지시킨다.
④ 사용기구 등은 도전성 재료를 사용한다.

60 4몰의 니트로글리세린이 고온에서 열분해·폭발하여 이산화탄소, 수증기, 질소, 산소의 4가지 가스를 생성할 때 발생되는 가스의 총 몰수는?

① 28
② 29
③ 30
④ 31

59 • 제4류 위험물은 비전도성 인화성 액체로서 저장, 취급 시 정전기 발생할 우려가 있으므로 사용기구 등은 전기가 잘 통하는 도전성 재료를 사용하여 정전기 축적을 방지한다.
• 정전기 방지법
 – 접지를 할 것
 – 공기를 이온화 할 것
 – 공기 중의 상대습도를 70% 이상 할 것
 – 유속을 $1m/s$ 이하로 유지할 것
 – 제진기를 설치할 것

60 니트로글리세린[$C_3H_5(ONO_2)_3$] : 제5류(자기반응성 물질), 지정수량 $10kg$
• 무색, 단맛이 나는 액체(상온)이나 겨울철에는 동결한다.
• 가열, 마찰, 충격에 민감하여 폭발하기 쉽다.
• 규조토에 흡수시켜 폭약인 다이너마이트를 제조한다.
• 열분해반응식
$$4C_3H_5(ONO_2)_3 \rightarrow 12CO_2\uparrow + 10H_2O\uparrow + 6N_2\uparrow + O_2\uparrow$$
  4mol : 12mol + 10mol + 6mol + 1mol = 총 29mol

제1과목 | 일반화학

해설·정답 확인하기

01 액체 0.2g을 기화시켰더니 그 증기의 부피가 97℃, 740mmHg에서 80mL였다. 이 액체의 분자량에 가장 가까운 값은?

① 40
② 46
③ 78
④ 121

01 ・1atm=760mmHg, 80mL=0.08L
・이상기체 상태방정식

$$PV=nRT=\frac{W}{M}RT$$

$$M=\frac{WRT}{PV}$$

$\begin{bmatrix} P : 압력(atm) & V : 체적(l) \\ T(K) : 절대온도(273+℃) \\ R : 기체상수(0.082atm \cdot l/mol \cdot K) \\ n : 몰수\left(n=\frac{W}{M}=\frac{질량}{분자량}\right) \end{bmatrix}$

$$=\frac{0.2\times0.082\times(273+97)}{\frac{740}{760}\times\frac{80}{1000}}$$

$$≒78$$

02 원자량이 56인 금속 M 1.12g을 산화시켜 실험식이 M_xO_y인 산화물 1.60g을 얻었다. x, y는 각각 얼마인가?

① x=1, y=2
② x=2, y=3
③ x=3, y=2
④ x=2, y=1

02 ・원소의 당량 : 산소 $8g(=0.25몰)$과 결합이나 치환 할 수 있는 양

・당량$=\frac{원자량}{원자가}$ [산소의 당량$=\frac{16}{2}=8g$(당량)]

・금속 1.12g과 결합한 산소는 $1.6-1.12=0.48g$이다.

$$\begin{array}{ccccc} M & + & O & \rightarrow & MO \\ (금속) & & (산소) & & (금속산화물) \\ 1.12g & : & 0.48g & \rightarrow & 1.60g \\ x & : & 8g & & \end{array}$$

$$\therefore x=\frac{1.12\times8}{0.48}=18.67g(당량)$$

・금속(M)의 원자가는 원자가$=\frac{원자량}{당량}=\frac{56}{18.67}≒3$가(M)

$$\therefore M^{+3}O^{-2} \rightarrow M_2O_3 \ (x=2, y=3)$$

03 백금 전극을 사용하여 물을 전기분해할 때 (+)극에서 5.6L의 기체가 발생하는 동안 (−)극에서 발생하는 기체의 부피는?

① 2.8L
② 5.6L
③ 11.2L
④ 22.4L

03 ・물의 전기분해반응식

$$H_2O(l) \rightarrow \underline{H_2}(g) + \frac{1}{2}O_2(g)$$

$$(-)극 \quad (+)극$$

$$(+)극 : H_2O \rightarrow \frac{1}{2}O_2(g)+2H^+(aq)+2e^-$$

$$(-)극 : 2H_2O+2e^- \rightarrow \underline{H_2}(g)+2OH^-(aq)$$

・각 극에 발생하는 기체의 비율

$$\begin{array}{ccc} (+)극(O_2) & : & (-)극(H_2) \\ 0.5몰 & \rightarrow & 1몰 \\ 5.6L & \rightarrow & x \end{array}$$

$$\therefore x=\frac{5.6L\times1몰}{0.5몰}=11.2L$$

정답 01 ③ 02 ② 03 ③

04

방사성 원소인 U(우라늄)이 다음과 같이 변화되었을 때의 붕괴 유형은?

$$^{238}_{92}U \rightarrow ^{234}_{90}Th + ^{4}_{2}He$$

① α붕괴　　② β붕괴
③ γ붕괴　　④ R붕괴

05

다음 중 방향족 탄화수소가 아닌 것은?

① 에틸렌　　② 톨루엔
③ 아닐린　　④ 안트라센

06

전자배치가 $1s^2 2s^2 2p^6 3s^2 3p^5$인 원자의 M껍질에는 몇 개의 전자가 들어 있는가?

① 2　　② 4
③ 7　　④ 17

07

황산 수용액 400mL 속에 순황산이 98g 녹아있다면 이 용액의 농도는 몇 N인가?

① 3　　② 4
③ 5　　④ 6

08

다음 보기의 벤젠 유도체 가운데 벤젠의 치환반응으로부터 직접 유도할 수 없는 것은?

┌ 보기 ┐
ⓐ $-Cl$　　ⓑ$-OH$　　ⓒ $-SO_3H$

① ⓐ　　② ⓑ
③ ⓒ　　④ ⓐ, ⓑ, ⓒ

---

04 방사성 원소의 자연붕괴

방사선 붕괴	원자번호 변화	질량수 변화
$\alpha(_2He^4)$	2 감소	4 감소
$\beta(e^-)$	1 증가	불변
γ	불변	불변

05
- 방향족 탄화수소 : 고리모양의 화합물 중 벤젠핵을 가지고 있는 물질의 유도체

명칭	톨루엔	아닐린	안트라센
화학식	$C_6H_5CH_3$	$C_6H_5NH_2$	$C_{14}H_{10}$
구조식	CH₃ (구조식)	NH₂ (구조식)	(구조식)

- 에틸렌 : 지방족의 사슬모양탄화수소 중 불포화 화합물이다.

화학식	C_2H_4	구조식	(구조식)

06 염소($_{17}Cl^{35.5}$)의 전자배치 : $1s^2 2s^2 2p^6 3s^2 3p^5$

전자껍질	K	L	M
주양자수	n=1	n=2	n=3
수용전자수($2n^2$)	2	8	18
오비탈수용전자수	$1s^2$	$2s^2 2p^6$	$3s^2 3p^6 3d^{10}$
Cl(전자수 17)	$1s^2$	$2s^2 2p^6$	$3s^2 3p^5$

∴ M껍질 : $3s^2 3p^5$이므로 전자수는 7개이다.

07
- 규정농도(노르말N) : 용액 $1000mL(1l)$ 속에 녹아 있는 용질의 g당량수
- 산의 $1g$당량 $= \dfrac{\text{산의 분자량}}{\text{산의 }[H^+]\text{의 수}}$
- 황산(H_2SO_4)의 $1g$당량 $= \dfrac{98}{2} = 49g$(당량)
- $NV = g$당량 [N : 노르말농도, V : 부피(l)]

∴ $N = \dfrac{g당량}{V} = \dfrac{98/49(g당량)}{0.4l} = 5N$

08
- 벤젠의 치환반응으로부터 직접 유도할 수 있는 것 :
  $-Cl$, $-SO_3H$, $-R$, $-NO_2$
- 벤젠의 치환반응으로부터 직접 유도할 수 없는 것 :
  $-OH$, $-NH_2$, $-CHO$, $-COOH$

정답 　04 ①　05 ①　06 ③　07 ③　08 ②

09 다음 각 화합물 1mol이 완전연소할 때 3mol의 산소를 필요로 하는 것은?

① $CH_3 - CH_3$

② $CH_2 = CH_2$

③ C_6H_6

④ $CH \equiv CH$

10 원자번호가 7인 질소와 같은 족에 해당되는 원소의 원자번호는?

① 15   ② 16

③ 17   ④ 18

11 1패러데이의 전기량으로 물을 전기분해하였을 때 생성되는 기체 중 산소기체는 0℃, 1기압에서 몇 L인가?

① 5.6   ② 11.2

③ 22.4   ④ 44.8

12 다음 화합물 중에서 가장 작은 결합각을 가지는 것은?

① BF_3 ② NH_3

③ H_2 ④ $BeCl_2$

13 지방이 글리세린과 지방산으로 되는 것과 관련이 깊은 반응은?

① 에스테르화   ② 가수분해

③ 산화   ④ 아미노화

---

09 ① 에탄(C_2H_6)의 완전연소반응식

$C_2H_6 + 3.5O_2 \rightarrow 2CO_2 + 3H_2O$ (산소 : 3.5mol)

② 에틸렌(C_2H_4)의 완전연소반응식

$C_2H_4 + 3O_2 \rightarrow 2CO_2 + 2H_2O$ (산소 : 3mol)

③ 벤젠(C_6H_6)의 완전연소반응식

$C_6H_6 + 7.5O_2 \rightarrow 6CO_2 + 3H_2O$ (산소 : 7.5mol)

④ 아세틸렌(C_2H_2)의 완전연소반응식

$C_2H_2 + 2.5O_2 \rightarrow 2CO_2 + H_2O$ (산소 : 2.5mol)

10 질소족 원소 : $_7N$, $_{15}P$, $_{33}Ag$, $_{51}Sb$, $_{83}Bi$

11 • 1F(패러데이) = 96500C(크롬) = 1g당량석출(발생)

• 물의 전기분해반응식 : $2H_2O \rightarrow \underset{(-)극}{2H_2} + \underset{(+)극}{O_2}$

• 1F의 전기량을 통하면 표준상태에서 각 극(+, −극)에서 각각 1g당량씩 발생한다.

(+)극 : 1F 전기량을 통하였으니 산소 1g당량이 발생한다.

산소의 당량 $= \dfrac{원자량}{원자가} = \dfrac{16}{2} = 8g$(당량) $= 1g$당량

$32g : 22.4l$

$8g : x$ $\therefore x = \dfrac{8 \times 22.4}{32} = 5.6l$

(−)극 : 1F 전기량을 통하였으니 수고 1g당량이 발생한다.

수소의 당량 $= \dfrac{원자량}{원자가} = \dfrac{1}{1} = 1g$(당량) $= 1g$당량 $= 11.2L$이 발생한다.

12 공유결합물질의 결합각

화합물	BF_3	NH_3	H_2	$BeCl_2$	H_2O	CH_4
결합각	120°	107°	180°	180°	104.5°	109.5°

13 탄수화물의 가수분해효소(암기법)

• 아전맥포 : 전분 $\xrightarrow{\text{아밀라아제}}$ 맥아당 + 포도당

• 인설포과 : 설탕 $\xrightarrow{\text{인베르타아제}}$ 포도당 + 과당

• 말맥포 : 맥아당(엿당) $\xrightarrow{\text{말타아제}}$ 포도당

• 리유지글 : 유지(지방) $\xrightarrow{\text{리파아제}}$ 지방산 + 글리세린

• 지포에 : 포도당 $\xrightarrow{\text{지마아제}}$ 에틸알코올 + 이산화탄소

       ($C_6H_{12}O_6$)   (C_2H_5OH)   (CO_2)

정답 09 ②   10 ①   11 ①   12 ②   13 ②

14 $[OH^-]=1\times10^{-5}mol/L$인 용액의 pH와 액성으로 옳은 것은?

① pH=5, 산성

② pH=5, 알칼리성

③ pH=9, 산성

④ pH=9, 알칼리성

15 다음에서 설명하는 법칙은 무엇인가?

> 일정한 온도에서 비휘발성이며, 비전해질인 용질이 녹은 묽은 용액의 증기 압력 내림은 일정량의 용매에 녹아 있는 용질의 몰수에 비례한다.

① 헨리의 법칙

② 라울의 법칙

③ 아보가드로의 법칙

④ 보일 — 샤를의 법칙

16 질량수 52인 크롬의 중성자수와 전자수는 각각 몇 개인가? (단, 크롬의 원자번호는 24이다)

① 중성자수 24, 전자수 24

② 중성자수 24, 전자수 52

③ 중성자수 28, 전자수 24

④ 중성자수 52, 전자수 24

17 다음 중 물이 산으로 작용하는 반응은?

① $NH_4^+ + H_2O \rightarrow NH_3 + H_3O^+$

② $HCOOH + H_2O \rightarrow HCOO^- + H_3O^+$

③ $CH_3COO^- + H_2O \rightarrow$
$CH_3COOH + OH^-$

④ $HCl + H_2O \rightarrow H_3O^+ + Cl^-$

18 일정한 온도하에서 물질 A와 B가 반응을 할 때 A의 농도만 2배로 하면 반응속도가 2배가 되고 B의 농도만 2배로 하면 반응속도가 4배로 된다. 이 경우 반응속도식은? (단, 반응속도 상수는 k이다)

① $v=k[A][B]^2$ ② $v=k[A]^2[B]$

③ $v=k[A][B]^{0.5}$ ④ $v=k[A][B]$

---

14 • 수소이온농도

$pH=-\log[H^+]$ $pOH=-\log[OH^-]$ $pH=14-pOH$

• $pH=14-pOH=14-[-\log1\times10^{-5}]$
$=14-[5\log10]=14-5=9$

∴ pH=9, 알칼리성

> ※ 산성 : pH<7, 염기성 : pH>7

15 ① 헨리의 법칙(기체의 용해도) : 물에 잘 녹지 않는 기체에 잘 적용됨
기체는 온도가 낮을수록, 압력이 높을수록 잘 용해한다.

② 라울의 법칙 : 비전해질 물질의 분자량 측정에 이용됨
용질이 비휘발성이며 비전해질일 때 용액의 끓는점 오름과 어는점 내림은 용질의 종류에 관계없이 용매의 종류에 따라 다르며 용지르이 몰랄농도에 비례한다.

③ 아보가드로의 법칙 : 모든 물질 1몰은 표준상태(0℃, 1atm)에서 부피는 22.4L를 갖는다.

④ 보일—샤를의 법칙 : 기체의 부피는 절대온도에 비례하고 압력에 반비례한다.

16 질량수=중성자수+양성자수(=전자수=원자번호)

• 질량수=중성자수+원자번호
(52 = 28 + 24)

• 원자번호=전자수=24

• 중성자수=질량수-원자번호
=52-24=28

17 브뢴스테드의 산, 염기의 정의

• 산 : 양성자[H^+]를 내놓는 분자나 이온

• 염기 : 양성자[H^+]를 받아들이는 분자나 이온

$$\underset{\text{(염기)}}{CH_3COO^-} + \underset{\text{(산)}}{H_2O} \xrightarrow{H^+} \underset{\text{(산)}}{CH_3COOH} + \underset{\text{(염기)}}{OH^-}$$

18 • 반응속도와 농도 : 일정한 온도에서 반응속도는 반응하는 물질 농도의 곱에 비례한다.

• 반응속도$(v)=k[A][B]^2$에서, A의 농도를 2배 하면 반응속도가 2배가 되고, B는 제곱이므로 B의 농도를 2배 하면 반응속도는 4배가 된다.

19 다음 물질 1g을 1kg의 물에 녹였을 때 빙점 강하가 가장 큰 것은? (단, 빙점강하 상수값 (어는점 내림상수)은 동일하다고 가정한다)

① CH_3OH

② C_2H_5OH

③ $C_3H_5(OH)_3$

④ $C_6H_{12}O_6$

20 다음 밑줄 친 원소 중 산화수가 +5인 것은?

① $Na_2\underline{Cr}_2O_7$

② $K_2\underline{S}O_4$

③ $K\underline{N}O_3$

④ $\underline{Cr}O_3$

제2과목 | 화재예방과 소화방법

21 위험물안전관리법령상 이동탱크저장소에 의한 위험물의 운송 시 위험물운송자가 위험물 안전카드를 휴대하지 않아도 되는 물질은?

① 휘발유

② 과산화수소

③ 경유

④ 벤조일퍼옥사이드

22 분말소화약제인 탄산수소나트륨 10kg이 1기압, 270℃에서 방사되었을 때 발생하는 이산화탄소의 양은 약 몇 m³인가?

① 2.65

② 3.65

③ 18.22

④ 36.44

---

19 1. 라울의 법칙 : 용질이 비휘발성이며 비전해질 일 때 용액의 끓는 점오름과 어는점내림은 용질의 종류에 관계없이 용질의 몰랄농도에 비례한다.

2. 몰랄농도(m) : 용매 $1000g(1kg)$ 속에 녹아 있는 용질의 몰수

① CH_3OH(메탄올) 분자량 : $12+1×3+16+1=32$
($1/32=0.03$몰)

② C_2H_5OH(에탄올) 분자량 : $12×2+1×5+16+1=46$
($1/46=0.02$몰)

③ $C_3H_5(OH)_3$(글리세린) 분자량 :
$12×3+1×5+(16+1)×3=92$
($1/92=0.01$몰)

④ $C_6H_{12}O_6$(포도당) 분자량 : $12×6+1×12+16×6=180$
($1/180=0.005$몰)

※ 분자량이 작을수록 몰수가 커지므로 몰랄농도가 큰 CH_3OH(메탄올) 이 빙점강하가 가장 큰 것이 된다.

20 ① $Na_2\underline{Cr}_2O_7=+1×2+Cr×2+(-2)×7=0$, $Cr=+6$
② $K_2\underline{S}O_4=+1×2+S+(-2)×4=0$, $S=+6$
③ $K\underline{N}O_3=+1+N+(-2)×3=0$, $N=+5$
④ $\underline{Cr}O_3=Cr+(-2)×3=0$, $Cr=+6$

21 ① 휘발유 : 제4류 중 제1석유류(○)
② 과산화수소 : 제6류 위험물(○)
③ 경유 : 제4류 중 제2석유류(×)
④ 벤조일퍼옥사이드 : 제5류 위험물(○)

※ 위험물법령상 위험물(제4류 위험물 중 특수인화물, 제1석유류에 한함)을 운송하게 하는 자는 위험물안전카드를 위험물운송자로 하여금 휴대하게 할 것

22 1. 제1종 분말소화약제($NaHCO_3$)의 열분해반응식
$$2NaHCO_3 → Na_2CO_3+CO_2+H_2O$$
$2×84kg$: $22.4m^3$
$10kg$: x

$x=\dfrac{10×22.4}{2×84}=1.333m^3(0℃, 1atm)$

2. 표준상태($0℃$, 1atm)에서 CO_2 $1.333m^3$을 1atm, 270℃의 부피로 환산해준다.

샤를법칙 적용 : $\dfrac{V_1}{T_1}=\dfrac{V_2}{T_2}$(압력은 일정함)

$\dfrac{1.333m^3}{(273+0)}=\dfrac{V_2}{(273+270)}$

∴ $V_2≒2.65m^3$

정답 19 ① 20 ③ 21 ③ 22 ①

23 주된 연소형태가 분해연소인 것은?

① 금속분
② 유황
③ 목재
④ 피크르산

24 포 소화약제의 종류에 해당되지 않는 것은?

① 단백포소화약제
② 합성계면활성제포소화약제
③ 수성막포소화약제
④ 액표면포소화약제

25 전역방출방식의 할로겐화물소화설비 중 하론1301을 방사하는 분사헤드의 방사압력은 얼마 이상이어야 하는가?

① 0.1MPa
② 0.2MPa
③ 0.5MPa
④ 0.9MPa

26 드라이아이스 1kg이 완전히 기화하면 약 몇 몰의 이산화탄소가 되겠는가?

① 22.7
② 51.3
③ 230.1
④ 515.0

27 위험물안전관리법령상 전역방출방식 또는 국소방출방식의 분말소화설비의 기준에서 가압식의 분말소화설비에는 얼마 이하의 압력으로 조정할 수 있는 압력조정기를 설치하여야 하는가?

① 2.0MPa
② 2.5MPa
③ 3.0MPa
④ 5MPa

---

23 연소의 형태
• 표면연소 : 숯, 목탄, 코크스, 금속분 등
• 분해연소 : 석탄, 종이, 목재, 플라스틱, 중유 등
• 증발연소 : 황, 파라핀(양초), 나프탈렌, 휘발유, 등유 등 제4류 위험물
• 자기연소(내부연소) : 니트로셀룰로오스, 니트로글리세린, 피크르산 등 제5류 위험물
• 확산연소 : 수소, 아세틸렌, LGP, LNG 등 가연성 기체

24 포소화약제의 종류
• 화학포소화약제 : A제[$NaHCO_3$] + B제[$Al_2(SO_4)_3$] + 안정제[카제인, 젤라틴, 사포닌 등]
• 기계포(공기포)소화약제 : 단백포소화약제, 불화단백포소화약제, 수성막포소화약제, 합성계면활성제포소화약제, 내알코올용포소화약제

25 할로겐화합물소화설비
[전역 및 국소방출방식 분사헤드의 방사압력 및 방사시간]

소화약제	방사압력	방사시간
할론2402	0.1MPa 이상	
할론1211	0.2MPa 이상	30초 이내
할론1301	0.9MPa 이상	

26 • 드라이아이스는 고체 CO_2이다.
• CO_2의 분자량 : $44g$ = 1mol이므로 $1kg$을 몰수로 환산해준다.

$44g$: 1mol
$1000g$: x ∴ $x = \dfrac{1000 \times 1}{44} ≒ 22.7$mol

27 위험물법령상
• 가압식의 분말소화설비에는 2.5MPa 이하의 압력으로 조절할 수 있는 압력조정기를 설치할 것
• 가압식의 할로겐소화설비는 2.0MPa 이하의 압력으로 조정할 수 있는 압력조정장치를 설치할 것

28 다음 위험물의 저장창고에서 화재가 발생하였을 때 주수에 의한 냉각소화가 적절치 않은 위험물은?

① $NaClO_3$

② Na_2O_2

③ $NaNO_3$

④ $NaBrO_3$

29 이산화탄소가 불연성인 이유를 옳게 설명한 것은?

① 산소와의 반응이 느리기 때문이다.

② 산소와 반응하지 않기 때문이다.

③ 착화되어도 곧 불이 꺼지기 때문이다.

④ 산화반응이 일어나도 열 발생이 없기 때문이다.

30 특수인화물이 소화설비 기준 적용상 1소요단위가 되기 위한 용량은?

① 50L

② 100L

③ 250L

④ 500L

31 이산화탄소 소화기의 장단점에 대한 설명으로 틀린 것은?

① 밀폐된 공간에서 사용 시 질식으로 인명 피해가 발생할 수 있다.

② 전도성이어서 전류가 통하는 장소에서의 사용은 위험하다.

③ 자체의 압력으로 방출할 수가 있다.

④ 소화 후 소화약제에 의한 오손이 없다.

---

28 1. 제1류 위험물의 소화방법은 다량의 물로 냉각소화가 적합하다. 단, 알칼리금속의 무기과산화물은 금수성 물질로 물과 반응시 발열하면서 산소를 발생하므로 마른모래, 팽창질석, 팽창진주암, 탄산수소염류분말 등으로 질식소화한다.

2. 과산화나트륨(Na_2O_2) : 제1류 무기과산화물, 지정수량 50kg
   - 조해성이 강하고 물 또는 이상화탄소 등과 반응 시 산소를 발생한다.
     $2Na_2O_2 + 2H_2O \rightarrow 4NaOH + O_2\uparrow$ (주수소화금지)
     $2Na_2O_2 + 2CO_2 \rightarrow 2Na_2CO_3 + O_2\uparrow$ (CO2소화금지)
   - 열분해시 산소를 발생한다.
     $2Na_2O_2 \rightarrow 2Na_2O + O_2\uparrow$
   - 산과 반응 시 과산화수소(H_2O_2)를 발생한다.
     $Na_2O_2 + 2HCl \rightarrow 2NaCl + H_2O_2$

29 이산화탄소(CO_2)는 이미 산화반응을 한 완성된 물질로서 더 이상 산화반응하지 않는 불연성 물질이다.
$C + O_2 \rightarrow CO_2$

30 - 소요 1단위의 산정방법

건축물	내화구조의 외벽	내화구조가 아닌 외벽
제조소 및 취급소	연면적 100m^2	연면적 50m^2
저장소	연면적 150m^2	연면적 75m^2
위험물	지정수량의 10배	

- 제4류 중 특수인화물의 지정수량 : 50L
∴ 소요 1단위＝지정수량×10배＝50L×10＝500L

31 이산화탄소(CO_2) 소화기(약제) : 질식, 냉각, 피복효과
[이산화탄소 소화기의 장단점]

장점	• 화재 진화 후 소화약제의 잔존물이 없고 오염, 오손이 없다. • 저장이 편리하고 수명이 반영구적이며 가격이 저렴하다. • 유류화재(B급), 전기화재(C급)에 적합하며 심부화재에 효과적이다. • 큰 기화잠열의 열흡수로 인하여 냉각효과가 크다.
단점	• 밀폐된 공간에서 사용 시 질식의 위험이 있다. • 방사 시 소음이 매우 크고 급냉하여 피부접촉 시 동상에 걸리기 쉽다. • 약제 방출 시 소화노즐에 고체 CO_2인 드라이아이스가 만들어져 노즐이 폐쇄될 우려가 있다.

정답 28 ② 29 ② 30 ④ 31 ②

32 질산의 위험성에 대한 설명으로 옳은 것은?

① 화재에 대한 직·간접적인 위험성은 없으나 인체에 묻으면 화상을 입는다.

② 공기 중에서 스스로 자연발화하므로 공기에 노출되지 않도록 한다.

③ 인화점 이상에서 가연성 증기를 발생하여 점화원이 있으면 폭발한다.

④ 유기물질과 혼합하면 발화의 위험성이 있다.

33 분말소화기에 사용되는 소화약제의 주성분이 아닌 것은?

① $NH_4H_2PO_4$ ② Na_2SO_4

③ $NaHCO_3$ ④ $KHCO_3$

34 마그네슘 분말이 이산화탄소 소화약제와 반응하여 생성될 수 있는 유독기체의 분자량은?

① 26   ② 28

③ 32   ④ 44

35 위험물안전관리법령상 알칼리금속과산화물의 화재에 적응성이 없는 소화설비는?

① 건조사

② 물통

③ 탄산수소염류 분말소화설비

④ 팽창질석

36 위험물제조소의 환기설비 설치 기준으로 옳지 않은 것은?

① 환기구는 지붕 위 또는 지상 $2m$ 이상의 높이에 설치할 것

② 급기구는 바닥면적 $150m^2$마다 1개 이상으로 할 것

③ 환기는 자연배기방식으로 할 것

④ 급기구는 높은 곳에 설치하고 인화방지망을 설치할 것

---

32 질산(HNO_3) : 제6류 위험물(산화성액체), 지정수량 300kg
- 위험물 적용대상 : 비중이 1.49 이상인 것
- 흡습성, 자극성, 부식성이 강한 산화성액체로서 유기물질과 혼합 시 발화위험성이 있다.
- 강산으로 직사광선에 의해 분해 시 적갈색의 이산화질소(NO_2)를 발생시킨다.
  $$4HNO_3 \rightarrow 2H_2O + 4NO_2\uparrow + O_2\uparrow$$
- 질산은 단백질과 반응 시 노란색으로 변한다.(크산토프로테인반응 : 단백질 검출 반응)
- 왕수에 녹는 금속은 금(Au)과 백금(Pt)이다.(왕수＝염산(3)＋질산(1) 혼합액)
- 진한질산은 금속과 반응 시 산화피막을 형성하는 부동태를 만든다.
- 저장 시 직사광선을 피하고 갈색병의 냉암소에 보관한다.
- 소화 : 마른모래, CO_2 등을 사용하고 소량일 경우 다량의 물로 희석소화한다.

33 분말소화약제

종별	약제명	주성분	색상	적응화재
제1종	탄산수소나트륨	$NaHCO_3$	백색	B, C급
제2종	탄산수소칼륨	$KHCO_3$	담자(회)색	B, C급
제3종	제1인산암모늄	$NH_4H_2PO_4$	담홍색	A, B, C급
제4종	탄산수소칼륨＋요소	$KHCO_3$＋$(NH_2)_2CO$	회색	B, C급

34 마그네슘(Mg)분 : 제2류(가연성 고체), 지정수량 500kg
- 산 또는 수증기와 반응 시 고열과 함께 수소(H_2) 가스를 발생한다.
  $$Mg + 2HCl \rightarrow MgCl_2 + H_2\uparrow$$
  $$Mg + 2H_2O \rightarrow Mg(OH)_2 + H_2\uparrow$$
- 저농도 산소 중에서 CO_2와 반응 시 [CO]의 독성기체와 가연성 물질[C]를 생성한다.
  $$Mg + CO_2 \rightarrow MgO + CO \ (※ CO분자량 : 28)$$
  $$2Mg + CO_2 \rightarrow 2MgO + C$$

35 28번 해설 참조

36 위험물제조소의 환기설비 설치기준
- 자연배기방식으로 할 것
- 급기구는 바닥면적 $150m^2$마다 1개 이상, 크기는 $800cm^2$ 이상으로 할 것
- 급기구는 낮은 곳에 설치하고 인화방지망(가는눈 구리망)을 설치할 것
- 환기구는 지붕 위 또는 지상 $2m$ 이상 높이에 회전식 고정벤티레이터 또는 루프팬 방식으로 설치할 것

정답　**32** ④　**33** ②　**34** ②　**35** ②　**36** ④

37 위험물제조소 등에 설치하는 옥외소화전설비에 있어서 옥외소화전함은 옥외소화전으로부터 보행거리 몇 m 이하의 장소에 설치하는가?

① 2 ② 3
③ 5 ④ 10

38 화재 종류가 옳게 연결된 것은?

① A급 화재 − 유류화재
② B급 화재 − 섬유화재
③ C급 화재 − 전기화재
④ D급 화재 − 플라스틱화재

39 수성막포소화약제에 대한 설명으로 옳은 것은?

① 물보다 비중이 작은 유류의 화재에는 사용할 수 없다.
② 계면활성제를 사용하지 않고 수성의 막을 이용한다.
③ 내열성이 뛰어나고 고온의 화재일수록 효과적이다.
④ 일반적으로 불소계 계면활성제를 사용한다.

40 다음 중 발화점에 대한 설명으로 가장 옳은 것은?

① 외부에서 점화했을 때 발화하는 최저온도
② 외부에서 점화했을 때 발화하는 최고온도
③ 외부에서 점화하지 않더라도 발화하는 최저온도
④ 외부에서 점화하지 않더라도 발화하는 최고온도

---

37 옥외소화전 설비의 설치기준
- 옥외소화전의 개폐밸브 및 호스 접속구의 설치높이 : 1.5m 이하
- 옥외소화전으로부터의 보행거리 : 5m 이하
- 비상전원은 45분 이상 작동할 것

수평거리	방사량	방사압력	수원의 양(Q : m³)
40m 이하	450(l/min) 이상	350(kPa) 이상	Q=N(소화전 개수 : 최대 4개)× 13.5m^3(450l/min ×30min)

38

화재분류	종류	색상	소화방법
A급 화재	일반화재	백색	냉각소화
B급 화재	유류 및 가스화재	황색	질식소화
C급 화재	전기화재	청색	질식소화
D급 화재	금속화재	무색	피복소화
F(K)급 화재	식용유화재	−	냉각·질식소화

39 수성막포소화약제(AFFF)
- 포소화약제 중 가장 우수한 약제로 일명 Light water라고 한다.
- 불소계통의 습윤제에 합성계면활성제를 첨가한 약제로 특히 유류화재에 탁월한 소화능력이 있으며 질식·냉각효과가 있다.
- 분말소화약제와 병용사용 시 소화효과는 두 배로 증가한다.

40 발화점(착화점) : 외부에서 점화원 없이 열축적에 의하여 발화하는 최저온도
※ 인화점
- 가연성 물질에 점화원(불씨)을 접촉시켰을 때 불이 붙는 최저온도
- 가연성 액체를 가열할 경우 가연성 증기를 발생시켜 인화가 일어나는 최저온도

정답 37 ③ 38 ③ 39 ④ 40 ③

41 황린이 자연발화하기 쉬운 이유에 대한 설명으로 가장 타당한 것은?

① 끓는점이 낮고 증기압이 높기 때문에
② 인화점이 낮고 조연성 물질이기 때문에
③ 조해성이 강하고 공기 중의 수분에 의해 쉽게 분해되기 때문에
④ 산소와 친화력이 강하고 발화온도가 낮기 때문에

42 [보기] 중 칼륨과 트리에틸알루미늄의 공통 성질을 모두 나타낸 것은?

┌─보기─┐
ⓐ 고체이다.
ⓑ 물과 반응하여 수소를 발생한다.
ⓒ 위험물안전관리법령상 위험등급이 Ⅰ이다.

① ⓐ
② ⓑ
③ ⓒ
④ ⓑ, ⓒ

43 탄화칼슘은 물과 반응하면 어떤 기체가 발생하는가?

① 과산화수소
② 일산화탄소
③ 아세틸렌
④ 에틸렌

44 다음 중 물이 접촉되었을 때 위험성(반응성)이 가장 작은 것은?

① Na_2O_2
② Na
③ MgO_2
④ S

45 위험물안전관리법령상 제6류 위험물에 해당하는 물질로서 햇빛에 의해 갈색의 연기를 내며 분해할 위험이 있으므로 갈색병에 보관해야 하는 것은?

① 질산
② 황산
③ 염산
④ 과산화수소

41 황린(P_4) : 제3류(자연발화성물질), 지정수량 20kg
• 가연성, 자연발화성 고체로서 맹독성 물질이다.
• 발화점이 34℃로 낮고 산소와 결합력이 강하여 물속에 보관한다.
• 보호액은 pH 9를 유지하여 인화수소(PH_3)의 생성을 방지하기 위해 알칼리제(석회 또는 소다회)로 pH를 조절한다.

42 칼륨(K), 트리에틸알루미늄[$(C2H5)_3Al$] : 제3류, 자연발화성 및 금수성 물질
• 칼륨은 고체, 트리에틸알루미늄은 액체이다.
• 물과 반응
$2K+2H_2O \rightarrow 2KOH+H_2 \uparrow$ (수소 발생)
$(C_2H_5)_3Al+3H_2O \rightarrow Al(OH)_3+2C_2H_6 \uparrow$ (에탄 발생)
• 칼륨과 트리에틸알루미늄은 위험등급 Ⅰ로서 지정수량이 10kg이다.

43 탄화칼슘(CaC_2, 카바이트) : 제3류(금수성), 지정수량 300kg
• 물과 반응 시 아세틸렌(C_2H_2)가스가 발생한다.
$CaC_2+2H_2O \rightarrow Ca(OH)_2+C_2H_2 \uparrow$ (폭발범위 : 2.5~81%)
• 질소와 고온(700℃ 이상)에서 반응 시 석회질소($CaCN_2$)를 생성한다.
$CaC_2+N_2 \rightarrow CaCN_2+C$
• 소화 : 물, 포, 이산화탄소를 절대 엄금하고 마른 모래 등으로 피복소화한다.

44 • 물과의 반응식
$2Na_2O_2+2H_2O \rightarrow 4NaOH+O_2 \uparrow$
$2Na+2H_2O \rightarrow 2NaOH+H_2 \uparrow$
$MgO_2+H_2O \rightarrow Mg(OH)_2+[O] \uparrow$
• S(유황)은 제2류 위험물(가연성 고체)로서 물에 녹지 않는다.

45 32번 해설 참조

정답 **41** ④ **42** ③ **43** ③ **44** ④ **45** ①

46 디에틸에테르를 저장, 취급할 때의 주의사항에 대한 설명으로 틀린 것은?

① 장시간 공기와 접촉하고 있으면 과산화물이 생성되어 폭발의 위험이 생긴다.
② 연소범위는 가솔린보다 좁지만 인화점과 착화온도가 낮으므로 주의하여야 한다.
③ 정전기 발생에 주의하여 취급해야 한다.
④ 화재 시 CO_2 소화설비가 적응성이 있다.

47 다음 위험물 중 인화점이 약 $-37℃$인 물질로서 구리, 은, 마그네슘 등의 금속과 접촉하면 폭발성 물질인 아세틸라이드를 생성하는 것은?

① CH_3CHOCH_2
② $C_2H_5OC_2H_5$
③ CS_2
④ C_6H_6

48 그림과 같은 위험물 탱크에 대한 내용적 계산 방법으로 옳은 것은?

 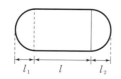

① $\dfrac{\pi ab}{3}\left(l+\dfrac{l_1+l_2}{3}\right)$

② $\dfrac{\pi ab}{4}\left(l+\dfrac{l_1+l_2}{3}\right)$

③ $\dfrac{\pi ab}{4}\left(l+\dfrac{l_1+l_2}{4}\right)$

④ $\dfrac{\pi ab}{3}\left(l+\dfrac{l_1+l_2}{4}\right)$

49 온도 및 습도가 높은 장소에서 취급할 때 자연발화의 위험성이 가장 큰 물질은?

① 아닐린
② 황화린
③ 질산나트륨
④ 셀룰로이드

---

46 1. 제4류 위험물(인화성 액체)

명칭	디에틸에테르	가솔린
인화점	$-45℃$	$-43\sim-20℃$
착화점	$180℃$	$300℃$
연소범위	$1.9\sim48\%$	$1.4\sim7.6\%$

2. 디에틸에테르($C_2H_5OC_2H_5$) : 제4류의 특수인화물, 지정수량 $50l$
• 인화점 $-45℃$, 발화점 $180℃$, 연소범위 $1.9\sim48\%$, 증기비중 2.6
• 휘발성이 강한 무색 액체이다.
• 물에 약간 녹고 알코올에 잘 녹으며 마취성이 있다.
• 공기와 장기간 접촉 시 과산화물을 생성한다.
• 전기의 부도체로서 정전기를 방지하기 위해 소량의 염화칼슘($CaCl_2$)을 넣어둔다.
• 저장 시 불활성가스를 봉입하고 과산화물 생성을 방지하기 위해 구리망을 넣어둔다.
• 소화 : CO_2로 질식소화한다.

> **참고** • 과산화물 검출시약 : 디에틸에테르+KI(10%)용액 → 황색변화
> • 과산화물 제거시약 : 30%의 황산제일철수용액

47 산화프로필렌(CH_3CHCH_2O)
• 인화점 $-37℃$, 발화점 $465℃$, 연소범위 $2.5\sim38.5\%$
• 에테르향의 냄새가 나는 휘발성이 강한 액체이다.
• 물, 벤젠, 에테르, 알코올 등에 잘 녹고 피부접촉 시 화상을 입는다(수용성).
• 소화 : 알코올용포, 다량의 물, CO_2 등으로 질식소화한다.

> **참고** 아세트알데히드, 산화프로필렌의 공통사항
> • Cu, Ag, Hg, Mg 및 그 합금 등과는 용기나 설비를 사용하지 말 것(중합반응 시 폭발성 물질인 아세틸라이드를 생성함)
> • 저장 시 불활성가스(N_2, Ar) 또는 수증기를 봉입하고 냉각장치를 사용하여 비점 이하로 유지할 것

48 타원형 탱크의 내용적(V)
• 양쪽이 볼록한 것 : $V=\dfrac{\pi ab}{4}\left(l+\dfrac{l_1+l_2}{3}\right)$

49 셀룰로이드 : 제5류 중 질산에스테르류, 지정수량 $10kg$
• 무색 또는 반투명의 합성플라스틱 물질로서 열, 햇빛, 산소 등에 의해 황색으로 변한다.
• 발화온도 $180℃$, 비중 1.4로 물에 녹지 않고 알코올, 아세톤, 초산에스테르, 니트로벤젠에 잘 녹는다.
• 연소 시 유독가스를 발생하고 습도와 온도가 높을 경우 자연발화의 위험이 있다.

정답 46 ② 47 ① 48 ② 49 ④

50 위험물안전관리법령상 위험물의 취급기준 중 소비에 관한 기준으로 틀린 것은?

① 열처리 작업은 위험물이 위험한 온도에 이르지 아니하도록 하여 실시하여야 한다.

② 담금질 작업은 위험물이 위험한 온도에 이르지 아니하도록 하여 실시하여야 한다.

③ 분사도장 작업은 방화상 유효한 격벽 등으로 구획한 안전한 장소에서 하여야 한다.

④ 버너를 사용하는 경우에는 버너의 역화를 유지하고 위험물이 넘치지 아니하도록 하여야 한다.

51 저장, 수송할 때 타격 및 마찰에 의한 폭발을 막기 위해 물이나 알코올로 습면시켜 취급하는 위험물은?

① 니트로셀룰로오스
② 과산화벤조일
③ 글리세린
④ 에틸렌글리콜

52 제4류 위험물을 저장하는 이동탱크저장소의 탱크 용량이 19000L일 때 탱크의 칸막이는 최소 몇 개를 설치해야 하는가?

① 2   ② 3
③ 4   ④ 5

53 위험물안전관리법령상 제4류 위험물 옥외저장탱크의 대기밸브부착 통기관은 몇 kPa 이하의 압력 차이로 작동할 수 있어야 하는가?

① 2   ② 3
③ 4   ④ 5

---

50 ①, ②, ③항 이외에
④ 버너를 사용하는 경우 : 버너의 역화를 방지하고 위험물이 넘치지 않도록 하여야 한다.

51 니트로셀룰로오스 : 제5류 중 질산에스테르류, 지정수량 10kg
- 셀룰로오스에 진한황산과 진한질산을 혼합반응시켜 제조한 것이다.
- 저장 및 운반 시 물(20%) 또는 알코올(30%)로 습윤시킨다.
- 가열, 마찰, 충격에 의해 격렬히 폭발연소한다.
- 질화도(질소함유량)가 클수록 폭발성이 크다.
- 소화 시 다량의 물로 냉각소화한다.

52 이동탱크 저장소의 탱크의 내부칸막이는 4000L 이하마다 3.2mm 이상의 강철판을 사용한다.

- 내부 칸막이 수량(N) $= \dfrac{탱크의 용량}{4000l} - 1$

$$= \dfrac{19,000l}{4,000l} - 1 ≒ 3.75개 \qquad \therefore\ 4개$$

53 옥외탱크저장소의 탱크 통기관 설치기준(제4류 위험물의 옥외탱크에 한함)
1. 밸브가 없는 통기관
   - 직경이 30mm 이상일 것
   - 선단은 수평면보다 45도 이상 구부려 빗물 등의 침투방지구조로 할 것
   - 인화방지망(장치) 설치기준(단, 인화점 70℃ 이상의 위험물만을 해당 위험물의 인화점 미만의 온도로 저장 또는 취급하는 탱크에 설치하는 통기관은 제외)
     - 인화점이 38℃ 미만인 위험물만의 탱크는 화염방지장치를 설치할 것
     - 그 외의 위험물 탱크는 40메쉬 이상의 구리망을 설치할 것
   - 항상 개방되어 있는 구조로 할 것(단, 위험물을 주입하는 경우는 제외), 폐쇄 시 10kPa 이하의 개방구조로 하고 개방부분의 유효단면적은 777.15mm^2 이상일 것
2. 대기 밸브 부착 통기관
   - 5kPa 이하의 압력 차이로 작동할 수 있을 것
   - 가는 눈의 구리망 등으로 인화방지장치를 할 것

54 위험물안전관리법령상 위험물제조소의 위험물을 취급하는 건축물의 구성부분 중 반드시 내화구조로 하여야 하는 것은?

① 연소의 우려가 있는 기둥
② 바닥
③ 연소의 우려가 있는 외벽
④ 계단

55 물보다 무겁고, 물에 녹지 않아 저장 시 가연성 증기 발생을 억제하기 위해 수조 속의 위험물탱크에 저장하는 물질은?

① 디에틸에테르
② 에탄올
③ 이황화탄소
④ 아세트알데히드

56 금속나트륨의 일반적인 성질로 옳지 않은 것은?

① 은백색의 연한 금속이다.
② 알코올 속에 저장한다.
③ 물과 반응하여 수소가스를 발생한다.
④ 물보다 비중이 작다.

57 다음 위험물 중에서 인화점이 가장 낮은 것은?

① $C_6H_6CH_3$ ② $C_6H_5CHCH_2$
③ CH_3OH ④ CH_3CHO

---

54 위험물제조소 건축물의 구조
- 지하층이 없도록 할 것
- 벽, 기둥, 바닥, 보, 서까래 및 계단은 불연재료로 하고, 연소의 우려가 있는 외벽은 개구부 없는 내화구조의 벽으로 할 것
- 지붕은 가벼운 불연재료로 덮을 것
- 출입구와 비상구는 갑종방화문 또는 을종방화문을 설치하되, 연소 우려가 있는 외벽을 설치하는 출입구는 수시로 열 수 있는 자동폐쇄식의 갑종방화문을 설치할 것
- 창 및 출입구의 유리는 망입유리로 할 것
- 건축물 바닥은 적당한 경사를 두어 그 최저부에 집유설비를 할 것

55 이황화탄소(CS_2) : 제4류 특수인화물, 지정수량 50L
- 분자량 76, 비중 1.26, 비점 34.6℃, 인화점 −30℃, 발화점 100℃(4류 중 가장 낮음), 연소범위 1.2~44%
- 가연성 증기 발생을 억제하기 위해 물속에 저장한다.
- 연소 시 독성이 강한 아황산가스(SO_2)를 발생한다.

> **참고** 저장보호액
> - 물속에 저장하는 위험물 : 이황화탄소(CS_2), 황린(P_4)
> - 석유류(등유, 경유, 유동파라핀) 속에 저장하는 위험물 : 칼륨(K), 나트륨(Na)

56 금속나트륨(Na) : 제3류(자연발화성, 금수성), 지정수량 10kg
- 은백색, 광택 있는 경금속으로 물보다 가볍다. (비중 0.97, 융점 97.7℃)
- 공기 중 연소 시 노란색 불꽃을 내면서 연소한다.
  $4Na + O_2 \rightarrow 2Na_2O$(회백색)
- 물 또는 알코올과 반응하여 수소($H_2\uparrow$) 기체를 발생시킨다.
  $2Na + 2H_2O \rightarrow 2NaOH + H_2\uparrow$
  $2Na + 2C_2H_5OH \rightarrow 2C_2H_5ONa + H_2\uparrow$
- 공기 중 자연발화를 일으키기 쉬우므로 석유류(등유, 경유, 유동파라핀) 속에 저장한다.
- 소화 시 마른모래 등으로 질식소화한다.(피부접촉 시 화상주의)

57 제4류 위험물의 물성

품명	톨루엔	스틸렌	메틸알코올	아세트알데히드
화학식	$C_6H_5CH_3$	$C_6H_5CHCH_2$	CH_3OH	CH_3CHO
인화점	4℃	32℃	11℃	−39℃
유별	제1석유류	제2석유류	알코올류	특수인화물

58 과염소산칼륨과 적린을 혼합하는 것이 위험한 이유로 가장 타당한 것은?

① 마찰열이 발생하여 과염소산칼륨이 자연발화할 수 있기 때문에

② 과염소산칼륨이 연소하면서 생성된 연소열이 적린을 연소시킬 수 있기 때문에

③ 산화제인 과연소산칼륨과 가연물인 적린이 혼합하면 가열, 충격 등에 의해 연소·폭발할 수 있기 때문에

④ 혼합하면 용해되어 액상 위험물이 되기 때문에

59 1기압 27℃에서 아세톤 58g을 완전히 기화시키면 부피는 약 몇 L가 되는가?

① 22.4   ② 24.6

③ 27.4   ④ 58.0

60 염소산칼륨에 대한 설명 중 틀린 것은?

① 촉매 없이 가열하면 약 400℃에서 분해한다.

② 열분해하여 산소를 방출한다.

③ 불연성물질이다.

④ 물, 알코올, 에테르에 잘 녹는다.

58
- 과염소산칼륨($KClO_4$)은 제1류 위험물의 강산화제로서 열분해 시 산소(O_2)를 방출한다.
- 적린(P)은 제2류 위험물의 가연성 고체이므로 강산화제인 과염소산칼륨과 혼합하여 가열, 충격 등에 의해서 연소·폭발할 수 있다.
- ※ 연소의 3요소 : 가연물(적린)＋산소공급원(과염소산칼륨)＋점화원(가열, 충격)

59 이상기체 상태방정식

$$PV = nRT = \frac{W}{M}RT$$에서,

$$\begin{bmatrix} P : 압력(atm) & V : 부피(l) \\ n : 몰수\left(\frac{W}{M}\right) & M : 분자량 \\ W : 질량(g) & T : 절대온도(273＋℃)K \\ R : 기체상수(0.082atm \cdot l/mol \cdot K) \end{bmatrix}$$

$$\therefore V = \frac{WRT}{RT} = \frac{58 \times 0.082 \times (273+27)}{1 \times 58} = 24.6l$$

60 염소산칼륨($KClO_3$) : 제1류(산화성고체), 지정수량 50kg
- 무색의 결정 또는 백색분말로 비중 2.32, 분해온도 400℃인 불연성 물질이다.
- 온수 및 글리세린에 잘 녹고 냉수, 알코올에는 잘 녹지 않는다.
- 열분해반응식 : $2KClO_3 \longrightarrow 2KCl + 3O_2\uparrow$
  (염소산칼륨)　　　　　(염화칼륨)(산소)
- 가연물과 혼재 시 또는 강산화성물질(유기물, 유황, 적린, 목탄 등)과 접촉 충격 시 폭발위험이 있다.

제1과목 | 일반화학

해설·정답 확인하기

01 발연황산이란 무엇인가?

① H_2SO_4의 농도가 98% 이상인 거의 순수한 황산

② 황산과 염산을 1 : 3의 비율로 혼합한 것

③ SO_3를 황산에 흡수시킨 것

④ 일반적인 황산을 총괄

01 • 발연황산 : 진한황산($c-H_2SO_4$)에 삼산화황(SO_3, 무수황산)을 흡수시킨 것
• 왕수＝질산(NHO_3) 1 : 염산(HCl) 3의 비율로 혼합한 것

02 배수비례의 법칙이 적용 가능한 화합물을 옳게 나열한 것은?

① SO_2, SO_3

② HNO_3, HNO_2

③ H_2SO_4, H_3SO_3

④ O_2, O_3

02 배수비례의 법칙 : 서로 다른 두 종류의 원소가 화합하여 여러 종류의 화합물을 구성할 때, 한 원소의 일정 질량과 결합하는 다른 원소의 질량비는 간단한 정수비로 나타낸다.

예 • 탄소화합물 : CO, CO_2(탄소원자 1개당 산소가 1:2 정수비로 나타남)
• 황화합물 : SO_2, SO_3(황원자 1개당 산소가 2:3 정수비로 나타남)

03 다음 중 기하이성질체가 존재하는 것은?

① C_5H_{12}

② $CH_3CH=CHCH_3$

③ C_3H_7Cl

④ $CH≡CH$

03 기하이성질체 : 이중결합의 탄소원자에 결합된 원자 또는 원자단의 공간적 위치가 다른 것으로서 시스(cis)형과 트랜스(trans)형의 두 가지를 갖는다.

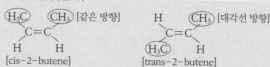

[cis-2-butene] [trans-2-butene]

> • 이성질체 : 분자식은 같고 구조식이나 시성식이 다른 관계
> • 기하이성질체를 갖는 화합물(cis형, trans형) : 디클로로에틸렌($C_2H_2Cl_2$), 2-부텐($CH_3CH=CHCH_3$) 등

04 공업적으로 에틸렌을 $PdCl_2$ 촉매하에 산화시킬 때 주로 생성되는 물질은?

① CH_3OCH_3 ② CH_3CHO

③ $HCOOH$ ④ C_3H_7OH

04 아세트알데히드(CH_3CHO) 제조법 : 제4류 특수인화물
• 에틸렌의 직접산화법 : 염화구리 또는 염화파라듐의 촉매하에 에틸렌을 산화시켜 제조하는 법

$$2C_2H_4+O_2 \rightarrow 2CH_3CHO$$

• 에틸알코올의 직접산화법 : 이산화망간 촉매하에 에틸알코올을 산화시켜 제조하는 법

$$2C_2H_5OH+O_2 \rightarrow 2CH_3CHO+2H_2O$$

• 아세틸렌 수화법 : 황산수은 촉매하에 아세틸렌과 물을 수화시켜 제조하는 법

$$C_2H_2+H_2O \rightarrow CH_3CHO$$

정답 01 ③ 02 ① 03 ② 04 ②

05 다음 중 산성염으로만 나열된 것은?

① $NaHSO_4$, $Ca(HCO_3)_2$

② $Ca(OH)Cl$, $Cu(OH)Cl$

③ $NaCl$, $Cu(OH)Cl$

④ $Ca(OH)Cl$, $CaCl_2$

06 다음의 반응 중 평형상태가 압력의 영향을 받지 않는 것은?

① $N_2 + O_2 \leftrightarrow 2NO$

② $NH_3 + HCl \leftrightarrow NH_4Cl$

③ $2CO + O_2 \leftrightarrow 2CO_2$

④ $2NO_2 \leftrightarrow N_2O_4$

07 불순물로 식염을 포함하고 있는 NaOH 3.2g을 물에 녹여 100mL로 한 다음 그 중 50mL를 중화하는 데 1N의 염산이 20mL 필요했다. 이 NaOH의 농도(순도)는 약 몇 wt%인가?

① 10   ② 20
③ 30   ④ 50

08 반투막을 이용하여 콜로이드 입자를 전해질이나 작은 분자로부터 분리 정제하는 것을 무엇이라 하는가?

① 틴들현상   ② 브라운 운동
③ 투석   ④ 전기영동

---

05 염의 종류

종류	화학식	특징
정염(중성염)	$NaCl$, $CaCl_2$	산의 H^+이나 염기의 OH^-이 없는 것
산성염	$NaHSO_4$, $Ca(HCO_3)_2$	산의 H^+ 일부가 남아 있는 것
염기성염	$Ca(OH)Cl$, $Cu(OH)Cl$	염기의 OH^- 일부가 남아 있는 것

06 르샤트리에의 법칙(평형 이동의 법칙)에 의하여
- 평형상태에서 압력을 높이면 반응물과 생성물 중 몰수가 큰 쪽에서 작은 쪽으로 평형이 이동한다.
- $N_2 + O_2 \leftrightarrow 2NO$에서 반응물(2몰), 생성물(2몰)의 몰수가 같으므로 압력의 영향을 받지 않는다.
- ※ 화학평형에 영향을 주는 인자 : 온도, 농도, 압력
  (단, 촉매는 반응속도에만 영향을 준다.)

07
- $NV = g$당량 [N : 노르말농도, V : 부피(l)]
  HCl : $1N \times 0.02l = 0.02g$당량이 녹아있다. 따라서, 이를 중화하는 데 NaOH 50ml 속에 0.02g당량 녹아있다.
- NaOH 100ml 속에는 0.04g당량이 녹아있으므로,
  $40g \times 0.04g$당량$ = 1.6g$이 된다.
  ∴ $1.6g/3.2g \times 100 = 50$wt%

  [HCl : $36.5g$(분자량)$ = 1mol = 1g$당량]
  [NaOH : $40g$(분자량)$ = 1mol = 1g$당량]

08 ① 틴들현상 : 콜로이드 용액에 직사광선을 비출 때 콜로이드 입자가 빛을 산란시켜 빛의 진로를 밝게 보이게 하는 현상
② 브라운 운동 : 콜로이드 입자가 분산매의 충돌에 의하여 불규칙하게 움직이는 무질서한 운동을 말한다.
③ 투석(다이알리시스) : 콜로이드와 전해질의 혼합액을 반투막에 넣고 맑은 물에 담가둘 때 전해질만 물쪽으로 다 빠져나오고, 반투막 속에는 콜로이드 입자들만 남게 되는 현상(콜로이드 정제에 사용)
④ 전기영동 : 콜로이드 용액에 전극을 넣어주면 콜로이드 입자가 대전되어 어느 한 쪽의 전극으로 끌리는 현상

정답 05 ①   06 ①   07 ④   08 ③

09 밑줄 친 원소의 산화수가 $+5$인 것은?

① $H_3\underline{P}O_4$ ② $K\underline{Mn}O_4$

③ $K_2\underline{Cr}_2O_7$ ④ $K_3[\underline{Fe}(CN)_6]$

10 모두 염기성 산화물로만 나타낸 것은?

① CaO, Na_2O

② K_2O, SO_2

③ CO_2, SO_3

④ Al_2O_3, P_2O_5

11 염화철(Ⅲ)($FeCl_3$) 수용액과 반응하여 정색 반응을 일으키지 않는 것은?

①   OH

②   CH₂OH

③   CH₃ / OH

④   COOH / OH

12 황산구리 수용액을 전기분해하여 음극에서 63.54g의 구리를 석출시키고자 한다. 10A 의 전기를 흐르게 하면 전기분해에는 약 몇 시간이 소요되는가?(단, 구리의 원자량은 63.54이다.)

① 2.72   ② 5.36

③ 8.13   ④ 10.8

13 물(H_2O)의 끓는점이 황화수소(H_2S)의 끓는 점보다 높은 이유는?

① 분자량이 작기 때문에

② 수소결합 때문에

③ pH가 높기 때문에

④ 극성결합 때문에

---

09 ① $H_3\underline{P}O_4$: $+1\times3+P+(-2\times4)=0$ $\therefore P=+5$

② $K\underline{Mn}O_4$: $+1+Mn+(-2\times4)=0$ $\therefore Mn=+7$

③ $K_2\underline{Cr}_2O_7$: $+1\times2+Cr\times2+(-2\times7)=0$ $\therefore Cr=+6$

④ $K_3[\underline{Fe}(CN)_6]$: $+1\times3+[Fe+(-1\times6)]=0$ $\therefore Fe=+3$

※ 산화수를 정하는 법

  • 단체 및 화합물의 원자를 산화수 총합은 '0'이다.

  • 산소의 산화수는 -2이다.(단, 과산화물 : -1, OF_2 : $+2$)

  • 수소의 산화수는 비금속과 결합 $+1$, 금속과 결합 -1이다.

  • 금속의 산화수는 알칼리금속(Li, Na, K 등) $+1$, 알칼리토금속(Mg, Ca 등) $+2$이다.

  • 이온과 원자단의 산화수는 그 전하산화수와 같다.

10 • 산성산화물(비금속산화물) : CO_2, SO_2, P_2O_5, NO_2 등

  • 염기성산화물(금속산화물) : CaO, Na_2O, MgO, K_2O 등

  • 양쪽성산화물(양쪽성금속산화물) : Al_2O_3, ZnO, SbO, PbO 등

11 정색반응(페놀류검출반응) : 염화제이철($FeCl_3$) 수용액 한 방울을 가하면 벤젠핵의 탄소(C)에 $-OH$(수산기)가 붙어있는 어느 것이나 보라색으로 나타내는 반응을 말한다.

① 페놀   ② 벤질알코올

③ o-크레졸   ④ 살리실산

12

> • 전기량 $1F=96{,}500C=1g$당량 석출
>
> • $1C=1A\times1sec$ $[Q(C)=I(A)\times t(sec)]$

① $CuSO_4 \rightarrow Cu^{2+}+SO_4^{2-}$ (Cu=2가)

   당량 $=\dfrac{원자량}{원자가}=\dfrac{63.54}{2}=31.77g$($1g$ 당량) $\Rightarrow 1F=96500C$

② $63.54g$($2g$ 당량) $\Rightarrow 2F\times96{,}500C=193{,}000C$

   $Q=It$, $t=\dfrac{Q(C)}{I(A)}=\dfrac{193{,}000C}{10A}=19{,}300sec$

   $\therefore \dfrac{19{,}300sec}{3{,}600sec/hr}=5.36hr$

13 수소결합 : 전기음성도가 큰 F, O, N과 수소(H)의 결합은 강하기 때문에 끓는점과 녹는점이 높다.

예 HF, H_2O, NH_3

※ 전기음성도 : $F>O>N>Cl>Br>C>S>I>H>P$

정답   09 ①   10 ①   11 ②   12 ②   13 ②

14 Ca^{2+}이온의 전자배치를 옳게 나타낸 것은?

① $1s^22s^22p^63s^23p^63d^2$
② $1s^22s^22p^63s^23p^64s^2$
③ $1s^22s^22p^63s^23p^64s^23d^2$
④ $1s^22s^22p^63s^23p^6$

15 볼타전지에서 갑자기 전류가 약해지는 현상을 "분극현상"이라 한다. 이 분극현상을 방지해 주는 감극제로 사용되는 물질은?

① MnO_2
② $CuSO_3$
③ $NaCl$
④ $Pb(NO_3)_2$

16 0.01N NaOH용액 100mL에 0.02N HCl 55mL를 넣고 증류수를 넣어 전체 용액을 1,000mL로 한 용액의 pH는?

① 3
② 4
③ 10
④ 11

17 다음과 같은 기체가 일정한 온도에서 반응을 하고 있다. 평형에서 기체 A, B, C가 각각 1몰, 2몰, 4몰이라면 평형상수 K의 값은 얼마인가?

A＋3B → 2C＋열

① 0.5
② 2
③ 3
④ 4

18 물이 브뢴스테드의 산으로 작용한 것은?

① $HCl + H_2O \rightleftharpoons H_3O^+ + Cl^-$
② $HCOOH + H_2O \rightleftharpoons HCOO^- + H_3O^+$
③ $NH_3 + H_2O \rightleftharpoons NH_4^+ + OH^-$
④ $3Fe + 4H_2O \rightleftharpoons Fe_3O_4 + 4H_2$

14
- Ca : 원자번호 20, 전자수 20개
- Ca^{2+} : 원자번호 20, 전자수 20－2＝18개

전자껍질(주양자수)		K(n=1)	L(n=2)	M(n=3)
수용전자수($2n^2$)		$2×1^2=2$	$2×2^2=8$	$2×3^2=18$
Ca^{2+} (전자수 : 18개	전자 2개 잃음	2	8	8
		$1s^2$	$2s^22p^6$	$3s^23p^6$

15
- 볼타전지에서 전류가 흐를 때 구리판(＋극)의 주위에 수소(H_2)기체가 발생하여 구리판을 둘러쌓아 전자의 흐름을 방해하여 기전력을 떨어지게 한다. 이러한 현상을 분극현상이라 한다.
- 분극현상을 방지하기 위해 감극제를 사용하여 수소기체를 없애준다.
- 감극제(산화제) : MnO_2, H_2O_2, $K_2Cr_2O_7$ 등

16
- 혼합용액의 농도 : $NV±N'V'=N''(V+V')$
  (액성이 같으면 ＋, 액성이 다르면 －), 여기서 액성은 큰 쪽인 HCl이 된다.

  $0.02N×55ml－0.01N×100ml=N''(55ml+100ml)$

  $N''=\dfrac{0.02×55-0.01×100}{155}$

  $=6.45×10^{-4}N(HCl－155ml속의 농도)$
- 전체용액 1,000ml로 희석하면 $NV=N'V'$

  $6.45×10^{-4}×155=N'×1,000$

  $N'=\dfrac{6.45×10^{-4}×155}{1,000}≒10^{-4}N－HCl$

  ∴ $pH=-\log[H^+]=-\log[10^{-4}]=4$

17 $A + 3B \rightarrow 2C + 열$

$k(평형상수)=\dfrac{[C]^2}{[A][B]^3}$

$=\dfrac{4^2}{1×2^3}=\dfrac{16}{8}=2$

18
$$\underset{(염기)}{NH_3}+\underset{(산)}{H_2O} \xrightarrow{\;\;H^+\;\;} \underset{(산)}{NH_4^+}+\underset{(염기)}{OH^-}$$

※ 산·염기의 정의

정의	산	염기
아레니우스	$[H^+]$를 내놓음	$[OH^-]$를 내놓음
브뢴스테드, 로우리	$[H^+]$를 내놓음	$[H^+]$를 받음
루이스	비공유 전자쌍을 받음	비공유 전자쌍을 내놓음

정답 **14** ④ **15** ① **16** ② **17** ② **18** ③

19 98% H_2SO_4 50g에서 H_2SO_4에 포함된 산소 원자수는?

① 3×10^{23}개　　② 6×10^{23}개

③ 9×10^{23}개　　④ $1.2 \times 6 \times 10^{24}$개

20 다음 그래프는 어떤 고체물질의 온도에 따른 용해도 곡선이다. 이 물질의 포화용액을 80℃에서 0℃로 내렸더니 20g의 용질이 석출되었다. 80℃에서 이 포화용액의 질량은 몇 g인가?

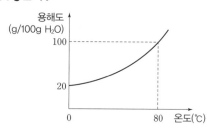

① $50g$　　② $75g$

③ $100g$　　④ $150g$

제2과목 | 화재예방과 소화방법

21 위험물안전관리법에 따른 지하탱크저장소에 관한 설명으로 틀린 것은?

① 안전거리 적용대상이 아니다.
② 보유공지 확보대상이 아니다.
③ 설치 용량의 제한이 없다.
④ $10m$ 내에 2기 이상을 인접하여 설치할 수 없다.

22 다음 중 알코올형포 소화약제를 이용한 소화가 가장 효과적인 것은?

① 아세톤　　② 휘발유
③ 톨루엔　　④ 벤젠

---

19 ① H_2SO_4(황산)의 분자량 : $1 \times 2 + 32 + 16 \times 4 = 98g$
　　② H_2SO_4 : 수소원자(2몰) + 황원자(1몰) + 산소원자(4몰)
　　③ H_2SO_4에 포함된 산소원자수 : $4몰 \times 6 \times 10^{23}$개
　　④ $H_2SO_4 \Rightarrow$　　$98g$　:　$4 \times 6 \times 10^{23}$개(산소원자수)
　　　　　　　　　　　$50g \times 0.98$　:　x

$$x = \frac{50 \times 0.98 \times 4 \times 6 \times 10^{23}}{98} = 12 \times 6 \times 10^{23}개$$

$$\therefore\ x = 1.2 \times 6 \times 10^{24}개$$

20 용해도 : 일정한 온도 용매(물) 100g에 최대한 녹을 수 있는 용질의 g수(포화용액)

　　　　용매 ＋ 용질 ＝ 포화용액
　• 80℃ : 100g ＋ 100g ＝ 200g
　• 0℃ : 100g ＋ 20g ＝ 120g

여기에서 80℃ 포화용액 200g을 0℃로 냉각시키면 용질이 $80g(100 - 20 = 80)$이 석출된다.

　　80℃ (포화용액)　(석출량)
　　　　200g　:　80g
　　　　x　:　20g

$$\therefore\ x = \frac{200 \times 20}{80} = 50g (80℃ 포화용액)$$

21 지하탱크 저장소의 기준
　• 탱크전용실은 지하의 시설물 및 대지경계선으로부터 $0.1m$ 이상 떨어진 곳에 설치할 것
　• 지하저장탱크와 탱크전용실의 안쪽과의 사이는 $0.1m$ 이상의 간격을 유지할 것
　• 해당 탱크의 주위에 입자지름 $5mm$ 이하의 마른 자갈분을 채울 것
　• 지하저장탱크의 윗부분은 지면으로부터 $0.6m$ 이상 아래에 있을 것
　• 지하저장탱크를 2 이상 인접해 설치하는 경우에는 그 상호 간에 $1m$(해당 2 이상의 지하저장탱크의 용량의 합계가 지정수량의 100배 이하인 때에는 $0.5m$) 이상의 간격을 유지할 것
　• 지하저장탱크의 재질은 두께 $3.2mm$ 이상의 강철판으로 할 것

22 • 알코올형포 소화약제 : 일반포를 수용성위험물에 방사하면 포약제가 소멸하는 소포성 때문에 사용하지 못한다. 이를 방지하기 위하여 특별히 제조된 포약제가 알코올형포 소화약제이다.
　• 알코올형포 사용위험물(수용성) : 알코올, 아세톤, 포름산, 피리딘, 초산 등의 수용성액체 화재 시 사용한다.

정답 19 ④　20 ①　21 ④　22 ①

23 CF₃Br 소화기의 주된 소화효과에 해당되는
것은?

① 억제효과   ② 질식효과
③ 냉각효과   ④ 피복효과

24 다음 중 화재 시 물을 사용할 경우 가장 위험
한 물질은?

① 염소산칼륨   ② 인화칼슘
③ 황린   ④ 과산화수소

25 지정수량 10배의 위험물을 운반할 때 다음
중 혼재가 금지된 경우는?

① 제2류 위험물과 제4류 위험물
② 제2류 위험물과 제5류 위험물
③ 제3류 위험물과 제4류 위험물
④ 제3류 위험물과 제5류 위험물

26 표준상태에서 2kg의 이산화탄소가 모두 기
체상태의 소화약제로 방사될 경우 부피는 몇
m³인가?

① 1.018   ② 10.18
③ 101.8   ④ 1018

---

23 CF₃Br : 할론 1301 소화기(할로겐화합물 소화약제)는 부촉매(억
제) 소화효과가 주된 소화효과이다.

24 인화칼슘(Ca_3P_2, 인화석회) : 제3류(금수성물질)
- 물, 약산과 격렬히 반응 분해하여 가연성 및 유독성인 인화수소
(PH_3, 포스핀)를 발생한다.
$$Ca_3P_2 + 6H_2O \rightarrow 3Ca(OH)_2 + 2PH_3 \uparrow (포스핀)$$
$$Ca_3P_2 + 6HCl \rightarrow 3CaCl_2 + 2PH_3 \uparrow (포스핀)$$
- 소화시 주수소화는 절대엄금하고 마른 모래 등으로 피복소화
한다.

25 유별을 달리하는 위험물의 혼재기준

위험물의 구분	제1류	제2류	제3류	제4류	제5류	제6류
제1류		×	×	×	×	○
제2류	×		×	○	○	×
제3류	×	×		○	×	×
제4류	×	○	○		○	×
제5류	×	○	×	○		×
제6류	○	×	×	×	×	

※ 지정수량의 $\frac{1}{10}$ 이하의 위험물은 적용하지 않음

※ 위험물 운반 시 서로 혼재가 가능한 위험물(꼭 암기할 것)
- 4류+2류, 3류
- 5류+2류, 4류
- 6류+1류

26 이상기체 상태방정식
$$PV = nRT = \frac{W}{M}RT에서,$$

$$\begin{bmatrix} P : 압력(atm) & V : 부피(l) \\ n : 몰수\left(\frac{W}{M}\right) & M : 분자량 \\ W : 질량(g) & T : 절대온도(273+℃)K \\ R : 기체상수(0.082 atm \cdot l/mol \cdot K) \end{bmatrix}$$

$$V = \frac{WRT}{RM} = \frac{2,000 \times 0.082 \times (273+0)}{1 \times 44} = 1,018l = 1.018m^3$$

27 위험물의 화재 발생 시 사용 가능한 소화약제를 틀리게 연결한 것은?

① 질산암모늄 − H_2O
② 마그네슘 − CO_2
③ 트리에틸알루미늄 − 팽창질석
④ 니트로글리세린 − H_2O

28 위험물안전관리법령에 따라 관계인이 예방규정을 정하여야 할 옥외탱크저장소에 저장되는 위험물의 지정수량 배수는?

① 100배 이상
② 150배 이상
③ 200배 이상
④ 250배 이상

29 가연성의 증기 또는 미분이 체류할 우려가 있는 건축물에는 배출설비를 하여야 하는데 배출능력은 1시간당 배출장소 용적의 몇 배 이상인 것으로 하여야 하는가?(단, 국소방식의 경우이다.)

① 5배　　　　② 10배
③ 15배　　　　④ 20배

30 제1종 분말 소화약제가 1차 열분해되어 표준상태를 기준으로 $10m^3$의 탄산가스가 생성되었다. 몇 kg의 탄산수소나트륨이 사용되었는가?(단, 나트륨의 원자량은 23이다.)

① 18.75kg　　　② 37kg
③ 56.25kg　　　④ 75kg

31 외벽이 내화구조인 위험물저장소 건축물의 연면적이 1,500m²인 경우 소요단위는?

① 6단위　　　　② 10단위
③ 13단위　　　　④ 14단위

27 ① 질산암모늄(NH_4NO_3) : 제1류(질산염류)로 다량주수(H_2O)소화한다.
② 마그네슘(Mg) : 제2류(금수성)로 주수 및 CO_2소화는 금하고, 마른모래 등으로 피복소화한다.
 • 물과 반응식 : $Mg + 2H_2O \rightarrow Mg(OH)_2 + H_2\uparrow$(수소 발생)
 • CO_2와 반응식 : $2Mg + 2CO_2 \rightarrow 2MgO + C$(가연성인 C생성)
　　　　　　　$Mg + CO_2 \rightarrow MgO + CO\uparrow$
　　　　　　　　　　　(가연성, 유독성인 CO발생)
③ 트리에틸알루미늄[$(C_2H_5)_3Al$] : 제3류(금수성)로 마른모래, 팽창질석, 팽창진주암으로 질식소화한다.
④ 니트로글리세린[$C_3H_5(ONO_2)_3$] : 제5류(자기반응성)로 다량의 물로 주수소화한다.

28 예방규정을 정하여야 하는 제조소등
 • 지정수량의 10배 이상의 위험물을 취급하는 제조소, 일반취급소
 • 지정수량의 100배 이상의 위험물을 저장하는 옥외저장소
 • 지정수량의 150배 이상의 위험물을 저장하는 옥내저장소
 • 지정수량의 200배 이상의 위험물을 저장하는 옥외탱크저장소
 • 일반탱크저장소
 • 이송취급소

29 위험물제조소의 배출설비의 배출능력은 1시간당 배출장소 용적의 20배 이상인 것으로 한다.(단, 전역 방출방식의 경우에는 바닥면적 $1m^2$당 $18m^3$ 이상일 것)

30 제1종 분말 소화약제($NaHCO_3$) 1차 열분해 반응식
　　$2NaHCO_3 \rightarrow Na_2CO_3 + CO_2 + H_2O$
　　$2 \times 84kg$ ： $\searrow 22.4m^3$
　　x ： $10m^3$

　$\therefore x = \dfrac{2 \times 84 \times 10}{22.4} = 75kg$

　※ $NaHCO_3$의 분자량 : $23 + 1 + 12 + 16 \times 3 = 84kg/kmol$

31 소요1단위의 산정방법

건축물	내화구조의 외벽	내화구조가 아닌 외벽
제조소 및 취급소	연면적 $100m^2$	연면적 $50m^2$
저장소	연면적 $150m^2$	연면적 $75m^2$
위험물	지정수량의 10배	

소요단위 $= \dfrac{1500m^2}{150m^2} = 10$단위

정답　27 ②　　28 ③　　29 ④　　30 ④　　31 ②

32 위험물안전관리법령상 지정수량의 3천배 초과 4천배 이하의 위험물을 저장하는 옥외탱크저장소에 확보하여야 하는 보유공지는 얼마인가?

① 6m 이상
② 9m 이상
③ 12m 이상
④ 15m 이상

33 폐쇄형 스프링클러 헤드는 설치장소의 평상 시 최고 주위온도에 따라서 결정된 표시온도의 것을 사용하여야 한다. 서치장소의 최고 주위온도가 28℃ 이상 39℃ 미만일 때 표시온도는?

① 58℃ 미만
② 58℃ 이상 79℃ 미만
③ 79℃ 이상 121℃ 미만
④ 121℃ 이상 162℃ 미만

34 위험물제조소등에 설치하는 옥내소화전설비가 설치된 건축물의 옥내소화전이 1층에 5개, 2층에 6개가 설치되어 있다. 이때 수원의 수량은 몇 m³ 이상으로 하여야 하는가?

① 19m³
② 29m³
③ 39m³
④ 47m³

35 보관 시 인산 등의 분해방지 안정제를 첨가하는 제6류 위험물에 해당하는 것은?

① 황산
② 과산화수소
③ 질산
④ 염산

---

32 옥외탱크저장소의 보유공지

저장 또는 취급하는 위험물의 최대수량	공지의 너비
지정수량의 500배 이하	3m 이상
지정수량의 500배 초과 1,000배 이하	5m 이상
지정수량의 1,000배 초과 2,000배 이하	9m 이상
지정수량의 2,000배 초과 3,000배 이하	12m 이상
지정수량의 3,000배 초과 4,000배 이하	15m 이상
지정수량의 4,000배 초과	당해 탱크의 수평단면의 최대지름(횡형인 경우는 긴변)과 높이 중 큰 것과 같은 거리 이상(단, 30m 초과의 경우 30m 이상으로, 15m 미만의 경우 15m 이상으로 할 것)

33 폐쇄형 스프링클러 헤드의 표시온도

부착장소의 최고주위온도(℃)	표시온도(℃)
28 미만	58 미만
28 이상 39 미만	58 이상 79 미만
39 이상 64 미만	79 이상 121 미만
64 이상 106 미만	121 이상 162 미만
106 이상	162 이상

34 옥내소화전설비의 수원의 양(Q : m^3)
- 옥내소화전수가 가장 많은 층을 기준한다.
- Q＝N(소화전개수 : 최대 5개)×7.8m^3
  ＝5×7.8m^3＝39m^3

※ 옥내소화전 설치기준

수평거리	방사량	방사압력	수원의 양(Q : m^3)
25m 이하	260(l/min) 이상	0.35MPa 이상	Q＝N(소화전개수 : 최대 5개)×7.8m^3 (260l/min×30min)

35 과산화수소(H_2O_2) : 제6류(산화성액체)
- 36중량% 이상만 위험물에 해당된다.
- 일반시판품은 30~40%수용액으로 분해 시 발생기 산소[O]를 발생하기 때문에 안정제로 인산(H_3PO_4) 또는 요산($C_5H_4N_4O_3$)을 첨가하여 약산성으로 만든다.
- 저장 시 용기는 구멍있는 마개를 사용한다.

정답 32 ④ 33 ② 34 ③ 35 ②

36 위험물안전관리법령상 제1석유류를 저장하는 옥외탱크저장소 중 소화난이도 등급Ⅰ에 해당하는 것은?(단, 지중탱크 또는 해상탱크가 아닌 경우이다.)

① 액표면적이 $10m^2$인 것
② 액표면적이 $20m^2$인 것
③ 지반면으로부터 탱크 옆판의 상단까지 높이가 $4m$인 것
④ 지반면으로부터 탱크 옆판의 상단까지 높이가 $6m$인 것

37 위험물안전관리법령상 분말 소화설비의 기준에서 가압용 또는 축압용 가스로 사용이 가능한 가스로만 이루어진 것은?

① 산소, 질소
② 이산화탄소, 산소
③ 산소, 아르곤
④ 질소, 이산화탄소

38 위험물안전관리법령상 정전기를 유효하게 제거하기 위해서는 공기 중의 상대습도는 몇 % 이상 되게 하여야 하는가?

① 40%   ② 50%
③ 60%   ④ 70%

39 불활성가스 소화약제 중 IG−100의 성분을 옳게 나타낸 것은?

① 질소 100%
② 질소 50%, 아르곤 50%
③ 질소 52%, 아르곤 40%, 이산화탄소 8%
④ 질소 52%, 이산화탄소 40%, 아르곤 8%

40 트리에틸알루미늄의 화재 발생 시 물을 이용한 소화가 위험한 이유를 옳게 설명한 것은?

① 가연성의 수소가스기 발생히기 때문에
② 유독성의 포스핀가스가 발생하기 때문에
③ 유독성의 포스겐가스가 발생하기 때문에
④ 가연성의 에탄가스가 발생하기 때문에

---

36 소화난이도 등급 I의 제조소등 및 소화설비

옥외 탱크 저장소	액표면적이 $40m^2$ 이상인 것	제6류 및 100℃ 미만의 고인화점 제외
	지반면으로부터 탱크 옆판의 상단까지 높이가 $6m$ 이상인 것	
	지중탱크 또는 해상탱크로서 지정수량의 100배 이상인 것	
	고체위험물을 저장하는 것으로서 지정수량의 100배 이상인 것	−

37 분말 소화설비(가압용, 축압용)에서 미세한 소화분말을 방호대상물에 방사할 수 있도록 압력원으로 사용되는 가스는 불활성가스인 질소(N_2)나 이산화탄소(CO_2)를 사용한다.

38 정전기의 예방대책
• 접지를 한다.
• 공기 중의 상대습도를 70% 이상 유지한다.
• 공기를 이온화한다.

39 불활성가스 청정소화약제의 성분비율

소화약제명	화학식
IG−01	Ar
IG−100	N_2
IG−541	N_2 : 52%, Ar : 40%, CO_2 : 8%
IG−55	N_2 : 50%, Ar : 50%

40 트리에틸알루미늄[$(C_2H_5)_3Al$] : 제3류(금수성)
• 물과 접촉 시 폭발적으로 반응하여 에탄(C_2H_6)을 발생시킨다.
$(C_2H_5)_3Al + 3H_2O \rightarrow Al(OH)_3 + 3C_2H_6 \uparrow$
• 소화제 : 팽창질석, 팽창진주암, 건조사 등

정답 36 ④   37 ④   38 ④   39 ①   40 ④

41 위험물안전관리법령상 위험물의 운반에 관한 기준에 따라 차광성 및 방수성이 있는 피복으로 모두 가려야 하는 조치를 해야 하는 위험물은?

① 나트륨
② 특수인화물
③ 제2류 중 금속분
④ 제6류 위험물

42 어떤 공장에서 아세톤과 메탄올을 18L 용기에 각각 10개, 등유를 200L 드럼으로 3드럼을 저장하고 있다면 각각의 지정수량 배수의 총합은 얼마인가?

① 1.3
② 1.5
③ 2.3
④ 2.5

43 질산암모늄이 가열분해하여 폭발이 되었을 때 발생되는 물질이 아닌 것은?

① 질소
② 물
③ 산소
④ 수소

44 다음 보기에서 설명하는 위험물은?

┌ 보기 ┐
• 순수한 것은 무색 투명한 액체이다.
• 물에 녹지 않고 벤젠에는 녹는다.
• 물보다 무겁고 독성이 있다.
└────┘

① 아세트알데히드
② 디메틸에테르
③ 아세톤
④ 이황화탄소

---

41 위험물 적재 운반 시 조치해야 할 위험물

차광성 덮개를 해야 하는 것	방수성 피복으로 덮어야 하는 것
• 제1류 위험물 • 제3류 위험물 중 자연발화성물질 • 제4류 위험물 중 특수인화물 • 제5류 위험물 • 제6류 위험물	• 제1류 위험물 중 알칼리금속의 과산화물 • 제2류 위험물 중 철분, 금속분, 마그네슘 • 제3류 위험물 중 금수성물질

※ 방수성, 차광성 모두 해야 하는 위험물
• 제1류 중 알칼리금속과산화물 : K_2O_2, Na_2O_2 등
• 제3류 중 자연발화성 및 금수성 : K, Na, R—Al, R—Li 등

42 제4류 위험물의 지정수량

구분	아세톤 (CH_3COCH_3)	메탄올 (CH_3OH)	등유($C_9 \sim C_{18}$)
유별	제1석유류 (수용성)	알코올류	제2석유류 (비수용성)
지정수량	400L	400L	1000L

• 지정수량 배수의 총합

$$= \frac{\text{A품목의 저장량}}{\text{A품목의 지정수량}} + \frac{\text{B품목의 저장량}}{\text{B품목의 지정수량}} + \cdots$$

$$= \frac{18l \times 10개}{400l} + \frac{18l \times 10개}{400l} + \frac{200l \times 3드럼}{1,000l}$$

$$= \frac{180}{400} + \frac{180}{400} + \frac{600}{1000} = 1.5배$$

43 질산암모늄(NH_4NO_3) : 제1류 위험물(산화성고체), 지정수량 300kg
• 물에 용해 시 흡열반응으로 열의 흡수로 인해 한제로 사용한다.
• 가열 시 산소(O_2)를 발생하며, 충격을 주면 단독 분해폭발한다.
  $$2NH_4NO_3 \rightarrow 4H_2O + 2N_2\uparrow + O_2\uparrow$$
• 조해성, 흡수성이 강하고 혼합화약원료에 사용된다.
  AN—FO폭약의 기폭제 : NH_4NO_3(94%) + 경유(6%) 혼합

44 이황화탄소(CS_2) : 제4류 위험물의 특수인화물
• 무색투명한 액체로서 물에 녹지 않고 벤젠, 알코올, 에테르 등에 녹는다.
• 발화점 100℃, 액비중 1.26으로 물보다 무거워 가연성증기의 발생을 억제하기 위해 물속에 저장한다.
• 연소 시 독성이 강한 아황산가스(SO_2)를 발생한다.
  $$CS_2 + 3O_2 \rightarrow CO_2 + 2SO_2$$

정답 41 ① 42 ② 43 ④ 44 ④

45 위험물안전관리법상 지정수량의 10배를 초과하는 위험물을 취급하는 제조소에 확보하여야 하는 보유공지의 너비의 기준은?

① $1m$ 이상

② $3m$ 이상

③ $5m$ 이상

④ $7m$ 이상

46 금속칼륨의 성질에 대한 설명으로 옳은 것은?

① 중금속류에 속한다.

② 이온화경향이 큰 금속이다.

③ 물 속에 보관한다.

④ 고광택을 내므로 장식용으로 많이 쓰인다.

47 물과 접촉하면 위험한 물질로만 나열된 것은?

① CH_3CHO, CaC_2, $NaClO_4$

② K_2O_2, $K_2Cr_2O_7$, CH_3CHO

③ K_2O_2, Na, CaC_2

④ Na, $K_2Cr_2O_7$, $NaClO_4$

48 짚, 헝겊 등을 다음의 물질과 적셔서 대량으로 쌓아 두었을 경우 자연발화의 위험성이 가장 높은 것은?

① 아마인유

② 야자유

③ 올리브유

④ 피마자유

---

45 위험물 제조소의 보유공지

취급 위험물의 최대수량	공지의 너비
지정수량의 10배 이하	$3m$ 이상
지정수량의 10배 초과	$5m$ 이상

46 금속칼륨(K) : 제3류(자연발화성 및 금수성 물질), 지정수량 $10kg$

• 은백색의 무른 경금속, 보호액으로 석유, 벤젠 속에 보관한다.

• 가열 시 보라색 불꽃을 내면서 연소한다.

• 수분과 반응 시 수소(H_2)를 발생하고 자연발화하며 폭발하기 쉽다.

$$2K + 2H_2O \rightarrow 2KOH + H_2\uparrow + 92.8kcal$$

• 이온화경향이 큰 금속(활성도가 큼)이며 알코올과 반응하여 수소(H_2)를 발생한다.

$$2K + 2C_2H_5OH \rightarrow 2C_2H_5OK(칼륨에틸레이트) + H_2\uparrow$$

• CO_2와 폭발적으로 반응한다(CO_2소화기 사용금지).

$$4K + 3CO_2 \rightarrow 2K_2CO_3 + C(연소, 폭발)$$

• 소화 : 마른 모래 등으로 질식소화한다(피부접촉 시 화상주의).

※ 금속의 이온화 경향
크다 ← 반응성 → 작다
K Ca Na Mg Al Zn Fe Ni Sn Pb (H) Cu Hg Ag Pt Au
(카 카 나 마) (알 아 철 니) (주 납 수 구) (수 은 백 금)

47 • 과산화칼륨(K_2O_2) : 제1류(무기과산화물, 금수성)로 물과 격렬히 반응하여 산소를 발생한다.

$$2K_2O_2 + 2H_2O \rightarrow 4KOH + O_2\uparrow$$

• 나트륨(Na) : 제3류(자연발화성 및 금수성)로 물과 반응 시 가연성기체인 수소를 발생하고 자연발화 및 폭발한다.

$$2Na + 2H_2O \rightarrow 2NaOH + H_2\uparrow$$

• 탄화칼슘(카바이트, CaC_2) : 제3류(금수성)로 물과 반응 시 가연성기체인 아세틸렌(C_2H_2)을 생성한다.

$$CaC_2 + 2H_2O \rightarrow Ca(OH)_2 + C_2H_2\uparrow$$

48 제4류 위험물 : 동식물유류란 동물의 지육 또는 식물의 종자나 과육으로부터 추출한 것으로 1기압에서 인화점이 250℃ 미만인 것이다.

• 요오드값 : 유지 $100g$에 부과되는 요오드의 g수이다.

• 요오드값이 클수록 불포화도가 크다.

• 요오드값이 큰 건성유는 불포화도가 크기 때문에 자연발화가 잘 일어난다.

• 요오드값에 따른 분류

┌ 건성유(130 이상) : 해바라기기름, 동유, 아마인유, 정어리기름, 들기름 등

├ 반건성유(100~130) : 면실유, 참기름, 청어기름, 채종류, 콩기름 등

└ 불건성유(100 이하) : 올리브유, 동백기름, 피마자유, 야자유 등

정답 **45** ③ **46** ② **47** ③ **48** ①

49 니트로셀룰로오스의 안전한 저장 및 운반에 대한 설명으로 옳은 것은?

① 습도가 높으면 위험하므로 건조한 상태로 취급한다.

② 아닐린과 혼합한다.

③ 산을 첨가하여 중화시킨다.

④ 알코올 수용액으로 습면시킨다.

50 위험물안전관리법령에서 정하는 제조소와의 안전거리의 기준이 다음 중 가장 큰 것은?

① 「고압가스 안전관리법」의 규정에 의하여 허가를 받거나 신고를 하여야 하는 고압가스 저장시설

② 사용전압이 35,000V를 초과하는 특고압가공전선

③ 병원, 학교, 극장

④ 「문화재보호법」의 규정에 의한 유형문화재

51 주유 취급소의 고정 주유설비는 고정 주유설비의 중심선을 기점으로 하여 도로 경계선까지 몇 m 이상 떨어져 있어야 하는가?

① $2m$　　　　② $3m$

③ $4m$　　　　④ $5m$

52 질산에 대한 설명으로 틀린 것은?

① 무색 또는 담황색의 액체이다.

② 유독성이 강한 산화성 물질이다.

③ 위험물안전관리법령상 비중이 1.49 이상인 것만 위험물로 규정한다.

④ 햇빛이 잘드는 곳에서 투명한 유리병에 보관하여야 한다.

---

49 니트로셀룰로오스[$C_6H_7O_2(ONO_2)_3$]$_n$: 제5류(자기반응성물질)

- 셀룰로오스에 진한황산과 진한질산을 혼합반응시켜 제조한 것이다.
- 저장 및 운반 시 물(20%) 또는 알코올(30%)로 습윤시킨다.
- 가열, 마찰, 충격에 의해 격렬히 폭발연소한다.
- 질화도(질소함유량)가 클수록 폭발성이 크다.
- 소화 시 다량의 물로 냉각소화한다.

50 제조소의 안전거리(제6류 위험물 제외)

건축물	안전거리
사용전압이 7,000V 초과 35,000V 이하	$3m$ 이상
사용전압이 35,000V 초과	$5m$ 이상
주거용(주택)	$10m$ 이상
고압가스, 액화석유가스, 도시가스	$20m$ 이상
학교, 병원, 극장, 복지시설	$30m$ 이상
유형문화재, 지정문화재	$50m$ 이상

51 고정 주유설비 또는 고정 급유설비(중심선을 기점으로 하여)

- 도로 경계선까지 : $4m$ 이상
- 부지 경계선 담 및 건축물의 벽까지 : $2m$ 이상
  (개구부 없는 벽까지 : $1m$ 이상)
- 고정 주유설비와 고정 급유설비 사이 : $4m$ 이상

52 HNO_3(질산) : 제6류 위험물(산화성액체)
[위험물 적용대상 : 비중이 1.49 이상인 것]

- 흡습성, 자극성, 부식성이 강한 발연성액체이다.
- 강산으로 직사광선에 의해 분해 시 적갈색의 이산화질소(NO_2)를 발생시킨다.
  $4HNO_3 \rightarrow 2H_2O + 4NO_2\uparrow + O_2\uparrow$
- 질산은 단백질과 반응 시 노란색으로 변한다(크산토프로테인반응 : 단백질검출반응).
- 왕수에 녹는 금속은 금(Au)과 백금(Pt)이다(왕수＝염산(3)＋질산(1) 혼합액).
- 진한 질산은 금속과 반응 시 산화 피막을 형성하는 부동태를 만든다(부동태를 만드는 금속 : Fe, Ni, Al, Cr, Co).
- 저장 시 직사광선을 피하고 갈색 병의 냉암소에 보관한다.
- 소화 : 마른 모래, CO_2 등을 사용하고, 소량일 경우 다량의 물로 희석소화한다(물로 소화 시 발열, 비산할 위험이 있으므로 주의).

정답　49 ④　　50 ④　　51 ③　　52 ④

53
다음 (   ) 안에 알맞은 수치는?(단, 인화점이 200℃ 이상인 위험물은 제외한다.)

> 옥외저장탱크의 지름이 $15m$ 미만인 경우에 방유제는 탱크의 옆판으로부터 탱크 높이의 (   ) 이상 이격하여야 한다.

① $\dfrac{1}{3}$ ② $\dfrac{1}{2}$

③ $\dfrac{1}{4}$ ④ $\dfrac{2}{3}$

54
위험물안전관리법령상 지정수량이 나머지 셋과 다른 하나는?

① 적린   ② 황화린

③ 유황   ④ 마그네슘

55
4몰의 니트로글리세린이 고온에서 열분해 · 폭발하여 이산화탄소, 수증기, 질소, 산소의 4가지 가스를 생성할 때 발생되는 가스의 총 몰수는?

① 28   ② 29

③ 30   ④ 31

56
위험물안전관리법령상 제1류 위험물 중 알칼리금속의 과산화물의 운반용기 외부에 표시하여야 하는 주의사항을 모두 옳게 나타낸 것은?

① "화기엄금", "충격주의" 및 "가연물접촉주의"

② "화기 · 충격주의", "물기엄금" 및 "가연물접촉주의"

③ "화기주의" 및 "물기엄금"

④ "화기엄금" 및 "충격주의"

53
옥외탱크저장소의 방유제(이황화탄소는 제외)

① 방유제의 용량
- 탱크가 하나 있을 때 : 탱크용량의 110% 이상
- 탱크가 2기 이상일 때 : 탱크 중 용량이 최대인 것의 용량의 110% 이상

② 방유제의 높이 $0.5m$ 이상 $3m$ 이하, 두께 $0.2m$ 이상, 지하매설 깊이 $1m$ 이상

③ 방유제 내의 면적 : $80,000m^2$ 이하

④ 방유제 내에 설치하는 옥외저장탱크의 수 : 10 이하

⑤ 방유제와 탱크의 옆판과의 유지거리(단, 인화점이 200℃ 이상인 위험물은 제외)
- 지름이 $15m$ 미만일 때 : 탱크 높이의 $\dfrac{1}{3}$ 이상
- 지름이 $15m$ 이상일 때 : 탱크 높이의 $\dfrac{1}{2}$ 이상

⑥ 방유제 높이가 $1m$ 이상 : $50m$마다 계단(경사로)설치

54
제2류 위험물의 지정수량

성질	위험등급	품명	지정수량
가연성 고체	I	황화린, 적린, 유황	$100kg$
	II	철분, 금속분, 마그네슘	$500kg$
	III	인화성고체	$1,000kg$

55
니트로글리세린[$C_3H_5(ONO_2)_3$, NG] : 제5류(자기반응성물질), 지정수량 $10kg$

- 무색, 단맛이 나는 액체(상온)이나 겨울철에는 동결한다.
- 가열, 마찰, 충격에 민감하여 폭발하기 쉽다.
- 규조토에 흡수시켜 폭약인 다이너마이트를 제조한다.
- 열분해 반응식

  $$4C_3H_5(ONO_2)_3 \rightarrow 12CO_2\uparrow + 10H_2O\uparrow + 6N_2\uparrow + O_2\uparrow$$

  4mol   : 12mol+10mol+6mol+1mol = 총 29mol

56

유별	구분	주의사항
제1류 위험물 (산화성고체)	알칼리금속의 과산화물	"화기 · 충격주의" "물기엄금" "가연물접촉주의"
	그 밖의 것	"화기 · 충격주의" "가연물접촉주의"

57 황린과 적린의 공통점으로 옳은 것은?

① 독성
② 발화점
③ 연소생성물
④ CS₂에 대한 용해성

58 위험물안전관리법령에 따르면 보냉장치가 없는 이동저장탱크에 저장하는 아세트알데히드의 온도는 몇 ℃ 이하로 유지하여야 하는가?

① 30℃
② 40℃
③ 50℃
④ 60℃

59 위험물을 저장 또는 취급하는 탱크의 용량산정 방법에 관한 설명으로 옳은 것은?

① 탱크의 내용적에서 공간용적을 뺀 용적으로 한다.
② 탱크의 공간용적에서 내용적을 뺀 용적으로 한다.
③ 탱크의 공간용적에 내용적을 더한 용적으로 한다.
④ 탱크의 볼록하거나 오목한 부분을 뺀 용적으로 한다.

60 아세톤의 물리적 특성으로 틀린 것은?

① 무색, 투명한 액체로서 독특한 자극성의 냄새를 가진다.
② 물에 잘 녹으며 에테르, 알코올에도 녹는다.
③ 화재 시 대량 주수소화로 희석소화가 가능하다.
④ 증기는 공기보다 가볍다.

---

57 황린(P_4)과 적린(P)의 비교

구분	황린(P_4)[제3류]	적린(P)[제2류]
외관 및 형상	백색 또는 담황색 고체	암적색분말
냄새	마늘냄새	없음
자연발화(공기 중)	40~50℃	없음
발화점	약 34℃	약 260℃
CS₂의 용해성	용해	불용
독성	맹독성	없음
저장(보호액)	물속	—
연소생성물(동소체)	오산화인(P_2O_5)	오산화인(P_2O_5)

58 • 옥외 및 옥내저장탱크 또는 지하저장탱크의 저장유지온도

위험물의 종류	압력탱크 외의 탱크	위험물의 종류	압력탱크
산화프로필렌, 디에틸에테르 등	30℃ 이하	아세트알데히드 등 디에틸에테르 등	40℃ 이하
아세트알데히드	15℃ 이하		

• 이동저장탱크의 저장유지온도

위험물의 종류	보냉장치가 있는 경우	보냉장치가 없는 경우
아세트알데히드 등 디에틸에테르 등	비점 이하	40℃ 이하

• 이동저장탱크에 알킬알루미늄 등을 저장하는 경우에는 20kpa 이하의 압력으로 불활성의 기체를 봉입하여 둘 것

59 1. 저장탱크의 용적 산정기준
탱크의 용량 = 탱크의 내용적 − 공간용적

2. 탱크의 공간용적
• 일반탱크의 공간용적 : 탱크의 용적의 $\frac{5}{100}$ 이상 $\frac{10}{100}$(5~10%) 이하로 한다.
• 소화설비를 설치하는 탱크의 공간용적(탱크 안 윗부분에 설치 시) 당해 소화설비의 소화약제 방출구 아래의 $0.3m$ 이상 $1m$ 미만 사이의 면으로부터 윗부분의 용적으로 한다.
• 암반탱크에 있어서는 해당 탱크 내에 용출하는 7일 간의 지하수의 양에 상당하는 용적과 해당 탱크의 내용적의 1/100의 용적 중에서 보다 큰 용적으로 공간용적으로 한다.

60 아세톤(CH_3COCH_3) : 제4류 제1석유류
• 분자량 = 12 + 1×3 + 12 + 16 + 12 + 1×3 = 58
• 증기비중 = $\frac{분자량}{공기의 평균 분자량(29)}$ = $\frac{58}{29}$ = 2(공기보다 무겁다)
• 증기밀도 = $\frac{분자량}{22.4L}$ = $\frac{58g}{22.4L}$ = 2.58g/L

정답 57 ③ 58 ② 59 ① 60 ④

2020년 제4회 669

제1과목 | 일반화학

01 C₃H₈ 44g 중에는 C가 몇 mol이 포함되었는가?

① 1
② 3
③ 36
④ 44

02 방향족탄화수소에 해당하는 것은?

① 톨루엔
② 에탄
③ 에틸렌
④ 아세틸렌

03 염화철(Ⅲ)(FeCl₃) 수용액과 반응하여 정색반응을 일으키지 않는 것은?

① OH

② CH₂OH

③ CH₃ OH

④ COOH OH

04 모두 산성산화물로만 나타낸 것은?

① CaO, CO₂
② K₂O, SO₂
③ Al₂O₃, SO₂
④ CO₂, NO₂

05 밑줄 친 원소의 산화수가 +7인 것은?

① H₃$\underline{P}$O₄
② K$\underline{Mn}$O₄
③ K₂$\underline{Cr}$₂O₇
④ K₃[$\underline{Fe}$(CN)₆]

해설·정답 확인하기

01 C₃H₈(프로판) : 탄소(C) 원자 12g의 3mol과 수소(H) 원자 1g의 8mol이 결합되어 프로판(C₃H₈) 분자 1mol인 44g이 된다.

02 • 방향족탄화수소 : 분자 내에 고리모양의 벤젠기를 가지고 있는 벤젠의 유도체 화합물

  CH₃ (C₆H₅CH₃ : 톨루엔)

  • 사슬모양탄화수소 : 탄소와 탄소 사이의 결합이 사슬처럼 결합된 화합물

$$H-\overset{\overset{\displaystyle H}{|}}{\underset{\underset{\displaystyle H}{|}}{C}}-\overset{\overset{\displaystyle H}{|}}{\underset{\underset{\displaystyle H}{|}}{C}}-H \qquad \overset{H}{\underset{H}{}}C=C\overset{H}{\underset{H}{}} \qquad H-C\equiv C-H$$

(에탄)   (에틸렌)   (아세틸렌)

03 정색반응(페놀류검출반응) : 염화제이철(FeCl₃) 수용액 한 방울을 가하면 벤젠핵의 탄소(C)에 −OH(수산기)가 붙어있는 물질은 어느 것이나 보라색으로 나타내는 반응을 말한다.
① 페놀
② 벤질알코올
③ o-크레졸
④ 살리실산

04 • 산성산화물(비금속산화물) : CO₂, SO₂, P₂O₅, NO₂ 등
  • 염기성산화물(금속산화물) : K₂O, BaO, CaO, Na₂O 등
  • 양쪽성산화물(양쪽성금속산화물) : Al₂O₃, ZnO, SnO, PbO 등

05 ① H₃$\underline{P}$O₄ : $(+1\times3)+P+(-2\times4)=0$ ∴ P=+5
② K$\underline{Mn}$O₄ : $+1+Mn+(-2\times4)=0$ ∴ Mn=+7
③ K₂$\underline{Cr}$₂O₇ : $(+1\times2)+(Cr\times2)+(-2\times7)=0$ ∴ Cr=+6
④ K₃[$\underline{Fe}$(CN)₆] : $(+1\times3)+[Fe+(-1)\times6]=0$ ∴ Fe=+3

정답 01 ② 02 ① 03 ② 04 ④ 05 ②

06 어떤 용기에 수소 1g과 산소 16g을 넣고 전기불꽃을 이용하여 반응시켜 수증기를 생성하였다. 반응 전과 동일한 온도·압력으로 유지시켰을 때, 최종 기체의 총 부피는 처음 기체 총 부피의 얼마가 되는가?

① 1

② $\dfrac{1}{2}$

③ $\dfrac{2}{3}$

④ $\dfrac{3}{4}$

07 98% wt% 황산의 비중은 1.84이다. 이황산의 노르말(N) 농도는 약 얼마인가?

① 9.2

② 18.4

③ 49

④ 98

08 H_2O가 H_2S보다 비등점이 높은 이유는 무엇인가?

① 분자량이 적기 때문에

② 수소결합을 하고 있기 때문에

③ 공유결합을 하고 있기 때문에

④ 이온결합을 하고 있기 때문에

09 Si원소의 전자 배치로 옳은 것은?

① $1s^2 2s^2 2p^6 3s^2 3p^2$

② $1s^2 2s^2 2p^6 3s^1 3p^2$

③ $1s^2 2s^2 2p^5 3s^1 3p^2$

④ $1s^2 2s^2 2p^6 3s^2$

06
- 반응 전 부피 : $H_2 = \dfrac{1g}{2g} \times 22.4l = 11.2l$

  $O_2 = \dfrac{16g}{32g} \times 22.4l = 11.2l$

  전체부피 $= 11.2l + 11.2l = 22.4l$

- 반응 후 부피 : $2H_2 + O_2 \rightarrow 2H_2O$

  $2 \times 2g + 32g \rightarrow 2 \times 18g$

  $1g + 8g \rightarrow 9g(H_2O)$

  여기서 산소(O_2)는 16g 중 8g만 반응에 참여하고 8g은 남는다.

  $H_2O = \dfrac{9g}{18g} \times 22.4l = 11.2l$

  O_2(남은 것) $= \dfrac{8g}{32g} \times 22.4l = 5.6l$

  전체부피 $= 11.2l + 5.6l = 16.8l$

  $\therefore \dfrac{\text{반응 후 부피}}{\text{반응 전 부피}} = \dfrac{16.8l}{22.4l} = 0.75 = \dfrac{3}{4}$

07
- 황산(H_2SO_4) $= 1 \times 2 + 32 + 16 \times 4 = 98g$(분자량) : 1mol

- 산의 당량 $= \dfrac{\text{분자량}}{[H^+]수} = \dfrac{98}{2} = 49g = 49$당량 $= 1g$당량

- 몰(M)농도 $= \dfrac{\text{비중} \times 10 \times \%\text{농도}}{\text{분자량}} = \dfrac{1.84 \times 10 \times 98}{98} = 18.4M$

- 노르말(N)농도 $= \dfrac{\text{비중} \times 10 \times \%\text{농도}}{\text{당량}} = \dfrac{1.84 \times 10 \times 98}{49} = 9.2N$

08
- 수소결합 : 수소원자와 전기음성도가 큰 F, O, N이 결합된 분자로 HF, H_2O, NH_3이고 유기물질로는 C_2H_5OH, CH_3COOH 등이 대표적인 물질이며 특히 비등점(끓는점)이 높다.
- 전기음성도 : 중성원자가 전자를 끌어당기는 힘
  $F > O > N > Cl > Br > C > S > I > H > P$

09 $_{14}Si^{28}$(규소)의 전자배열(원자번호 = 전자수 = 양성자수)

전자껍질(주양자수)	K(n=1)	L(n=2)	M(n=3)
수용전자수($2n^2$)	2	8	18
오비탈(전자수 14)	2	8	4
	$1s^2$	$2s^2 2p^6$	$3s^2 3p^2$

10 다음 반응식을 이용하여 구한 $SO_2(g)$의 몰 생성열은?

> $S(s) + 1.5O_2(g) \rightarrow SO_3(g)$
> $\qquad \Delta H° = -94.5kcal$
> $2SO_2(g) + O_2(g) \rightarrow 2SO_3(g)$
> $\qquad \Delta H° = -47kcal$

① $-71kcal$

② $-47.5kcal$

③ $71kcal$

④ $47.5kcal$

11 니트로벤젠의 증기에 수소를 혼합한 뒤 촉매를 사용하여 환원시키면 무엇이 되는가?

① 페놀

② 톨루엔

③ 아닐린

④ 나프탈렌

12 11g의 프로판이 연소하면 몇 g의 이산화탄소가 생성되는가?

① 11g　　② 22g

③ 33g　　④ 44g

13 10.0mL의 0.1M−NaOH을 25.0mL의 0.1M−HCl에 혼합하였을 때 이 혼합용액의 pH는 얼마인가?

① 1.37　　② 2.82

③ 3.37　　④ 4.82

10

> • 생성열 : 그 물질 1몰이 성분원소의 단체(홑원소)로부터 생성될 때 방출 또는 흡수되는 열
> • 엔탈피 $\begin{bmatrix} \Delta H° : 발열반응(-), 흡열반응(+) \\ Q : 발열반응(+), 흡열반응(-) \end{bmatrix}$ 표시

$S + O_2 \rightarrow SO_2$, $\Delta H° = ?$

• $S + 1.5O_2 \rightarrow SO_3$, $\Delta H° = -94.5kcal$ − ⓐ식

　$2SO_2 + O_2 \rightarrow 2SO_3$, $\Delta H° = -47kcal$ − ⓑ식

• ⓐ식 $\times 2$ 하고 ⓑ식을 $(-)$ 해 준다.

　　$2S + 3O_2 \rightarrow 2SO_3$, $\Delta H° = -94.5kcal \times 2$

$-\big)\ 2SO_2 + O_2 \rightarrow 2SO_3$, $\Delta H° = -47kcal$

　　$2S - 2SO_2 + 2O_2 \rightarrow \Delta H° = -142kcal$

　　$2S + 2O_2 \rightarrow 2SO_2$, $\Delta H° = -142kal \div 2$

∴ $S + O_2 \rightarrow SO_2$, $\Delta H° = -71kcal$

11 아닐린의 제조법 : 니트로벤젠을 수소로 환원시켜 촉매(Fe+HCl) 하에 제조한다.

$C_6H_5NO_2 + 3H_2 \xrightarrow[\text{환원}]{\text{Fe+HCl}} C_6H_5NH_2 + 2H_2O$
(니트로벤젠)　(수소)　　　　　(아닐린)　　(물)

12 프로판(C_3H_8)의 연소반응식

$\underline{C_3H_8} + 5O_2 \rightarrow \underline{3CO_2} + 4H_2O$

$44g\ :\ 3 \times 44g$

$11g\ :\ x$

∴ $x = \dfrac{11 \times 3 \times 44}{44} = 33g$

13 산과 염기는 당량 대 당량으로 중화한다. 이때 중화 후 HCl이 남는다. 그러므로 남은 HCl의 농도를 공식에 의하여 구한다.

• $0.1M - HCl = 0.1N - HCl$
　(H^+수가 1개이므로 M농도=N농도)
• $0.1M - NaOH = 0.1N - NaOH$
　(OH^- 수가 1개이므로 M농도=N농도)
• $NV - N_1V_1 = N_2(V + V_1)$
　$(0.1 \times 25) - (0.1 \times 10) = N_2(25 + 10)$
　$N_2 = \dfrac{(0.1 \times 25) - (0.1 \times 10)}{25 + 10}$
　　$= 0.4286N(HCl)$
• $0.0428N - HCl = 4.28 \times 10^{-2}N - HCl$, $[H^+]$농도 $= 4.28 \times 10^{-2}$
• $PH = -\log[H^+] = -\log[4.28 \times 10^{-2}] = 2 - \log4.28 = 1.369$
　∴ $PH = 1.37$

14 이산화황이 산화제로 작용하는 화학반응은?

① $SO_2 + H_2O \rightarrow H_2SO_4$

② $SO_2 + NaOH \rightarrow NaHSO_3$

③ $SO_2 + 2H_2S \rightarrow 3S + 2H_2O$

④ $SO_2 + Cl_2 + 2H_2O \rightarrow H_2SO_4 + 2HCl$

15 암모니아성 질산은 용액과 반응하여 은거울을 만들지 않는 것은?

① HCHO

② CH_3COCH_3

③ HCOOH

④ CH_3CHO

16 알루미늄이온(Al^{3+}) 한 개에 대한 설명으로 틀린 것은?

① 질량수는 27이다.

② 양성자수는 13이다.

③ 중성자수는 13이다.

④ 전자수는 10이다.

17 다음 반응식에서 평형을 오른쪽으로 이동시키기 위한 조건은?

$$N_2(g) + O_2(g) \rightarrow 2NO(g) - 43.2kcal$$

① 압력을 높인다.

② 온도를 높인다.

③ 압력을 낮춘다.

④ 온도를 낮춘다.

18 한 분자 내에 배위결합과 이온결합을 동시에 가지고 있는 것은?

① NH_4Cl ② C_6H_6

③ CH_3OH ④ NaCl

---

14 ① SO_2는 환원제[S : +4 → +6 산화수 증가(산화)]

② SO_2에서 S의 산화수 증·감 없음

③ SO_2는 산화제[S : +4 → 0 산화수 감소(환원)]

④ SO_2는 환원제[S : +4 → +6 산화수 증가(산화)]

> 참고
> • 산화수 : 증가(산화), 감소(환원)
> • 산화제 : 자신은 환원되고 다른 물질은 산화시키는 물질
> • 환원제 : 자신은 산화되고 다른 물질은 환원시키는 물질

15 알데히드근(−CHO)의 환원성

• 알데히드근(−CHO)은 환원성이 있어 은거울반응과 펠링반응을 한다.

• 종류에는 포름알데히드(HCHO), 포름산(HCOOH), 아세트알데히드(CH_3CHO)가 있다.

• 알데히드근이 산화되면 카르복실산(−COOH)이 된다.

$$CH_3OH \underset{\text{환원[+2H]}}{\overset{\text{산화[−2H]}}{\rightleftharpoons}} HCHO \underset{\text{환원[−O]}}{\overset{\text{산화[+O]}}{\rightleftharpoons}} HCOOH$$

(메탄올)　　　　　(포름알데히드)　　　　　(포름산)

※ 포름산(HCOOH)에는 알데히드근(−CHO)이 있으므로 환원성이 있다.

$$C_2H_5OH \underset{\text{환원[+2H]}}{\overset{\text{산화[−2H]}}{\rightleftharpoons}} CH_3CHO \overset{\text{산화[+O]}}{\rightarrow} CH_3COOH$$

(에탄올)　　　　　(아세트알데히드)　　　　　(아세트산)

16 Al^{3+}이온(전자 3개를 잃었음)

• 원자번호=양성자수 : 13

• 질량수 : 27

• 중성자수 : 14

• 전자수=13−3=10(전자 3개를 잃었음)

17 평형이동의 법칙(르샤틀리에의 법칙)에 의하여, 평형을 오른쪽(정방향)으로 이동 시 조건

• 농도 : N_2을 증가시킨다.

• 압력 : 반응물과 생성물 몰수가 같으므로 무관하다.

• 온도 : 흡열반응이므로 온도를 높인다.

18 • 배위결합 : 공유결합에서 공유하는 전자쌍을 한 쪽의 원자에서만 일방적으로 제공하는 결합을 배위결합이라 한다.

• 이온결합=금속(NH_4^+)+비금속(Cl^-)

$$NH_4^+ + Cl^- \overset{\text{이온결합}}{\longrightarrow} NH_4Cl$$

∴ NH_4Cl : 공유결합, 배위결합, 이온결합

---

19 황산구리 용액에 10A의 전류를 1시간 통하면 구리(원자량 63.54)를 몇 g 석출하겠는가?

① 7.2g

② 11.85g

③ 23.7g

④ 31.77g

20 다음 반응속도에서 3차 반응인 것은?

① $v=k[A]^{\frac{1}{2}}[B]^{\frac{1}{2}}$

② $v=k[A][B]$

③ $v=k[A][B]^2$

④ $v=k[A]^2[B]^2$

제2과목 | 화재예방과 소화방법

21 위험물의 운반용기 외부에 표시하여야 하는 주의사항에 '화기엄금'이 포함되지 않는 것은?

① 제1류 위험물 중 알칼리금속의 과산화물

② 제2류 위험물 중 인화성고체

③ 제3류 위험물 중 자연발화성물질

④ 제5류 위험물

22 자연발화의 방지법으로 가장 거리가 먼 것은?

① 통풍을 잘 하여야 한다.

② 습도가 낮은 곳을 피한다.

③ 열이 쌓이지 않도록 유의한다.

④ 저장실 온도를 낮춘다.

19 • 황산구리 용액 : $CuSO_4 \xrightarrow{전리} Cu^{2+}+SO_4^{2-}$

여기서 Cu의 원자가=2가이고 원자량=63.54g=2g당량이다.

$$당량=\frac{원자량}{원자가}=\frac{63.54}{2}=31.77g=1g당량$$

1F(패럿)=96,500C(쿨롱)=1g당량 석출, 1C=1A×1sec

• Q=I(A)×t(sec)=10A×3600sec/h=36000C(쿨롱)이므로

96500C : 31.77g(=1g당량)

36000C : x

$$\therefore x=\frac{36000C×31.77g}{96500C}=11.85g(Cu의 석출량)$$

20 반응차수 : 반응속도식에서 지수 m과 n은 [A], [B]가 변할 때 속도가 어떻게 변하는지 알려주는 것

반응속도$(v)=k[A]^m[B]^n$ [전체반응차수=m+n]

① $\frac{1}{2}+\frac{1}{2}$=1차 반응　　② 1+1=2차 반응

③ 1+2=3차 반응　　④ 2+2=4차 반응

21 위험물 운반용기의 외부 표시사항

• 위험물의 품명, 위험등급, 화학명 및 수용성(제4류 위험물의 수용성인 것에 한함)

• 위험물의 수량

• 위험물에 따른 주의사항

유별	구분	표시사항
제1류 위험물 (산화성고체)	알칼리금속의 과산화물	화기·충격주의, 물기엄금 및 가연물접촉주의
	그 밖의 것	화기·충격주의 및 가연물접촉주의
제2류 위험물 (가연성고체)	철분, 금속분, 마그네슘	화기주의 및 물기엄금
	인화성고체	화기엄금
	그 밖의 것	화기주의
제3류 위험물	자연발화성물질	화기엄금 및 공기접촉엄금
	금수성물질	물기엄금
제4류 위험물	인화성액체	화기엄금
제5류 위험물	자기반응성 물질	화기엄금 및 충격주의
제6류 위험물	산화성액체	가연물접촉주의

22 자연발화 방지대책

• 직사광선을 피하고 저장실 온도를 낮출 것

• 습도 및 온도를 낮게 유지하여 미생물 활동에 의한 열 발생을 낮출 것

• 통풍 및 환기 등을 살피어 열 축적을 방지할 것

정답 19 ②　20 ③　21 ①　22 ②

23 옥내소화전설비에서 펌프를 이용한 가압송수장치의 경우 펌프의 전양정 H는 소정의 산식에 의한 수치 이상이어야 한다. 전양정 H를 구하는 식으로 옳은 것은? (단, h_1은 소방용호스의 마찰손실수두, h_2는 배관의 마찰손실수두, h_3는 낙차이며, h_1, h_2, h_3의 단위는 모두 m이다.)

① $H = h_1 + h_2 + h_3$
② $H = h_1 + h_2 + h_3 + 0.35m$
③ $H = h_1 + h_2 + h_3 + 35m$
④ $H = h_1 + h_2 + 0.35m$

24 위험물안전관리법에 따른 지하탱크저장소에 관한 설명으로 틀린 것은?

① 안전거리 적용대상이 아니다.
② 보유공지 확보대상이 아니다.
③ 설치 용량의 제한이 없다.
④ 10m 내에 2기 이상을 인접하여 설치할 수 없다.

25 지정수량 10배의 위험물을 운반할 때 다음 중 혼재가 금지된 경우는?

① 제2류 위험물과 제4류 위험물
② 제2류 위험물과 제5류 위험물
③ 제3류 위험물과 제4류 위험물
④ 제3류 위험물과 제5류 위험물

26 제2류 위험물의 화재에 대한 일반적인 특징을 가장 옳게 설명한 것은?

① 연소 속도가 빠르다.
② 산소를 함유하고 있어 질식소화는 효과가 없다.
③ 화재 시 자신이 환원되고 다른 물질을 산화시킨다.
④ 연소열이 거의 없어 초기 화재 시 발견이 어렵다.

---

23 옥내소화전설비 펌프의 전양정 산출 계산식

$H = h_1 + h_2 + h_3 + 35m$

$\begin{bmatrix} H : \text{펌프의 전양정(m)} \\ h_1 : \text{소방용호스 마찰손실수두(m)} \\ h_2 : \text{배관의 마찰손실수두(m)} \\ h_3 : \text{낙차(m)} \end{bmatrix}$

24 지하탱크 저장소의 기준
- 탱크전용실은 지하의 시설물 및 대지경계선으로부터 0.1m 이상 떨어진 곳에 설치할 것
- 지하저장탱크와 탱크전용실의 안쪽과의 사이는 0.1m 이상의 간격을 유지할 것
- 해당 탱크의 주위에 입자지름 5mm 이하의 마른 자갈분을 채울 것
- 지하저장탱크의 윗부분은 지면으로부터 0.6m 이상 아래에 있을 것
- 지하저장탱크를 2 이상 인접해 설치하는 경우에는 그 상호 간에 1m(해당 2 이상의 지하저장탱크의 용량의 합계가 지정수량의 100배 이하인 때에는 0.5m) 이상의 간격을 유지할 것
- 지하저장탱크의 재질은 두께 3.2mm 이상의 강철관으로 할 것

25 유별을 달리하는 위험물의 혼재기준

위험물의 구분	제1류	제2류	제3류	제4류	제5류	제6류
제1류		×	×	×	×	○
제2류	×		×	○	○	×
제3류	×	×		○	×	×
제4류	×	○	○		○	×
제5류	×	○	×	○		×
제6류	○	×	×	×	×	

※ 지정수량의 $\frac{1}{10}$ 이하의 위험물은 적용하지 않음

※ 서로 혼재 운반 가능한 위험물(암기법)
- ④와 ②, ③ : 4류와 2류, 4류와 3류
- ⑤와 ②, ④ : 5류와 2류, 5류와 4류
- ⑥과 ① : 6류와 1류

26
- 제2류 위험물은 환원성이 강한 가연성고체로서 낮은 온도에서 연소하기 쉽고 빠른 이연성·속연성 물질이다.
- 금속분은 주수소화 엄금하고 질식소화하고 이외는 주수로 냉각소화한다.

정답 23 ③   24 ④   25 ④   26 ①

27 그림과 같은 타원형 위험물탱크의 내용적은 약 얼마인가? (단, 단위는 m이다.)

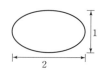 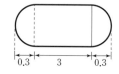

① 5.03m³
② 7.52m³
③ 9.03m³
④ 19.05m³

28 다음 중 착화점에 대한 설명으로 가장 옳은 것은?

① 연소가 지속될 수 있는 최저온도
② 점화원과 접촉했을 때 발화하는 최저온도
③ 외부의 점화원 없이 발화하는 최저온도
④ 액체 가연물에서 증기가 발생할 때의 온도

29 분말 소화약제로 사용할 수 있는 것을 모두 옳게 나타낸 것은?

| ㉠ 탄산수소나트륨 | ㉡ 탄산수소칼륨 |
| ㉢ 황산구리 | ㉣ 인산암모늄 |

① ㉠, ㉡, ㉢, ㉣
② ㉠, ㉣
③ ㉠, ㉡, ㉢
④ ㉠, ㉡, ㉣

30 탄화칼슘 60,000kg을 소요단위로 산정하면?

① 10단위
② 20단위
③ 30단위
④ 40단위

31 위험물안전관리법령에 따라 폐쇄형 스프링클러헤드를 설치하는 장소의 평상시 최고 주위온도가 28℃ 이상 39℃ 미만일 경우 헤드의 표시온도는?

① 52℃ 이상 76℃ 미만
② 52℃ 이상 79℃ 미만
③ 58℃ 이상 76℃ 미만
④ 58℃ 이상 79℃ 미만

---

27 타원형 탱크의 내용적(V)

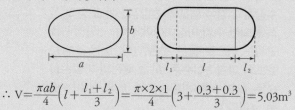

$$\therefore V = \frac{\pi ab}{4}\left(l + \frac{l_1 + l_2}{3}\right) = \frac{\pi \times 2 \times 1}{4}\left(3 + \frac{0.3 + 0.3}{3}\right) = 5.03m^3$$

28 ① 연소점 : 연소가 지속될 수 있는 최저온도
② 인화점 : 점화원과 접촉했을 때 발화하는 최저온도
③ 발화점(착화점) : 외부의 점화원 없이 발화하는 최저온도
④ 포화온도 : 액체 가연물에서 증기가 발생할 때의 온도

29 분말 소화약제

종별	약제명	주성분	색상	적응화재
제1종	탄산수소나트륨	$NaHCO_3$	백색	B, C급
제2종	탄산수소칼륨	$KHCO_3$	담자(회)색	B, C급
제3종	제1인산암모늄	$NH_4H_2PO_4$	담홍색	A, B, C급
제4종	탄산수소칼륨 +요소	$KHCO_3$ +$(NH_2)_2CO$	회색	B, C급

30 탄화칼슘(CaC_2, 카바이트) : 제3류(금수성), 지정수량 300kg
• 위험물의 1소요단위 : 지정수량 10배

$$\therefore 소요단위 = \frac{저장수량}{지정수량 \times 10} = \frac{60,000}{300 \times 10} = 20단위$$

31 폐쇄형 스프링클러 헤드의 표시온도에 따른 분류

부착장소의 최고 주위온도(℃)	표시온도(℃)
28 미만	58 미만
28 이상 39 미만	58 이상 79 미만
39 이상 64 미만	79 이상 121 미만
64 이상 106 미만	121 이상 162 미만
106 이상	162 이상

32 프로판 2m^{3}이 완전연소할 때 필요한 이론 공기량은 약 몇 m^{3}인가? (단, 공기 중 산소 농도 21vol%이다.)

① 23.81m^3

② 35.72m^3

③ 47.62m^3

④ 71.43m^3

33 처마의 높이가 6m 이상인 단층 건물에 설치된 옥내저장소의 소화설비로 고려될 수 없는 것은?

① 고정식 포 소화설비

② 옥내소화전설비

③ 고정식 이산화탄소 소화설비

④ 고정식 분말 소화설비

34 위험물안전관리법령상 옥외소화전설비의 옥외소화전이 3개 설치되었을 경우 수원의 수량은 몇 m^3 이상 되어야 하는가?

① 7   ② 20.4

③ 40.5   ④ 100

35 위험물제조소등에 설치하는 옥내소화전설비의 설명 중 틀린 것은?

① 개폐밸브 및 호수 접속구는 바닥으로부터 1.5m 이하에 설치

② 함의 표면에서 "소화전"이라고 표시할 것

③ 축전지설비는 설치된 벽으로부터 0.2m 이상 이격할 것

④ 비상전원의 용량은 45분 이상일 것

---

32 · C$_3$H$_8$ + 5O$_2$ → 3CO$_2$ + 4H$_2$O

22.4m^3 : 5×22.4m^3

2m^3 : x

∴ $x = \dfrac{2 \times 5 \times 22.4}{22.4} = 10m^3$(산소 : 100%)

· 공기 중 산소농도가 21%이므로

∴ 필요한 공기량 $= \dfrac{10}{0.21} ≒ 47.62m^3$

33

	제조소등의 구분	소화설비
옥내저장소	처마 높이가 6m 이상인 단층 건물 또는 다른 용도의 부분이 있는 건축물에 설치한 옥내저장소	스프링클러설비 또는 이동식 외의 물분무등 소화설비
	그 밖의 것	옥외소화전설비, 스프링클러설비, 이동식 외의 물분무등 소화설비 또는 이동식 포 소화설비(포소화전을 옥외에 설치하는 것에 한한다.)

※ 물분무등 소화설비 : 물분무, 포, CO$_2$, 할로겐화합물, 분말 소화설비

34 · 옥외소화전설비의 수원의 양

Q=N(소화전개수 : 최대 4개)×13.5m^3

=3×13.5m^3=40.5m^3

· 옥외소화전설비 설치기준

수평거리	방사량	방사압력	수원의 양(Q : m^3)
40m 이하	450(l/min) 이상	350(kPa) 이상	Q=N(소화전 개수 : 최대 4개) ×13.5m^3(450l/min×30min)

35 축전지설비는 설치된 실의 벽으로부터 0.1m 이상 이격할 것

※ 옥내소화전 설비의 설치기준 요약(위 ①, ②, ④번 이외에)

· 배관은 전용으로 할 것

· 주배관 중 입상관의 직경이 50mm 이상인 것으로 할 것

· 이산화탄소, 할로겐화합물 및 분말 소화설비의 비상전원 : 60분 이상

· 옥내 소화전함의 상부의 벽면에 적색 표시등 설치하되 부착면과 15°이상 각도 방향으로 10m 떨어진 곳에서 식별 가능할 것

정답   32 ③   33 ②   34 ③   35 ③

36 제4류 위험물의 저장 및 취급 시 화재예방 및 주의사항에 대한 일반적인 설명으로 틀린 것은?

① 증기의 누출에 유의할 것

② 증기는 낮은 곳에 체류하기 쉬우므로 조심할 것

③ 전도성이 좋은 석유류는 정전기 발생에 유의할 것

④ 서늘하고 통풍이 양호한 곳에 저장할 것

37 강화액 소화기에 대한 설명으로 옳은 것은?

① 물의 유동성을 강화하기 위한 유화제를 첨가한 소화기이다.

② 물의 표면장력을 강화하기 위해 탄소를 첨가한 소화기이다.

③ 산·알칼리 액을 주성분으로 하는 소화기이다.

④ 물의 소화효과를 높이기 위해 염류를 첨가한 소화기이다.

38 옥내저장소 내부에 체류하는 가연성 증기를 지붕 위로 방출시키는 배출설비를 하여야 하는 위험물은?

① 과염소산

② 과망간산칼륨

③ 피리딘

④ 과산화나트륨

39 위험물안전관리법령상 지정수량의 몇 배 이상의 제4류 위험물을 취급하는 제조소에는 자체소방대를 두어야 하는가?

① 1,000배

② 2,000배

③ 3,000배

④ 5,000배

---

36 제4류 위험물 취급 시 주의사항
- 증기 및 액체의 누출에 유의할 것
- 증기는 공기보다 무거워 낮은 곳에 체류하기 쉬우므로 조심할 것
- 부도체이므로 정전기 발생에 주의할 것
- 온도가 낮은 서늘하고 통풍이 양호한 곳에 저장할 것
- 화기 및 점화원은 절대로 금할 것

37 강화액 소화기 : 물의 소화효과를 높이기 위해 물에 탄산칼륨(K_2CO_3)의 염류를 첨가한 소화기이다.
- $-30℃$의 한냉지에서도 사용가능(-30~$-25℃$)
- 소화원리(A급, 무상방사시 B, C급), 압력원 CO_2
  $H_2SO_4 + K_2CO_3 \rightarrow K_2SO_4 + H_2O + CO_2 \uparrow$
- 소화약제 pH = 12(알칼리성)

38 옥내저장소의 설비기준 : 저장창고에는 채광, 조명 및 환기의 설비를 갖추어야 하고, 인화점이 70℃ 미만인 위험물의 저장창고에 있어서는 내부에 체류한 가연성의 증기를 지붕위로 배출하는 설비를 갖추어야 한다.
※ 피리딘(C_5H_5N) : 제4류 제1석유류, 인화점 20℃

39 자체소방대를 설치하여야 하는 사업소
- 지정수량 3천배 이상의 제4류 위험물을 취급하는 제조소 또는 일반취급소(단, 보일러로 위험물을 소비하는 일반취급소는 제외)
- 지정수량의 50만배 이상 제4류 위험물을 저장하는 옥외탱크저장소

40 위험물안전관리법령상 제2류 위험물인 철분에 적응성이 있는 소화설비는?

① 포 소화설비
② 탄산수소염류 분말 소화설비
③ 할로겐화합물 소화설비
④ 스프링클러설비

제3과목 | 위험물의 성질과 취급

41 벤젠과 톨루엔의 공통점이 아닌 것은?

① 물에 녹지 않는다.
② 냄새가 없다.
③ 휘발성 액체이다.
④ 증기는 공기보다 무겁다.

42 옥내저장탱크와 탱크전용실의 벽과의 사이 및 옥내저장탱크의 상호 간에는 몇 m 이상의 간격을 유지하여야 하는가?

① 0.3 ② 0.5
③ 1.0 ④ 1.5

43 다음 보기에서 설명하는 위험물은?

┤보기├
• 순수한 것은 무색 투명한 액체이다.
• 물에 녹지 않고 벤젠에는 녹는다.
• 물보다 무겁고 독성이 있다.

① 아세트알데히드
② 디메틸에테르
③ 아세톤
④ 이황화탄소

---

40 소화설비의 적응성

소화설비의 구분		대상물의 구분	제1류 위험물		제2류 위험물			제3류 위험물		제4류 위험물	제5류 위험물	제6류 위험물
			알칼리금속과 산화물 등	그 밖의 것	철분·금속분·마그네슘 등	인화성고체	그 밖의 것	금수성물품	그 밖의 것			
스프링클러설비				○		○	○		○	△	○	○
물분무 등 소화설비	포 소화설비			○		○	○		○	○	○	○
	이산화탄소 소화기					○			○		○	
	할로겐화합물 소화기					○			○		○	
	분말 소화 설비	인산염류 등		○		○			○		○	○
		탄산수소염류 등	○		○	○		○		○		
		그 밖의 것	○		○			○				
기타	팽창질석 또는 팽창진주암		○	○	○	○	○	○	○	○	○	○

41 벤젠, 톨루엔 : 제4류 제1석유류(비수용성), 지정수량 200l
　1. 벤젠(C_6H_6)
　　• 무색 투명한 방향성 냄새를 가진 휘발성이 강한 액체이다.
　　• 인화점 −11℃, 발화점 562℃, 융점 5.5℃, 연소범위 1.4~7.1%
　　• 증기는 공기보다 무겁고 마취성, 독성이 강하다.

$$증기비중 = \frac{분자량}{공기의 \ 평균 \ 분자량(29)} = \frac{78}{29} ≒ 2.7$$

　　• 물에 녹지 않고 알코올, 에테르, 아세톤 등에 잘 녹는다.
　2. 톨루엔($C_6H_5CH_3$)
　　• 무색 투명한 액체로서 특유한 냄새가 나며 마취성, 독성이 있다.
　　• 인화점 4℃, 발화점 552℃, 증기비중 3.2(공기보다 무겁다)

$$증기비중 = \frac{분자량}{29} = \frac{92}{29} ≒ 3.2$$

　　• 물에 녹지 않고 유기용매에 잘 녹는다.

42 옥내저장탱크와 탱크전용실의 벽과의 사이 및 옥내저장탱크의 상호 간에는 0.5m 이상의 간격을 유지하여야 한다.

43 이황화탄소(CS_2) : 제4류 위험물의 특수인화물, 지정수량 50L
　• 무색투명한 액체로서 물에 녹지 않고 벤젠, 알코올, 에테르 등에 녹는다.
　• 발화점 100℃, 액비중 1.26으로 물보다 무거워 가연성증기의 발생을 억제하기 위해 물속에 저장한다.
　• 연소 시 독성이 강한 아황산가스(SO_2)를 발생한다.
　　$CS_2 + 3O_2 \rightarrow CO_2 + 2SO_2$

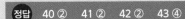
정답 40 ②　41 ②　42 ②　43 ④

44 황린의 보존방법으로 가장 적합한 것은?

① 벤젠 속에 보존한다.
② 석유 속에 보존한다.
③ 물 속에 보존한다.
④ 알코올 속에 보존한다.

45 알킬알루미늄에 대한 설명 중 틀린 것은?

① 물과 폭발적 반응을 일으켜 발화되므로 비산하는 위험물이 있다.
② 이동저장탱크는 외면을 적색으로 도장하고, 용량은 1,900*l* 미만으로 저장한다.
③ 화재 시 발생되는 흰 연기는 인체에 유해하다.
④ 탄소수가 4개까지는 안전하나 5개 이상으로 증가할수록 자연발화의 위험성이 증가한다.

46 디에틸에테르의 성질 및 저장·취급할 때 주의사항으로 틀린 것은?

① 장시간 공기와 접촉하면 과산화물이 생성되어 폭발위험이 있다.
② 연소범위는 가솔린보다 좁지만 발화점이 낮아 위험하다.
③ 정전기 생성방지를 위해 약간의 $CaCl_2$를 넣어준다.
④ 이산화탄소소화기는 적응성이 있다.

47 주거용 건축물과 위험물제조소와의 안전거리를 단축할 수 있는 경우는?

① 제조소가 위험물의 화재 진압을 하는 소방서와 근거리에 있는 경우
② 취급하는 위험물의 최대수량(지정수량의 배수)이 10배 미만이고 기준에 의한 방화상 유효한 벽을 실치한 경우
③ 위험물을 취급하는 시설이 철근콘크리트 벽일 경우
④ 취급하는 위험물이 단일 품목일 경우

44 황린(P_4) : 제3류 위험물(자연발화성물질)
• 자연발화온도가 40~50℃이며 물에 녹지 않고 물보다 무거워 pH 9의 약알칼리성의 물속에 보관한다.
• 소화 시 주수소화는 황린의 비산으로 연소면 확대의 우려가 있으므로 물분무나 건조사 등으로 질식소화한다.

45 알킬알루미늄(R-Al) : 제3류(금수성물질)
• 알킬기(R-)에 알루미늄이 결합된 화합물로 탄소수가 $C_{1~4}$까지도 자연발화성의 위험성이 있고, C_5 이상은 연소반응하지 않는다.
• 트릴에틸알루미늄[$(C_2H_5)_3Al$, TEA]은 물과 반응 시 에탄(C_2H_6)을 발생한다.(주수소화 절대엄금)
$(C_2H_5)_3Al + 3H_2O \rightarrow Al(OH)_3 + 3C_2H_6 \uparrow$
• 저장용기에 불활성기체(N_2)를 봉입하여 저장한다.
• 소화 시 주수소화는 절대엄금하고 팽창질석, 팽창진주암 등으로 피복소화한다.

46 디에틸에테르($C_2H_5OC_2H_5$) : 제4류 특수인화물, 지정수량 50*l*
• 인화점 -45℃, 발화점 180℃, 연소범위 1.9~48%
※ 가솔린 : 인화점 -43~-20℃, 착화점 300℃, 연소범위 1.4~7.6%
• 직사광선에 장시간 노출 시 과산화물 생성(갈색병에 보관) 방지 위해 구리망을 넣어둔다.
※ 과산화물의 검출 : 요오드화 칼륨(KI) 10%용액 → 황색변화
• 정전기 발생 주의할 것(생성방지제 : $CaCl_2$)

47 제조소등의 안전거리의 단축기준
• 제조소, 일반취급소에 있어서 불연재료로 된 방화상 유효한 담 또는 벽을 설치할 경우
• 취급하는 위험물의 최대수량(지정수량의 배수) 10배 미만인 경우 주거용 건축물의 안전거리는 6.5m 이상으로 한다.

정답 44 ③   45 ④   46 ②   47 ②

680 제4과목 기출문제

48 운반할 때 빗물의 침투를 방지하기 위하여 방수성이 있는 피복으로 덮어야 하는 위험물은?

① TNT
② 이황화탄소
③ 과염소산
④ 철분

49 인화칼슘이 물과 반응하였을 때 발생하는 기체는?

① 수소　　　　② 산소
③ 포스핀　　　④ 포스겐

50 물과 반응하여 CH_4와 H_2 가스를 발생하는 것은?

① K_2C_2　　　② MgC_2
③ Be_2C　　　④ Mn_3C

51 보기의 물질이 K_2O_2와 반응하였을 때 주로 생성되는 가스의 종류가 같은 것으로만 나열된 것은?

┌─ 보기 ─┐
물, 이산화탄소, 아세트산, 염산

① 물, 이산화탄소
② 물, 이산화탄소, 염산
③ 물, 아세트산
④ 이산화탄소, 아세트산, 염산

52 다음 중 금수성물질로만 나열된 것은?

① K, CaC_2, Na
② $KClO_3$, Na, S
③ KNO_3, CaO_2, Na_2O_2
④ $NaNO_3$, $KClO_3$, CaO_2

---

48 ① TNT[$C_6H_2(NO_2)_3CH_3$] : 제5류 위험물
② 이황화탄소(CS_2) : 제4류 특수인화물
③ 과염소산($HClO_4$) : 제6류 위험물
④ 철분(Fe) : 제2류 위험물
※ 위험물 적재운반 시 조치해야 할 위험물

차광성의 덮개로 해야 하는 것	방수성의 피복으로 덮어야 하는 것
• 제1류 위험물 • 제3류 위험물 중 자연발화성 물질 • 제4류 위험물 중 특수인화물 • 제5류 위험물 • 제6류 위험물	• 제1류 위험물 중 알칼리금속의 과산화물 • 제2류 위험물 중 철분, 금속분, 마그네슘 • 제3류 위험물 중 금수성물질

49 인화칼슘(Ca_3P_2, 인화석회) : 제3류(금수성), 지정수량 300kg
• 물 또는 약산과 격렬히 분해반응하여 가연성·유독성인 인화수소(PH_3, 포스핀)가스를 생성한다.
$$Ca_3P_2 + 6H_2O \rightarrow 3Ca(OH)_2 + 2PH_3\uparrow (포스핀)$$
$$Ca_3P_2 + 6HCl \rightarrow 3CaCl_2 + 2PH_3\uparrow (포스핀)$$
• 물 소화약제는 절대금지하고 마른 모래 등으로 피복소화한다.

50 탄화망간(Mn_3C) : 제3류(금수성), 지정수량 300kg
$$Mn_3C + 6H_2O \rightarrow 3Mn(OH)_2 + CH_4\uparrow + H_2\uparrow$$
（탄화망간）　（물）　（수산화망간）　（메탄）　（수소）

51 과산화칼륨(K_2O_2) : 제1류(무기과산화물, 금수성), 지정수량 50kg
• 물 또는 이산화탄소(CO_2)와 반응하여 산소(O_2)를 발생한다.
$$2K_2O_2 + 2H_2O \rightarrow 4KOH + O_2\uparrow (산소)$$
$$2K_2O_2 + 2CO_2 \rightarrow 2K_2CO_3 + O_2\uparrow (산소)$$
• 아세트산 또는 염산과 반응하여 과산화수소(H_2O_2)를 생성한다.
$$K_2O_2 + 2CH_3COOH \rightarrow 2CH_3COOK + H_2O_2\uparrow (과산화수소)$$
$$K_2O_2 + 2HCl \rightarrow 2KCl + H_2O_2\uparrow (과산화수소)$$
• 소화 시 주수 및 CO_2 사용은 금하고 건조사로 피복소화한다.

52 ① K, CaC_2, Na(제3류, 금수성)
② $KClO_3$(제1류, 산화성고체), Na(제3류, 금수성), S(제2류, 가연성고체)
③ KNO_3(제1류, 산화성고체), CaO_2와 Na_2O_2(제1류, 무기과산화물, 금수성)
④ $NaNO_3$와 $KClO_3$(제1류, 산화성고체), CaO_2(제1류, 무기과산화물, 금수성)

정답 48 ④　49 ③　50 ④　51 ①　52 ①

53 고체위험물은 운반용기 내용적의 몇 % 이하의 수납률로 수납하여야 하는가?

① 94% ② 95%

③ 98% ④ 99%

54 위험물안전관리법령에 따른 제4류 위험물 옥내저장탱크에 설치하는 밸브 없는 통기관의 설치기준으로 가장 거리가 먼 것은?

① 통기관의 지름은 30mm 이상으로 한다.

② 통기관의 선단은 수평면에 대하여 아래로 45° 이상 구부려 설치한다.

③ 통기관은 가스가 체류되지 않도록 그 선단을 건축물의 출입구로부터 0.5m 이상 떨어진 곳에 설치하고 끝에 팬을 설치한다.

④ 가는 눈의 구리망 등으로 인화 방지 장치를 한다.

55 과산화수소의 성질 및 취급 방법에 관한 설명 중 틀린 것은?

① 햇빛에 의하여 분해한다.

② 인산, 요산 등의 분해 방지 안정제를 넣는다.

③ 저장용기는 공기가 통하지 않게 마개로 꼭 막아둔다.

④ 에탄올에 녹는다.

56 제1류 위험물 중 무기과산화물 150kg, 질산염류 300kg, 중크롬산염류 3,000kg를 저장하러 한다. 각각 지정수량의 배수의 총합은 얼마인가?

① 5 ② 6

③ 7 ④ 8

---

53 위험물 운반용기의 내용적의 수납률
- 고체 : 내용적의 95% 이하
- 액체 : 내용적의 98% 이하

※ 저장탱크의 용량＝탱크의 내용적－탱크의 공간용적

※ 저장탱크의 용량범위 : 90~95%

54 통기관의 선단은 건축물의 창 또는 출입구 등의 개구부로부터 1m 이상 떨어진 옥외에 지면으로부터 4m 이상 높이로 설치할 것

55 과산화수소(H_2O_2) : 제6류 위험물(산화성 액체), 지정수량 300kg
- 용기 내에서 과산화수소가 분해하여 산소 발생 시 외부로 방출시켜 폭발의 위험을 방지하기 위하여 밀봉하되 구멍 있는 마개를 사용한다.

56 제1류 위험물의 지정수량
- 무기과산화물 50kg
- 질산염류 300kg
- 중크롬산염류 1,000kg

∴ 지정수량 배수의 총합

$$=\frac{\text{저장수량}}{\text{지정수량}}=\frac{150kg}{50kg}+\frac{300kg}{300kg}+\frac{3,000kg}{1,000kg}$$

$$=7배$$

정답 53 ② 54 ③ 55 ③ 56 ③

57 옥외저장탱크, 옥내저장탱크 또는 지하저장탱크 중 압력탱크에 저장하는 아세트알데히드 등의 온도는 몇 ℃ 이하로 유지하여야 하는가?

① 30℃ ② 40℃
③ 55℃ ④ 65℃

58 트리니트로페놀의 성질에 대한 설명 중 틀린 것은?

① 폭발에 대비하여 철, 구리로 만든 용기에 저장한다.
② 휘황색을 띤 침상결정이다.
③ 비중이 약 1.8로 물보다 무겁다.
④ 단독으로는 충격, 마찰에 둔감한 편이다.

59 제4류 위험물을 저장하는 이동탱크저장소의 탱크 용량이 19,000L일 때는 칸막이를 최소 몇 개 설치해야 하는가?

① 2개 ② 3개
③ 4개 ④ 5개

60 다음 위험물 중 인화점이 약 −37℃인 물질로서 구리, 은, 마그네슘 등의 금속과 접촉하면 폭발성 물질인 아세틸라이드를 생성하는 것은?

① CH_3CHOCH_2
② $C_2H_5OC_2H_5$
③ CS_2
④ C_6H_6

---

57 옥외 및 옥내저장탱크 또는 지하저장탱크의 저장 유지온도

위험물의 종류	압력탱크 외의 탱크	위험물의 종류	압력탱크
산화프로필렌, 디에틸에테르 등	30℃ 이하	아세트알데히드 등 디에틸에테르 등	40℃ 이하
아세트알데히드	15℃ 이하		

58 피크린산[$C_6H_2(NO_2)_3OH$, 트리니트로페놀] : 제5류(니트로화합물)
• 금속(Fe, Cu, Pb, Zn 등)과 반응하여 충격·마찰 등에 민감한 금속염을 만들어 폭발강도가 높아 위험하므로 철·구리 등으로 만든 용기에 저장을 금한다.
• 진한황산(탈수작용) 촉매하에 페놀과 질산을 니트로화 반응시켜 제조한다.

(페놀) (질산) (피크린산) (물)

59 안전칸막이는 4,000l 이하마다 설치하므로,

$$\frac{19,000}{4,000} - 1 = 3.75$$

∴ 4개

60 산화프로필렌(CH_3CHCH_2O)
• 인화점 −37℃, 발화점 465℃, 연소범위 2.5~38.5%
• 에테르향의 냄새가 나는 휘발성이 강한 액체이다.
• 물, 벤젠, 에테르, 알코올 등에 잘 녹고 피부접촉 시 화상을 입는다(수용성).
• 소화 : 알코올용포, 다량의 물, CO_2 등으로 질식소화한다.

> 참고 아세트알데히드, 산화프로필렌의 공통사항
> • Cu, Ag, Hg, Mg 및 그 합금 등과는 용기나 설비를 사용하지 말 것(중합반응 시 폭발성 물질인 아세틸라이드를 생성함)
> • 저장 시 불활성가스(N_2, Ar) 또는 수증기를 봉입하고 냉각장치를 사용하여 비점 이하로 유지할 것

제1과목 | 일반화학

해설·정답 확인하기

01 액체 0.4g을 98℃, 740mmHg에서 기화시키면 그 증기의 부피는 몇 ml가 되겠는가? (단, 분자량은 80이다.)

① 106
② 156
③ 187
④ 204

02 벤젠의 유도체 가운데 벤젠의 치환반응으로부터 직접 유도할 수 있는 것은?

① $-OH$
② $-NO_2$
③ $-CHO$
④ $-NH_2$

03 물 200g에 A물질 2.9g을 녹인 용액의 어는점은? (단, 물의 어는점 내림 상수는 1.86℃·kg/mol이고, A물질의 분자량은 58이다.)

① -0.017℃
② -0.465℃
③ -0.932℃
④ -1.871℃

04 다음 중 배수비례의 법칙이 성립되지 않는 것은?

① H_2O와 H_2O_2
② SO_2와 SO_3
③ N_2O와 NO
④ O_2와 O_3

01
- 1atm = 760mmHg
- 이상기체 상태방정식

$$PV = nRT = \frac{W}{M}RT$$

$$V = \frac{WRT}{PM}$$

$\begin{bmatrix} P : 압력(atm) \quad\quad V : 체적(l) \\ T(K) : 절대온도(273+t℃) \\ R : 기체상수(0.082atm \cdot l/mol \cdot K) \\ n : 몰수\left(n = \frac{W}{M} = \frac{질량}{분자량}\right) \end{bmatrix}$

$$= \frac{0.4 \times 0.082 \times (273+98)}{\frac{740}{760} \times 80}$$

$$= 0.156l = 156mL$$

02
- 벤젠의 치환반응으로부터 직접 유도할 수 있는 것
  $-Cl, -NO_2, -SO_3H, -R$
- 벤젠의 치환반응으로부터 직접 유도할 수 없는 것
  $-OH, -NH_2, -CHO, -COOH$

03 라울의 법칙(비전해질 물질의 분자량 측정) : 용질이 비휘발성이며 비전해질일 때 용액의 끓는점 오름과 어는점 내림은 용질의 종류에 관계없이 용매의 종류에 따라 다르며, 용질의 몰랄농도에 비례한다. **예** 설탕, 포도당

$$M = K_f \times \frac{a}{W \cdot \varDelta T_f} \times 1,000$$

$$\varDelta T_f = K_f \cdot m = K_f \times \frac{a}{W} \times \frac{1,000}{M}$$

$$= 1.86 \times \frac{2.9}{200} \times \frac{1,000}{58} = 0.465℃$$

∴ 어는점이므로 -0.465℃가 된다.

$\begin{bmatrix} K_f : 몰내림(분자강하) \\ \quad (물의 K_F = 1.86) \\ m : 몰랄농도 \\ a : 용질(녹는 물질)의 무게 \\ W : 용매(녹이는 물질) \\ \quad 의 무게 \\ M : 분자량 \\ \varDelta T_f : 빙점강하도 \end{bmatrix}$

04 배수비례의 법칙 : 서로 다른 두 종류의 원소가 화합하여 여러 종류의 화합물을 구성할 때, 한 원소의 일정 질량과 결합하는 다른 원소의 질량비는 간단한 정수비로 나타낸다.
예 탄소화합물 : CO, CO_2(탄소원자 1개당 산소가 1:2 정수비로 나타남)
- 황화합물 : SO_2, SO_3(황원자 1개당 산소가 2:3 정수비로 나타남)
- 수소화합물 : H_2O, H_2O_2(수소원자 2개당 산소가 1:2 정수비로 나타남)
- 산소화합물 : N_2O, NO(산소원자 1개당 질소가 2:1 정수비로 나타남)

정답 01 ② 02 ② 03 ② 04 ④

05 방사선에서 γ선과 비교한 α선에 대한 설명 중 틀린 것은?

① γ선보다 투과력이 강하다.
② γ선보다 형광작용이 강하다.
③ γ선보다 감광작용이 강하다.
④ γ선보다 전리작용이 강하다.

06 반투막을 이용하여 콜로이드 입자를 전해질이나 작은 분자로부터 분리 정제하는 것을 무엇이라 하는가?

① 틴들현상
② 브라운 운동
③ 투석
④ 전기영동

07 어떤 금속(M) 8g을 연소시키니 11.2g의 산화물이 얻어졌다. 이 금속의 원자량이 140이라면 이 산화물의 화학식은?

① M_2O_3　　② MO
③ MO_2　　④ M_2O_7

08 금속은 열·전기를 잘 전도한다. 이와 같은 물리적 특성을 갖는 가장 큰 이유는?

① 금속의 원자 반지름이 크다.
② 자유전자를 가지고 있다.
③ 비중이 대단히 크다.
④ 이온화 에너지가 매우 크다.

09 반응이 오른쪽 방향으로 진행되는 것은?

① $Pb^{2+} + Zn \rightarrow Zn^{2+} + Pb$
② $I_2 + 2Cl^- \rightarrow 2I^- + Cl_2$
③ $Mg^{2+} + Zn \rightarrow Zn^{2+} + Mg$
④ $2H^+ + Cu \rightarrow Cu^{2+} + H_2$

---

05 방사성원소
• 투과력 : $\gamma > \beta > \alpha$
• 에너지 : $\alpha > \beta > \gamma$

06 ① 틴들현상 : 콜로이드 용액에 직사광선을 비출 때 콜로이드 입자가 빛을 산란시켜 빛의 진로를 밝게 보이게 하는 현상
② 브라운 운동 : 콜로이드 입자가 분산매의 충돌에 의하여 불규칙하게 움직이는 무질서한 운동을 말한다.
③ 투석(다이알리시스) : 콜로이드와 전해질의 혼합액을 반투막에 넣고 맑은 물에 담가둘 때 전해질만 물쪽으로 다 빠져나오고, 반투막 속에는 콜로이드 입자들만 남게 되는 현상(콜로이드 정제에 사용)
④ 전기영동 : 콜로이드 용액에 전극을 넣어주면 콜로이드 입자가 대전되어 어느 한 쪽의 전극으로 끌리는 현상

07 • M(금속)＋O(산화) → MO(금속산화물)
　　8g 　＋　(3.2g) → 　　11.2g
　　x　：　8g

$$\therefore x = \frac{8 \times 8}{3.2} = 20\text{g(M의 당량)}$$

> • 당량 : 수소 1.008g(=0.5mol) 또는 산소 8g(=0.25mol)과 결합이나 치환할 수 있는 양
> • 당량 = 원자량/원자가

• M의 원자가 $= \dfrac{원자량}{당량} = \dfrac{140}{20} = 7$가

$\therefore M^{+7}O^{-2} : M_2O_7$

08 금속결정 속에는 자유전자가 자유롭게 이동하기 때문에 열·전기를 잘 전도하며 또한 금속의 광택을 낸다.

09 ① 이온화 경향 : Zn > Pb (정방향 →)
② 전기음성도 : Cl > I (역방향 ←)
③ 이온화 경향 : Zn > Mg (역방향 ←)
④ 이온화 경향 : H > Cu (역방향 ←)

> • 금속의 이온화 경향(금속성이 큰 금속은 작은 금속과 반응하여 전자를 잃는다.) : K > Ca > Na > Mg > Al > Zn > Fe > Ni > Sn > Pb > (H) > Cu > Hg > Ag > Pt > Au
> • 전기음성도(비금속성이 큰 것은 작은 것과 반응하여 전자를 얻는다.) : F > O > N > C > Br > C > S > I > H > P

정답 05 ①　06 ③　07 ④　08 ②　09 ①

10 단백질에 관한 설명으로 틀린 것은?

① 펩티드 결합을 하고 있다.

② 뷰렛반응에 의해 노란색으로 변한다.

③ 아미노산의 연결체이다.

④ 체내 에너지 대사에 관여한다.

11 탄산음료수의 병마개를 열면 거품이 솟아오르는 이유를 가장 올바르게 설명한 것은?

① 수증기가 생성되기 때문이다.

② 이산화탄소가 분해되기 때문이다.

③ 용기 내부압력이 줄어들어 기체의 용해도가 감소하기 때문이다.

④ 온도가 내려가게 되어 기체가 생성물의 반응이 진행되기 때문이다.

12 폴리염화비닐의 단위체와 합성법이 옳게 나열된 것은?

① $CH_2=CHCl$, 첨가중합

② $CH_2=CHCl$, 축합중합

③ $CH_2=CHCN$, 첨가중합

④ $CH_2=CHCN$, 축합중합

13 0.1M 아세트산 용액의 해리도를 구하면 약 얼마인가? (단, 아세트산의 해리상수는 1.8×10^{-5})

① 1.8×10^{-5}

② 1.8×10^{-2}

③ 1.3×10^{-5}

④ 1.3×10^{-2}

14 물이 브뢴스테드의 산으로 작용한 것은?

① $HCl + H_2O \rightleftharpoons H_3O^+ + Cl^-$

② $HCOOH + H_2O \rightleftharpoons HCOO^- + H_3O^+$

③ $NH_3 + H_2O \rightleftharpoons NH_4^+ + OH^-$

④ $3Fe + 4H_2O \rightleftharpoons Fe_3O_4 + 4H_2$

---

10 단백질 검출 반응

• 크산토프로테인 반응 : 진한질산을 가하고 가열 → 노란색

• 뷰렛 반응 : 알칼리성에서 $CuSO_4$용액을 가하면 → 보라색

• 닌히드린 반응 : 닌히드린 용액을 넣고 가열하면 → 청자색

11 • 기체의 용해도 : 온도가 내려가고 압력이 높을수록 증가한다.

• 탄산음료수의 병마개를 열면 용기 내부압력이 줄어들어 용해도가 감소하기 때문이다.

12 폴리염화비닐(PVC, 폴리비닐클로라이드) 생성과정

• 아세틸렌(C_2H_2)과 염화수소(HCl)를 활성탄 촉매하에 반응시키면 염화비닐($CH_2=CH-Cl$)의 단위체가 생성된다.

$$C_2H_2 + HCl \xrightarrow{활성탄} CH_2=CH-Cl(염화비닐 : 단위체)$$

• 염화비닐(단위체)을 첨가(부가)중합시키면 폴리염화비닐(중합체)이 만들어진다.

염화비닐(단위체)   폴리염화비닐(PVC)[중합체]

13 약산의 전리상수(해리상수)[Ka]

$$Ka = Ca^2$$

$$a^2 = \frac{Ka}{C}$$

$$\therefore a = \sqrt{\frac{Ka}{C}}$$

$$= \sqrt{\frac{1.8 \times 10^{-5}}{0.1}} = 0.0134 = 1.34 \times 10^{-2}$$

$\begin{bmatrix} Ka : 전리상수(해리상수) \\ C : 몰수(mol/l) \\ a : 전리도 \end{bmatrix}$

14 브뢴스테드의 산, 염기의 정의

• 산 : 양성자[H^+]를 내놓는 분자나 이온

• 염기 : 양성자[H^+]를 받아들이는 분자나 이온

$$\underset{(염기)}{NH_3} + \underset{(산)}{H_2O} \rightarrow \underset{(산)}{NH_4^+} + \underset{(염기)}{OH^-}$$

15 메틸알코올과 에틸알코올이 각각 다른 시험관에 들어있다. 이 두 가지를 구별할 수 있는 실험 방법은?

① 금속 나트륨을 넣어본다.
② 환원시켜 생성물을 비교하여 본다.
③ KOH와 I_2의 혼합 용액을 넣고 가열하여 본다.
④ 산화시켜 나온 물질에 은거울 반응시켜 본다.

16 주기율표에서 3주기 원소들의 일반적인 물리·화학적 성질 중 오른쪽으로 갈수록 감소하는 성질들로만 이루어진 것은?

① 비금속성, 전자흡수성, 이온화에너지
② 금속성, 전자방출성, 원자반지름
③ 비금속성, 이온화에너지, 전자친화도
④ 전자친화도, 전자흡수성, 원자반지름

17 우유의 pH는 25℃에서 6.4이다. 우유 속의 수소이온농도는?

① 1.98×10^{-7}M
② 2.98×10^{-7}M
③ 3.98×10^{-7}M
④ 4.98×10^{-7}M

18 Ca^{2+}이온의 전자배치를 옳게 나타낸 것은?

① $1s^2 2s^2 2p^6 3s^2 3p^6 3d^2$
② $1s^2 2s^2 2p^6 3s^2 3p^6 4s^2$
③ $1s^2 2s^2 2p^6 3s^2 3p^6 4s^2 3d^2$
④ $1s^2 2s^2 2p^6 3s^2 3p^6$

---

15 · R−OH(알코올) + $\begin{bmatrix} Na \\ K \end{bmatrix}$ → 수소($H_2 \uparrow$) 발생

$CH_3OH + Na \rightarrow CH_3ONa + H_2 \uparrow$
$C_2H_5OH + Na \rightarrow C_2H_5ONa + H_2 \uparrow$

· 요오드포름 반응하는 물질

$\begin{bmatrix} C_2H_5OH(에틸알코올) \\ CH_3CHO(아세트알데히드) \\ CH_3COCH_3(아세톤) \end{bmatrix}$

+ $\boxed{KOH + I_2}$ $\xrightarrow[\Delta]{가열}$ $CHI_3 \downarrow$ (요오드포름 : 노란색 침전)

※ CH_3OH(메틸알코올)은 요오드포름 반응을 하지 않음

· 1차 알코올 $\xrightarrow[-H_2O]{[+O]}$ 알데히드 $\xrightarrow{[O]}$ 카르복실산
  (R−OH)   (R−CHO)   (R−COOH)

· CH_3OH $\xrightarrow[-H_2O]{[+O]}$ HCHO $\xrightarrow{[+O]}$ HCOOH
  (메틸알코올)   (포름알데히드)   (포름산)

· C_2H_5OH $\xrightarrow[-H_2O]{[+O]}$ CH_3CHO $\xrightarrow{[+O]}$ CH_3COOH
  (에틸알코올)   (아세트알데히드)   (아세트산)

※ −CHO(알데히드) : 환원성 있음(은거울반응, 펠링용액 환원시킴)

16 주기율표 : 같은 주기에서 오른쪽으로 갈수록
· 증가 : 비금속성, 전자의 친화도, 전자의 흡수성, 이온화에너지
· 감소 : 금속성, 전자의 방출성, 원자의 반지름

17 $[H^+] = 3.98 \times 10^{-7}$M
$pH = -\log[H^+] = -\log[3.98 \times 10^{-7}]$
$= 7 - \log 3.98 = 6.4$

18 · Ca : 원자번호 20, 전자수 20개
· Ca^{2+} : 원자번호 20, 전자수 20−2=18개

전자껍질(주양자수)	K(n=1)	L(n=2)	M(n=3)
수용전자수($2n^2$)	$2 \times 1^2 = 2$	$2 \times 2^2 = 8$	$2 \times 3^2 = 18$
Ca^{2+} $\begin{pmatrix} 전자수 : 18개 \\ 전자 2개 잃음 \end{pmatrix}$	2	8	8
	$1s^2$	$2s^2 2p^6$	$3s^2 3p^6$

19 다음과 같은 구조를 가진 전지를 무엇이라 하는가?

$$(-)Zn \parallel H_2SO_4 \parallel Cu(+)$$

① 볼타전지
② 다니엘전지
③ 건전지
④ 납축전지

20 다음 중 밑줄 친 원자의 산화수 값이 나머지 셋과 다른 하나는?

① $\underline{Cr}_2O_7{}^{2-}$
② $H_3\underline{P}O_4$
③ $H\underline{N}O_3$
④ $H\underline{Cl}O_3$

제2과목 | 화재예방과 소화방법

21 고체가연물의 일반적인 연소형태에 해당하지 않는 것은?

① 등심연소　　② 증발연소
③ 분해연소　　④ 표면연소

22 마그네슘 분말의 화재시 이산화탄소 소화약제는 소화적응성이 없다. 그 이유로 가장 적합한 것은?

① 분해반응에 의하여 산소가 발생하기 때문이다.
② 가연성의 일산화탄소 또는 탄소가 생성되기 때문이다.
③ 분해반응에 의하여 수소가 발생하고 이 수소는 공기 중의 산소와 폭발반응을 하기 때문이다.
④ 가연성의 아세틸렌가스가 발생하기 때문이다.

---

19 ① 볼타전지 : $(-)Zn \mid H_2SO_4 \mid Cu(+)$

② 다니엘전지 : $(-)Zn \mid ZnSO_4 \parallel CuSO_4 \mid Cu(+)$

③ 건전지 : $(-)Zn \mid NH_4Cl \mid MnO_2 \cdot C(+)$

④ 납축전지 : $(-)Pb \mid H_2SO_4 \parallel PbO_2(+)$

20 ① $\underline{Cr}_2O_7{}^{2-}$: $Cr \times 2 + (-2 \times 7) = -2$ ∴ $Cr = +6$
② $H_3\underline{P}O_4$: $+1 \times 3 + P + (-2 \times 4) = 0$ ∴ $P = +5$
③ $H\underline{N}O_3$: $+1 + N + (-2 \times 3) = 0$ ∴ $N = +5$
④ $H\underline{Cl}O_3$: $+1 + Cl + (-2 \times 3) = 0$ ∴ $Cl = +5$

※ 산화수를 정하는 법
- 단체 및 화합물의 원자의 산화수 총합은 '0'이다.
- 산소의 산화수는 −2이다.(단 과산화물 : −1, OF_2 : +2)
- 수소의 산화수는 비금속과 결합 +1, 금속과 결합 −1이다.
- 금속의 산화수는 알칼리금속(Li, Na, K 등) +1, 알칼리토금속(Mg, Ca 등) +2이다.
- 이온과 원자단의 산화수는 그 전하산화수와 같다.

21 연소형태
- 기체연소 : 확산연소, 예혼합연소
- 액체연소 : 증발연소, 액적연소(분무연소), 분해연소, 등심연소 (심화연소)
- 고체연소 : 표면연소, 분해연소, 증발연소, 내부연소

22 마그네슘분(Mg) : 제2류 위험물(가연성고체), 지정수량 500kg
- 은백색의 광택이 나는 경금속이다.
- 공기 중에서 화기에 의해 분진폭발 위험과 습기에 의해 자연발화 위험이 있다.
- 산 또는 수증기와 반응 시 고열과 함께 수소(H_2)가스를 발생한다.
  $Mg + 2HCl \rightarrow MgCl_2 + H_2 \uparrow$
  $Mg + 2H_2O \rightarrow Mg(OH)_2 + H_2 \uparrow$
- 고온에서 질소(N_2)와 반응하여 질화마그네슘(Mg_3N_2)을 생성한다.
- 저농도 산소 중에서도 CO_2와 반응연소하여 일산화탄소(CO) 또는 탄소(C)를 생성한다.
  $Mg + CO_2 \rightarrow MgO + CO$
  $2Mg + CO_2 \rightarrow 2MgO + C$
- 소화 : 주수소화, CO_2, 포, 할로겐화합물은 절대엄금, 마른 모래로 피복소화한다.

정답 　19 ①　　20 ①　　21 ①　　22 ②

23 위험물안전관리법령상 소화설비의 설치기준에서 제조소등에 전기설비(전기배선, 조명기구 등은 제외)가 설치된 경우에는 해당 장소의 면적 몇 m^2마다 소형수동식소화기를 1개 이상 설치하여야 하는가?

① 50
② 75
③ 100
④ 150

24 할로겐화합물 소화약제가 전기화재에 사용될 수 있는 이유에 대한 다음 설명 중 가장 적합한 것은?

① 전기적으로 부도체이다.
② 액체의 유동성이 좋다.
③ 탄산가스와 반응하여 포스겐가스를 만든다.
④ 증기의 비중이 공기보다 작다.

25 불활성가스 소화약제 중 IG−55의 구성성분을 모두 나타낸 것은?

① 질소
② 이산화탄소
③ 질소와 아르곤
④ 질소, 아르곤, 이산화탄소

26 다음 각 위험물의 저장소에서 화재가 발생하였을 때 물을 사용하여 소화할 수 있는 물질은?

① K_2O_2
② CaC_2
③ Al_4C_3
④ P_4

27 연소의 3요소 중 하나에 해당하는 역할이 나머지 셋과 다른 위험물은?

① 과산화수소
② 과산화나트륨
③ 질산칼륨
④ 황린

---

23 전기설비의 소화설비 : 제조소등의 해당 장소를 면적 $100m^2$마다 소형 수동식 소화기를 1개 이상 설치할 것

24 1. 할로겐화합물 소화약제의 특징
  • 전기의 부도체로서 분해변질이 없다.
  • 금속에 대한 부식성이 적다.
  • 연소의 억제작용으로 부촉매 소화효과가 뛰어나다.
  • 가연성 액체화재에 대하여 소화속도가 매우빠르다.
  • 다른 소화약제에 비해 가격이 비싸다.(단점)
2. 할로겐화합물 소화약제의 구비조건
  • 비점이 낮고 기화가 쉬울 것
  • 비중은 공기보다 무겁고 불연성일 것
  • 증발 잔유물이 없고 증발 잠열이 클 것
  • 전기화재에 적응성이 있을 것

25 불활성가스 청정소화약제의 성분비율

소화약제명	화학식
IG−01	Ar 100%
IG−100	N_2 100%
IG−541	N_2 52%, Ar 40%, CO_2 8%
IG−55	N_2 50%, Ar 50%

26 ① K_2O_2(과산화칼륨) : 제1류(산화성 고체)
  $2K_2O_2 + 2H_2O \rightarrow 4KOH + O_2\uparrow$(산소 발생)
② CaC_2(탄산칼슘) : 제3류(금수성)
  $CaC_2 + 2H_2O \rightarrow Ca(OH)_2 + C_2H_2\uparrow$(아세틸렌 발생)
③ Al_4C_3(탄화알루미늄) : 제3류(금수성)
  $Al_4C_3 + 12H_2O \rightarrow 4Al(OH)_3 + 3CH_4\uparrow$(메탄 발생)
④ P_4(황린) : 제3류(자연발화성물질)
  • 황린은 공기 중 자연발화(발화온도 40~50℃)를 일으키므로 물속에 보관한다.
  • 황린은 물에 녹지 않으나 온도 상승 시 용해도가 증가하면 유독성인 포스핀(PH_3)가스가 생성하여 산성화되고 용기를 부식시키므로 약알칼리성인 pH 9를 넘지 않는 물속에 보관한다.

27 과산화수소(H_2O_2), 과산화나트륨(Na_2O_2), 질산칼륨(KNO_3) 등은 자신이 산소를 가지고 있는 산소공급원이 되지만, 황린(P_4)은 자연발화성인 인화성고체로서 가연물이 된다.
※ 연소의 3요소 : 가연물, 산소공급원, 점화원

28 위험물제조소등에 설치하는 자동화재탐지설비의 설치기준으로 틀린 것은?

① 원칙적으로 경계구역은 건축물의 2 이상의 층에 걸치지 아니하도록 한다.

② 원칙적으로 상층이 있는 경우에는 감지기 설치를 하지 않을 수 있다.

③ 원칙적으로 하나의 경계구역의 면적은 600m² 이하로 하고 그 한 변의 길이는 50m 이하로 한다.

④ 비상전원을 설치하여야 한다.

29 위험물안전관리법령상 간이소화용구(기타 소화설비)인 팽창질석은 삽을 상비한 경우 몇 L가 능력단위 1.0인가?

① 70L   ② 100L

③ 130L   ④ 160L

30 최소착화에너지를 측정하기 위해 콘덴서를 이용하여 불꽃방전 실험을 하고자 한다. 콘덴서의 전기용량을 C, 방전전압을 V, 전기량을 Q라 할 때 착화에 필요한 최소전기에너지 E를 옳게 나타낸 것은?

① $E = \frac{1}{2}CQ^2$ ② $E = \frac{1}{2}C^2V$

③ $E = \frac{1}{2}QV^2$ ④ $E = \frac{1}{2}CV^2$

31 제1석유류를 저장하는 옥외탱크저장소에 특형 포방출구를 설치하는 경우, 방출률은 액표면적 1m²당 1분에 몇 리터 이상이어야 하는가?

① 9.5L   ② 8.0L

③ 6.5L   ④ 3.7L

---

28 자동화재탐지설비의 설치기준
- 경계구역은 건축물이 2 이상의 층에 걸치지 아니하도록 할 것
- 하나의 경계구역의 면적은 500m² 이하이면 당해 경계구역이 2개의 층을 하나의 경계구역으로 할 수 있다.
- 하나의 경계구역의 면적은 600m² 이하로 하고 그 한 변의 길이는 50m(광전식분리형 감지기를 설치할 경우에는 100m) 이하로 할 것
- 하나의 경계구역의 주된 출입구에서 그 내부의 전체를 볼 수 있는 경우에 있어서는 그 면적은 1,000m² 이하로 할 수 있다.
- 자동화재탐지설비에는 비상전원을 설치할 것

29 간이소화용구의 능력단위

소화설비	용량	능력단위
소화전용 물통	8l	0.3
수조(소화전용 물통 3개 포함)	80l	1.5
수조(소화전용 물통 6개 포함)	190l	2.5
마른 모래(삽 1개 포함)	50l	0.5
팽창질석 또는 팽창진주암(삽 1개 포함)	160l	1.0

30 최소착화에너지(E)의 식

$$E = \frac{1}{2}Q \cdot V = \frac{1}{2}C \cdot V^2$$

$\begin{bmatrix} E : 착화에너지(J) \\ C : 콘덴서\ 전기용량(F) \\ V : 방전전압(V) \\ Q : 전기량(C) \end{bmatrix}$

31 포 소화설비(제4류 위험물)

포방출구의 종류 위험물의 구분	I 형		II, III, IV 형		특형	
	포수용 액량 (L/m²)	방출률 (L/m² ·min)	포수용 액량 (L/m²)	방출률 (L/m² ·min)	포수용 액량 (L/m²)	방출률 (L/m² ·min)
인화점 21℃ 미만	120	4	220	4	240	8
인화점 21℃ 이상	80	4	120	4	160	8
인화점 70℃ 이상	60	4	100	4	120	8

※ 제1석유류는 인화점이 21℃ 미만, 특형의 방출률은 $8l/m^2 \cdot min$이다.

32 주유취급소에 캐노피를 설치하고자 한다. 위험물안전관리법령에 따른 캐노피의 설치기준이 아닌 것은?

① 캐노피의 면적은 주유취급소 공지면적의 1/2 이하로 할 것
② 배관이 캐노피 내부를 통과할 경우에는 1개 이상의 점검구를 설치할 것
③ 캐노피 외부의 배관이 일광열의 영향을 받을 우려가 있는 경우에는 단열재로 피복할 것
④ 캐노피 외부의 점검이 곤란한 장소에 배관을 설치하는 경우에는 용접이음으로 할 것

33 분말 소화약제인 탄산수소나트륨 10kg이 1기압, 270℃에서 방사되었을 때 발생하는 이산화탄소의 양은 약 몇 m³인가?

① 2.65　　② 3.65
③ 18.22　　④ 36.44

34 위험물안전관리법령상 위험물별 적응성이 있는 소화설비가 옳게 연결되지 않은 것은?

① 제4류 및 제5류 위험물 − 할로겐화합물 소화기
② 제4류 및 제6류 위험물 − 인산염류 분말소화기
③ 제1류 알칼리금속 과산화물 − 탄산수소 염류 분말소화기
④ 제2류 및 제3류 위험물 − 팽창질석

35 위험물제조소등에 설치하는 옥외소화전설비에 있어서 옥외소화전함은 옥외소화전으로부터 보행거리 몇 m 이하의 장소에 설치하는가?

① 2m　　② 3m
③ 5m　　④ 10m

---

32 캐노피의 면적 : 주유취급소 공지면적의 $\frac{1}{3}$ 을 초과할 것

33
- 탄산수소나트륨($NaHCO_3$) 제1차 열분해 반응식(270℃)

$$2NaHCO_3 \rightarrow Na_2CO_3 + CO_2 + H_2O$$

$$2 \times 84\text{kg} \quad : \quad 22.4\text{m}^3$$

$$10\text{kg} \quad : \quad x$$

$$x = \frac{10 \times 22.4}{2 \times 84} = 1.33 \,(0℃, 1기압)$$

- 1기압, 270℃으로 환산하면,

$$\frac{V}{T} = \frac{V'}{T'} \Rightarrow \frac{1.33}{273+0} = \frac{V'}{273+270}$$

$$\therefore V' = 2.65\text{m}^3$$

34

소화설비의 구분		대상물의 구분			제1류 위험물		제2류 위험물			제3류 위험물				
		건축물·그 밖의 공작물	전기설비	알칼리금속과산화물	그 밖의 것	철분·금속분·마그네슘	인화성고체	그 밖의 것	금수성물품	그 밖의 것	제4류 위험물	제5류 위험물	제6류 위험물	
물분무등소화설비	물분무 소화설비	○	○		○		○	○		○	○	○	○	
	포 소화기	○			○		○	○		○	○	○	○	
	이산화탄소 소화기		○				○				○		△	
	할로겐화합물 소화기		○				○				○			
분말소화기	인산염류 소화기	○	○		○		○	○			○		○	
	탄산수소염류 소화기		○	○		○	○		○		○			
	그 밖의 것			○		○			○					
기타	팽창질석 또는 팽창진주암			○	○	○	○	○	○	○	○	○	○	

35 옥외소화전함은 불연재료로 제작하고 옥외소화전으로부터 보행거리 5m 이하 장소, 높이는 1.5m 이하에 설치할 것

36 트리니트로톨루엔에 대한 설명으로 틀린 것은?

① 햇빛을 받으면 다갈색으로 변한다.
② 벤젠, 아세톤 등에 잘 녹는다.
③ 건조사 또는 팽창질석만 소화설비로 사용할 수 있다.
④ 폭약의 원료로 사용될 수 있다.

37 위험물제조소에서 취급하는 제4류 위험물의 최대 수량의 합이 지정수량의 35만 배인 사업소에 두어야 할 자체 소방대의 화학소방자동차와 자체 소방대원의 수는 각각 얼마로 규정되어 있는가? (단, 상호 응원 협정을 체결한 경우는 제외한다.)

① 1대, 5인　　② 2대, 10인
③ 3대, 15인　　④ 4대, 20인

38 제조소 건축물로 외벽이 내화구조가 아닌 것의 1소요단위는 연면적이 몇 m²인가?

① 50m²　　② 100m²
③ 150m²　　④ 1,000m²

39 위험물안전관리법령상 이동탱크저장소로 위험물을 운송하게 하는 자는 위험물안전카드를 위험물운송자로 하여금 휴대하게 하여야 한다. 다음 중 이에 해당하는 위험물이 아닌 것은?

① 휘발유
② 과산화수소
③ 경유
④ 벤조일퍼옥사이드

40 분말 소화설비에서 분말 소화약제의 가압용 가스로 사용하는 것은?

① CO_2　　② He
③ CCl_4　　④ Cl_2

---

36 트리니트로톨루엔[$C_6H_2CH_3(NO_2)_3$] : 제5류 중 니트로화합물
- 강력한 폭약에 사용되는 TNT이다.
- 제5류 위험물은 자기반응성 물질로 건조사나 팽창질석의 질식소화는 효과가 없으며 다량의 물로 주수소화에 의한 냉각소화가 효과적이다.

37

제조소 또는 취급소에서 취급하는 제4류 위험물의 최대수량의 합	화학 자동차	자체소방 대원의 수
지정수량의 3천배 이상 12만 배 미만인 사업소	1대	5인
12만 배 이상 24만 배 미만	2대	10인
24만 배 이상 48만 배 미만	3대	15인
48만 배 이상인 사업소	4대	20인
옥외탱크저장소의 지정수량이 50만 배 이상인 사업소	2대	10인

※ 포말을 방사하는 화학소방차 대수 : 규정대수의 $\frac{2}{3}$ 이상으로 할 수 있다.

38 소요 1단위의 산정방법

건축물	내화구조의 외벽	내화구조가 아닌 외벽
제조소 및 취급소	연면적 100m²	연면적 50m²
저장소	연면적 150m²	연면적 75m²
위험물	지정수량의 10배	

39

구분	휘발유	과산화수소	경유	벤조일퍼옥사이드
유별	제4류 1석유류	제6류	제4류 2석유류	제5류

- 위험물(제4류 위험물에 있어서는 특수인화물 및 제1석유류에 한한다)을 운송하게 하는 자는 위험물안전카드를 위험물운송자로 하여금 휴대하게 할 것

40 분말 소화약제의 가압용 및 축압용가스 : 질소(N_2) 또는 이산화탄소(CO_2)

정답　36 ③　37 ③　38 ①　39 ③　40 ①

41 오황화린에 관한 설명으로 옳은 것은?

① 물과 반응하면 불연성 기체가 발생된다.
② 담황색 결정으로서 흡습성과 조해성이
   있다.
③ P_5S_2로 표현되며 물에 녹지 않는다.
④ 공기 중에서 자연 발화한다.

42 위험물안전관리법령상 다음 사항을 참고하
여 제조소의 소화설비의 소요단위의 합을 옳
게 산출한 것은?

> • 제조소 건축물의 연면적은 3,000m²이다.
> • 제조소 건축물의 외벽은 내화구조이다.
> • 제조소 허가 지정수량은 3,000배이다.
> • 제조소 옥외공작물의 최대 수평투영면
>   적은 500m²이다.

① 335   ② 395
③ 400   ④ 440

43 제조소에서 취급하는 위험물의 최대수량이
지정수량의 20배인 경우 보유공지의 너비는
얼마인가?

① 3m 이상
② 5m 이상
③ 10m 이상
④ 20m 이상

44 특정옥외저장탱크를 원통형으로 설치하고자
한다. 지반면으로부터의 높이가 16m일 때
이 탱크가 받는 풍하중은 1m²당 얼마 이상으
로 계산하여야 하는가? (단, 강풍을 받을 우려
가 있는 장소에 설치하는 경우는 제외한다.)

① 0.7640kN
② 1.2348kN
③ 1.6464kN
④ 2.348kN

---

41 오황화린(P_2S_5)

• 담황색 결정, 흡습성, 조해성이 있다.
• 물과 반응 시 독성이자 가연성인 황화수소(H_2S)를 발생한다.
  $$P_2S_5 + 8H_2O \rightarrow 2H_3PO_4 + 5H_2S\uparrow$$

42 소요 1단위의 산정방법

건축물	내화구조의 외벽	내화구조가 아닌 외벽
제조소 및 취급소	연면적 100m²	연면적 50m²
저장소	연면적 150m²	연면적 75m²
위험물	지정수량의 10배	

※ 소요단위 : 소화설비의 설치대상이 되는 건축물의 규모 또는 위험물
   의 양의 기준단위

• 내화구조 외벽건축물 연면적 : $\dfrac{3,000\text{m}^2}{100\text{m}^2} = 30$단위

• 위험물 지정수량 : $\dfrac{3,000\text{배}}{10\text{배}} = 300$단위

• 옥외공작물의 연면적 : $\dfrac{500\text{m}^2}{100\text{m}^2} = 5$단위

∴ $30 + 300 + 5 = 335$단위

43 위험물제조소의 보유공지

취급 위험물의 최대수량	공지의 너비
지정수량의 10배 이하	3m 이상
지정수량의 10배 초과	5m 이상

44 특정옥외저장탱크의 1m²당 풍하중 계산식

$$q = 0.588k\sqrt{h}$$

$\begin{bmatrix} q : 풍하중(\text{kN/m}^2) \\ k : 풍력계수(원통형탱크 : 0.7, 그 이외의 탱크 : 1.0) \\ h : 지반면으로부터 높이(\text{m}) \end{bmatrix}$

∴ $q = 0.588k\sqrt{h} = 0.588 \times 0.7 \times \sqrt{16} = 1.6464\text{kN}$

정답   **41** ②   **42** ①   **43** ②   **44** ③

45 안전한 저장을 위해 첨가하는 물질로 옳은 것은?

① 과망간산나트륨에 목탄을 첨가
② 질산나트륨에 유황을 첨가
③ 금속칼륨에 등유를 첨가
④ 중크롬산칼륨에 수산화칼슘을 첨가

46 다음 중 물에 가장 잘 녹는 것은?

① CH_3CHO
② $C_2H_5OC_2H_5$
③ P_4
④ $C_2H_5ONO_2$

47 옥내저장소에서 위험물 용기를 겹쳐 쌓는 경우에 있어서 제4류 위험물 중 제3석유류만을 수납하는 용기를 겹쳐 쌓을 수 있는 높이는 최대 몇 m인가?

① 3m   ② 4m
③ 5m   ④ 6m

48 동식물유류에 대한 설명으로 틀린 것은?

① 건성유는 자연발화의 위험성이 높다.
② 불포화도가 높을수록 요오드가 크며 산화되기 쉽다.
③ 요오드값이 130 이하인 것이 건성유이다.
④ 1기압에서 인화점이 섭씨 250도 미만이다.

49 옥외저장소에서 저장할 수 없는 위험물은? (단, 시·도 조례에서 정하는 위험물 또는 국제해상위험물규칙에 적합한 용기에 수납된 위험물은 제외한다.)

① 과산화수소   ② 아세톤
③ 에탄올   ④ 유황

---

45 칼륨(K) : 제3류 위험물(자연발화성, 금수성)
  • 물, 알코올과 반응하여 수소(H_2)기체를 발생한다.
    $2K + 2H_2O \rightarrow 2KOH + H_2\uparrow$ (격렬히 반응)
    $2K + 2C_2H_5OH \rightarrow 2C_2H_5OK + H_2\uparrow$
  • 연소 시 보라색 불꽃을 내면서 연소한다.
  • 은백색 경금속으로 흡습성, 조해성이 있고 석유(유동파라핀, 등유, 경유)나 벤젠 속에 보관한다.

46 ① CH_3CHO(아세트알데히드) : 제4류(인화성액체) 수용성
  ② $C_2H_5OC_2H_5$(디에틸에테르) : 제4류(인화성액체) 비수용성
  ③ P_4(황린) : 제3류(자연발화성) 비수용성[물속에 보관]
  ④ $C_2H_5ONO_2$(질산에틸) : 제5류(자기반응성물질) 비수용성

47 옥내저장소에서 위험물 용기를 겹쳐 쌓을 경우(높이제한)
  • 기계에 의해 하역하는 경우 : 6m
  • 제4류 위험물 중 제3석유류, 제4석유류, 동식물유류 수납하는 경우 : 4m
  • 그 밖의 경우 : 3m

48 • 동식물유류란, 제4류 위험물로 1기압에서 인화점이 250℃ 미만인 것이다.
  • 요오드값은 유지 100g에 부가(첨가)되는 요오드(I)의 g수이다.
  • 요오드값이 큰 건성유는 불포화도가 크기 때문에 자연발화가 잘 일어난다.
  • 요오드값에 따른 분류
    ― 건성유(130 이상) : 해바라기기름, 동유, 아마인유, 정어리기름, 들기름 등
    ― 반건성유(100~130) : 참기름, 청어기름, 채종유, 콩기름, 면실유(목화씨유) 등
    ― 불건성유(100 이하) : 올리브유, 동백기름, 피마자유, 야자유, 땅콩기름(낙화생유) 등

49 ① 과산화수소(H_2O_2) : 제6류(산화성액체)
  ② 아세톤(CH_3COCH_3) : 제4류 제1석유류(인화점 −18℃)
  ③ 에탄올(C_2H_5OH) : 제4류 알코올류
  ④ 유황(S) : 제2류(가연성고체)
  ※ 옥외저장소에 저장할 수 있는 위험물
    • 제2류 위험물 : 유황, 인화성고체(인화점 0℃ 이상)
    • 제4류 위험물 : 제1석유류(인화점 0℃ 이상), 제2석유류, 제3석유류, 제4석유류, 알코올류, 동식물유류
    • 제6류 위험물

정답 45 ③   46 ①   47 ②   48 ③   49 ②

50 이동저장탱크로부터 위험물을 저장 또는 취급하는 탱크에 인화점이 몇 ℃ 미만인 위험물을 주입할 때에는 이동탱크저장소의 원동기를 정지시켜야 하는가?

① 21℃   ② 40℃
③ 71℃   ④ 200℃

51 질산나트륨 90kg, 유황 70kg, 클로로벤젠 2,000L를 저장하고 있을 경우 각각의 지정수량의 배수의 총합은?

① 2   ② 3
③ 4   ④ 5

52 니트로셀룰로오스의 저장 및 취급 방법으로 틀린 것은?

① 가열, 마찰을 피한다.
② 열원을 멀리 하고 냉암소에 저장한다.
③ 알코올용액으로 습면하여 운반한다.
④ 물과의 접촉을 피하기 위해 석유에 저장한다.

53 위험물안전관리법령에서 정하는 제조소와의 안전거리의 기준이 다음 중 가장 큰 것은?

① 「고압가스 안전관리법」의 규정에 의하여 허가를 받거나 신고를 하여야 하는 고압가스 저장시설
② 사용전압이 35,000V를 초과하는 특고압가공전선
③ 병원, 학교, 극장
④ 「문화재보호법」의 규정에 의한 유형문화재

---

50 이동저장탱크로부터 인화점이 40℃ 미만인 위험물을 주입할 때는 원동기를 정리시킬 것

51
- 지정수량 : 질산나트륨(제1류, 질산염류) 300kg, 유황(제2류) 100kg, 클로로벤젠(제4류, 2석유류, 비수용성) 1,000l
- 지정수량 배수의 합

$$= \frac{저장수량}{지정수량} = \frac{90kg}{300kg} + \frac{70kg}{100kg} + \frac{2,000l}{1,000l} = 3배$$

52 니트로셀룰로오스[(C$_6$H$_7$O$_2$(ONO$_2$)$_2$)$_3$]$_n$: 제5류(자기반응성)
- 셀룰로오스에 진한황산과 진한질산을 혼합 반응시켜 제조한 것이다.
- 저장 및 운반 시 물(20%) 또는 알코올(30%)로 습윤시킨다.
- 가열, 마찰, 충격에 의해 격렬히 폭발연소한다.
- 질화도(질소함유량)가 클수록 폭발성이 크다.

53 제조소의 안전거리(제6류 위험물 제외)

건축물	안전거리
사용전압이 7,000V 초과 35,000V 이하	3m 이상
사용전압이 35,000V 초과	5m 이상
주거용(주택)	10m 이상
고압가스, 액화석유가스, 도시가스	20m 이상
학교, 병원, 극장, 복지시설	30m 이상
유형문화재, 지정문화재	50m 이상

54 다음 (　) 안에 알맞은 수치는? (단, 인화점이 200℃ 이상인 위험물은 제외한다.)

> 옥외저장탱크의 지름이 15m 미만인 경우에 방유제는 탱크의 옆판으로부터 탱크 높이의 (　) 이상 이격하여야 한다.

① $\dfrac{1}{3}$　　　　② $\dfrac{1}{2}$

③ $\dfrac{1}{4}$　　　　④ $\dfrac{2}{3}$

55 $KClO_4$에 관한 설명으로 옳지 못한 것은?

① 순수한 것은 황색의 사방정계 결정이다.
② 비중은 약 2.52이다.
③ 녹는점은 약 610℃이다.
④ 열분해하면 산소와 염화칼륨으로 분해된다.

56 연소시에는 푸른 불꽃을 내며, 산화제와 혼합되어 있을 때 가열이나 충격 등에 의하여 폭발할 수 있으며 흑색화약의 원료로 사용되는 물질은?

① 적린
② 마그네슘
③ 황
④ 아연분

57 위험물안전관리법령상 다음 암반탱크의 공간용적은 얼마인가?

> • 암반탱크의 내용적 100억 리터
> • 탱크 내에 용출하는 1일 지하수의 양 2천만 리터

① 2천만 리터
② 1억 리터
③ 1억4천만 리터
④ 100억 리터

---

54 옥외저장탱크 방유제와 탱크의 옆판과의 유지거리(단, 인화점이 200℃ 이상인 위험물은 제외)

• 지름이 15m 미만일 때 : 탱크 높이의 $\dfrac{1}{3}$ 이상

• 지름이 15m 이상일 때 : 탱크 높이의 $\dfrac{1}{2}$ 이상

55 과염소산칼륨($KClO_4$) : 제1류 과염소산염류(산화성고체)
• 무색, 무취의 사방정계 결정 또는 백색분말이다.
• 400℃에서 분해시작, 600℃에서 완전분해한다.
　　$KClO_4 \rightarrow KCl + 2O_2 \uparrow$

56 유황(S) : 제2류(가연성고체)
• 동소체로 사방황, 단사황, 고무상황이 있다.
• 물에 녹지 않고, 고무상황을 제외하고 이황화탄소(CS_2)에 잘 녹는 황색의 고체(분말)이다.
• 공기 중에 연소 시 푸른빛을 내며 유독한 아황산가스(SO_2)를 발생한다.
　　$S + O_2 \rightarrow SO_2$
• 강산화제(제1류), 유기과산화물, 목탄분 등과 혼합 시 가열, 충격, 마찰 등에 의해 발화폭발한다(분진폭발성 있음).
• 흑색화약(질산칼륨 75% + 유황 10% + 목탄 15%) 원료에 사용한다.
• 소화 : 다량의 물로 냉각소화 또는 질식소화한다.

> **참고** 유황은 순도가 60wt% 미만은 제외한다.

57 암반탱크의 공간용적 산정기준 : 해당 탱크 내에 용출하는 7일 간의 지하수의 양에 상당하는 용적과 해당 탱크의 내용적의 100분의 1의 용적 중에서 보다 큰 용적을 공간용적으로 한다.

① 내용적 기준 : 100억$l \times \dfrac{1}{100} = 1$억$l$

② 지하수 기준 : 2천만$l \times 7$일 = 1억 4천만l
∴ ①과 ② 중 큰 쪽을 택함

정답　54 ①　55 ①　56 ③　57 ③

58 위험물안전관리법령상 제1석유류에 속하지 않는 것은?

① CH_3COCH_3

② C_6H_6

③ $CH_3COC_2H_5$

④ CH_3COOH

59 탄화칼슘에 대한 설명으로 틀린 것은?

① 화재 시 이산화탄소 소화기가 적응성이 있다.

② 비중은 약 2.2로 물보다 무겁다.

③ 질소 중에서 고온으로 가열하면 $CaCN_2$가 얻어진다.

④ 물과 반응하면 아세틸렌가스가 발생한다.

60 최대 아세톤 150톤을 옥외탱크저장소에 저장할 경우 보유공지의 너비는 몇 m 이상으로 하여야 하는가? (단, 아세톤의 비중은 0.79이다.)

① 3m

② 5m

③ 9m

④ 12m

58

구분	화학식	인화점	유별
① 아세톤	CH_3COCH_3	$-18℃$	제1석유류
② 벤젠	C_6H_6	$-11℃$	제1석유류
③ 메틸에틸케톤	$CH_3COC_2H_5$	$-1℃$	제1석유류
④ 아세트산	CH_3COOH	$40℃$	제2석유류

59 탄화칼슘(CaC_2, 카바이트) : 제3류(금수성), 지정수량 300kg
- 분자량 64, 비중 2.22의 회백색의 불규칙한 괴상의 고체이다.
- 물과 반응 시 아세틸렌(C_2H_2)가스가 발생한다.

  $CaC_2 + 2H_2O \rightarrow Ca(OH)_2 + C_2H_2\uparrow$ (폭발범위 : 2.5~81%)
- 질소와 고온(700℃ 이상)에서 반응 시 석회질소($CaCN_2$)를 생성한다.

  $CaC_2 + N_2 \rightarrow CaCN_2 + C$
- 소화 : 물, 포, 이산화탄소를 절대 엄금하고 마른 모래 등으로 피복소화한다.

60 아세톤(CH_3COCH_3) : 제4류 제1석유류(수용성), 지정수량 400l
- $150,000kg \div 0.79 = 189,873l$
- 지정수량배수 $= \dfrac{저장량}{지정수량} = \dfrac{189,873l}{400l} ≒ 475$배

  ∴ 보유공지는 지정수량 500배 이하 : 3m 이상

※ 옥외탱크저장소의 보유공지

위험물의 최대수량	보유공지의 너비
지정수량의 500배 이하	3m 이상
지정수량의 500배 초과 1,000배 이하	5m 이상
지정수량의 1,000배 초과 2,000배 이하	9m 이상
지정수량의 2,000배 초과 3,000배 이하	12m 이상
지정수량의 3,000배 초과 4,000배 이하	15m 이상
지정수량의 4,000배 초과	당해 탱크의 수평단면의 최대지름(횡형인 경우는 긴 변)과 높이 중 큰 것과 같은 거리 이상(단, 30m 초과의 경우 30m 이상으로, 15m 미만의 경우 15m 이상으로 할 것)

정답 58 ④   59 ①   60 ①

제1과목 | 일반화학

해설·정답 확인하기

01 0℃의 얼음 20g을 100℃의 수증기로 만드는 데 필요한 열량은? (단, 융해열은 80cal/g, 기화열은 539cal/g이다.)

① 3,600cal

② 11,600cal

③ 12,380cal

④ 14,380cal

01
- 현열 : $Q = m \cdot C \cdot \Delta t$
- 잠열 : $Q = m \cdot r$
- 얼음의 융해잠열 : 80cal/g
- 물의 비열 : 1cal/g·℃
- 물의 기화잠열 : 539cal/g

$\left[\begin{array}{l} Q : \text{열량(cal)} \\ m : \text{질량(g)} \\ C : \text{비열(cal/g·℃)} \\ r : \text{잠열(cal/g)} \\ \Delta t : \text{온도차(℃)} \end{array}\right]$

$$0℃ \text{ 얼음} \xrightarrow[\text{잠열}]{Q_1} 0℃ \text{ 물} \xrightarrow[\text{현열}]{Q_2} 100℃ \text{ 물} \xrightarrow[\text{잠열}]{Q_3} 100℃ \text{ 수증기}$$

- $Q_1 = 20g \times 80cal/g = 1,600cal$
- $Q_2 = 20g \times 1cal/g \cdot ℃ \times (100-0)℃ = 2,000cal$
- $Q_3 = 20g \times 539cal/g = 10,780cal$
- $\therefore Q = Q_1 + Q_2 + Q_3 = 14,380cal$

02 최외각 전자가 2개 또는 8개로서 불활성인 것은?

① Na과 Mg

② N와 Cl

③ C와 B

④ He과 Ne

02
- 0족 원소(불활성기체)에서 최외각 전자(가전자)가 He은 2개, Ne은 8개이다.
- He과 Ne의 전자배열

전자껍질(주양자수)	K(n=1)	L(n=2)
수용전자수($2n^2$)	$2 \times 1^2 = 2$	$2 \times 2^2 = 8$
오비탈	$1S^2$	$2S^2 \, 2P^6$
He $\left[\begin{array}{l}\text{원자번호 : 2}\\\text{전자수 : 2}\end{array}\right]$	2	–
	$1S^2$	–
Ne $\left[\begin{array}{l}\text{원자번호 : 10}\\\text{전자수 : 10}\end{array}\right]$	2	8
	$1S^2$	$2S^2 \, 2P^6$

03 3가지 기체 물질 A, B, C가 일정한 온도에서 다음과 같은 반응을 하고 있다. 평형에서 A, B, C가 각각 1몰, 2몰, 4몰이라면 평형상수 K의 값은?

A + 3B → 2C + 열

① 0.5

② 2

③ 3

④ 4

03 평형상수(K) = $\dfrac{[\text{생성물의 속도의 곱}]}{[\text{반응물의 속도의 곱}]}$

$K = \dfrac{[C]^2}{[A][B]^3} = \dfrac{[4]^2}{[1][2]^3} = 2$

04 0.001N-HCl의 pH는?

① 2

② 3

③ 4

④ 5

04 $pH = -\log[H^+] = -\log[1 \times 10^{-3}] = 3 - \log1 = 3$

$pH = -\log[H^+] \quad pOH = -\log[OH^-] \quad pH = 14 - pOH$

정답 01 ④ 02 ④ 03 ② 04 ②

05 프로판(C_3H_8)을 연소시키면 이산화탄소(CO_2)와 수증기(H_2O)가 생성된다. 표준상태에서 프로판 22g을 반응시킬 때 발생되는 이산화탄소와 수증기의 부피는 모두 몇 L인가?

① 33.6l ② 44.8l
③ 78.4l ④ 98.2l

06 불꽃 반응 시 보라색을 나타내는 금속은?

① Li   ② K
③ Na   ④ Ba

07 다음 중 $KMnO_4$의 Mn의 산화수는?

① $+1$
② $+3$
③ $+5$
④ $+7$

08 공업적으로 에틸렌을 $PdCl_2$ 촉매하에 산화시킬 때 주로 생성되는 물질은?

① CH_3OCH_3
② CH_3CHO
③ $HCOOH$
④ C_3H_7OH

09 $CuSO_4$수용액을 10A의 전류로 32분 10초 동안 전기분해시켰다. 음극에서 석출되는 Cu의 질량은 몇 g인가? (단, Cu의 원자량은 63.6이다.)

① 3.18g
② 6.36g
③ 9.54g
④ 12.72g

---

05 프로판의 완전연소반응식

$$\underset{\substack{44g \\ 22g}}{C_3H_8} + 5O_2 \rightarrow \underset{\substack{3\times22.4l \\ x}}{3CO_2} + \underset{\substack{4\times22.4l \\ x}}{4H_2O}$$

① $CO_2(x) = \dfrac{22\times3\times22.4l}{44} = 33.6l$

② $H_2O(x) = \dfrac{22\times4\times22.4l}{44} = 44.8l$

∴ ①+② = $33.6l + 44.8l = 78.4l$

06 불꽃 반응 색상

칼륨(K)	나트륨(Na)	칼슘(Ca)	리튬(Li)	바륨(Ba)
보라색	노란색	주홍색	적색	황록색

07
- 단체 및 화합물의 산화수는 '0'이다.
- 과망간산칼륨[$KMnO_4 = +1 + Mn + (-2\times4) = 0$]
  ∴ Mn = +7가

08 아세트알데히드(CH_3CHO) 제조법 : 제4류 특수인화물, 지정수량 50L
- 에틸렌의 직접산화법 : 염화구리 또는 염화파라듐의 촉매하에 에틸렌을 산화시켜 제조하는 법
  $2C_2H_4 + O_2 \rightarrow 2CH_3CHO$
- 에틸알코올의 직접산화법 : 이산화망간 촉매하에 에틸알코올을 산화시켜 제조하는 법
  $2C_2H_5OH + O_2 \rightarrow 2CH_3CHO + 2H_2O$
- 아세틸렌 수화법 : 황산수은 촉매하에 아세틸렌과 물을 수화시켜 제조하는 법
  $C_2H_2 + H_2O \rightarrow CH_3CHO$

09
- 황산구리($CuSO_4$)수용액 : $CuSO_4 \rightarrow Cu^{2+} + SO_4^{2-}$
  여기서 Cu의 원자가는 2가이고 원자량=63.6g=2g당량이 된다.
  당량 = $\dfrac{원자량}{원자가} = \dfrac{63.6}{2} = 31.8g$(당량)=1g당량
  1F(패럿)=96,500C(쿨롱)=1g당량 석출
- 10A의 전류가 32분 10초 동안 흘렀을 때 전하량 C(쿨롱)
  Q=I(전류)×t(시간)=10A×1,930sec(32분 10초)
  =19,300C
  1C=1A×1sec
- 전하량 19,300C일 때 석출되는 구리(Cu)의 질량(g)
  [1F]=96,500C : 31.8g
  19,300C : x
  ∴ $x = \dfrac{19,300\times31.8}{96,500} = 6.36g$

정답   05 ③   06 ②   07 ④   08 ②   09 ②

10 발연황산이란 무엇인가?

① H_2SO_4의 농도가 98% 이상인 거의 순수한 황산

② 황산과 염산을 1 : 3의 비율로 혼합한 것

③ SO_3를 황산에 흡수시킨 것

④ 일반적인 황산을 총괄

11 $PbSO_4$의 용해도를 실험한 결과 0.045g/L 이었다. $PbSO_4$의 용해도곱 상수(Ksp)는? (단 $PbSO_4$의 분자량은 303.27이다.)

① 5.5×10^{-2}

② 4.5×10^{-4}

③ 3.4×10^{-6}

④ 2.2×10^{-8}

12 네슬러 시약에 의하여 적갈색으로 검출되는 물질은 어느 것인가?

① 질산이온

② 암모늄이온

③ 아황산이온

④ 일산화탄소

13 80℃와 40℃에서 물에 대한 용해도가 각각 50, 30인 물질이 있다. 80℃의 이 포화용액 75g을 40℃로 냉각시키면 몇 g의 물질이 석출되겠는가?

① 25

② 20

③ 15

④ 10

14 CO_2와 CO의 성질에 대한 설명 중 옳지 않은 것은?

① CO_2는 공기보다 무겁고, CO는 가볍다.

② CO_2는 붉은색 불꽃을 내며 연소한다.

③ CO는 파란색 불꽃을 내며 연소한다.

④ CO는 독성이 있다.

---

10 • 발연황산 : 진한황산($c-H_2SO_4$)에 삼산화황(SO_3, 무수황산)을 흡수시킨 것

• 왕수=질산(HNO_3) 1 : 염산(HCl) 3의 비율로 혼합한 것

11
> • 용해도곱(용해도적 : Ksp) : 물에 잘 녹지 않는 염 MA를 물에 넣고 혼합하면 극히 일부분만 녹아 포화용액이 되고 나머지는 침전된다. 이때 녹은 부분은 전부 전리되어 M^+와 A^-로 전리된다.
> • $MA(s) \rightleftarrows M^+(aq) + A^-(aq)$
> • 용해도곱(Ksp)$=[M^+][A^-]$

• $PbSO_4 \rightleftarrows Pb^{2+} + SO_4^{2-}$

• $PbSO_4$의 이온 농도$=\dfrac{0.045g/L}{303.27g/mol}$
$=1.4838 \times 10^{-4}mol/L$

• 용해도곱(Ksp)$=[Pb^{2+}][SO_4^{-2}]$
$=[1.4838 \times 10^{-4}][1.4838 \times 10^{-4}]$
$=2.2 \times 10^{-8}$

12 네슬러 시약 : 물속에 암모니아(NH_3)나 암모늄이온(NH_4^+)의 검출 시약으로 네슬러 시약을 가하면 노란색~적갈색으로 변한다.

13
> • 용해도 : 일정한 온도에서 용매 100g에 최대한 녹을 수 있는 용질의 g수(포화용액)
> • 용매+용질=용액(용매 : 녹이는 물질, 용질 : 녹는 물질)

• 80℃에서 용해도가 50이란 : 물 100g에 용질 50g이 녹는다. (포화용액 150g)

• 40℃에서 용해도가 30이란 : 물 100g에 용질 30g이 녹는다. (포화용액 130g)

• 　　　용매 ＋ 용질 ＝용액(포화용액)
80℃ : 100 ＋ 50 ＝150
40℃ : 100 ＋ 30 ＝130
80℃ 포화용액 150g을 40℃로 냉각시키면 20g(150－130)이 석출되므로 75g일 때 석출량은,

150g : 20g
75g : x　　∴ $x=\dfrac{75 \times 20}{150}=$10g(석출량)

14 • CO_2 : 산화반응이 완결된 산화물로서 불연성물질에 속한다(비중 1.52).

• CO : 가연성(연소범위 12.5~74%), 독성(허용농도 50ppm)가스이다(비중 0.967).

15 n그램(g)의 금속을 묽은 염산에 완전히 녹였더니 m몰의 수소가 발생하였다. 이 금속의 원자가를 2가로 하면 이 금속의 원자량은?

① $\dfrac{n}{m}$

② $\dfrac{2n}{m}$

③ $\dfrac{n}{2m}$

④ $\dfrac{2m}{n}$

16 벤젠에 수소원자 한 개는 −CH₃기로, 또 다른 수소원자 한 개는 −OH기로 치환되었다면 이성질체수는 몇 개인가?

① 1개

② 2개

③ 3개

④ 4개

17 다음 중 기하이성질체가 존재하는 것은?

① C_5H_{12}

② $CH_3CH=CHCH_3$

③ C_3H_7Cl

④ $CH\equiv CH$

18 방사선 동위원소의 반감기가 20일 일 때 40일이 지난 후 남은 원소의 분율은?

① $\dfrac{1}{2}$

② $\dfrac{1}{3}$

③ $\dfrac{1}{4}$

④ $\dfrac{1}{6}$

15

> • 당량 : 수소 $1.008g(=0.5mol=11.2l)$과 결합이나 치환할 수 있는 양
> • 당량=원자량/원자가

$$M+2HCl \rightarrow MCl_2+H_2$$

$$ng \quad : \quad m몰$$
$$x \quad : \quad 0.5몰$$

$$x=\frac{n\times 0.5}{m}=\frac{0.5n}{m}g(M당량)$$

$$\therefore 원자량=당량\times 원자가=\frac{0.5n}{m}\times 2=\frac{n}{m}$$

16 크레졸($C_6H_4CH_3OH$) : 제4류 위험물 중 제3석유류
• 무색 또는 황색의 액체로서 페놀류에 속한다.
• 소독약, 방부제에 사용된다.
• 3가지 이성질체가 있다.

(o−크레졸)   (m−크레졸)   (p−크레졸)

17 기하이성질체 : 이중결합의 탄소원자에 결합된 원자 또는 원자단의 공간적 위치가 다른 것으로서 시스(cis)형[같은 방향]과 트랜스(trans)형[대각선방향]의 두 가지를 갖는다.

[cis−2−butene]   [trans−2−butene]

> 참고
> • 이성질체 : 분자식은 같고 구조식이나 시성식이 다른 관계
> • 기하이성질체를 갖는 화합물(cis형, trans형) : 디클로로에틸렌($C_2H_2Cl_2$), 2−부텐($CH_3CH=CHCH_3$) 등

18 $m=M\times \left(\dfrac{1}{2}\right)^{\frac{t}{T}}$ $\begin{bmatrix} m : 남은 질량 & M : 처음 질량 \\ t : 경과시간 & T : 반감기 \end{bmatrix}$

원소의 분율은 $\dfrac{m}{M}=\left(\dfrac{1}{2}\right)^{\frac{40}{20}}=\dfrac{1}{4}$

정답 15 ① 16 ③ 17 ② 18 ③

19 벤젠의 유도체인 TNT의 구조식을 옳게 나타낸 것은?

① (CH₃ with NO₂ groups)

O_2N — ring with CH_3 top, NO_2 right, NO_2 bottom

② OH with NO_2 groups

③ NH_2 with NO_2 groups

④ SO_3H with NO_2 groups

20 다음의 반응에서 환원제로 쓰인 것은?

$$MnO_2 + 4HCl \rightarrow MnCl_2 + 2H_2O + Cl_2$$

① Cl_2
② $MnCl_2$
③ HCl
④ MnO_2

제2과목 | 화재예방과 소화방법

21 물을 소화약제로 사용하는 가장 큰 이유는?

① 기화잠열이 크므로
② 부촉매 효과가 있으므로
③ 환원성이 있으므로
④ 기화하기 쉬우므로

22 이산화탄소 소화설비의 배관에 대한 기준으로 옳지 않은 것은?

① 배관은 전용으로 할 것
② 동관의 배관은 고압식인 경우 16.5MPa 이상의 압력에 견디는 것일 것
③ 관이음쇠는 저압식의 경우 5.0MPa 이상의 압력에 견디는 것일 것
④ 배관의 가장 높은 곳과 낮은 곳의 수직거리는 50m 이하일 것

---

19 트리니트로톨루엔[$C_6H_2CH_3(NO_2)_3$, TNT] : 제5류 위험물
- 진한 황산(탈수작용) 촉매하에 톨루엔과 질산을 반응시켜 생성한다.

$$\text{(톨루엔)} + 3HNO_3 \xrightarrow[\text{니트로화}]{c-H_2SO_4} \text{(TNT)} + 3H_2O \text{(물)}$$

20
- 산화제 : 자신은 환원되고 남을 산화시키는 물질
  (환원 : 원자가 감소)
- 환원제 : 자신은 산화되고 남을 환원시키는 물질
  (산화 : 원자가 증가)

예) $\underset{(\text{산화제})}{MnO_2} + \underset{(\text{환원제})}{4HCl} \longrightarrow MnCl_2 + 2H_2O + Cl_2$

21 물 소화약제 : 다른 소화약제에 비해 기화잠열(539kcal/kg)이 매우 커서 냉각효과가 우수하다.

22 이산화탄소 소화설비의 배관 설치기준
- 배관은 전용으로 할 것
- 강관의 배관은 고압식은 스케줄 80 이상, 저압식은 스케줄 40 이상의 것으로서 아연도금 등으로 방식처리된 것을 사용할 것
- 동관의 배관은 이음이 없는 동 및 동합금관으로서 고압식은 16.5MPa 이상, 저압식은 3.75MPa 이상의 압력에 견딜 수 있는 것을 사용할 것
- 관이음쇠는 고압식은 16.5MPa 이상, 저압식은 3.75MPa 이상의 압력에 견딜 수 있는 것으로서 적절한 방식처리를 한 것을 사용할 것
- 낙차(배관의 가장 낮은 위치로부터 가장 높은 위치까지의 수직거리)는 50m 이하일 것

정답 19 ① 20 ③ 21 ① 22 ③

23 위험물제조소의 환기설비 설치 기준으로 옳지 않은 것은?

① 환기구는 지붕 위 또는 지상 2m 이상의 높이에 설치할 것
② 급기구는 바닥면적 150m² 마다 1개 이상으로 할 것
③ 환기는 자연배기방식으로 할 것
④ 급기구는 높은 곳에 설치하고 인화방지망을 설치할 것

24 전역방출방식의 할로겐화물 소화설비 중 Halon1301을 방사하는 분사헤드의 방사압력은 얼마 이상이어야 하는가?

① 0.1MPa   ② 0.2MPa
③ 0.5MPa   ④ 0.9MPa

25 스프링클러설비의 장점이 아닌 것은?

① 소화약제가 물이므로 비용이 절감된다.
② 초기 시공비가 많이 든다.
③ 화재 시 사람의 조작 없이 작동이 가능하다.
④ 초기 화재의 진화에 효과적이다.

26 주수에 의한 냉각소화가 적절치 않은 위험물은?

① $NaClO_3$ ② Na_2O_2
③ $NaNO_3$ ④ $NaBrO_3$

27 위험물제조소에 옥내소화전을 각 층에 9개씩 설치하도록 할 때 수원의 최소 수량은 얼마인가?

① 13m³   ② 20.8m³
③ 39m³   ④ 68.4m³

---

23 위험물제조소의 환기설비 설치기준

- 자연배기방식으로 할 것
- 급기구는 바닥면적 150m² 마다 1개 이상, 크기는 800cm² 이상으로 할 것
- 급기구는 낮은 곳에 설치하고 인화방지망(가는눈 구리망)을 설치할 것
- 환기구는 지붕 위 또는 지상 2m 이상 높이에 회전식 고정벤티레이터 또는 루프팬 방식으로 설치할 것

※ 배출설비 급기구는 높은 곳에, 환기설비 급기구는 낮은 곳에 설치한다.

24 할로겐화합물 소화설비(전역, 국소방출방식)의 분사헤드 방사

소화약제	방사압력	방사시간
할론2402	0.1MPa 이상	
할론1211	0.2MPa 이상	30초 이내
할론1301	0.9MPa 이상	

25 스프링클러설비의 장·단점

장점	• 초기 소화에 매우 효과적이다. • 조작이 쉽고 안전하다. • 소화약제가 물로서 경제적이고 복구가 쉽다. • 감지부가 기계적이므로 오동작 오보가 없다. • 화재의 감지·경보·소화가 자동적으로 이루어진다.
단점	• 초기 시설비가 많이 든다. • 시공 및 구조가 복잡하다. • 물로 살수 시 피해가 크다.

26 과산화나트륨(Na_2O_2) : 제1류(무기과산화물, 금수성)

- 물과 이산화탄소와 반응하여 산소(O_2)를 발생한다.

$$2Na_2O_2 + 2H_2O \rightarrow 4NaOH + O_2 \uparrow$$
$$2Na_2O_2 + 2CO_2 \rightarrow 2Na_2CO_3 + O_2 \uparrow$$

- 소화 시 주수 및 CO_2는 금하고 마른 모래 등으로 피복소화한다.

27 옥내소화전설비의 수원의 양

수평거리	방사량	방사압력	수원의 양(Q : m³)
25m 이하	260(l/min) 이상	350(KPa) 이상	Q=N(소화전개수 : 최대 5개)×7.8m³ (260l/min × min)

$$\therefore Q = 5 \times 7.8 = 39m^3$$

28 다음 물질 중에서 일반화재, 유류화재 및 전기화재에 모두 사용할 수 있는 분말 소화약제의 주성분은?

① $KHCO_3$ ② Na_2SO_4
③ $NaHCO_3$ ④ $NH_4H_2PO_4$

29 과산화수소의 화재예방 방법으로 틀린 것은?

① 암모니아와의 접촉은 폭발의 위험이 있으므로 피한다.
② 완전히 밀전·밀봉하여 외부 공기와 차단한다.
③ 용기는 착색하여 직사광선이 닿지 않게 한다.
④ 분해를 막기 위해 분해방지 안정제를 사용한다.

30 Halon 1301, Halon 1211, Halon 2402 중 상온 상압에서 액체상태인 Halon 소화약제로만 나열한 것은?

① Halon 1211
② Halon 2402
③ Halon 1301, Halon 1211
④ Halon 2402, Halon 1211

31 트리에틸알루미늄이 습기와 반응할 때 발생되는 가스는?

① 수소 ② 아세틸렌
③ 에탄 ④ 메탄

32 위험물안전관리법령상 옥내소화전설비가 적응성이 있는 위험물의 유별로만 나열된 것은?

① 제1류 위험물, 제4류 위험물
② 제2류 위험물, 제4류 위험물
③ 제4류 위험물, 제5류 위험물
④ 제5류 위험물, 제6류 위험물

28

종별	약제명	화학식	색상	적응화재
제1종	탄산수소나트륨	$NaHCO_3$	백색	B, C급
제2종	탄산수소칼륨	$KHCO_3$	담자(회)색	B, C급
제3종	제1인산암모늄	$NH_4H_2PO_4$	담홍색	A, B, C급
제4종	탄산수소칼륨+요소	$KHCO_3+(NH_2)_2CO$	회색	B, C급

29 과산화수소(H_2O_2) : 제6류(산화성액체)
• 알칼리용액에서는 급격히 분해되나 약산성에서는 분해가 잘 안 된다. 그러므로 직사광선을 피하고 분해방지제(안정제)로 인산, 요산을 가한다.
• 분해 시 발생되는 산소를 방출하기 위하여 용기에 작은 구멍이 있는 마개를 사용한다.
※ 과산화수소는 중량 36% 이상만 위험물에 해당됨

30 할로겐화합물 소화약제

구분	할론 2402	할론 1211	할론 1301	할론 1011
화학식	$C_3F_4Br_2$	CF_2ClBr	CF_3Br	CH_2ClBr
상태(상온)	액체	기체	기체	액체

31 알킬알루미늄[R−Al] : 제3류 위험물(금수성물질)
• 트리에틸알루미늄[TEA : $(C_2H_5)_3Al$]
  $(C_2H_5)_3Al+3H_2O \rightarrow Al(OH)_3+3C_2H_6\uparrow$(에탄)
• 트리메틸알루미늄[TMA : $(CH_3)_3Al$]
  $(CH_3)_3Al+3H_2O \rightarrow Al(OH)_3+3CH_4\uparrow$(메탄)
• 탄소수 C_1~C_4는 자연발화성, C_5 이상은 자연발화성이 없다.
• 소화 시 주수소화는 절대엄금하고 팽창질석, 팽창진주암 등으로 피복소화한다.

32 옥내소화전설비(주수소화)에 적응성이 있는 유별
• 제1류(알칼리금속 과산화물 제외)
• 제2류(철분, 금속분, 마그네슘 등 제외)
• 제3류(금수성 물품 제외)
• 제5류 위험물
• 제6류 위험물

정답 28 ④ 29 ② 30 ② 31 ③ 32 ④

33 화재를 잘 일으킬 수 있는 일반적인 경우에 대한 설명 중 틀린 것은?

① 산소와 친화력이 클수록 연소가 잘 된다.
② 온도가 상승하면 연소가 잘 된다.
③ 연소범위가 넓을수록 연소가 잘 된다.
④ 발화점이 높을수록 연소가 잘 된다.

34 위험물취급소의 건축물 연면적이 500m²인 경우 소요단위는? (단, 외벽은 내화구조이다.)

① 3단위　　　② 5단위
③ 7단위　　　④ 9단위

35 위험물안전관리법령상 지정수량의 10배 이상의 위험물을 저장, 취급하는 제조소등에 설치하여야 할 경보설비 종류에 해당되지 않는 것은?

① 확성장치
② 비상방송설비
③ 자동화재탐지설비
④ 무선통신설비

36 할로겐화합물 소화약제의 조건으로 옳은 것은?

① 비점이 높을 것
② 기화되기 쉬울 것
③ 공기보다 가벼울 것
④ 연소성이 좋을 것

37 위험물안전관리법령상 지정수량의 1천배 초과 2천배 이하의 위험물을 저장하는 옥외탱크저장소에 확보하여야 하는 보유공지는 얼마인가?

① 6m 이상　　　② 9m 이상
③ 12m 이상　　　④ 15m 이상

---

33 가연물이 갖추어야 할 조건

- 산소와 친화력이 클 것
- 표면적이 넓을 것
- 활성화에너지가 적을 것
- 열전도도가 작을 것
- 발화점이 낮을 것
- 발열량이 클 것
- 연소범위가 넓을 것
- 활성이 강할 것

34 소요1단위의 산정방법

건축물	내화구조의 외벽	내화구조가 아닌 외벽
제조소 및 취급소	연면적 100m²	연면적 50m²
저장소	연면적 150m²	연면적 75m²
위험물	지정수량의 10배	

$$소요단위 = \frac{500m^2}{100m^2} = 5단위$$

35 지정수량의 10배 이상을 저장, 취급하는 제조소등에 설치해야 할 경보설비는 자동화재탐지설비, 비상경보설비, 확성장치 또는 비상방송설비 중 1종 이상 설치할 것

36 할로겐화합물 소화약제 구비조건

- 비점이 낮을 것
- 기화(증기)되기 쉬울 것
- 공기보다 무겁고 불연성일 것
- 전기 절연성이 우수할 것
- 증발잠열이 클 것
- 증발잔유물이 없을 것
- 공기의 접촉을 차단할 것

37 옥외탱크저장소의 보유공지

저장 또는 취급하는 위험물의 최대수량	공지의 너비
지정수량의 500배 이하	3m 이상
지정수량의 500배 초과 1,000배 이하	5m 이상
지정수량의 1,000배 초과 2,000배 이하	9m 이상
지정수량의 2,000배 초과 3,000배 이하	12m 이상
지정수량의 3,000배 초과 4,000배 이하	15m 이상
지정수량의 4,000배 초과	당해 탱크의 수평단면의 최대지름(횡형인 경우는 긴변)과 높이 중 큰 것과 같은 거리 이상(단, 30m 초과의 경우 30m 이상으로, 15m 미만의 경우 15m 이상으로 할 것)

정답 33 ④　34 ②　35 ④　36 ②　37 ②

38 위험물제조소등에 설치하는 포 소화설비에 있어서 포헤드방식의 포헤드는 방호대상물의 표면적(m²) 얼마당 1개 이상의 헤드를 설치하여야 하는가?

① 3m²   ② 6m²
③ 9m²   ④ 12m²

39 피리딘 20,000리터에 대한 소화설비의 소요단위는?

① 5단위   ② 10단위
③ 15단위   ④ 100단위

40 제1종 분말 소화약제가 1차 열분해되어 표준상태를 기준으로 10m³의 탄산가스가 생성되었다. 몇 kg의 탄산수소나트륨이 사용되었는가? (단, 나트륨의 원자량은 23이다.)

① 18.75kg   ② 37kg
③ 56.25kg   ④ 75kg

제3과목 | 위험물의 성질과 취급

41 위험물제조소의 배출설비의 배출능력은 1시간당 배출장소 용적의 몇 배 이상인 것으로 해야 하는가? (단, 전역방식의 경우는 제외한다.)

① 5배   ② 10배
③ 15배   ④ 20배

42 연소범위가 약 2.5~38.5vol%로 구리, 은, 마그네슘과 접촉 시 아세틸라이드를 생성하는 물질은?

① 아세트알데히드
② 알킬알루미늄
③ 산화프로필렌
④ 콜로디온

---

38 포헤드방식의 포헤드 설치기준
- 방호대상물의 표면적 9m²당 1개 이상의 헤드를 설치할 것
- 방호대상물의 표면적 1m²당의 방사량은 6.5l/min 이상의 비율로 계산한 양
- 방사구역은 100m² 이상으로 할 것

39 피리딘(C_5H_5N) : 제4류, 제1석유류(수용성), 지정수량 400l
- 위험물의 1소요단위 : 지정수량의 10배
- 소요단위 $= \dfrac{\text{저장수량}}{\text{지정수량} \times 10\text{배}} = \dfrac{20{,}000l}{400l \times 10} = 5$단위

40 제1종 분말 소화약제($NaHCO_3$) 1차 열분해 반응식

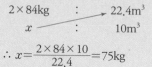

$$2NaHCO_3 \rightarrow Na_2CO_3 + CO_2 + H_2O$$

$$\therefore\ x = \frac{2 \times 84 \times 10}{22.4} = 75\text{kg}$$

※ $NaHCO_3$의 분자량 : $23+1+12+16\times3=84$kg/kmol

41 배출능력은 1시간당 배출장소 용적의 20배 이상인 것으로 하여야 한다. 단, 전역방식은 바닥면적 1m² 당 18m³ 이상으로 할 수 있다.

42 산화프로필렌(CH_3CHOCH_2) : 제4류 특수인화물, 지정수량 50L
- 무색 휘발성이 강한 액체로서 물, 유기용제에 잘 녹는다.
- 비점 34℃, 인화점 −37℃, 발화점 465℃, 연소범위 2.5~38.5%
- 반응성이 풍부하여 구리, 은, 마그네슘, 수은 등과 접촉 시 폭발성이 강한 아세틸라이드를 생성한다.
- 증기압이 상온에서 45.5mmHg로 매우 높아 위험성이 크다.

정답 38 ③ 39 ① 40 ④ 41 ④ 42 ③

43 위험물 지하탱크저장소의 탱크전용실 설치 기준으로 틀린 것은?

① 철근콘크리트 구조의 벽은 두께 0.3m 이상으로 한다.
② 지하저장탱크와 탱크전용실의 안쪽과의 사이는 50cm 이상의 간격을 유지한다.
③ 철근콘크리트 구조의 바닥은 두께 0.3m 이상으로 한다.
④ 벽, 바닥 등에 적정한 방수 조치를 강구한다.

44 다음 중 연소범위가 가장 넓은 위험물은?

① 휘발유
② 톨루엔
③ 에틸알코올
④ 디에틸에테르

45 다음 위험물 중 가열 시 분해온도가 가장 낮은 물질은?

① $KClO_3$
② Na_2O_2
③ NH_4ClO_4
④ KNO_3

46 메틸에틸케톤의 취급 방법에 대한 설명으로 틀린 것은?

① 쉽게 연소하므로 화기 접근을 금한다.
② 직사광선을 피하고 통풍이 잘되는 곳에 저장한다.
③ 탈지작용이 있으므로 피부에 접촉하지 않도록 주의한다.
④ 유리 용기를 피하고 수지, 섬유소 등의 재질로 된 용기에 저장한다.

---

43 지하탱크저장소의 기준
• 탱크전용실은 지하의 가장 가까운 벽, 피트, 가스관 등의 시설물 및 대지경계선으로부터 0.1m 이상 떨어진 곳에 설치한다.
• 지하저장탱크와 탱크전용실의 안쪽과의 사이는 0.1m 이상의 간격을 유지하도록 하며, 해당 탱크의 주위에 마른모래 또는 입자지름 5mm 이하의 마른 자갈분을 채워야 한다.
• 지하저장탱크의 윗부분은 지면으로부터 0.6m 이상 아래에 있어야 한다.
• 지하저장탱크를 2 이상 인접해 설치하는 경우에는 그 상호 간에 1m(해당 2 이상의 지하저장탱크의 용량의 합계가 지정수량의 100배 이하 : 0.5m) 이상의 간격을 유지하여야 한다.
• 지하저장탱크의 재질은 두께 3.2mm 이상의 강철판으로 할 것
• 탱크전용실의 구조(철근콘크리트구조)
  - 벽, 바닥, 뚜껑의 두께 : 0.3m 이상
  - 벽, 바닥 및 뚜껑의 재료에 수밀콘크리트를 혼입하거나 벽, 바닥 및 뚜껑의 중간에 아스팔트 층을 만드는 방법으로 적정한 방수조치를 할 것

44 제4류 위험물의 연소범위(공기중)
① 휘발유(가솔린) : 1.4~7.6%
② 톨루엔($C_6H_5CH_3$) : 1.4~6.7%
③ 에틸알코올(C_2H_5OH) : 4.3~19%
④ 디에틸에테르($C_2H_5OC_2H_5$) : 1.9~48%

45 제1류 위험물(산화성고체)의 분해온도(산소 발생)
① 400℃ : $2KClO_3 \rightarrow 2KCl + 3O_2\uparrow$
② 460℃ : $2Na_2O_2 \rightarrow 2Na_2O + O_2\uparrow$
③ 130℃ : $2NH_4ClO_4 \rightarrow N_2 + Cl_2 + 2O_2 + 4H_2O\uparrow$
④ 400℃ : $2KNO_3 \rightarrow 2KNO_2 + O_2\uparrow$

46 메틸에틸케톤($CH_3COC_2H_5$, MEK) : 제4류 제1석유류(인화성 액체)
• 무색 휘발성 액체로 물, 알코올, 에테르 등에 잘 녹는다.
• 인화점 −1℃, 착화점 516℃이고 증기흡입시 마취성 구토증세를 일으킨다.
• 피부접촉시 탈지작용을 일으킨다.
• 저장시 갈색병에 직사광선을 피하고 통풍이 잘되는 냉암소에 보관한다.
• 증기비중은 공기보다 무거우므로 정전기에 유의한다.

$$증기비중 = \frac{분자량}{공기의 평균 분자량(29)} = \frac{72}{29} \fallingdotseq 2.5$$

정답 43 ② 44 ④ 45 ③ 46 ④

47 다음 중 황린이 자연발화하기 쉬운 가장 큰 이유는?

① 끓는점이 낮고 증기의 비중이 작기 때문에
② 산소와 결합력이 강하고 착화온도가 낮기 때문에
③ 녹는점이 낮고 상온에서 액체로 되어 있기 때문에
④ 인화점이 낮고 가연성 물질이기 때문에

48 제1류 위험물로서 조해성이 있으며 흑색화약의 원료로 사용하는 것은?

① 염소산칼륨
② 과염소산암모늄
③ 질산나트륨
④ 질산칼륨

49 주유취급소의 표지 및 게시판의 기준에서 "위험물 주유취급소" 표지와 "주유 중 엔진정지" 게시판의 바탕색을 차례대로 옳게 나타낸 것은?

① 백색, 백색
② 백색, 황색
③ 황색, 백색
④ 황색, 황색

50 위험물안전관리법령에 따른 위험물 저장기준으로 틀린 것은?

① 이동탱크저장소에는 설치 허가증을 비치하여야 한다.
② 지하저장탱크의 주된 밸브는 위험물을 넣거나 빼낼 때 외에는 폐쇄하여야 한다.
③ 아세트알데히드를 저장하는 이동저장탱크에는 탱크 안에 불활성가스를 봉입하여야 한다.
④ 옥외저장탱크 주위에 설치된 방유제의 내부에 물이나 유류가 괴었을 경우에는 즉시 배출하여야 한다.

---

47 황린(P_4) : 제3류(자연발화성물질)
• 가연성, 자연발화성고체로서 맹독성 물질이다.
• 발화점이 34℃로 낮고 산소와 결합력이 강하여 물속에 보관한다.
• 보호액은 pH 9를 유지하여 인화수소(PH_3)의 생성을 방지하기 위해 알칼리제(석회 또는 소다회)로 pH를 조절한다.

48 질산칼륨(KNO_3) : 제1류(산화성고체), 지정수량 300kg
• 무색, 무취의 결정 또는 분말로 산화성이 있다.
• 물, 글리세린 등에 잘 녹고, 알코올에는 녹지 않는다.
• 흑색화약(질산칼륨+유황+목탄)의 원료로 사용된다.
$$2KNO_3 + 3C + S \rightarrow K_2S + 3CO_2 + N_2$$
• 용융분해하여 산소를 발생한다.
$$2KNO_3 \xrightarrow[\Delta]{400℃} 2KNO_2 + O_2 \uparrow$$
• 강산화제이므로 유기물, 강산, 황린, 유황 등과 혼촉발화의 위험성이 있다.

49 주유취급소의 표지 및 게시판의 기준
1. 주유취급소의 표지
• 크기 : 0.6m 이상×0.3m 이상
• 문자 : "위험물 주유취급소"
• 색상 : 백색바탕에 흑색문자
2. 주유 중 엔진정지 표지 게시판
• 크기 : 0.6m 이상×0.3m 이상
• 문자 : "주유 중 엔진정지"
• 색상 : 황색바탕에 흑색문자

50 이동탱크저장소에는 완공검사필증과 정기점검기록을 비치하여야 한다.

51 적린에 대한 설명으로 옳은 것은?

① 발화방지를 위해 염소산칼륨과 함께 보관한다.
② 물과 격렬하게 반응하여 열을 발생한다.
③ 공기 중에 방치하면 자연발화한다.
④ 산화제와 혼합한 경우 마찰·충격에 의해서 발화한다.

52 주유 취급소의 고정 주유설비는 고정 주유설비의 중심선을 기점으로 하여 도로 경계선까지 몇 m 이상 떨어져 있어야 하는가?

① 2m　　　　② 3m
③ 4m　　　　④ 5m

53 다음은 위험물의 성질을 설명한 것이다. 위험물과 그 위험물의 성질을 모두 옳게 연결한 것은?

> A. 건조 질소와 상온에서 반응한다.
> B. 물과 작용하면 가연성가스를 발생한다.
> C. 물과 작용하면 수산화칼슘을 발생한다.
> D. 비중이 1 이상이다.

① K − A, B, C
② Ca_3P_2 − B, C, D
③ Na − A, C, D
④ CaC_2 − A, B, D

54 가열했을 때 분해하여 적갈색의 유독한 가스를 방출하는 것은?

① 과염소산
② 질산
③ 과산화수소
④ 적인

---

51 적린(P) : 제2류(가연성 고체), 지정수량 100kg
• 암적색의 무취의 분말로서 황린의 동소체이다.
• 브롬화인(PBr_3)에 녹고, 물, CS_2, 암모니아에는 녹지 않는다.
• 독성이 없고 공기 중 자연발화위험은 없다.
• 강산화제(제1류)와 혼합하면 불안정하여 마찰, 충격에 의해 발화폭발위험이 있다.(염소산칼륨 : 제1류 강산화제)
• 공기를 차단하고 황린을 260℃로 가열하면 적린이 된다.

$$황린(P_4) \xrightarrow[가열]{260℃} 적린(P)$$

52 고정 주유설비 또는 고정 급유설비(중심선을 기점으로 하여)
• 도로 경계선까지 : 4m 이상
• 부지 경계선 담 및 건축물의 벽까지 : 2m 이상
  (개구부 없는 벽까지 : 1m 이상)
• 고정 주유설비와 고정 급유설비 사이 : 4m 이상

53 인화칼슘(Ca_3P_2 : 인화석회) : 제3류(금수성물질)
• 비중은 2.51, 적갈색 괴상의 고체이다.
• 물과 반응하여 수산화칼슘과 유독성, 가연성인 인화수소(PH_3, 포스핀) 가스를 발생한다.
$$Ca_3P_2 + 6H_2O \rightarrow 3Ca(OH)_2 + 2PH_3 \uparrow$$

54 질산(HNO_3) : 제6류(산화성액체)
• 질산을 가열하면 적갈색의 유독한 가스인 이산화질소(NO_2)와 산소를 발생한다.
$$4HNO_3 \rightarrow 2H_2O + 4NO_2 \uparrow + O_2 \uparrow$$

55 위험물제조소 건축물의 구조 기준이 아닌 것은?

① 출입구에는 갑종방화문 또는 을종방화문을 설치할 것

② 지붕은 폭발력이 위로 방출될 정도의 가벼운 불연재료로 덮을 것

③ 벽, 기둥, 바닥, 보, 서까래 및 계단은 불연재료로 하고 연소 우려가 있는 외벽은 개구부가 없는 내화구조로 할 것

④ 산화성고체, 가연성고체 위험물을 취급하는 건축물의 바닥은 위험물이 스며들지 못하는 재료를 사용할 것

56 다음 보기에서 설명하는 위험물은?

┌ 보기 ┐
• 순수한 것은 무색 투명한 액체이다.
• 물에 녹지 않고 벤젠에는 녹는다.
• 물보다 무겁고 독성이 있다.
└─────────────────────┘

① 아세트알데히드

② 디메틸에테르

③ 아세톤

④ 이황화탄소

57 디에틸에테르의 성질 및 저장·취급할 때 주의사항으로 틀린 것은?

① 장시간 공기와 접촉하면 과산화물이 생성되어 폭발위험이 있다.

② 연소범위는 가솔린보다 좁지만 발화점이 낮아 위험하다.

③ 정전기 생성방지를 위해 약간의 $CaCl_2$를 넣어준다.

④ 이산화탄소 소화기는 적응성이 있다.

---

55 ④ 액체의 위험물을 취급하는 건축물의 바닥은 위험물이 스며들지 못하는 재료를 사용하고, 적당한 경사를 두어 그 최저부에 집유설비를 하여야 한다.

56 이황화탄소(CS_2) : 제4류 위험물의 특수인화물
• 무색투명한 액체로서 물에 녹지 않고 벤젠, 알코올, 에테르 등에 녹는다.
• 발화점 100℃, 액비중 1.26으로 물보다 무거워 가연성증기의 발생을 억제하기 위해 물속에 저장한다.
• 연소 시 독성이 강한 아황산가스(SO_2)를 발생한다.
  $CS_2 + 3O_2 \rightarrow CO_2 + 2SO_2$

57 디에틸에테르($C_2H_5OC_2H_5$) : 제4류 특수인화물
• 인화점 −45℃, 발화점 180℃, 연소범위 1.9~48%
  ※ 가솔린 : 인화점 −43~−20℃, 착화점 300℃, 연소범위 1.4~7.6%
• 직사광선에 장시간 노출 시 과산화물 생성(갈색병에 보관) 방지를 위해 구리망을 넣어둔다.
  ※ 과산화물의 검출 : 요오드화 칼륨(KI) 10%용액 → 황색변화
• 정전기 발생 주의할 것(생성방지제 : $CaCl_2$)

---

58 위험물안전관리법령 중 위험물의 운반에 관한 기준에 따라 운반용기의 외부에 주의사항으로 '화기·충격주의', '물기엄금' 및 '가연물접촉주의'를 표시하였다. 어떤 위험물에 해당하는가?

① 제1류 위험물 중 알칼리금속의 과산화물
② 제2류 위험물 중 철분, 금속분, 마그네슘
③ 제3류 위험물 중 자연발화성물질
④ 제5류 위험물

59 그림과 같은 위험물을 저장하는 탱크의 내용적은 약 몇 m³인가? (단, r은 10m, L은 25m 이다.)

① 3,612m³
② 4,754m³
③ 5,812m³
④ 7,854m³

60 위험물안전관리법령상 제1석유류를 취급하는 위험물제조소의 건축물의 지붕에 대한 설명으로 옳은 것은?

① 항상 불연재료로 하여야 한다.
② 항상 내화구조로 하여야 한다.
③ 가벼운 불연재료가 원칙이지만, 예외적으로 내화구조로 할 수 있는 경우가 있다.
④ 내화구조가 원칙이지만, 예외적으로 가벼운 불연재료로 할 수 있는 경우가 있다.

---

58 위험물 운반용기의 외부 표시사항
- 위험물의 품명, 위험등급, 화학명 및 수용성(제4류 위험물의 수용성인 것에 한함)
- 위험물의 수량
- 위험물에 따른 주의사항

유별	구분	표시사항
제1류 위험물 (산화성고체)	알칼리금속의 과산화물	화기·충격주의, 물기엄금 및 가연물접촉주의
	그 밖의 것	화기·충격주의 및 가연물접촉주의
제2류 위험물 (가연성고체)	철분, 금속분, 마그네슘	화기주의 및 물기엄금
	인화성고체	화기엄금
	그 밖의 것	화기주의
제3류 위험물	자연발화성물질	화기엄금 및 공기접촉엄금
	금수성물질	물기엄금
제4류 위험물	인화성액체	화기엄금
제5류 위험물	자기반응성물질	화기엄금 및 충격주의
제6류 위험물	산화성액체	가연물접촉주의

59 탱크 내용적(V)$= \pi r^2 l = \pi \times 10^2 \times 25 = 7,854 m^3$

60 건축물 지붕을 내화구조로 할 수 있는 경우
- 제2류(분상 및 인화성고체는 제외), 제4류 중 4석유류, 동식물유류, 제6류 위험물
- 밀폐형구조의 건축물일 경우
  - 내부의 과압, 부압에 견딜 수 있는 콘크리트 구조일 것
  - 외부화재에 90분 이상 견딜 수 있는 구조일 것

제1과목 | 일반화학

해설·정답 확인하기

01 어떤 금속(M) 8g을 연소시키니 11.2g의 산화물이 얻어졌다. 이 금속의 원자량이 140이라면 이 산화물의 화학식은?

① M_2O_3

② MO

③ MO_3

④ M_2O_7

01

• 당량 : 수소 $1.008g$ 또는 산소 $8g$과 결합이나 치환할 수 있는 양

• 당량 = 원자량/원자가

• M(어떤 금속)+O(산화) → MO(금속산화물)

$\quad 8g \qquad + (3.2g) \rightarrow 11.2g$

$\quad x \qquad\quad : \quad 8g$

$x(금속의 당량) = \dfrac{8 \times 8}{3.2} = 20g(당량)$

• 원자가 $= \dfrac{원자량}{당량} = \dfrac{140}{20} = 7가$

∴ $M^{+7}O^{-2}_2 : M_2O_7$

02 $_{88}Ra^{226}$의 α 붕괴 후 생성물은 어떤 물질인가?

① 금속원소

② 비활성원소

③ 양쪽원소

④ 할로겐원소

02 • 방사성원소의 붕괴

방사선 붕괴	원자번호	질량수
α	2 감소	4 감소
β	1 증가	불변
γ	불변	불변

• α 붕괴 : $_{88}Ra^{226} \rightarrow \begin{bmatrix} 질량수(226-4=222) \\ 원자번호(88-2=86) \end{bmatrix}$ 로 $_{86}Rn^{222}$이 된다.

∴ $_{88}Rn^{222}$(라돈) : 주기율표에서 0족 원소인 비활성원소이다.

03 이온결합 물질의 일반적인 성질에 관한 설명 중 틀린 것은?

① 녹는점이 비교적 높다.

② 단단하며 부스러지기 쉽다.

③ 고체와 액체상태에서 모두 도체이다.

④ 물과 같은 극성용매에 용해되기 쉽다.

03 이온결합=금속(NH_4^+) + 비금속

③ 고체상태는 전기가 안 통하는 비전도성이고 액체상태는 전도성이다.

📌 $NaCl$, $CaCl_2$, NH_4Cl 등

정답 01 ④ 02 ② 03 ③

04 다음 반응에서 Na^+ 이온의 전자배치와 동일한 전자배치를 갖는 원소는?

$$Na + 에너지 \rightarrow Na^+ + e^-$$

① He　　　　　② Ne
③ Mg　　　　　④ Li

05 다음 중 반응이 정반응으로 진행되는 것은?

① $Pb^{2+} + Zn \rightarrow Zn^{2+} + Pb$
② $I_2 + 2Cl^- \rightarrow 2I^- + Cl_2$
③ $2Fe^{3+} + 3Cu \rightarrow 3Cu^{2+} + 2Fe$
④ $Mg^{2+} + Zn \rightarrow Zn^{2+} + Mg$

06 알칼리금속이 다른 금속원소에 비해 반응성이 큰 이유와 밀접한 관련이 있는 것은?

① 밀도가 작기 때문이다.
② 물에 잘 녹기 때문이다.
③ 이온화에너지가 작기 때문이다.
④ 녹는점과 끓는점이 비교적 낮기 때문이다.

07 다음 반응식에 관한 사항 중 옳은 것은?

$$SO_2 + 2H_2S \rightarrow 2H_2O + 3S$$

① SO_2는 산화제로 작용
② H_2S는 산화제로 작용
③ SO_2는 촉매로 작용
④ H_2S는 촉매로 작용

08 벤젠의 유도체인 TNT의 구조식을 옳게 나타낸 것은?

①
②
③
④

---

04 전자배열(+ : 전자를 잃음, − : 전자를 얻음)

전자껍질(주양자수)	K(n=1)	L(n=2)	M(n=3)
최대수용전자수($2n^2$)	2	8	18
	$1S^2$	$2S^2\,2P^6$	$3S^2\,3P^6\,3d^{10}$
Na^+ (원자번호 : 11 / 전자수 : 11−1=10)	2	8	−
	$1S^2$	$2S^2\,2P^6$	−
① He (원자번호 : 2 / 전자수 : 2)	2	−	
	$1S^2$		
② Ne (원자번호 : 10 / 전자수 : 10)	2	8	
	$1S^2$	$2S^2\,2P^6$	
③ Mg (원자번호 : 12 / 전자수 : 12)	2	8	2
	$1S^2$	$2S^2\,2P^6$	$3S^2$
④ Li (원자번호 : 3 / 전자수 : 3)	2	1	
	$1S^2$	$3S^1$	−

05 ① 이온화경향 : Zn>Pb이므로 정반응(→)으로 진행된다.
② 전기음성도 : Cl>I이므로 역반응(←)으로 진행된다.
③ 이온화경향 : Fe>Cu이므로 역반응(←)으로 진행된다.
④ 이온화경향 : Mg>Zn이므로 역반응(←)으로 진행된다.

06
- 제1족의 알칼리금속은 최외각 전자(원자가 전자)를 1개 가지고 있어 전자를 잃기 쉬우므로 ⊕1가의 양이온으로 되기 쉽다. 따라서 금속성이 강할수록 이온화경향은 크고 이온화에너지는 작다.
- 이온화에너지 : 중성원자가 전자를 제거하여 양이온으로 만드는 데 필요한 에너지
  - 같은 족 : 원자번호가 증가할수록 이온화에너지는 작아진다.
  - 같은 주기원소 : 원자번호가 증가할수록 이온화에너지는 커진다.

07
$$\underset{+4}{SO_2} + 2\underset{-2}{H_2S} \rightarrow 2H_2O + \underset{0}{3S}$$
환원(산화제), 산화(환원제)

∴ [SO_2 : 산화제 / H_2S : 환원제]

- 산화 : 원자가(산화수) 증가, 환원 : 원자가(산화수) 감소
- 산화제 : 자신은 환원되고 남을 산화시키는 것
- 환원제 : 자신은 산화되고 남을 환원시키는 것

08 트리니트로톨루엔[$C_6H_2CH_3(NO_2)_3$, TNT] : 제5류 위험물
- 진한 황산(탈수작용) 촉매하에 톨루엔과 질산을 반응시켜 생성한다.

$$톨루엔 + 3HNO_3 \xrightarrow[니트로화]{c-H_2SO_4} TNT + 3H_2O$$

(톨루엔)　(질산)　　　　　　(TNT)　　(물)

09
95wt% 황산의 비중은 1.84이다. 이 황산의 몰농도는 약 얼마인가?

① 4.5

② 8.9

③ 17.8

④ 35.6

10
기하이성질체 때문에 극성분자와 비극성분자를 가질 수 있는 것은?

① C_2H_4

② C_2H_3Cl

③ $C_2H_2Cl_2$

④ C_2HCl_3

11
$CH_4(g)+2O_2(g) \rightarrow CO_2(g)+2H_2O(g)$의 반응에서 메탄의 농도를 일정하게 하고 산소의 농도를 2배로 하면 동일한 온도에서 반응속도는 몇 배로 되는가?

① 2배

② 4배

③ 6배

④ 8배

12
암모니아 분자의 구조는?

① 평면

② 선형

③ 피라미드

④ 사각형

13
$CuSO_4$수용액을 10A의 전류로 32분 10초 동안 전기분해시켰다. 음극에서 석출되는 Cu의 질량은 몇 g인가?(단, Cu의 원자량은 63.6이다.)

① 3.18g

② 6.36g

③ 9.54g

④ 12.72g

---

09 몰농도(M) $= \dfrac{\text{비중}\times 10 \times \text{%농도}}{\text{분자량}} = \dfrac{1.84\times 10 \times 95}{98} = 17.84$

10 기하이성질체 : 이중결합의 탄소원자에 결합된 원자 또는 원자단의 공간적 위치가 다른 것으로서 시스(cis)형과 트랜스(trans)형의 두 가지를 갖는다.

cis-1,2-dichloroethene
(극성분자)

trans-1,2-dichloroethene
(비극성분자)

11 반응속도 : 일정한 온도에 반응물의 농도의 곱에 비례한다.
- CH_4의 농도는 일정하므로 반응속도 : $[CH_4]=[1]$
- $2O_2$의 농도를 2배로 하면 반응속도 : $[O_2]^2=[2]^2$
∴ 반응속도 $v=k[CH_4][O_2]^2=k[1][2]^2=4$배

12 분자의 구조(결합오비탈)
- 직선형(SP결합) : BeH_2
- 평면삼각형(SP^2결합) : BF_3, BH_3
- 정사면체형(SP^3결합) : CH_4
- 피라미드형(P^3결합) : NH_3
- 굽은(V자)형(P^2결합) : H_2O

13
- 황산구리($CuSO_4$)수용액 : $CuSO_4 \rightarrow Cu^{2+}+SO_4^{2-}$
  여기서 Cu의 원자가=2가이고 원자량=63.6g=2g당량이 된다.

  당량 $= \dfrac{\text{원자량}}{\text{원자가}} = \dfrac{63.6}{2} = 31.8g$(당량)$=1g$당량

  1F(패럿)$=96,500$C(쿨롱)$=1g$당량 석출
- 10A의 전류가 32분 10초 동안 흘렀을 때 전하량 C(쿨롱)
  Q=I(전류)×t(시간)=10A×1,930sec(32분 10초)
  　　　　　　　　=19,300C

  1C=1A×1sec
- 전하량 19,300C일 때 석출되는 구리(Cu)의 질량(g)
  [1F]=96,500C : 31.8g

  19,300C : x

  ∴ $x = \dfrac{19,300 \times 31.8}{96,500} = 6.36g$

정답 **09** ③ **10** ③ **11** ② **12** ③ **13** ②

14 10.0mL의 0.1M－NaOH을 25.0mL의 0.1M－HCl에 혼합하였을 때 이 혼합용액의 pH는 얼마인가?

① 1.37 ② 2.82
③ 3.37 ④ 4.82

15 $CO+2H_2 \rightarrow CH_3OH$의 반응에 있어서 평형상수 K를 나타내는 식은?

① $K=\dfrac{[CH_3OH]}{[CO][H_2]}$

② $K=\dfrac{[CH_3OH]}{[CO][H_2]^2}$

③ $K=\dfrac{[CO][H_2]}{[CH_3OH]}$

④ $K=\dfrac{[CO][H_2]^2}{[CH_3OH]}$

16 다음 물질 중에서 염기성인 것은?

① $C_6H_5NH_2$ ② $C_6H_5NO_2$
③ C_6H_5OH ④ C_6H_5COOH

17 배수비례의 법칙이 적용 가능한 화합물을 옳게 나열한 것은?

① CO, CO_2 ② HNO_3, HNO_2
③ H_2SO_4, H_3SO_3 ④ O_2, O_3

18 밑줄 친 원소의 산화수가 ＋5인 것은?

① $H_3\underline{P}O_4$ ② $K\underline{Mn}O_4$
③ $K_2\underline{Cr}_2O_7$ ④ $K_3[\underline{Fe}(CN)_6]$

19 어떤 물질 1g을 증발시켰더니 그 부피가 0℃, 4atm에서 329.2mL 였다. 이 물질의 분자량은?(단, 증발한 기체는 이상기체라 가정한다.)

① 17 ② 23
③ 30 ④ 60

---

14 산과 염기는 당량 대 당량으로 중화한다. 이때 중화 후 HCl이 남는다. 그러므로 남은 HCl의 농도를 공식에 의하여 구한다.

- $0.1M－HCl=0.1N－HCl$
  (H^+수가 1개 이므로 M농도＝N농도)
- $0.1M－NaOH=0.1N－NaOH$
  (OH^-수가 1개 이므로 M농도＝N농도)
- $NV－N_1V_1=N_2(V+V_1)$
  $(0.1\times25)-(0.1\times10)=N_2(25+10)$
  $N_2=\dfrac{(0.1\times25)-(0.1\times10)}{25+10}$
  $\quad=0.4286N(HCl)$
- $0.0428N－HCl=4.28\times10^{-2}N－HCl$, $[H^+]$농도$=4.28\times10^{-2}$
- $PH=-\log[H^+]=-\log[4.28\times10^{-2}]=2-\log4.28=1.369$
  $\therefore PH=1.37$

15 평형상수$(K)=\dfrac{\text{생성물질의 농도의 곱}}{\text{반응물질의 농도의 곱}}=\dfrac{[CH_3OH]}{[CO][H_2]^2}$

⑩ $aA+bB \rightarrow dC+cD$, $K=\dfrac{[C]^d[D]^c}{[A]^a[B]^b}$

16 ① $C_6H_5NH_2$(아닐린) : 염기성
② $C_6H_5NO_2$(니트로벤젠) : 비수용성
③ C_6H_5OH(페놀, 석탄산) : 약산성
④ C_6H_5COOH(안식향산, 벤조산) : 약산성

17 배수비례의 법칙 : 서로 다른 두 종류의 원소가 화합하여 여러 종류의 화합물을 구성할 때, 한 원소의 일정 질량과 결합하는 다른 원소의 질량비는 간단한 정수비로 나타낸다.

> ⑩ 탄소화합물 : CO, CO_2(탄소원자 1개당 산소가 1:2 정수비로 나타남)
> 황화합물 : SO_2, SO_3(황원자 1개당 산소가 2:3정수비로 나타남)

18 단체 및 화합물의 산화수 총합은 '0'이다.
① H_3PO_4 : $(+1\times3)+P+(-2\times4)=0$ $\therefore P=+5$
② $KMnO_4$: $+1+Mn+(-2\times4)=0$ $\therefore Mn=+7$
③ $K_2Cr_2O_7$: $(+1\times2)+(Cr\times2)+(-2\times7)=0$ $\therefore Cr=+6$
④ $K_3[Fe(CN)_6]$: $(+1\times3)[Fe]+(-1)\times6]$ $\therefore Fe=+3$

19 이상기체 상태방정식

$$PV=nRT=\frac{W}{M}RT, \quad M=\frac{WRT}{PV}$$

$$\therefore M=\frac{1\times0.082\times(273+0)}{4\times0.3292}≒17$$

※ $329.2ml=0.3292l$

정답 14 ① 15 ② 16 ① 17 ① 18 ① 19 ①

20 수소 5g과 산소 24g의 연소반응 결과 생성된 수증기는 0℃, 1기압에서 몇 L인가?

① 11.2L

② 16.8L

③ 33.6L

④ 44.8L

20
- 수소 연소반응식

$$2H_2 \; + \; O_2 \; \rightarrow 2H_2O$$
$$4g \; : \; 32g \; \rightarrow 2 \times 22.4 \,(0℃, 1기압)$$
$$3g \; : \; 24g \; \rightarrow x$$

$$\therefore x = \frac{24 \times 2 \times 22.4}{32} = 33.6l$$

- 반응식에서 산소(O_2) 24g은 수소(H_2) 3g만 연소반응에 참여하고 2g(5−3)은 남는다.

제2과목 | 화재예방과 소화방법

21 위험물제조소등에 '화기주의'라고 표시한 게시판을 설치하는 경우 몇 류 위험물의 제조소인가?

① 제1류 위험물

② 제2류 위험물

③ 제4류 위험물

④ 제5류 위험물

21

주의사항	유별
화기엄금 (적색바탕, 백색문자)	• 제2류 위험물(인화성고체) • 제3류 위험물(자연발화성물품) • 제4류 위험물 • 제5류 위험물
화기주의 (적색바탕, 백색문자)	• 제2류 위험물(인화성고체 제외)
물기엄금 (청색바탕, 백색문자)	• 제1류 위험물(무기과산화물) • 제3류 위험물(금수성물품)

22 위험물안전관리법령상 위험물별 적응성이 있는 소화설비가 옳게 연결되지 않은 것은?

① 제4류 및 제5류 위험물 − 할로겐화합물 소화기

② 제4류 및 제6류 위험물 − 인산염류 분말소화기

③ 제1류 알칼리금속 과산화물 − 탄산수소염류 분말소화기

④ 제2류 및 제3류 위험물 − 팽창질석

22

	대상물의 구분	건축물·그 밖의 공작물	전기설비	제1류 위험물		제2류 위험물			제3류 위험물		제4류 위험물	제5류 위험물	제6류 위험물
				알칼리금속과산화물	그 밖의 것	철분·금속분·마그네슘	인화성고체	그 밖의 것	금수성물품	그 밖의 것			
소화설비의 구분													
물분무등소화설비	물분무 소화설비	○	○		○		○	○		○	○	○	○
	포 소화기	○			○		○	○		○	○	○	○
	이산화탄소 소화기		○				○				○		△
	할로겐화합물 소화기		○				○				○		
분말소화기	인산염류 소화기	○	○		○		○				○		○
	탄산수소염류 소화기		○	○		○	○		○		○		
	그 밖의 것			○		○			○				
기타	팽창질석 또는 팽창진주암			○	○	○	○	○	○	○	○	○	○

23 위험물안전관리법령상 옥외탱크저장소의 저장탱크 용량이 1,000만L 이상인 경우 경보설비를 설치해야 한다. 경보설비 설치대상에 해당되지 않는 것은?

① 특수인화물

② 제1석유류

③ 제2석유류

④ 알코올류

23 위험물안전관리법령상 옥외탱크저장소에 특수인화물, 제1석유류 및 알코올류를 저장 또는 취급하는 탱크 용량이 1,000만L 이상인 경우에는 자동화재탐지설비 및 자동화재속보설비를 설치해야 한다.

정답 20 ③   21 ②   22 ①   23 ③

24 소화약제로서 물이 갖는 특성에 대한 설명으로 옳지 않은 것은?

① 유화효과(emulsification effect)도 기대할 수 있다.

② 증발잠열이 커서 기화 시 다량의 열을 제거한다.

③ 기화팽창률이 커서 질식효과가 있다.

④ 용융잠열이 커서 주수 시 냉각효과가 뛰어나다.

25 할로겐화합물 소화설비 기준에서 할론 2402를 가압식 저장용기에 저장하는 경우 충전비로 옳은 것은?

① 0.51 이상 0.67 이하

② 0.7 이상 1.4 미만

③ 0.9 이상 1.6 이하

④ 0.67 이상 2.75 이하

26 처마의 높이가 6m 이상인 단층 건물에 설치된 옥내저장소의 소화설비로 고려될 수 없는 것은?

① 고정식 포 소화설비

② 옥내소화전설비

③ 고정식 이산화탄소 소화설비

④ 고정식 분말 소화설비

27 분말 소화약제인 탄산수소나트륨 10kg이 1기압, 270℃에서 방사되었을 때 발생하는 이산화탄소의 양은 약 몇 m³인가?

① 2.65 ② 3.65

③ 18.22 ④ 36.44

28 유기과산화물의 화재예방상 주의사항으로 틀린 것은?

① 열원으로부터 멀리 한다.

② 직사광선을 피한다.

③ 용기의 파손 여부를 정기적으로 점검한다.

④ 가급적 환원제와 접촉하고 산화제는 멀리 한다.

---

24 주수소화 시 물의 기화잠열이 커서 냉각효과가 뛰어나다.

25 할로겐 화합물 소화설비

약제의 종류		충전비
할론 2402	가압식	0.51 이상 0.67 이하
	축압식	0.67 이상 2.75 이하
할론 1211		0.7 이상 1.4 이하
할론 1301		0.9 이상 1.6 이하

26

제조소등의 구분		소화설비
옥내 저장소	처마 높이가 6m 이상인 단층 건물 또는 다른 용도의 부분이 있는 건축물에 설치한 옥내저장소	스프링클러설비 또는 이동식 외의 물분무등 소화설비
	그 밖의 것	옥외소화전설비, 스프링클러설비, 이동식 외의 물분무등 소화설비 또는 이동식 포 소화설비(포소화전을 옥외에 설치하는 것에 한한다.)

※ 물분무등 소화설비 : 물분무, 미분무, 포, CO₂, 할로겐화합물, 청정소화약제, 분말, 강화액 소화설비

27
• 탄산수소나트륨($NaHCO_3$) 열분해 반응식

$$2NaHCO_3 \rightarrow Na_2CO_3 + CO_2 + H_2O$$

$$2 \times 84kg \quad : \quad 22.4m^3$$

$$10kg \quad : \quad x$$

$$x = \frac{10 \times 22.4}{2 \times 84} = 1.33 \ (0℃, 1기압)$$

• 1기압, 270℃으로 환산하면,

$$\frac{V}{T} = \frac{V'}{T'} \Rightarrow \frac{1.33}{273+0} = \frac{V'}{273+270}$$

$$\therefore V' = 2.65m^3$$

28 유기과산화물 : 제5류(자기반응성)는 자체 내에 산소를 함유하고 있기 때문에 가급적 환원제 및 산화제의 접촉을 피하고 환기가 잘 되는 냉암소에 보관할 것

29 오황화린의 저장 및 취급방법으로 틀린 것은?

① 산화제와의 접촉을 피한다.
② 물속에 밀봉하여 저장한다.
③ 불꽃과의 접근이나 가열을 피한다.
④ 용기의 파손, 위험물의 누출에 유의한다.

29 • 황화린(제2류, 가연성고체) : 삼황화린(P_4S_3), 오황화린(P_2S_5), 칠황화린(P_4S_7)
• 오황화린은 물 또는 알칼리반응하여 인산과 유독성기체인 황화수소를 발생한다.
$$P_2S_5 + 8H_2O \rightarrow 2H_3PO_4 + 5H_2S\uparrow$$
(오황화린)　(물)　　(인산)　(황화수소)

30 수성막포 소화약제를 수용성 알코올 화재 시 사용하면 소화효과가 떨어지는 가장 큰 이유는?

① 유독가스가 발생하므로
② 화염의 온도가 높으므로
③ 알코올은 포와 반응하여 가연성 가스를 발생하므로
④ 알코올은 소포성을 가지므로

30 • 알코올용포 소화약제 : 일반포를 수용성위험물에 방사하면 포 약제가 소멸하는 소포성 때문에 사용하지 못한다. 이를 방지하기 위하여 특별히 제조된 포 약제가 알코올용포 소화약제이다.
• 알코올용포 사용위험물(수용성위험물) : 알코올, 아세톤, 피리딘, 초산, 포름산(개미산) 등의 수용성액체화재 시 사용한다.

31 포 소화약제의 주된 소화효과를 모두 옳게 나타낸 것은?

① 촉매효과와 억제효과
② 억제효과와 제거효과
③ 질식효과와 냉각효과
④ 연소방지와 촉매효과

31 포 소화약제의 주된 소화효과 : 질식효과(거품)와 냉각효과(물)

32 94% 드라이아이스 100g은 표준상태에서 몇 L의 CO_2가 되는가?

① 22.40L
② 47.85L
③ 50.90L
④ 62.74L

32 • 드라이아이스(고체 CO_2) : $100g \times 0.94 = 94g(CO_2)$
• 이상기체 상태방정식(표준상태 : 0℃, $1atm$)
$$PV = nRT = \frac{W}{M}RT \quad [CO_2\text{분자량}=44, W(\text{질량}) : 94g]$$
$$\therefore V = \frac{WRT}{PM} = \frac{94 \times 0.082 \times (273+0)}{1 \times 44} = 47.82l$$

33 화재를 잘 일으킬 수 있는 일반적인 경우에 대한 설명 중 틀린 것은?

① 산소와 친하력이 클수록 연소가 잘 된다.
② 온도가 상승하면 연소가 잘 된다.
③ 연소범위가 넓을수록 연소가 잘 된다.
④ 발화점이 높을수록 연소가 잘 된다.

33 가연물이 갖추어야 할 조건
• 산소와 친하력이 클 것　　• 발화점이 낮을 것
• 표면적이 넓을 것　　　　• 발열량이 클 것
• 활성화에너지가 적을 것　• 연소범위가 넓을 것
• 열전도도가 작을 것　　　• 활성이 강할 것

정답　29 ②　30 ④　31 ③　32 ②　33 ④

34 위험물의 운반용기 외부에 표시하여야 하는 주의사항에 '화기엄금'이 포함되지 않은 것은?

① 제1류 위험물 중 알칼리금속의 과산화물
② 제2류 위험물 중 인화성고체
③ 제3류 위험물 중 자연발화성물질
④ 제5류 위험물

35 제3종 분말 소화약제가 열분해될 때 생성되는 물질로서 목재, 섬유 등을 구성하고 있는 섬유소를 탈수탄화시켜 연소를 억제하는 것은?

① CO_2
② NH_3PO_4
③ H_3PO_4
④ NH_3

36 과산화수소의 화재예방 방법으로 틀린 것은?

① 암모니아와의 접촉은 폭발의 위험이 있으므로 피한다.
② 완전히 밀전·밀봉하여 외부 공기와 차단한다.
③ 용기는 착색하여 직사광선이 닿지 않게 한다.
④ 분해를 막기 위해 분해방지 안정제를 사용한다.

37 제2류 위험물에 해당하는 것은?

① 마그네슘과 나트륨
② 황화린과 황린
③ 수소화리튬과 수소화나트륨
④ 유황과 적린

---

34 위험물 운반용기의 외부 표시사항
- 위험물의 품명, 위험등급, 화학명 및 수용성(제4류 위험물의 수용성인 것에 한함)
- 위험물의 수량
- 위험물에 따른 주의사항

유별	구분	표시사항
제1류 위험물 (산화성고체)	알칼리금속의 과산화물	화기·충격주의, 물기엄금 및 가연 물접촉주의
	그 밖의 것	화기·충격주의 및 가연물접촉주의
제2류 위험물 (가연성고체)	철분, 금속분, 마그네슘	화기주의 및 물기엄금
	인화성고체	화기엄금
	그 밖의 것	화기주의
제3류 위험물	자연발화성물질	화기엄금 및 공기접촉엄금
	금수성물질	물기엄금
제4류 위험물	인화성액체	화기엄금
제5류 위험물	자기반응성 물질	화기엄금 및 충격주의
제6류 위험물	산화성액체	가연물접촉주의

35 제3종 분말 소화약제($NH_4H_2PO_4$, 제1인산암모늄) 열분해 반응식 :
$NH_4H_2PO_4 \rightarrow HPO_3 + NH_3 + H_2O$
- 190℃에서 분해 : $NH_4H_2PO_4 \rightarrow NH_3 + H_3PO_4$(인산, 올소인산)
- 215℃에서 분해 : $2H_3PO_4 \rightarrow H_2O + H_4P_2O_7$(피로인산)
- 300℃에서 분해 : $H_4P_2O_7 \rightarrow H_2O + 2HPO_3$(메타인산)

> 참고
> - 열분해 시 암모니아(NH_3)와 수증기(H_2O) : 질식효과
> - 열분해로 인한 : 냉각효과
> - 올소인산(H_3PO_4) : 섬유소의 탈수탄화효과
> - 유리된 암모늄염(NH_4^+) : 부촉매효과
> - 메타인산(HPO_3) : 방진효과(산소와 접촉차단) → A급화재 적응성

36 과산화수소(H_2O_2) : 제6류(산화성액체)
- 알칼리용액에서는 급격히 분해되나 약산성에서는 분해가 잘 안된다. 그러므로 직사광선을 피하고 분해방지제(안정제)로 인산, 요산을 가한다.
- 분해 시 발생되는 산소를 방출하기 위하여 용기에 작은 구멍이 있는 마개를 사용한다.
- ※ 과산화수소는 중량 36% 이상만 위험물에 해당됨

37 ① 마그네슘(Mg) : 2류, 나트륨(Na) : 3류
② 황화린 : 2류, 황린(P_4) : 3류
③ 수소화리튬(LiH) : 3류, 수소화나트륨(NaH) : 3류
④ 유황(S) : 2류, 적린(P) : 2류

정답 34 ① 35 ③ 36 ② 37 ④

38 디에틸에테르 2,000L와 아세톤 4,000L를 옥내저장소에 저장하고 있다면 총 소요단위는 얼마인가?

① 5
② 6
③ 50
④ 60

39 위험물의 화재 시 주수소화하면 가연성 가스의 발생으로 인하여 위험성이 증가하는 것은?

① 황
② 염소산칼륨
③ 인화칼슘
④ 질산암모늄

40 이산화탄소 소화설비의 배관에 대한 기준으로 옳은 것은?

① 원칙적으로 겸용이 가능하도록 할 것
② 동관의 배관은 고압식인 경우 16.5MPa 이상의 압력에 견디는 것일 것
③ 관이음쇠는 저압식의 경우 5.0MPa 이상의 압력에 견디는 것일 것
④ 배관의 가장 높은 곳과 낮은 곳의 수직 거리는 $30m$ 이하일 것

제3과목 | 위험물의 성질과 취급

41 과산화칼륨에 대한 설명으로 옳지 않은 것은?

① 염산과 반응하여 과산화수소를 생성한다.
② 탄산가스와 반응하여 산소를 생성한다.
③ 물과 반응하여 수소를 생성한다.
④ 물과의 접촉을 피하고 밀전하여 저장한다.

38 제4류 위험물의 저정수량
- 디에틸에테르 : 특수인화물 50l
- 아세톤 : 제1석유류, 수용성 400l
- 위험물의 소요1단위 : 지정수량의 10배
- 소요단위 $= \dfrac{\text{저장수량}}{\text{지정수량} \times 10} = \dfrac{2,000}{50 \times 10} + \dfrac{4,000}{400 \times 10} = 5$단위

39 인화칼슘(Ca_3P_2, 인화석회) : 제3류 위험물(금수성)
- 물 또는 산과 격렬히 반응하여 가연성이며 맹독성인 포스핀(PH_3)가스를 생성한다.
  $$Ca_3P_2 + 6H_2O \rightarrow 3Ca(OH)_2 + 2PH_3\uparrow$$
  $$Ca_3P_2 + 6HCl \rightarrow 3CaCl_2 + 2PH_3\uparrow$$
- 주수소화는 절대 엄금하고 마른모래 등으로 피복소화한다.

40 이산화탄소 소화설비의 배관 설치기준
- 배관은 전용으로 할 것
- 강관의 배관은 고압식은 스케줄 80 이상, 저압식은 스케줄 40 이상의 것으로서 아연도금 등으로 방식처리된 것을 사용할 것
- 동관의 배관은 이음이 없는 동 및 동합금관으로서 고압식은 16.5MPa 이상, 저압식은 3.75MPa 이상의 압력에 견딜 수 있는 것을 사용할 것
- 관이음쇠는 고압식은 16.5MPa 이상, 저압식은 3.75MPa 이상의 압력에 견딜 수 있는 것으로서 적절한 방식처리를 한 것을 사용할 것
- 낙차(배관의 가장 낮은 위치로부터 가장 높은 위치까지의 수직 거리)는 50m 이하일 것

41 과산화칼륨(K_2O_2) : 제1류(산화성 고체)
- 무색 또는 오렌지색 분말로 에틸알코올에 용해, 흡습성 및 조해성이 강하다.
- 열분해 및 물과 반응 시 산소(O_2)를 발생한다.
  열분해 : $2K_2O_2 \xrightarrow{\Delta} 2K_2O + O_2\uparrow$
  물과 반응 : $2K_2O_2 + 2H_2O \longrightarrow 4KOH + O_2\uparrow$
- 산과 반응 시 과산화수소(H_2O_2)를 생성한다.
  $$K_2O_2 + 2CH_3COOH \longrightarrow 2CH_3COOK + H_2O_2$$
- 공기 중 탄산가스(CO_2)와 반응 시 산소(O_2)를 발생한다.
  $$2K_2O_2 + 2CO_2 \longrightarrow 2K_2CO_3 + O_2\uparrow$$
- 주수소화 절대엄금, 건조사 등으로 질식소화한다.(CO_2 효과없음)

42 어떤 공장에서 아세톤과 메탄올을 18L 용기에 각각 10개, 등유를 200L 드럼으로 3드럼을 저장하고 있다면 각각의 지정수량 배수의 총합은 얼마인가?

① 1.3
② 1.5
③ 2.3
④ 2.5

43 위험물안전관리법령상 옥내저장소의 안전거리를 두지 않을 수 있는 경우는?

① 지정수량 20배 이상의 동식물유류
② 지정수량 20배 미만의 특수인화물
③ 지정수량 20배 미만의 제4석유류
④ 지정수량 20배 이상의 제5류 위험물

44 다음 Ⓐ~Ⓒ물질 중 위험물안전관리법상 제6류 위험물에 해당하는 것은 모두 몇 개인가?

Ⓐ 비중 1.49인 질산
Ⓑ 비중 1.7인 과염소산
Ⓒ 물 60g + 과산화수소 40g 혼합 수용액

① 1개
② 2개
③ 3개
④ 없음

45 위험물안전관리법령에서 정한 이황화탄소의 옥외탱크 저장시설에 대한 기준으로 옳은 것은?

① 벽 및 바닥의 두께가 0.2m 이상이고, 누수가 되지 아니하는 철근 콘크리트의 수조에 넣어 보관하여야 한다.
② 벽 및 바닥의 두께가 0.2m 이상이고, 누수가 되지 아니하는 철근 콘크리트의 석유조에 넣어 보관하여야 한다.
③ 벽 및 바닥의 두께가 0.3m 이상이고, 누수가 되지 아니하는 철근 콘크리트의 수조에 넣어 보관하여야 한다.
④ 벽 및 바닥의 두께가 0.3m 이상이고, 누수가 되지 아니하는 철근 콘크리트의 석유조에 넣어 보관하여야 한다.

---

42 • 제4류 위험물의 지정수량

구분	아세톤(CH_3COCH_3)	메탄올(CH_3OH)	등유(C_9~C_{18})
유별	제1석유류(수용성)	알코올류	제2석유류(비수용성)
지정수량	400l	400l	1000l

• 지정수량 배수의 총합

$$= \frac{A품목의\ 저장수량}{A품목의\ 지정수량} + \frac{B품목의\ 저장수량}{B품목의\ 지정수량} + \cdots\cdots$$

$$= \frac{18l \times 10개}{400l} + \frac{18l \times 10개}{400l} + \frac{200l \times 3드럼}{1000l}$$

$$= \frac{180}{400} + \frac{180}{400} + \frac{600}{1000} = 1.5배$$

43 옥내저장소의 안전거리 제외 대상
① 제4석유류 또는 동식물유류의 위험물을 저장 또는 취급하는 옥내저장소로서 지정수량의 20배 미만인 것
② 제6류 위험물을 저장 또는 취급하는 옥내저장소
③ 지정수량의 20배(하나의 저장창고의 바닥면적이 150m^2 이하인 경우에는 50배) 이하의 위험물을 저장 또는 취급하는 옥내저장소로서 다음의 기준에 적합한 것
  • 저장창고의 벽, 기둥, 바닥, 보 및 지붕이 내화구조일 것
  • 저장창고의 출입구에 수시로 열 수 있는 자동폐쇄방식의 갑종 방화문이 설치되어 있을 것
  • 저장창고에 창을 설치하지 아니할 것

44 제6류 위험물 적용기준
• 질산(HNO_3) : 비중 1.49 이상
• 과염소산($HClO_4$) : 모두 적용
• 과산화수소(H_2O_2) : 농도 36중량% 이상
  Ⓒ의 %농도 $= \dfrac{용질}{용매 + 용질} \times 100 = \dfrac{40}{60 + 40} \times 100$
  $= 40중량\%(H_2O_2)$

45 이황화탄소(CS_2) : 제4류 특수인화물(인화성액체)
• 발화점 100℃ 액비중 1.26으로 물보다 무겁고 물에 녹지 않아 가연성증기의 발생을 방지하기 위해서 물속에 저장한다.

46 위험물안전관리법령에 따른 제4류 위험물 옥내저장탱크에 설치하는 밸브 없는 통기관의 설치기준으로 가장 거리가 먼 것은?

① 통기관의 지름은 30mm 이상으로 한다.
② 통기관의 선단은 수평면에 대하여 아래로 45° 이상 구부려 설치한다.
③ 통기관은 가스가 체류되지 않도록 그 선단을 건축물의 출입구로부터 0.5m 이상 떨어진 곳에 설치하고 끝에 팬을 설치한다.
④ 인화점이 38℃ 미만인 위험물만을 저장하는 탱크의 통기관에는 화염방지장치를 설치한다.

47 다음은 위험물의 성질을 설명한 것이다. 위험물과 그 위험물의 성질을 모두 옳게 연결한 것은?

A. 건조 질소와 상온에서 반응한다.
B. 물과 작용하면 가연성가스를 발생한다.
C. 물과 작용하면 수산화칼슘을 발생한다.
D. 비중이 1 이상이다.

① K − A, B, C
② Ca_3P_2 − B, C, D
③ Na − A, C, D
④ CaC_2 − A, B, D

48 주유 취급소의 고정 주유설비는 고정 주유설비의 중심선을 기점으로 하여 도로 경계선까지 몇 m 이상 떨어져 있어야 하는가?

① 2m
② 3m
③ 4m
④ 5m

---

46 옥내저장탱크 통기관 중 밸브 없는 통기관의 설치기준(제4류 위험물)
• 통기관의 선단은 건축물의 창, 출입구 등의 개구부로부터 1m 이상 떨어진 옥외의 장소에 지면으로부터 4m 이상의 높이로 설치할 것
• 인화점이 40℃ 미만인 위험물의 탱크에 설치하는 통기관과 부지 경계선까지의 거리는 1.5m 이상 이격할 것
• 통기관의 선단은 옥외에 설치할 것
• 통기관의 직경은 30mm 이상으로 할 것
• 통기관의 선단은 수평면에 대하여 아래로 45° 이상 구부려 빗물 등의 침투를 막을 것
• 인화점이 38℃ 미만인 위험물만을 저장, 취급하는 탱크의 통기관에는 화염방지장치를 설치하고, 인화점이 38℃ 이상 70℃ 미만인 위험물을 저장, 취급하는 탱크의 통기관에는 40mesh 이상의 구리망으로 된 인화방지장치를 설치할 것

47 인화칼슘(Ca_3P_2 : 인화석회) : 제3류(금수성물질)
• 비중은 2.51, 적갈색 괴상의 고체이다.
• 물과 반응하여 수산화칼슘과 유독성, 가연성인 인화수소(PH_3, 포스핀) 가스를 발생한다.
$$Ca_3P_2 + 6H_2O \rightarrow 3Ca(OH)_2 + 2PH_3 \uparrow$$

48 고정 주유설비 또는 고정 급유설비(중심선을 기점으로 하여)
• 도로 경계선까지 : 4m 이상
• 부지 경계선 담 및 건축물의 벽까지 : 2m 이상
  (개구부 없는 벽까지 : 1m 이상)
• 고정 주유설비와 고정 급유설비 사이 : 4m 이상

49 위험물안전관리법령에 따른 위험물 저장기준으로 틀린 것은?

① 이동탱크저장소에는 설치 허가증을 비치하여야 한다.
② 지하저장탱크의 주된 밸브는 위험물을 넣거나 빼낼 때 외에는 폐쇄하여야 한다.
③ 아세트알데히드를 저장하는 이동저장탱크에는 탱크 안에 불활성가스를 봉입하여야 한다.
④ 옥외저장탱크 주위에 설치된 방유제의 내부에 물이나 유류가 괴었을 경우에는 즉시 배출하여야 한다.

50 다음 (   ) 안에 알맞은 수치는?(단, 인화점이 200℃ 이상인 위험물은 제외한다.)

> 옥외저장탱크의 지름이 $15m$ 미만인 경우에 방유제는 탱크의 옆판으로부터 탱크 높이의 (   ) 이상 이격하여야 한다.

① $\frac{1}{3}$ ② $\frac{1}{2}$

③ $\frac{1}{4}$ ④ $\frac{2}{3}$

51 위험물안전관리법령상 어떤 위험물을 저장 또는 취급하는 이동탱크저장소는 불활성기체를 봉입할 수 있는 구조로 하여야 하는가?

① 아세톤
② 벤젠
③ 과염소산
④ 산화프로필렌

52 다음 중 금수성물질로만 나열된 것은?

① K, CaC₂, Na
② KClO₃, Na, S
③ KNO₃, CaO₂, Na₂O₂
④ NaNO₃, KClO₃, CaO₂

---

49 이동탱크저장소에는 완공검사필증과 정기점검기록을 비치하여야 한다.

50 옥외탱크저장소의 방유제(이황화탄소는 제외)
  ① 방유제의 용량
    • 탱크가 하나 있을 때 : 탱크용량의 110% 이상
    • 탱크가 2기 이상일 때 : 탱크 중 용량이 최대인 것의 용량의 110% 이상
  ② 방유제의 높이 0.5m 이상 3m 이하, 두께 0.2m 이상, 지하매설 깊이 1m 이상
  ③ 방유제 내의 면적 : 80,000m^2 이하
  ④ 방유제 내에 설치하는 옥외저장탱크의 수 : 10 이하
  ⑤ 방유제와 탱크의 옆판과의 유지거리(단, 인화점이 200℃ 이상인 위험물은 제외)
    • 지름이 15m 미만일 때 : 탱크 높이의 $\frac{1}{3}$ 이상
    • 지름이 15m 이상일 때 : 탱크 높이의 $\frac{1}{2}$ 이상
  ⑥ 방유제 높이가 1m 이상 : 50m마다 계단(경사로)설치

51 알킬알루미늄등, 아세트알데히드등 및 디에틸에테르등의 저장기준
※ 알킬알루미늄등 : 알킬알루미늄, 알킬리튬
※ 아세트알데히드등 : 아세트알데히드, 산화프로필렌
1. 옥외 및 옥내저장탱크 또는 지하저장탱크의 저장유지온도

위험물의 종류	압력 외의 탱크	위험물의 종류	압력탱크
산화프로필렌, 디에틸에테르 등	30℃ 이하	아세트알데히드 등, 디에틸에테르등	40℃ 이하
아세트알데히드	15℃ 이하		

2. 이동저장탱크의 저장유지온도

위험물의 종류	보냉장치가 있는 경우	보냉장치가 없는 경우
아세트알데히드등, 디에틸에테르등	비점 이하	40℃ 이하

• 이동저장탱크에 알킬알루미늄등을 저장하는 경우에는 20kpa 이하의 압력으로 불활성기체를 봉입하여 둘 것 ※꺼낼 때는 200kpa 이하의 압력
• 이동저장탱크에 아세트알데히드등을 저장하는 경우에는 항상 불활성기체를 봉입하여 둘 것 ※ 꺼낼 때는 100kpa 이하의 압력

52 ① K, CaC₂, Na(제3류, 금수성)
  ② KClO₃(제1류, 산화성고체), Na(제3류, 금수성), S(제2류, 가연성고체)
  ③ KNO₃(제1류, 산화성고체), CaO₂와 Na₂O₂(제1류, 무기과산화물, 금수성)
  ④ NaNO₃와 KClO₃(제1류, 산화성고체), CaO₂(제1류, 무기과산화물, 금수성)

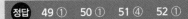
정답   49 ①   50 ①   51 ④   52 ①

53 위험물안전관리법령에 따른 지하탱크저장소의 지하저장 탱크의 기준으로 옳지 않은 것은?

① 탱크의 외면에는 녹 방지를 위한 도장을 하여야 한다.

② 탱크의 강철판 두께는 $3.2mm$ 이상으로 하여야 한다.

③ 압력탱크는 최대 상용압력의 1.5배의 압력으로 10분간 수압시험을 한다.

④ 압력탱크 외의 것은 50kPa의 압력으로 10분간 수압시험을 한다.

54 다음 중 인화점이 가장 낮은 것은?

① $C_6H_5NH_2$

② $C_6H_5NO_2$

③ C_6H_5N

④ $C_6H_5CH_3$

55 아세톤의 물리적 특성으로 틀린 것은?

① 무색, 투명한 액체로서 독특한 자극성의 냄새를 가진다.

② 물에 잘 녹으며 에테르, 알코올에도 녹는다.

③ 화재 시 대량 주수소화로 희석소화가 가능하다.

④ 증기는 공기보다 가볍다.

56 제2류 위험물과 제5류 위험물의 공통점에 해당하는 것은?

① 유기화합물이다.

② 가연성물질이다.

③ 자연발화성 물질이다.

④ 산소를 포함하고 있는 물질이다.

53 압력탱크 외의 것은 70kPa의 압력으로 10분간 수압시험을 한다. (압력탱크는 최대 상용압력의 1.5배의 압력으로 10분간 수압시험 실시)

54 제4류 위험물의 인화점
① 아닐린($C_6H_5NH_2$) : 75℃
② 니트로벤젠($C_6H_5NO_2$) : 88℃
③ 피리딘(C_6H_5N) : 20℃
④ 톨루엔($C_6H_5CH_3$) : 4℃

55 아세톤(CH_3COCH_3) : 제4류 제1석유류
• 분자량$=12+1×3+12+16+12+1×3=58$

• 증기비중$=\dfrac{분자량}{공기의\ 평균\ 분자량(29)}$

$\qquad\quad=\dfrac{58}{29}=2$(공기보다 무겁다)

• 증기밀도$=\dfrac{분자량}{22.4l}=\dfrac{58g}{22.4l}=2.58g/l$

56 • 제2류 위험물은 가연성고체로서 연소 및 착화하기 쉽고 연소속도가 빠른 고체이다.
• 제5류 위험물은 자기연소성물질로 자체 내에 산소를 함유하고 있으며 연소속도가 빠르고 마찰, 충격 등에 의해 폭발적으로 연소한다.

57 위험물의 반응성에 대한 설명 중 틀린 것은?

① 마그네슘은 온수와 작용하여 산소를 발생하고 산화마그네슘이 된다.

② 황린은 공기 중에서 연소하여 오산화인을 발생한다.

③ 아연분말은 공기 중에서 연소하여 산화아연을 발생한다.

④ 삼황화린은 공기 중에서 연소하여 오산화인을 발생한다.

58 니트로셀룰로오스의 저장 및 취급 방법으로 틀린 것은?

① 가열, 마찰을 피한다.

② 열원을 멀리 하고 냉암소에 저장한다.

③ 알코올용액으로 습면하여 운반한다.

④ 물과의 접촉을 피하기 위해 석유에 저장한다.

59 다음 위험물안전관리법령에서 정한 지정수량이 가장 작은 것은?

① 염소산염류

② 브롬산염류

③ 니트로화합물

④ 금속의 인화물

60 물과 반응하여 CH_4와 H_2 가스를 발생하는 것은?

① K_2C_2

② MgC_2

③ Be_2C

④ Mn_3C

---

57 마그네슘(Mg) : 제2류(금수성)

• 마그네슘은 온수와 반응하여 수산화마그네슘[$Mg(OH)_2$]과 수소(H_2)기체를 발생한다.

$$Mg + 2H_2O \rightarrow Mg(OH)_2 + H_2 \uparrow$$

• 산과 반응하여 수소(H_2)기체를 발생한다.

$$Mg + 2HCl \rightarrow MgCl_2 + H_2 \uparrow$$

• 이산화탄소와 반응하여 가연성, 유독성인 일산화탄소(CO)기체를 발생한다.

$$Mg + CO_2 \rightarrow MgO + CO \uparrow$$

• 소화 시 주수 및 CO_2는 금하고 건조사 등으로 피복소화한다.

58 니트로셀룰로오스[$(C_6H_7O_2(ONO_2)_2)_3)_n$] : 제5류(자기반응성)

• 셀룰로오스에 진한황산과 진한질산을 혼합 반응시켜 제조한 것이다.

• 저장 및 운반 시 물(20%) 또는 알코올(30%)로 습윤시킨다.

• 가열, 마찰, 충격에 의해 격렬히 폭발연소한다.

• 질화도(질소함유량)가 클수록 폭발성이 크다.

59 위험물의 지정수량

품명	염소산염류	브롬산염류	니트로화합물	금속의 인화합물
유별	제1류	제1류	제5류	제3류
지정수량	50kg	300kg	200kg	300kg

60 금속의 탄화물 : 제3류 위험물(금수성 물질), 지정수량 300kg

① $K_2C_2 + 2H_2O \rightarrow 2KOH + C_2H_2 \uparrow$

② $MgC_2 + 2H_2O \rightarrow Mg(OH)_2 + C_2H_2 \uparrow$

③ $Be_2C + 4H_2O \rightarrow 2Be(OH)_2 + CH_4 \uparrow$

④ $Mn_3C + 6H_2O \rightarrow 3Mn(OH)_2 + CH_4 \uparrow + H_2 \uparrow$

정답 57 ① 58 ④ 59 ① 60 ④

제1과목 | 일반화학

01 먹물에 아교나 젤라틴을 약간 풀어주면 탄소 입자가 쉽게 침전되지 않는다. 이때 가해준 아교는 무슨 콜로이드로 작용하는가?

① 서스펜션
② 소수
③ 복합
④ 보호

02 메틸알코올과 에틸알코올이 각각 다른 시험관에 들어있다. 이 두 가지를 구별할 수 있는 실험 방법은?

① 금속 나트륨을 넣어본다.
② 환원시켜 생성물을 비교하여 본다.
③ KOH와 I_2의 혼합 용액을 넣고 가열하여 본다.
④ 산화시켜 나온 물질에 은거울 반응시켜 본다.

03 어떤 기체가 탄소원자 1개당 2개의 수소원자를 함유하고 0℃, 1기압에서 밀도가 1.25g/L일 때 이 기체에 해당하는 것은?

① CH_2
② C_2H_4
③ C_3H_6
④ C_4H_8

04 탄소와 수소로 되어 있는 유기화합물을 연소시켜 CO_2 44g, H_2O 27g을 얻었다. 이 유기화합물의 탄소와 수소 몰비율(C : H)은 얼마인가?

① 1 : 3
② 1 : 4
③ 3 : 1
④ 4 : 1

해설·정답 확인하기

01 콜로이드의 분류
- 소수콜로이드 : 소량의 전해질을 가하여 엉김이 일어나는 콜로이드(무기질 콜로이드)
  예 $Fe(OH)_3$, 먹물, 점토, 황가루 등
- 친수콜로이드 : 다량의 전해질을 가해야 엉김이 일어나는 콜로이드(유기질 콜로이드)
  예 비누, 녹말, 젤라틴, 아교, 한천, 단백질 등
- 보호콜로이드 : 소수콜로이드에 친수콜로이드를 가하여 불안한 소수콜로이드의 엉김이 일어나지 않도록 친수콜로이드가 보호하는 현상
  예 먹물속의 아교, 잉크속의 아라비아고무 등

02
- 요오드포름 반응하는 물질
$$\begin{bmatrix} C_2H_5OH(\text{에틸알코올}) \\ CH_3CHO(\text{아세트알데히드}) \\ CH_3COCH_3(\text{아세톤}) \end{bmatrix}$$

$+ \boxed{KOH + I_2} \xrightarrow[\Delta]{\text{가열}} CHI_3\downarrow$ (요오드포름 : 노란색 침전)

※ CH_3OH(메틸알코올)은 요오드포름 반응을 하지 않음

03 ① 표준상태(0℃, 1기압)에서
- 기체 밀도$(\rho) = \dfrac{\text{분자량}(g)}{22.4l}$
- 밀도$(g/l) \times 22.4l = $ 분자량(g)

② $1.25g/l \times 22.4l = 28g$(분자량)

③ 비율로 $[C+H_2] \times n = 28g$, $[12+2] \times n = 28g$, $n=2$
$[C+H_2] \times 2 = 28g$ ∴ C_2H_4

04 C·H + O_2 → CO_2 + H_2O
(유기화합물) (연소) (44g) (27g)

- CO_2(44g) 중 C의 중량 : $44 \times \dfrac{C}{CO_2} = 44 \times \dfrac{12}{44} = 12g$
- H_2O(27g) 중 H의 중량 : $27 \times \dfrac{2H}{H_2O} = 27 \times \dfrac{2}{18} = 3g$
- O의 중량 : $(44+27)-(12+3) = 56g$
- 탄소와 수소의 몰비율 : $C = \dfrac{12}{12} = 1$, $H = \dfrac{3}{1}$
  ∴ C : H = 1 : 3

정답 01 ④ 02 ③ 03 ② 04 ①

05 나일론(Nylon 6.6)에는 다음 중 어느 결합이 들어있는가?

① $-S-S-$

② $-O-$

③ $\underset{\underset{-C-O-}{\overset{\parallel}{}}}{O}$

④ $\underset{\underset{-C-N-}{\overset{\parallel \ |}{}}}{O \ H}$

06 주기율표에서 원소를 차례대로 나열할 때 기준이 되는 것은?

① 원자의 부피
② 원자핵의 양성자수
③ 원자가 전자수
④ 원자 반지름의 크기

07 어떤 금속 1.0g을 묽은 황산에 넣었더니 표준상태에서 560mL의 수소가 발생하였다. 이 금속의 원자가는 얼마인가?(단, 금속의 원자량은 40으로 가정한다.)

① 1가   ② 2가
③ 3가   ④ 4가

08 물 100g에 황산구리 결정($CuSO_4 \cdot 5H_2O$) 2g을 넣으면 몇 % 용액이 되는가?(단, $CuSO_4$의 분자량은 160g/mol이다.)

① 1.25%   ② 1.96%
③ 2.4%   ④ 4.42%

09 다음 중 물이 산으로 작용하는 반응은 어느 것인가?

① $3Fe + 4H_2O \rightarrow Fe_3O_4 + 4H_2$

② $NH_4^+ + H_2O \rightleftarrows NH_3 + H_3O^+$

③ $HCOOH + H_2O \rightarrow HCOO^- + H_3O^+$

④ $CH_3COO^- + H_2O \rightarrow CH_3COOH + OH^-$

---

05 • 나일론－66 : 헥사메틸렌디아민과 아디프산을 고온에서 축합 시킨 폴리아미드계의 중합체로서 펩티드 결합($-CONH-$)을 한다.

• 펩티드 결합 : 카르복실기($-COOH$)와 아미노기($-NH_2$)을 가진 두 분자가 결합할 때 물(H_2O) 한 분자가 빠지면서 축합반응이 일어나는 결합이다.

예 단백질, 알부민, 나일론－66 등

06 • 주기율표는 원자핵의 양성자수(＝원자번호＝전자수)대로 나열되어 있다.

• 원자가 전자수는 최외각 껍질에 최외각 전자(가전자)를 말하며 같은 족의 원소끼리는 가전자가 같기 때문에 화학적 성질이 비슷하다.

07 • 당량 : 수소 $1.008g(＝11.2l＝0.5mol)$과 결합이나 치환할 수 있는 양

$$\underline{M(금속)} + H_2SO_4 \rightarrow MSO_4 + \underline{H_2} \uparrow$$

$$1g \qquad : \qquad \rightarrow 560ml$$
$$x \qquad : \qquad 11,200ml(11.2l)$$

$$\therefore x = \frac{1 \times 11,200}{560} = 20g(당량) = 1g(당량)$$

• 당량 ＝ $\dfrac{원자량}{원자가}$ ＝ $\dfrac{40}{x}$ ＝ $20g$(당량)

$$\therefore x = 2가$$

08 ① 황산구리 결정($CuSO_4 \cdot 5H_2O$) $2g$ 속에 순수한 $CuSO_4$를 구한다.

$$2 \times \frac{CuSO_4}{CuSO_4 \cdot 5H_2O} = 2 \times \frac{160}{160 + (5 \times 18)} = 1.28g$$

② %농도 ＝ $\dfrac{용질}{용액} \times 100 = \dfrac{1.28}{100 + 2} \times 100 = 1.254\%$

> 참고   농도계산에서 결정수 포함유무
> • 몰(M)농도, 규정(N)농도 : 결정수 포함
> • 용해도, %농도 : 결정수 제외

09

$$\overset{\downarrow \; H^+ \;}{\underset{(염기)}{CH_3COO^-}} + \underset{(산)}{H_2O} \rightleftarrows \overset{\; H^+ \; \downarrow}{\underset{(산)}{CH_3COOH}} + \underset{(염기)}{OH^-}$$

> 브뢴스테드－로우리의 산·염기의 정의
> • 산 : 양성자(H^+)를 내놓은 것
> • 염기 : 양성자(H^+)를 받아들이는 것

정답   **05** ④   **06** ②   **07** ②   **08** ①   **09** ④

10 어떤 비전해질 12g을 물 60.0g에 녹였다. 이 용액이 −1.88℃의 빙점 강하를 보였을 때 이 물질의 분자량을 구하면?(단, 물의 몰랄 어는점 내림 상수 Kf=1.86℃/m이다.)

① 297 ② 202
③ 198 ④ 165

11 다음 중 비공유 전자쌍을 가장 많이 가지고 있는 것은?

① CH_4 ② NH_3
③ H_2O ④ CO_2

12 대기압하에서 열린 실린더에 있는 1mol의 기체를 20℃에서 120℃까지 가열하면 기체가 흡수하는 열량은 몇 cal인가?(단, 기체 몰열용량은 4.97cal/mol이다.)

① $97cal$ ② $100cal$
③ $497cal$ ④ $760cal$

13 H_2O가 H_2S보다 비등점이 높은 이유는?

① 이온결합을 하고 있기 때문에
② 수소결합을 하고 있기 때문에
③ 공유결합을 하고 있기 때문에
④ 분자량이 적기 때문에

14 25g의 암모니아가 과잉의 황산과 반응하여 황산암모늄이 생성될 때 생성된 황산암모늄의 양은 약 얼마인가?(단, 황산암모늄의 몰질량은 132g/mol이다.)

① $82g$ ② $86g$
③ $92g$ ④ $97g$

15 질산은 용액에 담갔을 때 은(Ag)이 석출되지 않는 것은?

① 백금 ② 납
③ 구리 ④ 아연

16 25℃에서 83% 해리된 0.1N HCl의 pH는 얼마인가?

① 1.08 ② 1.52
③ 2.02 ④ 2.25

---

10 라울의 법칙(비전해질의 분자량 측정)

$$M=\frac{a\times1,000\times K_f}{W\times\varDelta T_f}$$
$$=\frac{12\times1,000\times1.86}{60\times1.88}$$
$$=197.8g$$

[M : 용질의 분자량
 a : 용질의 질량(g)
 K_f : 몰내림
 W : 용매의 질량(g)
 $\varDelta T_f$: 어는점 내림도(℃)]

11 비공유 전자쌍의 개수

① CH_4(없음)	② NH_3(1개)	③ H_2O(2개)	④ CO_2(4개)
비극성 분자	극성 분자	극성 분자	비극성 분자

12 열량(Q)=m·c·$\varDelta$T
$$=m\cdot c(T_2-T_1)$$
$$=1mol\times4.97cal/mol\times(120-20)$$
$$=497cal$$

13 수소결합 : 전기음성도가 큰 F, O, N과 수소(H)의 결합은 강하기 때문에 끓는점과 녹는점이 높다.
⑩ HF, H_2O, NH_3

14 $2NH_3+H_2SO_4 \rightarrow (NH_4)_2SO_4$
$2\times17g$: $132g$
$25g$: x
$\therefore x=\frac{25\times132}{2\times17}≒97g$

15 백금(Pt)과 금(Au)은 은(Ag)보다 이온화경향이 작기 때문에 치환 반응이 안 일어난다.
② $AgNO_3+Pb \rightarrow PbNO_3+Ag\downarrow$
③ $AgNO_3+Cu \rightarrow CuNO_3+Ag\downarrow$
④ $AgNO_3+Zn \rightarrow ZnNO_3+Ag\downarrow$
※ 금속의 이온화경향 서열
K>Ca>Na>Mg>Al>Zn>Fe>Ni>Sn>Pb>(H)>Cu>Hg>Ag>Pt>Au

16 • 0.1N HCl이 83% 해리되었을 때의 N농도
$0.1\times0.83=0.083N=8.3\times10^{-2}N$
• pH=$-\log[H^+]=-\log[8.3\times10^{-2}]$
$=2-\log8.3=1.08$

정답 10 ③ 11 ④ 12 ③ 13 ② 14 ④ 15 ① 16 ①

17 다음 중 카르보닐기를 갖는 화합물은?

① $C_6H_5CH_3$
② $C_6H_5NH_2$
③ CH_3OCH_3
④ CH_3COCH_3

18 다음 물질 중 수용액에서 약한 산성을 나타내며, 염화제이철 수용액과 정색반응을 하는 것은?

① (벤젠고리에 NH_2)
② (벤젠고리에 OH)
③ (벤젠고리에 NO_2)
④ (벤젠고리에 Cl)

19 은거울반응을 하는 화합물은?

① CH_3COCH_3
② CH_3OCH_3
③ $HCHO$
④ CH_3CH_2OH

20 1기압의 수소 2L와 3기압의 산소 2L를 동일 온도에서 5L의 용기에 넣으면 전체 압력은 몇 기압이 되는가?

① $\frac{4}{5}$
② $\frac{8}{5}$
③ $\frac{12}{5}$
④ $\frac{16}{5}$

제2과목 | 화재예방과 소화방법

21 이산화탄소 소화설비의 저압식 저장용기에 설치하는 압력경보장치의 작동 압력은?

① 1.9MPa 이상의 압력 및 1.5MPa 이하의 압력
② 2.3MPa 이상의 압력 및 1.9MPa 이하의 압력
③ 3.75MPa 이상의 압력 및 2.3MPa 이하의 압력
④ 4.5MPa 이상의 압력 및 3.75MPa 이하의 압력

---

17 ① 톨루엔($C_6H_5CH_3$) : $-CH_3$(메틸기)
② 아닐린($C_6H_5NH_2$) : $-NH_2$(아미노기)
③ 디메틸에테르(CH_3OCH_3) : $-O-$(에테르기)
④ 아세톤(CH_3COCH_3) : $>CO$(카르보닐기＝케톤기)

18 정색반응(페놀류검출반응) : 염화제이철($FeCl_3$)용액 한 방울을 가하면 벤젠핵에 $-OH$(수산기)가 붙어있는 물질은 어느 것이나 보라색으로 변색하여 정색반응을 한다.

19 알데히드근($-CHO$)의 환원성
• 알데히드근은 환원성이 있어 은거울반응과 펠링반응을 한다.
• 종류에는 포름알데히드($HCHO$), 포름산($HCOOH$), 아세트알데히드(CH_3CHO)가 있다.
• 알데히드근이 산화되면 카르복실산($-COOH$)이 된다.

$$CH_3OH \underset{\text{환원}[+2H]}{\overset{\text{산화}[-2H]}{\rightleftharpoons}} HCHO \underset{\text{환원}[-O]}{\overset{\text{산화}[+O]}{\rightleftharpoons}} HCOOH$$
　　(메탄올)　　　　(포름알데히드)　　　(포름산, 의산)

20 돌턴의 분압법칙
$$PV = P_1V_1 + P_2V_2$$
$$P = \frac{P_1V_1 + P_2V_2}{V} = \frac{(1 \times 2) + (3 \times 2)}{5} = \frac{8}{5}기압$$

21 저압식 저장용기에는 다음에 정하는 것에 의할 것
• 저압식 저장용기에는 액면계 및 압력계를 설치할 것
• 저압식 저장용기에는 2.3MPa 이상의 압력 및 1.9MPa 이하의 압력에서 작동하는 압력경보장치를 설치할 것
• 저압식 저장용기에는 용기내부의 온도를 영하 20℃ 이상 영하 18℃ 이하로 유지할 수 있는 자동냉동기를 설치할 것
• 저압식 저장용기에는 파괴판 및 방출밸브를 설치할 것

정답 17 ④　18 ②　19 ③　20 ②　21 ②

22 다음 중 전기의 불량 도체로 정전기가 발생되기 쉽고, 폭발범위가 가장 넓은 위험물은?

① 아세톤   ② 톨루엔
③ 에틸알코올   ④ 에틸에테르

23 프로판 2m³이 완전연소할 때 필요한 이론 공기량은 약 몇 m³인가?(단, 공기 중 산소 농도 21vol%이다.)

① 23.81m^3 ② 35.72m^3
③ 47.62m^3 ④ 71.43m^3

24 연소의 3요소 중 하나에 해당하는 역할이 나머지 셋과 다른 위험물은?

① 과산화수소   ② 과산화나트륨
③ 질산칼륨   ④ 황린

25 그림과 같은 타원형 위험물탱크의 내용적은 약 얼마인가?(단, 단위는 m이다.)

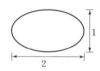 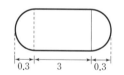

① 5.03m^3 ② 7.52m^3
③ 9.03m^3 ④ 19.05m^3

26 위험물에 화재가 발생하였을 경우 물과의 반응으로 인해 주수소화가 적당하지 않은 것은?

① CH_3ONO_2 ② $KClO_3$
③ Li_2O_2 ④ P

27 다음에서 설명하는 소화약제에 해당하는 것은?

> • 무색, 무취이며 비전도성이다.
> • 증기상태의 비중은 약 1.5이다.
> • 임계온도는 약 31℃이다.

① 탄산수소나트륨   ② 이산화탄소
③ 할론 1301   ④ 황산알루미늄

22 제4류 위험물의 폭발범위

품명	아세톤	톨루엔	에틸알콜	에틸에테르
화학식	CH_3COCH_3	$C_6H_5CH_3$	C_2H_5OH	$C_2H_5OC_2H_5$
류별	제1석유류	제1석유류	알코올류	특수인화물
폭발범위	2.6~12.8%	1.4~6.7%	4.3~19%	1.9~48%

23 • $C_3H_8 + 5O_2 \rightarrow 3CO_2 + 4H_2O$

$22.4m^3 : 5 \times 22.4m^3$
$2m^3 : x$

$$\therefore x = \frac{2 \times 5 \times 22.4}{22.4} = 10m^3 (\text{산소} : 100\%)$$

• 공기 중 산소농도가 21%이므로

$$\therefore \text{필요한 공기량} = \frac{10}{0.21} \fallingdotseq 47.62m^3$$

24 과산화수소(H_2O_2), 과산화나트륨(Na_2O_2), 질산칼륨(KNO_3) 등은 자신이 산소를 가지고 있는 산소공급원이 되지만, 황린(P_4)은 자연발화성인 인화성고체로서 가연물이 된다.
※ 연소의 3요소 : 가연물, 산소공급원, 점화원

25 타원형 탱크의 내용적(V)

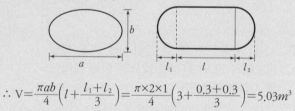

$$\therefore V = \frac{\pi ab}{4}\left(l + \frac{l_1 + l_2}{3}\right) = \frac{\pi \times 2 \times 1}{4}\left(3 + \frac{0.3 + 0.3}{3}\right) = 5.03m^3$$

26 ① 질산메틸(CH_3ONO_2) : 제5류(자기반응성물질)
② 염소산칼륨($KClO_3$) : 제1류(산화성고체)
③ 과산화리튬(Li_2O_2) : 제1류(산화성고체, 금수성)
     $2Li_2O_2 + 2H_2O \rightarrow 4LiOH + O_2 \uparrow$
④ 적린(P) : 제2류(가연성고체)

27 이산화탄소 소화약제는 비전도성으로 전기화재에 탁월하며 비중이 공기보다 1.5배 무거우므로 심부화재에 좋다.

정답   22 ④   23 ③   24 ④   25 ①   26 ③   27 ②

28 위험물제조소의 환기설비 설치기준으로 옳지 않은 것은?

① 환기구는 지붕위 또는 지상 $2m$ 이상의 높이에 설치할 것
② 급기구는 바닥면적 $150m^2$ 마다 1개 이상으로 할 것
③ 환기는 자연배기방식으로 할 것
④ 급기구는 높은 곳에 설치하고 인화방지망을 설치할 것

29 제1류 위험물 중 알칼리금속 과산화물의 화재에 적응성이 있는 소화약제는?

① 인산염류분말
② 이산화탄소
③ 탄산수소염류분말
④ 할로겐화합물

30 인화성고체와 질산에 공통적으로 적응성이 있는 소화설비는?

① 불활성가스 소화설비
② 할로겐화합물 소화설비
③ 탄산수소염류분말 소화설비
④ 포 소화설비

31 화학포 소화약제의 화학반응식은?

① $2NaHCO_3 \rightarrow Na_2CO_3 + H_2O + CO_2$
② $2NaHCO_3 + H_2SO_4$
  $\rightarrow Na_2SO_4 + 2H_2O + CO_2$
③ $4KMnO_4 + 6H_2SO_4$
  $\rightarrow 2K_2SO_4 + 4MnSO_4 + 6H_2O + SO_2$
④ $6NaHCO_3 + Al_2(SO_4)_3 \cdot 18H_2O$
  $\rightarrow 6CO_2 + 2Al(OH)_3 + 3Na_2SO_4 + 18H_2O$

32 위험물의 화재 발생 시 사용 가능한 소화약제를 틀리게 연결한 것은?

① 질산암모늄 − H_2O
② 마그네슘 − CO_2
③ 트리에틸알루미늄 − 팽창질석
④ 니트로글리세린 − H_2O

---

28 위험물제조소의 환기설비 설치기준
- 환기는 자연배기방식으로 할 것
- 급기구는 당해 급기구가 설치된 실의 바닥면적 $150m^2$ 마다 1개 이상으로 하되, 급기구의 크기는 $800cm^2$ 이상으로 할 것
- 급기구는 낮은 곳에 설치하고 가는 눈의 구리망 등으로 인화방지망을 설치할 것
- 환기구는 지붕위 또는 지상 $2m$ 이상의 높이에 회전식 고정벤티레이터 또는 루프팬 방식으로 설치할 것

29 제1류 위험물(알칼리금속 과산화물, 금수성) 적응성 소화약제
- 탄산수소염류, 건조사, 팽창질석 또는 팽창진주암

30 인화성고체(제2류)는 모든 소화설비에, 질산(제6류)은 물을 주성분으로 하는 소화설비에 적응성이 있으므로 포 소화설비가 된다.

31 화학포 소화약제
- 외약제(A제) : 탄산수소나트륨($NaHCO_3$), 기포안정제(사포닝, 소다회, 계면활성제, 가수분해 단백질)
- 내약제(B제) : 황산알루미늄[$Al_2(SO_4)_3$]
- 화학반응식 : $6NaHCO_3 + Al_2(SO_4)_3 \cdot 18H_2O$
  $\rightarrow 3Na_2SO_4 + 2Al(OH)_3 + 6CO_2 + 18H_2O$

32 ① 질산암모늄(NH_4NO_3) : 제1류(질산염류)로 다량주수(H_2O)소화한다.
② 마그네슘(Mg) : 제2류(금수성)로 주수 및 CO_2소화는 금하고, 마른모래 등으로 피복소화한다.
  - 물과 반응식 : $Mg + 2H_2O \rightarrow Mg(OH)_2 + H_2\uparrow$ (수소 발생)
  - CO_2와 반응식 : $2Mg + 2CO_2 \rightarrow 2MgO + C$(가연성인 C생성)
    $Mg + CO_2 \rightarrow MgO + CO\uparrow$
    (가연성, 유독성인 CO발생)
③ 트리에틸알루미늄[$(C_2H_5)_3Al$] : 제3류(금수성)로 마른모래, 팽창질석, 팽창진주암으로 질식소화한다.
④ 니트로글리세린[$C_3H_5(ONO_2)_3$] : 제5류(자기반응성)로 다량의 물로 주수소화한다.

33 위험물안전관리법령상 디에틸에테르 화재발생 시 적응성이 없는 소화기는?

① 이산화탄소 소화기
② 포 소화기
③ 봉상강화액 소화기
④ 할로겐화합물 소화기

34 할로겐화합물 소화약제의 조건으로 옳은 것은?

① 비점이 높을 것
② 기화되기 쉬울 것
③ 공기보다 가벼울 것
④ 연소성이 좋을 것

35 위험물제조소등에 설치하는 옥내소화전설비의 기준으로 옳지 않은 것은?

① 옥내소화전함에는 그 표면에 '소화전'이라고 표시하여야 한다.
② 옥내소화전함의 상부의 벽면에 적색의 표시등을 설치하여야 한다.
③ 표시등 불빛은 부착면과 10도 이상의 각도가 되는 방향으로 8m 이내에서 쉽게 식별할 수 있어야 한다.
④ 호스접속구는 바닥면으로부터 1.5m 이하의 높이에 설치하여야 한다.

36 과산화칼륨에 의한 화재 시 주수소화가 적합하지 않은 이유로 가장 타당한 것은?

① 산소가스가 발생하기 때문에
② 수소가스가 발생하기 때문에
③ 가연물이 발생하기 때문에
④ 금속칼륨이 발생하기 때문에

37 위험물안전관리법령상 방호대상물의 표면적이 70m²인 경우 물분무 소화설비의 방사구역은 몇 m²로 하여야 하는가?

① $35m^2$
② $70m^2$
③ $150m^2$
④ $300m^2$

---

33 디에틸에테르($C_2H_5OC_2H_5$) : 제4류 특수인화물(인화성액체)
• 인화성 강한 액체인 유류화재(B급)이므로 질식소화가 효과적이다.
• 봉상강화액 소화기는 냉각효과가 주효과이므로 일반화재(A급)에 적응성이 있다(유류화재 사용 시 화재면 확대의 위험성이 있다).

34 할로겐화합물 소화약제 구비조건
• 비점이 낮을 것
• 기화(증기)되기 쉬울 것
• 공기보다 무겁고 불연성일 것
• 전기 절연성이 우수할 것
• 증발잠열이 클 것
• 증발잔유물이 없을 것
• 공기의 접촉을 차단할 것

35 표시등 불빛은 부착면으로부터 15도 이상으로 10m 이내에서 쉽게 식별할 수 있어야 한다.

36 과산화칼륨(K_2O_2) : 제1류의 무기과산화물(금수성)
• 물 또는 이산화탄소와 반응하여 산소(O_2)기체를 발생한다.
  $2K_2O_2 + 2H_2O \rightarrow 4KOH + O_2 \uparrow$ (주소소화 엄금)
  $2K_2O_2 + 2CO_2 \rightarrow 2K_2CO_3 + O2 \uparrow$ (CO_2 소화금지)
• 산과 반응하여 과산화수소(H_2O_2)를 생성한다.
  $K_2O_2 + 2HCl \rightarrow 2KCl + H_2O_2$
• 소화 시 주수 및 CO_2 사용은 엄금하고 건조사 등을 사용한다.

37 물분무 소화설비의 방사구역은 방호대상물의 표면적이 $100m^2$ 이상($100m^2$ 미만인 경우에는 당해 표면적)으로 할 것

38 마그네슘에 화재가 발생하여 물을 주수하였다. 그에 대한 설명으로 옳은 것은?

① 냉각소화효과에 의해서 화재가 진압된다.
② 주수된 물이 증발하여 질식소화효과에 의해서 화재가 진압된다.
③ 수소가 발생하여 폭발 및 화재 확산의 위험성이 증가한다.
④ 물과 반응하여 독성가스를 발생한다.

39 강화액 소화기에 대한 설명으로 옳은 것은?

① 물의 유동성을 크게 하기 위한 유화제를 첨가한 소화기이다.
② 물의 표면장력을 강화한 소화기이다.
③ 산·알칼리액을 주성분으로 한다.
④ 물의 소화효과를 높이기 위해 염류를 첨가한 소화기이다.

40 다음은 위험물안전관리법령에서 정한 제조소등에서의 위험물의 저장 및 취급에 관한 기준 중 위험물의 유별 저장·취급의 공통기준에 관한 내용이다. ( ) 안에 알맞은 것은?

> ( )은 가연물과의 접촉·혼합이나 분해를 촉진하는 물품과 접근 또는 과열을 피하여야 한다.

① 제2류 위험물
② 제4류 위험물
③ 제5류 위험물
④ 제6류 위험물

제3과목 | 위험물의 성질과 취급

41 다음 물질 중 발화점이 가장 낮은 것은?

① CS_2
② C_6H_6
③ CH_3COCH_3
④ CH_3COOCH_3

---

38 마그네슘(Mg) : 제2류(산화성고체)
- 뜨거운 물 또는 수증기와 반응하여 수소(H_2)를 발생한다.
  $$Mg + 2H_2O \rightarrow Mg(OH)_2 + H_2 \uparrow$$
- 습기와 자연발화 위험이 있으므로 건조사, 금속용 분말 소화약제 등으로 소화시킨다.

39 강화액 소화기 : 물에 탄산칼륨(K_2CO_3)을 용해시켜 소화성능을 강화시킨 소화약제로서 −30℃에서도 동결하지 않아 보온이 필요 없이 한냉지에서도 사용이 가능하다.

40 위험물의 유별 저장 및 취급에 관한 공통기준
- 제1류 위험물은 가연물과의 접촉·혼합이나 분해를 촉진하는 물품과의 접근 또는 과열, 충격, 마찰 등을 피하는 한편, 알칼리금속의 과산화물 및 이를 함유한 것에 있어서는 물과의 접촉을 피하여야 한다.
- 제2류 위험물은 산화제와의 접촉·혼합이나 불티·불꽃·고온체와의 접근 또는 과열을 피하는 한편, 철분, 금속분, 마그네슘 및 이를 함유한 것에 있어서는 물이나 산과의 접촉을 피하고 인화성고체에 있어서는 함부로 증기를 발생시키지 아니하여야 한다.
- 제3류 위험물 중 자연발화성물질에 있어서는 불티·불꽃 또는 고온체와의 접근·과열 또는 공기와의 접촉을 피하고, 금수성물질에 있어서는 물과의 접촉을 피하여야 한다.
- 제4류 위험물은 불티·불꽃·고온체와의 접근 또는 과열을 피하고, 함부로 증기를 발생시키지 아니하여야 한다.
- 제5류 위험물은 불티·불꽃·고온체와의 접근이나 과열, 충격 또는 마찰을 피하여야 한다.
- 제6류 위험물은 가연물과의 접촉·혼합이나 분해를 촉진하는 물품과의 접근 또는 과열을 피하여야 한다.

41 제4류 위험물의 발화점과 인화점

화학식	CS_2	C_6H_6	CH_3COCH_3	CH_3COOCH_3
명칭	이황화탄소	벤젠	아세톤	초산메틸
유별	특수인화물	제1석유류	제1석유류	제1석유류
발화점	100℃	498℃	468℃	502℃
인화점	−30℃	−11℃	−18℃	−10℃

정답 38 ③ 39 ④ 40 ④ 41 ①

42 위험물안전관리법령에 따라 특정 옥외저장 탱크를 원통형으로 설치하고자 한다. 지반면 으로부터의 높이가 16m일 때 이 탱크가 받 는 풍하중은 1m²당 얼마 이상으로 계산하여 야 하는가?(단, 강풍을 받을 우려가 있는 장 소에 설치하는 경우는 제외한다.)

① 0.7640kN

② 1.2348kN

③ 1.6464kN

④ 2.348kN

43 KClO₄에 관한 설명으로 옳지 못한 것은?

① 순수한 것은 황색의 사방정계 결정이다.

② 비중은 약 2.52이다.

③ 녹는점은 약 610℃이다.

④ 열분해하면 산소와 염화칼륨으로 분해 된다.

44 질산칼륨에 대한 설명 중 틀린 것은?

① 무색의 결정 또는 백색분말이다.

② 비중이 약 0.81, 녹는점은 약 200℃이다.

③ 가열하면 열분해하여 산소를 방출한다.

④ 흑색화약의 원료로 사용된다.

45 위험물안전관리법령상 옥외탱크저장소의 위 치, 구조 및 설비의 기준에서 간막이 둑을 설 치할 경우, 그 용량의 기준으로 옳은 것은?

① 간막이 둑 안에 설치된 탱크의 용량의 110% 이상일 것

② 간막이 둑 안에 설치된 탱크의 용량 이 상일 것

③ 간막이 둑 안에 설치된 탱크의 용량의 10% 이상일 것

④ 간막이 둑 안에 설치된 탱크의 간막이 둑 높이 이상 부분의 용량 이상일 것

42 특정 옥외저장탱크의 $1m^2$당 풍하중 계산식

$$q = 0.588k\sqrt{h}$$

$$\left[\begin{array}{l} q : \text{풍하중(단위 : } kN/m^2) \\ k : \text{풍력계수(원통형 탱크의 경우는 0.7, 그 외의 탱크는 1.0)} \\ h : \text{지반면으로부터의 높이(단위 : } m) \end{array}\right]$$

$$\therefore \ q = 0.588 \times 0.7 \times \sqrt{16} = 1.646 kN/m^2$$

43 과염소산칼륨($KClO_4$) : 제1류 과염소산염류(산화성고체)
• 무색, 무취의 사방정계 결정 또는 백색분말이다.
• 400℃에서 분해시작, 600℃에서 완전분해한다.

$$KClO_4 \rightarrow KCl + 2O_2\uparrow$$

44 질산칼륨(KNO_3) : 제1류 위험물(산화성고체), 지정수량 $300kg$
• 무색의 결정 또는 백색분말로서 자극성의 짠맛과 산화성이 있다.
• 비중 2.1, 녹는점 339℃, 분해온도 400℃ 이다.
• 물, 글리세린 등에 잘녹고 알코올에는 녹지 않는다.
• 가열 시 용융분해하여 산소(O_2)를 발생한다.

$$2KNO_3 \xrightarrow[\Delta]{400℃} 2KNO_2 + O_2\uparrow$$

• 흑색화약[질산칼륨 75%＋유황 10%＋목탄 15%] 원료에 사용 된다.
• 유황, 황린, 나트륨, 금속분, 에테르 등의 유기물과 혼촉 발화폭 발한다.

45 옥외저장탱크의 간막이 둑 설치기준
① 용량이 1,000만 이상인 옥외저장탱크의 주위에 설치하는 방유제 에는 다음의 규정에 따라 당해 탱크마다 간막이 둑을 설치할 것
• 간막이 둑의 높이는 $0.3m$(탱크의 용량의 합계가 2억 l를 넘 는 방유제는 $1m$) 이상으로 하되, 방유제의 높이보다 $0.2m$ 이 상 낮게 할 것
• 간막이 둑은 흙 또는 철근콘크리트로 할 것
• 간막이 둑의 용량은 간막이 둑 안에 설치된 탱크의 용량의 10% 이상일 것
② 높이가 $1m$를 넘는 방유제 및 간막이 둑의 안팎에는 방유제내 에 출입하기 위한 계단 또는 경사로를 약 $50m$마다 설치할 것

정답 42 ③　43 ①　44 ②　45 ③

46 충격 마찰에 예민하고 폭발 위력이 큰 물질로 뇌관의 첨장약으로 사용되는 것은?

① 니트로글리콜
② 니트로셀룰로오스
③ 테트릴
④ 질산메틸

47 옥내저장소에서 위험물 용기를 겹쳐 쌓는 경우에 있어서 제4류 위험물 중 제3석유류만을 수납하는 용기를 겹쳐 쌓을 수 있는 높이는 최대 몇 m인가?

① $3m$
② $4m$
③ $5m$
④ $6m$

48 위험물 간이탱크저장소의 간이저장탱크 수압시험 기준으로 옳은 것은?

① 50kPa의 압력으로 7분간의 수압시험
② 70kPa의 압력으로 10분간의 수압시험
③ 50kPa의 압력으로 10분간의 수압시험
④ 70kPa의 압력으로 7분간의 수압시험

49 다음 위험물 중에서 인화점이 가장 낮은 것은?

① $C_6H_5CH_3$
② $C_6H_5CHCH_2$
③ CH_3OH
④ CH_3CHO

50 황린을 밀폐용기 속에서 260℃로 가열하여 얻은 물질을 연소시킬 때 주로 생성되는 물질은?

① P_2O_5
② CO_2
③ PO_2
④ CuO

46 테트릴[$C_6H_2(NO_2)_4NCH_3$] : 제5류(자기반응성물질)
• 연한 노란색 결정으로 폭발력은 피크르산이나 TNT보다 크다.
• 뇌관이나 첨장약(테트릴, 펜트리트, 헥소겐)에 사용된다.

47 옥내저장소에서 위험물 용기를 겹쳐 쌓을 경우(높이제한)
• 기계에 의해 하역하는 경우 : $6m$
• 제4류 위험물 중 제3석유류, 제4석유류, 동식물유류 수납하는 경우 : $4m$
• 그 밖의 경우 : $3m$

48 간이탱크저장소의 설치기준
① 하나의 간이탱크저장소에는 간이탱크의 설치수는 3 이하로 하고, 동일품질일 경우는 2이상 설치하지 아니할 것
② 옥외에 설치하는 경우에는 그 탱크의 주위에 너비 $1m$ 이상의 공지를 두고, 전용실 안에 설치하는 경우에는 탱크와 전용실의 벽과의 사이에 0.5m 이상의 간격을 유지할 것
③ 용량은 600l 이하로 할 것
④ 두께 3.2mm 이상의 강판, 70kPa의 압력으로 10분간의 수압시험을 실시할 것
⑤ 간이저장탱크의 밸브 없는 통기관의 설치기준
  • 지름은 25mm 이상으로 할 것
  • 옥외에 설치하되, 그 선단의 높이는 지상 1.5m 이상으로 할 것
  • 선단은 수평면에 대하여 아래로 45도 이상 구부려 빗물 등이 침투하지 아니하도록 할 것
  • 가는 눈의 구리망 등으로 인화방지장치를 할 것

49 제4류 위험물의 인화점
① 톨루엔($C_6H_5CH_3$) : 4℃
② 스틸렌($C_6H_5CHCH_2$) : 32℃
③ 메틸알코올(CH_3OH) : 11℃
④ 아세트알데히드(CH_3CHO) : -39℃

50 황린(P_4, 백린) : 제3류 위험물(자연발화성)
• 적린(P)의 동소체로서 연소 시 오산화인(P_2O_5)의 흰 연기를 낸다.
  $P_4+5O_2 \rightarrow 2P_2O_5$
• 공기 중 약 40~50℃에서 자연발화하므로 물속에 저장한다.
• 강알칼리의 용액과 반응 시 가연성, 유독성인 포스핀(PH_3)가스를 발생한다. 따라서 물에 저장 시 pH 9로 유지하기 위하여 알칼리제(석회 또는 소다회)를 사용한다.(포스핀=인화수소)
  $P_4+3NaOH+3H_2O \rightarrow 3NaHPO_2+PH_3\uparrow$

정답 46 ③   47 ②   48 ②   49 ④   50 ①

51
옥외탱크저장소에서 취급하는 위험물의 최대수량에 따른 보유공지의 너비가 틀린 것은?(단, 원칙적인 경우에 한한다.)

① 지정수량 500배 이하 – 3m 이상
② 지정수량 500배 초과 1,000배 이하
 – 5m 이상
③ 지정수량 1,000배 초과 2,000배 이하
 – 9m 이상
④ 지정수량 2,000배 초과 3,000배 이하
 – 15m 이상

52
황린과 적린의 성질에 대한 설명 중 틀린 것은?

① 황린은 담황색의 고체이며 마늘과 비슷한 냄새가 난다.
② 적린은 암적색의 분말이고 냄새가 없다.
③ 황린은 독성이 없고 적린은 맹독성 물질이다.
④ 황린은 이황화탄소에 녹지만 적린은 녹지 않는다.

53
위험물안전관리법령에 근거한 위험물 운반 및 수납시 주의사항에 대한 설명 중 틀린 것은?

① 위험물을 수납하는 용기는 위험물이 누설되지 않게 밀봉시켜야 한다.
② 온도 변화로 가스가 발생해 운반용기 안의 압력이 상승할 우려가 있는 경우(발생한 가스가 위험성이 있는 경우 제외)에는 가스 배출구가 설치된 운반용기에 수납할 수 있다.
③ 액체 위험물은 운반용기의 내용적의 98% 이하의 수납률로 수납하되 55℃의 온도에서 누설되지 아니하도록 충분한 공간 용적을 유지하도록 하여야 한다.
④ 고체 위험물은 운반용기 내용적의 98% 이하의 수납률로 수납하여야 한다.

---

51 옥외탱크저장소의 보유공지

저장 또는 취급하는 위험물의 최대수량	공지의 너비
지정수량의 500배 이하	3m 이상
지정수량의 500배 초과 1,000배 이하	5m 이상
지정수량의 1,000배 초과 2,000배 이하	9m 이상
지정수량의 2,000배 초과 3,000배 이하	12m 이상
지정수량의 3,000배 초과 4,000배 이하	15m 이상
지정수량의 4,000배 초과	당해 탱크의 수평단면의 최대지름(횡형인 경우는 긴변)과 높이 중 큰 것과 같은 거리 이상(단, 30m 초과의 경우 30m 이상으로, 15m 미만의 경우 15m 이상으로 할 것)

52 황린(P_4)[제3류 금수성]과 적린(P)[제2류]의 비교

구분	황린(P_4)	적린(P)
외관 및 형상	백색 또는 담황색고체	암적색 분말
냄새	마늘냄새	없음
자연발화(공기중)	40~50℃	없음
발화점	약 34℃	약 260℃
CS_2의 용해성	용해	불용
독성	맹독성	없음
저장(보호액)	물속	–
연소생성물	오산화인(P_2O_5)	오산화인(P_2O_5)

53 ① 위험물 운반용기의 내용적의 수납률
 • 고체 : 내용적의 95% 이하
 • 액체 : 내용적의 98% 이하
 • 제3류 위험물(자연발화성 물질 중 알킬알루미늄 등) : 내용적의 90% 이하로 하되 50℃에서 5% 이상의 공간용적을 유지할 것
② 저장탱크의 용량＝탱크의 내용적 − 탱크의 공간용적
 • 저장탱크의 용량범위 : 90~95%

정답 51 ④ 52 ③ 53 ④

54 물과 접촉하였을 때 에탄이 발생되는 물질은?

① CaC_2
② $(C_2H_5)_3Al$
③ $C_6H_3(NO_2)_3$
④ $C_2H_5ONO_2$

55 위험물안전관리법령에 따른 질산에 대한 설명으로 틀린 것은?

① 지정수량은 300kg이다.
② 위험등급은 Ⅰ이다.
③ 농도가 36wt% 이상인 것에 한하여 위험물로 간주된다.
④ 운반 시 제1류 위험물과 혼재할 수 있다.

56 위험물안전관리법령상 다음 암반탱크의 공간용적은 얼마인가?

> • 암반탱크의 내용적 100억 리터
> • 탱크 내에 용출하는 1일 지하수의 양 2천만 리터

① 2천만 리터
② 1억 리터
③ 1억4천만 리터
④ 100억 리터

57 위험물안전관리법령에 따른 위험물제조소와 관련한 내용으로 틀린 것은?

① 채광설비는 불연재료를 사용한다.
② 환기는 자연배기방식으로 한다.
③ 조명설비의 전선은 내화·내열전선으로 한다.
④ 조명설비의 점멸스위치는 출입구안쪽 부분에 설치한다.

---

54 알킬알루미늄(R-Al) : 제3류(금수성 물질)
• 알킬기($C_nH_{2n+1}-$, R-)에 알루미늄(Al)이 결합된 화합물이다.
• 탄산수 $C_{1\sim4}$까지는 자연발화하고, C_5 이상은 점화하지 않으면 연소반응하지 않는다.
• 물과 반응 시 가연성가스를 발생한다(주수소화 절대엄금).
  트리메틸알루미늄[TMA, $(CH_3)_3Al$]
  $$(CH_3)_3Al + 3H_2O \rightarrow Al(OH)_3 + 3CH_4\uparrow (메탄)$$
  트리에틸알루미늄[TEA, $(C_2H_5)_3Al$]
  $$(C_2H_5)_3Al + 3H_2O \rightarrow Al(OH)_3 + 3C_2H_6\uparrow (에탄)$$
• 저장 시 희석안정제(벤젠, 톨루엔, 헥산 등)를 사용하여 불활성 기체(N_2)를 봉입한다.
• 소화 : 팽창질석 또는 팽창진주암을 사용한다(주수소화는 절대 엄금).

55 질산(HNO_3) : 제6류(산화성 액체)
• 비중이 1.49 이상인 것에 한하여 위험물로 간주된다.
※ 과산화수소(H_2O_2) : 농도가 36wt% 이상의 것만 위험물에 해당된다.

56 암반탱크의 공간용적 산정기준 : 해당 탱크 내에 용출하는 7일 간의 지하수의 양에 상당하는 용적과 해당 탱크의 내용적의 100분의 1의 용적 중에서 보다 큰 용적을 공간용적으로 한다.

① 내용적 기준 : $100억 l \times \dfrac{1}{100} = 1억 l$
② 지하수 기준 : $2천만 l \times 7일 = 1억 4천만 l$
∴ ①과 ② 중 큰 쪽을 택함

57 ① 조명설비
• 가연성가스 등이 체류할 우려가 있는 장소의 조명등은 방폭등으로 할 것
• 전선은 내화·내열전선으로 할 것
• 점멸스위치는 출입구 바깥부분에 설치할 것
② 환기설비
• 환기는 자연배기방식으로 할 것
• 급기구는 당해 급기구가 설치된 실의 바닥면적 $150m^2$마다 1개 이상으로 하되, 급기구의 크기는 $800cm^2$ 이상으로 할 것
• 급기구는 낮은 곳에 설치하고 가는 눈의 구리망 등으로 인화방지망을 설치할 것
• 환기구는 지붕위 또는 지상 $2m$ 이상의 높이에 회전식 고정 벤티레이터 또는 루프팬 방식으로 설치할 것

정답 54 ② 55 ③ 56 ③ 57 ④

58 질산나트륨을 저장하고 있는 옥내저장소(내화구조의 격벽으로 완전히 구획된 실이 2 이상 있는 경우에는 동일한 실)에 함께 저장하는 것이 법적으로 적용되는 것은?(단, 위험물을 유별로 정리하여 서로 1m 이상의 간격을 두는 경우이다.)

① 적린
② 인화성고체
③ 동식물유류
④ 과염소산

59 옥내저장창고의 바닥을 물이 스며나오거나 스며들지 아니하는 구조로 해야 하는 위험물은?

① 과염소산칼륨
② 니트로셀룰로오스
③ 적린
④ 트리에틸알루미늄

60 TNT가 폭발·분해하였을 때 생성되는 가스가 아닌 것은?

① CO
② N_2
③ SO_2
④ H_2

58 질산나트륨($NaNO_3$)의 제1류 위험물과 제6류 위험물인 과염소산($HClO_4$)은 함께 저장할 수 있다.

> 유별을 달리하는 위험물은 동일한 저장소(내화구조의 격벽으로 완전히 구획된 실이 2 이상 있는 저장소에 있어서는 동일한 실)에 저장하지 아니하여야 한다. 다만, 옥내저장소 또는 옥외저장소에 있어서 다음의 각목의 규정에 의한 위험물을 저장하는 경우로서 위험물을 유별로 정리하여 저장하는 한편, 서로 1m 이상의 간격을 두는 경우에는 그러하지 아니하다.
> • 제1류 위험물(알칼리금속의 과산화물 또는 이를 함유한 것을 제외한다)과 제5류 위험물을 저장하는 경우
> • 제1류 위험물과 제6류 위험물을 저장하는 경우
> • 제1류 위험물과 제3류 위험물 중 자연발화성물질(황린 또는 이를 함유한 것에 한한다)을 저장하는 경우
> • 제2류 위험물 중 인화성고체와 제4류 위험물을 저장하는 경우
> • 제3류 위험물 중 알킬알루미늄 등과 제4류 위험물(알킬알루미늄 또는 알킬리튬을 함유한 것에 한한다)을 저장하는 경우
> • 제4류 위험물 중 유기과산화물 또는 이를 함유하는 것과 제5류 위험물 중 유기과산화물 또는 이를 함유한 것을 저장하는 경우

59 ① 과염소산칼륨 : 제1류(산화성고체)
② 니트로셀룰로오스 : 제5류(자기반응성물질)
③ 적린 : 제2류(가연성고체)
④ 트리에틸알루미늄 : 제3류(자연발화성, 금수성)는 물과 반응 시 가연성가스인 에탄(C_2H_6)을 발생한다(소화 시 : 팽창질석, 팽창진주암 사용).
$$(C_2H_5)_3Al + 3H_2O \rightarrow Al(OH)_3 + 3C_2H_6 \uparrow (주수소화엄금)$$
※ 옥내저장창고 바닥에 물의 침투를 막는 구조로 해야 할 위험물
• 제1류 위험물 중 알칼리금속의 과산화물
• 제2류 위험물 중 철분, 금속분, 마그네슘
• 제3류 위험물 중 금수성물질
• 제4류 위험물 : 액상의 위험물의 저장창고의 바닥은 위험물이 스며들지 아니하는 구조로 하고, 적당하게 경사지게 하여 그 최저부에 집유설비를 하여야 한다.

60 트리니트로톨루엔[$C_6H_2CH_3(NO_2)_3$, TNT] : 제5류의 니트로화합물
• 진한 황산 촉매하에 톨루엔과 질산을 니트로화 반응시켜 만든다.
$$C_6H_5CH_3 + 3HNO_3 \xrightarrow[니트로화]{c-H_2SO_4} C_6H_2CH_3(NO_2)_3 + 3H_2O$$
• 담황색의 주상결정으로 폭발력이 강하여 폭약에 사용한다.
• 분해 폭발 시 질소, 일산화탄소, 수소기체가 발생한다.
$$2C_6H_2CH_3(NO_2)_3 \rightarrow 2C + 12CO + 3N_2 \uparrow + 5H_2 \uparrow$$

정답 58 ④   59 ④   60 ③

제1과목 | 일반화학

01 벤젠에 수소원자 한 개는 $-CH_3$기로, 또 다른 수소원자 한 개는 $-OH$기로 치환되었다면 이성질체수는 몇 개인가?

① 1개
② 2개
③ 3개
④ 4개

02 질소 2몰과 산소 3몰의 혼합기체가 나타나는 전압력이 10기압일 때 질소의 분압은 얼마인가?

① 2기압
② 4기압
③ 8기압
④ 10기압

03 다음 중 나타내는 수의 크기가 다른 하나는?

① 질소 $7g$ 중의 원자수
② 수소 $1g$ 중의 원자수
③ 염소 $71g$ 중의 분자수
④ 물 $18g$ 중의 분자수

04 수소와 질소로 암모니아를 합성하는 반응식의 화학반응식은 다음과 같다. 암모니아의 생성률을 높이기 위한 조건은?

$$N_2 + 3H_2 \rightarrow 2NH_3 + 22.1kcal$$

① 온도와 압력을 낮춘다.
② 온도는 낮추고, 압력은 높인다.
③ 온도를 높이고, 압력은 낮춘다.
④ 온도와 압력을 높인다.

해설·정답 확인하기

01 크레졸($C_6H_4CH_3OH$) : 제4류 위험물 중 제3석유류
- 무색 또는 황색의 액체로서 페놀류에 속한다.
- 소독약, 방부제에 사용된다.
- 3가지 이성질체가 있다.

(o-크레졸) (m-크레졸) (p-크레졸)

02 돌턴(Dalton)의 분압법칙을 적용하면,

$$분압 = 전압 \times \frac{성분\ 몰수}{전체\ 몰수}$$

- N_2의 분압 $= 10기압 \times \dfrac{2몰}{2몰+3몰} = 10 \times \dfrac{2}{5} = 4기압$

- O_2의 분압 $= 10기압 \times \dfrac{3몰}{2몰+3몰} = 10 \times \dfrac{3}{5} = 6기압$

03 ① 질소(N) $7g$ 중의 원자수 $= \dfrac{7g}{14g} \times 6.02 \times 10^{23} = 3.01 \times 10^{23}$개

② 수소(H) $1g$ 중의 원자수 $= \dfrac{1g}{1g} \times 6.02 \times 10^{23} = 6.02 \times 10^{23}$개

③ 염소(Cl_2) $71g$ 중의 분자수 $= \dfrac{71g}{71g} \times 6.02 \times 10^{23} = 6.02 \times 10^{23}$개

④ 물(H_2O) $18g$ 중의 분자수 $= \dfrac{18g}{18g} \times 6.02 \times 10^{23} = 6.02 \times 10^{23}$개

04 $N_2 + 3H_2 \rightarrow 2NH_3 + 22kcal$
① 화학평형을 오른쪽(→)으로 이동시키는 조건
- N_2농도 증가 : 농도가 감소하는 쪽으로 이동
- 압력 증가 : 반응물 몰수(4몰)와 생성물 몰수(2몰)에서 몰수가 적은 생성물 쪽으로 이동
- 온도 감소 : 발열반응이므로 흡열반응 쪽으로 이동
② 화학평형을 왼쪽(←)으로 이동시키는 조건
- N_2농도 감소
- 압력 감소
- 온도 증가

정답 01 ③ 02 ② 03 ① 04 ②

05 다음 중 3차 알코올에 해당되는 것은?

①

$$
\begin{array}{ccccc}
& OH & H & H \\
& | & | & | \\
H-&C-&C-&C-&H \\
& | & | & | \\
& H & H & H
\end{array}
$$

②

$$
\begin{array}{ccccc}
& H & H & H \\
& | & | & | \\
H-&C-&C-&C-&OH \\
& | & | & | \\
& H & H & H
\end{array}
$$

③

$$
\begin{array}{ccccc}
& H & H & H \\
& | & | & | \\
H-&C-&C-&C-&H \\
& | & | & | \\
& H & OH & H
\end{array}
$$

④

$$
\begin{array}{c}
CH_3 \\
| \\
CH_3-C-CH_3 \\
| \\
OH
\end{array}
$$

06 기체 A 5g은 27℃, 380mmHg에서 부피가 6,000mL이다. 이 기체의 분자량(g/mol)은 약 얼마인가?(단, 이상기체로 가정한다.)

① 24   ② 41
③ 64   ④ 123

07 다음 중 수용액의 pH가 가장 작은 것은?

① 0.01N HCl
② 0.1N HCl
③ 0.01N CH₃COOH
④ 0.1N NaOH

08 NaOH 수용액 100mL를 중화하는 데 2.5N의 HCl 80mL가 소요되었다. NaOH용액의 농도(N)는?

① 1   ② 2
③ 3   ④ 4

09 벤젠에 진한질산과 진한황산의 혼합물을 작용시킬 때 황산이 촉매와 탈수제 역할을 하여 얻어지는 화합물은?

① 니트로벤젠   ② 클로로벤젠
③ 알킬벤젠   ④ 벤젠술폰산

---

05 알코올의 분류
- −OH의 수에 의한 분류

분류	−OH 수	보기
1가 알코올	1개	CH_3OH, C_2H_5OH 등
2가 알코올	2개	$C_2H_4(OH)_2$ ⋯ 에틸렌글리콜
3가 알코올	3개	$C_3H_5(OH)_3$ ⋯ 글리세린

- 알킬기(R−) 수에 의한 분류
(−OH와 결합된 C의 원자에 연결된 R−수에 의한 분류)

분류	R−수	보기
1차 알코올	1개	$CH_3-\underset{\underset{H}{|}}{\overset{\overset{H}{|}}{C}}-OH$ $\left[R-\underset{\underset{H}{|}}{\overset{\overset{H}{|}}{C}}-OH \right]$
2차 알코올	2개	$CH_3-\underset{\underset{H}{|}}{\overset{\overset{CH_3}{|}}{C}}-OH$ $\left[R-\underset{\underset{H}{|}}{\overset{\overset{R'}{|}}{C}}-OH \right]$
3차 알코올	3개	$CH_3-\underset{\underset{CH_3}{|}}{\overset{\overset{CH_3}{|}}{C}}-OH$ $\left[R'-\underset{\underset{R''}{|}}{\overset{\overset{R}{|}}{C}}-OH \right]$

06 이상기체 상태방정식 : $PV=nRT=\dfrac{W}{M}RT$

$$M=\frac{WRT}{PV}=\frac{5g\times0.082atm\cdot l/mol\cdot K\times(273+27)K}{0.5atm\times6l}≒41$$

$$\left[\frac{380mmHg}{760mmHg/atm}=0.5atm, \frac{6,000ml}{1,000ml}=6l \right]$$

07 $pH=-\log[H^+]$, $pH=14-\log[OH^-]$, $pOH=-\log[OH^-]$
① $pH=-\log[10^{-2}]=2$
② $pH=-\log[10^{-1}]=1$
③ $pH=-\log[10^{-2}]=2$
④ $14-\log[10^{-1}]=14-1=13$

08 중화적정
$NV=N'V'$
$N\times100ml=2.5N\times80ml$
$\therefore N=\dfrac{2.5N\cdot80ml}{100ml}=2N$

09 벤젠의 니트로화반응(니트로기 : $-NO_2$)

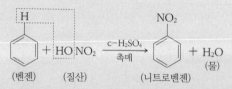

$\underset{(벤젠)}{} + \underset{(질산)}{HO\,NO_2} \xrightarrow[촉매]{c-H_2SO_4} \underset{(니트로벤젠)}{} + \underset{(물)}{H_2O}$

정답 05 ④ 06 ② 07 ② 08 ② 09 ①

10 다음 반응식에서 산화된 성분은?

$$MnO_2 + 4HCl \rightarrow MnCl_2 + 2H_2O + Cl_2$$

① Mn　　　　　② O
③ H　　　　　　④ Cl

11 Be의 원자핵에 α입자를 충격하였더니 중성자 n이 방출되었다. 다음 반응식을 완결하기 위하여 (　　) 속에 알맞은 것은?

$$Be + {}^{4}_{2}He \rightarrow (\quad) + {}^{1}_{0}n$$

① Be　　　　　② B
③ C　　　　　　④ N

12 공유결합과 배위결합에 의하여 이루어진 것은?

① NH_3　　　　② $Cu(OH)_2$
③ K_2CO_3　　　④ $[NH_4]^+$

13 프로판 1몰을 완전연소 하는 데 필요한 산소의 이론량을 표준상태에서 계산하면 몇 L가 되는가?

① 22.4L　　　　② 44.8L
③ 89.6L　　　　④ 112.0L

14 어떤 기체의 확산속도는 SO_2의 2배이다. 이 기체의 분자량은 얼마인가?

① 8　　　　　　② 16
③ 32　　　　　④ 64

15 다음 중 전자의 수가 같은 것으로 나열된 것은?

① Ne와 Cl^-
② Mg^{+2}와 O^{-2}
③ F와 Ne
④ Na와 Cl^-

10
$$\overset{\text{환원}}{\underset{\text{산화}}{MnO_2 + 4HCl \rightarrow MnCl_2 + 2H_2O + Cl_2}}$$
$+4 \qquad -1 \qquad +2 \qquad\qquad 0$

- Mn의 산화수 : $+4 \rightarrow +2$ (산화수 감소 : 환원)
- Cl의 산화수 : $-1 \rightarrow 0$ (산화수 증가 : 산화)

11 ${}^{9}_{4}Be + {}^{4}_{2}He \rightarrow (x) + {}^{1}_{0}n$
① 반응물(원자번호, 질량수) = 생성물(원자번호, 질량수)
- 질량수 : 반응물$(9+4)$ = 생성물$(x+1)$, $x=12$
- 원자번호 : 반응물$(4+2)$ = 생성물$(x+0)$, $x=6$
∴ $x = {}^{12}_{6}C$
② ${}^{9}_{4}Be + {}^{4}_{2}He \rightarrow ({}^{12}_{6}C) + {}^{1}_{0}n$

12 ① NH_3 : 공유결합　　　② $Cu(OH)_2$: 이온결합
③ K_2CO_3 : 이온결합　　④ $[NH_4]^+$: 공유·배위결합

13
- 프로판의 완전연소 반응식
$$C_3H_8 + 5O_2 \rightarrow 3CO_2 + 4H_2O$$
- 프로판(C_3H_8) $1mol$이 연소하는 데 산소(O_2) $5mol$이 필요하므로 이론산소량은 $5mol \times 22.4/mol = 112l$이다.
※ 아보가드로법칙에 의해 모든 기체 $1mol$의 부피는 표준상태에서 $22.4l$이고 그속에는 6.02×10^{23}개의 분자개수가 있다.

14
- 기체의 확산속도(그레이엄의 법칙) : 분자량(또는 밀도)의 제곱근에 반비례한다.
$$\frac{U_1}{U_2} = \sqrt{\frac{M_2}{M_1}} = \sqrt{\frac{d_2}{d_1}} \quad [\text{U : 확산속도, d : 밀도, M : 분자량}]$$
- SO_2분자량이 64이고 어떤 기체 분자량이 M_2라면,
$$\frac{1}{2} = \sqrt{\frac{M_2}{64}} \quad \therefore M_2 = 16g/mol$$

15 원소의 전자수($\oplus$: 전자를 잃음, $\ominus$: 전자를 얻음)

원소명	원자번호	전자수	원소명	원자번호	전자수
① Ne	10	10	② Mg^{+2}	12	$12-2=10$
Cl^-	17	$17+1=18$	O^{-2}	8	$8+2=10$
③ F	9	9	④ Na	11	11
Ne	10	10	Cl^-	17	$17+1=18$

16 폴리염화비닐의 단위체와 합성법이 옳게 나열된 것은?

① $CH_2=CHCl$, 첨가중합
② $CH_2=CHCl$, 축합중합
③ $CH_2=CHCN$, 첨가중합
④ $CH_2=CHCN$, 축합중합

17 Si원소의 전자 배치로 옳은 것은?

① $1s^2 2s^2 2p^6 3s^2 3p^2$
② $1s^2 2s^2 2p^6 3s^1 3p^2$
③ $1s^2 2s^2 2p^5 3s^1 3p^2$
④ $1s^2 2s^2 2p^6 3s^2$

18 밑줄 친 원소 중 산화수가 가장 큰 것은?

① $\underline{N}H_4^+$
② $\underline{N}O_3^-$
③ $\underline{Mn}O_4^-$
④ $\underline{Cr}_2O_7^{2-}$

19 다음 중 염기성산화물에 해당하는 것은?

① 이산화탄소
② 산화나트륨
③ 이산화규소
④ 이산화황

20 금속은 열·전기를 잘 전도한다. 이와 같은 물리적 특성을 갖는 가장 큰 이유는?

① 금속의 원자 반지름이 크다.
② 자유전자를 가지고 있다.
③ 비중이 대단히 크다.
④ 이온화 에너지가 매우 크다.

---

16 폴리염화비닐(PVC, 폴리비닐클로라이드) 생성과정
  • 아세틸렌(C_2H_2)과 염화수소(HCl)를 활성탄 촉매하에 반응시키면 염화비닐($CH_2=CH-Cl$)의 단위체가 생성된다.

$$C_2H_2 + HCl \xrightarrow{\text{활성탄}} CH_2=CH-Cl(\text{염화비닐 : 단위체})$$

  • 염화비닐(단위체)을 첨가(부가)중합시키면 폴리염화비닐(중합체)이 만들어진다.

염화비닐(단위체)　　폴리염화비닐(PVC)(중합체)

17 $_{14}Si^{28}$(규소)의 전자배열(원자번호 = 전자수 = 양성자수)

전자껍질(주양자수)	K(n=1)	L(n=2)	M(n=3)
수용전자수($2n^2$)	2	8	18
오비탈(전자수 14)	2	8	4
	$1s^2$	$2s^2 2p^6$	$3s^2 3p^2$

18 이온과 원자단의 산화수는 그 전하의 산화수와 같다.
① $\underline{N}H_4^+$: $N+(+1\times4)=+1$ ∴ $N=-3$
② $\underline{N}O_3^-$: $N+(-2\times3)=-1$ ∴ $N=+5$
③ $\underline{Mn}O_4^-$: $Mn+(-2\times4)=-1$ ∴ $Mn=+7$
④ $\underline{Cr}_2O_7^{2-}$: $(Cr\times2)+(-2\times7)=-2$ ∴ $Cr=+6$

19 • 산성산화물(비금속산화물) : CO_2, SO_2, SiO_2, P_2O_5, NO_2 등
  • 염기성산화물(금속산화물) : Na_2O, CaO, MgO, K_2O 등
  • 양쪽성산화물(양쪽성금속산화물) : Al_2O_3, ZnO, SnO, PbO 등

20 금속결정 속에는 자유전자가 자유롭게 이동하기 때문에 열·전기를 잘 전도하며 또한 금속의 광택을 낸다.

21 위험물안전관리법령상 제4류 위험물을 지정수량의 몇 배 이상 옥외탱크저장소에 저장하는 경우 자체소방대를 두어야 하는가?

① 3천 배
② 30만 배
③ 5만 배
④ 50만 배

22 옥내저장소 내부에 체류하는 가연성 증기를 지붕 위로 방출시키는 배출설비를 하여야 하는 위험물은?

① 과염소산
② 과망간산칼륨
③ 피리딘
④ 과산화나트륨

23 제1종 분말 소화약제가 1차 열분해되어 표준상태를 기준으로10m³의 탄산가스가 생성되었다. 몇 kg의 탄산수소나트륨이 사용되었는가?(단, 나트륨의 원자량은 23이다.)

① 18.75kg   ② 37kg
③ 56.25kg   ④ 75kg

24 가연성의 증기 또는 미분이 체류할 우려가 있는 건축물에는 배출설비를 하여야 하는데 배출능력은 1시간당 배출장소 용적의 몇 배 이상인 것으로 하여야 하는가?(단, 국소방식의 경우이다.)

① 5배   ② 10배
③ 15배   ④ 20배

25 위험물취급소의 건축물 연면적이 500m²인 경우 소요단위는?(단, 외벽은 내화구조이다.)

① 4단위   ② 5단위
③ 6단위   ④ 7단위

21 1. 자체소방대 설치대상 사업소
• 지정수량의 3천 배 이상 제4류 위험물을 취급하는 제조소 또는 일반취급소
• 지정수량의 50만 배 이상 제4류 위험물을 저장하는 옥외탱크저장소
2. 자체소방대에 두는 화학소방자동차 및 인원

사업소	사업소의 지정수량의 양	화학 소방자동차	자체 소방대원의 수
제조소 또는 일반취급소에서 취급하는 제4류 위험물의 최대 수량의 합계	3천 배 이상 12만 배 미만	1대	5인
	12만 배 이상 24만 배 미만	2대	10인
	24만 배 이상 48만 배 미만	3대	15인
	48만 배 이상	4대	20인
제4류 위험물을 저장하는 옥외탱크저장소	50만 배 이상인 사업소	2대	10인

※포말을 방사하는 화학소방차의 대수는 규정대수의 2/3 이상으로 할 수 있다.

22 옥내저장소의 설비기준 : 저장창고에는 채광, 조명 및 환기의 설비를 갖추어야 하고, 인화점이 70℃ 미만인 위험물의 저장창고에 있어서는 내부에 체류한 가연성의 증기를 지붕위로 배출하는 설비를 갖추어야 한다.
※ 피리딘(C_5H_5N) : 제4류 제1석유류, 인화점 20℃

23 제1종 분말 소화약제(NaHCO₃) 1차 열분해 반응식
$2NaHCO_3 \rightarrow Na_2CO_3 + CO_2 + H_2O$
$2 \times 84kg$: $22.4m^3$
x : $10m^3$
$\therefore x = \frac{2 \times 84 \times 10}{22.4} = 75kg$
※ NaHCO₃의 분자량 : $23+1+12+16 \times 3 = 84kg/kmol$

24 위험물제조소의 배출설비의 배출능력은 1시간당 배출장소 용적의 20배 이상인 것으로 한다.(단, 전역 방출방식의 경우에는 바닥면적 $1m^2$당 $18m^3$ 이상일 것)

25 소요1단위의 산정방법

건축물	내화구조의 외벽	내화구조가 아닌 외벽
제조소 및 취급소	연면적 $100m^2$	연면적 $50m^2$
저장소	연면적 $150m^2$	연면적 $75m^2$
위험물	지정수량의 10배	

소요단위 $= \frac{500m^2}{100m^2} = 5$단위

정답 21 ④ 22 ③ 23 ④ 24 ④ 25 ②

26 위험물제조소에서 옥내소화전이 1층에 4개, 2층에 6개가 설치되어 있을 때 수원의 수량은 몇 L 이상이 되도록 설치하여야 하는가?

① 13,000L

② 15,600L

③ 39,000L

④ 46,800L

27 위험물안전관리법령상 이동탱크저장소로 위험물을 운송하게 하는 자는 위험물안전카드를 위험물운송자로 하여금 휴대하게 하여야 한다. 다음 중 이에 해당하는 위험물이 아닌 것은?

① 휘발유

② 과산화수소

③ 경유

④ 벤조일퍼옥사이드

28 다음 중 Ca₃P₂ 화재 시 가장 적합한 소화방법은?

① 마른 모래로 덮어 소화한다.

② 봉상의 물로 소화한다.

③ 화학포 소화기로 소화한다.

④ 산·알칼리 소화기로 소화한다.

29 지정수량 10배의 위험물을 운반할 때 다음 중 혼재가 금지된 경우는?

① 제2류 위험물과 제4류 위험물

② 제2류 위험물과 제5류 위험물

③ 제3류 위험물과 제4류 위험물

④ 제3류 위험물과 제5류 위험물

---

26 옥내소화전설비의 수원의 양

- 옥내소화전은 가장 많이 설치된 층을 기준하여 1개 층의 최대 5개만 해당된다. 즉, 2층에 6개지만 5개만 해당된다.
- $Q = N \times 7.8m^3 = 5 \times 7.8m^3 = 39m^3 = 39,000 l$

※ 옥내소화전 설치기준

수평거리	방사량	방사압력	수원의 양(Q : m³)
25m 이하	260(l/min) 이상	350(kPa) 이상	Q=N(소화전개수 : 최대 5개)×7.8m³ (260l/min×30min)

27 ① 휘발유 : 제4류 제1석유류

② 과산화수소 : 제6류

③ 경유 : 제4류 제2석유류

④ 벤조일퍼옥사이드 : 제5류

※ 이동탱크저장소에 의한 위험물의 운송 시에 준수하여야 하는 기준

- 위험물운송자는 운송의 개시 전에 이동저장탱크의 배출밸브 등의 밸브와 폐쇄장치, 맨홀 및 주입구의 뚜껑, 소화기 등의 점검을 충분히 실시할 것
- 위험물운송자는 장거리(고속국도에 있어서는 340km 이상, 그 밖의 도로에 있어서는 200km 이상)에 걸치는 운송을 하는 때에는 2명 이상의 운전자로 할 것. 다만, 다음에 해당하는 경우에는 그러하지 아니하다.
  - 운송책임자를 동승시킨 경우
  - 운송하는 위험물이 제2류 위험물, 제3류 위험물(칼슘 또는 알루미늄의 탄화물과 이것만을 함유한 것에 한한다) 또는 제4류 위험물(특수인화물을 제외한다)인 경우
  - 운송도중에 2시간 이내마다 20분 이상씩 휴식하는 경우
- 위험물(제4류 위험물에 있어서는 특수인화물 및 제1석유류에 한한다)을 운송하게 하는 자는 위험물안전카드를 위험물운송자로 하여금 휴대하게 할 것

28 인화칼슘(Ca₃P₂, 인화석회) : 제3류(금수성)

- 물·약산과 격렬히 분해 반응하여 가연성·유독성인 인화수소(PH₃, 포스핀)를 발생한다.

  $Ca_3P_2 + 6H_2O \rightarrow 3Ca(OH)_2 + 2PH_3 \uparrow$

  $Ca_3P_2 + 6HCl \rightarrow 3CaCl_2 + 2PH_3 \uparrow$
- 물계통의 소화약제는 절대 금하고 마른 모래 등으로 피복소화한다.

29 유별을 달리하는 위험물의 혼재기준

위험물의 구분	제1류	제2류	제3류	제4류	제5류	제6류
제1류		×	×	×	×	○
제2류	×		×	○	○	×
제3류	×	×		○	×	×
제4류	×	○	○		○	×
제5류	×	○	×	○		×
제6류	○	×	×	×	×	

※ 이 표는 지정수량의 $\frac{1}{10}$ 이하의 위험물은 적용하지 않음

정답 26 ③   27 ③   28 ①   29 ④

30 위험물안전관리법령상 제3류 위험물 중 금수성물질에 적응성이 있는 소화기는?

① 할로겐화합물 소화기
② 인산염류 분말소화기
③ 이산화탄소 소화기
④ 탄산수소염류 분말소화기

31 불활성가스 소화약제 중 "IG-55"의 성분 및 그 비율을 옳게 나타낸 것은?(단, 용량비 기준이다.)

① 질소 : 이산화탄소 = 55 : 45
② 질소 : 이산화탄소 = 50 : 50
③ 질소 : 아르곤 = 55 : 45
④ 질소 : 아르곤 = 50 : 50

32 가연물의 주된 연소형태에 대한 설명으로 옳지 않은 것은?

① 유황의 연소형태는 증발연소이다.
② 목재의 연소형태는 분해연소이다.
③ 에테르의 연소형태는 표면연소이다.
④ 숯의 연소형태는 표면연소이다.

33 위험물안전관리법령상 위험물 제조소와의 안전거리 기준이 50m 이상이어야 하는 것은?

① 고압가스 취급시설
② 학교·병원
③ 유형문화재
④ 극장

34 표준상태에서 적린 8mol이 완전연소하여 오산화인을 만드는 데 필요한 이론 공기량은 약 몇 L인가?(단, 공기 중 산소는 21vol%이다.)

① 1066.7L   ② 806.7L
③ 224L   ④ 22.4L

35 가연물이 되기 쉬운 조건으로 가장 거리가 먼 것은?

① 열전도율이 클수록
② 활성화에너지가 작을수록
③ 화학적 친화력이 클수록
④ 산소화 접촉이 잘 될수록

---

30 제3류 위험물(금수성)에 적응성 있는 소화기
- 탄산수소염류 분말소화기
- 마른 모래
- 팽창질석 또는 팽창진주암

31 불활성가스 청정소화약제의 성분비율

소화약제명	화학식
IG-01	Ar : 100%
IG-100	N_2 : 100%
IG-541	N_2 : 52%, Ar : 40%, CO_2 : 8%
IG-55	N_2 : 50%, Ar : 50%

32 연소의 형태
- 표면연소 : 숯, 코크스, 목탄, 금속분
- 증발연소 : 파라핀, 황, 나프탈렌, 휘발유, 등유 등의 제4류 위험물
- 분해연소 : 목탄, 종이, 플라스틱, 목재, 중유 등
- 자기연소(내부연소) : 셀룰로이드, 니트로셀룰로오스 등 제5류 위험물
- 확산연소 : 수소, LPG, LNG 등 가연성기체

33 제조소의 안전거리(제6류 위험물 제외)

건축물	안전거리
사용전압이 7,000V 초과 35,000V 이하	$3m$ 이상
사용전압이 35,000V 초과	$5m$ 이상
주거용(주택)	$10m$ 이상
고압가스, 액화석유가스, 도시가스	$20m$ 이상
학교, 병원, 극장, 복지시설	$30m$ 이상
유형문화재, 지정문화재	$50m$ 이상

34 황린(P_4)과 적린(P)은 서로 동소체로서 연소하면 독성이 강한 오산화인(P_2O_5 : 백색연기)이 발생한다.

$$4P \quad + \quad 5O_2 \rightarrow 2P_2O_5$$
$$4mol \quad : 5 \times 22.4l$$
$$8mol \quad : \quad x$$

$$x = \frac{8 \times 5 \times 22.4l}{4} = 224l \,(O_2량)$$

∴ 필요한 이론 공기량 : $224l \times \frac{100}{21} ≒ 1066.67l$

35 열전도율이 작아야 된다. 열전도율이 크면 열축적이 되지 않는다.
예
- 철은 열전도율이 크다.
- 나무는 열전도율이 작다.

정답 30 ④ 31 ④ 32 ③ 33 ③ 34 ① 35 ①

36 제3종 분말 소화약제가 열분해 했을 때 생기는 부착성이 좋은 물질은?

① NH_3
② HPO_3
③ CO_2
④ P_2O_5

37 위험물의 화재발생 시 사용하는 소화설비(약제)를 연결한 것이다. 소화 효과가 가장 떨어지는 것은?

① $(C_2H_5)_3Al$ - 팽창질석
② $C_2H_5OC_2H_5$ - CO_2
③ $C_6H_2(NO_2)_3OH$ - 수조
④ $C_6H_4(CH_3)_2$ - 수조

38 위험물제조소등에 설치하는 자동화재탐지설비의 설치기준으로 틀린 것은?

① 원칙적으로 경계구역은 건축물의 2 이상의 층에 걸치지 아니하도록 한다.
② 원칙적으로 상층이 있는 경우에는 감지기 설치를 하지 않을 수 있다.
③ 원칙적으로 하나의 경계구역의 면적은 $600m^2$ 이하로 하고 그 한 변의 길이는 $50m$ 이하로 한다.
④ 비상전원을 설치하여야 한다.

39 위험물안전관리법령상 제1석유류를 저장하는 옥외탱크저장소 중 소화난이도 등급 I에 해당하는 것은?(단, 지중탱크 또는 해상탱크가 아닌 경우이다.)

① 액표면적이 $10m^2$인 것
② 액표면적이 $20m^2$인 것
③ 지반면으로부터 탱크 옆판의 상단까지 높이가 $4m$인 것
④ 지반면으로부터 탱크 옆판의 상단까지 높이가 $6m$인 것

36 메타인산(HPO_3) : 가연물에 부착성이 좋아 산소공급을 차단하는 방진효과가 우수하다(A급 적응성).

※ 분말약제의 열분해 반응식

종류	약제명	색상	열분해 반응식
제1종	탄산수소나트륨	백색	$2NaHCO_3$ $\rightarrow Na_2CO_3 + CO_2 + H_2O$
제2종	탄산수소칼륨	담자(회)색	$2KHCO_3$ $\rightarrow K_2CO_3 + CO_2 + H_2O$
제3종	제1인산암모늄	담홍색	$NH_4H_2PO_4$ $\rightarrow HPO_3 + NH_3 + H_2O$
제4종	탄산수소칼륨+요소	회색	$2KHCO_3 + (NH_2)_2CO$ $\rightarrow K_2CO_3 + 2NH_3 + 2CO_2$

37 ① $(C_2H_5)_3Al$(트리에틸알루미늄) : 제3류(금수성) - 팽창질석, 팽창진주암
② $C_2H_5OC_2H_5$(디에틸에테르) : 제4류(비수용성) - CO_2, 포 등 질식소화
③ $C_6H_2(NO_2)_3OH$(피크린산) : 제5류(자기반응성) - 수조(다량의 물로 냉각소화)
④ $C_6H_4(CH_3)_2$(크실렌) : 제4류(비수용성) - CO_2, 포 등 질식소화
※ 크실렌에 물을 사용하면 화재면을 확대할 위험성이 있다.

38 자동화재탐지설비의 설치기준
• 경계구역은 건축물이 2 이상의 층에 걸치지 아니하도록 할 것
• 하나의 경계구역의 면적은 $500m^2$ 이하이면 당해 경계구역이 2개의 층을 하나의 경계구역으로 할 수 있다.
• 하나의 경계구역의 면적은 $600m^2$ 이하로 하고 그 한 변의 길이는 $50m$(광전식분리형 감지기를 설치할 경우에는 $100m$) 이하로 할 것
• 하나의 경계구역의 주된 출입구에서 그 내부의 전체를 볼 수 있는 경우에 있어서는 그 면적은 $1,000m^2$ 이하로 할 수 있다.
• 자동화재탐지설비에는 비상전원을 설치할 것

39 소화난이도 등급 I의 제조소등 및 소화설비

	액표면적이 $40m^2$ 이상인 것	제6류 및 100℃ 미만의 고인화점 제외
옥외 탱크 저장소	지반면으로부터 탱크 옆판의 상단까지 높이가 $6m$ 이상인 것	
	지중탱크 또는 해상탱크로서 지정수량의 100배 이상인 것	
	고체위험물을 저장하는 것으로서 지정수량의 100배 이상인 것	-

40 다음 중 이황화탄소의 액면 위에 물을 채워두는 이유로 가장 적합한 것은?

① 자연분해를 방지하기 위해
② 화재발생 시 물로 소화를 하기 위해
③ 불순물을 물에 용해시키기 위해
④ 가연성증기의 발생을 방지하기 위해

제3과목 | 위험물의 성질과 취급

41 황화린에 대한 설명으로 틀린 것은?

① 고체이다.
② 가연성 물질이다.
③ P_4S_3, P_2S_5 등의 물질이 있다.
④ 물질에 따른 지정수량은 $50kg$, $100kg$ 등이 있다.

42 $C_2H_5OC_2H_5$의 성질 중 틀린 것은?

① 전기 양도체이다.
② 물에는 잘 녹지 않는다.
③ 유동성의 액체로 휘발성이 크다.
④ 공기 중 장시간 방치 시 폭발성 과산화물을 생성할 수 있다.

43 위험물안전관리법령상 위험물의 운반에 관한 기준에서 적재하는 위험물의 성질에 따라 직사일광으로부터 보호하기 위하여 차광성 있는 피복으로 가려야 하는 위험물은?

① S
② Mg
③ C_6H_6
④ $HClO_4$

44 금속 칼륨의 일반적인 성질에 대한 설명으로 틀린 것은?

① 칼로 자를 수 있는 무른 금속이다.
② 에탄올과 반응하여 조연성기체(산소)를 발생한다.
③ 물과 반응하여 가연성기체를 발생한다.
④ 물보다 가벼운 은백색의 금속이다.

---

40 이황화탄소(CS_2) : 제4류 중 특수인화물
- 물에 녹지 않고 물보다 무겁기 때문에 가연성증기의 발생을 방지하기 위해 물속에 저장한다.
- 제4류 위험물 중 착화온도가 100℃로 가장 낮다.

41 황화린(P_4S_3, P_2S_5, P_4S_7) : 제2류(가연성고체), 지정수량 $100kg$
- 삼황화린(P_4S_3) : 황색결정으로 물, 염산, 황산 등에는 녹지 않고 질산, 알칼리, 이황화탄소(CS_2)에 녹는다.
  $$P_4S_3 + 8O_2 \rightarrow 2P_2O_5 + 3SO_2\uparrow$$
- 오황화린(P_2S_5) : 담황색결정으로 조해성·흡습성이 있다. 물, 알칼리와 반응하여 인산(H_3PO_4)과 황화수소(H_2S)를 발생한다.
  $$P_2S_5 + 8H_2O \rightarrow 2H_3PO_4 + 5H_2S\uparrow$$
- 칠황화린(P_4S_7) : 담황색결정으로 조해성이 있으며 더운물에 급격히 분해하여 황화수소(H_2S)를 발생한다.

42 디에틸에테르($C_2H_5OC_2H_5$) : 제4류의 특수인화물
- 인화점 −45℃, 발화점 180℃, 연소범위 1.9~48%, 증기비중 2.6
- 휘발성이 강한 무색 액체이다.
- 물에 약간 녹고 알코올에 잘 녹으며 마취성이 있다.
- 공기와 장기간 접촉 시 과산화물을 생성한다.
- 전기의 부도체로서 정전기를 방지하기 위해 소량의 염화칼슘($CaCl_2$)을 넣어둔다.
- 저장 시 불활성가스를 봉입하고 과산화물 생성을 방지하기 위해 구리망을 넣어둔다.
- 소화 : CO_2로 질식소화한다.

> **참고**
> - 과산화물 검출시약 : 디에틸에테르+KI(10%)용액 → 황색변화
> - 과산화물 제거시약 : 30%의 황산제일철수용액

43 위험물 적재운반 시 조치해야 할 위험물

차광성의 덮개를 해야 하는 것	방수성의 피복으로 덮어야 하는 것
・제1류 위험물	・제1류 위험물 중 알칼리금속의 과산화물
・제3류 위험물 중 자연발화성물질	・제2류 위험물 중 철분, 금속분, 마그네슘
・제4류 위험물 중 특수인화물	
・제5류 위험물	・제3류 위험물 중 금수성물질
・제6류 위험물	

① 유황(S) : 제2류(가연성고체)
② 마그네슘(Mg) : 제2류(가연성고체)의 금속분
③ 벤젠(C_6H_6) : 제4류(인화성액체)의 제1석유류
④ 과염소산($HClO_4$) : 제6류(산화성액체)

44 칼륨(K) : 제3류(금수성 물질)
- 불꽃색상 : 노란색
- 물 또는 알코올과 반응하여 수소(H_2)기체를 발생시킨다.
  $$2K + 2H_2O \rightarrow 2KOH + H_2\uparrow$$
  $$2K + 2C_2H_5OH \rightarrow 2C_2H_5OK + H_2\uparrow$$
- 보호액으로 석유(파라핀, 등유, 경유) 등에 저장한다.

정답 40 ④ 41 ④ 42 ① 43 ④ 44 ②

45 염소산칼륨의 성질에 대한 설명 중 옳지 않은 것은?

① 비중은 약 2.3으로 물보다 무겁다.
② 강산과의 접촉은 위험하다.
③ 열분해하면 산소와 염화칼륨이 생성된다.
④ 냉수에도 매우 잘 녹는다.

46 트리니트로페놀의 성질에 대한 설명 중 틀린 것은?

① 폭발에 대비하여 철, 구리로 만든 용기에 저장한다.
② 휘황색을 띤 침상결정이다.
③ 비중이 약 1.8로 물보다 무겁다.
④ 단독으로는 테트릴보다 충격, 마찰에 둔감한 편이다.

47 동식물유류에 대한 설명으로 틀린 것은?

① 요오드화 값이 작을수록 자연발화의 위험성이 높아진다.
② 요오드화 값이 130 이상인 것은 건성유이다.
③ 건성유에는 아마인유, 들기름 등이 있다.
④ 인화점이 물의 비점보다 낮은 것도 있다.

48 옥외저장소에서 저장할 수 없는 위험물은? (단, 시·도 조례에서 별도로 정하는 위험물 또는 국제해상위험물규칙에 적합한 용기에 수납된 위험물은 제외한다.)

① 과산화수소　　② 아세톤
③ 에탄올　　　　④ 유황

49 위험물안전관리법령에서는 위험물을 제조 외의 목적으로 취급하기 위한 장소와 그에 따른 취급소의 구분을 4가지로 정하고 있다. 다음 중 법령에서 정한 취급소의 구분에 해당되지 않는 것은?

① 주유취급소　　② 특수취급소
③ 일반취급소　　④ 이송취급소

---

45 염소산칼륨($KClO_3$) : 제1류(산화성고체)
- 무색, 백색분말로 산화력이 강하다.
- 열분해 반응식 : $2KClO_3 \rightarrow 2KCl + 3O_2\uparrow$
- 온수, 글리세린에 잘 녹고 냉수, 알코올에는 녹지 않는다.

46 트리니트로페놀[$C_6H_2(NO_2)_3OH$] : 제5류(자기반응성물질)
- 단독으로는 충격, 마찰 등에 둔감한 편이나 금속분(Fe, Cu, Pb 등)과 반응하면 금속염을 생성하여 폭발강도가 예민해 폭발위험이 있다.

47 제4류 위험물 : 동식물유류란 동물의 지육 또는 식물의 종자나 과육으로부터 추출한 것으로 1기압에서 인화점이 250℃ 미만인 것
- 요오드값 : 유지 100g에 부가되는 요오드의 g수이다.
- 요오드값이 클수록 불포화도가 크다.
- 요오드값이 큰 건성유는 불포화도가 크기 때문에 자연발화가 잘 일어난다.
- 요오드값에 따른 분류
  - 건성유(130 이상) : 해바라기기름, 동유, 아마인유, 정어리기름, 들기름 등
  - 반건성유(100~130) : 면실유, 참기름, 청어기름, 채종유, 콩기름 등
  - 불건성유(100 이하) : 올리브유, 동백기름, 피마자유, 야자유, 우지, 돈지 등

48 ① 과산화수소 : 제6류
② 아세톤 : 제4류 제1석유류(인화점 −18℃)
③ 에탄올 : 제4류 알코올류
④ 유황 : 제2류
※ 옥외저장소에 저장할 수 있는 위험물
- 제2류 위험물 : 유황, 인화성고체(인화점 0℃ 이상)
- 제4류 위험물 : 제1석유류(인화점 0℃ 이상), 제2석유류, 제3석유류, 제4석유류, 알코올류, 동식물유류
- 제6류 위험물
※ 옥외저장소에 저장할 수 있는 제1석유류 : 톨루엔(인화점 4℃), 피리딘(인화점 20℃)

49 취급소의 종류 : 주유취급소, 판매취급소, 이송취급소, 일반취급소

정답　45 ④　46 ①　47 ①　48 ②　49 ②

50 과산화나트륨이 물과 반응할 때의 변화를 가장 옳게 설명한 것은?

① 산화나트륨과 수소를 발생한다.
② 물을 흡수하여 탄산나트륨이 된다.
③ 산소를 방출하며 수산화나트륨이 된다.
④ 서서히 물에 녹아 과산화나트륨의 안정한 수용액이 된다.

51 제4류 위험물의 일반적인 성질 또는 취급 시 주의사항에 대한 설명 중 가장 거리가 먼 것은?

① 액체의 비중은 물보다 가벼운 것이 많다.
② 대부분 증기는 공기보다 무겁다.
③ 제1석유류~제4석유류는 비점으로 구분한다.
④ 정전기 발생에 주의하여 취급하여야 한다.

52 위험물제조소 건축물의 구조 기준이 아닌 것은?

① 출입구에는 갑종방화문 또는 을종방화문을 설치할 것
② 지붕은 폭발력이 위로 방출될 정도의 가벼운 불연재료로 덮을 것
③ 벽, 기둥, 바닥, 보, 서까래 및 계단을 불연재료로 하고, 연소(延燒)의 우려가 있는 외벽은 출입구 외의 개구부가 없는 내화구조의 벽으로 할 것
④ 산화성고체, 가연성고체 위험물을 취급하는 건축물의 바닥은 위험물이 스며들지 못하는 재료를 사용할 것

53 위험물안전관리법령에 따른 제1류 위험물과 제6류 위험물의 공통적 성질로 옳은 것은?

① 산화성 물질이며 다른 물질을 환원시킨다.
② 환원성 물질이며 다른 물질을 환원시킨다.
③ 산화성 물질이며 다른 물질을 산화시킨다.
④ 환원성 물질이며 다른 물질을 산화시킨다.

54 물과 반응하여 가연성 또는 유독성가스를 발생하지 않는 것은?

① 탄화칼슘   ② 인화칼슘
③ 과염소산칼륨   ④ 금속나트륨

---

50 과산화나트륨(Na_2O_2) : 제1류(무기과산화물)
- 물과 반응하여 발열하며 수산화나트륨($NaOH$)과 산소(O_2)를 발생시킨다.
$$2Na_2O_2 + 2H_2O \rightarrow 4NaOH + O_2\uparrow$$

51 제1석유류~제4석유류는 인화점으로 구분한다.
- 제1석유류 : 인화점 21℃ 미만
- 제2석유류 : 인화점 21℃ 이상 70℃ 미만
- 제3석유류 : 인화점 70℃ 이상 200℃ 미만
- 제4석유류 : 인화점 200℃ 이상 250℃ 미만

52 액체의 위험물을 취급하는 건축물의 바닥은 위험물이 스며들지 못하는 재료를 사용하고, 적당한 경사를 두어 그 최저부에 집유설비를 할 것

53 제1류(산화성고체)와 제6류(산화성액체)는 다른 물질을 산화시키는 물질이다.

54
- 과염소산칼륨($KClO_4$) : 제1류 위험물로 물로 냉각소화한다.
- 탄화칼슘, 인화칼슘, 금속나트륨 : 제3류(금수성)로서 물과 반응하여 가연성가스를 발생한다.
$$CaC_2 + 2H_2O \rightarrow Ca(OH)_2 + C_2H_2\uparrow \text{(아세틸렌)}$$
$$Ca_3P_2 + 6H_2O \rightarrow 3Ca(OH)_2 + 2PH_3\uparrow \text{(포스핀)}$$
$$2Na + 2H_2O \rightarrow 2NaOH + H_2\uparrow \text{(수소)}$$

정답 50 ③ 51 ③ 52 ④ 53 ③ 54 ③

55 제조소에서 취급하는 위험물의 최대수량이 지정수량의 20배인 경우 보유공지의 너비는 얼마인가?

① 3m 이상　　　② 5m 이상
③ 10m 이상　　　④ 20m 이상

56 다음 물질 중 증기비중이 가장 작은 것은 어느 것인가?

① 이황화탄소　　　② 아세톤
③ 아세트알데히드　　　④ 디에틸에테르

57 위험물안전관리법령상 옥내저장탱크의 상호간에는 몇 m 이상의 간격을 유지하여야 하는가?

① 0.3m　　　② 0.5m
③ 1.0m　　　④ 1.5m

58 취급하는 장치가 구리나 마그네슘으로 되어 있을 때 반응을 일으켜서 폭발성의 아세틸라이트를 생성하는 물질은?

① 이황화탄소
② 이소프로필알코올
③ 산화프로필렌
④ 아세톤

59 산화프로필렌 300L, 메탄올 400L, 벤젠 200L를 저장하고 있는 경우 각각 지정수량 배수의 총합은 얼마인가?

① 4　　　② 6
③ 8　　　④ 10

60 질산에 대한 설명으로 틀린 것은?

① 무색 또는 담황색의 액체이다.
② 유독성이 강한 산화성 물질이다.
③ 위험물안전관리법령상 비중이 1.49 이상인 것만 위험물로 규정한다.
④ 햇빛이 잘드는 곳에서 투명한 유리병에 보관하여야 한다.

---

55 위험물제조소의 보유공지

취급하는 위험물의 최대수량	공지의 너비
지정수량 10배 이하	3m 이상
지정수량 10배 초과	5m 이상

56 ① 이황화탄소(CS_2) : $\dfrac{76}{29}=2.62$

② 아세톤(CH_3COCH_3) : $\dfrac{58}{29}=2$

③ 아세트알데히드(CH_3CHO) : $\dfrac{44}{29}=1.52$

④ 디에틸에테르($C_2H_5OC_2H_5$) : $\dfrac{74}{29}=2.55$

※ 증기비중 $= \dfrac{\text{분자량}}{29(\text{공기의 평균 분자량})}$

57 옥내탱크저장소의 탱크 이격거리
- 탱크와 탱크 전용실의 벽과의 거리 : $0.5m$ 이상
- 탱크 상호 간의 거리 : $0.5m$ 이상

58 산화프로필렌(CH_3CH_2CHO) : 제4류, 특수인화물
- 저장용기, 부품 등을 사용 시 구리(Cu), 마그네슘(Mg), 은(Ag), 수은(Hg) 및 그의 합금은 폭발성의 아세틸라이드를 생성한다.
- 용기에는 질소(N_2) 등 불연성가스를 채워두어야 한다.

59
- 산화프로필렌(제4류, 특수인화물) 지정수량 : $50l$
- 메탄올(제4류 알코올류) 지정수량 : $400l$
- 벤젠(제4류 제1석유류, 비수용성) 지정수량 : $200l$
∴ 지정수량 배수의 합

$= \dfrac{A\text{품목 저장수량}}{A\text{품목 지정수량}} + \dfrac{B\text{품목 저장수량}}{B\text{품목 지정수량}} + \cdots\cdots$

$= \dfrac{300l}{50l} + \dfrac{400l}{400l} + \dfrac{200l}{200l} = 8$

60 질산(HNO_3) : 제6류 위험물(산화성액체)
- 직사광선에 의해 분해되어 유독한 적갈색의 이산화질소(NO_2)를 발생한다.
　　$4HNO_3 \rightarrow 2H_2O + 4NO_2 + O_2$
- 화기, 직사광선을 피하고 발연성액체이므로 물기와 접촉을 피하여 냉암소에 저장한다.
- 햇빛을 차단하기 위해 갈색병에 보관한다.

정답　55 ②　56 ③　57 ②　58 ③　59 ③　60 ④

memo

memo